地球

The RIHN Encyclopedia of Global Environmental Studies

環境学

Edited by the Research Institute for Humanity and Nature (RIHN)

事典

総合地球環境学研究所 編

弘文堂

刊行の辞

この事典は未来可能な社会の設計をめざす総合地球環境学研究所（通称「地球研」）が、国内外の研究者の協力もあおいで、総力をあげて編集した、読みやすく、親しみやすく、現時点では最も信頼のおける地球環境問題の事典です。

地球環境問題は、人間社会や地球システムの存続をおびやかすものとして、前世紀末から大きくとりあげられてきました。21 世紀の人類が早急に解決しなければならない課題です。地球温暖化や大気汚染あるいは生物多様性の喪失など個々の現象についてのデータの蓄積はたしかにそれなりにできあがり、それにもとづいた将来予測もなされています。しかし、それらを統合したデザインができていないので、解決の方向はゆらぎつづけているのが現状です。

この現状を少しでも良くするために、持続可能性を真摯に検討しながら未来可能性を標榜してきた地球研が、『地球環境学事典』を世に問うしだいです。私たちの考える地球環境学は、自然科学者が追及する地球科学ではもちろんありませんし、単なる環境学でもありません。地球という惑星を母体に人間文明がつくりあげてきた地球システムを総合的に解明し、それを基盤に未来社会への統合的なデザインを描こうという、まったく新しい学問分野です。そのような理念をもつ地球研の環境問題にたいする考え方や研究成果を社会にむけて発信するのがこの事典の目的です。もちろん教育科目（カリキュラム）の策定や若手研究者に益することも視野に入れていることは見ていただければわかると思います。

現在・過去の地球研の所員の総力のみならず、ひろく所外の第一線で活躍する研究者との連携と協力をえて、全頁カラー、図版・写真を多数掲載し、内容の読みやすさ、親しみやすさを、入念な編集体制で達成したと自負しております。新しい領域に即応した統合性、重層性、流動性に十分配慮して、地球環境学の先端を走る役割が、項目の選択、そして個々の項目の内容に反映されていますので、日進月歩するこの分野の中で最も確かな知識を提供している事典といえます。

環境にかかわる仕事に従事されている方々だけでなく、一般の人や次世代をになう若い人びとに愛される座右の事典として重用されることを祈っています。

総合地球環境学研究所
所長　立本成文

執筆者一覧

監　修

立本成文　日髙敏隆

編集主幹

秋道智彌（資源領域）　佐藤洋一郎（文明環境史領域）　谷口真人（循環領域）
湯本貴和（多様性領域）　渡邉紹裕（地球地域学領域）
阿部健一（幹事）

編集委員

井上元　長田俊樹　川端善一郎　中静透　中西正己　中野孝教
中尾正義　早坂忠裕　福嶌義宏　門司和彦　山村則男　和田英太郎

執筆者

赤澤　威
赤嶺　淳
秋道智彌
阿部健一
安部　浩
安渓遊地
飯田　卓
家田　修
池田　透
池谷和信
石井励一郎
石田紀郎
市川昌広
井上勝博
井上　元
井上隆史
井上　真
井村秀文
岩坂泰信
岩崎琢也

石見　徹
上杉彰紀
上田　信
宇田津徹朗
内堀基光
内山純蔵
宇仁義和
宇野隆夫
梅澤　有
梅津千恵子
江頭宏昌
遠藤邦彦
遠藤崇浩
応地利明
太田　宏
大槻公一
大西健夫
大西秀之
大西文秀
大西正幸

大沼あゆみ
大原利眞
大村直己
沖　大幹
奥宮清人
長田俊樹
嘉田良平
加藤鎌司
加藤雄三
鼎信次郎
金子慎治
金子信博
鎌田東二
亀崎直樹
川勝平太
川端善一郎
河原太八
河本和明
菊池勇夫
岸上伸啓

岸本雅敏
北川淳子
鬼頭昭雄
鬼頭秀一
鬼頭　宏
木苗直秀
木原雅子
木原正博
木村栄美
木村武史
久馬一剛
工藤　岳
窪田順平
久米　崇
鞍田　崇
栗山浩一
黒澤弥悦
玄地　裕
小池裕子
小泉　都

香坂　玲
河野泰之
神松幸弘
小島紀徳
児玉香菜子
小林聡史
小林達明
小松和彦
小山修三
佐伯田鶴
酒井暁子
酒井章子
佐久間大輔
笹岡正俊
佐々木敏
佐藤　仁
佐藤雅志
佐藤洋一郎
佐野八重
篠田謙一
嶋田　純
白岩孝行
白幡洋三郎
白山義久
新東晃一
須賀　丈
住　明正
関野　樹
早田　勉
高相徳志郎
高梨浩樹

高原　光
竹内　望
竹村公太郎
立本成文
田中克典
田中耕司
田辺信介
谷口真人
陀安一郎
辻井　博
辻野　亮
鶴岡真弓
鶴間和幸
鄭　躍軍
内藤大輔
中井精一
中澤　港
中静　透
中西正己
中野孝教
長野宇規
中村郁郎
中村　大
中村浩二
中村俊夫
中尾正義
奈良間千之
縄田浩志
新山　馨
西渕光昭
西本　太

新田栄治
新田裕史
野中健一
橋爪真弘
畠山史郎
畑田　彩
花井正光
馬場繁幸
浜中裕徳
早坂忠裕
林田佐智子
原登志彦
原田信男
半藤逸樹
日鷹一雅
広井良典
福井希一
福嶌義宏
藤縄克之
藤山　浩
古川久雄
ベルウッド，ピーター
細谷　葵
堀田　満
前川和也
前杢英明
槙林啓介
松井孝典
松田裕之
丸井英二
御影雅幸

三上岳彦
光谷拓実
三野　徹
皆川　昇
南　直人
宮川修一
向井　宏
宗像　優
村井吉敬
村上陽一郎
村松　伸
室田　武
門司和彦
安成哲三
安室　知
谷田貝亜紀代
谷内茂雄
柳　哲雄
山尾政博
山口裕文
山内一也
山村則男
山本太郎
山本紀夫
湯本貴和
吉岡崇仁
米本昌平
和田英太郎
渡邉紹裕
渡部　武

編集協力者

米澤剛　ウヤル，アイスン　花松泰倫　檜山哲哉　森若葉　渡邊三津子
飯塚宜子（事務）

目次

多様性　**Diversity**

資源 Resources

文明環境史　**Ecohistory**

付録

地球地域学　Ecosophy

写真提供：地球研アーカイブス

凡例

●キーワード

本文中に赤色で表示した。

●グロッサリー掲載の用語

本文中に＊を付してある用語は、巻末のグロッサリーで解説されている。

●略号表記

組織名などは、基本的にアルファベットの略号で示した。各項目での略号の初出には日本語名称を付した。

正式名称は、巻末の略号一覧に表示した。

●図表の出典

キャプションの末尾［　］内に表示した。表示のないものは、執筆者作成である。

●写真の撮影者・提供者

キャプションの末尾［　］内に表示した。表示のないものは、執筆者の撮影あるいは提供である。

●参照項目

項目本文末尾の⇒に続けて掲載ページと共に示した。以下の記号は参照項目の領域を表している。

C 循環領域　D 多様性領域　R 資源領域　H 文明環境史領域　E 地球地域学領域

●参照文献

本文の参考文献、関連文献は、項目末尾に、著作者名と刊行年のみを示した。

文献の書誌データは、巻末の参照文献一覧に掲載した。

●執筆者

項目本文末尾の【　】内に表示した。

地球環境学総説

立本成文

I

地球環境問題
——何が問題なのか

ホモ・サピエンス（現生人類、賢い人間）として生存するために、人間は環境変化に適応し、環境を調節してきた。それは他の生物も同じである。賢いだけあって、環境に対応するだけではなく、環境（資源）を利用し、人間活動によって、環境を改変するようになった。火の使用、道具の発明、農業革命、都市革命などと呼ばれる文明の進歩にほかならない。言葉・文字はその進歩に大きな寄与を果たした。文明のおかげで、われわれは豊かな社会を築くことができたのである。

ところが、近世近代の目覚ましい文明の発展、工業化・産業化、それをもたらしたエネルギー革命は、非力な人間でも環境に決定的な影響を与えることができるようにしてしまった。そこからいわゆる地球環境問題が生じてきているのである。自然環境の変化・変動は、悠久の昔からゆったりと、ときには火山爆発や地震のように急激な変化も与えながら、地球の歴史の一部であった。多くの学問や科学は環境変化を究明するためにあるといってもよいくらいである。環境問題というのは、昔からあった人間活動による環境変化が環境問題として見直された面もあるが、その多くは工業文明によって出現したものである。工業の発展、医学の進歩がまず人口の急増をもたらし、生活水準の向上とともに、よりお金のかかる、いいかえれば、より資源消費型の社会となり、廃棄物も自然循環では到底処理できない閾値（いきち）（限度）を超えることになってきた。いわゆる大量生産、大量消費、大量廃棄である。それによって、資源の枯渇、健康の阻害、アメニティ（快適さ）の危機などが叫ばれることになったのである。量だけではなく、時間も問題である。長い時間をかけて徐々に変化するのであれば人間は気づかないまま適応していく可能性は大である。現在の環境問題は急激に、短い期間で変化をおこしているというところが問題なのである。この

200年間のほとんど垂直的な右上がりの人口増加のグラフに象徴される環境の変化がおきつつある。それが共生の限度を超えていることが環境問題なのである。それを問題として設定するのは、環境変化が運命ではなく、人間の力で何とかなるという認識からである。

環境問題という呼び名も最近のことである。20世紀後半まずは先進国での環境汚染が公害問題として捉えられた。それと前後して、自然破壊、生態系の攪乱としてエコロジー（生態学）問題となり、これをさらに一般化して環境問題として取組むことになってきた。1972年に、ローマ・クラブが『成長の限界』を発表し、国連人間環境会議が開かれたことに象徴されるように、一国だけの取組み、あるいは先進国と後発国との調整だけでは解決できないとの認識のもとに、国際的協調が模索されるようになった。そして、地球温暖化やオゾンホール、水危機、砂漠化、酸性雨などの大気汚染、海洋汚染、有害廃棄物、生物多様性の減少、森林の減少、エネルギー（能源）問題などの地球環境問題は、人びとの日常生活にも確かな影響を及ぼし始めている。

環境変化 / 環境変動そのものが環境問題となるわけではない。問題とされている地球環境問題として3つのレベルを頭に入れておくことが大切である。

第一のレベルとでもいえるのは、ゴミの問題のように、身の回り、すなわち生きる場の居心地良さを損ねる事柄である。生物学でいう環世界に生起する不都合であろう。住んでいる自然環境や、人の持つ文化や、ライフスタイルによって問題の評価は変わることもある。それをアメニティ（あるべき場所にあるべきものがある）と一般化していうこともある。

第二のレベルというのは、第一の身の回りの問題と次に述べる第三の地球規模・物理的時間におこる環境変動との中間をしめる環境問題である。これは社会的構築による環境問題といえる。たとえば、地球温暖化の問題など、一般に地球環境問題と教科書などで取上げられる問題である。少し難しくいうと、人間圏と地球との相互作用環において、生命生存圏の存続を脅かすほどの負荷を環境に与えるリスクのある環境変化として問題視され、

写真1　モンゴル高原の晩秋（2003年）［前川愛撮影］

写真２　ネパールの山村（1996 年）［阿部健一撮影］

科学的予測に基づいた予防的措置をとることの合意が形成されつつある「問題」群である。地球温暖化そのものが問題ではなく、温暖化が人間活動によって生起している（かもしれない）ということが問題なのである。とくに人間にとってリスクがあると社会的な合意（フレーミング）がなされているという意味で、社会的構築のレベルの地球環境問題と呼ぶわけである。

地球は何十億年という歴史を背負い、その間に大きな環境変動を経験して、そのおかげで生物が誕生し、ごく最近、人間という種が形成されてきた。環境変動は地球の生成以来、いろいろなタイムスケール（時間軸の長さ）でずっと続いているのである。すべての学問は、多かれ少なかれ環境にかかわっているが、とくに地球科学といわれる分野が問題とするのが第三のレベルの問題である。人間ではどうしようもない、真の環境問題すなわちカタストロフィ（突然の大災害や地殻変動などの激変）や地球の「危機的」環境変動である。長期的な地球の寒冷化、温暖化に対しては、現在のところ人間には防衛策しかないのである。しかし、第一や第二のレベルの問題のように人間活動がおこしたことなら解決策があるはずである。だからこそ環境問題というのである。

もうひとつ、地球という形容語をつけたがゆえに誤解されやすい事柄がある。それは、地球環境問題は地域的なばらつきがあるということがともすれば忘れられるということである。最近の歴史を見る限り、地球環境問題を起こしているのは一部の先進国といわれる国の人びとが中心である。すべての人が加害者であり被害者であるという構図が今の先進国の環境問題であるが、発展途上国ではむしろ被害者であっても加害者であることは稀である。少なくとも、人間の基本的欲求の充足がままならない開発途上国といわれる人びとの生活権を奪って環境問題を解決することはできない。豊かで快適な生活環境を維持しようとする豊かな国と、少なくとも基本的欲求は満たしたい貧しい国とでは、環境問題の受け止め方は異なる。同じ国のなかでも、裕福な人と貧しい人との差もある。

地球環境問題は人間圏が物理的・化学的・生物的地球圏という、人間圏にとっての「環境」変化によって脅かされている状況であるが、上記のように一様でない変動、一様でない人間活動が関係している。個々の環境問題は人間圏と地球圏との複合体である地球システムの一部であって、ときには地球規模の影響を及ぼす危険がある。個々の環境問題を地球全体で取組んで、地球規模で総合的に考える必要があるのである。地球環境問題の解決へ向けて一歩を進めなければ、地球の未来はないという危機意識を皆が持ちはじめたということである。たしかに科学が提供できるのは不確実な予測かもしれないが、その予測に立って将来の社会を考え、行動に移さないと手遅れになる。生態系のバランスで観察されることであるが、ある閾値を越えると復元不可能な状態になり、システムが崩壊する。その時では遅すぎるのである。

Ⅱ

持続可能性と未来可能性

——ビジョンはどうあるべきか

環境問題を解決するには、その原因である人間活動をただ単に制限すればよいというわけにはいかない。現在の豊かさを享受しながら、環境負荷を少なくして、文明の豊かさを次世代に受け渡すようにできればいちばん良い。これを可能にする概念として現れたのが持続可能な発展（開発）である。それができれば理想的であり、その実現に力を合わせなければならないというのはよくわかるが、もうすこし持続性を根源的に考える必要があるであろう。

地球環境問題で何が脅かされているかといえば人間の well-being である。Well-being は幸福、安寧、福祉とも訳されるが、「よく生きること」、「よく有ること」、「豊かな生存」ということである。Well は良く（善く、好く、佳く）、豊かな、健やかなという価値判断を含む言葉である。しかし、豊かさや良さが過剰な物質的欲望を満たすことだけではないことは当然である。むしろ、真の豊かさ、心の豊かさ、安心ということである。目的としての well-being をしっかり見定めて、その実現の手段を考えなければならない。人間はひとりで生きているのではないからである。現代の「よく生きる」は、しかしながら、特定の人びとのものではない。すべての人間、老いも若きも、富者も貧者も、健康者も弱者・障害者も、米国の国民もアフリカの人びとも、普遍的な well-being を享受することができなければならない。

人間の環境として、太陽、空気（大気）、土地（大地）、水、植物、動物、鉱物といったものがある。それだけではなく、地球システムの装置として作った建物や機械などの人工物、文物や社会制度も環境となる。地球システムというのは、人間の文明とそれがかかわるすべての地球の部分（言い換えればものを生み出す惑星母体）とが形成する複合体である。自然と人間との相互作用環というのは、自然界の一部である人間圏とその環境（環世界）の相互作用環（あるいは動態的平衡）という方が厳密ではあるが、便宜的に人間と自然という言葉を使っておく。この人間と自然との相互作用環の解明が地球環境学の役割である。地球環境問題というのは、本来 well-being のための文明の装置あるいは地球システムが、それ自身の生んだ環境変化によって危機に瀕している状況といえる。

このような変化、進化に伴う変種に対する人文学・社会科学的な説明原理としては、環境決定論、人口決定論や、決定要因ではなく制限要因としてみる限定論、さらには文化と自然との通態（相互に刻まれた軌跡）を唱える風土論などがある。さまざまな議論があるように、地球環境問題の難しいところは、因果関係を科学的に実証するのが困難なことである。因果関係の連鎖の特定、そして複雑な原因の縮減によって、問題がおこるメカニズムのモデルを構築することはできるが、その検証は難しいことを考えれば、ある程度の推測・予測ができれば、その時点で対応策をとらねば、手遅れとなり、どうにもこうにも解決策がないという事態に直面することになる。

写真3　水をくむ（ケニア、1996年）［阿部健一撮影］

地球環境問題のもつこのような特殊性もあって、持続可能な発展という概念が国際的に取り上げられたのである。しかしながら、持続させるべき対象を限定して、自然資本、人工資本、社会関係資本の恒常的な持続可能性と考えても、現状維持、現状是認を含む、保守主義に陥りやすい。むしろ、常なる変化、循環、フローを前提に考えないと、基準となるものに画一化される恐れがあり、それは必ずしも永久の持続性を保証するものではないことを文明の歴史から学ばねばならない。千年持続学を否定するのではないが、それ以外の可能性も考えてみることが必要ではないだろうか。また、世代間衡平だけでなく、地域間衡平も考慮されねばならない。持続するものの現状維持という持続可能性ではなく、well-beingの持続であり、もっと根源的に生存・生活が保障されるということこそが重要であろう。その保障の基準は現状維持でなくともよいのである。

現状維持のニュアンス（含み）の強い持続可能性よりは、よりロマンのある未来可能性（futurability）という言葉のほうが、内容の不明確さはともかく、新しい未来を切り開く、新しい未来可能な自然と人間との相互作用環のダイナミズム（動態）をデザイン（設計）するという意味では適切であろう。

しかし、流動性を前提とした文明を構築するのは、変容と持続という、言葉の上では矛盾していることを追求するだけに、至難の業である。持続可能性に代わるガバナンス（秩序、制度と言い換えてもよい）を見つけだし、それを人間が受け入れるどうかということにかかっている。人間活動が惹起した問題であるなら、必ず解決策があるはずである。それを明確にする学問的基盤を構築するのが地球環境学である。

III

問題解決へのアプローチ
――どのような学問であるべきか

環境問題の根本的な解決策は、未来可能性に向けて自然と人間との相互作用環を解明する人間学（人間科学、humanics）の立場に立つ必要がある。環境を客体として自然科学的な観点から問題を解明するのではなく、人間の立場から諸学問の成果を統合していかねばならないという意味での人間学である。人文学や哲学的人間学とは違う、総合的な人間科学、諸科学に立脚した学際的統合科学としての人間学である。自然科学者も人間科学の立場に立ってはじめて地球環境学者であるといえる。従来から環境を研究している地球科学を始めとする環境関係諸研究（environmental sciences)、そしてそれらの学際的な総合を図ろうとする環境学（environmental studies）と、ここでいう地球環境学（environmental humanics）との違いを図式に表現したものが図 1 である。もちろん、このような地球環境学は一朝一夕になるものではなく、ようやくスタート・ラインに着いたかどうかというところである。この現状を認識しつつ、問題解決への契機として、5 つの領域を本事典では採用した。

人間と自然との相互作用環には、自然から人間への影響・制限条件と人間が自然へ働きかける作用がある。もちろん一方的な働きかけではなく、作用と反作用の連鎖である。自然変動の影響評価と人間活動の影響評価とを分析的に解明するのは科学として当然であるが、環境学としては相互作用の連続的環（渦巻、螺旋（らせん））として捉える必要がある。物事全体の相互連関性（分類、関係、因果）を実態として解明するのである。

人間と自然といったときに、人類対地球全体の自然という対立項では環境問題の本質が見えない。地球規模で考え対策を講じなければならないが、地球環境という言葉にこだわりすぎて、グローバル・スケール（地球的な尺度）に執着しては環境問題が見えなくなる。見方としての地球規模、グローバル・スケールは必要であるが、「環境」というのは本来個別的、特殊なものであることに鑑み、ローカル（地域、地方、局処）に、場に立脚することが肝要である。いわば環境という原点に立ちながら、個々の人間と自然という環境界とのかかわりのルール（準則）を確立していくことこそが具体的なターゲット（目標）ということができる。その上で、地球という自然全体と人類とのかかわりのシステムを構築することができる。

物事全体の相互連関性を実態として解明する。その連関性の存在を捉える、とりあえずの枠組として 20 世紀後半にはシステム論がいろいろな学問でとりいれられた。閉鎖的なシステムにしろ、開放的なシステムにしろ、あるいは、演繹的なシステム論にしろ、帰納的な、データを読み込むシステム論にしろ、システムはメタファー（隠喩、暗示的結合法、現実態を他の語によって転写する）であるということができる。現実態を捉える代替物である。そうすると、メタファーが問題の本質にどれだけ近いかということが問われる。その根源的と思われるメタファーをルート・メタファー（root metaphor）（根源となるメタファー、隠喩の根っこ）といっておこう。モデル（範型）構築に根源的な役割を果たす通底的概念と言い換えてもよい。

人間と自然との相互作用環というのは、相互作用のバランスの動態的な動きを知ることである。これを動態的平衡（dynamic equilibrium）メカニズムの解明という。動態的平衡の現実態の捉え方はいろいろあるが、諸学の統合

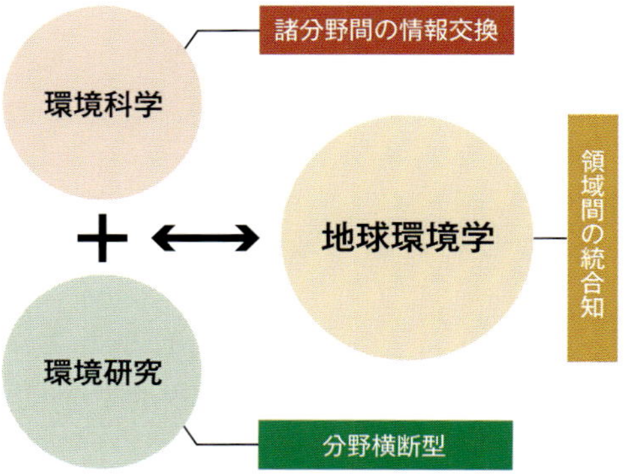
諸分野間の情報交換
環境科学
地球環境学
領域間の統合知
環境研究
分野横断型
図 1　統合科学としての地球環境学と関連科学

写真４　バナナを植え替えに（東ティモール、2002 年）［阿部健一撮影］

である環境学の第一歩として、モデル構築に根源的な役割を果たす基底的概念の設定が必要である。自然と人間との相互作用環のダイナミズム（仕組み）を表現するルート・メタファーとして循環と多様性と資源との３つの領域を選んだのは、理論的というよりは、地球環境学構築のための戦術的な面が強い。

自然と人間との相互作用環のダイナミズムを表現するルート・メタファーとして、循環領域を選ぶのにあまり異論はないであろう。もちろん自然からの作用だけではなく、循環の中に、人間からの作用というものも考えられている。したがって、循環をベースとした循環型社会が考えられるのである。循環を維持するために、生物のみならず文化や個人の多様性の中で調和を求める調和型社会ないし協調型社会も当然視野に入ってくる。２つ目のルート・メタファーとして多様性の領域が設定された。しかし循環にしても多様性にしても、環境の側のダイナミズムからの捉え方であって、人間活動ということを正面からは取上げていない。人間の自然に対する働きかけの媒介・メディアは、ある意味では、広い意味でのエネルギー・資源ということができる。資源は、自然界にある資源を対象としながら、人間の選択というフィルターを通したものである。資源という３つ目のルート・メタファーは、自然界にありながら人間と自然との橋渡しをする媒介なのである。食と資源の持続的な確保を通しての、アメニティ、安全・安心・安定を実現する生存基盤持続型社会である。

人間と自然との相互作用環のルート・メタファーとしてこの３つの領域（循環、多様性、資源）を地球環境学の分析のための道具とすると、当然これらを統合するフレーム（枠組）となる領域が必要である。歴史というのは時間というフレームの中での総合的な見方である。また空間のフレームを単位として総合的に見ることも可能である。

時間軸のメタファーとして、変容と持続とを象徴する文明環境史を考える。持続可能性のみで担保する、あらゆる持続ではなく、未来のある変容の追求である。研究領域としては文明の持続と環境変化の変動構造のメカニズムを明らかにして、未来可能性のデザインを描く使命がある。もちろん、時間の単位・区切り・範囲は上述したような地球環境問題の短い期間だけではない。環境変動を巨視的に捉えることのできる長期の期間も用意しなければならない。

もう１つの空間カテゴリー（範疇）のメタファーは地球地域学である。時間の考察のときに問題となる単位（億年か、万年か、千年か、百年か）は、空間では場のスケールである。空間というのは単なる広がりであるから、人間にとってそこに意味を求めるとしたら、人が経験し、思いうかべることのできる場の探究なのだ。場というのはコミュニティ（地域共同体）のレベルから、地球のレベルまで階層的に捉えられる。そのとき場に境界を設けるのは、広い意味での統治（くくり）である。これをガバナンス（協治、管理、支配）と呼ぶこともできる。環境問題の解決にガバナンスがなければ、絵にかいた餅のそしりを受けることになる。

地域区分の仮説としては、宇宙から見た地球が今のところ究極の広がりといえる。ただ、地球世界が全体として人間に立ち現れてきたのはごく最近であることは、記憶にとどめておく必要がある。陸に棲む人間の視点から見れば、地球世界の次に来るメガ（巨大）地域

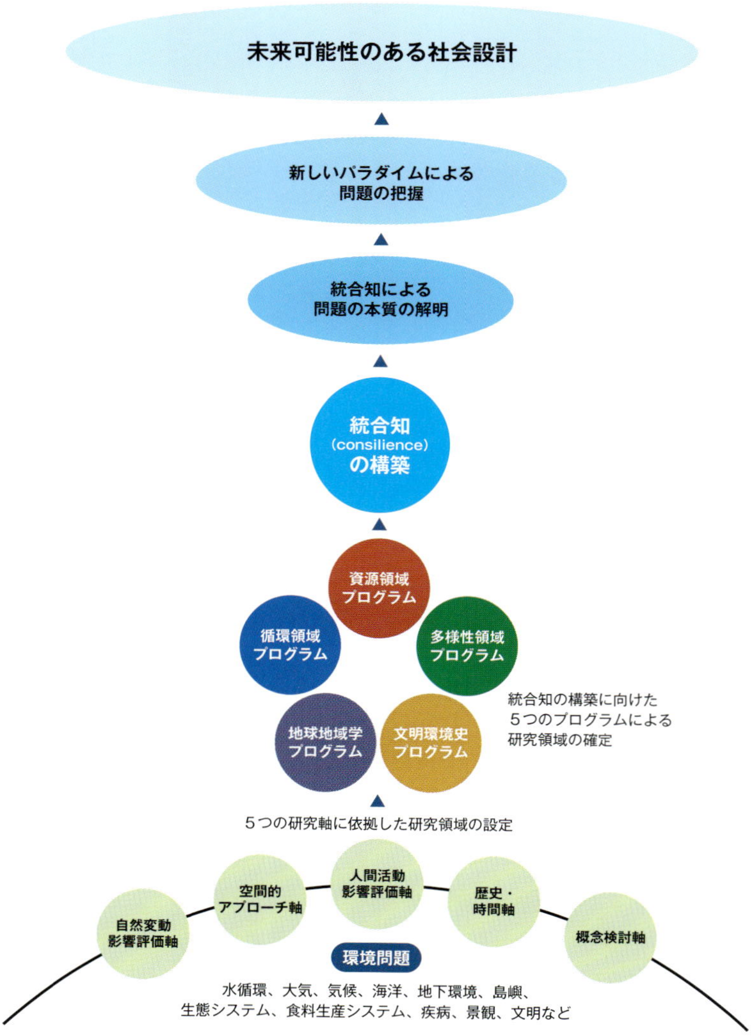

未来可能性のある社会設計
新しいパラダイムによる
問題の把握
統合知による
問題の本質の解明
統合知
(consilience)
の構築
資源領域
プログラム
循環領域
プログラム
多様性領域
プログラム
地球地域学
プログラム
文明環境史
プログラム
統合知の構築に向けた
５つのプログラムによる
研究領域の確定
５つの研究軸に依拠した研究領域の設定
自然変動
影響評価軸
空間的
アプローチ軸
人間活動
影響評価軸
歴史・
時間軸
概念検討軸
環境問題
水循環、大気、気候、海洋、地下環境、島嶼、
生態システム、食料生産システム、疾病、景観、文明など

図２　総合地球環境学研究所の理念

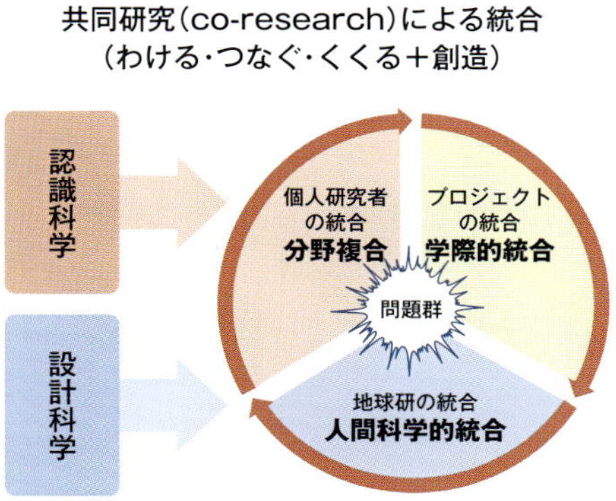
共同研究(co-research)による統合
(わける・つなぐ・くくる＋創造)
認識科学
設計科学
個人研究者の統合
分野複合
プロジェクトの統合
学際的統合
問題群
地球研の統合
人間科学的統合

図3　統合知の諸次元

は大陸であろう。メガ地域を区分するのがメゾ（中間）地域（たとえばEU）であるが、メゾ地域には大陸をつなぐ地中海世界、あるいは跨境的な地域（たとえば東南アジア）が措定できる。国家は大小さまざまあり、1つの単位として取り扱うか、分けて考えるか、連合体として考えるか、一概にはいえない。地球環境学の地球的立場からは、国家を絶対的な不可侵の枠組として考えないということである。ミニ地域は村落共同体でもあろうし流域圏でもありうるし、生物のニッチでもよいわけである。環境学の母体としての地球地域学は、このような地域区分をするのではなく、ローカルな問題を地球規模で解決する環境ガバナンスの設計が使命である。このガバナンスは地球規模だけではなく、各階層と地球圏全体との間の階層間統合モデル（ミクロ / マクロ・リンク）が必要である。

繰り返せば、文明環境史そのものを対象とするのではなく、その成果から未来可能性を取り出すことが地球環境学であり、地域研究そのものが使命ではなく、地球地域学の成果を活用して環境ガバナンスの確立を図ることが地球環境学なのである。

Ⅳ

未来可能性のある社会設計にむかって

以上のような理念を戴して、総合地球環境学研究所（地球研）は英語名を、あえてResearch Institute for Humanity and Nature（RIHN）として、2001年4月に京都に創設された。英語名は人間と自然との相互作用環の研究所であることを高らかに宣言している。創立から10年の間にすでに25に及ぶ5年サイクルのプロジェクトが立ち上がっている。それをくくるのがⅢ（問題解決へのアプローチ）で示した5領域で、これをプログラムと呼んでいる。図2に示したのは、地球研の目指す方向で、各領域プログラムに数個のプロジェクトが所属している。

図2ではプログラムの外側に統合知が位置づけられているが、これはより高次な統合知、設計科学としての統合知を示しているのであって、循環、多様性、資源、文明環境史、地球地域学は、取扱う内容がお互いに重複しながら、それぞれなりの「統合」を求めている。すなわち、各分野・領域は分析的にアプローチするが、その中で（あるいは隣接分野との）総合性を追求している。このことは、各プログラムに所属する個別のプロジェクトについても言える。また、プロジェクトに貢献する研究者個々人においても言える。このように、統合にはいろいろなレベルがある。それを図3に図式的に示した。

地球研としては、ルート・メタファーによる研究分野、研究成果を材料として、これらの帰納的結論を最終的に設計科学として統合（consilience）し、理論化し、未来可能性のあ

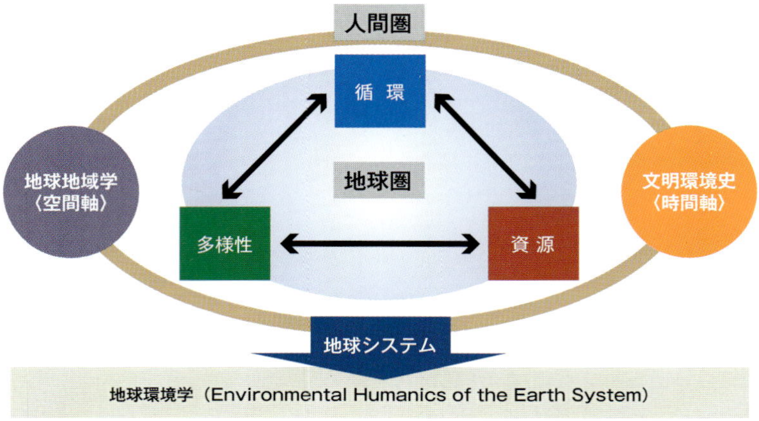
人間圏
循 環
地球地域学
〈空間軸〉
地球圏
文明環境史
〈時間軸〉
多様性
資 源
地球システム
地球環境学（Environmental Humanics of the Earth System）

図 4　地球環境学の構図

る社会設計に結実させていく。もっとも、いわば、地球環境学というマクロコズム（大宇宙）のミニアチュア版が、この５つの領域というミクロコズム（小宇宙）そして各プロジェクト、さらには個々の研究者に具現されているのが理想なのである。部分と全体の相即、分有の思想（もっと科学的にいえば階層間統合モデル）、が地球から人間まで貫くことによって、はじめて地球環境学といえる。

図４はルート・メタファーとフレーム（軸）を考慮した、地球環境学の構想である。中央に自然環境のメカニズムの３つのルート・メタファーを置き、左側に空間軸フレーム、右側に時間軸フレームを置いている。人間圏を外側に描いているが、地球システムというのは上述したようにこの外枠を含んだものである。その５つの研究領域で帰納的結果が得られたものの合致するところに地球環境学という統合がくる。言い換えれば、人間圏と地球圏との複合体をシステムとして解明するのが地球環境学である。図１では、既存の環境関連科学との違いを示しておいたが、その違いを踏まえた統合である。

未来可能な社会のデザインを描くには、持続可能性のみで担保する、あらゆるものの持続ではなく、未来のある変容すなわち未来可能性の追求が必要である。そのために地球環境学として、ルート・メタファーによる研究領域の成果を材料として、これらの帰納的結論を統合的にデザインすることが必要なのだ。全体の構図は、文明環境史（持続可能性論）と地球地域学（エコソフィー）という時空間軸によって、狭義の環境学（循環、多様性、資源に関する、人間と自然との相互作用環のダイナミクスないしはシステム＝環境動態論）を統合する地球環境学を構築し、未来可能な社会のデザインを構想することになる。

繰り返しになるが、各領域やプロジェクトは分析的にアプローチするが、その中で（あるいは隣接分野との）統合性を追求することが求められていることを忘れてはならない。独立しているように見える各領域やプロジェクトもそれぞれのミクロコズムを形成していて、それは階層間統合モデルによって、マクロコズム的な地球環境学に反映されることが大切である。

事典という性格上、個々の項目の自己完結性を重視したので、地球環境学のメッセージ「未来可能性のある社会設計」を十分に伝えられないもどかしさはあるが、少なくとも、地球環境学の基盤となりうる事典であることは疑いない。

〈文献〉ウイルソン、E. 2002.　沖大幹 2001.　杉原薫ほか編 2010.　高橋裕ほか編 1998-99.　立本成文 2001a, 2001b, 2001c.　Nicolescu, B. 1996.　福岡伸一 2007.　ベルク、A. 2002.　諸富徹 2003.　和田英太郎 2002.

循環

Circulation

Circulation

循環　領域目次

循環の急激な変化と地球環境問題

■ 気候変動と地球温暖化 Climate Change and Global Warming

■ 地球温暖化の影響とフィードバック Effects of Global Warming and Feedback

循環の拡大・断絶と地球環境の劣化

■ 自然の循環への人間の関与の増大 Increases of Human Impact on Natural Circulation

■ 人間が引き起こす地球環境劣化 Degradation of Global Environments

循環の重層化と新しいつながり

■ 循環の複雑化 Complexity of Circulation

■ 価値のつながり Linkage of Value

循環型社会の創出

■ 循環社会の制度化 Institution for Better Society with Circulation

■ 新しい循環に向けて Toward a New Circulation System

循環領域総論

未来へつなぐ人と地球の循環系

谷口真人

1. 循環の急激な変化と地球環境問題

人間－自然相互作用としての地球温暖化問題

地球環境問題を「循環」の概念から見た場合、その基本となるのは地球上の「モノの循環」である。この場合、「モノ」には水や熱、物質そのものだけではなく、そこに含まれる化学成分や生物も含み、より広い概念で見るならば、人間そのものや、人間を取巻くさまざまな社会経済活動によって動く商品や情報なども含む。現代はグローバリゼーションなどにより、モノ・人・情報などの「循環」が、その速度や大きさを含めて急激に変化し、より複雑になっている。それにより、従来の循環が断絶したり、異なるシステムへの新たな繋がりなどが発生し、人間と自然の関係が大きく変化したことが地球環境問題の原因となっている。そしてこのようなモノの移動は、長い時空間スケールをとれば「循環」として扱うことができるが、より小さな時間・空間スケールでは、「フロー」として捉えることになる。

また一見、循環しているように見えても、実際はもとに戻らない螺旋階段状の循環で予測が困難である場合や、人間の文化、思想や行動が大きく関与していることが問題を複雑化している。地球温暖化問題は、このモノの循環の変化が急激に起こったことによる地球環境問題の典型であり、地球の気候が人為的要因によって影響を受けて変化し、その反作用として、人間社会が気候変動の影響を受けるという「人間－自然相互作用問題」である。さらに気候変動は、気温だけでなく、湿度、降水量、雲量、日射量、さらには大気・海洋の循環などさまざまな気象要素が変化することであり、その人間社会への影響も複雑な形で現れる（図1）。地球温暖化をもたらしている CO_2（二酸化炭素）などの温室効果ガスとエアロゾルの濃度変動も、自然的要因と人為的要因の両方が関係している。したがって、たとえば CO_2 濃度の将来予測を精度よく行うためには、単に化石燃料消費量の予測だけでは不十分であり、植生による光合成と呼吸や海洋による吸収・放出を含めた炭素循環のメカニズムを知る必要がある。

人間－自然相互作用環は、人類が登場する以前は地球上には存在しなかった新しい「循環」である。人類が登場する前の地球は、太陽系の中の惑星として、地球進化の中でモノの循環が成立していた。地球誕生以来46億年の歴史の中で、火山

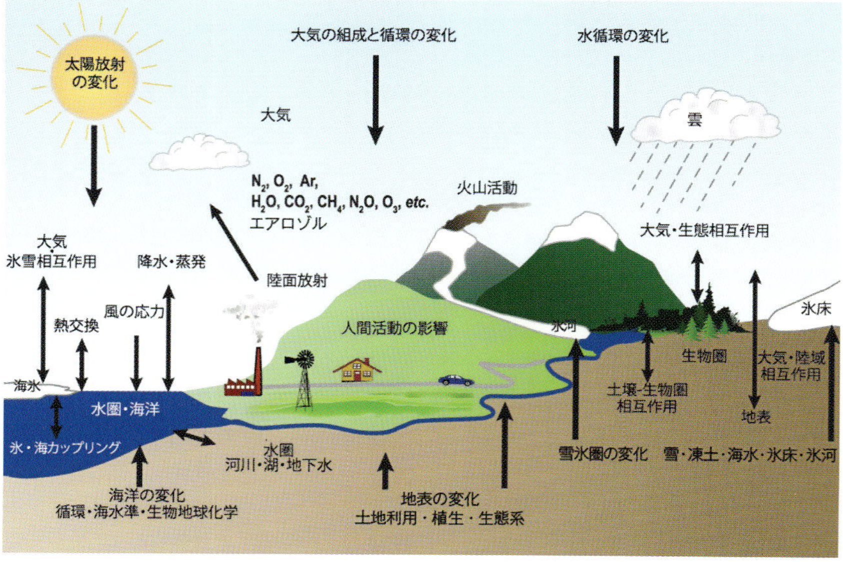
太陽放射
の変化
大気の組成と循環の変化
水循環の変化
大気
雲
N_2, O_2, Ar,
H_2O, CO_2, CH_4, N_2O, O_3, etc.
エアロゾル
火山活動
大気・生態相互作用
大気
氷雪相互作用
降水・蒸発
陸面放射
熱交換
風の応力
人間活動の影響
氷河
氷床
生物圏
大気・陸域
相互作用
土壌-生物圏
相互作用
地表
海氷
水圏・海洋
氷・海カップリング
水圏
河川・湖・地下水
雪氷圏の変化
雪・凍土・海水・氷床・氷河
海洋の変化
循環・海水準・生物地球化学
地表の変化
土地利用・植生・生態系

図1　気候システムとプロセスおよびその相互作用の各要素の概念図［IPCC 2007a を改変］

噴火などのカタストロフィックな影響を受けながらも、地球は何度も温暖化と寒冷化を繰り返してきた（過去の気候変化から学ぶ「地球温暖化」の意味 *p22*、地球温暖化問題リテラシー *p24*、火山噴火と気候変動 *p26*）。太陽系の中の地球の位置が周期的（ミランコビッチサイクル）に変動することにより、熱エネルギー収支の結果として、温度上昇と低下を周期的に繰り返してきた歴史を持つ。ここに人類が登場し、とくに産業革命後に大きくモノの循環を変えた。つまり、自然の変動に基づくモノの循環の上に、人間活動によるモノの循環が重なり合っているといえる。人間－自然相互作用環におけるモノの付加的な循環によって発生した典型例が、地球温暖化問題である。

地球温暖化の影響とフィードバック

地球温暖化をもたらす温室効果ガスの CO_2 や、エアロゾル（エアロゾルと温室効果ガス *p28*、雲と人間活動 *p30*）の排出に繋がる化石燃料の消費の増加は、世界中の多くの国と地域に広がっている。人間や地球上のさまざまな物質は、昔と比べてより速く、より大きく、そしてより複雑に移動・循環している。近年の急激な人口増加に加えて、産業革命以降に発展した科学技術力が相まって、上記のような人、モノ、情報の動きに関する量的・質的な変化が循環の「環」を複雑化させたと言える。その結果、人間社会が対応できないさまざまな地球環境問題がおきていると言える。

表１は、過去百年から近年に観測された、地球温暖化に関連する自然環境変化のさまざまな指標を示している。気温や海水温、海面水位、降水量や雨の降り方、氷河・積雪面積や海氷・永久凍土の変化など、さまざまな自然環境指標が大きく変化している様子が明らかである。このような地球温暖化に関する地球環境問題は、IPCC（気候変動に関する政府間パネル）レポートにも表れているように、物理的なプロセス、インパクトと適応および脆弱性、温暖化影響の緩和に大きく分けることができる。地球温暖化の物理的なプロセスに関しては、上述の自然変動メカニズムを踏まえた上での理解と、因果関係だけではないフィードバック機構（気候変動におけるフィードバック *p32*）を理解することが、循環という切り口から地球環境問題を考える上で重要になる。

指標	観測された結果
世界平均気温	1906～2005年の気温上昇幅は0.74℃
極域の平均気温	北極の気温はこの100年間で世界全体の平均気温のほぼ2倍の速さで上昇している。南極大陸では平均気温にも温暖化の傾向はみられていない。
世界平均海洋温度	少なくとも水深3000ｍまでは上昇しており、気候システムに加わった熱量のうち８割以上を海洋が吸収している。
世界平均海面水位	1961年以降、年平均1.8mmの速度で上昇し、1993年以降については、年当たり3.1mmの速度で上昇した。
降水量	降水量は、1900年から2005年にかけて、南北米の東部、欧州北部、アジア北部と中部でかなり増加した。サヘル地域、地中海地域、アフリカ南部や南アジアの一部では減少した。
大雨	多くの地域において発生頻度が増加している。
干ばつ	1970年以降、とくに熱帯地域や亜熱帯地域で、より厳しく、より長期間の干ばつが観測された地域が拡大した。
氷河・積雪面積	南北両半球において、山岳氷河と積雪面積は平均すると縮小している。
海氷	1978年以降、北極の年平均海氷面積は10年当たり2.7%縮小した。とくに夏季の縮小は10年当たり7.4%と大きい。
永久凍土	1900年以来、北半球において季節的に凍結する土地の面積は約7%減少し、春先には15%の減少もみられる。

表１　気候変動に関する近年観測された変化［IPCC 2007a を改変］

地球温暖化の影響は、人間社会も含めてさまざまなものに及ぶことも知られている。異常気象を含めた気象そのものの変化とその社会への影響（地球温暖化と異常気象 *p34*）や、水循環への影響、生態系への影響（地球温暖化と生態系 *p36*）、農業への影響（地球温暖化と農業 *p38*）、漁業への影響（地球温暖化と漁業 *p40*）、健康への影響（地球温暖化と健康 *p42*）など、「循環」でつながるさまざまなシステムへの影響と、その反作用としてのフィードバックを通して、お互いの系が連環していることで連鎖的な影響が発生している。たとえば、地球温暖化に伴う生態系を含めた自然界への影響は、その影響範囲や動植物の分布が変わるだけではなく、感染症などを通じて、人間のみならず生業に関する動植物分布への影響を通して、人間社会にも大きく影響する。これまではあまり見えなかったさまざまな「モノの循環」が、地球温暖化問題を通して見えてきたとも言える。

2. 循環の拡大・断絶と地球環境の劣化

自然界の循環に対する人間の関与の増大

地球表層では、太陽放射エネルギーや化石燃料エネルギーが、形を変えながら物質の移動と循環を引き起こしている。またその太陽エネルギーは水の循環を引き起こし、その水循環を通して、熱と物質を地球上で再配分している。このような自然環境の中のモノの循環の中で、人が引き起こすモノの循環が拡大してきたのが、グローバリゼーションの一側面である。モノや

写真１　鳥海山麓遊佐町における水の利用。湧水を引いた奥のきれいな水から、食材洗い、食器洗い、洗濯と順に使い分けている（2007 年）

人の循環の拡大は、たとえば 20 世紀の 100 年間に、人口は 3.8 倍に増加したのに対し、主な穀物の生産量は約 7.5 倍、鉄鋼の生産量は約 20 倍に増加した。この間、全世界のエネルギー消費量も約 20 倍に増加した。人やモノの移動は、20 世紀後半にはさらにその循環が急激に拡大し、船舶貨物量は 6 倍に、航空貨物輸送量は 14 倍に、航空機による人の輸送は 280 億人・km から 2.6 兆人・km と 100 倍前後の伸びとなっている。海外旅行者も 25 倍増えて 6.4 億人になり、今では毎日 200 万人以上が国境を越えて移動するようになっている。

このように、人やモノが激しく移動・循環する社会において、さまざまな「モノの循環」の理解は、これまでは思いも及ばなかったところに循環の連鎖があることをわれわれに教えてくれた。人間の存在にとっても欠くことのできない窒素（窒素循環 *p44*）や炭素（炭素循環 *p46*）、リン（リンの循環 *p48*）は、自然界を循環するが、人間活動が加わることで、その循環はより複雑化してくる。またこれらの物質循環は、さらに森林の物質生産（森林の物質生産 *p50*）や食物連鎖（食物連鎖 *p52*）にもつながり、循環の連鎖が拡大していることが理解できる。

変化をもたらす要因

グローバル化した社会におけるさまざまな人為的要因は、自然界の物質循環を大きく攪拌し、さまざまな問題を引き起こしている。たとえば、気候変動や人口増加・集中による水循環の変化を考えた場合、大きく 3 つの原因と問題群が考えられる。その 1 つ目は、地球温暖化を含めた気候変動による水循環変化である。降水量の増加と変動の増大は、洪水リスクを増大させ、人命・財産・健康の損失につながる大きな問題である（水循環と気象災害 *p54*、氷河の変動と地域社会への影響 *p56*、干ばつと洪水 *p58*）。一方、降水量の減少は干ばつ頻度と強度を増加させ、食料の需給逼迫につながる。

2 つ目の問題は、人口増加と集中に伴う水資源需要の増加に伴う問題と水質問題である。水資源需要の増加は取水量の増大を生み、淡水域の減少や河川の断流、地下水資源の減少などを生む。これらは、これまでつながっていた水の循環を断ち切ってしまう「循環の断絶」を生じる。一方、水質の悪化は、量としては問題がなくとも、水質が悪化することによる水資源の減少として捉えることができ、富栄養化（富栄養化 *p60*）に伴う水質の悪化などは、その典型例であろう。この汚染の問題は水質ばかりでなく、大気汚染による健康被害（大気汚染と呼吸器疾患 *p62*）、化学汚染による生態系への影響（生態系を蝕む化学汚染 *p64*）など広範囲に及ぶ。またこの循環の連鎖はより広範囲に拡大化し、あるいはこれまでの循環が断絶し、地球環境の劣化を引き起こしているといえる。富栄養化や越境大気汚染などは、社会経済活動などによって排出された物質が、さまざまな循環経路を通って人間社会にフィードバックとして影響を与えている現象である。

3 つ目の問題は、社会のグローバル化に伴う、均一の価値観が広まることによる問題である。大量生産・大量消費に伴うモノの移動・循環の拡大は、人と水の関係を大きく変えている。地域の環境にそぐわない、均一のモノの利用による環境の悪化は、地域の水文化の喪失へとつながる重要な問題である。

このように水循環の変化は、各地域における水の過不足を増長させる可能性を生じるが、その最たるものは干ばつと洪水である。Too much water（to control, 水が多すぎて管理できない）、と too little water（to survive, 水が少なすぎて生きられない）は、この水の過不足問題が、地球上の自然の水の分布と、人間が必要とする水需要の（あるいは災害を起こす不必要な水の）分布のアンバランスによっておきていると言える。

人間が引き起こす地球環境劣化

干ばつに加えて、灌漑や工業用水など人間活動による水の大量消費が加われば、河川の断流や砂漠化が進み、塩害が引き起こされる一因にもなる。塩害と砂漠化（土壌塩性化と砂漠化 *p66*）の問題は、単に自然要因による気候変動だけでなく、人為的要因による気候変動がもたらす降水量の変化、そして、水利用という人間による直接的な要因も加わっておこる（東北タイの塩害とその対処 *p68*、塩の循環とその断絶 *p70*）。今後、地球温暖化によって、降水量の多い地域と少ない地域のコントラストが大きくなる可能性があり、乾燥地域の食料問題と関連して、持続的農業のあり方を検討することが重要である。他方、温暖化によって山岳地域の積雪量が減少したり、梅雨前線の位置が変わったりすれば、モンスーンアジアに位置するわが国の農業にも大きな影響を受けることになる。

このように、人間活動に起因する循環の拡大・断絶とそれに伴う地球環境の劣化は、加害者と被害者が狭い範囲で特定できる問題ではなく、被害者・加害者や受益者・負担者が固定されず、流域や行政区・国境などのさまざまな空間境界や、世代などの時間境界を越えて複雑に絡み合っている問題と捉えることができる。人間社会と自然との間を循環する水や炭素・窒素・リンの循環や食物連鎖など、人間－自然相互作用環としての「循環」の複雑化を理解し、その循環の範囲が拡大や循環の断絶による地球環境の劣化を理解することが重要である。

また食料問題に関しても、「循環」の観点からは「資源」と密接に関連して議論する必要がある。食料を確保するための漁業における乱獲の問題が指摘されており、近年では漁獲量が制限されるようになっている。また、鶏舎で飼われる均質に管理された養鶏などは、病気への耐性が弱くなり、鳥インフルエンザによる災害の一因にもなる。このような、食糧の大量生産には、ある環境に適した植物や動物を必要とするために遺伝子の組換え技術を取入れることがあるが、そのような人工的に作られた生物が生態系に混入すると、遺伝子汚染が生じることにもなる。水質汚染に伴う遺伝子異常もその例と考えられる（遺伝子の水平伝播 *p72*）。これらは、遺伝子という「生命の循環をつかさどる」物質の循環への、新たな人工的な関与によって生じている問題と捉えることができる。

3. 循環の重層化と新しいつながり

循環の複雑化と重層化

グローバル化した社会は、自然のモノの循環の上に、社会・生活活動などによる人間が動かすモノの循環が重なり、複雑な循環経路をつくる。人間の行動および社会生活範囲は、都市の形成を見ても明らかなように、空間的な広がりばかりでなく、高層ビル街や地下街など、鉛直方向にも拡大している。これは、循環の拡大と重層化として捉えることができる。たとえば、地下環境への人間活動の影響は広範囲に広がっており（見えない地下の環境問題 *p74*）、地下水の過剰揚水に伴う地盤沈下や、沿岸都市での過剰揚水に伴う地下水の塩水化（地盤沈下と塩水化 *p76*）は、普遍的な地球環境問題といえる。

この地下水の過剰揚水による地盤沈下は、個々の利益を追求すること（地下水資源の利用）に伴い、共通の被害（地盤沈下）を被るという点で、G. ハーディンの言う「コモンズの悲劇」の典型例である。これをコモンズ論としての「資源」の観点からだけではなく、「循環」の観点から見るとどうなるであろうか。地下水は目には見えないが、地下でつながっており、人間が人工的に引いた国境や地方行政界などの境界を越えて、地下で連続して循環している。隣町の井戸で地下水を汲めばこちらの地下水に影響が出るわけである。これは里山など「共有地」としての移動しない場所における資源管理ではなく、循環でつながっている「移動する共有資源」の共同の管理を必要としているという点でより複雑である。このように行政界などの人為的境界を越えて存在する、共有資源であるはずの地下水が、共同管理をされずにいるのが現状である。沿岸都市で普遍的に発生した地盤沈下は、ハーディンの言う「コモンズの悲劇」が、地下水を舞台に発生したことを示しているが、その後の地下水の揚水規制は、対処療法としては有効に働いたが、一方的な規制は、逆に地下水の有効利用を阻害してきた。「循環する共有資源」としての地下水を、共有地・共有資源の悲劇を超えて、どのように「所有」すればよいのかが問われているといえる。

境界を越えたつながり

人間活動がグローバル化する以前のモノの循環は、ある限定した範囲（境界）で完結し、流動・循環していたと理解しても大きな問題がなかったと考えられる。つまり地域に生きた人びとはその地域に流入する「自然のモノ（資源を含む）」と地域から流出するモノのみを、閉じた生活空間や地域という「境界」内でとらえていた。しかしその地域や生活空間は、それぞれの境界では別のシステムと連結している。

これまでの境界を越えた、「新しいつながり・循環」を理解することが、地球環境問題にとって重要である。その１つめの境界は地上と地下の境界である（地上と地下をつなぐ水の循環 *p78*）。目に見える地上と目に見えない地下の境界である地表面は、２つの異なる世界を分ける境である。地上の水である表流水はいわゆる「公水」と扱われるのに対し、地下水は土地に帰属する「私水」として、法制度の体系も異なっていることが水管理を統合的に行ううえで支障になっている（地表水と地下水 *p80*）。この地表と地下の境界をまたぐ水の移動は、新しい循環のつながりとして理解される。もうひとつの境界は陸と海の境界である。「森は海の恋人」の例を挙げるまでもなく、陸域の物質循環が海の生態系に影響を与えていることが明らかになっている（物質循環と生物 *p82*）。魚附林（魚附林 *p84*）の例は、これまでの境界である「沿岸」を越えたモノの循環を考えることで、川を通して森のある陸から栄養塩が海に運ばれ、豊かな沿岸生態系を維持していると理解される。

これらの境界は、人間が作った境界（国境や行政界）と自然の境界（流域・帯水層など）の違いによって生じるさまざまな問題を引き起こしてきた。国境を越えた地下水の存在は、一方の国で揚水を行うことで、国境をまたいだ隣接国が被害を受けるといった越境地下水問題を引き起こしている（図２）。人間が作った国境や行政界などの境界は、その地域の文化の求心力を強める役割を果たしてきたが、一方で自然の境界との違いは、さまざまな問題を引き起こし、統合的な管理の必要性が認識されている（農業排水による水系汚濁 *p86*）。このような境界が持つジレンマは、越境汚染や越境ゴミ（ゴミ問題 *p88*）と同様に、これからの地球環境問題を考える上で重要になるであろう。

これまでは、実際にモノが移動・循環することによる地球環境問題に関して見てきたが、モノが直接移動・循環しなくとも、人間のさまざまな行動や社会経済活動が関連して発生するコトが、地球環境問題につながる事例がある。たとえばエルニーニョ・ラニーニャと世界貿易に密接な関係がある（エルニーニョ現象と農水産物貿易 *p90*）ことなどは、自然現象と社会経済現象

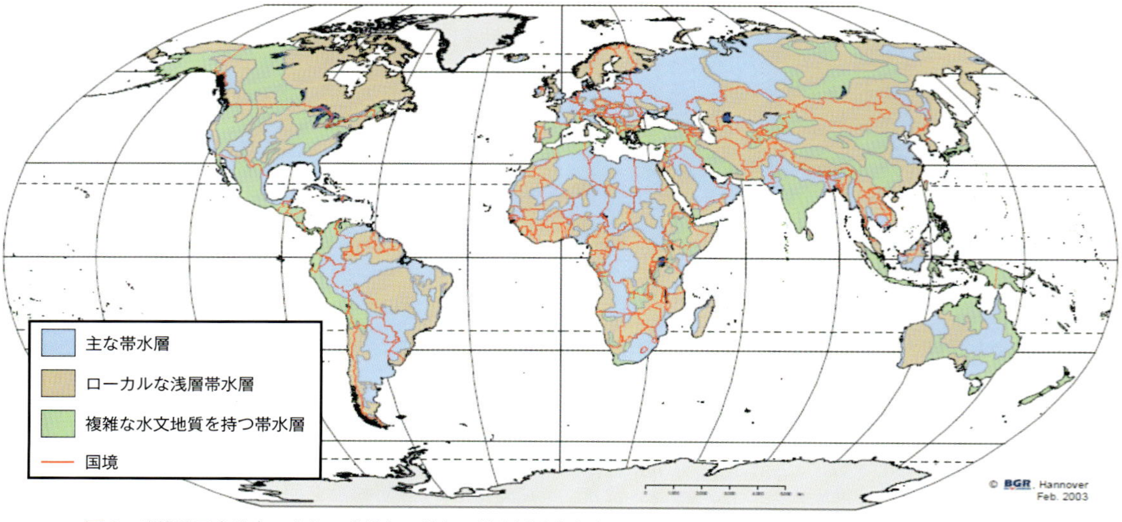
主な帯水層
ローカルな浅層帯水層
複雑な水文地質を持つ帯水層
国境
© BGR, Hannover
Feb. 2003

図２　越境地下水分布。水色・黄緑色・茶色は帯水層分布を表し、赤線は国境を表す［BGR and UNESCO 2003］

など、これまでは想像しなかったさまざまな現象が、時空間を越えて人間－自然複合系の中で重層化していることを示している（循環時間と循環距離 *p92*）（図 3）。

価値のつながり

さらに「循環」の上位概念として、「価値の転換・つながり・伝播」を考えることで、地球環境問題の理解が進むと考えられる。「価値のつながり」とは、物自体は移動しないが、価値の転換・つながり・伝播を通して、あたかもモノや価値がバーチャル的に移動・循環しているように見えることをさす概念である。たとえば魚附林の例に見られるように、海に棲む魚介類に必要な栄養塩が陸上の森林からもたらされることに由来する「漁獲高確保のための森林保護」は、森林に新しい価値を与えたものと言える。「価値の循環」は、この他にもバーチャルウォーター、エコロジカルフットプリントやライフサイクルアセスメントなど、モノ自体は循環しないが、「価値のつながり」をとおして、物や価値がバーチャル的に伝播・循環し、土地・水などの大切なものに「置き換える」ことによって、価値の転換・伝播・循環がおきている、と理解することで地球環境問題を捉える考え方である。

たとえばバーチャルウォーターの例に見られるように、ある国で消費される輸入食糧は、輸入先で生産される時にその国の水を使っているので、ある国における水の消費量は、直接消費された量以外に間接的に消費された量も考慮に入れる必要がある。一例を挙げれば、米国中西部から牛肉を輸入する場合、そのウシは米国の牧草や穀物を飼料として育つことになる。その牧草や穀物を生産するためには米国内の土地と水（オガララ帯水層の地下水）を使うことになるので、日本に輸入される牛肉は間接的に米国内の地下水を消費していることになる。実際には水そのものは移動していないが、結果的に他国の水を利用することになり、このことは間接的に他国の水資源問題とも関係することになる。日本へのバーチャルウォーターの輸入量は年間 1035 億 t 程度と推定されており、日本におけるローカルな年間水資源使用量 890 億 t よりも多い量となっている。これは先進国と先進国との間のバーチャルウォーターであれば、経済価値だけで問題は少ないが、たとえば水の少ない発展途上国から水の多い先進国へのバーチャルウォーターの場合などは、生命の根源である水にかかわる「人間の安全保障」の観点からも問題がより複雑になる。

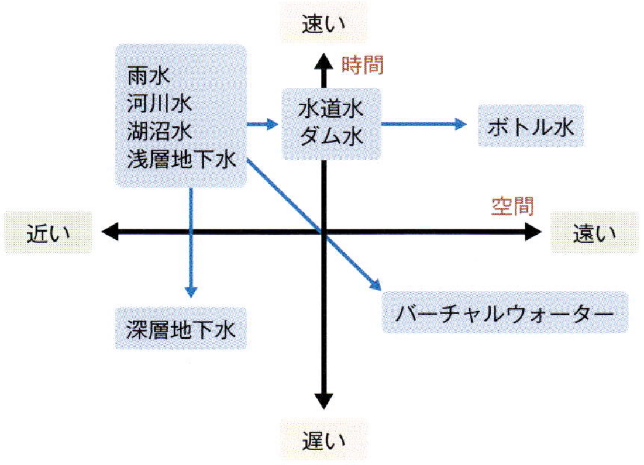
速い
時間
雨水
河川水
湖沼水
浅層地下水
水道水
ダム水
ボトル水
空間
近い
遠い
深層地下水
バーチャルウォーター
遅い

図 3　人間が利用する水の時空間分布変化［谷口 2009 を改変］

またフードマイレージも、グローバル化が進む現代における地球環境問題の捕らえ方のひとつとして議論されている。日本は世界有数のマイレージ数を有し、モノ（食料、水など）を動かすことで付随施設の建設・輸送などでエネルギー消費を増大させている。水の豊富な日本でペットボトルなどのボトル水を輸入し、自給率を下げてでも、経済価値のみにより食糧などモノを大量に移動・輸入する現在の日本の状況は、循環の環を大きくしすぎている可能性が存在すると「循環」の観点からは指摘することができる。

因果の循環（循環と因果 *p94*）に関しては、「風が吹けば桶屋が儲かる」の諺（ことわざ）を、ありそうもないことと捉えるのではなく、エルニーニョ・オゾンホールの例を見るまでもなく、「因果の連鎖の可能性」として捉えることが重要であるかもしれない。さらにこれは、何もモノとコトに限ったことではなく、人間の健康が心と密接に関係する例を見るまでもなく、心の問題においても当てはまることかもしれない（魂の循環 *p96*）。

4. 循環型社会の創出

循環の大きさと速さ

地球環境問題を考える上で、モノや現象のつながり・循環を明らかにすることの重要性を見てきたが、

写真 2　バンコク、ノイ運河で行商する婦人（2009 年）

それでは、どのような社会を築いていくことが、「地球と人の豊かな生存」の実現につながるのであろうか。

さまざまな循環の「環」を、空間的にどのような大きさにすることがより良いのか、またその「環」を時間的にどのようなスピードで循環させるのがより良いのか。前者は、フードマイレージやバーチャルウォーター、地産地消、自給率など、循環の「環の大きさ」をどのようにし、どこにどれだけのストックを持つかという空間的な視点に帰結する。エネルギー制約、経済制約、資源制約などさまざまな制約の中で、循環をストックの観点から見る見方で、循環の輪の大きさを考慮することである。後者は、循環の速さおよび強さであるフローをどのようにするかという問題につながる。どれくらいのスピードでモノを循環させるのが、後世への正・負の遺産伝承という点から重要なのか、という時間的な視点に帰結する。循環をフローの観点から見る見方で、循環の速さと強さを考慮することである。

このつながりや循環の「環の大きさとスピード」のあり方を考える上で、有用な材料の 1 つが「つながりの指標化」であろう。トレーサビリティ（トレーサビリティと環境管理 *p98*）は、食品の産地偽装に関連する起源特定の道具として知られるが、その情報は多岐に渡る。トレーサビリティの 1 つである同位体には、安定同位体と放射性同位体があり、前者はモノの起源などの空間情報を、後者は年齢などの時間情報をわれわれに知らせてくれる。循環のつながりを「追跡する」ことができるわけである。このトレーサビリティは、循環の環の大きさとスピードを理解する上で、欠かせない指標といえる。

また、排出インベントリー（大気汚染物質の排出インベントリー *p100*）やライフサイクルアセスメント（ライフサイクルアセスメント *p102*）などは、それぞれ関連するモノと環境を指標化することで、その問題点を評価する仕組みである。その指標化の基本にはモノの循環があり、つながりの指標化を行うことで、より明示的に循環の輪の大きさとスピードを定量的に表す試みである。因果関係の明らかな循環経路をたどることで、直感的にはわかりにくい「つながり・循環」の「環の大きさと強さ・スピード」を知ることができる。

制度化としくみ

未来の社会のあり方を、「循環」の視点から考える上では、「循環型社会」に関する議論がある。環境省の超長期ビジョン（2007 年）によると、(A) 資源生産性（= GDP/ 天然資源等投入量）と (B) 循環利用率（= 循環利用量 / 循環利用量 + 天然資源投入量）、(C) 最終処分量（= 一般廃棄物 + 産業廃棄物）を元に、2010 年の循環型社会計画目標値をそれぞれ 39 万円 /t、14%、2800 万 t と定めている。つまり投入資源の全体の 1/8 を再循環させる目標である。

循環型社会に関しては、省資源、省エネ、減ゴミ、3R（Recycle, Reuse, Reduce）（循環型社会におけるリサイクル *p104*）に代表されるように、ややもすると「人間社会の系」と地球を内と外に分け、内の系の 3R をどれだけ増やすかを中心に議論されることが多い。結果的に系の外からの資源や外への廃棄物を減らすための3Rではあるが、そもそも外の系からの資源消費量や外への廃棄物量の増大に比べて3Rの量が圧倒的に少ない現在、根本的な文化の問題として、どのように自然と人間社会の中に資源の配分と廃棄物の配置をするかを考える必要がある。通常3Rでは、人的資源や文化的要素の循環状態は概念に含めないが、モノの循環だけにとどまらず、価値のつながり・循環や因果の循環に踏み込むことは、3Rを増やすだけの循環にとどまらず、時間（滞留時間）と空間（移動距離・スケール）と人間社会をまたいだ広範な概念に拡張することを意味し、履歴の強さを指標化し、1つ前の循環との違いを数値化することや、循環の速さ・大きさを見直すことも必要であろう。

環境税 （環境税 *p106*） も、環境に価格をつけることで、循環に新しいつながりを生む試みである。地球環境問題と人間の行動原理との関係にはさまざまなものがあるが （環境クズネッツ曲線 *p108*）、制度や仕組みにつなげる方法のひとつは、「もったいない」や「バチがあたる」というような「規範」に働きかける方法である。物事のつながりや循環を理解して、その重要性を認識した後、それをどのように守り、機能させていくかという、一連の現象を制度につなげていく方法である。もうひとつは地域や社会、あるいは個々人の「誇り」に訴えて、制度や仕組みとしていく取組みである。税、基金、募金などさまざまな方法が地球環境保全との関係で提案されているが、「規範」と「誇り」の色合いはさまざまではあるが、いずれも新しいつながりを社会制度の中に取込む方法である。

未来志向型の社会作りを地球環境の循環の観点から見るうえでは、韓国ソウルの清渓川（チョンゲチョン） （循環の断絶と回復 *p110*） の例が参考になるかもしれない。この取組みは、都市の拡大とともに増えた車の交通対策用に、川を埋め立てて道路にした場所を、もう一度もとの川を復活させて、ヒートアイランドの緩和や環境空間・親水空間を取戻そうとして始まった。これは、一度断絶した自然と社会の循環を、川という環境を復活させることで取戻した例としてあげられる。どのような循環と自然－人間系を選択するのが、社会に生きる人の豊かな生存につながるのかを考えた選択であろう。

循環をみる目と地域固有の循環系

地球環境問題を、循環の観点から見るとき、エネルギー問題と水資源問題、食料問題は避けて通れない。地球温暖化をもたらす温室効果ガスの排出に関する問題は、最終的にはエネルギー問題の解決が不可欠となる。つまり、化石燃料からポスト化石燃料への転換である （循環できないエネルギー *p112*）。ポスト化石燃料エネルギーとしては、太陽光などの自然エネルギーの活用が究極のものであるが、その社会の到達にはまだ時間が必要であり、現状はいかにして電気を安定に供給するのかという点が重要になっている。

食料問題や資源－廃棄物の関係性などに関しては、天水農業 （天水農業 *p114*）、持続的農業 （乾燥地の持続型農業 *p116*）、焼畑農業 （焼畑における物質循環 *p118*）、江戸時代の循環社会 （江戸の物質循環の復活 *p120*） など、伝統的な社会における循環のありように学ぶ重要性が指摘できる。これはTEK（伝統的生態知識）とSEK（科学的生態知識）に見られるように、グローバル化した社会における新しい循環のありようを考えるもので、単に昔にもどれということでないことは言うまでもない。地域の自然に調和的な伝統的知識の上に新しい科学技術の知識を積み上げ、振り子のようにTEKとSEKを行ったり来たりするのではなく、スパイラル的にステップをあげた社会を築くことが重要であろう。

地球上のそれぞれの地域には、異なる地質や地形、気象や水文、そしてそこで育まれた文化を基礎にした、人びとが生活をするその土地固有の循環系（風水土）が存在する。モノを資源としてとらえるだけではなく、モノが「循環」することでつながる、人と生き物と社会を理解し、それらの循環をより良く保つことが重要である。21世紀の地球環境問題は、自然・生物系と人間系とをいかにうまく統合し、循環の機能をどのように発揮させるかにある。それぞれの地球環境問題に対するさまざまな情報を知恵にし、その多様な知恵を統合する統合知を構築して機能させることが今後の課題である。

〈文献〉French,H. 2000. 早坂忠裕 2008. IPCC 2007a. BGR and UNESCO 2003. Oki, T. & S. Kanae 2006. 谷口真人 2009.

過去の気候変化から学ぶ「地球温暖化」の意味

変化する地球環境に対峙する新たな知の創出

地球温暖化問題とは

現在の地球温暖化は、大きく分けて、ふたつの議論が交錯している。ひとつは、そのメカニズムに関するもので、産業革命以降の人間活動要素（温室効果ガス増加、エアロゾル量増加など）によるものか、あるいは太陽活動の変化などの自然的原因か、あるいはその双方がどの程度効いているのか、といった議論である。もう１つは、現実に起こっている地球温暖化がどの程度人間活動に影響を与えているのか、あるいは与える可能性があるのか、という影響評価に関する議論である。これら２つの問題は、人間活動による温暖化の見積もりが、招来に与える影響の議論にも直接関係してくるため、さまざまな議論が錯綜してくる。

地球温暖化における不確定性

現在の「温暖化」が人間活動に与える影響の評価で重要な点は、温暖化の速度と、温暖化が引き起こすであろう地球システムにおけるさまざまな変化がどの程度であるかにかかっている。気温そのものの上昇による直接的な影響よりも、地球の気候システムを構成するさまざまなサブシステムへの影響、とくに水循環システムの変化を通して、干ばつ・洪水の頻度や程度にどう影響するか、あるいは氷河への影響を含む雪氷圏への影響とフィードバックなどが、その典型的な問題であろう。とくに水循環システムへの影響は、人間活動だけでなく、生態系全体への影響も大きく、地球温暖化の深刻さは、この水循環システムへの影響がどの程度かということにかかっているといえよう。ただ、やっかいなことは、気候システムにおける水循環の役割はたいへん複雑であり、その気候へのフィードバックを含むしくみの理解不足は、地球温暖化予測の大きな不確定性の原因にもなっている。

地球温暖化の速さの問題

現在の地球温暖化に匹敵するか、それ以上の気候温暖期は過去にも何回もあった。人類が出現して以降に限っても、約100万年前から開始された氷期・間氷期サイクルは、南極氷床コアなどによる最新の解析によると、全球平均気温で10℃も気温が上下する気候の大変動の時代であった（図1）。温暖期にあたる間氷期は、現在の気温より全球で平均1～2℃は高い時期が1～3万年程度続いた。植生分布などもこの氷期・間氷期サイクルに対応して全陸地スケールで変化していたようである。生態系が気候変化に適応して変化（移動や遷移）できるかどうかは、温暖化にしろ、寒冷化にしろ、その速度が問題になる。図1の氷期サイクルで最も激しい気候変化は、氷期から間氷期への戻り時期である。たとえば、約1万8000年前の最終氷期から気候最適期あるいはヒプシサーマルといわれる8000年前までの約1万年で、全球平均で10℃という劇的な気温の上昇が起こっている。この時期、植生分布は大きく北へ移動し、人類も南米大陸南端までも含め、大移動が世界各地で起こり、（日本列島では縄文時代前期にあたる）気候最適期頃には、農耕が開始されている。

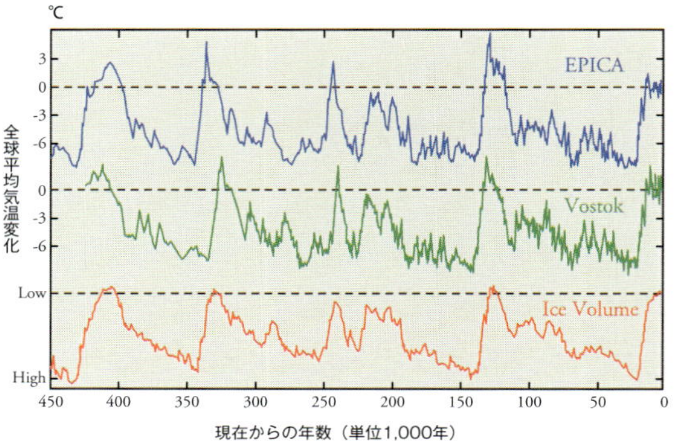
℃
全球平均気温変化
EPICA
Vostok
Ice Volume
Low
High
3
0
-3
-6
450
400
350
300
250
200
150
100
50
0
現在からの年数（単位1,000年）

図１　２つの南極氷床コア（EPICA および Vostok）から復元された全球気温と推定された氷床の体積量の変化［EPICA community members 2004］

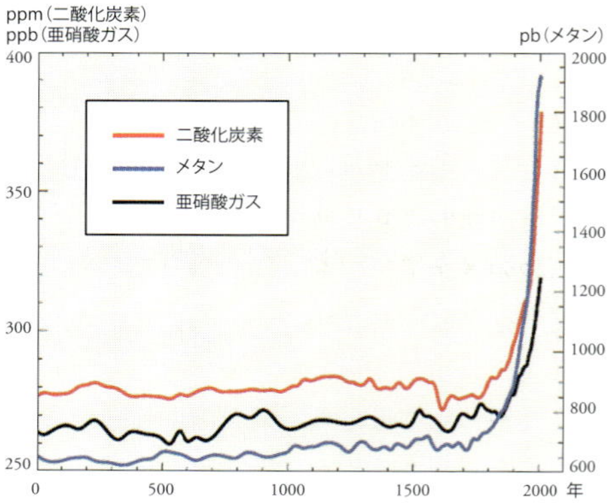
ppm（二酸化炭素）
ppb（亜硝酸ガス）
pb（メタン）
二酸化炭素
メタン
亜硝酸ガス
400
350
300
250
2000
1800
1600
1400
1200
1000
800
600
0
500
1000
1500
2000 年

図２　大気中の温室効果ガス（二酸化炭素、メタン、亜硝酸ガス）濃度の変化［IPCC 2007a より抜粋］

こんな大変動でも人類を含む生命圏はちゃんと生存できているではないか、という見方もあろう。しかし、この最終氷期から温暖期に至る劇的な気候変化の時期も、平均してみると、1万年間に10℃の変化である。ということは1000年に1℃の気温上昇である。翻って、最近の地球温暖化は20世紀初めから約100年で1℃の上昇であり、最近の地球温暖化は、人類がかつて経験したことのなかった気候の変化である可能性がある。ちなみに、過去約80万年間の氷期・間氷期サイクルに伴い、温室効果ガスである CO_2（二酸化炭素）も大きく変動していたことがわかっている。しかし、その変動幅は、氷期の180 ppmから間氷期の280 ppmの間で、気温変化と整合的に変化している（図1）。しかし、最終氷期後、19世紀の産業革命以降、急激に増え続け、現在は380 ppmであり、2100年にはこの2倍から数倍になるという予測がIPCC（気候変動に関する政府間パネル）によりされている（図2）。

地球温暖化に伴う気候のブレと変動性

生態系や人間活動への影響を考えた時には、温暖化にしろ、寒冷化にしろ、気候のアノマリー（ブレ）がどの程度の期間続くか、ということも重要な問題である。たとえば、紀元約1000年前後の数世紀、「中世温暖期」とよばれる温和な気候が続き、西欧では今は中南部しかできないブドウ畑がイングランドまで広がっていたことが、西欧の歴史資料などから指摘されている。しかし、この時代、熱帯やモンスーン地域では、温暖な気候は、洪水と干ばつが繰り返される大きな気候変動が続き、当時の文明を揺るがしていたことが指摘されている。西欧、北欧などの中高緯度地域では温和な気候も、アジア、アフリカや中南米の熱帯・亜熱帯域では、エルニーニョなどに代表される大気海洋系の変動が大きく、これに伴う干ばつ・洪水が大きな振幅で繰り返されており、必ずしも良い気候ではなかったのである。「温暖な気候」が、水循環過程にフィードバックして降水現象にどう影響するか、ということが、ここでも重要な問題となる。最近の地球温暖化でも、21世紀の予測も含め、豪雨頻度と干ばつ頻度の両方が増えるという傾向が指摘されている。

気候変化に対する人類の認識

中世温暖期の後、16世紀から19世紀にかけては、小氷期とよばれる寒冷な気候が北半球を中心に継続し、世界の高山域の氷河は全体的に大きく前進した。ヒマラヤの氷河群が現在大きく後退傾向にあるのは、この小氷期に拡大した氷河群が、20世紀以降の温暖化に応答している過程とみることもできる。中世温暖期も小氷期も、気候変化のぶれとしては、全球平均でもせいぜい1～2℃程度であり、決して大きいものではない。しかし、それが人類の数世代以上の長さにわたって、ゆっくり（しかし、ある時は急激に）変化するため、このような時間スケールがもたらす気候変化とそれに伴う降水パターンや氷河変動などに対し、人類の知恵の蓄積は意外に小さく、引き起こされた自然災害に対しても、多くの場合、無力であった。1960年代、70年代にヒマラヤでの氷河湖決壊により下流の山岳民族の村が全滅に近い被害を受けた。なぜそこに住む地元の人たちにその備えがなかったのかという疑問が生じる。彼らにも世代を通した「伝承」の知恵がなかったわけではないが、小氷期の氷河拡大期にチベットから移り住み、その後の温暖期に至る気候変化の中で数世代以上をかけて定住域を拡大していった彼らの自然環境の理解には、氷河湖決壊という現象はなかった可能性が高い。

新たな知の展開

現実に起こっている温暖化と、たとえばヒマラヤの氷河群の近年の急激な後退とそれに関連した氷河湖拡大と決壊頻度の増大（の可能性）は、地球温暖化の直接的な影響として、メディアでもすでに当然のように取り上げられている。たしかにヒマラヤ山脈周辺でも近年の気温の上昇は顕著である。しかし、気候の変化に対し、ゆっくりとした応答をするはずの氷河の後退が、最近の気温の上昇に直接的に因(よ)っているという科学的な証拠はまだほとんどない。現在、私たちは過去の気候に関する大量のデータを持ち、さらにコンピュータによる気候モデルからの予測を可能にしている。モデルの不完全さ、不確かさのために、下手をすると「オオカミ少年」的な予測をして、多くの人を惑わす可能性もあるが、人間活動が引き起こす気候変化が決して無視できない状況に来ていること、さらに巨大都市化に代表されるような人間活動の極度の集中と複雑化による気候・環境変化に対する脆弱性の増大という事実を踏まえた、新たな人類の知の展開が必要なのは確かであろう。

【安成哲三】

⇒C地球温暖化問題リテラシー *p24*　Cエアロゾルと温室効果ガス *p28*　C雲と人間活動 *p30*　C地球温暖化と異常気象 *p34*　C地球温暖化と生態系 *p36*　D地球温暖化による生物絶滅 *p178*　Hヤンガードリアス *p366*　Hヒプシサーマル *p370*　H雪氷生物と環境変動 *p384*　E砂漠化の進行 *p480*　E地球システム *p500*　E地球規模の水循環変動 *p510*

〈文献〉フェイガン、B. 2008(2008). Lean, L.J. & D.H. Rind 2009. Xu, *et al.* 2009. Baidya, S.R., *et al.* 2008. EPICA community members 2004. IPCC 2007a.

地球温暖化問題リテラシー

限られた知識と経験の中で

温暖化問題の異なる認識

地球温暖化という言葉から何を思い浮かべるだろうか。気温の上昇、南極や北極の氷の減少、海面水位の上昇とそれに伴う島嶼の水没、温室効果、二酸化炭素の増加、石油、石炭等化石燃料の消費量増大、京都議定書等々、人によってさまざまだと思われる。

IPCC（気候変動に関する政府間パネル）の第4次報告書によれば、21世紀末には地球全体の平均地表気温が今より1.1〜6.4℃上昇し、海面水位は18〜59 cm上昇すると推定されている。

これらの数字の意味するものは何か。日本では、冬に雪が降る所もあれば夏に熱帯をも凌ぐような高温多湿の日が何日も続く所もある。これに比べれば、たかだか数度の気温の変化で大騒ぎするのは、少し大げさだと思う人も少なからずいるだろう。また、海岸近くの住人や漁師は、潮の干満で1 m程度の海面の変動は日常的なことであると認識している。

気温に限らず、世の中の変化に対する感じ方は人によって千差万別である。農業や漁業など日常的に自然と向き合って仕事をしている人と、エアコンの効いたオフィスビルの中で仕事をしている人では、自然の変化に対する受け止め方が当然異なることになろう。したがって、現代では地球温暖化に関する情報を読み解く力（リテラシー）が重要になる。

ニュースになる温暖化問題の特徴

地球温暖化問題は、社会現象としても新聞、雑誌やテレビニュースなどでごく普通に取り上げられるテーマでもある。社会における地球温暖化問題の捉え方を見ると、そのメカニズムを論じたものは少なく、どのような影響があるのか、また、どのような対策が必要かということに焦点をあてたものが多い。たとえば、異常気象やそれに伴う農業・経済への影響、あるいは生物への影響の記事が多い。一方、対策については、CO_2（二酸化炭素）削減技術や代替エネルギー、税金の問題、自治体の取組みを紹介したものなどが目立つ。また、1997年12月に開催されたCOP3（地球温暖化防止国際京都会議）のような大きな国際会議があると取扱いが突発的に多くなる。

マスコミでは、概して良いことはニュースになりにくく、悪いニュースが目立つことになる。したがって、地球温暖化問題のように焦点が定まりにくいものは、抽象的なテーマよりも具体的でしかも何かしらわれわれに悪影響を及ぼす可能性のあるテーマが紙面を賑わせることになる。

温暖化問題のとらえ方

地球温暖化問題は、さまざまな分野で研究が進められている。少し考えただけでも関係しそうな学問分野は、気象学、生態学、農学、工学、経済学、政治学など多岐にわたることが容易に想像できる。これらの研究者はこの問題をどのように捉えているのだろうか。

たとえば経済学者の多くは楽観的で、21世紀末まで全球平均気温が約6℃上昇するという過激なシナリオでさえ、経済的にはそれほど大災害をもたらすことはないと考えている人もいる。

もちろん、穀物の価格など気候変動が深く関係する場合もあるが、経済活動では気候変動とは独立に動く要素も多い。したがって地球温暖化問題を逆にビジネスチャンスとして捉えることが可能である。

たとえば、温暖化に伴って、今までエアコンの必要がなかった地域でもエアコンが売れるようになり、エアコンの必要な日が増えれば、エアコンの売れ行きは増加することになる。この場合、エアコンの生産コストは人件費や原材料費で決まるので、温暖化にはあまり関係がない。問題になるのは、エアコンを使用する際に電力供給が足りるか否か、そしてその価格ということになる。

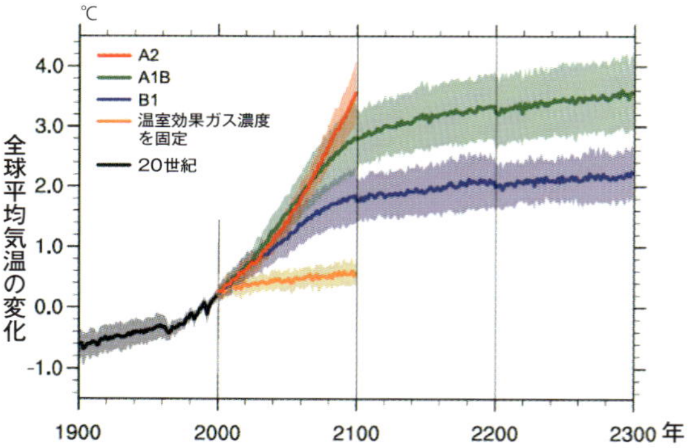
℃
4.0
3.0
2.0
1.0
0.0
-1.0
全球平均気温の変化
A2
A1B
B1
温室効果ガス濃度を固定
20世紀
1900
2000
2100
2200
2300 年

図1　地球の平均地表気温の将来予測。各色は社会経済のシナリオの違いを示し、各シナリオの予測の幅は気候モデルの違いによる［IPCC 2007a］

工学の分野でも同じような比較的楽観的な考え方が多く見られる。すなわち、技術革新により太陽放射や風力を利用する代替エネルギーの利用が進み、また、CO_2は地中に埋められるのではないかということも議論されているが、これらは魅力的な研究テーマになり得る。

これに対し、生態学者や農学者は悲観的に捉えることが多い。自然生態系によるサービスは、いかなる代価を払っても決して代替することはできない部分が多いからである。温暖化が農業に及ぼす負の影響も大きい。最近でこそ、人工的な環境の下で農作物が生産されるようになってきたが、野菜や穀物などの農産物は、基本的にはある地域の気候に応じて作物の種類や育成、栽培の方法が確立されている。したがって、平均的な気候から大きくはずれる異常気象が起こると急には対応できないことになる。

では気象学者はどのように考えているか。気象学者の多くは人間活動によって現在の地球温暖化がもたらされた可能性はきわめて高いと考えているが、概して慎重な態度をとっているように見える。その背景には多様なデータ（情報）があり、それらをできるだけ整合的にしようとするからである。また、気象学者は気候変動のメカニズム、地球表層での物理化学現象の複雑さを知っており、異常気象などの多少大きな変化が1、2回あってもあまり驚くことはない。気温や降水量などの気象要素そしてその長期間にわたる平均値で表現される気候はつねにある変動の幅を持っているので、その範囲から逸脱するようなことが頻繁に起こらない限り断定的に物事をいうことはほとんどない。

以上のように、温暖化問題はそれぞれの立場によって認識に大きな幅があり、研究においてもさまざまな角度から捉えた個々の温暖化「現象」の解明は進みつつあるが、研究成果の統合は依然として困難な状況にある。その結果、地球温暖化問題においては共通の認識を持ちにくいことになる。

なぜ問題になるのか

それでは、地球温暖化問題はなぜ「問題」なのか。何かを問題視するということは人間の心の問題である。つまり、何かに対して不安になるので「問題」になるわけであるが、その「不安」はどこから来るのか。人為的要因によって引き起こされる気候変動、異常気象による洪水、干ばつ、熱波などの増加の可能性や、生態系、農作物、社会経済に及ぼす影響など、将来に対する不安要因は数え上げればきりがない。換言すれば、何がおこるかわからないという不安があるということではないだろうか。不安であることを避けるために、人間は自分の限られた知識と経験に基づいてしばしば間違いをおかす。たとえば、20 世紀には海面水位が10〜20 cm 上昇したと推測されている。その原因として温暖化で南極の氷が融けて海面が上昇したという考えは論理的にみえるが、じつは間違いである。この海面水位の上昇は海洋混合層の水温上昇に伴う水の膨張と氷河などの陸域の氷が減少したことによると考えられている。

そして、もう 1 つ大事なことは、変化の時間スケールであると思われる。気温の上昇も海面水位の上昇も、千年、万年の時間スケールで少しずつ同じ割合で変化するのであれば、気にする人は少ない。でも、自分が生きている間に、あるいは自分の子どもや孫の生きている間に何か大変なことが起こるかもしれない、そして、その原因が現在の自分たちの日常的な活動の中にあるかもしれないということがわれわれを不安にし、「問題」と認識させるのである。

避けて通れない地球温暖化問題

世の中がグローバル化したとはいえ、仕事や旅行で長距離を移動している人はそれほど多くない。商社マンなど一部の特殊な仕事をしている人を除けば、一般には自宅と職場、生産地、学校を往復する日々を送っている。首都圏で毎日通勤している人の移動距離もたかだか 30 km 程度である。

これに比べて一周 4 万 km の地球全体で気温や降水の分布が少しだけ変化しても、世界中の各地域に密着して生活している人びとに大きな影響が及ぶことは避けられない。さらに、世界中では 1 億人以上の人が海抜 1m 以下の沿岸地域に暮らしているので、海面が上昇すれば、その影響は避けられないであろう。

温暖化問題はわれわれ人間の生活、社会と密接に関連しており、否応なしに問題がよりいっそう複雑になる。つまり、気候変動が同じように起きても、その変化に対応する国の文化や経済状況の違いによって影響の現れ方が異なるので、国際的対応も困難にならざるを得ない。したがって、さまざまなメディアを通して得られる地球温暖化問題の情報は、どのような立場の人が、どのような文脈の中で、誰に対して発しているのか、ということに注意して読み解くことが重要である。

【早坂忠裕】

⇒C 過去の気候変化から学ぶ「地球温暖化」の意味 *p22* C エアロゾルと温室効果ガス *p28* C 気候変動におけるフィードバック *p32* C 地球温暖化と異常気象 *p34* C 地球温暖化と生態系 *p36* C 地球温暖化と農業 *p38* C 地球温暖化と漁業 *p40* C 地球温暖化と健康 *p42* D 地球温暖化による生物絶滅 *p178* E 温室効果ガスの排出規制 *p506*

〈文献〉IPCC 2007a.

火山噴火と気候変動

自然要因によるカタストロフ

地球の歴史と火山活動

現代の気候変動は自然的要因によるものと人為的要因によるものに分けて考えるようになってきた。前者の典型的な例として、大規模火山噴火の気候への影響が挙げられる。

地球46億年の歴史の中で、火山は地球表層の変遷に大きな役割を果たしてきた。初期の地球は放射性元素の崩壊や重力による物質の集積のために内部温度が高く、火山活動が活発であったと考えられている。その結果、大量の水蒸気と、CO_2（二酸化炭素）、窒素、硫黄を含む気体が噴出し、原始大気を形成した。水蒸気はやがて雨となって海をつくり、CO_2や硫黄は海に溶けたと考えられている。その後、海の中で生命が発生し、光合成によって酸素を含む大気が形成された。

このように非常に長い時間スケールをとれば、火山活動と気候変動を繋ぐ物質、メカニズムにはさまざまなものがあるが、現代の地球温暖化問題や気候変動において重要となるのは硫黄の成分である。ここでは、この視点から火山噴火と気候変動の関係について解説する。

火山噴火と成層圏エアロゾル

火山噴火が気候に影響を及ぼす可能性を最初に指摘したのは、おそらくアメリカの政治家・外交官として名高いB. フランクリンである。1783年の北米と西欧は気温が低く、「夏がなかった年」として記録されている。フランクリンは、その原因をアイスランドの火山噴火によるものではないかと考えた（実際は日本の浅間山の噴火による可能性が高い）。火山が噴火すると火山灰によって太陽放射が遮られるので、地表面に到達する日射量が減少し、気温が下がると推測したのである。

種類	影響の現れる早さ	影響の続く長さ
気温日較差の減少	直後	1～4日
熱帯の降水量の減少	1～3カ月後	3～6カ月
北半球夏の熱帯・亜熱帯の気温低下	1～3カ月後	1～2年
北半球冬の大陸の気温上昇	半年後	1～2冬
成層圏の温度上昇	1～3カ月後	1～2年
全球の気温低下	直後	1～3年

表1　火山噴火による気候への影響［Robock 2000］

20世紀の初めには粒子による光の散乱特性に関する研究が進み、エアロゾル（大気中に浮遊する固体・液体の微粒子）の量や光学的特性がわかれば日射量変化を定量的に評価することが可能となった。

大規模な火山噴火では、溶岩や火山灰とともに亜硫酸ガスが大量に放出される。火山灰エアロゾルは、対流圏では降水や重力落下で、また、成層圏では雨は降らないが重力落下で除去され、数カ月程度で大気中から除去される。これに対して、亜硫酸ガスなどの硫黄を含む気体は、成層圏に入った後に水蒸気と反応し、硫酸の液滴を形成する。このようにして形成された硫酸エアロゾルは粒径が0.1μm程度あるいはそれ以下であり、重力による影響も少なく、長期にわたり成層圏に滞留することになる。1982年に噴火したメキシコのエルチチョン火山や1991年のフィリピン、ピナツボ火山によって作られた成層圏エアロゾルは、噴火後2～3年にわたり成層圏に滞留していた。

また、成層圏では、基本的には東西方向の風が卓越しているが、統計的にみた南北方向の空気の流れは赤道域から南北の両極域へ向かっている。したがって、メキシコやフィリピンなど熱帯で大規模火山噴火があると全球あるいは少なくとも半球に影響を及ぼすが、高緯度地域の火山が大規模な噴火をしても影響を受ける地域は限られることになる。

火山噴火起源エアロゾルの日傘効果

次に、火山噴火起源のエアロゾルが気候にどのような影響を及ぼすのかみてみよう。表1は火山噴火の気候への影響の現れ方の速さと持続する長さをまとめたものである。

基本的には火山灰や硫酸エアロゾルによって地上に届く日射量が減少すること（日傘効果）により、これらの影響が生じると考えられている。

まず、日射量が減少するので、昼間の気温上昇が抑えられ、その結果、気温の日較差が小さくなる。同様に熱帯の海洋に入射する日射量が減少するので対流活動が抑制され、降水が減少すると考えられている。

ところで、火山灰がなくなった後に滞留する硫酸エアロゾルは、太陽放射のエネルギーの半分近くを占める可視域のスペクトルの範囲ではほとんど光を吸収しない性質を持つ。したがって、このエアロゾルが増加すると、大気に入射する太陽放射を散乱する効果が強くなり、地球大気の反射率が増加するので地球が受け取る太陽放射エネルギーが減少する。

火山噴火起源エアロゾルの特徴は、滞留時間が長いので、広い地域にわたって気温の低下を招く。事実、1991年のピナツボ火山の噴火の際には、全球平均気温が約0.5℃低下し、その後回復したことが報告されている。

全球に影響を及ぼすような大規模な火山噴火は、過去百数十年の間に数回おきている。そのたびごとに、地表気温に及ぼす影響は0.数℃の低下であったと推測される。図1は1850年以降の主な火山噴火と、それによる成層圏エアロゾルの光学的厚さ（光の消散係数、すなわち光を散乱したり吸収したりする強さを表す計数、を成層圏の層全体で積分した値）の変化、および大気上端における短波放射収支の変化を示したものである。ちなみに大気上端に入射する短波放射（太陽放射）は340 W/m^2なので、大きな火山噴火によってその値が約1%変化し、その結果気温が低下することがわかる。

以上のように、いわゆる日傘効果で気温の低下がおこることは容易に理解できるが、他方、北半球中高緯度では冬の気温が上昇することが報告されている。このメカニズムは大気の流れが関係し複雑であるが、北半球高緯度地域ではそもそも日射量が少ないので、日傘効果による影響は小さく、その結果、他の要素が働いてこのような結果になるものと考えられる。

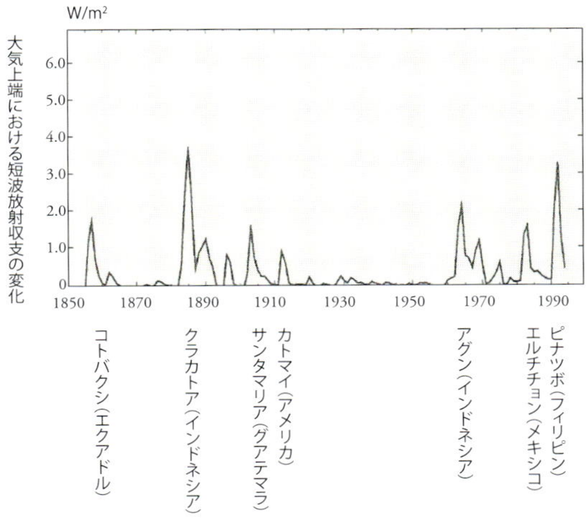
W/m2
大気上端における短波放射収支の変化
6.0
5.0
4.0
3.0
2.0
1.0
0
1850
1870
1890
1910
1930
1950
1970
1990
コトパクシ（エクアドル）
クラカトア（インドネシア）
サンタマリア（グアテマラ）
カトマイ（アメリカ）
アグン（インドネシア）
エルチチョン（メキシコ）
ピナツボ（フィリピン）

図1　1850年以降の気候に影響を及ぼした主な火山噴火と成層圏エアロゾルの光学的厚さならびに大気上端における短波放射収支の変化［IPCC 1995］

写真1　1991年6月に噴火したフィリピンのピナツボ火山［wikimedia commonsより］

単純ではない気候・地球環境への影響

成層圏エアロゾルの増加は、地表気温以外にも大気や地表面にさまざまな影響を及ぼす。

その1つは、成層圏オゾンに対する影響である。オゾンの生成・消滅過程には紫外線の強度、気温、反応する際に触媒として働くエアロゾルの存在が重要な要素となる。さらに大気の流れも関係するので、そのメカニズムは複雑であるが、1991年のピナツボ火山の噴火後には成層圏オゾンが約5%減少したと推定されている。成層圏オゾンの減少は紫外線の増加をもたらすことなどにより、植生に影響を及ぼす。

また、ピナツボ火山噴火の直後には、大気中のCO_2濃度の増加率が大きく減少したが、これは、気温低下によって植物の呼吸活動が弱くなったことが原因であると考えられている。

さらに、ピナツボ火山噴火の後、気温低下と降水量減少により湿地帯からのメタン放出量が減ったということも報告されている。

以上のような変化は、直接気温や降水量に変化をもたらすものではないが、温室効果気体や植物活動の変化を通して気候に間接的に影響を及ぼすことになる。そのメカニズムはすべて解明されているわけではないが、火山噴火とさまざまな効果が絡み合って地球表層の変動に関係することは、近年大きく研究が進みつつある。火山噴火の気候への影響は一般的に噴火後2〜3年に限定されている。したがって、人間活動に伴う温室効果気体の増加で100年スケールで継続的にもたらされる地球温暖化問題とは異なることに注意する必要がある。

【早坂忠裕】

⇒C過去の気候変化から学ぶ「地球温暖化」の意味 *p22*　Cエアロゾルと温室効果ガス *p28*　C雲と人間活動 *p30*　C気候変動におけるフィードバック *p32*　H南九州における火山活動と人間 *p428*

〈文献〉IPCC 1995, 2007a.　Robock, A. 2000.

エアロゾルと温室効果ガス

地球温暖化の鍵を握る物質

地球表面のエネルギー収支と気温

エアロゾルとは大気中に浮遊する微粒子のことで、光（太陽放射）を散乱・吸収する。これに対して温室効果ガスとは、赤外放射（地球放射）を吸収・射出する特性を持つ気体分子のことを指す。

これらの物質の排出は人間活動と深くかかわっており、その多様な発生源は化石燃料の消費や土地利用の変化等、両者に共通する種類も多い。一般に、エアロゾルの増加は地球を寒冷化し、温室効果ガスの増加は地球を温暖化すると考えられている。

地球は約 0.3〜4 μm の波長の太陽放射を受け取り、自ら熱放射として約 4〜50 μm の波長の地球放射を射出することでエネルギー収支のバランスを保っている。図 1 に大気・地表系のエネルギー収支の全球平均値を示す。年平均で地球の大気上端に入射する太陽放射は 342（W/m^2）程度である。そのうち約 30%は大気や地表面によって反射され、大気によって約 23%が吸収される。その結果、約 47%が地表面で吸収される。地表面で吸収されたエネルギーは赤外放射や顕熱（対流や熱伝導）、潜熱（蒸発熱や凝結熱）として大気中に運ばれ、また、大気からは赤外放射が再配分される。最終的には大気上端から 239（W/m^2）の赤外放射が射出される。

地球の表層で受け取る太陽放射は地域によって異なるので、その差を解消するために風や海流が生じ、また、地表面における蒸発や雲の発生、雨などさまざまな現象が見られることになる。これらの結果として、全球平均地表気温は約 15℃になっている。

エアロゾルの直接効果と間接効果

エアロゾル濃度が変化し、太陽放射を散乱、吸収することにより地球のエネルギー収支に影響を及ぼすことをエアロゾルの直接効果と呼ぶ。

エアロゾルの光学的特性は、粒子の化学組成と粒径分布によって決まる。化学組成の主なものは、海塩、土壌鉱物、硫酸、硫酸塩、アンモニア、硝酸塩、有機物、ブラックカーボン（煤）などである。一般にブラックカーボンは光の吸収が強く、海塩や硫酸、硫酸塩などは吸収が弱い。また、粒子の大きさは、おおよそ直径 0.01 μm から数十 μm である。大きい粒子の方が光の吸収効率が良く、黄砂（写真 1）で知られる土壌鉱物粒子は粒径が大きいので比較的吸収が強い。

エアロゾルは太陽放射を直接散乱、吸収することにより気候に影響を及ぼすほか、雲凝結核としても機能する。つまり、雲粒子が生成されるときに、硫酸塩などの親水性エアロゾルがあれば、相対湿度が 100%をわずかに超えるだけで凝結することができる。これに対して、土壌鉱物粒子などの疎水性エアロゾルは雲凝結核になりにくい。また、エアロゾルがまったく存在しない場合には、湿度が数百%にならないと凝結しない。親水性のエアロゾルが増加すると、雲粒子の数が増加し、雲の反射率が増加することが考えられる。その結果、地表面・大気系の太陽放射収支に影響を及ぼ

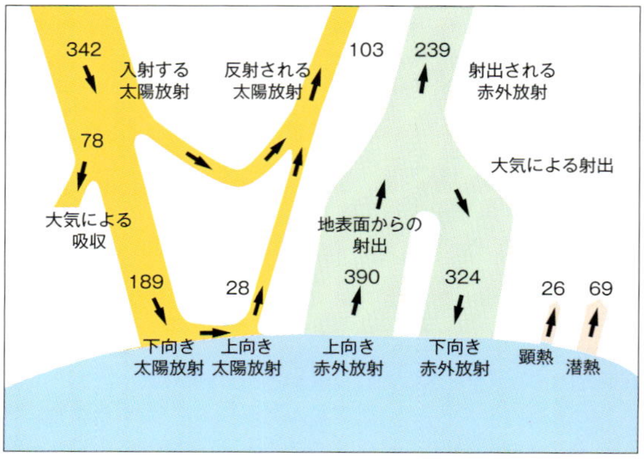
342
入射する
太陽放射
反射される
太陽放射
103
239
射出される
赤外放射
78
大気による射出
大気による
吸収
地表面からの
射出
189
28
390
324
26
69
下向き
太陽放射
上向き
太陽放射
上向き
赤外放射
下向き
赤外放射
顕熱
潜熱

図 1　地球の大気・地表系のエネルギー収支の年平均値（W/m^2）［IPCC 2007a を改変］

写真 1　2002 年 3 月 20 日に北京で観測された黄砂現象［中国気象局 湯潔（Tang Jie）提供］

す。また、雲の変化は雨やひいては地球の水循環にも影響を及ぼす。これらのエアロゾルが雲を介して及ぼす気候への影響を、エアロゾルの間接効果と呼ぶ。

エアロゾルは重力による落下や雨に取り込まれることにより大気中から除去される。したがって滞留時間は比較的短く、一般的には1週間から10日程度と見積もられており、エアロゾルの発生源の強度と地理的分布が大気中の濃度分布に大きく影響する。その結果、エアロゾルの直接効果も間接効果も地域や季節によって大きく異なることになる。

地球からの赤外放射と温室効果ガス

大気中には、地表面、あるいは下層大気から射出された地球放射を吸収する気体分子が存在する。また、雲や一部のエアロゾルも地球放射を吸収する。その結果、地球から宇宙空間へ射出される放射エネルギーは減少することになる。それを補うためには、より多くの地球放射（熱放射）を射出する必要があり、地表および下層大気の温度は高くなる。これを温室効果という。温室効果が働かなければ地球の気温は現在よりも約 −18℃になると推定されている。

気体組成の中では水蒸気も強い温室効果をもたらす。しかしながら、水蒸気は人間活動に伴って直接増加、減少する量に比べて、大気中の水蒸気量そのものが多いこと、また、季節や地域における変動が大きいことなどから、一般には人為起源温室効果ガスとは別に扱われる。主要な人為起源温室効果ガスとしては、二酸化炭素（CO_2）、メタン（CH_4）、オゾン（O_3）、亜酸化窒素（N_2O）、ハロカーボン類などがある。

これらの温室効果ガスは、分子の振動・回転のエネルギー準位が変化するときに赤外域の電磁波の吸収、射出を伴う。温室効果ガスが増加すると地表面や下層大気から熱放射として射出される赤外放射を吸収する。上層大気の温度は下層より低いので、そこから射出される熱放射は地表面や下層大気から射出される熱放射よりも少ない。宇宙空間へ射出されるエネルギーが少ないと入射する太陽放射とバランスがとれなくなるので、地表面や下層大気の温度は上昇することになる。

CO_2は対流圏においては安定な物質であり、化学反応などによって生成、消滅することがほとんどない。メタンは大気中で化学反応などにより若干影響を受けるが、それでもその濃度は比較的安定しており、滞留時間は9年程度と見積もられている。エアロゾルと比べるときわめて長い。したがって、エアロゾルの太陽放射に対する影響と温室効果ガスの地球放射に対する影響は、その時空間変動が大きく異なることになる。

写真2　1960年代の川崎市［神奈川県環境科学センターHPより］

人間活動とエアロゾル、温室効果ガス

人間活動に伴うエアロゾルの発生源はさまざまなものがある。黄砂のような土壌粒子は人間がいなくても発生するが、土地利用の変化や気候変動により砂漠化や乾燥化が進むと土壌粒子の発生量が増加する。また、バイオマス燃焼やディーゼルエンジンなどからはブラックカーボン粒子や有機物粒子が発生する（写真2）。

他方、化学反応により硫酸粒子（液体）や硫酸塩粒子（固体）になる亜硫酸ガスは、化石燃料、とくに硫黄成分を多く含む石炭の燃焼によって排出される。

化石燃料の燃焼からはCO_2も排出される。化石燃料起源で排出されたCO_2の約6割は大気中に残る。また、森林伐採などで森林面積が減少したりすると、光合成で吸収されるCO_2が減るので、相対的に大気中CO_2濃度の増加に寄与することになる。

CO_2と比べてメタンの発生源別の状況は複雑である。まず自然起源のものとして湿地やシロアリ、人為起源のものとしては天然ガス、家畜、水田などがあるが、その定量的な評価はまだ十分に解明されていない。

IPCC（気候変動に関する政府間パネル）の第4次報告書では、産業革命から現在までに人間活動によって増加したエアロゾルと温室効果ガスによる気候への影響を評価している。それによると、人間活動による大気上端（正確には対流圏界面）での放射収支へ及ぼす影響は、温室効果ガスが約1%、エアロゾルはその影響を半分程度減らしている。その結果、地表気温の変化は0.76±0.19℃上昇している。また、北半球中高緯度の気温上昇が大きくなっている。今後、温室効果ガスの増加により、21世紀末までには、さらに1.8～4℃気温が上昇すると推定されている。【早坂忠裕】

⇒Ⓒ過去の気候変化から学ぶ「地球温暖化」の意味 *p22*　Ⓒ雲と人間活動 *p30*　Ⓒ大気汚染と呼吸器疾患 *p62*　Ⓒ大気汚染物質の排出インベントリー *p100*　Ⓔ黄砂 *p474*　Ⓔ成層圏オゾン破壊問題 *p504*　Ⓔ温室効果ガスの排出規制 *p506*

〈文献〉Liou, K.-N. 2002. IPCC 2007a.

雲と人間活動

意図しない大気改変の一側面

雲とエアロゾルと雨

大気中の諸現象あるいは気候変動を考える上で、雲の役割はとても大きく、その特性や振る舞いを知ることは非常に重要である。

雲を構成する雲粒子が生成するためには、エアロゾルと呼ばれる大気浮遊粒子がその核になり、その周りに水蒸気が凝結する必要がある。雲の高さや厚さや雲粒子の大きさなどの性質は、上昇気流の強さや周囲の空気の動きなどの力学的な要因、湿度や気温分布などの熱力学的な要因、およびエアロゾルの単位体積中の個数や大きさや化学成分などの粒子的な要因が複雑に絡んで決定される。

雲は全地球表面の約 6 割を覆い、大気運動の原動力となる太陽放射を反射し、また大気・地表面系からの赤外放射を吸収・再射出することによって放射収支を左右している。上層に存在する薄い雲は温室効果を引き起こすこともあるが、全体としては太陽放射を反射する日傘効果が勝り、地表面を冷やしている。他方、これらの放射過程にかかわるだけでなく、雲は雨や雪などの降水をもたらすことがある。降水は大気・陸面・海洋間の水循環の一端を担うとともに、その一部は飲料水や農・工業用水として使われる。

雨の降り方には 2 種類あり、①水蒸気の凝結と水滴どうしの衝突・併合による成長のみで氷晶過程を介さずに起こる「暖かい雨」と、② 0℃以下では、氷に対する飽和水蒸気圧が水に対するそれよりも小さいために、水蒸気の昇華が促進される。また過冷却水滴が効率的に捕捉されることによって、氷晶が急速に成長し、それが落下する間に溶けて起こる「冷たい雨」がある。日本などの中緯度では約 8 割が冷たい雨であると考えられている。

近年、人為汚染物質や黄砂による大気への負荷への懸念から、エアロゾルに対する関心が高まっている。とくに気象学や気候変動論の研究分野では、雲の変化を通して降水などの気候要素にどう影響しうるのかが活発に議論されている。エアロゾルはさまざまな原因から生じ、人為起源としては工業生産や車などの輸送・移動手段に伴う化石燃料やバイオ燃料の消費、焼畑農業などがあり、自然起源としては海面からの飛沫、砂漠からのダスト、火山灰などがある。その成分も硫酸塩、硝酸塩、黒色炭素や有機炭素、土壌性など多岐に渡る。

エアロゾル、雲粒子、降雨粒子という粒径が大きく異なる大気中の粒々（それぞれ 0.01 μm から数 μm、数 μm から数十 μm、数 mm の桁）が連関して、気候要素を変化させる過程を以下に解説する。

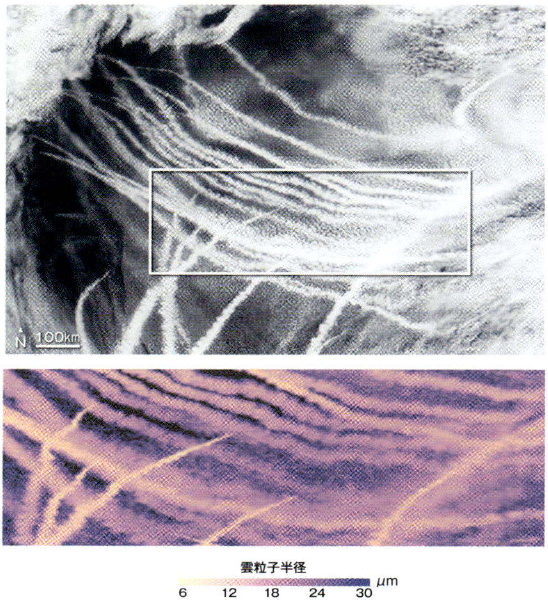
N
100km
雲粒子半径
6 12 18 24 30 μm

図 1　航跡雲の人工衛星画像。上図から航跡雲は反射率が高く、はっきり見えることがわかる。下図は上図の枠内での雲粒径を示しており、航跡雲では粒径が小さくなっていることがわかる（2009 年）［NASA 提供］

人間活動による雲の粒径や反射率への影響

凝結する水の量が一定という条件で雲粒子の核となるエアロゾルの数が増えると、分配される水の量が減るために一個あたりの雲粒子のサイズは小さくなる。しかし雲粒子の断面積の総和は増えるため、雲の反射率は上がる。これをエアロゾルの第一種間接効果、あるいは提唱者の名前を冠してトゥーミー効果と呼ぶ。

工業生産などの人間活動に加えて土壌からのダストなどの自然要因のために、一般に陸上の方が海上よりもエアロゾルが多い。そのため、概して海上の雲粒子半径は約 12～15 μm と大きくて粒子数はおよそ数十個 /cm^3 と少なく、陸上の雲粒子半径は約 8～10 μm と小さくて粒子数はおよそ数百個 /cm^3 と多いことが、航空機観測や人工衛星データを用いた解析から知られている。中でも人間活動の影響が大きいと考えられる都市域や工業地域では、エアロゾルがより多いため、さらに雲粒子半径が小さくて粒子数が多いという傾向がみられる。

人為影響を受けた雲の例として、カリフォルニア沖やアラスカ沖、南アフリカ西岸など世界中で広く見られる航跡雲（図 1）を挙げる。この航跡雲では船が排出した汚染物質によって海上の層状雲の粒径が小さくなり、反射率が航路に沿って線状に高くなっている様子がわかる。航跡雲は、発生してから数時間から 1 日程度観測されるが、中には 2 日以上持続することもある。

人間活動による雨や雲量への影響

エアロゾルの増加によって雲粒子のサイズが小さくなると、降水粒子へと成長する時間が長くなることが予想される。このことは降水が発生する頻度が減ることを意味し、したがって雲として存在する時間、すなわち雲の寿命が長くなって雲量が増えると考えられる。これをエアロゾルの第二種間接効果と呼ぶ。

オーストラリア近海を対象に、工業生産によって増加したエアロゾルのために粒径が小さくなった雲では降雨が起こりにくかったことが人工衛星画像と地上の気象レーダの解析から示された。雲量が増えて太陽放射がより反射されると、地表の気温と蒸発散量の低下につながる。

しかし氷晶を含む雲では、エアロゾルが増えることによって氷晶のサイズが小さくなる効果とは別に、氷晶によって過冷却水滴が効率的に捕捉されることもある。それによって氷雲自体が速く発達することも考えられる。結果として降水の生じる頻度が増えたり、雲量、雲の寿命や反射率が低下したりという水雲の場合と逆の現象が起きる可能性も提案されている（図 2）。

一方、煤などの黒色炭素を成分とするエアロゾルは、太陽放射を吸収する性質が強い。これらのエアロゾルが太陽放射を吸収して局所的に大気を加熱し、雲粒子の蒸発や大気安定度に影響して雲量が減少することを準直接効果と呼ぶ。

エアロゾルが関係する不確定性の高い諸過程

IPCC（気候変動に関する政府間パネル）第 4 次報告書（2007 年）においても、エアロゾルの間接効果は最も理解が進んでいない現象の 1 つと認識されている。地表気温を下げる効果を持ち、地球温暖化をある程度相殺する可能性も指摘されているが、効果の定量的評価には高い不確定性が伴っている。また図 2 に

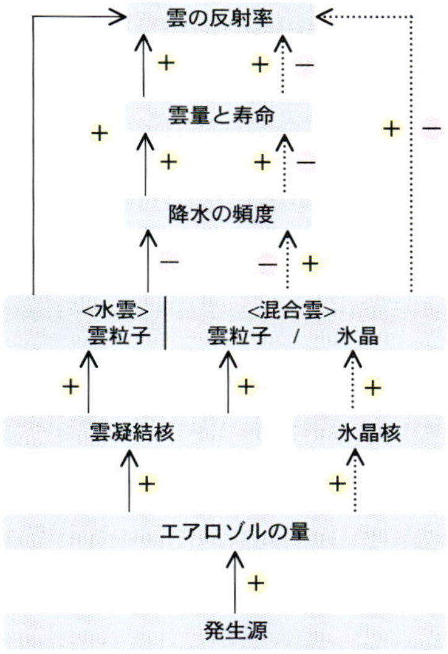
雲の反射率
雲量と寿命
降水の頻度
<水雲>
雲粒子
<混合雲>
雲粒子 / 氷晶
雲凝結核
氷晶核
エアロゾルの量
発生源

図 2　エアロゾル間接効果の模式図。実線の矢印は水滴に関する過程、破線の矢印は氷晶に関する過程を示す。＋は増加、－は減少を意味する［Takemura 2009］

示した通り、とりわけ氷晶を含む雲では、降水の頻度や反射率などの変化について増加・減少の両方の可能性が指摘されるなど、暖かい雨と冷たい雨における降水粒子の振る舞いは異なることがあり得る。人為的な要因によって現象はさらに複雑になるため、現在のところ決定的な結論は得られていない。

1990 年代からは観測技術の発達やデータ解析アルゴリズムの精緻化によってエアロゾルや雲、雨といった大気粒子研究が大きく進展してきた。とくに人工衛星を用いたリモートセンシングでは、従来型の気象衛星ひまわりのような受動型センサー（太陽放射の反射光や地球放射を計測する）のみならず、能動型センサー（自ら電磁波を射出してその反射を計測する）の登場によって、面的な視野だけでなく高度方向の情報も得ることができるようになっている。しかし降水現象はその発生から発達、衰弱過程に関係する要因が多いので、エアロゾルの影響のみを観測結果から検出することは難しい。そのため、数値モデリング研究から得られる新たなメカニズムやフィードバックなどを観測的研究と組み合わせるなど、科学者たちの「雲をつかむ」ための努力が日夜続けられている。　【河本和明】

⇒C エアロゾルと温室効果ガス *p28*　C 気候変動におけるフィードバック *p32*　C 大気汚染と呼吸器疾患 *p62*　E 成層圏オゾン破壊問題 *p504*　E 温室効果ガスの排出規制 *p506*　E 地球規模の水循環変動 *p510*

〈文献〉Albrecht, B. A. 1989.　Hansen, J.E., *et al.*, 1997.　IPCC 2007a.　Platnick, S., *et al.*, 2000.　Takemura, T. 2009.　Twomey, S. 1977.

気候変動におけるフィードバック

変化に対する抑制と加速

正と負のフィードバックや変化の制限因子

温暖化の予測の精度を高めるために、温暖化が進んだ時に新たにおこる現象のうち、温暖化の進行にかかわるものを考慮しなくてはならない。つまり、温暖化が進むとさらにそれが加速されるプロセス（正のフィードバック）や、逆に温暖化の進行を遅くするプロセス（負のフィードバック）を、予測モデルに正しく組み込むことが求められている。

フィードバックとは、あるプロセスの結果がそのプロセスを引き起こす原因となる要素に影響を与え、プロセスが加速されたり抑制されたりする関係をいう。

気候システムにはきわめて多くのフィードバックのメカニズムや制限因子が含まれており、それらがさまざまな状況により複雑に絡み合っている。そのためフィードバックや制限因子により決まる安定点も 1 つではなく多数あり、ある安定点から別の安定点に移動する要因も多数ある。そのためカオス的な変化をしめす複雑系となっている。

炭素収支を通じたフィードバック

水蒸気、雲、積雪など水循環の変化が引き起こす気候への影響は、比較的簡単なプロセスであり、不十分とはいえ気候モデルに取り込まれている。しかし、CO_2（二酸化炭素）やメタンなど温室効果ガスの濃度に関連するプロセスは、生物が絡むので、はるかに複雑であり、従来の気候モデルには含まれていなかった。

大気中の CO_2 濃度が増加している主たる原因は、人間活動に伴う化石燃料の消費であることは疑いがない。しかし、排出された CO_2 の約 4 割は陸域の生態系や海洋に吸収されている。この吸収が温暖化により変化するかどうかが重要な研究課題となっている。エルニーニョなどによる地球規模の気温の変化により、吸収される量が大きく変動し、エルニーニョが終了するころにはほとんど吸収がないという時期もあることがわかっているため、将来予測にこのプロセスを組み入れる必要があることが指摘されている。その変動の主たる原因は、陸域生態系の吸収が大きく変化するためと考えられているが、未解明の部分が多い。

CO_2の海洋吸収へのフィードバック

CO_2 の海洋への吸収は、植物プランクトンの役割もある程度あるが、海水に溶け込むという物理的プロセスが主である。海洋への吸収速度は、海水の温度（主として海洋表層の水温）、大気と海洋の CO_2 の濃度ギャップの大きさ（大気中の濃度が海水中に比べ高いので、大気から海洋に吸収される）、洋上の風速（風速が大きいほど海洋への溶け込みが早い）で決まる。CO_2 の海洋への溶け込みに対する温暖化のフィードバックとしては、海水温の上昇による溶け込みの減速が最も重要である。この効果を取り込んだ将来予測モデルでは、モデル間の相違は大きくなく、正のフィードバックであることは疑いがない（図 1）。

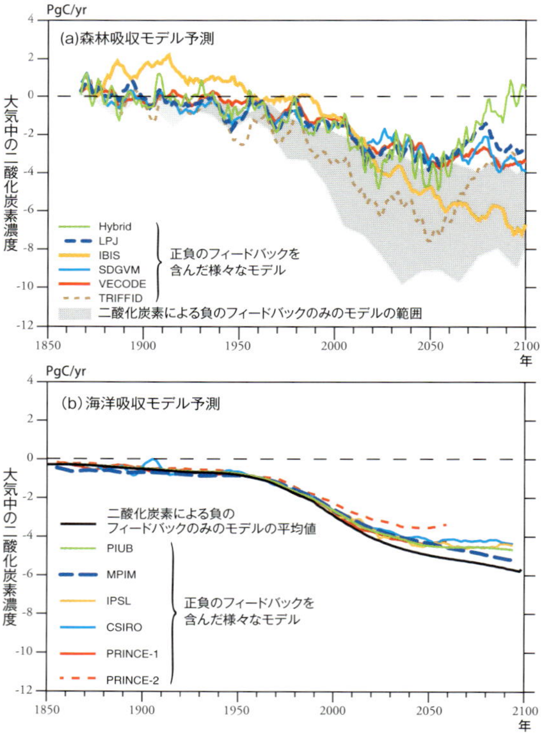
PgC/yr
(a)森林吸収モデル予測
大気中の二酸化炭素濃度
Hybrid
LPJ
IBIS
SDGVM
VECODE
TRIFFID
正負のフィードバックを含んだ様々なモデル
二酸化炭素による負のフィードバックのみのモデルの範囲
4
2
0
-2
-4
-6
-8
-10
-12
1850
1900
1950
2000
2050
2100
年
PgC/yr
(b) 海洋吸収モデル予測
大気中の二酸化炭素濃度
二酸化炭素による負のフィードバックのみのモデルの平均値
PIUB
MPIM
IPSL
CSIRO
PRINCE-1
PRINCE-2
正負のフィードバックを含んだ様々なモデル

図 1　森林吸収モデル予測 (a) と海洋吸収モデル予測 (b)。大気中二酸化炭素の濃度上昇による負のフィードバックのみを考慮した森林吸収モデル予測結果を灰色の範囲で、海洋吸収モデル予測結果を黒で示した。気温・水温上昇などの正のフィードバックを含めた様々なモデル予測結果をそれぞれの色で示した。森林吸収モデルのバラつきや正のフィードバックが、海洋吸収のそれに比べて大きいことが注目される［IPCC 2001b より］

陸域の植物を通じたフィードバック

これに対して陸域での吸収はモデル間の差異がきわめて大きく、将来の予測も21世紀には吸収から放出に転じるという結果（正のフィードバック）から、やや吸収が弱くなるが依然として大きな吸収源であり続けるという結果まで、さまざまである。その原因は、温暖化により陸域吸収が大きくなるプロセスと、陸域からの放出が増加するプロセスの2つがほぼ均衡しており、それぞれの大きさの見積もりのわずかな違いが、正味の増減結果に大きな影響を与えるためである。

吸収が大きくなるプロセスとしては、温暖化の原因になる CO_2 濃度が増えると植物の成長が加速されること、気温が上昇すると森林地帯が高緯度に広がることの2つが主である。これらは負のフィードバックとなる。モデル間の相違は実験や観測の結果をどのように取込むかによる。

一般に、中高緯度では気温が高いと植物の生育が促進されるので、温暖化は成長を促進させ、CO_2 が吸収される量が増えると考えてよい（負のフィードバック）。逆に、成長期に降雨の少ない地域では気温上昇が蒸散の促進、いっそうの乾燥化により生育を抑制する（制限因子、あるいは、正のフィードバック）。

大気中の CO_2 濃度の増加が光合成を活発化させることは、CO_2 濃度をさまざまに変えた室内実験で知られているが、栄養が十分である条件での結果に過ぎないということがわかってきた。実際の森林では窒素肥料など CO_2 濃度以外の制限因子で、フィードバックが効かなくなることが、野外での研究で明らかになった（負のフィードバックと制限因子）。

現在は寒冷で灌木や草本しかないツンドラ地帯に森林が広がっていくという想定には、さまざまな異論がある。森林生態系は、現在の環境だけではなく歴史を反映しているケースも多く、植物が相互に依存しながら生育している複雑系でもある。種子の拡散距離が短いので森林はそれほど速く拡がっていかないという指摘もある。また、ツンドラ地帯での早い春と遅霜という気象の極端現象は植物の展葉を阻害し、繰り返しが長引くと枯死に至るという観測事実もあり、温暖化で予想される極端現象の多発は炭素吸収を弱める（正のフィードバック）。

大気中の CO_2 の増加速度の解析からは気温が上昇すると CO_2 の吸収が減少することがわかっている。それは気温の上昇で植物の成長が促進されるよりも、土壌呼吸（微生物による土壌有機物の分解）が加速されるためであると考えられている。最近の野外での実験では10℃の気温上昇に対して分解速度が3倍になると報告されている（正のフィードバック）。これをそのまま将来の温暖化の状況に換算すると、CO_2 が倍増した気候では、人為の CO_2 排出を上回った規模で森林から CO_2 が放出される計算になる。そのような暴走がおこるかといえば、土壌有機物の供給が追い付かなくなるので（制限因子）、ある程度以上に放出が増すとは考えられない。気温に敏感に応答するのは、微生物分解が早い比較的新しい有機物（落ち葉や根）であるが、その量は限られており、大量にある炭化の進んだ難分解性の有機物では応答が遅いからである。

気温の上昇はエルニーニョと連動しており、熱帯域の乾季が強化されるため、森林火災が多発するのが CO_2 の増加の原因であるという説もある。いずれも従来の知見から論理的に推定しているにすぎず、実際の現場観測が少なく判断材料に欠ける。

今後の課題

以上、水蒸気・雲・雪氷の変化を通じた気象への直接のフィードバックや、海洋、植物の成長、植生の北上、土壌炭素の分解など、炭素循環を通じて温室効果ガスが加速度的に増える、あるいは増加が緩和されるフィードバックについて触れてきた。ここで注目すべき点は、たとえば同じ気温の上昇がある地域では成長を促す反面、別の地域では乾燥化を促進し成長を抑制するなど、場所や対象により異なった方向に向く例も多い点である。そのように相反するプロセスが組み合わさっているケースが多いので、それぞれの効果の大きさを間違って見積もると正反対の結論になる。

気候変動予測のモデルでは、科学的な理解に基づいたプロセスを定量的に組み込み、それを年々の変動など実際の気候と照らし合わせて評価し、さらに改良が積み重ねられている。そして現在は、陸域の炭素フィードバックを考慮しない気候モデルに対し、考慮すると温暖化の速度は1割以上速まるとするモデルが多い。しかしながら、炭素循環のような複雑なフィードバックプロセスを組み込むには地道に科学的な理解を深めることが不可欠であり、さらに、未だ気づいていないフィードバックもあると予想され、気候変動の正確な予測には乗り越えなくてはならない多くのハードルがある。

【井上　元】

⇒C地球温暖化問題リテラシー *p24*　Cエアロゾルと温室効果ガス *p28*　C雲と人間活動 *p30*　C地球温暖化と異常気象 *p34*　C地球温暖化と生態系 *p36*　C循環と因果 *p94*

〈文献〉IPCC 2001b.

地球温暖化と異常気象

気象災害は増えるのか

異常気象の実態

2007年夏に日本の高温記録が更新された（熊谷と多治見で40.9℃）。2003年にはヨーロッパでは記録的熱波が多くの死者をもたらし、2005年には米国をハリケーン・カトリーナが襲い多くの犠牲者を出した。異常気象は毎年のように世界のどこかでおきている。一方で、人間活動により二酸化炭素などの温室効果ガスの大気中濃度が増加することで、地球温暖化の影響が顕在化しつつあり、温室効果ガス濃度の上昇トレンドを抑えるだけでなく、下降トレンドにもっていかなければ、今世紀中のさらなる温暖化は避けられない。このような地球温暖化によって異常気象はさらに増えるのだろうか。

「異常気象」とは、過去に経験した気候状態から大きく外れた気象を意味し、大雨や強風などの短時間の激しい気象から、数カ月も続く干ばつや冷夏などの気候異常まで含む。地球の気候状態は変動するのが自然であり、つねに世界のどこかで異常気象がおこるのがむしろ「正常」である。気象庁では「過去の期間」として統計的な取扱いの必要性と人間の平均的な活動期間を考慮し、「それぞれの地点で過去30年間に観測されなかったような値を観測した場合」を「異常気象」と定義している。この場合には基準値となる30年間の平均値自体が時代とともに変化することに注意が必要である。地球温暖化のように100年以上にわたる長期間の気候変動を取扱うときには、別の基準の取方も必要となる。

日本国内の気象官署での観測によると、1898～2007年の気温の100年あたりの長期変化傾向は、全国平均で1.10℃の上昇となっている。これは世界平均気温の上昇傾向を上回っている。記録的な高温はおおむね1990年以降に集中している。1901～2008年の108年間での月平均気温の高い方から1～4位（異常高温）の出現数と低い方から1～4位（異常低温）の出現数で異常値の出現数の経年変化を調べた結果によると、20世紀初頭の30年間（1901～1930年）と最近の30年間（1979～2008年）で、月平均気温の異常高温は約6倍に増加し、異常低温は約3割に減少した（図1）。同様に、1990年代以降は、日最高気温の高い方の異常値が、過去100年間になかった頻度で出現しており、夏季には、熱中症などの健康被害に結びつく日最高気温35℃以上の極端な高温が大幅に増加している。真夏日（日最高気温30℃以上）・猛暑日（日最高気温35℃以上）や熱帯夜（日最低気温25℃以上）の増加および冬日（日最低気温0℃未満）の減少は、地球温暖化と都市化の複合産物といえる。

降水量の異常値については月平均値と日降水量とでは状況が異なっている。過去約100年間の日本の月降水量には、異常少雨が有意に増える傾向がある一方で異常多雨には明瞭な傾向は見られていない。ただし1980年代以降は降水量の変動性が増加している。日降水量では、長期的に見ると、最近30年間と1990年代初頭の30年間を比較すると、1日に100mm以上の大雨の発生日数は約1.2倍に、200mm以上の大雨の発生日数は約1.5倍に増加しており、これらの傾向には地球温暖化が影響している可能性がある。といっても、大雨が一様に増加しているのではなく、数十年の期間で増減を繰り返しながら長期的に増加しているのであり、特定の年を取上げて温暖化との関連を云々することは適当ではない。

興味深いのは日降水量の強度別比率の経年変化である。図2は、地点ごと・月ごとに日降水量を強度別に10段階に区分し、弱い雨・強い雨の経年変化を調べた図である。弱い降水階級（階級1、4）の年降水量は長期的に減少、最も強い降水階級（階級10）の年降水量は増加しており、弱い降水の減少傾向と強い降水の増加傾向があることがわかる。さらにこれを季節別に調

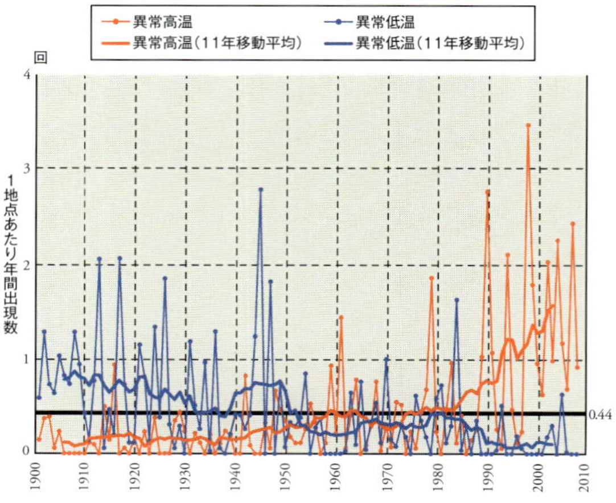
異常高温
異常低温
異常高温（11年移動平均）
異常低温（11年移動平均）
回
1地点あたり年間出現数
4
3
2
1
0
0.44
1900
1910
1920
1930
1940
1950
1960
1970
1980
1990
2000
2010

図1　月平均気温の高い方から1～4位（異常高温）と低い方から1～4位（異常低温）の年間出現数の経年変化［気象庁 2009］

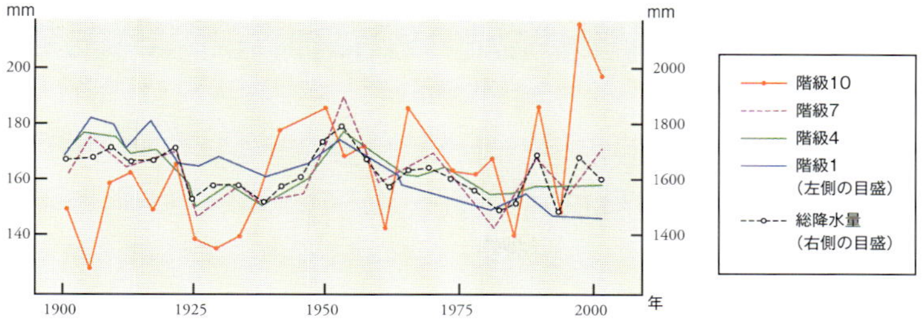
mm
200
180
160
140
mm
2000
1800
1600
1400
1900
1925
1950
1975
2000
年
階級10
階級7
階級4
階級1
(左側の目盛)
総降水量
(右側の目盛)

図 2　日降水量の強度別比率（降水階級）を 10 区分したときの階級 1，4，7，10 の 5 年平均降水量と総降水量の経年変化［Fujibe *et al.* 2006］

べると、冬を除く各季節で弱い降水の減少傾向と強い降水の増加傾向が見られる。全国を南西諸島・西日本・東日本・北日本に分けてみても、各地域で同様の傾向が見られ、とくに北日本や東日本に比べて西日本で強い降水が増加する傾向がより顕著なことが示されている。日降水量と 4 時間降水量を総降水量で基準化し、より短時間の降水を調べた結果によると、弱い降水の減少・強い降水の増加という傾向がより明瞭に見られる。

将来の気候変化予測

世界の研究機関では、各種シナリオの下で 21 世紀の気候変化予測を行っている。1990 年時点での予測では、地球の年平均気温が、1990 年から 2005 年の間、10 年当たり約 0.15〜0.3℃の範囲で上昇するとしていた。実際この 10 年間で観測された気温上昇は約 0.2℃であり、近未来の予測に対する確信度が高いことを示している。今世紀には、今後 20 年間に 10 年当たりさらに約 0.2℃の温暖化が予想されているが、その後の気候予測は、将来の温室効果ガス排出シナリオにより、大きく異なるものとなる。温室効果ガス排出量が現在の、もしくはそれ以上の割合で続くと、温暖化はさらに進み、20 世紀中に観測された変化よりも大きい変化を 21 世紀中にもたらすことになる。

気温の年々変動の幅の変化が小さいと仮定すると、地球温暖化による平均気温の上昇により、冬季の異常低温現象は少なくなり、暖候期には真夏日や猛暑日が増えることは容易に想像できる。気候モデルによると、冬季気温の上昇の方が夏季気温の上昇より大きいと予測されているので、異常低温の減少の方が異常高温の増加よりも大きいと考えられる。また気温上昇により大気中に含みうる水蒸気量は増加するので、一雨当たりの降水量は増加すると考えられる。また冬季には気温上昇により、降雪が降雨に変わることで、日本海側の降雪・積雪量は少なくなるであろう。

気候の平均状態や気候の変動幅のわずかな変化でも極端な現象の発生頻度には大きな変化を生じさせうる。①降水に関する極端な現象の将来予測に関して、降水量の平均値と変動幅が増加する、②大雨の再現期間が短縮し降水継続期間中の降水強度が増加する、また③中・高緯度で無降水継続期間が長くなる、ことを世界の気候モデル予測結果は定性的に示している。降水の頻度や強度が極端であれば、洪水や土砂災害、また干ばつなどの災害を引き起こすことになる。

日本にとって、梅雨と台風がもたらす大雨とその地球温暖化による変化の予測は重要問題である。そこで日本では、台風や極端気象現象を現実的に再現できる空間解像度の高い気候モデルを用いた気候変化予測計算が行われている。このモデルを用いて行った実験によると、温暖化に伴って強い熱帯低気圧の出現数が増加する傾向があることがわかった。21 世紀末の将来気候では、熱帯低気圧中心の最低気圧の深まり・最大風速の強化、熱帯低気圧に伴う降水の増大が予測されている。さらに東アジア域の梅雨前線を対象として、水平解像度が数 km の雲解像領域気候モデルによるシミュレーションも行われており、温暖化時の梅雨期の降水に関して、平均的な降水量（総降水量）の変化よりも、狭い地域に強い雨が降る傾向が顕著なことがわかり始めてきた。

温暖化と異常気象のかかわり

大雨現象や異常高温・熱波の発生などがおこるたびに地球温暖化との関連が指摘されるが、個々の異常気象を温暖化と直接結びつけることは簡単ではない。極端な気象現象は、さまざまな要因が複合した結果として発生するからである。たとえば強い台風の発生と特定地域への襲来については、海面水温が高いことに加えて、大気循環がある決まった条件を満たしている必要がある。海面水温のように人間の活動に強く影響される可能性のある要因がある一方、そうでないものもあり、ある特定の極端現象から人為的影響を検出するのは簡単ではない。しかしながら、人為的影響がなければ数千や数万年に 1 回程度の異常気象も、人為的影響により平均的な気候状態が変化（すなわち温暖化）することで、その発生しやすさが高まっている、ということができる。　【鬼頭昭雄】

⇒C エアロゾルと温室効果ガス *p28*　C 雲と人間活動 *p30*　C 水循環と気象災害 *p54*　C 干ばつと洪水 *p58*　D 地球温暖化による生物絶滅 *p178*　R 気候の変動と作物栽培 *p272*　E 地球規模の水循環変動 *p510*

〈文献〉IPCC 2007a．気象庁 2009．Fujibe, F., *et al.* 2006.

地球温暖化と生態系

陸域生態系における季節性と生物間相互作用の攪乱

温暖化がもたらす陸域生態系の変化

地球上の平均気温は過去100年間に0.74℃上昇し、その増加割合は年々高まっている。地球温暖化は単なる平均気温の上昇以外に、気温変動の増大、降水量の変化、積雪の減少、地温や水温の上昇、乾燥化、異常気象の増加などさまざまな変化を伴う。これらの気候変動が陸域生態系へもたらす作用として、栄養塩循環の変化、強風や豪雨による物理的撹乱の増加、乾燥ストレスの増大、季節性の撹乱などが考えられる。

地温上昇は土壌微生物の活性を高め、短期的には有機物の分解を促進するが、長期的には無機塩類の流失により土壌が貧栄養化すると予測されている。積雪量の減少や永久凍土の融解は土壌乾燥化を加速し、植物個体群の衰退や植生変化を引き起こす（写真1）。極度の乾燥化は山火事の頻度を高め、生態系のバランスを大きく変化させる。積雪の減少は、アルベドの低下により温度上昇を加速させる作用がある。そのため、温暖化による気温上昇速度は高緯度地域ほど高い。大型台風などの異常気象による撹乱は、森林構造を変化させ、森林動態に強く影響する。さらに、豪雨による土壌流失を促進する恐れもある。熱帯山岳地域では、雲霧帯の上昇や霧の発生頻度の減少により乾燥化が促進され、雲霧林に生息する生物の絶滅が進行している。

気候変動に対する生物の応答の現れ方

地球温暖化に対する生物の応答は、生理的応答、*フェノロジー（生物季節）応答、分布域の変化などに分けられる（図1）。生理的応答とは、温度・水分環境、資源状態、大気の二酸化炭素濃度などの変化に対する光合成活性、代謝活性、成長速度、繁殖活性の短期的応答である。生理的応答は中期的には個体群動態に影響を及ぼし、個体群の構造とサイズを変化させる。長期的には群集組成が変化する。

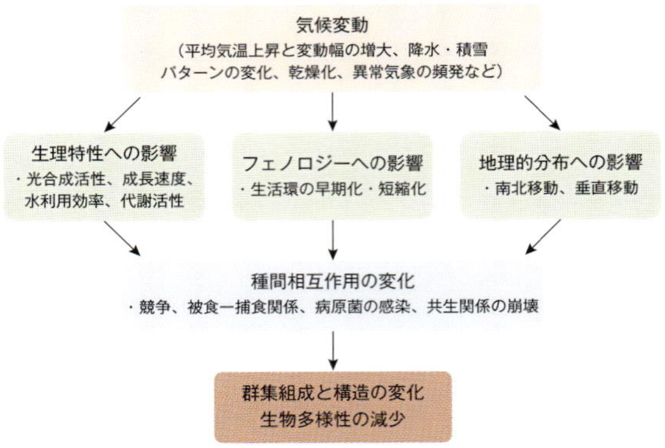

気候変動
（平均気温上昇と変動幅の増大、降水・積雪パターンの変化、乾燥化、異常気象の頻発など）
生理特性への影響
・光合成活性、成長速度、水利用効率、代謝活性
フェノロジーへの影響
・生活環の早期化・短縮化
地理的分布への影響
・南北移動、垂直移動
種間相互作用の変化
・競争、被食ー捕食関係、病原菌の感染、共生関係の崩壊
群集組成と構造の変化
生物多様性の減少

図1　気候変動（地球温暖化）が生態系に及ぼす影響の経路［Hughes 2000を改変］

フェノロジー応答は、植物の出芽・開花・結実・落葉、動物の休眠解除・羽化・渡りの時期・繁殖サイクルといったライフサイクルの季節的変化を指す。季節性が明瞭な中・高緯度地域の生態系では、フェノロジー現象の多くは温度環境により支配されている。また、乾燥地域など水分環境が主な制限要因となっている生態系では、降水量や土壌水分の季節変動がフェノロジーに強く作用する。フェノロジーの変化は、個々の生物の適応度に作用するだけでなく、生態系の生物間相互作用にも大きな影響をもたらすと考えられる。

地球温暖化が生物種の地理的分布に及ぼす影響は、

1990年7月

2007年7月

写真1　北海道大雪山系高山帯でみられる急速な植生変化。ハクサンイチゲなどからなる湿生のお花畑が単調なイネ科草原へと変化している。雪解けの早期化による土壌乾燥化が一因と考えられる

種に特有な移住や種子散布などの分散能力や個体群の性質（成長速度、増殖率、死亡率など）によって異なる。その結果、種間競争などの生物間相互作用が改変され、群集組成や種多様性の変化が生じる。

現存する生物は、過去の緩やかな気候変動のもとで自然に選択されてきた。ところが、近年の地球温暖化による気候変化のスピードは、第四紀に地球上で生じた気候変動の 100 倍以上の速さと推定されている。このような急激な環境変化に生物の適応進化は追いつけず、生物群集の組成や構造は急速に変化し、生態系の劣化を引き起こすと予測される。

フェノロジーの変化

気候変動に伴う動植物のフェノロジー応答については、多くの報告例がある。欧州や北米では落葉樹の展葉時期が過去 10 年間で 1.2〜3.8 日早まり、紅葉時期が 0.3〜1.6 日遅れている。英国に分布する植物 385 種の平均開花日は、最近 10 年間で 4.5 日早まっている。昆虫類の幼虫期間は短くなり、成虫の出現時期が早まる傾向がある。アブラムシの分散時期は 25 年間に 3〜6 日、鳥の産卵時期は 8.8 日早まっている。北米ではカエルの初鳴きが 100 年間で 10〜13 日、チョウの初見日は 31 年間で 24 日早まった。

一方で、フェノロジーの変化が個々の生物の生存や繁殖にどのように作用するのかについての知見は乏しい。寒冷地域では展葉や開花時期の早期化は、霜害の危険性を高める。北米では、森林害虫キクイムシの生活環が 2 年から 1 年に変化したことにより大発生し、森林被害が激増した。

気温が 1 度上昇すると、平均で 2〜5 日のフェノロジー変化がおこると試算されているが、実際の生物の応答は種によりさまざまである。その結果、現在の生物間相互作用のバランスが変化する事態が予測される（フェノロジー・ミスマッチ）。たとえば、花粉を運ぶ虫がいないために植物の繁殖が妨げられたり、植食性動物の飢餓による個体群衰退が懸念される。わが国においても、サクラなどの春咲き植物の開花日が近年早まっているが、花粉を運ぶマルハナバチの出現日の早まりは植物に比べて小さい。その結果、十分な花粉が得られずに種子生産が低下する事例も知られている（写真 2）。北米ロッキー山脈では、春の植物の出現時期よりもマーモットの出現時期が早まり、越冬明けの餌不足が深刻化している。

生物分布の変化

さまざまな生物の地理的分布の解析によると、地球全体では 10 年間で 6.1km の高緯度への移動と、6m の標高に沿った高方への移動がおきていた。北米や欧州では森林帯の北上が見られ、ロシアやニュージーランドでは森林限界の上昇が報告されている。欧州ではチョウの分布が 100 年間で 35〜240km 北上し、英国では鳥類の分布北限が 20 年間で 19km 移動した。一方で、高温域末端部（南限や下限）では、生理的な不適応、新たな侵入生物との競争、病原菌の感染などによる個体群の衰退や絶滅が生じている。

写真 2　春植物エゾエンゴサクを訪花するアカマルハナバチの越冬女王。暖冬により雪解け時期が早まると、エゾエンゴサクの開花がマルハナバチの出現前に始まり、花粉不足により種子生産は激減する（札幌市、2009 年）

生物の分布域変化は、生態系末端部にいる生物の絶滅の危険性を高める。ホッキョクグマやペンギン類、高山蝶やナキウサギなどの高山性動物、熱帯雲霧帯の両生類などはとくに絶滅が危惧されている。南極では、氷山の縮小が*アイスアルジーの減少に起因するオキアミ個体数の低下をもたらし、上位捕食者である海鳥やペンギンの餌資源を減少させている。北極海の海氷縮小は、餌となるアザラシの減少と採餌場所の制限により、ホッキョクグマの小型化や個体群の縮小を引き起こしている。北米ではナキウサギ低地個体群の絶滅がおきた。夏期の熱中症が主要因と考えられている。

生物の分布域の急激な変化は、既存の食物連鎖や相互作用の改変により、生態系全体へ影響が及ぶ可能性がある。その結果、地域個体群の絶滅、種多様性の減少、移入生物による生態系撹乱、生態系劣化や生態系サービスの低下などさまざまなスケールでの変化を引き起こす。その方向性と進行速度は生態系の構造や機能に強く依存するので、一般的な予測は難しい。

【工藤　岳】

⇒C 気候変動におけるフィードバック *p32*　C 地球温暖化と農業 *p38*　C 地球温暖化と漁業 *p40*　C 氷河の変動と地域社会への影響 *p56*　D 生態系サービス *p134*　D 生物間相互作用と共生 *p136*　D 地球温暖化による生物絶滅 *p178*

〈文献〉Fitter, A.H. & R.S.R. Fitter 2002.　Hughes, L. 2000.　Menzel, A. 2002.　Parmesan, C. 2007.　Parmesan, C. & G. Yohe 2003.

地球温暖化と農業

影響予測と適応

地球温暖化と作物生育

地球温暖化によって農地や農業はどのような影響を受け、また逆に農地や農業のあり方が温暖化の進行とどのようにかかわるのかは、近年、世界中で強い関心がもたれている。

農作物の生産は、基本的に植物の生育に依存しているが、その根幹は、植物が水と大気（CO_2：二酸化炭素）を材料に、一定の温度条件下で、日光を得て炭水化物と酸素を生産する光合成である。地球温暖化によって、気温をはじめ気象条件が変化するならば、光合成、つまり植物生育にたちまち影響が生じることは容易に想像ができる。しかし、このメカニズムは非常に複雑で、定量的な把握は容易ではない。

空気中の CO_2 は光合成に必要な物質であるとともに、その濃度の増大は温暖化の原因のひとつである。したがって、温暖化と植物生育との関係を考える場合、気温とともに CO_2 濃度の影響を考えることも必要で、一般にその濃度の増大は、光合成の活発化と作物生産量の増大をもたらす。よく想定される将来における CO_2 濃度が倍増した場合、作物の全生産量は平均で約 40%増加するという実験結果も得られている。

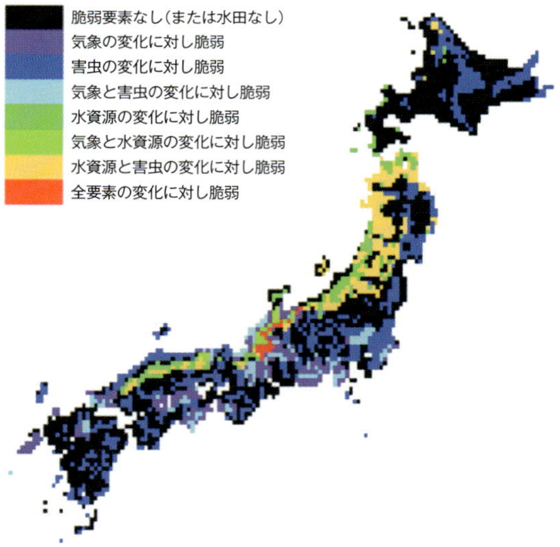
脆弱要素なし（または水田なし）
気象の変化に対し脆弱
害虫の変化に対し脆弱
気象と害虫の変化に対し脆弱
水資源の変化に対し脆弱
気象と水資源の変化に対し脆弱
水資源と害虫の変化に対し脆弱
全要素の変化に対し脆弱

図 1　日本の水田稲作の温暖化に伴う気候変動への脆弱性評価。10km メッシュでみた日本のコメ生産における気象（高温ストレス）、害虫（ウンカ世代交代）および水資源（降雪量減少）の 3 要素からみた脆弱性の分布［温暖化影響総合予測プロジェクトチーム 2008］

温暖化による気温の上昇が 1～3℃程度であれば、地球上の多くの地域で、気象条件は作物生産にとっては良い方向に変化し、農業生産可能な地域が高緯度地帯を中心に拡大すると考えられ、現在の多くの農業地帯で生産が安定すると予想される。しかし、気温がそれ以上に上昇すると生産量は減少に転じ、低緯度地帯、とくに乾季のある熱帯地域では、1～2℃上昇するだけで生産性は減少し、人口増加とも相まって食料不足が増加すると見込まれている。一方、中高緯度地帯では、平均気温が 3℃以上上昇すると作物生産性が減少する地域があると予測されている。

気候変動と生育障害

気温上昇に伴って作物生産量が減少するのは、生育のある段階で、高い気温によって生育が阻害される高温障害がおこるからである。イネの場合、穂が出て花が咲く頃（出穂開花期）に気温が 36℃以上になると、籾（もみ）の中に実が十分に入らない高温不稔（ふねん）と呼ばれる現象が生じる。

コムギは、世界的には比較的寒冷な地域や季節で生産され、気温上昇は生産適地の拡大や収量の増大をもたらすと思われる。しかし、一定期間冷温に晒されないと発芽しない冬コムギでは、気温上昇での収量減少もある。また、コムギが温暖化で発育が促進されて、低温に弱い茎立ち期から開花期が厳寒時に重なってしまい、収量が減少することもある。

野菜や果実でも、気温の上昇は、収量や品質、栽培適地の変化をもたらす。たとえば、日本の温州ミカンでは、気温の上昇で日焼け果が増えたり浮皮病になったりと、収量や商品価値の低下をもたらし、ブドウにも着色障害が生じるとされる。

さらに、気温の上昇を中心に、気候の変化は害虫の大量発生や、病原菌の種類の変化や活性化をもたらすことになる。

日本の場合、気温が 3℃上昇すると、水稲については北海道では収量が約 13%増加するものの、東北以南では 8～15%減少すると推定されている。リンゴについては北海道のほぼ全域が適地になる一方で、関東以南がほぼ適地外となり、温州ミカンは適地が南東北の沿岸まで北上するが、現在の産地でも適地外となる地域が発生すると推定されている。

気候変動は、作物生育だけでなく、畜産にも影響を与える。気温上昇は繁殖能力の低下をもたらし、肉や乳の生産量が減少することがおこりうる。熱帯地方特有の家畜の病気が、温帯にも広がるおそれもある。水産業についても、温暖化によって、海流や海水・湖沼などの水温に変化が生じ、漁場や水産資源の量に影響が生じると予想される。

さらに、農民の健康や作業環境にも変化が生じる。夏季に異常な高温がいっそう多くなり、熱中症がおこりやすくなって、高齢化している日本の農家などには深刻な影響が生じるかもしれない。

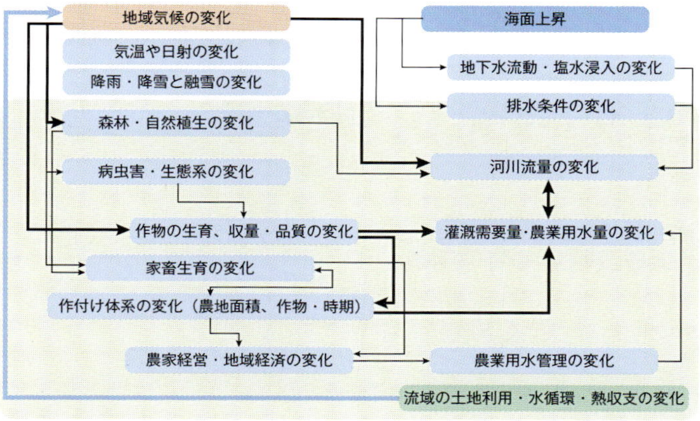
地域気候の変化
気温や日射の変化
降雨・降雪と融雪の変化
森林・自然植生の変化
病虫害・生態系の変化
作物の生育、収量・品質の変化
家畜生育の変化
作付け体系の変化（農地面積、作物・時期）
農家経営・地域経済の変化
海面上昇
地下水流動・塩水浸入の変化
排水条件の変化
河川流量の変化
灌漑需要量・農業用水量の変化
農業用水管理の変化
流域の土地利用・水循環・熱収支の変化

図 2　地球温暖化の農業生産への影響の主な関係要素（トルコの 1 河川流域での例）［渡邉編 2008］

地域の水循環の変化と農業生産

地球温暖化は、気温の平均的な上昇だけでなく、降水の量やパターンをはじめ、農業生産地域の水循環に変化をもたらし、利用できる水資源量や農地の水条件に影響を与える。この生産地の水文環境の変化を通しての作物生産への影響も小さくない。

たとえば、降水量や蒸発散量の増減にともなって、農地では土壌水分の量が増減し、また同時に、農地に水を供給する灌漑の水源となる河川などの流量が変化して農地に引き入れることができる水量に制約が生じると、作物生産が影響を受けることになる。

日本では、東北日本などの稲作地帯では、冬季の積雪が春に融けて河川に流出して、河川の流量が多くなる時期に合わせ、水田のしろかきや田植えが行われてきた地域も多い。こうしたところでは、温暖化で冬季の積雪が減少し、融雪の時期が早くなって、稲作に必要な用水をまかなえなくなる可能性が懸念されている。世界的にも、IPCC（気候変動に関する政府間パネル）によると、温暖化によって地域的に洪水や干ばつの頻度は全般に増大するとされていて、低緯度地帯の自給的な農業に悪影響を及ぼすとしている。

さらに、温暖化に伴って海面が上昇すると、海岸の低平地に拡がる広大な農地が海面下に没して、生産可能面積が減少する。あるいは、排水が不良になって農地に水が滞留しやすくなったり、地下水に海水の塩分が流入したりして、生育に大きな影響をもたらすことが予測できる。

農業の温暖化への適用と緩和策

温暖化による気候変動で生産条件が変化すれば、当然のこととして農業においてさまざまな対応がとられる。作物の種類や栽培の方法・時期を変え、品種を改良するなど、さまざまな適応が図られる。

農業生産は、地球温暖化や気候変動の影響を受ける一方で、その原因となるなど影響を与えてもいる。現代の農業の基本を支えている化学肥料を生産する過程で、空中窒素を固定するために多量の化石燃料を消費している。また、農作業機械、大量の生産資材や農産物を輸送するための車両から排出される温暖化効果ガス、水田のメタンなど農地から排出される温暖化効果ガスもある。農業用排水管理に要する化石燃料、農地や水路・道路開発・利用に必要なエネルギーの消費もある。

さらに、農業には、生産活動を通して温暖化や気候変動を緩和できる可能性がある。たとえば、農業用水路における小水力発電、農地土壌の適切な管理による炭素の土壌中への蓄積管理などである。

以上みたように、地球温暖化と農業の関係は複雑であるが、生産の各要素・局面に関してメカニズムと影響の評価、適応や緩和の方策の検討が進んでいる。また、水文環境などの地域の関係条件の変化も視野に入れて、農業生産システム全体を対象として検討することもようやく進み出した。今後は、将来の気候変動の見通しの精度・信頼性の向上とも連携して、この詳細な検討が進められることになる。　【渡邉紹裕】

⇒C 地球温暖化と異常気象 *p34*　C 地球温暖化と生態系 *p36*　C 地球温暖化と漁業 *p40*　D 作物多様性の機能 *p150*　R アジアにおける農と食の未来 *p258*　R 気候の変動と作物栽培 *p272*　E 地球規模の水循環変動 *p510*

〈文献〉IPCC 2007a．農林水産省 2007．国土交通省 2008．渡邉紹裕編 2008．温暖化影響総合予測プロジェクトチーム 2008.

地球温暖化と漁業

水産物フードチェーンによる順応的対応

地球温暖化と海洋環境

IPCC（気候変動に関する政府間パネル）はWMO（世界気象機関）、UNEP（国連環境計画）により設立された国際機関であるが、地球温暖化に関する科学的、技術的、社会経済的な評価を行うことを目的としている。その成果は、各国の政策決定者に対する提言として、また地球市民に広く利用されることになっている。1990年の第1次評価報告書の公表に始まり、2007年には第4次評価報告書が公表されるにいたった。長年にわたって評価報告書が作成される過程で、「気候システムの温暖化には疑う余地がない」ことが明らかになり、その要因について分析が深められた。

写真1　フィリピン、パナイ島の漁村。この写真は満潮時のものであるが、海面上昇の影響で使えなくなっている。左は、陸の浸食や高波の害を防ぐために植林したマングローブ（2008年）

地球気候システムの温暖化によって、世界各地で観測された物理環境・生物環境のほとんどが何らかの変化と影響を受けていると報告されている。世界の平均海洋温度は、水深3000mまでは上昇しており、地球気候システムに加わった熱量の8割以上を海洋が吸収したと推計された。海面水位の上昇は1961年から2003年にかけて年1.8mm、1993年から2003年には年3.1mmとしだいに上昇速度を早めている。温暖化による大半の熱を吸収して海水温が上昇した結果、海水面の上昇、氷床の融解による淡水化、海流の変化が生じている。海洋によるCO_2（二酸化炭素）の吸収が進んで、海洋の酸性度が上昇している。

漁業資源への影響

温暖化による海洋生物、水生生物への影響は大きい。海水温の上昇は、海水面を上昇させ、海流の変化を引き起こし、海洋循環を変えていく。この変化のなかで、栄養塩類の循環過程が滞ると植物プランクトンの発生に障害が起き、それに連動して動物プランクトンや魚の資源量が減少することになる。海水温の上昇は、サンゴ礁の白化現象を引き起こして死滅させる。また、海水面の上昇は、沿岸域の藻場や干潟を減少させ、熱帯域の沿岸ではマングローブ林の成育が難しくなる。また、地球温暖化に伴う陸域環境の変化によって、海洋に流入する物質にも変化が現れ、海洋生物、水生生物の棲息に影響を与える。こうした変化によって、魚類の産卵や回遊経路の変化が生じ、人間に有用な水産資源の分布が変わり、漁場移動が引き起こされる。

これまで、気候、海洋、海洋生態系によって構成される地球環境の基本構造は数十年という周期で転換するレジームシフトが確認されているが、地球温暖化がこのリズムを破壊してしまう可能性がある。日本近海では、マイワシ、カタクチイワシとアジ類、サバ類の魚種交替がレジームシフトに深く関係している。地球温暖化がこうした魚種交替のリズムをどのように変えるか、それによって漁業のあり方は当然変わる。海水温が上昇すると、日本近海ではサケ類のような冷水性の魚種が少なくなり、逆に、温帯や熱帯域に棲息する魚種や海草類が増える。西日本ではすでに亜熱帯魚種の北上が確認されており、ナルトビエイによる貝類などへの食害が地域漁業に打撃を与えている。

採取産業としての漁業

漁業生産は、一定の環境条件のもとで資源を過剰に利用しない限り、資源の枯渇をもたらすことのない更新的資源である水産資源に、人間および人間社会が働きかけて、食料品を生産する過程である。漁業は無主物である水産資源を対象とし、それを採集する産業である。そのため、漁業は農業以上に環境変動の影響を受けやすい。レジームシフトに伴う資源量変動のように、対象とする有用経済魚種の生態が変われば、漁業を生業とする人びとの漁獲行為に変化が生じ、その社会は強い影響を受ける。もともと、水産資源の利用をめぐっては競争が生じやすく、とくに沿岸域では過剰な漁獲努力が投入されて資源が減少・枯渇しやすい環境にある。もちろん、海洋環境の変動や海流、海水温の変化などが複雑に絡み合っている。地球環境変動という条件下で生じる沿岸域の生態系や環境の変化に注意を払い、水産資源を持続的に利用していくための努力が漁業には求められる。

違法漁業・養殖業による生態系破壊

開発途上国では、人間の漁獲行為などを監視して持続的な資源利用をはかるための枠組を作る前に、近代的で生産性の高い漁具・漁法が導入されたこともあって、水産資源をめぐる「コモンズの悲劇」がいたるところで発生している。経済のグローバル化が進み、水産食料品の製造についても、漁業生産国、食料品加工拠点国、消費国といった役割分担ができあがり、水産物貿易のネットワーク化が世界的規模で広がっている。こうした分業体系のもと、熱帯の途上国ではマングローブ林を伐採して輸出を目的としたエビ養殖が活発になり、また、生物多様性を無視する形で養殖のための種苗、幼魚、成魚の国際取引が盛んである。サンゴ礁海域ではダイナマイトやシアン化合物を用いた破壊的な漁業が行われてきた。海水温および海面上昇によって、漁業資源の再生産には欠かせないマングローブとサンゴ礁の破壊がさらに進むと予想される。

沿岸域は人口圧力が高く、都市開発や産業開発が進んでいる。沿岸域環境が破壊された地域は、気候変動の影響を受けやすく、貧困化率の高い漁村では自然災害による被害が増えている。とくにマングローブ林の伐採によって、漁村住民は海面上昇、海岸浸食、台風などによって生計手段も住居も失ってしまうケースが増えている。

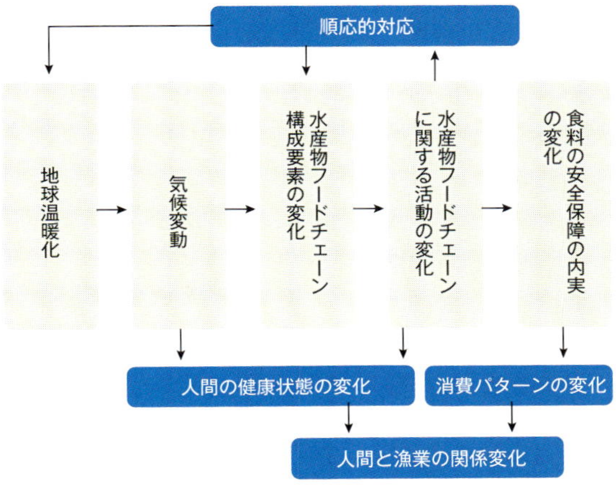
順応的対応
地球温暖化
気候変動
水産物フードチェーン構成要素の変化
水産物フードチェーンに関する活動の変化
食料の安全保障の内実の変化
人間の健康状態の変化
消費パターンの変化
人間と漁業の関係変化

図1　人間と漁業との関係変化［IPCC 2007b をもとに作成］

漁業生産の不安定がもたらす影響を小さくするには、住民の生計活動を多角化させる必要がある。もともと漁村社会では季節や資源の変動に応じて多様な漁撈・生計活動を発展させてきた。しかし、漁業生産が商業化される過程で、資源の利用形態が単純化し、規模の経済が働きやすい漁業・養殖業への転換が進んだ。その結果、漁村社会の経済体質は環境変動に対してきわめて脆弱になった。

水産物フードチェーンによる適応、漁業・漁村の対応

食品の生産から消費にいたる過程をフードチェーン（フードシステム）と呼ぶが、地球温暖化によって、高度に発達したフードチェーンとそれを維持する経済活動の見直しが迫られる。水産物フードチェーンは漁業・養殖業による原料供給から始まり、加工・流通過程を経て消費者に商品として届けられる。自由貿易のもとでこのネットワークが世界規模で広げられてきたが、それはフードマイレージ（輸入食料の総重量と輸送距離を掛け合わせたもので単位はt・km）を増大させてきた。フードチェーンの地理的距離、時間的距離、段階的距離の広がりは、エネルギー消費量の増大を意味する。世界各地で生じる魚種構成の変化や漁獲量変動、さらには低炭素型の食料産業への転換の必要性は、従来型の水産物フードチェーンの見直しを求めている。

「食料の安全保障」は、供給、安定性、入手機会によって実現されるものだが、エネルギー消費型の漁獲漁業・養殖業は転換を余儀なくされ、それらに依存して水産食料を確保していた消費パターンのありようが問われている。地球環境変動に対する順応的対応は、『食料の安全保障』を実現することを第1としながら、漁業・養殖業の現場で環境と調和した循環型の食料生産を実現するところから始まる。安全な水産物を用いて高い品質と機能性を強化した水産食品は、『責任ある加工・流通』を介して消費者に届けられる。現代の水産物フードシステムを段階的距離のあるものととらえ、循環型の低廃棄、低炭素マーケティング（地産地消を含む）を実現するものとして再構築する統合的政策の立案が強く要請されている。　【山尾政博】

⇒C 地球温暖化と生態系 *p36*　C 地球温暖化と農業 *p38*　D 沿岸域の生物多様性 *p144*　D 海洋生物多様性の危機 *p170*　D サンゴ礁がはぐくむ民俗知 *p210*　R コモンズの悲劇と資源の共有 *p314*　R 高度回遊性資源とコモンズ *p316*　R マングローブ林と沿岸開発 *p336*　R アブラヤシ、バナナ、エビと日本 *p338*　R 破壊的漁業 *p340*　E 地産地消とフードマイレージ *p514*

〈文献〉秋道智彌 2007b. 川崎健 2009. IPCC 2007a, 2007b, 2007d. 白石正彦ほか監修 2003. 高橋正郎 2005. 独立行政法人水産総合研究センター 2009a, 2009b. 中田哲也 2007. 山尾政博 2008.

地球温暖化と健康

感染症による健康被害

気象と感染症

地球温暖化の進行に伴い、気温、降水量などが変化し、熱波や洪水、干ばつなどの異常気象が増加し、直接・間接的にさまざまな健康影響が生じる可能性が指摘されている（図 1）。温暖化による将来の健康影響を予測するには、現在の気象と健康事象の関連および過去の気象変化による健康影響を明らかにすることが基礎となる。

多くの感染症は、気温、湿度、降雨、海面水位のいずれかに影響を受ける。下痢症など水系感染症は病原微生物に汚染された飲料水や遊泳用水で泳いだりすることにより感染する。豪雨により環境中のクリプトスポリジウム、ジアルジア、大腸菌など下痢の病原体が飲料水源に流入することが知られている。米国では過去 50 年間のデータを調べた研究で、豪雨と水系感染症流行の関連が認められた。一方で、気温は環境中の微生物の増殖と生存期間に影響を及ぼす。南米ペルーではエルニーニョ現象の影響で気温が上昇した結果、下痢症患者数が増加した。バングラデシュでは、ベンガル湾の海面温度上昇とコレラ患者数の関連が報告されている。これは、海面温度上昇によりコレラ菌が付着するプランクトンが海水中で増殖するためと考えられている。

マラリアは世界で年間 5 億人が発症し、およそ 100 万人が死亡する最も重要な感染症の 1 つである。マラリアやデング熱など蚊によって媒介される感染症は、気温や降雨量の変化に対する感受性が高い。そのため世界のマラリア分布は、社会インフラが整備された地域を除き、ほぼ気候によって制限されている。マラリアの非流行地であった東アフリカ高地では、1980 年代後半からマラリアが流行するようになった。これはマラリアの薬剤耐性が強まったことや土地利用の変化、人口移動などの要因のほか、温暖化により媒介蚊の生息域が拡大したことによる可能性が指摘されている。またエルニーニョ現象により南アジアや南米ではマラリア流行のリスクが高まることが明らかとなっている。

デング熱は熱帯・亜熱帯地域でおこるアルボウイルスを原因とする感染症である。最近数十年で熱帯地域の都市部で流行が増え、大きな問題となっている。気温が高く、湿潤なほど流行しやすく、雨により媒介蚊が増殖し、感染のリスクが高まる。アルボウイルスは実験室での実験で、温度が上昇すると蚊体内での再生頻度が増加することが知られている。アジアや南米、太平洋諸島などでエルニーニョ現象とデング熱流行の関連が予想されている。

将来予測される影響

WHO（世界保健機関）は、温暖化による健康影響を全世界および地域別に定量化している。報告書によると、2000 年時点ですでに温暖化により全世界で 15 万人が死亡し（全死亡の 0.3%）、550 万 DALYs（全 DALYs の 0.4%、DALYs は障害調整生存年。疾病により失われた生命や生活の質を包括的に測定するための指標。）が失われたと推定される（図 2）。先進国では 8000DALYs の損失と推定されるのに対し、南東アジアやアフリカ地域ではその数百倍もの DALYs が損失したと推定されている。

将来の健康影響については、気温変化に伴う循環器系疾患による死亡、下痢症・マラリア・洪水による溺死などの死亡、低栄養について予測された。

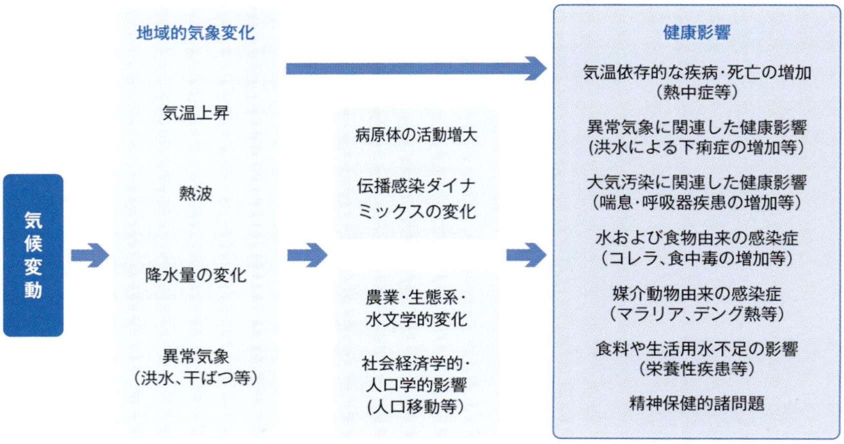
気候変動
地域的気象変化
気温上昇
熱波
降水量の変化
異常気象
（洪水、干ばつ等）
病原体の活動増大
伝播感染ダイナミックスの変化
農業・生態系・水文学的変化
社会経済学的・人口学的影響（人口移動等）
健康影響
気温依存的な疾病・死亡の増加（熱中症等）
異常気象に関連した健康影響（洪水による下痢症の増加等）
大気汚染に関連した健康影響（喘息・呼吸器疾患の増加等）
水および食物由来の感染症（コレラ、食中毒の増加等）
媒介動物由来の感染症（マラリア、デング熱等）
食料や生活用水不足の影響（栄養性疾患等）
精神保健的諸問題

図 1　温暖化による健康影響のメカニズム［WHO 2003 を改変］

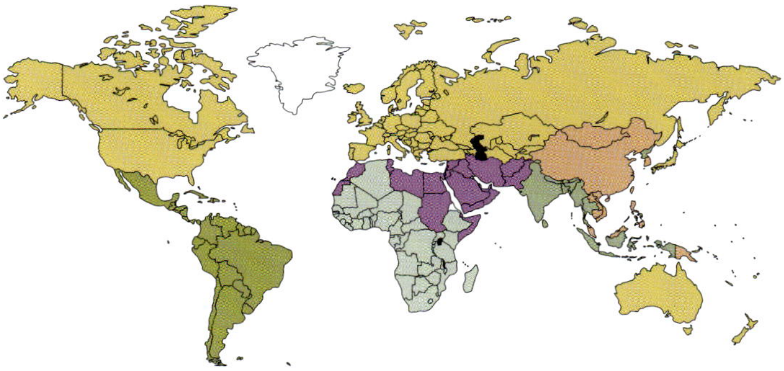

	地域	障害調整生存年（×1000）	障害調整生存年（対人口100万）
	アフリカ	1894	3071.5
	東地中海	768	1586.5
	南米・カリブ海	92	188.5
	南東アジア	2572	1703.5
	西太平洋*	169	111.4
	先進国**	8	8.9
	世界全体	5517	920.3

*先進国を除く、**キューバを含む

図2　2000年時点における温暖化によって損失した障害調整生存年［WHO 2003］

それによるとともに途上国において下痢症と低栄養のリスクが高いと予想された。アフリカや東南アジア地域などでは、温暖化がないと仮定した場合と比べて2030年には下痢症が最大約10%増加すると予測されたが、先進国ではほぼ影響がないと報告された。低栄養はとくに東南アジア地域で影響が大きいと予測された。また温暖化により冬の寒さによる死亡は減ると考えられるものの、それ以上に熱波や暑さによる呼吸循環器系疾患の死亡が増加すると予想される。しかし、根拠となる疫学情報が少ないために、現段階ではいずれの推定も不確定性が大きい。

現在マラリアが流行する多くの途上国、とくにサハラ砂漠以南のアフリカでは、温暖化により2100年までに流行地域が5～7%増加し、その多くは現在非流行地域である高地であると予測されている。また現在のマラリア流行地で流行期間が長くなり、媒介蚊と接触する機会が増えるとの予想もある。現在、社会インフラがすでに整備された地域では、温暖化に伴うマラリア流行のリスクは小さいと考えられる。別の研究では、世界人口の約30%がデング熱の伝播に適した気象地域に住んでおり、温暖化がないと仮定した場合、2085年のデング熱のリスク人口が35億人（35%）であるのに対し、温暖化を仮定した場合にはリスク人口は52億人（52%）という推定がある。

脆弱性と適応策

温暖化によって健康影響を受ける可能性のある集団を脆弱人口という。脆弱人口の割合が大きいほど、当該社会の受けるリスクは大きくなる。脆弱人口には、都市部の貧困層、高齢者と子ども、慢性疾患患者、山岳民族や遊牧民族、海岸部および低地居住人口などがあげられる。また気象により影響を受けやすい疾患（低栄養、下痢症やマラリアなど）が多い途上国における影響は先進国に比べて大きい。

今後、温暖化効果ガス排出削減に努めても、その成果が現れるためには時間が必要である。よって、排出削減対策により温暖化の緩和を図ると同時に、温暖化に対する適応策を実施することが重要となる。適応策の例を表1に示す。これら適応策を具体化し実施に向け充実させるためには、関係する諸分野の協調・協力が不可欠である。また人びとの意識向上や現在ある資源の有効活用、ガバナンスの強化、住民参加などが必須である。

【橋爪真弘・山本太郎】

健康影響	法律分野	技術分野	教育・勧告	文化行動
熱ストレス	建築ガイドライン	ヒートアイランド効果抑制のための住居・公共施設・都市計画・エアコン	早期警報システム	服装による調節、昼寝
異常気象	計画法 建築ガイドライン 暴風シェルター 建築に関する経済的奨励	都市計画 暴風シェルター	早期警報システム	暴風シェルターの使用
大気汚染	排出抑制 交通規制	公共交通機関の改善、触媒式排ガス浄化装置	大気汚染警報	自動車の相乗り通勤
動物媒介感染症		媒介動物防除 ワクチン接種、殺虫剤浸漬蚊帳 持続可能なサーベイランス、予防、防除対策	健康教育	貯水法の工夫
水系感染症	河川管理 水質基準の設定	病原体の分子遺伝学的スクリーニング 水処理の改善 衛生状態の改善	煮沸の奨励	手洗いなど衛生行動 穴式便所の使用

表1　温暖化の健康影響に対する適応策［IPCC 2001a］

⇒C干ばつと洪水 p58　D病気の多様性 p158　R地球環境変化と疾病媒介蚊 p292　R健康転換 p296　R水と健康 p298　R地球環境と健康 p300　Rエコヘルスという考え方 p302　H洪水としのぎの技 p424

〈文献〉IPCC 2001a, 2007b. WHO 2003. Tanser, F.C., *et al.* 2003. Hales, S., *et al.* 2002.

窒素循環

人間活動による過度の集中と生態系への影響

地球上での窒素の循環

地球上に存在する窒素のうち、地殻の岩石に含まれる窒素の一部は火山活動や風化作用によって地球表層の窒素循環に取り込まれるが、滞留時間は非常に長い。そのため、窒素循環を考える場合、地球表層の大気－海洋－陸域－表層土壌－人間社会において循環している窒素の動きのみに着目することが多い（図 1）。

大気の 8 割を占める気体の窒素（N_2）は、多くの生物にとって利用することのできない不活性で安定した形態の窒素である。一方で、地球表層には、水に溶け込む（溶存性の）無機態窒素（例：硝酸、アンモニア）や、さまざまな分子量をもつ有機態窒素（例：アミノ酸～タンパク質）など、生物が取り込みやすい形態の窒素化合物（反応性窒素）が存在する。これらの窒素化合物が、生物による取込みに伴う酵素反応や無機的な化学反応によって、形態を変えながら地球表層を循環している。

反応性窒素の増加と集中

人間活動の増加に伴い、自動車や工場による化石燃料の燃焼、大気窒素からのアンモニア肥料の人工的な合成、商品作物として窒素固定（大気窒素をそのまま栄養源として体内に取り込む）をするマメ科植物の栽培などによって、不活性な窒素ガスが反応性窒素となり地球表層に投入され続けてきている。20 世紀の 100 年間で人間の生活域周辺の生態系に存在する反応性窒素量は、約 3 倍にまで増加した。とくに、過剰な化学肥料を投与する農村地域や、他の地域から食料を移入し続ける大都市では、反応性窒素量が極端に増加し地理的な不均衡を生みだしている（図 2）。

さらに、沿岸地域の都市化や急速な埋め立ては、海草藻類などの一次生産者による窒素成分の取込みや、微生物による脱窒（溶存無機態窒素を N_2 等のガス態の窒素に変える生物活動）などの場として機能していた海岸湿地・干潟の消失を招き、相乗的に沿岸海域における反応性窒素量を高めることになってきている。

人体・人間社会への影響

化石燃料燃焼時の排煙や自動車の排気ガスに含まれる大量の窒素酸化物（NOx）は、大気中で水や酸素と反応して硝酸（NO_3^-）となり、硫黄酸化物（SOx）などと共に酸性雨の要因となる。これらの汚染物質は大気を通して隣国から運ばれてくることも多く（越境汚染）、欧米やアジアにおいて、大規模な森林被害を引き起こしている。また、硝酸が体内に過剰に存在すると、乳幼児の貧血症状を引き起こしたり、発がん性物質を形成したりする恐れもある。

そのため、各国において飲料水に対する硝酸濃度の水質基準が定められているが、農村地帯を中心に硝酸性窒素汚染は世界的に深刻である。一方で、降雨中に含まれる窒素化合物は、窒素律速（窒素が足りなくて成長が制限されている状態）にある海洋の植物プランクトンの生産量や、亜寒帯～温帯域の森林の炭素生産量を増加させるという報告もあり、地域や生態系によっては、窒素流入の影響は必ずしもマイナスの影響をもたらすものではない。

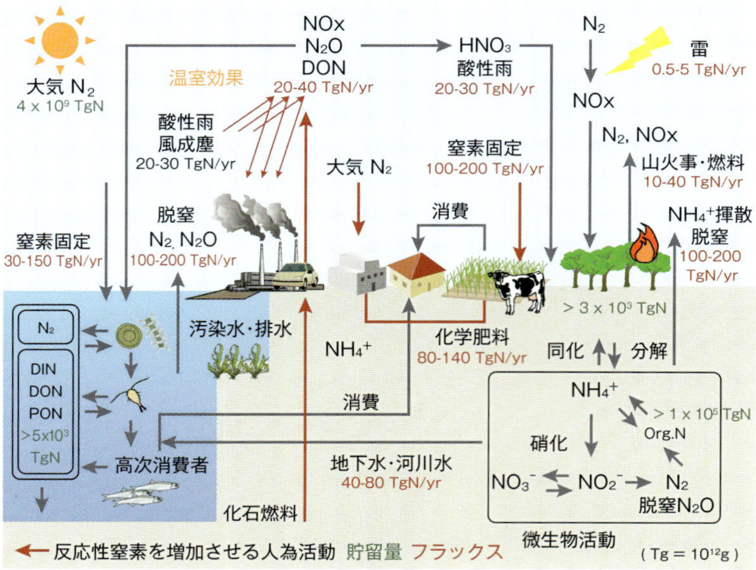
大気 N2
4 x 10⁹ TgN
温室効果
NOx
N2O
DON
20-40 TgN/yr
HNO3
酸性雨
20-30 TgN/yr
N2
雷
0.5-5 TgN/yr
NOx
N2, NOx
山火事・燃料
10-40 TgN/yr
酸性雨
風成塵
20-30 TgN/yr
大気 N2
窒素固定
100-200 TgN/yr
消費
脱窒
N2, N2O
100-200 TgN/yr
窒素固定
30-150 TgN/yr
NH4+揮散
脱窒
100-200
TgN/yr
> 3 x 10³ TgN
N2
DIN
DON
PON
>5x10³
TgN
汚染水・排水
NH4+
化学肥料
80-140 TgN/yr
同化
分解
消費
NH4+
> 1 x 10⁵ TgN
Org.N
硝化
地下水・河川水
40-80 TgN/yr
高次消費者
NO3-
NO2-
N2
脱窒N2O
化石燃料
微生物活動
反応性窒素を増加させる人為活動 貯留量 フラックス
(Tg = 10¹²g)

図 1　地球表層の主な窒素の循環［Schlesinger 1997 ほか］

水圏生態系への影響

地球表層の70%を占める海洋では、海水中や堆積物中での脱窒反応によって、全体としてみると窒素がリン（P）やケイ素（Si）などの栄養塩に比べて減少し、一次生産者の成長は窒素律速であることが多い（図3)。しかしながら、沿岸域では陸域からの過剰な窒素が供給されており、沿岸海域への窒素とリンの流出量のモル比（約18）は、海洋の一次生産者の平均的な窒素とリンの構成比（16：レッドフィールド比という）をやや上回っている。このような流入する栄養塩類の増加に伴って、大型の海草藻類は現存量を増加させてきたが、栄養塩類の負荷が過剰になると、逆に、植物プランクトンや付着藻類の急激な増殖によって光を遮られ、海草藻類の現存量は減少の傾向にある。植物プランクトンは海草藻類に比べて捕食圧が高く分解されやすいため、このような栄養塩負荷に伴う主要生物種の交代は、海域の窒素循環を劇的に変化させることになる。窒素の供給によって一次生産者の生産が促進されたり抑えられたりすることは、窒素循環は炭素循環とも深くリンクしていることを意味しており、両者を切り離さずに考えることが重要である。

今後の課題

先進国では、排出規制や高度な下水処理技術によって窒素負荷量が抑制されてきているが、アジア・アフリカ地域を中心として、窒素負荷量が今後も上昇していくことが予想される。先進国で蓄積された知見を、農業政策に加え、気候や水文・土壌条件などが異なるアジア・アフリカ地域にそのまま応用することはできないが、地球全体での窒素収支を適正に保つために、各国の協力が望まれる。

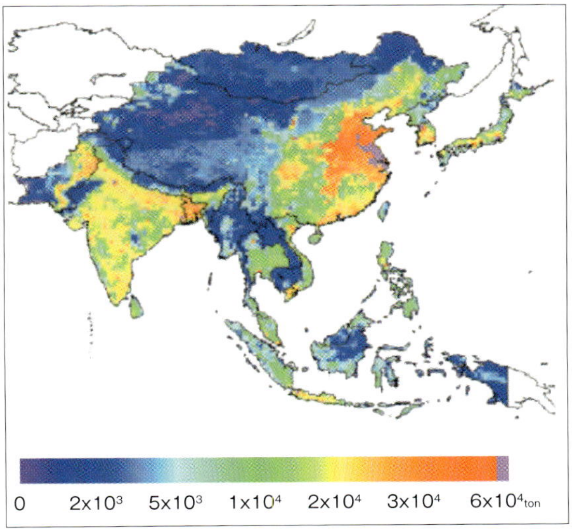
0
2x10³
5x10³
1x10⁴
2x10⁴
3x10⁴
6x10⁴ton

図2　アジア地域の年間窒素負荷量の空間分布［Shindo *et al.* 2003］

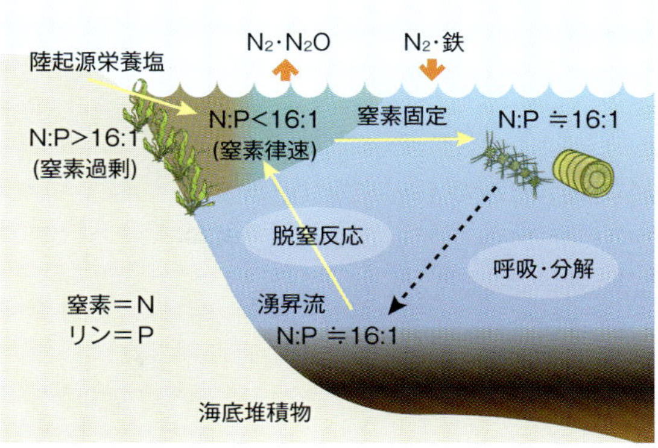
陸起源栄養塩
N₂·N₂O
N₂·鉄
N:P>16:1
(窒素過剰)
N:P<16:1
(窒素律速)
窒素固定
N:P ≒16:1
脱窒反応
呼吸·分解
窒素＝N
リン＝P
湧昇流
N:P ≒16:1
海底堆積物

図3　海洋での脱窒と窒素固定に伴うN：P比変化［Capone & Knapp 2007を改変］

炭素循環と同様に、全球レベルでの窒素循環を正確に捉えるには、海洋がどのくらいの窒素を吸収・保持・放出しているかの評価が重要である。海洋窒素循環の不明点の1つは、窒素を海洋から奪う（脱窒）、与える（窒素固定）という2つのプロセスがどのようにリンクし、最終的に海洋全体の窒素収支をバランスさせているかという点である（図3)。今後、これらのプロセスに関する詳細な知見を広く集め全地球的な窒素収支が解明されることが望まれる。

また、近年問題になっている地球温暖化は、①深層大循環の弱まりによる栄養塩流動停滞と、それに伴う全海洋表層での生物生産や、海域での脱窒作用の変化、②永久凍土の溶解に伴う有機態・ガス態窒素流出量の増加、③土壌温度の上昇や降水量変化による窒素固定量と有機物分解特性の変化、④海面上昇による潮間帯の減少が引き起こす生物食物連鎖などの窒素浄化機能の減少など、地球表層の窒素循環にもさまざまな影響を与えることが懸念されており、今後も注視していく必要がある。　【梅澤　有】

⇒C地球温暖化と生態系 *p36*　C炭素循環 *p46*　Cリンの循環 *p48*　C見えない地下の環境問題 *p74*　C地上と地下をつなぐ水の循環 *p78*　C物質循環と生物 *p82*　E酸性雨 *p476*

〈文献〉Schlesinger, W. H. 1997.　Galloway, J. N. & E. Cowling 2002.　Seitzinger, S. P., *et al.* 2002.　Shindo, J., K. Okamoto & H. Kawashima 2003.　Capone, D. G., *et al.* 2005.　Crossland, C. J., *et al.* 2005.　Deutsch, C., *et al.* 2007.　Galloway, J. N., *et al.* 2008.　Houlton, B. Z., *et al.* 2008.　Capone, D. G. & A. N. Knapp 2007.　Burgin, A. J. & S. K. Hamilton 2007.

炭素循環

人間活動による二酸化炭素の増加

炭素の貯蔵庫

炭素は地球環境の形成に重要な役割を果たし、人間を含む生命体を構成する主要元素のひとつである。地球表層における炭素は、大気圏、水圏（主に海洋）、生物圏、地圏といった貯蔵庫（リザーバー）に分配されており、さまざまな生物・化学・物理的要因により、これらリザーバー間を移動している。この炭素の移動を炭素循環と呼ぶ。

近年、自然界で平衡していた炭素循環に人間活動の影響が多大に及んでいることが明らかになっている。従来、人類は食物連鎖における消費者として陸上生物圏に含まれていたが、約1万年前に農耕・牧畜生活を開始した後、その活動範囲が広がるに従い、人間圏をサブシステムとして取り扱う必要が生じてきた。そのため、産業革命以降の人間圏を含めた地球規模での炭素収支の解明が急務となっている。

大気中の CO_2 濃度の変動

大気中の炭素は、大部分が CO_2（二酸化炭素）として存在する。CO_2 は大気の循環により放出源から輸送され、放出源周辺だけでなく地球上の海洋や陸上生物と交換される。その他の炭素化合物であるメタン（CH_4）や一酸化炭素（CO）などは、CO_2 とは異なる循環特性を持つ。ただし、大気中でのそれらの量は炭素換算で0.5％以下であるため、「炭素循環」の主役は CO_2 である。

大気中 CO_2 の高精度観測は、1950年代末に、カリフォルニア大学スクリップス海洋研究所のC.D. キーリングらにより開始された。南極点やハワイ・マウナロア山頂は、局所的な人間活動や植生の影響を受けにくい観測点であるため、長期観測に適している。マウナロアと南極点での CO_2 濃度（図1）は、陸上植物の呼吸・光合成による季節変動や、*エルニーニョ現象や火山噴火に伴う年々変動を伴いながら、この50年あまりで約20％の増加を示し、2009年には390 ppmvを記録している（ppmvは体積比で1/100万を表す）。

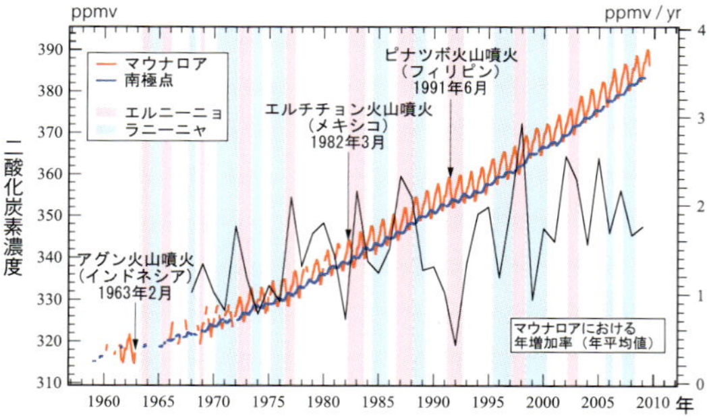
ppmv
ppmv / yr
マウナロア
南極点
エルニーニョ
ラニーニャ
ピナツボ火山噴火
（フィリピン）
1991年6月
エルチチョン火山噴火
（メキシコ）
1982年3月
アグン火山噴火
（インドネシア）
1963年2月
マウナロアにおける
年増加率（年平均値）
二酸化炭素濃度
増加率
年

図1　ハワイのマウナロア山（北緯19.5°、西経155.6°、標高3397 m）および南極点（南緯90.0°、標高2810 m）で観測された大気中 CO_2 濃度の月平均値、およびマウナロア山における増加率の年平均値。エルニーニョ・ラニーニャ発生時期と主な火山噴火を併せて示す［Keeling *et al.* 2010をもとに作成］

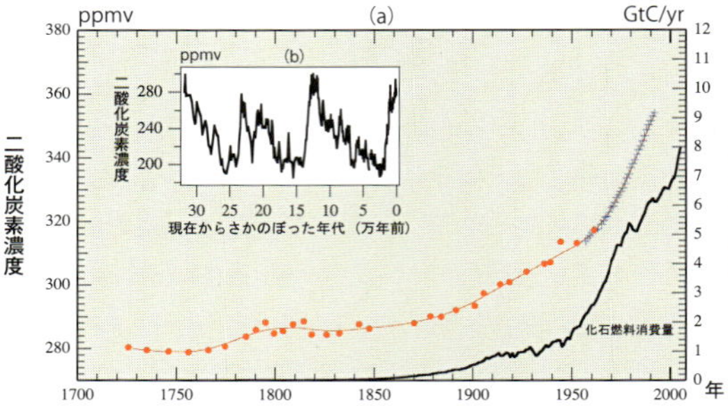
ppmv
(a)
GtC/yr
(b)
二酸化炭素濃度
化石燃料消費量
現在からさかのぼった年代（万年前）
化石燃料消費量
年

図2　南極氷床コアより得られた二酸化炭素濃度変動。(a) 過去250年間の変動（●）及び南極点における大気観測から得られた年平均濃度（＋）［中澤・菅原 2007］。化石燃料消費量（セメント工業を含む）の統計値［Boden *et al.* 2009］を併せて示す。(b) 過去34万年間の変動［Kawamura *et al.* 2003］

大気の直接観測が開始される以前の CO_2 濃度は、南極や北極の氷床コア内の気泡を分析することにより復元されており、18世紀には280〜290 ppmvでほぼ安定していた CO_2 濃度が、19世紀末以降急増していることが明らかになっている（図2a）。さらに、深層コアの分析から、過去約40万年の間、CO_2 濃度は約10万年周期の氷期 - 間氷期サイクルに伴って増減していることが明らかになっている。しかしながら、その濃度は180〜300 ppmvの範囲にあり（図2b）、産業革命以降の約150年で100 ppmvという増加がいかに急激な変化であるかがわかる。

生物圏の役割と化石燃料の起源

植物は、光合成により CO_2 を体内に取り込み、呼吸によって CO_2 を放出する。光合成により生成される有機物の量を総一次生産、総一次生産から呼吸量を引いたものを純一次生産という。植物体に固定された炭素は、落ち葉や枯れ枝として脱落、または植物体そのものが枯死することにより土壌有機物になり、やがて土壌中の微生物などにより分解され、再び大気中に放出される。地球規模の炭素循環を考える上では、生物圏全体として、正味で炭素を吸収しているか放出しているかを知ることが重要であり、陸上では純一次生産から土壌微生物によって分解される炭素量を引いた、生態系純生産量もしばしば用いられる。

陸上の炭素の一部が、河川を経由して海洋へ移動する一方で、CO_2は水によく溶けるため、大気・海洋間では、大量の炭素の交換が行われ、海洋には大気中の約50倍もの炭素が存在している。海洋のCO_2は、炭酸水素イオンなどの形で解離し、弱酸として作用するため、海洋の酸性度を変化させる。近年、大気中のCO_2の増加により海洋表層が酸性化しているため、炭酸カルシウムの骨格を持つサンゴなどの海洋生物への影響が懸念されている。

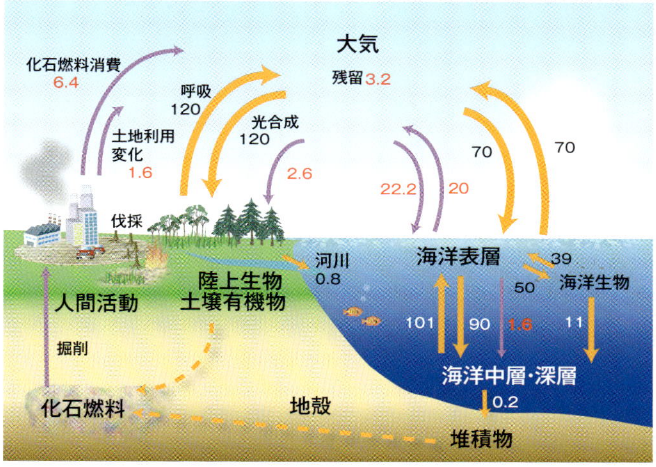

大気
化石燃料消費
6.4
残留3.2
呼吸
120
光合成
120
土地利用
変化
1.6
2.6
22.2
20
70
70
伐採
河川
0.8
海洋表層
39
50
海洋生物
陸上生物
土壌有機物
人間活動
101
90
1.6
11
掘削
海洋中層・深層
0.2
化石燃料
地殻
堆積物

図3　地球表層における炭素循環の模式図。数値は1990年代の平均的な交換量。単位は炭素量で年間Gt（10^9t）。紫矢印（赤数字）は人間活動によって炭素交換量を示す［IPCC 2007aをもとに作成］

太陽光が差し込む海洋表層の有光層では、植物プランクトンなどの海洋生物の光合成により、CO_2と栄養塩（リン酸、硝酸など）から、有機物が生成される。有機物を固定した植物プランクトンは、死滅、または動物プランクトンに捕食された後の排泄物として、海洋中深層へ沈降していく。また、海水中の溶存有機炭素や溶存無機炭素も、海洋生物の働きで、中深層へ運ばれる。このように、海洋生物の活動により、炭素が海洋表層から中深層へ運ばれる過程を生物ポンプという。生物ポンプや*海洋大循環によって海洋深層に運ばれた炭素は、*深層循環により再び海洋表層へ運ばれるまで、数百年から数千年の間、大気から隔離される。

陸上生物の遺骸のうち分解されずに土壌に残った有機物や、海底に沈殿した有機物が堆積し、地殻の嫌気環境・高温高圧などの条件のもと、数千万年という長い時間をかけて変成したものが石炭、石油、天然ガスなどの化石資源である。

地圏から炭素を掘り起こしている人類

産業革命以降のCO_2の急増は、自然変動のみでは説明がつかず、人類による化石燃料の消費が主要因とされている。このことは、大気中のCO_2の安定炭素同位体や酸素濃度の高精度観測からも支持されている。また、石灰岩を使用するセメント工業や、森林伐採・バイオマス燃焼などの土地利用変化もCO_2の人為放出源となっている。最近では、森林伐採による大気中のCO_2濃度への影響は、約8000年前にまで遡れるのではないか、というラディマンの報告もある。

図3に炭素リザーバー間の交換量を示す。産業革命以前の自然界では、大気・陸上生物は年間約120 Gt（ギガトン＝10^9トン）、大気・海洋は約70 Gtの炭素を交換している。その後大気中のCO_2濃度が増加するにつれ、海洋の吸収量も年間約20Gt増加したと推定されている。1990年代の炭素収支では、化石燃料消費による放出が6.4 Gt、土地利用変化による放出が1.6 Gtであり、これら人為起源放出のうち約40％が大気に残留し、残りは海洋（27.5％）と陸上生物（32.5％）に吸収されている。しかしながら、各リザーバーの貯蔵量や、大気・陸上生物、大気・海洋での交換量やそのメカニズムは、完全に解明されているわけではなく、これらの推定値は不確実性が未だ大きいことに注意を要する。

このように、その誕生以来、陸上生物圏の一種にすぎなかった人類は、人間圏の確立とともに、環境を改変し続けた。人類は、化石燃料を掘削して使用することにより、新たな炭素循環の経路を作り出し、急速に地圏から大気圏へ炭素を移動させ、温暖化現象などの地球環境問題を引き起こすことになった。今後、温暖化が進んだ際に、生物圏と海洋のCO_2吸収量が弱まり、さらに温暖化を加速させるという予測もされており、気候システムと炭素循環を併せた理解も必要である。

【佐伯田鶴】

⇒C エアロゾルと温室効果ガス *p28*　C 森林の物質生産 *p50*　C 大気汚染と呼吸器疾患 *p62*　C 大気汚染物質の排出インベントリー *p100*　D 海洋生物多様性の危機 *p170*　H 新たな産業革命論 *p372*　E 温室効果ガスの排出規制 *p506*

〈文献〉中澤高清・菅原敏 2007.　Boden, T.A., *et al.* 2009.　IPCC 2007a.　Kawamura, K., *et al.* 2003.　Keeling, R.F., *et al.* 2010.　Ruddiman, W.F. 2007.

リンの循環

枯渇するリン

生命活動のなかでのリンの重要性

地球を循環する物質の中で、元素番号 15、質量数 31 のリンは生物にとって必須の生元素であり、窒素元素と同じ周期律表の第 3 周期の第Ⅴ族に属する。生体内にはリン酸（エステル）の形で核酸、リン脂質、リンたんぱく質として存在する他、エネルギーを担う ATP（アデノシン 3 リン酸）や酵素を活性化させる種々の補酵素の重要な成分でもある。また脊髄動物などでは骨には多量のリン酸カルシウムが含まれ、血液中のリン濃度の調節を行っている。

海水中の元素としては多いほうから数えて 19 番目、人体中では 6 番目に多い元素で、体重 50 kg の人では約 500 g 含まれている。このリンが地球上で循環する中で、人間―自然相互作用環を通して過不足が生じ、さまざまな地球環境問題を引き起こしている。

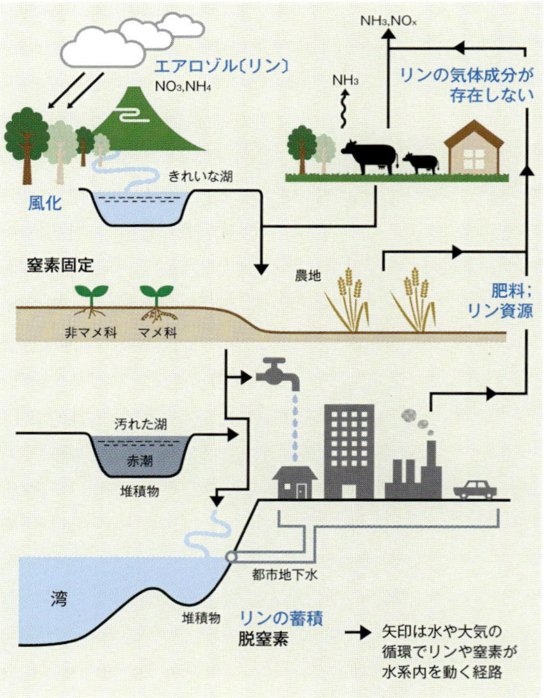
NH_3,NO_x
エアロゾル〔リン〕
NO_3,NH_4
NH_3
リンの気体成分が
存在しない
きれいな湖
風化
窒素固定
農地
肥料；
リン資源
非マメ科
マメ科
汚れた湖
赤潮
堆積物
都市地下水
湾
堆積物
リンの蓄積
脱窒素
矢印は水や大気の
循環でリンや窒素が
水系内を動く経路

図 1　水系に沿ったリン循環の特徴（青字）。窒素循環（黒矢印・黒字）との比較を示す。安定な気体状リン化合物が存在しないため、窒素と異なり、陸域や海洋からリンの大気への経路が存在しない。このため岩石の風化や施肥によって生物圏に供給されたリンは水の流れに沿って河川から海洋に蓄積することになる。このことがリン資源の枯渇の大きな原因となる

写真 1　南極ロス島のアデリーペンギンの繁殖地。地面に白く見えるのがペンギンの糞でグアノの一形態（1981 年）

リンの流れと資源の特徴

リンは地球の温度・圧力条件では気体化合物が存在しないため、図 1 に示した水系内のリンの循環には、水系からガス体リンとして大気中にもどる経路が存在しない。このため、風化によって岩石から溶け出したリンは陸域の植物に使われ、さらに河川から海洋に一方的に流れる。

例外は海鳥によるグアノの形成やサケ（鮭）の回帰である。海鳥の死骸や糞、魚や卵の殻などが数千年から数万年の長期間にわたって堆積して化石化したものをグアノと呼ぶが、そのグアノを形成するためにはウミウなどの海鳥が魚を食べて糞をするという生活スタイルが、海から陸にリンを戻すことに重要な役割を担っている。これをリン循環のアップローディングと呼び、山から海に運ばれたリンが陸に戻る意味を持たせている。グアノはリンの含有率が高く、これから生成するグアノ質リン鉱は主要なリン資源となっている。広い意味では、湖や海洋の鉛直混合による有光層へのリン酸の供給も、低い場所から高い場所にリンが持ち上がるアップローディング中に含めることができる。

自然界でのリンの植物への供給は、岩石の風化というゆっくりとした経路のみとなる。したがってヒトが農業を開始して以来、肥料としてのリンの欠乏は、農業生産力を決める要因の 1 つになっている。世界のリン酸肥料の原料となるリン酸石灰鉱は以下の 2 つに大別される。

1 つは火成岩質のもので、岩礁中のリン酸、カルシウム、フッ素が結合して晶出したもので、リン灰石あ

るいはアパタイトと呼ばれる。もう１つは生物源で、古代の生物に含まれているリン酸石灰が海底に沈積しフッ素と結合し、地殻の変動で大陸に隆起したものと、海鳥の糞が堆積後、石灰岩と反応して形成された島性のものとがある。産出量から見ると生物起源のリン鉱石が重要であるが、通常は両者を区別せず、リン鉱石として扱う。リン資源は化学肥料の製造ばかりでなく、マッチ、有機リン化合物（パラチオン、サリン）など工業・医療まで幅広い分野で重要である。

リンの過不足から起こる環境問題

われわれの周辺では、リンには過剰と不足の両面の問題があると考えられる。リンや窒素が河川や湖・沿岸に過剰に負荷されると赤潮発生の原因となる。窒素やリンの負荷によって河川や湖・沿岸において藻類が大増殖した例は、世界の多くの水界でよく知られた事実となっている。他方、農業では、窒素、リン酸、カリウムが化学肥料や有機肥料として農地に施肥されている。リン酸は与えたうちの 10％しか吸収されないため、水田では土中の「リン酸貯金」が増えている。これは湛水によって嫌気的になると、植物がすぐに使える状態になる。湛水する田植え期に慎重な水管理を怠ると、水田からリンを吸着した泥水が大量に河川に流出することが知られている。

一方、食料の増産にはリン肥料が不可欠となる。しかし、物質循環の特徴に基づくリン不足の問題が世界的に起こっている。すなわち人間が利用できる地球上のリン資源の量は限られている。世界のリン鉱石産出国を図２に示した。

モロッコ、米国、中国、チュニジア、アルジェリアなどがリン鉱石の多い国である。リン資源の埋蔵量は P_2O_5（無水リン酸）で 500 億 t、可採年数は 60～150 年と言われている。すなわち資源としての有限性が切実な問題になっている。

たとえば太平洋のナウル共和国は国土面積のうち、

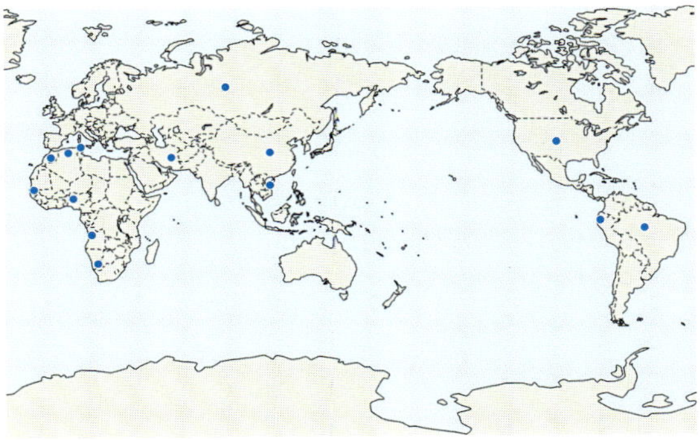

図２　リン鉱石の埋蔵国［高井ほか 1976］

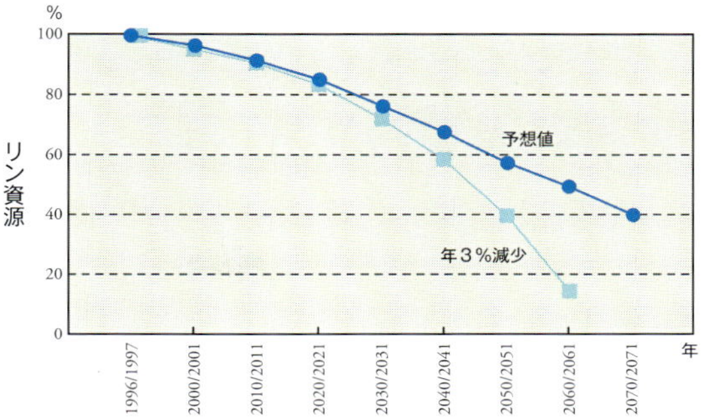
%
100
80
60
40
20
0
リン資源
予想値
年３%減少
年
1996/1997
2000/2001
2010/2011
2020/2021
2030/2031
2040/2041
2050/2051
2060/2061
2070/2071

図３　リン枯渇の危機予測［黒田ほか 2005 より改変］

８割がリン鉱石の鉱床でできていたが、すでに枯渇してしまった。リンの枯渇は人間社会の食料の確保と密接に関係した地球環境問題となっている。

リンの安定供給への道

日本はリン原料としてリン鉱石を輸入しており、そのほぼ 100％を海外からの輸入に頼っている。そのため、リン鉱石の輸入量や輸入価格は、海外の情勢に大きく影響され変動している。

リン鉱石の価格が 1998 年ごろおよび 2005 年以降から上昇している。1998 年は、米国が国策としてリン鉱石の輸出規制を行った。また 2008 年４月、中国は化学肥料の輸出関税を 100％と大幅に引き上げ、翌５月にはリン鉱石の関税も 100％に引き上げた。

化学肥料を必要とする日本は自国では産出しないため輸入に頼っている。また工業的にもセラミックや医療分野の新素材として注目されていて、今後もさまざまな分野で必要とされる。つまりリンやその化合物は国家戦略上も重要な物質でもある。とくに農業分野での肥料としての役割は大い。現在 40％の食料自給率が問題になり、自給率の向上や食糧安全保障の課題も検討されているが、当然リンを筆頭にした肥料の安全保障も考えていかなくてはならない。

わが国には P として毎年 70 万 t のリンが持ち込まれる。その内訳は肥料 35 万 t、農畜産物・海産物 31 万 t である。水域流出は９万 t、廃棄物５万 t、土壌蓄積 53 万 t が主な排出となる。リン枯渇の危機を回避するためには、下水処理や土壌からのリンの回収技術の開発が、今後の大きな社会的ニーズとなっている。リン資源回収体制構築に向けてリン資源リサイクル推進協議会（事務局：日本有機資源協会）が 2009 年 12 月に発足、設立総会を開催した。　【和田英太郎】

⇒C 窒素循環 *p44*　C 富栄養化 *p60*　C 農業排水による水系汚濁 *p86*　C 江戸の物質循環の復活 *p120*　R 熱帯アジアの土壌と農業 *p254*

〈文献〉黒田章夫ほか 2005．高井康雄ほか編 1976．

森林の物質生産

人間活動と気候変化による森林の生産量・現存量の変化

物質生産量と現存量

生態系において、生物は、生産者（主に植物）、消費者（動物）、分解者（微生物）の3つに分けることができる。光合成を行う植物が生産者である。光合成とは、エネルギー源に光を用い、炭素源としての無機物であるCO_2（二酸化炭素）からブドウ糖やデンプンなどの有機物を生産する、植物の葉の中の葉緑体で起こっている反応である。このような植物の活動を物質生産（一次生産）といい、生産された有機物量のことを物質生産量（一次生産量）という。植物により生産された有機物は、人間をはじめすべての生物の生活のためのエネルギー源となっている。したがって、植物の物質生産は、生態系における物質の循環とエネルギーの流れの原動力である。

物質生産量には総生産量（総一次生産量）と純生産量（純一次生産量）がある。植物が一定の時間内に光合成により生産した有機物の総量を総生産量という。また、この時間内に呼吸によってCO_2や水といった無機物に分解された有機物の量を呼吸量という。総生産量から呼吸量を引いた値を純生産量という。純生産量のうち、多くは植物の生長にまわされるが、一部は消費者である動物により摂食されたり枯死・脱落したりする。したがって、純生産量から被食量と枯死・脱落量を差し引いたものが森林の生長量となる。

これら総生産量、純生産量、呼吸量、生長量という量は、植物群落に対して用いられた場合、単位土地面積・単位時間あたりの有機物乾燥重量（炭素量：2倍すると有機物乾燥重量になる）、あるいはエネルギー量で表される。これらの量は総土地面積や植物個体に対して用いられることもある。いずれにせよ、これらの量は速度である。それに対し、ある時点に存在する単位土地面積あたりの有機物量は、現存量あるいは*バイオマス（生物体量）と呼ばれる。つまり、森林の生長量を積分したものが現存量である。

物質生産量の測定・推定の方法

物質生産量の測定・推定方法で最も歴史が長く多くの森林で用いられてきた方法は「つみあげ法」である。この方法では、単位期間内の森林現存量の増分（2時点での現存量の差）にその期間内の枯死・脱落量と被食量を加えてまず純生産量を求め、それにさらに呼吸量を加えて総生産量を求める。1時点での森林現存量を求めるには、一定の大きさの調査区（近年では1～数ha規模）内のすべての樹木について幹の直径や樹高を測定し（毎木調査）、それらから各樹木の重量を推定し、合計して単位土地面積あたりの森林現存量を推定する。枯死・脱落量や被食量は、調査区内の一定面積においてそれらを定期的に回収、測定し、単位土地面積あたりの量を推定する。また、葉、幹、根の呼吸量は試料木に対して生理学的な方法で測定する。

以上の「つみあげ法」に対し、葉の光—光合成曲線と林内の光強度の垂直分布などから数理モデルを用いて総生産量や純生産量を求める方法、森林調査地に設置した観測タワーで*フラックスを連続測定しCO_2の収支から純生態系生産量（純生産量から土壌呼吸量つまり植物の枯死、分解による炭素放出量を差し引いた量）を求める方法、リモートセンシングにより森林の現存量や物質生産量を推定する方法などが行われている。

さまざまな森林の物質生産量

1960～70年代に行われたIBP（国際生物学事業計画）や1990年より開始されたIGBP（地球圏－生物圏国際共同研究計画）では、世界中の多くの研究者によりさまざまな生態系における現存量や物質生産量が測定された。近年では、温暖化を促進する大気中CO_2の上昇に対し、光合成によりCO_2を吸収する森林などの植物群落がどの程度の緩和要因となるのかを

写真1　九州、対馬の温帯常緑樹林（2007年）

森林タイプ	純生産量a, b (t/ha/年)		純生態系生産量c (t/ha/年)	現存量a (t/ha)
	a	b		
熱帯多雨林	22	16	8	450
熱帯季節林	16	12.4	-	350
温帯常緑樹林	13	13	8	350
温帯落葉樹林	12	13	6.2	300
北方針葉樹林	8	8.6	2.4	200

表1　さまざまな森林タイプにおける物質生産量と現存量の平均的な値（有機物乾燥重量ベース）［a：Whittaker 1975、b：Schlesinger 1997、c：Bonan 2008］

見極めるため、森林をはじめとするさまざまな生態系の物質生産量の研究が世界各地で活発に行われている。

表1は森林タイプごとの純生産量、純生態系生産量と現存量の平均的な値を示したものである。熱帯林、温帯常緑樹林（写真1）そして北方針葉樹林（写真2）と緯度が高くなるにしたがって、森林の純生産量、純生態系生産量、現存量は減少してゆく。

光合成や呼吸などは、光強度、気温、降水量、大気中CO_2濃度などの物理環境に大きく依存している。したがって、物理環境が異なるさまざまな気候帯で、森林の物質生産量が異なるのはもとより、同じ森林でも温暖化などの気候変化によりその物質生産量は変化する。さまざまな気候帯に存在する森林タイプにおいて、年降水量と純生産量の間には正の相関関係が見られ、年降水量が500 mm以下の地域では、ほぼ直線的な正比例の関係がある。500 mm以上の地域では、この直線の傾きが徐々に減少し、一定の値に近づいてゆく（乾燥重量でほぼ30 t/ha/年）。また、年平均気温と純生産量の間にも正の相関関係が見られる。

人間活動が森林の物質生産に及ぼす影響

近年、世界の森林面積の減少は顕著である。1990〜2000年の平均でみると、年あたり、天然林は12.5万km^2/年の減少、逆に人工林は3.1万km^2/年の増加、ゆえに世界の森林全体では9.4万km^2/年の減少となっている。上記の天然林の減少は、農地など他の土地利用への転換と人工林への転換によるものである。人間活動の活発化に起因する近年の森林火災の頻発も森林の消失に拍車をかけている。年平均で6〜14万km^2/年の森林が焼失しているとも言われている。このような人間活動の影響は、世界全体の森林の物質生産を低下させる。とくに北方林においては、春先に幼木が受ける強い乾燥や低温などの環境ストレスのため、森林火災後の森林の天然更新に非常に長い時間がかかり、物質生産が著しく低下したままの状態が長く続くと考えられる。

さらに、大気中CO_2濃度の増加による気候変化も

写真2　ロシア、カムチャツカの北方針葉樹林（2000年）

森林の物質生産に大きな影響を及ぼす。2100年までに大気中CO_2濃度が徐々に増加し現在の濃度の2倍になるというシナリオに基づき、6つの気候－植生モデルのシミュレーションによる予測結果が比較された。①6つのすべてのモデルで、世界の陸域植生全体（その大部分は森林）の純生態系生産量は2030年頃までは増加するが、その後頭打ちになること、②4つのモデルでは、2050年ころから純生態系生産量は減少し始めること、がモデル・シミュレーションで示されている。IPCCの第4次報告書によれば、現在の地球全体の陸域植生による純生態系生産量は年あたり炭素ベースで1.4×10^9 t炭素/年と推定されている。上記の6つのモデル間で予測値のばらつきは非常に大きいが、2100年の時点では、地球全体の陸域植生による純生態系生産量は$0.3〜6.6 \times 10^9$ t炭素/年の範囲と予測されている。これらの結果には、熱帯林での物質生産の低下が大きく寄与している。森林の純生態系生産量が負に転ずると、森林生態系は大気中CO_2の発生源となり、ますます温暖化が加速される。これらのモデルにはこの節の最初で述べたような森林から他の土地利用への転換率や森林火災の頻度・規模などの変化の将来予測は含まれていない。したがって、将来これらが拡大するとすれば、森林生態系が大気中CO_2の発生源となる時期はさらに早まる可能性もある。

【原登志彦】

⇒D生物間ネットワーク *p138*　D熱帯雨林の生物多様性 *p142*　D熱帯林の減少と劣化 *p166*

〈文献〉吉良竜夫 1970. Lieth, H. 1973. Whittaker, R.H. 1975. Schlesinger, W.H. 1997. Cramer, W., *et al.* 2001. FAO 2001. IPCC 2007a. Bonan, G.B. 2008. 原登志彦 2009.

食物連鎖

人間と生態系をつなぐ「食う-食われる」関係

食物連鎖の生態学的定義

地球上に生きる生物は、一部の極限環境（たとえば深海の熱水噴出口）に存在する生物を除くと、究極的には太陽の放射エネルギーをもとにして生きている。太陽エネルギーを直接利用できるのが植物であり、二酸化炭素と水から、有機物を生産するとともに酸素を発生する光合成を行っている。植物は、無機物から有機物を生み出すため独立栄養生物（生産者）という。自ら有機物を作ることができないものは有機物を摂取する必要があり、従属栄養生物とよばれる。従属栄養生物には、動物（消費者）および菌類や細菌類（分解者）があげられる。

従属栄養生物は、植物を食べる植食者、動物を食べる捕食者に分けられる。これら「食う-食われる関係」のつながりを食物連鎖といい、植物から数えた「食う-食われる関係」の数を栄養段階という（図 1）。植物の栄養段階は 1 であり、植物を食べる動物（植食者）の栄養段階は 2、動物を食べる動物（捕食者）の栄養段階は 3 となる。動物の中には複数の餌を食べる雑食者も存在し、植物と動物を両方食べるなど異なる栄養段階にまたがる場合は、栄養段階が 2 と 3 の中間となり、整数では表せない。

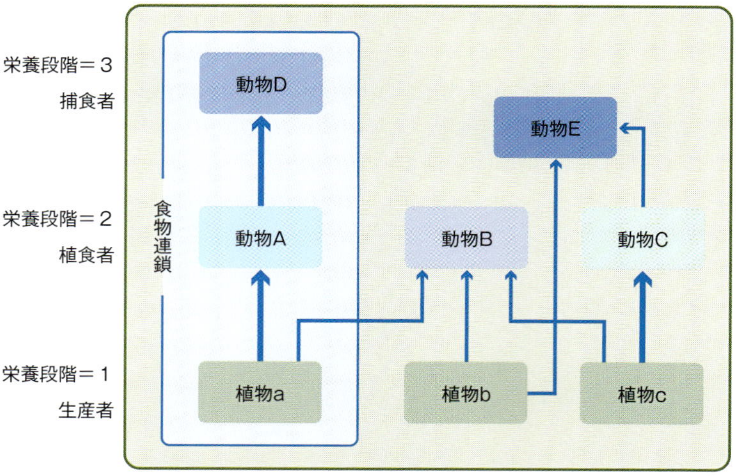
食物網
栄養段階＝3
捕食者
栄養段階＝2
植食者
栄養段階＝1
生産者
食物連鎖
動物D
動物E
動物A
動物B
動物C
植物a
植物b
植物c

図 1　食物連鎖、食物網の概念図。植物 a →動物 A →動物 D のようなつながりを「食物連鎖」という。しかし実際は植物 b、植物 c、動物 B、動物 C、動物 E を含んだ「食物網」として考えるのが普通である。動物 E のように植物と動物を食べる雑食者は、栄養段階は整数でなくなる

食物連鎖のうち、生きている植物体を食べるものを起点とする連鎖を生食連鎖といい、植物の枯死体を起点とする連鎖を腐食連鎖という。前者の例は、キャベツの葉をチョウの幼虫が食べることであり、後者の例は、ミミズが落葉や土を食べることである。さらに、鳥がチョウの幼虫を食べると生食連鎖になるが、ミミズを食べると腐食連鎖になる。一方、水域においては、植物プランクトンなどから排泄された溶存態有機物がバクテリアにより吸収され、バクテリアを食べる従属栄養生物につながる微生物連鎖（微生物ループ）も存在する。このように各々の連鎖は複雑につながっているため、食物網という表現の方が現実を示している。

食物網の中の人間社会

複雑な食物網の中で、各生物がどの位置を占めるのかを明らかにするには、各生物の捕食行動を観察する、動物の胃内容物を観察する方法などがとられる。しかし、これらの方法は観察時点またはサンプリングの少し前における「食う-食われる関係」に過ぎないとの批判もある。これを解決する方法として、生物の体の炭素・窒素安定同位体解析を用いることにより、比較的長期にわたる食性を推定できる場合がある。

人間の場合も、自然界の食物連鎖の中で生きているため、食物連鎖もしくは食物網の中に位置づけられる。和田英太郎は、人の髪の毛の安定同位体比を調べることで、人間の食生活の変化を研究することができることを主張している。たとえば、コメやコムギは C3 植物であるが、トウモロコシやサトウキビは C4 植物と呼ばれ、炭素同位体比が大きく異なる。これを利用することで、どういった飼料で育てられた肉にどれだけ依存しているかがおおよそ推定できる。

食物連鎖が人間にとっても重要な意味を持つことを有名にした例が生物濃縮である。R.L. カーソンの『沈黙の春』は、農薬である DDT が食物連鎖を通じて濃縮することを指摘し、世間に大きな警鐘を鳴らした。

生物濃縮とは、水域に遺棄された農薬や重金属などの有害な物質が、植物プランクトン→動物プランクトン→魚といった食物連鎖を通じて濃縮されることを指す。日本においては、有機水銀やカドミウムが濃縮した魚を食べることで引き起こされた公害病として、高度成長期の象徴となった。

食物網をめぐる研究の展開

食物網のように多数の種からなる群集を扱う学問は、群集生態学と呼ばれる。食物網はネットワーク構造をもつため、ある生物が絶滅することによってどのような波及効果を及ぼすかは簡単にはわからない。ある種の存在が食物網構造に大きな影響を及ぼしている場合、その種をキーストン種とよぶ。R.T. ペインはフジツボとカリフォルニアイガイが競争している群集で、共通の捕食者であるヒトデを人為的に除去したところ、多くの生物がイガイにより排除された例を示した。ここでは、ヒトデがキーストン種となる。どの生物がキーストン種であるかは自明ではなく、明らかにするためには実験的検証などが必要である。

一方、広い面積を利用するために、生息域全体の保全の指標とされる生物はアンブレラ種と呼ばれる。たとえばオオタカやクマがその例になるが、必ずしも食物網のなかのキーストン種でない場合もあり、その生態系の保全に関する象徴的存在として扱われる場合が多い。

一般に生物間相互作用は、高緯度地域にくらべ低緯度地域で複雑であり、とくに熱帯雨林で最も複雑であると考えられている。では、複雑な食物網が安定であろうかという問いが生まれるが、それに関して R.M. メイは数理モデルを用いて複雑な食物網ほど不安定であることを示した。一方、近藤倫生は「柔軟な食物網」仮説を提示し、食物網が適応的に柔軟に振る舞えば安定となりうることを示した。食物網がどの条件で安定するかといった議論は、数理モデルを使った研究でさかんに行われているが、実証的に証明することはなかなか難しい。

ところで、食物連鎖はいくつまでつながることが可能であろうか。ある栄養段階が次の段階へ転送されるとき、得たエネルギーの一部は呼吸などで失われるために、次の栄養段階には一部分しか転送されない。これを生態的効率というが、水域では平均 10% 程度であり、基礎となる生産者の高い生産性がなければ高次栄養段階の生物は存在しえないことを示す。それでは、生産性が高ければ食物連鎖はいくつまでも長くなれるのであろうか。そこで、生態系における食物連鎖長を比較する研究が行われている。近年の湖沼生態系を比較した研究により、食物連鎖長は生産者の生産力ではなく、生態系のサイズ（湖沼の大きさ）に依存することが明らかになっている。

食料資源と食物網

人間は、陸上の食物網からの食料資源としては、ウシなどの主として草食性の動物を利用しており、肉食性の動物を利用することは少ない。

一方、海からの食料資源は、マグロに代表されるように高次捕食者が多く含まれる。生態的効率の観点からも、高次捕食者の乱獲は資源回復に時間がかかるため、高次捕食者の存在は食物網の重要な指標となる。そこで、漁獲資源の平均栄養段階（または海洋食物連鎖指数、MTI：Marine Trophic Index）を生物多様性指標として利用することが提案されている。D. ポーリーらは近年 MTI が減少していることを示し、人間の漁獲による海洋の食物網の破壊や生物多様性の減少に対する警鐘を鳴らしている。MTI は群集生態学的に正確に定義された指標ではないが、食物連鎖の原理に基づいて生態系サービスの評価をする上でひとつの指標となりうる。【陀安一郎】

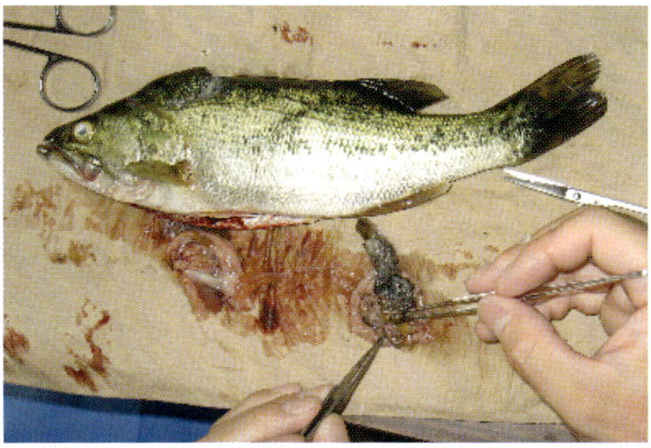

写真 1　オオクチバスとその胃内容物の観察例。「食う-食われる」関係は、動物の胃内容物を観察することで調べることができる。しかし、胃内容物は動物が捕獲される直前に食べたものを反映するだけであること、不定形の餌は同定が難しいこと、胃内容に入っていても実際に同化されているかわからないという難点がある。それを解決する方法として、同化された餌内容の長期的な平均値を表す、動物の体の安定同位体比の解析がしばしば用いられる（滋賀県沖島、2007 年）

⇒C 地球温暖化と生態系 *p36*　C 循環と因果 *p94*　D 生態系サービス *p134*　D 生物間相互作用と共生 *p136*　D 生物間ネットワーク *p138*

〈文献〉永田俊・宮島利宏 2008. カーソン、R. 2001. 和田英太郎 2002. 大串隆之ほか編 2008-2010. May, R.M. 1972. Post, D.M., *et al.* 2000. Kondoh, M. 2003. Paine, R.T. 1966. Ruiter, P.C. de, *et al.* 2005. Belgrano, A., *et al.* 2005. Polis, G.A. & K.O. Winemiller 1995. Pauly, D. & R. Watson 2005. Pauly, D. & V. Christensen 1995.

水循環と気象災害

鍵となる水蒸気輸送と局地的な降水

全球水循環と気象災害のつながり

多くの社会が、災害に対応するシステムを開発しているが、人びとの生活にとって最も問題となる気象災害は、干ばつと洪水であるとされる。地球上の、風、雨、雲、熱といった気象現象は、太陽エネルギーが移動し、形を変えた結果生じている。そこで、水循環と気象災害の「つながり」の理解と災害の予測警戒のためには、太陽により駆動される地球の気候システム、大規模な水循環、水災害につながる条件を知る必要がある。

大気の大循環と水蒸気輸送

熱帯域と高緯度地帯では、出入りするエネルギーの差があり、それをつりあわせるように、大気と海洋によりエネルギーが熱帯から極方向へ輸送される。水が蒸発するときに熱を必要とするように、熱帯で蒸発した水蒸気が高緯度で雨になる場合、水の輸送を通じて熱が高緯度に運ばれることになる。また、地球が自転していることや、現在の海陸分布、山岳分布が、東西方向の輸送や渦、振動現象などを生じさせている。低緯度から高緯度へのエネルギー運搬のためのしくみは解明しつくされたわけではなく、とくに大気と海洋の関係（相互作用）は、まだ多く解明すべきことがある。

気候変化により地域水災害がどう変わるのかを知るためには、これら全球の水の流れや、海洋、大気、陸域の熱のやりとりの理解と再現をふまえた物理的・統計的予測が必要となるが、これらの基礎となる定量的な観測の歴史はまだ浅い。しかし、1990年代以降、大気の水・エネルギー循環に関する理解は飛躍的に進んだ。その理由として、観測の増加、コンピュータを使った天気予報（数値予報）技術の進歩、さらに、過去数十年分のデータを3次元的な格子点データにする*再解析の仕事があげられる。

図1は、*再解析データから計算した、水蒸気フラックス（単位時間面積における水蒸気の水平方向通過量）と、可降水量（その上の大気に含まれる水蒸気がすべて雨として降った場合の水の量）の全球分布図である。水蒸気量（可降水量）は、熱帯で極より多く、海洋上は陸上より多い。陸域ではチベット高原、ロッキー山脈、アンデス山脈など、山岳地域はその上の大気の層が薄いため、可降水量も少ない。

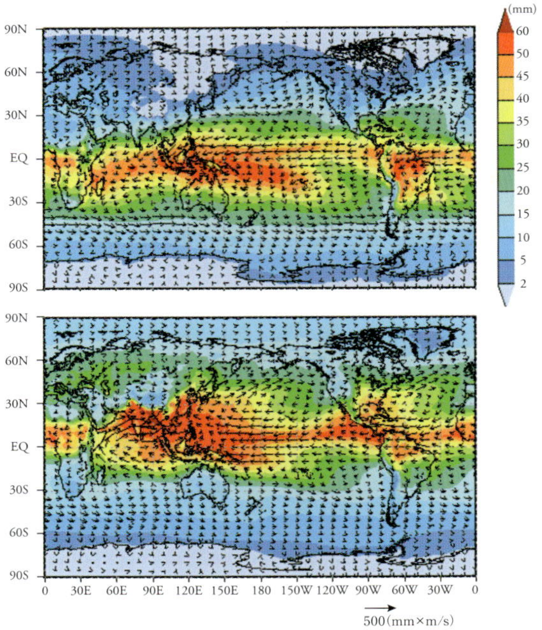
(mm)
60
50
45
40
35
30
25
20
15
10
5
2
90N
60N
30N
EQ
30S
60S
90S
0
30E
60E
90E
120E
150E
180
150W
120W
90W
60W
30W
0
500(mm×m/s)

図1　欧州中期予報センター作成の再解析データ（ERA15）による、1月（上）と7月（下）のトータル水蒸気量（可降水量）と水蒸気フラックス。いずれも、1979～1993年の平均値。矢印の長さが水蒸気フラックスの量を表す。これらは気象災害予測の基本データとなる（Yatagai 2003の手法で計算）

陸と海では暖まり方、冷え方が違うので、季節により気圧配置は異なり、水蒸気輸送も変わる。水蒸気の流れは、大規模な気候変動と局地的な気象・水災害をつなぐものであるため、その変動性の理解は重要である。

西部熱帯太平洋は、海流の影響もあり年間を通じて海面水温が高く、蒸発もさかんで、雲活動も活発である。この高温水域の東への拡大が*エルニーニョと呼ばれているもので、実際には熱帯だけでなく中緯度の大気と海洋がリンクした数年周期の大きな振動現象であるためエルニーニョ南方振動（ENSO：El Niño Southern Oscillation）と呼ばれている。

こういった季節変化やENSOなどの振動現象に比べると温暖化の影響による水循環の変化量そのもの（可降水量が増え豪雨の可能性が高まる、梅雨期間が長くなるなどと指摘されている）は小さい。

降水と気象災害

災害は平均と異なる場で起こる。夏のアジアモンスーン地域は、非常に水蒸気が多い（図 1 下）。アジアモンスーンの豪雨や破壊的な熱帯低気圧（地域により台風、サイクロン、ハリケーンと呼ばれる）は、水資源となる雨をもたらすものとして重要であるが災害をももたらすものであり、理解と予測が重要である。

降水現象には、水蒸気が運ばれてくることは必要条件であるが、十分条件ではない。降水となるには、水蒸気が凝結して雲粒となり雨や雪として落下する必要がある。洪水などの原因となる豪雨は、何らかの原因で多量の水蒸気を含んだ湿った空気が上昇して、気圧と温度が下がることにより起こる。アジアモンスーン地域の夏季降水量の平均的な分布を図 2 に示す。海陸分布、気圧配置、台風が通りやすい場所、前線が停滞しやすい場所、山岳付近で強い降水が起こりやすい場所など、地域的な特徴がみられる。

日本の冬季、日本海側の豪雪は、日本海から蒸発した多量の水蒸気を含む空気が脊梁（せきりょう）山脈にぶつかりもたらされる。同様に、夏のアジアモンスーン地域では、インド西海岸（西ガーツ山脈）沿いや、東南アジアの海岸（アラカン山脈、テナッセリム山脈など）沿いのほか、内陸のヒマラヤ山脈沿いやアンナン山脈（ベトナムとラオス、カンボジア国境）に、強い降雨帯が見られる。このような山岳地域の降水は水資源ともなるが、洪水など水災害、土砂災害を生じさせる原因にもなりやすい。

洪水・土石流は、度重なる降雨が排水システムの想定した流れを上回ると非常に危険になる。たとえば 100mm の降雨が半日で降るか、3 時間で降るかで被害状況は異なる。開発途上国の過密都市や排水システムの整わない地域では災害被害が甚大になりやすい。とくに洪水の起きやすい地域で、適切な早期警戒や避難施設の充実が望まれる。

また都市ではわずかな降雪でも交通や流通システムの障害をきたすことがある。こういった異常気象がどれほどの被害をもたらすかは、それらの影響を受ける社会のさまざまな状況に依存する。暴風雨ひとつとってみても、被害の閾値（いきち）は建築基準の違いにより異なる。

気象災害の予報改善

人の住むところで災害は甚大になるが、かといって居住地や河川流域だけ監視していればよいわけではない。温暖化の予測も、日々の天気（数値）予報も地球全体の観測データに物理法則をあてはめて計算される。数値予報のほか、短時間の豪雨警戒にはレーダーや衛

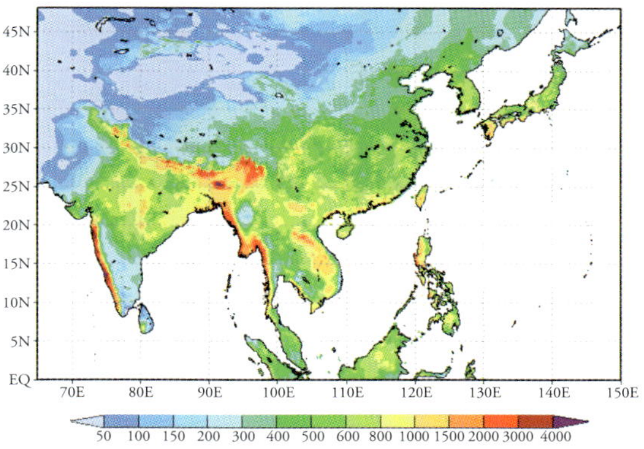
45N
40N
35N
30N
25N
20N
15N
10N
5N
EQ
70E
80E
90E
100E
110E
120E
130E
140E
150E
50
100
150
200
300
400
500
600
800
1000
1500
2000
3000
4000

図 2　アジアモンスーン地域の夏季（6〜8 月）の平均降水量分布（気候値）。単位は mm。雨量計による観測値を基本に内挿。一部地形を考慮した補正を施している。実測値を組み込むことで予報の改善につながる［Yatagai *et al.* 2009 より］

星など、リモートセンシングによる監視と情報伝達も重要である。先進国ではインターネットの普及により降雨分布を一般市民も見ることができるが、途上国・地域では災害の警戒網が整備されていないところも多く、警報設備を含め社会インフラの整備が急がれる。

一方で、ENSO のような全球規模の気候変動のシグナルに強く支配される地域では、たとえばエルニーニョのときには干ばつ、洪水が発生しやすいといった経験・統計に基づく予測も行われている。また干ばつのように、ゆっくり進む現象については、災害の対策や緩和が行いやすく早期警戒システムの構築が世界的に進められている。

降水は気象要素の中でも変動しやすく、その適切な予報のためには、ほかの基本要素に比べ、ずっと密度の高いネットワークが必要である。山岳付近は、気象の数値モデルでの的確な再現が難しいことから、過去の観測データによる分析と今後の観測網の整備がとくに必要とされる。

これまで 100 年以上もの間、各国の気象・水文機関やボランティアが行った天気の観測と記録は、天気予報や警報に活用されたものばかりではないが、蓄積された気候の記録として、水循環・気象の変動を理解し、将来を予測するための重要な資料となっている。そのため、古い観測資料が消え去らないようにすることや品質管理が重要な課題となっている。今後、情報の受け手や現地の人びとが、各国の気象・水文機関にフィードバックしていくことも環境変化の予測と災害軽減のために大事な問題なのである。　【谷田貝亜紀代】

⇒C 雲と人間活動 *p30*　C 地球温暖化と異常気象 *p34*　C 干ばつと洪水 *p58*　C エルニーニョ現象と農水産物貿易 *p90*　E 地球規模の水循環変動 *p510*

〈文献〉Yatagai, A. 2003.　Yatagai, A., *et.al.* 2009.　WMO 2003, 2004.　谷田貝亜紀代 2007.

氷河の変動と地域社会への影響

氷河湖決壊と水資源変化

氷河とは

氷河とは「重力によって長期間にわたり連続して流動する雪氷体」と定義される。雪氷体とは、ある程度の大きさをもつ雪と氷の塊である。氷河は熱帯域から中緯度にかけては高山の山頂付近に発達し、高緯度においては山地から海に至るまで陸地を覆うことがある。極地に存在する巨大な氷河は氷床と呼ばれ、現在では南極とグリーンランドにのみ発達する。地球上に存在する淡水の70～80%は氷河と氷床を構成する氷である。

ある標高より高い場所では、寒冷な気温のために融解量が限られるため、毎年降る雪が年々蓄積していく。これを涵養と呼び、1年を通じて涵養が卓越する領域においては、蓄積した雪が上からの荷重によって氷になり、やがて重力によって斜面下方に流動を開始する。流動した氷は、より温度の高い地域に流れ下り、やがて融解によって消失する。これを消耗と呼び、氷河の最下端を氷河末端と呼ぶ。また、氷河上では涵養と消耗が釣り合う地帯が存在するが、これを平衡線と呼ぶ。

固体の氷が流れ下ることをイメージするのは難しいが、氷は一定以上の応力に対しては変形をおこし、その変形が不可逆的に累積していく物質である。これを物理学の用語では塑性（そせい）変形と呼ぶ。氷河の流動は、氷の塑性変形と、氷河の底面で岩盤との間で生じる滑りの2つが主たる機構となって生じている（図1）。

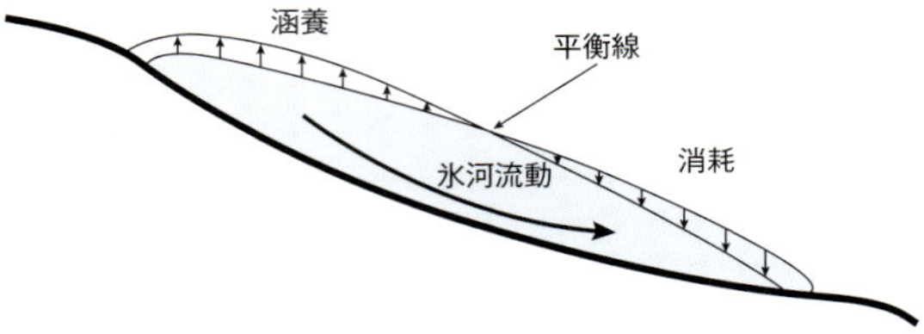
涵養
平衡線
消耗
氷河流動
図1　氷河の概念図

氷河の変動

氷河の分布を決める最大の要因は気候条件であり、その変動もまた気候変動によって引き起こされる。たとえば、温度が上昇すると氷河の融解量は増加する。その結果、涵養量に比べて消耗量が増大するため、氷河の体積は小さくなる。また、温度上昇によって、元来は降雪であった降水量が、降雨として氷河にもたらされる。これにより、涵養量自体も減少し、氷河の体積はさらに小さくなる。このように、氷河の変動は気温と降水量の変動に依存し、とりわけ気温変動に敏感である。

氷河を構成する雪と氷は、その特性上、日射の大部分を反射する。このため、いったん雪や氷が融け始めると、日射をより多く吸収するようになり、さらなる融解が進む。このように、氷河変動は気候変動を増幅する形で現れることが多く、氷河は気候変動を可視化してわれわれに示してくれる（写真1）。

写真1　中国崑崙山脈の北斜面を流れる氷河（1991年）

資源としての氷河

氷河は本来であれば、すぐに流出あるいは浸透してしまう降水を、雪と氷という形で山地にとどめ、気温に応じて下流に融解水を供給するため、天然のダムとしての役割を果たしている。これによって、降水の季節変動が著しい地域においては、乾季や冬季に安定した河川流出を下流地域に約束する。

氷河を起源とする河川によって生計を立てている人びとは、氷河の変動によって、多かれ少なかれ影響を受けることになる。よく知られている例は、中央ユーラシアの高山地域の山麓に点

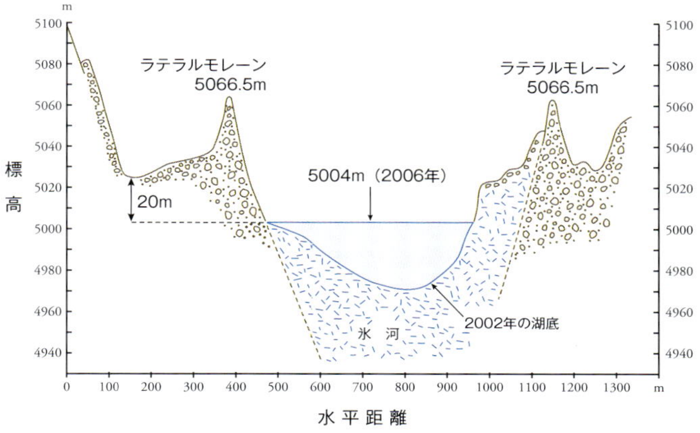
m
5100
5080
5060
5040
5020
5000
4980
4960
4940
標高
ラテラルモレーン
5066.5m
ラテラルモレーン
5066.5m
20m
5004m（2006年）
2002年の湖底
氷　河
0
100
200
300
400
500
600
700
800
900
1000
1100
1200
1300
m
水平距離

図2　イムジャ氷河湖の断面図。茶色で示した部分は、氷河が運搬した堆積物であるモレーン、水色は氷河の氷を示す。イムジャ氷河湖は底部を氷河氷、側部をモレーンで囲まれている。［渡辺 2008］

写真2　ネパール・ヒマラヤ、ディグ・ツォで生じた氷河湖決壊による土石流跡（1985年8月4日発生、1991年撮影）

在するオアシスと呼ばれる局所的な緑化地帯である。この地域の山麓地帯は、極端に降水量が少ないため、一般的には砂漠かそれに近いステップとなっている。このような地帯では、氷河に起源をもつ河川に沿ってのみ、水の利用が可能となる。河川流量に対する氷河からの融解水の割合は、地域によってばらつきがあるが、タクラマカン砂漠に流下する河川群においては、全流量の半分を占める例も報告されている。つまり、気候変動に端を発する氷河変動が引き起こす融解水の変動は、オアシスの生死を決めるほどの影響を持っていることがわかる。

一方、ヨーロッパアルプスなどの観光の盛んな地域では、氷河は観光資源としての重要性を持つ。近年の急速な氷河の縮小は、スイスの観光産業にとって壊滅的な影響を与える可能性があり、一部では人工的な消耗抑制策によって氷河の縮小を阻止する試みが始まった。

氷河湖決壊洪水と地域社会への影響

近年、地球上の山岳地域に発達する氷河の末端部に、氷河の融解水によって湖ができる現象が報告されている。これらの湖は、通常、氷河が運搬した未固結堆積物からなる土手状の地形（ラテラルモレーン）によってせき止められている。また、湖の底や側面は氷河の氷からなることが多く、ひとたび湖が形成されはじめると、急速に融解が進行し、湖の規模が大きくなるという特徴を持っている。このようにして形成された氷河湖に、山から崩落する土砂や雪崩が及ぶことにより、湖面で大きな波が発生し、この波がラテラルモレーンを破壊することによって一気に湖が決壊し、土石流となって下流に流下する。これを氷河湖決壊洪水（Glacier Lake Outburst Flood：GLOF）と呼ぶ。

GLOFという観点から最も注目を集めている氷河湖は、ネパール・ヒマラヤのクーンブ地方に発達するイムジャ氷河湖である（図2）。イムジャ氷河上に池が形成されていることが認識されたのは1957年であり、その後、この池は1965年にかけて個数を増し、1975年に至ると複数の池が結合して面積を増した。それ以降、拡大を続け、1992年には面積0.6km^2、推定体積2800万m^{3}に達した。この頃より、地球温暖化による雪氷圏変動の典型的な例として、研究者のみならずメディアにも大々的に取り上げられ、イムジャ氷河湖の決壊の危険性が叫ばれるようになった。

イムジャ氷河湖が存在する地域は、世界最高峰のエベレスト山を有するサガルマータ国立公園であり、世界自然遺産にも指定されている。現地に住むシェルパ族の生計は、これらの自然を求めて世界中から集まってくる観光客がもたらす外貨に大きく依存している。つまり、決壊によって壊滅的な影響をもたらす自然そのものが、地域社会の経済を支える資源でもある。氷河湖決壊の危険を減らす工学的な対策を進めるだけでなく、世界自然遺産としての観光的価値を維持し、地域経済を持続可能な状態で維持していくためにも、氷河湖の挙動に対する詳細なモニタリングと、地域住民が氷河湖と共存していくために必要なハザードマップの作成や緊急避難システムの構築など、総合的な取組が要求されている。　【白岩孝行】

⇒C水循環と気象災害 *p54*　C干ばつと洪水 *p58*　C地上と地下をつなぐ水の循環 *p78*　C地表水と地下水 *p80*　D世界遺産 *p236*　H雪氷生物と環境変動 *p384*

〈文献〉白岩孝行 2005．中尾正義 2006．Yamada, T. 1998．渡辺悌二 2008．

干ばつと洪水

水循環への対応と環境問題

干ばつと洪水の現象と災害

雨が少なくなって起こる地域的な水不足の状態を旱魃といい、それを簡単な用字で表した言葉が干ばつである。反対に、降雨や雪解け水などが多くなって、河川の流量が平常よりも目立って多くなる現象や、そのときの河川などの水の流れそのものを洪水という。とくに、河川の流量が非常に多くなって、堤防を越えて、周辺に氾濫することを指すこともある。ふつう洪水がもたらす災害を水害と呼ぶが、日常的には水害を含めて洪水ということが多い。

干ばつも洪水も単純な物理現象ではない。それは、地域における降水量や蒸発散量など水の循環の状態と、水の需要や水利用のための施設の整備状況の関係で起こり、その程度が定まる。したがって、人間が河川の流量の変動に合わせた暮らしや生産をするなど、地域における水の自然の状態に完全に適応している限り、干ばつや洪水は生じないことになる。

洪水に対比させて渇水という語が使われる。日本では、降雨が非常に少なくなって河川など水源の水が枯渇しているか、そうなりそうな状況をいう。

干ばつと洪水への働きかけ

人類は有史以来、とくに定住して農耕を始めて以来、生命を守り、必要な水を確保し、過剰なまた急激な河川の増水や氾濫を避けるために、生活や生産の場所を選択してきた。さらに、水の不足や過剰による被害をできる限り小さくしようとして、自然への働きかけを繰りかえしてきた。

たとえば、古代エジプトでは、秋季に起こるナイル川の大規模な氾濫を人が制御することはできなかった。そこで、氾濫が治まってから、河川の周辺地域で、洪水が土壌にもたらした豊かな水分と養分を利用して、コムギ栽培を中心とする農業生産を行ったのである。これは、洪水後は河川流量が長時間にわたって少なく、農地への導水が難しくなることへの適応であった。

ところが、近代に入って人口と食料需要が増加し、また西欧列強の綿花需要が急増すると、農地の拡大や通年の作物栽培が求められ、春から夏にかけてもナイル川から水を引く必要が生まれた。農地の拡大は慢性的な水不足をもたらすことになり、エジプトでは、19世紀半ば以降、ナイル川の自然の氾濫に依存することを止めて、河川に取水のための堰を設け、農地に用水路を張り巡らせるなど水利施設の整備を重ねてきた。そして、最後に、アスワン・ハイダム（1970年完成）を建設して巨大な貯水池を設け、ナイル川の洪水をほぼ完全に吸収し、下流の河川流量を人為的に調整できるようにした。この大規模な水利事業によって、エジプトの干ばつと洪水は、大きく改善されたのである。

水循環の改変がもたらす地球環境問題

近代に入って大規模な土木事業が行えるようになると、干ばつや洪水の発生をもたらす河川流量の不足と過剰が起こらないように、ナイル川の例のように、大型のダム貯水池、河川からの取水施設や用排水路、河川の堤防の建設、新たな河道の掘削などが行われるようになった。とくに、20世紀以降世界中でみられるようになった大規模なダム貯水池の建設は、流域の水循環や河川流量の大幅な改変をもたらし、深刻な問題を生じるようになった。

ダムによる河川の遮断と湛水は、下流への水の流れを大幅に変更し、河川に生息する生物の生存条件を決定的に変化させ、流域の全体の生態系や生物多様性の劣化をもたらすことになる。また、土砂が貯水池に滞留することから、下流に流れる土砂が極端に少なくなって、河道の洗掘や河口砂州の衰退などの問題を引き起こす。ナイル川のアスワン・ハイダムでは、上記の問題に加えて、砂漠に新たに生まれた広大な水面からの蒸発によって地域気象が変化させたという。さらに、農地土壌に集積する塩分が洪水によって洗い流されなくなって作物に塩害をもたらし、一年を通して水路を流れるようになった水が停滞することで住血吸虫症が蔓延するなど、利水や治水、発電の大きな効果と引き替えに広範囲な環境問題を引き起こした。

写真1 アスワン・ハイダム（1994年）

河川や周辺関連地域における環境問題、とくに生態系の劣化に対して、最近では、健全な環境を維持するための河川流量の確保が大きな課題となっていて、世界的にも「環境流量」などと称して、その位置づけと水量や季節変化のあり方が議論されている。

干ばつと洪水を変化させる地球環境の変化

干ばつと洪水を変化させる要因には、大きく分けて、①気候変動（降水、蒸発散、日射など水の循環の基本を規定）、②地表変化（植生や土地利用など、流域や地域の水の状態を規定）、③人間の要求変化（水需要の量と時間変化や資産の配置）がある。これらの変化に一定の方向や傾向があれば、社会はその被害の拡大や固定化を避けるように図る。

第1の気候変動は、さまざまな時間スケールで生じるが、近年は、地球温暖化に伴う気候変動が注目される。これによって、地球規模での水循環の変動が生じ、河川流量とその変動パタンが変化して、干ばつや洪水の発生の頻度や程度が変化すると予測されている。地球温暖化が進むと、地球全体としては、大気中の水蒸気量が増えて降水量が増えるが、その状況は地域によって異なり、降水量が大きく減少する地域も生じることが予測されている。さらに、多くの地域で河川流量の変動の幅が増大することが見通されている（図1）。

第2の地表の変化として、森林の面積の減少や樹種の変化など、地域や流域の植生の大規模な変化がある。これは、CO_2（二酸化炭素）の吸収量や生物多様性への影響だけでなく、降水の浸透や保水、蒸発散など、流域の水循環にも大きな影響をもたらす。

さらに、第3の人間社会の変化の現れとしての水や土地利用の変化とも密接にかかわる。都市の拡大は、都市的な生活・水利用の増大をもたらし、多量の生活用水の恒常的な需要をもたらす。一方、都市化や工業化は、人口と近代的な資産の集積を意味し、洪水発生時には大きな被害をもたらすので、その防止に対する要請が大きくなる。また、農業生産の安定を図るための土壌や用排水施設の改良、作付け体系の変更など、農地の水需要と流出水量の変化をもたらし、干ばつや洪水に直接影響を与える。

写真2　取水堰下流での河川流量減少（滋賀県野洲川下流）［大林組HPより］

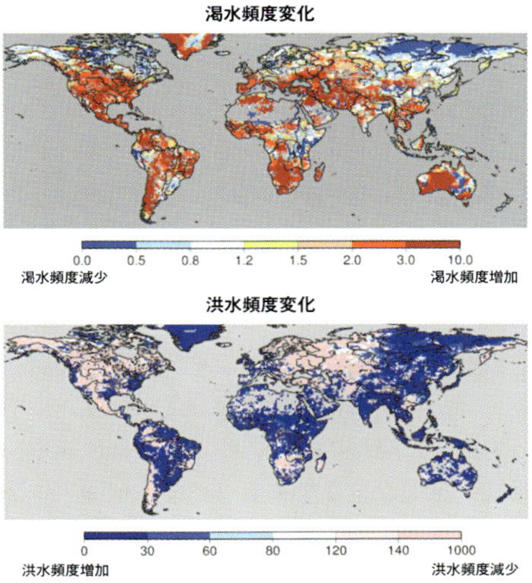
渇水頻度変化
0.0
0.5
0.8
1.2
1.5
2.0
3.0
10.0
渇水頻度減少
渇水頻度増加
洪水頻度変化
0
30
60
80
120
140
1000
洪水頻度増加
洪水頻度減少

図1　地球温暖化に伴う河川流量の変化見通し（21世紀末の20世紀との比較）。渇水頻度変化は、「それぞれの時期・季節において10年に1度の確率で生じる流量を渇水流量とし、渇水流量を下回る日数を渇水日数とする。（渇水流量を20世紀の値で固定した場合）将来、この渇水日数が何倍増えるか」で表している。洪水頻度変化は、「現在は100年に1度の確率で発生する大きな流量が、将来何年に1度発生するようになるか」で表現している。［Hirabayashi *et al.*2008］

干ばつと洪水との巧みなつきあい

人間が自然の水循環に依存し、またその影響を受けることは、地上で生存する限り変わらない。干ばつや洪水とのかかわりは避けられず、それにいかに適応し、いかに調整していくかは、環境をどのように整えるかの基本的な課題として続いていく。近代において、工学的に対応することが流れとなったが、大きな環境改変がさまざまな問題を引き起こしてきたことの認識の深まりとともに、近年では、大規模な施設の建設を伴わない干ばつや洪水への対応が検討されている。多量の水を使用する農業における節水灌漑や循環灌漑の導入による需要の抑制や、洪水を押さえ込まずに氾濫を前提にした土地利用を計画することなどである。

そのためには、河川の流域などを単位として、地域の自然と文化社会の状況に見合った「統合的流域管理」のシステムの構築が必要とされている。そこでは、地域の住民が参加し、身近な水と巧みにつきあい、地域に根付いてきた伝統的な知識や組織を活かすことが大きな役割を果たすことになろう。　【渡邉紹裕】

⇒C乾燥地の持続型農業 *p116*　H日本列島にみる溜池と灌漑の歴史 *p422*　H洪水としのぎの技 *p424*　H灌漑と塩害 *p436*　H遊牧と乾燥化 *p442*　E統合的流域管理 *p534*

〈文献〉長沢栄治 1990.　IPCC 2007a.　IUCN 2010.　Hirabayashi, Y., *et al.* 2008.

富栄養化

水界の深刻な環境問題

富栄養化

富栄養化とは「植物が利用できる栄養塩の負荷の増大により湖沼や河川、沿岸海域など閉鎖性水域が肥沃化する過程」と定義される。肥沃化とは、通常、植物の成長に不可欠な多量栄養素（硝酸態窒素・アンモニア態窒素、無機リン酸態リン）の負荷の増大により、植物プランクトンに代表される水中の植物の光合成によって生産される有機物量が増大することである。

富栄養化は、20 世紀はじめ湖沼間で植物プランクトンの量やユスリカ幼虫の種に違いのあることに注目し、その違いを湖沼の物理的・化学的要因と関連づけて理解しようとしたヨーロッパの陸水学者、E. ナウマンと A.F. ティーネマンの湖沼型の研究を歴史的背景に発展し確立された概念である。ナウマンは植物プランクトンの生産力の高い水体を「富栄養型湖沼」、生産力の低い水体を「貧栄養型湖沼」と命名した。

自然的富栄養化と人為的富栄養化

富栄養化には自然におこるものと人間活動によって人為的に引き起こされるものがある。自然的富栄養化は、人為的影響のない環境でおこる湖沼の遷移系列の一過程である。侵食や地殻変動により新しく形成された湖沼は栄養塩、生物量とも少なく貧栄養的環境であるが、時間と共に周囲からの土砂や陸上植物起源の有機物の流入により水深の浅化と共に栄養塩の蓄積がおこり生物量や生産力の大きな富栄養型湖沼に遷移していく。この過程を自然的富栄養化と呼ぶ。

人間活動の影響を受け、短時間におこる富栄養化を人為的富栄養化と呼んでいる。人為的富栄養化の原因としては、①農耕地造成のため水生植物群落の発達した沿岸域の埋め立てや干拓による浄化機能の劣化、②有機肥料に代わる化学肥料の導入による栄養塩負荷の増大、③集水における大規模牧畜による排泄物の流入による肥沃化、④森林の退廃・伐採によっておこる土壌浸食による栄養塩負荷、⑤治水・利水を目的とした水位調節や河川の改修による沿岸域の水生植物帯の消失（浄化機能の劣化）、⑥人口増加と生活様式の近代化に伴う都市排水からの栄養塩流入の増加、⑦人為的給餌による魚介類の養殖の普及に起因する内湾などの肥沃化、などが列挙できる。

人為的富栄養化は水体の汚染や過度の肥沃化と結びつけて考えられるため、好ましくない環境と位置づけられているが、植物プランクトンなど藻類の増殖を促すだけでなく藻類を餌とする高次の栄養段階にある魚や貝の生産を高めるため養殖漁業に応用されている。

人為的富栄養化と環境問題

人口の増加や生活様式・農業形態の近代化に伴う汚水や化学肥料の流出の増大は世界の閉鎖性水域に藻類（そうるい）の大増殖をもたらし、結果として深刻な環境問題を引き起こしてきた。人為的富栄養化による環境問題は、1970 年代から新聞や科学雑誌に大きなテーマとして取り上げられ表面化した。

人為的富栄養化がどのような過程でどのような環境問題を引き起こすかを栄養塩の負荷の増大によっておこる植物プランクトンの質的・量的変化とその代謝過

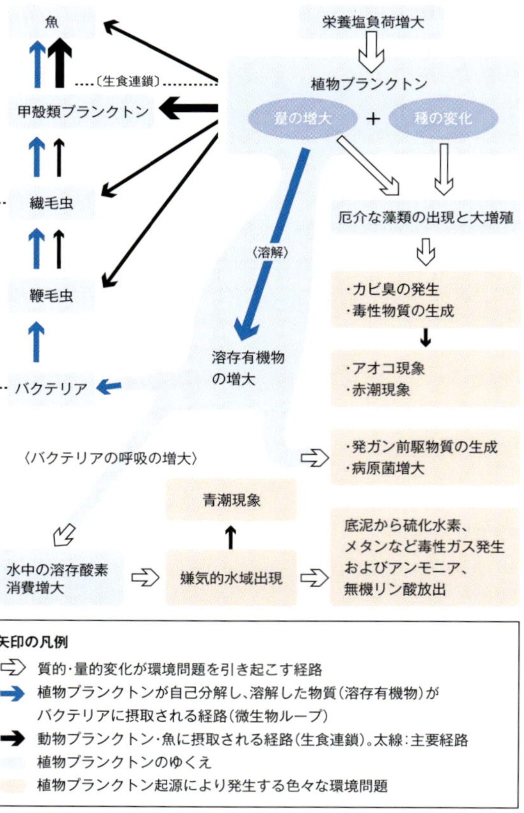

魚
〔生食連鎖〕
甲殻類プランクトン
繊毛虫
鞭毛虫
バクテリア
〔微生物ループ〕
栄養塩負荷増大
植物プランクトン
量の増大
+
種の変化
〈溶解〉
溶存有機物の増大
厄介な藻類の出現と大増殖
・カビ臭の発生
・毒性物質の生成
・アオコ現象
・赤潮現象
〈バクテリアの呼吸の増大〉
・発ガン前駆物質の生成
・病原菌増大
青潮現象
水中の溶存酸素消費増大
嫌気的水域出現
底泥から硫化水素、メタンなど毒性ガス発生およびアンモニア、無機リン酸放出
矢印の凡例
質的・量的変化が環境問題を引き起こす経路
植物プランクトンが自己分解し、溶解した物質（溶存有機物）がバクテリアに摂取される経路（微生物ループ）
動物プランクトン・魚に摂取される経路（生食連鎖）。太線：主要経路
植物プランクトンのゆくえ
植物プランクトン起源により発生する色々な環境問題

図 1　富栄養化が植物プランクトン群集の質的・量的変化を通して環境問題を引き起こす諸過程の概略図

程から考察したのが図1である。閉鎖性水域への栄養塩負荷の増大は、植物プランクトンの「種の変化」と「量的増大」を引き起こすことが示されている。

栄養塩負荷の増大は、魚介類や人間に有害なアルカロイド系の毒性物質やカビ臭物質を生成するほか、鰓の閉塞により魚類を斃死させる「厄介な藻類」の出現と大増殖を引き起こす。富栄養化した湖沼で発生するアオコは、*Microcystis* や *Anabaena* など藍細菌の大増殖により湖面が鮮緑色のペンキを流したような状態になる現象をいう（写真1）。ケイ藻や鞭毛藻などの大増殖により水面が赤褐色化する現象を赤潮と呼んでいる。一般に赤潮は東京湾など沿岸海域に発生するが、湖沼でも見られる現象で、淡水赤潮といわれている。日本の多くのダム湖で発生する淡水赤潮の原因生物は *Peridinium* という渦鞭毛藻であるが、琵琶湖では黄色鞭毛藻の *Uroglena americana* である。

写真1　琵琶湖南湖盆西岸に発生したアオコ現象（左）とその原因となる藍細菌（右）（2002年）〔一瀬諭撮影〕

大量に増殖した植物プランクトンの一部は、動物プランクトンや魚介類に摂食されるが、そのほとんどは自己分解を経て、水中に溶出し（溶存有機物）、バクテリアに利用・分解される。分解過程（呼吸）で水中に溶けている酸素を大量に消費し、水塊を嫌気的な環境に変え、水質悪化を導く。

世界有数の古代湖である琵琶湖の富栄養化は高度経済成長期（1960年代）に進行した。1969年、「厄介な藻類」の出現に起因した水道水のカビ臭問題、1977年には黄色鞭毛藻の *Uroglena americana* の異常発生による淡水赤潮の発生（赤潮発生の湖水を導入した養殖池で鰓閉塞によるアユの斃死）、1980～1990年代には *Anabaena* や *Microcystis* など藍細菌の大発生によるアオコ現象が確認されるようになった。琵琶湖の富栄養化は生態系の原動力でもある植物プランクトン種組成の変化に加え、深水層の低酸素化を引き起こし、琵琶湖固有の生態系の劣化を招く深刻な環境問題の1つである。

世界の湖沼の富栄養化は、1950年代に始まり、人口密度の高い地域や化学肥料を大量に使用する農業地帯で顕在化した。中国の太湖、アフリカのビクトリア湖、欧州のボーデン湖、北米の五大湖などでは富栄養化に伴う湖沼の動植物相の変化や湖水の低酸素化により貴重な水産資源の喪失や飲料水源としての水質悪化などが報告されている。

人為的富栄養化の改善策

人為的に富栄養化した閉鎖性水域の水質改善策として、農耕地や市街地からの窒素、リンにかかわる排水規制に基づいた負荷量の削減や、水質浄化機能をもつ湖辺の水生植物帯の再生・保全、湿地帯の活用などを国や地方自治体は提言しているが、その効果はほとんど認められないのが現状である。窒素やリンの除去など負荷削減のための処理技術は高度化しているが、その技術の導入には莫大な経費（水処理費）とエネルギーの大量消費という矛盾があり、実現への大きな障害となっている。浄化機能の高い湿地の再生も水質改善対策の1つとして考えられているが、人工的な処理施設建設に比べ広大な面積を必要とするなど問題が多くほとんど実現されていない。水質悪化の著しい湖沼などでは、底泥からの栄養塩の溶出を抑制するために浚渫や爆気なども行われているが、その効果に疑問を抱く専門家も多い。

人為的富栄養化は、しばしば貧栄養的な環境であった湖沼を、突然、「厄介な藻類」の大増殖をおこす環境に変化させることが知られている。この突然の環境の変化はレジームシフトと呼ばれている。突発的に富栄養化した閉鎖性水域の水質の回復は非常に困難でありほとんど不可能な場合が多いといわれている。水質改善を含めて、今後の閉鎖性水域の生態系管理のあり方が問われている。

【中西正己】

⇒C地球温暖化と漁業 *p40*　C窒素循環 *p44*　C農業排水による水系汚濁 *p86*　D生態系レジリアンス *p140*　D沿岸域の生物多様性 *p144*　D淡水生物多様性の危機 *p168*　E海洋汚染 *p478*

〈文献〉Barnes, R.S.K. & K.H. Mann 1991.　Horne, A.J. & C.R. Goldman 1994.　加藤元海 2005, 2007.　Polis, G.A. & K.O. Winemiller 1996.　山田佳裕・中西正己 1999.　吉村信吉 1976.

大気汚染と呼吸器疾患

屋内環境から地球環境まで

大気汚染物質の健康影響

人が大気汚染物質に*曝露されることによって種々の健康影響を生ずる。地球を取り巻く大気中には火山ガスのように自然発生源から放出されるものによる健康影響も存在する。地球の歴史上、大気組成は一定であったわけではなく、自然の状態を汚染されていない状態と考えることはできない。したがって、大気汚染を厳密に定義することは困難である。一般的には人類が化石燃料を大量に使用する以前の大気を便宜的に「清浄」とみなし、その状態からの逸脱を大気汚染と考える。

1940年のドノラ事件、1952年のロンドンスモッグ事件など高濃度曝露による健康被害事例が産業革命以降、世界各地でみられ、数日から数週間にわたる高濃度期間に死亡率や呼吸器疾患患者などが増加した。日本でも1950～60年代に四日市などいくつかの地域で大気汚染公害問題が生じ、大気汚染と住民の健康被害に関して裁判で争われた。近年では、世界各地で地域人口集団を対象とする疫学研究や、動物実験などの毒性学的研究によって、大気汚染物質の健康影響が解明されてきた。

大気汚染の特徴

大気汚染物質にはさまざまな種類があり、その発生源もさまざまである。狭い意味では「大気」が屋外空気を示す場合が多いために、通常、大気汚染は屋外空気の汚染を意味する。しかしながら、人が呼吸する空気の汚染という意味で、室内空気汚染も含めて大気汚染と呼ぶこともある。平均的にみると成人は安静時に約500 mℓの空気を呼吸する。呼吸数は毎分15～20回程度であるので、1日に10～15 m^3の空気を呼吸している。日本の都市部における大気汚染物質濃度は通常数十ppb程度である。ppbは10億分の1を表す単位で、1ppbは一辺10 mの立方体に1 cm^3の大気汚染物質が含まれている濃度になる。これはそれほど高い濃度ではないが、長期に曝露されると健康影響があると考えられる。

歴史的に大気汚染が地域的な事象として認識されたことから、地球環境全体の大気圏というような概念ではなく、人びとの生活する地域という空間的に一定範囲を想定している場合が多い。地域的な事象としての大気汚染の発生源としては化石燃料などの燃焼というエネルギーを得るための過程が重要である。大気汚染は生産活動や社会経済活動の密度が高く、エネルギー消費量の多い地域で大きな問題となってきた。自動車排ガス、とくにディーゼル車から排出される粒子状物質による大気汚染はその典型といえる。

一方、火山ガス、砂塵、森林火災など自然発生源からの大気汚染物質による健康影響についても限定された地域では大きな問題となってきた。日本では、三宅島などにおける火山ガスや中国大陸由来の黄砂などが懸念されている。

大気汚染物質としては燃焼生成物や各種化学物質、その混合物が主要なものであるが、花粉、胞子やアレルゲンなどの生物粒子を含めることもある。最も重要な大気汚染物質は石炭・石油等の燃焼由来の大気汚染物質であり、20世紀前半から世界各国で健康被害の事例も存在し、古典的大気汚染物質と呼ばれる。硫黄酸化物、窒素酸化物、浮遊粒子状物質、光化学オキシダント、一酸化炭素などが含まれる。もう1つは、大気汚染防止法で有害大気汚染物質と呼ばれるもので、継続的に摂取される場合には人の健康を損なうおそれがある物質として、ベンゼンやトリクロロエチレンなどが指定されている。室内にも開放型ストーブ、炊事用器具などの燃焼発生源があり、使用時には窒素酸化物や一酸化炭素などが屋外より高くなる場合がある。また、建材、家具などから発生するホルムアルデヒド、

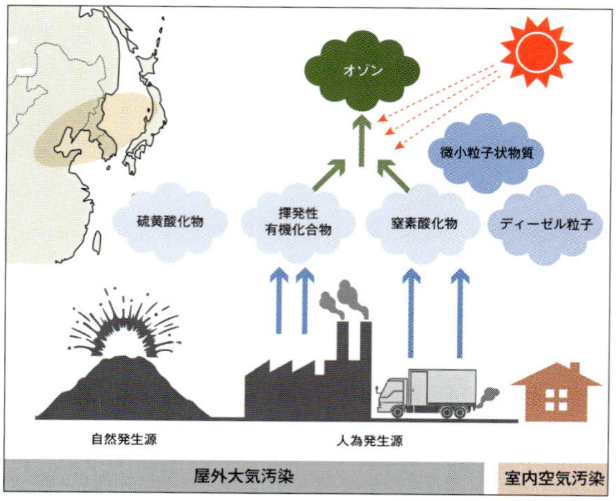

オゾン
微小粒子状物質
硫黄酸化物
揮発性有機化合物
窒素酸化物
ディーゼル粒子
自然発生源
人為発生源
屋外大気汚染
室内空気汚染

図1　大気汚染の発生源と主な大気汚染物質

その他の有機物質など化学物質によるシックハウス症候群、受動喫煙による健康影響、ダニなどによるアレルギー疾患など、屋内に特徴的な汚染物質による健康影響も存在する。室内空気汚染は社会経済的、文化的な背景によっても発生源が異なる。暖房や調理にバイオマスを使用する発展途上国では、呼吸器疾患のリスクファクターと考えられている。

健康影響指標

呼吸器疾患と大気汚染との関係をみる場合には、呼吸器疾患の発症、治癒、または悪化、場合によっては死という、発症から予後までの各フェーズで大気汚染の関与を考える必要がある。

大気汚染物質が呼吸器疾患の病態を悪化させることは多くの知見からほぼ明らかとなっているが、大気汚染物質がその発症に関与するかは結論が出ていない。たとえば、大気汚染が高レベル地域に住む子どもの肺機能の成長が低レベル地域に住む子どもよりも劣ることや喘息(ぜんそく)症状の悪化が大気汚染レベルの上昇と関係するという知見があるが、喘息発症が大気汚染と関連があるか否かは必ずしも明らかではない。

大気汚染の呼吸器疾患に対する影響をみる場合には、疾患の発症や増悪だけではなく、種々の呼吸器症状や肺機能の変化を指標とした疫学研究が数多く行われてきた。近年では呼吸器疾患による救急外来受診数や入院数、さらには呼吸器疾患による死亡との関係が検討されている。過去の高濃度曝露事例では死亡率が上昇することが示されていたが、現在では通常の濃度変動の範囲においても、わずかながら大気汚染濃度の上昇によって死亡率が上昇することが観察されている。

このような短期的高濃度の曝露による影響だけではなく、年単位などのより長期的な曝露によって地域集団の死亡率、呼吸器疾患発症率や有症率、肺機能の慢性的変化、肺がん増加などの健康影響が生ずる場合がある。

これらの健康影響は、気管・気管支、肺への刺激や炎症を起こすことなど共通の生体反応によることが多いため、健康影響の特徴から原因となった大気汚染物質を特定することが困難である。さらに、古典的大気汚染物質は共通の発生源を持つものがあり、大気中の濃度変動傾向も類似している場合が多い。そのため、観察された健康影響がどの大気汚染物質への曝露によるかを特定することが困難となる。

喘息とアレルギー

喘息は呼吸器疾患の中では有病率の最も高いもののひとつであり、また他のアレルギー疾患と同様に世界的に増加傾向にある。喘息の有病率には地域差があり、世界56カ国、155地域の約46万人の子どもを対象とした国際共同研究の結果によると、喘息、アレルギー性鼻炎、アトピー性皮膚炎の有症率は地域間でそれぞれ1.6〜36.8%、1.4〜39.7%、0.3〜20.5%の開きがあった。このような地域間の差は環境因子の重要性を示しているという解釈もできる。一方、両親のアレルギー性疾患の既往歴とその子どものアレルギー疾患発症リスクとの関連性や人種間の有症率の差、性差などは遺伝的な因子の関与を示唆する。都市化やライフスタイルの変化には環境汚染、居住環境、食生活などの要因が含まれる。ライフスタイルがアレルギー性疾患の発症に関与しているならば、ライフスタイルの変容によって疾病を予防できる可能性もある。

室内空気汚染から地球環境まで

大気汚染は通常、屋外空気の問題と考えられている。一方、われわれが常時呼吸している空気の多くは室内の空気である。換気によって屋外空気は室内に流入するが、室内に特有の発生源によるものも多い。室内空気汚染は住宅構造やライフスタイルと密接に関係している。

地球環境問題解決のためのCO_2（二酸化炭素）排出量の削減は化石燃料の消費を減らし、生活圏の大気汚染の問題解決にプラスに作用する。電気自動車などの低公害車の普及は都市大気の改善に大きく寄与する。しかしながら、室内空気汚染の問題にはマイナスに作用する場合も想定される。省エネ住宅は高気密の構造を要求する場合があり、一定の換気量が確保されない場合には、室内空気汚染物質濃度が上昇する場合がある。ダニやカビなどの発生にも好適な温湿度条件が作り出される可能性もある。このような問題を解決するために、近年では機械換気によって一定の換気量を確保しつつ、高断熱・高気密住宅における室内空気汚染が生じないように配慮されるようになった。

地球温暖化がこのまま進行すれば、光化学反応が促進されることによるオキシダント濃度の上昇のように、汚染物質の大気中動態が変化して、直接的、間接的にわれわれの健康にかかわる空気の質に対して直接的、間接的に影響を与えると考えられる。　【新田裕史】

⇒C エアロゾルと温室効果ガス *p28*　C 生態系を蝕む化学汚染 *p64*　C 大気汚染物質の排出インベントリー *p100*　E 黄砂 *p474*　E 温室効果ガスの排出規制 *p506*

〈文献〉新田裕史 2009．木田厚瑞 1998．矢田純一 1994．村野健太郎 1993．国立環境研究所編 2005．デイヴィス、D. 2003．山崎新 2009．

生態系を蝕む化学汚染

残留性有機汚染物質

厄介な化学物質 POPs

化学物質の中でヒトや生態系にとって厄介なものは、毒性が強く、生体内に容易に進入し、そこに長期間とどまる物質であろう。こうした性質を持つ化学物質の代表に、PCB（ポリ塩素化ビフェニール）やダイオキシン類（PCDD、PCDF）など POPs（残留性有機汚染物質）と呼ばれる生物蓄積性の有害物質があり、20 世紀中盤以降大きな社会的関心を集めてきた。

UNEP（国連環境計画）は、2001 年 5 月にスウェーデンのストックホルムで締約国会議を開催して長距離移動性や環境残留性の高い POPs を対象に削減や廃絶に向けた国際条約「残留性有機汚染物質に関するストックホルム条約」（POPs 条約）の締結を提案し、2004 年 5 月 17 日に批准された。現在条約に登録されている POPs は、アルドリン、エンドリン、ヘプタクロル、ディルドリン、DDT、クロルデン、トキサフェン、マイレックス（殺虫剤）、PCB、ヘキサクロロベンゼン（工業用材料）、PCDD、PCDF（非意図的生成物質：国内では PCDD と PCDF をダイオキシン類として 1 物質群としている）の 12 物質（群）で、これらの製造・使用・輸出入の規制、非意図的生成の削減、廃棄物の適正管理などが締約されている。POPs 条約については定期的な見直しが定められており、有機臭素系難燃剤の PBDE（ポリ臭素化ジフェニールエーテル）や HBCD（ヘキサブロモシクロドデカン）など約 10 物質が POPs 候補物質すなわち POPs 類似の汚染と影響が懸念される物質としてリストアップされている。POPs およびその候補物質は代表的な地球汚染物質であり、その防止対策の強化が国際レベルで求められている最も厄介な化学物質といってよい。

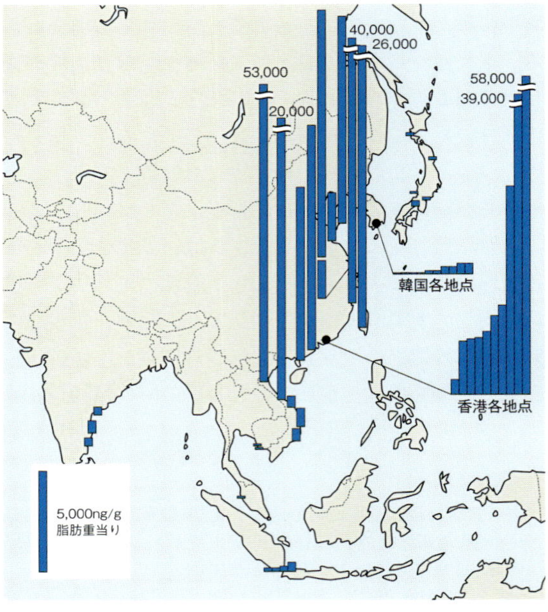
40,000
26,000
53,000
20,000
58,000
39,000
韓国各地点
香港各地点
5,000ng/g
脂肪重当り

図 1　二枚貝イガイから検出された殺虫剤 DDT（代謝物を含む）の濃度分布［Tanabe & Subramanian 2006］

地域汚染から地球汚染へ

1960～70 年代は POPs による公害事件や深刻な環境汚染が世界で頻発し、先進諸国を中心にその生産と使用が規制された。また、汚染実態解明のための環境モニタリングが本格的に開始され、人間活動や産業活動の活発な地域における局所汚染の顕在化が次々と明らかにされた。半閉鎖性水域の瀬戸内海をモデルにした研究では、PCB や DDT など分解されにくく脂溶性で粒子吸着性の高い POPs の汚染が、堆積物や生物で著しく沿岸域における POPs の環境負荷量が意外に少ないことから、大気や水経由で長距離輸送され地球規模で拡散したのではと推察された。

1980 年代になるとアジアを中心に途上国の調査結果も報告されるようになり、DDT など農薬汚染の主な発生源は熱帯・亜熱帯の途上国にあること、一方 PCB など工業用材料として利用された化学物質の汚染源は先進工業国や旧社会主義国に存在することが、二枚貝のイガイ（図 1）やヒトの母乳などの研究で明らかにされた。こうした地域固有の発生源は渡り鳥の POPs 汚染にも反映され、先進国や旧社会主義国を渡りのルートとしている鳥類は PCB の汚染レベルが高く、途上国を中継地や越冬地とする鳥種は DDT など殺虫剤の汚染が顕在化している。さらに、POPs 候補物質として注目されている有機臭素系難燃剤 PBDE の汚染研究が最近になって始まり、この物質の大きな発生源は先進国だけでなく途上国にも存在し*グローカルな汚染を引き起こしていることが魚介類や鯨類の分析で明らかにされている。

上述した発生源の調査に加え、POPs による汚染は南極や北極を含む地球の隅々まで広がったこと、海洋とくに冷水域の海水はこの種の物質のたまり場として機能することなどが、大気、水、生物試料の分析結果により示唆された。また、深層水や深海生物の分析により、POPsの汚染は南極や北極などの遠隔地だけでなく、海洋の深層にまで広がったことが証明された。

ダイオキシン類の広域汚染についても調査が実施され、PCBは大気や水により輸送されやすい地球汚染型の物質であるが、PCDDやPCDFは局在性が強いため地域汚染型の物質であることがカツオを生物指標にした研究で示された。また、ダイオキシン類の汚染源も北半球に集中していることがアホウドリ試料の分析により明らかにされた。さらに、アジア途上国の調査が行われ、都市郊外に遍在するゴミ集積場にダイオキシン類の大きな発生源が存在することを、土壌やヒト母乳の分析結果が実証した。

多数のPOPsが多様な環境試料や生物試料から検出された事実は、化学分析技術が急速に進歩したことに加え、この半世紀の間に化学物質の生産や利用が著しく増え、その環境汚染も世界中に拡がったことを示している。これまでの研究を通して、熱帯・亜熱帯地域における化学物質の無秩序な利用は地球規模の環境汚染を引き起こしやすいこと、海はこの種の物質の大きなたまり場として機能すること、とくに冷水域はPOPsの最終的な到達点となることが明らかとなった。

生態系の汚染とそのリスク

POPsはヒトや多様な野生生物から検出されているが、海洋生態系高次生物でみられるPOPsの汚染レベルは異常に高い。たとえば、西部北太平洋に分布するスジイルカは、海水の1000万倍以上の濃度でPCBやDDTを体内に生物濃縮している。鯨類（げいるい）だけでなく海洋生態系の頂点にいる鰭脚類（ききゃくるい）、海鳥類などもきわめて高濃度でPOPsを体内に蓄積しており、陸上生物の蓄積パターンと明らかに異なる。この原因を究明するため、海生哺乳動物を対象に多様な研究が展開され、体内にPOPsの大きな貯蔵庫（皮下脂肪）が存在すること、授乳によるPOPsの母子間移行量が大きいこと、POPsを分解する酵素系が一部欠落していることが明らかにされている。また、ダイオキシン類、PCB、DDTなどによる薬物代謝酵素の誘導、性ホルモンの阻害、免疫機能の攪乱など毒性影響を示唆する研究結果も報告され、海生哺乳動物はPOPsのリスクが最も高い生物種と考えられている（写真1）。

写真1　イルカの奇形。忍び寄る化学汚染の影響か（インド、タミルナドゥ州ポルトノボ、1990年）

汚染の推移と将来予測

愛媛大学沿岸環境科学研究センターの生物環境試料バンクには、過去半世紀にわたり世界各地から収集した約1300種類、10万点の生物試料・環境試料が冷凍保存されている。ここにあるアザラシ、オットセイ、鯨類などの試料を活用して、過去の汚染を復元し将来を予測する研究が実施された。その結果、瀬戸内海など沿岸域や陸域のPOPs汚染は経年的に低減しているが、南極など遠隔地の汚染はほとんど減少していないことが判明した。また、三陸沖で捕獲されたキタオットセイの保存試料により、今なお使用が続いている有機臭素系難燃剤PBDEやHBCD汚染の経年変化を調べたところ、1980年代以降濃度の低減がみられるPOPsと異なり、POPs候補物質の汚染レベルは最近まで上昇傾向を示した。過去の汚染の復元は、海生哺乳動物におけるPOPsおよびその候補物質の暴露と影響が今後しばらく続くことを暗示しており、モニタリング調査の継続と効果的な低減対策が求められる。

今後の課題

上述したように、野生の高等動物には、ヒトではみられない特異な汚染や生理機能があり、このことはヒト中心の環境観では生態系は守れないことを教えている。クジラや鳥のPOPs汚染がヒトとは無縁であるとする考え方は、もはや地球環境時代に馴染（なじ）まない。「野生生物でみられるPOPsの汚染と影響は、ヒトへの警鐘である」、すなわち化学物質のリスクから生態系を守ることはヒトに対する安全性の確保にも繋がるという基本理念を育て、生態系本位の環境観を社会に定着させることが今後の大きな課題であろう。将来人間の健康に影響を及ぼす可能性がある問題として、野生生物の汚染や異常を考える必要がある。

また、先進国だけでなく途上国でもPOPs汚染は顕在化しており、今後さらに深刻化が予想されるため、地球環境問題の重要課題と位置づけPOPs条約を適切に履行するなど国際対応をすすめる必要がある。途上国のPOPs問題を解決するには、先進国の国際協力や支援が不可欠で、アジア地域においてわが国の国際貢献が問われることはいうまでもない。　【田辺信介】

⇒C食物連鎖 *p52*　C大気汚染物質の排出インベントリー *p100*　D野生生物の絶滅リスク *p164*　D海洋生物多様性の危機 *p170*　R捕鯨論争と環境保護 *p342*　E海洋汚染 *p478*

〈文献〉田辺信介・立川涼 1981．Tanabe, S. & A. Subramanian 2006.

土壌塩性化と砂漠化

予期しえなかった土地劣化現象

土壌塩性化

塩分が高濃度になった土壌を塩性土壌とよぶ。土壌の塩分濃度は、土壌水と土壌に体積当たりないしは重量当たりに含まれる溶解鉱物塩（塩分）の量をいう。塩分の総量を示す簡便な指標として、電気伝導度（dS/m、EC：Electrical Conductivity）が利用されており、塩性土壌は土壌の飽和抽出液の EC が 4 dS/m 以上であると定義されている。土壌塩分は土壌水および土壌表面においてイオン化して存在している。主な塩分は、陽イオンとして Na^{+}、Ca^{2+}、Mg^{2+}、K^{+}、そして陰イオンとして Cl^{-}、SO_4^{2-}、HCO_3^{-}、CO_3^{2-}、NO_3^{-} があげられる。とくに塩分が土壌表層に集積した状態を塩類集積という。

土壌塩分の起源は、大陸地殻の表層を形成する岩石の物理的・化学的風化作用によって生成されたものと、海生起源のものがほとんどである。岩石は水、酸素、CO_2（二酸化炭素）による溶解反応と酸化還元反応に代表される化学的風化によって、塩分の起源となる鉱物に変性する。

乾燥地の農地で、排水路を未整備のまま灌漑農業を行うと、地下水位が上昇し乾燥による蒸発によって塩分を含んだ土壌水と地下水が毛管現象により上昇する。そして、土壌表面で水分だけが蒸発して塩分が残り、塩類集積が発生する。塩性土壌の改良は、低塩分濃度の水を使い土壌から塩分を溶脱させ、掘削した排水路を通じて系外に排出する方法が最も一般的である。

砂漠化

砂漠とは「乾燥気候のために降水量が少なく植物がほとんど生育せず、岩石や砂礫（されき）からなる風景」である。砂漠は岩石や砂礫の粒径により、岩石砂漠、礫砂漠、砂砂漠のように分類することができる。砂漠化とは乾燥気候地域において自然的・人為的な要因により砂漠のような土地劣化が生じることである。

砂漠化の防止には、その発生原因の特定と対処が必要である。大きく分けて砂漠化の発生原因は自然的要因と人為的要因の 2 つからなる。自然的要因の一番は乾燥である。自然要因による砂漠化は、地球規模の水循環と関連している。一方、人為的な要因には森林の過伐採、家畜の過放牧、過耕作などがある。砂漠化は、これら自然的要因と人為的要因が相まって発生するケースがほとんどである。

このような 2 つの要因から進行する地球規模の砂漠化は、地域や国家を超えて人類全体の問題である。この観点から砂漠化の防止は、1977 年の国連砂漠化会議に始まり、2006 年は国連により「砂漠と砂漠化に関する国際年」と定められ、国際的な枠組の中で議論されている。しかし、乾燥地域に多量の降雨をもたらすことは不可能であり、経済発展のための開発を止めることは容易ではない。よって、どちらの要因からみても砂漠化防止のための対処は単純な問題ではなく、砂漠化面積は年々増加しているのが現状である。

乾燥気候と土壌塩性化・砂漠化

乾燥は土壌塩性化と砂漠化に共通するキーワードである。塩性化のプロセスにおいて最も主要な役割を果たすのは乾燥による蒸発である。土壌表面で蒸発が進むと毛管上昇により塩分が下方から上方へ移動し塩性化が進むことはすでに述べた。砂漠化も、少ない降水が植物に利用される前に蒸発してしまうところに問題

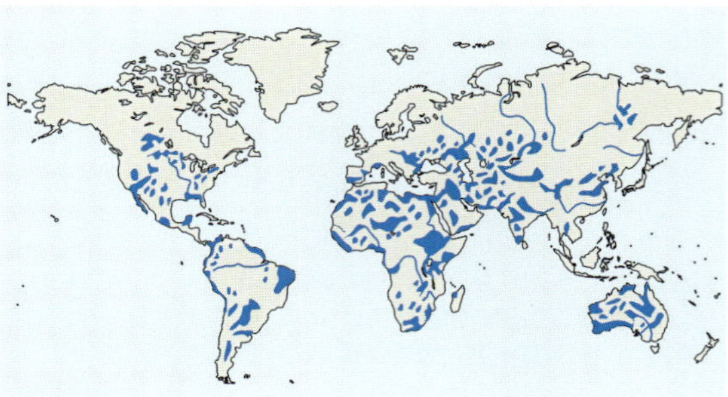

図 1　塩性土壌の分布［Szabolcs 1989］

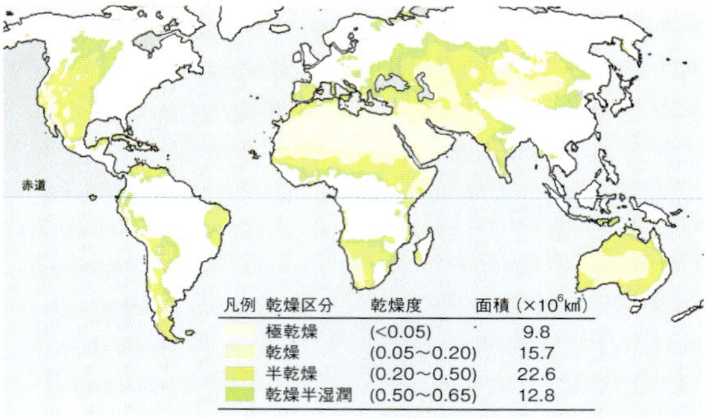
赤道
凡例 乾燥区分 乾燥度 面積（×10⁶km²）
極乾燥 (<0.05) 9.8
乾燥 (0.05～0.20) 15.7
半乾燥 (0.20～0.50) 22.6
乾燥半湿潤 (0.50～0.65) 12.8

図 2　乾燥気候の分布［Millennium Ecosystem Assessment 2005a］

の根本がある。乾燥の程度を示す乾燥度指標は、降水量と蒸発散位の比で定量的に求めることができる。

塩性土壌（図 1）と乾燥気候（図 2）の分布はよく一致している。サハラ砂漠やナミブ砂漠などに代表される有名な砂漠は極乾燥から乾燥気候の地域に分布している。土壌塩性化と砂漠化は併発していることが多い。たとえば、写真 1 に示したように中国の黄河南岸に位置する黄土高原では数 km にわたる塩類集積と砂漠化した大地が広がっている。

乾燥は科学的な視点からのみ土地劣化に共通するキーワードであるわけではない。K. タンジは、乾燥地における塩性土壌は景観の自然構成要素であると述べている。また、哲学者の和辻哲郎は乾燥を砂漠（『風土』では「沙漠」と表記）の本質的規定として把握することができると述べている。

予期することが難しい土地劣化現象

土壌塩性化や砂漠化による土地劣化は、その発生時点はもとより、発生後しばらくはその現象を明確に認識することは難しい。ましてや発生前にこれらを予期することはほぼ不可能である。

土壌塩性化が発生しやすい乾燥気候の低平地では、地下水面の上昇とその塩性化の進行は人知れず進む。そこに灌漑によって多量の農業用水が持ち込まれると、一気に地下水が上昇し予期しなかった土壌塩性化が進む。塩分を洗い流すべくさらなる農業用水を供給すれば、蒸発によりさらに塩性化が進むことになる。

砂漠化の要因の 1 つは急激かつ過度な森林伐採である。その際の植生量と伐採量の関係を数理生態モデルの援用により定性的に図示化すると図 3 のようになる。安定解 X_A は砂漠化前の状態、安定解 X_B は砂漠化後の状態を示す。伐採量 β が点 P または Q に達すると x は急激に X_A から X_B またはその逆にジャンプする。いったん伐採量が β_2 を超えると植生量 x は急激に X_A から X_B にジャンプする。しかし、β を β_2 まで戻しても植生状態は X_A には戻らない。植生状態を X_B から X_A に戻すには、β を β_1 まで戻さなくてはならない。図中の点 P、Q をサドルノード特異点という。このサドルノード特異点を感知することはほぼ不可能である。このモデルの示すところは、砂漠化のような土地劣化現象は、人知れず進行してある時点で急激な変化をもたらし、いったん発生すると回復が困難であるということである。

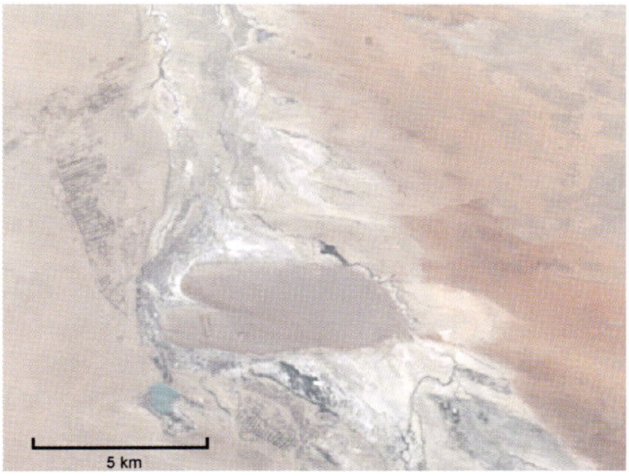
5 km

写真 1　黄土高原における塩性土壌と砂漠。白い部分は土壌表面に集積した塩分（LANDSAT 衛星画像、2000 年 6 月 13 日）

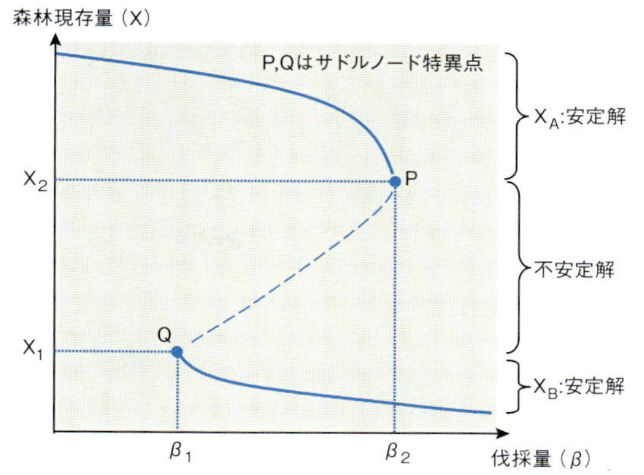
森林現存量 (X)
P,Qはサドルノード特異点
X_A:安定解
不安定解
X_B:安定解
X_2
P
X_1
Q
β_1
β_2
伐採量 (β)

図 3　森林現存量と伐採量の関係を数理モデル（May 1977）に定性的にあてはめた砂漠化の進行プロセスを示すグラフ。砂漠化は森林伐採量 β が β_2 を超えたとき、非線形方程式の解が X_A から X_B に急激にジャンプする現象である［May 1977 を改変］

土壌塩性化と砂漠化、そして地球環境問題

人間活動が自然に与えるインパクトは思いもしない形で自らに返ってくる。土壌塩性化と砂漠化に代表される土地劣化現象はその典型的な例で、いわゆる地球環境問題といってよいだろう。土地劣化は、作物生産や生態系サービスの急激な低下をもたらす。とくに自然資源が乏しく貧困に苦しむ地域では、土地劣化により作物収量が減少し貧困を助長することになる。その貧困解決のための開発が時として過耕作や過伐採を引き起こし、再び予期せぬ問題を引き起こす。このような個々人のミクロな行動が回復困難なマクロ現象として現れること、これこそが人知れず進行し突如として発生する地球環境問題の本質であろう。　【久米　崇】

⇒C東北タイの塩害とその対処 *p68*　C塩の循環とその断絶 *p70*　C地盤沈下と塩水化 *p76*　D生態系サービス *p134*　D生態系レジリアンス *p140*　H塩と鉄の生産と森林破壊 *p426*　H灌漑と塩害 *p436*　E砂漠化の進行 *p480*

〈文献〉Tanji, K.K., ed. 1990. UNEP 1997. Richards, L.A. 1954. 和辻哲郎 1935. May, R.M. 1977. Szabolcs, I. 1989. Millennium Ecosystem Assessment 2005a.

東北タイの塩害とその対処

役に立つ塩、災害としての塩

塩の出る土地

東北タイでは現在、土地全体の 17%、280 万 ha が塩性化しているといわれている。これは単に作物生産上の障害のみならず、この地方の社会経済の基盤にもかかわる大きな問題として認識が広まっている。東北タイはモンスーン気候下にあり、雨の降らない乾季には地表に塩の白い析出がみられる。このような場所では植物はまったく育たない（写真 1）。塩分濃度が薄い場合は明瞭な析出がみられず、作物にも目立った被害はみられないが、水田には東北タイでヤーキーカーとよばれる塩地を好む草（*Xyris indica*：トウエンソウ科に属し、ツユクサ科と近縁）が雨季に繁茂する。とくに干ばつの年は水田一面が見渡すかぎり黄色いこの花で埋まることもある。

塩の利用

海から遠い内陸部にある東北タイの塩の存在は、比較的早くから注目されてきた。それは、作物に対する災害としてというよりは、この地方の重要な資源としてである。1940 年代にタイの土壌調査を行った R.L. ペンデルトンによれば、東北タイ中部に塩井があり、砂岩の割れ目から塩水が湧出していて、乾季には 300 にのぼる家族がここで塩を製造していたという。インドシナ半島では海岸地帯は一般に多雨で海水からの製塩は困難である。内陸にあって雨の少ない東北タイは貴重な塩の供給源となっていた。彼の論文には作物に対する塩害の記述はない。

写真 1　塩の析出によって耕作放棄された水田跡（タイ、コンケン県、2005 年）

地表に吹き出す塩を利用した製塩は紀元前 1 千年紀後半にはすでに始まっていたとされる。

現在の製塩方法は、湧出する塩水ないしポンプで地下から汲み上げた塩水を大きな四角の鉄の箱に入れて煮詰めるものである。このような製塩場が戦後多数出現して盛んに地下水を汲み上げたために、地面が陥没する地盤沈下被害が各地で発生した。一方では塩水が流出して周りの水田に塩害をもたらすこともあった。そのため地方によってはこのような製塩が禁止されている。これよりもさらに大規模な塩田がナコンラーチャシーマー県などにある。汲み上げた塩水を大面積の池に入れ、乾季の天日で干しあげて塩を得ている。塩水を吸い上げる点は変わらないものの、地下に生じた空洞を埋める水を注入することによって陥没害の発生を防いでいる。最近は、一部工場では減圧蒸留によって年間稼働が可能になり、さらに生産性を高めているという。東北タイの塩は塩酸や水酸化ナトリウムなどの汎用的な化学工業原料資源として今や国際的にも注目されている。

古川久雄によれば、インドシナ半島の中央部に位置する東北タイは中生代白亜紀の堆積岩を母岩とし、その最上部に 1000m の厚さの岩塩層を持っている。この岩塩が直接に地表に露出しているのではなく、その上を 60m の砕屑岩（さいせつがん）が被覆していて、その中に塩の粒子が含まれている。この粒子は少しずつ地下水に溶け出して丘の裾に浸みだし、地表に現れる塩の元となっている。

塩害の出現

コンケン県の東部にある典型的な稲作農村でみられた例は以下のようである。村の水田は主にチー川に沿った氾濫原にいくつもみられる広い皿状の地形の中に開かれていて、中心部には水がよくたまる大きな田があり、周辺部の高い位置には水が抜けやすい小さな田が棚田状に連なる。この村の塩の出るところは、氾濫原が終わって丘陵にさしかかるような部分に点在している。皿状地形の中では周辺部の中程からやや高い位置になる（図 1）。最も大きな析出地点では、古くは手作業による製塩が行われていた。

このような塩の出る地点であっても水田化はされて

いて、雨季になり、水田が湛水すれば農家はほかの田と同じようにイネを移植する。灌漑をしない天水稲作なので、その後晴れ間が続くと水田から水がなくなっていく。このときに、塩分濃度の高い水田のイネは根から水が吸えなくなり、やがて枯死する。同じ水田内でも、表面に凹凸があって土が乾きやすくなっているところやとくに濃度の高いところからそのような害が現れる。降雨量の多い年は濃度が薄まるのでこのような被害は比較的軽いが、やはり収量は減る。このようにその年の雨量次第で被害の程度が変わるので、農家はともかくも雨季のはじめにはイネを植えてその後の天気に出来を委ねることになる。

一方、最も低位の田には高位田からの塩水を含んだ水が集まるのだが、収量を調べると奇妙なことに村の中で最も高い収量が得られることが多い。これは塩の出る土には塩化ナトリウム以外にもカルシウムやマグネシウムなどが多く含まれていて、これが低位田にたまるためと考えられる。さらに数年に 1 度はおこる洪水は、低位田に蓄積した過剰な塩類を下流へ排出している可能性もある。おもしろいことに塩の被害が出がちなやや高みにある水田と非常に収量の高い低位の水田とは、同じ農家がセットで耕作していることが多い。東北タイの農村では、伝統的にはイネにとって塩は必ずしも邪魔者とはいえず、むしろ農家の生計の上からは両者は共存関係にあったと見なしうる。この点は、同じように降雨量の少ない地方でありながら、完備した灌漑のもとでの稲作によって重大な塩類集積を引き起こしたインド西部やパキスタンとは異なる。

塩害への対処

東北タイの土壌の塩性化は近年急速に進んできているという。冒頭に掲げた塩類土壌面積のうち、強度の地域は 24 万 ha、中程度で 59 万 ha、軽度の地域が 202 万 ha とされる。全体の面積は日本の全水田面積を上回る広さである。塩性化の原因として、三土正則らは、貯水池建造、森林の農地化、自動車道路建設のための土の採取、製塩業の増加、塩を含んだ水による灌漑などをあげている。これらは地下水位の上昇を招いて毛管現象による地下の塩の析出を容易にした他、

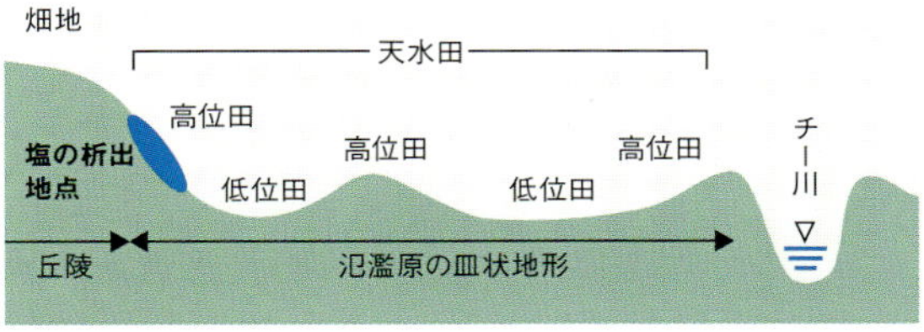

畑地
天水田
高位田
高位田
高位田
塩の析出地点
低位田
低位田
チー川
丘陵
氾濫原の皿状地形

図 1　塩の出る地形

写真 2　塩によって部分的にイネが枯死した水田（タイ、コンケン県、1981 年）

人為的に塩を耕地に散布する結果を招いている。いずれも、この地域の地質の特性を深く考慮しないままの近代化に原因があるといえる。塩類土壌の除塩には灌漑による洗浄が効果的であるが、天水田が卓越する東北タイでは現実的な対策とはいえない。そこで、最近では生長の早いユーカリの植林によって地下水を吸水し、結果的に地下水位を下げる方法が提案されている。

上述の村において最も塩害の激しかった水田群は、1980 年代後半には耕作を放棄し、養魚池に転換している。農家の経済状況が向上するにつれて、まわりの水田に補助灌漑、化学肥料、改良品種、直播、機械化など近代稲作技術が投入されるようになったが、このような技術を用いても塩害のために効果が望めず、それが耕作放棄の原因と考えられる。ただし養魚を始めた農民も、池の水の確保のためには灌漑水路に依存せざるをえない。一方で伝統的な手作業の塩作りは、会社や工場勤めといった村外の仕事に携わる機会が増えて廃れている。農家にとってはかつて資源として共存価値のあった土からの塩は、今やリスクそのものとなってしまっている。　【宮川修一】

⇒C 土壌塩性化と砂漠化 *p66*　C 塩の循環とその断絶 *p70*　C 地盤沈下と塩水化 *p76*　C 天水農業 *p114*　H 塩と鉄の生産と森林破壊 *p426*　H 灌漑と塩害 *p436*

〈文献〉Pendelton, R. L. 1943. 古川久雄 1990, 1997. 新田栄治 1998. 宮川修一ほか 1985. Miura, K. & T. Subhasaram 1991. Mitsuchi, M., *et al.* 1989. 若月利之 2001.

塩の循環とその断絶

塩の恩恵を無意識に享受する現代文明

自然界での塩循環

塩は、ほとんどが水溶液として水とともに循環し、結晶のまま循環することは考えにくい。地球上の塩の大部分は海水に溶存し、海水の主要塩類の組成は一定である。海水の塩分濃度は、蒸発、降雨、河川流入などによる水分の増減で場所により異なるが、平均約3.4%で、その約78%を食塩（塩化ナトリウム NaCl）が占める。NaCl総溶存量は、海が巨大なため、平均濃度2.73%×全海洋面積3億6100万km^2×海洋平均深度3800 mで求めると、3京7450兆1000億tという莫大な量となる。

岩塩、地下鹹水（かんすい）・塩湖などの、内陸性塩資源の総量は把握できないが、海水の溶存量に比べ著しく小さく、大半は海水起源である。たとえば海底の隆起でうすく塩を含む大地が生じた場合、蒸発水量が降水量を上回る気候であれば、降雨ごとに溶出した塩が窪地に集積し、水だけが蒸発して塩湖となる。乾燥が進めば塩原となり、最終的に地下に埋もれて岩塩になると想定される。

このように、塩の集積には水が関与するが、塩は常温では蒸発しないため、海洋・大気・陸水間の水循環には入らない。したがって、海面からの蒸発水量と降雨、陸水などの流入水量が釣り合うため、海の塩分濃度は変化しない。厳密には、河川水は地殻中の物質をわずかに溶かしながら流入するが、「地質年代的に見ても、現在の海洋中の水や物質の量は一定で、物質収支の観点からは、平衡状態である」と考えられている。

塩は、生物の生存にかかわり、とくに動物では身体の構成物質として不可欠で、環境と生物個体との間で、一種の循環系を形成する。また、生物の相互関係によっても塩の移動が生じ、たとえば草食獣は積極的に塩を摂取し、肉食獣は草食獣の身体に含まれる塩を摂取するというように、食物連鎖などで生物界を循環する。

上記の人間が関与しない塩循環の全体像を裏づけるデータはないが、陸上や生物間で移動する塩も最終的には海に戻り、長期的な海水の平衡状態に見るように、安定した循環系が維持されていると考えてよいだろう。

人間が関与する塩循環

人間も、他の動物と同様、身体の重要な構成物質として塩を摂取する。体内の塩量は主に腎臓の働きで恒常性が保たれ、成人では塩摂取量と排出量は釣り合うため、環境と個体の間での塩収支も最終的に釣り合う。

動物と異なり、人間は製塩を行う。世界の塩生産の約1/3は海塩で、その大半は天日塩である。多雨、低温、低日照など天日製塩の不適地では煮つめて結晶を得る煎熬（せんごう）法も行われる。残りの約2/3は、岩塩、地下鹹水、塩湖などの内陸性塩資源が占める。製塩により、塩は、一時的に自然界の循環から離脱する。

さらに人間は、製塩で得た塩を交易して移動させる。「敵に塩を送る」義塩伝説を生んだ千国街道など、かつての日本には海と山を結ぶ無数の塩の道があった。世界では、サハラ砂漠を越えるキャラバンなど、より長距離の交易もある。現在では国際貿易でも大量の塩が移動し、日本は世界有数の塩輸入国である。

人間は、製塩や交易により自然界とは異なる塩循環を生み出しているが、利用後は、排水、土壌、河川などを介して海に戻す。理屈上、内陸塩の利用分だけ海水中の塩が増加することになるが、内陸塩の大半が海水起源で、海が平衡状態にあることから、食用など「塩をそのまま利用する用途」に限っていえば、塩循環を攪乱するほどではないといえる。なお、灌漑などで地中の塩類を地表に集積させてしまう塩害は、人間による塩循環の攪乱であり、農業不適地の拡大という深刻な環境問題になっている。

ソーダ工業が関与する塩循環とその断絶

日本などのいわゆる先進諸国では、「塩をそのまま利用する用途」は消費量のごく一部で、家庭用は数%、食品工業用を合わせても食用は15%に満たない（表1）。食用以外に塩のまま用いる一般工業用、融氷雪（道路凍結防止）にも相当量を使用する。これら「塩の

用途	消費量 万t	%
家庭用	28	3.2
食品工業用	97	11.1
一般工業用	28	3.2
ソーダ工業用	652	74.5
融氷雪	52	5.9
家畜・医薬・その他	18	2.1
全消費量	875	100%

表1　日本の用途別塩消費量（2008年）［塩事業センター統計より作成］

用途	消費量 百万t	%
食用	46	23
クロールアルカリ	82	41
ソーダ灰	32	16
その他化学薬品	6	3
融氷雪	16	8
その他	18	9
全消費量	200	100%

表2　全世界の用途別塩消費量（2000年）［橋本・村上 2003より作成］

まま利用」したものの大半は、長期的には海に戻る。

一方、塩消費量の大半を占めるソーダ工業用の場合は事情が異なる。世界で消費される塩の約 60%はソーダ工業に用いられる（表 2、クロールアルカリとソーダ灰の計）。ソーダ工業とは、塩を原料に各種ソーダ製品を合成する工業である。主なソーダ製品は、塩水の電気分解で製造される苛性ソーダ（水酸化ナトリウム NaOH）と塩素、塩・石灰・アンモニアの反応で製造されるソーダ灰（炭酸ナトリウム；Na_2CO_3）である。石鹸やガラスなどソーダ関連産業の歴史は古いが、かつては供給量が限られた天然ソーダを用いた。産業革命でソーダ需要が急増し、安価に大量供給できる塩を原料にしたソーダ製法が開発されると、ソーダ製品の生産量と用途は拡大し、多くの産業に関与するに至った。地球規模で浸透した現代文明はソーダ工業と不可分の関係にあり、衣食住のほとんどに、ソーダ工業を介して間接的に塩がかかわる。現在流通する生活用品や機械類、その材料といった工業製品には、ソーダ製品と無関係と断言できる物はほとんどない（図 1）。

ソーダ工業の原料塩は、日本ではメキシコやオーストラリア産の天日海塩、欧米先進諸国では岩塩など内陸性塩資源が主に用いられる。塩は、ソーダ工業を経由して以降、塩とは異なるナトリウム Na または塩素 Cl の化合物として循環する。最終的な製品に Na や Cl を含まなくても、ほとんどの工業製品の製造工程でソーダ製品が使用されるが、工程のみで使用された場合は、結晶塩または塩水の形で大半が環境中に戻されると考えられる。ただし、ガラス製品に姿を変えた Na や塩化ビニル製品に姿を変えた Cl など最終製品中に固定された場合や、フロンや PCB、ダイオキシンのように別の化学物質のまま環境中に放出された場合は、「塩循環の断絶（離脱）」が生じる（図 2）。塩循環から離脱し、塩や塩水とは異なる化学物質として環境中を漂うこと自体が、大気や水の汚染、ゴミ処分場の不足といった環境問題につながっている。

苛性ソーダ（水酸化ナトリウム NaOH）

【パルプ】紙（書籍・印刷用紙・包装紙器）・セロファン・化学繊維（衣料・寝具・インテリア）、【脱硫剤】鉄鋼（鉄道・その他鉄鋼製品）、【グルタミン酸ソーダ】調味料・食品添加物、【アルミナ】各種アルミ製品・硫酸バンド（廃液処理・上下水道処理）、【次亜塩素酸ソーダ】上下水道処理、【石油精製】、【青化ソーダ】金の精錬・めっき、【重クロム酸ソーダ】皮革・なめし・顔料・めっき、【亜硫酸塩類】廃液処理・漂白剤、【芒硝】合成洗剤・浴用剤、【重曹】ふくらし粉・浴用剤、【ケイ酸ソーダ】合成洗剤・セメント急硬剤・パルプ漂白・合成ゴム、【硬化油】浴用石けん・マーガリン、【その他】合成染料・化学薬品・医薬・農薬

塩素（Cl）

【直接使用】上下水道殺菌、【二塩化エチレン】塩化ビニル（パイプ・電線被覆・消しゴム他）・塩化ビニリデン（包装フィルム）、【エピクロロヒドリン】エポキシ樹脂（接着剤・塗料・インキ）、【プロピレンオキサイド】ウレタンフォーム（家具・自動車部品）、【パークロロエチレン】溶剤・ドライクリーニング、【トリクロロエチレン】溶剤・金属洗浄、【ジクロロベンゼン】防虫剤・農薬・医薬・塗料・香料、【クロロプレン】ホース・接着剤・自動車部品、【次亜塩素酸ソーダ】プール殺菌・石鹸洗剤・紙・廃水処理、【その他】航空機・ロケット・触媒・めっき・ハンダ・乾電池・染料・顔料・医薬・農薬・化粧品、その他化学薬品

ソーダ灰（炭酸ナトリウム Na_2CO_3）

【直接使用】板ガラス（住居・ビル・自動車・鏡）、ガラス製品（ビン・食器・照明・レンズ・液晶パネル・IC 基盤・ホーロー）、ガラス繊維（浴槽）、【油脂製品】合成洗剤・粉末石鹸、【亜硫酸塩類】医薬・染料・中間物・現像・廃液処理、【重クロム酸ソーダ】めっき・皮なめし・顔料、【脱硫剤】鉄鋼製品、【ケイ酸ソーダ】洗剤ビルダー・トンネル止水剤・合成ゴム

図 1　主なソーダ製品の用途
【　】：中間形態　（　）：最終製品等

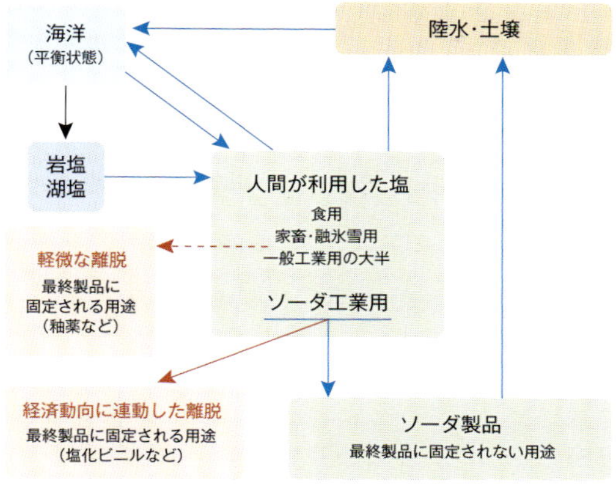

海洋
（平衡状態）
陸水・土壌
岩塩
湖塩
人間が利用した塩
食用
家畜・融氷雪用
一般工業用の大半
ソーダ工業用
軽微な離脱
最終製品に
固定される用途
（釉薬など）
経済動向に連動した離脱
最終製品に固定される用途
（塩化ビニルなど）
ソーダ製品
最終製品に固定されない用途

図 2　塩の循環と断絶の概念図（青矢印は循環を、黒矢印は非常に長い時間がかかる循環過程を、赤矢印は循環からの離脱を表している）

塩循環の断絶による環境問題への展望

現在のところ、塩資源の根源である海が巨大で、かつ、海洋自体が成分の平衡性を保つため、塩循環の「断絶」そのものは問題視されないが、ソーダ製品の需要の増大などで将来的に問題化する可能性は検討しておく必要がある。ソーダ製品の用途は、最終製品に Na や Cl を含まない紙や電化製品、自動車などの産業まで含めればきわめて広範囲に及び、世界経済と密接にかかわるため、塩循環の断絶を招くという理由でソーダ工業を停止することは不可能である。ただし、化石燃料による CO_2 増加にみるように、「無意識」に大量使用することが問題を深刻にするのだとすれば、塩およびソーダ製品の恩恵を無意識に享受し、無意識に塩循環の断絶を生じさせている現代人は、少なくともそのことを意識すべきである。その上で、地球規模での塩循環の定量的な把握に努め、ソーダ製品を利用する諸産業の利害調整、世界経済への影響、使用済み製品のリサイクルなど、広い視野から「断絶」を解消する方策を検討しておくことが望まれる。【高梨浩樹】

⇒C 土壌塩性化と砂漠化 *p66*　C 東北タイの塩害とその対処 *p68*　C 地盤沈下と塩水化 *p76*　R 海と里をつなぐ塩と交易 *p262*　H 灌漑と塩害 *p436*　H アラル海環境問題 *p446*

〈文献〉堀部純男 1994.　橋本寿夫・村上正祥 2003.　たばこと塩の博物館 2007.　富岡儀八 1978.　片平孝 2004.　マルソーフ、R.P. 1989.　日本ソーダ工業会 1995.

遺伝子の水平伝播

先端技術が生み出す地球環境問題

身近な遺伝子の水平伝播の例

1996年に大阪府堺市で1万人以上が病原性大腸菌O157（O157、腸管出血性大腸菌）に感染した。O157はタンパク合成を阻害するベロ毒素を作る遺伝子を持っている。O157はウシの腸管内に常在するが、ウシには無毒である。O157はベロ毒素をつくる遺伝子を他種の細菌から水平伝播によって獲得したと考えられている。

遺伝子の水平伝播とは

遺伝子はすべての生命活動の設計図である。通常遺伝子は受精や分裂によって同種の子孫に受け継がれる。ところが、受精や分裂を経ず、遺伝子が同種または異種の個体の細胞に直接移動することがある。このような遺伝子の移動を遺伝子の水平伝播という。遺伝子の水平伝播は細菌の病原性遺伝子の獲得や、抗生物質耐性菌の出現のように細菌間でよく見られる。しかしアズキゾウムシの染色体への共生細菌ボルバキアのゲノム断片の伝播、カタユウレイボヤのセルロース合成遺伝子や松に侵入する線虫のセルロース分解遺伝子の細菌からの伝播など、微生物から高等生物への遺伝子の伝播も起こることが最近わかってきた。

異種の細菌間を遺伝子が伝播することは実験的には古くからわかっていた。1928年F. グリフィスらは病原性のある肺炎双球菌を煮沸し、この煮沸液とその突然変異体である生きている非病原性肺炎双球菌を混ぜ合わせ、マウスに注射した。するとマウスは死亡してしまったが、死亡個体から病原性のある肺炎双球菌が見出された。この奇抜な実験から彼は病原性の肺炎双球菌の何らかの因子が非病原性肺炎双球菌に伝播するという仮説を立て、この現象を自然形質転換と呼んだ。その16年後の1944年にO.T. アベリーらが、DNAが形質転換をもたらすことを証明した。その後の遺伝子伝播の研究により、細菌間の遺伝子伝播には3つの様式があることがわかった。すなわち環境中に存在する細胞外のDNAが受容体に直接取り込まれる場合（自然形質転換）、細胞同士が接触しあって供与体から受容体に遺伝子が入り込む場合（接合）、バクテリオファージ（細菌に感染するウイルスの総称）が供与体の遺伝子を受容体に持ち込む場合（形質導入）である。

A-1
A-2

写真1　琵琶湖を再現した水槽をもちいて遺伝子の水平伝播に及ぼす環境要因を調べる実験（京都大学生態学研究センターアクアトロン、2004年）

遺伝子の水平伝播による地球環境問題

遺伝子の水平伝播は本来、生物の適応と進化の仕方である。地球環境問題になる遺伝子の水平伝播は、人間にとって都合の悪い遺伝子が地球上に伝播拡大し、同じ問題が地球のあちこちで起きる場合である。これらはたいがい人間によってもたらされる。

抗生物質はヒトや家畜を細菌による病気から救ってくれる。また抗生物質は病気の治療だけではなく、病気の予防や成長を促進させるために、ウシ、ニワトリ、ブタなどの家畜の餌に混ぜて使われている。ところが、抗生物質の多量の使用と恒常的な使用が遺伝子の変異を引き起こし、抗生物質耐性菌を生み出している。抗生物質発見者でノーベル医学賞受賞者であるA. フレミングは、ペニシリン耐性細菌が容易に出現することを約60年前にすでに指摘していた。使用する抗生物質の種類が多ければ多いほど、さまざまな抗生物質耐性菌、すなわち耐性遺伝子のプールができることになる。これらの抗生物質耐性遺伝子を持った細菌が、家畜の糞尿と共に、畜舎の外に出ていく。細菌の畜舎から自然界への移動は、糞尿によるだけではない。作業者の衣服、埃、ハエ、家畜や糞尿の運搬車、排水溝、雨による洗い流し、有機肥料などによっても容易に移動、拡散する。移動先で抗生物質耐性遺伝子が他の細菌に水平伝播したとしたら、細菌内の遺伝子の変異を待たず一気に抗生物質耐性菌が出現することとなる。遺伝子の水平伝播は短時間にそして広範囲に抗生物質耐性菌の出現を可能にする。この性質が地球環境問題を引き起こす。遺伝子の水平伝播によって抗生物質による病気による治療ができなくなっているケースである。抗生物質はペットの餌、養殖魚の餌になど、私たちの身の回りで日常的に多く使われていることにも留意する必要がある。

院内感染を引き起こす薬剤耐性菌の出現も抗生物質耐性遺伝子の水平伝播によってもたらされる。メチシリン耐性黄色ブドウ球菌（MRSA）はその例である。黄色ブドウ球菌は鼻粘膜や皮膚に常在する弱毒細菌であるが、手術後や血管内にカテーテルを入れた後など抵抗力が落ちているとき、髄膜炎などを引き起こし重症化し、死亡する場合もある。この細菌の活動を押さえるために、メチシリンという抗生物質を用いるが、この抗生物質が効かなくなる黄色ブドウ球菌が出現し、さらにこの細菌のメチシリン耐性遺伝子が、耐性のない黄色ブドウ球菌に水平伝播し、MRSA が一気に院内に広がる。MRSA は世界中の問題となっている。MRSA は病院や患者だけでなく、家畜やヒトにも広がっている。

組換え生物による新しい地球環境問題

遺伝子工学によって作り出された組換え生物が地球環境問題を引き起こすこともある。そのきっかけをつくった研究が、制限酵素とリガーゼの発見であろう。制限酵素とは DNA 分子を特定の位置で切断する酵素である。リガーゼとは DNA 断片同士を結合する酵素である。つまりこれらの研究は人間が DNA 分子のつぎはぎを自由にできることを意味した。人間に都合の良い遺伝子を持つ生物をつくりだすことができるようになったのである。組換え生物は人間の生存に多大な貢献をしていると同時に、問題も引き起こす。遺伝子組換え生物の遺伝子が水平伝播したとき問題は起きないだろうか。除草剤に農薬耐性のある組換え作物から、農薬耐性遺伝子が雑草に水平伝播したら、もはや除草剤が効かなくなってしまう。人間に役立つはずの技術が遺伝子の水平伝播という生物の能力を通して、役に立たなくなる場合もある。

遺伝子水平伝播を容易にする環境

中栄養の湖である琵琶湖を例にとると、バクテリオファージ（細菌に感染するウイルスの総称）が 1 ℓ 中に 1000 億個も存在する。バクテリオファージは、細菌に感染し、細菌を殺すだけではなく、細菌の DNA に病原遺伝子を組み込むベクターの役割も果たす。汚濁が進めばバクテリオファージの数は多くなり、病原遺伝子の伝播がより起こりやすくなる可能性がある。水質基準項目に大腸菌群の数がある。これが汚濁の指標になるからである。しかし、汚濁の中身には、従来考慮されていなかった遺伝子伝播という現象も含まれることに留意しなければならない。ヒトが作り出した水質汚濁は世界中の問題である。遺伝子の水平伝播が起きやすい環境を人間があちこちに作っている。

写真 2　富栄養化した水域で見られるアオコ。富栄養化が遺伝子の水平伝播を促進する（秋田県八郎湖、2007 年）［板山朋聡撮影］

リスクアセスメント

農業やバイオリメディエーションの目的で、自然界の細菌や組換え細菌を野外に放出した場合に起こりうる結果の評価には、自然環境における遺伝子の水平伝播が引き起こす問題のリスクアセスメントの観点が必要となる。国際条約「生物の多様性に関する条約のバイオセーフティに関するカルタヘナ議定書」（2001 年）にもとづき、国内でも「遺伝子組換え生物等の使用等の規制による生物の多様性の確保に関する法律」（2003 年）ができた。この法律の立案の基礎には、物質の移動や循環や変化が生態系を支えているように、遺伝子もダイナミックに自然界を移動し、生物の進化や、適応にかかわっているという水平伝播の観点が取り入れられている。微生物生態学の最新の基礎研究が社会生活や社会制度に生かされている。制度があれば問題は軽減されるが根本的な解決にはならない。すべての技術がそうであるように、人間が作りだした技術の理解の深さと使い方が、そして技術を欲する人間の生き方が問われている。　【川端善一郎】

⇒C 富栄養化 *p60*　C 生態系を蝕む化学汚染 *p64*　C 農業排水による水系汚濁 *p86*　D 病気の多様性 *p158*　D 淡水生物多様性の危機 *p168*　D 家畜の多様性喪失 *p182*　R 遺伝子組換え作物 *p260*　H DNA 考古学 *p404*

〈文献〉Dehal, P., *et al.* 2002.　Honjo, M., *et al.* 2007.　Keiger, D. 2009.　Kikuchi, T., *et al.* 2004.　Kondo, N., *et al.* 2002.　Ueki, M., *et al.* 2004.　川端善一郎・松井一彰 2003.　川端善一郎ほか 2003.

見えない地下の環境問題

水と熱の地下汚染と地盤沈下

地下環境問題とは

地球環境問題としてこれまで大きく扱われてきたのは、地球温暖化やオゾン層破壊、大気汚染、生物多様性の減少、海洋汚染など、地面より上の目に見える現象が主であった。しかし、われわれが住む地面の下には地球環境問題は存在しないのであろうか。人口増加と都市化の進行で、地下利用の拡大が進行し、地下環境が人間社会の1つの環境空間になっているばかりでなく、地下の生物環境にも人間活動の影響が及んでいる。地下の環境は現在も将来も大切であると考えられるが、現象が目に見えず評価が難しいため、これまではほとんど放置・無視されてきた。

地下環境を水（地下水）の側面からみると、世界における水資源としての地下水の重要性はわが国で考えられている以上に大きく、現在、世界人口のおよそ1/3が地下水に依存した生活を送っている（写真1）。しかしこの重要な水資源の1つである「地下水」が毎年全世界で約2000億m^3の割合で減少しているといわれている。地下水の過剰揚水は地盤沈下や塩水化を引き起こし、さまざまな人間活動による地下水汚染とあいまって、量としての地下水資源の減少のみならず、水質の悪化による使用できる地下水資源量の減少も進行している。一方、多くの人が住む沿岸地域で発生した地盤沈下地域で揚水規制をした場合、揚水規制後に地下水位が著しく回復し、地下鉄などの地下構造物が浮き上がる新しい問題が発生している（図1）。

台湾では、最近の地球温暖化に伴うと考えられる降水現象の変化が見られる。総降水量に変化はないが降水日数の減少により、雨の降り方に依存する表流水（ダム貯水）の水資源としての信頼性が低下している。台湾では1980年代まではダムによる表流水の水利用が多かったが、それ以降は表流水の水質低下もあいまって地下水の利用が急激に広がっている。その結果、台湾全土で地下水位の低下が著しい。表流水を水資源として利用していたものが、気候変動を主な理由として、地下水に水資源を転換させた例である。

写真1　マニラ市内の井戸から地下水をくみ上げる子ども（2006年）［細野高啓撮影］

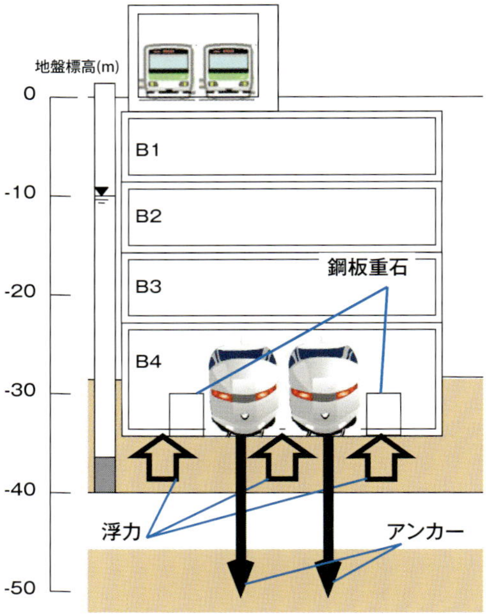
地盤標高(m)
0
-10
-20
-30
-40
-50
B1
B2
B3
B4
鋼板重石
浮力
アンカー

図1　地下駅などに見られる地下構造物の浮揚とその対策［谷口 2010］

地下水汚染と地下熱汚染

古くからの地下水環境問題は、過剰地下水揚水による塩水浸入や地盤沈下などである。これらに加えて、農業や工業、都市からの廃棄物による地下水の水質汚染は世界各地で大きな問題になってきている。家庭排水などを起源とするロンドンの硝酸汚染の例では、河川水汚染のピークはすでに1980年代に過ぎているが、地下水硝酸汚染のピークは数値モデルによる予測では2010年と推定されている。同じ汚染源であっても河川水と地下水の流速・滞留時間の差がこの違いをもたらしており、現在は顕在化していない地下水汚染を放置しておくことで、水利用の未来可能性を食いつぶしているということもできる。これらの汚染の起源や経路は、地下水の各種同位体比をトレーサーとして用いることにより明らかにすることができる。

温暖化や、都市における人間活動と土地被覆改変によるヒートアイランド現象（都心の気温が周辺より高くなる現象）は、大気の温度を著しく上昇させるが、この影響は地下にも及んでいる（地下熱汚染）。アジアにおける都市の地下温度の分布を比較した結果によると、都市化によるヒートアイランドの影響開始時期の情報が地下温度に残存しており、都市化開始時期が古い都市ほど、地表面温度上昇の影響がより深くまで及んでいる。また市街地と郊外の地下温度を比較すると、市街地の地下温度上昇が著しく、都市化の進展・拡大の状況が地下温度環境に残存している（図 2）。さらに地下温度の上昇により微生物活動が活発になり、土壌分解速度が促進され大気への二酸化炭素（CO_2）排出量が増大し、温暖化を促進させる可能性も指摘されている。

海への地下水流出

地下に蓄積された汚染物質や地下水に含まれる栄養塩などは、最終的には水循環に伴う物質循環によって海に運ばれる。陸域から海域への水・物質輸送の経路には大きく 2 つがある。1 つは河川流出であり、もう 1 つは海への直接地下水流出である。水の量そのものは河川水 9 割に対して地下水 1 割程度であるが、通常地下水の溶存成分は河川水のそれに比べて大きく、海への物質負荷という点では直接地下水流出の重要性はより大きくなる。地下水流出と河川水流出による栄養塩類の負荷量で比較すると、リンやケイ酸などは、河川水と同様の物質負荷が地下水によって海へもたらされていることが明らかになっている。

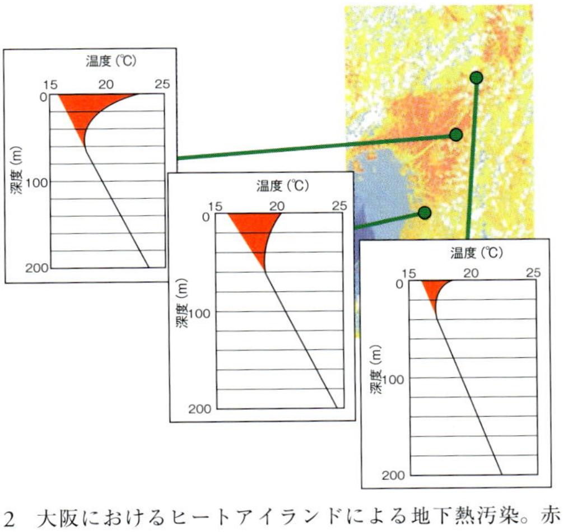

温度（℃）
15
20
25
0
100
200
深度（m）

図 2　大阪におけるヒートアイランドによる地下熱汚染。赤く塗った部分が、温暖化・都市化による地表面温度上昇の影響で上昇した地下温度

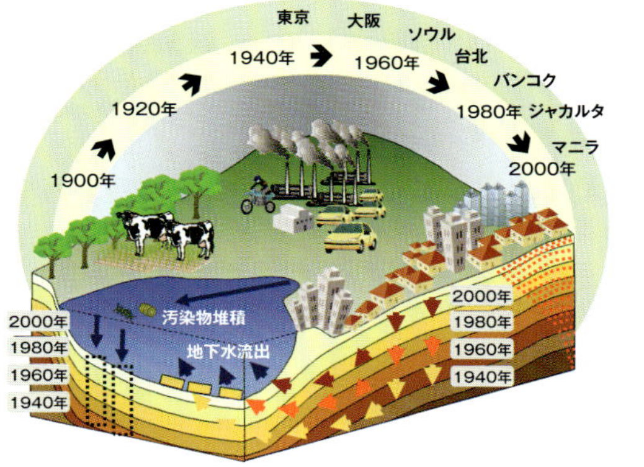

東京
大阪
ソウル
台北
バンコク
ジャカルタ
マニラ
1900年
1920年
1940年
1960年
1980年
2000年
汚染物堆積
地下水流出
2000年
1980年
1960年
1940年
2000年
1980年
1960年
1940年

図 3　アジアの地下環境問題。都市の発展に伴い、汚染物質の種類と量が変化し、ヒートアイランドによる地下熱蓄積が増加する

地下環境の有効利用

人口の増加、都市への人口集中は、時間のずれを伴ってアジアの諸都市で次々と起こっている。産業の発達に伴う水資源需要量の増大は、地下水揚水量の増大を伴い地下水位の低下をもたらす。この連鎖は、他の地域においても同様に時間の遅れを伴って次々と発生している。揚水による地下水位の低下は、東京が 1960〜70 年に最低水位を示し、1980 年代に台北、1990 年代にバンコクと続いた。ジャカルタでは現在も地下水位が低下し続けている。この地下水位の低下は、軟弱な地盤上に形成されているアジアの沿岸諸都市では地盤沈下の被害をもたらし、東京では 1970 年代に、そして台北、バンコクと時間のずれを伴って同様に発生した。地盤沈下や地下水汚染、地下熱汚染のような地下の環境問題が都市の発達段階に応じて、時間の遅れを伴って次々とアジアの都市で起こっているといえる（図 3）。

時間の遅れを伴ってアジアの諸都市で発生している人口増加とそれに伴う水需要の増加は、地下の環境問題を時間の遅れを伴って次々とひき起こしてきた。このことは、因果の循環の連鎖（負の連鎖）を食い止められないでいることを意味しており、賢明な地下環境の利用のためには、繰り返し引き起こされる連鎖の悲劇の原因解明と、各地域の地下環境利用許容量の評価、各地域の社会のしくみ（文化、慣習、知恵を含む）を理解した人間社会と自然の相互作用環の、より広い意味での理解が必要となる。【谷口真人】

⇒ C リンの循環 *p48*　C 地盤沈下と塩水化 *p76*　C 地上と地下をつなぐ水の循環 *p78*　C 地表水と地下水 *p80*　E 水資源の開発と配分 *p482*　E バーチャルウォーター貿易 *p512*　E 未来可能性 *p582*

〈文献〉Foster, S.S.D. 2000.　Taniguchi, M., *et al.* 2008.　谷口真人 2010.

地盤沈下と塩水化

人間活動に伴う地盤・地下水環境の劣化

地下水利用の歴史

地上に分布する水の96.54%が海水であり、塩水化した地下水や湖沼を含めると塩水の割合は97.47%に達する。さらに、雪氷が1.76%を占めるので、全水量に占める淡水の割合は0.77%にすぎない。その淡水の98.73%を地下水が占め、河川水と湖沼水は合計しても0.87%にしかならない。

このため、地下水は古くから人類にとって貴重な水資源となってきた。砂漠地帯では淡水の地下水が存在する山麓部を起点にして地下に手堀の水路を掘削し、集水した地下水の流出口に集落を築き、生活を営んできた。カレーズやカナートと呼ばれるこのような地下水路は、中国西部のタリム盆地からアフリカ北部にまで広がっており、現在も人びとの生活を支えている。

地下水位が比較的浅いところで、すり鉢状の穴を掘っていくと、やがて地下水面がでてくる。このすり鉢の表面に螺旋(らせん)状の道をつけ、水面までのアクセスをよくした井戸が日本にあった。この井戸はまいまいず井戸（「まいまい」とはカタツムリのこと）と呼ばれ、平安時代の井戸を復元したものが府中市の「郷土の森博物館」に移設されている。同じ構造の井戸が、アフリカのエチオピアなどにもあり、文化史上おもしろい。

水量・水温が安定し、水質のよい地下水は、近世になって飲用以外に農業や工業などにも大量に使われるようになってきた。大深度からの大量の揚水を可能にしたのが、近代的なボーリング・マシーンと高性能なポンプの出現であった。米国の穀倉地帯グレートプレーンズでは、オガララ帯水層と呼ばれる世界屈指の帯水層（地下水を包蔵する地層）に蓄えられた地下水が農業を支えてきたが、2005年までに312km^{3}の地下水が消費され、地下水位も最大で約85m低下している。その結果、多数の井戸が枯渇し、放棄されている。

地盤沈下の被害としくみ

過剰な地下水の揚水がもたらす弊害は井戸の枯渇に限らない。最も悲惨な環境破壊が地盤沈下であろう。1959年9月26日、濃尾平野を襲った伊勢湾台風は、3.5mの高潮をもたらし、185km^{2}のゼロメートル地帯（朔望平均満潮位以下の地域）が水没した。伊勢湾台風による被害は、死者4728名、全壊家屋3万152戸に達し、ゼロメートル地帯の脅威を世に知らしめた。一方、2005年8月、米国ニューオリンズを直撃したハリケーン・カトリーナがもたらした高潮は、約1300名の死者と11兆円に上る被害を出した。ニューオリンズは、ミシシッピ川デルタに広がる湿地帯をポンプで排水して作り上げた人口50万の都市で、70%を超える市域がゼロメートル地帯であった。

この2つの災害の共通点は、地盤沈下による広大なゼロメートル地域の存在である。濃尾平野では、昭和30年代以降の急速な都市化や工業化により地下水取水量が急速に増大し、大規模な地盤沈下が発生した。このため、日本では1956年に工業用水法が、また1962年にビル用水法が制定され、さらに条例によって地下水採取が規制された結果、濃尾平野の地盤沈下は沈静化した。一方、ニューオリンズについては、地下水の揚水、石油や天然ガスの採取、湿地帯からの排水に加えて、プレートの沈降が地盤沈下の原因であるとする議論が錯綜し、地盤沈下を防止する抜本的対策が後手に回ったとする指摘がある。

佐賀県白石平野における地盤沈下被害の様子を撮影したものが写真1である。地盤に打ち込んだ基礎杭の先端と地表面との間の地層が圧密を受けて収縮したため、建物が抜け上がり、階段の基部が傾いている。

地下水を揚水するとなぜ地盤沈下がおきるか考えてみよう。堆積層中の仮想上の鉛直体の底面には、地上の構造物や土粒子や地下水の重量などを合計した荷重がかかっている。全鉛直応力と呼ばれるこの荷重は、土粒子の骨格にかかる有効応力と地下水にかかる間隙水圧によって支えられている。たとえば、注射器にスポンジをいれ、水をたっぷり含ませたのちピストンを

写真1　地盤沈下により抜け上がった建物（佐賀県、白石平野）

押してみよう。注射器の出口が塞がれていると、ピストンはほとんど動かない。このとき、ピストンを押す力は、圧縮率の小さい水が引き受け、スポンジに応力はかからない。水が注射器の出口から流れ出るようにすると、ピストンにかかる力はすべて圧縮率の大きいスポンジが引き受け、スポンジは収縮する。もし、堆積層中から地下水が流れ出ない場合、全鉛直応力が増大してもその応力は地下水が受け持つので、地盤は変形しない。しかし、全鉛直応力が一定でも、地下水を揚水すると間隙水圧が減少した分だけ土粒子の骨格にかかる有効応力が増大するため、地盤は収縮する。堆積層はスポンジのように圧縮性は高くないが、それでも粘土層は水の5倍から500倍の圧縮性があり、大河川下流域などの粘性土が厚く堆積した地層では地盤沈下がおきやすい。逆に、扇状地など、堆積層が砂礫(されき)でできている場合は、地層の圧縮率が小さいので地盤沈下はほとんどおきない。

地下水の塩水化

海水（塩水）の密度は約 1.025g/cm^3 で、淡水よりやや重い。このため、淡水地下水が塩水地下水と出会う海岸帯水層では密度の大きな塩水が淡水の下に潜り込んでいる。淡水と塩水が静的平衡にあると仮定すると、淡水地下水と海から浸入した塩水地下水との境界は、自由地下水面の位置からその標高のおおよそ41倍の深さとなる。したがって、湿地帯から排水したり、あるいは地下水を揚水したりすると、揚水地点を中心に地下水面が低下し、低下した水位の40倍だけ淡水・塩水境界面が上昇する。メキシコやスペインなど、海岸帯水層中の地下水を農業に利用している国々では、淡水地下水の水位低下によって海水が帯水層へ浸入し、地下水の塩水化が進行している。

海面上昇による塩水化の加速

地球温暖化に伴う海面上昇は、世界の低平地の地下水環境にとって大きな脅威である。海面上昇でとくに懸念される一般的な問題に、居住環境の悪化、農業被害、生態系への影響、内水災害の増加などがある。しかし、予想される環境問題はそれだけではない。

前述の議論からもわかるように、海面が上昇すると帯水層へ塩水が侵入しやすくなる。その結果、海岸帯水層中の地下水が塩水化し、地下水の生活用水、農業用水、工業用水としての価値が減少する。また、先進国では防潮堤をめぐらせて海水の越入を防いでいるが、防潮堤にはその下部から帯水層を経由して内陸部へ浸出する地下水を食い止める機能はない。したがって、地表面の浸水を防止するためには、河川などから流れ込む内水とともにポンプなどにより浸出地下水を強制排水しなければならない。しかし、一方で、このような強制排水は、逆に地下水の浸出を促進させる。また、塩水地下水が浸出し始めるようになれば、ビルなどの地下構造物や生態系などにもさまざまな影響が生じる。

つまり、海面上昇に備えるために防潮堤のかさ上げを行い、高波などの越波を防ぐことができたとしても、地下水の塩水化を防ぐことはできないし、内水を排除すると、今度は帯水層を経由して塩水が内陸部に浸入しやすくなる。図1は関東、濃尾、大阪平野におけるT.P.（東京湾平均海面）0m 以下の地域、1m 以下の地域（ゼロメートル地域）、7m（グリーンランドの氷がすべて溶けた場合の海面上昇高）以下の地域を示したものである（数字は、現在のゼロメートル地帯の面積と人口）。将来の被害を緩和するためにも、地下水環境の悪化に伴う被害予測と事前の対策が望まれる。

一方、低平地が防潮堤で防護されていない国々では、すでに大潮や高潮に伴って海水が内陸部まで押し寄せている。海面上昇は海水を地表から地下へ浸透させ、貴重な淡水地下水を上部からも塩水化させる。2004年12月のスマトラ島沖地震で大津波の被害を受けたインド東部海岸域では、地表を覆った海水が淡水地下水を塩水化させ、短期間に深刻な地下水の塩水化を引き起こしたが、地球温暖化による海面上昇は、発展途上国の低平地の淡水地下水を徐々に、そして確実に塩水化させていく。

【藤縄克之】

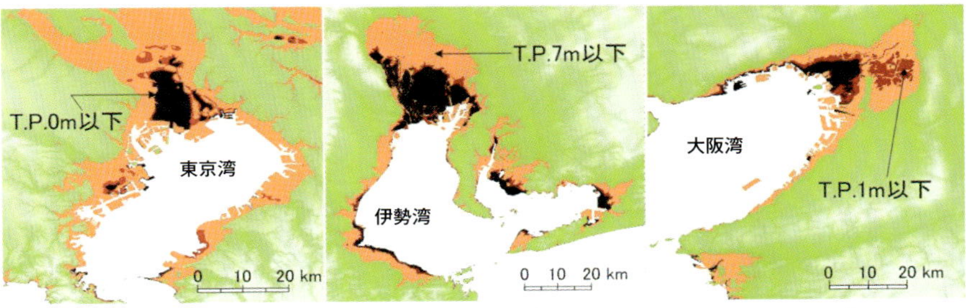
T.P.0m以下
東京湾
0 10 20 km
T.P.7m以下
伊勢湾
0 10 20 km
大阪湾
T.P.1m以下
0 10 20 km
面積 116km^2
人口 176 万人
面積 336km^2
人口 90 万人
面積 124km^2
人口 138 万人

図1 日本の代表的ゼロメートル地帯［藤縄 2010］

⇒C 干ばつと洪水 p58 C 地上と地下をつなぐ水の循環 p78 C 地表水と地下水 p80

〈文献〉藤縄克之 2010.

地上と地下をつなぐ水の循環

持続的な地下水利用のあり方

地球の水循環と滞留時間

「水惑星」地球には、推定で13億8600万 km^3 という大量の水が存在しており、その97.5%にあたる約14億6700万 km^3 は海水・塩水である。淡水は残りの2.5%で、そのうち2400万 km^3（全体の約1.7%）が南極やグリーンランドの氷床を主体とする氷で、人類が利用できる地下水・河川水・湖沼水などの淡水資源の占める割合は、わずか0.8%にすぎない。このようなわずかな量の淡水を、全球70億の人類を含めた地球上の動植物の生育に有効に利用できる理由は、地球上の水が循環しているからである。

地球の表面付近の温度・圧力環境は、水という物質が固体（氷）、気体（水蒸気）、液体（水）で存在しうる環境になっているため、太陽放射と地球の重力を駆動力として、大気層を含む地球表層に水循環が形成されている。水循環のスピードは、緯度、標高、気温、地質、植生等々さまざまな要因で変動しており、各水体の貯留量を平均的な循環量で除して得られる平均滞留時間は、水体によって大きく異なっている。

今、海水以外の淡水水体のみをその対象と考えた場合、陸域での水循環は、図1に示すように、大気中の水（水蒸気）、河川水、湖沼水、土壌水などの地表水循環系（地上の循環）と地下水循環系（地下の循環）の2つに区分できる。前述の滞留時間概念をこれら2つの循環系に当てはめてみると、地上の循環は数日から数年程度の短い滞留時間で活発に循環しているのに対し、地下の循環は、地域差もあるが、数百年から数千年、数万年といったきわめて長い滞留時間でゆっくりと循環していることがわかる。これらの水体を水資源として利用する上でこの滞留時間の違いを熟知しておくことは、その水質と水量の持続的利用にきわめて有用な情報となる。

地下水の特性

地面より井戸を掘削すると、ある深さで水面が現れてくる。この水面を空間的に連ねた面を地下水面という。水文学的には、地下水面下の地層間隙を飽和して流動している水を地下水といい、その速度はさまざまであるが循環していることが基本である。堆積層が形成される際に地下深くに閉じ込められた化石水や、岩石や溶岩が形成されるときに生成される初生水のような非循環性の地下水も存在するが、その量は相対的に少ない。温泉水は温度・溶存成分が規定値以上ある場合の地下水と考えられ、多くの場合、特定の熱源・溶存成分源からの高温・高濃度水が地表付近にある地下水によって希釈されている。

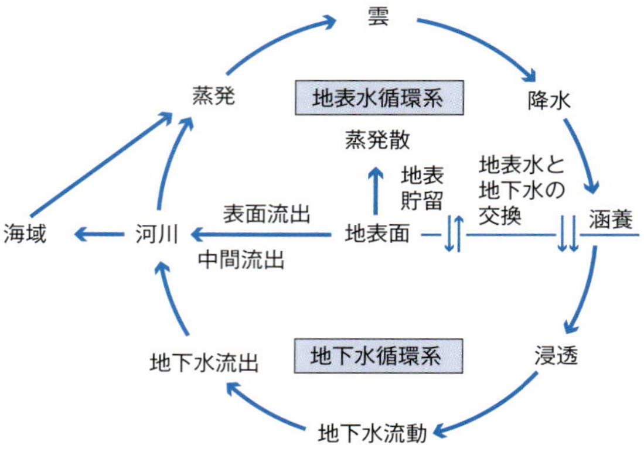
雲
蒸発
降水
地表水循環系
蒸発散
地表貯留
地表水と地下水の交換
海域
河川
表面流出
中間流出
地表面
涵養
浸透
地下水流出
地下水循環系
地下水流動

図1　水の循環［『今後の地下水利用のあり方に関する懇談会』報告より一部改変］

図1に示されるように、地下水の源は降水であり、地表面下に浸透することで地下水となる。地下水流動の発生場を涵養域と呼び、そこで浸透した地下水は、地下水面の勾配と地下水の入れ物である帯水層母岩を構成する地質の透水性に応じてさまざまな流動速度で移動し、最終的には河川や海域等の相対的に最も低いポテンシャル域に流出している。ポテンシャルとは井戸内に現れた地下水位を海抜標高に換算したものである。日本の地下水は、湿潤地域の多降水量と第四紀を主体とした若い地質からなる起伏のある島嶼（とうしょ）であるため、相対的に地下水循環が活発で、多くの場合せいぜい100年程度の滞留時間しかないが、世界各地の平坦な大陸規模の乾燥地域（たとえばオーストラリアの大鑽井盆地など）では数万年から百万年規模の滞留時間を持ち、現在とは異なる気候の下で涵養された地下水が存在している地域もある。

地下水のもたらす災害と持続的利用

河川水のような地表水と地下水は、図2に示すように、互いに交流をしており、地表水の流況や水質の変化が地下水環境の変化に影響を与えたり、その逆もありうる。表流水に比べると滞留時間が相対的に長い地下水は、降水量変動などの影響が相対的に小さく安定した水資源である反面、地上における人間活動によって汚染されうる脆弱性がある。地下水汚染の発見は、汚染した地下水を利用することによって初めて確認されることが多く、汚染源と揚水井戸が離れていると、汚染が確認された時には相当な範囲に拡大していることも多い。さらに地下水の流速は緩慢なため、一度地下水汚染が発生するとその回復には長時間を要するのが一般的である。このような地下水の汚染に対する脆弱性を踏まえて、地下水汚染を未然に防止するための土地利用や地表面利用を検討することが肝要である。

米国西部の北ダコタ州からテキサス州にかけてのハイプレーンズと呼ばれる半乾燥地域は、ダイズや雑穀(キビやアワなど)、トウモロコシなどの栽培基地になっており、日本にもこれらの作物を大量に輸出している。これらの作物栽培は第2次大戦後に大規模化したもので、必要な水はオガララ帯水層という地域の主要帯水層から揚水し、センターピボット式と呼ばれる揚水井戸を中心として自走式のスプリンクラーが回転する範囲が灌漑畑となっている（写真1）。このオガララ帯水層の地下水は今から数万年前の氷河期に涵養されたもので、乾燥したハイプレーンズにおける現在の実質的な地下水涵養はほとんどゼロのため、オガララ帯水層からの揚水はいわゆる「鉱物資源的な地下水揚水」である。そのため年々著しい地下水位低下が発生しており、年間に1m程度、過去数十年間に15〜60mもの水位低下が発生している。このまま揚水を継続すると70mの帯水層は今後数十年で汲み尽くされてしまうといわれており、L.R. ブラウンは、「目の前の食糧需要を満たすために灌漑用の水を汲み上げすぎると、やがては食糧生産の低下を招く」「現在の農民世代は、地下の帯水層の大規模な枯渇に直面する最初の世代でもある」と厳しく警告している。類似した半乾燥地域における穀物栽培のための「鉱物資源的な地下水揚水」の事例として中国の華北平原やパキスタンのパンジャブ平原などがあり、地下水資源の枯渇と農業生産の停滞は近い将来大問題になることが懸念されている。

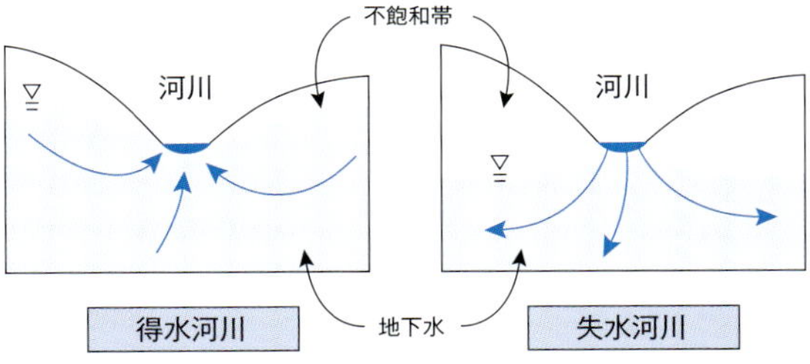
不飽和帯
河川
河川
得水河川
地下水
失水河川
図2　河川水と地下水の交流状態

写真1　ハイプレーンズのセンターピボット式灌漑地域を空から見る。小さな円の直径は約800m（米国、カンザス州）［wikimedia commons より］

一方、温帯湿潤気候に属する日本では、水資源の中で地下水の占める割合は12%程度であり、基本的には表流水が水資源の主体である。東京・大阪・名古屋の三大都市圏では、高度成長に伴う地下水過剰揚水によって1960〜70年代に地盤沈下、地下水塩水化、酸欠空気事故などの地下水災害が顕在化した。これらに対処するために、時の政府と関連地方自治体が工業用水法、ビル用水法などを施行し代替水源を設けることで地下水揚水規制を行い、地下水位低下に伴う各種地下水災害を消滅させた。この揚水規制によりそれまでに40〜50mも低下した地下水位が、当初の予想を超えた10〜20年という非常に早いスピードでほぼ自然状態にまで回復した。この事実は、わが国では潜在的な地下水涵養量がきわめて高いことを示すもので、涵養量に見合った地下水利用管理を行えば持続的利用が可能なことを裏付けるものである。

地下水の持続的利用

わが国の法律では地下水は「私水」という扱いで土地所有者に帰属しているため、「公水」的な考え方に基づく行政サイドからの広域地下水管理を実施しにくい状況であるが、地下水を積極的に利用している神奈川県秦野市や熊本市などの地方自治体を中心として、「地下水条例」の枠組の中で「公水」的な地下水管理を行おうとする動きが出てきている。温暖化に伴って滞留時間の短い表流水資源の不安定性が増大し、より滞留時間の長い安定的な水資源としての地下水資源が注目され出した今日、持続的な利用を目指した地下水管理がぜひとも必要となってきている。　【嶋田　純】

⇒C地盤沈下と塩水化 p76　C地表水と地下水 p80　C乾燥地の持続型農業 p116　R気候の変動と作物栽培 p272

地表水と地下水

管理体制の視点から

水循環における地表水と地下水

水は姿・形を変えて地球上をめぐっている。それは海あるいは湖などの貯留→蒸発→凝結（雲）→降水（雪・雨）→浸透→地下貯留→流出（河川）→海あるいは湖などへの貯留という流れだが、これを水循環という。この水循環のプロセスの中で地上面に流出したものを地表水、地下に浸透したものを地下水という。両者は互いに関係していることがあり、地表水が地中に浸み込み地下水の一部となる、あるいは逆に、地下水が地上に滲み出し地表水の一部になることがありえる。このように、水循環において地表水と地下水はさまざまな形で交差している（写真 1）。

写真 1　自噴する地下水（愛媛県西条市、2007 年）

水資源賦存量と利用の現状

地表水と地下水は社会の主要な水の供給源である。理論上、人間が最大限に利用できる水の量は降水量から蒸発散量を差し引いた部分となる。これに当該地域の面積を乗じて求めた値を水資源賦存量という。国土交通省『平成 20 年版　日本の水資源』によれば、日本における水資源賦存量は約 4100 億 m^3 であるという（1976 年から 2005 年までの 30 年間の平均値）。このうち約 834 億 m^3 が農業用水、工業用水、生活用水に使われており、残りの約 3266 億 m^3 は利用されないまま海へと流出している。そして実際に利用される分のうち、地表水が約 729 億 m^3 であり、地下水は約 105 億 m^3 となっている。この数字に従えば、全体に占める地下水の利用率は 12.6% ということになる。もちろん地域によってはこの比率に差異が生じるものの、全体として地表水の利用が主たる形態となっているといえよう（図 1）。

管理体制の違い

水循環のプロセスにおいて地表水と地下水は物理的につながっていることがあるが、両者の法的な意味での取扱われ方は大きく異なる。地表水に関していえば、明治維新直後の治河使の設置から 1896 年の旧河川法の成立に至る流れにおいて、地表水利用に対する政府の公的管理体制の基礎が固められた。それまで水利用といえばもっぱら農業向けのものであったが、やがて工業化や都市化が進展するにつれ水利用が複雑化し、農業用水とそれ以外の水利用（たとえば水力発電、工業用水、生活用水）との間に水需要の競合がおこる事態が増えてきた。最近ではさらにこれに「環境」という新しい競合相手が加わり、人間以外の動植物向けの水確保も重要視されるようになってきている。1964 年の新河川法および 1997 年の河川法改正は、こうした水利用の多様化に対応した動きといえるが、地表水の利用は基本的に公的管理下に置かれているという原則は首尾一貫している。

他方、地下水に及ぶ公的規制は地表水のそれと比べると著しく弱い。この考えは 1896 年の大審院判決およびその直後に公布された民法 207 条をその基礎として形成された。

前者においては「地下ニ浸潤セル水ノ使用権ハ元来土地所有権ニ附従シテ存在スルナレハ」とされ、また後者においては「土地所有権ハ法令ノ制限内ニオイテソノ土地ノ上下ニ及ブ」と規定された。つまり地下水は土地の付属物と見なされ、したがって、その利用に当たっては基本的に土地所有者の排他的利用に委ねられたのである。

その後、土地所有権に基づく地下水利用を制限する論理として「権利濫用」という考えが活用されたり、地下水は個々の土地に固定的に専属するものではなく、流動性を背景とした共同資源であると位置づけた判決も出たものの、上記の基本原則は今なお有効である。

地表水と地下水の法的区分の弊害

このように日本の現行の法体系の下では、物理的に一体の水資源が法的に区分されている。地下水に公的規制が及ばないことの具体的弊害は数多いが、その典型的な事例の1つが地下水の汲み上げによる地盤沈下である（写真2）。地盤沈下は橋や道路といったインフラストラクチャーに多大な影響を与えるのみならず、沿岸部では洪水、高潮による被害を拡大させる要因ともなり、日本でも高度成長期に大きな社会問題となった。とくに東京や大阪といった大都市圏において深刻な地盤沈下が発生したことを受け、工業用水法、ビル用水法が制定された。これらの法律により地下水取水に対する公的規制が強化され、同時に地下水利用から地表水利用へと政策的な誘導が行われたことで、ようやく地盤沈下は沈静に向かった。

だが一方で、地下水の取水規制は地下水位の上昇をもたらし、東京都の地下鉄の一部では地下構造物の浮上防止のためおもりを設置するなど、新たな課題が生じている。このことは地下水取水を完全に停止するのではなく、一定範囲内で地下水を有効利用していくことで、地表水と地下水をトータルな水資源として利用することの重要性を示唆している。

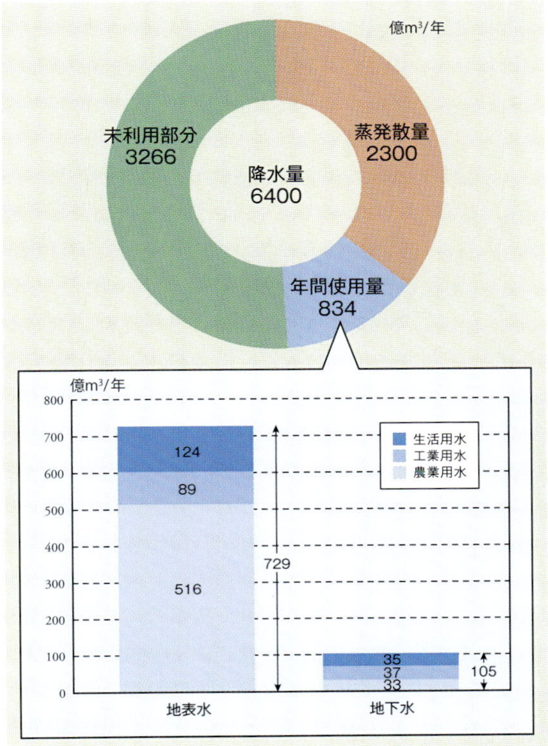
億m³/年
未利用部分
3266
蒸発散量
2300
降水量
6400
年間使用量
834
億m³/年
800
700
600
500
400
300
200
100
0
124
89
516
729
35
37
33
105
生活用水
工業用水
農業用水
地表水
地下水

図1　降水量に占める日本の年間水使用量とその内訳［国土交通省『平成20年版　日本の水資源』をもとに作成］

写真2　東京都葛飾区の抜けあがり井戸。井戸の管に記された横線がかつての地面の高さを物語る（東京都葛飾区、2009年）

統合水法の確立に向けた動き

日本では地盤沈下の経験をきっかけに、工業用水法やビル用水法といった適用対象が限定された個別規制ではなく、それらを統合したルール作りが必要であるとの意見が出された。とくに1970年代にはいくつかの試案も出されるほどであったが、結局、総合的な地下水法の成立には至らず、したがってその先にある地表水と地下水を併せた水資源全体の管理、保全、利用等に関する総合立法作りも頓挫した。

その理由として①地下水の性質の理解が困難であり、分布の定量的な把握・管理が困難だった、②取水箇所が多く、その取水量の把握が困難だった、③地下水の取水を望む者が多く、各用途間の利害調整が困難だった、④地下水は土地に付属する「私水」という意識が浸透してしまっているといった項目が指摘されている。

その後、地盤沈下の沈静化と共にこうした動きは停滞したが、昨今の統合的水資源管理という考えの広まりや地球温暖化の進行といった水供給の不安定化材料を背景として、再び活発化しつつある。統合的水資源管理については必ずしも統一的な定義が確立されているわけではないが、多くの論者が地表水と地下水を1つのまとまりとして管理すべきという点では意見が一致している。だが、上に示したような、統合的な法整備に対する障害はいまだに残存していることを考えると、その実現が難航することも予想される。

【遠藤崇浩】

⇒C見えない地下の環境問題 *p74*　C地盤沈下と塩水化 *p76*　C地上と地下をつなぐ水の循環 *p78*　E地球規模の水循環変動 *p510*

〈文献〉金沢良雄 1960．金沢良雄・三本木健治 1979．地下水要覧編集委員会 1988．中央公害対策審議会地盤沈下部会 1974．宮﨑淳 2006．渡辺洋三 1970．Kataoka, Y. 2006.

物質循環と生物

森−川−海の鉄循環

鉄と生命

鉄は、地殻中で酸素(46%)、ケイ素(28%)、アルミニウム(8%)に次いで6%と4番目に多い元素である。生物の必須元素のひとつで、食物連鎖を通して生態系を循環している。鉄は生物の体において血液中の酸素運搬を担うヘモグロビン、光合成や呼吸系における電子伝達系など多様な機能に関係している。また、生命の起源において鉄が重要な役割を果たしたという仮説もあり、鉄と生命との関係は深い。鉱物資源としての鉄と人間との関係も古く、紀元前にはエジプトやアッシリアで鉄鉱から鉄が作られていたとされている。現代でも建築、運輸（自動車、船など）や電気製品などの材料として生活を支える金属の1つとなっている。

森−川−海における鉄の循環

地球上の鉄循環には、物理・化学的過程だけでなく、生物の活動がかかわっている。鉄は、岩石の風化により時間をかけて土壌粒子となっていくが、生物にとってはそのままでは利用しづらい形をしている。土壌粒子上で酸素と結合した鉄酸化物となっているため、水には溶けにくいからである。生物が利用しやすい鉄は水に溶けている「溶存鉄」である。化学的な作用により溶存鉄は生成されるが、生物の活動が直接・間接に関与することで、その生成が促されるのである。

直接的な関与には、微生物の活動がある。土壌が水で飽和すると酸素が欠乏するため、酸素を使って有機物を分解する微生物は働くことができない。かわって、酸素以外の元素を利用してエネルギーを獲得する微生物が活動を始める。そういった微生物の一種に鉄還元細菌があり、この働きにより、水に溶けやすい2価の鉄（図1中では Fe^{2+}）が生成されるのである。

間接的な関与には、腐植物質（未分解の有機物の総称）がある。森林の落葉や落枝は土壌微生物の働きで分解され無機成分になっていく。しかし、分解が進みにくい成分は腐植物質として土壌に蓄積される。亜寒帯や寒帯では、低温のために有機物分解が遅く、豊富な腐植物質が蓄積される。また、湿地でも泥炭として大量の腐植物質が蓄積している。こういった腐植物質と鉄とが結びつくことで、溶存鉄が形成される。なお、このようにして形成される金属と有機物との複合体は、錯体（キレート）と呼ばれる。双子葉植物やイネ科植物などは、ムギネ酸といった物質を放出し、能動的に鉄の錯体を作り出すことができる。また植物プランクトンにも類似した能力をもつものがある。鉄欠乏状態に対し生物が進化させた適応戦略である。

陸地の植生のうち森林には豊かな腐植物質の蓄積がある。また、湿地では上記の2つの要因がともに作用している。実際、寒冷な気候で多くの湿地が存在するロシアなどの河川では溶存鉄濃度が一般河川に比べ高いことが観測されている。また、鉄濃度の年ごとの変動も大きく、洪水による氾濫など、水循環も溶存鉄の形成に重要な役割を果たしている。なお、河川水には、水に溶けた状態の鉄である溶存鉄とともに、陸地の侵食に起因する粒子状鉄(土粒子)も含まれる。

汽水域では、河川水は塩分の高い海水と合流する。この際、錯体を形成していた溶存鉄の多くは有機物との結合がはずれる。同時に、大部分は粒径の大きい粒子となり、河口付近で沿岸域の海底に沈降する。その結果、陸から河川を通して運ばれてきた大量の鉄や有機物は、沿岸域や大陸棚に堆積することになる。これらの堆積物は沿岸域の生態系に重要な影響を及ぼしていると考えられている。たとえば、日本各地の海洋で問題となって

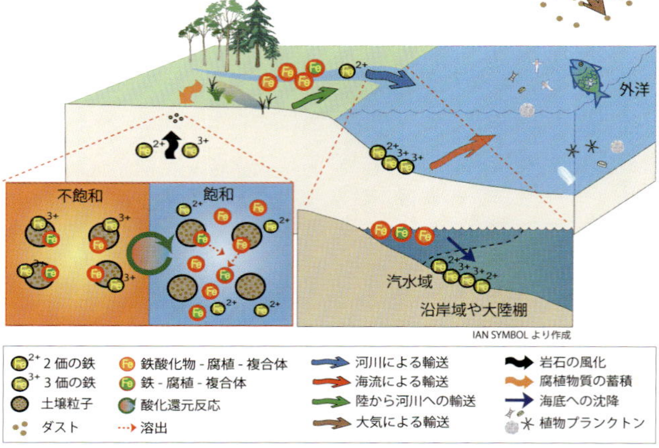
外洋
不飽和
飽和
汽水域
沿岸域や大陸棚
IAN SYMBOL より作成
2 価の鉄
3 価の鉄
土壌粒子
ダスト
鉄酸化物 - 腐植 - 複合体
鉄 - 腐植 - 複合体
酸化還元反応
溶出
河川による輸送
海流による輸送
陸から河川への輸送
大気による輸送
岩石の風化
腐植物質の蓄積
海底への沈降
植物プランクトン

図1　森−川−海の鉄循環の模式図

いる*磯焼けは、河川由来の物質の減少も関係していると考えられている。

外洋に目を転ずると、窒素・リン（植物プランクトンにとって必須の栄養塩）が充分に存在するにもかかわらず植物プランクトンが少ない海域が存在する。この海域はとくに、高栄養塩―低クロロフィル（HNLC：High-Nutrient Low Chlorophyll）海域と呼ばれる（植物プランクトンの生産量はクロロフィル量から推定されるため）。植物プランクトンの代謝活性をなんらかの物質が制限しているためと考えられ、ひとつの有力な説として、鉄がその物質であるという鉄仮説が提唱された。この仮説は、HNLC 海域における鉄散布実験などにより、その妥当性が確かめられている。こういったことを根拠として、外洋における鉄の主要な供給源は大気であるとの説が有力である。つまり、乾燥した大陸内部から巻き上がった黄砂などが、ダストの形で空中から供給されるというものである。一方で、実際に大気から鉄が供給されるタイミングや、海水中での大気由来の鉄の挙動などについては未解明な点もある。また、海流による沿岸域から外洋への鉄輸送の重要性にも近年注目が集まっている。外洋においても、「大気由来の鉄」のみならず、「河川由来の鉄」の重要性を示唆するものである。

人間活動と鉄循環―アムール・オホーツクの事例

アムール川流域においては、湿地が過去 100 年の間に半分程度に減少した。湿地が溶存鉄の重要な供給源のひとつとなっていることは既述の通りである。湿地減少の主要な要因は農地化である。湿地など水はけの悪い土壌を農地化する場合、排水路を作ることにより排水改良が図られる。この排水改良に伴い湿地土壌は乾燥化し、泥炭の急速な分解によって有機物量も減少する。溶存鉄が生成されるための 2 つの条件（腐植物質の供給と土壌が水で飽和していること）がともに成立しにくくなるのである。実際にアムール川の支流では溶存鉄の減少が観測されている。また、森林火災も溶存鉄の生成量を減少させることが観測されているが、メカニズムは不明な点が多い。他方で、農地への灌漑のために溶存鉄濃度の高い地下水を汲み上げることによって、溶存鉄の生産量を増加させる方向に働く作用もありうることがわかっている。人間は正負両側面から、陸地における鉄の循環に影響を及ぼしていると言える。

ところで、アムール川の水が注ぐオホーツク海と隣接する親潮域は世界でも有数の植物プランクトンの生産量が多い海域である。そのため豊かな漁場ともなっている。実はアムール川から供給される河川由来の鉄が、はるか親潮域にまで輸送されていることが実証的にわかっている。そのメカニズムは以下の通りである。

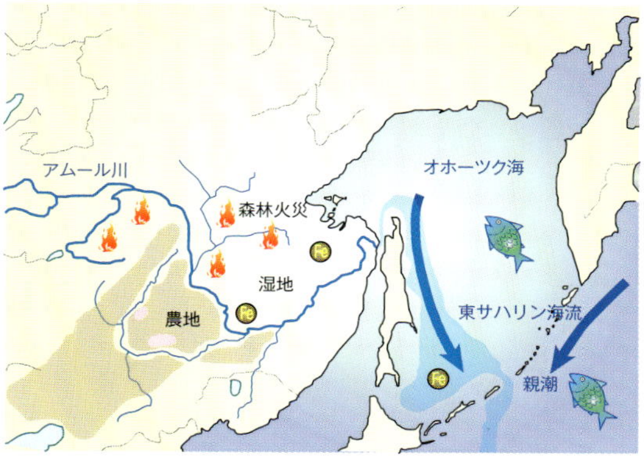
アムール川
オホーツク海
森林火災
湿地
農地
Fe
東サハリン海流
親潮

図 2　アムール川からオホーツク海における鉄の輸送と人間活動の影響［総合地球環境学研究所プロジェクト 2006 より改変］

冬季におけるオホーツク海の風上は北半球の寒極（最も寒い地域）となっている。秋から冬にかけて、この寒極からもたらされる季節風により、オホーツク海は強く冷却され海氷が形成される。海氷は海水中の真水の成分からできるため、塩分が高く低温の海水がしぼり出される。この密度の高い海水は大陸棚の海底に沈降し、さらに数百 m 程度の深さの層に沈み込んでいく。そして東サハリン海流に乗り、オホーツク海南部にまで運ばれる。実は、オホーツク海の北西部大陸棚では潮汐の力も非常に強い。この潮汐により海底にたまった沈降粒子が巻き上げられ、多様な形状の物質も輸送されるのである。

アムール川由来の鉄は、オホーツク海の北西部大陸棚に一度は沈降する。しかし、海氷の生成に起因する海流と潮汐の効果が合わさることで外洋へまで輸送されているのである。ただ、陸における人間活動が、外洋の植物プランクトンの生産量に影響を与えることを示す直接の証拠は得られておらず、重要な研究課題となっている。

鉄の循環は、時に沿岸域を越え外洋にまで広がる、地球規模の循環でもある。そして、この循環に人間を含めた生物の活動が深くかかわっている。自然の鉄循環メカニズムをできる限り撹乱しないような人間活動のありかたをさまざまなスケールで模索していくことが求められる。　【大西健夫】

⇒C 森林の物質生産 *p50*　D 沿岸域の生物多様性 *p144*　D 土壌動物の多様性と機能 *p146*　D 海洋生物多様性の危機 *p170*　H 塩と鉄の生産と森林破壊 *p426*　E 黄砂 *p474*

〈文献〉Maidment, D.R. 1992. Martin, J. H. & S. E. Fitzwater 1988. Moore, J.K., *et al.* 2008. Shiraiwa, T., ed. 2010. Wächtershäuser, G. 2000. Schlesinger, W.H. 1997. 桜井弘編 1997. 総合地球環境学研究所プロジェクト 2006. 高木仁三郎 1999. 中塚武ほか 2008. 松永勝彦 1993.

魚附林

森と海をつなぐ物質循環と生命

魚附林の定義と歴史

魚附林（うおつきりん）とは、狭義には森林法に定める「魚つき保安林」を指す。全国に約 3.1 万 ha の面積をもち、主として海岸線に沿って制定されている（写真 1）。その期待される機能としては、河川および海域生態系に対する①栄養塩供給、②有機物供給、③直射光からの遮蔽、④飛砂防止が挙げられる。一方、広義の魚附林は、海域の海洋生態系に対し、そこに流入する河川流域全体の森林や湿地といった陸面環境を指す。この場合の魚附林の機能には、上記の 4 点に加え、⑤微量元素供給、⑥水量の安定化、⑦土砂流出安定化、⑧水温安定化などが期待されている（図 1）。諸外国に同様の概念がないために、確定した英語訳はないが、fish breeding forest と記載されることが多い。

魚附林は、わが国固有の環境概念であり、その起源は江戸時代の始めまで遡る。1623 年（元和 9 年）には、魚肥として重要であったイワシに対し、漁業育成策の一環として、佐伯藩（大分県）で山焼きや湾内の小島の草木の伐採が禁じられた例が報告されている。また、江戸時代中期には、サケの保護を目的に、岩手県や新潟県において山林の保護が藩の政策として実施されていた。これらの各藩の政策を明治政府は継承し、森林法に魚附林が取入れられた。

魚附林の科学

沿岸域の海洋生態系に対し、魚附林が果たす役割を科学的な手法によって解明しようという試みは、20 世紀初頭の遠藤吉三郎による「*磯焼け」の原因をめぐる研究から始まる。磯焼けとは、沿岸海域に生息する海藻の死滅現象をいう。遠藤の唱える磯焼けの原因説は、上流域の山地荒廃に伴う河川から沿岸域への淡水供給の増大と、結果的に生じる塩分減少であった。その後の研究で、この考え方は否定されることになるが、実証的な最初の研究であった。

魚つき保安林
魚をはぐくむ森林
写真 1　北海道幌泉郡えりも岬の魚つき保安林（2005 年）［遠藤崇浩撮影］

1930 年代になると、犬飼哲夫が北海道厚岸湾におけるカキ（牡蠣）の減少の原因を、上流の根釧台地の森林伐採に伴う土砂流出の増加に結びつけた。この研究が契機となり、根釧台地のパイロット・フォレスト事業が着手され、結果として厚岸湾のカキが復活したといわれる。

1970 年代になると磯焼けの原因として、河川が供給するフルボ酸鉄の欠乏説が松永勝彦によって唱えられるようになる。光合成に必須の元素である溶存鉄は、海洋中の濃度がきわめて低く、河川によって陸域から供給される鉄が海洋の植物プランクトンや藻類にとって重要である。しかし、河川流域の森林が荒廃すると、鉄を溶存状態のまま海洋に輸送するために必要な腐植物質であるフルボ酸が減少するため、結果として鉄が減少し、これが原因となって磯焼けが起こるという考えである。磯焼けの原因については、その後、谷口和也らによってウニなどの植食動物の摂食圧を含む生態学的なダイナミズムによるとする仮説が出され、現在ではその原因をさまざまな要因の複合によるものとする考えが一般的となっている。

巨大魚附林の発見

2005 年から総合地球環境学研究所と北海道大学の連携プロジェクトとして始まったアムール・オホーツクプロジェクトは、松永の仮説に基づき、親潮域の植物プランクトンの生産に果たすアムール川起源の溶存鉄の役割を評価した。その結果、アムール川起源の溶存鉄はオホーツク海の中層を通じて親潮域に輸送され、ここで植物プランクトンの生産に寄与していることが明らかとなった。すなわち、内陸の陸面環境と外洋域の海洋生態系が溶存鉄を通してつながっていることがここに初めて確認された。また、湿地の干拓による農地の拡大や、大規模な森林火災などの陸面の変化が、海洋に輸送される溶存鉄の総量に影響を与える可能性も指摘された。従来の魚附林に比較し、この陸と海との関係は、はるかに巨大な空間スケールを持っているため、アムール川流域はオホーツク海と親潮に対する「巨大魚附林」と名づけられた。

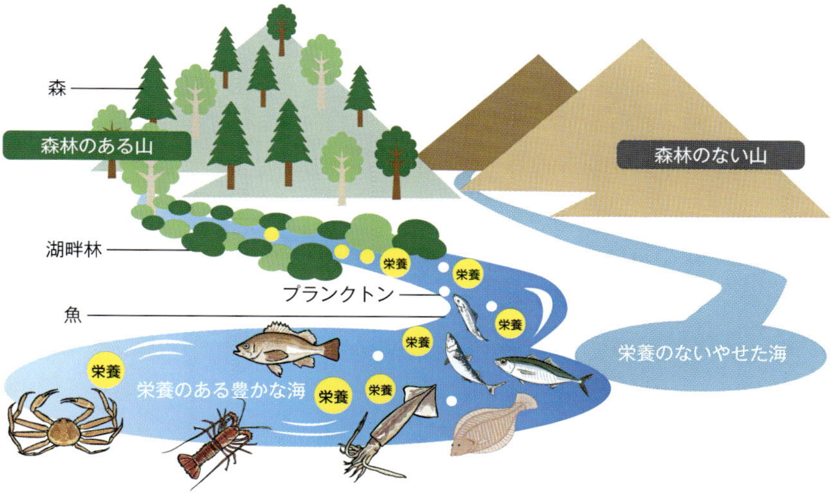
森
森林のある山
森林のない山
湖畔林
プランクトン
魚
栄養
栄養のある豊かな海
栄養のないやせた海
図 1　魚附林の機能［海と渚環境美化推進機構 HP より改変］

魚附林保全の実践

魚附林の地球環境問題における特徴の 1 つは、その重要性に関する科学的な実証作業と並行して、保全のための実践が利害享受者たちによって活発に行われてきた点にある。松永の仮説は、当時、200 カイリ問題で沿岸域の漁業に活路を見出さざるをえなかった北海道や東北の漁業者によって支持され、漁業者による内陸森林の保全という社会運動に繋がっていった。1988 年に始まる柳沼武彦が指導した「お魚殖やす植樹運動」（北海道）、1989 年の畠山重篤による「森は海の恋人」と名づけられたカキ再生のための植樹運動（宮城県）がその代表例である。上流域の森林が及ぼす沿岸域の魚類やカキへの影響を体験的に知った漁業従事者自身が、運動の先頭にたち、上流域の森林に植林活動を展開したのがこの運動の特徴である。この動きは、研究者に対し、解明されていない森と川と海の生態学的なつながりに関する研究を促し、21 世紀初頭に始まる森と川と海の生態学的なつながりの研究を活発化させた。

森里海連環学の展開

魚附林思想を背景とした森林保全が国民の間で活発になる一方、従来の魚附林の研究を進めてきた大学においても、新たな森と川と海の生態学的なつながりを考える試みが始まっている。田中克が呼びかけて始まった森里海連環学は、従来の魚附林思想に代表される森と川と海の関係を、人びとの居住圏としての里に拡充して人の役割を強調するとともに、従来は比較的強調されることの少なかった海から森への物質の流れを遡河回遊魚の役割に見出し、積極的に循環系として捉えることを提唱した。

魚附林をめぐる物質循環

上流の魚附林と海域との間では、短い時間スケールでみれば、物質は上流から下流に向けて一方通行で輸送される。しかし、鳥類や遡河回遊魚による海から陸への物質輸送も存在する。サケ科魚類やニシン科のエールワイフなどは河川で生まれ、海で成長し、産卵のため母川に遡り、そこで死ぬ。結果的にみれば、海洋の栄養塩を重力に逆らって河川、そして陸域に輸送していることになる。その量的貢献については、今後の研究に待たなければならないが、リンについてはサケによる陸上への輸送が全供給量の半分を占める場合もあることが報告されている。

一方、若菜博は、江戸時代初頭と中期における魚附林振興策の背景には、イワシやニシンの魚肥としての重要性があったことを指摘している。魚附林から供給される栄養塩が海に輸送され、その栄養塩を利用して成長したイワシやニシンを魚肥として陸域に戻すことにより、結果として人間が関与した「海－陸での物質循環思想」を体現したと指摘している。

現代の日本は食料の 6 割を海外に依存し、結果として国土に蓄積された外来の有機物を原因とする海域の富栄養化に悩まされている。一方、この過剰な食料輸入は、食料供給地である他国の砂漠化や土地荒廃をもたらしている。魚附林というわが国固有の地球環境思想を再評価し、持続可能な陸と海との物質循環を再考することが求められている。【白岩孝行】

⇒C 地球温暖化と漁業 *p40*　C リンの循環 *p48*　C 物質循環と生物 *p82*　D 生態系サービス *p134*　D 沿岸域の生物多様性 *p144*　D 里山の危機 *p184*　R 日本の里山の現状と国際的意義 *p334*　E 植林神話 *p486*　E 緑のダム *p490*

〈文献〉帰山雅秀 2005．白岩孝行 2006．谷口和也編 1999．畠山重篤 1994．松永勝彦 1993．室田武 2001．柳沼武彦 1999．若菜博 2001, 2004．

農業排水による水系汚濁

琵琶湖周辺の地域社会の変貌と水環境

経済成長と水質問題

水系が提供する利水やさまざまな生態系サービスを維持するには、健全な水循環の維持、とりわけ一定の水量の確保と水質の維持が重要である。しかし、日本では、戦後の復興期を経て高度経済成長期（1950 年代前半～70 年代前半）において、社会経済システムが大きく変化した。その結果、大量生産・大量消費型の社会経済に移行した 1970 年代後半以降、生活排水など不特定多数の発生源からの負荷の集積によって、影響を受ける範囲が特定しにくい内湾や湖沼などの閉鎖性水域の汚濁が新たな水質問題となった。ここでは、その例として、農業排水による琵琶湖の汚濁をとりあげ、高度経済成長による地域における産業や社会の変貌と水環境問題の関係を解説する。

水質問題の現代的課題―面源負荷による攪乱

琵琶湖・淀川水系の上流に位置する滋賀県にある日本最大の湖である琵琶湖は、下流の京都府、大阪府、兵庫県を含む近畿圏の 1400 万人に用水を供給している（図 1）。琵琶湖の周囲には湖東・湖北地域を中心に水田稲作農業地帯が広がり、大津市のある湖南地域や湖東地域南部など南湖周辺には都市人口が集中する。琵琶湖でも 1970 年代に入ると、流域から窒素、リンや有機物を含んだ生活排水、工業排水、農業排水が大量に流れ込み、琵琶湖は急激に富栄養化し、1970 年代後半には淡水赤潮、1980 年代にはアオコが発生するようになった。

一般に、水域の汚濁をもたらす負荷は、排出源によって、①点源負荷（家庭・工場・畜産事業場など、排出源が特定できる）と、②面源負荷（降雨や、山地・農地・市街地など、排出源が広範囲で特定し難い）の 2 つに分けられる。滋賀県では、主に富栄養化防止条例（1979 年）などの法的規制と下水道整備などの施設整備が進められた結果、生活排水や工業排水など点源負荷の流入は、1990 年代に入り大きく削減した。しかし、農業排水を含む面源負荷については効果が小さく、流入全体に占める割合は高くなった。面源負荷の削減は、法的規制・施設整備だけでは難しく、土地・水利用や関係活動全体を対象にした流域管理による対策が必要な現代的課題となっている。

琵琶湖・淀川水系流域界
琵琶湖・淀川水系水需給区域
琵琶湖流域界
府県境界
堰
岐阜県
福井県
京都府
琵琶湖
（北湖）
（南湖）
滋賀県
兵庫県
桂川
京都
大津
宇治川
猪名川
淀川
木津川
神戸
大阪
奈良
三重県
大阪府
奈良県
和歌山県
0 10 20 30 40 (km)

図 1　琵琶湖・淀川水系と琵琶湖流域［(財)琵琶湖・淀川水質保全機構 HP より作成］

琵琶湖の農業濁水問題―重層的な問題構造

毎年 4 月末からの連休の頃になると、湖東から湖北にかけての琵琶湖に流れ込む河川や排水路の河口から、汚濁した水が煙のたなびくように琵琶湖に拡がっていく現象が観測される（写真 1）。この濁水は、水田で代かきを行って土壌を水でこね均すときに生じる泥水を、細かな泥の粒子が十分に沈降しないまま排水することからおこり、農業濁水と呼ばれる。農業濁水に含まれる水田の土壌粒子には除草剤等の農薬、肥料成分である窒素やリン、農作物の残渣などに由来する有機物が吸着されていたり、水に溶け込んでいたりする。これが、排水路や河川を流下して最終的に琵琶湖へと流出する。水田からの排水は年間を通じて発生するが、代かき後は他の時期と比べて濁度が桁違いに高い。この濁水は 1980 年代から農業濁水問題として認識されるようになった。

琵琶湖流域を、ミクロレベル（農村内の各集落）－メソレベル（地域社会）－マクロレベル（琵琶湖流域）のように、空間的な階層から構成されるとすると、濁水問題は階層ごとに異なる問題として現れる。まず、濁水は農村集落の排水路に泥を堆積させ、水路は酸素が少なくなり、多くの生き物が棲みにくくなる。これは、農家が自らの周辺環境を悪化させる「自己回帰型」

の環境問題といえる。次に、濁水が農村地域の広範囲で集まって琵琶湖へ流入すると、湖岸の漁業にアユの遡上障害などの被害を与える。これは、加害者（原因者）である農家と被害者である漁業者が分離した「加害・被害型」となる。さらに、流域全域からの濁水の琵琶湖への流入は、湖全体の富栄養化を促進し、琵琶湖の水質汚濁はそれを利用する農家を含めて地域の人びと全体に影響を及ぼす。この場合、農家を含めた不特定多数の原因者と被害者が重なる「地球環境問題型」となる。このように琵琶湖の農業濁水問題は、流域の階層によって問題の内容と構造が重層的に変化する「複合問題」である。流域での生活や活動の場が異なると、濁水問題のとらえ方も異なってくるので、流域管理のための合意形成も簡単には進まないことになる。

農業濁水問題をもたらした歴史的・社会的要因

濁水問題の背景には、高度経済成長期以降の農業・農村における大きな変化がある。河川や溜池から取り入れた用水を、ひとつの水田から隣の水田へと順番に使い回す「田越し灌漑」と呼ばれる伝統的な配水システムは、個々の水田に用水路から個別に用水を供給する個別配水のシステムへと変更された。とくに、琵琶湖岸の低平地では、豊富な水を大規模な揚水機と管水路で送配水して、個々の水田に直接供給する水田パイプラインシステムが整備された。それまで集落単位で管理され、ある水田からの排水を隣りの水田の用水として使ったり、低平地ではクリークなどの水路に排水し、その水をポンプなどで揚水として再利用するなど、繰り返し使っていた水が、水源の安定と用水路と排水路の分離によって、個人単位で安定して豊富に使えるものとなった。その結果、水田の用水量と排水量が増加し、排水は再度使われることなく琵琶湖へ流出するという農業濁水をもたらす物理的な基礎となったのである。また、田植えが機械化され、小さな苗を移植することから、代かき後の湛水を短期間で排水して浅くする必要が生じたことも、濁水発生の農業技術的な要因である。

この農村社会の変貌の背景には、戦後日本の国策としての農業近代化がある。農業構造の改善を図るために全国で農業基盤整備事業が推進され、滋賀県でも県や農家の組織である土地改良区を中心に、灌漑排水施設をはじめ、圃場や農道、集落の整備が進められ、機械化や化学肥料・農薬使用を中心とする稲作生産性の向上の基盤の整備が進められた。

しかし、稲作の生産性が高まるにつれてコメの余剰が発生し、1970 年代に国は減反政策へと大きく舵を

写真 1　琵琶湖に流入する農業濁水［和田 2009］

切った。その結果、農家の兼業化・農業離れに拍車がかかり、農村にはさらに大きな変貌と閉塞感をもたらした。滋賀県でも、農家の兼業化は深化し、また高齢化と後継者不足が進行して、農村における水環境管理の組織や体制の働きは低下していった。この農村社会の変貌に伴う兼業化・高齢化による水管理の粗放化は、農業濁水顕在化の社会的要因である。

農業濁水問題の全体像を共有した流域管理へ

琵琶湖・淀川水系においては、利水と治水および地域開発事業を一体化させた大規模な開発事業として「琵琶湖総合開発事業」（1972～96 年度）が行われた。その結果、琵琶湖は多目的ダムのように管理されるようになり、琵琶湖・淀川水系全体が高度に管理された人工的システムの側面が大きくなった。琵琶湖流域では、水循環や物質循環が大きく変化しただけでない。農村では、灌漑排水システムが、琵琶湖の管理方法の変化に伴って改変を余儀なくされただけでなく、圃場・集落のさまざまな社会的な基盤が整備され、琵琶湖との関係も大きく変わったのである。

面源負荷である農業濁水の問題に対しては、これまで農家や土地改良区、県などの行政、研究者などが、それぞれ解決に向けての取組みを行ってきたが、まだ解決に至っていない。解決には流域管理が必要であるが、法規制や行政などトップダウン的なやり方だけでは難しい。この問題を単に農家の水田水管理がもたらした琵琶湖の富栄養化問題ととらえるだけではなく、濁水問題の重層的な構造や、歴史的・社会的経緯、農村の直面する現実的問題をも、流域内部のすべての利害関係者で共有することが欠かせない。　【谷内茂雄】

⇒C富栄養化 *p60*　D淡水生物多様性の危機 *p168*　H洪水としのぎの技 *p424*　E統合的流域管理 *p534*

〈文献〉和田英太郎監修 2009．松下和夫 2007．

ゴミ問題

現代社会の縮図と未来への取組み

ゴミの多様化・大量化

われわれの社会活動に伴って排出されるゴミの様態は、社会の進展につれて多様化し、また、大量生産・大量消費を前提としている現代の社会経済システムの下においては、大量廃棄という形となって現れている。

日本において、ゴミは、廃棄物処理法により、一般廃棄物（一廃）と産業廃棄物（産廃）とに区分されている。前者は産廃以外の廃棄物とされ、家庭から排出される一般ゴミや粗大ゴミ（家庭系ゴミ）と、オフィスや飲食店から発生するゴミ（事業系ゴミ）に分けられる。後者は、事業活動に伴って生じた廃棄物のうち、燃えがら、汚泥、廃油など、法令により定められた20種類のものと輸入された廃棄物である。

第2次世界大戦後の高度経済成長に伴い、生活様式が多様化するにつれて、一廃ならびに産廃の排出量は増加した。ゴミ（一廃）の年間の総排出量は、1968年度には2519万tであったのが、その後増加傾向をたどり、1990年度以降、毎年5000万tを超えている。2000年度の5483万tをピークにその後減少傾向にあるとはいえ、2006年度では、1968年度の約2倍の5204万tとなっている。国民1人1日当たりの排出量は、1968年度以降ほぼ1000g前後で推移していたが、1980年代半ば以降急増した。2000年度以降それは減少傾向にあるが、しかし依然として1100gを超えており、2006年度では1116gとなっている（図1）。

他方、1975年度に2億3649万tであった産廃の年間排出量は、1990年度以降、4億t前後で推移し、

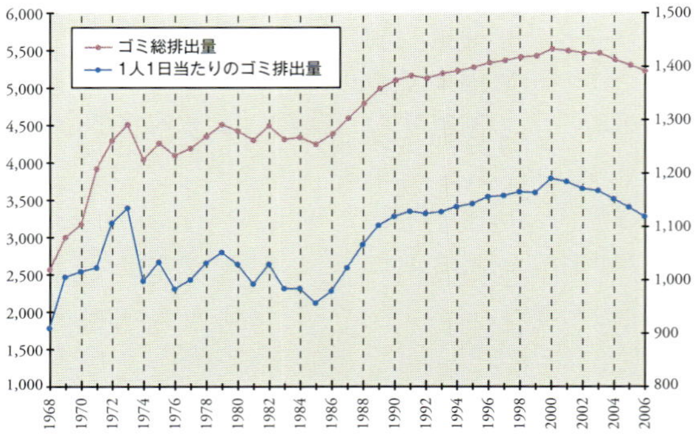
ゴミ総排出量
（万t/年）
1人1日当たりゴミ排出量
（g/人・日）
ゴミ総排出量
1人1日当たりのゴミ排出量

図1　ゴミの総排出量と1人1日当たりのゴミ排出量の推移（1968〜2006年度）［環境省 2009a］

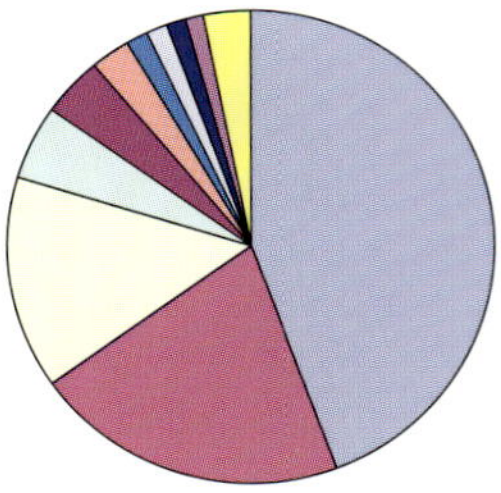
合計　4億1850万t（100.0%）

産業廃棄物	排出量（万t）	割合（%）
汚泥	18,533	44.3
動物のふん尿	8,757	20.9
がれき類	6,082	14.5
鉱さい	2,129	5.1
ばいじん	1,714	4.1
金属くず	1,100	2.6
廃プラスチック類	609	1.5
木くず	585	1.4
廃酸	541	1.3
ガラスくず コンクリートくず 陶磁器くず	492	1.2
その他の産業廃棄物	1,308	3.1

図2　産業廃棄物の種類別排出量（2006年度）［環境省 2009a］

2006年度では4億1850万tとなっている。その内訳を見ると、汚泥、動物のふん尿、がれき類の3種類でおよそ8割が占められている（図2）。

ゴミをめぐる問題

ゴミの質が多様化し、また排出量が増加する傾向にあるなかで、ゴミをめぐってさまざまな問題が生じている。たとえば、一廃について、廃棄物処理法により市町村がその処理を行うこととされているが、家庭系ゴミの多様化・大量化に伴い、廃棄物の処理費用や廃棄物処理施設の建設費などを含めたゴミ処理事業経費が増大した。その総額は、2001年度の2兆6029億円（1人当たりのゴミ処理事業経費2万500円／年）をピークにその後減少しているものの、2006年度は1兆8627億円（同1万4600円／年）であり、市町村の財政を圧迫している状況にある。

また、最終処分場の不足の問題もある。ゴミは、減量化や資源化がなされても、埋立てを行うものは残るため、最終処分場が必要となる。しかしながら、いわゆる迷惑施設としてその建設が反対される場合も少なくなく、また、都市圏における地価の高騰などから、最終処分場の確保が困難なケースも見られる。2006年度末現在の最終処分場の残余年数（全国平均）は、一廃で15.6年、産廃で7.5年となっている。

そして、廃棄物の不法投棄という問題も生じている。1998年度で1197件（42.4万t）であった産廃の不法投棄件数は、不法投棄の罰則強化、マニフェスト制度（産業廃棄物管理票制度）の強化、排出事業者の責任の強化、監視職員の増員や監視用カメラの導入などによる監視体制の強化といった取組みにより、2007年度

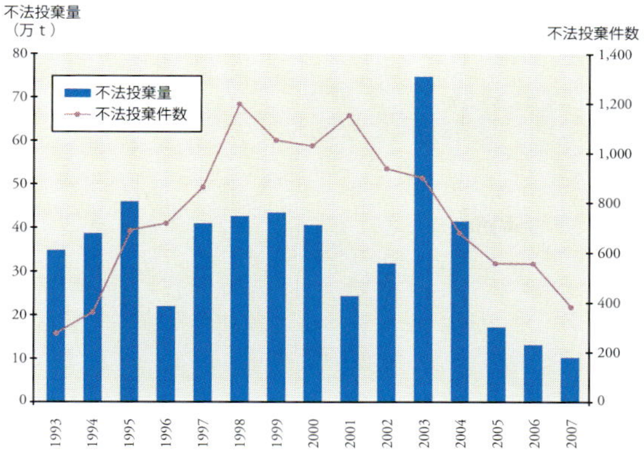
不法投棄量
（万 t）
不法投棄件数
不法投棄量
不法投棄件数
80
70
60
50
40
30
20
10
0
1,400
1,200
1,000
800
600
400
200
0
1993
1994
1995
1996
1997
1998
1999
2000
2001
2002
2003
2004
2005
2006
2007
図 3　産業廃棄物の不法投棄件数と投棄量の推移（1993～2007 年度）［環境省 2009a］

には 382 件（10.2 万 t）へと減少した。しかし、依然として大量の不法投棄がなされている（図 3）。

さらに、大気や土壌などを通して人体に蓄積され、その結果、発ガン性、肝臓障害、催奇形性、受胎率の低下をもたらすといわれるダイオキシン類が廃棄物の焼却施設周辺から検出されるなど、1990 年代には、ゴミとダイオキシン類の問題がクローズアップされた。

近年では廃棄物の越境移動も、大きな問題となっている。たとえば経済活動のグローバル化やアジア各国の経済成長に伴う資源需要の増大などを背景に、リサイクルを目的とした循環資源の移動が活発となっているなかで、日本から廃棄物を不法に輸出しようとしたり、輸出先国での廃棄物の不適正な処理により環境被害を発生させたりする事例も指摘されている。

その他、漂流・漂着ゴミの問題もある。ゴミの多様化・大量化に伴い、流木や海藻などの自然物のみならず、材木やプラスチック類などの人工物が海上を漂流し、また海岸に漂着することによって、海岸機能の低下や景観の悪化、船舶の安全航行への障害、漁業への被害、自然環境の破壊など、多方面にわたってさまざまな影響が生じている。海岸にゴミが漂着した場合、それはおもに市町村によって収集・運搬・処分されるが、漂流・漂着ゴミは排出源が特定されにくいこともあり、大量かつ繰り返しゴミが漂着している市町村にとって、その対策はいまや、行政上の取組み課題の 1 つとなっている。

ゴミ問題の解決に向けた取組み

ゴミをめぐる問題が深刻化した 1980 年代半ば以降、廃棄物処理法の改正をはじめ、さまざまな対策が講じられている。2000 年には、天然資源の消費量を減らして、環境負荷をできるだけ少なくした社会、すなわち「循環型社会」を実現するため、循環型社会形成推進基本法が制定された。同法では、廃棄物・リサイクル対策として、廃棄物の発生抑制（リデュース）、使用済み製品などの再使用（リユース）、回収されたものを原材料として適正に利用する再生利用（マテリアルリサイクル）、そして熱回収（サーマルリサイクル）を行い、循環利用ができないものについては適正な処分を行うという優先順位が定められている。

2001 年には、資源の有効利用を促進するため、リサイクルの強化や廃棄物の発生抑制、再使用を定めた資源有効利用促進法が施行された。また、個別物品の特性に応じたリサイクルを促進するために、容器包装や廃家電製品、廃棄物、建設廃材、使用済自動車のリサイクルに関する法律も相次いで制定されている。ダイオキシン類による環境の汚染の防止とその除去などに関しては、ダイオキシン類対策特別措置法（1999 年）がある。

漂流・漂着ゴミ対策としては、2009 年に海岸漂着物処理推進法が施行されるなど、施策の整備・充実化が進んでいるが、漂流・漂着ゴミの大半が国内由来であり、またその多くがペットボトルやレジ袋など生活系のゴミである状況においては、陸上や河川などの発生源での対策が不可欠である。

ゴミ問題の解決に向けて、たしかに種々の法制度も整備され、また多くの市町村においては、ゴミの分別収集やゴミの有料化などの施策が導入されている。しかしながら、ゴミ問題はわれわれ市民にとって最も身近な環境問題の 1 つでもあることから、市民 1 人ひとりの自覚と実践が欠かせない。近年では、スーパーのレジ袋の代わりにエコバッグを利用する市民や、「環境にやさしい」商品を購入するグリーンコンシューマーも増えている。

いずれにせよ、われわれのローカルな活動に端を発して、グローバルな影響を及ぼす性質のものとなっているゴミ問題は、現代の大量廃棄型社会にあって、行政と市民、企業が共に協力して、社会全体で取組むべき重要な政策課題となっている。ゴミをめぐる問題はまさに現代社会の縮図であり、これを解決することが、現代社会に生きるわれわれの使命である。

【宗像　優】

⇒C循環型社会におけるリサイクル *p104*　D持続可能なツーリズム *p230*　R市場メカニズムの限界 *p268*　E海洋汚染 *p478*　E島の環境問題 *p494*

〈文献〉川口和英 2003．環境省 2009a, 2009b．小島あずさ・眞淳平 2007．コルボーン、T. ほか 2001(1996)．山谷修作 2007．寄本勝美 2003.

エルニーニョ現象と農水産物貿易

世界貿易を揺るがす大気・海洋相互作用環

エルニーニョ現象とラニーニャ現象

エルニーニョはペルーおよびエクアドル沖から東部太平洋赤道域の海面水温が平年よりも上昇する現象である（図 1）。元来、エルニーニョとは「神の子（イエス・キリスト）」、あるいは「男の子」を意味するスペイン語である。エルニーニョと反対に海面水温が低下する現象をラニーニャ（女の子）という。この水温異常現象は、南方振動という太平洋の東西の気圧配置の変動に連動しているため、エルニーニョと南方振動を合わせて ENSO（El Niño and Southern Oscillation）と呼び、その周期性（2〜7 年）から熱帯域の波動として理解されている。また、異常性や突発性に注目した場合、エルニーニョとラニーニャは、ENSO イベントとして研究されている。

大気と海洋の相互作用環

ENSO の動態を支配するのは熱帯の大気・海洋相互作用である。太平洋西部は、海面水温が高い暖水域で（図 1）、海水の蒸発に伴う上昇気流により積乱雲が形成され、降水量が多い。一方、太平洋東部では、貿易風に伴う海洋湧昇（ゆうしょう）により冷たい深層水が海面に現れるため、海水の蒸発が抑制され、大気の対流活動が弱い。西部の海面水準気圧は東部太平洋に比べて低く、貿易風は東から西に吹き込んでいる。しかしながら、なんらかの原因で暖水域の気圧が上がり、東風が弱まると、暖水が東側に移動し、太平洋中部と東部の海面水温が上昇し水温異常が起こる（エルニーニョ現象）。

同時に、強い降水を伴う活発な対流域も東に移動するので、太平洋西部で干ばつ、東部のペルーでは多雨になる（乾季であるクリスマスの時期に恵みの雨をもたらすことから、エルニーニョという名称がついたという説がある）。このように、大気の変化に対する海洋の応答、海洋の変化に対する大気の応答が海面水温を上昇させるような大気・海洋相互作用環を形成し、エルニーニョ現象を支配している。また、この一連の大気・海洋相互作用環が海面水温を下降させるように働けば、ラニーニャ現象が起こる。

ENSO を大局的にみた場合、エルニーニョがラニーニャを追いかけ、ラニーニャもまたエルニーニョを追いかけることで ENSO の 2〜7 年の周期性が成立している。しかしながら、個々の ENSO イベントの発生原因や発達過程には未解明な部分が多く、他の気候モード（地球温暖化現象や北極振動など）との相互作用により現象が複雑化することも珍しくない。最近の研究では、地球温暖化に伴い、エルニーニョ期の水温異常が増幅する可能性も示唆されている。

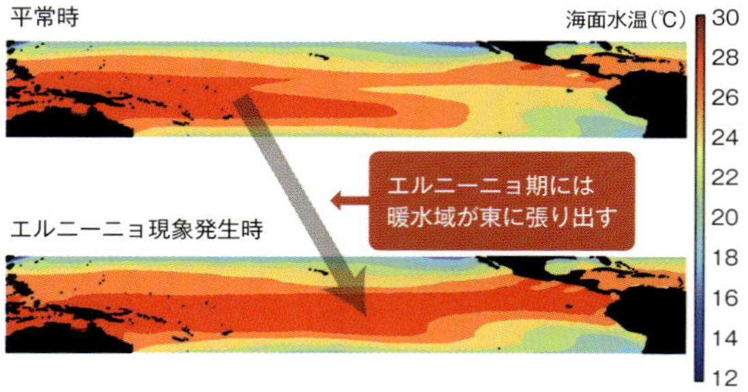
平常時
海面水温(℃)
30
28
26
24
22
20
18
16
14
12
エルニーニョ期には
暖水域が東に張り出す
エルニーニョ現象発生時

図 1　太平洋熱帯域の海面水温（℃）。12 月の気候値（上段）と 1997 年のエルニーニョ期（下段）

世界へ伝播する異常気象

熱帯域で水温異常が起こると、中・高緯度にもさまざまな変化が起こる（テレコネクションと呼ばれる）。身近なものは気温・降水量の変化である。エルニーニョ由来の世界の寒暖および乾湿の変化は、平均的にみると図 2 のようになる。ラニーニャによる変化は、エルニーニョの反対だと考えればよい。現実には、ENSO に由来する異常気象は、季節によっても現れ方が異なり、その異常がエルニーニョ年とラニーニャ年で対称になる地域とそうでない地域がある。たとえば、メキシコ湾北部では、エルニーニョ（ラニーニャ）年には、平年よりも多雨・寒冷（少雨・温暖）な冬になる。また、南アジアおよび東南アジアは、エルニーニョ年の暖冬に対し、ラニーニャ年に冷夏を経験する傾向がある。

農水産物貿易への影響

ペルー沖は世界有数の漁場であるが、エルニーニョが起こると不漁に陥る。これは、エルニーニョ期に赤道・沿岸域の湧昇現象が抑制され、栄養塩に富む海水が海面に供給されにくくなるからである。栄養塩の供給が低下すると、その海域の植物プランクトン類の増殖が抑制され、動物プランクトン類、魚類を含む生物資源が激減する。また、東南アジアにおいて、エルニーニョ現象によって干ばつが起こると、自然発火の有無にかかわらず森林資源の減少につながる。

農水産物貿易を国別にみると、エルニーニョ（あるいはラニーニャ）期あるいはその翌年の貿易収支（輸出額と輸入額の差）に大きな変化が起こる国がいくつもある（図 2）。これは、輸出国側の生産量が、ENSO イベントの影響を強く受けて増減するためである。コムギを例にとれば、このような変化は乾燥・半乾燥地帯で顕著である。オーストラリアでは、エルニーニョ期に少雨になるため、コムギが不作になる。これに伴う貿易収支の変化は、米ドルに換算して数億ドルの赤字になる。パキスタンでは、エルニーニョ期に多雨のため豊作になり、貿易収支は黒字になる傾向がある。

水産物においても、イワシ類を含む海産魚は、エルニーニョ期とラニーニャ期での貿易収支の差が顕著である。主要な輸出国であるペルーやインドではエルニーニョ期（ラニーニャ期）に不漁で赤字（豊漁で黒字）になる傾向がある。内陸に位置するモンゴルやジンバブエにおいても ENSO が海産魚貿易に影響するのは、輸入量が変化するためである。

近年は、世界各国で ENSO 予報が実用化されており、気象予報だけでなく、農林水産業への応用も始まっている。

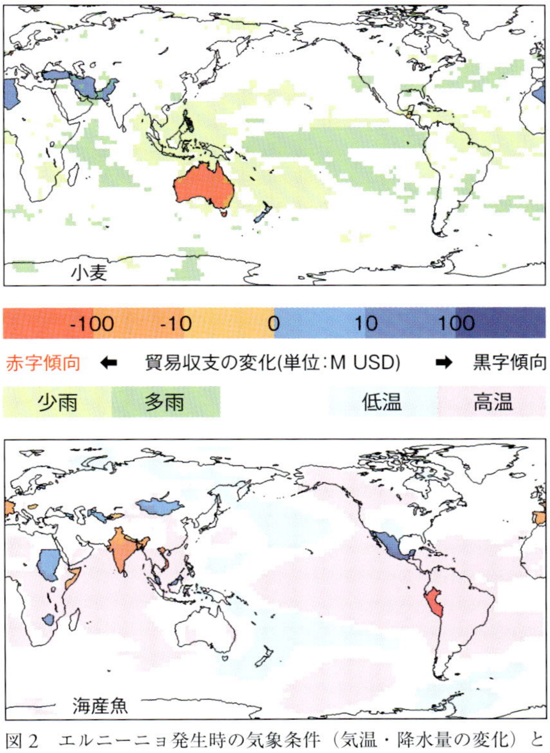

小麦
-100
-10
0
10
100
赤字傾向
貿易収支の変化(単位:M USD)
黒字傾向
少雨
多雨
低温
高温
海産魚

図 2　エルニーニョ発生時の気象条件（気温・降水量の変化）と各国における翌年の貿易収支（コムギ・海産魚類）の変化。Handoh *et al.*（2006）の方法により、変化が統計学的に有意（危険率 10%）な国と地域のみを表示

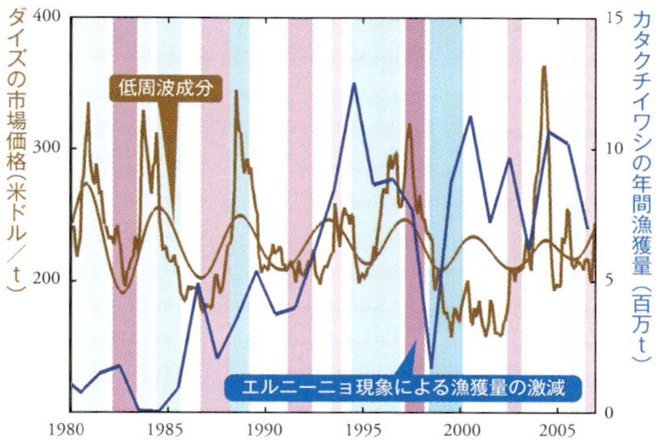

ダイズの市場価格（米ドル／t）
カタクチイワシの年間漁獲量（百万t）
低周波成分
エルニーニョ現象による漁獲量の激減
400
300
200
15
10
5
0
1980
1985
1990
1995
2000
2005

図 3　ペルーのカタクチイワシ年間漁獲量（百万 t）とシカゴ市場での月別ダイズ価格（米ドル /t）およびダイズ価格の低周波成分の変動。エルニーニョ期（ラニーニャ期）を桃色（水色）で示す（強い ENSO イベントほど色が濃い）

地球環境問題との接点

ENSO は世界貿易を介し、さまざまな農水産物の国際相場にも影響を与える。1972〜73 年のエルニーニョ現象により、ペルー沖のカタクチイワシ漁獲量が激減し、それに代わる家畜飼料としてダイズが大量に使用されたため、ダイズ価格が高騰したことがあった。これは、当時カタクチイワシ資源が乱獲により枯渇していたことが重なっており、エルニーニョが直接的な原因ではないと考えられている。一方、1997〜98 年のエルニーニョ現象（過去 100 年間で最大規模の ENSO イベント）は、カタクチイワシの漁獲量の激減を引き起こしている（図 3）。ダイズをはじめとする農水産物の価格の時系列を解析してみると、ENSO に呼応する周期成分が検出されるが、景気循環に影響するほどの強いものは報告されていない。

ENSO は、異常気象を介し、世界の水循環や生物資源の変動を引き起こすという点で、人間活動と深く結びつき、地球環境問題に間接的に関与している。熱帯の大気・海洋相互作用環は、地球環境問題を支配するさまざまな循環の一部を担っているのである。

【半藤逸樹】

⇒C気候変動におけるフィードバック *p32*　C地球温暖化と異常気象 *p34*　C干ばつと洪水 *p58*　R地球環境変化と疾病媒介蚊 *p292*

〈文献〉Behrenfeld, M.J., *et al.* 2001.　Brunner, A.D. 2002.　Handoh, I.C., *et al.* 2006.　Hill, H.S.J., *et al.* 2004.　Laosuthi, T. & D.D. Selover 2007.　Lehodey, P., *et al.* 1997.　Lenton, T.M., *et al.* 2008.

循環時間と循環距離

時間と空間をまたぐ水循環

地球環境問題としての循環

地球上ではさまざまなモノが循環し、われわれはその過程でそれらのモノを利用している。その自然の営みで循環するモノに人間が強く、深く関与することで、さまざまな地球環境問題が発生している。地球に一定の量で存在する「水」の場合は、太陽エネルギーを駆動力にして、さまざまな循環の速度と大きさを持って、地球上を循環している。つまり大きさと速さの異なる水循環の「環」がいくつも重なり合って、複合的な循環を形成している。これに人間が強く関与・利用することで、自然の水循環が大きく変わり、現在の水循環が存在することになった。

水の循環速度に関係する滞留時間（システムの中の水が入れ替わるのに必要な時間、平均寿命）を見ると、全地球の平均では水蒸気が 10 日、河川水が 12 日、地下水が 900 年、氷河が 1 万年となっているが、それぞれの水の存在形態の中でも、たとえば浅層地下水に比べて深層地下水は数ケタの「滞留時間」の違いがあり、それらが複合的に絡み合って循環の環を形成している。また、人間圏が持つ水（たとえばダムの貯留水や水処理に伴う都市での再循環貯留水）の貯留量・移動量や、人間圏における水の滞留時間（移動速度）を知ることも現在の水循環を考える上で重要である。

速い循環・遅い循環

地球上を循環する水の評価は、物理学的な存在量の評価から始まり、化学的な水質評価に移り、生物・生態系への影響評価となり、さらに経済・政治学的観点からの水管理になり、そして現在、文化としての水の評価に至ろうとしている。地下水を含めて水の管理を行う上で、洪水被害などの too much water（to control，水が多すぎて管理できない）や乾燥地域の too little water（to survive，水資源が少なすぎて生存できない）という水量の問題はこれまでも指摘されてきたが、地球上に存在する水のアンバランスは、現在の空間分布に見られるアンバランスのみの議論では収まらない。

米国西部の半乾燥地域へのコロラド川からの水の導入や、中国の南水北調（長江から黄河をまたいで北京までの水運）などは、上記の too little water を克服するためにそれぞれの国が命運をかけて建設したものである。つまり、遠くの水を動かすことによってその地に住む人間の生業・生活を維持してきたことを意味する。しかしこの遠くの水を動かすことによって水質汚染の問題を含めてさまざまな地球環境問題がいたちごっこのように現れてきたことも事実である。

地球上を循環している水は、短期間に循環している量だけに使用を限れば無限な水資源ともいえる。しかし、短期間に回復しない（滞留時間の長い）遅い循環の地下水を地下水涵養量（かんよう）（地下水に付け加わる量）以上に使えばなくなってしまうので、そういう意味では有限の水資源といえる。米国中西部のオガララ帯水層（写真 1）や中国華北平原では、深い地下水を大量に利用して農業活動を行っており、地下水位の低下が著しい。これらの地域では、滞留時間の長い「遅い」地下水を涵養量以上に利用している点で、持続的な水利用とは言いがたい。

写真 1　米国オガララ帯水層から揚水した地下水の散水（センターピポット灌漑）。白くみえるのが散水中の水。標準的なサイズは、1 マイル四方（1600m 四方）を 4 等分して、それぞれでスプリンクラーを取り付けた全長 400m のパイプを回転させるものである。したがって、半径 400m の円形の灌漑圃場が形成される。（2005 年）［ジェイソン・グルダック撮影］

一方、too much water に代表される湿潤地域では、逆に水を流動させないことによる問題が発生している。東京や大阪では地盤沈下を抑えるための地下水揚水規制により、地下水位が著しく回復・上昇し、地下水位低下時に建設された地下鉄駅などの地下構造物が浮き上がる問題が発生している。地下水位上昇による浮力で持ち上がる地下鉄駅をくい止めるために、錘(おもり)やアンカーなどで対処的な療法を施しているのが現状である。日本のような湿潤地域では、地下水涵養量を超えない範囲で地下水を有効利用することが重要であるといえる。

貯水体	平均滞留時間
海洋	2,500年
氷雪	1,600～9,700年
永久凍土層中の氷	10,000年
地下水	900～1,400年
土壌水	1年
湖沼水	17年
湿地の水	5年
河川水	17日
大気中の水	8日

表1　地球の水の滞留時間［Shiklomanov 1997 を改変］

近い循環・遠い循環

バーチャルウォーターやフードマイレージは、グローバル化が進み、モノの循環の速度と範囲が拡大する現代における地球環境問題を考える1つのキーワードとして使われている。同じモノが近くにある、あるいは生産可能であるにもかかわらず、輸送エネルギーや設備投資によるエネルギーを用いて、遠いところからモノを動かす経済至上主義の是非を問うものである。

バーチャルウォーター（輸出国で実際に消費された水資源量はウォーター・フットプリントと呼ぶ）とは、たとえば、牛を飼育するのに必要な飼料のトウモロコシを栽培するのには水が必要で、つまり牛肉を輸入するということは、それを生産するのに必要な水を輸入するのと同じことだという考えである。「水」という価値に置き換えることで、雨の少ない半乾燥地域のアメリカなどから雨の多い日本への「水の輸入」に対する是非を問うものである。日本へのバーチャルウォーターの輸入量は年間 1035 億 m^3 程度と推定されており、日本における年間水資源使用量 890 億 m^3 より多い量となっている。このバーチャルウォーターも、先進国から先進国への経済価値の交換に伴う移動であれば問題はそれほど大きくないかもしれないが、開発途上国から先進国への仮想水の移動の場合は、安全保障の観点からも問題がより大きいといわれている。

フードマイレージに関しても日本は世界有数のマイレージ保有国であり、モノ（水など）を動かすことにより付随施設の建設・輸送などでエネルギー消費を増大させている。水の豊富な日本でペットボトルなどのボトル水を輸入し、食料をはじめさまざまなモノを移動・輸入する現在の日本の水利用の状況に未来可能性はあるのだろうか。

時空間をまたいだ水循環と未来可能性

これまでの水利用の歴史を見ると、近い水である雨水、池水あるいは浅い井戸水などを使っていたものが、人口増大・都市への人口集中による水需要の増大により、生活場から少し離れた場所にダムを建設し、川の水を大量にためて遠い水を tapped water として使うようになった。さらに現在はボトル水の輸入に代表されるように、流域や国境を越えて「より遠くの水」を使うようになっている。一方で、近場の水としては、滞留時間の速い浅層地下水や雨水・池の水などの速い水の利用から、米国オガララ帯水層や中国華北平原で見られるように、より深い地下水（より滞留時間の長い遅い水）を使い始めた。半乾燥地域の米国中西部や中国北部での地下水資源の利用の1つであるバーチャルウォーターは「遠くて遅い水」を輸入していることを意味する。このように現在の水の利用形態は速くて近い水から、遠くて遅い水への水資源利用変化と見ることができる。これを滞留時間や地下水涵養量などの正確な理解なしに進めると、水利用の未来可能性を損ねる可能性があることに十分注意すべきであろう。

水の循環は「大気と陸と海」を繋ぐばかりでなく、「自然圏と人間圏」の間を時空間をまたいで繋いでいる。「近くて速い水」から「遠くて遅い水」への水資源利用変化に見られるように、人間社会と自然を未来可能性の観点から繋ぐ重要な要素といえる。水の持続的利用の基本である涵養量や滞留時間を明らかにした上で、未来可能性を損なわない賢明な水利用を行うべきであろう。「21 世紀は水の世紀」といわれるが、これは単に人口増加による水資源の枯渇や、国境を越えた水争いに代表される紛争などの社会問題のみをさすのではなく、「循環」の象徴としての「水」に焦点を当てた社会の合意形成の重要性を指摘したものであろう。水の問題は量だけでなく汚染などによる質も同様に重要であり、20 世紀の枯渇資源利用型から、水に代表される循環型の資源を有効利用した社会を築いていく必要がある。

【谷口真人】

⇒C地表水と地下水 *p80*　E地球規模の水循環変動 *p510*　Eバーチャルウォーター貿易 *p512*　E地産地消とフードマイレージ *p514*　E未来可能性 *p582*

〈文献〉榧根勇 1980．谷口真人 2008．総合地球環境学研究所編 2009．Vörösmarty, C.J., *et al.* 2000. Shiklomanov, I. A. 1997.

循環と因果

「風が吹けば桶屋が儲かる」の論考

「風が吹けば桶屋が儲かる」

「風が吹けば桶屋が儲かる」ということわざは、おおよそ有り得ないことや、思わぬ結果が生じることのたとえとして使われてきたものである。図1に「風が吹けば桶屋が儲かる」の因果を示す。自然現象に対する人間の行動が、新たに予想しない形の自然現象を生み、巡り巡って人間に再び作用するさまをよく描写している。地球システム予測の議論でしばしば引用されるテレコネクション（離れた地域における気圧の相関的変動についての気象学的用語）やバタフライ・エフェクト（カオス）と異なり、科学用語ではないが、地球環境問題の性質を言い当てている部分がある。

少し詳しくこのことわざの構造を考えてみよう。それぞれの現象には実際には確率が伴う。大風が吹くのは年数回のことなので、大風が吹くことによって視覚障害者が発生する確率はきわめて低い。視覚障害者が三味線（しゃみせん）弾きになるのは日本における特定の時代の社会文化的行動である。ネズミが増えるほどネコが減るかどうかは、三味線の需要によるだろう。こうして個々の事象の小さな確率を乗じていくと、最終的に桶屋が儲かる確率は、きわめて小さなものとなる。ことわざが「おおよそ有り得ない」所以である。

それぞれの事象の確率が小さいということは、本質的に事象の連鎖とは拡散的なものだということを示している。図2は多様な環境と多様な人間文化の相互作用のイメージである。環境の作用に対し、人間がさまざまに異なる対応をして、また別の環境の作用に伝播しているさまである。青色の矢印で示した部分は、その中でたまに起きる循環的連鎖を指している。事の連鎖は多様に分岐して拡散していくとともにその影響は弱まっていく。また1つの事象が複数の事象の組み合わせから起きる場合も多い。たとえばネズミの大増殖はネコの減少だけでなく木の実の成り年にも起因するのである。

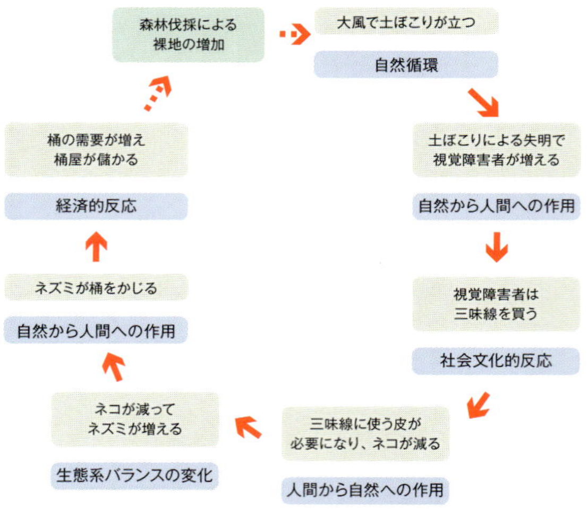
森林伐採による
裸地の増加
大風で土ぼこりが立つ
自然循環
土ぼこりによる失明で
視覚障害者が増える
自然から人間への作用
視覚障害者は
三味線を買う
社会文化的反応
三味線に使う皮が
必要になり、ネコが減る
人間から自然への作用
ネコが減って
ネズミが増える
生態系バランスの変化
ネズミが桶をかじる
自然から人間への作用
桶の需要が増え
桶屋が儲かる
経済的反応

図1 「風が吹けば桶屋が儲かる」における事象の連鎖

次に図1点線部分を追加。桶が爆発的に売れたと仮定して、木材の需要増加による森林の伐採加速という項目を付け加えると、現象の連鎖が循環的な構造を持つようになる。これによって風が吹きやすくなるかもしれないし、ほこりが舞い上がりやすくなるかもしれない。環境問題を描写する際に使われる悪循環の構造にみえる。循環構造は「わかりやすい」のだが、気をつける必要がある。環を描くことによって私たちはそれ以外の事象の連鎖を見落としやすいからである。時間の経過を考慮すると、自然と人間双方の条件は一定ではなく、つねに変化している。よって事象が循環的に連鎖する場合も，時とともに確率は変わるのである。たとえば土ぼこりがよりひどくなっても視覚障害者が三味線弾きになる文化が廃れれば、最終的に桶屋が儲かる可能性は低くなる。一連の事象の連鎖の確率が以前より上がれば悪循環であるが、そうでなければ循環構造は河の流れに偶然起きた渦のように時間の経過とともに消え去る運命にある。

確率はどのような空間・時間スケールで問題を捉えるかによっても変わってくる。「風が吹けば桶屋が儲かる」は全世界でみればますます起こり得ないことになろう。

地球環境問題の事象の循環

環境問題は人間活動が自然循環に及ぼした作用が、自然循環を通して再び人間に作用する現象である。公害や地域的な環境問題では、加害者と被害者の地理的関係が近く、事象の因果が短時間で比較的明瞭に表れる。加害者の加害は人間の五感で感知しやすい。

これに対し、地球環境問題は事象の連鎖に地球規模の自然循環が関与するので、その科学的理解なしには因果が把握できない場合が多い。地球温暖化は CO_2

（二酸化炭素）の温室効果の理解によって、オゾンホールはフロンの化学的特性の理解を通して、初めて問題の加害者が特定された。

地球環境問題のもう１つの特徴は、事の原因がわれわれの生活に伴う一見無害な行動にあり、その長期間の蓄積によって地球システムが変化することである。被害者は地球規模の不特定多数であり、またそれは将来世代である場合が多い。つまり事象の因果が大きな距離と長い時間を隔てている。被害者にも加害者にも「思わぬ結果」となる所以である。

均質化する人間文化が事象の悪循環を強める？

地球温暖化やオゾンホールは、程度の差こそあれ世界に共通の問題を引き起こす。一方で砂漠化や生物多様性の低下などは地域的に発現する環境問題だが、これらもやはり地球環境問題と呼ばれている。本来自然環境も文化も異なる地域で共通の現象が起きているのはなぜだろうか。

これについても「風が吹けば」を例にして考えてみよう。このことわざの人間活動の部分においてわれわれは「視覚障害者がみな三味線弾きになるわけではない」と常識的に判断する。しかし人類の文化はここ数十年で経済と文化のグローバル化によって急速に多様性を失い、行動様式が相互に類似しはじめている。

動機は人間共通の文化に由来する。たとえば「楽をしたい」である。昔は非力な人間が多様な自然に対峙しながら「楽に」資源利用をするためには智恵と経験を必要としたが、人間は自然を自分たちの生活に合わせて改変する工業力を手に入れ、類似の行動をとるようになった。たとえば、世界中に貨幣経済が浸透したことで、誰もが貴金属に価値を置くようになり、もともと地域的な嗜好品であったコーヒーが全世界で飲まれるようになり、どこの国の人もが携帯電話を使うようになった。

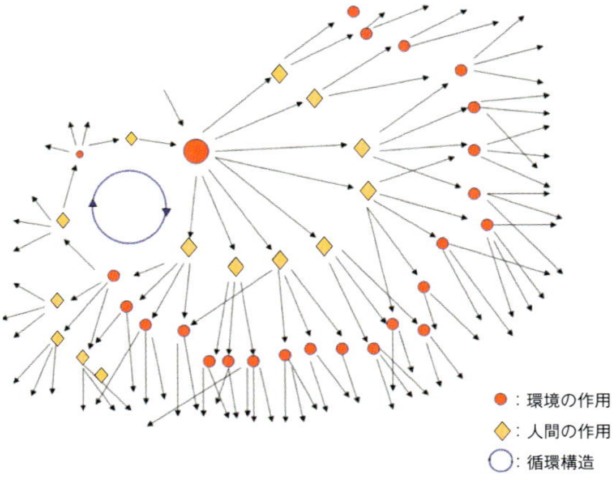

●：環境の作用
◇：人間の作用
○：循環構造

図２　多様な環境と多様な人間文化の相互作用のイメージ。事象の連鎖は多様で拡散的である

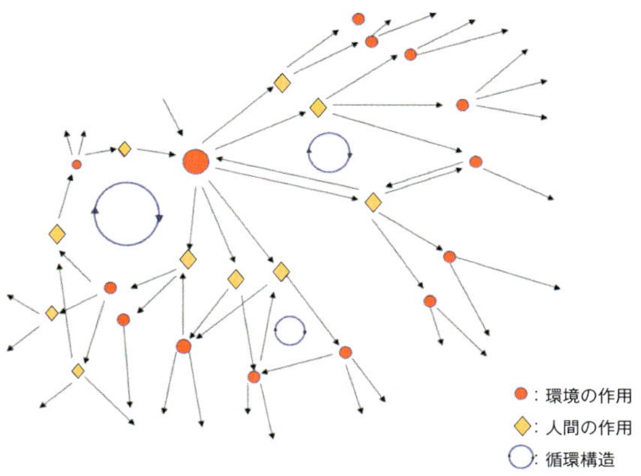

●：環境の作用
◇：人間の作用
○：循環構造

図３　単純化した環境と人間文化の相互作用のイメージ。事象の連鎖に多様性がなく循環構造を持ちやすい

図３は単純化した環境と人間文化の相互作用のイメージである。事の連鎖の経路が限定的になっている。図２が川の水位が高かった時の水の流れと考えると、図３は川の水位が低くなり、あちこちに石が現れて流れが限定され、いろいろなところに渦を巻くようになっていると考えることができる。このイメージにおける川の水位は人間も含めた生物が持つ平衡力、川底の石は、生物にとっての環境制限と考えてほしい。生物は長い進化の過程で環境変動の激しかった地球を自分たちの生存に適するように改変してきた。光合成によって海の酸素濃度をあげて有害物質を沈殿させ、酸素からエネルギーを生み出す呼吸に成功し、大気の組成を変えたことで到達する紫外線を弱め、地上に進出した。生物はさらに気候や条件の異なるさまざまな地域に適応して進化し、多様性を高めてきた。多様になることで、少々の環境変動を動的に緩和する平衡力を手に入れたのである。

一方、人間も自分たちの生存に好適なように環境を改変することで爆発的な人口増加を起こした。生物と異なるのは、生存戦略が多様化ではなく均質化の方向に向かっていることである。このことが生物の多様性と平衡力を奪い、事象の連鎖経路の単純化を引き起こした。人間は川の水位を下げ、川底の石を露わにして、悪循環を増やし、生物としての自らの生存圏を脅かす状況となっていると考えることができる。産業活動に伴い、生物が長い時間をかけて分散、安定化させた有毒物質を濃縮して環境に放出しているという意味においては川底の石をも増やしているのかもしれない。

【長野宇規】

⇒C地球温暖化と健康 *p42*　D生物間ネットワーク *p138*　D環境問題と文化 *p190*　E地球システム *p500*

〈文献〉米本昌平 1994．中西準子 2004．

魂の循環

輪廻転生と先祖崇拝の思想

循環という思想

地球環境問題の根本には、過去から未来に一直線に進むという時間観念があるのではないだろうか。過去を振り返らず現在に生きるというのは前向きな態度にみえるが、現在さえよければ、過去に対しても、そして未来に対しても責任をとらないという刹那(せつな)的な考え方にどこかつながっているともいえる。

循環とは、環（輪）を描くように巡りゆくことであり、物質世界の循環、人間世界の循環、また霊的世界の循環など、さまざまなレベルでの循環が考えられるが、ここでは人間世界の循環の中でも、とくに霊的世界の循環を取り上げる。

人類史における循環の思想は、天体の運動や植物、動物の観察から導かれてきたと考えられる。たとえば、毎朝、太陽が東から昇り、西に沈むが、翌朝にはふたたび東から昇ってくるという太陽の運行の現象。春分や秋分、四季の巡りや星の巡り。またそうした自然の巡りゆく現象の中で、木々や草花が生え変わり、サケなどの魚が元の川に戻ってくることなど、自然界の現象の観察を通して、そこからさまざまなレベルでの循環のありようを類推したと考えられる。

自然の中で生起する循環現象の観察の中から導かれた洞察や想像の中で、後世の人類史に大きな影響を与えた思想、すなわち「魂の循環」の思想が現れた。その思想の登場の時期を特定することは困難であるが、人間や生物の生まれ変わりについての観念が発生した段階で「魂の循環」の思想の初期形態が誕生したと考えてよいだろう。

太陽が毎朝東から昇ってくるということは、太陽が一回死んで甦(よみがえ)るということである。すなわち、そこには、死と再生（あるいは復活）のサイクルがあることが想定されている。死は物事の終わりではない。それはさらなる始まりでもある。あらゆる現象は始まりと終わりを持つが、それはすべての終わりではなく、次なる現象の始まりである。

古代思想のなかの循環

そのような循環の思想の中で、魂の循環と永劫回帰(えいごうかいき)する時間の観念が生じてきた。あらゆる現象が循環するように時間も循環するという時間観念が生まれるのは自然の理であった。古代エジプトや古代インドにおいて、回帰する時間の思想が姿を現す。

古代インドの思想において、世界は周期を描きながら巡りゆき、また人間も輪廻転生(りんねてんせい)という周期を描いて循環する。この宇宙の運行を司る神々は、ブラフマン、ヴィシュヌ、シヴァという最高神格の三神である。ブラフマンは宇宙の創造を、ヴィシュヌは宇宙の維持を、そしてシヴァは宇宙の破壊を、さらにはまた巡りゆきてブラフマンが宇宙の創造をして、次の世界が始まるという循環構造が思想化された。

写真1 魂や生命の再生と循環を表すアイルランドのニューグレンジ遺跡（左）と縄文土器の渦巻き文様（右）［wikimedia commons より］

共同体の紐帯としての循環

M. エリアーデは、そのような永遠に循環する世界観を『永劫回帰の神話』、『聖と俗』、『世界宗教史』などの著作において、回帰する時間として考察した。そしてその思想を「祖型と反復」として捉えた。この「祖型」は神話として表現される。そしてその神話という祖型が祭祀などの儀礼を通し繰り返し再現される中で、祖型に向かって永劫回帰する無時間的な神話的時間が体験される。祖型は反復されることを通して、共同体の成員の絆を深く強く結び直す。

循環が渦巻きや螺旋(らせん)の図形で表されることは、近年、縄文時代の土器や土偶、またケルトの遺跡出土品の装飾文様の図像学的分析によって明らかになってきている。そのような循環構造が伊勢の神宮の式年遷宮や諏訪大社の御柱祭のような式年祭の形式にも保持されている。また、注連縄や御幣の紙垂にも循環する生命や現象への信仰や希求がみられ、それは輪廻転生や再生の信仰ないし思想と結びつく。

魂の循環を転生の思想として明確に説いた最初期の人物はピュタゴラスとプラトンである。ピュタゴラスの輪廻転生思想を受け継いだプラトンは主著『国家』の中でエルという戦士が戦いで死亡し、12 日後に甦った奇跡的な話を記述している。エルの魂は、死後、肉体を離れ、他の死者の魂とともにある不思議な場所に辿り着く。そこの大地と天空にはおのおの 2 つの穴が開いていて、その間に立つ裁判官が魂を裁き、生前正しい行いをした人びとを天の穴から天国に送り、不正の行いをした人びとを地の穴から地獄へ送り込んだ。一方、天国と地獄で 1000 年の時を過ごし、生前の 10 倍の報いを受けた魂たちが 2 つの穴から出てきて旅をし、アナンケ（必然）の女神のもとに赴く。そこで、糸車を回しながら過去・現在・未来の歌を歌う 3 人の運命（モイラ）をつかさどる娘たち、ラケシス、クロト、アトロポスにみずから選んだ次の人生を確かなものにしてもらい、さらに旅をつづけ、忘却の野をわたり、放念の河の水を飲んで、それまでのことをいっさい忘れて眠りにつき、その夜、雷鳴がとどろく中、魂たちは次の新しい生に向かって一斉に飛び去ってゆく。

エルはこのような死と再生・生まれ変わりの実態を目撃し、臨死体験者として死後世界の実相と輪廻転生の真実を告げ知らせたという。このような不思議な話をプラトンはソクラテスが語った話として記述しているのである。なぜプラトンは『国家』の最後の最後で、「エルの物語」という輪廻転生の話を語ったのか。霊魂の存在と霊界＝死後の世界＝イデア界＝真実在界を根拠とすることにより、真と善と正義の基準を示すことができる。つまり、感覚世界は限りなく相対的で、主観的であり、頼りにはならないが、しかし、霊的世界を基準とすることによって初めてこの世の感覚世界の相対を離れることができ、客観としての真実在に基づくことができるということを主張しようとしたと考えられる。

プラトンによれば、魂の世話をするいとなみである哲学（愛知の業）とは、魂がより正しくなるような方向に向かう、よりよい善なる生涯をもたらすものであった。そしてその魂は、この世の肉体に宿る前から魂としてイデア（真実在）を知っていた。哲学とはその魂のイデア界での記憶を想い出す作業（アナムネーシス）にほかならないというのである。

転生と先祖祭礼

このように、魂の循環について最もまとまった哲学的考察を加えた人物はプラトンであったが、「日本人の自己内省の学」あるいは「日本人の幸福の実現の学」として日本民俗学を立ち上げ構想した柳田國男は、プラトンにも似て、『先祖の話』（1946 年）の最後で、日本の生まれ変わりの思想を考察している。柳田は戦後日本の「家の問題」に危機感を持ち、「先祖祭祀」が継続されるためにはそこに魂の循環の思想と信仰がなければならないと考えていた。「死後の計画」や「霊魂の観念」が先祖祭祀を支えると柳田は考えていたのである。

柳田によれば「先祖」理解には 2 つの道がある。1 つは文字から理解する道で、そこでは先祖とは「家の最初の人」とか「大へん古い頃に、活きて働いてゐた人」のこととなる。が、もう 1 つの耳から理解する道を辿った人は、「先祖は祭るべきもの」「自分たちの家で祭るのでなければ、何処も他では祭る者のいない人の霊、即ち先祖は必ず各々家々に伴なふもの」と考えると指摘している。つまり、先祖観を視覚イメージで捉えるか、聴覚イメージで捉えるかの違いである。知識人は前者、すなわち文字を通して先祖を理解するが、文字の読めない「常民」の多くは後者、すなわち耳から届く音、つまり聴覚イメージで先祖を思うという。

『先祖の話』はこの先祖イメージをめぐる 2 つの感覚回路の分析から始まり、最後に、「生まれ替り」の思想の考察で終わる。なぜ最後に「生まれ替り」が問題となるかというと、それは日本の「家」が先祖祭祀と生まれ替りによって連綿と受け継がれ連続性を保ち、また支えられていることの証明となるからである。敗戦直後の混乱期の中で、柳田は日本の「家」の存在証明・存続証明を社会発信し、警告していたのである。

柳田は、仏教的な厭世観や輪廻転生ではなく、同一の「子孫」や「氏族」や「血筋」に三度生まれ変わって、家の「同じ事業」を継承・継続していくという日本常民の「先祖教」を強調したのである。

アメリカ先住民には「大地や自然は先祖からの遺産ではなく、子孫からの借り物である」という思想があるという。環境問題において、後の世代に対して責任ある態度をとるためには、いま一度、魂の循環を思い起こす必要があるのではないか。　【鎌田東二】

⇒C循環と因果 *p94*　R山川草木の思想 *p310*　Hケルトの環境思想 *p448*　H風土 *p482*　E環境と宗教 *p562*　E環境思想 *p564*　E東と西の環境論 *p568*　E日本の共生概念 *p570*

〈文献〉プラトン 1979．エリアーデ、M. 1963, 2000．柳田國男 1975(1946)．パース、J. 1978．ニーチェ 1967/1970.

トレーサビリティと環境管理

物品や物質の履歴情報による環境リスクの回避方法

トレーサビリティとは

トレーサビリティ（追跡可能性）はトレース（追跡）とアビリティ（可能性）を合成した用語で、農産物や食品の生産履歴を追跡できる状態や仕組みをいう。しかし本来は、長さや重さなどの物理量を計測する時に発生する不確かさの解消を目的としている。測定値や分析値が正確であるためには、用いる機器が国や国際的に定められた標準器にまで遡って校正されている必要がある。こうした校正の連鎖が追跡できることをトレーサビリティ（狭義には計測トレーサビリティ）といい、工業製品の管理に欠かせない方法になっている。

トレーサビリティの考えは、食品を含め商品一般にまで拡張されている。商品の安全性は品質に基づいてなされているが、その一方で偽表示や不当表示が後を絶たない。安全と思われた商品でも、欠陥や有害物質の混入が市場に出た後や消費者が購入した後、時には廃棄後に見つかる場合もある。こうしたリスクに対して、商品が製品化される段階から、流通や販売を経て消費者に至る段階、さらに消費・廃棄される段階までを迅速かつ正確に追跡できれば、問題が生じた場合に適切な対策が可能となる。生産—加工—流通—消費—廃棄に至る商品のライフサイクルやその一部を、それに関与するさまざまな当事者が追跡できる状態になっているのがトレーサビリティであり、工業製品の品質管理から商品一般の市場システム全体の安全管理へと、その対象と内容は大きく広がってきている。

食のトレーサビリティ制度

食のトレーサビリティへの注目はBSE（牛海綿状脳症）問題に端を発している。1986年に英国で発見された狂牛病は、牛肉骨片の摂取によるとされ、人に感染し致死率の高い変異型クロイツフェルト・ヤコブ病との関係が高いと指摘されたこともあって、370万頭もの牛が殺処分された。

日本でも、BSEに感染した米国・カナダ産牛肉に対して輸入禁止措置が取られ、外食産業を中心に大きな社会的混乱を招いた。2004年12月には牛肉トレーサビリティ法（牛の個体識別のための情報の管理及び伝達に関する特別措置法）が施行され、国産牛や輸入牛は10桁の耳標で個体ごとに識別・データベース化されるようになった。個体ごとに、出生の年月日、雌雄の別、母牛の個体識別番号種別（品種）、管理者の氏名と住所、飼養場所の履歴などの情報提出が義務づけられ、牛個体識別台帳は農林水産大臣によって管理される。この個体識別番号により、生産者や流通業者は牛肉が消費者まで至るルートの追跡（トレースフォワード）を、いっぽう消費者はインターネットなどを介して牛肉の加工から出生までを遡及（トレースバック）できるようになっている。

食への不安や不信は牛肉BSEに止まらず、残留農薬、O157、遺伝子組換え作物など拡大の一途をたど

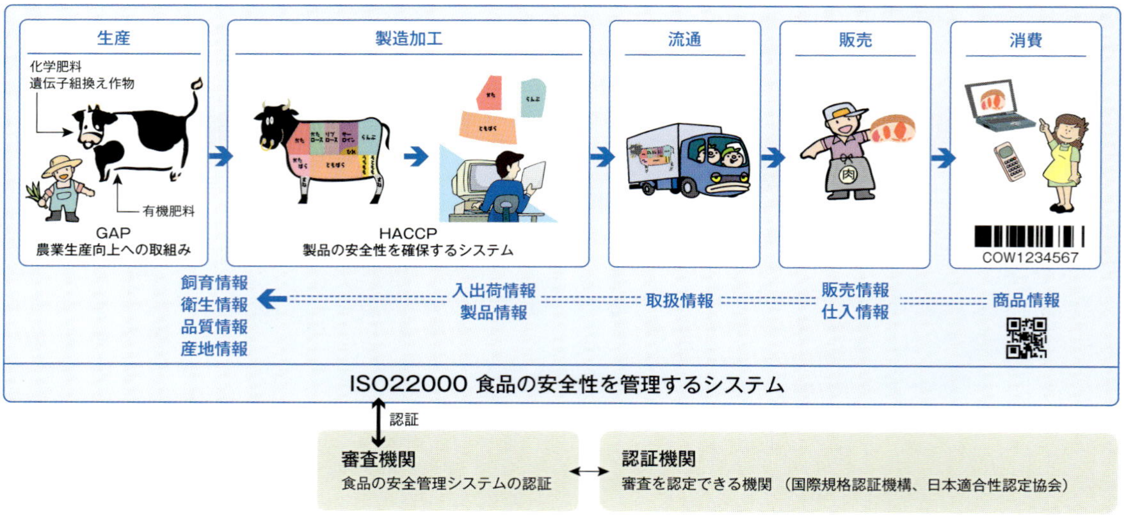
生産
化学肥料
遺伝子組換え作物
有機肥料
GAP
農業生産向上への取組み
製造加工
HACCP
製品の安全性を確保するシステム
流通
販売
消費
COW1234567
飼育情報
衛生情報
品質情報
産地情報
入出荷情報
製品情報
取扱情報
販売情報
仕入情報
商品情報
ISO22000 食品の安全性を管理するシステム
認証
審査機関
食品の安全管理システムの認証
認証機関
審査を認定できる機関（国際規格認証機構、日本適合性認定協会）

図1 人工物のトレーサビリティ

っている。EU では畜産物だけでなく農水産物にも 2007 年にトレーサビリティ情報提出が制度化されており、日本においても、コメをはじめとする農水産物についてもトレーサビリティ法の適用が進んでいる。トレーサビリティは商品の安全性を 100%保証するわけではないが、生産や流通の履歴情報の開示によって、消費者は品質を自ら判断した上で商品を購入できる。生産者側においても、商品管理の効率化が図れる上に、商品に問題が見つかった場合に回収などの処置を適切に実施し、被害の拡大を防ぐことができる。個体識別により、肉質の良い牛の血統やその生育内容の把握も可能となるため、良質な畜産物の生産向上にもつながる。このように消費者だけでなく事業者にとってもメリットが大きいために、さまざまな分野でトレーサビリティの実用化に向けた試みがなされている。

トレーサビリティ・システムと認証制度

トレーサビリティ情報はバーコードや QR コードとして商品に添付されているが、将来は大量の情報を取入れることができる IC チップなどの利用が考えられている。これら媒体の情報を、読み取り機や携帯電話あるいはパソコンなどを介して取り出せるシステムが開発されている。トレーサビリティの管理システムは情報技術と共に進展しているが、品質の安全性が損なわれた場合や、履歴情報に不備があるとシステムの信頼が損なわれる。また、情報が多くなればデータ獲得や入力にコストがかかる。とくに、さまざまな材料から作られる加工食品や工業製品の場合、その履歴情報を収集し記録・保存することは、生産者にとっても流通業者にとっても容易でない。省力と費用対効果を満足させる効率的なシステム構築が望まれる。

トレーサビリティのシステムや制度にも限界があり、それを審査し補完する仕組みが必要である。商品の質や安全性だけでなくその管理システムを保証する制度として、各種の認証制度がある。生産者や流通業者と異なる第三者機関が商品の品質を審査するもので、農水畜産物の認証は地産地消に貢献すると期待されている。認証制度の対象はトレーサビリティと同様、商品から環境などの管理システムへと拡張している。たとえば、国際標準である ISO（国際規格認証機構）には食品の安全管理マネジメントとして ISO22000 が、環境マネジメントシステム規格として ISO14001 がある。企業や団体は、省エネや汚染対策など環境に配慮した経営や事業を実施し、ISO14001 を取得することによって外部の審査登録機関の認証を受ける。これにより企業は、エネルギーコストや環境リスクの低減だけでなく、イメージや信用の向上も期待できる。

トレーサビリティと環境管理

トレーサビリティは環境問題と密接に関係している。たとえば、米国、カナダ産牛肉の BSE 問題はブラジル産牛肉の需要拡大を促し、アマゾン川流域の森林伐採や生態系破壊の一因にもなった。金やダイヤモンドなどの貴金属製品については、原料の採掘から製品・販売までの過程だけでなく、鉱業活動に伴う環境破壊や労働者の人権への配慮に関する情報も加えたトレーサビリティ制度が検討されている。

トレーサビリティに対する認識の向上は、社会の分業・細分化やグローバル化が進み、商品の履歴関係が不透明になってきたことに起因する。地球環境は大気―水―生物―岩石などのサブシステムから構成されており、その内部や相互の間をさまざまな物質が移動することにより維持されてきた。この自然システムに燃料や鉱物などに由来する新たな人工物が加わり、それらが移動・拡散した結果、さまざまな地球環境問題が発生している。地球表層における物質の動態を追跡できれば、環境問題を引き起こす人と自然の因果の履歴が解明され、適切な環境対策を図れる。人工衛星と地上観測を統合した GEOSS（全球地球観測システム）の構築は、自然環境の安全性を監視するトレーサビリティ・システムである。しかし、地球環境はたいへん複雑であり、拡大する人間活動がもたらすさまざまな地下資源由来物質の水や生物への追跡は難しい。

人間社会における商品の追跡と遡及を可能にするトレーサビリティ・システムには、さまざまな情報技術が開発・導入されているが、地球環境における物質の発生源、排出源、産地の追跡には、環境物質に対するトレーサビリティ技術の開発が必要である。各種の地球化学的指標やバイオマーカーなどは有力なトレーサビリティ情報である。たとえば、大気に含まれている硫黄の安定同位体比は酸性雨の発生源を特定できるために、クリーン開発メカニズム（CDM）事業にも取り入れられている。農産物やワインなどの食品の産地判別にも、安定同位体比手法が取り入れられている。予防原則（措置）に立った地球環境の安全管理には、IT、バイオ、ナノといった先端技術の適用範囲と費用対効果、技術がもたらす情報の信頼度と利点、さらに技術情報の解読法までを考慮した環境のトレーサビリティ・システムの設計が望まれる。　【中野孝教】

⇒C 生態系を蝕む化学汚染 *p64*　R 遺伝子組換え作物 *p260*　R BSE（牛海綿状脳症）*p288*　R 動物由来感染症 *p290*　E 情報技術と環境情報 *p520*　E 環境認証制度 *p546*

〈文献〉山本謙治 2006．新山陽子編 2005．萩原睦幸 2005．Kerry, S., *et al.* 2005.

大気汚染物質の排出インベントリー

大気環境問題の解決に向けた基礎データ

排出インベントリーとは

排出インベントリーとは、どこからどれだけの大気汚染物質が排出されているのかを示す目録（インベントリー）である。さまざまな人間活動や自然活動によって大気中に排出される汚染物質を推計し、その結果をデータベース化したものともいえる。人間活動に伴って、どれだけの大気汚染物質が大気中に放出され、それによって大気環境がどのような影響を受けるかを把握するためには、必須の基礎データである。

排出インベントリーは、大気環境の状態を理解し、人間活動による環境変化を把握して、良好な環境を保全するために、さまざまな目的で使用されている（図1）。排出インベントリーを作ることは、排出実態を定量的に把握することであり、排出実態の理解を促進する。また、その結果は、大気環境の実態把握や政策決定のための重要な資料となる。さらに、インベントリーは対策効果の評価や比較を可能とし、種々の対策導入に要するコスト評価と組み合わせることにより、費用対効果の高い対策を選定することができる。

大気汚染物質の排出

大気環境に大きな影響を与えている大気汚染物質は、さまざまな排出源から大気中に排出される。大気汚染物質には、大気中に長時間存在する温室効果ガス（二酸化炭素、メタンなど）と比較的短時間で消滅する汚染物質（二酸化硫黄や窒素酸化物などのガス、ブラックカーボンや有機炭素粒子などのエアロゾル）がある。また、排出源としては、人間活動に伴う人為起源と自然活動に伴う自然起源に大別される。人為起源の代表的な排出源としては、火力発電所、工場、自動車などによる石炭や石油といった化石燃料の燃焼、家庭における薪炭や稲わらなどのバイオ燃料の燃焼、農業残渣物の屋外焼却、焼畑などがあげられる。燃料燃焼過程以外にも、農耕地の施肥（アンモニアや窒素酸化物）、家畜の排泄（メタンやアンモニア）、塗装・印刷・石油の取扱い過程（揮発性有機化合物）などからも大気汚染物質が排出される。

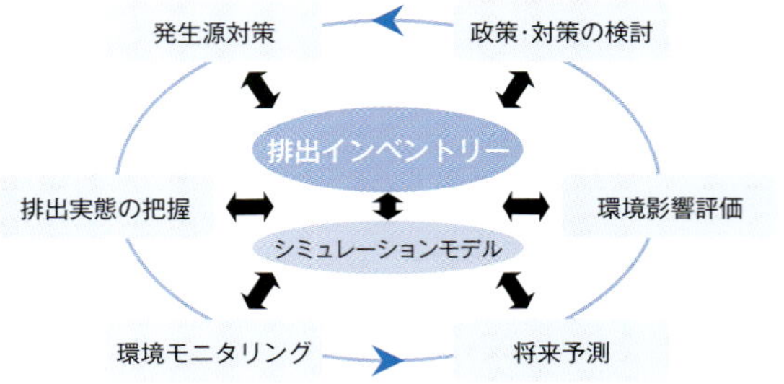
発生源対策
政策・対策の検討
排出インベントリー
排出実態の把握
環境影響評価
シミュレーションモデル
環境モニタリング
将来予測

図1　排出インベントリーの役割［環境省監修 2007 を改変］

一方、自然起源の発生源と発生物質としては、雷放電による窒素酸化物、火山からの二酸化硫黄、沼地からのメタン、海洋からの海塩粒子やジメチルサルファイド、森林火災による一酸化炭素やエアロゾル、植物からの揮発性有機化合物などがあげられる。

排出量の推定方法とインベントリーの作成方法

火力発電所などの大規模排出源の排出量は、直接測定することによって算出されることがある。しかし、直接測定される排出源は非常に少なく、ほとんどの場合には、燃料消費量や工業生産量、自動車走行量、人口による活動量に、排出係数（排出原単位：排出源種類ごとの単位活動量当たりの汚染物質の平均排出量）を乗じることにより算定される。通常、活動量には、統計データや調査結果が使用される。一方、排出係数は、排出実態調査などを元にした対象地域に適したデータを使用することが望ましいが、そのようなデータがない場合には、IPCC ガイドラインや EMEP/CORINAIR ガイドブックに示されたデフォルト値（標準的な値）が用いられる。

このような方法によって推計される排出量は、活動量と排出係数の不確かさによる誤差が大きい。このため、対流圏観測衛星や地上の観測データに基づく逆推計によって、排出量を修正する研究が世界的に実施されている。また、排出係数の不確かさを低減するため、各地域の排出実態を正確に把握する調査研究も重要である。今後は、これらの2種類の研究手法を組み合わせて、排出インベントリーの不確かさを減らしていく必要がある。

増加する二酸化炭素排出量

CO_2（二酸化炭素）などの温室効果ガスの排出インベントリーは、京都議定書をはじめとする地球温暖化問題に対する取組みにおいて大きな役割を果たしている。

1850 年以降の化石燃料燃焼などによる二酸化炭素排出量の推移を図 2 に示す。世界における 2006 年の CO_2 排出量は 82.3 億 t（炭素換算）であり、第 2 次世界大戦後の 1946 年から約 7 倍に増加した。この増加には、アジアにおける経済成長・人口増加に伴うエネルギー消費の増大が大きく影響している。アジアの CO_2 排出量は、1946 年から 2006 年の間に 60 倍に急増して、2006 年には世界の排出量の 4 割を占めるまでになった。アジアの中では、中国（49%）、インド（12%）、日本（10%）の排出量が多い。とくに、中国の排出量は 2002 年から 2006 年の間に平均年率 12% で急増し、2006 年には米国を抜いて世界一の排出国になった。一方、日本の 2006 年の排出量は 3.5 億 t であり、1994 年以降の変化は比較的小さい。

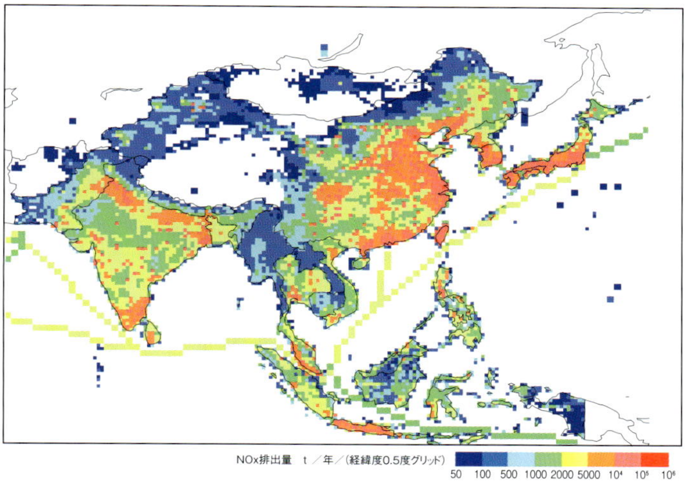
NOx排出量　t／年／(経緯度0.5度グリッド)
50 100 500 1000 2000 5000 10⁴ 10⁵ 10⁶
図 3　アジアの NOx 排出量分布（2000 年）［Ohara, *et al.* 2007］

アジアにおける排出量

アジア地域では、さまざまな人間活動に伴って、大量の大気汚染物質が大気中に放出され、大気環境に大きな影響を及ぼしている。世界的にみても、アジアは、北米、ヨーロッパとともに三大排出地域の 1 つであるが、欧米に比べて排出量の増加が著しいこと、CO_2排出量は世界の 4 割を占めるが日本以外は京都議定書の削減対象国でないこと、大陸間輸送によるアジアからの越境大気汚染の影響も懸念されることから、大気汚染物質の排出が世界で最も問題視されている地域である。そのため、アジア地域を対象とした正確な排出インベントリーを作成する必要がある。ここでは、代表的な排出インベントリー REAS（アジア域排出インベントリー）の結果をもとに、窒素酸化物（NOx）の排出実態とその経年変化について紹介する。

図 3 は、2000 年のアジアにおける NOx 排出量分布を示す。東アジアとインドを中心として、広範囲な地域において NOx が大量に排出されていることがわかる。アジア（中近東を除く）の NOx 排出量は年間 2700 万 t で、中国（65%）とインド（17%）の排出量が非常に多く、最大の排出国である中国では、石炭火力発電所（34%）、工場などの石炭燃焼（25%）、自動車などの石油燃焼（25%）が大きな割合を占めている。アジア全体の NOx 排出量はこの四半世紀で約 3 倍に増加しており、中でも中国における増加は約 4 倍（平均年率 6%）と非常に大きい。このような最近の増加傾向は衛星観測データによって検証されている。

排出インベントリーをもとに、将来の排出シナリオを設定して排出量を予測することもできる。REAS では、中国を対象に、エネルギー消費と環境対策の将来動向を考慮して 3 種類のシナリオ（排出量の多い順に、現状推移シナリオ、持続可能性追求シナリオ、対策強化シナリオ）を設定し、2000 年から 2020 年における排出量の変化を予測した。この結果、2020 年における中国の NOx 排出量は、現状推移シナリオでは、2000 年に比べて 2 倍以上に増加するが、対策強化シナリオではわずかではあるが減少することが明らかとなった。

大気汚染物質の排出インベントリーは、人間活動が大気環境に与える影響を把握し、地球規模の大気環境問題を解決する上で必須の基礎データであり、その継続的な整備と改良が必要である。　【大原利眞】

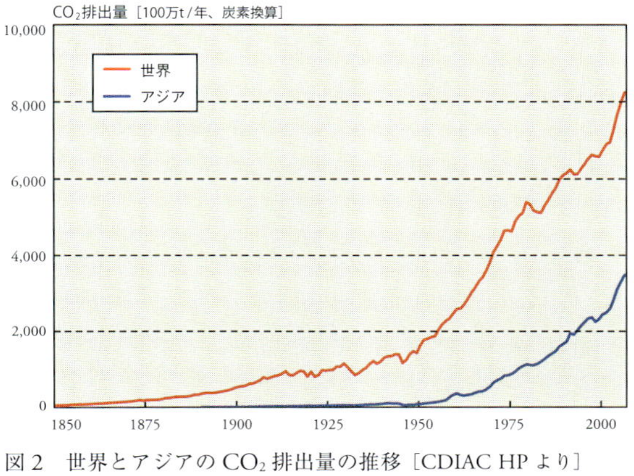
CO₂排出量［100万t／年、炭素換算］
10,000
8,000
6,000
4,000
2,000
0
世界
アジア
1850
1875
1900
1925
1950
1975
2000
図 2　世界とアジアの CO_2 排出量の推移［CDIAC HP より］

⇒ C エアロゾルと温室効果ガス *p28*　C 大気汚染と呼吸器疾患 *p62*　E 温室効果ガスの排出規制 *p506*

〈文献〉EMEP/EEA 2009. IPCC 2006. 環境省監修 2007. Ohara, T., *et al.* 2007.

ライフサイクルアセスメント

人間活動の連鎖の記述と環境影響評価

ライフサイクルアセスメントとは

地球環境問題は、公害型の環境問題とは異なり、取り扱われる問題の影響が広範囲かつ時間的な広がりを持つため、影響を正確に把握することが難しく、公害問題のような対処的対策では解決できない。そのため、地球環境問題に対する改善策は、社会システムの中でサプライチェーン（物流システム）やシステム全体での問題解決策を考慮する必要が生じる。このような背景から、2002 年のヨハネスブルグサミットで採択された実施計画でも、持続可能な生産と消費の実現に向けて、ライフサイクル思考を基盤とした手法が有効であると記されているように、ライフサイクルアセスメント（LCA）は、地球環境問題に対処するための基本的な手法の 1 つとなっている。

LCA は、ある製品を 1 つ作るということが、製造だけでなく、資源採掘から使用、廃棄までを考慮したときに、具体的にどれだけの物質が使用され、潜在的にどのくらいの物質を環境に排出する可能性をもち、その環境への影響はどの程度であるかを定量的に示す方法である。この考え方の特徴は、製品のライフサイクルにかかわる環境面のすべての連鎖を考慮する点である（図 1）。

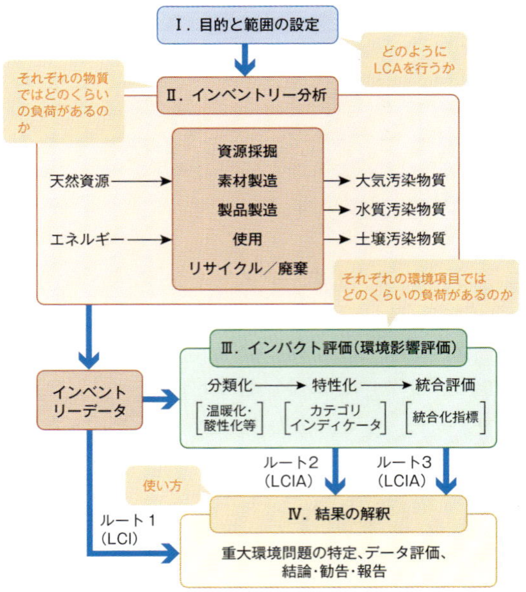

Ⅰ. 目的と範囲の設定
どのように LCAを行うか
それぞれの物質ではどのくらいの負荷があるのか
Ⅱ. インベントリー分析
天然資源
エネルギー
資源採掘
素材製造
製品製造
使用
リサイクル／廃棄
大気汚染物質
水質汚染物質
土壌汚染物質
それぞれの環境項目ではどのくらいの負荷があるのか
Ⅲ. インパクト評価（環境影響評価）
インベントリーデータ
分類化
特性化
統合評価
温暖化・酸性化等
カテゴリインディケータ
統合化指標
ルート2 (LCIA)
ルート3 (LCIA)
使い方
ルート1 (LCI)
Ⅳ. 結果の解釈
重大環境問題の特定、データ評価、結論・勧告・報告

図 1　LCA の構成

LCA によって、製品・サービスの環境負荷や環境への影響が、段階（ライフステージ）ごとに定量化され、ライフサイクル全体に占める各ライフステージの環境負荷の割合などが目に見える形となる。このことによって、生産者はどの段階での改善が必要で、どういった対応が環境負荷削減に効率的かを把握することができるようになり、製品・サービスの環境配慮設計（DfE：Design for Environment）などの内部管理に利用することが可能となる。また、環境負荷や影響に関する定量的な情報が LCA によって提供されれば、消費者は、環境に配慮した購買行動が可能となる。CO_2 排出量を製品やサービスにラベルとして掲示するカーボン・フットプリントは、このような LCA の適用事例の 1 つである。製品の評価だけではなく、幅広く企業活動、消費活動、行政など社会全般に LCA の考え方を適用する試みが世界的に行われる段階になっている。

LCA 実施の手順

LCA を実施する代表的な目的は、環境負荷の定量化と環境への影響の小さい製品やシステムを体系的に比較して知ることである。

バイオマスを堆肥化するかメタン発酵するかなどの利活用法、太陽電池は何年稼働させると環境負荷の削減につながるか、などは LCA で知ることができる。

国際的には ISO14040、国内では、JIS Q 14040「環境マネジメント―ライフサイクルアセスメント―原則及び枠組み」に LCA の原則と枠組がまとめられ、製品システムに関連する物質やエネルギーの入出力をまとめること（ライフサイクルインベントリー分析、LCI：Life Cycle Inventory analysis）、入出力に付随する潜在的環境影響を評価すること（ライフサイクル影響評価、LCIA：Life Cycle Impact Assessment）、まとめたインベントリーおよび環境影響評価結果を目的に応じて解釈することについて記されている。

実施上、また、環境負荷の大小を論じるために重要なことは、「目的と調査範囲の設定」と「機能単位の設定と比較するシステムの機能の統一」である。

ここでの機能とは、役立つ事柄をそろえることである。バイオマスの利活用を例にすれば、堆肥化とメタン発酵はその機能が異なるために、直接両者の環境負荷を比較できない。たとえばメタン発酵技術を導入して発電と発酵残さの液（消化液）を液肥として利用する場合を考えると、メタン発酵の機能は、発電、肥料（化学肥料の代替）で、堆肥化の機能は、堆肥（主に元肥）である。したがって両者を比較するには、少なくとも堆肥、発電、化学肥料相当の肥料を調査範囲に含めることが必要となる。

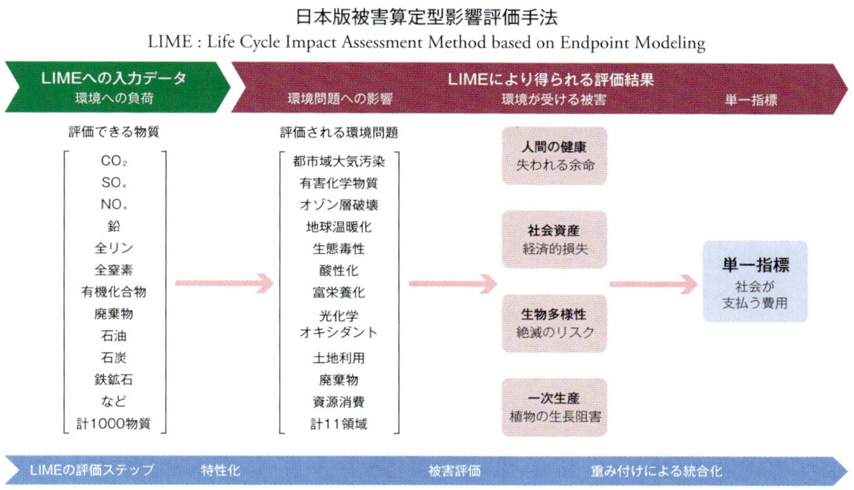
日本版被害算定型影響評価手法
LIME : Life Cycle Impact Assessment Method based on Endpoint Modeling
LIMEへの入力データ
環境への負荷
LIMEにより得られる評価結果
環境問題への影響
環境が受ける被害
単一指標
評価できる物質
CO2
SOx
NOx
鉛
全リン
全窒素
有機化合物
廃棄物
石油
石炭
鉄鉱石
など
計1000物質
評価される環境問題
都市域大気汚染
有害化学物質
オゾン層破壊
地球温暖化
生態毒性
酸性化
富栄養化
光化学
オキシダント
土地利用
廃棄物
資源消費
計11領域
人間の健康
失われる余命
社会資産
経済的損失
生物多様性
絶滅のリスク
一次生産
植物の生長阻害
単一指標
社会が
支払う費用
LIMEの評価ステップ
特性化
被害評価
重み付けによる統合化

図2　環境負荷物質から影響評価への流れ

インベントリデータベース

実際にインベントリー分析を実施する際には、電力、ガス、鉄、プラスチック類など、物質やエネルギーを使うことによる環境負荷を知る必要がある。日本には、このような一般的な物質やエネルギーについての環境負荷データベース（バックグラウンドデータ）が存在する。バックグラウンドデータは、大きく分けて、プロセスの連鎖を調査や統計から記述した積み上げ型のデータと、産業連関表を元にお金の連鎖を、モノの連鎖に置き換えたデータの2種類がある。積み上げ型は、実際のプロセスに基づいているため、プロセスごとの環境負荷削減策が立てやすいが、波及・遡及効果が限定される。一方、産業連関表ベースのデータは、経済循環構造のなかで各種の産業間において一定期間に行われた取引高を、産業間のインプットとアウトプットの相互関連に整理した産業連関表を基にしているため、産業区分ではあるが、幅広く波及・遡及効果が組み込まれている。一方、分類が粗く、プロセスの分析が困難という欠点もある。代表的なデータベースには、LCA日本フォーラムのデータベース（積み上げ型）、国立環境研究所が公開している産業連関表による環境負荷原単位データブック（3EID）がある。実際にインベントリー分析を行う場合には、積み上げ型データと産業連関表ベースのデータ双方を利用して、必要な分析を行う場合が多い。

ライフサイクル影響評価（LCIA）

インベントリー分析によって、機能単位あたりの環境に影響を与える物質の排出量が定量的に示されるが、これらの物質は、物質ごとに影響を与える環境問題が異なる場合が多い。たとえば、CO_2、CH_4は地球温暖化、SO_x、NO_xは、都市大気汚染に主に影響する。このような異なる環境問題に対する影響を定量的に示す作業がLCIAである。LCIAの中で、上記の地球温暖化、都市大気汚染のような環境問題を影響領域（インパクトカテゴリ）という。LCIAでは、インパクトカテゴリごとの影響を数値化（特性化）して示す。

インベントリー分析結果をインパクトカテゴリごとに振り分ける作業（分類化）と各インパクトカテゴリを指標により数値化する作業、および数値化のためモデル検討にはソフトウェアやデータシート（たとえば、日本版被害算定型環境影響評価手法：LIMEなど）を使うことが一般的である（図2）。

LCAは、現時点のプロセスを元にインベントリーデータが作成されるため、新規技術や未来に関する推測には限界がある。

また、影響評価を行う場合にも、インパクトカテゴリが整っていない分野がある。たとえば、環境面の持続性について議論する場合に重要となる上水の設置や土壌の窒素汚染、農業分野のインパクトカテゴリ（地力や農業の継続性など）などは十分に準備されていない。農業分野では環境指標としてエコロジカルフットプリント（EF）が用いられる場合も多い。EFはライフサイクル思考による単一指標の1つと捉えることは可能であるが、LCIAと手順が異なるため、LCIAとEFの単純な比較は一般的ではない。　【玄地　裕】

⇒Cトレーサビリティと環境管理 *p98*　C循環型社会におけるリサイクル *p104*　C循環できないエネルギー *p112*　Rバイオエネルギーの行方 *p344*

〈文献〉LCA実務入門編集委員会 1998．日本建築学会 2006．伊坪徳宏・稲葉敦 2005．

循環型社会におけるリサイクル

枯渇性資源と3R

廃棄物問題としての 3R

1990 年にわが国の産業廃棄物および一般廃棄物の最終処分場の残余年数はそれぞれ 1.7 年、7.6 年にまでひっ迫していた。大量生産、大量消費によって拡大を続けた経済システムが生み出す大量の廃棄物が 80 年代に急速に増大したのに対して、最終処分場の新規建設は地価高騰による用地難や周辺住民の反対などにより困難な状況にあったためである。こうした状況を受け、1991 年に「再生資源の利用の促進に関する法律」(リサイクル法) が施行され、さらに廃棄物処理法の改正により、産業廃棄物管理票（マニフェスト）が一部の産廃処理で義務づけられることとなった。1990 年代半ば以降は、個別リサイクル法（容器包装、家電、自動車、食品、建設など）が次々と整備された。そして、政府は 2000 年を循環型社会元年と位置づけ、より包括的な取組みによって持続可能な循環型社会へと転換させるため、2000 年にその基本的な枠組となる法律、「循環型社会形成推進基本法」を成立し、2003 年には第 1 次基本計画、2008 年には第 2 次基本計画を閣議決定した。この法律で循環型社会とは「製品等が廃棄物等となることが抑制され、並びに製品等が循環資源となった場合においてはこれについて適正に循環的な利用が行われることが促進され、及び循環的な利用が行われない循環資源については適正な処分（廃棄物としての処分をいう）が確保され、もって天然資源の消費を抑制し、環境への負荷ができる限り低減される社会」と定義されている。ここで、「循環資源」とは廃棄物などのうち有用なものであり、「循環的な利用」とは再使用、再生利用および熱回収をいう。

循環型社会構築に向けた取組みの基本方針がいわゆる 3R であり、発生抑制（Reduce)、再利用（Reuse)、再生利用（Recycle）の頭文字をとったものである。廃棄物対策の視点からこれらに適正処分を加え、優先度が高い順に、①発生抑制、②再使用、③再生利用、④熱回収、⑤適正処分の対策をとるべきであるとされる。図 1 は産業廃棄物と一般廃棄物の発生量と処理方法について示したものである。重量で比較した発生量は産業廃棄物が一般廃棄物の約 10 倍近い。いずれも発生した廃棄物は減量化や再生利用がなされ、さらに残ったものについては埋立処分される。1998 年以降、産業廃棄物の発生量はわずかに上昇し、一般廃棄物の発生量は横ばいだが、いずれも大きな変化はみられない。他方で、リサイクルは大きく促進され、1998 年から 2005 年までに再生利用量は産業廃棄物で 27.3% 増加、一般廃棄物で 54.5% 増加したため、最終処分量はいずれも大幅に減少した。その結果、最終処分場の残余年数は、2005 年までに前者で 7.7 年、後者で 14.8 年にまで増加した。

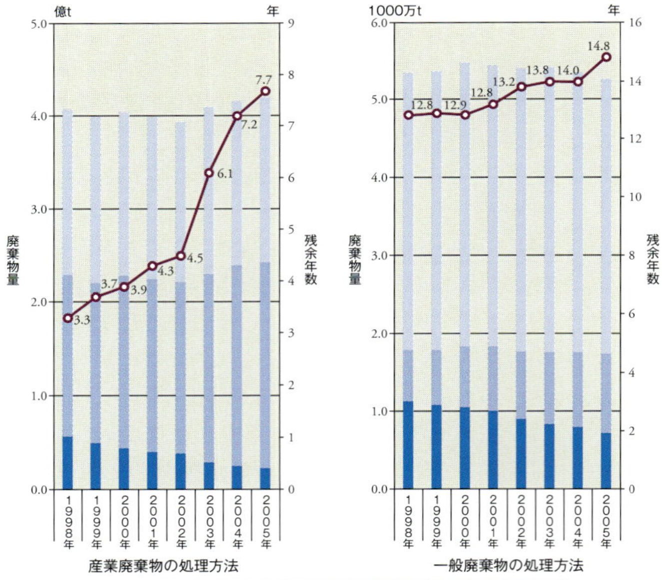
億t
年
廃棄物量
残余年数
3.3
3.7
3.9
4.3
4.5
6.1
7.2
7.7
1998年 1999年 2000年 2001年 2002年 2003年 2004年 2005年
産業廃棄物の処理方法
1000万t
年
12.8
12.9
12.8
13.2
13.8
14.0
14.8
一般廃棄物の処理方法
最終処分量
再生利用量
減量化量
最終処分場残余年数

図 1 産業廃棄物と一般廃棄物の発生量と処理方法の変化（一般廃棄物の総資源化量は用語の統一のため再生利用量の数値を利用）［環境省「平成 22 年度版環境統計集」および「一般廃棄物処理事業実態調査の結果（平成 18 年度実績）について」より作成］

物質フロー分析からみた資源生産

循環型社会構築に向けた取組みのもうひとつの目標は、自然資源の枯渇という持続可能性に関する問題の解決である。資源の有効利用に関するさまざまな取組みが一国の社会経済システムの中でどの程度成果を上げてきたかを知る上で重要な情報を提供してくれるのが物質フロー分析である。これは物質フロー会計（MFA：Material

Flow Accounting）ともいわれ、対象とする社会経済システムにおいて資源の採取・輸入、消費・蓄積、廃棄・循環利用などの入口・出口と循環プロセスごとに物質がどのように流れるかについて、整合的に物質収支を整理したものである。

指標	天然資源等投入量	循環利用量	資源生産性	循環利用率	最終処分量
定義	—	—	GDP／天然資源等投入量	循環利用量（循環利用量＋天然資源等投入量）	廃棄物の埋立量
単位	百万t	百万t	万円／t	%	百万t
1990年（実績）	2,181	175	20.7	7.4	109
2000年（実績）	1,925	228	26.3	10.0	57
2007年（実績）	1,558	243	36.1	13.5	27
2015年（目標）	—	—	42	14~15	23

表1　マテリアルフロー分析による指標［環境省「平成22年度版環境統計集」より作成］

表1にまとめた物質フロー分析の結果によれば、1990年から2007年までに天然資源等投入量は21.81億tから15.58億tに減少し、資源の循環利用量は1.75億tから2.43億tへと増加し、資源の有効利用が進んでいることがわかる。さらに、循環利用率（総資源投入量に占める循環利用量の割合）は7.4%から13.5%へ、資源生産性（天然資源等投入量当たりのGDP）は20.7万円/tから36.1万円/tへと改善し、最終処分量の大幅な減少は、全体として資源の有効利用促進を通して自然資源の枯渇問題にも着実に成果をあげつつあるといえよう。

リサイクルの環境評価と課題

循環型社会に向けた政府、企業、市民によって3Rに関するさまざまな取組みが進められているが、政府やNPO法人による表彰制度、環境省による循環型社会地域支援事業などによって先進的優良事例を知ることができる。また、それぞれの企業の取組みについては企業が公表する環境報告書などによって積極的な情報提供が図られている。他方で、リサイクルについてはその評価が困難である。一般にどのようなリサイクルが望ましいかについては、経済的、技術的、社会的、環境的なさまざまな側面について総合的に評価をしなければならないが、ここでは環境的側面からの評価について学術研究の知見を紹介する。一定水準以上の学術雑誌に掲載されたリサイクルのLCA（ライフサイクルアセスメント）研究10編をまとめたレビュー論文によれば、分析対象とした40事例のうち、多くの事例でリサイクルは焼却処分と埋立処分に比べて環境にとって望ましいとの結論を得た。リサイクルのLCAでは、焼却処分と埋立処分を比較対象とし、多くの研究で評価指標としてエネルギー消費量と地球温暖化係数を用いている。リサイクルではリサイクルによって代替される物質の種類とそのLCA環境特性、焼却処分では熱回収によって代替されるエネルギー種、埋立処分では分析期間の取り方などが結果を左右する。ガラス、金属、プラスティックなど枯渇性資源のリサイクルではリサイクルが他の処理方法に比べて一般にエネルギー的、環境的に優れているものの、プラスティックを木製製品によって代替する場合には、リサイクルが劣る場合もある。一方、紙や段ボールなどの非枯渇性資源については、エネルギーについてはすべてのケースでリサイクルが焼却処分や埋立処分に比べて優れていた。しかし、地球温暖化係数については、熱回収によって代替されるエネルギーがバイオ燃料など*カーボンニュートラルな場合には焼却処分が優れる場合もあるが、化石燃料で代替される場合はリサイクルが焼却処分よりも優れている。

リサイクルは環境的に望ましいといえるものの、多くの課題もある。技術的な課題としては、無害物質の場合には、回収段階における不純物混入の回避、再生段階における不純物の除去がある。これに対しては製品の設計変更、廃棄物の回収システムの変更、リサイクル技術の向上など総合的な対応が求められる。一方、有害物質の場合には、その管理や制御の視点から、循環回避の考え方とも整合的な物質管理の中にリサイクルシステムを位置づけることの重要性も指摘されている。すなわち、製品に有害物質が含まれることがリサイクルの障害となる場合に、特定の有害物質の使用を禁止し、物質のより安全な代替物質への転換を促進することを意味する。次に経済的な課題である。多くのリサイクルはコストが高く、公的な補助が必要となるが、その費用負担のあり方については多くの課題がある。最後に、先進国においては、経済発展により社会の中（とくに都市部）に相当量の資源が集約されている。こうした資源は、いずれ廃棄物になるが、これを都市鉱山としてとらえ有効に再利用していくことにより、自然資源の節約や保全を促進しようとする考え方がある。こうした問題に対しては、技術的に加え、今後将来にわたってどのような廃棄物や物質がどの程度発生するかの予測、そしてそれらをどう再利用するかといった社会システムや制度の構築について、マクロな政策分析が求められる。【金子慎治】

⇒Cゴミ問題 *p88*　Cライフサイクルアセスメント *p102*

〈文献〉Björklund, A. & G. Finnveden 2005.　酒井伸一 2008.

環境税

環境に価格をつける

市場経済システムの欠陥と是正

人間は自然界から資源を得て、労働と技術（道具）によって財に変え、経済的価値を生み出す。ここで大きく２つの過程で環境問題が発生する。第１は、資源の過剰な利用によって、地下資源（たとえば石油、金属鉱石）を枯渇させたり、再生可能資源（たとえば森林、地下水）の再生能力を損う問題である。第２は、資源利用の際に発生する廃棄物（汚染物質や地球温暖化をもたらす温室効果ガスなど）が環境中に排出される結果、空気、水、土壌の質が劣化したり、人間の健康や自然生態系に被害を発生させる問題である。

空気や水は生物の生存に必須の資源であるとともに、農業や工業の生産活動への投入要素としても不可欠な資源であり、農業、工業、生活のための用水には価格がついている。その一方で空気や水は、人間活動から発生する廃棄物を受け入れ、これを分解・浄化する機能も果たしている。しかし、空気や水が廃棄物を受け入れることのできる容量（環境容量）には限界があるため、人間活動の拡大とともに廃棄物の捨て場として空気や水（河川、湖沼、海）を自由に利用することはできなくなってきている。このため、空気や水に廃棄物を捨てる場合には、特別な許可証（排出許可証、排出権などと呼ばれる）を取得あるいは購入するか、使用料（課徴金、環境税など）を払うことが求められるようになりつつある。

他方、森林などの生態系は、CO_2の固定、水資源の涵養、防災、気象緩和、景観・アメニティ創出など、生態系サービスや環境サービスと呼ばれる機能を有している。しかし、多くの生態系サービスは自然が無償で提供してくれる恩恵として扱われ、その価値を認識する機会は少ない。この結果、生態系サービスの過剰利用がおき、その供給機能が劣化する事態がおきる。

以上に共通しているのは、環境保全にとって重要な資源の所有者や管理主体が明確でなく、市場経済の中に資源の需給を調整するために必要なメカニズムが存在しないか十分に機能していないことである。環境税は、これを是正するための１つの方法である。

外部経済・外部不経済

市場で売買される財（goods）には価格がついているが、市場で売買されず価格がついていないものがある。ここで、市場を経由せずに利用してプラスの効用を得るのが*外部経済、逆にマイナスなのが*外部不経済（負の外部経済）である。たとえば、駅前開発で既存住宅の価値が上がる例は外部経済である。工場からのばい煙で周辺住民が被害を受けると外部不経済となるが、工場と被害者が交渉して工場が被害者に対して被害に見合う補償金を支払ったとすれば、外部不経済は市場に内部化されることになる。

空気、水の環境容量と汚染税

環境汚染を発生させる行為は法律で規制されている。しかし、環境容量に余裕がある場合には、汚染排出量に応じた環境税や課徴金を徴収することで排出量を抑制することができる。これは、これまで価格がついていなかった汚染物質という「負の財（bads）」に新しく価格をつけることを意味するが、観点を変えれば、環境中に汚染物質を捨てる行為に対して料金を徴収することで、環境容量の利用混雑を解消する方法とも解釈できる。

環境汚染が第三者や社会にもたらす外部不経済の費用を社会的費用と呼ぶ。図１に示すように、一般に商品の価格と供給量は、市場の需要曲線と企業の費用曲線（私的限界費用曲線）の交点Ａで決定される。ここで、企業の費用曲線には社会的費用は含まれないのが通例である。一方、私的限界費用曲線に社会的費用を上乗せした費用曲線を社会的限界費用曲線と呼ぶ。本来なら、商品の価格と供給量は、社会的限界費用曲線と需要曲線の交点Ｂであるべきである。そこで、社会的限界費用曲線と私的限界費用曲線の差に相当する分を商品に課税しようというのが経済学者 A.C. ピグーの考えた環境税であり、ピグー税とも呼ばれる。

実際の環境税には、課税による価格上昇の直接的効果として汚染排出量を減らそうという「インセンティブ型」と、汚染税収入を財源にして汚染対策を実施しようという「財源調達型」がある。日本のいくつかの県が導入した産業廃棄物税は、それを財源にさまざまな環境保全事業に充当する後者の例である。

地球温暖化対策のため、石油などの化石燃料に課税するのが「炭素税」であるが、化石燃料を含むエネルギーに対してはすでに各種の税が賦課されているので、

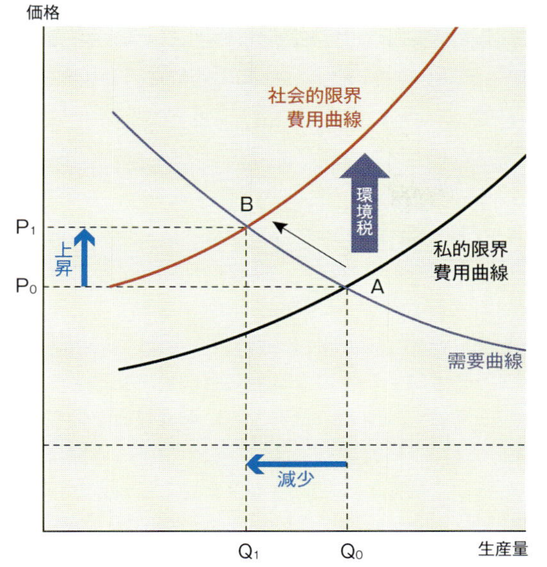

価格
社会的限界
費用曲線
環境税
私的限界
費用曲線
需要曲線
P1
P0
上昇
B
A
減少
Q1
Q0
生産量

図１　環境税の概念。環境税を賦課することによって、均衡点での価格は上昇するが（$P_0 \to P_1$）、生産量が減少するので、汚染排出量、汚染被害は低下する（$Q_0 \to Q_1$）

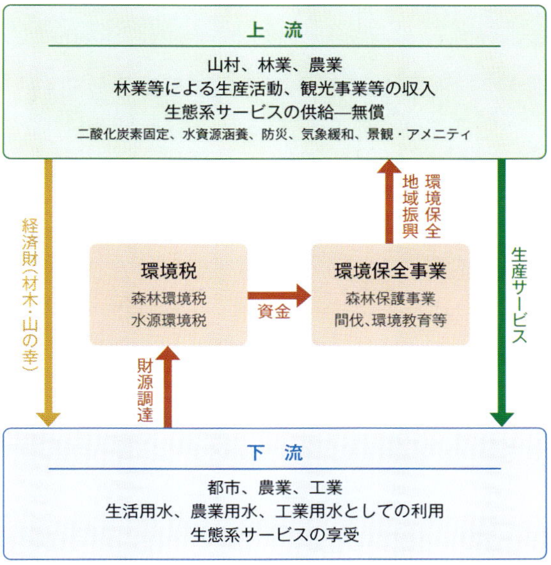

上　流
山村、林業、農業
林業等による生産活動、観光事業等の収入
生態系サービスの供給—無償
二酸化炭素固定、水資源涵養、防災、気象緩和、景観・アメニティ
経済財（材木・山の幸）
環境保全
地域振興
環境税
森林環境税
水源環境税
資金
環境保全事業
森林保護事業
間伐、環境教育等
財源調達
生産サービス
下　流
都市、農業、工業
生活用水、農業用水、工業用水としての利用
生態系サービスの享受

図２　生態系サービスのための支払い（PES）の概念。下流はこれまで無償で享受してきた環境サービスに対して環境税を支払う。この収入によって環境保全事業を実施し、環境保全とともに地域経済の活性化もはかる

その役割は税制全体の中で考えなければならない。

地球温暖化の原因となるCO_2などの温室効果ガスの排出を抑制するもう１つの方法は、国別や産業別に排出量の上限を設定し、あるルールによって関係者に初期配分された排出権あるいは排出枠の金銭的取引を認める方法である。排出権取引とか排出枠取引と呼ばれ、EU がすでに導入している。

環境税の場合、価格の上昇に対して消費者がどれくらい敏感に反応するかが不明なので、汚染削減の目標レベルとそれを達成するために効果的な税率レベルの設定が制度設計上の問題となる。これに対して、排出権取引の場合には、排出量の総量があらかじめ設定されていて、その価格は市場での需給あるいは関係者の交渉で決まる。

森林環境税と水源環境税

河川流域では、上流の水源で森林が手入れされていれば、下流で安定して水が利用でき、洪水の被害も少なく、生態系サービスを享受できる。逆に、上流の森林の手入れが悪いと、保水力が減退して、下流で洪水がおきやすくなる。上流で開発が進んで水が汚染されると、下流では良質の水が利用できなくなってしまう。

こういう場合には、上流の汚染者に罰金（課徴金）を課す方法もあれば、下流が上流に資金を渡して、水源林を保全してもらうとか、汚染の原因となる開発を止めてもらう方法もある。前者は汚染者負担の原則（PPP）、後者は受益者負担の原則（BPP）である。

経済学者 R. コースは、取引費用が存在しない場合には、PPP と BPP のどちらも社会全体としては同じ結果（厚生水準）をもたらすという論を立てている（コースの定理）。社会としてどちらを選択するかは、合意の得やすさや取引費用による。

上流は貧しい山村であるのに対して、下流は都市や工業地帯で豊かという場合には、下流の住民から費用を徴収し、その収入によって上流で環境保全事業を実施することで、環境保全とともに上流住民の雇用、生活の安定をも同時実現する方法が考えられる。これが、コスタリカなどでの森林保護に導入された PES（生態系サービスのための支払い）の考え方である。図２がその概念である。日本の多くの県が導入した森林環境税は PES に近いものであるが、収入の多くは上流住民の生活安定よりは、放棄された森林経営事業を公的部門が代行するために使用されている。なお、税収の使途を水源林保護に特定したものは水源環境税と呼ばれる。

【井村秀文】

⇒C エアロゾルと温室効果ガス *p28*　C 循環型社会におけるリサイクル *p104*　C 環境クズネッツ曲線 *p108*　D 生態系サービス *p134*　D 森林認証制度 *p224*　R 市場メカニズムの限界 *p268*　R 資源開発と商人の社会経済史 *p270*　E 経済体制の変革と環境 *p508*　E 環境容量 *p530*　E 環境認証制度 *p546*　E 持続可能性 *p580*

〈文献〉岡敏弘 2006.　石弘光・環境税研究会 1993.　環境経済・政策学会 2006.

環境クズネッツ曲線

経済発展と環境保全の調和は可能か

環境クズネッツ曲線とは

環境クズネッツ曲線（EKC: Environmental Kuznets Curve）という名称は、アメリカの経済学者 S.S. クズネッツ（1971 年、ノーベル経済学賞）が、経済が発展する過程で、当初は格差が開くがやがて縮小していく傾向が経験的にあることを指摘したことに由来する。この関係は、所得水準を横軸に経済格差を縦軸にとり図示すると、逆 U 字型の曲線となって現れる。したがって、元来は地球環境と縁もゆかりもない概念であった。ところが後に、所得水準、あるいは経済の発展段階と自然環境への負荷（インパクト）との間にも、似たような関係がみられるとして、使われるようになったのである。

誰が使い始めた言葉であるかは必ずしも明らかではないが、セルデンとソンの論文に起源があるという説もある。しかし明確なのは、経済発展と環境負荷との関係について注目が集められるきっかけとして、1992 年の世界銀行の『世界開発報告』の刊行が大きな転機になったことである。同報告では、環境クズネッツ曲線という言葉それ自体は使われてはいないが、図 1 にあるように 3 つの類型が示されていた。

すなわちⅠでは、経済発展が進むにつれて、一方的に環境負荷が改善していく例で、飲料水の質や公衆衛生がこれに当たる。次のⅡが環境クズネッツ曲線に該当し、経済発展の初期段階では環境負荷は増大するが、ある一定の段階をすぎると減少していく。この例としては、大気汚染の原因である硫黄酸化物や粉塵・煤煙（浮遊性粒子状物質、SPM）などがある。Ⅲは、所得が向上するにつれて環境負荷が一方的に増大する。たとえば、都市の廃棄物がそれにあたる。

このように、経済の発展と環境負荷との関係は一義的に決まるものではなく、問題の性格によって現れ方はさまざまである。この点を認識しておくことが重要である。

この概念がどの種類の環境問題にまで妥当するかをめぐって多くの論文が発表され、環境経済学者の間で一時は流行の研究テーマになったのである。実証研究としては、所得の歴史的な変化を捉える観点から、時系列データを使う方が命題の本来の趣旨にふさわしい。しかし、長期の統計を入手することは概して難しいので、さまざまな発展段階にある国や地域のデータを集めて、いわば横断的に、クロスセクション分析で行われることが少なくない。また発展途上国ではデータの整備が遅れているという事情から、先進国を対象とした研究が多くなりがちであった。そのような分析結果を、社会的・制度的な違いを無視して、ただちに発展途上国に当てはめることには、慎重でなければならない。

なぜ逆 U 字型になるか

とはいえ、問題によっては逆 U 字型の関係が生じることも事実であり、そうだとすると、なぜこのような現象がみられるのだろうか。その説明としては、大別すると、経済発展と並行した必然的な、いわば自動的な変化と政治的・社会的な背景を強調するものとに分かれる。

必然的・自動的な変化というのは、経済が発展するにつれて、産業構造が農林業、漁業などの第 1 次産業中心から鉱工業の第 2 次産業へ、さらにはサービスなどの第 3 次産業が中心となる方向に進むことに関連する。よく知られているように、工業は有害な化学物

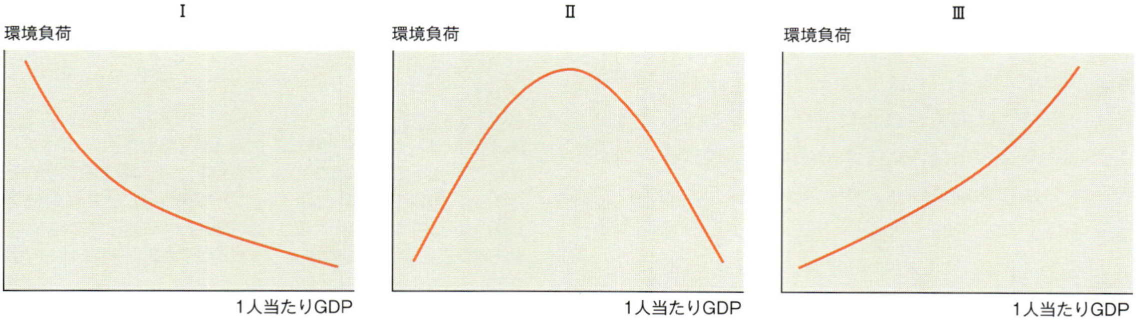
Ⅰ
環境負荷
1人当たりGDP
Ⅱ
環境負荷
1人当たりGDP
Ⅲ
環境負荷
1人当たりGDP

図 1　経済発展と環境負荷 3 つの類型［世界銀行 1992 より］

質や重金属の発生源であり、典型的な公害問題の多くは、工業化社会に特有な現象であった。サービス化社会になると、この種の汚染源は縮小するので、公害も軽減されるといってよいだろう。

しかし、すべての環境問題が産業構造に帰着するわけではない。サービス化社会でも産業廃棄物やエネルギー消費は減少するどころか、むしろ増える傾向にある。それを食い止めることができるかどうかは、企業なり、一般消費者、あるいは行政側の取組みに大きく依存する。そこで社会的・政治的な要因に関心が向けられることになる。

「衣食足って礼節を知る」という喩(たと)えもあるように、所得が低い段階では、人びとの最大の関心事は生存そのものであるが、ある特定の所得水準になると、環境保全に対する関心も高まる、という解釈もある。

実際のところ、環境保全の社会運動が広がり、政策的な対応も生まれるのは、経済がある段階まで発展した時期、ないし国である。日本でも高度成長の末期から公害反対運動が活発になり、大気や水質の汚染が改善されるようになった。さらに付け加えると、人びとが豊かになると、環境改善のために投資や支出をするだけの金銭的余裕も生まれる。

注目されたのはなぜか

環境クズネッツ曲線が注目を集めるようになったのはなぜだろうか。発展途上国の経済開発、より狭くいうと、途上国における貧困の克服が世界の関心を集めるようになった20世紀の終わり頃から、環境との調和というもう1つの課題が強く意識されるようになった。この曲線が成立すると、少なくともある発展段階に達すると、経済発展と環境保全とは対立しないことになる。その結果、経済開発を進めれば進めるほど、自動的に環境問題も解決されるかのような誤解が生まれかねない。

ただし、途上国において開発一辺倒の政策が推進されるのは、このような「誤解」からというよりも、人びとの優先順位が、自然環境ではなく、生活水準の向上にあることによる。先進諸国の経験に照らしても、環境改善を目指す政策は、行政側をその方向に動かす世論の力が大きな意味を持っていた。さらに、環境クズネッツ曲線が成立したとしても、ある段階までは環境負荷が増大するので、その間の汚染被害や、有害物質の蓄積による後遺症には、十分な注意を払わねばならない。

なかでも重大な関心を引くのは、CO_2（二酸化炭素）排出量について環境クズネッツ曲線が成立するかどうかである。世界銀行の1992年の報告では、1人

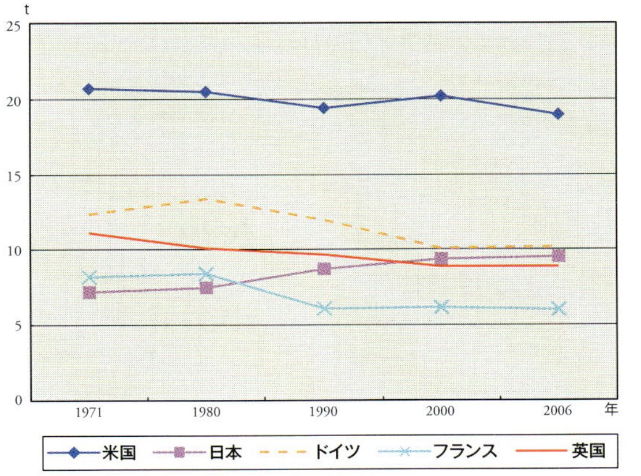

t
25
20
15
10
5
0
1971
1980
1990
2000
2006
年
米国
日本
ドイツ
フランス
英国

図2　先進諸国の1人当たり CO_2排出量（エネルギー起源）
[IEA (International Energy Agency), CO_2 Emissions from Fuel Combustion 2008.]

当たりのCO_2排出は所得の増加につれ増大する一方であるとしているが、たとえば、内山勝久による研究史の整理が示しているように、最近では、1人当たりのCO_2排出量が逆U字型にもなりうる、との分析結果が出ている。すでに先進諸国の所得水準では、日本を除き、1人当たりの排出量がゆるやかに低下する傾向がみられる（図2）。

その理由としては、経済が発展するにつれて、一方でエネルギー効率が上昇したり、他方ではエネルギー源が石炭から石油へ、さらに天然ガスや原子力へと、カロリー当たりのCO_2排出が少なくなる方向に変化したりすることがある。エネルギー効率の向上は、途上国でも工業化し、先進国の製品と国際競争に入る段階になると、生産費用を下げる必要から促される。エネルギー源が転換するのは、大気汚染の原因になる硫黄酸化物を減少させるという動機や、近年では、CO_2排出を削減するために再生可能エネルギーの導入が図られることによる。

しかしここで注意すべきは、1人当たりでCO_2の排出が減少する局面に入ったとしても、人口が増えると排出総量が必ずしも減少するわけではないことである。なかでも発展途上国の多くは、1人当たりの排出が減少する所得水準からまだはるかに遠いので、今後も排出量が増加することは避けられない。意識的、政策的にCO_2排出を抑える努力が必要になるのである。

【石見　徹】

⇒C循環と因果 *p94*　D南北の対立と生物多様性条約 *p212*　Rグローバル時代の資源分配 *p320*　E成長の限界 *p502*　E経済体制の変革と環境 *p508*

〈文献〉世界銀行 1992.　Selden, T.M. & D. Song 1994.　Arrow, K., *et al.* 1995.　Stern, D.I., *et al.* 1996.　Ekins, P. 1997.　内山勝久 2009.

循環の断絶と回復

ソウル清渓川復元事業と都市環境改善

清渓川復元事業

15世紀から500年以上にわたって韓国の首都ソウルの中心部を東西に流れていた清渓川（チョンゲチョン）に1970年代に蓋がされて暗渠となり、その上を高架道路が通るようになった。2003年7月、都市環境改善を目指す大規模な復元事業が開始され、工事は2年3カ月で完成し、かつてのドブ川は延長約6 kmの清流と緑豊かな遊歩道に姿を変えて都市の環境改善に大きく貢献することになった。

清渓川の歴史的背景

15世紀初めの朝鮮時代に、当時の首都・漢陽（現在のソウル）では清渓川（当時は開川と呼ばれていた）の整備が本格的に始まっていた。自然の状態にあった川底を広げ、堤防を築くなど治水工事を行って大雨時の洪水に備えたのである。

この時代の清渓川は、都心の下水道の役割も果たしており、あらゆるゴミや汚物などの生活排水が流れ込んでドブ川と化していった。ソウルは風水思想に基づいて都市が作られているため、清渓川も風水学上の重要な水として清浄に維持されなければならないという主張も一部にあった。

しかし、17世紀から18世紀にかけてソウル市の人口が急増し、生活排水の増加に加えて川辺に畑が作られたり、異常気象による土砂崩れのために川が埋まってしまう被害も出るようになった。そこで、川底の土砂を浚渫（しゅんせつ）する工事が20世紀初めまで定期的に行われるようになった。

日本の統治時代（1910～45年）になると、開川（ゲチョン）から清渓川へと名称が変更され、日本政府は下水道と化した川を埋め立てて宅地を造成したり鉄道を建設する計画を発表したが実現には至らず、一部区間に蓋がされたにすぎなかった。戦後、清渓川の河畔には土地を追われた農民たちが無許可で住みつくようになり、川底に堆積した土砂とゴミに加えて周辺の家屋群からの生活排水が流入し、急速に水質汚染が進行した。

1950年代に入り、川の悪臭で都市全体のイメージも大きく損なわれ、解決策として清渓川の覆蓋工事が開始されることになった。1960年代から70年代にかけて清渓川は覆蓋され、その上には片側2車線の高架道路も開通した。このようにして、かつてのドブ川は蓋をされ自動車道路に姿を変えたのである。

都市河川の循環を戻す取組み

清渓川の復元事業は、自然の循環を断たれた大都市の河川に新たな命を吹き込み、悪化した都市環境を改善して人間中心のまちづくりをめざした。ソウルでは、近年、自動車交通量の急激な増加などによる大気汚染やヒートアイランドなど、都市環境の悪化が市民生活を脅かし始めており、一部の老朽化した都市構造物の崩壊事故などで、都市環境改善に向けた市民の要望が高まっていた。

こうした背景のもとで、当時のソウル市長・李明博（現大統領）は、2003年夏に市の中心部を東西に貫く延長約6 kmの高架道路を撤去し、かつてその下を流れていた清渓川と呼ばれる旧河川を復活させて清流と緑道に変えるという世界の諸都市でも例をみない大規模な都市再生事業に着手した。

都市の川を埋めたり蓋をして自動車道路を作れば、交通量の増大を招き、排気ガスによる大気汚染で環境悪化が進む。東京では、1964年のオリンピック開催を契機に都心部から水面が消えてコンクリートむき出しの高速道路が空中に張り巡らされていった。由緒ある日本橋も高速道路が屋根のように空を隠し、昔の面影はない。高度経済成長の時代においては、都市の景観を犠牲にしても発展を求めて突き進み、都市環境の悪化を招く結果となった。

ソウルでは清渓川の復元という一見都市化の流れに逆行するかにみえる事業が実を結び、都市環境の改善と景観の向上によって人間味豊かで自然と調和した都市再生に成功した。

復元工事後の清渓川周辺環境の変貌

高架道路が撤去される直前の2003年（写真1上）と清渓川復元工事完成後の2007年（写真2上）に、清渓川道路東端部に建つ高層ビル屋上からみた景色を較べてみると、復元工事前後の周辺環境の変貌がよくわかる。復元工事前には、片側2車線の高架道路に加えて3車線の側道が走り、両側10車線の道路を車が埋め尽くしていたが、復元工事後には片側2車線の側道を残して高架道路は完全に撤去され、水の流れと緑

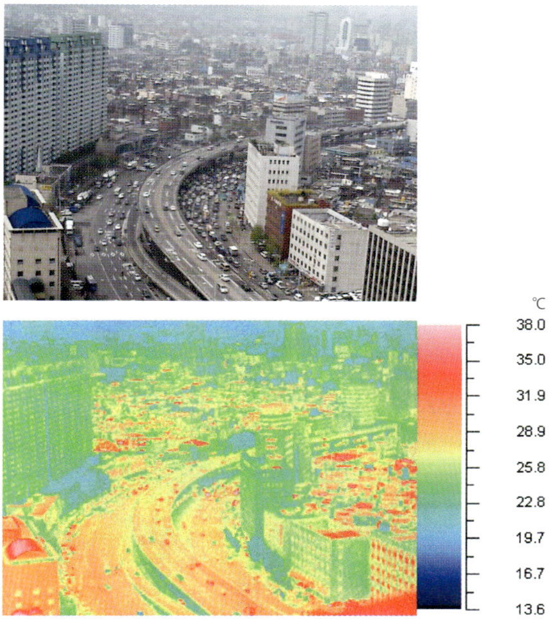
℃
38.0
35.0
31.9
28.9
25.8
22.8
19.7
16.7
13.6

写真 1　高層ビル屋上から撮影した復元工事前の清渓川高架道路とその周辺の写真（上）と熱画像（下）。ビルとの温度差に注意（2003 年 6 月）

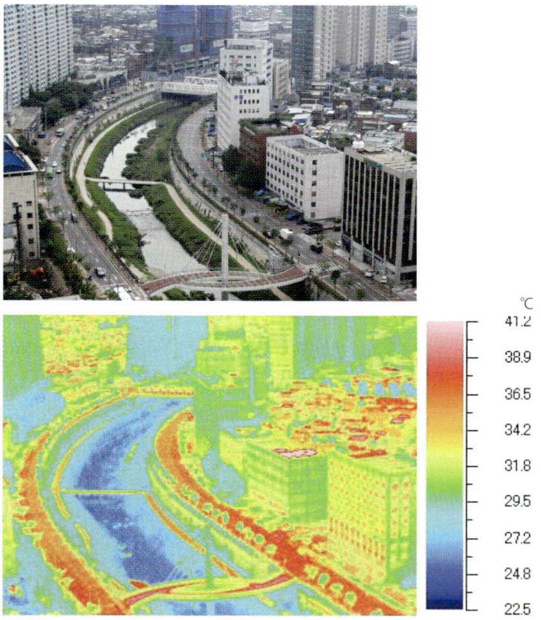
℃
41.2
38.9
36.5
34.2
31.8
29.5
27.2
24.8
22.5

写真 2　写真 2 と同じ高層ビル屋上から撮影した復元工事後の清渓川高架道路とその周辺の写真（上）と熱画像（下）。ビルとの温度差に注意（2007 年 7 月）

豊かな遊歩道に姿を変えている。

環境への改善効果を見積もるために、同じビルの屋上から筆者が撮影した復元工事前後の赤外線熱画像カメラによる表面温度分布を比較してみると、工事開始前の 2003 年 6 月に撮影した熱画像（写真 1 下）では、高架道路と側道の表面温度がともに約 30℃でほとんど差がなく、道路全面が高温になっていた。一方、清渓川復元工事が終了して約 2 年後の 2007 年 7 月に同じ場所から撮影した熱画像では、側道の表面温度は高温であるが、かつて高架道路が通っていた部分に清流が流れるようになった河川の表面温度は相対的に低下しており（写真 2 下）、ビルに挟まれた清渓川によるヒートアイランド緩和効果が期待できる。

はたして復元された清渓川の周辺市街地における気温低減効果（ヒートアイランド緩和効果）は認められたのだろうか。韓国気象研究所等の調査チームによる清渓川復元工事前後の複数回にわたる集中観測結果から、清渓川復元がソウル市の熱環境改善に及ぼす効果に関する研究成果が発表されている。清渓川地区と周辺 13 カ所に臨時に設置した小型百葉箱内の気温データから、工事開始直後の 2003 年 8 月と工事完成直前の 2005 年 8 月について、清渓川の復元による熱環境の改善効果を見積もっている。両年の気温差を分析した結果、清渓川近辺では復元工事後に 0.4℃の気温低下が認められたと結論づけている。

微少な気温差に思えるかもしれないが、ソウル市の総面積に較べてわずかな広がりしか持たない清渓川の復元がもたらした熱環境改善効果としては無視できない数値といえよう。大気汚染に関しても、復元工事後に大気中の微粒子（PM10 など）や二酸化窒素の濃度が減少したという報告があるが、客観的に大気汚染の改善効果を見積もるまでには至っていない。

ところで、車線数の大幅減少によってこの地域の交通量はどう変化したのだろうか。当初、大幅な車線減少による交通渋滞が心配されたが、意外にも工事完了後の交通渋滞はそれほどでもないようである。これは市民意識が向上し、自家用車から地下鉄やバスなどの公共交通への利用転換が促進されたことにより、この地域への交通流入量が工事前よりも大幅に減少したためである。

一方、復元事業による問題点も指摘されている。たしかに、清渓川地区の都市環境は改善されたかもしれないが、もともと高架道路周辺で商業活動に従事していた多くの人びとが立ち退きを要求され、将来の経済不安をかかえたり、周辺地域での交通量を増加させているといった側面もあり、今後の課題として解決が待たれている。　【三上岳彦】

⇒C 地上と地下をつなぐ水の循環 *p78*　C 地表水と地下水 *p80*
E 都市化と環境 *p496*　E 地球システム *p500*

〈文献〉Kim, Y.H., *et al.* 2008.　三上岳彦 2009.

循環できないエネルギー

再生可能エネルギーの可能性

エネルギーのカスケード利用

エネルギーは保存される。そして物質は循環利用することができる。しかしエネルギーを循環利用することはできない。一度使うとそのエネルギーの質は低下するからである。

仕事として取出すことができるエネルギー量（有効エネルギーまたはエクセルギーと呼ばれる）の割合を、エクセルギー率と呼び、エネルギーの質を表す指標として使う。電気や機械的エネルギーはエクセルギー率が100%である。高温源が存在すると、熱は環境に向かって移動するとき仕事を取出せるが、温度が環境温度に近づくとエクセルギー率が減少する。なお、物質を循環利用するためには分離精製が必要であるが、分離操作でもエクセルギーが消費される。

図1はエクセルギー率を温度の関数として示している。化石燃料は高いエクセルギー率を持つが、数百℃の蒸気タービンでは発電効率は最大40%である。エネルギーを無限に循環利用することはできないが、質を少しずつ下げながら、順次利用することはできる。これを「エネルギーのカスケード利用」という。これを社会の中で積極的に取入れるには、化石燃料をたとえば中温排出源を持つ素材産業で使い、これに中温を使う食品産業、そして低温を使う家庭などを隣接させるなどの計画的都市設計が必要となる。

再生可能エネルギー

「再生可能エネルギー」の英文は renewable energy であるが、使ってしまったエネルギーの有効性が再生

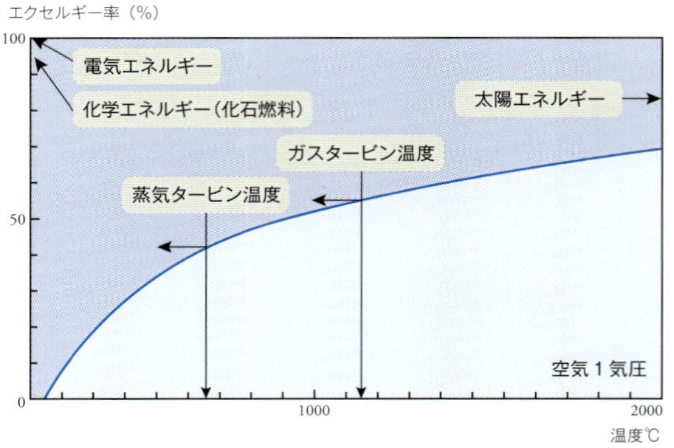

エクセルギー率（%）
100
50
0
電気エネルギー
化学エネルギー（化石燃料）
太陽エネルギー
ガスタービン温度
蒸気タービン温度
空気1気圧
1000
2000
温度℃

図1　さまざまなエネルギーのエクセルギー率［小島 2003］

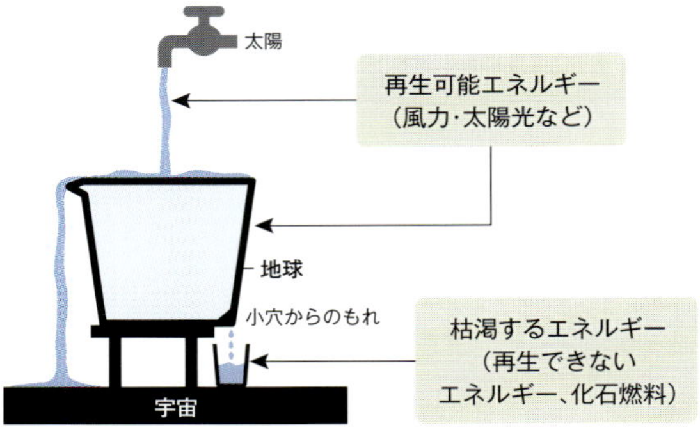

太陽
再生可能エネルギー
（風力･太陽光など）
地球
小穴からのもれ
枯渇するエネルギー
（再生できない
エネルギー、化石燃料）
宇宙

図2　再生可能エネルギーの定義［小島 2003］

されるという意味ではない。

図2は太陽エネルギーを例にとって、再生可能エネルギーの意味を説明している。蛇口が太陽、バケツが地球、右下の小さい容器は化石燃料、地面は宇宙、水はエネルギーを表している。太陽エネルギーは図1にあるようにエクセルギー率も80%と高い。このエネルギーが地表に到達する直前に太陽電池を置くことで、またはバケツの中の（風力などの）エネルギーを汲み上げることで、人間が使うことができる。しかし、そのエネルギーはいずれ地球というバケツに戻り、最後は地球にとっての環境温度に変換され、地球上でのエクセルギー率はゼロとなる。そして、宇宙全体の環境温度は0Kであり、地球に吸収されたすべてのエネルギーは再び宇宙に向けて、可視光線、赤外線の形で放射され、その有効性は完全に失われる。

再生可能とは、このように宇宙でエネルギーが流れ、有効性が失われていく過程の一部を人類が有効に利用するという意味であり、再生可能エネルギーを使うかぎり、地球環境には原理的には影響を及ぼさない。換言すれば、再生可能エネルギーとは、使っても使わなくても失われてしまうエネルギーのことであり、無限の量や永久を意味するものではない。実際、太陽は数十億年の寿命である。しかし、人類が使っても使わなくても、太陽からはほぼ同じ量のエネルギーが毎日のように供給され、使える状態に復帰する。まさにこのことが renewable の意味である。極論を言えば、太陽が起こしている核反応を仮に人類が制御でき、欲しいときに取出せるようになったときには、太陽は再生可能エネルギー源ではなくなる。

バイオマスと化石燃料

植物は太陽エネルギーを用い、二酸化炭素を原料として有機物を作る。食物連鎖により形が変わったものも含め*バイオマスといい、再生可能である。人類が使用しなければ、結局は生物の呼吸により有機物中の炭素は CO_2（二酸化炭素）に転換され、エネルギーは熱として環境に排出される。併せて燃やしたときに出る CO_2 はもともと大気中にあったことから「*カーボンニュートラル」なエネルギー源である、ともいわれる。

太陽エネルギーのうち、バイオマスエネルギーとなるのは最大でも数%であるが、化石燃料と同じく貯蔵・輸送が可能であり、石油に替わる燃料、化学原料としての用途が期待される。

化石燃料も、図2に示したようにバイオマス起源ではあるが、一度使ってしまうと、これが再び貯まるにはまた長い年月がかかるため、再生可能とはいわない。

他の太陽起源の再生可能エネルギー

地球上で太陽光を直接電気として取出すには太陽電池を用いる。発電効率は単結晶シリコンでは20%弱、多結晶シリコンでは15～18%程度、アモルファスシリコンでは6～12%程度である。シリコン以外の素材によるさまざまな特徴を付与した太陽電池も開発されている。太陽光を集光し、高熱源としてタービンにより発電するシステムが太陽熱発電である。

太陽光が一度地球表面に吸収され、蒸発に使われ雲となり、降った雨の位置エネルギーを電気として取出すものが水力発電である。一方、地球表面のエネルギー偏在が運動エネルギーに変換されたものが風であり、これでタービンを回し、電気に変換する方法が風力発電である。これらはいずれも実用化されたものであるが、開発中の波力発電も、地球表面に吸収されたエネルギーが運動エネルギーに変換されたものを電気として取出し、同じく海洋温度差発電では、海水表面のみが暖められたときに深海との温度差により熱サイクルを組み、発電する。気象条件に左右されるものが多く、水力、バイオマス、温度差を除き、実用化するには安価な蓄電技術の開発が必要で、水力を除きエネルギー総量は大きいが地球上に広く薄く分布しているため、その利用にはコストがかかる。

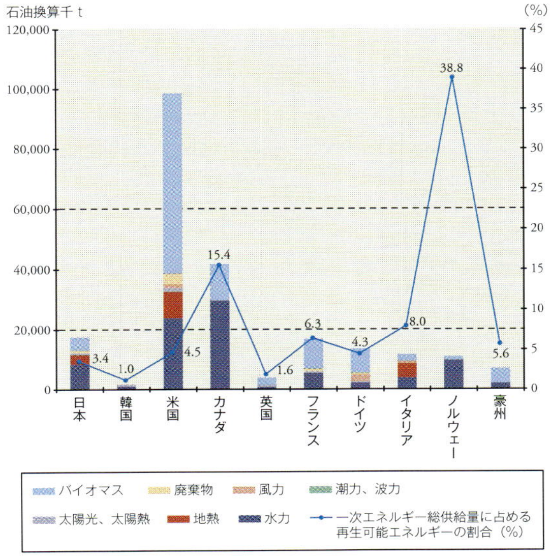

石油換算千 t
(%)
120,000
100,000
80,000
60,000
40,000
20,000
0
45
40
35
30
25
20
15
10
5
0
3.4
1.0
4.5
15.4
1.6
6.3
4.3
8.0
38.8
5.6
日本
韓国
米国
カナダ
英国
フランス
ドイツ
イタリア
ノルウェー
豪州
バイオマス
廃棄物
風力
潮力、波力
太陽光、太陽熱
地熱
水力
一次エネルギー総供給量に占める再生可能エネルギーの割合（%）

図3　主要各国の再生可能エネルギー導入状況（2004年）
［外務省HPをもとに作成］

太陽以外の再生可能エネルギー

地熱発電では、地球の核で起こる核反応により直接（あるいは高温岩体に注水し）加熱された高温水と環境温度の水との間に熱サイクルを組み、電気を取出す。エネルギー密度は高く天気まかせではないため、水力に続き早期に実用化された。しかし、熱水や高温岩体は偏在し、立地は水力と同様に限定される。

潮力発電は、月の公転によりもたらされる潮位差、すなわち位置エネルギーを、水力発電と同様に電気に変えるものであるが、水力に比べ水位差が小さい。

IEA（国際エネルギー機関）では再生可能エネルギーとはしていないが、廃棄物はそれが化石燃料起源であっても人類が資源を使用するかぎり生み出され続けるため、再生可能エネルギーに準じて扱われることも多い。

世界の再生可能エネルギー利用の状況

主要各国での再生可能エネルギーの導入状況が図3である。日本では水力や地熱に加えてバイオマスの利用量が多いが、半分は廃材、半分は紙パルプ工場の副生物からのエネルギー回収分である。

風力は、ドイツで顕著に普及がみられるが、2008年でも世界の全発電量の0.1%弱にすぎない。太陽電池の設置件数は、2003年までは日本は世界で最も多かったがその後ドイツが上まわり、また生産量も2004年に世界の半分を占めていた日本は、2008年現在1/4に低下した。2009年からスタートした太陽光発電電力の新たな買い取り制度が、日本での太陽電池利用の増大、そして再生可能エネルギー利用の拡大につながることを期待したい。　【小島紀徳】

⇒C 循環型社会におけるリサイクル *p104*　R バイオエネルギーの行方 *p344*　E 地球システム *p500*

〈文献〉小島紀徳 2003.

天水農業

さまざまな環境への適応

降雨に依存するさまざまな天水農業

灌漑のための人工的な施設や道具を使わず、降雨のみに依存して作物を生産するのが天水農業である。FAO 統計では、世界の灌漑農地は全農地（約 15.5 億 ha）の 18.5%（2007 年）にすぎず、残りの耕地で営まれるすべての農業が天水農業となる。

天水農業には、耕地に直接降った雨水のみに依存するものと、周辺に降った雨が流出水として集められ、それが付加的に利用されるものとがある。降水量が極端に少なく、作物生産がぎりぎり可能な乾燥地で雨水のみに頼って農業を行うためには、農地からの蒸発散量を抑える必要がある。このような技術を組み込んだ農業が乾地農法である。同様な条件下でも、降雨だけでなく、周囲から流出してくる水を集めて少しでも利用可能な水を確保しようとする農業も行われる。このような農業を集水農業と呼んでいる。

作物生産に必要な降水量が十分に得られる湿潤地でも天水農業が行われる。湿潤とはいえ、降雨の季節変動や年変動による水不足や水過剰が生じるため、それに対応するさまざまな技術的適応がみられる。

とくにアジアモンスーン地域では、夏季の高温期に降雨が多く、イネが主要作物として栽培される。灌漑水田だけでなく、降雨のみに依存する天水田で水稲が栽培され、普通畑や焼畑では陸稲が降雨のみに依存して栽培される。これら天水田や畑での稲作を総称して、天水稲作と呼ぶことがある。

写真 1　インドのデカン高原カルナタカ州の天水畑でよく行われる混作。マメ科作物と雑穀類を組み合わせた混作システムが半乾燥地帯でよくみられる。この畑では、シコクビエ、モロコシ、キマメ、フジマメ、ニガーシードなどが条播で混作されている（1979 年）

写真 2　東北タイの天水田における本田準備。雨季に入ると凹地の低位部から湛水がはじまり、耕耘などの田植えの準備が始まる。高位部にはまだ水が溜まらず、田植えはもっと遅くなる。スウィングバスケットで最低位部からすぐ上の水田への揚水作業も行われる（1987 年）

乾燥地の農業の特徴

降水量よりも蒸発散量が多い乾燥地は、世界の陸地面積のほぼ 47% を占め、乾燥度指数（AI ＝年平均降水量 / 蒸発散位）によって、極乾燥（AI ＜ 0.05）、乾燥（0.05 ＜ AI ＜ 0.20）、半乾燥（0.20 ＜ AI ＜ 0.50）、乾燥半湿潤（0.50 ＜ AI ＜ 0.65）の地域に細分される。天水農業が行われるのは半乾燥およびそれよりも湿潤なところで、年間降水量が 200 mm 以下となる乾燥地では農業ではなく牧畜が主要な生業となる。

乾地農法は、冬雨地帯では年間降水量が約 200 mm 以上、夏雨地帯では約 400 mm 以上の半乾燥地域で行われる。蒸発散を抑制して雨水を有効利用するために、休閑期間を設けたり、降雨の前に深耕したり、浅耕によって土壌中の毛管水の上昇を遮断したり、雑草を除去したりする中耕・保水技術が発達した。

集水農業では、雨が降ったあとの地表水を貯留するために、承水路によって集められた水が堤（バンド）に蓄えられる。広い面積から水を集めるために、数 km にわたって低い堤が築かれることがある。パキスタンで調査を行った松井健によると、バンドに水が溜まっているうちに行う犂耕（りこう）は「(土地に) 湿気を閉じこめる」作業と呼ばれているという。

デカン高原の夏雨型天水農業

夏雨が卓越するインド亜大陸のデカン高原に広がる

半乾燥地域では、シコクビエやモロコシ、トウジンビエなどの雑穀類を主作物にした天水農業が行われる。ある調査村での作業体系を一例にあげると、5月末から6月にかけての犂と耙（まぐわ）による耕起と整地、厩肥の施用、箱型耙による整地、6月末の畜力条播機によるシコクビエとマメ類との混播、その後の計4回におよぶ畜力牽引農具による中耕・除草と1回の人力除草、そして収穫という順に、農作業が流れていく。

このように、周到な中耕・除草作業の行われるのがこの地域の農業の特徴である。デカン高原では、季節は雨季、低温乾季、高温乾季の3つに分かれ、それに応じて、土壌は雨季の湿潤と乾季の乾燥を繰り返す。このような降雨と土壌中の水分状態に高度に適応した技術が、周到な中耕・除草体型である。雨季の降雨の不安定さに対しては、複数作物を間作あるいは混作する技術が発達しており、要水量（作物の乾物重1gを作るのに必要な水の量、耐旱性の指標となる）の異なる作物を組み合わせることにより危険分散を図る技術もよく発達している。デカン高原の夏雨型天水農業は、農作業の環境への適応性や畜力利用の一貫性という特徴ゆえに、半乾燥地域における最も完成度の高い農耕様式と評価されている。

農学的適応技術を駆使した天水田稲作

アジアの稲作地帯には天水田が広く分布する。湿潤地に位置するとはいえ、雨季のモンスーンによる降雨は不安定で、その不安定さに対応するさまざまな適応的技術が成立している。

水供給の後背地となる山地がなく、そのために沖積平野が形成されにくい平原地形では、軽微な起伏を利用した天水田稲作が行われる。東北タイなどのノーンと呼ばれる凹地の稲作はその典型的な例である。凹地の高位部と低位部で対照的な水文条件が現れる。低位部では雨水が周囲から流れ込むために湛水が早く始まり、高位部では遅くなる。逆に低位部では退水が遅く、湛水期間が長くなる。地形の違いによるこのような微妙な水文条件の差異に応じて、図1に示したように、品種や作季、農作業などが調節される。人びとは、ノーンのある低位部から高位部にわたって水田を所有して、不安定な降雨に由来する危険を分散し、稲作の安定性を高めようとしている。

一方、河川沿いの氾濫原やデルタのように季節的な降雨によって深い湛水がおこる地域がある。そこでは、人為的な水の制御が難しく、自然の増水にリズムを合わせた稲作が行われ、深水稲や浮稲が栽培される。

灌漑稲作にくらべて不安定な水文環境にある天水田稲作では、水不足や水過剰に対応するさまざまな在来

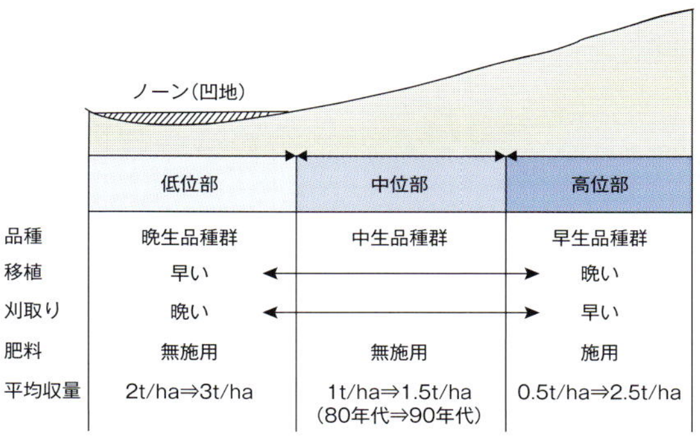
ノーン(凹地)
低位部
中位部
高位部
品種
移植
刈取り
肥料
平均収量
晩生品種群
早い
晩い
無施用
2t/ha⇒3t/ha
中生品種群
無施用
1t/ha⇒1.5t/ha
(80年代⇒90年代)
早生品種群
晩い
早い
施用
0.5t/ha⇒2.5t/ha

図1　東北タイのノーンにおける天水田稲作［田中 1998］

技術を発達させてきた。水文環境を工学的に改変した灌漑稲作にくらべて、天水田稲作は、この種の改変を経ていないために、利用可能な水の寡少性、不安定性、不規則性という問題につねに直面している。品種の選択、作季の調節、微細な地形を利用した危険分散、過剰な水に対して耐える深水稲や浮稲の栽培など、天水田稲作には、さまざまな栽培上の工夫をうかがうことができる。工学的な技術の投入によって成立した灌漑稲作とは異なって、さまざまな農学的適応の技術を発達させることによって、より厳しい水文環境への適応を遂げたのが天水田稲作であった。

地球温暖化と天水農業

温暖化が農業生産に与える影響がさまざまに議論されている。天水農業は温暖化の影響を受けやすい環境で営まれる農業でもある。季節的降雨の不安定さが増し、局所的な豪雨が頻発するようになれば、干ばつや土壌浸食などの被害がこれまで以上に天水農業に及ぶことになる。低地の天水田稲作では、海面上昇によって農地そのものが消滅するところや、塩水進入によって稲作が継続できなくなるところも出てくるであろう。

世界各地で営まれる天水農業は、地域の水文条件に適応した農業として多様な発展を遂げてきたが、全球的な環境変化に対して、それぞれの地域がどのような新しい適応のかたちを作り出していくのかは未知の課題である。これからも降雨に全面的に依存しなければならない天水農業は、とりわけ重くこのような課題を背負っている。　【田中耕司】

⇒C地球温暖化と農業 *p38*　C土壌塩性化と砂漠化 *p66*　C乾燥地の持続型農業 *p116*　R熱帯アジアの土壌と農業 *p254*　Rアジアにおける農と食の未来 *p258*　R気候の変動と作物栽培 *p272*　H日本列島にみる溜池と灌漑の歴史 *p422*　H灌漑と塩害 *p436*　H遊牧と乾燥化 *p442*

〈文献〉廣瀬昌平 1991．飯沼二郎 1970．稲永忍 1998．農林水産省熱帯農業研究センター 1989．松井健 1991．応地利明 1991．田中耕司 1998．

乾燥地の持続型農業

安定した食料増産か砂漠化か

乾燥地の農業

乾燥地とは、普通は「空気が乾燥した地域」のことで、「降水量（P）よりも可能蒸発散量（蒸発散しうる水量、PET）が多い地域」をいう。より詳細には、UNEP（国連環境計画）のP/PET（乾燥指数）を指標にした定義がよく使われる。それによると、乾燥地域を、極乾燥地、乾燥地、半乾燥地、乾性半湿潤地に区分し、乾燥地は、$0.05 < P/PET < 0.2$ の地域で、年降水量は、冬雨季の地域で200mm未満、夏雨季の地域で300mm未満と制限が付けられている。

一般に乾燥地は降雨が少ないが、降雨量の年による変動は大きく、雨季には時に集中的な豪雨も起こる。乾燥地では、十分な日射量（太陽エネルギー）があり、気温も高く、病虫害も少ないことから、水の供給に制限があること以外は、作物生育にはきわめて適しているといえる。

乾燥地の農業拡大と砂漠化

乾燥地の多くは開発途上国に位置していて、近年の人口増加に伴う食料需要の増加で、農地の拡大や生産性の向上が求められてきた。この農業の拡大は、乾燥地における地球環境問題である砂漠化の主な要因となっている。

砂漠化とは、何らかの原因によって土地が荒廃して、植物が育たなくなることをいう。その原因としては、気候の変動などの自然要因もあるが、過放牧、薪炭材の採集などのための樹木過伐採、過開墾、不適切な土地・水管理などの人為要因がほぼ90%を占める。人為要因の内容によって世界の土壌劣化の進行面積10億3500万haを整理すると、過開墾や不適切な土壌・水管理という農業関係のものが3億4700万haと約1/3を占める。乾燥地における農業のあり方が、地域や地球の環境に大きく影響していることがわかる。

地域	乾燥地面積	うち土壌の劣化面積					
		過放牧	樹木過伐採	過開墾	不適切な土壌・水管理	その他	小計
アフリカ	1286.0	184.6	18.6	54.0	62.2	0.0	319.4
アジア	1671.8	118.8	111.5	42.3	69.7	1.0	370.3
オーストラリア	663.3	78.5	4.2	0.0	4.8	0.0	87.5
ヨーロッパ	299.6	41.3	38.9	0.0	18.3	0.9	99.4
北米	732.4	27.7	4.3	6.1	41.4	0.0	79.5
南米	516.0	26.2	32.2	9.1	11.6	0.0	79.1
計	**5169.1**	**477.1**	**209.7**	**111.5**	**235.0**	**1.9**	**1035.2**

表1　乾燥地における人為的要因別土壌の劣化面積（極乾燥地域は除く）（単位：10^6ha）［UNEP 1997］

過開墾や不適切な土壌・水管理は、食料生産の増大を短期で実現しようとするために、急激に農地を拓き、合わせて水源を開発して灌漑を行い、農薬や化学肥料を多く施用することから、土壌の劣化をもたらす。具体的には、土壌が植生に覆われる期間が少なくなり、土壌有機物が減少することで、風や雨によって表土が浸食されたり、流亡したりする。また不適切な灌漑などによって土壌表層で塩類集積がおこると、作物生育に不適な土地となる。

乾燥地農業における伝統的水利用

乾燥地の農業では、水の確保が実現できれば、作物は高い収量を得られることが多い。一般に、乾燥地では河川や地下水などの水源の水量は乏しく、限られた雨水を有効に活用することが図られ、地域の条件に適したさまざまな技術が開発されてきた。

降雨のみに依存する農業は天水農業といい、冬に雨が降る地域では年降水量が250 mm以上、夏に降る地域ではだいたい400〜450 mm以上の半乾燥地域に多くみられる。こうした地域では、生育が乾燥に比較的強いコムギやソルガムなどが栽培される。そこでは、作物栽培時期に活用するために、降雨が土壌中にできるだけ多く貯留されるように、雨季の前に土壌を深くまで耕して、雨の表面流出を抑えて浸透量を多くする。一方で、乾季には土壌表面のみを耕して、除草と土壌面蒸発の抑制を行う。さらに、作物の周辺に降った雨を、簡単な溝や畔などの土壌構造物を設けて根が張る範囲に巧みに集水するウォーター・ハーベスティングが行われることもある。

さらに降雨量が限られる地域では、耕作する農地と休閑する農地を分け、後者では作物を栽培せずに降雨の保水のみを図るという作付け体系（二圃式農業）がとられることもある。これらは、大規模な技術を伴わず、農家が個別に圃場で実現できるもので、地域の自然環境に適したきわめて持続的なものである。

乾燥地でも、適当な水源があれば水路などで水を農地に引き込む灌漑農業が営まれる。湧出する地下水を利用するオアシスでの農業や、近くの地下帯水層から地下水路を設けて導水する灌漑農業がある。これも、

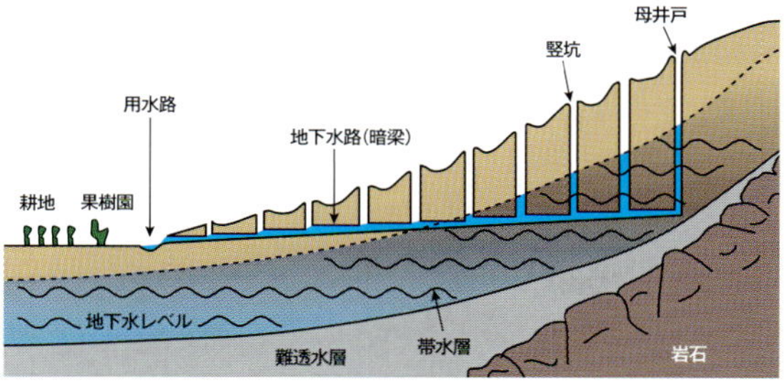
母井戸
竪坑
用水路
地下水路(暗渠)
耕地
果樹園
地下水レベル
帯水層
難透水層
岩石

図1　地下水路による地下水利用システム［鳥取大学乾燥地研究センターHPより］

農家が共同で建設して、維持管理も行い、水源を枯渇させないで、さらに送配水も重力エネルギーで行う持続的な水利用方式である。この地下水路による地下水利用システムは、イランやイラクでは「カナート」、パキスタンやアフガニスタンでは「カレーズ」、北アフリカやサハラでは「フォガラ」、中国では「坎児井（カンアルチン）」などと呼ばれている。

乾燥地の灌漑農業と塩類集積

乾燥地で農業の生産性を高めようとする場合、灌漑による土壌水分の補給は大きな力となる。周辺の高山の氷河や雪解け水や、時には遠く離れた多雨地帯から流れ込む河川の水を利用して、近年は大規模な灌漑システムが建設され、乾燥地で灌漑農地が急速に増加し、農業生産の飛躍的な拡大と安定をもたらしてきた。

一方で、本来水のないところへ水を多量に引き込むと、地域の水循環の構造を大きく変えることになる。農地への大量の取水によってが、河川の下流部での流量が大幅に減少することになって、水不足や水質の劣化などさまざまな環境問題をもたらした例は少なくない。典型的なものには、中国の黄河や中央アジアのアラル海に流入する河川流域における近年の広大な灌漑農地開発と、下流での河川や湖沼の枯渇の問題がある。

灌漑した農地でも、排水のシステムがないまま、多量の灌水を行うと、地下水や土壌中に含まれていた塩分が、灌漑によって土壌水中に溶け出す。その塩分は、蒸発散によって移動する水とともに土壌表層に引き上げられ、水が蒸発すると、塩分だけが表層に析出することになる。その結果、作物の根は水を吸えなくなり、土壌構造が破壊されて水や空気が流れにくくなって、作物の生育は困難になる。こうした土壌の塩性化による生育障害、農地の荒廃・放棄が、乾燥地の灌漑地域に広がっているのである。水分の人為的な増強によって高い生産性を得られ、一時的には収量増加をもたらすが、持続的ではなく、長期的には負の効果をもたらした例も多い。

ひとたび土壌表面での塩類集積が進み、耕作が放棄されると、回復は経済的な理由から難しい。技術的には、エジプトのナイルデルタなどで広範囲に行われたように、農地の土壌下層に、暗渠と呼ばれる管を敷設して、灌漑された水を下から排水することで塩分を抜いて、塩害を抑制することもできる。

写真1　塩類集積農地（中国、内モンゴル自治区、2003年）［久米崇撮影］

持続可能な乾燥地農業の課題と展望

当面続くと予想される開発途上国の人口増加や経済発展を考えると、乾燥地における農業生産の役割は引き続き大きく、いかに持続可能なものとするかが大きな課題である。とくに水の確保や灌漑のあり方がその鍵となる。

農地において効率的に水を利用する試みは、世界の乾燥地で進められている。たとえば、作物の根の近くに必要な水を滴下させる点滴（ドリップ）灌漑の導入がある。これは設備投資と維持管理に特別な技術と多額の費用を必要とするため、多くの地域では導入はまだ難しい。少ない灌水でも、用水に塩分が含まれていて、土壌に少しずつ塩類が集積することもある。また、水源とする地下水の水位が低下して、海岸部では地下水へ海水が浸入するなどして、灌漑ができなくなることもある。持続性を求めて、何か特定の部分の効率を高めようとすると、周辺に負の影響が連鎖で拡大する例の一つである。

乾燥地には、優良な農地となりうる広大な土地が拡がるが、鍵となる使える水の量は限られている。地域の資源の状況に見合う土壌での保水やカナートなどにみられる伝統の知恵と、近代的な技術を巧みに組み合わせれば持続可能な農業を確立することができよう。一時的な生産性の向上を目指せば、砂漠化の道を歩むことになるかもしれない。【渡邉紹裕】

⇒C 土壌塩性化と砂漠化 *p66*　H イエローベルト *p378*　H 灌漑と塩害 *p436*　E 砂漠化の進行 *p480*

〈文献〉恒川篤史編 2007. 日本沙漠学会編 2009. 佐藤俊夫 2002. UNEP 1997.

焼畑における物質循環

伝統的焼畑と商業的焼畑

焼畑農業

焼畑とは、森や林に生えている木を伐採し、草を刈り払い、乾燥後火を付けて燃やし開墾する方法またはそれによる耕地をさす。木や草に火を付けて燃やすことを火入れという。火入れは、草木の灰化による養分の供給、土壌有機物などの分解促進による養分の加給態化、土壌の殺菌、害虫や雑草の駆除に有効である。火入れにより作物を栽培する農業は焼畑農業といわれている。焼畑農業は世界の森林面積の10%、耕地面積の25%に相当する3億6000万haで行われている。

伝統的焼畑農業と商業的焼畑農業

伝統的焼畑農業は、古くから熱帯地域のみならず亜寒帯地域まで広く世界中で営まれてきた。今日では、熱帯地域の東南アジアやアフリカなどの限られた地域だけで営まれるにすぎない。乾季にはいると選定した土地に生い茂っている樹木や草は伐採される。雨季がはじまる前に、充分に乾燥した樹木は焼き払われ、整地された焼畑には、陸稲、雑穀、イモや野菜などが栽培される（写真1）。焼畑での栽培は1年から3年行われ、収量が低下して雑草が生い茂りはじめると、農民は耕作地を放棄して新たな耕作地を求めて移動する（図1）。放棄された耕作地は、森林が再生するまでの休閑期間を経た後、再び焼畑に使用される。

休耕期間は、それぞれの地域の降雨、気温、肥沃度や地形により異なり、さまざまである。伝統的焼畑の火入れでは、土壌流失を防ぎ森林の再生を早めるために、樹木の掘り起こしはせず、幹の高い位置での切り払いや、枝だけの刈り払いなど、工夫がなされている。

写真1　ラオス中部の焼畑。色の薄いところは耕作中の畑で、緑の色が濃いほど休耕後の年数がたっている。上方はメコン川（ラオス、ルアンパバーン近郊、2001年）［佐藤洋一郎撮影］

伝統的焼畑農業とは異なり、アマゾンや熱帯アジアの熱帯雨林地域では、森林を伐採し焼却し開墾された耕作地に、サトウキビ、トウモロコシ、アブラヤシやゴムなどの換金作物を大規模に栽培する商業的な焼畑農業が拡がっている。商業的焼畑農業では、樹木の地際からの伐採、根の掘り起こしから始まる。これらの樹木や根は、耕作に支障とならないようにすべて焼き払われ灰となり、耕地は整地される。整地された耕地には、収量を上げるために化成肥料や化学農薬が投入され、常畑として使用され、放棄されないかぎり再び森林に戻ることはない。

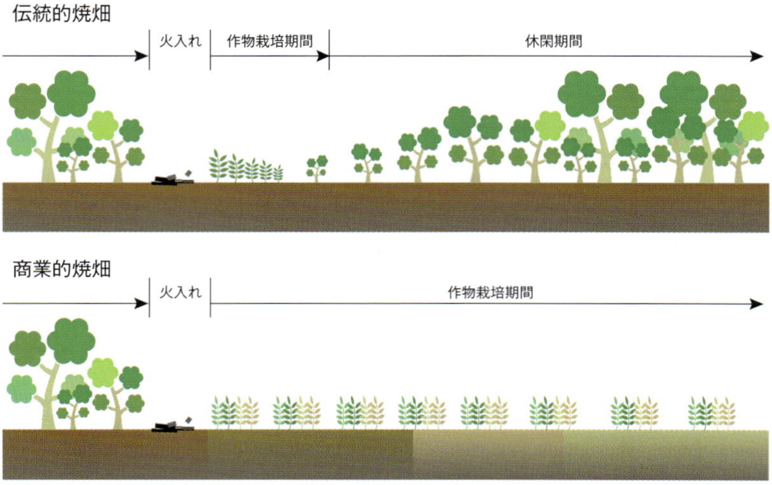
伝統的焼畑
火入れ
作物栽培期間
休閑期間
商業的焼畑
火入れ
作物栽培期間

図1　伝統的焼畑と商業的焼畑の耕地利用

炭素・窒素・リンの循環

伝統的焼畑では、火入れによるCO_2（二酸化炭素）の大気への放出があるが、休閑期間に焼畑に芽生えた樹木や草本によりCO_2は再び吸収される（図2）。さらに火入れでは、根の掘り起こしや地際からの伐採を避けるため、土壌中の根、微生物、小動物に由来する土壌有機物として存在する炭素の放出が抑えられる。したがって、休閑期間を含めると焼畑と大気との間で炭素の出入りはゼロとなり、地球環境問題として指摘されている大気 CO_2 の増加に、伝統的農業はかかわっていないといえる。

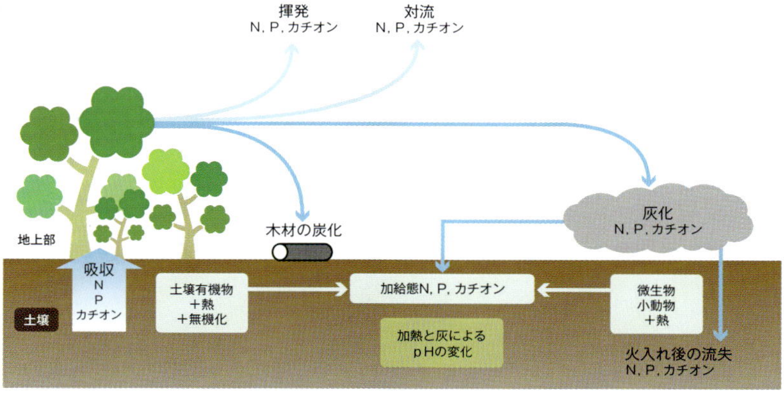

揮発
N, P, カチオン
対流
N, P, カチオン
地上部
木材の炭化
灰化
N, P, カチオン
土壌
吸収
N
P
カチオン
土壌有機物
＋熱
＋無機化
加給態N, P, カチオン
微生物
小動物
＋熱
加熱と灰による
pHの変化
火入れ後の流失
N, P, カチオン

図 2　火入れにおける養分の流動モデル［Giardina *et al.* 2000 を参考に作図］

商業的焼畑農業では、根の掘り起こしや過度の焼却により、伐採された草木に含まれている炭素に加え、土壌中の有機物に含まれている炭素も CO_2 として放出される。また、化成肥料や化学農薬の使用は、それらの生産や運搬に使用された化石燃料に由来する CO_2 を大気中に放出している。放出された CO_2 の一部は栽培作物により一時的に吸収されるが、耕作を続けるかぎり焼畑前の森林と土壌が保持していた炭素量が戻ることはない。

1850 年から 1990 年までの 140 年間における地球上の土地利用変化に伴う CO_2 の総発生量は、約 1.5×10^{11}t（150Gt）であるといわれている。そのうち、100Gt が熱帯地域の森林の伐採に伴う耕地化により発生したと算出され、80Gt が森林の消失、残りの 20Gt が土壌有機物の分解により発生したと推定されている。1979 年から 15 年間では、商業的焼畑農業を含む土地利用の変化により世界の森林面積の 3.18％が減少し、その結果として大気中に放出された炭素量は 22Gt と算出されている。

伝統的焼畑農業では、休閑期に芽生えたマメ科植物に共生している根粒菌、草木の根や枯れ葉などの有機物を栄養源としている窒素固定細菌などにより、空気中の窒素が固定され窒素が蓄積される。また、焼畑に放たれたブタやウシなどの家畜の糞、集まってきた鳥や昆虫などの小動物由来の糞や死骸などにより窒素が供給される。

草木、土壌中の微生物、小動物、植物の根などに含まれていた窒素の火入れによる無機化により、土壌中にアンモニア態窒素が急激に増加する（図 2）。その後、硝化化成細菌の働きにより硝酸態窒素含量が増加し、その一部は脱窒作用によってさらに分解し、窒素ガスとなって大気にもどる。無機化された窒素は、作物に吸収利用され、収穫と共に焼畑から運び出される。伝統的焼畑では、土に取込まれた大気中の窒素が生物に移行し再び大気にもどる自然の窒素循環を利用して作物が栽培されている。

商業的焼畑では、草本の焼却による窒素の無機化の経過は伝統的焼畑と同じであるが、生産性を上げる目的で大気中の窒素を工業的に固定して作られた窒素肥料が耕地に投入される。過剰に投入された窒素肥料により、地下水、湖沼や沿岸域の汚染、酸性雨、オゾン層の破壊などがすすむことが危惧されている。

伝統的焼畑農業では、休閑期間に草木が土壌から吸収したリン酸、樹木に集まる鳥などの糞からのリン酸が表土に集積する。集積したリン酸は、火入れにより無機化するだけでなく、カリウムなど陽イオンの増加に伴う土壌 pH の上昇によって、植物が吸収できるリン酸が増加する（図 2）。リン酸は、作物に吸収され、雨水により流失し、焼畑から徐々に減少する。リン酸の循環は、焼畑の休閑期間に生い茂る草木、そこに集まる虫や鳥によって成り立っているといえる。

商業的焼畑農業では、火入れによるリン酸の無機化に加え、生産性を上げるために工業的に生産されたリン酸肥料が付加される。過剰に投入されたリン酸肥料は、地下水、河川、湖沼や沿岸域を汚染し、赤潮などの発生源となることが危惧されている。

焼畑の持続可能性

商業的焼畑農業は、森林の伐採だけでなく、作物の高い生産性を維持するために投入される肥料や農薬により、さまざまな環境問題を引き起こしている。一方、伝統的焼畑農業は、森林の再生に十分な休閑期間を設けさえすれば持続可能な農業である。しかし、今日においては人口の増加に伴い休閑期間の短縮が余儀なくされ、その持続可能性を危うくしている。【佐藤雅志】

⇒C窒素循環 *p44*　C炭素循環 *p46*　Cリンの循環 *p48*　R焼畑農耕とモノカルチャー *p252*

〈文献〉久馬一剛編 2001. Giardina, C.P., *et al.* 2000. 佐々木高明 1989. 袴田共之ほか 2000.

江戸の物質循環の復活

資源枯渇を救う日本人の知恵

人類を襲う食料危機

21 世紀、人類にはさまざまな困難な事態が襲ってくる。そのなかで最も厳しい事態は世界規模の食料危機である。

過去の 50 年間、人類は穀物の著しい増産に成功した。その穀物の増産を支えたのが化学肥料であった。化学肥料の主たる原料は、リン鉱石や窒素、カリなどである。リン鉱石は地球のマグマから湧いてくる鉱石ではなく、鳥の糞の化石で、その量はかつて地球上に生息した鳥の量に依存している。

過去 50 年間の急激なリン鉱石の採掘で、地球上のリン鉱石の埋蔵量は急速に減少しつつある。図 1 はヨーロッパ工業会によるリン鉱石の産出の予測曲線である。すでにリン鉱石の生産量はピークを過ぎ、21 世紀には枯渇していく。現に、良質なリン鉱石を日本に輸出していた米国は、1997 年にその輸出を止めてしまった。四川省は世界最大量のリン鉱石を産出する中国の主要な産地であったが 2008 年 4 月、大地震が襲った。それ以降、中国政府はリン鉱石に高い関税をかけ、実質上の輸出規制に入ってしまった。

また、化学肥料の原料である原油も、21 世紀中頃にはリン鉱石と同じ運命をたどっていく。供給量のピークを過ぎればリン鉱石と原油の需給ギャップから、化学肥料の価格は高騰し、人びとの前から消えていくだろう。この化学肥料の原料資源の枯渇に伴う穀物逼迫が起こる 21 世紀、日本人の物質循環の英知が蘇ってくる可能性がある。

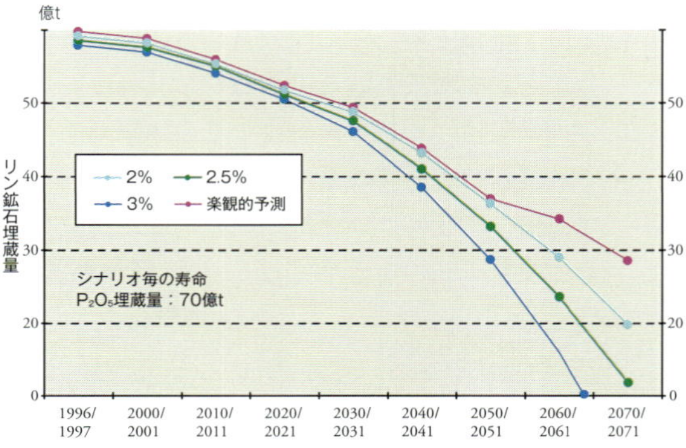
億t
リン鉱石埋蔵量
50
40
30
20
0
2%
2.5%
3%
楽観的予測
シナリオ毎の寿命
P_2O_5埋蔵量：70億t
1996/1997
2000/2001
2010/2011
2020/2021
2030/2031
2040/2041
2050/2051
2060/2061
2070/2071

図 1　リン鉱石の寿命予測。%は年間消費率を表す［岩井ほか 2003 より］

広重が描いた江戸の循環

江戸末期、広重は新宿通りを図 2 のように描いている。この突拍子もない構図は、江戸の人びとを驚かせた。

図 2　名所江戸百景　四ツ谷内藤新宿（広重画）［国立国会図書館 HP より］

この絵の構図はどう見てもおかしい。単にウマの後ろから街を見ているだけでなく、異常に低い目線からの構図である。多くの人馬が行き交う新宿通りで、大の大人が座り込みウマの尻を眺めているのは不自然だ。つまり、座り込んでいるのは子どもなのだ。その子どもはあるモノを狙っている。そのモノとは、地面の上に描かれている、ウマがポトポト落とした馬糞であった。

馬糞は麦ワラと混ぜると良い肥料となった。乾燥させると効率の良い燃料にもなった。馬糞拾いは子どもたちの手ごろな小遣い稼ぎであった。ウマが糞をすると、それが温かいうちに子どもたちがさっと拾ってしまう。江戸の町では馬糞までが貴重な物質であった。

江戸は循環都市だったといわれている。その循環都市の象徴が、人びとや動物の糞尿を肥料としていたことであった。物質循環の都市・江戸の真髄を、広重はこの絵でユーモラスに記録していた。

江戸の循環文明

19 世紀中頃、100 万以上の人が住む江戸は世界最大の都市であった。この巨大都市・江戸には欧州式の下水道はなかった。それでも江戸はきわめて衛生的な都市であった。その理由は、ゴミを発生させない徹底した物質循環社会が構築されていたためである。

馬糞にさえ価値があった江戸において、人間の糞尿は肥料として貴重品であった。その大切さの思いを込めて下肥（しもごえ）と呼ばれていた。江戸の人びとの下肥はすべて農家に引き取られていた。単に引き取られたのではなく、農家は野菜などと交換して、下肥を買い取っていたのだ。化学肥料のない時代、窒素、リン、カリを含む下肥は農作に欠かせなかった。農村部での下肥はつねに不足気味で、都市からの下肥の供給は活況を呈していた。下肥運送業はもちろん、下肥問屋や小売商まで存在していた。長屋に住む店子（たなこ）の下肥の所有権は大家に所属し、大家は店子の下肥を売って利益を得ていたという。

各家からの生活排水もほとんどなかった。米のとぎ汁などは植木にかけられ、使用済みの水は庭や路地の打ち水とされた。道路の枯葉やゴミは箒（ほうき）で掃き寄せられ燃料になった。

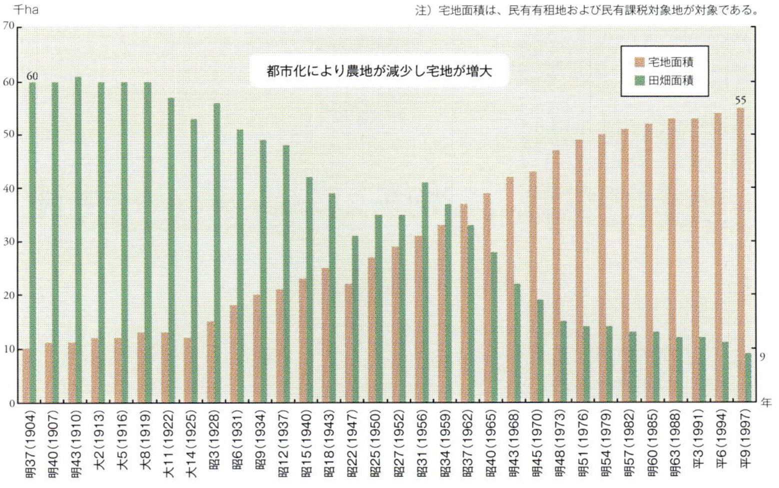

千ha
注）宅地面積は、民有有租地および民有課税対象地が対象である。
都市化により農地が減少し宅地が増大
宅地面積
田畑面積
60
55
9
年
明37(1904) 明40(1907) 明43(1910) 大2(1913) 大5(1916) 大8(1919) 大11(1922) 大14(1925) 昭3(1928) 昭6(1931) 昭9(1934) 昭12(1937) 昭15(1940) 昭18(1943) 昭22(1947) 昭25(1950) 昭27(1952) 昭31(1956) 昭34(1959) 昭37(1962) 昭40(1965) 昭43(1968) 昭45(1970) 昭48(1973) 昭51(1976) 昭54(1979) 昭57(1982) 昭60(1985) 昭63(1988) 平3(1991) 平6(1994) 平9(1997)

図 3　東京都の宅地および田畑面積の推移（明治 37 年～平成 9 年）［農林統計研究会編 1983：農林水産省統計情報部編 1999：東京都編 1999］

モノを廃棄しない物質循環のため、どの川もきれいで、江戸の前面に広がる江戸湾も清潔で豊かな漁場となっていた。それは「江戸前」という付加価値の高い魚介類の尊称として今でも残っている。歴史上、多くの文明が世界に登場したが、完全な物質循環の文明は日本で誕生したのであった。

循環文明の崩壊

1853 年、黒船が来航し、激動の時代を経て江戸は東京となった。幕藩封建体制が崩壊し、中央集権の国民国家となると、日本の人口は一気に流動化した。全国各地の人びとは一斉に都市へ流れ込んでいった。都市ではとどまるところを知らない人口膨張と乱開発が始まった。とくに関東平野は広大だったため、その広大さが東京圏の異常な膨張を許してしまった。

江戸の市街は思っている以上に小さく、西と北は山手線の範囲で、東は下町の隅田川周辺の範囲であった。それが明治、大正、昭和で一気に、西へ北へ東へと膨張し、関東一円が東京の市街地となってしまった。

図 3 は、過去 100 年間の東京都の田畑と宅地の変遷である。100 年前の東京の宅地 1 万 ha の周辺には、6 万 ha の田畑が取り囲むように展開していた。江戸の人びとの排泄物の受け皿として、十分広い農地が控えていた。これが物質循環の都市・江戸を成立させていた秘密であった。しかし、この 100 年間の土地利用変化から、東京が周辺農地を失い、物質循環の基盤を崩壊させていく過程が鮮やかに読み取れる。

都市周辺の農地が潰されると、都市住民の排泄物は農村の需要をはるかに上回り、厄介ものとなっていった。その厄介ものは疫病を蔓延させ、人びとを苦しめていった。東京や日本各地の都市でコレラ、ペストそして赤痢によって、数年の間隔で何万人もの命が奪われていった。1884 年（明治 17 年）、東京の神田で下水道事業が着手され、汚物を流し去るという西欧思想が、明治近代化の日本においても姿を現した。

都市が提供する資源

現在、東京都の下水道普及率は 97%となっている。ビルはもちろん家庭でも水洗トイレ化は完成した。人びとの排泄物は下水道の水で押し流され、下水処理場で膨大なエネルギーを投入して処分されている。

しかし、21 世紀の下水道システムは新しい物質循環のインフラに変身させていかなければならない。

江戸時代のように糞尿を一軒一軒回って集め、街中を苦労して運搬する必要はない。現在の下水道管網を、効率的な下肥の集積インフラへと変身させる。江戸時代のように臭い思いをして肥溜めで糞尿を発酵させる必要はない。現在ある下水道処理場を、リンを生み出す有機肥料工場へ変身させればよい。下水汚泥を有価物に変える肥料化技術は、すでに開発されている。都市と農地が連携して、物質循環の社会構築に向かうという合意さえできればすぐにでも可能である。

世界中の多くの人びとは、排泄物は疫病を運ぶ悪魔と忌み嫌っている。しかし、つい最近の昭和年代までそれを肥料としていた日本人は、自分たちの排泄物は有用物であることを今も記憶している。日本人の記憶と新しい技術が、肥料逼迫に伴う世界規模の食料危機を救っていくこととなるだろう。　【竹村公太郎】

⇒C リンの循環 *p48*　C 農業排水による水系汚濁 *p86*　C ゴミ問題 *p88*

〈文献〉岩井良博ほか 2003．石川英輔 1997．農林統計研究会編 1983．農林水産省統計情報部編 1999．東京都編 1999．

循環領域 小括

地域に調和する循環系の創出　谷口真人

地球環境問題は、その問題が地球全体に影響が及んでいるか、あるいは地球上で普遍的に発生し、未来可能性を食いつぶしている問題である。地球環境学は、そのさまざまな地球環境問題に対して、人間と自然との相互「作用環」を解きほぐすことによって、将来の「地球と人との豊かな存在」のために地球環境問題の解決に資する学問分野である。その「作用環」を構成しているのがさまざまな「循環」といえる。循環領域では、循環の急激な変化と地球環境問題、循環の拡大・断絶と地球環境の劣化、循環の重層化と新たな繋がり、循環型社会の創出の４つの切り口から地球環境問題を記述した。

モノの循環をはじめとするさまざまな循環系を明らかにし、理解するためには、そのつながりを広く、長く見つめることが重要である。そしてそのつながりを見つけるためには、連環するつながりの時間と空間を俯瞰する「目」を持つことが肝要である。この目には、DNA などの近代科学の「虫の目」(物事を細かく分けて原理・原則を理解する見方) や、衛星データなどの「鳥の目」(俯瞰的に現象を理解する見方)、環境同位体などの「化石の目」(過去の歴史を理解する見方) のほかに、地球と地域 (風土) を往還する目 (風水土の目) が必要であろう。さまざまな繋がりを理解することで、因果の連鎖を理解し、地球上でおこっている現象を時間と空間をまたいで俯瞰し、さらに人間社会と自然との関係性を見つめることが重要である。

地球上に存在する人間と自然の循環系は多様である。しかしわれわれは、その循環系の一部しかまだ理解できていない。そしてわれわれは、それを完全に理解しないまま、その循環系を変え続けている。人と地球との関係性を、どのように未来へつないでいけばよいのか。自然の持つ循環系と人間が作り出す循環系を、どのような範囲で、どのような大きさで、どう調和的に機能させていけばよいのだろうか。未来の地球と人の豊かな存在のために、気候変動と社会のグローバル化を考慮した、地域に調和的な新たな循環系の創出が必要であろう。

鳥海山（左上）沿岸の海底地下水湧出（右下）と岩ガキ（右上、左下）。陸と海をつなぐ水の循環が生きものと社会をつないでいる

多様性

Diversity

Diversity

多様性　領域目次

多様性とその機能

生態系 Ecosystem

人間生活と文化 Human Life and Culture

危機に瀕する多様性

生物絶滅 Extinction of Organisms

文化消滅 Vanishment of Culture

支え合う生物多様性と文化

多様性を継続させるしくみ

多様性領域総論

多様性の喪失は地球環境の危機

湯本貴和

1. 多様性とその機能

生物多様性と生態系サービス

地球上にはそれぞれの地域にさまざまな生物が生息している。生物集団のうち「交配可能性」という観点から、互いに交配可能であり、子孫に遺伝子を伝えていくユニットを「種」と呼び、その数は生物の多様性を示す最も基本的な尺度である。近代分類学の祖・C.v. リンネ以来の生物学者によって、モネラ界、原生生物界、菌界、動物界、植物界を合わせて、これまで約150万種の生物種が記載されている。うち昆虫が75万種、その他の動物が28万種、維管束植物が25万種などである。しかし、これは大幅な過小評価であり、未発見の生物は熱帯雨林の林冠に住む昆虫や深海底に住む無脊椎動物に数多く、それぞれ数千万種であろうと予想されている（熱帯雨林の生物多様性 p142, 海洋生物多様性の危機 p170）。これらの夥(おびただ)しい数の生物種は，40億年におよぶ進化の歴史のなかで独自の「かたち」と「くらし」を備えたものとして、さまざまな環境に適応してきた。

写真1　サラワクの熱帯雨林。樹高70mに及ぶ林冠には、いまだ記載されていない昆虫が数多く生息している（マレーシア、サラワク州、1994年）

これらの生物は、それぞれ単独で生きているわけではない。敵対、競争、相利共生、片利共生、片損といった生物間相互作用のなかで生きている（生物間相互作用と共生 p136）。また陸上では、生態系、すなわち太陽光のエネルギーで植物が空気中のCO_2（二酸化炭素）を固定する光合成を起点とした物質とエネルギーの流れのなかに、自らを位置づける以外に生きてはゆけない。それぞれの生物種は、ここでもひとつのユニットとして機能しており、種の多様性と生態系の安定性やレジリアンスとの関係は、古くから生態学の基本的なテーマであった（生物間ネットワーク p138、生態系レジリアンス p140）。ただし、生物多様性は、種多様性だけではなく、生態系の多様性、遺伝的多様性を含む概念であり（野生生物の遺伝的多様性と機能 p148）、そのなかには多様な生物間相互作用も含まれる。

ヒトもまた生態系のなかでさまざまな恩恵を受けながら生活している。国連ミレニアム生態系評価によると、人間社会が生態系から受ける恩恵である生態系サービスは、(1) 供給（食料、水、燃料、繊維、生物化学物質、遺伝資源など、生態系が生産する財）、(2) 調整（気候、病気、洪水の制御、無毒化など、生態系プロセスの制御により得られる利益）、(3) 文化（精神性、レクリエーション、美観、霊感、教育、共同体、象徴など、生態系から受ける非物質的利益）、(4) 基盤（土壌形成、栄養塩循環、一次生産など、供給、調整、文

写真2　熱帯モンスーン林のアジアゾウ。大型の哺乳類は、森林の減少や断片化によって絶滅に瀕している（タイ、1998年）

化の3つの生態系サービスがうまく機能するためのサービス）に整理されている（生態系サービス *p134*）。

人間生活と文化の多様性

ヒトという種は、赤道直下の熱帯から寒冷な北極圏まで、さらには極端な乾燥地域にまで単独の種として生存している特異な存在である。さまざまな環境下で身体的にはそれほど大きな変化を遂げていないが、それぞれの地域に適応した「暮らし」、すなわち衣食住、生業技術体系、環境認識などが著しく分化している。文化とは、これら人間社会あるいは社会集団の精神的・物質的、あるいは知的・感情的特性の組み合わせであり、芸術・文学に加えて生活様式や環境への適応様式、価値体系、伝統、信念が含まれる（生物文化多様性の未来可能性 *p192*）。また集住の形態として、都市の多様性を生み出してきた（都市の多様性 *p156*）。文化の多様性を示す基本的な尺度を設定するのは困難であるが、個々の文化を定義づける必須要素である言語の多様性、すなわち言語の数はひとつの目安と考えられる。言語はユニットとして、観念的には「相互理解性」で裏付けできるが、その数え方はあいまいで、どれを方言とし、どれを言語と数えるのかは、国や話者のアイデンティティなどの言語そのもの以外の条件で決まることが多い（言語多様性の生成 *p152*）。

人間が生態系から受けている生態系サービスを考えると、食料、水、燃料、繊維、生物化学物質、気候の制御、洪水の制御などは、関与する生物種数が少なくて、特定の性質が卓越した少数の生物種によって生態系が構成されていたほうが、短期的な視野でみると、効率的である場合のほうが多い。人間生活、とくに農業と医療という根幹の部分は、生物多様性を人為的に低下させることで営まれている。農業は「雑草」と「害虫」、そして「害獣」との闘いであり、作物（ほとんどが外来生物）という選ばれた生物種のみを残して、生物多様性を抑えることで生産性をあげている。また作物や家畜の遺伝的多様性の重要性は認識されているが、一部の「優良品種」が在来品種を席巻するという状況が続いている（作物多様性の機能 *p150*，生薬の多様性 *p160*，家畜の多様性喪失 *p182*）。病気はホストである人間とエージェントである病原体との共進化によって多様化が進んできたが（病気の多様性 *p158*）、医療の世界では、

写真3　分解者シロアリ。すばやく落葉や落枝を分解するシロアリの活動が、熱帯雨林の高い生産性を支えている（コンゴ民主共和国、1988年）

写真4　マレーシア、サラワク州の先住民。オラン・ウル（川上の人たち）と呼ばれる先住民は、森の知識が豊富だ（マレーシア、サラワク州、1996年）

「病原体」となる生物を根絶させ、病原体を媒介する生物を撲滅することが至上命題とされる。

生物多様性と生態系レジリアンス

生物多様性の生態系機能を考える際に必要な概念は、生態系内である機能を果たす種のグループである機能群と、機能群のなかでほとんど同じ機能をもつ生物種が複数存在する機能重複である。上記の生態系サービスのうち、病気の制御や無毒化（野生生物の遺伝的多様性と機能 *p148*）、土壌形成や栄養塩循環（土壌動物の多様性と機能 *p146*）、一次生産などは、ある程度まで種多様性を高めることでそれぞれの生態系サービスに直結する生態系機能は増大するが、そのうち頭打ちになり、そこからは種多様性を高めても生態系機能は増大しない傾向が見られることが多い。これらのケースでは、機能群がすべて出揃うまでは種多様性を増すことで生態系サービスが増すが、それ以上の種多様性は機能重複となり、生態系サービスをそれ以上には増加させない結果であると解釈できる（生態系サービス *p134*）。

しかし、機能重複をまったく無駄なものと考えることはできない。機能重複があれば、(1) ひとつの生物種が絶滅しても生態系機能は失われず、生態系へのダメージが軽減される、(2) それぞれの生物種で環境条件の変動に対して異なった挙動を示すため、全体としては環境変動の影響を緩和する、(3) 重複種間でたえず資源を巡る競争がおこっているために、つねに選択圧がかかった状態となり、システムの効率化が生み出される、(4) それぞれの生物種で資源利用特性が少しずつ異なるために、組み合わさることで資源利用効率が上がり、資源利用の取りこぼしが少なくなる、などの効果が考えられる。とくに実証的研究の限られた実験設定のもとでは、大きな外的な条件の揺れは制御されているが、自然界で大きな環境変動が起こった場合には、同じ機能群内でも主力となって働く生物種が交替することが当然予測される。このことは生態系のレジリアンス（外的な攪乱を与えた場合のシステムのもつ耐性あるいは復元力）と生物多様性、とくに機能重複が大きく関係していることを示唆している（生物間ネットワーク *p138*, 生態系レジリアンス *p140*, 地球温暖化による生物絶滅 *p178*）。多くの伝統的農業でみられるように、それぞれの農家が栽培植物や家畜の品種の多様性を高い状態で維持することで、異常気象などの影響下でも安定な食料生産を保つことになる（作物多様性の機能 *p150*）。また野生動物でも家畜でも遺伝的な多様性を保つことで、病気や気候変動に対するレジリアンスを高めているといえる（家畜の多様性喪失 *p182*）。

文化多様性の２つの機能

先住民族の人びとは世界総人口の約4%にすぎないが、現存する言語の少なくとも60%の話者であり、生物多様性の高い生態系のなかで、長期にわたって持続可能な資源利用、すなわち「賢明な利用」を行いなが

写真5　ラタンの育苗。熱帯雨林の中で育つラタン（籐）は家具などの材料として重宝され、森林を伐採せずに利益を得る非木材資源として価値が高い。圃場で育苗して森のなかで育てる技術が開発されつつある（マレーシア、サラワク州、1996年）

ら生活してきた（言語の絶滅とは何か p186, 生物文化多様性の未来可能性 p192）。多くの伝統的社会では地域の生物資源に生活の大部分を依存していたため、その持続的利用は社会の存続にかかわる本質的な課題であった。多くの先住民は、自分たちの生活にかかわりのある数百種に及ぶ植物や魚の呼称を把握しており、生息環境や行動、繁殖生態について熟知している。これらの知識の多くは、数百〜数千年にもわたる彼らの自然とのかかわりのなかで蓄積されたものであり、言語による口承で代々伝えられてきたものなのである。

このような生態系と人間のかかわりの継承という、言語のいわば外的機能に対して、人間の思考・世界認識のパターン、すなわち多様なモノの見方や主観的な認識の拠って立つ枠組が言語によって作られているという内的機能は、思考のバックボーンとして存在するものであり、喪失するとたちまちアイデンティティの危機に陥るものである。母語が失われ、共通語に「翻訳」して物事を思考することによって、それぞれの個人の考え方の枠組が大きく不安定となり、個人的にも思考が混乱し、それを他人に伝えることもできないような相互理解が不能な状態に陥ることは、多くの滅びゆく言語で示されてきた。これは、アイデンティティの喪失による人格崩壊といってよい（文化的アイデンティティ p154）。この個人のアイデンティティを支える母語という、言語の内的機能の重要性は、いくら強調しすぎても十分とはいえないほどである。

2. 危機に瀕している多様性

多様性のホットスポット

生物種も言語も、世界中に一様に分布しているわけではない（生物多様性のホットスポット p162）。

生物の種多様性は、熱帯地域においてひじょうに高く、南北両極に向かって減少する傾向にある。とくに一年中ほとんど水不足のないところに成立する熱帯雨林は、生物種が集中している（熱帯雨林の生物多様性 p142）。水域で生物多様性がきわめて高いのはサンゴ礁である。サンゴ礁の外側は急に深くなっていて波が荒いが、天然の防波堤である外礁に囲まれた礁湖や礁池は穏やかである。サンゴ礁を形成する造礁サンゴは、大きさもかたちもさまざまであり、サンゴの隙間は多くの無脊椎動物や魚類のすみかとなっている（沿岸域の生物多様性 p144）。一方で世界の言語多様性の集中しているのも熱帯地域である。

生物と言語の消滅

生物種が個体数や分布域を減らしている最も大きな理由は、生息地の消滅であり、多くは森林、自然草原、湿地、自然海岸などが人工的に改変されることに起因するものである（野生生物の絶滅リスク p164）。開発行為によるサンゴ礁やマングローブの減少も著しい。また淡水域や沿岸域の生物種を中心に、生息環境の人工的な汚染が絶滅を引き起こす原因として挙げられている（淡水生物多様性の危機 p168, 海洋生物多様性の危機 p170）。一部の植物、脊椎動物、昆虫では、食用その他の産業利用のための乱獲や、園芸・ペット利用のための盗掘・密猟が生存を脅かしている（野生生物の絶滅リスク p164）。さらに異なる生態系から運ばれてきた移入生物によって、在来生物が捕食されたり、競争で生態学的地位を奪われたりする大規模な絶滅が進行中で、とくに島嶼や湖沼などの半閉鎖的な生態系で著しい（陸域の外来生物問題 p172, 水域の外来生物問題 p174）。また両生類のツボカビ病のような、病気の蔓延による絶滅がすでに発生したり、今後の問題として危惧されたりしている（環境指標生物 p220）。これらに加えて地球温暖

写真 6　フタバガキの花に来たハムシの仲間。熱帯雨林の主要な構成樹種は、花粉の媒介や種子の散布を昆虫や鳥類、哺乳類などに依存している（マレーシア、サラワク州、1996 年）

化の進行で、平均温度が 0.8℃から 1.7℃上昇のシナリオでは地球全体で 18%、2.0℃以上上昇のシナリオでは 35%の生物種が生息地を失って絶滅するという推計もある（地球温暖化による生物絶滅 *p178*）。海洋では、CO_2 濃度の上昇に伴う海水の酸性化で多くの生物に大きな影響があることが懸念されている（海洋生物多様性の危機 *p170*）。

言語多様性については、現在 5000〜6800 ぐらい存在する言語のうち、少なくとも半数は次の 100 年で消滅するであろうとされる。主な消滅の原因は、経済的あるいは政治的に有利な言語に取換えることである（言語の絶滅とは何か *p186*）。しかし、歴史上、自分たちの言語を公共の場で使用することによって、人びとが刑罰を受けたり、投獄されたりする事例は多かった。政策的に先住民の文化を排除したり、先住民そのものを排除したりする場合に、文化とアイデンティティを示す言語がまず抑圧される（文化的ジェノサイド *p188*）。これらの場合には言語がやり玉にあがっているが、言語そのものとは無関係で、たまたま異なる言語を話す集団間の根本的な不平等にかかわっているということに注意したい。

3. 支え合う生物多様性と文化

生物多様性と文化多様性の関係

それぞれの文化は、生物相を一要素とする地域の風土に即して形づくられてきた。一方、人間の生活空間における生物相には、人間が持ち込んだ栽培植物や家畜などをはじめ、文化がつくりあげてきた要素が含まれる。人間の文化と生物相は、相互に密接に影響を及ぼし合って変化してきた。このように生物多様性と文化多様性がお互いに影響を及ぼし合っていて、その相互作用の結果を生物文化多様性とよぶ（生物文化多様性の未来可能性 *p192*）。

生物多様性の豊かな地域に、多様な文化が成立するかどうかは議論のあるところである。一般に生物多様性というと均質な環境下に共存できる種の数である α 多様性を意味し、文化多様性というと環境の変化に伴うユニットの入れ替わりである β 多様性や、ある地域内のすべての多様性である γ 多様性を意味するため、そもそも対応関係がみられる構造となっていない。言語の多様性は、個人あるいはひとつの人間集団のなかで話される言語の数が α 多様性であり、隣接した地域での言語の違いは β 多様性、さらには地域全体の言語の数は γ 多様性である。

写真 7　熱帯林を切り開いてつくる焼畑では、陸稲などが栽培されている。十分な休閑期間さえ確保できれば、持続可能な農業である（マレーシア、サラワク州、1996 年）

人間による生態系改変

そもそも人間は環境非束縛性という性質を得たからこそ、気候帯の異なるすべての地上に分布を広げることが可能となった（環境問題と文化 *p190*）。人間は単に資源管理を行っているだけではなく、積極的に生態系を改変して生態系サービスを引き出す生態系改変者として大きな作用を及ぼしてきた。生態系改変者とは、造礁サンゴのように、あるいは土壌を変化させるミミズのように、生息する環境を大きく改変し、他の生物に大きな影響を与える生物種のことである（沿岸域の生物多様性 *p144*，土壌動物の多様性と機能 *p146*）。初期人類から数えると 99.5%は狩猟採集の時代であった。ヒトが生態系改変者として、他の動物とは桁違いの大きなインパクトを生態系に与えるのは農業を発明してからであるが、狩猟採集時代においても、ある種の生態系改変を行ってきたことは間違いない。

約 1 万年前に農耕を開始してから、人間は飛躍的に自然を改変することになった。地球上で多様性中心とよばれる 6〜8 カ所の地域（冬雨型気候の地中海地域、アフリカのサハラ砂漠南縁の半乾燥地、インド亜大陸のサバンナ地帯、東南アジアの湿潤高温の地、東アジ

写真 8 隠岐諸島では、同じ土地を交互に畑と牧場につかう循環式農耕が伝わってきた（島根県西ノ島、2009 年）

ア温帯域の照葉樹林帯、中米の亜高原および南米アンデス高原）に栽培植物は原産し、地域の農作物として栽培に移された。それぞれの地域では動物の飼養や漁撈を伴って、農耕文化が形成されることになった（照葉樹林の生物文化多様性 *p198*, 雨緑樹林の生物文化多様性 *p196*）。アジア・グリーンベルトでは、とくに水田耕作を主として、用水路や溜池などの施設を含んだ大規模な環境改変が行われ、かつては水田漁撈や水田狩猟も行われていた（アジア・グリーンベルト *p194*, 水田生態系の歴史文化 *p204*）。そのなかでは昆虫食という文化も育まれた（昆虫食 *p202*）。環境非束縛性とはいうものの、地域の気候風土に合った資源利用と資源開発を行ってきたわけである。それぞれの地域の気候風土によって培われた生活から、地球環境問題をみつめるバイオリージョナリズムの視点はここにある（生態地域主義へ *p200*）。

言語と文化の多様性が失われることは、文明史的な文脈で考えると、地球上の生物多様性を脅かす大規模なプロセスのある部分であり、とりわけ前世紀から顕著になったグローバル化に伴う全世界的な人間－自然関係の大崩壊の一部であるとみなすべきであろう。今日の地球環境問題を引き起こしている思想を担っている文化と言語が、これまで自然と協調的な「賢明な利用」を担ってきた文化と言語を世界中から駆逐している状況に面しているといえる。これらのことから、生物の多様性と文化・言語の多様性は、大きな世界情勢の目安としても位置づけられるのではないだろうか（生物文化多様性の未来可能性 *p192*, 環境問題と文化 *p190*）。

4. 多様性を維持するしくみ

指標としての多様性

多様性は、環境汚染がなく安心・安全で健康な生活が営まれ、人権侵害がなくそれぞれの個人が希望と誇りをもって生きていける協調社会の指標として意味をもつ。

従来から、生息できる環境条件が限られていることが判明している生物種を用いて、環境汚染の指標として使われてきた（環境指標生物 *p220*）。この環境指標を安心安全の指標とみなして、日本では減農薬などの環境負荷を軽減した水田で収穫されたコメを、その生産環境を指標する生物の名を冠して「タガメ米」、「コウノトリ米」などと称していて、商品の差別化が図られている（生きものブランド農業 *p222*）。ほかにも良好な自然海岸や湿地を指標する生物種など、これら絶滅危惧種の生息状況を定期的にモニタリングすることで、国や地方自治体の環境政策の進展状況の評価を行うことが求められている。

一方、これまで述べてきたように言語が失われるということは、その言語が表象してきた生活様式や環境への適応様式、価値体系が失われることであり、その言語を伴っていた文化の喪失に限りなく等しい。その意味で言語の消滅は、文化そのものの消滅と考えることが可能であるし、言語多様性が文化多様性の最大の目安といえる根拠でもある（言語の絶滅とは何か *p186*）。

世界のほとんどの言語は書かれることもなければ、公式に認められることもなく、地域共同体や家庭における機能に限定されていて、非常に小さな集団の人びとに話されているにすぎない。しかし、ひとつの国家体制のなかで複数の言語が尊重されていることは、民族や文化、あるいは思想の違いによる人権抑圧がなく、さまざまな異質な人びとが共生している協調社会が実現していることの指標として考えることができる。さらには世界の近隣諸国を含めた地域で、少数の言語が他の多くの言語を抑圧することのない状態は、異なる文化的背景をもち、異なる経済力の人びとが公正平等に扱われている指標として捉えることができる（文化的ジェノサイド *p188*）。ユネスコの文化多様性条約では、固有の文化や多文化主義をグローバル化から守るために、各国が自国文化を保護するために助成などの措置を取ることを認めた。このことは、市場原理のみでは、人類の持続的発展にとって要(かなめ)になる文化多様性の保護と推進を保証できないことを多くの国の代表が認識していることを意味している。

写真9　阿蘇の野焼き。日本の半自然草原は、早春の火入れによって維持されてきた（熊本県阿蘇市、2008年）

遺産としての多様性

生物の多様性も文化や言語の多様性も、歴史的な産物であり、それぞれの生物や人間社会がたどってきた歴史の生き証人である。しかも、いったん完全に失われると二度と回復させることが不可能な遺産である。それぞれの生物種は固有の形態、生理、発生様式、生活様式をもっており、これらは個々の生物種のたどってきたユニークな歴史によって形成されてきた。これまで十分に研究されていない絶滅しつつある生物種のなかに、現在そして将来の生物学的あるいは医学的な課題を解く大きなヒントが隠されている可能性がある。言語にしても、言語の起源や伝播をめぐる多くの難問に対する言語学上の解答は、現在消滅の危機に瀕している言語のなかに見いだされるかもしれない（言語多様性の生成 *p152*）。個々の言語は、それぞれ掛け替えのない存在なのである。

ユネスコの世界遺産条約では、遺産とは「人類が共有すべき普遍的な価値をもつもの」として定義されている。世界自然遺産の基準のひとつでは「生物多様性の本来的な保全にとって、最も重要かつ意義深い自然生息地を含んでいるもの。これには、科学上、または保全上の観点から普遍的価値を持つ絶滅の恐れのある種の生息地などが含まれる」とあり、生物多様性自体がそのまま遺産であるという立場をはっきり示している（世界遺産 *p236*）。

生物多様性条約では、（1）生物多様性の保全、（2）生物多様性の持続可能な利用、（3）遺伝資源の利用から生じた利益の公正かつ衡平な配分（ABS）を3つの大きな柱としている。とくにABSは、遺伝資源を保持してきた開発途上国と、遺伝資源を利用する技術をもつ先進国の対立が鮮明となり、これまでも国際協定の場で議論されてきた（南北の対立と生物多様性条約 *p212*, 遺伝資源と知的財産権 *p214*, 遺伝資源の保全とナショナリズム *p216*）。また生物多様性保全については、持続的な利用に配慮した商品を消費者側が意識的に選択することが重要なので、森林認証制度や薬用植物に関する認証制度などのさらなる役割が期待されている（森林認証制度 *p224*, 医薬としての漢方と認証制度 *p226*）。

生物多様性の保全には、地域住民に合意が得られるような保護地域の確保が必要である。ユネスコの「人間と生物圏計画（MAB）」は、生物圏保全地域を、自然を厳重に保護する核心地域、教育や学術研究のみが許される緩衝地域、人びとが居住し経済活動が可能な移行地域という3つのゾーニングを設けることで、人間の生活と生物多様性保全の両立をめざす概念を提示した（生物圏保存地域（ユネスコエコパーク）*p234*）。世界遺産も、原生的な自然を保全することに加えて、自然と人間との共同作品ともいえる文化的景観という概念を新しく導入することにより、自然とのかかわり方の文化の多様性、あるいは生物文化多様性そのものを保全対象とする展開を示している（世界遺産 *p236*）。湿地に関する国際的な取り決めであるラムサール条約も、自然状態が保たれている湿地の保全とワイズユースに加えて、水田の生物多様性保全上の意義を認めた（ラムサール条約 *p232*）。ただ世界遺産や生物圏保全地域、ラムサール条約湿地にしても、保全するだけでは人びとの生活の糧を生まないので、遺産的な価値を損なわず、持続的に利用できる正しいエコツーリズムの導入が必要とされている（持続可能なツーリズム *p230*）。

文化の発展的継承へむけて

一方、文化の多様性に関するユネスコ世界宣言では、世界人権宣言のなかでの「人権と基本的自由」の完全実施をめざして、「生物における種の多様性が、自然にとって不可欠であると同様に、文化の多様性は、その交流・革新・創造源として、人類にとって不可欠なものである。こうした観点から、文化の多様性は人類共通の遺産であり、現在および未来の世代のために、その意義が認識され、明確にされなければならない」と謳われている。また世界文化遺産の基準のひとつとして、「現存する、または消滅した文化的伝統、または、文明の、唯一あるいは少なくとも稀な証拠」とあるが、消滅しようとしているそれぞれの言語のなかに、その言語を担っていた人びとが何千年もの間に蓄積してきた知恵のすべてがあるといっても過言ではない（言語の絶滅とは何か *p186*）。

生物多様性条約のなかでも、先住民についてとくに言及されており、伝統的知識が生物多様性の持続的利用に果たしうる役割の大きさが認識され、伝統的知識を積極的に維持し、広く活用することと、その取組みに先住民が参加することが求められている（南北の対立と生物多様性条約 *p212*，遺伝資源と知的財産権 *p214*）。

写真10　リーフ内でのアーサ（ヒトエグサ）採り。専門の漁師ではない人たちにとっても、春のアーサの採取は日々の暮らしを支える営みであった（沖縄県石垣島、2010年）

文化は変化するものである。変化することによって、社会的あるいは政治経済的な変動にくらしを適応させてきたのが文化だからである。しかし、あらゆることが文化であるからという理由によって正当化されるわけではない。アフリカの女性器切除やインドのカースト制などを含むあらゆる人権侵害や差別の温床もまた文化のなかに存在する。また、ある文化における特定の生物種の利用について、国際的な摩擦が生じる場合も多い。日本や中国の象牙利用、アラブ諸国と中国の犀角利用、日本の鯨肉利用などである。「絶滅のおそれのある動植物の種の国際取引に関する条約」（ワシントン条約）による規制があるが、文化によっては特定の生物種の利用に固執するためにブラックマーケットが生まれ、かえって密猟に拍車がかかる場合もある（ワシントン条約 *p228*）。これらの文化を「貴重」だからといって、博物館に入れるように固定したまま保存することはできないし、することも許されない。文化多様性に関するユネスコの世界宣言にあるように、文化多様性は「その交流・革新・創造源として」、文化相対主義を超えて発展的に継承する仕組みづくりが求められている。

〈文献〉グライムズ、B. 2002.　ネトル、D. & S. ロメイン 2001.　中静透 2005.　宮岡伯人 2002.　湯本貴和 1999, 2003.

生態系サービス

生態系の賢い利用がより豊かな生活をもたらす

生態系サービスとは

生態系のもつ機能のうち、人間にとって利益をもたらすものを生態系サービスという。生態系は、植物が大気や土壌との相互作用を通じて炭水化物を生産し、それを各種の動物や菌類が消費する。その結果として、物質や栄養塩が循環し、エネルギーが形を変えて移動する。こうした生態系機能のうち、たとえば樹木が木材を生産する機能が資源供給として、土壌などが水分を保持する機能が洪水防止や水源涵養(かんよう)として、人間に利益をもたらす。エコシステムサービス、エコロジカルサービスもほぼ同義の用語である。行政で使われる公益的機能もこれに近い用語であるが、生態系サービスは所有者が個人的に得られる利益も含んだ語であり、より広い概念である。

国連の主導で行われたMA（ミレニアム生態系アセスメント）では、生態系サービスを、供給、調整、文化、基盤サービスの4つに分類している（図1）。供給サービスは、資源としての物質やエネルギーを供給するサービスであり、調整サービスには生態系が存在することによる水質浄化や気候緩和など、さらには天敵の存在により特定の病害虫の大発生を防ぐなどのサービスが含まれる。文化サービスは、生態系や生物の存在によって人間が得ている創造力や意匠、信仰、教育、レクリエーション機能などの文化的・精神的な利益である。基盤サービスは、これらのサービスを支える基本的な生態系の機能を指す。

MAでは、これらの生態系サービスが最近数十年間の人間活動によってどのように変化したのかをまとめた。それによると、最近数十年では食料生産以外の生態系サービスのほとんどが低下していた。さらに、競争的な社会、国際的な経済協調、科学技術による環境問題解決、流域単位での生態系総合管理を優先するなど、いくつかのシナリオに対して、生態系サービスがどのように変化するかという予測を行い、将来のグローバルな政策に対する影響評価を行った。その結果として、力関係が社会的決定力をもつ競争的な社会ではほとんどの生態系サービスが低下するのに対して、流域単位の管理では生態系サービスの低下が包括的に防げるという結果を示し、国際的に注目された。

生態系サービスの評価

すべての生態系サービスが、同じように人間にとっての利益に強く結びついているわけではないし、経済的・社会的に重要だと認識されているわけでもない（図1）。一部の生態系サービスは生態系の劣化が直接サービスの低下に反映されるが、効果があまり明確でないものもある。たとえば、木材や農産物のような供給サービスは、生態系から生み出されるものであることは明確であるし、経済的価値が評価されて取引され

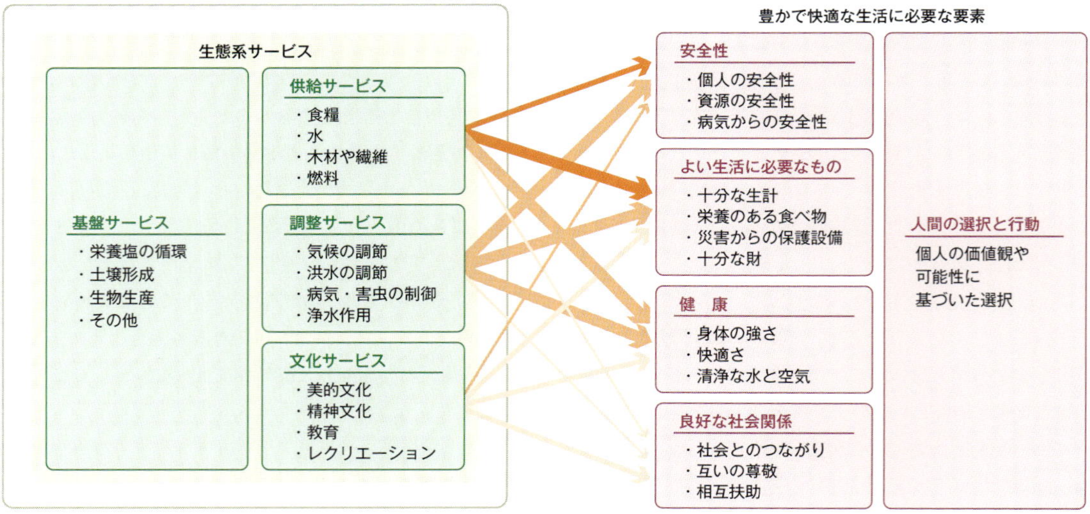

生態系サービス
基盤サービス
・栄養塩の循環
・土壌形成
・生物生産
・その他
供給サービス
・食糧
・水
・木材や繊維
・燃料
調整サービス
・気候の調節
・洪水の調節
・病気・害虫の制御
・浄水作用
文化サービス
・美的文化
・精神文化
・教育
・レクリエーション
豊かで快適な生活に必要な要素
安全性
・個人の安全性
・資源の安全性
・病気からの安全性
よい生活に必要なもの
・十分な生計
・栄養のある食べ物
・災害からの保護設備
・十分な財
健　康
・身体の強さ
・快適さ
・清浄な水と空気
良好な社会関係
・社会とのつながり
・互いの尊敬
・相互扶助
人間の選択と行動
個人の価値観や
可能性に
基づいた選択
矢印の色の濃さは、社会的な結びつきの強さ、矢印の太さは生態系サービスとの結びつきの強さを示す

図1　生態系サービスと人間生活とのむすびつき［Millennium Ecosystem Assessment 2005a による］

ている。しかし、同じ供給サービスでも、医薬品のような化学物質に関しては、生態系によってもたらされていることが明白でも、経済的あるいは社会的には必ずしも重要性がない場合がある。まだ開発されていない化学物質などに関しては、潜在的な価値としてしか評価できない場合がある。

また、生態系が劣化することで失われるサービスの中には、これまで*外部経済化されてきたものも多い。たとえば河川の水質浄化などは、その効果が明白でも経済的な価値を認められてこなかったため、排水などによって公害問題がおきると、そのコストは*外部不経済として扱われてきた。文化サービスの中には、教育や信仰のように、必ずしも生態系によってもたらされたと認識されていないサービスもあるし、社会的・経済的にもその重要性が認められてこなかったものが多い。MA では、これらのサービスの価値や重要性を見直して、その保全を図ることがよりよい人間の福利厚生（well-being）に結びつくと主張する。

生態系サービスに関する社会的認識を高めるため、これらのサービスの経済評価も試みられている。ある試算によれば、年間 16～54 兆米ドルという評価もある。このとき、世界の総生産は約 18 兆米ドルと推定されていることを考えると大きな額であるが、その推定法などの妥当性をめぐる議論もある。

生態系サービスと生物多様性

一般に、資源供給などのサービスは効果が明確であり、かつ経済的評価も比較的容易であるが、生物多様性にかかわる生態系サービスはその効果があいまいで、かつ社会的・経済的評価も難しい場合が多い。単一種の作物などでも供給サービスは得られるし、むしろその方が効率的な場合もある。また、生物多様性は文化サービスでの意義が大きいといわれているが、一方で文化サービスは地域や個人、社会的背景などによってその価値評価が異なる場合が多いので、グローバルな評価が難しい。

近年、生物の種数を人工的に制御することで生物多様性が生態系機能や生態系サービスにどのような影響をもつか、という点を明らかにする研究が進んできた。これらの研究の多くは、人工的に生物多様性をコントロールし（たとえば草原に植える植物の種数を変える、モデル淡水生態系でプランクトンの種数を変えるなど）、その処理が生態系の機能やサービスに与える影響を測定するものである。これまでの数多くの実験により、生物多様性の高い生態系では、生産力が高い、年変動が小さく安定的である、病害虫の被害が少ない、新しい種が侵入しにくい、災害防止に優れている、などの傾向があるとする報告がでている。生物多様性が高いことにより、①異なった資源（光、水、栄養塩）を効率よく利用できるようになるため、全体の生産力が上がる、②気候条件が変動する中では乾燥害や冷害などに強い作物が含まれていることにより、全体の生産量の年変動が小さく安定する、③天敵などの多い生態系では、特定の害虫や病気が異常繁殖することが少ない、などがこれらのメカニズムとして考えられている。

ただし、これらは制御可能な種数（おおむね 20 種まで）での実験結果であり、種数をさらに増やした場合には、種が多様であることの効果は薄れてくると考えられている。したがって、自然界で現実的に見られるような多くの種がそれぞれに明確な効果をもっていることにはならない。また、条件をかなりコントロールされた実験によっても、実験結果が必ずしも一定ではなく、ある程度の不確実性は必ずつきまとう。こうした問題点はあるものの、生物多様性が確保されることのメリットは次第に明らかになりつつある。

リンケージとトレードオフ

生態系サービスの中には、1 つのサービスの低下が他と連動している場合すなわちリンケージが多くみられる。たとえば、森林の現存量減少は炭素蓄積能力を低下させるだけでなく、同時に水循環機能や生物多様性などの低下も招く。また、生産力の低下も、供給サービスだけでなく、気候調整などの調整サービスと連動する可能性がある。

一方、1 つの生態系サービスを優先させると他の生態系サービスが低下する場合すなわちトレードオフもある。たとえば、炭素吸収能力を最大化しようとすると、成長の早い樹木だけの森林を造成することになるが、その場合には生物多様性関連のサービスの低下を招く。より効率的な作物生産のためには単一種を広大な面積で栽培することになるが、地域の自然生態系の減少を招き、病気や害虫制御などの調整サービスを損なう可能性があることも知られるようになった。

このように、生態系サービス間のリンケージとトレードオフを考慮した生態系管理が、持続的な利用のためには重要となる。　【中静　透】

⇒C循環と因果 *p94*　D熱帯雨林の生物多様性 *p142*　D沿岸域の生物多様性 *p144*　D土壌動物の多様性と機能 *p146*　D里山の危機 *p184*　D生物文化多様性の未来可能性 *p192*　D生物多様性の経済評価 *p218*　D森林認証制度 *p224*　Rエコヘルスという考え方 *p302*　R協治 *p318*　R日本の里山の現状と国際的意義 *p334*　Rエコポリティクス *p348*　E持続可能性 *p580*

〈文献〉Balvanera, P., *et al.* 2006.　Costanza, R., *et al.* 1997.　Millennium Ecosystem Assessment 2005a.

生物間相互作用と共生

調和の幻想をこえて

生物間相互作用としての共生

生物間相互作用として個々の生物が他の生物から被る利害関係に注目して分類すると、論理的に相利共生、片利共生、敵対、片損、競争、中立の6つのケースが存在する（図1）。

まず、双方とも他方から利益を得ている場合を相利共生（mutualism）とよび、ヤドカリとイソギンチャク、アリとアリマキ、カツオノエボシとエボシダイのような例がよく知られている。

次に、一方の生物は他方から利益を得るが、他方の生物は損も得もないという関係を片利共生（commensalism）とよぶ。たとえば、大きな木に小鳥がひとつ巣をかけた場合、小鳥は巣をかける場所という利益を木から得ているが、木にとっては損も得もない。

第3に、一方の生物が他方から利益を受け、他方が損害を被っている、つまり、一方の生物が他方の生物の犠牲の上に生存している関係が敵対（antagonism）である。「食う―食われる」の捕食関係や、体表や体内に潜んで寄主の栄養を奪う寄生関係などが相当する。捕食関係と寄生関係の違いは、前者が食われるもの（被食者）が食うもの（捕食者）に即座に殺されるけれども、後者では最終的に食われるもの（寄主）が食うもの（寄生者）に消費され尽くして殺される場合もあるが、その過程は緩慢で時間がかかるという点にある。

第4は、一方の生物は他方から損害を被るが、他方の生物は損も得もないという関係で片損（amensalism）である。大きなゾウが地面を歩き回るときに、ゾウには別に損も得も生じないが、踏みつけられる草本やアリは一方的に被害を受ける。

第5は、一緒にいることで、ふたつの生物がともに損をする関係を競争（competition）と呼び、これは両者が同じ資源に依存している場合に生じる。同じような昆虫を餌にしている小鳥は競争関係にある。また、光合成する植物は、みな同じ光、水、栄養塩に依存しているため、すべて潜在的に競争関係にあるといえる。

最後に、お互いに無関係というケースがあり、これを中立（neutralism）とよぶ。同じ池に棲んでいても、魚を食べるサギと水面を泳ぐアメンボはたがいにほとんど干渉することがない。

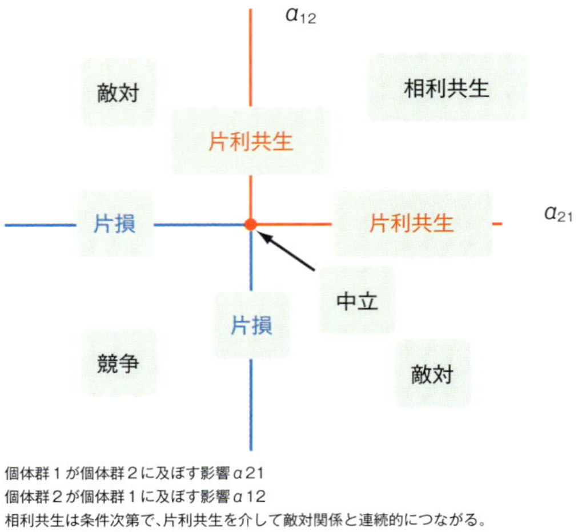
a_{12}
a_{21}
敵対
相利共生
片利共生
片損
片利共生
中立
片損
競争
敵対
個体群1が個体群2に及ぼす影響α21
個体群2が個体群1に及ぼす影響α12
相利共生は条件次第で、片利共生を介して敵対関係と連続的につながる。

図1　生物間相互作用のパラメータ

変動する生物間相互作用と共進化

しかし、生物間相互作用をXY座標で表現すると、論理的にきっちり分かれるようにみえる6つの関係は、じつは容易に移り変わる連続的なものであることがわかる。木が十分大きく、また小鳥の巣が十分小さくて木の負担にならない限りにおいては、片利共生が成立している。それがひとつひとつの鳥の巣が大きく、しかも多数になれば、木を枯らしてしまう結果となり、敵対関係になってしまう。鳥の巣で木が枯れる現象は、稀なものではない（写真1）。ここでは、ふたつの生物間の関係である2者関係のみを示したが、これが3者関係、4者関係となると複雑になる。「敵の敵は味方」、「敵の味方は敵」のような間接効果が生じて、単純な論考が困難となる。

相利共生で一般に想起されるのは、異種の生物がお互いに助け合う姿である。ここには弱肉強食や生存競争といった厳しい世界ではなく、互いにいたわり合い、

写真1　シロトキコウのコロニー（カンボジア、トンレサップ湖）

写真２　高山植物イワツメクサの花を訪れて花粉を運ぶハナアブの仲間（長野県中央アルプス木曽駒ヶ岳、1982 年）

助けあう相互扶助の穏やかな世界がイメージされている。それが延長されて、しばしば「すべての生き物は、お互いに助け合って生きている」、「どんな生物も世の中に役立っていないものはない」という世界観に至る。J. E. ラヴロックによるガイア仮説、すなわち地球自体がひとつの生命体であり、生物と無機環境との間の相互作用で進化しているという考え方は、そのひとつの極致に立つものである。しかし、現代の進化生物学は、地球システムとは、それぞれの生物が自らの適応度（生き残る子どもの数）を増やすように他の生物と切磋琢磨することで、共進化による複雑適応系を形成し続けていると捉えている。

現代日本での共生言説

共生は、現代日本で濫用されていることばのひとつである。国際社会との共生、異文化との共生、男女共生、農山漁村との共生など人間社会の関係から、火山との共生、米軍基地との共生、原子力発電所との共生など非人間社会との関係も含めて、共生で表現されている。この共生には、義務的共生（obligatory symbiosis）、相利共生、共存（coexistence）という３つの生物学的な術語が故意に混同されて用いられている。義務的共生とは、ふたつの生物がしばしば体組織すら共有し、つねに他方の存在なくしては生存不可能な関係を指す。相利共生とは、ここに述べたとおり、損得関係で結びつく随時的な関係で、条件次第では敵対や片利共生に移行する可能性のある関係である。そして共存とは、敵対、競争、相利共生、片利共生、片損を問わず、一時的あるいは永続的に共に存在することである。現在、共生は、どちらかといえば敵対下での共存であるはずの関係についても、冷徹な現実を覆い隠す美辞麗句となっている。

現代日本の共生言説で、非常に広く、また深く浸透しているのは「もともと人間と自然はうまく共生してきたが、現代になってその共生が崩れて地球環境問題が起きている」という歴史観である。この場合、共生は調和（harmony）ということばで置き換えることが可能であり、決して日本に独特のものではなく、広く欧米社会にもみられるものである。つまり、前近代までは自然と人間は調和的な関係にあったが、産業革命後に調和が乱れたということ、さらには、地球環境問題を解決するためには、調和を取り戻すことが必要であるという考えである。日本では、これまで縄文ユートピア論や江戸時代持続社会論として現れた。

事実に即した自然観を持とう

縄文ユートピア論では、縄文時代は温暖で豊かな天然資源に恵まれ、人びとは争いもなく平等かつ平和に暮らしてきたというものである。しかし、自然を改変する技術力に乏しく、それゆえ人口密度も低く、天災や疾病に恐れおののきながら暮らしてきた１万年に及ぶ長い縄文時代の人びとの実像を、正確な時間軸を入れた事実関係に基づいて捉える必要があろう。

また江戸時代持続社会論では、江戸では基本的に地産地消で、都市住民の糞尿が近郊農家で肥料として利用される循環型農業であり、鍋や釜を修理する鋳掛屋や、灰や紙屑、古着を回収する専門業者が存在したリサイクル社会であったとする。しかし、当時は大衆消費社会の始まりとはいえ、まだまだ生産力が乏しく、民衆にも購買力がなかったこと、さらには厳格な身分制度で基本的人権が抑圧され、モノとヒトの移動が大きく制限されていたことなどの負の要因を見逃してはならない。

寺尾五郎は、自然というものをひとくくりにして人間との関係を論じることがそもそもナンセンスであるとしている。自然に存在している生物間にはそれぞれ利害対立があり、人間が一方の生物の味方をすると他方の生物の敵として振る舞わなければならない、したがって、人間と自然との共生を論じることは不可能であるとしている。このことは、先に述べた３者関係、４者関係について単純な論考をするのは困難であるということと符合していて、生態系における人間のインパクトを単なる善悪論を超えて、冷静に、かつ緻密に評価しなければならないことを意味している。

地球環境問題の解決に向けては、人間と自然との関係を適切に理解し、例として言及されることの多い生物や歴史の世界についても、過剰な思い入れなく議論を行うことが不可欠である。その際に、安直に使いがちである共生ということばを、いま一度、吟味する必要があろう。

【湯本貴和】

⇒C地球温暖化と生態系 *p36*　C江戸の物質循環の復活 *p120*　D熱帯雨林の生物多様性 *p142*　D日本の共生概念 *p266*　R捕鯨論争と環境保護 *p342*　H縄文と弥生 *p432*　H江戸時代の飢饉 *p434*　E地球システム *p500*

〈文献〉石川英輔 2008．今村啓爾 1999．Levin, S. A. 1999．Lovelock, J. E. 1976．寺尾五郎 2002．

生物間ネットワーク

生態系の複雑性と安定性

複雑性と安定性

人間は生態系の中で暮らしている。そこには、多数の生物種が、食う／食われるなどの関係で結びついていて、物質循環やエネルギー伝達にかかわり、生態系の維持に貢献している。これらの相互作用する生物種の関係は全体として、生物間ネットワークと呼ばれる。通常、自然の生態系は複雑な生物間ネットワークを持っている（図 1）。このように、生物種が多い（生物多様性が高い）ことやそれらの生物が複雑に関係していることは、生態系が長時間にわたって崩壊せずに維持されることにプラスの影響をもたらすのだろうか。言い換えれば、生物間ネットワークが複雑なほど生態系は安定になるのだろうか。この理論的根本問題は、1970 年代からの生態学における主要問題であり、現在もなお検討されている課題である。もし、答えがイエスであるならば、われわれは、生物多様性の高い複雑な生態系を維持する努力を惜しんではならないことになる。

安定性の定義

生物間ネットワークの研究で扱われる安定性は、①復元性、②復元速度、③変動性、④永続性である。これらの安定性を理論的に調べる場合に、理論モデルでは、通常、各種の個体数を変数とする連立常微分方程式を用いる。つまり、単位時間あたりの各種の個体数の増減量を、相互作用する種の個体数の関数として表すのである。たとえば、餌種の個体数が大きければ増加量は大きくなり、捕食者種の個体数が大きければ減少量が大きくなる。この系の数学的解析やコンピュータによる数値シミュレーションによって、生態系の時間変化を調べることができる。

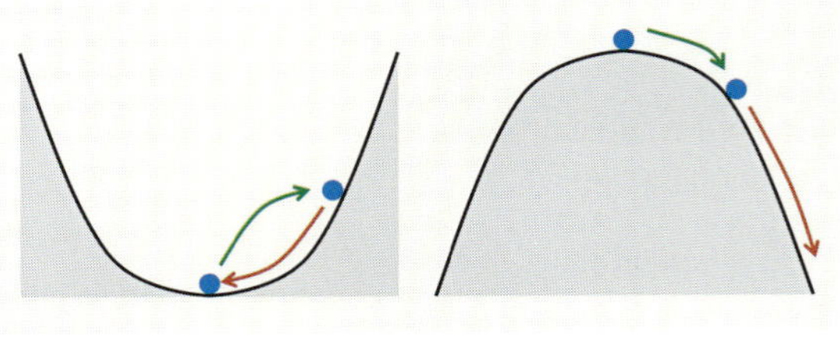

図 2　生態系の安定性は鍋底に置いた球にたとえることができる。緑は変動、赤は応答を示す。左が安定な場合、右が不安定な場合

①と②の安定性は、図 2 に示したように、系が平衡点をもつときに、変数を平衡点から少しずらしてみたとき、その系がもとの平衡点に戻るかどうか（復元性）、戻るとすれば、その復元速度はどのくらいかということである。数学的には、方程式を平衡点の周りで線形化して、その最大固有値を調べることになる。これがマイナスであれば局所安定で、プラスならば局所不安定となる。局所安定の場合は、最大固有値の絶対値が復元速度を表す。③と④の安定性は、より大きな変化を評価するもので、変動性は、変数の時間変動の振幅の大きさであり、これが大きいと安定性が低い。永続性は、変数が大きく変動していたとしても、どの変数も 0 に近づいていかないこと、すなわち、絶滅する種がないことである。

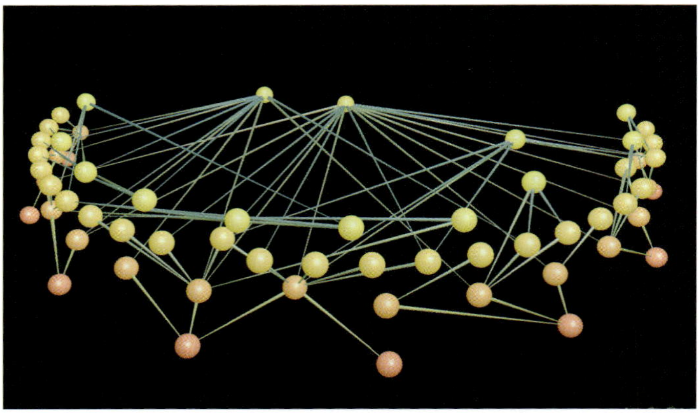

図 1　複雑な生物間ネットワークの実例。英国の草地における植物（赤）・植物を食う昆虫（オレンジ）・昆虫に寄生する昆虫（黄）の食物網（Image produced with FoodWeb3D, written by R.J. Williams and provided by the Pacific Ecoinformatics and Computational Ecology Lab [www.foodwebs.org, Yoon *et al.* 2004]）

「複雑性 − 安定性」信念への疑義

多くの生態学者は古くから「複雑な生態系ほど安定的である」という信念を持っていたが、R.M. メイは、この信念と正反対の結論を導いた。多数の種からなる生態系を表す上述の線形化微分方程式において、各種の個体数の変化は、多種からその個体数に比例して影響を受けるが、その係数を 0（相互作用していない）

か、－1と1の間のランダム変数とした。ただし、自種への影響は、個体数が増えれば増殖速度が減ることを反映して、－1とした。この式の安定性のシュミレーションからいえたことは、種数が多いほど、また、種間の相互作用が多いほど系が不安定になる、つまり、生態系は複雑なほど不安定であるということであった。

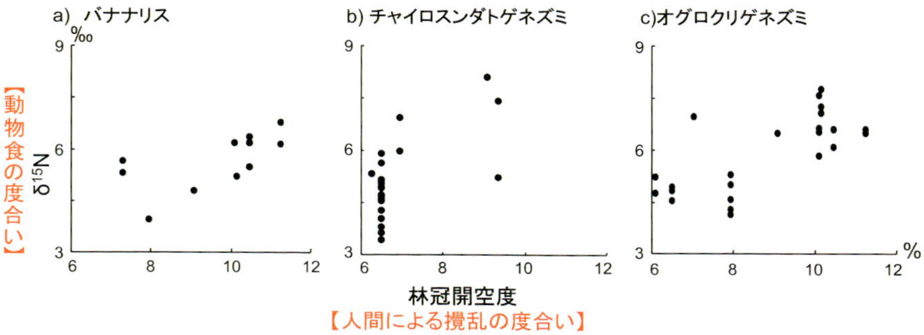

a) バナナリス
b) チャイロスンダトゲネズミ
c)オグロクリゲネズミ
【動物食の度合い】
δ15N
‰
林冠開空度
【人間による撹乱の度合い】
%

図3　人間の活動により食物網が変化した熱帯林の小型哺乳動物の例［Nakagawa *et al.* 2007］。縦軸の窒素同位体比は、食物連鎖における位置の高さ、つまり動物食の度合いを示す

その後1970～80年代には、実際の生態系について、1種あたりの相互作用がどのくらいあるかが調べられた結果、多くの生態系では、4～6であることがわかった。つまり、総種数が多くても少なくても、各種と相互作用する種の数は、およそ一定であるということだ。この条件を満たしながら、種数を増やしていくとき安定性は変わらないので、「複雑な生態系ほど不安定である」ことは否定できたが、「複雑な生態系ほど安定である」とはいえなかった。食物網の構造をより現実に近いものにしたモデルについても検討が行われたが、「複雑な生態系ほど安定である」という積極的な結論は得られなかった。

新しい展開

1990年代に入ると、局所安定性（復元性および復元速度）よりも、大域的な安定性（変動性および永続性）に研究の焦点が移ってきた。D. ティルマンは、野外に草本植物実験区を設置し、種数と生態系機能（生産量や安定性）の関係を求める実験を行った。このとき、種ごとの*バイオマスの年次変動は種数にはあまり関係しなかったが、バイオマスの総和の年次変動は種数が多いほど小さかった。つまり、種多様性は、種レベルではなく生態系レベルでの安定性に貢献していたのである。種数と生態系レベルの安定性の関係は、環境を制御できる小さな部屋くらいの大きさの生態系実験装置によっても調べられ、この植物・動物・分解者を含む系でも、群集レベルの安定性は、種が多くなるほど高くなる傾向が確認された。群集レベルの変動が小さくなる理由は、平均効果（平均すると変動が小さくなる）、負の共分散効果（各種が環境の変化に対応して増える種も減る種もいること）と保険効果（種が多ければさまざまな環境変化に対応できる）によって説明されている。

メイのような当初の理論研究では、種間の相互作用の強さはランダムに選ばれたが、実際には弱い相互作用の方に分布頻度がひずんでいることが多く、このことが系の安定性（変動性と永続性の意味で）を高めていることが示された。つまり、種数を減らしていくと、強い相互作用を持つ種が残る傾向があるので、系は不安定化していく。近藤倫生は、生態系の食物網構造が、捕食者が各餌の選択頻度を捕食効率が最大となるように変化させることで、時間的に変化していくモデルを提唱した。このとき、種数が多いほど、環境の変化に対して捕食者が柔軟な餌選択を行えるという理由で、種の絶滅がおこりにくいことを示した。生物の柔軟性を考慮すれば、種数が多いことは、生態系の長期的維持にとって重要な役割を果たしているといえよう。

捕食者が餌密度の変化に対して適応的に餌種を選択するということはよく研究された事実であるが、熱帯林の伐採に伴って、熱帯林の小型哺乳動物がおもな食性を植物食から昆虫食に変化させているという安定同位体を使った最近の研究報告がある（図3）。この理由は、伐採の程度が大きい、空間が開けた林においては、林床の草本植物が強い光を受けて成長するので、それを食う昆虫が増えたためであるとされている。

まとめると、「複雑な生態系ほど安定である」という信念は、理論的研究によって否定されかけたが、現実の生態系の構造に見られる特徴を導入すること、および、安定性の概念をより現実味のあるものに拡張することによって、その信念は復権したといえる。しかし、その関係を与えるさまざまな具体的メカニズムやそれらの相対的重要性は未解決の問題であり、生態学の中心課題として現在も検討され続けている。【山村則男】

⇒C森林の物質生産 *p50*　C食物連鎖 *p52*　D生態系サービス *p134*　D生態系レジリアンス *p140*　D熱帯雨林の生物多様性 *p142*　D熱帯林の減少と劣化 *p166*　D雨緑樹林の生物文化多様性 *p196*　Eレジリアンス *p556*

〈文献〉Yoon, I., *et al.* 2004.　May, R. M. 1972.　Tilman, D. 1996.　Kondoh, M. 2003.　Nakagawa, M., *et al.* 2007.

生態系レジリアンス

生態系を攪乱から守る基礎体力

生態系のレジームシフトの発見

人間は生態系から生態系サービスを享受することによって、安全や健康を維持し、豊かな生活を営んでいる。しかし、生態系が人間にとって望ましい状態であり続ける保証はない。20 世紀後半以降、生態系が群集構造や生態系機能の点で、質的に異なる複数の安定状態（レジーム）を持つこと、そして環境変動や人間活動が引き金となって、生態系が別の状態へと遷移するレジームシフトと呼ばれる現象がおこることがわかってきた。レジームシフトが起これば、そのレジームに依存して決まる生態系サービスも、当然大きな変化を被ることになる。

たとえば水深が浅い湖の場合、湖は水の透明度に関して「澄んだ状態」と「濁った状態」の 2 つの大きく異なる安定状態をとる（図 1）。澄んだ状態の典型は、水生植物が多く植物プランクトンは少ないというものであり、濁った状態は反対に、水生植物は少なく植物プランクトンが多いというものである。この例では、水生植物と植物プランクトンは互いに光合成のための光をめぐる競争関係にある。生態系の食物連鎖や物質循環の構造は、どちらか一方が優勢となるような正のフィードバックによって連動している。そのため、環境条件に応じて、水生植物が優占的な澄んだ状態と植物プランクトンが優占的な濁った状態のどちらかに切り替わるとともに、群集構造や生態系機能も大きく変化するのである。

生態系のレジームシフトは、1990 年代以降、森林、草原、湖沼、藻場、サンゴ礁といったさまざまな生態系で確認されてきた（表 1）。また、レジームシフトは比較的短期間でおこりうること、いったんレジームシフトが起こった場合、元の状態に戻すことは簡単でなく、履歴（ヒステリシス）を伴う場合があることが明らかになってきた（図 1・図 2）。このような発見は、従来の生態系に対する素朴な自然観を変革し、生態系管理のあり方に根本的な見直しをせまることになった。

生態系レジリアンスとは何か

生態系レジリアンスは、レジームシフトの可能性を前提として、環境変動や人間活動による攪乱に対して、生態系が現在の状態（レジーム）を維持できる能力と定義される。生態系が高い生態系レジリアンスを持つとは、大きな攪乱に対しても現在の状態にふみとどまって、その状態に固有の群集構造や生態系機能を維持できることを意味する。つまり生態系レジリアンスとは、外部からのストレスともいうべき攪乱に対して、生態系が自身の健康状態を維持するための、いわば基礎体力（安定性、復元力）の大きさを表す概念なのである。この定義にしたがえば、生態系レジリアンスの大きさは、レジームシフトをおこさないで耐えることができる攪乱の上限値として評価できる。とくに生態系の安定状態が 2 つ以上あり、生態系サービス供給の視点から、現在の生態系の状態を社会がより望ましいと望む場合には、レジームシフトを予防することが生態系管理の上で基本原則となる。その場合に指針となる考え方が、生態系レジリアンスなのである。

レジームシフトと生態系レジリアンスの関係は、窪みが 2 つある地形に置かれた球のモデルによって直観的に理解できる（表 1、図 2）。地形の 2 つの窪みの位置が生態系の 2 つの安定状態（レジーム）に対応し、安定状態の生態系レジリアンスの大きさは、窪みの形状、とくに窪みの幅の長さに対応づけられる。最初、球は左側の窪みに静止しているが、時折、不規則な風が攪乱として吹くと、球は左右に揺れ動く。攪乱の大きさが幅の長さより小さい場合、球は攪乱によって窪み（安定状態）の左右に揺さぶられるが、重力がはたらくので、窪みから飛び出すことはない。しかし、攪乱が幅の長さを超えるとき、いいかえると生態系レジリアンスの大きさを上回

	安定状態 1（レジーム 1）	生態系レジリアンスを低下させる要因	レジームシフトの引き金となる攪乱	安定状態 2（レジーム 2）
	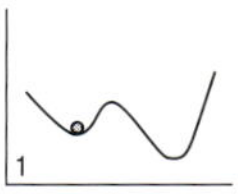	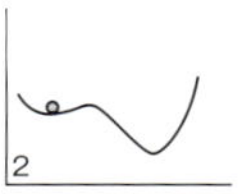	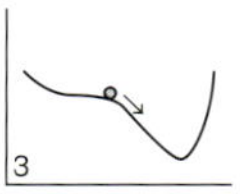	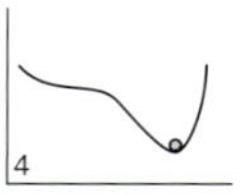
湖沼	澄んだ状態	農地や湖底の泥へのリンの蓄積	洪水 温暖化	濁った状態
サンゴ礁	サンゴが優占	魚の乱獲 沿岸の富栄養化	サンゴの白化 ハリケーン	褐藻が優占
サバンナ	草本が優占	火事の防止	十分な降雨 強い植食圧の継続	低木が優占

表 1　レジームシフトの具体例。湖沼、サンゴ礁、サバンナ草原における主要な 2 つの安定状態（レジーム）、生態系レジリアンスを低下させる主要因、レジームシフトを引き起こす攪乱を整理［Folke *et al.* 2004 を一部改変］

った場合には、球は隣の窪みへと引き込まれてレジームシフトがおこる。このように、レジームシフトが起こるか起らないかは、撹乱の大きさと生態系レジリアンスの大きさの大小関係によって決まる。現実的には撹乱の大きさを制御することは難しいので、日ごろから生態系レジリアンスを維持する、あるいは高めておくことが生態系管理の基本方針となる。

生態系レジリアンスを低下させる人間活動

生態系をレジームシフトから守る上で重要なことは、レジームシフトを起こす生態系の多くが、人間活動によって、長い時間の間に少しずつ生態系レジリアンスを低下させていることである（表 1、図 2）。このような場合、生態系のふるまいを特徴づける変数の中には、長い時間スケールでゆっくりと大きさが変化し、生態系レジリアンスの低下と結びついている変数がある。上の浅い湖の事例では、湖底のリン濃度がその変数であり、この変数の値が大きくなるほど「澄んだ状態」に対応する生態系レジリアンスは低下していく。球のモデルでいえば、窪みのある地形全体の形状が、地形の左側がゆっくりとせりあがることで傾いていく。その結果、左側の窪みの幅（生態系レジリアンスの大きさ）も小さくなる（図 2）。この生態系レジリアンスの形状を変化させる原因が、たとえば人間活動による富栄養化（外部条件）の進行である。生活排水などに由来する有機物や栄養塩の流入が長年続くと、湖底のリン濃度が上昇し、生態系レジリアンスが低下する。すると、以前ならば耐えることができたような小さな撹乱であっても、生態系は「濁った状態」へと簡単にレジームシフトをおこしてしまう。このように生態系レジリアンスを維持するには、長期的なふるまいの鍵となる変数を同定し、その変数に影響を与える人間活動を軽減することが基本となる。短期的な撹乱とは、生態系レジリアンスという基礎体力が低下して脆弱になった生態系に、レジームシフトを引き起こす最後の一押しといってもよい。

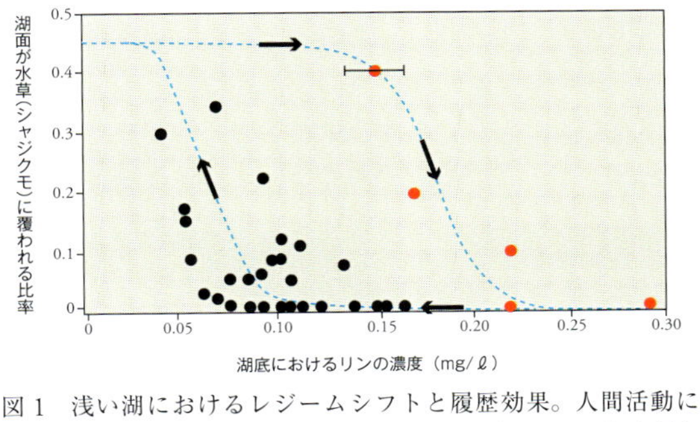
湖面が水草（シャジクモ）に覆われる比率
0.5
0.4
0.3
0.2
0.1
0
0
0.05
0.10
0.15
0.20
0.25
0.30
湖底におけるリンの濃度（mg/ℓ）

図 1　浅い湖におけるレジームシフトと履歴効果。人間活動によって湖底のリン濃度が上昇すると、ある値（0.15mg/ℓ）を超えたあたりから水面を覆う水草（シャジクモ）の割合が急に減少しはじめ、湖は「澄んだ状態」から植物プランクトンの多い「濁った状態」へとレジームシフトする。この時点で、もとの澄んだ状態に戻そうとして湖底のリン濃度を減少させても、0.15g/ℓよりずっと低い値（0.10g/ℓ）まで低下させないと、澄んだ状態に戻ろうとしない（履歴効果）［Scheffer *et al.* 2001］

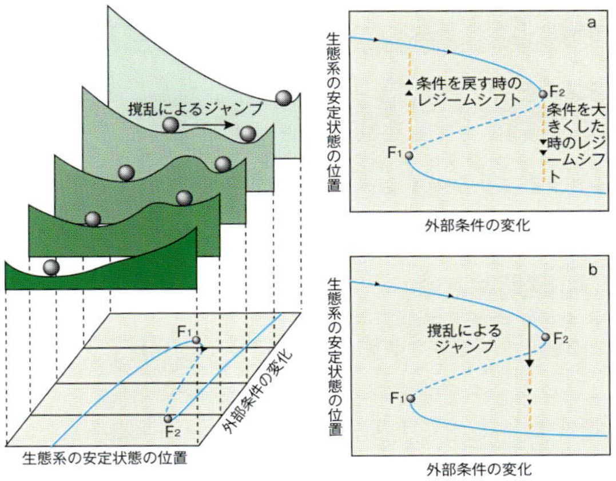
撹乱によるジャンプ
F1
F2
外部条件の変化
生態系の安定状態の位置
a
条件を戻す時のレジームシフト
条件を大きくした時のレジームシフト
b
撹乱によるジャンプ

図 2　レジームシフトと生態系レジリアンス、人間活動の関係。外部条件として、たとえば人間活動による富栄養化が進むと、地形図の形もゆっくりと変化し、生態系レジリアンスの大きさも変化する［Scheffer *et al.* 2001］

生物多様性と生態系レジリアンスの関係

遺伝子・種といったさまざまなレベルでの生物多様性が豊かな生態系は、生態系レジリアンスが高い。たとえば、生態系の中に同じ生態系機能を担う種が多い（機能的冗長性が高い）場合には、撹乱によって一部の種がダメージを受けたとしても、ダメージを受けない種がその生態系機能を補償できるので、生態系全体での生態系機能の低下は緩和される。また同じ生態系機能を担っていても、環境変動への応答の仕方が異なる種が多い（応答多様性が高い）場合には、環境変動によって一部の種の生態系機能が低下しても、すべての種の生態系機能が同時に低下することはないので、生態系全体の生態系機能の水準は、種の相補的な応答によって維持される。群集でなくとも、種内の遺伝子レベルの多様性によっても、同様な効果はあらわれる。たとえば、農作物の遺伝的品種を増やすことには、特定の病害虫から作物全体の壊滅的な打撃をふせぐ効果がある。このような生態系機能を通じての生物多様性と生態系レジリアンスとの関係は、予防原則に基づいた実践的な指針として、生態系管理においても採用されはじめている。　　　　　　　　　【谷内茂雄】

⇒D生物間相互作用と共生 *p136*　D生物間ネットワーク *p138*　D淡水生物多様性の危機 *p168*　Eレジリアンス *p556*

〈文献〉Gunderson, L.H., *et al.*, eds. 2009.　Walker, B. & D. Salt 2006.　Berks, F., *et al.*, 2003.　高村典子編 2009.　Scheffer, M., *et al.*, 2001.　Folke, C., *et al.*, 2004.

熱帯雨林の生物多様性

失われつつある生物進化1億年の歴史

熱帯雨林とは

熱帯雨林とは、季節的な温度の変化が昼夜の差より小さく、1年を通じて温暖で、降水量が蒸発量を下回る乾季（目安として月降水量が100mm以下）が3カ月以上続くことのないような気候のもとで発達する森林のことをいう。1年を通じて温暖だが明瞭な乾季をもった森林を、熱帯季節林といって区別する。

熱帯雨林は赤道付近、主に南北回帰線の間で十分な降水量に恵まれている地域に見られ、生態学的・生物地理学的に多様な森林を含む。分布する動植物相から、中南米、アフリカ、東南アジアの大きな3ブロックと、ニューギニア・オーストラリアを含む5つの地域に分けることが多い。これらの地域の間では、現在熱帯雨林で繁栄している生物群の大部分が分岐した新生代以降の生物の交流が少なかったため、それぞれ異なる生物相や特徴をもつ森林が形成された（表1）。

熱帯雨林では、地域によって生物相は大きく異なるにもかかわらず、よく似た森林の景観がみられる。主な景観上の特徴としては、常緑広葉樹の優占、不揃いな樹冠、板根が発達した長くまっすぐな幹と小さな樹冠をもつ高木、木本性のツル植物と着生植物の豊富さ、などがあげられる（写真1）。

熱帯雨林の季節を決めるのは、おもに降水量の変動で、その重要な要因の1つとして、熱帯収束帯の季節的な移動があげられる。熱帯収束帯とは、日射量が多いために赤道付近に発達する上昇気流の帯のことで、地上から見た太陽の位置の季節変化にあわせ、周期的に南北に移動する。この移動が、赤道付近では年2回の、南北回帰線に近い場所では年1回の、乾季・雨季をもたらす。しかし、地域によっては、1年周期の降水量の変化よりもむしろ、エルニーニョ南方振動による超年的な降水量の変動の方が、森林生態系に重大な影響を与えている。

熱帯雨林の土壌は一般に窒素やリン、カリウムといった栄養塩に乏しい。これは、気温が高く、母岩の風化のスピードが速いことによる。貧栄養の土壌の上に大きな*バイオマスをもつ熱帯雨林が成立しているのは、栄養塩が生物から生物へ効率よくリサイクルされ、系外へのロスが少ないためである。

季節性や土壌の栄養状態は樹木の種数と高い相関があることが知られており、季節性が弱く中程度の土壌栄養塩量の森林で種数が最も高くなる傾向がある。

高い生物多様性とその要因

生物種の非常に高い多様性もまた、多くの熱帯雨林に共通する重要な特徴である。熱帯雨林は全陸地面積の6～7%を占めるにすぎないが、地球上の生物種の半数以上が分布していると推定されている。

熱帯雨林の生物多様性の基盤となる植物の種の多様性は、地域によって大きな差がある（表1）。また、熱帯雨林の生物種のほとんどは無脊椎（せきつい）動物であり、植物、鳥類、哺乳類の種数は1%足らずに過ぎない。無脊椎動物の種の多様性の大部分を占めるのは昆虫であり、地球上の昆虫種の大部分が熱帯雨林に分布すると考えられている。地球上の昆虫の種数は、一説には500万種から1000万種と推定されているが、これまでに名前がつけられているのは75～80万種程度に過ぎず、熱帯雨林の大半の種は存在すら知られていない。

熱帯雨林でなぜ生物の種の多様性が高いのかは、まだ確答の出ていない重要な生物学的問題である。大きく分けると、互いに排他的でない2つの仮説がある。

	中南米	アフリカ	マダガスカル	東南アジア	ニューギニア
主な分布域	アマゾン川流域	コンゴ川流域	マダガスカル島の東岸	スンダ陸棚にのった半島と島々	ニューギニア、オーストラリア北東部
植物相の特徴	パイナップル科の着生植物	低い多様性	高い固有率、低密度の果実	林冠のフタバガキ科の優占	東南アジアと高い類似性（ただしフタバガキ科は優占度は低い）
動物相の特徴	小型の霊長類、ハチドリ	森林性のゾウ、高密度の地上性植食獣	キツネザルなど昼行性原猿類	大型の霊長類	有袋類、ゴクラクチョウ
年降水量 (mm)*	2000-3000	1500-2500	2000-3000	2000-3000 あるいはそれ以上	2000-3000 あるいはそれ以上

表1 熱帯雨林のある主要5地域の比較［Corlett & Primack 2005を和訳、改変］
＊降水量は地域内での変動が大きいが、熱帯雨林の分布の中心となる地域でのおおよその値を示した

1つは、歴史的要因に帰するものである。地球上の森林は、氷期・間氷期の気候変動に伴って縮小・拡大を繰り返してきた。高緯度地域では氷期に森林がなくなり、森林性の生物が失われたため生物の多様性は低い。一方、森林が縮小した時期でも熱帯地域では森林が存続し、生物が生き残った。このため、種の多様性が高いのだと説明する。もう1つは、気候の違いにもとづくものである。この仮説では、熱帯は湿潤・温暖なため植物生産量が多く、そのことが植物の多様性を高め、さらに他の生物の多様化をひきおこした、と考える。

写真2　現在急速に拡大しているアブラヤシのプランテーション（マレーシア、2008年）

生物多様性の価値

熱帯雨林は、被子植物の誕生以来1億年の森林の歴史を刻んだ生態系である。非常に高い種の多様性を擁しているほか、相互に特殊化し種分化した植物－送粉者共生系、大型哺乳類による種子散布など、熱帯雨林でしか見られない生物間相互作用も多く、生物学的な価値はきわめて高い。

また、熱帯雨林は、社会的、経済的にも多面的な価値をもっている。遷移の途上にある森林や原生林に近い森林は、高い生産性やバイオマスのため、二酸化炭素の吸収や貯蔵に重要な役割を果たしている。また、木材やそのほかの非木材林産物の生産の場としても重要である。発展途上国に分布する多くの熱帯雨林は、地域住民にとって生活の糧を得る狩猟・採集の場であり、生活に必要な物資の貯蔵庫でもある。高い生物多様性は、農作物の品種改良や薬の開発に役立つ遺伝資源としてその価値が認識されつつある。

熱帯雨林の危機

上に述べたように生態系として、また高い生物多様性の宝庫として高い価値をもつ熱帯雨林は、現在最も破壊が進行している陸上生態系でもある。現在森林の消失率が最も高いのは熱帯の国々であり、毎年1.2%の熱帯雨林が消失していると推定されている（推定値は推定方法によって大きく異なる）。消失している面積がいちばん広いのは最も広い森林を擁する中南米であるが、消失率でみると東南アジアが最も高い。

森林劣化・消失の原因は、地域によって異なる。アフリカやマダガスカルでは人口増加と貧困が、森林資源の過剰な利用と農地の拡大を促している。東南アジアでは森林伐採やプランテーションの拡大（写真2）など企業活動が重要な位置を占める。パプアニューギニアでは最近まで原生林に近い森林が残っていたが、現在は商業伐採が進行している。

このような危機的状況にある熱帯雨林の生物多様性を保全しようとするさまざまな試みもなされている。たとえば、オーストラリアは熱帯雨林のある主要な国々の中の唯一の先進国で、経済的にも豊かで保全への関心も高いため、エコツーリズムなどの熱帯雨林の持続的利用と保全が最も成功している。保護区を作るというのは一般的な手段であるが、その面積は限られる。そのほかに、生態系や生物多様性への負荷を減らした森林利用（伐採、プランテーション経営など）を行い、生産物に付加価値をつけることで余分にかかったコストを回収する方法や、遺伝資源として森林を利用することで保全のコストをまかなう方法などが試みられている。しかし、これらの方法が決定的役割を果たせるのかは未知であり、もっと強制力のある方法も必要だという考え方も強い。

【酒井章子】

写真1　熱帯雨林の一斉開花（マレーシア、ランビル、2004年）［山村則男撮影］

⇒C地球温暖化と生態系 *p36* D生物間相互作用と共生 *p136* D野生生物の絶滅リスク *p164* D熱帯林の減少と劣化 *p166* Dアジア・グリーンベルト *p194* D遺伝資源の保全とナショナリズム *p216* D森林認証制度 *p224* R熱帯林における先住民の知識と制度 *p306*

〈文献〉Primack, R. & R. Corlett 2005.　湯本貴和 1999.　井上民二 1998.

沿岸域の生物多様性

陸と海とのつながりで維持される生態系

沿岸生態系とは

沿岸生態系とは、陸上と海洋の接点に位置する生態系であり、干潟、砂浜、岩礁、塩性植生、マングローブ湿地、サンゴ礁などを含む。陸上生態系からの水による各種の物質の流入、すなわち別の生態系からの他生的栄養が生態系を支えているという大きな特徴をもつ。陸域からの水は、陸上生態系が光合成で作り出した有機物や栄養塩を沿岸生態系に運び、それらを使って植物プランクトンや海藻・海草類による沿岸の基礎生産が行われている。

降雨によって表土の一部が運搬され、また川の岸辺も浸食されて土砂が河川に供給される。これらの土砂は川によって運搬されて河口から沿岸に出て行く。河口では土砂の多くが堆積し、水の流れに応じて干潟や砂州などの複雑な地形を形成する。砂州は洪水によって伸縮を繰り返し、やがて河口の一部を取囲み、閉鎖的な浅い海を作る。さらに砂州が発達すれば、内湾の一部が河口湖や海跡湖にもなる。流れが速い海峡部の周辺には、粒径がそろった砂が堆積した砂堆が形成される。沿岸に運ばれた砂は潮流によって海岸に沿って流され、砂浜を形成する。このように川から運ばれた土砂と水の流れの相互作用によって、河口を含む沿岸域には、きわめて複雑で多様な環境が形成される。

このさまざまな物理的な環境に、多様な生物が棲みついてさらに環境を複雑にする。浅い砂地の海底にはアマモなどの海草が生育し、アマモ場が形成される。岩礁地帯には海藻類が生育して、ガラモ場を作ったり、コンブ、アラメ、カジメなどの海中林を作りだす。熱帯・亜熱帯では、河口干潟や砂浜の上部潮間帯にマングローブが生育して湿地を形成し、沖合の浅い岩礁にイシサンゴ類が生育してサンゴ礁を形成する。これら大型の植物や動物は、海底に立体的な構造を作ることによって、異質性の高い環境を作り出し、魚類や軟体動物、甲殻類、付着藻類など多くの生物に多様な生息環境を提供している。

大型藻類や海草、マングローブ、イシサンゴ類など、大きく環境を改変して他の生物に棲み場所を作り出す生物種を生態系改変者とよぶ。この生態系改変者によって作り出された新しい棲み場所に多くの生物が棲み込む。そして棲み込んだ生物も、さらに別の生物に適した環境の棲み場所を形成していく。これを棲み込み連鎖とよぶ。沿岸生態系は、水と土砂の複雑な作用による物理的環境の多様性に加え、生態系改変者と棲み込み連鎖による非常に複雑で多様な微細環境によって、高い生物多様性が形成され、維持されている。

富栄養化による多様性の喪失

近年、日本の沿岸域では何が起こってきただろうか。多くの海域では富栄養化が進み、植物プランクトンやその死骸を核とした微生物の集合体が海水の透明度を下げ、夏になるとさらに悪化する。また赤潮が各地で発生し、魚類や貝類などが大量に死ぬような事態が発生した。その大きな原因は、陸上からの有機物や栄養塩の流入の増加である。農地からの化学肥料を含んだ排水、生活排水、工場廃水、内湾の奥部では養殖漁業による汚染がその例である。このような沿岸域における富栄養化は、赤潮の被害だけでなく、夏の底層における無酸素層の形成による*ベントス（底生生物）の死滅を招いた。近年の富栄養化は、日本の沿岸・内湾域に生物多様性の大幅な減少をもたらした。

一方、沿岸の道路建設や海岸の開発によって、ヨシ原などの塩性植生の大部分が失われてきた。この生態系に特徴的な生物、たとえばアシハラガニなど砂泥に穴を掘って棲んでいるカニ類や、砂泥の表面を這っているヘナタリなどの貝類は、多くの種が絶滅したり、絶滅危惧種になっている。東京湾のヨシ原には近年までは5種の貝類が多く生息していたが、いまではホソウミニナ1種のみが多産し、4種はほとんど見られなくなった。ホソウミニナは大型の卵を産み、孵出（ふしゅつ）した幼生は浮遊生活を経ずにヨシ原で成長するが、他の4種の幼生は浮遊生活者である。これら4種の貝類は、開発によってヨシ原が失われてきたうえに、東京湾の汚染によって幼生が致命的な影響を受けていることが示唆される。

つながりが断たれた陸と海

他生的栄養に依存する沿岸生態系にとって生命線ともいえる陸上生態系とのつながりは、日本中の川に作られた砂防ダムや全国で8000カ所におよぶ貯水ダムによって断たれてしまった。土砂の供給という点ではダムの影響はきわめて大きく、近年、日本の砂浜の後退が著しい。全国平均でも毎年2〜3mの速度で砂浜が後退している。干潟の面積も減っている。

砂の供給が大幅に減少したことの大きな理由は、河川構造物だけではない。河口域や海岸に作られた港湾施設は、河口から海に出て、海岸線に沿って動く砂の流れを断ち切ってしまった。また、波の浸食から国土を守るという大義名分のもとに、日本全国の海岸の約半分がコンクリートで固めた人工海岸になり、浸食による陸からの直接の砂の供給もなくなってしまった。

さらに海域によっては、海砂の採取が生態系に致命的なダメージを与えている。瀬戸内海などの浅くて流れの速い海域に形成された砂堆には、ナメクジウオなどのきれいな砂だけに棲息する生物が豊かな生物相を作っている。河川の砂採取が法令で規制された後、建築骨材や埋め立てのために砂堆の砂が大量に採取され、海の生物相を脅かしている。

陸と海とのつながりをコンクリートで断つことは、沿岸域の環境に大きな影響を与えた。沿岸環境の多様性が失われ、ウミガメは産卵場所を失い、干潟に群れるシギ類やチドリ類は渡りの中継地を失った。ナメクジウオやカブトガニのように数億年前からほとんど形態を変化させずに生き永らえてきた生物も、すみかを追われて絶滅の道をたどっている。

赤土による沿岸生態系の破壊

陸からの土砂の流入が減少して干潟や砂浜が消失している本州と対照的に、沖縄県や東南アジアの沿岸では、陸からの土砂の流入がサンゴ礁やアマモ場などに被害を与えている。これらの地域では森林を伐り開き、沖縄ではパイナップルの畑を作り、東南アジアではバナナやアブラヤシなどのプランテーションを進めた結果、多量の表土がスコールによって流出している。

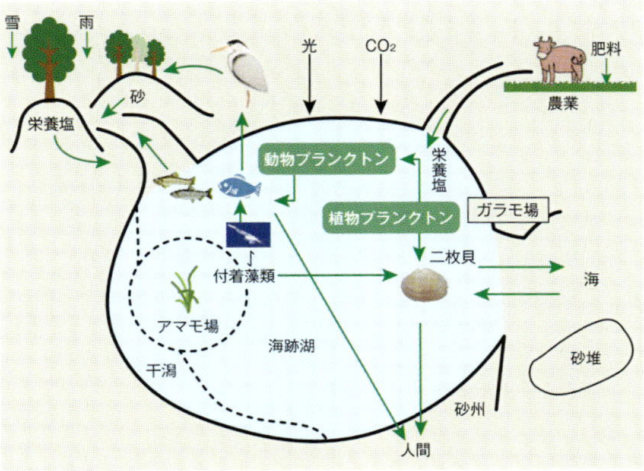

雪
雨
光
CO_2
肥料
農業
砂
栄養塩
動物プランクトン
栄養塩
植物プランクトン
ガラモ場
付着藻類
二枚貝
海
アマモ場
海跡湖
干潟
砂堆
砂州
人間

図1　沿岸の生息場所の模式図（緑色の矢印は窒素などの生物元素の流れを示したもの）。降雨が栄養を沿岸に運び、食物連鎖を通して物質が循環する。砂は沿岸に砂州や砂堆、干潟をつくり、多様な生物の生息場所を提供する

写真1　茨城県鹿島海岸神向寺浜の1980年（上）と1987年（下）の景観。わずか7年間で砂浜がなくなり、コンクリートブロックで陸地の侵食を止めざるを得なくなっている［茨城県土木部河川課提供］

この赤土がサンゴ礁やアマモ場に降り積もって、サンゴと共生している褐虫藻類やアマモの光合成を阻害し、生態系に大きな影響を与えている。アマモ場は希少動物であるジュゴンやアオウミガメの貴重な餌場であり、アマモ場の再生はこれらの大型動物の保全の鍵をにぎっている。

つながりと多様性を取り戻すために

このように沿岸生態系は、富栄養化のみならず、陸域の変化によって、大きく損なわれ、生物多様性を失いつつある。

自然再生をめざす取組みが各地で盛んになってきている。その多くは、失われた自然を取り戻すために、人間の手を加えて再生しようとしている。しかし、海に関するかぎり、生物多様性の高い生態系を取り戻すためには、できるだけ人間の手を加えないで自然に修復を任せることが必要である。里山では、人間の手を加えることで生物多様性が高く生産性の高い生態系が維持されることがあるが、沿岸域ではそのような実例はない。人工砂浜や人工干潟などの取組みは維持するために莫大な経費とマンパワーが必要であるにもかかわらず、その効果は限定的である。陸と海のつながりを断つ人工構造物をなくし、自然の手で沿岸の複雑な環境を作らせることが、沿岸生態系の生物多様性を再生させる唯一の確実な方法である。　【向井　宏】

⇒C富栄養化 *p60*　C物質循環と生物 *p82*　C魚附林 *p84*　D野生生物の絶滅リスク *p164*　D東アジア内海の生物文化多様性 *p208*　Dサンゴ礁がはぐくむ民俗知 *p210*　R聖域とゾーニング *p330*　Rマングローブ林と沿岸開発 *p336*　E海洋汚染 *p478*　Eダムの功罪 *p488*　E干拓と国土形成 *p498*

〈文献〉環瀬戸内海会議編 2000．栗原康編 1988．日本海洋学会編 1994．宇多高明 2004．京都大学フィールド科学教育研究センター編 2007．

土壌動物の多様性と機能

陸上生態系を支える生物群集

土壌動物の生息密度と現存量

私たちは普段気がつかないが、土壌には驚くほど多くの、そして多様な動物たちが暮らしている。植物が光合成で固定した有機物はやがて枯れて土壌に移動し、土壌動物が微生物とともに分解する。有機物に含まれていた栄養塩類は、ふたたび植物が利用可能な形態である無機態に変換される。土壌動物の活動は、植物や土壌微生物の活動を変え、生態系を大きく左右する。

主要な陸上生態系ごとの土壌動物の生息密度と現存量をみると、植物が生育できる土壌にはびっしりと土壌動物が生息していることがわかる（表 1）。森林では高さ数十 m までの範囲に動物が生息しているが、地下部にはせいぜい 50 cm 程度の深さにほとんどの動物が生息している。一般に、一定の面積で地上と地下の生物を比較すると、土壌動物の現存量は土壌微生物の 1/10 程度しかないが、地上動物の約 10 倍ほどもある。空間あたりの生物の密度が、土壌ではきわめて高い。土壌には隙間が少ないので、多くの動物は体の幅が 2 mm よりも小さい。

土壌動物の多様性

土壌動物と総称される動物は、冬眠などで一時的に土壌を利用する動物を除き、摂食や生殖など主要な生活を土壌で過ごす動物や一部の発育段階の動物を指す。

一般に土壌動物は土壌中の生活に適応するために、小型で、体型が細長くなったり、扁平になったりする種が多く、視覚にたよらず、震動や臭いを感覚器で捉えて行動していて、陸上動物のほとんどの分類群が含まれる。原生生物、線虫、ワムシなど体幅が 100 μm よりも小さい動物は、小型土壌動物（soil microfauna）と呼ばれ、土壌粒子の表面や粒子間に形成される水膜に生息している。

体幅が 100 μm から 2 mm 程度の動物は、中型土壌動物（soil mesofauna）と呼ばれ、節足動物であるトビムシ目やダニ類などが含まれる。これらは水膜から独立して土壌中の孔隙（こうげき）を移動できる。また、ミミズの仲間で、体長が 1 cm 前後にしかならないヒメミミズは、針葉樹林では優占的な土壌動物である。

体幅が 2 mm を越すと大型土壌動物と呼ばれ、土壌中で利用できる孔隙はほとんどないので、自力で土壌中に孔を掘るか、地表面や落葉や倒木の下を利用する動物が多くなる。ミミズは前者の代表であり、ヤスデやダンゴムシは後者の代表である。

土壌動物の機能群

土壌動物が生態系に果たす役割は、機能群に分けて考えると理解しやすい。土壌で有機物を分解する酵素を作っているのは基本的に細菌やカビなどの微生物である。小型・中型土壌動物には細菌やカビを選択的に摂食する微生物食者が多い。土壌有機物の起源となる落葉や枯死根などの*デトリタスは、栄養塩に乏しく、そのままでは餌としての質が悪い。微生物の体は相対的にこれらデトリタスよりも栄養塩濃度が高く、よい

大きさによる分類	分類群	主な陸上生態系				
		ツンドラ	温帯草原	温帯針葉樹林	温帯落葉樹林	熱帯林
小型土壌動物	原生生物	（全体をとおして200程度）				
	線虫	160	440	120	330	(50)'
中型土壌動物	ヒメミミズ	1800	330	480	430	(20)*
	トビムシ	150	90	80	(130)'	(20)'
	ダニ類（全体）	90	(120)'	500	(900)'	(100)'
	ハエ綱幼虫	470	60	260	330	(-0)'
	シロアリ目	0	(-0)'	0	0	(1000)'
	アリ類	(-0)*	100	(10)'	(10)'	(30)'
大型土壌動物	大型ミミズ（消化管内物抜き）	330	3100**	450	200	340
	ヤスデ綱	(-0)*	1000	50	420	20
	ムカデ綱	(20)'	140	70	130	5
	ハネカクシ	(50)'	(80)'	120	90	(10)*
	クモ類	10	(30)'	50	40	20
	腹足類	(-0)*	(100)*	(20)'	270	(10)'
合計		3300	5800	2400	3500	1800

表 1　主な土壌動物の各陸上生態系における現存量の推定。カッコのつかない数値は 5 以上の個別の推定値の中央値を示す。カッコ内の数値は 5 未満の値に基づく仮の値である。★は推定値。★★は北米プレーリーサイトのデータを除く［Petersen & Luxton 1982 を改変］

餌である。中型土壌動物や大型土壌動物は落葉を直接食べる。シロアリは、落葉や木材を微生物の助けにより消化している。ワラジムシの仲間は、消化途中の食物を肝膵（かんすい）と呼ばれる器官に移動させ、そこに共生している微生物に分解させ、利用している。落葉食の土壌動物は、微生物に利用しやすいように口器で落葉を粉砕し、あるいは水分や pH を変化させているので、落葉変換者と呼ばれている。

大地の腸、ミミズ

ミミズやシロアリ、一部のヤスデなど土壌を大量に食べる動物は、生態系改変者と呼ばれ、土壌を改変する働きが大きい。ミミズを例にとると、消化管内ではミミズから供給される水分や消化液の働きで餌に含まれていた微生物、とくに細菌の活動が変わり、坑道や排泄した糞は土壌の構造を大きく変える。土壌はより中性になり、酸素が微生物に消化され、嫌気的な環境となる。このとき、脱窒が生じ、N_2O が生成される。一方、糞として排泄された土壌は、日本に多いフトミミズ科の場合、多くは粒状の団粒となって、しばらく土壌にそのままの形で残る。団粒中では土壌に比べ、ミミズから排泄されたアンモニア態の窒素濃度が高い。これは微生物の働きによって一部はガス態として、そして大部分は硝酸態に変化し、雨水とともに移動して植物に再利用される。さらに、メタン酸化菌の活動が盛んになるという報告もある。これらのことから、土壌が大地の腸と呼ばれているミミズの体を通過することで、多くは休眠状態であった微生物の活性が変わり、物質変換の速度や経路が大きく変わることがわかる。

南米原産の *Pontscolex correthrus* というミミズは世界の熱帯に分布が拡大してしまった。本来ミミズが少なかった北米東北部の森林では、欧州とアジアからの外来種ミミズにより土壌が大きく改変され、森林植物にも影響が出ている。意図的であれ、非意図的であれ、外来種ミミズの移入には厳重な注意が必要である。

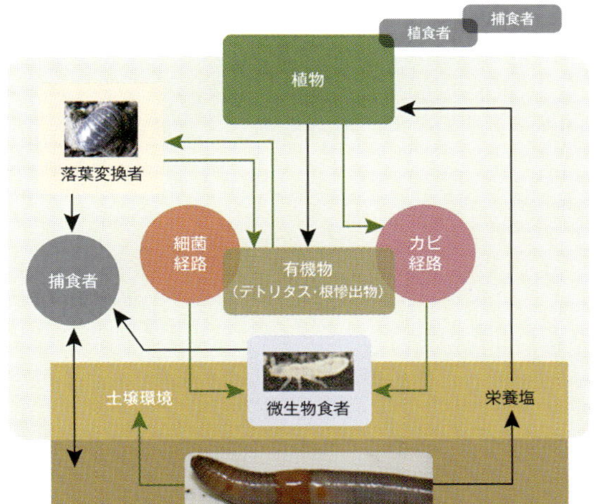

捕食者
植食者
植物
落葉変換者
細菌経路
有機物
（デトリタス・根滲出物）
カビ経路
捕食者
土壌環境
微生物食者
栄養塩
生態系改変者

図 1　陸上生態系の機能群。植物はほんの一部が植食者に食べられるが、ほとんどは土壌で細菌とカビを起源とする食物連鎖によって分解される［金子 2007］

写真 1
左上：寒天培地上で糸状菌菌糸を摂食し、産卵中（卵 4 個）の線虫 *Filenchus misellus.* 体長は約 0.4 mm［岡田浩明撮影］
右上：毒性試験に標準種として使用されるオオフォルソムトビムシ *Folsomina candida.* 体長は約 1mm［谷地俊二撮影］
左下：ワラジムシ *Porcelio scaber*
右下：フトスジミミズ *Amynthas vittatus*

多様性と環境変動

人間活動による陸上生態系の改変は、土壌動物にも大きな影響を与える。一般に森林に比べ、草原や農地では土壌の糸状菌に比べ細菌が多くなる。このような変化は土壌動物群集にも影響を与え、草原や農地では細菌食者の割合が増える。細菌の多い土壌では有機物の分解が速く進行し、森林では糸状菌が分解しにくい木材をゆっくりと分解している。また、施肥や農薬散布、耕起は土壌動物の個体数と多様性を低下させるが、不耕起栽培の農地では個体数や多様性の低下が生じない。細菌よりも糸状菌が多い土壌の方が生物群集の安定性が高くなると考えられている。施肥や耕起を行わない不耕起栽培や森林土壌では、土壌動物の働きが微生物の活動の変化を通して土壌炭素の貯留や、一酸化二窒素の放出、メタン分解など温室効果ガスの挙動に影響を与えている。　【金子信博】

⇒C窒素循環 *p44*　D生態系サービス *p134*　D陸域の外来生物問題 *p172*　D生きものブランド農業 *p222*　R土壌と生態史 *p250*　R熱帯アジアの土壌と農業 *p254*

〈文献〉金子信博 2007.　Lavelle, P., *et al.* 1998.　Moore, J.C., *et al.* 2004.　Petersen, H. & M. Luxton 1982.

野生生物の遺伝的多様性と機能

ミトコンドリア DNA と免疫遺伝子を例にして

なぜ遺伝的多様性が重要か

CBD（生物多様性条約）で画期的なことは、生物多様性を「生態系」「種」「遺伝子」の3つのレベルでとらえ、遺伝的資源の多様性の保全も視野に入れた新しい生物保全の考え方である。この遺伝子レベルの多様性が遺伝的多様性である。

DNA 情報には3つの側面がある（図1）。膨大な遺伝情報の中で、ゲノム DNA は、RNA に転写されることで個体の形成や維持を司っている。これが DNA 情報の第1の側面であるが、実際に使われているゲノム DNA はわずかなもので、残りは「がらくた DNA」（Junk DNA）と呼ばれる進化の副産物である。

DNA の構造解析が進むにつれ、遺伝子はしばしば遺伝子重複を起こしていることが明らかになった。実際の進化の過程は、まず遺伝子重複によってコピーをつくり、新しい機能をもった遺伝子を生み出す。これが大進化に結びつく、DNA 情報の第2の側面である。

遺伝情報は、原則として、正確かつ完璧に複製されていくものであるが、その場合でもわずかながら塩基置換が起こる。これが小進化に関連する DNA 情報の第3の側面、点突然変異である。

遺伝子多様度

遺伝子多様度は遺伝的多様性の基本的概念の1つで、点突然変異などで生じた DNA の塩基配列のちがいをそれぞれのタイプ（型）として、その多型性を表したものである。遺伝子多様度（h）は、$h = 1 - \Sigma x_i^2$ として定義され、x_i はある遺伝子座の i 番目の対立遺伝子の頻度である。

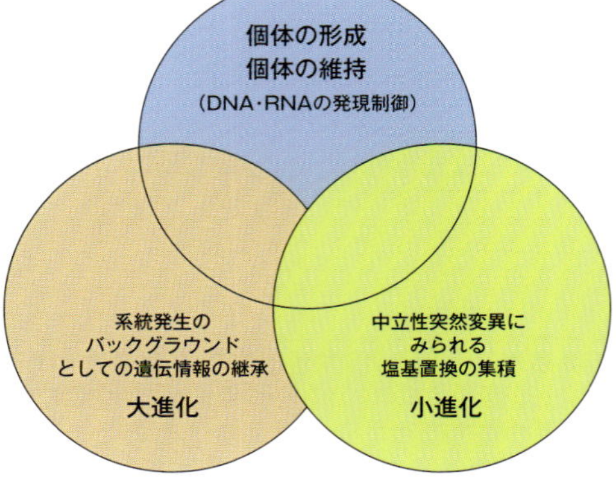

個体の形成
個体の維持
（DNA・RNAの発現制御）
系統発生の
バックグラウンド
としての遺伝情報の継承
大進化
中立性突然変異に
みられる
塩基置換の集積
小進化

図1　DNA 情報の3つの側面

鳥類のミトコンドリア DNA のコントロール領域前半部における遺伝子多様度（図2）では、希少種のシマフクロウ、タンチョウ、ライチョウ、イヌワシなどがいずれも 0.3 以下で、多様性が低く、一方狩猟鳥である北海道産のエゾライチョウや、マナヅルとナベヅルなど広域分布種は 0.7～0.8 の高い遺伝的多様性を示した。

一方、この遺伝子多様度はタイプの頻度のみで産出されるが、それに各タイプの配列の差（遺伝距離）も考慮に入れたのが、塩基多様度（π）である。塩基多様度は、原理的には各個体間の塩基置換距離の平均値であるが、一般的には各多型の頻度を用いて、$\pi = \Sigma x_i \cdot x_j \cdot d_{ij}$ として定義され、x_i はある遺伝子座に対立遺伝子 i の存在する頻度である。

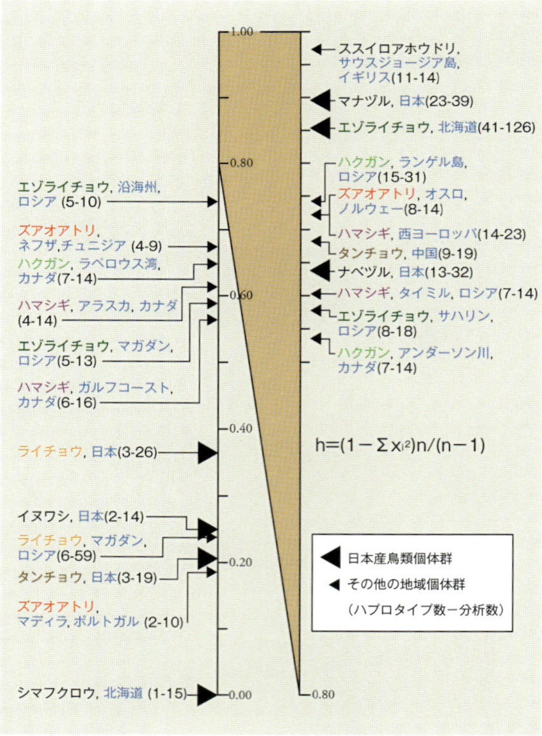

1.00
0.80
0.60
0.40
0.20
0.00
0.80
ススイロアホウドリ, サウスジョージア島, イギリス(11-14)
マナヅル, 日本(23-39)
エゾライチョウ, 北海道(41-126)
ハクガン, ランゲル島, ロシア(15-31)
ズアオアトリ, オスロ, ノルウェー(8-14)
ハマシギ, 西ヨーロッパ(14-23)
タンチョウ, 中国(9-19)
ナベヅル, 日本(13-32)
ハマシギ, タイミル, ロシア(7-14)
エゾライチョウ, サハリン, ロシア(8-18)
ハクガン, アンダーソン川, カナダ(7-14)
エゾライチョウ, 沿海州, ロシア (5-10)
ズアオアトリ, ネフザ,チュニジア (4-9)
ハクガン, ラペロウス湾, カナダ(7-14)
ハマシギ, アラスカ, カナダ (4-14)
エゾライチョウ, マガダン, ロシア(5-13)
ハマシギ, ガルフコースト, カナダ(6-16)
ライチョウ, 日本(3-26)
h=(1－Σxi²)n/(n－1)
イヌワシ, 日本(2-14)
ライチョウ, マガダン, ロシア(6-59)
タンチョウ, 日本(3-19)
ズアオアトリ, マディラ, ポルトガル (2-10)
シマフクロウ, 北海道 (1-15)
日本産鳥類個体群
その他の地域個体群
（ハプロタイプ数－分析数）

図2　鳥類のミトコンドリア DNA コントロール領域の遺伝子多様度

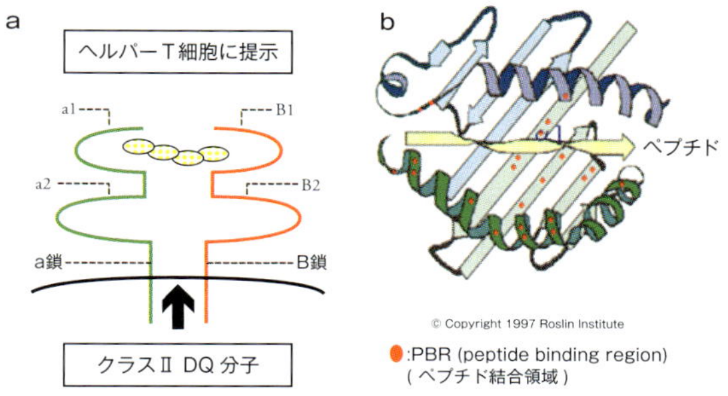
a
ヘルパーT細胞に提示
a1
B1
a2
B2
a鎖
B鎖
クラスⅡ DQ 分子
b
ペプチド
© Copyright 1997 Roslin Institute
:PBR (peptide binding region)
(ペプチド結合領域)

図 3　MHC 分子の構造　a) 横からみた図、b) 上からみた図

機能領域の遺伝子多様性

MHC（主要組織適合抗原（遺伝子）複合体）は、脊椎動物の免疫反応に深く関与するタンパク質であるMHC分子をコードする遺伝子群である。細胞表面に発現したMHC分子はウイルスなど外来性の非自己ペプチド（抗原）をヘルパーT細胞へ提示し、それらの病原体を排除する。より多くの外来ペプチドに対応するため、とくにペプチドの認識部位にあたる、ペプチド結合領域（PBR）において多くのアミノ酸置換が保持されている（図3）。

日本沿岸のスナメリ（図4a）は、生態学的研究により仙台湾-東京湾、伊勢湾-三河湾、瀬戸内海-響灘、大村湾、有明海-橘湾の少なくとも5つの地域個体群が知られている（図4b）。ミトコンドリアDNAコントロール領域の解析でも、明瞭なこれらの地域性を示した。検出された10のハプロタイプのネットワーク樹では互いに近縁な関係を示し、また九州の個体群の多様性が高いことから、南方から派生したスナメリの一部が比較的最近日本近海に適応放散し、各地域個体群に分化したものと考えられる。このように中立遺伝子の塩基置換は種の進化の筋道の推定にも適している。

一方、MHC解析では複数あるMHC遺伝子座の中でも、とくに高い多型性が報告されているクラス2 *DQB* 遺伝子が選ばれた。計160個体の分析により、塩基レベルで8つの対立遺伝子が検出された。これらの塩基置換サイトはすべてアミノ酸置換を伴う非同義置換であり、結果としてアミノ酸レベルでも8つの遺伝子型が検出された（図4c）。このMHC-*DQB* 遺伝子の遺伝子多様度（*h*）は、全体で0.79と比較的高く、各地域個体群でも、伊勢湾-三河湾0.55で、仙台湾-東京湾0.71、瀬戸内海-響灘0.78、大村湾0.85、有明海-橘湾0.64と、各個体群によってばらつきが見られるものの、外来ペプチドに対応するための機能遺伝子として個体群を超え、多様性を保持してきたことがうかがえる。

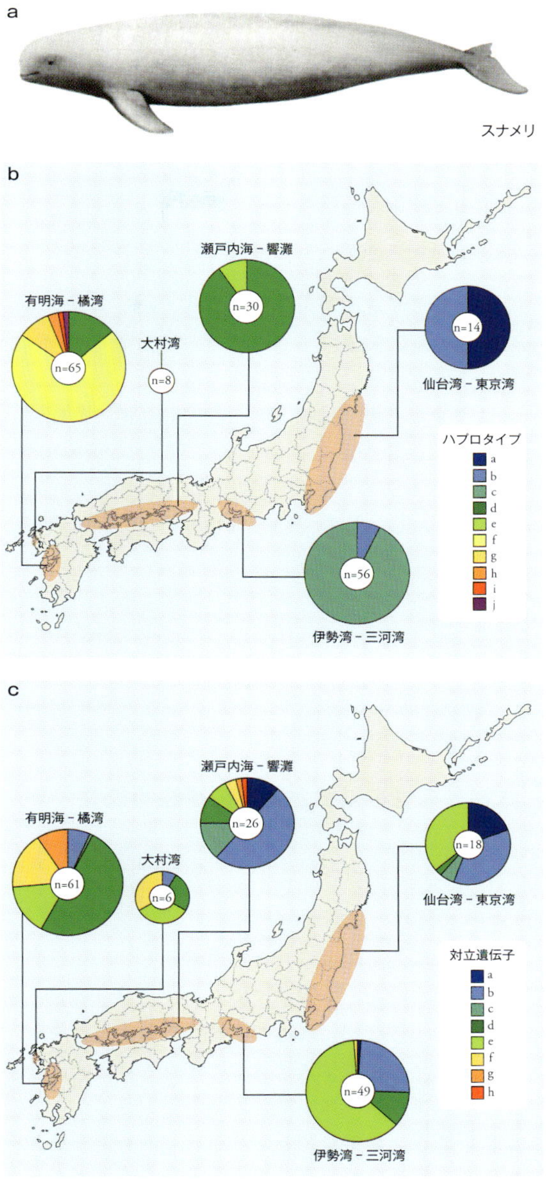
a
スナメリ
b
瀬戸内海－響灘
n=30
有明海－橘湾
n=65
大村湾
n=8
n=14
仙台湾－東京湾
ハプロタイプ
a
b
c
d
e
f
g
h
i
j
n=56
伊勢湾－三河湾
c
瀬戸内海－響灘
n=26
有明海－橘湾
n=61
大村湾
n=6
n=18
仙台湾－東京湾
対立遺伝子
a
b
c
d
e
f
g
h
n=49
伊勢湾－三河湾

図4　日本沿岸に生息するスナメリ（a）におけるミトコンドリアDNA配列タイプの頻度分布［b: Yoshida *et al.* 2001］とMHC遺伝子の配列タイプの頻度分布［c: Hayashi *et al.* 2006］

遺伝的多様性と保全

遺伝的多様性は、種を保全していく重要な指標となる。とくにミトコンドリアDNAで0.3以下であった種に対しては、遺伝的交流を促進する方策や、生息域の分断化が進まぬよう配慮が必要である。

【小池裕子】

⇒C遺伝子の水平伝播 *p72*　D野生生物の絶滅リスク *p164*　D海洋生物多様性の危機 *p170*　D家畜の多様性喪失 *p182*

〈文献〉小池裕子・松井正文 2003. Yoshida,H., *et al.* 2001. Hayashi, K. *et al.* 2006.

作物多様性の機能

持続可能な農業と暮らしへのヒント

作物多様性とは

人間が栽培する植物を作物という。作物多様性とは、ある空間や時間の枠内にある作物の科・属・種レベルの種類の多さをいう。近い意味の言葉に作物の遺伝的多様性がある。それは科・属・種内の品種の多様性、あるいは科・属・種・品種内の単一または複数の遺伝子座における対立遺伝子の数やDNA多型の程度をいう。広義には、作物多様性と遺伝的多様性は同義に用いられることもある。

人間が農耕を行うことにより、作物、野生生物および地域の環境が相互に関係し合って農業生態系が作り出される。農業生態系が自然生態系と大きく異なるのは、人間が作物の生産性や安定性の向上などを目的として、作物多様性をコントロールできる点である。

作物多様性の減少と農業の持続可能性

人間の食用植物は、世界に数千から1万種程度あるが、栽培植物は減少の一途をたどり、現在、食料の大部分は20種類の作物でまかなっているという。

とくに戦後、石油消費社会が到来すると、化学肥料、農薬、加温施設などで栽培環境をコントロールし、加えて機械による栽培・収穫で生産性の向上を図ろうとする近代農法が、国や国際機関の主導で世界的に広まった。また生産・流通・消費の効率化のために、形質が不揃いな在来品種に代わって、品種内の遺伝的多様性が小さい固定品種やF_1品種といった近代品種が用いられるようになった。

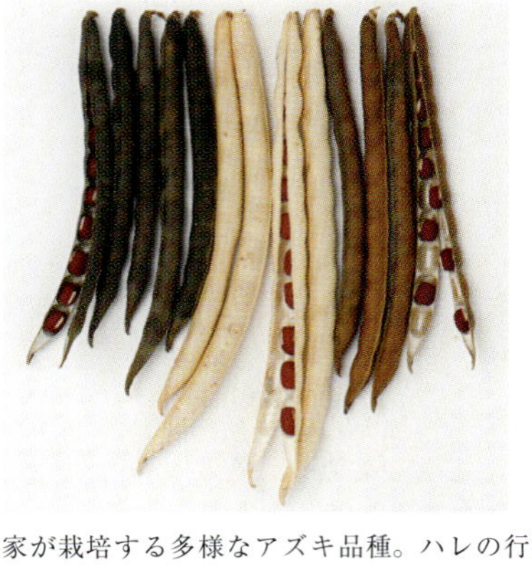

写真1　農家が栽培する多様なアズキ品種。ハレの行事に必要なアズキを一定量確保するため、複数の畑で収穫時期の異なる品種を栽培している（山形県鶴岡市、2008年）［東海林晴哉撮影］

こうした近代農法は生産性の向上に一定の成果を収めたが、同時に農薬や化学肥料の連続使用が不可欠になり生産者、農業生態系を構成する生物や環境に過大な負荷を与える結果になった。生産者の健康、生産の安定性、石油資源の枯渇への懸念から、近代農業の持続可能性に疑問が持たれるようになった。

作物多様性が関与する機能として、①生産の安定、②生産性・経済性の向上、③生活文化の豊かさの3つが考えられる。①生産の安定にかかわる事例については次項以降で詳述する。

②生産性・経済性の向上には、今後変化していく社会のニーズに応える品種を作り続けていく必要がある。そのためには、育種素材となる作物の遺伝的多様性がきわめて重要である。世界的な多様性保全の取組みは生産性・経済性の向上を支えることにつながる。

③生活文化の豊かさに寄与する例として、野菜の多様性があげられる。古来、日本列島に自生する野菜はセリ、ミツバ、ワサビなどに限られている。現在の豊かな食卓を支えている野菜の大部分は、歴史的に外から持ち込まれたものである。種々の野菜品種の食味や調理・加工特性を生かす知恵が、食文化を豊かに育んできたともいえる。

生産の安定のための作物多様性

生産の安定には、農業生態系の安定が不可欠であるが、その1要素である作物多様性の寄与が大きい。多様性をコントロールするには、ある時間軸の中で異なる作物をどのような順番で栽培するか、またはある場所に異なる作物をどう配置して栽培するかを考えることが必要で、それによってある時間や空間の枠の中に作物の多様性ができる。ここでは、それぞれ作物の時間的多様性および空間的多様性と呼ぶことにする。

作物の時間的多様性は、典型的には輪作と呼ばれる栽培体系で観察される。その主な機能は連作障害の回避、地力回復・維持、土壌物理性の改善、雑草や病害虫抑制である。

日本には水稲とダイズやコムギとを2年程度の間隔で交互に栽培する*田畑輪換の例がある。畑作物の連作障害を防止できるだけでなく、地力回復や雑草防除も期待できる。水稲との輪作にレンゲ、クローバーなどのマメ科植物やソルガムやギニアグラスなどのイネ科植物を組み入れる例もある。これらをすき込むことにより窒素地力や土壌物理性の向上をはかる。

ある畑作物間の輪作では、病害の軽減も期待できる。キュウリとラッカセイ、ダイコンとサトイモの輪作では前作のセンチュウ害を防除できた例がある。

作物の空間的多様性は、地域、田畑、屋敷林、畝(うね)など、1つの空間に多様な作物・品種が栽培されるときに観察される。それがもたらす機能として、①時間・空間の集約的利用、②光や養分の有効利用、③気象変動へのリスク低減、④病害虫の忌避、⑤表土被覆、⑥防風・防寒などがあげられる。

人間は昔から気象変動や病害虫の流行によって作物収量が激減する、飢饉の危険に直面してきた。19世紀のアイルランドで100万人以上の餓死者を出したジャガイモ疫病の被害は、ジャガイモの遺伝的多様性が小さいためにおきたと考えられている。危険分散のため、日本では江戸時代ごろまで、早熟のインディカイネや耐冷性の赤米などの生理生態特性が異なる品種を栽培していた。

同時に同じ空間で作物を栽培すると、光や養分の競争や収量の低下を招くと考えられがちである。しかしインドではトウモロコシとムクナ（マメ科）を混植することで、ムクナがトウモロコシの収量を高め、畑雑草を抑制することが知られている。このように間・混植で成長を補完・促進しあう作物の組み合わせを、コンパニオン・プランツという。

病害虫を忌避させるコンパニオン・プランツもある。マリーゴールドは他作物のセンチュウを抑えるし、ネギやニラは広範な土壌病害や連作障害を、またニンニクやミントはアブラムシを、バジルはオンシツコナジラミを、セロリやトウガラシはキャベツのモンシロチョウ（アオムシ）を、そしてヒガンバナは水田畦畔に穴を開けるネズミやモグラを忌避させる効果があるといわれる。

写真3　スギ林の伐採地で行われた焼畑の初年に栽培された一面のカブ。ここでは2年目に輪作作物としてアズキが栽培される（山形県鶴岡市藤沢、2005年）

間・混植は土壌表面の露出を小さくするので、土壌の乾燥を防ぎ、肥料分に富む表土層の流亡を防ぐ効果がある。また防風や防寒のために、トウモロコシやサトウキビを畑の周囲に植えたり、オオムギやコムギを作物の畝間に間植したりする例も見られる。

日本の焼畑における遺伝的多様性

伝統的な日本の焼畑では、木や草を伐採して火入れを行い、その年を含めて2年から4年程度で輪作が行われていた（時間的多様性）。輪作作物としてカブ、アワ、ヒエ、ダイズ、アズキ、ソバなどがある。マメ科植物では根粒菌の窒素固定で地力回復、ソバでは他感（アレロパシー）物質で雑草抑制の効果があり、それらの輪作は収量を激減させない工夫にもなっている。

持続可能な農業やくらしを模索していくためにも、急速に失われつつある作物多様性とその機能を生かす伝統知を発掘・保全し、その意味を解釈・検証していく作業が大切である。　【江頭宏昌】

写真2　一カ所の焼畑地で見出された9種類の遺伝子型を含む在来イネ（ラオス中部、2003年）［佐藤洋一郎撮影］

⇒C焼畑における物質循環 *p118*　D野生生物の遺伝的多様性と機能 *p148*　D失われる作物多様性 *p180*　D生きものブランド農業 *p222*　R焼畑農耕とモノカルチャー *p252*　R熱帯アジアの土壌と農業 *p254*　R緑の革命 *p256*　R民俗知と科学知の融合と相克 *p304*　Hジャガイモ飢饉 *p450*

〈文献〉佐々木高明 1972．田中明 1997．田中耕司 2000．農文協 2007．藤井義晴 2006．森田茂紀ほか 2006．鷲谷いづみ・矢原徹一 1996．

言語多様性の生成

人類拡散とともに

世界の言語

世界にはいくつの言語があるのか。この問いに対する答えは簡単ではない。少々古くなるがM. パイによる2986といった数字や米国・プロテスタント伝導団体の夏期言語協会が発行する「エスノローグ」があげる6912などがある。多くの言語学者のコンセンサスを得られる答えはなく、『言語学大辞典』にははっきりと「世界の言語の数は分からない」と書かれている。

どうして言語数が確定しないのか。その理由は、言語と方言の区別や言語としての認定が言語学的というより、その言語話者のアイデンティティや政治的な理由で決定されているからである。たとえば、インドの公用語であるヒンディー語とパキスタンの公用語であるウルドゥー語は、話し言葉としてはお互い通じるほど近いので同一の言語とみなすのが妥当である。しかし、書き言葉としてはまったく別の文字を使用し、政治的・宗教的理由から別の言語と数えるのが一般的である。このように言語と認定する規準にはさまざまな問題があるが、世界には多くの言語が存在することだけは疑いの余地がない。

これらの言語の多くはいくつかの語族に属している。語族とは、共通の祖先言語（祖語）から分岐していった一群の言語を示すものである。つまり、単一の祖語が時代とともに分岐し、ついには何百もの言語となり、多数の言語が誕生していったのである。ただし、言語が死滅したり、2つ以上の言語が混淆して新たな言語が生まれたりする現象も知られている。

インド＝ヨーロッパ語族の発見

1786年、カルカッタ（現コルカタ）のアジア協会での講演のなかで、インド高裁判事W. ジョーンズは、西欧の古典語であるラテン語、ギリシャ語とインドの古典語である、サンスクリット語が「おそらくはもはや存在していない、ある共通の源から発したものと信ぜずにはいられない」と指摘した。この講演は西欧で出版され、当時の知識人たちは衝撃を受けた。サンスクリット語やインドへの関心が高まるともに、ジョーンズの指摘が正しかったことがわかった。F. ボップやR. ラスクが研究を進めた結果、インド＝ヨーロッ

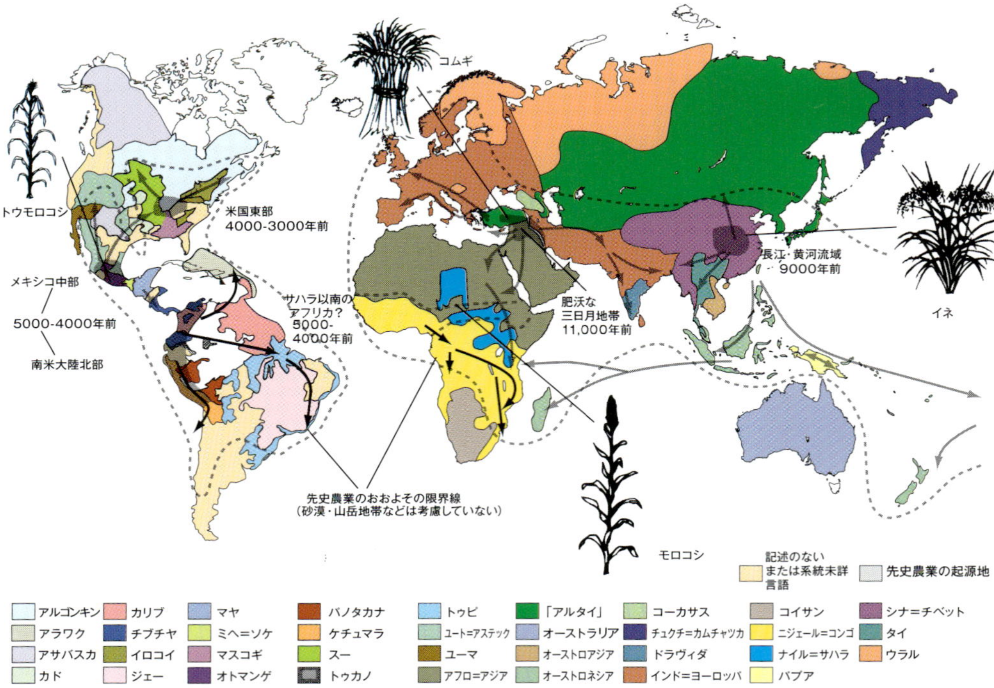

コムギ
トウモロコシ
米国東部
4000-3000年前
メキシコ中部
5000-4000年前
南米大陸北部
サハラ以南のアフリカ?
5000-4000年前
肥沃な三日月地帯
11,000年前
長江・黄河流域
9000年前
イネ
先史農業のおおよその限界線
(砂漠・山岳地帯などは考慮していない)
モロコシ
記述のないまたは系統未詳言語
先史農業の起源地
アルゴンキン
アラワク
アサバスカ
カド
カリブ
チブチャ
イロコイ
ジェー
マヤ
ミヘ=ソケ
マスコギ
オトマンゲ
パノタカナ
ケチュマラ
スー
トゥカノ
トゥピ
ユート=アステック
ユーマ
アフロ=アジア
「アルタイ」
オーストラリア
オーストロアジア
オーストロネシア
コーカサス
チュクチ=カムチャツカ
ドラヴィダ
インド=ヨーロッパ
コイサン
ニジェール=コンゴ
ナイル=サハラ
パプア
シナ=チベット
タイ
ウラル

図1　栽培植物分布と言語の図［ベルウッド 2008］

パ語族の存在が認められ、ここに言語の系統関係が音韻対応に基づき科学的に証明され、比較言語学が誕生する。

インド＝ヨーロッパ語族はその名の通り、ヨーロッパからインドにかけて分布する語族である。いちばん西のアイスランド語からいちばん東のベンガル語まで広がる諸言語がインド＝ヨーロッパ祖語という単一の言語から分岐したのである。

語族と大語族

インド＝ヨーロッパ語族のように、広範囲に拡散した語族として、オーストロネシア語族がある。オーストロネシア語族は台湾から東南アジア島嶼部をへて、東はイースター島から西はマダガスカル島にまで分布する。いっぽう、比較的まとまった地域に分布する語族もある。たとえば、ドラヴィダ語族はほとんどが南インドに集中している。

こうした語族の拡がり方の違いを地理的歴史的要因によって説明しようとする研究がある。J. ニコルズは単一の言語グループが次々と入れ替わった拡散地帯と言語の多様性が維持された残存地帯とを区別している。拡散地帯とは、たとえばユーラシア大陸のステップにおいて、歴史的にイラン諸語、チュルク諸語、モンゴル諸語、そしてロシア語と入れ替わっていった地帯を指す。一方、残存地帯としては800を越える多様な少数言語が分布するニューギニアの例があげられる。この考え方は言語の多様性の生成過程を知るうえで、多様性の生成が一様ではないことを示していて、非常に重要である。

さらに時代をさかのぼった大語族を想定する学者もいる。たとえば、インド＝ヨーロッパ語族、アルタイ語族、ドラヴィダ語族など現在知られる6語族をまとめたノストラティック大語族があげられる。また、極端な例としては、世界の言語が単一言語から派生したと考える学者もいる。大語族の根拠は、ヒトのミトコンドリアDNA多型の研究などの言語学以外の研究に依拠する場合が多い。このような説は厳密な音韻対応による比較方法を無視しているために、異を唱える言語学者が圧倒的に多い。

なお、日本語やバスク語のように、まだ系統がわかっていない言語もある。

語族と人類の移動

語族はどのように広がっていったのだろうか。かつては波が広がるように言語だけが伝播していったとみなす波紋説が提唱されたことがあるが、今では人類が移動することによって拡散していったとみるのが一般的である。

米大陸の例をとってみよう。氷河期にはベーリング海峡は陸続きで、最終氷期に、モンゴロイドがシベリアから北米大陸に渡ったといわれ、それが現在の北米先住民や南米大陸のインディオの祖先だと考えられている。

米大陸の語族は人類の移動とどう関連するのだろうか。J. グリーンバーグはモンゴロイドの拡散から推測して、大部分の北米先住民の言語はアメリンド大語族に属すると主張する。しかしながら、このグリーンバーグの学説は言語学者の多くから受け入れられていない。比較言語学に基づく系統関係の復元にはタイムスパンに限界があり、グリーンバーグが述べるような古い時代の言語の復元は不可能である。しかしながら、言語データを無視してしまうと、本来言語による分類である語族を人種や民族と混同してしまう危険性がある。こうした混同は歴史的には人種差別の問題を生み出したので、言語と人種や民族は厳密に区別されるべきものである。

人類の移動と農耕拡散

人類の移動は農耕の拡散とともに、言語の拡散をもたらしたとするP. ベルウッドの学説が最近提唱された。

P. ベルウッドの初期農耕拡散仮説によると、農耕技術だけが伝播することがなく、農耕拡散にはかならず人類の拡散を伴った。その人類の拡散を語族の拡散や遺伝子の拡散によって跡づけ、考古学的な証拠を提示している。つまり、考古学、言語学、人類学、遺伝学などを総合して、この仮説を証明している。しかも、農耕拡散をムギやコメだけではなく、雑穀やトウモロコシにも焦点をあて、地域的にも全世界を対象としている（図1）。仮説には合致しない例もみられるが、全体としては説得力のある魅力的な仮説である。

最近、世界の全ての言語に普遍的なものはなく、言語は多様性を示すことをN. エヴァンスらは指摘している。彼らによると、オーストラリアやニューギニアの先住民言語は、これまで記述された言語からは想像を超えた言語特徴を持つ。開発が進むにつれ、言語が消滅する一方、新たな言語が記述されることで言語の多様性が以前よりも明らかになっている。【長田俊樹】

⇒D言語の絶滅とは何か *p186*　H人間活動と環境変化の相関関係 *p362*　H環境変化と人類の拡散 *p410*　H環境変動と人類集団の移動 *p416*　H大航海時代と植物の伝播・移動 *p418*

〈文献〉ベルウッド、P.　2008.　Greenberg, J. 1987.　亀井孝ほか編 1988-2001.　Lewis, M. P., ed. 2009.　Nichols, J. 1992.　長田俊樹 2002.　Pei, M. 1956.　Evans, N., *et al.* 2009.

文化的アイデンティティ

植民地化とグローバル化のなかで

相対主義のなかでの文化的アイデンティティ

アイデンティティという語は「あるものがあるものであること」、つまり同一性を確認するといった意味である。したがって、文化的アイデンティティとは個別文化を共有する人間の集まりを、ある種の同一性をもった集団として認めること、あるいはそう主張することである。20世紀の末から、文化的アイデンティティの意義について、相反する2つの政治的・社会的な主張が語られるようになってきている。ともに文化相対主義的な枠組のなかでの主張である。その1つは、文化の個性の強調ということから、文化間の相互理解の可能性を減じようとしたり、あるいは人類の普遍的とされる価値観を否定する方向への語り方である。そこには「文明の衝突」論などに代表される欧米側からの語り方と、自らの社会に根ざした独自の価値観を主張しようとする開発途上国あるいは周辺地域からの語り方がある。もう1つは、文化の個性を尊重しつつ、人類文化に共通する特性を重視するものであり、異なるとされる文化のあいだでの理解の可能性を追求しようとする語り方である。これは多文化の共存あるいは共生を求める考え方の基礎となる語り方であるといってよい。多様性のなかでの文化的アイデンティティを問題とするとき、これらの異なる主張のよって立つ基盤を区別する必要がある。

現代の世界的文化状況

現代の文化状況は、グローバル（化）、ポストコロニアル、そしてポストモダンといった言葉で表現される。これらの言葉は、いずれも、古典的な文化観が前提にしていたような、まとまりのある統一体としての文化という見方とは相反するものを示唆している。

写真1　バリの「伝統的」絵画『闘鶏』［I Keut Ginarsa 作、2007年、wikimedia commons より］

文化のグローバル化のなかでもっとも際立った現象は境界のあいまい化という現象である。しばしばボーダーレス、つまり「境界がない」という表現がグローバル化の諸現象、たとえば人やモノ、カネの移動について言われるが、文化の場合には「あいまい化」という表現がふさわしい。個々の文化はグローバルな潮流を受けて変化し、たがいに共通な要素を増やしつつも、人びとがそれを生きるのはローカルな文脈においてだからである。

境界があいまい化された現代の文化は、過去の比較的独立した文化とは異なるダイナミズムをもって働いている。そのことは、いかに世界の政治経済的な力関係のなかで周辺と呼ばれる地域の文化であろうと同様である。これらの地域の多くには、欧米諸国あるいは日本の植民地であった歴史がある。植民地経験は、これらが国民国家として独立を達成した後も、今日に至るまで、現地の社会と文化に大きな刻印を残している。植民地の世界的拡大は現在進行中のグローバル化のさきがけであり、見方によっては、それよりはるかに深甚なインパクトをもつものであった。政治的・経済的な変容は言うまでもなく、植民地化のなかで、現地社会、およびその文化的アイデンティティは強力な外の眼にさらされることになった。

文化接触のなかでの文化アイデンティティ

境界があいまいな状況を創り出した複合的な文化接触を強調することは、また、現在地球上に見られる諸文化が文化の混淆（文化の混じり合い）の帰結としてあることを主張することでもある。この見方では、人類の文化は、歴史的に一貫してこのような混じり合いを通じて展開してきたものであり、孤立した純正の民族（伝統）文化などというものは、もともとある種の虚構だということになる。こうした混じり合いを加速させたのが、西洋の植民地的拡大であり、より近年のグローバル化なのである。

具体的な例をとろう。かつて植民地であった地域の諸社会（諸国）において今日伝統や慣行とされるもののなかには、文化接触、文化混淆の結果として植民地時代に新たに産み出されたものがかなりある。インドネシア・バリ島の伝統絵画は、その最もよく知られた例であろう。19 世紀後半、バリのある小王国の貴族がジャワでドイツ人の芸術愛好家に出会い、その画法を取り入れて、バリの風景と人間を描いたのが始まりである。その貴族は、故郷のウブッドに拠点を置き、ウブッドはバリ伝統芸術の村として、世界的に有名になった。いわゆる生活文化に関しても、今日マレー人男性の伝統的正装とされるものは、西洋のズボンとマレー人のサロンを組み合わせたものであり、これは 19 世紀にマレー人貴族が考案したものである。東アフリカの牧畜民のあいだで見られる華麗なビーズ装身具も、植民地時代にもたらされたものである。このように外来のものをみずからの文化に取り込んで、自家薬籠中のものとしてしまう過程は、植民地主義の負の側面とは別に、状況に応じて生成する人類の文化のダイナミズムの格好の実例である。

文化的アイデンティティと政治言説

グローバル化の進展によって、人類が文化の新たな生成の時代を迎えつつあるかどうかは、意見の分かれるところであろう。文化の多様性が完全に失われることはないとしても、文化の境界のあいまい化が飛躍的に進み、個別のローカルな文化の内容の組み換えが急速に起きていることは確かである。大事なことは、これを人類史全体、とりわけコロニアル時代からの文化接触の長い流れに位置づけて考えることである。

それと同時に文化のありようについては権力論的視点を無視してはならない。権力関係に関しては、たとえば先住民の土地権の回復運動や、熱帯林資源の現地共同体による管理権運動などに、現地の文化の個別内容、たとえば伝統的生態知識などが実践的な役割を求められるようになってきている。だがそれ以上に重要

写真 2　ボルネオ島バンジャル・マレー人の結婚式での礼装。男性はマレーと洋装の折衷（1984 年）

写真 3　オーストラリアのアボリジニ文化祭の風景。黒赤二色に黄色の円の旗は、アボリジニのいわば民族旗である（2008 年）

なのは、こうした少数者がみずからの文化を語るようになったときの語り口がもたらす意味である。上に述べたように、進展しつつあるグローバル化をまつまでもなく、個々のローカルな、あるいは民族的な文化の境界は、世界史的に見て加速度的にあいまいになってきている。こうした状況のなかで、みずからの文化がはっきりした境界をもつかのように語り、その個性を主張することは、外部の眼からは客観的な事実を無視するもののようにみえる。しかし、このように文化を実体的なものとして語ることが、歴史の潮流に対抗する、いわば「弱者の武器」でありうることに着目しよう。そこには自分に対しても他者に対しても意識化された文化の力強さが胎動しているというべきであろう。こうして文化は、単なる慣習・習俗の全体としての無自覚な文化ではなく、現代世界の周辺においても、アイデンティティ・ポリティックス（文化的アイデンティティにもとづいた政治の主張）の鍵として働き出すことになる。

個別文化の独自性というアイデンティティの問題は、また他方では、開発（経済発展）や民主主義といった、主流の社会勢力が普遍的だと主張する価値とどう関係を結ぶかという問題も提起している。たとえば民主主義の思想の根底にある主体としての個人という考え方と、まとまりとしての民族集団や共同体のアイデンティティという主張とのあいだには、ある種のきしみがあるようにみえるからである。これにかかわる政治言説がどちらの方向に向かうか。これは全人類的な将来にかかわる鍵である。　【内堀基光】

⇒D文化的ジェノサイド *p188*　D遺伝資源と知的財産権 *p214*　D遺伝資源の保全とナショナリズム *p216*　D持続可能なツーリズム *p230*　E植民地環境政策 *p522*

〈文献〉青木保ほか編 1997.

都市の多様性

集合の利益と不利益から

都市の起源と多様性

生物は群れを作り、集合からの利益（集合効果）と不利益（過密効果）をさまざまに得ている。都市社会学者のL. ワースは、都市性を人口の規模、密度、異質性と定義し、集合効果と都市性とを結び付けている。つまり、人類も他の生物同様、集合の利益を享受し、不利益を克服してきたといえよう。人類は20万年前に誕生して以来、小規模の群れを作り、狩猟採集のための遊動生活を行いつつ、生態系からの脅威と恩恵を受けて進化してきた。やがて定住化が進み、群れとなって拡大（群居）し、農耕が発明され、そして、集合効果を持つ都市と呼ばれる人類の集住形態が出現した。

現在、地球上の人口の半数以上が都市に住まい、都市がもたらす集合の不利益は地球環境問題として地球全体に影響を及ぼしている。しかし、人類がここまで繁栄してきたことの原因のひとつには、都市がもたらす集合の利益によっていることはあきらかである。

古代文明における都市の発生と衰退

都市の出現は一般に、古代オリエント（BC3500年頃）に始まり、エジプト（BC3100年頃）、インダス（BC2400年頃）、中国（BC1800年以前）とされる。考古学的な発掘の過程から都市の定義が練り上げられてきた。オリエント考古学のV.G. チャイルドは、①規模、②居住者の多様性、③農業の余剰生産、④記念建造物、⑤支配者階級、⑥文字、⑦技術、⑧芸術、⑨長距離交易、⑩専門工人の10項目をあげ、また、エジプト学者のM. ビータックは、①高密度居住、②コンパクトな居住形態、③非農業共同体、④労働・職業の分化と社会的階層性、⑤住み分け、⑥行政・裁判・交通の地域的中心、⑦物資・技術の集中と資本の集中、⑧宗教の中心、⑨避難・防御の中心の9項目をあげている。たとえば、トルコ領アナトリアのチャタル・ホユックで発掘された9000年以前の遺跡では1万人もの人口を持つ大集落が発掘されたが、宗教や行政の核の存在は確認されず、都市とは認められてはいない。

都市の発生は、いずれも青銅器から鉄器への移行期であり、また、5000年前の気候変動との関係も指摘されている。*完新世の気温最適期（ヒプシサーマル：7000年から5000年前）とその後にやってきた寒冷期（ネオグラシエーション：5000年くらい前）が都市の発生に影響したとされる。温暖化による海面上昇の影響、北緯35°における気候の乾・湿の逆転現象（ナイル川、メソポタミアは乾燥化）によるなど異同はあるが、いずれも気候変動により人の移動がおこり、混淆が進んだことによって（人間の多様性）、都市が発生したとする。

空間の中の都市の多様性—都市生態圏

15世紀、ポルトガル、スペインを先頭に、欧米が世界に拡大した世界システムの誕生とともに、西欧型の都市が地球全体に進出する以前、都市は歴史的な変遷を経つつも、立地する生態系に適した姿で地球上に広がり、複数の都市生態圏を形成していた。都市の形態は食料・水の獲得、技術、素材によって多様性が生み出され、それらは生態系との関連が強い。一方、人口規模や都市規模は、交通手段や後背地の生産性、技術の制約などによって、世界中ほぼ同様であった。4000年間の世界中の都市の人口規模を精査したT. チャンドラーの都市人口歴史統計によれば、ほとんどの都市は2000〜1万人程度の人口規模にすぎない。わずかな例外は、古代ローマ、イスタンブール（コンスタンチノープル）、バグダッド、長安、汴京（開封）、臨安（杭州）、北京、京都、大坂、江戸などであり、移送手段を発達させ、食料、水を確保したことによって、これら前近代の巨大都市の生存基盤が作られた。

メソポタミアとエジプトの二大文明を生み出したユーラシア大陸からアフリカに広がる乾燥オアシス地帯とそこから伝播した地中海性気候地帯の広大な地域の都市は、ほぼすべて囲壁を有し、その中に密集した日干し煉瓦、焼成煉瓦で家を作り、遠隔地交易によって生業を立てている。この、いわばユーラシア・地中海型都市文明域の周縁に、アルプス以北西欧都市、アフリカサハラ砂漠以南都市、インド洋海域都市（アフリカ東海岸、インド洋沿岸、東南アジア）、東アジアモンスーン地帯都市（日本、中国南部、東南アジア）、遊牧地帯都市などが、多様な形で生成してきている。

都市の近代化と都市改善

チャンドラーの歴史都市人口統計から世界115の都市の4000年の人口変移をグラフ化（図1）すると、

いずれも増加傾向にあることは見て取れる。急激な人口増加は、1800 年代のロンドン、パリ、シカゴ、ニューヨークに見られ、東京が続く。これらの都市の急激な成長は、産業革命による国の内外からの都市への人口集中、交通手段の発達（鉄道、自動車）によって引き起こされたが、都市に多大な負荷をかけた。つまり、都市がもたらす集合の不利益が顕在化したのである。その問題を解決するために、さまざまな改善手法や学問が生まれた。

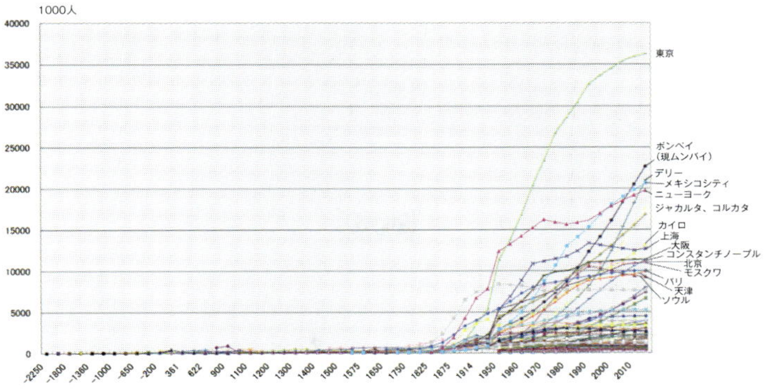

1000人
40000
35000
30000
25000
20000
15000
10000
5000
0
東京
ボンベイ（現ムンバイ）
デリー
メキシコシティ
ニューヨーク
ジャカルタ、コルカタ
カイロ
上海
大阪
コンスタンチノープル
北京
モスクワ
パリ
天津
ソウル

図 1　世界 115 都市人口変遷図

パリの G. オースマンによる都市改造（1853～70 年）はナポレオン 3 世との強力な王権との合作であり、道路の拡幅、都市中心部の改造を含めて権威主義的な都市計画として世界に拡散していった。一方、ロンドンでは、18 世紀末からの産業革命による技術の進化と産業化が人間を大量に吸収した。産業化と都市人口の集中や貧困は、都市環境の悪化や食料不足、疫病の蔓延、犯罪をもたらした。それに対して、専門の公衆衛生学（E. ラッチェンスなどによる）が芽生え、1850 年代には、上下水道を含む都市改善が不十分ながら始まった。それらは都心部の住宅供給、道路拡幅などにつながり、やがて社会改良主義者たちによる理想都市の建設、E. ハワードの主張する田園都市構想（1898 年）、そして、レッチワークでの実現へとつながっていく。19 世紀半ばから欧米で頻発した都市問題は、緑化、公園、グリーンベルトなどの手法でも解決に向けて対処がなされた。それらはオースマンのパリ、ニューヨーク、ボストン、ワシントンなどで実現している。また、建築家ル・コルビュジエが主導する CIAM（近代建築国際会議）は、1933 年アテネ憲章でオープンスペースの確保、ゾーニング、高層ビルの建設などを主張し、「輝く都市」として 20 世紀の世界に影響を与えた。19 世紀末、ドイツの M. ウェーバーや G. ジンメルの影響を受けて、都市化がもたらす人間への影響を人間生態学として分析する社会学の一派（L. ワース、E.W. バージェス、R.E. パークら）が、移民の増加によって都市内の人びとの多様化が進む 20 世紀初頭シカゴで誕生し、都市社会学の隆盛へとつながっていった。オースマンからハワード、コルビュジェ、シカゴ都市社会学へと続く一連の動きは、都市内の多様性を混乱だとして否定的にみなすものであった。

グローバリゼーションと都市の多様性

第二次世界大戦が終わった後、ル・コルビュジエの「輝く都市」とモータリゼーションが世界中に拡大し、地球上の都市の均一化が進んでいった。一方、J. ジェイコブスはその先鋒として、1961 年出版された『アメリカ大都市の死と生』で、機能によってゾーニングされた都市への批判と多様な空間、人間や用途の混在への賞賛を行っている。1972 年、同じく米国の社会学者 C. フィッシャーは、都市内の多様性、逸脱こそが新たな文化を生み出すことを主張した。いずれも、欧米先進国で生じた郊外へのスプロール化と都市内部の疲弊と、その原因とみなされる近代主義の都市に向けての批判であり、都市内の多様性への高い評価である。

一方、第二次世界大戦後、独立を獲得したアジア、アフリカ、中南米の発展途上国の都市では人口増加が著しく、メガシティが誕生した。メガシティには、貧困とインフラの未整備、社会環境の悪化が著しい不法占拠地区が出現している。発展途上国で多発する産業化なき都市化は、20 世紀末からの経済成長によって、近代主義の都市化とモータリゼーションが進む中国、東南アジア、ラテンアメリカと、貧困から抜け出ることのできないアフリカ都市を二極化させている。これらの都市では、都市内の多様性をいま評価できずにいる。

現在、グローバリゼーションの波は、個々の都市が持っている生態的基盤を覆い、世界中で同じような外形に変えていく。その結果、地球上の大多数の都市では、都市内の多様性への関心が盛り上がる以前に、グローバリゼーションの名の下に、都市間の多様性も減少し、均一化の波が全球を覆い始めている。【村松　伸】

⇒H新たな産業革命論 *p372*　H人口爆発 *p374*　H人口転換 *p376*　H環境変化と人類の拡散 *p410*　H環境変動と人類集団の移動 *p416*

〈文献〉Wirth, L. 1938. Childe, V.G. 1950. Bietak, M. 1979. 小泉龍人 2001. Chandler, T. 1987. 安田喜憲 1996. 鈴木秀夫 1978. ハワード、E . 1968. ル・コルビュジエ 1976. ジェイコブス、J. 1977.

病気の多様性

進化医学とホスト＝エージェント共進化

病気のホストとエージェント

病気はヒトに宿る。その意味で、ヒトは病気のホストといえる。ホストに病気を起こさせるという意味で、病気の原因はエージェントと呼ばれる。G.G.N. マスキー＝テイラーは『病気の人類学』において、エージェントを、①栄養の欠乏や過剰、②化学物質（毒、アレルゲン、刺激物など）、③生理的因子（妊娠が悪阻（つわり）に寄与するなど）、④遺伝的因子（点突然変異から染色体異常まで多々）、⑤心理的因子（ストレスが頭痛や吐き気に寄与するなど）、⑥物理的因子（火事、強い日射など）、⑦他の生物による侵襲（病原微生物の感染など）、に分類している。物理的因子としての交通事故や他の生物による侵襲としてのワニ咬傷（こうしょう）などは、一般に「病気」というイメージには合わないかもしれないが、国際疾病分類にも含まれている。

病気のエージェントと因果パイモデル

病気のエージェントは1つとは限らない。疫学では因果パイモデルという考え方が主流である。多くの病気は複数の構成要因が組み合わさって初めて発生するが、その組み合わせは1通りとは限らないので、ある病気を発生させるために必要な構成要因のセットを十分要因群と呼び、十分要因群1つにつき1つの円グラフとして示すアイディアである。この考え方は病気の予防手段を探すために役に立つ。

環境条件と病気の関係

地球上では、さまざまな環境にさまざまなライフスタイルをもつヒトが60億人以上も居住している。この状況をエージェント側からみると、多種多様な病気が存在できるニッチができたともいえる。特定の文化や生活習慣がもたらす病気もあれば、特定の環境条件がもたらす病気もある。たとえば、オセアニアや東南アジアの人びとは、ベテルナッツ（ビンロウ）とコショウ属の植物の葉と石灰を混ぜ、嗜好品として噛む習慣をもつが、この習慣は口腔がんのリスクを上げることが知られている。ヒ素の多い土壌を通っている水脈の井戸水の飲用が原因の慢性ヒ素中毒や、オゾンホールによって紫外線照射が強まることで、オーストラリアで多発している皮膚がんは、特定の環境条件がもたらす病気の例といえる。

進化医学の考え方

進化医学では、なぜヒトの身体はがんや動脈硬化のような「病気」に対して傷つきやすくデザインされているのか、という問題設定をし、適応進化で説明する。すなわち、すべての病気は次の5つのカテゴリーに分類されるとする。

①痛みや熱、咳、嘔吐など、気持ち悪い状態。防御反応であり、エージェントの侵入を防ぐ効果がある。

②大腸菌やワニなど他の生物との利害の対立。これは生命にとって普遍的な事実である。

③環境の変化に対する適応の遅れによる一時的不適応。たとえば、先進国で動脈硬化に起因する心筋梗塞が多いのは脂肪摂取過剰な食生活の影響が大きい。

④適応的利点とのトレードオフである遺伝的欠点。有名なのは、鎌状赤血球貧血遺伝子をもつと貧血になりやすいが、マラリアに罹っても重症化しない。

⑤進化の歴史的制約。たとえば気管と食道が完全に分離していないことは、誤嚥（ごえん）の原因となる。

ヒトの主な感染症の起源

上記5つのうち、②他の生物との利害対立においては、エージェントたる他の生物の側も、ホストたるヒトの適応に呼応して適応進化していく可能性がある。これをホスト＝エージェント共進化と呼び、感染症の多様性はこの枠組で考えることができる。

2007年の *Nature* に掲載された論文で、N.D. ウォルフらは、ヒトの主な感染症の起源について、「Q1：なぜ、その多くが農耕開始以降に生じた“新しい”病気なのか？」「Q2：なぜ旧世界起源のものが圧倒的に多いのか？」といった問題を提起した。

感染症のエージェントはウイルスや細菌などであり、ヒトというホストに感染するようになる前は他の野生動物をホストとしていたが、ヒトをホストとして進化したといえる。彼らはこの過程について5つの段階を想定した（図1）。すると、Q1については、第5段階の感染症が農耕開始以後に初めて成立した大規模に集住するヒト個体群というホストがなくては維持されえないために「新しく」、Q2については、エージェントがもともとホストとしていた野生動物の種類が旧世界の方に圧倒的に多いから、旧世界起源の病気が多い、と説明がついた。熱帯では段階の低い病気が多く、温帯では段階の高い病気が相対的に多いことも、熱帯の人口密度の低さと温帯の人口密度の高さによって説明できるとした。

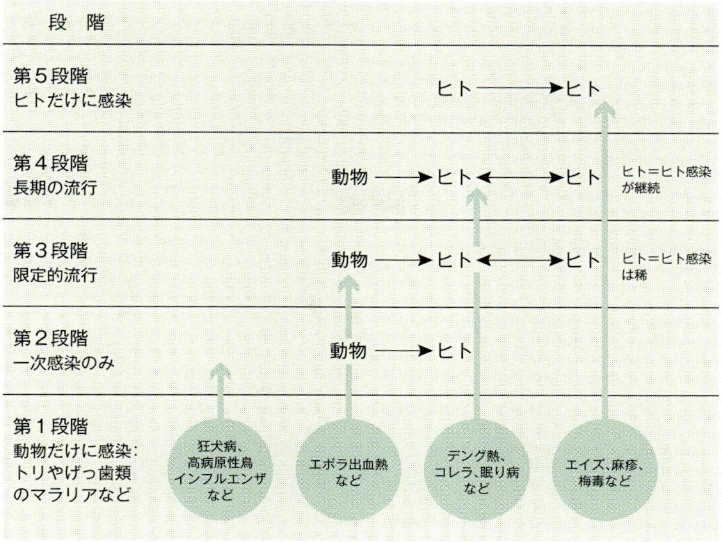

段階
第５段階
ヒトだけに感染
ヒト
ヒト
第４段階
長期の流行
動物
ヒト
ヒト
ヒト=ヒト感染が継続
第３段階
限定的流行
動物
ヒト
ヒト
ヒト=ヒト感染は稀
第２段階
一次感染のみ
動物
ヒト
第１段階
動物だけに感染：トリやげっ歯類のマラリアなど
狂犬病、高病原性鳥インフルエンザなど
エボラ出血熱など
デング熱、コレラ、眠り病など
エイズ、麻疹、梅毒など

図１　ヒトの感染症の起源と進化［Wolfe *et al.* 2007 より改変］

最適病原性の進化

ホスト＝エージェント共進化の一般的な帰結として、最適病原性の進化が弱毒化に向かうことは明らかである。患者からエージェントが他のホストに伝播できるためには、患者がすぐに死んではいけないし、ある程度動き回ってくれた方が伝播の可能性は増すので、弱毒型のエージェントの方が強毒型よりも広まりやすいはずである。ホストの側でもエージェントに対して免疫を発達させたり、遺伝的に抵抗性があるホストが生き残りやすいはずなので、世代を重ねるにつれて病気は弱毒化し、ついにはJCウイルスのようにほぼ無症状になっても不思議はない。

しかし、マラリアのようにベクターが存在する病気では事情が異なる。蚊というベクターがマラリア原虫というエージェントを運ぶので、最適病原性が弱毒化の方向に進化するとは限らない。むしろホストが動けずにいる方が蚊は吸血しやすいかもしれないので、最適病原性は強毒側にシフトする可能性もある。院内感染では医療従事者の手がベクターとなっているし、コレラのような水を介して伝播する疾患でも、患者の下痢便が飲料水に混じるような状況では病原性が感染力に正の相関をもつので病原性が弱くなるようには進化しない。この場合、上下水道を整備して病原性と感染力の関係を断ち切ってやれば弱毒株が生き残り、病気は弱毒化に向かって進化する。

病気の多様性と出生力

フランス国立科学研究センターの研究者が、世界150カ国のデータについて一般化線型モデルを当てはめた分析の結果、病気の多様性が高い国ほど出生力が高いという関連性を示した。著者はその原因を、ヒトの出生力が高いほど病原性が高いエージェントでも存続可能なためと解釈し、病気をコントロールすると出生力も低下する可能性があると示唆している。人口転換前後のデータを混ぜて解析したせいで見かけの関連性が出ただけかもしれないことには留意が必要だが、興味深い結果である。

ホストの適応―マラリアの例

病気のエージェントに対して、ホストたるヒト個体群は、遺伝的適応、行動適応、栄養適応などの適応をみせる。マラリア流行地ではマラリア原虫に対して抵抗性をもつ遺伝子の頻度が高いし、体内の循環鉄の割合を減らし、貯蔵鉄の割合を増やすことによってマラリア原虫を増殖しにくくする低鉄血症適応という現象も報告されている。また、サルディーニャ島で蚊がいない時期にだけ低地に降りてきて牧畜を行う「逆移牧」と、妊娠女性は集落から出てはいけないという行動タブーによって農地に多い蚊による吸血を防ぐことは、行動適応の例といえる。クロロキン治療によって熱帯熱マラリア原虫の感染が減り、相対的に病原性は弱いが休眠期がある三日熱マラリア原虫が優位になることも、エージェント側からみれば遺伝的適応だが、ホスト側からみれば行動適応である。栄養適応の例としては、地中海沿岸でフェイバ豆を摂取する食習慣が挙げられる。フェイバ豆を食べていると、マラリア原虫が感染した赤血球が溶血しやすくなり、原虫の増殖が阻害される。G6PD遺伝子欠損がヘテロである場合、この効果が強まることから、これは遺伝子＝文化共進化の例でもある。　【中澤　港】

⇒R鳥インフルエンザと新型インフルエンザ *p286*　R動物由来感染症 *p290*　R健康転換 *p296*　R水と健康 *p298*　R地球環境と健康 *p300*　Hペスト *p452*　E病気のグローバル化 *p518*

〈文献〉Mascie-Taylor, C.G.N., ed. 1993. ロスマン、K.J. 2004. Nesse, R.M. & G.C. Williams 1998. Wolfe, N.D., *et al.* 2007. Ewald, P. 1994. Guégan, J.-F., *et al.* 2001. 池庄司敏明 1993.

生薬の多様性

医薬資源

世界の伝統医学と薬物

ヒトにとって病気やケガとの闘いは古来連綿と続いてきた。科学が発達する以前の社会では、病気は超自然的なものによって引き起こされると考えられ、回避や追放のために主として加持祈祷（かじきとう）の類いが行われたが、小道具として芳香がある植物などが使用された。一方、食物を探す上で、野生の有毒動植物に出合うことは避けられず、作用の激しいそれらが加持祈祷の小道具にもなり、やがて医薬資源としての利用が始まったと推察される。民間薬物療法の始まりである。

民間療法の経験則の積み重ねの中で、次第に医療における理論体系が確立されていく。やがて治療を専門とする職業や薬物を扱う専門職が生まれる。一般に対症療法的で治療に関する理論がなく専門医師が存在しない民間療法と区別して、これを伝統医学と称している。世界各地に伝統医学が生まれ、治療薬としてさまざまな天然物が利用され、現在に至っている。

世界には地域によって異なった動植物が生息しているため、各地の伝統医学によって利用可能な薬物の種類が異なる。一方、交易の発展は薬物の交流にも寄与し、それぞれの伝統医学理論に則って、それらの薬物が異なる文化圏の中で独自の薬物として利用されるようになった。タデ科の大黄（ダイオウ）は、中国では駆お血（くけつ）薬（血流改善薬）や消炎薬として利用されるが、伝播したヨーロッパではもっぱら下剤とされるのはその例である。さらに、同一植物種であっても、薬用部位を異にして別の薬物として利用されることもある。生物多様性は種多様性のほか、生態系の多様性や種内の多様性（遺伝的多様性）で論議されるが、薬物資源としての多様性はこうした個体の部位のほか、採集時期、新旧、採集後の加工調製法の違いなどによっても生じる。さらに、最近では同一種であっても、生育地の湿度の違いによって有効成分含有量が異なるという報告もなされている。このことは、生薬（しょうやく）の品質は、遺伝的要因以上に、生育地の環境要因に影響を受けていることを示唆しているようである。

写真 1　野生のカンショウコウ（西部ネパール、1999 年）

こうして、各伝統医学では薬効的に多様な薬物が生まれた。現在では世界中の植物種の 10% 程度が何らかの形で薬用にされていると考えられている。近年、世界の人口増加とともに自然環境破壊が進み、多くの生物種の絶滅が危惧されるようになり、薬物資源も例外ではなくなった。すでに、麝香（じゃこう）や犀角（さいかく）など、ワシントン条約や生物多様性条約の趣旨に基づき、利用できなくなった野生資源も多い（表 1）。これらの中には飼育や栽培が進められているものもあるが、野生から採取したものとの薬効的相違が懸念されている。加えて、新薬の原料植物としての乱獲も薬物資源減少の理由となっている。ネパール・ヒマラヤに産するイチイ属植物はその例で、抗がん剤パクリタキセルの抽出原料として乱獲され、現地ではさほど価値のない植物であったが、資源が急速に減少した。

写真 2　野生のコオウレン（西部ネパール、1999 年）

世界の三大伝統医学と薬物

世界の主な伝統医学として、ユナニ（アラビア医学）、アーユルベーダ（インド医学）、中国医学があり、これらを三大伝統医学、あるいはギリシャ医学を独立させて四大伝統医学と称している。それぞれの医学では病因論や薬物学に関して独自な理論を有しており、薬物の利用の考え方や方法が異なる。現在実践されている主な伝統医学と薬物利用について紹介する。

ユナニ：アラブ文化圏で興った医学で、ギリシャ医学ローマ医学を基盤とする。四体液説を基本とし、体内には血液、粘液、黄胆汁、黒胆汁の 4 液が循環し、これらのバランスの崩れにより病気になると考える。現在もイスラーム文化圏を中心として行われている。薬物治療は現代医学と同様のアロパシーで、病気の症候とは逆の方向性（症状を改善する）を有する生薬を利用する（ヨーロッパには逆に症状を促進する方向性を持つ極微量の薬物を投与するホメオパシーと称される医学もある）。ユナニで治病に利用する薬物は多種多様で、ヨーロッパ産のハーブ類のほか、コショウ、ミロバラン、ジャコウ、ニュウコウなど、インドをはじめとする他の文化圏の薬物も多用する。薬草の古典として、ディオスコリデスによるギリシャ本草『マテリア・メディカ（薬物誌）』がある。900種以上の薬物が記載され、後の近代西洋医学の基盤となった。

アーユルベーダ：古代インドに成立した伝統医学で、心身一如（しんしんいちにょ）、身土不二（しんどふじ）などの考え方を基本に、心の健康の重要性を説き、病気予防をも範疇に入れて、人びとが健康に生活するための知恵を論じる。肉体の健康に関しては、ヴァータ（風の性質）、ピッタ（熱の性質）、カパ（水の性質）の3生体要素からなるとするトリ・ドーシャ理論を基盤とし、これらのドーシャのアンバランスが病気を引き起こすと考える。薬物はそれぞれのドーシャを上げるか下げるかする。自然がキーワードでもあり、身土不二、すなわち生物の健康は生息地の自然環境と密接に関係しているとする考えから、治病に利用する薬物は遠来のものではなく、近接地に産するものを多用する。よって、チベット医学、タイ古医学、インドネシアのジャムーなど、アーユルヴェーダの影響を受けた伝統医学にはそれぞれの地域に特有の薬物が生じた。

中国医学：中国文化圏で興った医学で、薬物、鍼灸（しんきゅう）、導引を三本柱にして治病に取り組む。陰陽五行（いんようごぎょう）説を基盤とし、万物は陰と陽からなり、生体内には木・火・土・金・水の5種の要素（気）が巡り、これらのバランスが崩れると病気になるとする。薬物治療においては、アーユルベーダとは逆に遠来の薬物も多用する。人参（ニンジン）、桂皮（ケイヒ）などのほか、訶子（ミロバラン）、菴摩勒（アムラノキ）、藏紅花（サフラン）など、シルクロードを介して西域から導入された薬物も多い。また、広い国土を有する中国国内では、同一薬物名のもと多くの類似種が利用され、加えて同効生薬が相互利用されるなどして異物同名品が多く生じた。明代に李時珍によって記された『本草綱目』には1894種に及ぶ薬物が収載されているが、それぞれの異物同名品を加えると、実際の薬物種はその数倍に及ぶ。中国医学は東方へ伝播し、わが国の漢方や大韓民国の韓医学として独自な医学に発展した。

写真3　野生のジャコウジカ（ブータン）［鈴木三男撮影］

	動植物名＊	生薬和漢名	主たる薬効
動物	サイ	犀角	解熱・解毒
	ジャコウジカ	麝香	開竅（気付け）
	センザンコウ	穿山甲	通経・催乳・消腫
	ゾウ	象牙、象皮	止血・解毒、肉芽形成促進
	タイマイ	玳瑁	鎮痙・解熱・解毒
	タツノオトシゴ	海馬	強壮・鎮痛
	トラ	虎骨	止痛・強壮・鎮静
	マッコウクジラ	龍涎香	鎮痙
植物	アロエ	蘆薈	健胃・緩下
	イチイ	一位	抗がん剤原料
	インドジャボク	印度蛇木	降圧・精神安定
	インドモッコウ	木香	健胃・整腸・利尿
	オキナグサ	白頭翁	消炎・収斂・止血・止瀉
	オニバス	芡実	滋養・強壮・鎮痛
	コウホネ	川骨	利尿・浄血・鎮静・強壮
	カザグルマ	威霊仙	止痛・利水
	カンショウ	甘松香	鎮痛・鎮静・健胃
	キキョウ	桔梗	去痰・排膿
	コオウレン	胡黄連	解熱・解毒・鎮静・健胃・殺虫
	セッコク	石斛	健胃・解熱・強壮
	チョウセンニンジン	人参	健胃・滋養強壮・精神安定
	ミクリ	三稜	通経・駆瘀血・鎮痛
	ミシマサイコ	柴胡	解熱・解毒・鎮痛・消炎
	ムラサキ	紫根	解熱・解毒・消炎・肉芽形成促進

表1　国内外で絶滅が危惧される主たる薬用動植物
＊一般名で示したものもある

5世紀はじめ（414年）に允恭天皇の病気を治すために新羅から金波鎮漢紀武（こむはちむかむきむ）という医師が招来されたのが、日本に中国医学がもたらされた最初であるとされる。以後、大陸からの専門家たちから医療制度、医術、薬物などを学び、また遣隋使船や遣唐使船で学問僧が医術を修得するなどしつつ、江戸時代には現在「漢方」と呼ばれている日本独自の医学に発展した。薬物も日本産の代用品のほか、華岡青洲発案の十味敗毒湯という漢方薬に配合されている解毒薬の桜皮（ヤマザクラの樹皮）をはじめ、日本独自の薬物も開発された。

比較民族薬物学の確立に向けて

薬用動植鉱物の*インベントリー作成は、生物多様性研究とは別に、古来薬物利用の便を図るために各地域あるいは各伝統医学で行われてきた。それらを比較し、また薬物の原産地を調査することにより、地域文化としての伝統医学や使用薬物の伝播ルートなどが明らかになる。さらに、各伝統医学間の相互関係を理論の類似性で論議するよりも、実際に利用される薬物を通じて考察するほうが、より実証的である。このような学問領域を比較民族薬物学と称する。　【御影雅幸】

⇒D南北の対立と生物多様性条約 *p212*　D遺伝資源と知的財産権 *p214*　D医薬としての漢方と認証制度 *p226*　Dワシントン条約 *p228*　D生物圏保存地域（ユネスコエコパーク）*p234*

〈文献〉難波恒雄・御影雅幸 1988.

生物多様性のホットスポット

生態系保全のトリアージ

大量絶滅の時代

世界では現在、多くの生物種が人類に知られないまま絶滅の危機に瀕している。大量絶滅は生物多様性危機の最も破滅的な局面であり、とくに熱帯林地域を中心に大量絶滅が進行中である。絶滅は自然の過程だが、人間のインパクトは生物の絶滅速度を1000倍近くにまで引き上げた。恐竜時代の終焉をもたらしたほどの大量絶滅は地球史上5回おこっただけである。過去の大量絶滅の証拠によると、大量絶滅によって失われた種数は数百万年を経ないと進化過程によって回復しない。

生物資源の過剰利用と熱帯地域における貧困、拡大する農業と工業および市街地化は、生態系を断片化して破壊している。また、狩猟や貿易、過剰漁業は現存する野生動物の個体数を大幅に減らしている。意図的または非意図的な外来生物の導入、陸と大気、水を介した気候サイクルにも変化をもたらす汚染などは生態系に大打撃を加えている。

生物多様性保全のためのホットスポット解析

世界中で減少傾向にある生物多様性を保全しようとするのは簡単なことではない。絶滅の危機に瀕した生物種数や地域のスケールと複雑さを考えると、絶滅の脅威にさらされている生物をすべて保護できるわけではなく、保護優先順位を決定することが重要である。

1988年にイギリスの生態学者N. マイヤーズが地球規模での生物多様性保全のための戦略として生物多様性ホットスポット概念を提唱した。生物多様性ホットスポットとは、「地球規模での生物多様性が高いにもかかわらず、破壊の危機に瀕している陸域生態系」のことである。マイヤーズの1988年の論文によって10カ所の熱帯域ホットスポットがはじめて特定され、1990年にはさらに熱帯以外を含めて8地域が加えられた。2000年にはマイヤーズと国際環境NGOであるCI（コンサベーション・インターナショナル）との協働により、生物多様性ホットスポットは地球規模での生物多様性保全のための戦略として大幅に改訂され、25地域に拡大した。さらに2004年にCIは、地球規模での生物多様性再評価をして、追加・再編した34地域の生物多様性ホットスポットを発表した（図1）。

全ホットスポット面積のうち、原生植生が保たれている面積は地球の地表面積のわずか2.3%でありながら、最も絶滅が危惧されている哺乳類、鳥類、両生類の75%が生息し、すべての維管束植物の50%と陸上脊椎動物の42%が、これら34地域のホットスポットにのみ生息している。しかし多くのホットスポットでは、生息地の破壊と外来生物の導入、食料や薬としての採集などによる直接的あるいは間接的な人間活動による悪影響が指摘されている。さらにほとんどのホットスポットの人口密度と人口増加率が世界平均（42人/km^2、1995年；1.3%/年、1995-2000年）以上の値を示し、人口趨勢が生息地を圧迫し続けている。

ホットスポットの定義

ここで改めてホットスポットの定義に触れておく。もともと「ホットスポット」とは地殻を形成するプレートよりも下からマグマが吹きあがってくる場所や、マグマが吹きあがって火山を形成する場所のことをいう地質学上の用語であり、転じて生物多様性の豊かな地域を指すようになった。この語は、優先的に保護・保全すべき地域として、いわば世界的な生物多様性重要地域という意味で用いられる。

ホットスポットの基準となるのは生物種の固有性と生息地がさらされている脅威の度合いという2項目である。生物種の固有性では、維管束植物の固有種が1500種以上生育しているかどうかが判断基準となる。生息地がさらされている脅威の度合いでは、人間活動の影響によって原生植生が70%以上喪失しているかどうかを判断基準とする。

ホットスポットを保護することによって、同じ面積の別の場所を保全するよりも多くの種を絶滅回避させることができると考えられる。これは、災害医療において最善の救命効果を得るために、傷病者を重症度と緊急性によって分別して治療の優先順位を決定するトリアージと似ている。これらを決して見捨てずに、焦点をあわせ続けることは保護計画立案者にとっては特効薬的戦略となる。このホットスポットの定義は、今日多くの研究で使用され続けているが、より一般的には種多様性や固有種レベル、希少種・絶滅危惧種が多いか、危機の度合いが高い地域に対しても用いられる。

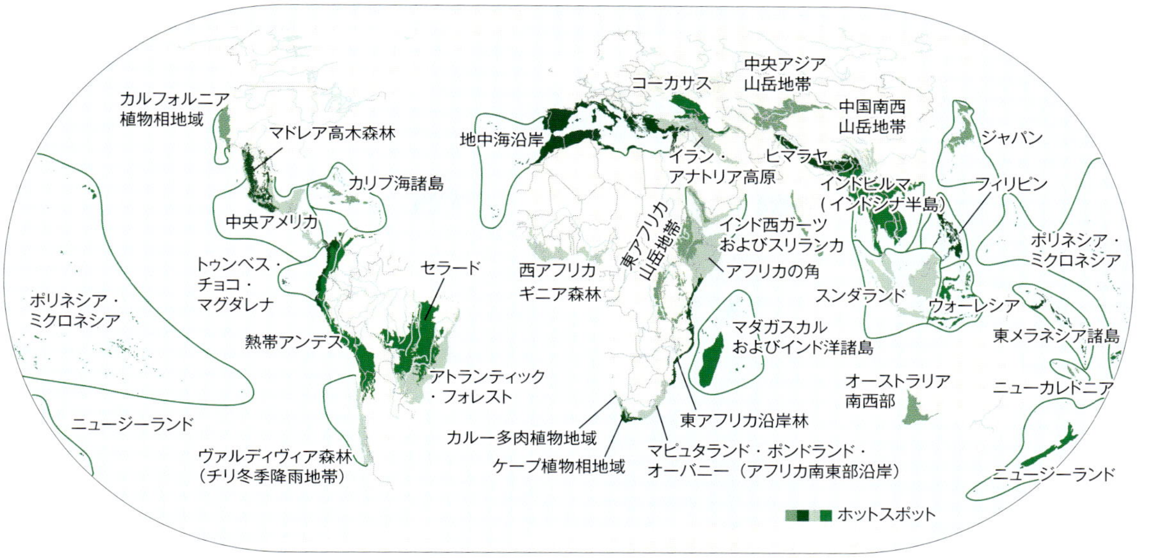
カルフォルニア
植物相地域
マドレア高木森林
カリブ海諸島
中央アメリカ
トゥンベス・
チョコ・
マグダレナ
セラード
ポリネシア・
ミクロネシア
熱帯アンデス
アトランティック
・フォレスト
ニュージーランド
ヴァルディヴィア森林
(チリ冬季降雨地帯)
地中海沿岸
コーカサス
中央アジア
山岳地帯
中国南西
山岳地帯
ジャパン
イラン・
アナトリア高原
ヒマラヤ
インドビルマ
(インドシナ半島)
フィリピン
東アフリカ
山岳地帯
インド西ガーツ
およびスリランカ
アフリカの角
西アフリカ
ギニア森林
ポリネシア・
ミクロネシア
スンダランド
ウォーレシア
東メラネシア諸島
マダガスカル
およびインド洋諸島
オーストラリア
南西部
ニューカレドニア
東アフリカ沿岸林
カルー多肉植物地域
ケープ植物相地域
マピュタランド・ポンドランド・
オーバニー(アフリカ南東部沿岸)
ニュージーランド
ホットスポット
図1　34 地域の生物多様性ホットスポット［Conservation International 2005 より作成］

34 地域の生物多様性ホットスポット

34 地域のホットスポットのうち、22 地域のホットスポットは熱帯域、6 地域のホットスポットは温帯林域、5 地域は地中海性気候域で、最後の 1 つは砂漠である（図 1）。

日本列島（ジャパン・ホットスポット）は、本州と北海道、九州、四国や小笠原諸島、琉球諸島などを含む 3000 以上の島々を含んだ温帯域ホットスポットの 1 つである。原生植生は国土の 20% でありながら、国土のおよそ 3 分の 2 を森林（自然林、二次林、植林地）が占めている。維管束植物で 5629 種（固有種率 35%）、哺乳類で 91 種（同 51%）、鳥類で 368 種（同 4%）、爬虫類で 64 種（同 44%）、両生類で 58 種（同 76%）、淡水魚で 214 種（同 24%）が生息しており、およそ 3800 万 ha という狭い陸域面積の割に多くの種が生息している。固有種であり、自然環境保全を社会にアピールすることにもつながる象徴種としては、シラネアオイやコウヤマキ、オオサンショウウオ、ヤンバルクイナ、イリオモテヤマネコ、ニホンザルなどがあげられる。

第 2 次世界大戦後、木材やパルプの需要に対して森林が伐採されて日本固有の針葉樹であるスギやヒノキ、カラマツなどが植林され、そうした森林は近年では国土のおよそ 4 分の 1 を占める。しかし、現在の日本では森林伐採が環境への脅威となることは少ないし、人口の約 70% は国土の 3% の面積に集中しているので（2003 年）、それ以外の地域では人口密度が低く保たれて人口による脅威も低い。一方で未開発地域の開発や道路の増設、ジャワマングースやオオクチバス、セイヨウオオマルハナバチをはじめとする外来生物、過去の生息地喪失、狩猟、農薬使用が生態系への大きな脅威になっている。一部の地域の保護地域システムには明らかな欠陥があるものの、ホットスポット面積の 16% は国立公園などの法的な保護を受けている（IUCN の基準によると 6%）。

ホットスポット保全戦略は大きなステップ

この数十年間に私たちが何をするかによって、長期的な生物圏の未来が決定される。R. A. ミッターマイヤーは「ホットスポットの保全に失敗すれば、私たちは地域に固有な生物の大半を失ってしまう」と警告を発している。ホットスポット保全戦略を充実させることは、地球の生物多様性の危機的状況を回避する大きなステップになるだろう。しかし、どんな国際機関や NGO・NPO もすべてのホットスポットの保全活動をカバーする余裕はない。まず日本を含めた先進国は、自国のホットスポットを保全する政策をすみやかに実施すること、さらに海外援助の枠組みで開発途上国のホットスポットの保全を図るプログラムを推進していくことが切に求められている。　【辻野　亮】

⇒D熱帯雨林の生物多様性 *p142*　D沿岸域の生物多様性 *p144*　D野生生物の絶滅リスク *p164*　D淡水生物多様性の危機 *p168*　D海洋生物多様性の危機 *p170*　D陸域の外来生物問題 *p172*　D水域の外来生物問題 *p174*　D地球温暖化による生物絶滅 *p178*　D生物圏保存地域(ユネスコエコパーク) *p234*

〈文献〉Cincotta, R.P., *et al.* 2000. Conservation International 2005, 2005. Reid, W.V. 1998. Prendergast, J.R., *et al.* 1993. Myers, N. 1988. Myers, N. 1990. Myers, N., *et al.* 2000. Myers, N. 2003. Mittermeier, R.A., *et al.* 2000, 2004. Roberts, C.M., *et al.* 2002.

野生生物の絶滅リスク

絶滅危惧種の判定方法

加速する生物多様性の喪失

化石記録による種の絶滅速度は、1000 種 1000 年当たり 0.1 から 1 種程度と見積もられている。近年では、この 100 倍程度に大幅に加速されていて、将来はさらにその 100 倍になると予測されている。この将来予測は下記の理由で過大評価と見られるが、依然として絶滅速度は高く、生物多様性条約では、2010 年までに生物多様性喪失の速度を目に見えるほどに下げようという目標が合意された。残念ながら、この目標は達成されなかったとみなされている。

絶滅危惧種の保護は、自然保護の取組みの中で最もわかりやすいものの 1 つであり、IUCN（国際自然保護連合）ではレッドリストという絶滅危惧種の目録を作成している。その掲載基準に準拠して、各国各分類群ごとに絶滅危惧種が選定されている。たとえば、日本の維管束(いかんそく)植物（種子植物とシダ植物）は外来種を除いて約 7000 種（亜種などを含む）あるといわれるが、その 2 割以上にあたる 1800 種程度が、環境省の「絶滅の恐れのある野生生物」（通称レッドリスト）に記載された絶滅危惧種である。

生物多様性減少の主な要因は、①生息地の消失、②乱獲、③外来生物などによる攪乱、④環境汚染、⑤人為的な気候変動（温暖化）の 5 つが挙げられる。そのうち、生物が個体数を減らす最大の要因は土地利用による生息地の消失である（図 1）。

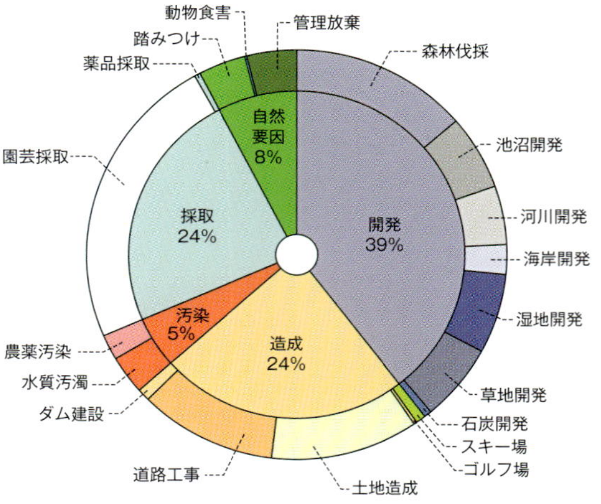

動物食害
管理放棄
踏みつけ
薬品採取
森林伐採
自然要因 8%
園芸採取
池沼開発
河川開発
採取 24%
開発 39%
海岸開発
湿地開発
汚染 5%
農薬汚染
造成 24%
水質汚濁
草地開発
ダム建設
石炭開発
スキー場
ゴルフ場
道路工事
土地造成

図 1　1990 年代に行われた日本の維管束植物の絶滅危惧種評価の際に調査したデータに集約された減少要因の頻度分布［松田 2004］

レッドリストには危機の度合いに応じて 3 段階の絶滅危惧種があり、IUCN では絶滅のおそれの高いものから順に CR、EN、VU と表す。日本の環境省はそれぞれ Ia、Ib、II 類と表す。IUCN では次の A から E の 5 つの客観的な基準のどれか 1 つを満たすものを掲載することになっている。基準 A は減少率、B は生息地・分布域面積、C は A と D の折衷で個体数の少ない種の減少率、D は主に個体数、そして E は絶滅リスクによる基準である。たとえば Ia 類は（A）減少率が 10 年または 3 世代時間（長いほう、以下同じ）あたり 80％以上、（B）分布域が 100km^2 以下、（C）3 年または 1 世代時間あたりの減少率が 25％以上かつ個体数 250 以下、（D）成熟個体数 50 未満、または（E）10 年または 3 世代時間あたりの絶滅リスクが 50％以上のどれかを満たす種と定義されている。Ib 類、II 類については、基準 E の絶滅リスクの要件だけを記すと、それぞれ 20 年または 5 世代時間あたり 20％以上、100 年当たり 10％以上と定義されている。

絶滅リスクの計算方法

絶滅リスクの計算には個体群存続可能性解析（PVA）と呼ばれる手法が用いられ、個体数、減少率（の変動）など多くの情報が必要で、多くの種で適用できない。そのため、他の基準を併用し、どれか 1 つを満たせばよいとされている。結果として、絶滅リスクが低いとわかっている種でも、他の基準を満たせば掲載される。ミナミマグロがその例である。過去四半世紀の乱獲により減少率は Ia 類の基準 A を満たしているが、まだ数十万尾以上いるため、実際には絶滅リスクは低く、利用され続けている。過去に乱獲で激減したが現在では保護されているシロナガスクジラは Ib 類であり、整合性が取れていない。環境省植物レッドリストでは 500 種あった Ia 類のうち、その半数が 20 年後までに絶滅したわけではない。絶滅危惧種の数から将来の絶滅速度を予測すれば、過大評価になる。

このような過大評価は、予防原則に基づく。予防原則とは、環境に対し不可逆または深刻な影響が懸念されるとき、その科学的根拠が不十分であることを対策の実施を遅らせる理由とすべきではないというものである。絶滅危惧種の判定においては、個体数を控えめ

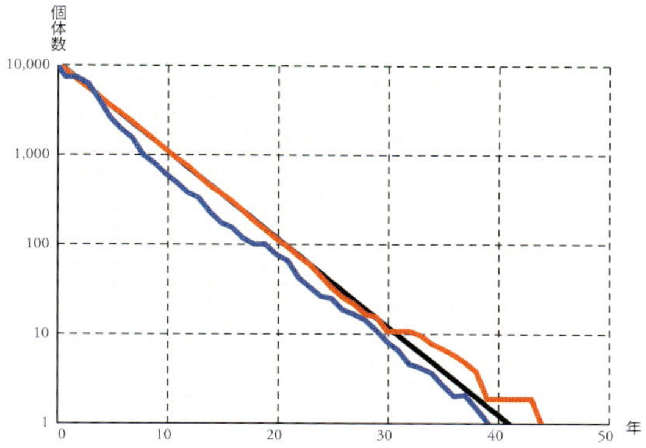
個体数
10,000
1,000
100
10
1
0
10
20
30
40
50
年

図 2　決定論的減少（黒線）と、それに環境ゆらぎ（青線）、人口ゆらぎ（赤線）を考慮した場合の個体数減少過程の例

に、減少率を高めに推定するなど、不確実な情報から悲観的に推定している。

種の絶滅は、必然と偶然の複合事象である。絶滅をもたらす過程では、人為的影響による個体数の減少、環境変動による個体数の増減（環境ゆらぎ）、絶滅寸前に至ったときにたまたま繁殖に失敗するなどの人口ゆらぎの 3 つの要素が重要である。図 2 のグラフを見ればわかるように、人口ゆらぎが無視できないのは、個体数が数十個体以下になったときである。

人為的影響で減り続けていても、最後の 1 個体が絶滅する時期は環境ゆらぎや人口ゆらぎという偶然に左右される。最後の 1 個体が異常気象で死んだとしても、絶滅の原因は環境のせいでなく、そこまで数を減らした人為的影響にある。

数十個体以上であれば、人口ゆらぎにより偶然絶滅するおそれは少ない。これを個体群維持のための最小個体数という意味で、最小存続個体数、英語の頭文字をとって人口学的 MVP という。

数十個体以上であっても、遺伝的多様性は失われる。子孫の残しやすさに差がない中立な突然変異でも、数百個体以下になると個体群から偶然消失するリスクが高い。遺伝的多様性が失われると、環境変化に適応できずに絶滅するリスクが高まる。そのため、数百個体

IUCNによる分類	環境省による分類	定義
EX: Extinct	絶滅	すでに絶滅
EW: Extinct in the Wild	野生絶滅	飼育・栽培下でのみ存続
CR: Critically Endangered	絶滅危惧 I a 種	ごく近い将来における野生での絶滅の危険性がきわめて高い
EN: Endangered	絶滅危惧 II b 種	近い将来における野生での絶滅の危険性が高い
VU: Vulnerable	絶滅危惧 II 種	絶滅の危険が増大
NT: Near Threatened	準絶滅危惧	存続基盤が脆弱
LC: Least Concern	カテゴリを設けず	
DD: Data Deficient	情報不足	

表 1　IUCN による分類と環境省による分類の対照表

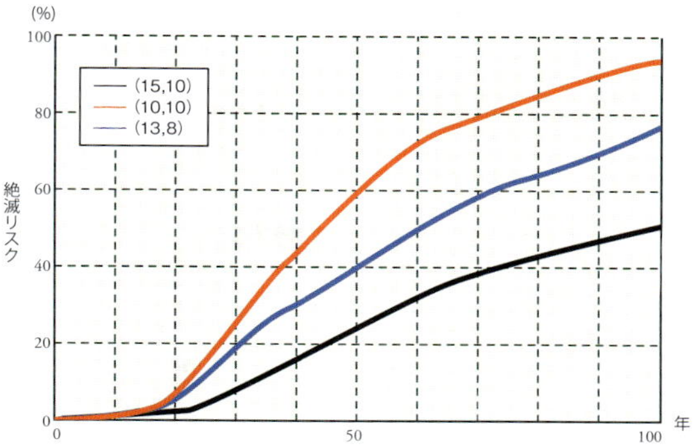
(%)
100
80
60
40
20
0
絶滅リスク
(15,10)
(10,10)
(13,8)
0
50
100
年

図 3　潜在生息地数 15、現存生息地数 10 の架空のメタ個体群の絶滅リスク（黒線）。現存生息地を 2 つ減らす場合（青線）よりも、潜在生息地をすべて潰す場合（赤線）のほうが絶滅リスクは高くなる［松田 2004］

も重要な意味を持ち、遺伝的 MVP という。

種はまとまって存在しているわけではない。ある地域に存在する同じ種の個体の集まりを個体群という。多くの場合、同じ種が多くの地域に分かれて分布している。種全体の絶滅に対して、地域個体群の絶滅を局所絶滅という。個体数が少ない地域個体群においては、もし孤立していれば、自然状態でも絶滅は頻繁に起きているはずである。これらは、他所からの移入によって存続・再生する。このように、近隣の地域個体群どうしがより低い頻度で移動しているとき、その全体をメタ個体群（個体群の集まりという意味）という。

人為的影響によってメタ個体群内の局所個体群間の移動が阻害されると、これも絶滅リスクを高める要因となる。たとえばダムを造ると海と川を移動するサケやアユなどの回遊魚や河川内で移動する淡水魚の個体群は分断化される。

メタ個体群の観点からは、現在生息している場所だけを守るより、潜在的な生息地も含めて守ることが重要である。図 3 を見ればわかるように、絶滅リスクは現存生息地数よりも、潜在生息地数に大きく依存する。なぜなら、潜在生息地が残っていれば、そこに生物が再分布する可能性がある。多くの場合、生物は局所絶滅と再分布を繰り返し、メタ個体群として維持されている。したがって、現存する生息地だけでなく、潜在生息地を保全することも重要である。　【松田裕之】

⇒D野生生物の遺伝的多様性と機能 *p148* D生物多様性のホットスポット *p162* D地球温暖化による生物絶滅 *p178* D生物文化多様性の未来可能性 *p192* Dワシントン条約 *p228* D生物圏保存地域（ユネスコエコパーク）*p234*

〈文献〉IUCN 2001. Millennium Ecosystem Assessment 編 2007. 松田裕之 2004.

熱帯林の減少と劣化

持続的な利用に向けて

熱帯林の減少

熱帯林は世界の森林の約47%を占め、温帯林は約19%、亜寒帯林は約29%を占めるといわれている。しかし稀少な動植物の重要な生息地である天然林は減少を続け、森林全体の約34%しか残っていない。残りは人為攪乱を受けた二次林か人工林である。1960年から1990年までの30年間に、アジアで熱帯林の約30%、アフリカとラテンアメリカではそれぞれ約18%の熱帯林が消失したと報告されている。新しい報告では、1990年から2000年の間に熱帯林は1420万ha減少したといわれている。一方で森林として残っていても、伐採や山火事などによって本来の樹種組成が変化したり、*バイオマスが減少して劣化した熱帯林がどれほどあるのか正確な統計値は見あたらない。

減少の原因とスピード

熱帯林の減少や劣化が、大きな環境問題の1つとして取り上げられて久しい。しかし温帯林を利用し変容させることで先進国となった北の国々が、開発途上にある南の国々の森林減少や劣化を簡単に責めることはできない。まして東南アジアの貴重な熱帯林を伐採し、戦後の経済発展の中で膨大な量の丸太を輸入し続けてきた日本は、何を語ることができるのであろうか。失われたものは木材資源だけではなく、莫大な生物多様性であり、人びとの飲み水を供給する水源涵養機能であり、そこに暮らす人びとの生活である。商業伐採、焼畑、ヤシやゴムのプランテーション等々、熱帯林減少の犯人捜しは尽きないが、真犯人は人間の生活そのものである。

今は高層ビルが建ち並ぶマレーシアの首都クアラルンプール周辺は、100年前にはトラが闊歩する熱帯雨林であったといわれている。タイは激しい森林減少のため、基本的にすべての森林は伐採禁止となり、林業は存在し得ない国になってしまった。インドネシアは焼畑やヤシを造林するための焼き払いによって煙害を周辺国にまき散らすほどの山火事の国になった。大規模な山火事で九州に匹敵する面積の熱帯雨林が一度に燃えたこともあった。一方で皮肉なことに日本の森林面積や木材の蓄積量は増え続けている。他国の木材を輸入し、結果として日本は自国の森林の豊かさを享受してきたのである。

リアルタイムで森林の減少や増加の速度を捉えるのはむずかしい。その中身を考えても、一度、火災で裸地化したところが再生すると森林が増えたことになるし、天然林が人工林に置き換わると森林減少にはカウントされないので、天然林だけの減少速度や、天然林から択伐林への転換速度が正確にわからないと本当の意味での熱帯林の減少や劣化の中身が議論できない。

商業伐採

伐採が悪者にされることがしばしばだが、本当に基準を守った商業伐採では、2回目の伐採が可能になるほど、択伐後の森林資源は回復する可能性がある。持続可能な森林管理を目指した基準と指標に従った伐採を行い、森林認証を獲得する事業体も増えてきている。しかし多くの場合に基準は守られず、伐採が許可されていない周辺の森林を含め、過剰な伐採や違法伐採が横行する。また商業伐採そのものではなく、伐採・搬出のための道ができることで、違法な入り込み、火災、盗伐が増え、とめどなく森林の劣化と減少が進むことが懸念されている。企業の森林を守るためにライフルを持った警備員が巡回して違法伐採を防いでいるという話は、インドネシアでまことしやかに語られている。開発途上国で警察と軍隊や地方政府の幹部が一体となって不正に関与している場合にいたっては、違法伐採を止める手だてはない。

写真1　択伐直後の低地熱帯林（マレー半島、2005年）［梶本卓也撮影］

森林の断片化と遺伝的劣化

さまざまな土地開発行為の結果、森林は面積の減少だけでなく、次第に分断されて断片化し、最終的に孤立化の段階を迎える。このような断片化は広い生息域を持つ大型鳥獣の地域絶滅を引き起こし、またさまざまな生物の遺伝的多様性の低下と個体群の不安定性を招く。直接的には森林を分断する道路での交通事故による野生鳥獣の死亡も見逃せない。このような大型の鳥獣の減少や絶滅は、その鳥獣が果たしている植物の種子散布機能を通じて森林へ負の影響を与える。ゾウや大型のサイチョウに種子散布を依存した樹木は、まっさきに散布者の喪失に直面するだろう。昆虫の多様性と個体数の減少は、送粉機能の低下を通じ樹木の繁殖と更新に影響してくる。

たとえばマレーシア半島の丘陵フタバガキ林の主要樹種であるセラヤ（*Shorea curtisii*）は択伐によって母樹密度が低下し、70％近くまで自殖率が高まっている。この樹木は小型の昆虫であるアザミウマ類や甲虫によって受粉が行われていることが知られており、受粉距離は短い。そのため母樹密度が低下すると近くに母樹がなくなり、結果として花粉不足、自家受精の増加、近交弱性による種子の更新不良と、負の連鎖が始まる。このように、商業伐採は単に木材資源の量的な回復の問題だけでなく、生物多様性の低下とそれぞれの生物群が果たしていた生態系機能の低下を通じて、森林そのものに悪影響を及ぼすと考えられている。

熱帯林減少をめぐる動き

森林の減少、とりわけ生物多様性保全と炭素吸収源

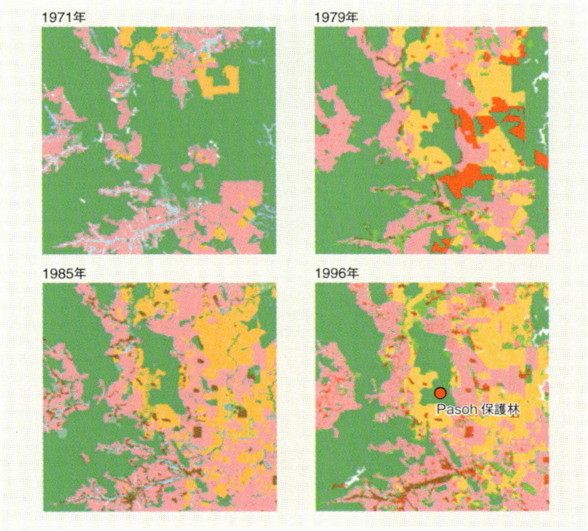

1971年
1979年
1985年
1996年
Pasoh 保護林

図1　マレー半島パソ保護林周辺の土地利用変遷。緑：森林、黄色：アブラヤシ園、桃色：ゴム園、赤：裸地。図の一片は約 60km ［奥田 2009 を改変］

写真2　丘の向こうまで広がるアブラヤシ園（マレー半島、2004 年）

として重要な熱帯林の減少・劣化に対し、これまでもさまざまな動きがあった。1972 年のストックホルム国連人間環境会議から 37 年、1992 年のリオデジャネイロの国連環境開発会議（リオ・サミット）からすでに 18 年が経過しようとしている。熱帯林の荒廃や減少が深刻な問題として認識されたのは、1980 年に発表された「世界自然保全戦略」と「西暦 2000 年の地球」という 2 つのレポートの存在が大きいといわれている。もちろん現地をよく知る林業関係者の間では、フィリピンやマレーシアなどでの伐採の増加と森林荒廃は十分に認識され、JICA（国際協力機構）のフィリピンでの造林プロジェクトは 1974 年にすでに始まっている。1986 年には横浜を本部として ITTO（国際熱帯林木材機関）が設立された。JICA の林業プロジェクトやこの ITTO の本部誘致も、日本が東南アジアの熱帯林資源の主要な輸入国であることへの責任の取り方の 1 つかもしれない。1992 年にはリオデジャネイロでの国連環境開発会議で、生物多様性条約、気候変動枠組条約とともに森林原則声明が採択された。本来なら拘束力のある森林条約とすべきところを南北対立のために声明にとどまった点にも、熱帯林の減少を食い止めることの難しさが浮き彫りになっている。自国の森林資源の利用という国家の主権を脅かされたくない開発途上国と、持続可能な森林管理に移行しようとする先進国の間で調整がつかなかったからである。最近では、CDM（クリーン開発メカニズム）や REDD（森林減少・劣化からの温室効果ガス排出削減）といった新しい枠組によって先進国の資金が途上国に還流することで熱帯林の減少と劣化を食い止めようとしているが、その有効性は検証されていない。

【新山　馨】

⇒C森林の物質生産 *p50*　D生態系サービス *p134*　D熱帯雨林の生物多様性 *p142*　D野生生物の絶滅リスク *p164*　D森林認証制度 *p224*　R熱帯林における先住民の知識と制度 *p306*

〈文献〉奥田敏統 2009.　FAO 2005.　Obayashi, K., *et al*. 2002.

淡水生物多様性の危機

身近で貴重な10万種

淡水域は生物の宝庫

湖沼、河川などの地表水の量は地下水とほぼ同じ量で、地球に存在する水のわずか0.01%しかなく、地球の表面積の0.8%を占めるにすぎない。この水を人と人が、そして人と生物が分かち合ってきた。その歴史はおおよそ20万年もの昔にさかのぼる。そして今、人の欲望がこの水を独占し、そして人間本意の使い方をしようとしている。その結果、生物多様性が失われている。淡水生物多様性の危機は人間の生存の危機でもある。その症状が水面に映し出されている。

現在知られている地球上の生物の種数は約150万種。そのうち、昆虫75万種、高等植物24万8000種であるが、このうち淡水域に生息する生物種数は、約10万種で、全生物種数の7%に相当する。淡水域に生息する魚類の種数は、地球上の全脊椎動物の種数の1/4に達し、この種数は地球上のすべての魚類の40%に相当する。これらの数字が示すように淡水域では魚類の種の多様性が高い。

身近な例として面積、湛水量とも日本最大の湖である琵琶湖を例にとると、記載された生物種は1000種以上にのぼる。そのうち、ビワマス、ビワコオオナマズ、ゲンゴロウブナなどの魚類12種を含む58種が琵琶湖のみに生息する貴重な固有種である。

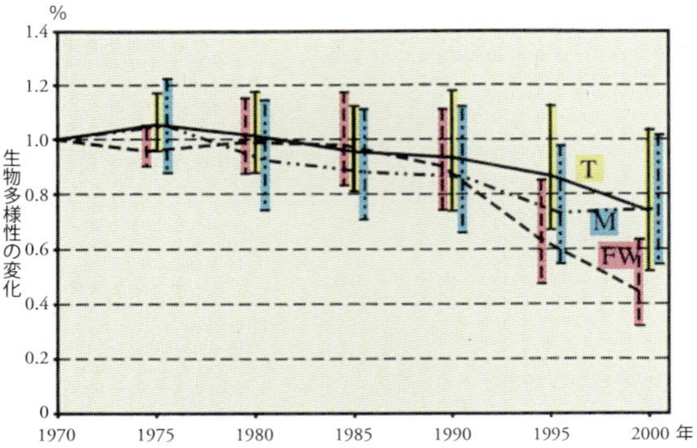
%
1.4
1.2
1.0
0.8
0.6
0.4
0.2
0
生物多様性の変化
1970
1975
1980
1985
1990
1995
2000 年
T
M
FW

図1　淡水生態系が最も脆弱な生態系。T：陸域生態系、M：海洋生態系、FW：淡水域生態系［Loh *et al.*2005］

急速に失われる生物多様性

淡水域における生物多様性が急激に失われている。1970年から2000年の30年間の個体数や生息域の減少などを総合的に表した指標 Population Index が、海洋の30%と陸域の30%に比べて、淡水域で最も大きく50%減少した（図1）。人は川と湖と共に文明を築いてきたのにもかかわらず、今や地球上の生態系の中で淡水生態系が人間によって最も危険にさらされている。その理由は、淡水生態系はその流域の人間の活動によって最も強く、しかも短時間に直接的に影響を受けやすいからである。

淡水域における生物多様性の減少が、人工構造物、流域の土地開発、周辺環境からの分断と孤立化、流れの強制的な変更（流量、流速、流速分布、流路の変更など）、生息地の破壊、水質汚濁、乱獲、外来生物の持ち込みなど人間の活動によって引き起こされていることは多くの研究から明らかである。琵琶湖の例では、ここ50年で、魚の産卵場所であり、稚魚の生育の場でもあり、避難場所でもある水辺の1/3以上が人工護岸となり、琵琶湖とつながる周辺部の内湖と呼ばれる小さな湖の面積は約1/7に減少してしまった。これらの環境改変が、カワバタモロコやイチモンジタナゴやスジシマドジョウなどの

写真1　①カワバタモロコ、②ニゴロブナ、③ビワコオオナマズ、④スジシマドジョウ［① KENPEI 撮影、②③ wikimedia commoms より、④池竹弘旭撮影］

個体数を著しく減少させ、琵琶湖の生物多様性を減少させた原因と考えられている。

淡水生物多様性の機能

多様な淡水生物は人間の食料として不可欠である。人間は4万年前から魚を食べ続けている。とくに内陸にすむ人たちにとって淡水生物は人命を支えるために不可欠なタンパク源なのである。中国では動物タンパク質全摂取量の15%がコイ科魚類によってまかなわれている。タイではテラピアやナマズが貴重なタンパク源となっている。メコン川流域ではさまざまな小魚も食卓にのぼる。人の口に入る魚は、そこに住む多くの種類の生物からなる食物網を通して生きている。この意味では、淡水生物多様性は人の命の土台になっているといえる。

写真2　淡水生物は貴重な食料、そして多様な食文化を生み出す。琵琶湖の鮒ずし（左：滋賀県伊香郡西浅井町、2009年）［神松幸弘撮影］とホンモロコの素焼き（右：滋賀県伊香郡西浅井町、2009年）

琵琶湖の固有種であるニゴロブナを使った鮒ずしは、その作り方が代々受け継がれ、家庭の味になっている（写真2左）。このように、人間は自然から食料を得、食べ方の工夫（写真2右）をし、食を楽しんできた。これらの営みが文化を生み出す。淡水生物多様性も文化も切っても切りはなせない1つの複合体なのである。生物多様性は文化的あるいは精神的に人間にとって必要なのである。

淡水域に限らず、生物多様性というと、目に見える生物を考えがちであるが、微生物を忘れてはならない。すでに記載されているウイルスや細菌、菌類、原生動物などの微生物の種数は約16万種にもおよび、実際には数百万種が存在するであろうと予想されている。下水処理場でも自然河川でも水質浄化の主役は多様な微生物である。マラリアや赤痢など人間の感染症の多くが水域の病原生物によって引き起こされる。これらの病原生物が淡水域の微生物の生物多様性によって抑制されている可能性が考えられるが、まだ確固たる証拠はない。これからの重要な研究課題となるであろう。淡水生態系は他の生態系と比較して、空間的に閉鎖的なため、固有種が維持されやすい。生物進化の基盤を理解する上でも生物多様性は貴重な研究対象となる。生物多様性を人間の利用の対象としてのみ扱うのではなく、生物多様性の存在自体に価値があるという考えも必要である。

保全と活用の取組み

国連は2005〜2015年を「命の水（Water for Life）年」とすることを2003年に決議した。決議内容は、2015年までに安全な飲料水と衛生設備に恵まれない人の人口を20%から10%の半分に減らすことを謳った2000年ミレニアム宣言と、生物多様性の保全を謳ったアジェンダ21（1992年）の確実な実行を各国に要請する内容である。

このような国際的背景のもとに、淡水生物多様性の現状、サービス、保全に関するさまざまな研究が国際共同で行われている。また2010年には名古屋で開催されるCOP10（生物多様性条約締約国会議）でも国際協力のもとで淡水生物多様性をどのように活用したらよいかが議論され、長期的保全の取組みが活発化してきている。

国内では、2006年に日本学術会議のDIVERSITAS（生物多様性科学国際計画）小委員会が活動を開始した。また、2009年にはJ-BON（日本生物多様性観測ネットワーク）の活動が始まり、陸水分科会が淡水生物の*インベントリーのネットワーク化を進めている。日本政府のいくつかの省庁でも大型研究プロジェクトを展開している。新鮮で安全で美味な淡水生物を食べることを通じて、淡水生物とその生育環境の保全に取組んでいる「滋賀の食事文化研究会」や、市民が参加し琵琶湖流域の水辺の魚や生き物を調査し、その保全に取組んでいる「琵琶湖お魚ネットワーク」のように、多くの民間組織や個人も生物多様性の保全に活発に取組んでいる。しかしその成果が淡水生物多様性の減少のスピードに追いついていない。データに基づいて淡水生物多様性の減少を食い止めるための対策や政策提言を行う場合には、生物多様性の維持や喪失の機構を知るための基礎研究もきわめて重要である。

【川端善一郎】

⇒C富栄養化 *p60*　C遺伝子の水平伝播 *p72*　C魚附林 *p84*　C農業排水による水系汚濁 *p86*　D水域の外来生物問題 *p174*　D生物文化多様性の未来可能性 *p192*

〈文献〉秋道智彌・黒倉寿編 2008.　Dudgeon, D., *et al.* 2006.　ウィルソン、E. O. 2004.　Loh, J., *et al.* 2005.　Millennium Ecosystem Assessment 2005c.　Naiman, R.J., *et al.* 2006.　西野麻知子 2003.　Shang, H., *et al.* 2007.　Horne, A.J. & C.R. Goldman 1994.

海洋生物多様性の危機

未知の多様性に及ぼす人間活動の多面的影響

海洋生物の多様性の特徴

海洋は生命の誕生した場所であり、多様な生物が生息していると予想される。しかし、種のレベル、つまり総種数を、海洋と陸上とで比較すると、生物多様性は陸上の方が海洋よりも高い。たとえば植物は、太陽の光を求めて緑藻の一部が陸上に進出し爆発的に適応放散したもので、総種数は25万程度だが、海洋に生息する維管束(いかんそく)植物は、アマモの仲間に限られる。同様に無脊椎(むせきつい)動物の場合は、デボン紀に陸上に進出した昆虫の仲間が全体の7割以上を占めているが、海産の昆虫はごくわずかである。脊椎動物を考えても、魚類以外、すなわち、両生類、爬虫類、鳥類、哺乳類では陸産種が海産に比べて圧倒的に多い。

一方、門などの高次分類群では状況が逆転する。動物界では、ほぼすべての動物門が海洋に生息している。唯一の例外が有爪動物（カギムシの仲間）だが、海産の化石種が知られており、地球の歴史を通して考えれば、すべての動物門が海産種を含むといってよい。他方、陸産の種を含む動物門は全体の3割程度にすぎない。つまり高次分類群で見ると海洋の生物多様性の方が高いということができる。

海洋生物の種多様性は本当に低いのか？

上述の種レベルでの多様性の議論は、現在のわれわれの分類学的な知見をもとにしている。しかしここには大きな問題がある。地球上には、まだ記載されていない種がたくさん残されているからである。

種多様性に関する研究の現状は、その生態・経済的価値などによって大きく異なる。魚類や頭足類（イカやタコの仲間）のように経済的価値の高いものや、クジラやアシカなど自然保護団体などからの社会的要請のあるものは、分類学的研究が進みやすい。一方、海底に生息する*ベントス（底生生物）の多様性の解明はかなり遅れている。とくに扁形動物（ヒラムシの仲間）など従来からあまり分類学的研究が行われてこなかった分類群では、既知種の方がはるかに少ない。これに対して、軟体動物の巻貝類や二枚貝類のように経済的価値があったり、熱心な収集家がいたりする分類群では比較的研究が進んでいて、未知種の割合が30％前後と少ない場合もある。けれども、非常に生物多様性の高いサンゴ礁海域などでは、軟体動物でさえ8割近い新種が見出されたこともある。

このような高い生物多様性は、健全な海洋生態系にしか見られない。つまり、多様性の高低は環境を評価する指標として利用できる。

遺伝資源としても海洋生物の多様性は注目されている。近年発達著しい分子生物学的手法は、海産原核生物（細菌や古細菌）の多様性が従来予想されていたものをはるかに凌ぐことを明らかにした。

生物多様性解明の努力

「すべての海洋生物の人口調査をしよう」という、とてつもない目標を掲げて2000年から10年計画で始まった国際プロジェクトがある。その名をCensus of Marine Life（CoML）という。CoMLは、生物多様性条約に呼応して、海域から膨大な生物種データを収集し、2010年までに海洋生物の多様性を可能なかぎり解明することを目指している。

このプロジェクトの結果はOBIS（海洋生物地理学情報システム）を通して全世界に公開されている。OBISは、海洋生物および環境データの分散ネットワークであり、生物の多様性、分布、個体数の時空間的変動と物理的・化学的パラメータとの組み合わせを視覚化するために、多数のツールを開発している。

CoMLは、国または地域単位の推進グループを設けている。わが国でも国内委員会が2008年から本格的に活動を始めている。またCoMLから派生したプロジェクトもある。たとえばWoRMS（World Reg-

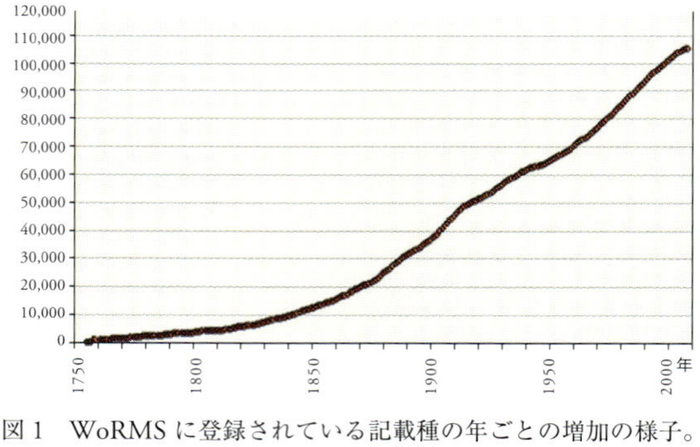

記載種数
120,000
110,000
100,000
90,000
80,000
70,000
60,000
50,000
40,000
30,000
20,000
10,000
0
1750
1800
1850
1900
1950
2000年

図1　WoRMSに登録されている記載種の年ごとの増加の様子。現在もまだ新種発見のペースはまったく衰えていないことがよくわかる

istry of Marine Species）は全海洋生物種の登録を受けつける分類データベースである（図1）。これを見ても、海洋生物の多様性に関する知見は頭打ちになることなく急速に蓄積しつつあることがわかる。

人間活動の影響

海洋の生態系は、人類によって大きくインパクトを受けてきた。とくに漁業の影響は大きい。たとえば、大西洋の北米沿岸メイン湾のタラの資源量を統計的手法によって1850年までさかのぼって推定すると、現在のタラの生物量は150年前の4%、成魚に限るとわずか0.3%となってしまう。人類の漁業活動は、海洋大型魚類の個体群を崩壊させてしまっているといえる。

このように漁業は大型捕食性魚類を選択的に除去する。この影響は、海洋生態系全体に及んでいる。タラ個体群の崩壊によって主要な捕食者がいなくなったため、大西洋では底生のエビやカニの漁獲量が飛躍的に増大している。また、近年魚類の種構成が小型化し、さらにクラゲ類が爆発的に増加しているが、どちらも大型捕食性魚類の減少が主たる原因とされている。

忍び寄る海洋酸性化

人類による化石燃料の大量消費が、海洋にもたらす影響は、海洋が大気中の二酸化炭素を吸収することによって起こるいわゆる海洋酸性化である。海水のpHは産業革命以来すでに0.1ほど低下した。そして今世紀末には、さらに0.4ほど低下する可能性がある。

海洋酸性化に伴って、炭酸カルシウムの海水に対する溶解度が上がる（過飽和度が下がる）。一方、海洋には炭酸カルシウムの骨格を持つ生物が多数生息している。造礁サンゴ類、巻貝や二枚貝などの軟体動物、ウニやヒトデなどの棘皮動物、有孔虫類、石灰藻類、円石藻類など、じつに多様である。今後これらの生物に重大な影響が出るであろうことは間違いない（図2）。とくに生物多様性が高いサンゴ礁では、温暖化に伴う白化現象の増加も加わり、深刻な海洋生物の多様性の喪失が起こると危惧されている。

写真1　一部が白化した沖縄のサンゴ礁（座間味村外白崎、2009年）［財団法人沖縄県環境科学センター提供］

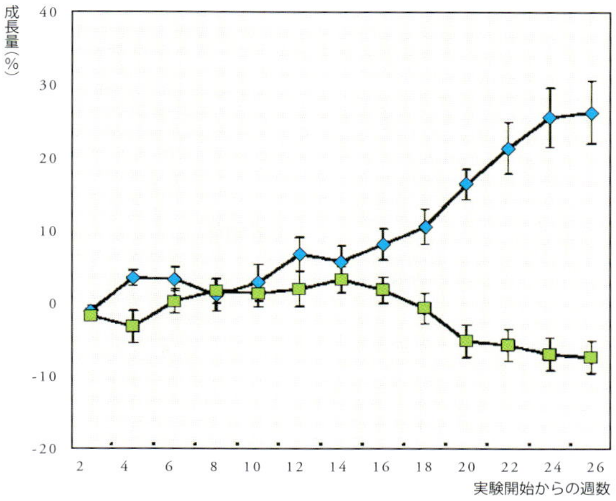
成長量（%）
40
30
20
10
0
-10
-20
2
4
6
8
10
12
14
16
18
20
22
24
26
実験開始からの週数

図2　棘皮動物のムラサキウニを、現在の大気〈◆〉と現在よりも200ppm二酸化炭素濃度が高い空気〈■〉で飼育した時の成長量の違い［Shirayama & Thornton 2005］

海洋生物の多様性保全に向けて

海洋酸性化が海洋生態系に与える影響は、いまだ知見が不十分なため、正確に予測できない。ただ、温暖化と異なり、海洋酸性化は将来必ず起こる地球規模の環境変化である。人類は海洋生態系のカタストロフィを避けるために、化石燃料の消費削減に向け最善の努力をする必要がある。

陸上に生息する人類は、大気経由に加えて、河川経由でも海洋生態系に重大な影響を与えている。たとえば、流域で廃棄された重金属や有害物質などが河口域に流れ込み、イボニシのインポセックスなどの問題を引き起こしている。しかも海洋生態系は陸上に比べて栄養段階が多いので、生物濃縮の効果が大きい。その結果、食物連鎖の頂点に立つマグロでは、水銀の濃度がヒトの健康に悪影響を与えかねないレベルに達している。また、栄養塩類の河川から河口域への過剰な供給によって沿岸環境が富栄養化し、貧酸素環境が発生すると、海洋の生物群集は、そのような環境に耐性のある特定の種のみが優占するきわめて多様性に乏しいものになってしまう。さらに、海岸に打ち寄せる陸上起源の多量のゴミは生息場所の主たる破壊要因である。こうした一連の人間活動の影響は多数の海洋生物を絶滅に追いやる可能性があり、人類は海洋生態系の多様性保全に対して重い責任を負っているといえるだろう。

【白山義久】

⇒C地球温暖化と漁業 *p40*　C富栄養化 *p60*　Cゴミ問題 *p88*　Cエルニーニョ現象と農水産物貿易 *p90*　D沿岸域の生物多様性 *p144*　D環境指標生物 *p220*　R海洋資源と生態学的知識 *p308*　R高度回遊性資源とコモンズ *p316*　R破壊的漁業 *p340*　H新たな産業革命論 *p372*　E海洋汚染 *p478*　E地球システム *p500*　E環境指標 *p528*

〈文献〉Shirayama, Y. & H. Thornton 2005.

陸域の外来生物問題

生物多様性を脅かす第二の脅威

外来生物問題とは

近年の交通手段と流通の発達によって人間や物資の移動が地球規模で盛んになるにつれ、生物が世界各地に人為的に導入されて定着し、多くの問題が生じている。このように本来生息していなかった地域に人為的に導入された生物を外来生物と呼び、正式には「過去あるいは現在の自然分布域外に導入された種、亜種、それ以下の分類群であり、生存し繁殖することができるあらゆる器官、配偶子、卵、無性的繁殖子を含む」と定義されている。また、外来生物の中でもその導入や拡散が生物多様性を脅かすものについては侵略的外来生物と称される。外来生物というと外国から持ち込まれた生物と考えられがちであるが、定義に従うと国内外を問わず自然分布域外に導入された生物は外来生物となることに留意する必要がある。

外来生物のすべてが新しい環境に適応して定着するわけではないが、好適環境に導入された場合は爆発的に増加して在来生物や生態系に大きな影響を与えている。外来生物は、今や世界的には生息地破壊に次いで生物多様性を脅かす二番目に深刻な要因と捉えられており、島嶼部などの固有種の多い地域では最も深刻で緊急を要する問題となっている。生物多様性条約においても「生態系、生息地もしくは種を脅かす外来生物の導入を防止し又はそのような外来生物を制御し、もしくは撲滅すること」と厳格な対応が求められている。

世界的な外来生物問題の事例としては、ニュージーランドでは、導入されたイタチ、ネズミ類によって在来鳥類の40%が絶滅したといわれている。また、グアム島では、ミナミオオガシラというヘビの侵入によって、在来鳥類14種中の12種が絶滅し、グアムクイナも野生のものは絶滅している。

こうした外来生物は増加の一途をたどり、日本で確認された外来生物はすでに2000種以上に及んでいる。

外来生物の侵入経路

外来生物の侵入にはいくつかの経路がみられる。大きくは、人為によって自然分布域外に意図的に移動もしくは放逐された意図的導入と、人の利用や人が創り出したシステムの結果としてある生物が自然分布域外に導入される非意図的導入に分類される。

意図的導入としては、沖縄や奄美大島にハブ対策として導入されたジャワマングースなどの天敵導入、シナダレスズメガヤやハリエンジュなどの緑化事業による導入および船員の食料として世界各地の無人島に放逐されたヤギなどの飼育動物や園芸植物の意図的放逐がある。非意図的導入としては、ネズミ類やセアカゴケグモなどの人や物資の移動に随伴した紛れ込みの他にも、農業、林業、園芸、造園、ペット産業、運輸、建設、観光など多くの人間活動に関連したものがある。

外来生物の侵入による影響

人為的移動による突然の外来生物の侵入に対して、多くの場合在来生物はまったく無防備であり、結果として壊滅的な打撃を受けることがある。とくに哺乳類など栄養段階の上位に位置する外来生物が導入された場合、地域生態系に波及する影響は計り知れない。

生物多様性や生態系への脅威としては、ジャワマングースやノネコによるヤンバルクイナやアマミノクロウサギの捕食や、三宅島に導入されたニホンイタチによるオカダトカゲやアカコッコの捕食など、地域固有の希少在来種に対する捕食圧が深刻な問題となっている。さらに外来生物との競争による在来生物の駆逐も生じている。アライグマが侵入した地域の多くからはタヌキ、キツネといった在来種の姿が見られなくなり、植物でもオオブタクサやセイタカアワダチソウによる在来種の駆逐がみられている。

感染症や寄生生物の媒介も大きな問題を引き起こす。イエネコからツシマヤマネコにネコ免疫不全ウイルスが感染した事例があり、輸入されたクワガタムシに寄生しているダニが在来のクワガタムシとダニの寄生関係に与える影響が危惧されている。

写真1　フクロウの巣を占拠したアライグマ（野幌森林公園、1999年、夕刻撮影）

侵入した外来生物が在来生物と交雑して遺伝的撹乱を引き起こすことも危惧される。和歌山県では遺棄されたタイワンザルが在来の野生ニホンザルと交雑し、千葉県でもアカゲザルとニホンザルの交雑が確認されている。琉球列島でもペットなどとして導入されたセマルハコガメと絶滅危惧種で天然記念物となっているリュウキュウヤマガメの交雑なども記録されている。

さらに草食動物が島嶼に侵入した場合、食害および踏圧による植生破壊とそれに伴う土壌浸食・流出が進むこともある。小笠原諸島ではノヤギが原因となる土壌流出によって、海鳥の繁殖や希少種の減少さらには土壌流入によるサンゴの死滅などが生じている。また、外来植物が侵入した場合には、土壌の有機物の蓄積や消費など生物化学的に影響を与えることも知られている。

人の生命・身体に与える影響としては、伝染病の媒介や人間への直接的危害などがある。礼文島に意図的に導入されたキツネからエキノコックス症が地域住民に広まった事例もあり、セアカゴケグモなどは神経毒を持ち、かまれると死に至る場合もある。

農林水産業への影響としては、アライグマによる農作物被害やタイワンリスによる樹皮剥ぎ被害、アメリカミンクによる養魚場被害など枚挙にいとまがない。また、畑や水田における雑草の多くは外来種であり、最近では飼料用穀物に混入している外来植物の種子も大きな農業被害の原因となっている。

日本の外来生物対策の現状

外来生物に対する問題意識が急速に高まるに伴い、日本では「特定外来生物による生態系等に係る被害の防止に関する法律（通称：外来生物法）」が2005年から施行されている。この法律では、外国産の外来生物の中で生態系、人の生命・身体、農林水産業へ被害を及ぼす、あるいは及ぼすおそれのあるものを特定外来生物として指定している。

これら特定外来生物については、輸入、飼育、栽培、保管および運搬すること、野外へ放つ、植えるおよび播くことは原則禁止されている、また、この法律に基づいて、国は必要に応じて特定外来生物の防除を行うこととなっており、地方公共団体やその他の団体も、主務大臣の確認を受ければ特定外来生物の防除を行うことができる。

外来生物法の制定によって外来生物発生の原因となる動物の輸入や管理に関して一定の効果をあげているが、この法律は外国産の外来生物のみを対象として国内外来生物は対象外となっており、国内外来生物への対応は残された課題となっている。定着した外来生物

分類	種類数	代表例
哺乳類	21	ジャワマングース
鳥類	4	ガビチョウ
爬虫類	13	カミツキガメ
両生類	11	ウシガエル
魚類	13	オオクチバス
クモ・サソリ類	5	セアカゴケグモ
甲殻類	5	ウチダザリガニ
昆虫類	8	セイヨウオオマルハナバチ
軟体動物等	5	カワヒバリガイ属の全種
植物	12	オオハンゴンソウ

表1　外来生物法で指定された特定外来生物種類数（2010年2月1日現在）

に対する防除事業も、まだ十分に展開されてはいない状況ではあるが、マングースなどの対策では効果が現れ始めており、今後の進展が期待される。

今後の対策課題

外来生物対策では、侵入の予防が費用対効果も高く環境にも望ましいとされる。予防を基本として、初期の発見と迅速な撲滅、封じ込め、長期的な防除措置という3段階のアプローチを取ることが推奨される。

対策を効果的なものとするためには、科学的知見の充実や対策技術開発を進めるとともに、長期的な活動の継続には、外来生物問題に対する市民の理解を深め、市民参加などの連携も重要な課題となっている。

また、外来生物は侵入後にどのような動向を示すか簡単には予想できない。ガラパゴス諸島での在来イグアナ類の休息場所である植物群落のヤギによる破壊が、ハヤブサによるイグアナの捕食を促進したという事例にもみられるように、複雑な相互作用がどこまで及ぶかについて予想をすることは難しい。単独種への対策ではなく、生態系全体を視野に入れたエコシステムアプローチが必要となり、かつ対策のモニタリングを基本にした順応的管理手法を用いて対策を進めることが求められている。

【池田　透】

⇒D野生生物の遺伝的多様性と機能 *p148* D生物多様性のホットスポット *p162* D野生生物の絶滅リスク *p164* D水域の外来生物問題 *p174* D隠れた外来生物問題 *p176* R動物由来感染症 *p290* E順応的管理 *p532*

〈文献〉日本生態学会編 2002. Veitch, C.R. & M.N. Clout, eds. 2002. Simberloff, D., *et al.* 2005. Mooney, H. A., *et al.* eds. 2005. 池田透監修 2007. 池田透 2008. 自然環境研究センター編 2008. Nentwig, W., ed. 2007.

水域の外来生物問題

意図的導入による生態系撹乱

外来生物はなぜ問題なのか

外来生物とは、本来の自生分布域から人為的媒介により他の地域に移入され、その地域に生存・繁殖（定着）するようになった生物をいう。外来生物は国外から導入された生物種だけでなく、本来生息していなかった地域に移入し定着した国内の生物種も含む。外来生物に対比して、ある地域に固有の生物相を構成している生物種を在来生物と呼んでいる。

地球上に生命が誕生し、40 億年という長い時間の中でおこってきた地球環境の変遷を経て、それぞれ地域固有の生物相からなる生態系が成立している。この生態系の恵み（生態系サービス）を享受しながら生活を営むことがわれわれ人類に求められている。このかけがえのない生態系の劣化を導く人為的撹乱の 1 つが外来生物問題である。

外来生物による生態系撹乱は、①栄養塩動態、餌資源利用、生息環境の変化、病気の伝播などを介しておこると考えられてきたが、最近、生物多様性の重要性の認識と遺伝子レベルでの種の地域差の解明により、②地域固有の遺伝的多様性（種内変異）や種多様性（種構成）の劣化を引き起こすことも問題になっている。生態系撹乱は地域の社会・経済にも大きな影響を与えている。

外来種の意図的導入と逸出

外来水生植物は観賞用、貝類・魚類は水産資源あるいは観賞用として日本に導入されてきた。

1800 年中頃、南米原産の浮遊植物（ホテイアオイ）は米国経由で導入され、1900 年代初めには、本州以南に広く分布する南米原産の抽水植物（オオフサモ）が導入された（写真 1、右）。世界各地に分布を広げた沈水植物（オオカナダモ：南米原産、コカナダモ：北米原産）が入ってきたのもこの頃である。オオカナダモおよびコカナダモが日本で野生化したのは、それぞれ 1940 年代（山口県に保存されている標本から）、1960 年頃（琵琶湖で確認）である。

近年、水生植物の栽培が普及し、1990 年代から新たに特定外来生物であるボタンウキクサ（写真 1、左）、ナガエツルノゲイトウ、ミズヒマワリなど多くの外来水生植物が野生化している。

水産資源として導入されてきた貝類の野生化の事例として、1970 年代に南米原産の巻貝（スクミリンゴガイ、俗称ジャンボタニシ）の養殖場からの逸出や遺棄による水田・水路での繁殖、1980 年代後半、中国など東アジアから輸入されてきた二枚貝（タイワンシジミ、カネツケシジミ、シナハマグリ）の河口や沿岸水域での繁殖例がある。

日本では、水産振興のため 1800 年代後半に北米原産のニジマス、中国原産のソウギョ、ハクレン、コクレンが導入され河川や湖沼に放流・養殖された。同じ頃、国内のサケ科魚類やワカサギなどが自生水域外の水域に放流され、その一部は定着した。このように日本には数多くの外来魚が導入され、放流・養殖されたが、水域生態系への深刻な影響を及ぼしたという報告はなかった。1960 年、皇太子明仁親王が訪米の際、シカゴの水族館から贈呈された北米原産のブルーギル（写真 2）の野生化に続いて、1970 年代後半、釣りの対象として放流された北米原産のオオクチバス（俗称ブラックバス）の繁殖による琵琶湖など多くの水域の在来魚の減少などの被害が報告され外来魚問題が表面化した。

水域の外来種としては、ほかに食用やペットとして導入されたアメリカザリガニ、ウシガエル、カミツキガメなどと多様化し、生態系撹乱などが問題視されている。

写真 1　琵琶湖南湖盆赤野井湾で繁茂するボタンウキクサ（写真左、2007 年 10 月）および同南湖盆今浜で繁茂するオオフサモ（写真右、2008 年）［中井克樹撮影］

外来種の非意図的導入による分布拡大

外来種の非意図的導入の主な経路には、①船のバラスト水に混入した生物や船底に固着した貝などの寄港先での逸出・逸脱、②水生植物や生きた貝・魚に付着・混入した生物の逸出がある。

バラスト水に混入し、寄港先で逸出・定着した事例として、ニュージランド、米国、フランスなど5カ国に分布を広げている日本産のワカメや米国の五大湖に広く分布する欧州産（原産は中央アジア）のゼブラガイがある。

意図的に導入された外来種に混じって侵入した事例として、水生植物に付着・侵入し、寄港先の日本で分布を広げた巻貝（サカマキガイ）、1990年頃中国から輸入された生きたタイワンシジミに混入・逸出し、琵琶湖・淀川水系、木曽川水系、利根川水系に広く分布する東アジア原産の二枚貝（カワヒバリガイ）などがある。関東から中国地方に広く分布する琵琶湖の固有魚（ワタカ、ハス）は国内の外来種の非意図的導入による分布拡大の例である。琵琶湖産アユ稚魚に混入した魚類が、アユ稚魚と一緒に各地の河川に放流され定着したと思われる。

外来種による生態系撹乱

近年、琵琶湖の一部沿岸水域に外来浮遊植物（ホテイアオイ、ボタンウキクサ）が大繁殖し、水中の光環境を極度に悪化させ、植物プランクトンの光合成により生産された有機物に依存した食物網を介して機能していた従来の沿岸生態系の劣化を引き起こしている。矢作(やはぎ)川では、カワヒバリガイがダム湖で増殖し、流出した植物プランクトンを主な餌として大繁殖し、アユや水生昆虫の餌資源である付着藻類が着生する河床の石面を被うという、餌資源や生息環境をめぐる生態系撹乱がみられる（写真3）。近年、琵琶湖・淀川水系に

写真2　琵琶湖北湖盆浅井町菅浦の沿岸水域を遊泳するブルーギル（2006年）［中井克樹撮影］

生息するカワヒバリガイから寄生虫（生活史の過程で魚に寄生）が発見されており、寄生虫を介しての在来魚への被害も深刻な課題である。アフリカ最大の湖ビクトリア湖では、1980年代に外来の魚食魚（ナイルパーチ）の侵入により固有種を含む多くの在来魚の激減や絶滅が報告されている。魚食魚の侵入は、在来魚の被害に留まらず、捕食による植物プランクトン食の魚類の激減は植物プランクトンの増大を招き、その分解による水中の低酸素化という水質悪化を引き起こした。琵琶湖をはじめ日本の多くの湖沼においても、魚食魚（オオクチバス）の繁殖により沿岸水域に生息する多くの在来魚個体群が激減し、その影響は漁業など地域の社会・経済にまで及んでいる。

外来種の駆除・防除への取組み

地域固有の生態系や生物多様性の維持・保全という国際的な動きの中で、生態系撹乱や生態系サービスの劣化を導く外来生物の管理・制御に関する法的規制を含めた取組みは始まったばかりといってよい。とくに、すでに野生化し、地域の生態系に深刻な影響を及ぼしている外来生物の管理・制御に関しては難題が多い。繁殖戦略の多様な水生植物に関しては有効な対策がないのが現状である。貝や魚に関しても完全に駆除することは難しい。たとえば、外来魚であれば、地域の生態系に深刻な影響を及ぼさない程度の個体群密度を維持する管理法（外来魚を積極的に捕獲し適正な密度を維持する漁法への意識的転換）など現場で働く漁業者を含めた場で検討する必要がある。

【中西正己】

写真3　矢作川の河床の石面に固着したカワヒバリガイ（2006年）［白金晶子・内田朝子撮影］

⇒C地球温暖化と漁業 *p40*　C魚附林 *p84*　C農業排水による水系汚濁 *p86*　D生態系サービス *p134*　D淡水生物多様性の危機 *p168*　Rコイヘルペスウイルス感染症 *p284*

〈文献〉角野康郎 1994. 川道美枝子ほか編 2001. 自然環境研究センター編 2008. 中井克樹・松田征也 2000. 中井克樹 2009. 日本生態学会編 2002. 鷲谷いづみ 2001.

隠れた外来生物問題

種内変異の攪乱と地域性種苗

外来種規制が促す海外産「郷土植物」の輸入

情報、モノ、人が過去より格段に速いスピードで地球上を巡るようになったグローバリズムの現代、海外からやってくる生物による環境リスクも増している。そのようなリスクに対して、2004年に特定外来生物法が施行され、外来種の取扱いに注意するという考え方は社会的に普及してきたように思われる。しかし、そこにはもう1つの隠れた外来生物問題がある。しかも、そのリスクは特定外来生物法の普及によってより深刻化している面がある。

一部の外来種の売買が規制されて、在来種の利用が注目されるようになってきた。緑化の分野では、以前から自然公園における外来種の利用規制があり、植栽にあたっては、「郷土植物」の使用が指導されてきた。当初は、工事現場の周辺地域から在来の植物が採集利用されていたが、採集人の減少などによる材料の減少や工事予算の縮小による原材料費の抑制から、割安の外国産「郷土植物」が輸入されるようになった。その結果、ヨモギやヤマハギ、コマツナギ、イタドリなどの播種緑化用種子の100％近くが中国や韓国で生産され、輸入されるようになった。発芽・成育した群落の植物には、日本産の同種とはかなり形態の異なるものがあり、たとえば、わが国のコマツナギは通常1m以下の半灌木だが、輸入されたコマツナギは樹高5m以上の高木になる。中国産コマツナギは播種された土地で優占しており、その林床には他の植物が存在できないほどで、生態的な侵略性が危惧されている。

写真1　道路法面に緑化播種された中国産コマツナギ。下方の人物と大きさを見比べていただきたい（静岡県富士川町、2008年）

浸食防止の土木工学的技術である播種緑化では、大量の種子を散布するので、特定の遺伝子型の植物が偏って多くなるなど、地域在来の系統を駆逐する遺伝的圧倒を引き起こす危険性がある。外来種の規制と在来種の導入促進はこのような結末に至るおそれもある。

実際に遺伝的圧倒現象が広く観察されている例として北米のヨシがある。本種は北米在来だが、欧州産の系統が在来の系統と入れ替わって、米国とカナダで広く分布を拡大している。

外来個体群の導入による生態型の攪乱

植栽から収穫までの期間が長く、環境の影響を受けやすい林業の分野では、適地適木の観点から種苗の配布地域が定められてきた。とくに積雪の影響は大きく、太平洋側のスギの品種を日本海側へ移植すると、造林成績が著しく低下するといわれる。環境条件の違いによって生理生態的な特性が異なる種内変異のことを生態型（エコタイプ）という。林業種苗法による種子配布区は、日本全土でスギが7区、ヒノキが3区、クロマツが2区に設定されている。経済的な要請が少なかった広葉樹ではそのような種苗配布区域が設定されていなかったが、広葉樹造林や植生回復事業において広葉樹種苗が広範囲に移動しており、問題があるとの意見が提起されている。

地域に適応的に分化した集団に、別の環境に適応した外部の集団を加えると、外交配弱勢がおきる場合がある。そのメカニズムの1つは希釈であり、地域の適応的な形質が外部から導入された非適応的な形質によって薄められてしまうことを示す。

もう1つは共適応遺伝子複合の崩壊によるものである。植物の適応性は、1つの形質だけでなく、複数の形質によって成り立っている場合がある。たとえば、中南米に多い花色の赤い形質は、管状花という形態形質を伴って、ハチドリによる受粉に高い適応性を示す。このように、ともに発現することによって高い適応度が得られる複数の遺伝子群を共適応遺伝子複合という。仮に同じ環境に対して同様の適応度を示す2集団があったとしても、複合体の遺伝子座のセットが地域の集団によって異なる場合がある。そのような集団同士が交雑して異なる遺伝子の組み合わせができると、子孫集団の適応度は落ちてしまう。

遺伝的希釈現象を避けるためには、環境に対する適応性の異なる2つの生態型の集団同士の交雑を避ける必要がある。共適応遺伝子複合の崩壊を避けるには、同じ共適応複合体を持つ集団と別の集団との交雑を避ける必要がある。

こうした種内変異に関して、ブナは最も地理的な研究成果が蓄積されており、太平洋側・日本海側の違いをはじめとして、明瞭な遺伝構造のパターンが得られている（図1）。ブナについては産地試験も実施されていて、遺伝学的な地理集団間では、開葉季節や葉面積などの表現形質も異なることがわかっている。また、日本海側と太平洋側の間で移動植栽した試験の例では、生育不良が見られることが報告されている。

遺伝的浸透と強害雑種の形成

外来植物の侵略は、顕在する生態的な競争現象だけでなく、遺伝的な浸透さらには雑種の形成など、見えにくい遺伝的な変動を伴う場合がある。

その特別な事例がスパルティナ・アングリカ（*Spartina anglica*）である。本種は塩湿地のイネ科雑草であり、わが国の特定外来生物にも指定されているが、異質倍数性の種分化の例として、また、それによる新種の侵略性獲得の例として専門の教科書に掲げられている。

スパルティナ・アングリカの起源については、北米産種 *S.alternifolia* がイギリスに入って、イギリスの在来種 *S.maritima* と交雑し、不稔性雑種 *S.* × *townsendii* を形成したが、それが*倍数進化して、強害雑草である本種が生まれたという説が有力である。それが北米に戻って、自生の塩湿地に拡大し、今ではニュージーランド、中国にも入って侵略的に振る舞っている。

選択ではなく、隔離による遺伝的浮動によって分化した種同士を交配すると、雑種強勢が生じる場合がある。そのままでは稔性はないか低いのが普通だが、戻し交配によって、あるいは染色体の倍加で繁殖能力を獲得すると、そのような遺伝的性質を固定することができる。現代の輸送技術は、地史的な長い時間の中で形成された地理的隔離を簡単に飛び越えてしまうので、

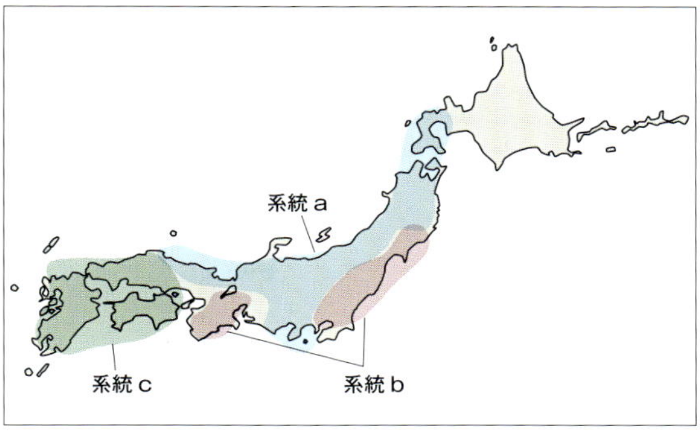
系統 a
系統 c
系統 b

図1　ブナの分子遺伝学的系統の分布［Fujii *et al.*, 2002 より］

自然界でも雑種強勢現象が引き起こされる可能性が広がっている。

種苗の配布地域の提案—地域性種苗

これまで述べた事柄は、いずれも種の枠ではとらえきれない現象であり、これらから生じる環境リスクを管理するためには、より細かい単位を設置する必要がある。そこで、進化的重要単位（ESU）や管理単位（MU）の考え方が提案されている。

ESUは、氷期や後氷期の分布変遷など、その種が持つ歴史的な系統地理関係に配慮した単位で保全する考え方である。MUは、隔離した小集団と他の集団との遺伝的流動が停止することによって生じた遺伝的な分化を、別々の単位で管理するという考え方であり、現状の隔離状態から地理的範囲を決める。

このような理念をもとに提案されている植物の供給方法が地域性種苗である。地域性種苗では、種子や苗木の原産地情報が明示されていること、また、地域の集団が持っている遺伝的な資源性を確保するために、1本の母樹をもとにしたクローンを供給するのではなく、遺伝的多様性を保つように多くの個体から材料採取することが義務づけられている。

地域性種苗を、ESUやMUで仕切られた適切な配布地域の範囲で使用することによって、地域の集団が持つ遺伝的特性を保全しようという動きが始まっている。配布地域を具体的に定めるには、種内の形態的特性の違いの把握のほかに、分子遺伝学的な解析が有効だが、実際に、地理的遺伝子パターンが得られた植物種も増加してきている。【小林達明】

⇒D陸域の外来生物問題 *p172*　D里山の危機 *p184*　D日本の半自然草原 *p206*

〈文献〉Ellstrand, N. C. & K. A. Schierenbeck 2000. Hufford K. M. & S. J. Mazer 2003. 小林達明・倉本宣編 2006. Moritz, C. 1994. Ryder, O. A. 1986. 種生物学会編 2001, 2002. Fujii, N., *et al.* 2002.

地球温暖化による生物絶滅

気候変動が種の存続を脅かすさまざまな影響経路

地球温暖化と生物絶滅の因果関係

生物多様性が地球規模で急速に劣化していることは、健全性の指標である Living Planet Index（WWF, UNEP-WCMC、脊椎動物のうち陸上 555 種、陸水 323 種、海洋 267 種の個体群変動データから算出）の値が 1970〜2000 年の間に 30％以上減少していることからも間違いない。一方 IPCC（気候変動に関する政府間パネル）は、近年の地球の平均気温がほぼ同じ期間に約 0.4℃上昇しているとともに、この温暖化とほぼすべての陸・水域の生物システムの変化との間に相関がみられることを示している。しかし、この相関から気温や水温の長期的な上昇をさす「温暖化」と生物の絶滅の間の直接的因果関係があるとは必ずしも言い切れない。その理由は、①気温や水温の上昇は気候変動の一側面でしかなく、他の気候要素（降水量、風速など）の変動や、極端気象現象（集中豪雨や干ばつなど）の頻度増加などによる影響との分離が困難であること、②気候変動と種の存続条件の変化の間の影響経路は、直接的・間接的なものを含め複雑に絡み合っていることにある。しかし、やはり急速な地球温暖化はさまざまな経路を通じて生物種の絶滅を引き起こす可能性は高いと考えられている。

種個体群への直接影響

各生物種には、成長段階に応じて呼吸・代謝など生理活性に適した温度・水分条件があり、気候変動による最高気温の上昇や降水量の減少は、この生理活性条件を悪化させる場合がある。固着性の生物は移動能力が小さいため、とくにその影響を受けやすく、個体の死を引き起こすことが多い。成体に比べて生存条件が広い種子、胞子、卵のステージをもつ動植物では、急激な温度や湿度の変化で成体が死滅しても、このステージで休眠してやり過ごし、好適な気候に戻れば、成長を再開することができるものもある。ただしこの休眠も温暖化のような長期的なトレンドを持つ気候変動に対しては効果が小さいと考えられる。また、気候要因の季節変化にあわせた発生・成長・繁殖の *フェノロジーをもつ動植物では、季節性のずれや不明瞭化によりこれらの過程での死亡率の上昇を通じて個体群の減少につながる可能性もある。

生息適地の縮小・移行

気候変動は、生物の潜在的な生息適地の縮小や移行を引き起こすことがある。元来の生息域に隣接して新たに生息適地が生まれる場合には、生物は移動・分散で生息域を移行できることもある。温暖化とともに動植物の分布が高緯度・高標高へ移行するのはその例である。ただし、以下のような場合は生物種の絶滅が懸念される。①地形的障壁により生息域の連続性が確保できない（例：沿岸や断崖、島嶼、山頂、内陸湖など）、②もともとの生息地が特殊な環境にのみ分布している（例：湿地、マングローブ帯、干潟、雪氷など）、③気候変化の速度が大きく、生息適地の移行に生物の移動・分散が追いつけない、④渡りや回遊などで、中継地の消失や河川断流などにより移動経路が遮断される。これらの場合、移動・分散能力の低い種ではより絶滅しやすいと考えられる。また生息適地が完全に失われるより早い段階で、個体群レベルの影響効果（*近交弱勢、*アリー効果など）により絶滅が起こることもある。

二次的環境変化とレジームシフト

気候変動は、二次的な環境変化を介した影響をもたらすことがある。たとえばアメリカ西部では近年温暖化傾向と並行して、森林火災の発生頻度と被害面積が増加傾向にある（1980 年半ば以降の森林火災頻度／火災焼失面積は 1970〜1986 年平均比で約 4 倍／ 6.5 倍以上）。また、ユーラシア東部から北米大陸北部に広がる永久凍土は融解が進んでおり、今後土壌乾燥化と樹木の更新阻害の悪循環が進むと、広域の北方林が急激に衰退することが懸念される。一方、湖沼生態系では、温暖化により河川流入水温の上昇や温度躍層期間が長期化すると、鉛直循環が阻害されやすくなる。このことは深層での酸素濃度低下や、それに伴う水底からのリン溶出に起因する富栄養化を引き起こす場合がある。水底で発生した貧酸素水塊も、潮汐や風で移動して、表層や浅瀬の生物の大量斃死を引き起こすことがある。このように、気候変動による生態系の変化が新たな物理環境変化をまねくような正のフィードバックが生じる場合には、生態系の状態が不連続かつ不可逆に変化してしまうレジームシフトが起こる可能性がある。草原の砂漠化、湖沼の富栄養化などで知られるレジームシフトはいったん起こると元の状態に戻すのは非常に困難である。

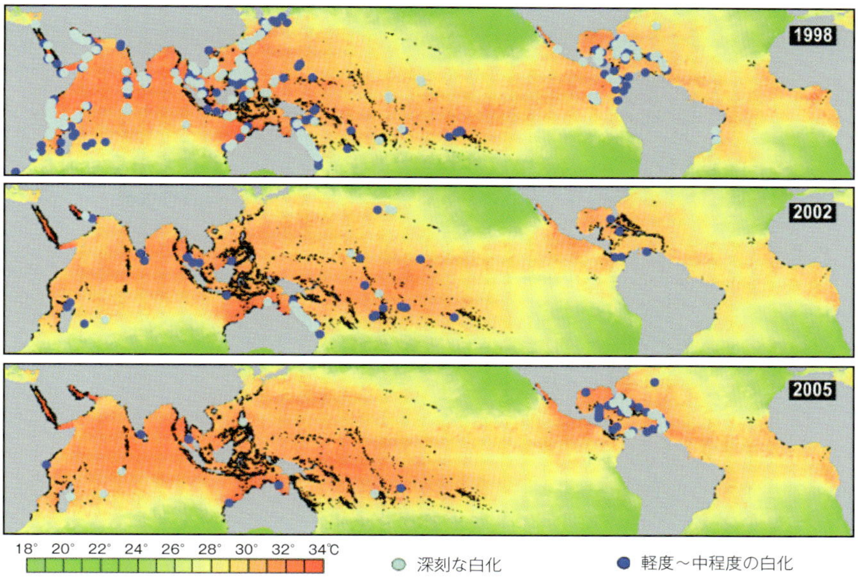
1998
2002
2005
18° 20° 22° 24° 26° 28° 30° 32° 34℃
深刻な白化
軽度～中程度の白化
図1　月平均水温の最大値とサンゴの白化現象がみられた海域［IPCC 2007e より抜粋・改変］

生物間相互作用を介した間接影響

種個体群の生存条件は、他の生物種との関係も大きく関与している。強い相互作用をもつ生物種が気候変化により死滅・侵入・減少・増加すれば、その間接的な影響から絶滅する可能性が高くなることがある。これには以下のような場合が考えられる。①生存に不可欠な資源、生息場所を他の生物種に依存する種では、これらの供給者である他の種の生理活性の低下や個体群の減少により、存続が脅かされる。とくに強固な共生関係にある種の減少や死滅は大きな影響を与える（例：造礁サンゴは、水温上昇により光合成を行う共生藻類が減少すると白化し、死滅する。造礁サンゴの減少はこれを餌やすみかとして利用する動物も減少させ、サンゴ礁生態系全体の生物多様性の大きな低下をもたらす）。陸上植物では、気候変動により開花や結実のフェノロジーが変化すると、送粉や種子分散などの動物によるサービスを十分に得られなくなる場合がある。動物でも、繁殖や休眠のタイミングが狂うと、採餌成功や天敵遭遇などに悪影響が出ることが懸念される。長距離の渡りを行う鳥類や昆虫では、渡りのタイミングのずれが、中継地や渡り先での餌不足を介して、繁殖や生存に影響を与える危険性もある。②生存を抑圧する他種の増加。気候変動が天敵となる種の侵入や増殖を引き起こすことがある。温暖化に伴う、低高度・低緯度域から高高度・高緯度への競争者や捕食者の侵入はその例である。（例：日本の高山帯へのシカやサルの侵入による高山の動植物への影響。北方林での材食性昆虫の成長・繁殖期間の増大による大規模虫害増加。カエルツボカビの高緯度域への分布拡大による両生類への影響。）

このように気候変動は、間接的な経路での影響も含め、長期間、広範囲にわたって、生物種の存続に対して影響を与える可能性がある。

他の人為的脅威との複合効果

現在地球上の生態系で人間活動の影響がまったく及んでいないところはほとんどない。国連ミレニアム生態系アセスメント（MA）では、生物多様性に対する脅威として、生息地減少、乱獲、汚染、外来種の移入と並んで気候変動が挙げられている。この中で、気候変動以外の要因の影響の方が大きいと考えられてきた低緯度低標高の生態系も含め、現在地球上のあらゆる生態系において気候変動の影響が急激に増加しつつあると指摘している。重要なことは、これらの脅威が互いに独立ではなく、複合的な影響を生物種や生態系に与えることである。（例：サンゴ礁では、陸域からの土壌流入と水温上昇はともに共生褐虫藻の光合成の低下を介してサンゴの死滅を引き起こすが、オニヒトデの増加もこれに拍車をかける。干潟の生物は、埋め立てによっても温暖化による水位上昇によっても生息域が奪われる。また水質汚染や乱獲などの相乗効果により生物個体群の減少を促進させる。）このような複合的影響まで考慮すると、近年の気候変動がすでに生物多様性に負の影響を与えている可能性も、今後もその影響が増大する可能性も非常に大きいと考えられる。

【石井励一郎】

⇒C気候変動におけるフィードバック *p32*　C地球温暖化と生態系 *p36*　D生態系レジリアンス *p140*　D生物多様性のホットスポット *p162*　D野生生物の絶滅リスク *p164*　D生物文化多様性の未来可能性 *p192*　Eレジリアンス *p556*

〈文 献〉Living Planet Report 2008. IPCC 2007e. Thomas, C.D., *et al.* 2004. 石井励一郎・和田英太郎 2008.

失われる作物多様性

大航海時代とグローバル化がもたらしたもの

作物の多様化

地球上に存在するおよそ30万種の植物のうち、食用、繊維用、薬用など何らかのかたちで人類によって利用されてきた植物は数万を超える。食用に限っても1万種ほどが使われたと見積もられている。人類によって意図的に栽培利用された約3000種の植物のうち、食用や工芸繊維用（工業用）として積極的に栽培され人為的に繁殖される作物（栽培植物）は、300種ほどを数える（表1）。

栽培植物は、地球上で多様性中心とよばれる世界6〜8カ所の地域（冬雨型気候の地中海地域、アフリカのゴビ砂漠南縁の半乾燥地、インド亜大陸のサバンナ地帯、東南アジアの湿潤高温の地、東アジア温帯域の照葉樹林帯、中米の亜高原および南米アンデス高原）に原産し、地域の農作物として栽培に移される（表1）。それぞれの地域では固有の穀類とマメ類とイモ類が動物の飼養や漁撈を伴って農耕文化を形成する。

伝統農法と栽培品種

栽培植物は、人為的環境で維持されると、種子が自然に散布されにくくなったり、休眠しなくなるなど、野生の時代になかった固有の性質を備えるだけでなく、種子や果実の色などに民族文化にかかわった特徴を持つようになる。地域固有の農具を使った農法は、さまざまな性質を作物に組み込む。種子をまきつけ、まとめて収穫する農法は群れて育つ短命の一年生作物を発達させ、つぼ蒔きと丹念な除草の農法は一本立ちの大柄の作物を導く。株分け移植や繁殖枝（果実や芋の付く枝）の管理技術は栄養繁殖する作物の特性を引き出し、大きな稔りをもたらすようになる。

農作物は、民族文化の違いや農法の特徴を映した地域固有の栽培品種を育み、目的に対応して多様化した。東アジア原産のダイズやアズキでは、野生種の黒い斑(ふ)入(い)りの小さな種子から、赤、黄、緑、紫、黒、斑入りなどの大きな種子をつける多様な栽培品種ができた。地中海地域で栽培化したダイコンは、ユーラシア全域と北アフリカに拡散し、種子農業の欧州では根の小さな早生のハツカダイコン、エジプトでは黒褐色の根をもつクロダイコン、木本性植物の葉や芽を利用する習慣をもつ南アジアでは莢(さや)（長角果）を野菜とするサヤトリダイコンを分化させる。丁寧に除草作業をする東アジアでは糖質で大きい根をもつ南方系ダイコンとデンプン質で中庸の根をもつ北方系のダイコンを発達させる。インゲンマメとササゲは、一本立ちのトウモロコシやモロコシと一緒に栽培される蔓(つる)性の品種が発達し、広い畑では単作の株立ちの品種ができる。

栽培品種は、人のニーズの変化に応じて変遷する。南方系ダイコンと北支系ダイコンの血を引いて多様化した日本のダイコンは、江戸時代にはすでに土の深さ

発祥地（センター；農耕文化圏）	作物種	センターを構成する主要な種の数
1　地中海（地中海農耕文化）	コムギ、オオムギ、ライムギ、エンバク、エンドウ、ソラマメ、ヒヨコマメ、アブラナ、セイヨウアブラナ、ブドウ、イチジク、リンゴ、スモモ、セイヨウオウトウ、オレンジ、ザクロ、レモン、ナツメヤシ、クルミ、タマネギ、ダイコン、ニンジン、ネギ、ニンニク、キャベツ、ツケナ、カブ、レタス、アーティチョーク、カリフラワー、ホウレンソウ、セロリ、パセリ、テンサイ、セイヨウハッカ、アサ、アマ、オリーブ、ウイキョウ、イノンド、ホップ、コエンドロ、ケシ、アカツメクサ、シロツメクサ、アルファルファ、ペレニアルライグラス、イタリアンライグラス	70
2　アフリカ（サバンナ農耕文化）	モロコシ、シコクビエ、ササゲ、ナタマメ、アブラヤシ、パルミラヤシ、タマリンド、スイカ、マクワウリ（メロン）、ヒョウタン、コーヒー、ベニバナ、ヒマ	36
3　インド（サバンナ農耕文化）	イネ（インド型）、アワ、キビ、リョクトウ、ゴマ、ヘチマ、ウコン、ミカン、ナス、キュウリ、ツルレイシ、オクラ、ジュート、コショウ、ショウガ	31
4　東南アジア（根栽農耕文化）	ハトムギ、ココヤシ、サトイモ（2倍体品種）、ダイジョ、ハスイモ、バナナ、サトウキビ、パンノキ、ブンタン、マンゴー、トウガン、チョウジ	37
5　東アジア（照葉樹林農耕文化）	イネ（日本型）、ソバ、ダイズ、ナガイモ、サトイモ（3倍体品種）、キウイ、モモ、ナツメ、アンズ、チャ	51
6　メソアメリカ（新大陸農耕文化）	トウモロコシ、センニンコク、インゲンマメ（小粒系）、ライマメ（小粒系）、ベニバナインゲン、ヒマワリ、サツマイモ、パパイヤ、カボチャ、ペポカボチャ、トウガラシ、リクチメン、サイザルアサ	29
7　南アメリカ（新大陸農耕文化）	ヒモゲイトウ、ラッカセイ、インゲンマメ（大粒系）、ジャガイモ、キャッサバ、セイヨウカボチャ、トマト、クダモノトケイソウ、カカオ、パラゴム、タバコ	27

表1　世界規模に広がった栽培植物の例。穀類（マメ、油糧用）、イモ類、果樹、野菜、工芸作物、牧草の順に記載

や気候に合った42品種以上があったが、1950年頃には秋ダイコン（4品種群）21品種、在来地方品種群57品種、春ダイコン（6品種群）9品種、夏ダイコン（2品種群）3品種へと発達し（表2）、さらに交配育種や倍数体育種による品種が加わった。地方品種には桜島ダイコンや守口ダイコンのほか、葉を食べる小瀬菜ダイコンや蕎麦の薬味に使う辛味ダイコンもある。大きく2つの波で東アジアに伝わったニンジンは、江戸時代終わりには、古い渡来の白ニンジンと黄ニンジンに京都で成立した赤ニンジンを加えた3品種であった。明治時代になると欧州から赤橙色の品種（洋ニンジン）が導入され、日本ニンジンは根の短い丸みを帯びた品種に置き換わる。種子食用として9～10世紀ころ日本へ導入されたエンドウは、1950年代に莢用の品種をカナダから受け入れた後、多数のキヌサヤエンドウをメンバーに加え、さらに現在は両用品種のスナックエンドウが加わっている。東洋系品種から西洋系品種への入れ替わりはユーラシア起源の農作物に一般的な傾向である。

グローバル化と多様性の劣化

都市が発達する中世までの間、比較的狭い地域内でゆるやかに移動・拡散していた農作物は、大航海時代に始まる大陸間の交易と移動によって地域の固有性をなくしていった。その後の植民地の成立は作物の大移動と工業的生産システムを発展させた。世界大戦以降には、生産地から消費地への農産物の大量移動がはじまり、熱帯地域ではプランテーションなど大規模生産地の成立によってグローバル化が急速に進行した。作物栽培と農産物流通の両面にわたるグローバル化は作物の種類にも品種にも大きな変化をもたらすことになった。東アジア地域にとどまったラッキョウ、アズキ、レンゲ、ハッカ、ナシ、ウメのような作物もあるが、東アジア原産のダイズは北米で大規模栽培されることになり、新大陸発祥のトウモロコシ、ジャガイモ、サツマイモ、センニンコクは地球規模で広がった。アフリカでは、フタゴマメやゼオカルパマメなど地下結実性のマメがラッカセイに置き換わり、在来のアフリカイネはアジアイネに置き換わった。アジアのシロバナワタとキダチワタは、繊維の長いリクチメンに置き換わった。半乾燥地の雑穀はコムギやオオムギに入れ替わり、熱帯アジアではインドゴムやココヤシは収益性の高いパラゴムやアブラヤシへ代わってしまう。都市の発達や情報伝達の技術の発展は、調理や料理などの食文化のグローバル化にも拍車をかけ、農作物を取り巻く生物多様性は種から胃袋までの過程においてさまざまな要素のモノカルチャー化を進めているのである。

農作物と食習慣のグローバル化は栽培品種の多様性を喪失させてきた。日本のダイコンでは、地方品種の消失が始まる1980年頃にはなお110品種ほどがあり、桜島ダイコンや守口ダイコンのほか地方に固有の在来品種もあり、葉の形、根の形や色など多様であった。種苗（しゅびょう）法の成立（1976年）も受けて、交配品種とF1品種の展開によって、野菜は民間で、コメ、ムギは官の管理のもとで採種事業が専業化すると、農家での自家採種はなくなり、地方品種は消失してしまう。ダイコンでは現在の栽培面積のほとんどは、理想、三浦、四十日、青首、宮重などの栽培品種で作付けされるようになっている。大量栽培では青果用（生食、料理）と加工用（たくわん、切り干し）への品種の特殊化も進み、スーパーマーケットでは生食にも煮物にもできる万能型品種が並ぶようになっている。栽培品種の減少は地域原産の作物でとくに顕著である（表2）。伝統的農法のもとで多様化した栽培品種は、導入育種や近代育種による品種の展開によって地域固有性をなくし、栽培方法と消費者ニーズの均一化によってさらに単純化する。スーパーマーケットに並ぶ太さも長さもほぼ同じ万能型のダイコンは、核家族用に企画された画一的な台所のシンクと調理台の大きさに合った「まな板と包丁」の大きさに合わせて大量生産されている。

現在、人類の食料の約80%は生産量も作付面積も大きいイネやコムギなど20種の作物によって賄われており、1つの作物種は少数の品種によって賄われている。近年、地方品種が見直され、いくつかの作物では品種の減少に歯止めがかかっているが、多様性の低下傾向には変化がない。作物の多様性は、作物の種と栽培品種の双方のレベルで失われつつあるのである。

【山口裕文】

年代	ダイコン	サトイモ	ゴボウ	エンドウ（莢用）	ニンジン
江戸時代後期	42	12～16	約15	4～7（種子）	3
1950年代	90	42～49	15～18	12～15（1）	10
1980年代	110	35	32	33（11）	28
現在	12	7	10＋葉ゴボウ	22（12）	17

表2　日本における野菜の栽培品種の変遷（品種数。計数の基準が違うため概数）

⇒C地球温暖化と農業 *p38*　D作物多様性の機能 *p150*　D生きものブランド農業 *p222*　R焼畑農耕とモノカルチャー *p252*　R熱帯アジアの土壌と農業 *p254*　Rアジアにおける農と食の未来 *p258*　R遺伝子組換え作物 *p260*　R食料自給と WTO *p282*　H大航海時代と植物の伝播・移動 *p418*　Hジャガイモ飢饉 *p450*

〈文献〉古里和夫・宮沢明 1958．堀田満ほか 1989．星川清親 1987．Zeven, A.C. & de Wet, J.M.J. 1982．日本種苗協会編 2009．杉山直儀 1995．神宮司庁編 1995-99．

家畜の多様性喪失

危機に直面する在来家畜

在来家畜の減少

家畜は、生殖が人間の管理下にある動物であるとされる。しかし、東南アジア地域で見られる放し飼いのブタやニワトリは、近代的集約型の養豚場や養鶏場とは異なり、それらが周辺に生息する野生原種（イノシシ *Sus scrofa* やセキショクヤケイ（赤色野鶏）*Gallus gallus*）と自然状態で交雑することがある。つまり家畜は人間の管理下にあるが、その管理の程度によっては時として野生原種と遺伝的交流をもつ動物でもある。とりわけ在来家畜には、そのような集団が存在する。

わが国では、一般に近代の家畜改良によって造られた欧米の家畜品種に対して、アジア地域などに残存する、いわゆる未改良家畜を在来家畜と呼んでいるが、その定義は明確ではない。在来家畜は飼育されてきた土地の気候風土に順応しているため、粗飼料への適応性や耐病性などを有しており、将来の育種素材（遺伝資源）として期待される。しかし、乳肉卵などの生産性において高能力を有する欧米系品種の世界的普及によって、その種類と頭数は減少の一途を辿っている。

家畜の多元的起源と多様性

人類は、狩猟採集・農耕という自然への働きかけの中で家畜を誕生させた。動物をコントロールする家畜化（ドメスティケーション）は、野生種から集団を切り離し、時と共にその生殖を人間社会の環境下に移行させていく文化的過程と、その結果として生じる動物側の進化的変遷過程を意味するとされる。

写真1　スンダイボイノシシとブタの交雑種（フィリピン、ミンドロ島、1982年）

写真2　山口県萩市の見島に残る見島牛。和牛品種に比べ小柄なウシである（1997年）

最初の家畜化は、約1万5000年前、東アジア地域においてオオカミ *Canis lupus* で行われ、イヌが誕生した。そして約4000年前には、農業用家畜のほとんどが出そろっている。アジアでは現在でも、イノシシやセキショクヤケイの野生原種が捕獲され飼育されることがあり、またそれらがブタやニワトリの家畜種と交雑するなど、家畜化の過程と思える一端を垣間見ることができる。

ウシはかつてユーラシア大陸にいたオーロックス（原牛）*Bos primigenius* が原種で、西アジアやインド地域で家畜化され各地に伝播したが、東南アジア地域の在来ウシのなかには現存する野生ウシのバンテン *Bos javanicus* が家畜化された集団も存在する。アラカン山脈をはじめブータンやアッサム地域ではミタンやガヤール *Bos frontalis* と呼ばれる半家畜種的なウシが周辺地域の在来ウシと交雑している。

ブタはイノシシが欧州や中国などで家畜化され広がった家畜だが、東南アジア島嶼域のスンダイボイノシシ *Sus verrucosus* もその成立にかかわっている（写真1）。またニワトリもセキショクヤケイだけではなく、ヤケイ属の他種もかかわり家禽として成立してきた。このように、家畜は地理的にいくつかの起源をもち、その分化の過程では数種の野生原種が関与しながら各地の民族へと伝播していった。こうした過程で、家畜はさまざまな形質の多様性を獲得した。

特定品種の普及が多様性喪失を招く

18世紀に英国で興った近代家畜改良は、1900

年のH.M.ド・フリースなどのメンデル法則の再発見を契機として欧米諸国を中心に急速に普及した。それまで使役用として飼われ、また生産性の低かった在来家畜は、他所から持ち込まれた外来種との交配や、選抜淘汰の育種技術により、特定の能力をもつ新しい改良品種として生まれ変わった。

しかし、生産性重視の改良では、在来家畜がそれまでもっていた粗放な管理に耐えるような潜在的な遺伝子を失ってしまうことがある。その場合、造成された改良品種は、粗放な飼養では本来の能力を十分発揮できないこともあり、その上、病気に対する抵抗性も低い場合がある。特定品種への集中は、近親交配が生じ遺伝子の固定化が進み、環境への適応が低下する。これは、現代の家畜改良にとって避けられない課題である。また改良品種では、さらなる生産性向上のため飼養管理の近代化が進む。その結果、栄養価の高い穀類などの濃厚飼料が多給されることで集約的管理が進み、伝統的な飼養技術が失われることになる。

明治時代のわが国では富国強兵のかけ声の下、畜産物の摂取が推奨された。そして、在来家畜の生産性を向上させるために欧米各国から近代家畜品種が導入され、雑種奨励時代と称されるほど在来種との交雑が進められた。中でも在来ウシでは戦後、Wagyuとして世界に知られる霜降り肉の黒毛和牛をはじめ、褐毛和牛、無角和牛、日本短牛の和牛4品種を誕生させるが、その代償として、在来ウシは山口県の見島と鹿児島県の口之島を除いて絶滅した。とくに見島にいる見島牛（写真2）は国指定の天然記念物となっているが、指定された1928年当時は528頭いた頭数が、1975年には23頭にまで激減した（現在、保存会などの努力で、100頭近くまで回復している）。ウマやニワトリなどの在来家畜・家禽もわずかな集団として限られた地域に偏在するだけとなり、多様性喪失の危機に直面している。現在、わが国の在来家畜は、産業動物としてではなく、見島牛のように天然記念物として国の保護下にあるものが多く、保存会（愛好家）や一部の大学機関の研究目的で飼われており、新たな活用が問われている。そして、この在来家畜の多様性喪失が、経済発展を遂げるアジア各国で再び繰り返されている。

家畜は人間が造った動物であり、それにはさまざまな特長をもつ在来種や品種が存在する。それゆえ、新しい品種が造られたことで、現存する在来種や品種を安易に絶滅させることはできない。将来、その能力が新たに必要とされる時があるかもしれないからだ。

家畜文化の継承

在来家畜の多様性喪失が世界各地で進む中で、白黒

写真3　伝統的住居と共に残存する在来ブタ（カンボジア、モンドルキリ州、2003年）

斑の毛色のスイギュウを神聖視する信仰で知られるインドネシアのトラジャや、縄文式竪穴住居を想わせる住居でブタとニワトリを飼うカンボジア山岳地のプノン（写真3）など、近代化の波に曝されながらも、在来家畜を飼養し、固有の伝統的な生活形態をいまだ残している民族グループも少なくない。しかし、それらが将来にわたり継承されていくという確証はない。

わが国でも、厩舎と母屋が一体となった伝統的住居が昭和30年代まで見られ、人間と家畜のかかわりの民俗が各地に存在したが、高度経済成長期の近代化でほとんど消滅している。こうした中にも伝統的な一面を継承し、改良品種の飼養を取り入れた事例がある。

旧南部藩領の在来種であった南部牛に、英国原産のショートホーン種を交配させて造成した日本短角牛は、藩政時代から続く北上高地の自然を活用した伝統的飼養法に基づいて、ウシを初夏に奥山に放ち（山上げ）、晩秋に里へ下ろす（山下げ）という「夏山冬里方式」の飼養形態を生み出した。自然を活用したこの形態は、輸入濃厚飼料に依存する今日の畜産とは一線を画して、飼料の自給体制を維持している。またわが国には、稲藁を家畜の粗飼料として用い、家畜の排泄物を堆肥として田畑に還元する循環型農業が確立しているが、その飼料用の良質な稲藁を従来からの自然乾燥法で作り続ける地域が、各地には残っている。それは、在来種や改良品種であろうと、稲藁の有効利用という点で継承されなければならない。

日本短角牛の自然と共生する飼養形態や家畜への稲藁利用は、とくにわが国の和牛飼養に見る家畜文化の多様性の一面を継承する姿といえる。　【黒澤弥悦】

⇒D野生生物の絶滅リスク *p164*　RBSE（牛海綿状脳症）*p288*　H人間と野生動物の関係史 *p456*　H栽培植物と家畜 *p458*　E農牧複合の持続性 *p540*

〈文献〉広岡浩之ほか 2006．在来家畜研究会編 2009．正田陽一監修 2006．

里山の危機

生態系サービスのアンダーユース

里山はなぜ危機なのか

里山は、人間が生活のために「継続して利用してきた農村生態系」である。木材や薪炭、肥料などを採取し続け、また別の場所では溜池や水田、畑をひらいて利用を続けたことで、モザイク的な生息場所が作り出され、そこに種々の生物が住み込んだ。その結果、里山は人間の生活圏でありながらも高い生物多様性を現代まで保持していた。里山を村落の側からいえば、生活や生産のために必要な生態系サービスを供給していた環境のセットである。

今日の里山の危機とは、文字どおりには里山の自然の価値が十分に認識されないまま開発などで消滅してしまうことである。そしてより広範で深刻な危機は、日常生活上、生態系サービスのアンダーユース、つまり農村周辺の不必要な生態系になりつつあることだ。里山の特徴であるモザイク的な生息場所が失われ、一様に森林化が進む。常緑樹種が落葉樹に置き換わるなど遷移が進む。皆が興味を失い、だれも関与しなくなる事態になる。地域住民が生活の中で身につけていた森林や雑草に関する知識、草刈りや伐採など里山管理に関連した実践的な技術やルール、神事などの民俗文化も失われていくことになる。開発による種の減少を生物多様性の第1の危機、外来種問題や遺伝子汚染を第3の危機と呼ぶのに対し、利用されないために変質する里山の危機は第2の危機とされる。

写真1　大阪が兵庫と接する北摂地域で池田炭生産に使われてきた「台場くぬぎ」の林。古い溜池や棚田をはじめ、長く使われてきた里山には文化財的価値がある（兵庫県川辺郡猪名川町、2009年）

生態系サービスを供給するモザイク

里山はさまざまな立場で多くの分野から研究されているため、捉え方もいろいろである。都市・農村計画といった立場からは、集落や田畑、溜池などを里地とし、雑木林を里山として土地利用に則して分割する。林学は、林の供給機能に着目して農用林として考えている。生物群集の保全を考える場合には、農業およびその付随活動により継続的に利用され、影響を受ける自然全体を一括して里山として扱う。林縁に茂る草地や、雑木林に接した溜池など、生物の利用は複数の環境にまたがり、また境界部が重要になることも多いためだ。村落がさまざまな生態系サービスを必要としたため、本来一体であった環境を必要な資源ごとにモザイク状に管理しているともいえる。これらを一体として再整理することには合理性がある。

モザイクを構成する各環境には、毎年茅を刈るススキの草原、稜線は家の構造材を得る太いアカマツ林として維持し、ツツジなどを柴として刈る、というようにそれぞれの場所に大まかに利用法と維持目標がある。程度の差はあれ農耕地や溜池など同様に計画的な管理がされた。図1は大阪各地の里山の使われ方、誘導目標に大きな違いがあったことを示す。生駒は薪生産ではなく草山として使われ、はげ山状であった。里山はこのように景観的にも幅を持つ自然だが、いずれも村落の生産を支える生態系サービスの供給源であった。

里山の生物学的価値

生物学的に見て里山の価値は、生物多様性の高さにあるといわれる。遷移段階が異なるなど異質なモザイク状の生息地が集っていることが、高い生物多様性をもつ理由の1つとされるが、種数だけ多くてもその地域の在来の生態系の一部であった歴史性がなければ、外来種や畑の野菜など同様、保全上の価値は低い。そこで里山生物相のルーツを過去の環境から考えてみたい。

現在の日本の気候条件で、冬季に積雪の影響を受けず、やや乾燥する地域にブナを欠く落葉樹林と針葉樹林がみられる。約2万3000年前の最終氷期最寒冷期には、これらの森林が瀬戸内地方にもひろく存在した。この植生帯は、乾燥し冷涼という気候から草地も広がりやすい。関西周辺の里山生物相のルーツとして想定できよう。東北や南西日本でも、同様に過去の植生と考え合わせて現在の里山生物相を理解する必要がある。

*エコトーンで生活史を完結させる水生昆虫など、微小な環境がモザイク状となる低湿地環境や河畔林なども里山生物のルーツだろう。

温帯針葉・落葉樹林や草原、河畔林などは現在いずれも希少な生息場所となった。その残存要素が里山生物相と考えると、里山環境が日本の生物多様性保全の中で担う価値・役割は理解しやすい。

里山の文化的価値

先史農耕の時代にも植生に対する干渉はあり、農耕地の開墾と灌漑など、現在の里山につながる要素は確立されていった。その後も時代とともに変化する技術と都市需要によって、里山の姿は大きく変貌する。広域的な影響を持つ林業政策や、水利土木技術と結びついた開墾施策、市場と流通の整備、地域での技術革新として薪炭技術の普及、竹やクヌギの栽培などさまざまな事項に影響されて里山植生は変わる。現在われわれが眼にしている里山像や、資料や聞き取りで復元した近過去の里山像はそれらの変化が重層的に重なった結果だ。

地域の木質製品産業と植生は互いに大きな影響を与える。とくに江戸期以降、流通が盛んになり大規模化すると、材料植物は野生品の採集ではなく、品質・資源管理そして栽培の度合いを高める。江戸時代から昭和初期のこうした生産活動の履歴は風景に今なお読み取ることができる。特産物の生産活動や施設を文化財と見なすのであれば、広くその生産基盤であった里山植生も文化的景観として高い意義がある。里山景観は村落の発展のための試行錯誤や努力の証でもある。近畿を例にすれば前述の生駒山系の草山跡の疎林、南紀のウバメガシ林、竹材の生産に集中した乙訓地域、和紙生産のためにナラガシワなどの疎林下にミツマタが広がる中国地方の景観などである。

時代とともに変わる里山像

里山とともに村落社会も、大きく変遷している。村の自治的機構は近畿などで荘園が確立した中世初期に原型をみることができ、近世に向け発展した。里山の利用体系は村の自治的な管理や周辺との争論によって決まる。入会(いりあい)、道つくり、池さらえ、ミゾ掃除、マツタケの入札、草刈り、伊勢講などの信仰から氏子制度に至るまで、村の制度は里山の管理に深く関連している。その内容は地域、時代によりさまざまだ。

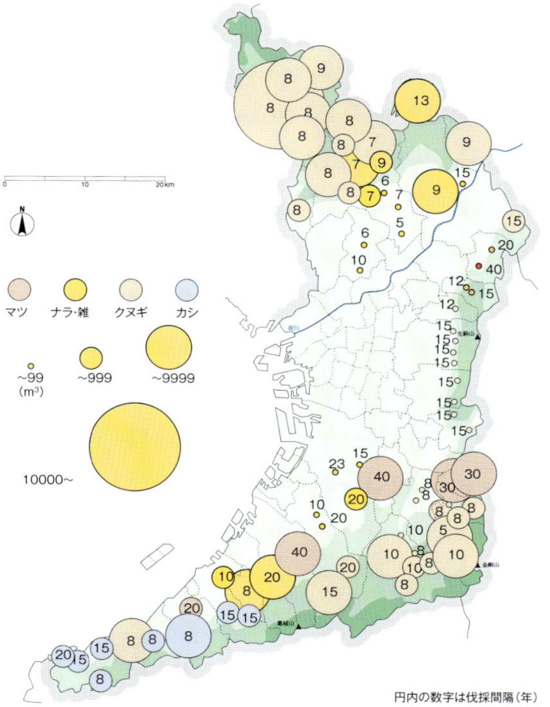
0
10
20km
N
マツ
ナラ·雑
クヌギ
カシ
~99
(m3)
~999
~9999
10000~
円内の数字は伐採間隔(年)

図1 大阪府下での昭和35年(1960年)当時の薪炭林生産。当時は薪炭生産の最末期。北(北摂)、東(生駒)、南(葛城)の山地と丘陵地帯は、異なる性格を帯びた。丘陵地は畑や果樹に用いられ、薪の生産はごく限られるが、一部では高値で取引されるマツ材が収穫されていた。生駒は草山利用が中心となり、薪は少ない。高値で売れるクヌギの生産は南北の山間部が中心で量も多い。南部では白炭に使うアラカシなども生産された。各地の里山林の景観は大きく異なっただろう

村自体が経済的に維持できなくなっている現在、薪炭生産はもちろん、上述の管理作業も維持が難しい。第2の危機が進行したままでは、文化的価値の主張は難しく生物学的な価値も無視されやすい。

里山の危機の解決は、地域の生態系サービスを活用した村落生活が現代の経済社会に実現できるか、という命題でもある。中山間の村おこしと同根の課題でもあり単一の正解はない。里山には豊かな生態系サービスがある。特産品を築き村を豊かにしたかつての篤農家のように、社会経済状況と自分の地域の特性を見定めた上で、これをいかに活用するか試行錯誤が必要だ。*バイオマスからエコツーリズム利用まで、豊かな未利用資源の放棄は地球環境問題の時代に社会的損失だといえよう。 【佐久間大輔】

⇒D生態系サービス *p134* D生態地域主義へ *p200* D日本の半自然草原 *p206* R住民参加型の資源管理 *p332* R日本の里山の現状と国際的意義 *p334*

〈文献〉深町加津枝・佐久間大輔 1998. 田端英雄 1997. 佐久間大輔 2008.

言語の絶滅とは何か

人類共通の知的財産の保全へ

言語の絶滅とは

「言語の絶滅」の「絶滅」とは、「生物種の絶滅」からきたアナロジー（類推）である。しかし、生物種の場合とは異なり、言語はコミュニケーションの媒体である。絶滅といっても、征服、殺戮（さつりく）、病気、災害などが原因で話者が物理的に激減する場合だけでなく、親との隔離や学校教育を通しての強制によって言語の世代間継承が断たれたり、話者自身が自発的に自らの言語を捨てて他の言語と取り換えたり、といった過程が複合的に作用して、徐々に失われていく場合が多い。グローバル経済が圧倒的な力を持ってローカルな市場に介入してくる今日、英語や北京語のような巨大言語や、それぞれの地域の共通語（リンガフランカ）が、地域語に比べて優位な立場にあることは否めない。前者はマスメディアや教育の媒体として用いられるのに対し、後者は文字すら持たない場合が多いのである。すでにさまざまな社会的圧力の結果、話者人口が減少している脆弱な地域語にとって、こうした経済的な圧力による言語取換えが絶滅への最後の一撃となる可能性は高い。

オーストラリアのタスマニア島における先住民語話者のファニー・コクラン・スミス（1905 年死去）や、北米先住民のヤヒ語の話者イシ（1916 年死去）を筆頭に、20 世紀は、最後の話者たちの死とともに少数言語が失われていく逸話に満ちていた。このような逸話は、今世紀に入っても増え続けている。

人類史上、言語多様性が最も豊かだったのは、大規模な農耕拡散が始まる直前、小グループが世界各地のさまざまな自然環境に適応して生活していた時期であっただろうと推測される。農耕拡散に伴い、拡散の中心となった人びとの言語群が周辺の言語を絶滅に追いやったが、その一方で、言語分岐による新たな言語の誕生があり、一定のバランスは保たれていた。このバランスが決定的に崩れたのは、大航海時代以降のことである。たとえばオーストラリアでは、ヨーロッパ人による植民地化以前、250 前後の言語があったと考えられるが、今日その数は半減し、子ども世代に継承されている言語数は 20 以下と見積もられている。言語絶滅の逸話の背後には、その共同体に属する人びとの、殺戮や病原体による何世代にもわたる人口の激減、共同体を取り巻く自然・生活環境の撤底的な破壊、これらの過程を通して共同体成員一人一人が負った癒しがたいトラウマ（心的外傷）の悲惨な歴史がある。

言語の「危機度」―絶滅の危機に瀕する言語

IUCN（国際自然保護連合）や WWF（世界自然保護基金）が生物の希少種保護の目的で作った『レッドデータブック』にならって、ユネスコが中心となり、絶滅が危惧される少数言語のリストが作成されるようになった。M. クラウスは表 1 のように、世界の言語の危機度を、世代間継承の度合によって A− から D

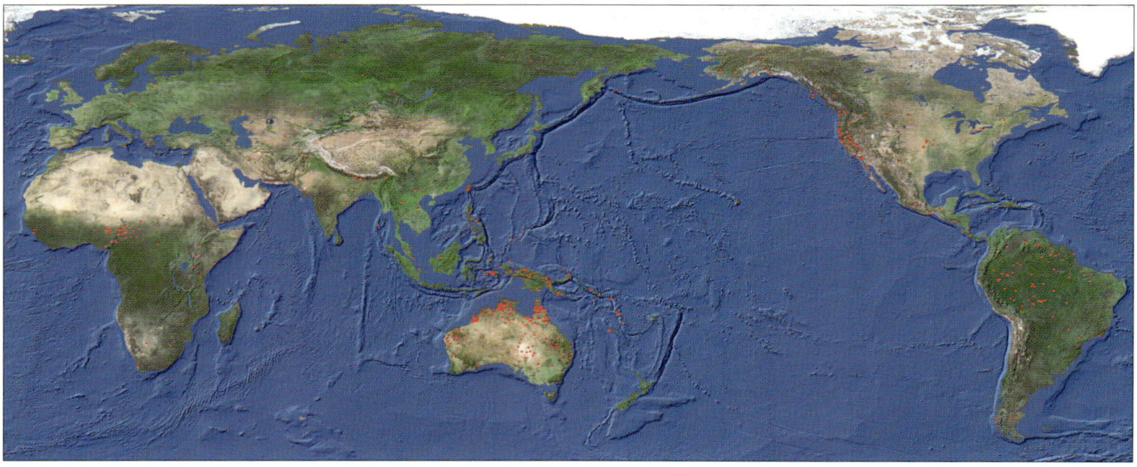

図 1　言語多様性のホットスポット［Gordon 2005 に基づき作成］

の５つのレベルに分けている。彼の定義によれば危機言語とは、今世紀の末まで子ども世代に継承されているかが危惧される言語のことである。

クラウスは、話者人口100万人以上、ないし国家や州レベルで公的に認められている言語を、今世紀末になってもまだ世代間の継承が途切れないであろう「安泰な（safe）言語」（表のA＋レベルに相当）として、その数を世界の言語（約6000を目安とする）の5％、約300言語と見積もっている。残りの95％はすべて危機言語である。

写真１　オーストラリア先住民諸語の最後の話者［Evans 2001］

『エスノローグ』は、話者数が50名以下、または話者共同体のほんの一部の人のみによって話されている「絶滅寸前の（moribund）言語」として、516言語の名前をあげている。図１に赤い点で示されたそれらの言語は、オーストラリアや南北アメリカ大陸など、いわゆる残存地帯に偏った分布を示している。これらの言語が集中する地域の多くは、生物多様性のホットスポットとも重なりあっており、言語多様性のホットスポットと呼ばれることがある。そこでは、固有の自然環境の破壊とそこに住む先住民の伝統的文化・社会の崩壊が同時に進行しているのである。

危機言語の継承と保存に向けて

言語多様性の維持は、地球環境問題にとって、なぜ重要であるのか。

まず、多様な言語の提供する多様な価値観は、予測不能な環境問題に適応するために必要不可欠な、人類に共通の知的財産と考えることができる。とくに、各地の先住民の言語には、特殊な環境への長い歳月にわたる適応に基づく膨大な知識・知恵が詰め込まれている。彼らが伝承する動植物の知識が新たな薬の開発に結びついたり、伝統的な自然管理の知恵が開発で痛めつけられた自然の回復につながったりした例は多い。このような知的財産を喪失することは、人類の環境問題への適応能力を著しく狭めてしまうことになろう。さらに、こうした外的機能に加えて、言語には共同体内の個々の話者を結びつける、目に見えない触媒としての文化的・社会的機能がある。言語の喪失は、その共同体の話者たちにアイデンティティ喪失を強いる。オーストラリアの先住民政策の現状を見れば明らかなように、そのようなトラウマを体験した社会は、その歴史から立ち直るため、何世代にもわたって、教育、医療、福祉などの領域に、莫大なコストを支払い続けなければならない。言語を統一した方が経済効率がいいという単純な議論があるが、長期的な視点にたてば、むしろ経済的な損失になる可能性が高いのである。

世界の言語の多様性、言語に象徴される人間文化の多様性の喪失に対する危機意識は、ユネスコの「文化多様性に関する世界宣言」（2001）などに見られるように、ようやく世界的な広がりを見せはじめている。また、危機言語の継承や記録に向けての活動も活発になってきている。ハワイ語やマウリ語の復興運動がその１つで、日本でも、アイヌ語や琉球諸語の復興に向けてのさまざまな動きがある。危機言語の記録も欧州の基金（DOBES、ELDP）に支えられて、世界的な規模で進められている。これらの動きがどこまで言語多様性の維持を達成できるかは、人類にとって多様な文化の持続的共存がどこまで可能かを試す、試金石となるであろう。　【大西正幸】

安泰な言語			A＋	
危機言語	安定している		A−	子ども世代を含め全員が話す
	衰退しつつある	不安定；浸食された	A	子ども世代の一部が話す；場合によっては全員が話す
		絶滅が確実に危惧される	B	親世代以上のみが話す
		絶滅が深刻に危惧される	C	祖父母世代以上のみが話す
		絶滅寸前	D	曾祖父母世代のわずかな話者のみが話す
絶滅した言語			E	話者が存在しない

表１　世界の言語の危機度［Krauss 2007］

⇒D 言語多様性の生成 *p152*　D 文化的アイデンティティ *p154*　D 生物多様性のホットスポット *p162*　D 文化的ジェノサイド *p188*　D 環境問題と文化 *p190*　D 生物文化多様性の未来可能性 *p192*　D 遺伝資源と知的財産権 *p214*

〈文献〉Evans, N. 2001, 2007.　Krauss, M. 2007.　Gordon, R.G., Jr., ed. 2005.　宮岡伯人・崎山理編 2002.

文化的ジェノサイド

民族文化の抹殺と抵抗運動

ジェノサイドとエスノサイド

世界各地の生活文化の多様性を失うことは、人間とのバランスの上に成り立ってきた生物多様性の喪失を意味する。

ユダヤ系ポーランド人のR. レムキンは、ナチスがユダヤ人らアーリア人種以外の「劣等人種」の抹殺を目指していることを指摘し、それをジェノサイド（大虐殺）またはエスノサイド（民族抹殺）と呼んだ。それと同時に、ドイツ人と同じアーリア人種ではあっても、ドイツ以外の文化や言語の段階的な消滅をはかる政策をナチスがとっていたことも指摘している。

「文化的ジェノサイド」とは、必ずしも直接の身体的な破壊を伴わず、固有の民族文化をまるごと消し去ってしまうことを指す。また、エスノサイドを、レムキンの意味としてではなく、ユネスコのように文化的ジェノサイドの意味で使う例もある。

アイヌ民族の苦難

わが国の例では、アイヌ民族がたどった苦難の道が、まさに文化的ジェノサイドといえるだろう。アイヌ語でシエペ、すなわち「本当の食べ物」と呼んだサケを捕ることを禁じて密猟として取り締まったり、祭りを行う聖地をダム建設で水没させたりすることは、こうした例にあたる。もっとはっきりしている例は、固有の言葉を奪い、禁じることである。その方法は、植民地政府による強圧的なものだけではない。「アイヌ」とは「人間」を意味し、「アイヌネノアンアイヌ」、すなわち「人間らしい人間」の誇りをこめた呼称である。アイヌというだけで差別の目でみられる歴史の中で、アイヌ民族最大の団体は、呼称としてのアイヌ協会を、同胞を意味する「ウタリ」を用いたウタリ協会に改め、1961～2009年の間、用いてきたのである。

沖縄の方言札

こうした文化的ジェノサイドは、往々にして教育の現場で推進される。ここで沖縄における方言札の問題を取上げてみよう。19世紀末まで沖縄で使用された国語教科書は、方言と日本語のバイリンガルのものであり、現場での指導においても方言は使用されていた。ところが、20世紀に入って、普通語と称する日本語のみでの授業が行われるようになったのに伴い、方言を使った児童生徒に罰として方言札（写真1）を渡すという制度が小中学校に導入された。方言札を首にかけた児童生徒は、次の方言使用者を発見して自分の方言札を渡さなければならなかった。このため、同級生の足を踏むなどして「アガー（痛い）！」といわせるということも横行した。詩人の高良勉は、1960年前後の沖縄島南部の小学校での回想として、放課後まで方言札を持っていることが度重なると、放課後残されて竹ぼうきの柄がばらばらになるまで先生にお尻をたたかれることもあったと述べ、さらにその方言札が学校外の集落や地域にまで出回るようになったため、家に帰っても自由に話すことができず、「みなだんだん無口になっていきました」と書いている。文化的ジェノサイドの1類型としての言語的ジェノサイドが、学校という制度を通して推し進められたことを示す事例である。

方言札
写真1　竹富島の方言札（2009年、喜宝院蒐集館蔵）

沖縄初の国指定有形民俗文化財である竹富島の喜宝院蒐集館には方言札の実物が残されている。木製の札の表には方言札と墨書され、裏には竹富小学校と記されている。よく方言を使ったために、しばしばこの札を家に持ち帰ることになった、現在の喜宝院住職の上勢頭同子は、札を家に持ち帰れば叱られるため、学校からの帰路にある拝所の木に方言札を預けて帰宅したという。

植民地朝鮮における創氏と改名

民族の文化の根幹をなすものは、固有の言語であるが、それにも増して大切であると考えられているのが民族としての帰属意識（アイデンティティ）である。そして、民族を構成する家族や個人にとってのアイデンティティとしては、自分の属する家系あるいは家族の名前と個人の名前があげられるだろう。植民地において、子どもに宗主国の言語による命名をする例は多い。1940年朝鮮総督府が行った創氏は、結婚しても姓が変わらない夫婦別姓から、一家に1つの氏だけを認める日本式のシステムへの移行の強制という意味で、伝統的な文化を根幹から改変することを目指すところに本質がある政策であった。同時に日本風の氏・名への変更に向けて強力な誘導が行われた。現在でも、在日韓国・朝鮮人の社会では、民族名を名乗るか日本名を名乗るかは、同化への圧力の強い日本社会の中での悩ましい問題となっている。

写真2　八重山の若者の踊り（西表島、2009年）

地名の改変

伝統的な地名が外来の地名に置き換えられることもまた、文化的・言語的なジェノサイドの1つの形である。たとえば温泉で有名な登別は、アイヌ語では *nupur-pet* すなわち「濁った川」という地名であったが、これにあてた漢字から「のぼりべつ」となったものだし、札幌市豊平区の地名月寒も、元来は *chikisap* というアイヌ語だった。地名に漢字をあて、それをさらに日本語読みしたり、外来語をもちこんだりして、もともとの地名の持っていた豊かな意味を失ってしまうといった事例は、平成の大合併で誕生した南アルプス市のように、現在も日本の各地で進行中である。西表島西部の聖地トゥドゥマリの浜は、復帰後リゾート関係者などによって「月が浜」などと呼ばれてきた。この名称が道路標識にまで登場したことから、約30年にわたる地元からの働きかけによって現在は正しい標識となっている。

文化的ルネサンスと残された課題

2009年2月、日本最南端の高校、石垣島の八重山商工高校の郷土芸能部による伝統芸能の発表会が、いつもは石垣島や竹富島で行われていたが、初めて西表島で催された。八重山の島々で伝承される民俗芸能の上演であり、全国の高校で2位となり文化庁長官賞を受賞するほどの高いレベルの、若々しい演舞と歌三線は、会場を埋めた島びとたちに大きな感動を与えた。韓国では1970年代には農村のいたるところにあった民俗芸能が、いまでは例外的に珍島という島で高齢者が演じられるだけになってしまっているのと比べると、この八重山の状況は、驚くべき違いである。各島々で開催されている、子どもたちによる「島ことば大会」などとあいまって、いままさに八重山の方言による民俗芸能が文化的ルネサンスのただ中にあり、学校教育がその原動力の1つとなりうることを示す経験だったといえよう。

しかし、そこにもなお問題は残っている。実は奄美・沖縄の島々の方言の多様性はきわめて大きく、とくに八重山では音素の数だけに注目しても、与那国島の3母音から波照間島の7母音まで実に多彩なのである。それにもかかわらず、長く政治の中心が石垣島に置かれてきたことから、石垣島での発音が標準とされ、古典芸能のコンテストにおいても、石垣方言がきちんと発音できるかどうかが評価の重要な基準になっている。高校が石垣島にしかないなかで、ふるさとの島の歌の石垣方言での歌い方を高校で習って公演する時、高齢者の世代は孫の晴れ姿に涙を流しつつも、言いようのない違和感を覚えることがあるのである。

西表島の地域おこしリーダーの石垣金星は、芸能の世界での石垣島の支配が、サンシンの楽譜にあたる工工四をもつことを1つの背景としていることに気づいて、約30年の歳月をかけて西表島の民謡の工工四を完成させた。これもまた、文化的ジェノサイドの中で消滅に瀕した1つの文化のサバイバルの試みであるといえよう。

人間を対象とするフィールド科学にかかわる者は、ユダヤ人を識別するためにナチスに協力してジェノサイドに荷担した自然人類学の歴史や、関東軍からもらったアヘンを聞取り調査への協力の謝礼とし使いながら調査を進めたわが国の民族学・文化人類学への反省をふまえて、いかにすればジェノサイドの側でなく、文化的なサバイバルやルネサンスの側に立つことができるかが問われている。　【安渓遊地】

⇒D文化的アイデンティティ *p154*　D言語の絶滅とは何か *p186*　D環境問題と文化 *p190*

〈文献〉全京秀 2005．石垣金星 2006．萱野茂 1990．萱野茂・田中宏 1999．近藤健一郎 2008．Lemkin, R. 1944．シュルマン 1981．高良勉 2005．

環境問題と文化

自然から乖離した文化のもたらすもの

人の「環境非束縛性」と文化

生物はそれぞれ分布・生育する環境が決まっている。高山には高山に、砂漠には砂漠に生育する動植物がいる。極北の地にはオランウータンは住めないだろうし、逆に熱帯林にいるホッキョクグマは想像できない。しかし、人だけは、極寒の北極海にも湿潤な熱帯多雨林にも、さらに乾燥した砂漠の周縁にも標高4000mのアンデス高地にも住んでいる。ひとつの生物種として、これほど地球上の広い範囲に分布している生物はいない。人はどのような環境であれ、そこに住み生活することができる。そしてこのことを、A. ポルツマンは、人間の環境非束縛性と呼んだ。

環境非束縛性というのは、周りの自然環境にまったく束縛されていない、という意味ではない。他の生物と同じく、人も自然環境に強く影響を受ける。しかし他の生物が、進化的時間をかけて、体の構造や形態、機能、生活パターンを適応させてきたのに対し、人は比較的短期間、つまり歴史的時間のうちに環境へ適応し、あたかも環境に束縛されていないかのように、さまざまな自然環境で生活することが可能になった。

たとえば、イヌイットの場合、資源に乏しい環境の中で、食料を手に入れ、寒さに耐えうる衣服や住居を創り上げる知識と技術があるから、極北の地に住むことができる。回遊性のクジラを捕獲する千載一遇の機会を逃すと生死にかかわるから、独自の暦を開発した。あるいは、熱帯林に住むさまざまな民族は、森林の多様な生物種について彼らが幅広い知識を持っていることが知られている。一本の木をとっても、実は食べられるか、葉は薬となるのか、枝は罠の材料となるのか。まわりの自然を知悉（ちしつ）しているかどうかが、熱帯林での生存の可能性を左右することになる。

写真1　かつては日々の食卓に並ぶものも身近な自然から得ていた。用水路で小魚を捕る（ベトナム、1997年）

狩猟・採集だけではない。生存のために、人類は自然を改変し利用してきた。植物を作物として農耕を営み、動物を家畜として育てる。農耕も牧畜も、さまざまな自然環境に適応してきた人間の知識と技術が体系化されている。

文化の定義はさまざまであるが、ここでは自然環境と深くかかわっている人間活動から生まれた知識・技術・考え方としておこう。人間の環境非束縛性は、こうした文化のなせるものといえる。

環境問題と文化

しかし、その文化は依拠していた自然から次第に乖離したものになった。これが環境問題の根源にある。

本来、人と自然の関係性は、文化の中に内包されている。自然について考え、またその価値を認め、理解し、管理し、利用もしくは濫用し、崇拝もしくは冒涜する、その在り方は、我々が帰属する文化の影響を受ける。文化が、自然と人間活動の相互作用から生まれたままである限り、今日的な意味での環境問題は生じない。人は自然との関係性を、今日の言葉で言えば持続的に維持しようとするからだ。人類学者C. レヴィ＝ストロースが「具体の科学」と呼んだものである。

一方、J.B. キャリコットは「知の伝統」という言い方で、やはり世界中の多様な事例を紹介している。哲学者であるキャリコットは、技術的な知の側面よりも、形而上的な環境に対する姿勢と価値観に関心がある。「知の伝統」は、ここで定義した文化よりもさらに広く、宗教あるいは思想と呼べるものである。

彼は古今東西の宗教・思想・世界観に、萌芽的であれ、土着の、今日の言葉で言う環境倫理を見出している。エコソフィーとでも呼んでもいい。L. ホワイトは、ユダヤ・キリスト教を、人間が自分の生存のために自然を搾取する思想で環境破壊の元凶とみなしたが、キャリコットは、そのユダヤ・キリスト教にすら自然と親和性の高い考え方が認められると考えた。

しかし、こうした文化・思想・世界観は、その環境非束縛性ゆえに、特定の環境あるいは自然を超えて拡張・肥大化することがある。再びポルツマンによれば、文化が世界化するのである。文化は自然と乖離し、かつて内包していた人と自然の関係は外部化することになる。

この過程を人類学者のT. インゴールドは人びとの世界観の転換と捉え、環境問題の根底にあるものとした。かつての人は圏的（sphere）な世界観を持っていた。自分たちの周りを、近い自然から遠い自然まで幾重にも取囲んでいると考えていた。人は自然の中に埋め込まれている。したがって自然と人は一体であり、「自然は私自身である（What I am）」ということになる。

しかし今日、人の世界観はグローブ的（globe）になった。ちょうど宇宙船から見た暗闇に浮かぶ地球の映像のように、人は自然を外から見るようになった。別の言い方をすれば、人は自然から離床し、自然は客体化され、「所有しているもの（What I have）」となる。内包されていた自然が外部化されたのである。

もはや自然と人は圏的に渾然一体としたものではない。自然と人とは対置すべきものになった。文化が世界化し、自然から乖離することによって、機械論的な自然観が確立し、自然は人にとって有用性の体系、すなわち資源と呼ばれるものになったのである。

自然から乖離した文化のもたらすもの

自然から乖離した文化は、普遍性を獲得し、地域と文化を越えてゆく。それはもはや文化と呼ぶものではなく、近代文明といってもよいだろう。「具体の科学」から近代科学への転換である。

近代文明は地域の自然に根ざした文化を覆い隠す。地域の伝統的な知識体系を、劣ったもの、遅れたものとして葬り去っていった。そして生業、あるいは今日農林水産業と呼ばれる生産活動の様相を大きく変えつつある。

農業は、今では自然の摂理を軽視するようになった。河川をダムでせき止め、延々と灌漑水路を張り巡らせ、農業のできなかった土地を緑の畑にしてゆく。また土壌の潜在能力を超えた生産を期待しての化学肥料を投入した。さらに近代農業の単一作物栽培は、不安定で脆弱な人工の生態系を生み出し、農薬の多用を不可避的に伴った。

近代農業は、季節と地域性も克服しようとする。市場価値を高めるためビニールハウスの中で季節外れの農作物を栽培する。季節性を均すために、南半球の生産地から北半球の市場へと農作物を運搬することもある。こうした農作物の地球規模での移動と他の地域への依存は、フードマイレージという概念が示すように、環境負荷をひたすら大きくしている。

近代文明の生んだ普遍的価値は、経済的合理性と利便性の追求だろう。G. リッツアは、現代の果てしない合理化を追求する社会を「マクドナルド化した社会」と呼んだ。日本においては、むしろ「コンビニエンス化した社会」といってほうが理解しやすい。コンビニエンスストアは、徹底的な合理化と商品管理により、見せかけの豊かさと利便性を具現している。

注意しておきたいのは、マクドナルド化なりコンビニエンス化なりが目指すより高い効率性、より正確な計算可能性と予測可能性、そしてより完璧な管理は、いずれも自然の本質とは相容れないものであることである。財政学の神野直彦によると、近代文明の生んだ工業社会は「自然をより効率的に使用するために、自然の利用を高度化したり、より安価な自然を求めて、自然を破壊する領域を拡大してしまう」のである。では、こうした状況のなかでわれわれは何をすればよいのか。

食を例にとれば、まず工業化した農林水産業を本来の自然の摂理にあったものにする必要があるだろう。食料の安定生産と人口問題もからむため、そう簡単なことではない。しかし個人の活動でできることもある。地産地消運動は、フードマイレージだけでなく、地域の農業と文化にも配慮した、その具体的な活動である。

生産システムの転換は、生産者だけでなく、消費者にも責任がある。現在の生産システムになったのは、消費者の過度の欲求があったからだ。消費者は、生産の現場を知り、購買行動に反映させることで、生産システムに干渉することができる。消費者は、生産者と協働して、食材の生産の作業に関わることになる。消費者は共同生産者なのである。

社会のシステム自体を、少しずつ、意識的に変えてゆく必要がある。コンビニがこれほど成長したのは、消費者の利便性への過度な欲求と経営者の経済効率を優先する考えが、見事なまでに一致したからである。社会のシステムを変えるには、過去を振り返り、利便性と見せかけの豊かさと引き換えに失ったものを考え、そのうえで、地域の自然に根ざしたあらたな文化を創造することが必要だろう。それは言い換えれば、自然と乖離した文化を、今日的な文脈の中で、もう一度自然の中に埋め戻すということである。　【阿部健一】

⇒D文化的アイデンティティ *p154*　D文化的ジェノサイド *p188*　R海洋資源と生態学的知識 *p308*　E地産地消とフードマイレージ *p514*

〈文献〉阿部健一 2010.　ポルトマン、A. 2006(1981).　キャリコット、J.B. 2009.　Ingold, T. 1993.　ホワイト、L. 1999(1972).　リッツア、G. 2008.　神野直彦 2002.

生物文化多様性の未来可能性

環境負荷が低く、しかも豊かな生活のヒント

生物と文化の相互作用としての生物文化多様性

生物文化多様性は、単にそれぞれの地域にある生物多様性と文化多様性の総体をいうのではなく、それぞれの地域の生物多様性と、その恩恵を受けてきた地域住民の文化によって生物多様性が維持されてきたという相互作用を表す概念である。

ヒトは、赤道直下の熱帯から寒冷な北極圏まで、さらに多雨地帯から降水量の少ない乾燥地帯にまで、単独の種として生存している点で、他の哺乳類と大きく異なる。さまざまな環境下で身体的にはそれほど大きな変化を遂げていないが、それぞれの気候風土に適応した暮らし、すなわち衣食住、生業技術体系、環境認識などが著しく分化している。さまざまな環境への人間の適応は、ことばの最も広い意味での文化を形成している。

各地域の文化は、生物相を一要素とする地域の風土に即して形づくられてきた。一方、人間の生活空間における生物相には、人間が持ち込んだ栽培植物や家畜などをはじめ、文化をつくりあげてきた要素が含まれる。人間の文化と生物相は、相互に密接に影響を及ぼし合って変化してきた。

地球規模でみた生物文化多様性のパターン

世界的なスケールでみて、高い生物多様性のある地域と高い文化多様性のある地域は重複しているとされる。とくにアマゾン川流域、中米、インドネシア〜メラネシアが植物の種多様性も文化多様性の一指標となる言語多様性も著しく高い地域である（図1）。

梅棹忠夫は『文明の生態史観』で、日本と西欧の共通性をあげて、その要因を論じている。これによると、ユーラシア大陸の東北から西南にはしる大乾燥地帯の周辺にある中国世界、インド世界、地中海・イスラーム世界、ロシア世界は、乾燥地帯に繰り返しあらわれる暴力によって、しばしば大きな打撃を受けた。それに対して、日本や西欧は暴力の源泉である乾燥地帯から遠く、破壊から守られたことが共通点であるとしている。ユーラシア大陸の中心部は、きわめて競争的な世界で、巨大帝国ができたり、単一民族が支配したりするが、周辺部では強い競争から免れて残存する文化や民族があった。『文明の生態史観』の考え方を地球規模に演繹すると、多様な文化は大文明の支配から免れた周辺地帯で生き残ることを示唆している。

植物の種多様性は、一年中安定な高温と季節変動の小さい降水量によって赤道付近の低地である熱帯雨林地帯に極大値をもち、緯度や標高が高くなるにつれて、あるいは降水量の季節変動が大きくなるにつれて、種多様性が減少していく。言語多様性では、人口密度を支える条件のひとつである植物の生産量が高い地域において狩猟採集段階で新しい言語が生まれ、その後、いわゆる文明の中心から離れたところで残存する確率が高かったとすれば、熱帯雨林はその典型例である。このことは植物の種多様性と言語多様性が熱帯雨林地帯でともに高いことを説明する。

生物文化多様性はなぜ大切か

生物文化多様性の機能的価値は、多様な自然環境への適応と多様な天然資源の持続的管理の考え方を含むことにある。これらの知識の多くは、数百年あるいは数千年にもわたる彼らの自然とのかかわりのなかで蓄積されたものであり、口承で代々伝えられてきたもの

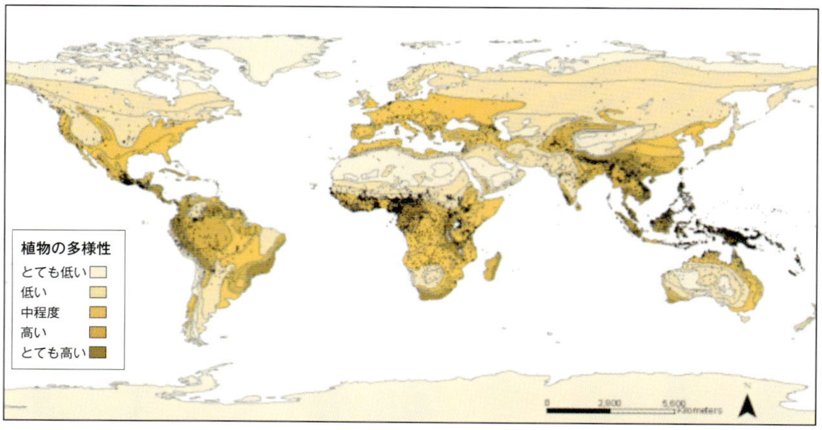
植物の多様性
とても低い
低い
中程度
高い
とても高い

図1 世界的スケールでの生物多様性と文化多様性の地理的な重なりの例。生物多様性は植物の種多様性で、文化多様性は言語の分布密度で代表させている［Stepp, *et al.* 2007］

である。その知識のなかには、多様な天然資源に関して、資源量のモニタリングや収穫制限、あるいは特定の生物種や特定の発達段階の個体の保護や、生息地、なかでも繁殖地の保全など、伝統的生態知識に基づく資源管理あるいは生態系管理の知恵が含まれている。

アボリジニの野焼きはオーストラリアの乾燥林の大規模な火災を避け、草食獣の個体数を増やすのに有用な技術である。燃料となる枯れ葉や枯れ枝が大量に蓄積される前にこまめに燃やすことで壊滅的な大火事を防いでいると同時に、林床の光環境を改善して草食獣の餌である草本の成長を促進している。このアボリジニの野焼きによって改変された景観こそが、生物文化多様性のひとつの現れであり、日本を含む東アジアの里山的景観や西欧の田園的な景観と同様に、ここを生息場所とするさまざまな動植物を擁することになる。

事実、日本の里山ではさまざまな有用な動植物を人びとが意図的に維持しているとともに、多様な生態系サービスを利用するためのモザイク状の土地利用は、意図せずして多くの生物にすみかを与え、高い生産性と高い生物多様性を両立させる人為生態系をつくりだしている。これは東アジア〜東南アジア、あるいは西欧の伝統的な農業生態系も同様である。

これらの伝統的生態知識は、単なる個別の伝承ではなく、自然との共存システムをなしていることも多い。オーストラリア・アボリジニの神話はドリーミングとよばれる。それによれば、最初は大空と大地があっただけだが、文化的英雄である始祖たちが旅をすることによって、地形を作り、大地の形を整えていった。始祖たちは人間であると同時に、それぞれカンガルーやエミューといったさまざまな動物の特徴を備えており、「増殖の場」とよばれる特定の場所に降りて行ったとされる。

アボリジニのある集団はカンガルーを始祖とし、別の集団はエミューを始祖とするなど、*トーテミズム信仰をもつといってよい。人びとは、自分たちの集団のトーテムである生物の個体数を積極的に維持することに加えて、時期に応じてその生物を殺したり食べたりすることが禁じられる。とくに「増殖の場」にはさまざまなタブーがあり、それぞれの生物の繁殖地保全につながっている。

生物文化多様性の危機と地球環境問題

現代社会では、生物多様性も文化多様性も共通の原因で喪失している。文化の均質化と単純化を推し進めているのと同じ力、たとえば多国籍企業や農業の近代化、グローバルな市場といったものが、生物相の均質化と単純化を進めている。この半世紀、地域の生物資源で衣食住とエネルギーの大半を賄ってきた生活が世界各地で消えていき、そのかわりに低廉な化石燃料を使って地域の気候風土とは必ずしも調和しない生活を受け入れてきた。蒸し暑い日本の夏に背広とネクタイを着用する衣生活や、北極圏で100%輸入に頼るコムギと牛肉を使ったハンバーガーを常食する食生活、熱帯域や亜熱帯域で気密性の高い建物に住んで冷房を効かす住生活は、そのわかりやすい例といえる。

もちろん、グローバル化によって、豊かで便利な生活が普及し、飢饉や災害には即座に海外からの援助を得ることができ、多くの人びとが最新の医学や薬学の恩恵を受けるようになった。しかし、それはエネルギーを際限なく消費し、温室効果ガスを多量に排出する生活でもある。それにもまして、グローバル化によって世界中を巻き込んだダンピング競争が進んでいくことで地場産業がどんどん衰退していき、地域の有用資源が使われなくなり、地域間・地域内の経済格差が広がってきた。このような市場原理に沿ったわれわれの行動そのものが、地球温暖化や生物多様性の喪失などの地球環境問題を生み、経済発展がもたらす利益の公平な享受を妨げ続けているといえる。広がった経済格差は健康の格差や社会的対立を生み出し、人の幸福感を著しく損なうとともに、地球環境問題に配慮せず自分の経済的優位を誇示するためだけの贅沢な消費が進むことも指摘されている。究極的には、地域の生物多様性と相互作用をもって発展してきた生物文化多様性の喪失こそが、地球環境問題と南北問題の根本的な原因といえるかもしれない。

生物文化多様性を発展的に継承せよというメッセージは、決して「過去へ帰れ」というノスタルジックなものではない。多様な自然や風土のなかで、長年培われてきた再生天然資源の枯渇を招かず、さまざまな生態系サービスを持続的に利用してきた知恵を活かすことで、環境負荷を抑えた、しかも豊かな生活を推進するというきわめて現代的な課題の解決、すなわち未来可能性につながっていくのである。　【湯本貴和】

⇒C地球温暖化と生態系 *p36*　D生態系サービス *p134*　D熱帯雨林の生物多様性 *p142*　D言語多様性の生成 *p152*　D病気の多様性 *p158*　D生物多様性のホットスポット *p162*　D里山の危機 *p184*　D文化的ジェノサイド *p188*　Dサンゴ礁がはぐくむ民俗知 *p210*　R日本型食生活の未来 *p278*　R民俗知と科学知の融合と相克 *p304*　R熱帯林における先住民の知識と制度 *p306*　Hイエローベルト *p378*　H景観形成史 *p382*

〈文献〉Ankei, Y. 2002. Bennett, D. H. 1986. Callicott, J. B. 1994. 小山修三 1992. Loh, J. & D. Harmon 2005. 梅棹忠夫 2002(1967). Wilkinson, R. G. 2005. Stepp, J.R. *et al.* 2007.

アジア・グリーンベルト

西太平洋アジア地域の生物文化多様性の源泉

アジア・グリーンベルトとは

西太平洋アジア地域の陸上生態系を特徴づけるのは、シベリアからニュージーランドにかけての本来の植生である、乾燥地の介入なく連続する森林帯、すなわちアジア・グリーンベルトである（図1）。これと全球規模で対比できる欧州〜アフリカ地域、あるいは南北米地域においては、中緯度高圧帯とよばれる下降気流の卓越する広範な砂漠地帯が存在し、連続した森林帯が裁ち切られている。グリーンベルトには、地理的あるいは気候的な好条件に支えられた豊かな生物多様性が形成され、さらに豊かな生物多様性を基礎においた文化多様性が華開いている。またグリーンベルトのすぐ東側には、サンゴ礁や藻場によって構成される沿岸帯であるブルーベルトが存在している。ブルーベルトもまた豊かな生物多様性を有するとともに、沿岸域あるいは海洋に生活基盤をもつ人々の文化多様性を産みだしてきた。

環太平洋造山帯と栄養塩

西太平洋アジア地域は、プレート同士の境目に位置するために火山活動が活発で、環太平洋造山帯といわれる。この火山活動によって、つねに地下深くからさまざまな栄養塩類が供給されている。アジア大陸の東縁では、太平洋プレートがユーラシアプレートの下に潜りこもうとしていて、カムチャッカ半島からニュージーランドにかけての長大な火山帯が形成されている。またスマトラ島からフローレス諸島にかけても、インド〜オーストラリアプレートと太平洋プレートの境界にたくさんの火山が分布している。短期的に噴火は陸上生態系を破壊することがあるが、長期的にみると陸上から浸食作用で失われていく栄養塩類を地下深くから新しく補充する役割をもっている。海洋生態系においても、光合成が行われる北太平洋の海洋表層部にケイ酸、窒素、リンなどの栄養塩類が4000mの深海から海洋大循環によって供給されており、太平洋の栄養塩類は大西洋にくらべて2倍ほど多いとされる。

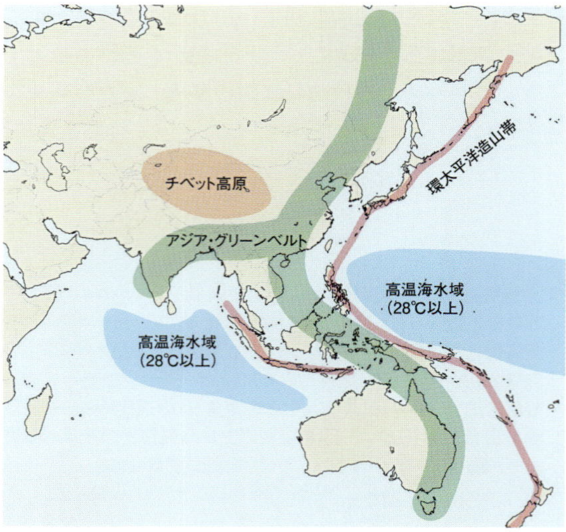
チベット高原
アジア・グリーンベルト
環太平洋造山帯
高温海水域
(28℃以上)
高温海水域
(28℃以上)
図1　アジア・グリーンベルト［Inoue 1996を改変］

アジアモンスーンがもたらす雨

西太平洋アジア地域の環境は、他の地域にくらべて長期的に安定してきたといえる。最終氷期には、欧州と北米では広範に大陸氷床によって覆われたが、アジアではそうではない。アフリカや南米の熱帯雨林地帯においても、同じ時期に乾燥した草原が広がったとされるが、東南アジア熱帯では氷期を通じて湿潤な気候が優勢であった。

この地域の気候を大きく支配しているのは、アジアモンスーンである。夏のモンスーンではインド洋からチベット高原に向けて吹く季節風が南西斜面に多量の雨をもたらし、冬のモンスーンではシベリアから吹く季節風が北東斜面に雪または雨を降らす。東南アジア熱帯の中心部であるスマトラ島、マレー半島およびボルネオ島南西部は、夏と冬の両方のモンスーンがもたらす雨によって一年を通して多雨気候を示す。このように乾季をまったく伴わない熱帯雨林気候は、アフリカにはなく、南米でもエクアドルのごく狭い範囲にあるだけである。

ふたつの古代大陸

アジア・グリーンベルトの高い生物多様性は、この地域の地史にも由来している。東南〜南アジアの陸塊は、白亜紀初期に出現したローラシア大陸とゴンドワナ大陸によって構成されている。インド亜大陸は、およそ1億6000万年前のジュラ紀後期にゴンドワナ大陸から分離し、4000万年前にローラシア大陸にぶつかった。インド亜大陸に押し上げられたヒマラヤ山脈の隆起は、およそ2800万年前に始まる。スマトラ島、ボルネオ島、スラウェシ島の南半分は、それぞれインド亜大陸と同期にゴンドワナ大陸から離れて現在の位置に移動している。オーストラリア大陸とニュージーランド島はゴンドワナ大陸の一部であり、過去にローラシア大陸とつながったことがない。

この特徴は、アフリカや南米と比較すると違いがわかる。アフリカはゴンドワナ大陸の一部であり、ローラシア大陸とは長らくテチス海、のちに地中海によって隔てられていた。南北米大陸はそれぞれ、ローラシア大陸とゴンドワナ大陸の一部であり、パナマ地峡でつながったのはせいぜい350〜320万年前にすぎない。西太平洋アジア地域だけが、ゴンドワナ大陸とローラシア大陸が地史的な時間スケールのなかで出会っている場所なのである。とくにスラウェシ島からニューギニア島にかけてのウォーレシアは、ゴンドワナ大陸とローラシア大陸の移行地帯として、さまざまな生物群の分布が入り交じる回廊の役割を果たしている。

ゴンドワナ大陸とローラシア大陸の出会いが、この地域の生物相の特性に大きく関与している。植物でいえば、東南アジア熱帯山地林から東アジア暖温帯林・冷温帯林にかけて優占するブナ科植物はローラシア大陸起源であり、分布はウォーレシアを通過してニューギニアに至っている。東南アジア熱帯低地林を代表するフタバガキ科植物はゴンドワナ大陸起源であり、インド亜大陸にのってローラシア大陸に移動してきた。アフリカと南米では数種しかない低木であるが、おそらくブナ科植物から外生*菌根菌をもらい、東南アジアでは高さ70mに達する高木となるとともに、マレー半島やボルネオ島では著しい種分化を遂げている。

人類史上でのアジア・グリーンベルト

東南アジア地域は、ジャワ原人をはじめとした原人

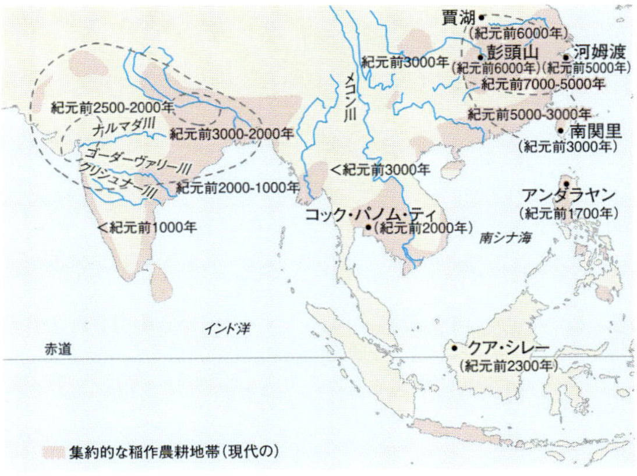

賈湖
(紀元前6000年)
彭頭山
(紀元前6000年)
河姆渡
(紀元前5000年)
紀元前3000年
紀元前7000-5000年
メコン川
紀元前2500-2000年
ナルマダ川
紀元前3000-2000年
紀元前5000-3000年
南関里
(紀元前3000年)
ゴーダーヴァリー川
クリシュナー川
<紀元前3000年
紀元前2000-1000年
アンダラヤン
(紀元前1700年)
コック・パノム・ティ
(紀元前2000年)
<紀元前1000年
南シナ海
インド洋
赤道
クア・シレー
(紀元前2300年)
集約的な稲作農耕地帯(現代の)

図2　南アジア、東アジア、東南アジアの稲作農業の拡大［Bellwood 2005］

写真1　ボルネオ島のフタバガキ科植物（マレーシア・サラワク州、1996年）

がいたことが化石で示されている。アフリカ起源の現生人類がこの地域に達し、*サフル大陸に渡ったのはおよそ5万年前で、言語的にはオーストラリア諸語やパプア諸語のあとに、オーストロネシア語族が拡がった。

この地域は、また初期農耕の揺籃の地を含んでいる。長江・黄河流域では約9000年前にイネやアワ、キビなどの栽培が始まり、年代は不明であるが、ブタやニワトリなども家畜・家禽化された。ニューギニア高地では9000〜6000年前には、穀物や家畜は欠いているものの、根栽類（タロイモ、ヤムイモなど）や樹木作物（ココヤシ、パンダナスなど）を管理する初期農耕が成立したとされる。

集約的な稲作農業はアジア大陸のなかでも湿潤な気候のアジア・グリーンベルトを中心に発達し、現在では南アジア、東アジア、東南アジアの主な稲作地帯は、ほとんどは灌漑された水田でコメの栽培が行われている。このイネ主体の高い生産性を持続させる農業が、アジア・グリーンベルトに人口増加をもたらすとともに、稲作を中心とした生業体系、制度、儀礼などを確立させ、それが東アジア〜東南アジアの文化的特徴を構成している。また沿岸域では、活発な漁撈活動に伴う文化も成立していて、生業複合的な様相を呈している。

人口稠密地帯であるアジア・グリーンベルトは、近年になって急速に工業化を遂げて、各地に大気や水の汚染を引き起こし、森林や湿地の自然植生が失われ、沿岸域の生態系が消失しつつある。それと同時に、生物文化多様性の喪失が大きく懸念されるようになっている。

【湯本貴和】

⇒D熱帯雨林の生物多様性 *p142*　D生物多様性のホットスポット *p162*　D生物文化多様性の未来可能性 *p192*　D雨緑樹林の生物文化多様性 *p196*　D生態地域主義へ *p200*

〈文献〉Ashton, P.S.　1982.　Bellwood, P.　2005.　Cox, C.B. & P.D. Moore 2000.　Inoue, T.　1996.　Inoue, T., *et al.*, 1993.　Philander, D.G.　1990.

雨緑樹林の生物文化多様性

水がつくる季節変化と景観のモザイク

東アジアのグリーンベルトと雨緑樹林

ユーラシア大陸の東縁は、世界で唯一の赤道域から極域まで南北に伸びるグリーンベルトである。東南アジア島嶼部の多島海域には豊富な生物多様性と高い生産力を誇る熱帯雨林が、日本を含む中緯度帯にはシイ類やカシ類からなる照葉樹林やナラ類やブナからなる落葉広葉樹林が発達している。この両者の間に位置しているのが雨緑樹林（熱帯雨緑林）である（図 1）。雨緑樹林の特徴は、水がつくる季節性にある。モンスーン気候が、毎年確実に、雨季と乾季をもたらす。半年間の乾季というストレスを乗り越えるよう、樹木は種子結実や発芽のタイミングを進化させてきた。

雨緑樹林は、フタバガキ科、マメ科、ウルシ科、フトモモ科、シクンシ科などの樹木が卓越し、乾季には葉の一部、またはすべてを落とす。林冠は 20～30 m にとどまり、突出木は少ない。林冠木の開花は乾季後半の 2～4 月に最盛期を迎える。マレー半島やボルネオ島の熱帯雨林のように 4～5 年に一度の一斉開花は見られず、植物の生理や生長には 1 年を単位とする明瞭な周期性が見られる。雨緑樹林の多くは動物媒花である。とりわけミツバチや、チョウなどの昆虫媒が多い。植物遺体の分解を担うのはシロアリである。森に点在する、シロアリの塚は、雨緑樹林を特徴づける景観である。

東南アジア大陸山地部は、低地は雨緑樹林帯だが、標高 1000 m を越えると照葉樹林帯となる。照葉樹林帯は、ヒマラヤ山地中腹から東南アジアの大陸山地部、中国の雲南・貴州高原、江南山地を経て西南日本へと続く。照葉樹林帯にも乾季はあるが、乾燥は雨緑樹林帯と比較すると穏やかで、かつ気温の低下が顕著である。

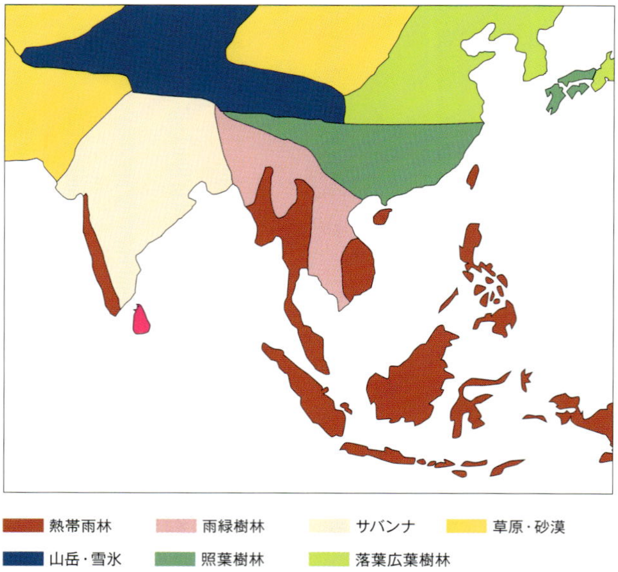
熱帯雨林
雨緑樹林
サバンナ
草原・砂漠
山岳・雪氷
照葉樹林
落葉広葉樹林

図 1　ユーラシア大陸南東部の森林植生［国土緑化推進機構 HP より一部修正］

雨緑樹林帯の生業と景観

雨緑樹林帯のもう 1 つの特徴は、その環境がヒトの生存に適している点にある。半年間の乾燥は樹木の生長にストレスを与えるが、同時にヒトの生存の脅威となる病原生物の蔓延を抑制する。熱帯雨林と比較すると植生の密度が小さい雨緑樹林は容易に開墾することができる。ヒト居住の長い歴史によって雨緑樹林は人為的に改変されてきた。同時に、住民は雨緑樹林という生態系を利用して生きていく術を伝統的生態知識として継承してきた。

雨緑樹林帯を代表する生業は、水田耕作と焼畑耕作である。水田は丘陵の低地や山間盆地など、自然の傾斜にしたがって水が集まるところに分布する。焼畑の分布は、今日では山地斜面に限定されているが、かつては平地にも広くみられた。照葉樹林帯の焼畑が輪作と犂(すき)耕による数年間の連続耕作と 15～20 年の長期休閑を特徴とするのに対して、雨緑樹林帯の焼畑は無耕起での陸稲一作と 7～15 年の休閑を繰り返す。その結果、雨緑樹林帯の焼畑地域における森林植生はより短い周期で遷移を繰り返す。

漁撈活動も、モンスーン気候がもたらす水環境の季節変化の恵みに依存した重要な生業である。メコン川集水域では、河川が増水し氾濫する雨季には四手網(しであみ)漁、すいく漁、柴漬け漁、筌(うけ)漁、刺し網漁で、流量が減少し漁場を限定しやすい乾季には手づかみ、魚伏籠、投網、ざる、すくい網などによる小規模な漁法で、漁撈活動が営まれている。

雨緑樹林帯の景観は、水田と焼畑と休閑林と水辺の組み合わせによって形成されている。同じ水田や焼畑といえども、多様な品種が組み合わされて栽培されている。さまざまな土地利用と植生遷移、それに多様な栽培植物がモザイク状に分布し、農地と森林と水辺が季節によって変化しながら生態的に相互作用している点にこそ雨緑樹林帯の景観の特徴がある（図2）。この組み合わせと相互作用からなる生態系を生活基盤として、人びとは生物文化多様性を育んできた。

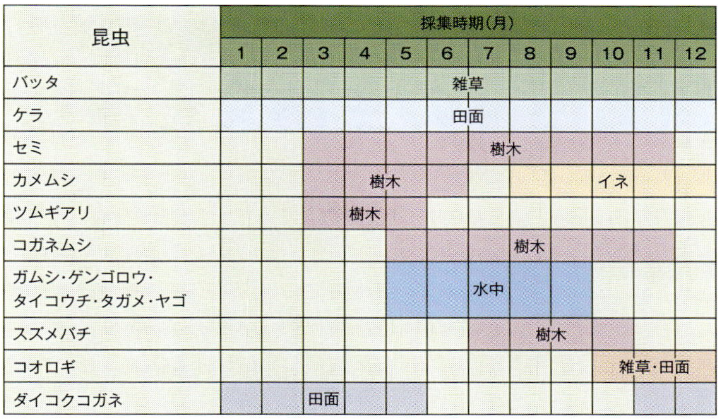

昆虫
採集時期（月）
1
2
3
4
5
6
7
8
9
10
11
12
バッタ
雑草
ケラ
田面
セミ
樹木
カメムシ
樹木
イネ
ツムギアリ
樹木
コガネムシ
樹木
ガムシ・ゲンゴロウ・
タイコウチ・タガメ・ヤゴ
水中
スズメバチ
樹木
コオロギ
雑草・田面
ダイコクコガネ
田面

図3　ラオス、ビエンチャン県の一農村における食用昆虫の生息地と採集時期［野中ほか 2008 を一部修正］

生物利用の多様性

焼畑の主たる栽培作物は陸稲だが、それ以外にアワ、シコクビエ、ハトムギ、モロコシなどの雑穀、サトイモやタロイモなどのイモ類、ウリ類やナスなどの果菜類、エゴマ、トウガラシ、レモングラスなどの香辛料植物などが混作されている。生産環境の多様性を生かし、干ばつや虫害・ネズミ害などのリスクを分散する農業技術の1つの極相であり、モノカルチャーによる生産性向上を目指す農業技術の近代化と対照的である。さらに焼畑耕作を、休閑地を含めた森林植生利用体系と考えると、より多様な生物利用がみえてくる。ラオス北部のある村では、焼畑耕地や休閑林に自生する123種類の野生植物が、食べ物、嗜好品、糊・染料・屋根葺き材料、歯磨き、薬用、魔除け、お守りなどに利用されている。休閑林はヤケイ（野鶏）やイノシシなどの狩猟の場であり、カルダモンやラタン、安息香など、国際的に取引される非木材産物の採集の場である。これらは住民の貴重な現金収入源となってきた。

水田も多面的に利用されている。水田雑草であるナンゴクデンジソウは、農民が採集し自家消費するだけでなく、市場で販売されている。タイ東北部からラオス中部に広がる産米林では、マメ科やアカネ科の樹木は薪炭材や建築用材として、ノウゼンカズラ科の樹木は薬用に、インドセンダンやフトモモ科の樹木の葉は食用に利用されている。魚類やカエル、カニなどの食用動物は日常的に捕獲されている。食用昆虫の多様性には目を見張るものがある。水田やその周辺の林や水辺で何十種類もの昆虫が採集されている（図3）。コオロギの中でもひときわ大きいタイワンオオコオロギ、それにタガメ、カメムシはチェーオ（ペースト状の副菜）の材料として人気がある。

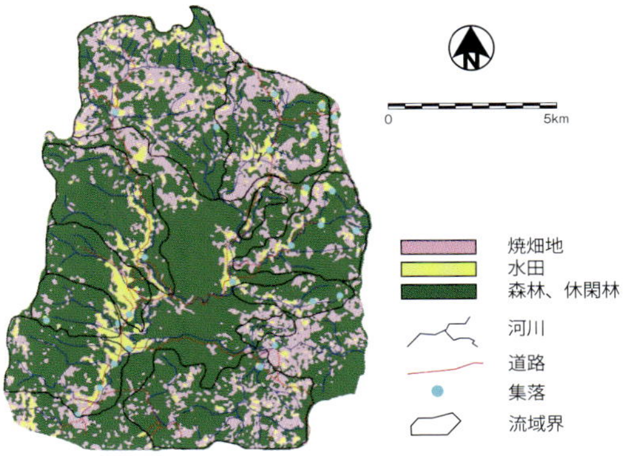

N
0
5km
焼畑地
水田
森林、休閑林
河川
道路
集落
流域界

図2　雨緑樹林帯における水田、焼畑、森林、河川のモザイク（ラオス北部ウー川流域の事例）［富田ほか 2008］

河川、湖、池沼、湿地などの水辺空間では、魚類に加えて水草類が利用されている。シオグサは生や素干しで食用として自家消費・販売される。アオミドロ類はラープ（トウガラシやハーブ入りのサラダ）に調理して、オオイシソウは生のまま食べる。藍藻類は、魚醤やタマリンドの果実、ネギなどの香辛料と混ぜてサラダにする。

季節変化や経年変化に対応する文化

雨緑樹林帯に暮らす人びとは、農地と森林と水辺を生活基盤として、栽培植物に加えて野生の動植物を巧みに利用してきた。それは食事や住居、儀礼、疾病治療などに関する伝統的生態知識として継承され、人びとの生活や文化に埋め込まれている。水がつくる季節変化と森林植生の遷移や気象の経年変化に柔軟に対応する雨緑樹林の生物文化多様性が、人びとの自立的で持続的な生活システムを支えている。　【河野泰之】

⇒C焼畑における物質循環 *p118*　D熱帯雨林の生物多様性 *p142*　D作物多様性の機能 *p150*　D熱帯林の減少と劣化 *p166*　Dアジア・グリーンベルト *p194*　D生態地域主義へ *p200*　D昆虫食 *p202*　D東アジア内海の生物文化多様性 *p208*　R焼畑農耕とモノカルチャー *p252*　R熱帯林における先住民の知識と制度 *p306*　Rマングローブ林と沿岸開発 *p336*

〈文献〉秋道智彌ほか 2008．鯵坂哲朗ほか 2008．池谷和信ほか 2008．尹紹亭 2000．落合雪野 2007．落合雪野ほか 2008．河野泰之ほか 2008a, 2008b．小坂康之 2008．竹田晋也 2007, 2008．友岡憲彦ほか 2008．新田栄治 2008（1995）．富田晋介ほか 2008．野中健一ほか 2008．横山智ほか 2008．渡部忠世編 1987b．

照葉樹林の生物文化多様性

夏緑樹林との比較のなかで

照葉樹林と夏緑樹林

1960年代のおわりに中尾佐助や佐々木高明らによって提唱された照葉樹林帯文化論は、日本の生活文化の基盤をなす要素の多くが、中国雲南省、ネパール、ブータンを中心とする東亜半月弧にその起源を求めることができ、そこには照葉樹林帯とよばれる常緑広葉樹林という共通の自然環境がベースにあるとしたものである。照葉樹林帯文化を特徴づけるのは、根栽類の水さらし利用、陸稲栽培、モチ食、麹酒、納豆やなれずし、魚醤などの発酵食品、鵜飼、漆器、絹、茶などの生業や食文化に加えて、歌垣や入れ墨などの民俗であるとされた。いっぽう、東北日本を代表する夏緑樹林についても、落葉広葉樹林という自然環境をベースとするブナ帯文化ともいえる別系統の基層文化があり、ブナやミズナラなどの堅果、山菜・キノコ利用、あるいはクマやカモシカなどの哺乳類の狩猟などで特徴づけることができ、ブナ・ナラ帯として朝鮮半島やロシア沿海州という地理的な広がりをもつだけではなく、日本の縄文文化にも深くかかわっているとされる。

このふたつは、現在の潜在植生として日本列島を二分する西南日本の照葉樹林帯と、東北日本の夏緑樹林帯の自然環境とそこに生きてきた人間の生業や文化を整理したわかりやすい論考であるといえる。この論考で注目すべきは、夏緑樹林帯文化が森林を維持したままで得られる「自然の恵み」に大きく依存する文化であるのに対して、照葉樹林帯文化では焼畑耕作などの栽培作物を中心とした文化である点である。照葉樹林帯文化には、なれずし、魚醤のような、雨季と乾季の違いが著しい熱帯モンスーン帯の水田耕作と水田漁撈に由来すると考えられる産物まで含まれている。人為が加わらない自然のままでさまざまな恩恵が得られる夏緑樹林帯文化と、利用には人間の積極的な自然改変が伴う照葉樹林帯文化の対比は顕著であり、照葉樹林は人間にとってそのままでは住みにくい場所であるといえる。現在の潜在植生と同じ縄文時代において、定住狩猟採集民である縄文人の推定された人口密度は、東北日本のほうが西南日本にくらべて格段に高かったとされていることも、このことを裏づける。

山菜とキノコの乏しい照葉樹林

東北地方や甲信越地方で驚くのは、人びとが山菜採りやキノコ狩りにかける情熱のすごさである。土日、休日にはじつに多くの人びとが、山菜やキノコを求めて森林に入る。それに比べると、照葉樹林帯の人びとの山菜やキノコに対する姿勢は冷淡といってもよい。この現象は単に人びとの文化や嗜好の問題だけではなく、夏緑樹林と照葉樹林のもつ生物群集としての性質に起因している。

亜熱帯から冷温帯上部までの垂直分布のなかで、照葉樹林帯に集落がある屋久島でも、食用にする植物の種類は非常に少なく、タケノコ類、クサギの新芽、ツワブキなどの常緑樹以外のものを利用するにすぎない。照葉樹林で山菜が得られにくいのは、常緑樹が動物の被食に対して強力に防衛をしているからである。草本類も同様である。常緑樹は物理的あるいは化学的に葉を防衛することによって、落葉樹よりも寿命の長い葉をつけている。このことが常緑樹の葉を、たとえ新葉でも人間の食料として用いることを著しく困難にしている。この防衛に対処するためには、茶葉の利用のように、しばしば発酵を伴う加工が必要となる。

また、食用キノコの利用が少ないのは、低緯度に向かうにつれて、菌類の種多様性が増大し、多数の近縁種のなかで可食か毒

写真1　屋久島の照葉樹林。マテバシイの花が咲いている（屋久島、2006年）
［辻野亮撮影］

かの区別がつかなくなることに関係している。もともとキノコには同定の手掛りになる特徴が少ない。キノコでは近縁種内でも食用になる種と有毒の種が混在するという、人間にとって厄介な性質をもっているために、誤って毒キノコを食べる危険性がつねに存在する。夏緑樹林帯では、決まった季節に決まった場所に大量に出現するキノコを多用している。照葉樹林帯では夏緑樹林帯に比べて菌類そのものの種数は格段に多いが、屋久島ではシイタケとアラゲキクラゲ、加計呂麻島でもシイタケ、アラゲキクラゲ、マツタケ、イグチの一種の4種以上の食茸を聞き出すことはできなかった。宮崎県椎葉のある集落ではかつてキノコ中毒で大きな被害がでたために、いっさいキノコは食べない。

春の山菜採りや秋のキノコ狩りに人びとが喜び勇んで森林に入る夏緑樹林と、そうでない照葉樹林では、人びとの意識のなかでの森、とりわけ原生的な天然林の価値づけがずいぶん異なる。このことが古代から近世・近代あるいは現代にいたるまで、一貫して照葉樹林が減り続けてきた背景のひとつであると考えられる。

照葉樹林の生物文化多様性と新しい価値

人間文化とのかかわりの多少にかかわらず、照葉樹林には照葉樹林に特異的な生物の多様性がある。林冠を構成する高木の多くが風媒性であるブナ林と比較すると、シイやマテバシイ、あるいはクスノキ科の樹種はすべて虫媒性である。ヤブツバキは日本の野生植物では数少ない鳥媒性で、ヒヨドリやメジロによって花粉が媒介されている。また果実を動物に食べられて散布される樹種も数多い。秋から冬にかけて実る照葉樹林の果実は、鳥が食べて種子を散布する。また初夏に果実をつけるヤマモモやタブノキは鳥類だけでなく、タヌキやニホンザルなどの哺乳類が種子を散布している。花粉を媒介する昆虫・鳥類や、種子を散布する鳥類・哺乳類の存在なしでは維持できない森林という点では、照葉樹林は熱帯雨林の雛形ともいえる。照葉樹林の高木や亜高木の種多様性は、動物との相利共生によって支えられているのである。

写真2　糸の紡ぎ方を教える彝(イ)族の老女（中国、雲南省、2009年）

また照葉樹林には、つる植物、着生植物、腐生植物、寄生植物など、多様な植物の生活型がみられる。キビタキやアカショウビンは森林構造が発達した成熟林に好んで生息するため、照葉樹林だけではなく落葉広葉樹林や針広混交林にも生息するが、サンコウチョウやヤイロチョウなど照葉樹林に深く結びついた鳥類も存在する。これらの原生的な照葉樹林に特有な生物相は、里山として喧伝されている二次林では、著しく多様性が低下する。この意味で、里山は原生林の代替にはなりえない。

生物多様性の喪失が地球環境問題の柱となっている現代では、照葉樹林には森林が供給する物質的な価値だけではなく、生物多様性を保全するという新しい価値がすでに生じている。さまざまな生物が相互に関係しながら生態系を支えているということを照葉樹林から学ぶエコツーリズムは、大きな教育的な価値をもっている。

照葉樹林を取り戻すには

日本列島の長い歴史のなかで、われわれはすでに照葉樹林を伐りすぎてしまった。西南日本のもともとの植生がどのようなものか、どのような生物間相互作用が生態系を支えてきたのかを考える手掛りとして、残された照葉樹林は、あまりにも狭い。屋久島の世界自然遺産は、標高による垂直分布が学術的に大きな価値をもつと評価されているにもかかわらず、良好なかたちで保全されている照葉樹林の面積はわずかである。

幸いなことに、照葉樹林を構成する主要な樹種は少しだけ人間が手助けをしてやることによって、植生回復が可能である。ただ従来の立木伐採目的では、とても採算ベースに乗らないほどのコストがかかることも容易に想像できる。照葉樹林を再生するための新しい文化的・社会的な合意形成をつくりだす必要がある。地球規模の環境問題として、地球温暖化の進行と生物多様性の喪失があげられている。このふたつの課題に対する実効性のある取組みには、国や自治体、企業にとっても明確な努力目標が必要となっている。この課題克服のために、照葉樹林の再生を明確に位置づけることが急務である。　【湯本貴和】

⇒**C**森林の物質生産 *p50*　**D**熱帯林の減少と劣化 *p166*　**D**生物文化多様性の未来可能性 *p192*　**D**雨緑樹林の生物文化多様性 *p196*　**D**持続可能なツーリズム *p230*

〈文献〉石毛直道・ラドル，K. 1990．上山春平編 1969．上山春平ほか 1976．梅原猛ほか 1995(1985)．小山修三 1984．佐々木高明 1971．中尾佐助 1966．湯本貴和 1994．金子務・山口裕文編 2001．

生態地域主義へ

照葉樹林文化論の今日的意義

世界の区切り方

地球は決して一様ではない。いくつかに区切ることができる。当然のことだが、何を基準にするかで区切り方は異なる。

古くW.P. ケッペンは植生に注目し、気候を基準として世界を区切った。1923年のことである。その後も、研究者はそれぞれの関心から世界を区切ってきた。土壌学者は土壌に目を向け、地質学者は地質をよりどころにする。生物地理区は、進化学的な生物相の違いを反映した。これまでに自然科学者は地球をそれぞれの方法で分けてきた。

自然の違いだけでなく、人為に区切ることも可能である。言語学者は言語地図を描き、民族学者は民族分布図の作成に携わる。

国境は今日もっとも重要な、かつ厄介な意味をもつ人為的区切りだろう。かつて世界は、政治体制の違いから、東西2つに分かれていた。その境界はかつては確固たるものだったが、1990年に突然消えた。今は途上国、先進国、新興国と分ける。1つの国境の中にもまたいくつかの区切りがあり、便宜的なものから原理的なものまでさまざまである。人間がかかわると区切られるのは、地球ではなく世界である。

地球と世界の区切り方を重ねることもできる。自然の境界を土台に、歴史的に積み重ねられた人の姿と活動を重ねあわす。いわゆる風土論である。和辻哲郎の『風土』、梅棹忠夫の『文明の生態史観』、さらにはF. ブローデルの『地中海』も、最も広い意味での風土論である。

写真1　自然の中で生活しているラオスの子どもたち。次世代のエコソフィーは感性と理性の両方が必要となるのでないか（ラオス、ルアンプラバン近郊、2003年）

照葉樹林という植生区分に、共通する物質文化を見出した照葉樹林文化論も、基本的にはある種の風土論である。しかしあえていえば、先の作品が思弁的であるのに対し、照葉樹林文化論は実証的・具体的であろうとしている。これは、文明へと展開する方向と、文化へ収斂させようとする方向という、視野の違いとも言える。

照葉樹林文化論

照葉樹林文化論は、1960年代後半、まだ現地調査の機会が限られているときに提唱された。日本と共通する照葉樹林が、東南アジア大陸部にはある。そこには文化要素も共通して見出される。たとえば野生のイモ類やカシの実などの堅果類の水さらしによるアク抜き、茶の飲用、蚕の利用、ウルシや近縁種の樹液から漆器を作る方法、柑橘(かんきつ)類とシソ類の栽培、麹(こうじ)を用いての酒の醸造などである。

さらに比較民族学の研究が進むにつれ、物質文化や食文化だけでなく、伝統行事や神話、儀礼などにも共通点があることが明らかになってきた。物質文化だけでなく精神文化まで日本と共通するものがあることがわかってきたのである。

照葉樹林文化の歴史的意義として強調しておきたいのは、すぐれた作業仮説として、知的好奇心と想像力を喚起した点である。たとえば初期の照葉樹林文化論が、現在の文化と縄文文化を安易に結び付けようとした、という考古学からの批判はきわめて健全であるが、日本文化の相対化を図ろうとした時代の背景の中で、学術的な深化につながる豊かな論争をもたらした。稲作についても同様で、照葉樹林文化論では、必ずしも重要視していなかったが、日本文化の基層を探る中で、その起源と伝播についても、刺激的な議論が重ねられ、実証的な研究が試みられることになった。

照葉樹林文化論の歴史的意義はもう1つある。生態と対応する形でひとつの文化複合が存在することを実証しようとした点である。環境決定論ととらえられがちであるが、その後同質な自然環境にあることの社会文化的な意味を問い直す研究の先駆けとなった。のちに佐々木高明は、日本列島において、ブナ林文化を照葉樹林文化に対置させた。従来のように世界を国境や言語・文化・民族ではなく、自然環境を軸に区切り、そこに住む人たちの文化社会をとらえ直そうとする一連の研究である。

高谷好一の世界単位論や立本成文の社会文化生態力学という考え方は、系譜的には、照葉樹林文化論の延長線上にある。ただ自然観や世界観を明らかにしようとしている点に特徴がある。その地域の人びとの自然に根ざした考え方、すなわちエコソフィーを抽出し、尊重しようとしているのである。

エコソフィー

エコソフィーを重視する社会実践が、生態地域主義である。

生態地域主義は、1970年代にP. ベルクとR. ダスマンによって提唱された。生命地域主義と呼ばれることもある。そのエッセンスのつまった「カリフォルニアに住み直すこと」の中で、地域生命主義とは「生態地域（生命地域 bioregion）」にて「十全に生きること（living-in-place）」を目指し、その地域に「住み直す」試みである、と述べている。

生態地域は、国境などの上からのものではなく、そこに住む人と生態系の意識の領域、つまり歴史的に土地に根付く文化に基づいた新たな地域である。その核となるのがエコソフィーである。

生態地域は、これまで搾取的な文明、とりわけ政治文化と産業偏重の資本主義経済によって分断されてきた。自然を克服しようとしてきた近代農業がそうである。エコソフィーは軽視され、利便性と見せかけの豊かさが追求されている。巨大都市はその象徴であろう。景観も地域も均質化が進んでいる。

M. オジェは、現代社会の特徴を「非-場所（non-place）」としての空間を生きることだと言い切った。現代人は、出来事とイマージュと個が過剰に行き交う「どこにもなくて、どこにもある」場所に生きている。それは文化的な意味を失い、履歴を抹消され、意味を奪い取られ、すでに「人類学的な」場所でなくなった。ローカルな場所に「住み直す」とは、いったん離床した人類学的場所に再び自分自身を埋め込み、「その場所と周辺で作用する特有な生態学的関係に気づくことで、その場所の『土着の人』となる」ことである。言い換えれば、近代化の中で無視してきた自然との相互作用の中に再び生きようとすることである。I. イリイチのヴァナキュラリティの考えにも通ずるところがある。

環境問題の根底には、人びとが自然と切り離されたことがあり、その現実を変えようとするのが生態地域主義である。半世紀前、照葉樹林文化論は自然との関係性の中に生きている人びとの姿を鮮明に描き出した。照葉樹林はかつて日本の大部分を占めた原植生であるが、すでにその大部分が失われている。かつての生活に戻ることはできないし、その必要もない。ただそこには、今われわれが自省的に思い起こさなければならないことがある。エコソフィーをないがしろにした結果としての今日的状況である。

生態地域主義は、エコソフィーを再度つむぎだし、自律的な地域社会、生態地域を作り上げようとする試みとなる。自然と人間が、お互いの豊かさを増大させることを目的に歴史的に営まれてきた相互のかかわりにもう一度目を向けるのである。

【阿部健一】

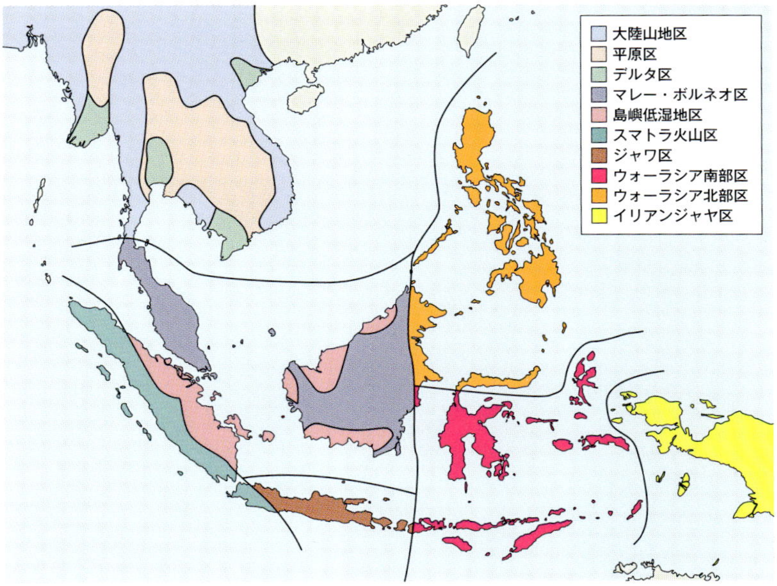

大陸山地区
平原区
デルタ区
マレー・ボルネオ区
島嶼低湿地区
スマトラ火山区
ジャワ区
ウォーラシア南部区
ウォーラシア北部区
イリアンジャヤ区

図1　生態区分の一例。東南アジアを、植生だけでなく地質や地形も考慮し、1つの基準によらず総合的に区分した［古川 1990］

⇒D照葉樹林の生物文化多様性 *p198* E風土 *p572* E生態史観 *p574* Eエコソフィーの再構築 *p584*

〈文献〉和辻哲郎 1935. 梅棹忠夫 2002(1967). 中尾佐助・佐々木高明 1992. 上山春平編 1969. 上山春平ほか 1976. 佐々木高明 1982. 上山春平・渡部忠世編 1985. 佐々木高明 1993. 金子務・山口裕文編 2001. 古川久雄 1990. 高谷好一 1996. 立本成文 1996. ブローデル、F. 1991-1995（1966）. Berthold-Bond, D. 2000. Berg, P. & R. Dasmann 1978. Auge, M. 1995.

昆虫食

獲得技術と料理の多様性

世界に広がる昆虫食

地球上の広範囲にわたって生息する昆虫は、人類にとって古来より身近な環境の1要素となってきた。人体や農作物に害を及ぼす昆虫がいる一方で、物質的にも精神的にも人間の役にたつ昆虫も多く、食用、薬用、文芸など世界各地でさまざまに利用されてきた。ハチミツは各地で重宝され、養蜂が発達してきた。昆虫そのものを食料として利用する昆虫食も世界各地で古くから行われてきた。世界の主要な食用昆虫として、バッタ、シロアリ、ガ、ハチ、セミ、コガネムシなどがあげられ、1900種以上の昆虫が古今東西にわたってさまざまなかたちで食用にされてきた。

巧みな獲得技術

一般的に、大量に生息し、簡単に採集できる種類が食用に選ばれる。その代表例はガの幼虫などのイモムシである。一時期に大量に食草に群がり、それらを採集者は手でつまみ採っていくことができる。自宅を離れて目当ての昆虫の生息地にキャンプを構え、大量確保に努めることもある。交尾飛行のためにいっせいに巣から飛び立つシロアリもまた容易に大量に得られる昆虫である。巣口を見つければ一度で数kgを採集することもできる。

だが、食用にされるのは大量に獲得されるものばかりではない。狩猟採集民が植物採集の際にたまたまみかけて採ったり、農耕民が田畑の仕事の際にその近傍で偶然に見つけて採るというような偶然的発見による採集もある。量は少なくても昆虫を食べたいというその味への嗜好がみられる。

世界各地では、対象となる昆虫に対して道具を用いて大量に安定的に獲得したり、習性に応じたユニークな採集技術が確立されている。道具としては、飛翔するバッタを押さえつける木枝を利用した道具、バッタ採り専用の網、東南アジアにみられる樹上のツムギアリを採るための籠と竿のセット、セミを採るためのトリモチをつけた竿などがある。水生の昆虫に対しては、魚介類と同様に四つ手網が用いられることもある。ゲンゴロウのような肉食性の昆虫に対しては、魚の頭などをエサとして水中につり下げ、寄せつけて集め採る方法が日本の長野県で知られている。また、夜間に紫外線ライトを照らし、光に集まる甲虫類を集め採る方法が、タイ東北部で行われている。

タイで嗜好品として好まれるタガメやコオロギなどは養殖も盛んであり、近隣諸国にも普及しつつある。

発見の困難な昆虫をより多く獲得するためにさまざまな技術が考案されている。日本から東南アジアにおいてみられるスズメバチの採集技術はその代表例である。山中の土中に巣を作るオオスズメバチやクロスズメバチは、なかなか発見できない。そこで、採集者はエサとなる肉塊を用意する。そこに働きバチが寄ってきて、エサを巣に運び往復するようになる。その働きバチに綿などで印をつけて、後を追いかける。巣を発見すると、燻煙により巣内のハチを麻痺させて巣を掘り採る。攻撃性が強く、危険なオオスズメバチに対しては特製の防護スーツも作られている。日本の中部地方ではクロスズメバチのまだ小さい巣を野山から採集し、自宅で飼育箱を用いて大きく育てる方法もある。飼育巣で羽化して交尾した新女王バチを自宅で越冬させ、翌年放つ増殖も行われている。このような危険を冒したり、労力をかけても得たいということはそれだけ昆虫への高い嗜好を示すものであろう。パプアニューギニアでは、サゴヤシを伐り倒して産卵場を作り、その中に育つサゴオオオサゾウムシを採集する。

絹糸の製造過程で不要となるカイコのサナギは、日本を含めアジア各地で食用にされている。このような副産物的利用は、産業に付随する食料資源化の例である。

写真1 おびき寄せエサの肉に食いついたクロスズメバチに目印のついた肉団子を差し出す（愛知県、2007年）

食材としての価値

昆虫は一般的にタンパク質や脂肪に富んでいる。比較的容易に採集でき、そのコストに比べて得られるエネルギーが多く、大量に採集されて一時に食用にされるならば肉をしのぐエネルギー源となるだろう。増殖も容易な種類（幼虫など）は未来に想定される食料不足を解消する動物性食料資源として期待されている。だが、エネルギー源としてばかりでなく、旬のごちそうになったり、少量でも食べられることが多い。独特の味やおいしさが得られる嗜好品としての用途にも注目できる。

POWER SALES
POWER SALES
POWER SALES

写真２　モパニガ幼虫の干し物を市場で売る（南アフリカ共和国、リンポポ州、2007 年）

イモムシなどの大型の幼虫を食べる際には、まず、腸をしごきだして、肉だけにして調理する。また、甲虫類を食べるときにも、頭部、鞘翅（しょうし）、脚など食べづらい部位は取り除く。日本のイナゴでも家庭で料理される場合には羽や脚のギザギザ部分は取り除かれる。

東南アジアでは、揚げる、焼く、蒸すなどして食べるが、香辛料やハーブとともに搗（つ）き潰（つぶ）して作るペースト状の食品にもされ、ごはんのおかずに用いられる。

アフリカ南部、サンの人びとは、少量の昆虫を果実などに加えて搗き潰して、昆虫のもつコクのある味を加えたり、アリを野草と混ぜて搗き潰して酸味を加える調味料的な用い方をする。

日本では、しょうゆ、砂糖、酒、みりんなどで佃煮（つくだに）状に味付けされる。ハチの幼虫・さなぎ・成虫（いわゆるハチの子）は、ご飯に混ぜてハチの子飯、寿司、すり潰してタレとした五平餅（ごへいもち）、ソーメンのダシや具などに用いられる。日常的なおかずとして、季節の旬の料理として、また、おりおりの行事や人が集まった際のごちそうとしても用いられる。

食品としての流通

アフリカでは、一時期に大量に獲得されるイモムシは、産地で日干し加工して、都会の市場に売られる。カメムシやシロアリの働きアリも同様の流通が南アフリカでみられる。これらは近隣の国をまたがって国際交易品として流通している。

東南アジアや南米では、季節に応じて獲得される多種類の昆虫が市場に並ぶ。調理品や、生きた状態で売られているものなど多彩である。これらは肉類よりも高価であり、高級なごちそうの一品でもある。これらの地域では、とくに女性が採集に従事し、現金収入源の１つとして重要な役割を果たしている。

日本では、長野県を中心に、イナゴ、ハチの子の佃煮、缶詰加工工場があり、長野県、岐阜県、愛知県を中心に近隣や東京方面に出荷されている。原料が国内だけでは調達しきれず、海外からの輸入も増えている。秋の採集シーズンには、生きた状態で青果店にでまわる。たとえば、ハチの子は巣盤 1 kg あたり 1 万円ほどの高級食材であるが、旬のごちそうとして重宝される。この時期には専業的にハチの子、イナゴを採集する人たちが活躍する。

資源と文化の多様性から環境をみる

食用習慣のないところでは昆虫はゲテモノ扱いされがちである。しかし、伝統的な食文化の１つとして各地であたりまえに食されてきた食材でもある。東南アジアでは都市部でも根強い人気があり、需要も増えている。南米やアフリカの市場でも昆虫は盛んに売買されている。日本でも地域の行事と結びついて昆虫料理が供されているところがある。昆虫と自然環境および生活とが組み合わさった昆虫食文化が認められる。

昆虫食はローカルな自然環境と食文化とが相まってつくられてきた伝統的な環境利用の好例であり、文化多様性のあらわれの１つである。世界各地の多様な環境のもと、身近な環境のきめこまやかな利用形態として、また、生物や生息環境の理解の仕方として、昆虫食を通じて学ぶところは大きい。　【野中健一】

⇒D雨緑樹林の生物文化多様性 *p196*　R消える食文化と食育 *p276*

〈文献〉ハリス、M. 2001.　三橋淳 1984, 1997, 2008.　野中健一 2005, 2007, 2008.　梅谷献二 2004.　松浦誠 2002.

水田生態系の歴史文化

水田環境の多面的利用とその歴史

二次的自然としての水田用水系

世界的にみると日本列島は稲作地としては最も北に位置する。すでに2000年以上の歴史を有し、最も高度な人為的な景観でありながら、列島に暮らしてきた人びとにとっては最も強く自然を感じさせる空間となっている。この点は自然観の形成にとっても特筆すべき点である。

水田稲作の拡大展開の過程で、灌漑のために、自然の水界に人為を加えて改変したり、またまったく新たな人工の水域を造り出してきた。その結果として人工の水域は、人里では自然の水域よりも多く存在するようになった。その最も身近な人工的水域が水田用水系である。

水田用水系とは、水田、溜池、用水路といった稲作（灌漑）のために作られ、かつ管理維持されている人工的水域を指す。水田用水系の特徴は、湖沼や河川といった自然の水域とは違って、稲作活動により、水流、水量、水温などの水環境が多様に変化することにある。しかも、水環境の変化は、ノボリ（取水期）・クダリ（排水期）や掛け流し・滞水といった一定のリズムを持ち、かつ稲作とともに1年をサイクルとして繰り返される。そうした水田用水系を基盤とする「人―環境」系が水田生態系である。

水田環境は多面的な利用が可能な空間である。稲作地としては北に偏する日本列島だからこそ以下に示すような漁撈、狩猟、畑作といった高度な多目的利用が可能となっている。そして水田環境は、水田水利の高度化とともに稲作文化体系のなかに付加されていったものであり、その意味で歴史の所産である。

水田魚類と水田漁撈

水田環境の多面的利用の代表例としてあげられるのが水田漁撈である。水田用水系のなかで、人により漁され食されてきた魚介類には、ドジョウ、コイ、フナ類、ナマズ、ウナギ、タニシなどがある。それを水田魚類と呼ぶ。その特徴は、ひと言でいえば、水田用水系に高度に適応した生活様式を持つという点にある。

水田魚類を定義すると、まず第1に水田用水系を産卵場所にする魚介類であること、第2に一生または生活史のうちのある期間に生息場所として水田用水系を利用する魚介類であることである。ただし、水田魚類の多くは、水田が歴史上に登場する以前から自然界に存在したわけで、水田の登場以降、水田稲作が作り出す水環境に、より適応的な生活様式を獲得していった魚介類であるという点も、定義の一項に加える必要がある。つまり水田魚類は生物分類の体系とは別のもので、一種の文化概念である。

水田魚類の多くは水田漁撈や水田養魚の対象とされてきた。たとえば、ウケと呼ぶ小型の陥穽漁具を水田の水口に仕掛ける。そうすると、人は農作業をしていても、水口から出入りする水の流れに乗ってほぼ自動的に魚がウケの中に入る。そのため忙しい農繁期においてもごく容易に魚捕りができた。イネが作られるかぎり、水田には魚も毎年やってくることになり、したがって毎年繰り返し同じ場所で漁が可能になる。こうした漁を水田漁撈と呼ぶが、それは水利が高度化するとともに水田魚類の養殖に発展するところもでてくる。とくに日本の内陸稲作地では近代において養蚕業

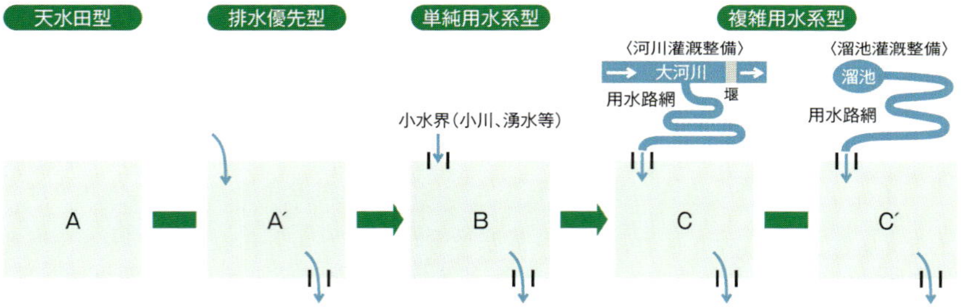
天水田型
排水優先型
単純用水系型
複雑用水系型
〈河川灌漑整備〉
大河川
用水路網
堰
〈溜池灌漑整備〉
溜池
用水路網
小水界（小川、湧水等）
A
A′
B
C
C′

水制御要素 / モデル	取水口	排水口	用水路網	貯水施設	水利組織
A	×	×	×	×	×
A′	△	○	×	×	×
B	○	○	×	×	△
C	○	○	○	△	○
C′	○	○	○	○	○

※A：降雨を逃さないように畦畔を強く大きくする。ただし、低湿田の場合は、A′のように排水口だけを作る。

B：取水口、排水口を備える。用水源は近接する小河川や湧水に依存する。

C：溜池や大河川を水源とし、その配水のために用水路網を発達させる。ときに、村をこえるレベルでの水利統合がなされ、溜池や堰の築造と管理が行われる。

図1　水田用水の歴史的展開モデル

図 2 『日本山海名産図会』のカモ猟

と結びつき、サナギ粉を餌にした水田養鯉が高度に展開した。

水田二毛作と畦畔栽培

従来、水田に栽培されるイネ以外の植物は水田雑草とされてきた。しかし、それは人間中心の、しかも稲作に偏った見方に過ぎない。水田植物は 43 科 191 種が日本では確認されている。水田と畑の共通種が 18 科 76 種に対して、水田にのみ生育するものは 25 科 115 種に達する。

水田環境に生育する植物はさまざまに利用されてきた。たとえば、用水路のセリや畦畔（けいはん）（あぜ）のヨモギ、また溜池やクリークのヒシやジュンサイは、種実や若葉が摘み採られ食料とされてきた。栄養的にはそれほどの重要性は持たないが、人びとにとって季節感豊かな食物となった。

さらに水田環境をイネ以外の作物栽培地として計画的に利用する例がある。水田二毛作と畦畔栽培である。日本の場合、二毛作としては、夏のイネと組み合わされた冬のムギ栽培が一般的である。二毛作ムギはさらにオオムギとコムギが組み合わされることが多い。近代までは、コムギは製粉されて粉ものに、オオムギは押し麦として飯に混ぜられるなど、ともに稲作農家の日常食として重要な意味を持っていた。こうした組み合わせの二毛作は、中世以降 1960 年代まで各地で行われていた。ムギのほか、二毛作による冬作物としてはナタネやタマネギもあった。

畦畔栽培ではダイズが主な作物とされた。日本ではそれをアゼマメやタノクロマメと呼ぶ。畦畔は畦塗りされる部分とそうでない部分を区別して栽培する作物を変えるところもある。畦畔栽培は、無肥料、不耕起、捨て作り（省力）、女性労働が基本となる。

二毛作が平坦地の灌排水に優れた水田地帯に適応的な技術であるのに対して、畦畔栽培は棚田のような小区画のため相対的に畦畔の面積が大きくなる山間傾斜地に適している。東アジアの場合、本来ムギやダイズの栽培は稲作の起源地よりもはるかに北方の中国華北地域で行われていたと考えられる。そのため、二毛作によるムギ栽培や畦畔によるダイズ栽培は、南から北へという水田稲作の歴史展開の過程で畑作文化と出会ったとき稲作文化体系のなかに取り込まれた生業技術であるといってよい。その意味で、稲作文化における北方適応の 1 技術であると考えられる。

水田生態系と鳥類

日本の場合、歴史的にみると、低湿地は埋め立てなどの開拓により面積を減じてきたが、それと引き替えに水田面積は 1950 年代まで一貫して増えてきた。水田環境は人為的な湿地であり、ツルやガンなどの大型の湿地性鳥類にとっては餌場として大きな意味を持っていた。水田環境を越冬地や中継地として利用する鳥類のうちでも、とくにガン・カモ類は稲作農耕民にとって重要な冬季の狩猟対象となっていた。それは、自給的なタンパク源としてはもちろんのこと、重要な現金収入源ともなっていた。

各地に残る伝統カモ猟は猟場として水田環境を利用するものが多く、それは水田環境に適応的な技術であるといえる。たとえば、ハゴのようなトリモチを用いた罠猟（わなりょう）やツキアミなどの投げ網猟は、採餌のために池沼と水田環境を行き来するカモの習性を利用する。

水田生態系をめぐる民俗技術

水田生態系の歴史文化を論じるとき、水田環境に適応的な生活様式を獲得した動植物の存在は重要である。そうした水田利用生物を生業として、また遊びとして利用する生活技術が稲作農耕民のなかに形成されてきた。人を中心にみると、それはまさに水田環境の多面的利用技術ということになる。その特徴をひと言でいえば、水田稲作に内部化された技術ということになる。

日本の場合、1950 年代後半に始まる高度経済成長とともに、水田環境の多面的利用技術も急速に消滅した。この時期、土地改良や大型農業機械の導入および農薬・化学肥料の大量使用により、水田生態系は大きく変貌することとなる。それにより、水田生態系からは水田利用生物が一時的に姿を消し、水田は米作地に一元化されることになった。　【安室　知】

⇒D 里山の危機 *p184* D 昆虫食 *p202* D 生きものブランド農業 *p222* R アジアにおける農と食の未来 *p258* H 水田稲作史 *p420* H 日本列島にみる溜池と灌漑の歴史 *p422*

〈文献〉宇田川武俊編 2000. 国立歴史民俗博物館 2007. 農林水産省農業環境技術研究所編 1998. 守山弘 1997. 安室知 1998, 2005. 盛永俊太郎ほか編 1969.

日本の半自然草原

人間活動で維持されてきた生態系

「森の国」の草原

温暖で湿潤な気候にめぐまれた日本では、植生を大きく変える人間活動がなければ、ほとんどの場所で森林が成立する。一方で、日本の伝統的な生業や文化のなかには草原と深く結びついてきたものも少なくない。

『万葉集』で山上憶良（やまのうえのおくら）は、秋の七草としてハギ、ススキ、クズ、ナデシコ、オミナエシ、フジバカマ、キキョウを数えあげた。これらはいずれもススキ草原（ススキを優占種とする草原）を主な生育地とする植物である。ススキはかつて屋根をふく萱（かや）として用いられ、ススキ草原の植物は他の山野の植物とともに刈り取られて田畑の肥料や牛馬の飼料として利用された。ハギ、オミナエシ、キキョウなどは盆花として墓などに供えられ、ススキはオミナエシなどを添えて中秋の名月に供えられてきた。クズ、キキョウ、オミナエシ、フジバカマは薬草としても用いられた。また『万葉集』で最も多く歌われている花はハギである。

ススキ草原は、近年著しく減少したものの、かつて人里のまわりに普通にみられた植生であり、生業と結びついた里山の景観に欠かせない要素の1つであった。利用する植物の刈り取りや良質の草を得るための火入れなどのかたちで人がたえず利用しつづけることにより、森林へと向かう植生の遷移（せんい）が押しとどめられ草原として維持されてきたのである。このようなタイプの草原を、生態学では半自然草原と呼ぶ。

氷期の生物の避難場所

半自然草原は、自然草原および人工草地と対比される用語である。自然草原は、きびしい環境条件のために森林が発達しない場所で自然に維持される草原であり、日本では高山帯や海岸の風衝地などにみられる。人工草地は、ゴルフ場や都市公園のようにシバや牧草などを人が育てている草地であり、その草は外来種である場合が多い。これらに対して半自然草原は、維持するのに人の干渉が欠かせないが、生育している植物は在来種であり、人が自然に対して中程度の働きかけを行っている場所に成立する植生である。半自然草原は世界各地にさまざまなタイプのものがみられる。日本の半自然草原には、ススキ草原のほかにシバが優占するタイプのものやネザサが優占するタイプのものがある。シバやネザサの草原は牛馬の放牧によって生じやすい。

写真1　秋の七草の1つキキョウ（岡山県蒜山高原、2008年）

日本の半自然草原の生物の多くは、今よりも寒冷で乾燥した気候の広がった氷期にアジア大陸東部から今の朝鮮半島またはサハリンを経て日本列島に分布を広げた。その後気候の温暖化・湿潤化した後氷期に火山の山麓や人里の周囲に分布し、火入れ、放牧、採草など、人間の活動によって維持された半自然草原を主な避難場所として生き残ってきたと考えられている。このように環境が大きく変化した時代に周囲の環境変化から隔離された生物の避難場所をレフュージアという。つまり半自然草原は、温暖・湿潤な後氷期の日本列島において、氷期に分布を広げた草原性生物のレフュジアとして機能してきた。一般的にレフュジアは局地的な気候条件の特殊性などによって形成される自然のものを指すことが多いが、日本の半自然草原を考える場合、人の干渉がその維持にかかわる点で生物文化多様性の観点からも興味深い。

火入れと放牧

全国的に現在まとまった面積で残る半自然草原は、黒ボク土（こくぼくど）（または黒色土）と呼ばれる黒い土壌の分布する場所に多く、全国的には火山の分布と重なる傾向がある。黒ボク土中のプラントオパールや腐植酸のタイプ、炭素の安定同位体比の分析などから、黒ボク土は草原を主体とする植生のもとで発達してきたとされている。さらに微粒炭を含むこと、その形成年代が多くの場所で後氷期にかぎられることなどから、その形成には人為的な火入れが関与した可能性が指摘されている。ただしこの人為説の当否については議論がある。

一方、黒ボク土以外に、琵琶湖の湖底堆積物などに含まれる微粒炭（びりゅうたん）の分析からも、後氷期の縄文時代になって植生に火が入る頻度が急増することを示すデータが得られている。この琵琶湖集水域の微粒炭の増大を火山活動に結びつけることはむずかしい。縄文時代に火入れがあったとする場合、その目的としては、これに先立つ旧石器時代（最終氷期）に森林と草原の混交する植生のもとで行われていた狩猟に適した景観を、気候が温暖化・湿潤化した後氷期にも維持しようとしたことが考えられる。

日本列島で牛馬の放牧が広く行われるようになるのは古墳時代以降とされている。全国的な黒ボク土の分布は、古代から中世・近世の牧（馬や牛の放牧地）の分布ともよく一致することが知られている。このような牧については、平安前期の『延喜式』などに記録が残されている。古代から中世の信濃国や関東地方には多くの牧があったことが知られており、こうした牧で飼養される馬は鎌倉御家人などの武士の軍事力の基盤ともなった。また中世の阿蘇では火入れを伴う狩猟と牧の神事が行われていた。

写真 3　火入れによって保たれている半自然草原（広島県雲月山、2008 年）

草木の刈り取り

近世には人口と耕地面積の急増が生じた。このことは江戸幕府の鎖国政策ともあいまって、国内での生物資源利用をぎりぎりに近いところまで押しすすめる結果をもたらした。そして田畑の肥料や牛馬の飼料、屋根をふく萱などを利用するための刈り取りによって、全国各地で草山や柴山が生じた。この様子は明治時代のはじめ頃につくられた地形図や江戸時代の絵図などからもうかがうことができる。

江戸時代に田畑の草肥のための山野の面積は、田畑の面積の 10 倍をこえたとの推定がある。田に入れて腐らせ肥料とするために山野から刈り取る草木の葉や枝を、刈敷という。この技術は奈良時代にも存在したことが知られているが、農法としては江戸時代に絶頂期をむかえた。

このような資源を採取するための山野は、入会（共同利用される土地）として村で共同管理されていた。

写真 2　阿蘇の外輪山でみられる黒ボク土（2008 年）

明治時代には、このような入会山野が国有地に編入されたり私有地として細分されたりするなどの変化が生じた。しかしより根本的な変化が生じたのは 20 世紀の中葉以降である。

半自然草原の危機と保全

ススキ草原をはじめとする半自然草原は、1960 年頃から燃料革命や肥料革命などの生活の大きな変化を背景としてほとんど利用されなくなった。農業機械の導入により牛馬の飼養が少なくなり、また化学肥料が広く用いられるようになったことなどから、草原としての利用が放棄され、遷移による森林化、植林地への転換、開発のための土地への転用などが進んだ。

その結果、明治・大正時代に国土の 1 割をこえていたとされる半自然草原の面積が、近年では 1% 程度にまで縮小したとされている。そして半自然草原を主なレフュージアとしてきたオキナグサ、ヒゴタイのような植物やオオルリシジミ、ウスイロヒョウモンモドキといったチョウ類など多くの生物が絶滅危惧種のリストに入れられることになった。秋の七草に数えられたフジバカマとキキョウも、このリストに含まれている。

この危機に直面して近年、全国各地で刈り取り、火入れ、放牧などを伴う半自然草原の保全活動が展開されている。このような活動は、人と自然の関係を新しいかたちで結びなおそうとする試みであり、ここで述べてきたような日本列島の半自然草原の歴史を見つめなおすこととつながっている。　【須賀　丈】

⇒D野生生物の絶滅リスク *p164*　D里山の危機 *p184*　D生物文化多様性の未来可能性 *p192*　R土壌と生態史 *p250*　R山川草木の思想 *p310*　R日本の里山の現状と国際的意義 *p334*　Hプロキシー・データ *p386*　H縄文と弥生 *p432*

〈文献〉有岡利幸 2004, 2008. 井上淳ほか 2001. 大窪久美子・土田勝義 1998. 加藤真 2006. 阪口豊 1987. 小路敦 1999. 高橋佳孝 2005. 水本邦彦 2003. 渡邊眞紀子 1997.

東アジア内海の生物文化多様性

豊かな漁業資源と暮らし

干潟やラグーンが育んだ東アジア文明

東アジア内海とは、日本海と東シナ海を取りかこむ、日本列島と中国大陸沿岸部を包括した便宜的な地域区分である。一般に内海とは、陸地と陸地にはさまれ、外洋と狭い海峡などによってつながっている海域をさす。陸地へ入り込んだ「湾」、大陸と島や半島に囲まれた海域を「縁海」、大陸に囲まれた海域を「地中海」と呼び、囲まれている陸地の形態によって呼び方がかわる。

世界には、地中海、バルト海、チェサピーク湾などの周囲を陸に囲まれた「閉鎖性海域」があるが、東アジアには、日本海や東シナ海、黄海、南シナ海などがあり、それらは半閉鎖的であり、かつ、相互に連結している。これらに面する東アジアや東南アジアは30億にも及ぶ人口をかかえ、その70%が沿岸で生活している。彼らの活動が沿岸域における生態系や生物多様性に多大な影響を与えている。それとともに沿岸域に生息する生物資源は多くの国々に食料を提供しており、社会経済の面からも沿岸域の生物資源は重要な意味をもっている。

現在、地球上に生息している魚は約2万8000種といわれ、海水魚の77%は水深200 mより浅い大陸棚などが発達している海に生息している。大陸や大きな島の周囲に発達した棚状の緩やかな傾斜地である大陸棚は、沿岸の砂浜や、藻場、岩礁から始まり、徐々に深みへと傾きを増してゆく。

東アジア内海の沿岸域には、ラグーンや広大な干潟が形成されているところが多く、ここは淡水と海水の交じり合った汽水域になることから稚魚や幼魚の生育場所となっている。そしてそれらの生き物を餌としている海ガモ類、アジサシ類、シギ・チドリ類など鳥類の飛来地ともなっていて、干潟やラグーンの生態系は多種多様な生物の宝庫である。干潟やラグーンは生産性も高く漁業資源を育む場として重要であり、沿岸部の人びとの暮らしは、生態系の恵みに育まれた生活であるとともに、生業を通じて人と野生生物が交わる接点であったともいえよう。

沿岸の生業と基層文化

日本列島における沿岸域の生業を見れば、アマ（海士、海女）は、北は青森県から、南は沖縄県に至る各地で広く活動していることがわかる。

県別にみた場合、アマの多い地方として新潟県、千葉県、静岡県、三重県、福井県、石川県、長崎県などがあげられる。そのなかで韓国の済州島から福岡県鐘崎、伊勢・志摩、千葉県御宿を結ぶ線の以北は海女の地帯で、その線以南は男の海士の地帯であるといわれ、水温の低い北方の海には皮下脂肪の厚い思春期以後の女性の方が適応性が高いことが、その差異の要因と考えられている。

アマは、アワビ、サザエ、トコブシ、イガイ、カキ、タカセガイ、ヤコウガイなどの貝類と、テングサ、エゴ、ツノマタ、ワカメ、ケイトウソウなどの海藻類、そしてイセエビ、タコ、ナマコ、および魚類（イシダイ、クロダイ、アイゴ）などを主に採集している。

東アジア内海世界は、世界的にみても特色ある漁撈文化が発達したところで、北方系漁撈文化と南方系漁撈文化の2つの流れが融合して展開するが、こういったアマたちによる潜水漁撈は南方系漁撈文化によってもたらされたものといえる。また、石を並べて堰をつくり、干潮になると中の魚を捕える石干見（いしひみ）は、日本のほか、韓国、台湾、東南アジアや南太平洋の島嶼などで見られるとともに、植物の毒を利用して魚を麻痺さ

魚垣（有形文化財）

写真1　伊良部島の石干見（魚垣）の碑（2008年）［永森理一郎撮影］

せて捕る魚毒は、沖縄を経てさらに南の東南アジアなどとつながる南方系漁撈文化といえる。

北方系漁撈文化の1つの特徴は、海藻が食料として採集されることである。北海道のアイヌも、コンブやワカメ、ホトケノミミなどを食用にしていて、こういった海藻は細かく刻んで、汁に入れて食べるのが一般的である。コンブは焼いて粉にして、それを汁や粥に入れて食べることもあった。韓国でも海藻は汁の実などとしてよく食べるが、また儀礼食としても、出産に当たってサムシソ（産神）にコメ・水・ワカメを供えるなど、海藻の利用がさかんである。

海と深く結びついた日本の食文化

多くの魚類は、人間活動の希薄な自然の中で生息しているのではなく、われわれ人間が暮らしているムラやマチからほど近い水中で生きてきたのである。

日本人は古くから魚を食料源として用いてきた。かつて大阪湾は茅渟（ちぬ）の海ともよばれ、ちぬ（クロダイ）が湧くように多数生息し、豊かな漁業資源がわれわれの身近に存在してきたのである。

『万葉集』巻六には、「沖辺には　深海松採り浦廻には名告藻刈る」(946) とあり、潜水して海藻を採っていたと思われる。これは南方系の潜水漁撈が、北方系の海藻利用と結びついた結果ともいえる。古代において、海藻は神事と結びつく重要な朝廷への貢進物であった。関門海峡に面した和布刈（めかり）神社では、今も毎年、旧暦元旦の午前3時に、神官が干潮の岩場で生えはじめた和布（わかめ）を刈りとる神事がある。島根県の日御碕（ひのみさき）神社では毎年1月5日に「和布刈神事」が行われ、海藻に神霊が宿るという考え方が認められる。

また、平城京址から出土する木簡には、年魚（あゆ）、鮭（さけ）、麻須（ます）、鯛（たい）、鯖（さば）、鯵（あじ）、堅魚（かたうお）、鮒（ふな）、鮑（あわび）、鯨（くじら）、海藻などの名前がみえ、塩やアワビ、海藻などの海産物は、王権の神事に欠くことのできない神饌であって、海産物が古い日本の文化と密接につながっていたことがわかる。

魚は、昔からナマグサモノといって、祝いごとや中陰の期間に区切りをつけて日常生活に戻る精進落としの料理に出されたり、結納に象徴されるようにアワビ（熨斗（のし））やカツオブシ、スルメ、コンブなどを贈答品にはかならず添える風習があるように、日本人の生活のなかに、深く魚介類がかかわっている。たとえば、年越しや正月のおせち料理に東日本では塩ザケ、西日本では塩ブリを用いることはよく知られているが、日本列島は、多様な自然環境を背景に地域ごとに特色ある食文化を形成してきた。東北地方の日本海側秋田県大館市では、年取りや正月には卵を抱いた大きいハタハタをご飯、米麹（こうじ）、塩で漬け込み発酵させた「一ぴきずし」が祝いの膳にはつきものであるし、南国の高知では年越しには皿鉢料理とともにクジラのすき焼きがなくてはならない。東京でも田作りや数の子に加えて、フナのすずめ焼きをおせち料理として大皿に盛りつけるところもある。

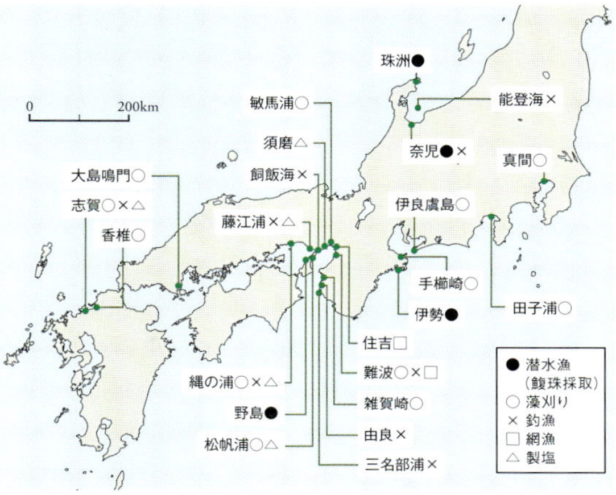

0　200km
珠洲●
能登海×
敏馬浦○
須磨△
飼飯海×
奈児●×
真間○
大島鳴門○
志賀○×△
香椎○
藤江浦×△
伊良虞島○
手櫛崎○
伊勢●
田子浦○
住吉□
難波○×□
雑賀崎○
由良×
三名部浦×
縄の浦○×△
野島●
松帆浦○△
●潜水漁
（鰒珠採取）
○藻刈り
×釣漁
□網漁
△製塩

図1『万葉集』にみる各地の漁撈［水野 1978］

また山口県豊田町の「植えみて祝い」は、田植えの後、隣近所が集まって、押しずし、タイの刺身、なます、タイ茶漬などをふるまうが、このような田植肴（たうえざけ）といわれる行事は各地にあって、サバ、アジ、トビウオやごまめ、いりこなどを食べるならわしがある。そのほか福井県大野市や勝山市では、8月25日の大盆に、サバずしやこぶ巻きをつくるし、奈良盆地でも盆には塩サバを膳にすえる習慣が続いてきた。大野市や勝山市、奈良盆地など、内陸に住む人たちのように魚介類の消費がごく限られていた場合でも、沿岸部の人びとと同じように魚介類に対して執着をもっていたことがわかる。このほか7月14日の祇園祭や7月25日の天神祭にはハモはかかせないという京都や大阪の人は今もたくさんいる。魚食は私たちの日々の暮らしに、めりはりをつける重要な食材であることを物語っている。

このような魚食のあり方はまさに東アジア内海で展開した人と生物の関係の特徴であり、この地域独自の生物文化多様性の象徴ともいえる。　【中井精一】

⇒C地球温暖化と漁業 p40　D沿岸域の生物多様性 p144　D海洋生物多様性の危機 p170　Rアジアにおける農と食の未来 p258　R日本型食生活の未来 p278　Rアイヌ民族の資源管理と環境認識 p326　R日本の里山の現状と国際的意義 p334　R破壊的漁業 p340　E海洋汚染 p478

〈文献〉松浦啓一 2009．安室知 2005．佐々木高明 1997．加藤雄三ほか 2008．秋道智彌 1996(1987)．大林太良 1996(1987)．中井精一ほか 2004．西村三郎 1974．水野紀一 1978．

サンゴ礁がはぐくむ民俗知

豊かな生物相に根ざす漁撈文化

サンゴ礁とは

サンゴ礁は、刺胞動物である造礁サンゴの骨格が積み重なり、石灰質の岩礁に発達したものである。ひとつひとつの造礁サンゴ（ポリプ）は直径 1cm に満たないことが多いが、死滅したポリプの骨格のうえには新たなポリプが骨格を形成し、サンゴ群体となり、世代を重ねるうちに岩礁や島が築かれる。それらがさらに連なって、2000km 以上におよぶこともある。造礁サンゴは、細胞内部に褐虫藻（かっちゅうそう）を共生させて光合成を行うため、サンゴ礁の分布は、温暖で透明な海域にかぎられる。具体的には、北緯 30 度から南緯 30 度の低緯度地帯で、水深 40m 未満の沿岸域、かつ、濁りをもたらす大河川から離れた場所である。

サンゴ礁生態系は、生産量がきわめて高く、生物多様性に富む。一次生産の主たる担い手は、造礁サンゴの細胞内の褐虫藻である。1m^2あたりの年間純生産量は、2500g とも 4900g ともいわれるが、いずれにせよ、熱帯雨林の純生産量に匹敵する。生産された有機物は造礁サンゴに蓄積され、他の小動物や魚類の餌となる。また、造礁サンゴは、石灰質の岩礁を築くことにより、小動物や魚類に隠れ家を提供する。このように索餌場と隠れ家を同時に提供するサンゴ礁は、面積では海洋底の 0.2％に満たないが（28 万 4300km^2）、確認される生物種数は海洋生物全種の 25％におよぶ。

このように豊かなサンゴ礁は、人間に対してはよい漁場を提供する。また、沿岸域の集落を津波や高潮から守るという防波堤機能ももっている。さらに、サンゴ礁海域は透明度が高く、ダイビングスポットとして人気があり、観光資源としても価値が高い。サンゴ礁生態系は、人間に対してもさまざまな生態系サービスを提供しているのである。

サンゴ礁の危機と周辺住民

サンゴ礁は、さまざまな原因によって年々減少している。たとえば、海水温上昇やオニヒトデの大量発生によって広範囲でサンゴが死滅する「白化現象（共生する褐虫藻の離脱）」は、いわゆる地球温暖化が原因だと示唆されている。また、大型船舶の投錨や沿岸開発など、人間活動がサンゴ礁を物理的に破壊することもある。内陸の開発によって赤土が沿岸まで大量流出すると、褐虫藻の光合成が阻害され、造礁サンゴは死滅する。また、生活排水や工業排水で海水が富栄養化すると、そうした水質に適応した藻類が繁殖し、造礁サンゴが駆逐されてしまう。

写真 1　奄美大島のサンゴ礁で小動物を採取する女性（2008 年）

サンゴ礁の周辺に住む漁業者も、サンゴ礁を壊して筌（うけ）を設置したり、ダイナマイトや青酸カリを用いて破壊的漁業を行ったりする。販売目的で、大量の生物資源を短時間で捕獲するためである。この場合、目先の利益にとらわれた地元漁業者だけでなく、サンゴ礁資源を高額で買いあさる先進国消費者にも、責任の一端がある。

サンゴ礁周辺の人びとは、生態系を脅かす反面、保全のための情報提供者として重要である。彼らの多くは、海の幸を自家消費したり、隣人・知人へ贈与したりしながら、海と親しく接している。こうした「漁撈」（専業漁師による「漁業」も含む）をいとなむ人びとにとって、サンゴ礁は、保全すべき生活の場である。こうした人びとは、生態系モニタリングの予算が少ない熱帯・亜熱帯の国々において、サンゴ礁やそこに棲む生物のふるまいなどについて情報を提供し、生態系保全に貢献している。

サンゴ礁漁撈のさまざまなかたち

サンゴ礁のある低緯度海域では、中高緯度海域のように大群をなす魚種は比較的少なく、群れの規模は小さい。このためサンゴ礁では、タカサゴ類などの群れ

写真 2　採取の獲物、カノコオウギガニ。奄美大島ではシーガンと呼ばれる（2008 年）

を一網打尽にする漁法に加えて、複数の魚種を少しずつ捕獲する漁法が重要になる。また、少数の大物をねらう一本釣りや潜り漁も重要である。結果としてサンゴ礁では、大きな船や漁具を動員する漁よりも、簡便な漁具を用いつつ少人数で行う漁が多くなる。

なかには、船を必要としない漁法もある。低潮時に干上がる礁原（しょうげん）（ラグーン、沖縄ではイノーと呼ばれる）を歩くだけで、さまざまな生物に出会えるからである。南西諸島の各地では、礁原に築いた馬蹄形の魚垣（写真3）によって、下げ潮に乗って海に戻ろうとする魚をさえぎり、干潮時に手づかみや簡単な漁具で魚を捕らえてきた。沖縄地方でカチ（垣）と呼ばれるこの仕掛けは、九州地方で石干見（いしひみ）と呼ばれるものとほぼ同じで、戦後もしばらくのあいだ南西諸島各地で利用されていた。このような漁撈を行う人びとは、専門職の漁師とはいえないが、身近に海と接していた。

現在でも、昼間の潮位が1年で最も低い旧暦3月3日頃には、魚類や小動物を採捕する人びとの姿が各地のイノーで見られる。獲物は、干潮時に岩のくぼみにとり残された魚類や、サンゴ礁の穴に潜むタコ、各種の二枚貝や巻貝、ナマコなど、じつに多彩である。奄美大島では、イソアワモチ（写真4）という、殻のない貝を捕っていた。現金で食材を買うのに慣れた者は、この生き物が食材とされることになかなか気づかない。サンゴ礁は、多様な生物種だけでなく、商業ベースに乗らないユニークな食材も維持している。

経験に裏打ちされた知識

ユニークな食材利用が示すのは、①サンゴ礁やそこに棲む生物についてのきめ細かい知識と、②かぎられた地域を単位とした知識の蓄積・伝承である。②のような性格をもつ知識を民俗知と呼ぶ。民俗知には伝統的生態知識も含まれ、書籍や学術雑誌、映像メディアなどをとおして伝えられる科学知と異なり、同じ場に居合わせた者どうしのあいだで、口承や実演によって伝えられる。

サンゴ礁の民俗知は、食材に関するものだけではない。専業漁師や、楽しみでタコを捕る人びとは、漁場となる海域の微地形を詳しく認知し、そのひとつひとつに名を与えている。サンゴ礁は起伏や凹凸に富んでおり、それに応じて生物の生息環境も多様だから、めざす獲物を発見して捕獲するためには、長時間の学習によって微地形を記憶しておくことが不可欠である。

こうした微細な知識は、古老の記憶にのみ残り、やがて忘れられると考えられがちである。たしかにそのような例も多いが、新しい社会経済的状況に対処するため、民俗知が資源として活用されることもある。

写真3　石垣島で復元された魚垣。教育活動の範囲内で漁を行うよう、垣のところどころはわざと壊している。実際に漁を行うときには、刺網をはって魚を閉じ込める（2007年）

写真4　採取の獲物、イソアワモチ。貝類（軟体動物）の1種だが、奄美大島ではナマコ（棘皮動物）の1種と思っている人も多い（那覇市大嶺、2007年）［名和純撮影］

マダガスカルのサンゴ礁地域では、1980年代に水産資源が減少して漁撈が停滞したが、1990年代に政府が貿易自由化を推し進めると、細々と漁を続けていた人びとが民俗知を活かし、新漁法を開発して収入を飛躍的に伸ばした。その新漁法の1つに、大型刺網（さしあみ）によるサメ漁法がある。この漁法には、一本釣りをとおして培われたサメの生態・行動についての知識や、小魚用の刺網を製作する技術などサンゴ礁漁撈をとおしての長年の経験が活かされている。この漁法で得られたフカひれは、中国や東南アジアに輸出される。

民俗知の本領は、地域の自然がもつ力を見いだし、それを活かすことにある。民俗知の再評価は、地域ごとの諸問題の解決につながるだけではない。近代化の過程でひずんでしまった人間と環境の関係もまた、民俗知のあり方を手がかりに再考することが重要である。

【飯田　卓】

⇒C 地球温暖化と漁業 *p40*　D 生態系サービス *p134*　D 沿岸域の生物多様性 *p144*　D 海洋生物多様性の危機 *p170*　D 地球温暖化による生物絶滅 *p178*　D 東アジア内海の生物文化多様性 *p208*　R 民俗知と科学知の融合と相克 *p304*　R 海洋資源と生態学的知識 *p308*　R 破壊的漁業 *p340*

〈文献〉Spalding, M., *et al.* 2001.　秋道智彌 2002.　飯田卓 2008.　飯田卓・名和純 2005.　茅根創 1990.　環境省・日本サンゴ礁学会編 2004.　サンゴ礁研究グループ編 1990, 1992.　島袋伸三・渡久地健 1990.　諸喜田茂充編 1988.　高橋そよ 2004.　竹川大介 2003.　武田淳 1994.　田和正孝編 2007.　三田牧 2006.

南北の対立と生物多様性条約

遺伝資源による利益の公正かつ衡平な配分

遺伝資源の利益の配分とは

CBD（生物多様性条約）が成立する以前、先進国やその企業、研究者は、主に生物多様性の豊富な途上国へ行き、その地域の動植物や微生物などを自由に入手し、それらを利用して科学技術の発展によって新しい商品、素材などの開発を行い、特許などの知的財産権を取得してきた。その中には、伝統的に現地の先住民および地域コミュニティが保持してきた生物遺伝資源の利用方法などの知識（伝統的生態知識）も含まれており、これらの知的財産は大きな利益を生み出してきた。ここでいう利益とは、金銭的なものもあれば、技術や知識などの非金銭的なものも含まれる。現在、この生物資源や遺伝資源から、医薬品や化粧品、サプリメント、洗剤など日用品の開発や、農作物の改良、新たな産業技術の開発がされており、われわれは多くの恩恵を受けている。

この状況は、1992 年の国連環境開発会議（リオ・サミット）において採択された CBD によって大きく変わることになる。CBD は、国家の遺伝資源に対する主権的権利を確認しており、これは、国家が国内法によって遺伝資源に対するアクセスを決定する権限があることを示している。また、その資源から得られた利益を、遺伝資源の提供国と公正かつ衡平に配分をしていくことが条文で定められた。「公正かつ衡平」は、「えいこひいきせず、バランスよく」という意味で、英語の fair と equitable の訳である。しかし、金銭と非金銭的な恩恵である利益の具体的な配分のあり方や手続きをめぐり、国際的に意見が対立した状態が続いている。

遺伝資源へのアクセスとその歴史

人類史上、生物の分類や記録など学術的目的や、食料資源や農作物・園芸作物の品種改良のためなど、有用な生物遺伝資源を探索する活動は数限りなく行われてきた。ところが、20 世紀後半になり、科学技術、とくにバイオテクノロジーが飛躍的に発展するのに伴い、欧米の企業や研究者たちは医薬品や製品の開発のため、熱帯雨林や火山地帯、極地、海底などさまざまな地域にまで足を運び、そこから遺伝資源を持ち帰って研究するという活動を展開してきた。

CBD が発効する以前は、遺伝資源を用いて開発した製品やその特許から得られた利益を、もともと資源のあった原産地国やその地元に還元する契約が結ばれることは稀であった。

開発途上国や先住民は、CBD の条約交渉を通じて、生物多様性の経済的価値に気づき、先進国に対して、それまで資源を入手・開発してきた代償として、技術移転や資金援助を主張するようになった。これには、利益配分のみならず、資源採取による生物多様性への影響や、伝統的知識など先住民の文化的権利に対する配慮が欠けていることに対する批判も含まれていた。一方で、先進国側は、遺伝資源の原産地に対する利益配分を行えば、企業や研究者が開発のための投資やリスクを取ることに二の足を踏むようになり、「遺伝資源のアクセスを推進する」という本来の目的が損なわれてしまうのではないかと危機感を募らせた。

写真 1　希少な微生物を求めて科学者や企業は熱帯林や汽水域でも採取を行ってきた。極端な生息環境では有用な微生物がみつかることも多い（コスタリカ、2007 年）

条約締結後の各国の動き

1992 年に採択され、1993 年に発効した CBD は、①生物多様性の保全、②その持続可能な利用、③遺伝資源の利用から生じた利益の公正かつ衡平な配分を目的としており、保全や持続可能な利用と並んで、利益配分は CBD の柱の

1つであることがわかる。

現在、遺伝資源の利用から生じた利益を、発展途上国を中心とした遺伝資源の提供側と、それらを利用して利益を取得している先進国を中心とした国や企業などと、どのように配分するかに関して議論が行われている。この「遺伝資源の取得（アクセス）とその利用から生じる利益の公正でバランスの取れた配分に関する問題」(Access and Benefit Sharing) は、英語の頭文字をとってABSと呼ばれている。この問題は、生物多様性条約をはじめ、農業、特許、貿易にかかわる他の国際的なフォーラムにおいても話し合いが進められている。

CBDは、条約の目的の達成のために必要な行動を検討するため、ほぼ隔年で締約国会議（COP）を実施しており、ABSはそのCOPの場において議論されてきた。ABSに関する論点が、現在のように本格的に議論されるようになったのは、2002年4月のCOP6における「遺伝資源へのアクセスとその利用から生じる利益配分の公正かつ衡平な配分に関するボン・ガイドライン」(通称ボン・ガイドライン) の採択以降である。

CBD発効以降も、利益配分が確実に実施されていないことに対して不満を持っていた生物多様性に恵まれた途上国やNGOは、ボン・ガイドラインを法的拘束力のある文書（この場合、「議定書」）として採択することを目指していたが、このときは、途上国間で意見のすりあわせが十分できていなかったためと、産業や知的財産権への影響を危惧する先進国の強い反発に合い、「ガイドライン」としての採択しかできなかった。

しかし、2002年9月に開催されていたヨハネスブルグ世界サミットにおいて「行動計画」を採択し、その中で、「ボン・ガイドラインを念頭に置き、CBDの枠内において、遺伝資源の利用から生じた利益の公正かつ衡平な配分を促進および守るための国際的な制度に関して交渉する」と決定した。それから後は、CBDのCOPおよびABSを専門的に議論する作業部会において議論が続けられている（表1）。

	CBD	その他
～1991年	UNEP･IUCNを中心とする「生物多様性の保全に関する条約」起草作業	1983: IUPGR（遺伝資源へのフリーアクセス）
1992年	リオ・サミット：CBD採択	
1993年	CBD発効(12/29)	
1995年	COP2	WTO：TRIPS発効(1/1)
2001年	第1回ABS作業部会	FAO：ITPGR採択
		WTO・TRIPS：ドーハ宣言採択（TRIPS修正の検討）
2002年	COP6：ボン・ガイドライン採択	
	ヨハネスブルグ･サミット：「ABS国際レジーム」交渉開始	
2004年	COP7：ABS国際レジームの検討確認	FAO：ITPGR発効(6/29)
2006年	COP8：2010年までにABS国際レジームの作業完了を確認	
2009年	第7回、第8回ABS作業部会	
2010年	第9回ABS作業部会 第10回締約国会議（COP10）	

表1　CBDと関連条約の歴史的な経緯［香坂・本田2010を改変］

現在の国際条約における動き

ABSは、CBDの他、関連する複数の国際フォーラム（条約）の下でも議論されている。その中でも、密接に関連するのが、WTO（世界貿易機関）のTRIPS（知的所有権の貿易関連の側面に関する協定）である。この他、生物遺伝資源の利用や保全に関する先住民および地域コミュニティの伝統的知識および工夫、慣行に関する議論を中心に検討している、WIPO（世界知的所有権機関）のIGC（知的財産権と遺伝資源・伝統的知識・フォークロアに関する政府間委員会）や、生物多様性条約と調和した、持続可能な農業および食料安全保障のための食料農業植物遺伝資源の保全および持続可能な利用ならびにその利用から生じる利益の公正かつ衡平な配分を目的とする、FAO（国連食糧農業機関）のITPGR（食糧農業遺伝資源国際条約）などがある。

特許をめぐる論点

ABSの議論のなかで、国内法や実際の操業に影響を与える可能性が大きいものの1つが知的財産、とくに特許をめぐる交渉といえる。

特許というものは、発明やイノベーションの努力、創意に対する保護が主な目的であり、新規性や進歩性の観点からの評価が行われるのが通常である。しかしながら、このABSの議論では、遺伝資源の原産国の国内法を遵守しているか、きちんと利益を原産国にも配分しているのかといった点を監視するため、特許を出願する際に、発明に用いられた遺伝資源の原産国の開示を義務づけるよう求める動きがあり、議論が続いている。

【香坂　玲】

⇒D生薬の多様性 *p160*　D遺伝資源と知的財産権 *p214*　D遺伝資源の保全とナショナリズム *p216*　D生物多様性の経済評価 *p218*　D生物圏保存地域（ユネスコエコパーク）*p234*

〈文献〉磯崎博司2006．加藤浩2008．香坂玲2009．香坂玲・本田悠介2009, 2010．田上麻衣子2008．林希一郎編2009．渡辺幹彦・二村聡編2002．Glowka, L., *et al.* 1994．Laird, S. & R. Wynberg 2008.

遺伝資源と知的財産権

新薬の権益は誰のものか

遺伝資源は薬の源

熱帯雨林は薬の宝庫である。もともと植物が植食者や微生物の感染、あるいは紫外線から身を守るために産み出したアルカロイド類、テルペノイド類、ナフトキノン類などの二次代謝物質を人間は薬として利用してきた。血止め、化膿止めなどの外用薬から、腹痛、頭痛、咳止めなどに効く内服薬まで、さまざまな薬が森で得られる。猛毒のヘビに咬まれたときに毒消しとして使われる植物もある。川に流して魚を捕る魚毒や、矢の先に塗って獲物を殺す矢毒のような、毒としての使い方も世界中の森の民に広く知られている。

これら野生生物からの薬物や毒物の識別や処方は、中国の漢方やインドのアーユルベーダを引き合いに出すまでもなく、数百年あるいはそれ以上の長い年月をかけて営々と築きあげられ、伝えられてきた知的体系である。ここでは野生の遺伝資源に関する知的所有権の問題を、伝統薬と新薬開発を例にとって示したい。

ビジネスとなる遺伝資源

マラリアの特効薬であるキニーネや、インフルエンザの新薬・タミフルなど多くの重要な医薬品の化学構造が、植物が生産するさまざまな化学物質の中から抽出され、工業的に合成されている。1981 年から 2006 年に至るまでに新たに開発された抗ガン性の作用のある化学物質のうち、47%が野生植物から得られた天然物あるいは天然物由来のものである。このことは、将来にも有用な化学物質が、現在は十分に研究されていない生物種の生理学的解明によって発見される可能性はきわめて高いことを示唆している。

中国では 1 万種を超える薬用植物が生薬として用いられ、これをベースとした産業の成長が著しい。2006 年の中医薬学術会議の発表では、中国の生薬市場の年成長率は 20%に達し、すでに 2 兆円規模の産業となっている。その範囲は医薬品だけではなく、機能性食品や化粧品、特殊素材など多岐にわたっている。

膨大な生物種のなかから医薬品として価値のある物質を選び出すのは、たいへん時間とコストのかかる作業である。現代のプラントハンターである遺伝資源探索のエキスパートたちは、まず先住民の伝統的生態知識のなかから植物の薬学的な利用、すなわち伝統薬をリストアップし、それをもとに有用な化学物質を絞り込んでいくスクリーニング作業を進めていく。

それぞれの地域に生きてきた人びとは、数百年から数千年間の試行錯誤によって、解熱・鎮痛、抗細菌、整腸などの薬効をもつ生物についての知識を蓄積している。そこから実験によって選抜と絞り込みを重ね、最終的な候補となった植物から有効成分を抽出し、それを精製して分子構造を決定し、人工的に合成する方法を開発する。これが地域社会のもつ伝統的生態知識から新薬を開発するプロセスである。

これまで製薬会社は、薬効を見出して薬として使い続けていた地域社会の了承なく、また正当な対価なく、伝統薬から得られた化学物質をもとに、新薬を製品化して販売し、ときに莫大な利益をあげてきた。中国は 1993 年にいち早く特許によって、漢方薬の処方を保護する手段をとった。しかし、その保護策は、逆に新薬開発にあたった研究者や企業の努力を正当に評価していないという主張を生むことになった。伝統薬に基づいた新薬の知的所有権は、もともと伝統的な知識を保持していた地域社会に帰するのか、それとも開発した製薬会社に属するのか。新薬開発のビジネスのなかで、遺伝資源をめぐる知的所有権の問題が顕在化してきたのである。

知的所有権と南北問題

知的所有権の独占は、特許というかたちで付与される。TRIPS 協定（知的所有権の貿易関連の側面に関する協定）は、1994 年に作成された WTO（世界貿易機関）を設立するマラケシュ協定の一部をなす知的財産に関する条約である。この条約によって、特許は「新規性、進歩性及び産業上の利用可能性のあるすべての技術部門の発明（物であるか方法であるかを問わない）について与えられること」が規定されている。これによると、特許は単なる天然物の発見や既存の知識には与えられない。特許の付与には、技術部門の発明が必須である。つまり薬効をもつ物質を合成したり、それをヒントに新しい化合物をつくったりすることには特許が与えられるが、薬効をもつ生物そのものや、薬効を昔から認識して利用していたという伝統的知識に対しては特許が与えられない。それどころか、伝統的生態知識を基にした新たな発明のおかげで、伝統的な利用についても特許料を支払わなくてはならないという事態が生じる。

一方で、1992 年の地球サミットで採択された CBD（生物多様性条約）では、各国が遺伝資源に対する主体的権利を有することを確認し、遺伝資源の研究などから生じる利益を遺伝資源提供国に公正かつ衡平に配分することを規定している。遺伝資源提供国は、CBD に具体的な枠組が規定されていないために利益配分が進んでいないと認識していて、利益配分を確実にするための国際的な制度の創設を強く求めてきた。とくに、自らが主体的権利をもつ遺伝資源およびそれに関連する伝統的知識を第三者が無断で使用して発明が行われ、これに誤って特許という独占権が付与されることを問題視している。

このような問題意識に基づいて、遺伝資源提供国は、遺伝資源およびそれに関連する伝統的生態知識を用いた発明の特許出願において、①遺伝資源および伝統的知識の原産国、②遺伝資源にアクセスする際の事前情報に基づく同意（PIC：Prior Informed Consent）取得の証拠、③遺伝資源の利用に関する利益配分の証拠、の 3 点を開示することを義務づけ、その義務違反に対して制裁を課すべきであるとしている。

この主張による特許要件の見直しは、CBD 締結国会議、WIPO（世界知的所有権機関）、WTO/TRIPS 理事会などの国際的な議論の場で中心的な課題となってきた。とくに WTO/TRIPS 理事会では、TRIPS 協定には誤った特許付与を防止するための条項がなく、CBD と TRIPS 協定が相互支持できるように TRIPS 協定の改正が必要であると、遺伝資源提供国側は主張してきた。

それに対して遺伝資源利用国側は、①特許出願中に企業秘密に相当する情報の開示を義務づけることは特許制度本来の趣旨に反する、②新たな開示を義務づけることは誤って特許が付与されることを防止する手段として有効ではない、③違反に対して特許無効を含めた制裁を課す新たな開示義務を導入することで出願者の負担が増加し、権利が不安定化することによって遺伝資源の研究に対するインセンティブが減少すると反論している。

遺伝資源の管理と利用

このようにもともと地域社会に属していた遺伝資源が商品化され販売されるという権益に関して、先住民あるいは原産国の権利と、製品を開発し販売する企業活動が、しばしば深刻な対立を引き起こしている。すべての生物は遺伝資源として潜在的な価値をもつという認識は、1990 年代から世界中のほとんどすべての国で強く意識されるようになり、外国人研究者による生物標本の採集や国外持ち出しに関して、厳重な管理体制がとられるようになった。しかし、熱帯の国々では、生物のもつ有用な成分を抽出して商品化するまでの手段をもたない場合も多く、「宝の持ち腐れ」となる危険もある。そのために国の遺伝資源の取引を管理し、利益を図る企業と契約を結ぶ仕組みが必要となる。

写真 1　マレーシア、サラワク州で使われる薬用植物。左上：サルトリイバラ属の植物（現地名 Kakang）。火傷に効く。右上：シュウカイドウ属の植物（現地名 Sipudum）。嘔吐、高血圧、糖尿病、マラリアに効くとされる。左下：マメ科の植物（現地名 Krumis）。外傷一般に効く［大沼あゆみ撮影］

コスタリカは、豊かな生物多様性を国の発展の礎と位置づけて、先進的な取組みを行っている。ここでは、INBIO（国立生物多様性研究所）が 1989 年に NPO として設立され、生態系、種、遺伝子に関する情報を管理している。INBIO の精神は、熱帯雨林の生物多様性を保全するためには、それらを持続可能なかたちで利用することが唯一の方法であるということである。利用もできず、財も生まない自然を、価値観の異なる人びとが積極的に守ることはできないからである。

INBIO は国内の全生物種の目録作り計画をもっている。ここでは国内の生物標本を管理し、目録をつくるという作業を、国内外の研究機関との共同だけでなく、地元の人びとのトレーニングを通じて実現させようとしている。これらの活動のなかで、バイオテクノロジー関連の企業と契約し、協同して自然からの化学物質を収集し、評価する業務提携をすすめている。

生物文化多様性の喪失が地球環境問題のひとつとなっている現在、地域社会のもつ遺伝資源とそれに関連する伝統的知識を正確に把握し、その管理と利用を戦略的に実現して、その利益を地域社会、とりわけ遺伝資源の源泉である生態系の保全と伝統的知識の発展的な継承に充てるような仕組みづくりが必要とされている。

【湯本貴和】

⇒D熱帯雨林の生物多様性 *p142*　D生薬の多様性 *p160*　D遺伝資源の保全とナショナリズム *p216*　D医薬としての漢方と認証制度 *p226*　R遺伝子組換え作物 *p260*

〈文献〉Newman, D. J. & Cragg, G. M. 2007.

遺伝資源の保全とナショナリズム

農耕が作った「人類共通の財産」のゆくえ

遺伝的多様性と遺伝資源

遺伝資源とは、人間が資源として利用しようとするさまざまな生物をさし、生物遺伝資源と呼ばれることもある。遺伝資源は、地球上に生息する生物群集の多様性、つまり山野河海の生物多様性に支えられているが、一方、農業の分野では作物・家畜種やそれらの近縁種の種内における多様性（＝遺伝的多様性と呼ばれる）に支えられた遺伝資源が重要な意味を持つ。具体的には栽培動植物の種内における品種や遺伝子型がそれにあたる。最近では後述するように、生物の個体のみならず、単一の細胞や DNA も遺伝資源に含めることがある。本項では、おもに栽培動植物における多様な品種としての遺伝資源の保存にかかわる問題を論じる。

人類共通の財産としての遺伝資源

農耕の発明以後、人類は作物や家畜の品種改良を積極的に進めてきた。当初は多様な環境下で成立した多様な品種（在来品種という）の中からよいものを選び出す方法が長く採られてきた。やがて近代に入り、品種改良に人工交配が頻繁に使用されるようになると（交雑育種）、在来品種の多くは急速にその姿を消していった。しかし在来品種は、多様な環境に適応するさまざまな遺伝子をもっており、将来の品種改良の素材として重要であるとの認識から、それらの保全が注目を集めるようになってきた。これが農業の分野での遺伝資源の発想の始まりである。

1974 年の IBPGR（国際遺伝資源委員会）の立ち上げ以降、遺伝資源は「人類共通の財産」と位置づけられ、研究者による自由な探索と利用が保証されていた。これは森岡一によると 18 世紀から続く原則であるというが、その下敷きは大航海時代のプラントハンターたちによる世界規模での動植物の収集にあるとみてよい。在来品種の消失が深刻な先進国では、1960 年代以降、在来品種などの種子を保存する施設である遺伝子銀行（ジーンバンク）を設置し、遺伝資源の収集と保全を国家事業と位置づけて推進してきた。遺伝子銀行という装置をもつのが、農業分野における遺伝資源保存の大きな特徴である。国際機関も遺伝子銀行の設置には熱心である。フィリピンのマニラ郊外ロス・バニョスにある IRRI（国際稲研究所）に設置された遺伝子銀行には 10 万点近いイネ品種の種子が保存され、同時にそれらの特性や採集地の情報などがデータベース化されている。日本でも、国、地方自治体や大学などに多数の遺伝子銀行が置かれている。遺伝子銀行は、多くの作物の種子が低温＋乾燥という条件下でその寿命を大幅に延ばせる特性を利用し、大型の冷蔵庫を備え、その中で種子を保存している。また最近では、ノルウェー政府が北極圏にあるスバールバル諸島に建設した「ノアの箱舟」と呼ばれる種子貯蔵庫が話題を呼んでいるが、これも一種の遺伝子銀行である。もっとも、危機管理の立場からは、多くの種（品種）の種子をたった一カ所の遺伝子銀行におくことが望ましいかどうかについては議論が残る。

ナショナリズムの台頭と生物多様性条約

しかし 1992 年に CBD（生物多様性条約）が採択されて以来、様相は一転した。というのは CBD は遺伝資源の保護とともに利用についても言及しており、遺伝資源を利用するとなれば当然、発生する利益が誰のものか、その利益をどう配分するかという経済的な問題が出てくるからである。こうした議論の背景には、「人類共通の財産」とは名ばかりで、資源保有国の権利がほとんど保証されず、むしろ遺伝資源を利用する企業やその国家が利益を一方的に享受してきた事実がある。遺伝資源を持つ国は開発途上国が多く、各国とも CBD を楯に自国の遺伝資源の持ち出しを厳しく制限するようになった。それはある種のナショナリズムの

写真 1　IRRI（国際稲研究所）の遺伝子銀行がもつ種子増殖用の水田［福田善通撮影］

台頭を招いた。そしてこのことにより、国境を越えた遺伝資源の移動は「人類共通の財産」という理念とともに大きく後退したのである。

ナショナリズムの背景

遺伝資源をめぐる軋轢はおもに資源を保存したい途上国と資源を使いたい先進国との間の対立を背景に起きることが多い。先進国と途上国の権利が相反するこの構図は、CO_2（二酸化炭素）の排出削減をめぐる先進国と途上国間の軋轢の構図とよく似ている。地球環境問題の解決の難しさのひとつは、この先進国と途上国との間の利益相反にあるといって過言ではない。

写真2　ラオス、ビエンチャン市郊外に設置した野生イネ自生地保全地（1996年）

こうした対立の背景の1つに、遺伝資源の利用に伴う利益をめぐる国際紛争があげられる。たとえばコメ輸出国のタイの特産品であるジャスミンライスの遺伝資源の不正使用事件がそれである。ジャスミンライスとは、ジャスミンの香りに似た独特の香りを持った香り米と呼ばれる品種の総称で、とくに熱帯アジアの人びとの間で好まれている。事件は1995年におきた。タイ農業省がIRRIに遺伝資源としての保存を委託したジャスミンライスの種子を米国の研究者が正規な手続きを踏まず取得し、その香りをもつ新たな品種を育成しようとしたものである。幸い事業は完結せず、タイ側に実質的な損害は生じなかったが、これ以後タイ国は遺伝資源の国外流出に非常に神経質になった。というのも、もしこの事業が成功していれば、ジャスミンライスというタイ固有の品種名が他国で勝手に使われ、その結果、反対にタイの農家が栽培している伝統的ジャスミンライスは売れなくなり、農家と国家が将来にわたって膨大な損害を被う可能性があるからである。

遺伝子銀行の限界と自生地保全

ところで遺伝子銀行は、遺伝資源の保全と持続的な利用に有効で必要十分な装置だろうか。それは確かに、世界各地で消失しつつある遺伝資源を絶滅から救ったが、農業の生態系にあった遺伝的多様性の低下を防ぐことはできない。そして農業の生態系における遺伝的多様性の喪失が、19世紀中葉のアイルランドのジャガイモ飢饉や1960年代に米国のエンバクに起きた病気の大流行などを引き起こしたと考えられている。そしてこの欠陥は、遺伝子銀行を途上国に置いたところで解決しない。また遺伝子銀行そのものも、冷蔵庫などの設備の故障や社会情勢の変化などでその機能が将来にわたり維持される保証がなく、その脆弱性が指摘されている。

こうした欠点を補うため、途上国のなかには作物に近縁の野生種の自生地を保全する自生地保全や、在来品種を実際に経済栽培する臨地保全などの試みを始めたところもある。これの方法を用いれば保全にかかる経費はごく安価ですむが、取組みが大規模化すると農家経営と利益相反をおこすという欠点もある。とくに在来品種を保全する臨地保全では、地域の農民に伝統的な生活を送ることを強いることにもなりかねず、地域社会の理解を得るのが困難である。遺伝資源を将来にわたり確実に残す方策は、まだ万全ではない。

よりよい遺伝資源の利用にむけて

遺伝資源は過去に創出された遺産ばかりからなるわけではない。現在も日々新たな遺伝資源が作り出されている。化学物質や放射線の照射によりできた突然変異遺伝子、遺伝子組換えによってできる新しい品種などがそれである。これにつれて遺伝子銀行で保存される遺伝資源の様態にも変化が見られる。一部の作物や家畜については、その細胞や組織（とくに精子などの生殖細胞）、さらには1個の細胞にあるすべてのDNA（全DNA）の保存などが図られるようになってきている。しかし保存の様態がどのように変わろうとも、遺伝資源はそれ自体再生産が可能な資源であることに変わりない。この特性を最大限活かし、さまざまな様態の遺伝資源の保全と利益の公平な配分を保証する透明性の高い仕組みを考えることが、未来にわたる資源の有効で効率的な利用には欠かせないであろう。

【佐藤洋一郎】

⇒D生態系サービス *p134*　D野生生物の遺伝的多様性と機能 *p148*　D遺伝資源と知的財産権 *p214*　Rアジアにおける農と食の未来 *p258*　R遺伝子組換え作物 *p260*　Hジャガイモ飢饉 *p450*

〈文献〉森岡一 2009.

生物多様性の経済評価

非利用価値を政策に反映させるために

生物多様性の経済価値とは

生物多様性にはさまざまな経済的価値が存在する。しかし、生物多様性には市場価格が存在しないことから、市場経済においては生物多様性の価値が適正に反映されず、生物多様性の損失が深刻化している。このため、生物多様性の経済的価値を金銭単位で評価することが必要とされている。一般に、環境の価値は大別すると利用価値と非利用価値に分類される（図 1）。

利用価値には直接的利用価値、間接的利用価値、オプション価値が含まれる。直接的利用価値は、製品として消費することで直接的に発生する価値である。たとえば、木材として森林を利用する場合がこれに相当する。間接的利用価値は、森林を訪問して景観を楽しむなど、環境を間接的に利用することで得られる価値である。

オプション価値とは、現在は利用されていないが、将来的には利用される可能性があるので、そのときまで環境を残しておくことで得られる価値のことである。たとえば、熱帯林に生息する生物の中には将来に医薬品として利用できるものが存在するかもしれないので、熱帯林にはオプション価値が発生する。

一方の非利用価値は遺産価値と存在価値に区分される。遺産価値は、将来世代に環境を残すことで得られる価値である。たとえば、世界遺産は将来世代に受け継ぐことが目的であることから、世界遺産に登録されている自然環境は遺産価値を持っていると考えられる。

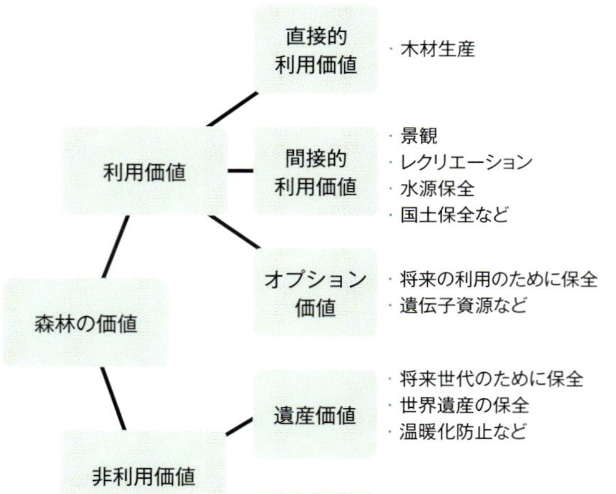
森林の価値
利用価値
非利用価値
直接的 利用価値
・木材生産
間接的 利用価値
・景観
・レクリエーション
・水源保全
・国土保全など
オプション 価値
・将来の利用のために保全
・遺伝子資源など
遺産価値
・将来世代のために保全
・世界遺産の保全
・温暖化防止など
存在価値
・原生自然の保全
・野生動物の保全

図 1　環境の価値と生物多様性［栗山 1998］

存在価値は、環境が存在すること自体によって得られる価値である。森林に生息する生物の中には、現在世代にも将来世代にも利用されないものがあるかもしれない。しかし、それでもその生物を絶滅させるべきではないと考える人がいる場合、その生物に存在価値が発生する。

このように環境にはさまざまな価値が存在するが、生物多様性の価値は、その価値の大部分が非利用価値に分類されるという点に特徴がある。生物多様性が高い国立公園内の森林では、そこの木材が製品として消費されることはきわめて少ない。しかし、生物多様性を将来世代に残すべきと考える人は多いだろう。したがって、生物多様性の価値を計測するためには、非利用価値としての性質を考慮することが不可欠である。

環境価値の評価手法

森林の木材としての価値は、木材価格が存在するため容易に金銭単位で評価することができる。しかし、それ以外の価値には市場価格が存在しないことから、別の方法で評価する必要がある。そこで、環境経済学の分野では環境の経済的価値を評価するために、環境評価手法と呼ばれる評価手法の開発が行われてきた。

環境評価手法は、大別すると顕示選好法（RP）と表明選好法（SP）の 2 つに分類できる（表 1）。

顕示選好法は、人びとの経済行動を観測することで得られるデータをもとに間接的に環境の価値を評価するものである。実際の行動データを用いることから高い信頼性を得ることができるものの、人びとの行動に反映されない非利用価値は評価できない。

これに対して、表明選好法は、環境の価値を人びとに直接たずねることで評価する。表明選好法は、利用価値だけではなく非利用価値も評価できるという利点があるものの、アンケートのデータを用いることから、調査手順に不備があるとバイアスが発生して信頼性が低下することがある。表明選好法には、CVM（仮想的な環境政策に対する支払意思額をたずねて評価）とコンジョイント分析（複数の代替案に対する好ましさをたずねて評価）が含まれる。

生物多様性の価値を評価する場合、その価値の大部

名称	顕示選好法（RP）			表明選好法（SP）	
	代替法	トラベルコスト法	ヘドニック法	CVM	コンジョイント分析
特徴	環境を人工物で置換する費用を用いて評価	訪問地までの旅費を用いて訪問価値を評価	環境が地代や賃金に及ぼす影響をもとに評価	環境変化に対する支払意思額をたずねて評価	複数の代替案に対する好ましさをたずねて評価
利用価値の評価	○	○	○	○	○
非利用価値の評価	×	×	×	○	○

表1　環境評価手法［栗山 1998］

分が非利用価値に属するため、顕示選好法で評価することは困難である。これに対して、表明選好法の場合は、希少種を守るためにいくらまで支払ってもかまわないかとたずねることで評価することが可能である。このため、生物多様性の価値を評価する際には表明選好法のアプローチが不可欠といえる。

CVM による評価

表明選好法のうち、環境政策に用いられることの多いCVM（仮想評価法）について紹介する。CVM は、仮想的な環境対策を人びとに示し、この環境対策を実施するためにいくらまでなら支払ってもかまわないかをたずねることで環境の価値を評価する手法である。CVM は評価対象の範囲が広く、大気汚染、水質汚染、騒音、景観保全などの利用価値だけではなく、地球温暖化防止や熱帯林保全などの非利用価値も評価できることから、さまざまな環境政策で用いられている評価手法である。

CVM は、最初に環境の現状を回答者に示す。次に環境が変化した後の仮想的な状態を示す。そしてこの環境変化に対する支払意思額（WTP）をたずねる。環境改善のシナリオの場合は、環境保全に対する費用負担をたずねることになる。逆に環境悪化のシナリオの場合は、環境悪化を阻止するための防止策に対する費用負担をたずねる。一般に支払意思額は1世帯あたりの金額なので、支払意思額に対象世帯数をかけることで集計額を算出する。

世界自然遺産に指定されている屋久島を対象に生物多様性の経済的価値をCVM によって評価した事例について見てみよう。この研究では、2つの評価シナリオが用いられた。1つは「強いシナリオ」と呼ばれ、屋久島の生物多様性を守ることを目的としたシナリオである。このシナリオでは生物多様性を守るために観光利用はある程度制約を受ける。もう1つの「弱いシナリオ」は、屋久島の観光利用を促進することを目的としたシナリオである。このシナリオでは、景観は守られるものの、生物多様性を守ることはできない。全国の世帯からランダムに抽出された回答者に対して訪問面接形式でアンケート調査が実施され、各シナリオの支払意思額を回答者にたずねたところ、表2の結果が得られた。この評価結果によれば、屋久島の生物多様性は観光利用を上回る価値を持っており、屋久島の保全と利用のあり方を検討する際には生物多様性を考慮することが重要であると考えられる。

	支払意思額		集計額	
強いシナリオ（生物多様性の保全）	5,655	円／世帯	2,483	億円
弱いシナリオ（観光利用の促進）	3,441	円／世帯	1,511	億円
差　額			972	億円

表2　CVM による屋久島の評価［栗山ほか編 2000］

経済評価の意義と課題

このようにCVM を用いることで生物多様性の価値を貨幣単位で評価することが可能である。これにより、開発によって失われる生物多様性の損失額を評価することで開発が及ぼす影響を調べることが可能となる。また、生物多様性を保全するために必要な費用と保全によって得られる生物多様性の価値を比較することで、保全政策の経済的妥当性を検討することも可能となる。

ただし、CVM はアンケート調査のデータを用いることから、調査票や表明選好法のひとつであり、調査方法に不備があると評価額が影響を受けてバイアスが発生する可能性がある。このため、CVM によって生物多様性の価値を評価する際には、評価シナリオをわかりやすく回答者に伝えるように工夫するなど適切に調査票設計を行うとともに、小規模な事前調査を実施してバイアスの影響を受けていないかどうかを事前に確認しておくことが不可欠といえる。　【栗山浩一】

⇒D生態系サービス *p134*　D生物多様性のホットスポット *p162*　D生物文化多様性の未来可能性 *p192*　D生物圏保存地域（ユネスコエコパーク）*p234*　D世界遺産 *p236*

〈文献〉栗山浩一 1998. 栗山浩一ほか編 2000. 栗山浩一・馬奈木俊介 2008.

環境指標生物

生きものを使った簡便なものさし

環境をはかるものさし

それぞれの生物種が、ある場所に分布するには、生存し繁殖するのに適した、光や温度などの物理的環境、pH や溶存酸素濃度などの化学的環境、さらに餌や天敵などの生物的環境が必要である。生物種によって、適応できる環境条件が狭い範囲に限定されているものから、かなり広い範囲まで及ぶものまでさまざまである。生存や繁殖に必要な環境の許容範囲が非常に狭く、特定の環境要因の変化に敏感な生物種は、ある特定の環境を示す有効なものさしとなる。このような生物を環境指標生物あるいは単に指標生物と呼ぶ。

生物種の分布は、気候条件や種間関係、歴史・地理的な条件などさまざまな要因の複合結果であることから統合的な診断情報といえる。今日では、温度、pH、溶存酸素濃度などさまざまな環境要因を数量的にはかる測器がある。しかし、各データの解釈にはそれぞれ専門的知識や経験が必要であり、それらを統合することはさらに難しい。一方、生物指標は、直感的で専門的知識がない人びとにもイメージを伝えやすい利点がある。また、環境を計測して得られるのはその場かぎりの値であるが、生物指標は積算した値と考えることができる。さらに、生物指標を直接用いることで、環境改善の目標として掲げることもできる。

指標生物による評価法は一種、もしくは複数の指標種の組み合わせで行われ、出現状況や生息密度で評価する。出現する種に点数をあて、数値化する方法もある。たとえば、水質の汚濁状況を調べるために津田松苗らが開発した Beck-Tsuda 法では、調査で出現する種を汚濁に弱い種（A)、汚濁に強い種（B)、それ以外（O）に分け，次の式によって汚濁の生物指数を求める。

$$生物指数 = 2A + B + O$$

A、B、O はそれぞれ種数を表し値が小さいほど汚濁が進んでいる水域と診断される。

指標生物の種類

どのような環境状況を明らかにするか、指標生物を目的に応じて、①文化財・遺産的な自然の価値を表す指標生物、②都市化および人間による環境改変を表す指標生物、③生態系変化を表す指標生物、の 3 つに分類することができる（表 1)。

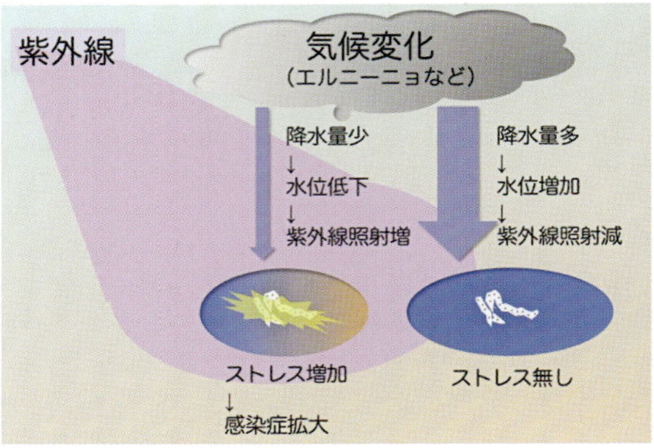
紫外線
気候変化
（エルニーニョなど）
降水量少
↓
水位低下
↓
紫外線照射増
降水量多
↓
水位増加
↓
紫外線照射減
ストレス増加
↓
感染症拡大
ストレス無し

図 1　気候変動を起因とする複合的な両生類の減少シナリオ［Blaustein & Kiesecker 2002 を改変］

①は、ライチョウのように氷河期遺存種と呼ばれる種や、ある特定の地域にしか存在しない固有種で、気候や地理的条件など地域の自然環境の特異性、もしくはその環境の歴史的背景を示す指標になる。このタイプには、乱獲や開発の影響によって減少し、天然記念物や絶滅危惧種に指定されているものも多く含まれる。

②は、都市化など人工的な環境改変の及ぶ程度を表すのに適当な生物で、ハシブトガラスやドバトなどの鳥類群集、コンクリートの隙間に侵入して生育する草本類、とくに帰化植物などがある。また、ニホンアカガエルなど里山の生物は、農法や農地の管理状況を表す指標となる。

③は、水域や大気、土壌の汚染状況を診断することに用いられる、指標生物として最も典型的な例である。いわゆる公害問題が顕在化した時期によくとりあげられた。拡大して、温暖化など地球規模の影響に応答を示す生物もこれに含まれる。

生物指標と環境診断の普及

指標生物のうち代表的なものの 1 つに、河川の水生生物がある。水生生物による水質診断は、水質汚染が社会的問題となった 1960 年代ごろから、簡便で有効な手段として広く取り入れられ、日本の河川の水質改善をはかる上で大きな影響を与えた。また、児童・生徒向けの環境学習として、水生生物を用いた水質診断を取り入れる学校は多く、授業教材やカリキュラムも充実するなど全国的に普及している（写真 1)。

しかし、近年の日本の河川水質は改善の方向に向か

指標の種類	とらえられる環境の状態	指標生物の例	備考
遺産的・文化的価値を表す指標	地域における地理・歴史・文化的特徴	イリオモテヤマネコ・オオサンショウウオ・ハッチョウトンボ・ミズグモ・コマクサなど	天然記念物や絶滅危惧種に指定されるものが多い
生態系変化指標	水質	植物プランクトン・水生昆虫など	1種ではなく、複数の種で総合的に判断する
	大気汚染	地衣類・カイガラムシなど	
	土壌汚染	土壌動物など	
	温暖化など	シュロ・ツマグロヒョウモンなど	
自然度・人間による環境改変指標	里山環境の保存状態	メダカ・アカガエル・春秋の七草など	
	都市化・開発の程度	ハシブトガラス・タンポポ・帰化植物など	

表1　主な指標生物の種類

写真1　水生昆虫を指標にした川の環境学習（2010年）

ってきている。それに代わって、灌漑などを目的とした取水による流量の減少やダムなど物理的形状変更、さらにブラックバスなど外来生物の侵入が深刻な問題となっている。そのため、水質が生物相に影響を及ぼす効果は相対的に低くなり、指標生物が必ずしも現場の水質状態を反映しないケースもみられることに留意する必要がある。

河川以外にも生物指標を用いた環境調査は、都市や里山など身近な自然環境を対象に広がりをみせている。環境省の自然環境保全基礎調査（緑の国勢調査）の一環である「身近な生きもの調査」、農林水産省と環境省の連携による「田んぼの生きもの調査」など全国規模のものから、地方自治体、NPOなどさまざまな主体による市民参加型の調査が拡大しつつある。この背景には、メダカや春・秋の七草などのように、かつては身近にみられた生物が開発や汚染によって急速に消えつつあることもあるだろう。多くの人が身近な自然環境が破壊されていると感じ、さらには自分たちの食やくらしの安全が脅かされつつあると考えはじめている。これに関連して、有機農法や伝統的な農業を営む地域で農産物に生物の名前を冠するブランド生物農業が盛んである。生物の多様性の保全と、安心・安全な作物づくりというイメージを重ねて付加価値をつける商法は、環境志向の消費者に受け入れられている。

地球環境のカナリア

「坑道のカナリア」という言葉がある。坑道の中で有毒ガスの発生をいち早く知るために、敏感で脆弱なカナリアをかごに入れて持ち込んだことにちなみ、事前に危険を知らせる役割を果たすものを指す。両生類は、幼時期を水で過ごし、成長すると陸上で生活する。つまり、彼らの生息場所は水と陸域双方の環境条件が整わなければならない。また、皮膚は毛や鱗（うろこ）に保護されず、化学物質や紫外線、物理的接触にも弱い。このように両生類は、生物の中でもきわめて脆弱な生物群といえる。その両生類が1980年代ごろから、世界規模で急激に減少しはじめた。とくにコスタリカのモンテベルデ雲霧林保護区など人間活動の影響がほとんどない地域におけるカエルの絶滅は、注目を集めた。これまでに両生類の減少は、乱獲、汚染、開発、外来種など地域によりさまざまな要因が指摘されていた。しかし、地域を越えた広範囲かつ急激な減少は、生物学者にこれまでとはまったく異質の危機を予感させることとなった。それは、気候変動やオゾンホールといったグローバルな環境要因と森林伐採や感染症などの地域的な要因の複合である（図1）。

米国オレゴン州において、J.M. キーゼッカーらは、長期的な気候変動の解析と綿密な野外実験を合わせた研究を行った。彼らの実験からカエルが産卵する池の水深が、わずか数十cmでも浅くなると、強い紫外線を浴びることでセイブヒキガエルの卵はダメージを受けることがわかった。その結果、ミズカビなどによる感染症への耐性が下がり、死亡率が増大する。この地域の降水量の変動はエルニーニョに大きく影響を受けており、1970年代の半ばからの海面温度の上昇によって広範囲の地域でおこった降水量の減少が感染症拡大を招き、両生類の急激な減少をもたらした可能性が高いことを明らかにした。

地球規模で両生類が減少した原因が明らかになりつつあるが、人間にとって大きな課題は残されている。この大量絶滅は、両生類だけの問題なのだろうか。未知の環境悪化に警鐘を鳴らす地球環境のカナリアはまだ他にもいるかもしれない。　【神松幸弘】

⇒D生物間ネットワーク *p138*　D生物多様性のホットスポット *p162*　D地球温暖化による生物絶滅 *p178*　D生物文化多様性の未来可能性 *p192*　D生きものブランド農業 *p222*

〈文献〉江崎保夫・田中哲夫編 1998.　環境省 2006.　Kiesecker, J.M., *et al.* 2001.　津田松苗・森下郁子 1974.　日本陸水学会東海支部会編 2010.　Blaustein, A.R. & D.B. Wake 1990.　Blaustein, A.R. & J.M. Kiesecker 2002.

生きものブランド農業

農生物多様性の新たな方向と問題点

生きものブランドとはなにか

生きものブランド農業とは、農産物の栽培過程で付随している生物多様性（農生物多様性）を、親しみやすい生きものの名前を冠して人びとにアピールし、収穫した農産物に付加価値をつけて流通させようという考え方である。21世紀が始まる前後から、赤とんぼ（アキアカネなど）、メダカ、ゲンゴロウ、タガメ、コウノトリ、トキ、タゲリなど、さまざまな生きものブランド米が市場に流通し、新しい農業環境営農技術に位置づけられている。生きものブランド農産物は、主に営農者に端を発したボトムアップ型の実践である場合が多かったが、最近は行政主導型すなわちトップダウン型の生きものブランド米も現れてきた。

生きものブランド農業は、「環境にやさしい」イメージを付加し、安心安全な食料のシンボルとして生物を指標として用いて、たとえ割高でも消費者の購買意欲を維持する方法である。戦後、多くの農地で自然環境に配慮していない圃場整備が行われて、これまで当たり前に存在した生物たちの生息場所が次々と奪われていった。それと並行して、過剰な農薬使用によって、水田など農耕地に生活を依存した種が分布と数を衰退させていった。トキやコウノトリの国内絶滅は象徴的であるが、そのごく一部でしかなく、近年では普通種アキアカネの激減の要因が一部の殺虫剤によるものだという疑いが出てきている。一方で営農者側では、グローバル化の進行で安い輸入食材との競争が厳しくなるにつれ、消費者に割高でも国産食材を買ってもらう新たな戦略が必要になってきた。

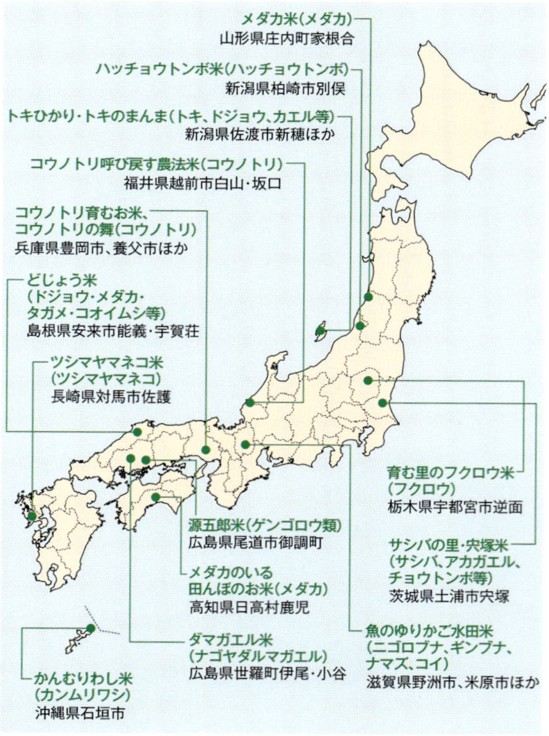

メダカ米(メダカ)
山形県庄内町家根合
ハッチョウトンボ米(ハッチョウトンボ)
新潟県柏崎市別俣
トキひかり・トキのまんま(トキ、ドジョウ、カエル等)
新潟県佐渡市新穂ほか
コウノトリ呼び戻す農法米(コウノトリ)
福井県越前市白山・坂口
コウノトリ育むお米、
コウノトリの舞(コウノトリ)
兵庫県豊岡市、養父市ほか
どじょう米
(ドジョウ・メダカ・
タガメ・コオイムシ等)
島根県安来市能義・宇賀荘
ツシマヤマネコ米
(ツシマヤマネコ)
長崎県対馬市佐護
育む里のフクロウ米
(フクロウ)
栃木県宇都宮市逆面
源五郎米(ゲンゴロウ類)
広島県尾道市御調町
サシバの里・宍塚米
(サシバ、アカガエル、
チョウトンボ等)
茨城県土浦市宍塚
メダカのいる
田んぼのお米(メダカ)
高知県日高村鹿児
魚のゆりかご水田米
(ニゴロブナ、ギンブナ、
ナマズ、コイ)
滋賀県野洲市、米原市ほか
ダマガエル米
(ナゴヤダルマガエル)
広島県世羅町伊尾・小谷
かんむりわし米
(カンムリワシ)
沖縄県石垣市

図1　全国の生きものブランド米の例［農林水産政策研究所 HP のデータより作成］

生産現場での生物保全

近年、里地里山の生物多様性の保全再生が注目され、日本各地でさまざまな活動が行われている。しかし、農村で生物多様性の保全や再生の事業を進めるときに、は、地元の営農者には生物を保全するインセンティブが必要である。農業行為が行われている生態系でしか個体群を維持できないような生物を農業依存種という。農業・農村の維持によって守られているこれらの生物種を価値づけし、在地の営農者が納得いく保全手法として始めたのが広島県御調町（みつぎちょう）の「源五郎米」であり、生きものブランド農業としてわが国で最も早い例となった。ゲンゴロウはその繁殖を溜池だけでなく水田にも依存していることが知られている。この農業依存種の保全上、営農者側からみればその保全のコストを農産物の値段に上乗せするのは理にかなっている。

この「源五郎米」は、「ただの虫」をよい意味で「あだならぬ虫」にする営農上の取組みであり、実践的には営農者が日々の農作業のなかゲンゴロウの個体群を維持するための具体的なノウハウを、源五郎米栽培暦として地元 JA と共にボトムアップ型で作成した。

希少種の乱獲・販売を防止するために

しかし生物ブランド米には、もう１つ保全上の理由が存在する。絶滅危惧種や希少種が自分の田や村に生息していること自体は、生産活動に大きな制限が加えられないかぎり喜ばしいことだと村の人びとは理解する。ところが希少種の価値を知ることで、そこに直接的な経済価値を見出し、採集して販売しようとする動きになることもある。トキやコウノトリなどの野鳥ならば捕獲売買はできないが、タガメやゲンゴロウ類はネット販売やペットショップの店頭に高価な値で並ぶ。ササユリやトキソウなどの野草も、盗掘・売買される。

絶滅危惧種や希少種の価値を知ってもらわないと、営農者の保全上の協力は得られない。しかし同時に、このことは希少種の乱獲売買問題に発展する可能性を高めていることになる。営農者に絶滅危惧種や希少種の価値を認めて保全に協力してもらう際に、タガメ米、ゲンゴロウ米で付加価値をつけてコメを流通させることによる間接的な経済価値をもって、直接的な経済価値による希少種販売の代替にする意味も大きい。

「生きもの米」から「生物多様性農産物」へ

間接的な経済価値を希少種に付加する農産物流通が、さらにより高次の生物多様性レベルの保全にまで発展した事例も出てきている。単一種だけを対象に付加価値をつけただけでは、種の多様性、生態系の多様性、あるいは遺伝子の多様性の保全・再生に生きものブランドは直接には結びつきにくい。なぜなら、これまで出てきている生きもの米は、いわば特産品であって、どこにでもはいない希少種だから成り立つのであったからである。そこで、源五郎米を始めた営農者たちは、里地里山の多様な生態系、多様な種、在地の多様な遺伝子を保全し再生するために、新たな試みを進めた。コメ、ムギ、ダイズの主要3穀物とそれぞれの農生態系の多様性を活かす、新たな生態系ブランド米である。この地域に根ざした「世羅こだわり米」というブランド作りを展開するなかに、「源五郎米」だけでなく「ダルマガエル米」、「ヒョウモンモドキ」、「赤とんぼ」など、在地に根ざした多様な種、多様な生態系、多様な村々、多様な個人や生産グループの思い入れがこめられている。また地域で最初に取組まれた源五郎米が絶滅危惧種の保全を付加価値にしたが、こだわり米は、むしろ人間の安全・安心からアプローチして生物多様性保全を目指している。生きものの種名はつかないが、内容的に世羅地域の生物多様性を丸ごとブランド化しようとしている点を見逃してはならない。

生きものブランド米の問題点と今後

輸入食材の安全性が問題になるたびに、消費者はより安心・安全な減農薬農業あるいは有機農業の生産物を求めるが、表示偽造、産地偽装などもあとをたたない。そこで生産者の顔がみえる直売などが人気を集めている。減農薬の証として農薬に弱い生物が生産現場に生きているというアピールをし、さらには身近な生物の危機に対してなにか行動したいという消費者もいるだろう。自然保護団体や植樹運動に寄付するのと同じ感覚で、割高でも生きものブランド商品を購買するケースが期待されている。

生きものブランド農業は、米を中心にこれからも増えていく様相にあり、個人、一村、あるいは農業法人、JA、生協、行政区など異なる営農スケールで展開していくだろう。しかし、大切なことは、あくまで在地の生物多様性に根ざした営農行為であることが肝要である。もし、生きものブランド農産物が市場経済に組み込まれ、ブランド対象種によって市場評価が変わるような状況が生じると、絶滅危惧種や希少種の移植行為や取合いなど「生きものブランド種」売買が生じる懸念がある。野生の鳥類や哺乳類では法律的に飼育増殖、放流、放飼が困難であるが、昆虫・魚類や植物の場合は人工増殖、移植がすぐに実現する種は少なくないであろう。

行政的に県や市町村をあげて生きものブランド農産物をトップダウンで推進しようとする動きがあるが、移植や放飼など自然の理に反した営利行為を制限する行政的配慮が必須である。

農林水産業で生物多様性を育む、その経済的インセンティブとして有効性が期待される生きものブランド農業は、世界的な潮流である農生物多様性の日本的なかたちである。海外では中国雲南省で水稲品種の多様性も交え、生物多様性米認証の事例が知られている。

生きものブランド米が環境農業政策の切り札になるためには、今後さまざまな試行錯誤と政策的にきめ細かな網かけが必要であろう。COP10（生物多様性条約締約国会議）を経て、今後ますます農林水産の多面的機能がクローズアップされることが予測されるが、営農の現場では、より着実に在地に根を張る活動が求められている。そのためには、まず在地の生物多様性をしっかり、ていねいにみつめなおすことから始める必要があるだろう。農林水産省によるコウノトリ米流通分析の結果では、ただ生きものにあやかろうとするだけでは安定経営に結びつかないため、農生物多様性の市民化とより戦略的な販売努力の必要性が指摘されている。ただ生きものブランドを売るだけでなく、観察会、保全・再生管理事業を通して、援農、エコツーリズムなどとも連動した参加交流への方向性も模索されるべきであろう。　【日鷹一雅】

⇒C 地球温暖化と農業 *p38*　C 農業排水による水系汚濁 *p86*　R アジアにおける農と食の未来 *p258*　H 水田稲作史 *p420*

〈文献〉日鷹一雅 1994, 2000, 2003, 2006. Hidaka, K. 2005. 日鷹一雅ほか 2006, 2008. 神宮寺寛ほか 2009. 西城洋 2001. 田中淳志 2010.

森林認証制度

木材の生産と消費をつなぐ新たなツール

森林認証制度

森林認証制度は、市場原理を利用して環境問題の解決を目指す制度の1つである。この制度は、生態系の保全や地域の人びとの暮らしに配慮した森林管理がなされている森林かどうかを、一定の基準に照らして評価・認定し、環境意識の高い消費者に選択的な購買を促し、その取組みを推進することで、適切な森林管理を推進するという仕組みである。

森林認証制度には、世界中の森林で適用可能なFSC（森林管理協議会）とPEFC（PEFC森林認証プログラム）、各国の森林を対象とした米国のSFI（持続可能な森林イニシアティブ）、マレーシアのMTCC（マレーシア木材認証協議会）などがある。FSCは、環境NGOが中心になって設立された認証制度である。一方、PEFCは、欧州の各国政府や木材業界が中心となって設立された認証制度である。

今日、多様な森林認証制度が混在しており、消費者にわかりにくい制度も数多くある。森林認証制度の信頼性を高めるため、利害関係者との協議、第三者機関による監視・評価などが求められている。

以下では、最も早く国際的に普及し、森林管理を審査する厳しい基準を持っているとして評価されているFSC森林認証制度について、制度の有効性と問題点をみてみよう。

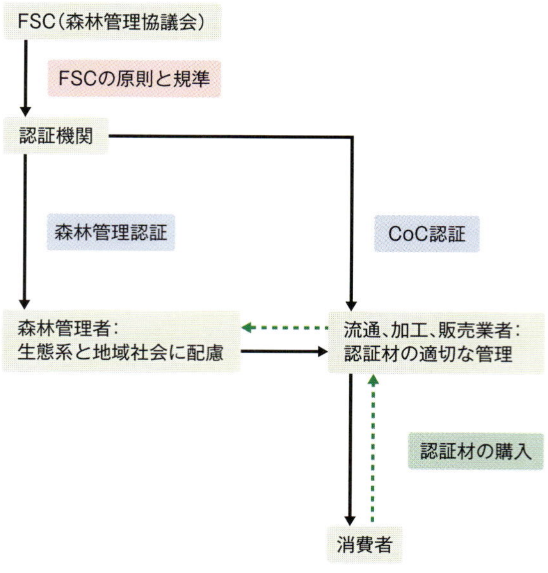

FSC（森林管理協議会）
FSCの原則と規準
認証機関
森林管理認証
CoC認証
森林管理者：
生態系と地域社会に配慮
流通、加工、販売業者：
認証材の適切な管理
認証材の購入
消費者

図1　FSC認証制度の仕組み

森林認証制度の導入の背景

1970年代から始まった過剰な熱帯林伐採は、生態系の劣化に加えて、先住民の生活の場と彼らの主な収入源となる森林資源の消失を引き起こしてきた。たとえば、マレーシアのサラワク州では、1980年代後半、慣習的に利用していた森林が伐採されたことに抗議し先住民が伐採道路を封鎖するなど、先住民と伐採会社との間の対立が顕著になっていた。こうした問題は、森林や土地に対する先住民の慣習的な権利を保障する制度が弱く、また政府や伐採会社が彼らの慣習的な権利を軽んじてきたために引き起こされていた。

これらの問題は過剰な熱帯材の伐採と輸出によりおこるとして、欧米の環境NGOを中心として不買運動が展開されていった。欧米の世論は、熱帯材消費国や地方自治体の政策に反映され、1992年にはオーストリア政府が熱帯材不買政策を表明するなど、世界各地で同様の熱帯材に対する規制が広がっていった。

これに対して熱帯材生産国は、不買運動を不当な貿易障壁だとして反発した。また輸入禁止措置は、熱帯材をさらに安価にし、森林の他の土地利用への転換を促進するため、実質的な問題解決にはつながらないという見解も多くあった。そこで、生態系を保全し、地域社会に配慮した施業を行っている森林から生産された木材を認証し、認証材の購買を推進することで、問題解決を目指す森林認証制度が普及した。

FSCによる取組み

FSCは、1993年にWWFなどの環境NGO、木材企業、先住民団体などによって設立された非政府、非営利の国際機関で、環境保全が適切に実施され、地域社会の利益にかない、経済的にも維持可能な森林管理の普及を目指している。本部はドイツのボンにあり、認証森林は世界で81カ国、954カ所、認証面積は約1億700万haである。日本では24カ所、認証面積約27万haに広がっている（2009年1月現在）。

FSCの最高機関は総会で、森林管理基準などの重要項目の議決が行われる。総会は、環境・経済・社会の3グループで構成され、投票権は3等分されている。

それぞれのグループでは先進国と途上国間での票の均衡も図られている。

FSC が定めている「森林管理のための原則と規準」(以下、FSC 原則と規準) は、10 の原則と 56 の規準から構成され、世界の森林を対象として、適正な管理を規定している。原則 3 では「先住民の権利」を規定し、先住民の法的・慣習的権利、知的所有権の保障などを求めている。原則 6 では「環境への影響」について規定し、希少種・絶滅危惧種およびその生息地の保護や、伐採時の森林損傷や道路建設による土壌浸蝕の抑制などを求めている。

写真 1 積み上げられた FSC 認証材 (マレーシア、サバ州、2007 年)

FSC の認証審査方法

FSC は認証審査には関与せず、FSC が認定した世界各地にある認証機関が審査を担う。認証審査は以下の手順で進められる。まず、森林管理者が認証機関を選定する。認証機関は審査にあたって、対象となる森林にかかわる利害関係者とともに地域基準を策定する。認証機関が選定した審査員は、本審査において、対象森林を実際に訪問し、FSC 原則と規準および地域基準に照らし合わせ、管理状況を審査し、改善点を指摘する。利害関係者との協議も行われる。森林管理者が改善点を修正し、FSC 原則と規準に適合していると判断されれば、FSC 認証 (5 年間有効) が与えられる。認証機関は、FSC 原則と規準を遵守しているかどうか、少なくとも年に 1 回継続的に査察を行う。5 年目には、再度本審査が行われる。

FSC 認証林から生産された木材には、FSC のロゴマークの使用が許可される。FSC は、認証材が確実に消費者に届くことを保障するため、流通・加工・販売業者に、認証材を適切に管理していることを証明する CoC 認証の取得を求めている。森林管理における認証と CoC 認証の両者によって、消費者は、認証材を生態系や先住民に配慮して生産された木材であると信頼して、購買できる仕組みになっている (図 1)。

市場メカニズムを利用した森林管理制度の効用

森林認証制度の先駆的事例としての FSC は、厳格な森林管理基準を有し、第三者認証機関による認証審査を実施しており、信頼性の高い森林認証制度である。森林認証制度の取得を機に、先住民が主体となった森林管理を行い、*フェアトレードと組み合わせたマーケティングを導入することで、彼らの生計を改善した事例もある。

しかし、森林認証制度は欧米を中心に普及しており、欧米での認証林面積が 9 割以上を占め、熱帯地域における認証林面積は 1 割にも満たない。熱帯地域は生態系も豊かで、森林に依存する先住民が多く暮らしており、FSC のような厳しい基準の遵守が難しいことが熱帯地域での普及を阻む要因の 1 つである。

熱帯地域での森林認証の普及には、技術面・費用面での支援が求められている。加えて、これらの地域では法律や制度によって先住民の権利が十分認められていないことが多く、森林認証の導入で逆に先住民の権利が制限された事例も報告されており、課題も指摘されている。森林認証制度の適用に際しては、先住民の生業に注視し、彼らの森林利用について配慮すべきである。

森林認証制度は、1990 年代から始まった環境問題の解決の新たな取組みであり、森林管理において、生物多様性の保全や先住民の権利の保障をいかに位置づけていくのかが重要な検討課題となろう。【内藤大輔】

⇒ C 森林の物質生産 *p50* D 熱帯雨林の生物多様性 *p142* D 熱帯林の減少と劣化 *p166* E 植林神話 *p486* E 環境認証制度 *p546*

〈文献〉梶原晃 2000. 梶原晃・淡田和宏 2004. Upton, C. & S. Bass 1995. Hong, E. 1987. Ozinga, S. 2001. FSC 2009. Meidinger, E., *et al.* eds.

医薬としての漢方と認証制度

限りある天然資源の活用のために

統合医療としての漢方の歴史

中国では周王朝の時代（BC11 世紀～BC3 世紀）に『周礼』が発表され、その中に食医の記述があり、薬食同源、すなわち、自然の恵みである食材を通して、疾病の治療や予防が行われたものと推測される。その後、漢の時代（BC3 世紀～AD3 世紀）に中国医学（中医学）の三大古典といわれる陰陽五行説（いんようごぎょうせつ）を理論とする『黄帝内経』、上薬、中薬、下薬の治療効果や四気五味を説く『神農本草経』、各種処方を収載した『傷寒雑病論』が編さんされ、伝統医学としての中医学は東洋医学の中心として次第に充実し、現代中医学として発展している。

わが国では、生薬を中心とする漢方が、5～6 世紀に中国より伝えられたとされる。その後、遣唐使や僧侶により多くの生薬や知識がもたらされたことにより、918 年には漢和薬名辞典である『本草和名』が、984 年にはわが国最古の医学書である『医心方』が編集された。江戸時代には漢方が庶民にも積極的に用いられるようになり、「陰陽」「虚実」を通して病態や体質を把握して生薬の「証」を考える漢方医学がわが国独自のものとして発展していった。明治時代には西洋医学が取り入れられたことにより、漢方医学は一時期停滞したが、第 2 次世界大戦以後再び注目されるようになった。漢方医学や東洋医学は病気の状態をマクロ的に診断し、生薬を主体とした薬物療法を行っており、さらに鍼灸（しんきゅう）、按摩（あんま）、指圧なども取り入れている。

漢方医学に用いられる漢方は天然由来の生薬を数種類配合して用いることにより、気（神経系）、血（ホルモン系）、水（免疫系）といわれる身体の 3 要素を賦活化し、病気の状態を健康な状態に回復させることをめざすと考えられている。処方量が多い漢方薬として、補中益気湯（ほちゅうえっきとう）、大建中湯（だいけんちゅうとう）、柴苓湯（さいれいとう）、加味逍遙散（かみしょうようさん）、小柴胡湯（しょうさいことう）などが知られる。それらの処方と臨床効果を表 1 に示した。また、原料となる代表的な生薬、および、その乾燥物を図 1 に示した。現在、医療分野ではしばしば手術後の免疫能を賦活させ、疾病回復速度を早めたり、合成薬剤と併用としてそれらの複合作用を期待して投与するなど、漢方の利用頻度は次第に増えてきている。

西洋医学では身体の各臓器をミクロ的に診断し、手術をしたり、合成薬材を投与しており、しばしば副作用や薬害が報告されている。それゆえ、近年、東洋医学と西洋医学の利点を活用・融合した統合医療が注目されている。

天然資源の枯渇とその対策

中医学、漢方医学および統合医療における生薬の使用量は年々増加している。一般に生薬を中心とする漢方には抽出液（エキス剤）が用いられているが、近年世界的に健康への関心が高まり、さらに生薬の健康食品や健康飲料としての用途が広がっており、供給不足の状況にあるといわれている。生薬の生産は、中国や韓国、日本とともに東南アジア各国で行われている。なかでも、中国の生産量は最も多く、野生品と栽培品の比率は種類からみると 8：2、量的には 6：4 とされており、野生品への依存度が高い。

平成 21 年度のわが国における医療品としての原料生薬の使用量はおよそ 1 万 7598t で、中国からの輸入量が 86％を占め、国内産は 12％に過ぎない。中国からは、カンゾウ、シャクヤク、ブクリョウ、ケイヒ、タイソウ、ハンゲなどの順で輸入されており、国内産

薬名	漢方処方	臨床効果が認められた症状
補中益気湯（ホチュウエッキトウ）	黄耆 4　蒼朮 4　人参 4 当帰 3　柴胡 2　大棗 2 陳皮 2　甘草 1.5　升麻 1 生姜 0.5	抗うつ作用、抗不安作用
大建中湯（ダイケンチュウトウ）	人参 3　乾姜 3　山椒 2 膠飴 20	消化管運動促進作用、血管血流増加作用
柴苓湯（サイレイトウ）	柴胡 5　半夏 4　沢瀉 4 黄芩 2.5　大棗 2.5 人参 2.5　猪苓 2.5 茯苓 2.5　白朮 2.5 桂皮 2　甘草 2　生姜 0.5	尿タンパク質の減少、自己免疫性疾患
加味逍遙散（カミショウヨウサン）	当帰 3　芍薬 3　白朮 3 茯苓 3　柴胡 3　甘草 2 牡丹皮 2　山梔子 2　薄荷 1 生姜 0.5	皮膚温上昇抑制、抗不安作用
小柴胡湯（ショウサイコトウ）	柴胡 7　半夏 5　黄芩 3 人参 3　大棗 3　甘草 2 生姜 0.5	慢性肝炎における肝機能障害

表 1　よく用いられる漢方処方［野村 2010］

カンゾウ
ショウキョウ
タンソウ
チンピ
ニンジン
草
乾燥

図1　漢方によく用いられる生薬［(株)ツムラより写真提供］

品としては、主として、トウキ、センキュウ、チンピ、ダイオウなどが挙げられる。

近年、中国ではカンゾウ（甘草）やマオウ（麻黄）が大規模に栽培されるようになった。わが国での野生品は北海道でオウバク、チクヨウ、東北地方でチクセツニンジン、センブリ、関東・信州地方でゲンノショウコ、ドクダミ、オオバコ、四国地方でドクダミ、ユキノシタ、アカメガシワ、九州地方でゲンノショウコ、センブリ、オウバクなどがある。また栽培品種としては各地でオウギ、オタネネンジン、アマチャ、ウコン、アロエ、トウキなどがある。

生薬の野生種の資源量は世界的に減少傾向にあるとされている。とくに乱獲や、地球の温暖化、砂漠化により絶滅種の発生も危惧されており、それゆえ、生態系の保全とともに栽培による種の保全、量的確保は不可欠である。さらに、生薬については農薬や微生物による汚染を避けること、安全性管理やトレーサビリティを導入するなど積極的な栽培体制の構築が望まれる。

日本漢方生薬製剤協会では環境に配慮した活動として次のことを挙げている。

①環境マネジメントシステムの構築（ISO14001の認証取得など)、②省資源・省エネルギーと廃棄物の削減（生薬抽出残渣のリサイクル化)、③環境を配慮した生薬資源の確保（生薬の栽培化による安定化確保）

生薬を利用する立場からは、ある資源の効率的な活用とともに栽培法の確立により、天然資源の保護をめざすことが重要である。

認証制度による現地指導

一方で、このような薬用植物の枯渇問題に関して、国際的な環境NGOであるトラフィックネットワークは、フェアワイルド（Fair Wild）という認証制度を設けるとともに、現地での採集人に対して基準にしたがった持続可能な利用についての指導を行っている。たとえば、果実を利用する植物を根元から引き抜くなど、植物の再生に配慮していない採集方法がこれまで横行していたが、フェアワイルドの基準では、植物は生やしたままで果実だけ摘み取ることが求められる。また栽培すれば効率よく薬用部位が得られるものについては、むやみに野外から採集しないように基準に沿った採集方法や数量を定めるとともに、有効な栽培方法が指導される。

このような指導は、現地の採集人にとっても大きなメリットがある。得られた産物にフェアワイルド商品として認証された付加価値を与えられるだけでなく、環境NGOに国内外の消費市場までの流通経路を開拓してもらうことで、確実に収入を増やすことに成功している例が多い。

今後もフェアワイルドのような新たな認証制度の認知度を向上させて、市場を確立していくことが、薬用植物の資源枯渇を未然に防止しつつ、しかも地元住民に対しても付加価値の高い安定した産業を興すことにつながっていくと期待されている。　【木苗直秀】

⇒D熱帯雨林の生物多様性 *p142*　D生薬の多様性 *p160*　D遺伝資源と知的財産権 *p214*　D遺伝資源の保全とナショナリズム *p216*　R民俗知と科学知の融合と相克 *p304*

〈文献〉北川勲・吉川雅之編 2005．御影雅幸・木村正幸編 2009．野村靖幸編 2010．塚本正司 2009．ツムラCSR推進室 2009．

ワシントン条約

野生動植物の取引を規制する

ワシントン条約の概要

ワシントン条約は、CITES（絶滅のおそれのある野生動植物の種の国際取引に関する条約）の通称で、1963 年に IUCN（国際自然保護連合）で提案され、1973 年に米国ワシントンで採択され、1975 年に発効した条約である。

この条約は、絶滅の可能性のある野生動植物の国際取引規制を定めており、現在、世界で 173 カ国が加盟している。野生動植物が現在および将来の世代のために保護されなければならないものであり、その価値が芸術・科学・文化・レクリエーション・経済的に増大するものであるという前提に立って、過剰な取引によって種の存続が脅かされないことを目的としている。日本は 1980 年に批准した。規制対象は国際取引のみで、違反対象の没収・返送・報告の義務以外、罰則は規定されていない。罰則と国内取引は加盟国の国内法により定められる。日本では、「絶滅のおそれのある野生動植物の種の保存に関する法律」（種の保存法：1992 年制定）により規制される。

写真 1　南アフリカのクルーガー国立公園で自然死したアフリカゾウの象牙が集められ、政府により保管されている。2009 年に日本と中国への一時的な輸出が認められた。販売収入は、自然保護に使用される

ワシントン条約では、規制の対象とする野生動植物を、絶滅のおそれによって附属書 I 、 II 、 III に記載している。附属書 I に記載された種（附属書 I 種）は絶滅のおそれがあるため、原則的に国際的・商業的な取引（輸出入）が禁止される。現在、約 900 種の動植物が記載されており、ゾウ、トラ、サイ、オランウータン、シロナガスクジラ、パンダなどが含まれる。

これに対して附属書 II 種は、現在絶滅のおそれがあるわけではないが、絶滅のおそれを高めないために、取引の制限が求められる種である。これらは国際的取引は可能だが、輸出入には輸出国の発行する許可書が必要となる。カバ、カメレオン、野生のサボテンやランなど約 3 万 3000 種が含まれる。

附属書 III 種は、自国での保護のために他国に協力を求め国際取引に制限を加えたい種であって、これらも輸出入には輸出国の発行する輸出許可書が必要である。約 170 種が含まれる。なお、同じ種であっても、生息する国によって記載されるランクが異なる場合がある。ヒグマは日本や中国では附属書 I 種であるが、カナダとロシアでは附属書 II 種である。規制の対象となるものは、生きた個体はもちろん、植物の種子などの例外を除いて、その一部分（角や牙、毛皮など）および派生物（製品化されたもの）も含んでいる。

国際取引規制の有効性

国際取引が個体数減少の主要因である場合、取引が適切に制御されれば、種の絶滅のおそれをすみやかに低められそうである。取引のための採取が減ると考えられるからだ。しかし、実際に採取が減るかどうかは別である。需要が十分に残存している場合は、違法採取（密猟）を誘発し、非合法市場で取引される。一方、制限付き合法取引が認められている場合には、合法的と偽って違法採取もおこる。

取引を禁止しても、需要を消滅させることは難しい。需要が残存すれば、取引禁止は逆効果となる場合さえある。多くの需要が非合法市場に向けられ、違法価格を著しく上昇させてしまった場合、密猟が増えてしまうからである。実際にクロサイにはこの逆効果がおきたと考えられる。クロサイは、1970 年に 6 万 5000 頭ほど存在していた。1977 年に附属書 I 種に記載されたが、その後、密猟が激化し、2009 年現在、残った

のは 2000 頭あまりである。

一方で、アフリカゾウの象牙取引禁止は効果的であったとされている。1979 年には 134 万頭いたとされるアフリカゾウは、象牙目当ての密猟のため、急激に個体数を減らし、1989 年には 62 万頭にまで減少してしまった。アフリカゾウは附属書Ⅱ種であったので、取引を行うことができたのだ。1980 年代の象牙取引量の約 8 割が密猟によるものであったと推定されている。しかし、1989 年に附属書Ⅰ種に格上げされると個体数減少が止まり、現在は約 58 万頭とされている。

このように、取引禁止の効果は種によって異なる。その理由として、取引禁止による需要減少の程度が、それぞれの種で異なるからである。需要を減らす大きな要因は 2 つある。1 つは、消費者が絶滅危惧種であることを意識し、道徳的な観点から購入を控えるようになることである。したがって取引が禁止されることで需要の減少がおきる。もう 1 つは、対象とする種が提供する財に、購入しやすい価格の代替可能な財（買い手にとって代わりとなる財）が存在するかどうかである。存在すれば、その代替財を消費することができ、取引禁止種への依存が大きく減る。一方、代替可能性が小さいほど、需要の減少は小さなものとなる。

アフリカゾウの象牙は、装飾品や印鑑など、さまざまな商品の材料として需要があったが代替可能な財が存在した。また、アフリカゾウの取引禁止時に、欧米を中心に象牙製品の不買キャンペーンがおこり、人びとの象牙商品のイメージを大きく変えたことも、需要を減らすことに貢献した。

一方、犀角（サイの角）は、東南アジアでは効能の高い解熱剤として需要が高かった。一般に薬には、同じ効能の他の薬が利用可能でも、薬を変えにくいという特徴がある。犀角も、解熱剤としての愛用者が多く、代替可能性が小さいと考えられる。さらに大きな経済成長を遂げたアジアでは、人びとの所得が増えて、犀角の場合は、取引禁止をしても需要があまり減少せず、むしろ非合法市場での価格が大きく跳ね上がり、密猟を増加させることになった。

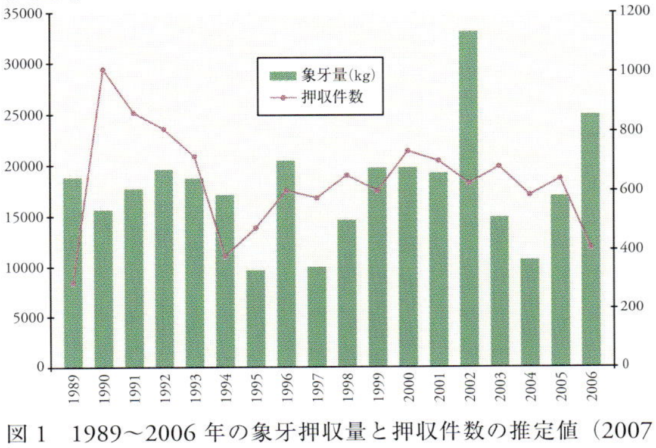
象牙量（kg）
押収件数
象牙量(kg)
押収件数
35000
30000
25000
20000
15000
10000
5000
0
1200
1000
800
600
400
200
0
1989
1990
1991
1992
1993
1994
1995
1996
1997
1998
1999
2000
2001
2002
2003
2004
2005
2006

図 1　1989～2006 年の象牙押収量と押収件数の推定値（2007 年 3 月 5 日現在の ETIS）〔Traffic (2007) Figure 1 より〕
ETIS による発覚した違法取引の調査を図示したもの。これは違法取引の一部であり、背後に発覚されない取引が存在している。この図からは、違法取引が減少しているとはいえない

供給面でも取引規制が効果的であるためには、取引規制を制定するだけではなく、生息地における違法採取と違法取引を取り締まらなければならないから、継続的な監視費用を必要とする。生息地が発展途上国にある場合は、十分な監視活動は財政的に容易ではない。また、汚職によっても、密猟・違法取引は助長され、取引禁止の効果が大きかったとされるアフリカゾウの場合でも、ETIS（ゾウ取引情報システム）によれば、1989 年以来、違法取引は長期的に減る傾向にはなく、1989 年以降 322 t の象牙が押収されている。

生物多様性条約とワシントン条約

今日の生物多様性保全の中で、動植物の国際取引にのみ焦点をあて規制することの役割は何だろうか。IUCN のレッドデータリストによれば、種の絶滅への脅威として、生物資源利用は大きな要因であるが、生息地（生態系）の減少、外来種移入、環境汚染、あるいは人びとの貧困がその脅威となっている場合も多い。したがって、国際取引以外の要因によって絶滅の危機にさらされている動植物まで取引規制の対象に含めて保護しようとするアプローチは、有効とはいえない。

生物多様性条約では、生物資源の持続的利用による保全を謳っている。ワシントン条約が、生物多様性条約と整合的であるためには、マニア向けペット用の動物のように、国際取引が個体数減少の主たる要因である種に重点的に取引規制の対象を絞ることが必要であろう。他の種には、むしろ一定の取引を許容する方が、保全に対してより有効である可能性もある。たとえば、自然死した動物の部分の経済的利用を認め、収益をその種と共存する人びとのために活用したり、自然保護に活用したりすることで、むしろ保全効果が期待できる場合もある。いずれにせよ、ワシントン条約は、統合的な生物多様性保全政策の中で、位置づける時にきている。

【大沼あゆみ】

⇒D生物多様性のホットスポット *p162*　D野生生物の絶滅リスク *p164*　D生物多様性の経済評価 *p218*　D生物圏保存地域（ユネスコエコパーク）*p234*

〈文献〉Barbier, E.B., *et al*. 1990.　Hertberg, R. 2001.　Leader-Williams, N. & S.D. Albon 1998.　Milner-Gulland, E.J. 1993.　Hutton, J. & B.Dickson, eds. 2000.　Reeve, R. 2002.　大沼あゆみ 2006.　Traffic 2007.

持続可能なツーリズム

地元の主体性の確立から

持続可能なツーリズムとは

大型観光バスを連ねて短時間に数多くの観光地を回るような、商業化されたマス・ツーリズムが、自然環境や地域社会に対して大きな悪影響を与えてきたことに対する批判から、持続可能なツーリズムあるいはオルタナティブ・ツーリズムという概念が提唱された。持続可能なツーリズムは、自然環境や文化的アイデンティティに対する関心の高まりを背景にして、文化を理解し、環境負荷の低い、観光の対象となる自然環境と地域社会に責任ある対応をする新しいツーリズムの形態と位置づけられる。生態系を対象とするエコツーリズムがよく知られるが、文化遺産を主たる対象にするヘリテッジツーリズム、生きた民族文化を対象とするエスノツーリズムなどがあり、さらに特定の場所に長期に住み込むロングスティツーリズムを含むこともある。

また、英語の Green Tourism は、環境に負荷をかけない宿泊施設や環境教育を伴った環境への適切な配慮が強調された、いわば持続可能なツーリズムの別名として使われることが多いが、日本のグリーンツーリズムは「緑豊かな農村漁村地域において、その自然、文化、人びととの交流を楽しむ滞在型の余暇活動」と定義されていて、農村観光そのものを指している。漁業体験などの漁村観光を強調するときには、ブルーツーリズムということばも使われる。これらは、農林水産物の価格低迷や過疎化によって農山漁村が疲弊する現状から、農林水産省主導で村落の活性化のために観光を施策として導入するものである。

写真１　吹き矢の実演。エスノツーリズムでは伝統的なくらしの疑似体験をする（マレーシア、サラワク州、2005 年）

世界自然遺産とエコツーリズム

ユネスコ世界遺産委員会では、エコツーリズムという新しい産業を奨励して自然遺産の価値を普及するとともに、遺産地域に現金収入をもたらして雇用を生み出し、地元の人びとにも遺産を保護する重要性を理解してもらうように努めるべきであるとしている。ここではエコツーリズムとは、比較的撹乱されていない自然地域をベースとして、その場所を劣化することなく、生態学的に持続可能なツーリズムであると定義され、その考え方を具体化した旅行をエコツアーとよぶ。地元への経済効果を重視し、遺産の保護と利用の融和を計りながら、教育的な価値に基づく新しい観光スタイルの創出をめざしている。

世界遺産に指定されることは、遺産の保全優先のために開発が制限されることを意味し、遺産に指定されなかった場合に生じる開発による利益、すなわち逸失利益が生じる。その逸失利益を補償するとともに、保全にかかる費用を補填するためにツーリズムで利益をあげることは、地元の遺産登録へのインセンティブを高めることにつながると考えられた。ただし、その場合も遺産自体の価値を減じるような過剰利用は、長期的には元も子もなくす結果をもたらす。

現在、遺産地域以外でもエコツーリズムは大きなブームとなっており、世界各地で地域の自然を保護しつつ利用しようとする動きが盛んである。しかし、マス・ツーリズムの商品として単に他商品と差別化を図るためにエコツアーという謳い文句だけを使う似非（えせ）エコツアーの横行を招き、生態系への負荷が小さい持続的な活動という枠を逸脱して、自然環境を損なう一因ともなっている。

観光という産業の弊害

観光産業はいまや世界の GDP（国内総生産）の 10％に相当するとされている。1 年間に世界中でおよそ 10 億人が旅行しているという推計もある。いっぽうで基幹産業として観光に頼る危うさも指摘されてきた。

第一に、観光される側がつねに受け身という立場に甘んじてきた点にある。商品として開発されるツアーは、すぐに陳腐化し、顧客に飽きられる。これまでも多くの観光地は一過性のブームとしてもてはやされ、ブームが終わった後は見捨てられてきた。また、エスノツーリズムでは南北問題が顕著であり、多くの場合には先進国からのツーリストは見る側の「まなざし」の所有者であり、発展途上国の地元住民には見られるだけの立場を要求してきた。地元住民は実際にはツーリストと変わらないような家電製品に囲まれた生活を送っているのにもかかわらず、ツーリストの期待に沿うような素朴で前時代的な生活を演じてみせることすらある。

2番目は、観光のもつ破壊性である。多くの観光地で入り込み数が増えることで、観光対象自体を損なうケースがある。巨大な観光施設の建設によって生態系が破壊されたり、ツーリストのもたらすゴミや排泄物によって汚染が進行したりすることはむしろ普通である。またアフリカのゴリラツアーでは、ツーリストがもたらした気管支性肺炎、疥癬(かいせん)、インド痘などで死亡するゴリラが報告されている。世界遺産に指定された沖縄島の聖地・斎場御嶽(せーふぁーうたき)では、熱心な祈りを捧げる地元信者からは、聖地にまったく敬意を払わないツーリストが増えて敬虔な信仰としての場が失われたことを非難する意見が続出している。

3番目は、観光で得られた利益の公正で衡平な分配が困難であることから生じる問題である。もともと交通手段やホテルなどに投資が必要な施設産業でもある観光は、外部資本が介入することで成立していることが多い。ホテル従業員の地元雇用についても、洗練されたサービスを提供するには十分なトレーニングと経験を必要とするために、それほど容易ではない。さらには大型クルーザー船で乗りつけて、食事も宿泊も船で済ませ、ガイドも自前というツアーでは、地元にほとんど経済的な効果をもたらさない。このような観光という産業のもつ特性から、ツーリストによって恩恵を受けるのは一部の人びとだけで、他の多くの住民にとっては、深刻な交通渋滞が発生したり、土地の価格を含む物価が上昇したり、あるいは「まさざし」によってプライバシーが侵害されたりするだけで、恩恵どころか迷惑ばかりを被ることになる。また観光資源の維持管理にしても、多くの場合、観光で収益を得る主体と資源を保全する責任をもつ主体は別であり、その間には何らかの資金的な取決めが必要となってくる。

真の持続性に向けて

これらの問題を克服するためには、いくつかの根本的な対策が求められている。

まず必要なのは、地元側の主体性の確立である。これまでの観光は、観光業者からツアーという商品が観光対象地に一方的に押し付けられる、いわばツアーの出発地からの発想である「発地型の観光」であった。これを地元が主体的にみせたいツアーを提案して観光業者とともに商品を開発していく、ツアーの到着地からの発想を入れた「着地型の観光」へ転換していく必要がある。

ツーリストにどうやって喜んでもらって、何によってお金を使ってもらうかという、もてなしの心と経営感覚を地元の人びとが併せもつことによって、地域性を活かした独自のツアーを提案して成功させていくことが、観光業者に使い捨てにされないための主体的な対応である。一部の人びとにのみ利益が集中するという弊害に対しては、地元の素材を活かした食事を提供したり、伝統的な手仕事を商品化したお土産を開発したり、既存施設を利用した民泊を推進したり、あるいはガイドを当番制にしたりするなど、さまざまな業種の人びとが利益を得るような工夫が可能となる。また得られた収益のうちから、保全や管理の費用を捻出する道も開ける。このような地域を代表した責任ある主体を確立することが、外部の業者にも収益に応じた負担金を要求する前提となる。

つぎに必要なのは、持続可能性について定期的なモニタリングを実施して資源の劣化をいちはやく感知するとともに、科学的データと予測に基づいた順応的管理を行うことである。日本の世界自然遺産である知床や屋久島では、世界遺産地域科学委員会が設置されて、専門家や地域のステークホルダーを交えて保全方針を立案して、適切なガイドラインの設定が行われようとしている。

最後に、持続可能なツーリズムではインタープリターとしてのガイドの役割が非常に大きいために、ガイド養成プログラムを独自に開発することが必要である。ガイドには、観光対象である自然や文化などについての専門的な知識、ツアー催行のための安全管理についての知識と経験、さらに環境や文化に関する知識に基づいたマナーの指導が求められる。これには専門家を講師とした適切なプログラムと認定制度が必須である。持続可能なツーリズムでは、現場に密着したガイドこそが、ツーリストに生涯忘れがたい満足を与えられるとともに、観光の破壊性に立ち向かう最前線にいることを忘れてはならない。　【湯本貴和】

⇒D文化的アイデンティティ *p154* Dラムサール条約 *p232* D世界遺産 *p236* R民俗知と科学知の融合と相克 *p304* E島の環境問題 *p494* E環境容量 *p530*

〈文献〉山下晋司編 2007. 湯本貴和 2007. 安福恵美子 2006.

ラムサール条約

湿地のワイズユースに向けて

湿地条約と条約湿地（登録湿地）

ラムサール条約は水鳥に関する条約と誤解されることもあるが、湿地条約である。正式名称は「特に水鳥の生息地として国際的に重要な湿地に関する条約」で、この日本語の語順から水鳥条約との誤解が生じやすい。イランのカスピ海の畔にある町、ラムサールで開催された「湿地と水鳥に関する国際会議」で1971年に採択された。

条約が対象とする湿地の定義では、簡単に分類すれば、淡水性の内陸湿地として湖沼、湿原、河川などがあり、汽水または海水性の沿岸湿地として干潟、砂浜、マングローブ林、サンゴ礁まで含まれる。さらにこれら天然の湿地以外にも人工湿地として、水田、遊水池、ダム湖といったものも湿地として数えられている（表1）。

次に条約では国際的に重要と考えられる湿地を登録すること（条約湿地もしくは登録湿地と呼ばれる）、そして湿地のワイズユース（賢明な利用）の促進が謳われている。

どのような湿地が国際的に重要と考えられるのか。

1. 内陸湿地	
湖沼（淡水湖）	琵琶湖、伊豆沼·内沼、ウトナイ湖、クッチャロ湖、阿寒湖、宮島沼、佐潟、片野鴨池、藺牟田池
湿原	釧路湿原、霧多布湿原、サロベツ原野、雨竜沼湿原、奥日光の湿原、尾瀬、くじゅう坊ガツル・タデ原湿原、仏沼
地下水系・カルスト	秋吉台地下水系
2. 沿岸湿地	
汽水湖	濤沸湖、三方五湖、宍道湖、中海
干潟	谷津干潟、藤前干潟
砂浜海岸	屋久島永田浜
河口干潟・マングローブ	漫湖、名蔵アンパル
サンゴ礁	慶良間諸島海域、串本沿岸海域
3. 人工湿地	
堰止湖・水田	蕪栗沼・周辺水田
ダム湖	化女沼
ため池	瓢湖

表1　日本の主要な湿地タイプと条約湿地。2009年8月時点で日本国内には37カ所の条約湿地がある。それぞれの湿地タイプとして代表的なものを挙げた。実際には多くの湿地がさまざまな要素を含む湿地複合体となっている

条約のCOP（締約国会議）はこれまでに条約湿地を選定するための基準を採択してきた。すなわち、生物地理学的にみて重要かどうか、絶滅危惧種が生息しているか、特定動物種または亜種の1%以上の個体数が記録される場合、2万羽以上の水鳥が定期的に利用する場合、魚類や漁業資源にとって重要な場合を考慮に入れて条約湿地の候補地を選定することになっている。これらの選定基準は時代とともに検証され、新たに基準が付け加わってきた。

湿地のワイズユース

ラムサール条約のもう1つの重要な取組みであるワイズユース原則も、また時代とともに成長している。1980年代にはラムサール条約の外では持続可能性が議論され、ワイズユースは持続的な利用とほぼ同義であるという解釈だったが、2005年には新しい定義が採択された。すなわち、持続可能な開発の枠組からはみ出ないことは同じだが、湿地の生態学的特徴を維持することが湿地のワイズユースであるとの定義となった。

生態学的特徴もラムサール条約の用語であり、基本的には湿地が国際的に重要だと判断されたときの主要な生態学的情報を指す。条約湿地を登録する際に必要な手続きとして、生態学的特徴に関する情報を締約国政府が提供しなければならない。その生態学的特徴が維持されていればワイズユースはうまくいっていると判定され、生態学的特徴が人為的要件によって好ましくない変化をしていることがわかれば、少なくともワイズユースとは呼べないことになる。

ラムサール条約の広報資料の言葉を借りれば、ローマ時代から世の為政者たちは人びとの支持を得るため、湿地をつぶして、もっと使い勝手の良い土地を生み出そうとしてきた。すなわち、湿地開発による短期的経済効果のみが強調されてきた。また、じめじめした土地という言葉自体イメージが悪く、実際に病気を媒介する生物の温床と考えられていた。逆にいえば生物多様性が豊かな生態系なのだが、その価値がまったくといっていいほど理解されず、湿地は世界中で失われ続けてきたのである。ようやく20世紀の後半になって湿地の喪失にブレーキをかける必要性が認識され、ラムサール条約が誕生したのである。

その後、湿地は生物多様性が豊かであること、漁業資源にとって重要な場所が多いこと、水の浄化機能や貯水機能をもっていること、炭素貯蔵機能、洪水や暴風雨からの保護、といった湿地の果たしている役割が注目されるようになってきた。これらは条約関係機関で分析が行われ、世界に発信されるようになった。たとえば、泥炭を形成する湿原において多量の炭素が貯蔵されていることが指摘されている（写真1）。

グローバルな自然環境保全条約の中で、ラムサール条約は唯一、特定生態系の保全を目的とした政府間条約であり、条約自体の運営に関する決定権も運用資金も他の条約同様に締約国（加盟国）が主役だ。しかしながら、特定生態系すなわち湿地の保全のためには、中央政府ももちろんだが、地方政府そして湿地の周りに暮らす人びとの協力が不可欠だ。

国際的に重要な湿地の選定までは自然科学的情報がとくに重要となるが、条約湿地としての指定や指定後の管理には社会経済学的要素が大きくかかわってくる。たとえば住民参加のあり方、利害関係者による合意形成の手法、湿地のもつ機能や価値の経済的分析、湿地資源を活用したエコツーリズムの推進などが重要だ。

湿地の価値を人びとが認識できなければ、湿地のワイズユースは促進できないため、湿地の経済評価がワイズユースにとって重要であることが大きく取り上げられ（COP6：オーストラリア、1996年）、湿地の管理には地域住民の積極的な参加が必要で、時には先住民の知恵に学ぶことも必要であることからガイドラインが策定された（COP7：コスタリカ、1999年）。21世紀に入ってからは、湿地の文化的価値を検討する作業部会も策定されている。

湿地保護区と国際協力

条約湿地の指定は、じつはそのままでは湿地が保護区となることを意味していない。極端な話、世界的には私有地であっても条約湿地指定が可能だ。スペインでは企業の所有する塩田が水鳥たちに利用されることから、南米チリでは個人の所有する牧場内の湿地が条約湿地に指定された例もある。一方、日本国内では条約担当官庁である環境省のこれまでの方針として、国立公園もしくは国定公園、あるいは国設鳥獣保護区に前もって指定してからの条約湿地指定となっている。

写真1　泥炭の発達した釧路湿原（2008年）

RAMSAR
CHANGWON 2008
28 October- 4 November 2008

写真2　ラムサール条約COP10（韓国、昌原市、2008年）

国際条約としては当然であるが、国際協力の推進も求められている。メコン川やドナウ川といった複数の国家にまたがる河川や湖、そして特定の経路に沿って移動する渡り鳥など、これらの保全には国際協力が不可欠であり、ラムサール条約はこういった国際協力を推進するための舞台を提供してきた。また、湿地保全に関する国家間の支援や、研修分野における国際協力も重要だ。

アジアでは1993年にアジア地域で最初の締約国会議が日本（釧路市）で開催され、アジア諸国の加盟促進に貢献した。また、2008年にはアジア地域で2回目となる締約国会議が韓国（昌原（チャンウォン）市）にて開催された（写真2）。日韓の国際協力では、NGOの意見を基に日韓政府共同提案という形になった水田決議が同会議で採択されている。人工湿地としての水田の意義と役割が認められ、生物多様性保全の観点から、環境に配慮した水田耕作のやり方を模索していくことが求められている。

このように、湿地という限られた生態系の保全を目指しているラムサール条約ではあるが、より広い視野に立って湿地に影響を及ぼす集水域や、さまざまな要素を考慮に入れた保全策が求められることになる。　【小林聡史】

⇒D生態系サービス *p134*　D生物多様性のホットスポット *p162*　D持続可能なツーリズム *p230*　R聖域とゾーニング *p330*　Rマングローブ林と沿岸開発 *p336*

〈文献〉Barbier, E.B., *et al.* 1997. Matthews, G.V.T. 1993. Ramsar Convention Secretariat 2006.

生物圏保存地域（ユネスコエコパーク）

人間と自然の共生を目指すモデル

ユネスコ「人間と生物圏」プログラム

MAB（人間と生物圏計画）は UNESCO（ユネスコ）が主催する国際事業で、人類のよりよい生存のための生態系の保全と自然資源の持続可能な利用の促進、これらに関する研究と教育の推進を目的とする。自然資源の保護と利用をめぐる問題の解決策を検討する最初の政府間会議である 1968 年の生物圏会議を踏まえ、1970 年に承認された。日本では文部科学省が所轄し日本ユネスコ国内委員会自然科学小委員会の中の MAB 計画分科会が意思決定機関である。諮問機関として科学者が構成する日本 MAB 計画委員会があり、国内委員会に対して意見を行うほか、さまざまな実務を担当している。

生物圏保存地域

MAB の中心的な事業として生物圏保存地域（BR：Biosphere Reserve）の指定と活用が 1976 年に開始された。国連が各国内の特定の地域を指定する事業としては、世界遺産と並ぶ重点項目である。

BR は「人類の持続的発展を支えるための科学的知識と技術ならびに人間的価値を深める機会を提供する場として、その価値が国際的に認められた陸上および沿岸の国際自然保護区」であり、①保全：生態系・種・遺伝子レベルの生物多様性の保全、②開発：文化的・社会的・生態学的に持続可能な経済発展の促進、③研究教育：基礎科学研究、自然環境のモニタリング、教育・研修活動が行われる。場合によっては相容れないこれらの目的を同時に達成するために、BR は対象地域をゾーニングして管理する。基本的な区分は、原生的な自然を厳重に保護する核心地域、教育や学術研究のみが許される緩衝地帯、人が居住し経済活動も可能な移行地域である（図 1）。

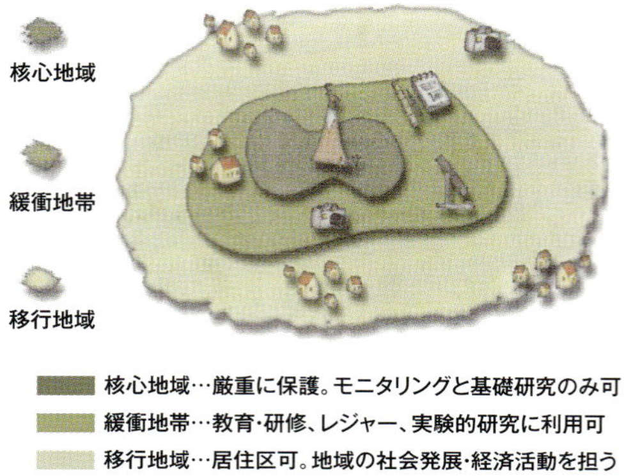

核心地域
緩衝地帯
移行地域
核心地域…厳重に保護。モニタリングと基礎研究のみ可
緩衝地帯…教育・研修、レジャー、実験的研究に利用可
移行地域…居住区可。地域の社会発展・経済活動を担う

図 1　生物圏保存地域の基本的な土地区分。原生的な生態系を保護するうえで、また異なる機能の両立を実現するうえでも、画期的なゾーニングシステムである［UNESCO 2006 を改変］

世界自然遺産は BR の土地区分システムを踏襲したために両者は一見似ており、比較されることが多い。（世界遺産では現在は、この区分は行わない。）しかし前述のように、世界自然遺産とは異なり、BR の指定は原生的な自然保護そのものが目的ではないので、緩衝地帯や移行地域も重要な意味を持つ。核心地域では生物多様性の保全上の価値が第一に考慮されるものの、人類全体にとっての唯一無二の価値というよりも、地域の文化や伝統産業のバックグラウンドとしての価値、あるいは優れた自然を活かした地域振興や教育に資する価値が評価される。世界自然遺産では核心地域を護るために他の 2 地域が存在するが、BR では 3 地域が全体として優れた景観的価値を有することが望まれる。

ユネスコは BR の世界的あるいは地域ネットワークを組織し、知見交流や協力事業を推進している。日本は EABRN（東アジア生物圏保存地域ネットワーク）などに加入している。各ネットワークでは定期的に国際会議が開催され、BR の活用状況や問題点などが議論され情報共有が図られている。世界会議では全体的な方針が議論され、現在はマドリッド行動計画（2008～2013 年）に沿って「持続可能な開発のための学習サイト」としての機能が重点促進項目になっている。また BR は国連の他の事業や研究・教育ネットワークにも活用されている。

生物圏保存地域への登録プロセスと要件

BR は各国政府による推薦を受け、MAB 国際調整理事会で審議されユネスコの承認を受ける。日本では文部科学省が国内の推薦を決める手続きを定めている。

BR は世界遺産とは異なり、国際条約で法的に規定されるものではない。またその登録要件として、核心地域をのぞき保護担保措置が必要ではない、つまり特別な法律を必要としない。また必要最小面積の規定がなく、ゾーニングや管理方法も実情にあわせて各国や地域の裁量に任される部分が大きい。こうした柔軟性

図 2　世界中で登録が進む生物圏保存地域［UNESCO 2009］

に富むのも BR の大きな特徴である。

世界における生物圏保存地域の活用

BR が自然保護一辺倒ではなく人間の福利の向上を強く意識すること、柔軟なシステムで必要要件が緩く登録が容易であること、その価値が国際認証されることによるブランド価値が浸透していることなどの理由から世界では BR の意義は高く評価されている。登録数は加速度的に増加し、2009 年 5 月現在、107 カ国の 553 地域が BR に指定されている（図 2）。

日本では原生的な自然環境を保全する制度が発達しているが、自国の自然保護政策が未熟な国々では BR が重要な役割を果たしている。また、国際制度である利点を活かし、国境をまたぐ自然保護区として機能している BR もある。

日本の MAB 活動と生物圏保存地域

日本はユネスコのアジア太平洋地域の科学分野の活動に責任を担っているジャカルタオフィスに信託基金を寄託し、この地域の MAB 事業を支えている。しかし BR に専従の職員を配置している中国やベトナムなどと比べ、国内の活動は活発とはいえない。

日本では、白山、志賀高原および世界遺産にも指定されている屋久島と大台ケ原・大峰の 4 地域が BR に登録されている（面積は順に約 4 万 8000、1 万 3000、1 万 9000、3 万 6000ha）。いずれも急峻な山岳地で、小面積ながら世界でも有数の豪雪地や豪雨地の自然植生の垂直分布を広くカバーしている。核心地域は主に国立公園の特別保護区で保存状態はよい（面積約 1 万 8000、1000、7600、1000ha）。しかし指定継続要件であるモニタリング調査は行われているものの、現地の活用実績は乏しく、地域住民はおろか地元の研究者や行政官にも存在があまり知られていない。また核心地域と緩衝地域のみで移行地域が設けられていない。

日本で MAB と BR の認知が進まない理由の 1 つは、既存 BR が主に生物多様性保護を主眼とした MAB 事業初期の目的にあわせて選定されており（1980 年登録；いわゆる第一世代 BR）、時代の変化を受けて洗練されてきた今日の MAB の方針・理念（人と自然との共生）に沿った扱いがされておらず、他の自然保護制度との違いが明確にできないことにある。この現状を打開するためには、既存 BR のあり方を見直すとともに、新たな BR の登録・活用を通じてその意義を社会にアピールする努力が必要である。現在、日本 MAB 計画委員会では関係省庁や候補地になり得る地域の地元行政、科学者らと協議を進め、啓蒙活動を行っている。親しみやすい一般名称ユネスコエコパークを用いることとし、関係機関の合意を得た。

BR の新規登録を進めるためには、人類全体への貢献といった茫漠とした目的より、むしろ地域や国レベルで具体的で直接的なメリットが求められる。日本では、立ち遅れている里山など中山間地の二次的自然の保全政策に活用できる可能性があり、また教育面では、「国連持続可能な開発のための教育（ESD）10 年」計画との連携が図られつつある。　【酒井暁子】

⇒D生物多様性のホットスポット *p162*　D里山の危機 *p184*　D生物文化多様性の未来可能性 *p192*　D南北の対立と生物多様性条約 *p212*　D持続可能なツーリズム *p230*　Dラムサール条約 *p232*　D世界遺産 *p236*　R聖域とゾーニング *p330*　R日本の里山の現状と国際的意義 *p334*

〈文献〉有賀祐勝 2008．岩槻邦男・鈴木邦雄編 2007．UNESCO 2006, 2009.

世界遺産

生物文化多様性の普遍的価値

世界遺産条約とその沿革

世界遺産は、顕著な普遍的価値を有する世界的な遺産を、国際的な協力体制のもとで人類全体のために末永く保存することを目的とする「世界の文化遺産及び自然遺産の保護に関する条約」（以下、世界遺産条約）にもとづいて一覧に登録されたもので、文化遺産、自然遺産および複合遺産の 3 種類がある。

世界遺産条約は、もとは文化遺産の保存と主に自然遺産の保護をめざすふたつの条約案をひとつにまとめたもので、1972 年のユネスコ総会で採択された。

UNESCO（ユネスコ）は、多様な異文化を尊ぶことで世界平和を構築することを謳ったユネスコ憲章を規範としていることから、文化遺産の保存活動に力点を置いている。1960 年代、アスワン・ハイダムの建設で水没するヌビア遺跡群を国際協力キャンペーンにより救済したのを契機に、文化遺産保存のための条約作成を押し進めることとなった。

他方、自然遺産については国立公園を世界に先駆け制度化した米国の主導のもと、1948 年の設立以降多彩な自然保護活動を展開してきた IUCN（国際自然保護連合）が、1972 年の国連人間環境会議に向け、条約案の作成作業を進めた経緯がある。

自然と文化の両方を同時に扱うこのユニークな条約は 1975 年に発効し、1978 年に世界遺産登録が開始され、2008 年末の登録件数は 878（文化遺産 679、自然遺産 174、複合遺産 25）に及んでいる。また、この条約を批准している国や地域は、ユネスコに加盟している 193 のうち 185 に及んでおり、世界の国々が高い関心を寄せていることがわかる。

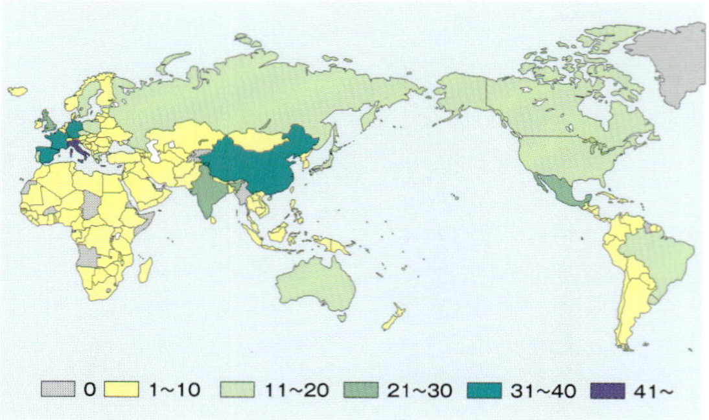
0
1~10
11~20
21~30
31~40
41~

図 1　世界遺産の分布［外務省 HP より］

わが国の批准は、条約採択から 20 年を経た 1992 年で 125 番目であったが、2009 年までに「知床（しれとこ）」など自然遺産 3 件と「古都京都の文化財」など文化遺産 11 件が登録されている。

世界遺産と顕著な普遍的価値

世界遺産条約はその第 1 条で文化遺産を、第 2 条で自然遺産を定義している。前者では記念工作物、建造物および遺跡に関する類型、後者では生態系、地形・地質および景観に関する類型がそれぞれ列記され、どれも共通して顕著な普遍的価値を有することが併記されている。この顕著な普遍的価値の意味は、作業指針に「国家間の境界を超越し、人類全体にとって現代及び将来世代に共通した重要性をもつような、傑出した文化的な意義及び／又は自然的な価値」とあり、世界遺産一覧に登録するための評価基準が示されている（表 1）。前の 6 項は文化遺産の、残り 4 項が自然遺産の基準である。ちなみに、文化遺産と自然遺産の両者の価値を有す資産は複合遺産とされる。

締約国が推薦した資産が世界遺産に登録されるには、これらの評価基準をひとつ以上満たすことが必要であ

i	人間の創造的才能を表す傑作である。
ii	建築、科学技術、記念碑、都市計画、景観設計の発展に重要な影響を与えた、ある期間にわたる価値感の交流またはある文化圏内での価値観の交流を示すものである。
iii	現存するか消滅しているかにかかわらず、ある文化的伝統または文明の存在を伝承する物証として無二の存在（少なくとも希有な存在）である。
iv	歴史上の重要な段階を物語る建築物、その集合体、科学技術の集合体、あるいは景観を代表する顕著な見本である。
v	あるひとつの文化（または複数の文化）を特徴づけるような伝統的居住形態若しくは陸上・海上の土地利用形態を代表する顕著な見本である。または、人類と環境とのふれあいを代表する顕著な見本である（特に不可逆的な変化によりその存続が危ぶまれているもの。
vi	顕著な普遍的価値を有する出来事（行事）、生きた伝統、思想、信仰、芸術的作品、あるいは文学的作品と直接または実質的関連がある（この基準は他の基準とあわせて用いられることが望ましい）。
vii	最上級の自然現象、または、類まれな自然美的価値を有する地域を包含する。
viii	生命進化の記録や、地形形成における重要な進行中の地質学的過程、あるいは重要な地形学的または自然地理学的特徴といった、地球の歴史の主要な段階を代表する顕著な見本である。
ix	陸上・淡水域・沿岸・海洋の生態系や動植物群集の進化、発展において、重要な進行中の生態学的過程または生物学的過程を代表する顕著な見本である。
x	学術上または保全上顕著な普遍的価値を有する絶滅のおそれのある種の生息地など、生物多様性の生息域内保全にとって最も重要な自然の生息地を包含する。

表 1　顕著な普遍的価値の評価基準［文化庁 HP より］

るほか、作業指針に示されている完全性や真正性の条件についても満たすことが求められる。世界遺産の恒久的な保護を国際社会全体に求める上では、顕著な普遍的価値とともに完全性や真正性が欠かせない要件となっているのである。

評価基準の適合性や他の登録要件についての評価は、自然遺産はIUCN、文化遺産はICOMOS（国際記念物遺跡会議）、複合遺産はこれら両機関が、それぞれ専門家による現地調査を経て審査にあたる。これら2つの国際機関は、世界遺産委員会の諮問機関として登録遺産の保全状況の監視も担っていて、条約の運営上大きな役割を果たしている。

世界遺産に求められる周到な保護管理

世界遺産委員会は「世界遺産条約履行のための作業指針」を作成し、世界遺産一覧および危険にさらされている世界遺産一覧への登録、登録遺産の保護および保全、世界遺産基金に基づく国際的援助、条約に対する各国の支援についての手続きを定めている。世界遺産委員会は、6年任期の21カ国で構成され、条約の役割を履行するための議論と決定のほとんどを担っている。

作業指針によれば、登録遺産の保護管理にあっては、顕著な普遍的価値および完全性や真正性について登録時の状態を将来にわたって維持、強化されるように努めることとされ、そのために法制度の整備、境界線の設定、緩衝地帯の設定および管理体制の整備が不可欠であると指摘している。

作業指針に沿って講じられる緩衝地帯の設定、保護管理手法の強化や多様化、多様な主体の合意による管理計画の策定と実行、専門家によるモニタリングや科学的調査の実施などの周到な措置は、わが国の国立公園や史跡・名勝・天然記念物などの指定地域の保護管理にも摘要されるべきもので、意義深い。

世界遺産一覧にみる問題への挑戦

1978年に登録が開始されて以降、登録件数が着実に増加するにつれ、問題点も顕在化するようになった。欧州地域の登録数が圧倒的に多く、加えて30件以上の登録遺産をもつ締約国がある一方、約25%の国では登録が皆無の状況にある（図1）。また、文化遺産では教会建築、歴史地区、旧市街地などが多く登録され、世界の多様な文化を反映しているとはいいがたい状況にある。さらに、自然遺産と文化遺産では登録数に大きな開きがある。

1990年代以降これらの不均衡を是正するための諸方策が講じられるようになり、文化的景観、近代建築、産業遺産、負の遺産などの新たなカテゴリーが文化遺産の対象として導入されたのもその一環である。なかでも文化的景観は、作業指針によれば自然と人間の共同作品に相当するものであって、人の社会や居住地が自然環境の制約のもとで社会的、経済的、文化的に影響されつつ形成されてきたことを例証するものと定義されており、自然との関わり方に関する世界の多様な文化を世界遺産の対象に加えた点で特筆される。

文化遺産については、顕著な普遍的価値の判断基準の見直し作業が継続して取り組まれている。本来的に文化は地域により多様で、普遍的な価値に馴染まないことから生じる問題を解消するためでもある。対して自然遺産では、生物地理区や生態系を目安に地球規模での評価が可能であるのに加え、世界自然遺産の顕著な普遍的価値を、ラムサール条約やユネスコのMAB計画とジオパークによる保護地域、各国の国立公園やその他の自然保護区域などを階層とするピラミッドの最上位に据えるIUCNの体系的概念により、代表性と信用性が確保されやすい。この点、文化遺産と対照的である。

生物文化多様性を表象する世界遺産の活用

地球規模で進行する生物多様性の喪失の一因に、文化多様性の喪失があるが、自然と文化を一体的に対象とする世界遺産条約が生物文化多様性の保全に果たせる役割は小さくないと考えられる。沿革の相違から自然遺産と文化遺産が別々に扱われがちであるが、ふたつの遺産の一元的な体系化を目指し議論が継続されてきており、1992年の文化的景観の導入や、2005年に実現した顕著な普遍的価値の評価基準の一元化はこうした議論の成果であるが、さらなる体系化が待たれる。

自然との関わりについて地域の伝統的な知恵と技術や生業の継承が、持続的な発展に欠かせないとの認識に関心が高まりつつある昨今、人と自然が織りなす文化的景観は生物文化多様性を表象する遺産として理解を誘いやすい。2003年に採択されすでに発効しているユネスコの「無形文化遺産の保護に関する条約」は、自然および万物に関する知識および習慣を無形文化財として登録対象にしており、文化的景観とあいまって生物文化多様性の保全、ひいては地球環境問題の解決の糸口として世界遺産の活用が期待される。

【花井正光】

⇒D文化的アイデンティティ *p154*　D生物文化多様性の未来可能性 *p192*　D持続可能なツーリズム *p230*　D生物圏保存地域（ユネスコエコパーク） *p234*　H景観形成史 *p382*　E風水からみた京都 *p578*

〈文献〉松浦晃一郎 2008．世界遺産センター 2005．

多様性領域 小括

多様性問題の定位

湯本貴和

本事典が刊行される2010年は国連が提唱する国際生物多様性年であり、10月には名古屋で生物多様性条約締結国会議が開催されている。地球環境問題のなかで、地球温暖化問題と生物多様性喪失問題は2大テーマである。しかし、地球温暖化にくらべて、生物多様性喪失については市民の関心は低調である。それはなぜだろうか。

ひとつには、生物多様性喪失問題がイリオモテヤマネコのような希少生物の保全というテーマに矮小化されがちだったからだ。多額の国税を投入してトキやコウノトリなど絶滅した動物を復活させるのに何の意味があるのか、あるいはクマタカやイヌワシがいるというだけでダム建設などの「有益な」開発計画をなぜストップしなければならないのか、という疑問をもつ人びとは多い。もうひとつは、人間生活の農業と医療という根幹の部分が、生物多様性を人為的に低下させることで営まれているからである。生物多様性を唱えると「人間にとっても有害な生物も守るべきなのか」と必ず質問される。これらの価値観を伴う問いに単純明快に答えるのは難しい。地球温暖化問題はコンピュータ・シミュレーションを使って、太平洋のツバルのような島国が海水面上昇でなくなったり、気候の急激な変化で産業構造が変わったりというイメージを想起させ、多くの市民に深刻な問題だという理解を得た。温暖化が意味する気温や降水量の変化と、それらの変化に伴う自然災害の増加などの帰結がわかりやすいからである。

それにくらべて生物多様性喪失問題はわかりにくい。将来に絶滅する生物種数の予測が人びとに何を想起させるだろうか。「誰も知らない熱帯雨林に住む昆虫の種が100や200絶滅しても、人間生活の何が変わるというのか」という人を納得させるのは至難である。文化や言語の多様性も同様である。「バベルの塔」の寓話もあるように、たくさんの文化や言語が相互理解の障害となっているという一面がたしかにあるからだ。

この多様性領域では、生態系と人間社会のなかで多様性の果たす役割と、多様性を維持することの価値、そして多様性維持のためのしくみを52項目にわたって提示してきた。生物と文化の多様性が急速に失われようとしている現在、「なぜ多様性が必要か」、「いかに多様性を維持できるか」という根本的だが複雑な問いに、なるべく明解に答えようとして努力した結果が多様性領域である。

エジプト、シナイ半島のマングローブ林の豊かな自然に集うシュバシコウの群れ。シュバシコウは、朱色の嘴（くちばし）をもつコウノトリで、アフリカの越冬地と欧州の繁殖地の渡りの途中にマングローブを利用する［縄田浩志撮影］

資源
Resources

Resources

資源　領域目次

生産と消費

■ 農 Agriculture

■ 経済と商品 Economy and Commodity

食と健康

■ 食 Food

■ 健康 Disease and Health

資源観とコモンズ

■ 知と資源観 Knowledge and Views on Resources

■ コモンズ論 The Commons

資源管理と協治

■ 資源管理 Resource Management

■ グローバル時代の資源 Resources in the Global Era

資源領域総論

地球の資源はだれのものか

秋道智彌

1. 生産と消費

グローカル化のなかの資源

人類はほかの動物とは異なり、野生の天然資源を利用するだけでなく栽培植物や家畜を生み出して生産性を向上してきた。それとともに、人類は地の果てや大海原を越えて開発の手を伸ばし、「限界」を超えて資源を利用してきた。人類は未来を考えることなく、地球を「食いつぶしている」のだとの指摘もある。ただし、世界の経済構造からみると、すべての人間が等しく資源を生産し消費してきたのではない。一部の人間が過剰な欲望を充足することができた背景には、世界のどこかで人びとの暮らしや環境が深刻な負荷を蒙っている事実が厳然とある。資源の利用について、地球規模と同時に地域ごとの問題として把握する*グローカル化(glocalization)の視点をしっかり踏まえておく必要があるのは、まさに資源配分の不平等性による。

この点から、世界中のさまざまな種類の資源が、多様な文化と経済構造のなかでいかに生産、消費されてきたか、そのことが環境にいかなる影響をあたえてきたのかを詳細に検討する必要がある。

揺らぐ農の世界

現代世界において利用される多種多様な資源は市場向け商品を代表として、生産と流通、消費の網の目に深く組み込まれている。では農業を例とした場合、個々の局面でどういった問題点があるのだろうか。農業は、基本的に地域ごとの土地の肥沃度に左右される(土壌と生態史 p250, 熱帯アジアの土壌と農業 p254)。場所により、農業の集約化は必然のことがらとされてきたかとおもえば、別の場所では農業開発が環境劣化をもたらした例もある。ここ数百年にかぎると、農業の生産現場では、在来の地域密着型の資源利用と、それとはおよそ異なる生産方式が導入されてきた。後者には、3つの契機が関与している。

第一は、18～19世紀の植民地期以降今日に至るまで、先進国向けの商品生産が熱帯・亜熱帯地域の生産構造や環境に大きな影響を与えてきた点である。コーヒー、アブラヤシ、トウモロコシ、サトウキビをはじめとするモノカルチャー（単一作物栽培）の導入は、地域の焼畑農耕や在来農業を衰退させ、商品需要の増加に応じた森林開発が進行した(焼畑農耕とモノカルチャー p252)。モノカルチャーの弊害は、いったん干ばつや国際市場価格の暴落などの要因により、地域住民の生活を困窮に陥れ、農地の放棄や環境劣化として最も深刻な環境問題となってきた点にある。バイオエタノール生産のためにトウモロコシを大量に生産することで森林が減少したこと

写真1　トウモロコシを干す農家（中国、雲南省、2004年）［佐藤洋一郎撮影］

はいうまでもないが、地球環境保全の御旗のもとで森林が破壊された皮肉な例といえるだろう（バイオエネルギーの行方 *p344*）。

第二は、1960 年代以降、穀物の生産性向上と地域の経済発展を目的とした「緑の革命」が導入されたことである。緑の革命は高収量品種の導入による生産向上を目指したものであり、各地で成功をおさめた。しかし、高収量品種の導入だけが緑の革命であったとみるべきではない。経済格差が増加したインド、逆に格差が平準化した東南アジアの例にあるように、社会の構造に着目して農業の変化をみるべきとともに、緑の革命を推進した国家の役割も評価しておく必要がある。つまり、緑の革命がもたらした変化が社会と深く結びついていることを踏まえたうえで、その功罪を十分に受け止めておくべきなのだ（緑の革命 *p256*）。

第三は、1990 年代以降、遺伝子組換え作物が世界を席巻してきたことである（遺伝子組換え作物 *p260*）。遺伝子組換え作物は、将来、地球の食料資源を考える切り札になる可能性がある。その功罪が当初から指摘されていたとはいえ、現在、多くの途上国において受容されている。反面、作物の遺伝的多様性や環境への負荷が少なく、地域と密着した在来農業を見直す動きがある。商品生産と効率の追求を目指す農業と、在来農法を持続的に維持する農業をいかに結合するかがいままさに問われている（アジアにおける農と食の未来 *p258*）。

商品と市場原理

もともと農林水産物に代表される地域の資源は、自給用以外に互恵的な交換や贈与を通じて周辺地域との相互関係を維持し、地域を活性化する役割を担ってきた（資源としての贈与と商品 *p266*）。日本でも近世期から多様な役割を果たしてきた地域通貨もその一例といってよく、現在、再評価されている（地域通貨と資源の持続的利用 *p264*）。しかし、地域の資源が商品として遠隔地に輸送され、広域から市場へと大量に集荷されるようになると、資源が地域ごとに果たしてきた生態系サービスの多様な機能を従前のように維持できなくなる。

一例として、多国籍企業や大手資本が媒介となって資源収奪を行う場合がある。これにたいして、小規模な商人（あるいは仲買人）が資源流通の要となり、零細な農林水産業従事者から資源を買い取り、多様な流通ネットワークを介して輸送する活動に従事している場合がある。彼らは、局地的な流通を市場志向（輸出志向を含む）のものへと転換する能動的な役割を果たしてきた（資源開発と商人の社会経済史 *p270*）。こうして異なった民族集団を介在したエスノネットワークが形成される。商人の扱う対象は大規模なプランテーションによる商品ではなく、「小商品（pétit commodity）」である。水産物でいえば中国市場向けのナマコ、フカひれ、燕の巣などがその例であり、華人系商人がその役割をになった（ナマコをめぐるエコポリティクス *p346*）。

BIGMAN
SPORT

写真 2　フカひれを乾燥する。バジャウの人びとはこれを華人系の商人に売る（インドネシア、カヨア島、1992 年）

地域ごとの商品生産の場では、環境に配慮して資源の利用がなされるとはかぎらない。本来、市場原理によって生産者と消費者がともに最適な利益を得ることができるという思い込みがあった。しかし、じっさいには途上国の資源が過剰に利用される結果となった例があまりにも多い。その理由として、水や天然資源はもともとだれのものでもない公共財、ないし共有財産であり（コモンズの悲劇と資源の共有 *p314*）、資源へのアクセス権が自由であるので枯渇する場合が多かった。たとえ国有地の資源であっても、利権を獲得することで私企業が開発することが是とされ、乱開発につながった。こうした悪弊を乗り超えるためにも、水や天然資源は市場原理になじまない存在として、社会が監視しながら共同で利用することがのぞましい（市場メカニズムの限界 *p268*）。

写真3　ヒンドゥー教徒のバリ島民にとり、ウミガメは世界観にかかわる重要な供物であるが、近年、ウミガメ保護のため代替の食物を使うような案も浮上している。一方、インドネシアのイスラーム社会でウミガメはタブーだが、卵は好んで食されている（インドネシア、左：バリ島各地から集められたウミガメ、右：スマトラ島の市場で売られるウミガメの卵、1995年）

一方、貧困な住民が現金を獲得するために、商品価値のある資源を違法に伐採、あるいは獲得する行為が頻繁に発覚した。違法な行為は資源の適正利用に反するものであるとはいえ、背景として貧困問題への対応の欠落や違法行為の取り締まりの不徹底、啓発を含む教育の欠如などの社会問題がある。資本主義や市場原理だけを悪者にするべきではないということだ。

付言すれば、農林水産物価格の高騰や急落が、市場だけでなく生産者の暮らしや生産活動を直撃することがある。この現象は天然資源の場合だけでなく、穀物などの農業生産にも当てはまる。食料や飼料となる穀物の市場価格が大きく変動するわけはさまざまであるが、天然資源の場合と栽培作物や家畜の場合における価格変動のパターンは異なっている。天然資源の場合、資源量に応じて価格も変化する。身近な例では日本海のハタハタの資源変動については、人間による乱獲とともに、短期間の気候変動による大変化（レジームシフト）が関与するとされている。ハタハタの場合は3年禁漁の措置があったように、農作物の場合にも、気候変動にたいする資源利用を安定化するさまざまな工夫や改善策が講じられてきた点を記憶しておきたい（気候の変動と作物栽培 *p272*）。

2. 食と健康

人類は歴史や地域を通じて多くの種類の動植物を食料資源として利用してきた。そのさい、人類は生の食料を調理・加工する多様な技術とともに、動植物に含まれる有毒成分を除去して利用する工夫を編み出した。食料ないし食物は、エネルギー源やタンパク質、脂肪、繊維、必須アミノ酸など、生命維持の栄養源であることにかわりはない。そのうえ、摂取する食物の質や量によって身体の健康や疾病に影響がおよぶ。しかし、それ以上に食物には文化的な価値付けがなされ、身体だけでなく経済や社会、環境利用など多方面にわたり大きな影響をあたえることを強調しておきたい。

食と文化

人類は食にたいして特定の価値観や禁忌と規制など、文化的な意味づけを付与してきた。地域や民族により消費される食物の種類や内容が大きく異なっているのがなによりの証しである（消える食文化と食育 *p276*）。イスラームやヒンドゥー教、ユダヤ教の世界では、それぞれブタ、ウシ、鱗（うろこ）のない動物などを食することは禁忌とされている。また世界各地には、特定の動植物を食べることを禁じる習慣をもつ集団がじつに多い。妊婦や成人式儀礼を受けている若者など、特定の年齢や属性をもつ個人に食の禁忌が適用されることもある。儀礼や祭事に特別な食物を消費する例も枚挙にいとまない。しかし、食のタブーや慣習を人類の文化であるとしてだけで片付けるわけにはいかない。

ニューギニア南部高地のフォレ人では、死者の脳を食べて発病するクールー病の存在が明らかにされている。食が感染症を引き起す例として、このほかウシの骨粉を餌として与えられたウシがプリオン病と呼ばれる感染症を発病したBSE、鳥インフルエンザなどがある（鳥インフルエンザと新型インフルエンザ *p286*, BSE（牛海綿状脳症）*p288*, 動物由来感染症 *p290*）。C. レヴィ＝ストロースは、BSE問題をふまえて人類の肉食についても根本的に見直すべきと指摘している。食には限界があるはずだとする議論である。

食の文化的な側面の例として、地域や文化ごとに育まれた作法やしきたりがある（食の作法と倫理 *p274*）。日本には、食前に「いただきます」、食後に「ごちそうさま」と言って、食への感謝の気持ちをあらわすふるまいが継承されてきた。しかし飽食の時代にあって、食べ残しや食材の無駄な利用が蔓延する一方、食のマナーが軽視されてきたことは残念である。飢えに苦しむ子どもを抱える途上国や地域が厳然とあることを忘れてはならない。食の格差はもっとも日常的な地球環境問題である。ケニヤのW.M. マータイによる「もったいない」発言も肝に銘じておくべきだ。日本政府は食の倫理と食育にたいする啓発活動を進めているが、さらに地域、家庭、学校が一体となって推進されるべきであろう（消える食文化と食育 *p276*）。

食と栄養・健康

食物は、体内に取込まれて人間の身体と生命を維持する役割をもつ。それだけでなく、食の過不足や特定種類のものを過剰ないし過小に消費することで、健康に大きな影響がおよぶ。とくに途上国において、妊娠中の母親や新生児・幼児の栄養不良（タンパク質・エネルギーの低栄養）は小児性下痢や感染症への罹患率を高め、発育遅滞だけでなく、乳幼児死亡率を高める大きな要因となっている。経済発展により栄養状態が改善されると、従来の栄養不良による乳幼児死亡率は低減される。さらに栄養状態が良くなると、疾病への罹患率は飛躍的に低下する。疾病の減少はそのまま、乳幼児や妊婦・高齢者の健康改善につながる。これが栄養転換、健康転換、人口転換へとつながるシナリオである（栄養転換 *p294*，健康転換 *p296*）。

食料に由来する病気としては、生物濃縮による環境ホルモンの影響とガン、水銀汚染、鉛・スズなどの重金属汚染などの症例がこれまで数多く報告されている。ベトナム戦争時に米軍が撒いた枯れ葉剤による汚染は現地住民の健康被害としていまなお大きな爪痕となっている。また、食料の生産段階から加工段階で使用される農薬や重金属類などが人体に深刻な化学汚染をもたらしてきた。とくに、食物連鎖の高位段階にある海生哺乳類や猛禽類、陸上哺乳類を消費することで発症する環境ホルモン汚染も多地域で報告されている。汚染は流域や狭い沿岸域内だけでなく世界的に同時多発する現象でもあり、生物濃縮による汚染は地球全体にかかわる深刻な環境問題である。

一方、先進国では、糖尿病、肥満、痛風などの生活習慣病が重篤な合併症を起こし、中高年の死亡率の増加、労働力不足、医療費の負担増など、深刻な社会問題となっている。米国では肉食過多による心臓病や高コレステロール・高脂血症による疾患が増え、魚肉や鶏肉への転換を計るような栄養指導がなされている。この点で、魚、野菜、豆類を中心とする日本食が見直されている。欧米で人気のあるスシ・バーも、日本型食生活が浸透した結果といえるだろう（日本型食生活の未来 *p278*）。しかし、日本のとくに都市部では適切な食事習慣が失われつつあり、拒食症、過食症などの栄養障害が増えている。

食と身体の関係について、生活習慣病や薬害、BSE・鳥インフルエンザなどの動物由来感染症も重要な考察対象である。急激な近代化、生活様式の変化、食生活の西洋化などの影響が途上国の都市やその周辺部で一気に顕在化する傾向があり、国別の栄養・健康政策とも密接に関連するホットな課題であろう。こうした点からしても、地域の環境と身体の健康と栄養を統合的に捉えるエコヘルスの視点が今後とも地域住民の健康と福祉を考えるうえで最重要の課題となるであろう（エコヘルスという考え方 *p302*）。

食料とともに生命維持に欠かせない水が人間の健康に重篤な影響を与えることがあり、水に由来する疾病は一般に水媒介疾病と称される。これには、飲料水に有毒な物質や感染症の元となる細菌やヒ素などが含まれる場合、水に接触して皮膚から感染する場合、水に生息する昆虫が感染症を媒介する場合がある（水と健康 *p298*，地球環境変化と疾病媒介蚊 *p292*）。水由来の疾病である下痢症、コレラなどは不衛生な水を利用する地域や洪水時などに多発する。

食と栄養・健康の問題は地域社会へのまなざしとともに、地域社会のあり方や国家政策、さらには世界的な食料の需要・供給のバランスの問題として捉えるべきである。とくに発展途上国においては、食料事情の

写真４　伝統野菜としての京野菜。京野菜という明確な定義はないが、京都周辺原産でいまも近在で作られる野菜として高いブランド力を持っている。上から時計回りに、鹿ケ谷カボチャ、丹波黒枝豆、ズイキ、鷹の爪（トウガラシ）、小ナス、鷹ヶ峰トウガラシ、賀茂ナス、青ウリ（2010 年）［佐藤洋一郎撮影］

改善は国家全体に課せられた基本的な課題である（貧困と食料安全保障 *p280*）。しかし、WTO による農産物貿易自由化政策は、アジア・アフリカ諸国の穀物輸入量を増大させ、その分、国内の穀物生産を直撃し、貧困を増大させている。同時に、本来農業がもっている環境保全、食料の安全保障、景観の維持などの機能が損なわれることになっている。欧米諸国やオーストラリアなどによる寡占的な農業生産支配は、地球環境問題を悪化させるものであり、こうした世界の構図を明確に認識しておく必要がある（食料自給と WTO *p282*）。

3. 資源観とコモンズ

資源観の問題

資源にたいする観念や考え方、すなわち資源観は地球上どこでも同じであるとはかぎらない。資源をどのように捉えるかは地域や文化、あるいは時代的な変遷をとらえても多様である（可能性としての資源 *p312*）。このことを文化相対主義と呼ぶ。資源観を理解するために有力な手がかりとなるのが地域住民のもつ独自の知識、すなわち民俗知である。民俗知は広く、地域の知、在来の知ともいえるものであり、さまざまな内容のものが含まれる。たとえば、対象資源の生態や行動（動物の場合）、季節的・地理的な分布に関する知識、動植物の民俗分類、道具製作や使用の技術、食料資源の解体・調理・加工の技術、資源への禁忌、神話、歌・踊り、儀礼などを通じた資源への超自然的な観念などを包括的にふくむ。当然、極北から砂漠、熱帯雨林、海洋にいたるまで、それぞれの地域で資源を利用する集団が育んできた民俗知の内容は多様である（熱帯林における先住民の知識と制度 *p306*, 海洋資源と生態学的知識 *p308*）。資源観は根源的に思想と哲学に帰着する。日本における山川草木思想もその代表的な事例といってよいだろう（山川草木の思想 *p310*）。また、現代の捕鯨論争におけるように（捕鯨論争と環境保護 *p342*）、資源観の違いが国際的な論争や資源の保全と利用をめぐる熾烈な争いに発展することもあり、地球環境問題としても資源観の文化相対性と歴史的な変容に注目すべきであろう。

民俗知の現代的な意義として重要なことは、そのなかに資源を持続的に利用するための独自の管理技術や慣行にかかわる知恵が組み込まれている点である。民俗知は地域や文化ごとに個別的であるのにたいして、われわれが物理学、生物学、化学、地学などで学ぶ知識体系、すなわち科学知は普遍的な性格をもつ。この点から、民俗知と科学知はまったく領域を異にすると考えがちである（民俗知と科学知の融合と相克 *p304*）。しかし、両者にはその内容がたがいに重複する面がある。また、科学知が民俗知より優位であるともかぎらないし、その逆もいえない。

写真 5　森林を開拓して作られた陸稲田。後ろの森は共有地で、さまざまな林産物が採集される（ラオス中部、2004 年）

現在、科学的な資源管理の手法がかならずしも成功しなかった例があり、普遍的であるがゆえに地域の条件や社会文化的な要因をほとんど配慮されなかったことが反省点とされている。地域ごとに育まれてきた民俗知や在来の知識は、地域密着型の資源管理になじみやすいうえ、住民の理解を得るうえでも有効とおもわれる。筆者は民俗知に依拠した資源管理を民俗的資源管理と呼んでいる。利害関係者のあいだでの合意形成を実現するうえでも、民俗知と科学知のすりあわせは今日的に重要なアプローチである。

資源とコモンズ

自然界の天然資源には最初からその利用権や所有者が決められているのではなく、だれのものでもない。いわゆる「コモンズの悲劇」は共有地における資源をだれもが利用したために起こる資源の枯渇を論じたものであるが、共有であれば、利害関係者によるさまざまな調整や規則の適用がなされるのがふつうである（コモンズの悲劇と資源の共有 p314）。コモンズの悲劇は、むしろアクセスが自由であったために生じると考えるべきなのだ。コモンズには、地域に固有の共有林や入会（いりあい）の海域、共同放牧場などのローカル・コモンズと、公園、広場など、公共の便益や福祉に資するパブリック・コモンズがある。日本の里山では共有地を管理する知恵がはぐくまれていたが、エネルギー革命で里山の共有地も消滅した（日本の里山の現状と国際的意義 p334）。

ローカル・コモンズは資源へのアクセス権が地域の成員にほぼかぎられ、さまざまな利用規定や条件が決められているのがふつうである。これにたいして、パブリック・コモンズはだれもが利用できるのが建前となっている。ただし、一定の入場料を払う必要がある場合や、利用上のルールが定められていることもある。たとえば、市民の公園でも飲食、イヌの入園、露店の営業などが制限される例がある。医療、交通機関、上下水道などの公共的なインフラ・ストラクチャーもパブリック・コモンズないし社会的共通資本とみなすことができる。

グローバル・コモンズは、地球上にひろく分布する資源に適用される概念で、大気などが相当する。しかし、環境の劣化により稀少生物の減少などが顕在化した現代、絶滅危惧の生物種を人類共有の財産と見なす考えが台頭してきた。逆にグローバル・コモンズとすることで、特定の地域住民による利用を制限する事態が発生しており、環境保護論者と地域住民の摩擦の火種ともなっている。

現在、ローカル・コモンズとグローバル・コモンズとのはざまにあって、地球上の資源をいかに適正に配分し、公平性を担保するかが大きな争点となっている。地域だけが資源の独占を主張する場合から、企業や国家が資源を寡占的に支配する場合まで、公平な資源配分を疎外する要因はつきない（グローバル時代の資源分配 p320）。大気汚染の原因となる CO_2（二酸化炭素）の排出規制の場合、大気をグローバル・コモンズと見なせば、だれが環境への負荷を軽減するための費用負担をするのか。個人と国家はともに加害者であり被害者でもあるので、合意形成は一般に困難である。しかし、市民運動や企業の社会的な責任を果たすうえでもさまざまな取組みがあることを忘れずにいたい。

コモンズの対象となる資源やその資源の分布する空間領域にはさまざまな特徴がある。焼畑耕作地においては、耕作期間は私有地とされるが、休閑期間になると村全体の共有地となる場合がある。海と陸の境界領域にあるマングローブ地帯では、あいまいな空間が共有とされる場合がある。村落の成員が共同で利用できるため池や採草地では入会による漁撈や採集が行われ、ふだんはその利用が禁止される。長距離を移動する渡り鳥や回遊魚は本来だれのものでもない。しかし、サケのように回遊路にあたる海域で先に獲ったもの勝ちとする先取権が認められている場合と利害関係者間で合意が図られ、漁獲割当てを適用することもある。ウミガメの場合には、産卵場となる砂浜を共同で管理することで乱獲を防止する方法がとられる（高度回遊性資源とコモンズ p316）。

4. 資源管理と協治

資源利用のさいに所有権やアクセス権が問題となる。事実、土地や水面、そこに分布する資源にたいして、それぞれの社会や国家では、私有、共有、公有、総有、

写真6　海から溯上してきたサケをやな場で集魚装置に集めて獲る（新潟県三面川河口部、2009年）

国有など、さまざまな所有形態とそれから派生する権利関係が設定されているのがふつうである。資源への所有権やアクセス権があいまいな場合もあるが、なんらかの契機によって権利関係が新たに発生することもある。重要なことは、所有権やアクセス権などが不変ではなく、地域や文化によってのみならず、歴史的・時間的にその形態や枠組が変化する点である。

多様な資源管理

本来、だれのものでもない天然資源は、その専有と共有をめぐってこれまで歴史的にさまざまな紛争や専有権をめぐる拮抗関係が発生してきた。現代世界にあって、資源をいかに管理していくかは解決すべき喫緊の課題である。もちろん、資源の管理はいまに始まったことではなく、世界中の伝統的社会でも独自の管理手法や慣行が運用されてきた。日本の例でも、古代以来、村落や地域だけでなく国家や地方政府が山野河海の資源管理に積極的に関与してきた。とくに古代から中世にかけて、境界の明確でない領域が貴族や豪族によって囲い込まれる事態が発生した。これにたいして国家が私有化を禁止する法令を何度も発布した。また、山野河海には公私共利の原則があり、国家も地域住民がともに資源を利用することができる思想があったことは記憶にとどめておいてよい。

村落や地域が独自に行う管理手法は村落基盤型資源管理とよばれ、国家や政府の行う政府基盤型資源管理

อุทยานแห่งชาติหาดเจ้าไหม
HAD CHAO MAI NATIONAL PARK

写真7　ジュゴンを保護するため、その捕獲は禁止されている。タイのアンダマン海沿岸にあるハドチャオマイ海洋国立公園（1998年）

とは区別される。ただし、地域の取組みにみられる欠点を外部者であるNGOsや政府が一定程度介入して調整する場合があり、共同管理と呼ばれる。また、資源を管理するうえで、対象となる自然や生態系の把握が困難である場合、一定のゆとりをもって資源管理上の規制を加える順応的な管理手法も注目されている。（儀礼による資源保護 *p324*，アイヌ民族の資源管理と環境認識 *p326*，聖域とゾーニング *p330*）。

科学的な手法によるだけでなく、民俗的な資源管理の慣行が実践されてきたことは特筆に値する。カミや超自然的な観念を通じて資源を管理する試みがその例であり、カミのいる場所の資源を保全し、密伐採・密漁（猟）者に厳しいとがめを与える規範が守られてきた。こうした例にあるように、資源と人間との関係を総体として捉える視点は科学的な管理を策定するうえでも同様に重要なことがらである。現在、河川や沿岸、森－川－海などの分野で統合的な管理の必要性が提唱されている。資源の管理にはさまざまな要因と利害関係者が関与しており、それらを見抜いたうえでの方策を採る必要があるからだ。一般に利害を調整することは困難を伴う。しかし、合意形成のためには住民みずからの参加はいうまでもなく（住民参加型の資源管理 *p332*）、特定の媒介者が果たす役割も重要であり、そこではじめて協治（ガバナンス）が達成される（協治 *p318*）。

現代の自然保護運動や世界的な保全活動が明らかにしているように、多くの野生生物が脅威にさらされている。これらの野生生物を適切に管理するためには、その背景から対処、費用対効果、未来に向けての予測など、多くの側面について検討する必要がある。

野生生物の生存が脅かされるようになった理由には、乱獲、乱伐、生息地の減少、天敵や外来種の影響、人為的な攪乱などさまざまな要因が考えられる。人間存在よりもきわめて長い間、地球上に存在してきたこれらの生命を失うことは、人間にもなんらかの悪い影響を及ぼすのではないかという危惧が生まれたのも当然である。最終的には、生態系における多様性の喪失は地球全体の問題といえる（多様性の総論を参照）。とくに野生生物を中心とする資源を保全し、適切に利用するための方策を考えることは地球環境問題への重要な取組みである。これらの資源を適切に管理する具体

的な手法として、総量規制や禁猟（漁）期と禁猟（漁）区の設定、最小サイズの規制、ワシントン条約や生物多様性条約などによる商取引きの制限などがある。

しかし、資源の管理は生態学的な情報と方法だけで達成されるのではない。たとえば、資源管理の方策が共通に理解されなければ、違反者や密猟（漁）者がいれば、管理策の効果は半減するか、ないに等しい。つまり、資源の管理に関係する利害関係者間での合意形成や意見調整、規則を遵守することの利点が了解される必要がある。合意形成は、暗黙の了解から、厳密な規則やルール設定、さらには国家法や国際法の適用にいたるまで、協治を達成するための多様な方策があるだろう。こうした社会経済的な手法の導入は、生態学的・科学的な枠組を実効化するための重要な案件である。ことの善し悪しは別として、合意形成や調整を実現するためには政治力の介在も必要であり、現在、エコポリティクスが注目されている理由は明らかであろう（エコポリティクス *p348*）。

資源を持続的に利用するためや資源を保全するための具体的方策として特定の場所を囲い込む「聖域」（サンクチュアリ）の設定は、現代における環境問題のなかでも多くの議論を呼んでいる。ユネスコが1974年に設定した「人間と生物圏計画」や、世界遺産、各国の保護区、国立公園などがその例である。このようなサンクチュアリでは、ゾーニングと呼ばれる方式により人間の介入の度合いやかかわり方を層別化する工夫がなされることがある（聖域とゾーニング *p330*）。生物多様性を保全する核心地帯、その周囲にあって地域社会に恩恵をもたらす持続的な社会経済開発を行う緩衝地帯、さらにその外郭にあって、科学的な研究、教育研修活動、参加型の保全や管理の実施などを行う移行地帯である。この同心円モデルは、3つの地帯を含む領域の大きさに問題がある。オーストラリアの広大なグレートバリアリーフを保護区とする場合と、琉球列島の小さなサンゴ礁の島を保護区とする場合とでは、自然保護や生物多様性の保全、人間による介入の制限などのやり方と効果が異なってくる。以上のように、生態学的なアプローチと、社会的・文化的・政治的なアプローチを統合して資源の所有、専有をめぐる諸問題を扱うことが大切である。

写真8　インドネシア各地から集荷された活魚を香港へと輸送する生け簀船。中国の春節を控えて活魚の需要が増す（インドネシア、ビンタン島、1994年）

資源と日本

資源を管理するといっても、だれのために資源が利用されてきたかを見過ごすことは致命的である。日本は東南アジアにおいて生産されるエビ、バナナ、アブラヤシを大量に輸入している。安価で美味な食品や工業材料となるパームオイルが輸入される背景には、東南アジアの人びとの労働力と環境を破壊した事実のあることを忘れてはならない（アブラヤシ、バナナ、エビと日本 *p338*）。水族館における熱帯鑑賞魚や中国市場向けのナマコや活魚は、世界中の熱帯の海から運ばれたものである。熱帯鑑賞魚や活魚を獲るさいに、青酸カリが大量に使われた。このことから破壊的な漁業が環境に悪影響を及ぼすとして、APECが途上国に勧告をだしている。しかし、これらの資源が商品として高い価値をもつことと、途上国の漁民層が貧困であることから、破壊的な漁業は絶えることがない（破壊的漁業 *p340*）。日本や先進国が途上国の資源を食いつぶしてきたことを、身をもって覚えておくべきであろう。

以上、この小論では網羅的でないにしろ、地球環境学を構築する上で資源を切り口として不可欠の視点と課題を新たに提起した。資源の問題は、循環、多様性、文明環境史、地球地域学のプログラムとの連関を通じた地球環境学の統合的な理解を進めるうえでも大切な論点を内包していることを付記しておきたい。

〈文献〉秋道智彌 1981, 1995a, 1995d, 2004, 2008a. 宇沢弘文 2000. レヴィ＝ストロース、C. 1975. Cole, D.H. 2002. Feeny, D., *et al.* 1990. Flannery, T.F. 2002. Hardin, G. 1968.

土壌と生態史

近代の資源観を問う

母なる大地の土

地球の陸地表面は土に覆われている。土は古来すべてを生み出す母なる大地、命あるものが死して次の循環に身をゆだねる奥つき、つまり生命の揺籃（ようらん）であり墓場である。日光、風、雨、火山活動などの非生物的生命と、植物や動物、微生物が織りなす生物的生命の循環によって土が生まれていく過程が現実にある。古代中国の卜文（ぼくぶん）では土は土まんじゅうの上に小点を打つ形に作る。これは地に酒を注いで霊気の降臨を祈り、地主神を祭ることを示す。飲食や儀礼の初めに酒や水を地に注いで土に感謝する習慣は全世界的にみられ、土に対して人が抱く感情の普遍性を示すものである。

生態学からみた土壌

生態学的に見ると、土壌は一次生産者である植物とそれに依存した消費者たる動物の生活を支え、かつそれらの遺体の分解者として陸上生態系の生命とエネルギーの循環を完結させる存在である。この循環が長期間安定的に継続していると、地中の断面に現れる土壌の形態は気候に応じたある平衡形に達する。大局的に土壌は地表の気候・植生帯に平行した成帯性を示す。高緯度帯のタイガ林では有機物の分解が抑えられる結果、酸性腐植の影響下に*ポドゾルが卓越し、中緯度帯の*レスに由来するかつて湿地だった草原には厚い暗褐色の*チェルノーゼムが分布する。中緯度帯でも広葉樹林や針葉樹林では褐色森林土が分布する。低緯度帯の熱帯多雨林やモンスーン林では激しい風化を受けて、鉄やアルミニウムに富む赤褐色の*ラテライト性土壌が分布するといった具合である。

土地利用の面で重要な土壌の自然肥沃度は水の動きが大きな要因となる。雨量が土壌水分の蒸発量を上回る気候ではミネラルが流亡し肥沃度は低くなる。他方、蒸発量が雨量より多い気候では地中から表層へミネラルが上昇して肥沃度は高くなるが、塩害問題が発生する。自然肥沃度は土地利用形態により評価基準が変わる。畑作だと上述の成帯性要因や水分の動きが重要な基準となるが、水田では土壌の性質よりも灌漑水の確保が、また森林では一般に排水の良否が重要である。

土壌はまた地表の生態史の記録者でもある。地質学的時間の中で、気候変化、海水面変動、火山噴火などが生じ、それに伴って風化、植生・動物相、浸食・堆積に変化が生じ、土壌は新たな環境との平衡形へ変化していく。土壌の縦と横の広がりは、そのような生態史のページが積み重なったものだ。

「資源」としての土壌

人間の出現で自然の生命・エネルギー循環は大きくさま変わりし、人為活動の影響が土壌に加わり始めた。その画期は２つある。１つは中東から全世界に広がった新石器農業革命で、世界各地の独特な風土形成に根源的な役割を果たした。もう１つは西欧の大航海時代に始まり、全世界に覇権を広げてきた近代文明の成立だ。自然が作り上げた土と生態環境を人間がおのれの生活のための資源と宣言し、囲い込んで意のままに変える、あるいは破壊することとなった。

新石器農業革命は、植物、とりわけ穀物の栽培に依存する生活、つまり農業という生き方をその後１万年間の人類のほとんど唯一の選択肢とするに至った。メソポタミアのウル第三王朝（紀元前三千年紀）時代の農業教科書（『農民暦』）と法規集（『ハムラビ法典』）は一対をなして、乾燥平原のオアシスで成立した灌漑農地の栽培技術と社会秩序維持の規範を述べている。作物栽培は耕起から収穫まで定式化され、法典は土地の所有者ですら公的資源である農地と水路の放置を許さなかった。土と水の二大資源は所有の対象というよりも生活のための用益資源として重視された。

農業という生活方式が世界各地に広まり、アジア各地にうまれた農業社会は中東の新石器農業革命の水土を根幹的用益資源とする考えを踏襲した。たとえば中国では古来水土を平らげることが権力の正当性のあかしとなった。大地は万物を生み出す本源、また水は大地にとって血液であり、食の源は水と土にあるという思想（『管子』「水地篇」）が君主に向かって説かれ、『書経』「禹貢」や『管子』「地員篇」には土壌の調査報告が盛り込まれさえした。

他方、地中海気候のギリシャ・ローマ世界でもプラトン、コルメラ、プリニウスが大地の賜物に感謝し、土の種類を論じ、灌漑の重要性を強調した。資源管理を重視する姿勢は東西共通だが、ローマでは海外領土が拡大するにつれて「唯一の喜びは所有することにある、……物欲への期待にむかった」（『プリニウス博物誌』)。古代から近世までアジアでは集団主義的な土地の用益権が、ヨーロッパでは個人による土地の所有権が、秩序の根底を作っていった。

土地の排他的所有権観は欧州が歴史の覇権を握って以来、著しくはびこることとなった。アルプス以北の欧州は涼しいうえに 800 mm 前後の雨が降るので灌漑の必要がない。農業立地の良否は土地の広さと土壌の質で判断するのが伝統だ。大航海時代以後、西洋人が奪取した新世界とアフリカ、ウラル以東のアジアの植民地で、彼らは土地所有欲を全開し、広大なプランテーションを開設し、森林や鉱産資源を開発し、大陸規模で労働力を強奪し、とりわけ新世界では自然管理法も住民も西欧風へ総入れ替えの状態となった。灌漑のない地域で農業生産を上げるために土壌資源の生成・分布法則の究明、科学的な分析、自然肥沃度を最大限に生かす方法、効率的な施肥法の研究、肥料の製造法などが突破口となり、近代土壌学が進歩することとなった。この事情は他の自然科学諸分野についてもおおよそ当てはまり、人間の欲望充足こそ文明発展の原動力という功利主義の舞台で進展することとなった。

汚染される母なる大地

人間の鉱工業活動が進展するとともに、人工物や産業廃棄物が土壌を汚染し、地雷のように恐ろしい災禍と不安を人間にもたらし始めた。近代日本の公害の原点である足尾銅山鉱毒事件では明治 20 年代から亜硫酸ガスが山を裸にし、酸性排水、銅、亜鉛、鉛、砒素、カドミウムが渡良瀬川流域の水田に氾濫の度に流入堆積した。魚の大量死、家畜の斃(へい)死、作物の枯死に留まらず人間の健康にも重大な障害が生じ始めた。下流の被害地谷中村は堤防で囲われて遊水地と化し、村民は北海道へ移された。戦後も洪水で鉱毒被害は広がり続けたが、鉱毒被害の責任が認定されたのは 90 年後の 1974 年だった。

1950 年代後半から 1970 年代にかけて顕在化した四大公害病のうち、水俣病、第二(新潟)水俣病は工場廃水に起因するメチル水銀が、イタイイタイ病は鉱業所の排水中のカドミウムが魚やコメ、野菜、飲料水の摂取を通して人間に悲惨な病気・病死をもたらしたのだ。

こうした状況から「農用地の土壌の汚染防止等に関する法律」(1970 年)、また工場跡地を対象とした「土壌汚染対策法」(2002 年)などが制定された。しかし日本の農地にはかつて大量に撒布された DDT や BHC などの殺虫剤や、除草剤由来のダイオキシンが蓄積している。さらに自然循環外の資材を大量に使用した結果、鉱工業排水、生活排水とともに農地が環境

写真 1　ブラジルの「生物工場」景観。バイオエタノール用のプランテーション(マットグロッソ州、1999 年)

富栄養化の一因となるにいたった。

ダイオキシンは急性毒性、癌誘発性、催奇性の点から最悪の人工有害物質で、自然界で安定なうえ粒子親和性が強いので土壌中に長く残り、人体の脂肪組織、血液、母乳を汚染する。ベトナムでは米軍による枯葉剤撒布作戦で癌、奇形出産、流産、死産が 1980 年代に多発した。一般土壌のダイオキシン濃度は次第に低下したものの、元飛行場や貯蔵倉庫跡のホットスポットでは現在も異常に高い。また人体中のダイオキシン濃度を南北ベトナムで比較すると、南部ベトナムは明らかに高い。そして戦後 30 年以上経た 21 世紀にも奇形出産の被害が高い頻度で続いている。このことは廃棄物焼却炉から多量にダイオキシンを排出している先進工業国にとって他人事ではない。

重金属汚染は土壌に相当長く保存されるが、記録者としての土壌の役割には限界もある。有害有機化合物の保存期間は総体に短いし、乱開発で土壌自体が消失することもある。一瞬に完了した生態破壊としては最悪だった広島、長崎の土壌でも、放射性人工核種を検出することはコバルトや希土類元素を除いて難しい。

そうなると、生態史を記録し、土壌を保全していくことは自然科学だけでは不可能で、規範を子々孫々伝えんとする人間の倫理性に大きく依存している。そして倫理性を風化させてきた者は、強欲を育て功利主義に人間を誘い込んで惑わすシステム製作者たちであることははっきりしている。資源管理などと人間の権能外の観念に惑わされず、土に親しみ命を育てることが強欲を振り払う鍵だ。【古川久雄】

⇒C生態系を蝕む化学汚染 *p64* C土壌塩性化と砂漠化 *p66* C見えない地下の環境問題 *p74* C農業排水による水系汚濁 *p86* C循環と因果 *p94* C大気汚染物質の排出インベントリー *p100* C環境税 *p106* D土壌動物の多様性と機能 *p146* R熱帯アジアの土壌と農業 *p254* H新石器化 *p368* E海洋汚染 *p478* E風土 *p572*

〈文献〉古川久雄 2001. Furukawa, H., *et al.*, eds. 2004. レ・カオ・ダイ 2004.

焼畑農耕とモノカルチャー

生存のための農と、生産のための農業

焼畑農耕とプランテーション

焼畑農耕は、森林生態系の循環に埋め込まれた農耕形態である。成熟した森林を刈り払い、火入れする。有機物は無機化し、その大部分は空気中に放出され、あるいは地表面を流れ去るが、一部は土壌に吸収される。高温で熱せられた土壌によって土に埋まっている雑草の種子や病原菌、害虫は駆除できる。1～数年、作物を栽培すると、土壌中の養分は枯渇し、生き残った雑草が旺盛に繁茂するようになる。そこで休閑し、木本植生を回復させ、火入れの燃料と作物栽培の養分となるバイオマスを蓄積する。休閑期間には、食料、嗜好品、染料、建築材料、薬用植物などさまざまな非木材林産物を採集することができる。このように、数年から十数年を1サイクルとする火入れと生態学的遷移の循環によって焼畑農耕は成り立っている。焼畑農耕は、かつて、日本を含むモンスーン・アジアの山地部や丘陵部で広く営まれていた。主たる栽培作物に着目して、それらは根栽型、雑穀栽培型、陸稲栽培型に区分される（図1）。

プランテーション農耕は典型的なモノカルチャーである。植民地期以降、大規模に拡大したプランテーションでは、かつてはゴムやコーヒー、近年はアブラヤシなどの単一の商品作物を、きっちりと整地した農園で、化学肥料や農薬を投与して効率的に生産する。

農業の技術的な本質は、地球に降り注ぐ太陽エネルギーから、植物の持つ光合成能力を活用して、衣食住の原材料となる有機物を生産することである。約1万年前に農業を開始した人類は、それぞれの地域の自然環境のもと、人口規模や社会組織、経済システムに適した形で農業を発展させてきた。このなかで、焼畑農耕やプランテーション農耕はどのような位置を占めるのだろうか。

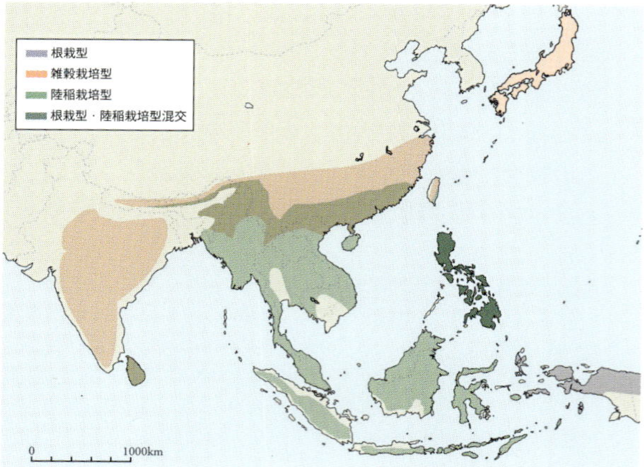
根栽型
雑穀栽培型
陸稲栽培型
根栽型・陸稲栽培型混交
0
1000km
図1　モンスーン・アジアにおける焼畑の3類型［佐々木1970］

農業発展の方向性

農業発展を自然環境との関係から概観すると2つの方向性がある。1つは、それぞれの地域の自然環境に適応した農耕技術の改良であり、もう1つは自然環境の変動を軽減し、農耕技術の効用を最大化させるための栽培環境の改変である。前者を環境適応型、後者を環境形成型と呼ぶ。長期間、深い湛水が続くモンスーン・アジアのデルタ地帯における浮稲栽培は前者の、灌漑排水施設整備によって水環境を調整した水田水稲作は後者の代表例である。ただし農業発展において、農耕技術の改良と栽培環境の改変は排斥しあうものではない。両者は、いわば、車の両輪であり、栽培環境が改変されれば、農耕技術の改良もすすむ。

農業発展を考えるもう1つの軸は農業経営の目的である。自給経済志向の場合には、主穀となる作物の栽培を第一に考える。今日では、モンスーン・アジアならコメ、その他のユーラシア大陸の大部分ではコムギ、サハラ以南のアフリカ大陸ではトウモロコシが卓越している。自給経済志向のポイントは、地域社会の歴史や文化の影響を受けながらも、何をどのように栽培するのかを選択する権限を農民が握っていることである。これに対して市場経済志向の農業経営の場合には、栽培作物や品種、技術そして時期の選択に流通業者や市場が大きな影響力を持つ。流通経路が確保されていて、高い価格で売れる商品作物を生産しなければならない。農業経営の収益性は生産物の販売価格に依存するところが大きく、かつ販売価格は市場の動向によって決まる。

農業発展をこの2軸に整理してモンスーン・アジアに当てはめてみよう（図2）。代表的な農耕形態である水田農耕と常畑農耕は大きな地域的差異をもつが、それぞれ主として第4象限と第2象限に位置づけることができる。コメを主作物

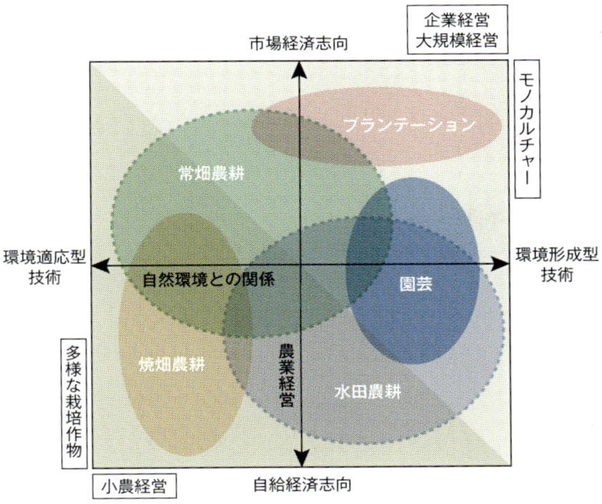

企業経営
大規模経営
市場経済志向
モノカルチャー
プランテーション
常畑農耕
環境適応型
技術
環境形成型
技術
自然環境との関係
園芸
多様な栽培作物
焼畑農耕
農業経営
水田農耕
小農経営
自給経済志向

図 2　モンスーン・アジアにおける農業類型

とする水田農耕は自給経営志向が強くかつ灌漑を伴うのに対して、常畑農耕は、トウモロコシやキャッサバなどの飼料作物を若干の施肥で地力を補って栽培するからである。これに対して、プランテーションは典型的な第 1 象限の農耕である。高い収益性が見込める商品作物を、その作物の生育にとって最適な環境を整備して栽培する。生産性は高いが必要な投資も大きい。そのため、多くのプランテーションが企業によって経営されている。また、焼畑農耕は、森林植生の回復力に依存して陸稲やトウモロコシなどの主穀作物とそれ以外のさまざまな自給作物を混作するので、多くの地域で第 3 象限に位置づけることができる。すなわち焼畑農耕は、環境適応型技術と自給経済志向の 2 点において際立った特徴をもつ。

対照的な焼畑農耕とプランテーション

水田農耕と常畑農耕はモンスーン・アジアを代表する農耕形態であり、この 2 つの農耕の比較検討についてはこれまで多くの研究が蓄積されてきた。しかし、焼畑農耕とプランテーションも、図 2 から明らかなように、農業発展の両極端を占めるものである。両者は、自然環境との関係や農業経営に加えて、経営母体や経営規模、さらに作物多様性においても対照的な発展を示してきた。すなわち、焼畑農耕が生活空間の自然環境を最大限活用して小農が自らの生存を維持するために多様な作物を栽培するのに対して、プランテーションは国際市場向けの商品作物をモノカルチャーで効率的に生産し収益を最大化させることを目指す。

農産物市場がグローバル化するなかで生産効率を最大化することを使命として農業が発展していくならば、農耕形態は、図 2 において左下から右上へと変化していくと想定せざるをえない。実際、焼畑農耕は、かつては東南アジアやアフリカ大陸中部、南米・アマゾン川流域の主たる農耕形態だったが、農民による自発的な転換や各国政府の農業政策によって、その規模は急激に縮小している。とりわけ先進諸国の莫大な資金援助のもと、生物多様性保護や森林保全のための政策が熱帯諸国で強力に実施された 1990 年代以降、焼畑農耕の縮小傾向は顕著である。しかし、政治・経済のグローバル化には脆弱性が内在し、それを補完する地域社会の自立的発展が必要であることも自明である。21 世紀の人類社会において、世界諸地域のさまざまな自然環境のもとで、広い意味での人びとの生存、すなわち安全・安心な生活や地域社会の互恵的なつながりを生産や資源利用の効率化と並ぶもう 1 つの柱として構想するならば、小農経営や環境適応型技術、作物多様性は、そのような人類社会を実現する 1 つの鍵となる発展方向である。

いっぽう、化石資源が枯渇するなかで、バイオマス資源が脚光を浴びている。プランテーション農耕は、とりわけ熱帯地域の豊富な太陽エネルギーを有効に利用する最も有望な技術の 1 つとして、もう 1 つの鍵となる発展方向である。

気候変動と農耕

21 世紀の人類社会が直面するもう 1 つの課題が地球温暖化に代表される気候変動である。温暖化の予測精度は徐々に改善されてきたが、地域レベルへのダウンスケーリングに関してはまだ大きな幅があり、信頼性に問題がある。ましてや、気候変動が社会システムに与える影響についての分析はまだ始まったばかりである。気候変動は、水、熱循環や動物相、植物相など、農業生産に関するさまざまな環境に間違いなく影響を与える。私たちはこれまで、自然環境を、季節変動や経年変動はあるものの、長期平均で見れば安定していると想定してきた。しかし、これからは、自然環境は徐々にだが確実に変化すること、また、その変化は地球上で均質なものではなく地域性があることを前提として、農業発展を構想していかなければならない。焼畑農耕の強みは、作物多様性に立脚した自律的な生産にある。農民は、気候変動に対応して、栽培作物や栽培時期を柔軟に選択するキャパシティをもっている。それぞれの農耕形態の特徴を生かした対応を構想していく必要がある。【河野泰之】

⇒C 焼畑における物質循環 *p118* D 作物多様性の機能 *p150* D 雨緑樹林の生物文化多様性 *p196* R 熱帯アジアの土壌と農業 *p254* R アブラヤシ、バナナ、エビと日本 *p338* H 休耕と三圃式農業 *p454* E 環境認証制度 *p546*

〈文献〉尹紹亭 2000．河野泰之ほか 2008b．佐々木高明 1970, 1972．田中耕司 1996．横山智ほか 2008．Palm, C. A., *et al.*, eds. 2005.

熱帯アジアの土壌と農業

稠密な人口を支える水田土壌

熱帯アジアの自然

ここでは一般的に南アジアおよび東南アジアと呼ばれているパキスタン以東、インドネシアまでの諸国を含む地域を熱帯アジアとする。この地域は世界の陸地面積の6.5%を占めるに過ぎないが、人口は世界の30%を超えて20億に達し、人口密度では世界平均の5倍に近づいている。そのため可耕地は極限に近いほど開発が進んでおり、耕地化率は35%を超え、世界で最も土地利用強度の高い地域である。これらの数字は、熱帯アジアには今後に農地の開発を見込める土地は残されておらず、なおも増え続ける人口を養うためには、農業の集約化こそを図るべきことを示している。

この地域の大部分はモンスーン・アジアの熱帯圏にあり、湿潤ないし亜湿潤気候に属し、雨季に集中して年間1000mm以上もの降水がある。植生は赤道に近い多雨林から、遠ざかるにつれて常緑－半常緑－落葉季節林と推移し、この順に地上部現存量も低下する。また地質的には、大陸部はヒマラヤの造山活動、島嶼部は活発な火山活動の影響を受ける変動帯にある。このことは、熱帯アフリカや熱帯南米の大部分が、古生代から中生代にわたる超大陸ゴンドワナ由来の安定地塊の上（盾状地）にあるのと好対照をなしている。

地形的には、この気候と地質条件に支配され、とくに大陸部に広大な低地が広がる。モンスーンのもたらす大量の雨が、不安定な土地に激しい侵食を引き起こし、それらを運ぶガンジス川、ブラマプトラ川、メコン川など世界有数の大河はその中・下流域に広大な沖積平野を作り、河口部には巨大なデルタを形成する。そのため陸地面積では世界の熱帯の1/5のシェアしかもたない熱帯アジアが、熱帯圏全体にある可耕沖積低地の2/3を占める。熱帯アジアがいかに広大な低地を有するかを示すものである。

写真1　フィリピン、ルソン島バナウエの棚田（2005年）

写真2　マレーシア、ボルネオ島サラワク・ミリ近傍の焼畑（1975年）

土壌

湿潤な熱帯気候の下で、熱帯アジアの台地の土壌は強く風化されている。とはいいながら、熱帯アフリカや南米の盾状地上の土壌に比べれば相対的に風化の程度は低い。このことは熱帯アジアの台地土壌に極限まで風化した土壌が少ないことに表れている。非常に広く分布する酸性の赤色土（アクリソル）は、熱帯アジアで最も風化と土壌生成の進んだ土壌である。この土壌は有機物と養分に乏しいうえ、保水力・保肥力とも低く受食性が高いので、農地としての利用に当たっては養分管理と侵食防止に十分留意する必要がある。

もう1つの重要な土壌が低地に分布する沖積土であり、水田の土壌の大半を占める。比較的新しい堆積物を母材としていて相対的には肥沃であり、低地にあって侵食の危険を考慮する必要がない。このため水田としての管理下では安定して高い生産を期待することができる。

山地には地形的な不安定さのために未熟なアクリソルが広く分布する。塩基性母岩の上では中性に近い土壌も出現し、一般に台地土壌より肥沃である。天然林下ではかなり安定であるが、人為の干渉の下では土壌侵食の危険が大きく、保全のための周到な配慮が不可欠である。

水田稲作

雨季に集中する大量の雨は、大河の作る沖積平野とデルタを長期間湛水する。可耕地の 1/3 を低地にもつ熱帯アジアでは、この自然に湛水する低地を利用することが、どうしても必要であったと思われる。この湛水低地に適応した原生植物種の中にイネ属があり、その中から栽培種（*Oryza sativa*）が優れた穀物種として選抜されたことが、熱帯アジア農業の基本としての水田稲作の成立を導いたと思われる。

現在、世界の穀物生産の約 1/3 をコメが占めているが、6 億 t に及ぶその生産量と、栽培面積のいずれにおいても 90%近くがモンスーンアジアにあり、極端な分布の偏りを示している。そのうち熱帯アジアでは、世界のイネ栽培面積の 66%にあたる約 1 億 ha から、総生産量の 56%にあたる 3 億 4000 万 t を産出している。この数字が示すように、現状では熱帯アジアの平均イネ収量は東アジア諸国のそれに及ばず、平均値では 3.5t/ha にとどかない。しかし、土壌的にはごく一部を除けば温帯東アジアと遜色がなく、化学肥料が普及してからの収量増加は著しい。今後も集約化と灌漑排水基盤の整備が進めばさらに収量増加を見込むことができ、水田稲作本来の生産の安定性、連作可能性などを考慮すれば、熱帯アジアにおける主食としてのコメの地位が揺らぐことはないであろう。

畑作と山地利用

熱帯アジアでは平坦ないし緩い起伏のある土地で作物を栽培する通常の畑作だけでなく、伝統的に山地の農業的利用も行われてきた。

通常の畑作についてみると、インド亜大陸の西部ではコムギを主作物とする畑作が広がるが、水田農業を主とする地域における畑作は一般に規模も小さく、生産量、収量とも低い。これは先にも述べた酸性で肥沃度の低いアクリソル上での畑作の難しさを示すものであるが、とくに問題となるのが表土の保全である。熱帯の雨の侵食力がきわめて高いことに加えて、有機物の分解が速く土壌構造が不安定なために、地表にクラスト（土膜）を生じて受食性を高めることも、土壌保全と肥沃度維持を困難にしている大きな理由である。

森林に覆われた山地では伝統的に焼畑が広く営まれてきた。主作物は陸稲でトウモロコシも混作されることが多い。不耕起、掘り棒による播種で表土の撹乱を避けて侵食を防ぐとともに森林の再生を促し、短期作付け、長期休閑によって雑草害を最少化するなど、多くの知恵を含んだ持続性の高いシステムをもっていたが、近年は休閑期間の短縮によって不安定化している場合がほとんどである。焼畑だけでなく山地の永続的利用も古くから知られており、ルソン島バナウエの棚田はその代表である。山腹の棚田化はスリランカ、タイ、ジャワにも広くみられ、焼畑民が山間の谷間に小規模な水田を開いている。そのほか山地に果樹、茶、桑などの永年作物を栽培している例も多い。近年焼畑に替る農法として傾斜地農業の名で山地利用を活発化する動きも見られるが、農地保全と侵食防止の前提なくして傾斜地農業はありえないであろう。

写真 3　東北タイ、コンケン近傍のアクリソル。風化と洗脱の進んだ赤色土（1982 年）

農業と環境

はじめにも述べたように、熱帯アジアでは農地の外延的拡大はもはや望めず、農業の集約化が急務となっている。一部の沿海低地でマングローブ跡地や湿地林下の泥炭地を開発して環境の悪化を来している例があるが、所詮成功は望めない。基盤整備による水田稲作の集約化と、農地の侵食防止に最大の関心を払った台地、山地の持続的利用に力を注ぐべきであろう。

【久馬一剛】

⇒C 氷河の変動と地域社会への影響 *p56*　C 焼畑における物質循環 *p118*　D 土壌動物の多様性と機能 *p146*　D アジア・グリーンベルト *p194*　D 雨緑樹林の生物文化多様性 *p196*　R 土壌と生態史 *p250*　R 焼畑農耕とモノカルチャー *p252*　R アジアにおける農と食の未来 *p258*　R マングローブ林と沿岸開発 *p336*　H 水田稲作史 *p420*

〈文献〉久馬一剛編 2001．久馬一剛 2005．

緑の革命

食と農をめぐる科学技術と社会

飢餓の克服と安全保障

1960年代、米国ロックフェラー財団を中心に、最新の科学技術を駆使して作物の品種改良を行い、途上国での高収量品種の栽培を推進した。その結果、途上国では農業生産性が飛躍的に増大する。これが緑の革命である。インドでのコムギの生産量は、50年間で10倍以上に、生産性は3倍近くに増大した。また「奇跡のコメ」と呼ばれたIR8は、栽培実験では在来品種の5倍以上の収量を示した。その結果、アジアではコムギ・イネの高収量品種群が、在来品種に瞬く間に置き換わっていった。

L.R. ブラウンは、その可能性と潜在力に目を見張り「アジアの緑の革命は、影響力という点で、18世紀欧州の産業革命に匹敵する」と述べた。飢饉を繰り返していたインド、パキスタンをはじめ、多くのアジア諸国では、食料増産は困難だと思われていたため、高収量品種を軸とした新たな技術は、関係者にはまさに「革命」のようにみえたのだろう。

食料不足に苦しむ途上国の人びとに食料を供給するのが緑の革命の目的である。しかし、そこには、国際的な安全保障という別の目的があったことは留意すべきである。貧しさと飢餓のゆえに人びとは政府と敵対する。政情を安定させるためには、人びとに十分な食料を供給させなければならない。当時、食料の安定供給は安全保障問題の解決策と考えられていた。だからこそ1970年に、「緑の革命」の象徴的指導者であったN.E. ボーローク博士がノーベル平和賞を受賞する。受賞理由には「この時代の誰よりも、貧しい世界に多くのパンを与えたから」であり、「パンを与えることは平和をもたらすことに他ならない」と明記されている。

写真1　国際トウモロコシ・コムギ改良センターの種子（トウモロコシ）保全庫（2005年）

緑の革命の特色と地域性

生産性の飛躍的増大という実績の一方、その弊害も早い段階から指摘されている。緑の革命ほど、その評価が大きく分かるものはない。評価の基準はじつに多様で、時代と立場、地域によっても異なっている。

イネの高収量品種の特色は、窒素肥料の感応性が高く、背丈が低いことである。肥料を与えれば与えるだけ収量は増え、しかも背丈が低いため、倒伏することがない。一方で高収量性を実現するには、肥料の大量投入だけでなく、適切な水管理と植栽密度の調整、病害虫管理が不可欠である。初期の高収量品種は病害虫に弱く、潜在的な収量の高さを発揮できないこともあった。コムギの場合も基本的に同じである。栽培には灌漑による水管理と化学肥料の投入が必要である。

緑の革命は、高収量品種の育成のみに注目が集まりがちであるが、現実には従来の農法全般の技術革新と近代化を迫るものであった。一言でいえば石油産品への依存によって生産性を上げる農業である。化学肥料の単位面積あたりの投入量も格段に増えた。

一連の農業の変革に対応できなかった農民も多い。緑の革命が社会に及ぼした影響は広くて深い。

コムギの高収量品種が導入されたインドのパンジャブ地域では、集約的な灌漑をめぐって水争いが起こる。それが宗教的・民族的な対立へと拡大する。期待していた安全保障はこの地域においては実現しなかった。また新品種の栽培に不可欠な化学肥料や農薬を生産販売する外資系の会社に農民が経済的に支配される。持てるものはさらに裕福になり、持たざるものは窮乏の度合いを深めていった。社会学者V. シヴァの目には、緑の革命は、政治的・文化的なコストを無視し、社会的・経済的格差を拡大した不毛な社会実験にみえた。

一方、アジアの稲作地域では、緑の革命は農民間の格差をもたらさず、経済的な底上げになったと積極的に評価されることが多い。インド麦作地域と比べて、社会的に平準化していたこと、国家による開発政策が順調に進行したことが背景にある。家族労働で行っていた田植え・稲刈りなどが雇用労働へと変わったが、貧困層を高賃金で雇用することができ、恩恵は土地なし農民にまで行き渡ったとされる。

国家の役割も成否を大きく左右する。国家による支持と積極的介入がなければ緑の革命は成功しなかった。あらたな農業技術を展開するために不可欠な灌漑施設などのインフラの整備、農業資材の配布体制や教育指導など、国家の組織力が問われることになった。アフリカに緑の革命が普及しなかったのは、伝統的に零細で複合的な農業様式が優良な単一作物の受け入れに不向きだったこともあるが、農業改革を支えるべき国家があまりにも脆弱であったことも大きな要因とされる。

「第二の緑の革命」—遺伝子組換え作物

遺伝子組換え技術の農業への応用は、科学技術を農業生産に活かすという点で、第二の緑の革命と呼ばれている。遺伝子工学の発展は、望ましい形質を発現する遺伝子を組み込んだ品種を、効率よく短期間に作成できるようにした。生産性が良く病気害虫の抵抗性も強い「奇跡の作物」の開発が再び注目を浴びる。

遺伝子組換え作物も農業のあり方を大きく換えた。雑種強勢を利用した一代雑種の F_1 品種の開発も、この点で第二の緑の革命に含めることもある。本来農業は、種子で次世代へと生命をつなぐ営みであった。それが実験室で種子をつくり、工業製品のように品質管理されるものとなったのだ。

遺伝子組換え作物の開発には、高い技術力とそれを支える資金が必要である。かつての緑の革命では、新品種の開発は、1960 年代に相次いで設立された IRRI（国際稲研究所、1960 年設立）や CIMMYT（国際トウモロコシ・コムギ改良センター、1963 年設立）などの国際的な農業研究機関が担っていた。しかし第二の緑の革命では、遺伝子工学から利益をあげることを目論む巨大なバイオテクノロジー産業が担った。企業は投資に見合うだけの収益を求める。かつて農民は、きわめて安く新品種を入手し、自分の手で管理し増やすことができた。しかしバイオテクノロジー産業は、新品種の知的所有権を主張し、高い価格で販売するのである。

第二の緑の革命も、社会に大きな影響を与えた。今回は、途上国の生産者だけではなく、健康への影響に懸念を持つ先進国の消費者も巻き込む。安全性をめぐる意見の対立の末、認可のための厳しい審査が義務づけられた。

ほかにも意見の分かれる点がある。企業は、病害虫への抵抗性遺伝子を組み込んだ作物の栽培は、農薬すなわち有害化学物質の使用量を減らせると喧伝する。一方、環境保護団体は、遺伝子組換え作物の生態系への影響に神経を尖らせる。最初の緑の革命が、世界の期待を一身に背負い華々しく始まったのに対し、第二の緑の革命は、企業倫理も含めて、社会の懐疑の目の中で登場した。

農業はどこにゆくのか

遺伝子組換え作物が世界の食料危機解決の切り札になるという考えも、国際的な農業研究機関では根強い。すでに、ダイズ、トウモロコシ、ワタでは、生産性の高い遺伝子組換え品種が広く栽培されている。

しかし、最初の緑の革命で前提にしていた「十分に食料があれば平和になる」という考え方がそうだったように、第二の緑の革命が、食料不足の解決になるという考え方もあまりに単純すぎる。食料危機は、食料生産だけの問題ではないからだ。

食料が十分あっても飢饉が起こりうることは、A. センが、南アジアの統計データから実証している。問題なのは、食料へのアクセスを含めて、人間の基本的潜在能力が奪われることの方である。センは、経済・社会学的視点から、飢饉や貧困に対して、エンタイトルメントアプローチやケイパビリティアプローチという考えかたを導いた。

2 つの緑の革命の経験からも、食と農に関する技術革新は、地域と社会とに密接に結びついていなければならないことがわかる。価値観も重要である。

2002 年南アフリカは大干ばつにより 6 カ国 1300 万人が飢餓の脅威にさらされた。この最中、ザンビアは、WFP の配布したトウモロコシの 40%が遺伝子組換えであったという理由で、米国産トウモロコシの受け取りを拒否している。「安全であると確かめられたなら国民に与えるが、そうでないならなにか有害なものを食べるよりは餓死したほうがましである」。当時の大統領の言葉だ。

農業は人類の生存のために不可欠であるが同時に、長い人間の活動の歴史のなかで、最も環境破壊的な要因のひとつであった。「第三の緑の革命」として、石油の代替エネルギーとして利用しようという、これまでになかった農業のありかたも試みられている。農業の行くすえはわれわれの未来可能性に大きく影響する。

【阿部健一】

⇒D作物多様性の機能 *p150* D失われる作物多様性 *p180* D遺伝資源の保全とナショナリズム *p216* Rアジアにおける農と食の未来 *p258* R貧困と食料安全保障 *p280* H栽培植物と家畜 *p458*

〈文献〉Anderson, R.S., P.R. Brass, *et al.* 1982. Swaminathan, M.S. 2000. Rosegrant, M.W. & P.B.R. Hazell 2000. Hayami, Y. & Kikuchi, M.2000. Shiva, V. 1991. シヴァ、V. 1997. Brown, L.R. 1968. Ladejinsky, W. 1970. Economic Commission for Africa 2003. チャールズ、D. 2003. セン、A. 2000.

アジアにおける農と食の未来

「緑の革命」から「ポストグローバル」時代へ

農業と食生活の近代化

1960 年代から 70 年代にかけて、アジア各地の農業と食生活に大きな変化が起こった。その 1 つが、後に「緑の革命」と総称される農業の近代化であった。

1950 年代、メキシコで N.E. ボーローグ（1970 年ノーベル平和賞受賞）が半矮性遺伝子を導入して、耐病性をそなえた背丈の低いコムギの高収量品種（HYVs：High Yielding Varieties）を育成した。1961 年にはそれがインドに、その後パキスタンにも導入され、両国でコムギの単収が約 3 倍となる大きな成果をあげた。それがアジアにおける「緑の革命」のはじまりであった。

同様に、半矮性遺伝子を導入した新品種の開発がフィリピンの IRRI（国際稲研究所）でもはじまり、イネの HYVs が 1966 年に育成され、その後アジア各地に導入された。稲作の「緑の革命」のはじまりである。東西冷戦下、西側途上国のコメ自給達成が地域の安全保障上の課題とされ、HYVs の導入・普及、水利施設の改良・建設、化学肥料や農薬の投入による技術改良が強力に進められ、70 年代、80 年代は、稲作の生産量が大躍進を遂げる時代となった。

もう 1 つは食生活の変化である。高度経済成長下の日本でいち早く食生活の近代化がはじまり、パンや麺類などの粉食と肉類・乳製品の消費が増大した。この傾向は、その後、経済発展とともに開発途上国へと波及していった。

写真 1　メコンデルタの複合的土地利用。多種類の作物栽培と養魚を組み合わせた乾季の水田裏作（1995 年）

写真 2　ラオス北部ルアンパバーン郊外の田植え（1992 年）

エネルギー危機と農業

農業や食生活の近代化に対する反省の声があがってきたのも 60 年代から 70 年代であった。いち早く警鐘を鳴らしたのは、化学農薬による生物や健康への被害を訴えた R.L. カーソンの『沈黙の春』（1962 年）である。ローマ・クラブの『成長の限界』（1972 年）も、経済発展がこのまま進めばいずれは資源が枯渇することを警告した。

アジア各国が「緑の革命」を強力に推し進めるなか、その流れを再考させる契機となったのが 1973 年のエネルギー危機である。この危機は、大量の化石エネルギーを使用していた農業技術の見直しを迫る結果をもたらした。当時、日本の稲作はアジアでもっとも高い生産性を誇っていたが、そのエネルギー効率（エネルギーの産出／投入比）は 0.47（1970 年）と、産出エネルギーの約 2 倍のエネルギーを投入していた。石油需給が逼迫するなか、はたして持続的な農業なのかという疑問がはじめて提起された。

エネルギー危機は農業近代化への反省を促すとともに、各国における在来の農業を再評価しようとするきっかけともなった。生産力は低くとも、産出／投入比が高く、資源利用の面でもより持続的だという評価である。こうして、アジア各地の在来農業システムとその技術や知識に関心が寄せられるようになった。

経済のグローバル化と農業・食料

1996年11月、ローマで世界食料サミットが開催された。その会議に提出されたFAO（国連食糧農業機関）の資料は、アジアの農業と食料の今日的課題を知るうえで示唆的である。それによると、日本は、コメを最も多く消費する国々からなる東・東南アジア地域にあって、トウモロコシを最も多く消費する国となっている。統計上の結果とはいえ、米食民族と自称する日本人は、家畜のお腹を通した畜肉として、トウモロコシをコメよりも多く消費している実態が示された。

各国が財貨とサービスの相互交流を促して貿易によって利益を得る機会を最大限にするのが国際貿易システムである。しかし、そのシステムが行き過ぎると、農業生産や食料需給にさまざまなひずみを生み出す可能性があることをこの資料は示している。生産システムだけでなく、生産物の輸送、加工を含めたフードシステム全体が持続可能なのかが問われるようになっている。

とはいえ、アジア各国の農業は依然として生産の効率化と増大をめざして資源多投型の農業発展の道を歩んでいる。アグリビジネスの展開や農産物の貿易自由化がますますそのような方向へと農業を追い込んでいるのが現状である。

在来農業も経済発展のもとで大きく変容しつつある。そのなかにありながらも、アジア各地で在来農業についての調査研究が数多く実施され、作物の遺伝的多様性（在来作物種の多様性と同一作物内の品種多様性）やそれを維持してきた知識や技術が明らかにされている。また、在来の土地利用制度や資源利用の慣習が環境や自然資源への負荷が少ないシステムであることが明らかにされてきた。

AR70

写真3　現代の稲作はエネルギー多投型である。高齢者が増えた集落では、高性能の農業機械が不可欠（滋賀県高島市、2009年）

White King
ENERGY-PLUS
Champorado mix
(CHOCOLATE RICE PORRIDGE)
VITAMIN ENRICHED

写真4　アジアのさまざまなコメ料理　上左：もち米が主食のラオスの食事（1992年）　上右：日本の山村の食事（1996年）　下：チャンプラード。甘いチョコレートをかけて食べる手軽なスナック（フィリピン）（1997年）

農と食の未来に向けた課題

農業の近代化を図りながら生産、流通のいっそうの効率化を目指そうとする方向と、近代化を見直し在来の知識・技術を取り入れながら地域に根ざした持続的な農業を再興させようとする方向とのバランスを保ちながら、アジアの農と食の将来を展望することが必要となっている。経済活動のグローバル化がいっそう進むことを念頭におけば、そのなかで、「ローカル」とでもいうべき、各地域に育まれてきた農と食の伝統をいかに共存させていくのかが、焦眉の課題といってよい。

アジアのモンスーン地域は、稲作という非常に安定した生産装置を軸に水田多毛作体系を成立させ、それがこの地域の巨大な人口を養う基盤となった。そこでは、コメと魚、野菜類、発酵食品を組み合わせた食生活が営まれてきた。このような伝統的なシステムを昔のまま保存していくことは現実的ではないとしても、農や食という言葉に含意される社会的・文化的価値を失ってはならないという気運も高まっている。

世界的にみると豊富な降雨と肥沃な土壌に恵まれたアジア・モンスーン地域は、とりわけ豊かな農業生産力と農業の多様性を育んできた地域である。農業分野や農産物は人・モノ・カネの自由な流通を促すうえでの障壁とまでいわれているが、障壁であるがゆえにこそ、農と食は、ポストグローバルの時代を展望する鍵概念となる可能性を秘めている。　【田中耕司】

⇒D作物多様性の機能 *p150*　D失われる作物多様性 *p180*　Dアジア・グリーンベルト *p194*　D遺伝資源の保全とナショナリズム *p216*　R熱帯アジアの土壌と農業 *p254*　R緑の革命 *p256*　R食の作法と倫理 *p274*　R日本型食生活の未来 *p278*　Rアブラヤシ、バナナ、エビと日本 *p338*　H水田稲作史 *p420*　Hジャガイモ飢饉 *p450*　E地産地消とフードマイレージ *p514*

〈文献〉Brookfiled, H., *et al.* eds., 2003. Carson, R. 1962. Dalrymple, D.G. 1971. FAO 1996. Meadows, D.H., *et al.* 1972. Pimentel, D., *et al.* 1973. 中尾佐助 1966. 宇田川武俊 1976. Wood, D. & J. M. Lenné eds., 1999.

遺伝子組換え作物

持続的農業のための切り札となるか

遺伝子組換え作物とは

遺伝子組換え作物とは、組換えDNA技術を応用して遺伝情報を改変した栽培植物である。GMO（Genetically Modified Organism）作物と呼ぶ場合もある。一般に、遺伝子組換え作物は「組換え作物」と呼ばれるが、通常の生殖の際に行われる「遺伝的組換え」とはまったく異なる。遺伝的組換えでは新しい遺伝子が生じるわけではないが、遺伝子組換えでは、ほとんどの場合、異なる生物に由来する遺伝子を導入した生物（形質転換体）を意味している。

遺伝子組換え作物は、これまで自然界には存在しない新しい植物を人為的に作り出すことであり、大きな効果を期待できる反面、その普及が地球環境に与える影響について慎重に検討する必要がある。

遺伝子組換え作物はなぜ必要か

1960年にフィリピンに設立されたIRRI（国際稲研究所）が開発したイネの多収品種IR8が、東南アジア地域の食料生産の増加に大きく貢献したことは疑いない。しかし、このような近代品種の導入がもたらした品種の多様性の減少、大規模な病虫害の発生、農耕にかかわる伝統的知識の喪失など功罪相半ばする側面も見逃してはならない。

約200年前から地球上の人口は急激に増加し続けている。2050年には100億人に達するとの予測もある。このような人口増加に対応するためには、いっそうの食料作物の増産が必要になる。一方、IR8のような多収品種は、大量の肥料と農薬を施す必要があるため、土壌や河川の汚染の原因となっているのも事実である。地球環境の悪化を防ぎつつ、食料を増産するためには、肥料や農薬を過剰に使用することなく高い生産能力を持つ作物を開発することが必要である。

また、植物は代替エネルギー源となる脂質や糖を生産し、温室効果ガスのCO_2（二酸化炭素）を吸収するため、これらの能力を増強した植物を開発すれば、地球環境を修復することができると考えられる。

従来、作物の品種改良は、交配育種によって進められてきたが、1974年に土壌細菌のアグロバクテリウムが植物の細胞に自身のDNA断片を組み込んで、栄養素を生産する工場として利用しているという画期的な発見が契機となって、遺伝子組換え作物を作出するための技術が開発された。

遺伝子組換え作物には、有用形質を付与するための目的遺伝子および目的遺伝子が組み込まれた植物細胞を選抜するためのマーカー遺伝子が導入されている。この選抜マーカー遺伝子としてカナマイシンやビアラフォスなどの抗生物質あるいは除草剤抵抗性遺伝子を利用しているので、これらの選抜マーカー遺伝子が環境に悪影響を及ぼさないのかが懸念されている。

2001年に米国のカルジーン社は、細胞壁分解酵素の活性を抑えて輸送性を高めた遺伝子組換えトマト「フレーバーセーバー」を市場に投入した。次いで、Bt殺虫タンパク質や除草剤抵抗性のトウモロコシ、ワタ、ダイズなどの組換え作物が作り出された。最近では、ビタミンA含量を強化したゴールデンライスのような機能性食品としての作物、さらに、観賞用の花卉（かき）およびエネルギー（エタノール、バイオディーゼル）生産用作物などの非食用の遺伝子組換え作物に関する研究に重点が置かれている。

写真1　ウイルス抵抗性組換えトマトの隔離圃場試験の様子。遺伝子組換えトマトを栽培し環境にどのような影響を与えるのかを調査する。広大なトウモロコシ畑で囲み、他家受粉を防ぐ（米国、イリノイ州、1988年）

遺伝子組換えによる品種改良の功罪

遺伝子組換え技術を用いた品種改良の利点は、①植物のみではなく、微生物、動物、菌類などに由来する遺伝子も導入できる。②目的とする遺伝子のみを単離して導入できる。③最新の分子生物学の研究成果をすぐに応用できる。

一方、遺伝子組換え作物の問題点としては、①実際に栽培する前に、自然および耕地生態系に対する影響を評価する必要がある。②食用とする場合は、食品としての安全性を評価する必要がある。遺伝子組換え作物を利用するためには、上記のような利点および欠点に留意して取り扱うことが重要である。

遺伝子組換え作物の安全性評価

2003年にカルタヘナ議定書という国際条約が締結された。これは、遺伝子組換え生物GMOが既存生物の多様性を保全し、持続可能な利用に及ぼす悪影響を防止するための国際条約である。この条約は国境を越えるGMOの移動を制限するものであり、国内における遺伝子組換え作物の安全性を適正に評価することが前提となる。そのため、作出された遺伝子組換え作物が野生の動植物に及ぼす影響を、閉鎖系温室、非閉鎖系温室、隔離圃場（写真1）という3段階の栽培試験を行い、次の3点について評価することが法律で定められている。①雑草化しないか、②有害な物質を生産しないか、③導入された遺伝子が野生植物の間に広まらないか。組換え作物が導入した遺伝子がかかわる形質以外について原品種と同じであるかどうかを解析することを「実質的同等性の評価」と呼んでいる。

遺伝子組換え作物を含む食品には適正な表示が義務づけられている。また、消費者の理解を得ることも重要な課題である。

遺伝子組換え作物と遺伝的多様性

遺伝子組換え作物を大量に栽培すると遺伝的多様性が失われると懸念する意見があるが、大規模な栽培は組換え作物に限らず従来の品種でも同じ問題を抱えている。単一品種を大規模に栽培すると、トウモロコシのゴマ葉枯れ病の大発生に例をみるように突然深刻な病害に襲われることがある。現在のように交通手段が発達し、人の移動や物資の輸送が盛んになると、病原生物も世界的に流行することになる。このような病原生物に対抗する品種を作出するためには、遺伝資源を保存し、遺伝的多様性を維持することが重要である。

しかし、ハワイにおけるパパイアのリングスポットウイルスや東南アジアのバナナのフザリウムに対する抵抗性の遺伝資源は見つかっていないので、遺伝子組換え技術を利用しなければ抵抗性の品種を作り出せないのも事実である。

遺伝子組換え作物と食の安全

遺伝子組換え作物というと、農薬を大量に散布して収穫した作物と同じ程度、あるいはそれ以上の健康被害を与えるという印象を持つ人が多い。このような印象の背景には、神が創造した生物の遺伝子を人間が勝手に組み換えることに対する畏怖や嫌悪の気持ちがあると思われる。最近、報道されたクローン動物に嫌悪感を抱く人が多いのも同じ感情が背景にあるだろう。約25年前に大腸菌や酵母を用いた遺伝子組換え技術が開発された時も環境破壊をもたらすとの反対運動が巻き起こった。しかし、現在日本にいる700万人を超える糖尿病患者で、大腸菌の組換え技術で生産したインシュリンの投与を拒否する人はいない。

農薬が散布された作物と比べて、遺伝子組換え作物を摂取することはどれだけ危険なのだろうか。殺虫剤や殺菌剤、除草剤などの農薬は、許容範囲の濃度を超えて使用した時、あるいは許容濃度であっても徐々に人体に蓄積して健康に被害を及ぼす。一方、組換え作物には、機能のわかっている数種類のタンパク質の遺伝子が組み込まれているので、原品種と比較して組換え作物が新たに生産するものは、目的とするタンパク質およびそのタンパク質が合成する二次代謝物である。これらの物質を摂取することが原因となって最も懸念される健康被害は食品アレルギーである。しかし、組換え作物を摂取すると誰もが必ずアレルギーをおこすわけではない。ダイズやコメのタンパク質に対してアレルギーを示す人間がいるように、アレルギーをおこす人が現れる可能性を完全には否定できないという意味である。

遺伝子組換え作物と地球環境

増大する人口、地球環境の汚染、限りある地球上の資源を見据えると、遺伝子組換え作物は、食料を確保し環境を修復するために必要不可欠な存在となると思われる。近い将来、日本は、食料、エネルギー源や工業原料も自前で生産しなければならなくなる可能性がある。そのためには、植物が持っている能力を最大限に利用することが重要である。遺伝子組換え作物は、環境に及ぼす影響に充分に配慮して利用しなければならないが、地球環境を維持しながら、持続的な農業を行うための切り札になるとも考える。　【中村郁郎】

⇒C遺伝子の水平伝播 *p72* D作物多様性の機能 *p150* D失われる作物多様性 *p180* R焼畑農耕とモノカルチャー *p252* R緑の革命 *p256* Rアジアにおける農と食の未来 *p258* R日本型食生活の未来 *p278* R食料自給とWTO *p282* Hジャガイモ飢饉 *p450* E成長の限界 *p502*

海と里をつなぐ塩と交易

日本古代の塩の生産と流通

土器製塩

飽食の時代を上りつめた現代の日本では、飢えは事実上姿を消したといってもよい。塩に飢えることなどまずない。それどころか、塩分の摂りすぎが健康問題になっている。だが、原始・古代の社会では、その塩を生産することはもちろん、交易によって入手するにも多大の労苦を要した。

岩塩がなく四面環海の日本では、縄文時代後期からあと、海辺の民が土器で海水を煮つめて塩をつくり、その塩は海から遠くはなれた内陸にまで流通した。塩づくりに用いた土器を製塩土器、それによる塩づくりを土器製塩という。内陸の集落遺跡から出土する製塩土器は、塩が土器につめられて海から里へ流通したことを示す物的証拠である（写真 1）。

日本古代の塩

古代の塩を歴史的に評価する場合、従来は消費目的と用途から、食用・食品加工用がまずあげられた。常套句となっている「人間に欠くことのできない塩」である。ついで皮革・工業用、儀礼祭祀用などである。

だが、それらは物質としての塩の使用価値の一端を示すものであって、交換過程や再分配の過程では塩はそれとは別の、独立した社会的機能をはたしている。それは、塩そのものの使用価値の高さと希少性から生まれる交換価値の高さに起因する。

たとえば、766 年（天平神護 2）の越前国栗川庄では、溝の開削作業に雇役した人びとに労働の対価として稲・食米と塩を支払っている。塩の支給量は 1 人 1 日につき 4 勺（約 0.029 ℓ）。雇役した延べ 306 人分、総量は 1 斗 2 升 2 合 4 勺（約 8.13 ℓ）である。この場合、塩は給付物という形をとって労働との交換にその交換価値を発揮している。さまざまな労働に対する対価として給付された塩は、給付する側にとって労働力を編成するための労働財源として機能しており、現物貨幣となりえている。

写真 1　難波地域出土の奈良時代の製塩土器。紀伊、淡路などの生産地から塩をつめて運ばれてきた［大阪文化財研究所所蔵］

塩を労働財源とする労働力編成は、古墳時代にすでに成立していたと考えてよい。首長の指揮下に行われる耕地の開発と灌漑、首長の奥津城である前方後円墳の築造、首長居館の建設などの土木工事に際して、首長層は徴発した民衆に対して塩や食米などを支給し、それによって労働力編成を実現しえた。

律令国家の塩政策

律令国家による塩の最大の収取体系が、税制としての調庸塩である。『延喜主計式』には、塩を納める国として 18 の国があげられている。調塩・庸塩ともに納めるのは、筑前、安芸、備後、備前、伊勢、尾張の 6 カ国。調塩として納めるのは、薩摩、肥前、周防、備中、播磨、伊予、讃岐、淡路、紀伊、若狭の 10 カ国である。庸塩として納めるのは三河のみで、中男作物として「破塩」を納めた肥後がこれに加わる。

これらの塩貢納国は、北陸の若狭と東海の三河以西の西日本に偏在しているのが特徴である（図 1）。古墳時代後期までに塩生産を開始した地域は、能登を除けばすべてこの中におさまる。このことは、弥生・古墳時代に形成された塩の生産・流通機構を有する西日本の諸国が、調庸塩の貢納国として律令国家によって包括的に掌握されたことを示す。

調庸塩の貢納実態は、都城跡から出土した塩木簡（貢納塩の付札木簡）から復原することができる。152 点の塩木簡にみえる国は 14 カ国で、若狭が 58 点で全体の 38％を占め、群をぬいている。ついで周防 27 点（18％）、紀伊 14 点（9％）、尾張 13 点（9％）、讃岐 12 点（8％）、備前 10 点（7％）、三河 6 点（4％）とつづく。あとは越前、淡路が各 3 点、備中が 2 点。志摩、伊勢、伊予、安芸は各 1 点である。

東日本の塩

律令国家は大量の調庸塩を中央へ貢納させただけで

はない。それを賦課しなかった東日本の諸国でも財源としての塩を掌握し、遠隔地へ動かした。

越後の沖に浮かぶ佐渡島では8世紀以降、平底の製塩土器によって塩生産を開始した。約70カ所の製塩遺跡の多くは平安時代のものである。佐渡の塩生産の歴史的背景は、『日本紀略』延暦21年（802）正月条から読みとることができる。「越後国の米一万六百斛（1斛は約72ℓ）、佐渡国の塩百二十斛を年ごとに出羽国の雄勝城に運送す」とある。120斛もの塩が雄勝城（秋田県大仙市払田柵跡）へ毎年送られたのは、「鎮兵の糧と為す」ためだった。辺要の佐渡は律令国家にとって、東北支配を支える兵站基地として、軍事的・財政的に不可欠な塩の供給地であった。

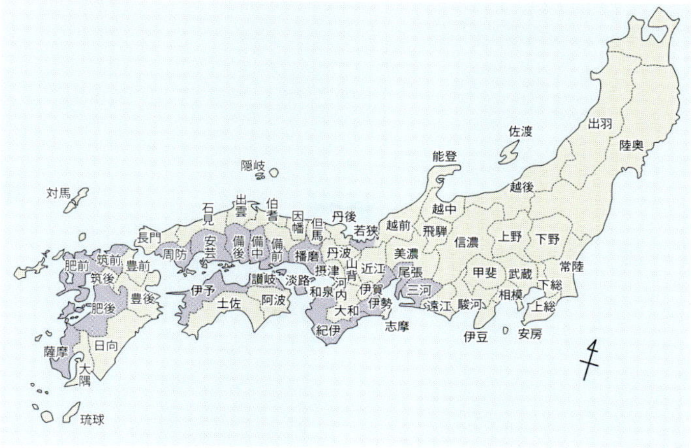

佐渡
出羽
陸奥
能登
隠岐
越後
対馬
石見
出雲
伯耆
因幡
但馬
丹後
若狭
越前
越中
飛騨
長門
安芸
備後
備中
備前
播磨
丹波
山背
近江
美濃
信濃
上野
下野
常陸
周防
肥前
筑前
豊前
筑後
伊予
讃岐
淡路
摂津
河内
和泉
伊賀
尾張
三河
甲斐
武蔵
下総
相模
上総
豊後
肥後
土佐
阿波
大和
伊勢
遠江
駿河
紀伊
志摩
伊豆
安房
日向
薩摩
大隅
琉球

図1 『延喜主計式』にみえる調庸塩貢納国

対岸の越後もそうである。『日本紀略』の翌延暦22年（803）2月条に、「越後国の米三十斛、塩三十斛を造志波城所に送らしむ」とみえる。陸奥国の志波城は、岩手県盛岡市にあった。

同じ北陸でも、西端の若狭が中央の国家財政を支える調塩の生産と貢納を強制されたのに対して、東端の佐渡・越後は東北の城柵へ送る塩の生産を課せられた。ここで日本古代の塩の動く方向が東西逆転する。これは律令国家の地方支配政策によるもので、西日本と東日本で塩の収取区分がなされていたことを示す。

その東北では、多賀城管下の松島湾で平安時代になって塩生産が活発化し、約100カ所の製塩遺跡が集中する。その多くは貝塚を伴っており、漁撈・製塩集団による小規模な塩生産が行われた。一方、多賀城跡出土の9世紀初めの木簡に、「塩竈木運廾人」、「所出塩竈」と記されていることから、多賀城（陸奥国府）は塩竈、おそらく鉄釜を所有し、燃料の「塩竈木」を運搬する労働者を雇役して、国家的な塩生産を直轄で行っていたと推定される。その背景には、多賀城をはじめとする城柵の設置に伴い、陸奥国内での塩の需要が急速に高まったことがあげられる。

塩生産と環境破壊

塩生産を行うには、原料の鹹水（塩分を含む水）と、それを煮つめて結晶塩を作る煎熬容器、そして燃料を必要とする。鹹水はもっぱら海水を利用したから、海浜部では無尽蔵である。煎熬容器には土器が用いられたが、奈良時代には西日本の一部で鉄釜が出現していた。燃料は薪、つまり木材燃料である。古代には、その製塩用燃料の供給源となる山を塩山、塩木山と呼んだ。

西日本とくに瀬戸内諸国では、調庸塩の生産に加え、有力大寺の塩生産、地方豪族と中央貴族の塩生産、これらが重層的に存在した。なかでも大規模な塩生産を展開したのが、東大寺・西大寺などの有力大寺である。それらは、原初的な塩田である塩浜と燃料をとる塩木山などの領有主体として史料にみえる。

たとえば、東大寺領の播磨国赤穂郡石塩生荘は、842年（承和9）には塩浜50町9反172歩（約60.5ha）、塩山60町（約71.3ha）からなる大規模なものだった。また、780年（宝亀11）の『西大寺資材流記帳』には、塩山をさすものとして讃岐国の「塩木山」、播磨国の「取塩木山」がみえる。

このように有力大寺は広大な塩山を領有し、製塩の燃料とする木材の伐採を独占的かつ長期的に行った。それによって森林の破壊、乱伐による禿山化が進行し、ときに洪水や農地の埋没などをひきおこしたと考えてよい。しかも、有力農民や地方豪族による塩生産も行われたから、これらが調庸塩の生産を圧迫するだけでなく、古代における環境破壊をさらに拡大した。

『日本後紀』の延暦18年（799）正月甲寅条に、「備前国言す。児島郡の百姓等、塩を焼きて業となす。よりて調庸に備う。而して今、格によりて山野浜嶋、公私これを共にす。勢家豪民、競いて妨奪を事とす」とあるのは、そうした深刻な事態を示すものである。

塩生産の燃料獲得に起因するこうした環境破壊は、瀬戸内海はもとより若狭湾や松島湾など、古代に塩生産が活発化した地域では広範にみられたはずである。

【岸本雅敏】

⇒C土壌塩性化と砂漠化 *p66* C東北タイの塩害とその対処 *p68* C塩の循環とその断絶 *p70* C地盤沈下と塩水化 *p76* H塩と鉄の生産と森林破壊 *p426* H灌漑と塩害 *p436*

〈文献〉岸本雅敏 1992, 1998, 2005.

地域通貨と資源の持続的利用

石高制下の藩札の隆盛から考える

一国一通貨制を超える地域通貨の意義

近現代の世界の多くの国では、一国一通貨制を採るのが普通である。日本では円が、中国では人民元が国民通貨として流通している。米ドルは米国の国民通貨であった。しかし、米国という国の世界政治に及ぼす影響力の大きさゆえに、米ドルは、他国でも使える場合があり、今では準グローバル通貨であるといえる。国境を越える通貨として導入されたユーロはまさに準グローバル通貨である。

これに対して地域通貨は、基本的には小さな地域内での流通に限定された通貨である。近年、日本をはじめ世界各国で、国民通貨や準グローバル通貨が、投機的な国際金融の手段として使われることが多くなり、地域経済を支える手段として機能しなくなっている。このために、地域の経済や文化の振興に資するものとして地域通貨に期待が寄せられている。

国民通貨や準グローバル通貨にはもう 1 つの特徴があり、どんなモノやサービスとの交換にも使える汎用通貨である。現代世界は石油文明の下にあり、枯渇性の地下資源の乱用が経済活動の主脈を支えている。この結果、汎用通貨は、否が応でも地下資源乱用を促進する方向で流通してしまうのである。この問題点を考えるとき、地域通貨が特定目的通貨として地域社会の内部で流通することの大切さが見えてくる。

通貨の重要な機能の 1 つは、価値尺度となることである。この点は地域通貨の場合も同じであり、資源の持続的利用や環境保全の度合いを価値の大きさとする地域通貨が地域ごとに流通するようになれば、地域の経済や文化の振興、そして生態系の保全が可能になってくるはずである。持続的な資源利用とは、長期的に持続可能な生業ということである。これに高い人口密度の許容という条件づけをすると、それに該当する生業は東アジアの水田稲作である。

石高制の意味と地域通貨隆盛の時代

この視点から日本史をふり返るとき、徳川幕府が経済の基礎に石高制をおいたのはじつに賢明な政策であった。当時の国民の多くは、コメ作りに励みさえすれば、身分社会の制約はあったものの、たいていのことは自由で、伊勢参りなどを楽しんでいた。「コメ遣い経済」とも呼ばれる石高制は、持続可能な生業の産物であるコメを価値尺度とする経済であり、コメが基軸通貨であった。そういう石高制の上に、世界史上ほとんど類例のない地域通貨全盛の時代が花開くことになる。

江戸時代の日本では、石高制の上に金、銀、銭の三貨が正貨として流通した。それに加えて、少なくとも形式的には三貨のいずれかとの 1 対 1 での交換可能性をうたう紙幣が、金札、銀札、銭札として諸大名の領内を流通した（図 1 参照）。領国の財政窮乏がそうした紙幣発行の主な理由と考えられるが、正貨を大名が吸収して領国外への流出を抑え、領国内では紙幣のみを流通させるという意図もあったと考えられる。

その最初は越前・福井藩の銀札であり、1661 年に発行された。領国内限定流通という意味で、こうした紙幣は地域通貨そのものであった。それらは一時期幕府に禁止されるものの、1730 年には解禁され、次第に多くの領国で発行され始め、明治初年には藩札と呼ばれるようになった。1871 年、明治政府は藩札を全面禁止するが、その時点で全国諸藩の約 8 割にも相当する 244 の藩が藩札を流通させていた。

領内の特産品について専売制を実施した藩では、専売品の買い上げに藩札を発行することもあった。宇和島藩と大洲藩の紙専売、秋田藩のコメ専売、福岡藩の櫨蝋専売などがその例である。また、特殊な藩札として、美濃国加納藩の傘札や轆轤札、播磨国姫路藩の鯣札や昆布札などもあった。

このように多彩な藩札のモデルになったと考えられ

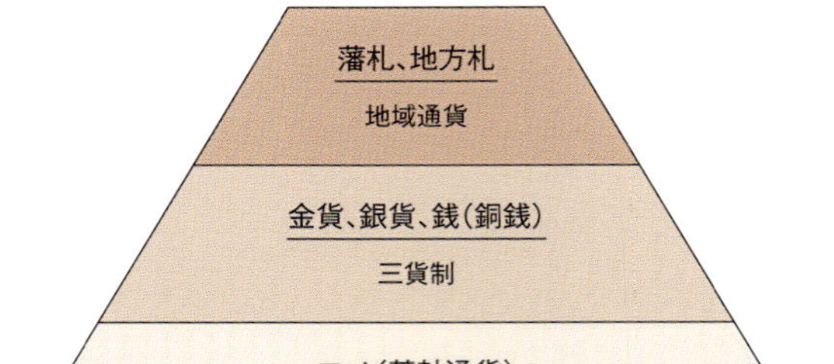
藩札、地方札
地域通貨
金貨、銀貨、銭（銅銭）
三貨制
コメ（基軸通貨）
石高制（コメ遣い経済）

図 1　江戸期日本における通貨の三重構造［室田 2004 を改変］。藩札は明治以降の表現で、江戸時代に諸地域で流通していたのは金札、銀札、銭札などの領国内流通紙幣である。地方札の代表として山田羽書がある

るのは、「山田羽書」である。これは、伊勢山田の商人たちの自治組織である三方会合が発行管理した自治体札で、17 世紀初頭に登場し、信頼度が高く、上述の藩札禁止の年まで伊勢山田地方で広く使われた。全国各地からの伊勢参りを支えたのも山田羽書であり、日本の地域通貨の原点がそこにあった。

山田羽書の成功は、隣の松坂(現・松阪)地方にも影響を与えた。松坂は紀州藩の領地であり、そこでは地元の為替組に加えて同地を発祥の地とする豪商の三井組も関与しつつ、松坂羽書が発行され、私的な地域通貨として流通した。これは、神領として幕府から保護された伊勢の山田羽書とは別の性格のものであるが、信頼度はやはり高かった。

近年の日本における地域通貨の試み

近年の日本におけるさまざまな地域通貨の試みは、欧米諸国での動きに触発された面が大きい。1980 年代にカナダ西部のバンクーバー島の一角ではじまった LETS（地域交換取引制度）は記帳式の地域通貨で、豪州、フランスなどに波及する。米国のニューヨーク州イサカ市では、イサカ・アワーという紙券が発行され、米ドルに恵まれない市民にも生きる糧がもたらされるようになった。そうした新しい動きと 20 世紀早期に「減価する通貨」を提唱したドイツの経済思想家 S. ゲゼルの考えの両者を手際よく紹介した NHK テレビ番組『エンデの遺言』（1999 年放送）は、日本全国で注視された。その前後から、日本でも千葉市の「ピーナッツ」、大阪府河南町 NPO 法人里山倶楽部の会員を対象とする「ちゃこ」などの地域通貨が、駅前商店街活性化、里山保全活動などの目的で次々と発行されるようになった。そうした地域通貨は、2009 年現在全国で 600 ほどあるとみられている。

主として市民運動やボランティア活動の中から誕生した地域通貨の試みとはやや異なる動きとして、最近では商工会議所などが地域通貨による地域活性化を試みる動きもある。行政も地域通貨の役割に気づき始め、2003 年、政府は内閣に「地域再生本部」を設置し、2004 年 2 月には、「地域再生推進のためのプログラム」が本部決定された。これには総務省による地域通貨モデルシステムの開発・実証事業も含まれており、事務局を財団法人地域活性化センターに置く検討委員会が設置された。同年 6 月には、システムの実証実験団体として北九州市など 3 地域が選定された。

さらに 2005 年 4 月には「地域再生法」が成立し、地域再生本部は総務省に置かれるようになり、7 月には同法に基づく地域再生計画の認定事業が決定された。その事業の中には上記の実験を踏まえたシステムの導入支援もあり、その対象として千葉県銚子市、島根県海士町を含む計 5 団体が選定された。

これらのうち海士町についてみると、同町は隠岐諸島のうちの中ノ島全体を構成する離島で、住民の間には助け合いの精神が生きているという。その一方で、少子化、高齢化により地域コミュニティの維持が難しくなってきている。この困難を打破すべく、約 2500 人という適度な人口規模と離島という条件を逆に活かす方向で、公共機関、民間企業などの参画により島ぐるみで使える地域通貨を目指すことになっている。

地域通貨による持続的な資源利用に向けて

資源人類学の視点から貨幣を論じた春日直樹は、「貨幣は誰もが欲しがるのに、誰にとってもそれ自体で役立つことがない。つまり、『○○を××する』ための材料という問題系が、貨幣の内部にそっくり宿っている」と述べている。これは、貨幣、すなわち通貨の本質を簡潔にいい当てた指摘だが、これが通貨の全部ではない。ここで述べられているのは信用通貨のことである。しかし、江戸時代の日本では貴重な食品であるコメが基軸通貨であったことからも明らかなように、通貨には現物通貨もある。

地域社会の衰微と環境危機が深刻化する今、各地域にある再生可能資源の活用が地域再生の鍵となるが、そのための諸活動の対価として地域通貨を導入することができる。その際の地域通貨が、現物通貨、あるいはそれに近い性格のものであるとき、真の地域振興につながるであろう。江戸時代の藩札の中には各地の特産品とリンクするものがあったことはすでに述べた。

これと同様に、今後の日本の地域通貨についても、各々の地域にある再生可能資源、ないしはそこから得られる産物は価値尺度になりうるものである。そこでの産物は、田畑のコメ、ムギ、森林からの木材、果実、木炭、竹炭、木質ペレット、あるいは清流のアユなどが考えられる。それらとの交換が可能な地域通貨の流通は、当該地域内のみに限定する必要はなく、都市市民との間で流通してもよい。大都市に集中しがちな富や人を諸地域に還流する仕組みを内在するような地域通貨システムが求められている。　【室田　武】

⇒C江戸の物質循環の復活 *p120*　D里山の危機 *p184*　R資源としての贈与と商品 *p266*　R資源開発と商人の社会経済史 *p270*　Rグローバル時代の資源分配 *p320*　R住民参加型の資源管理 *p332*

〈文献〉ゲゼル、S. 2007．春日直樹編 2007．河邑厚徳＋グループ現代 2000．妹尾守雄 1971．西部忠 2006．日本銀行調査局 1964．室田武 2004．

資源としての贈与と商品

売り買いされるモノと移譲できないモノ

交換の形態

贈与と商品は貨幣経済のもとでは大きく異なるとされる。単純に言うと、贈与はタダでモノをやりとりすることであり、商品は値段のあるモノのことである。少なくとも、とりあえずはそう見える。これら２つの事柄が異なるのは、モノのやりとりを行う交渉の場の社会的な含意に違いがあるからで、最終的にはやりとりをする人間同士の関係の違いに由来する。どちらのやりとりもモノの交換であることには変わりないが、これによって人間関係がある仕方で規定される。いかなる贈与も大きな交換の環の一部ないしは一局面であると考えることができ、人間関係はこの環のなかで緊密となる。商品は貨幣を媒介とする交換の形式だが、非人格的な貨幣を用いることによって、多くの場合、疎遠な人間関係のなかでのやりとりの対象となる。だが人間関係はかならずしも固定的ではない。場合によっては同じ人間同士でもその関係性に違いが出てくるので、贈与的なやりとりと商品的なやりとりのあいだで、一方から他方へと揺れ動くことは、大いにありうる。

この項では、あるモノがいかなるときに贈与という交換の環に入り、どのような契機で商品としての交換対象になるのかについて、具体例を取上げよう。例にとるモノは、何らかの程度と意味で人間の活動（労働）の所産であるが、その活動（労働）が向けられた対象（素材）は、究極的には環境由来のものである。環境由来の有用物という意味で、これらの素材を資源として扱うことができる。これらのモノは、贈与と商品という交換の２形態のなかで社会的な意味を担うのに役立つ有用物という意味でも資源だと言うことができる。したがって、贈与と商品という脈絡で資源について語る場合、自然環境が人間活動に対して資源として供給するモノという側面と、社会環境のなかで資源としての意味を付与されるモノという側面が、同時に１つのモノのなかに潜んでいる二重性をもつ。

贈与される資源

貨幣によってではなくとも、あるモノＡの所有あるいは処分権の移動に伴って、別のモノＢがその直接の代償として逆方向に移動するとき、Ａの移動を贈与とはみなしにくい。贈与という言葉を十全な意味で使うことができるのは、こうした直接の交換ではなく、代償のやりとりまで時間的に遅れがあって、しかも最初のやりとりとの１対１対応が明白でない場合のみである。ただし、ただのようにみえる贈与であっても、本当にただのことはめったにない。時間的に遅れ、物質的に等価ではないにしても、何らかの返礼、たとえば社会的な名誉の付与のような報酬が期待されるのが常である。多くの場合、贈与というやりとりは共同体的規制によって制度化あるいは習俗化しているが、このことは逆に贈与行為がこうした規制を超えて極度に競争的なものになりうることを暗示している。そうした競争的贈与の典型は、かつて北米の北部太平洋沿岸先住民社会で見られたような、祭宴のおりに財の大がかりな消費の一部として贈与が行われるポトラッチ型の行為である。この社会は狩猟採集社会であるとはいえ、サケなどの豊富な食料資源に恵まれていたことが、競争的贈与の激化とそれに伴う社会的威信と階層の顕著な発達を可能にしたと考えられる。

これとは逆に、競争に至ることのない平準化された贈与形態と言えるものに、

写真１　イバン人の絣（プア）。後帯機を使う（マレーシア、サラワク州、1976年）［内堀晴子撮影］

ある種の資源を一般的なかたちで分配するという習俗がある。アフリカや東南アジアの採集狩猟民や自給的生活をする一部の農耕民に見られるように、狩猟で獲られた獣の肉は共同体の成員（あるいは構成世帯）に一定の平等度をもって分け与えられる。ここでいう分配の一般性とは、すべての人が機会に応じて分配の対象物をもたらしうるという点に、やりとりに関しての等価の根拠を置くということである。その点では、与えられたモノに対して直接の返礼を必要とすることはなく、したがって競争の発生は抑えられることになる。こうした社会においては、食料資源が相対的に少ないこと、および共同体の規模が小さいことが、内部での競争による社会的摩擦を避ける傾向を形成させたのであろう。

売り買いされるモノと移譲できないモノ

貨幣経済がモノのやりとりのすべての面に浸潤する以前の経済を考えるとき、同一の社会において、贈与の対象となりうるモノの範囲は売り買いの対象となりうるモノの範囲よりも広い。言い換えれば、贈与の対象の一部だけが商品交換の対象となるのであって、その逆ではない。また贈与であれ商品であれ、交換の対象となりうるということは、そのものが常に固定的に贈与品ないし商品であることを意味するわけではない。それが消費財でない場合には、同一のモノが、交換対象である相（局面）とそうした対象であることをやめる相とのあいだで揺れ動く、あるいは循環するようなこともある。そしてこの交換のあり方に下位区分として贈与と商品があるので、モノの相の遷移はいくぶん複雑になる（図1）。

モノの相の遷移を示す例として、東南アジアの各地で織られていた伝統的な布を取り上げてみよう。織られた布は人工物であり、資源としての人間労働、多くの場合、女性の労働の結実である。ボルネオ島に住むイバン人のもとでは、木綿絣の布が織られている。インドネシア語でイカットという名前で日本でも広く

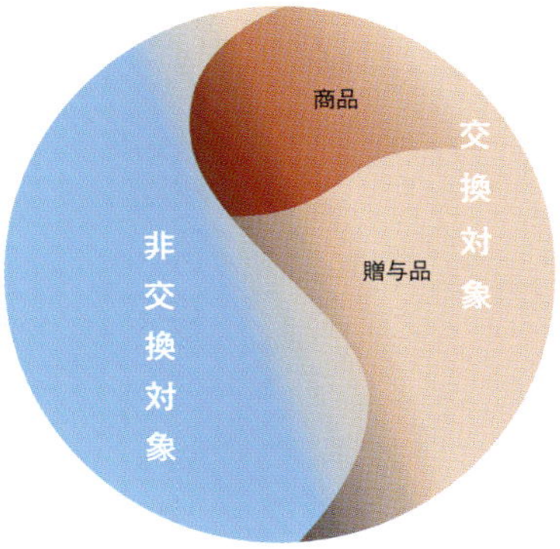
商品
交換対象
贈与品
非交換対象

図1　交換に着目したモノのあり方

写真2　エチオピア、アリ人の市場における「商品としての」土器売り（2001年）［金子守恵撮影］

知られているものと、技術的には同じものである。イバンの社会では、こうした絣布には霊的な保護力が宿っているとされ、過去には女性の巻きスカートのような日常用にも使われたが、今日ではシャーマンによる治療や葬儀、農耕儀礼など、もっぱら祭儀のなかで用いられている。これらの布は今でも社会的親密さや感謝の表現として贈与の対象となっているが、かつてはコメが不作のおりなどに、余裕のある世帯から籾米を融通してもらうための交換媒体として使われることが多かった。媒体には交易品としてマレー人などから入手した甕や壷も用いられたが、地元由来のものとしての絣布は、より小さな規模でのやりとりに適していた。

以上のような脈絡での布は、単なる物々交換の一方ではなく、ある程度の一般的な価値を帯びた交換媒体というものに近くなっていると考えられる。霊性を認められた布のなかには、家宝のようなものとして他人には移譲すべきでないと意識されているものも多い。このように移譲できないモノから、贈与対象へ、さらには「貨幣類似」の交換媒体へと転じ、また最後に入手した人によって家宝扱いされるといった相の転変が、やりとりされるモノには本来的に組み込まれていることに注意すべきである。その転変を越えた両極に、絶対に移譲できないモノと、はじめから商品として作られるモノが位置することになる。

後者の好例は、エチオピア南部に住んでいるアリ人の社会で、特別の職能集団に属する女性たちが作る土器である。もっぱら市場で商品として売ることを目的として製作される。その用途に応じた多様な種別とともに、社会内における女性の位置、カースト的とも言える職能集団の分化のあり方を具体的に示すモノとして、アリの土器はきわめて特徴的である。【内堀基光】

⇒D文化的アイデンティティ *p154*　R地域通貨と資源の持続的利用 *p264*　R熱帯林における先住民の知識と制度 *p306*　R儀礼による資源保護 *p324*　H狩猟採集民と農耕民 *p412*

〈文献〉Appadurai, A., ed., 1988.　Winer, A. B. 1992.

市場メカニズムの限界

地球の資源の枯渇と適正利用

資源枯渇と経済・社会の破壊

経済学の基本理念は、多くの消費者と企業がそれぞれ効用と利潤を追求して利己的に行動しても、政府が市場に介入しなければ市場メカニズムすなわち「見えざる手」が、最適の資源配分をもたらすとする。しかし、過去20年のグローバリゼーションと市場メカニズムの働きは、しばしば逆の結果をもたらしてきた。

20世紀後半から2009年までにかけてこの基本理念が世界各国の経済・貿易および国際交渉の中で強化された。その結果、自然資源・生態系破壊、生物多様性喪失、温暖化効果ガスの大量排出、途上諸国や日本などの農業の衰退と食料安全保障の低下、国際投機と世界金融恐慌および穀物価格の暴騰と飢餓の悪化、労働者の労働条件の劣化などの問題を引き起こしてきた。

G. ハーディンが「コモンズの悲劇」で述べたように、これら自然資源、環境・生態系、食料安全保障などはしばしば公共財であり、市場で取引されず、政府や地域が適切に管理しないと、市場メカニズムは破壊や枯渇をもたらす。K. ポラニーは労働、土地、貨幣も市場メカニズムになじまないと主張し、世界の論壇に強い影響を与えた。彼は「社会に埋め込まれた経済」という視点から、市場メカニズムと同義である「自己調整的市場」はまったくのユートピアであるとする。19世紀に世界各国で成立した自己調整的市場は、工業部門持続の必要性から中央集権国家の強い介入により通常の商品のみならず、労働・土地・貨幣（金本位制における金）までを商品としてその対象とした。労働は人間生活の一部であり、土地は自然・環境の基礎であり、貨幣は購買力を表し、これらは市場で販売のために生産される通常の商品とは本質的に異なる。

K. ポラニーは、労働・土地・貨幣を自己調整的市場の対象としたことが、人間の経済・生活・社会を破壊し、環境を汚染し自然資源を破壊し、企業・経済を循環的に破滅させたとする。このような自己調整的市場の諸問題に対して、社会の対抗運動が各国でさまざまな形で生じたが、どのような手段であってもそれらは市場の自己調整を損ない、経済生活の機能を乱し、20世紀初頭における世界大恐慌や2回の世界大戦という形で社会組織を大転換（崩壊）へ追いやったとする。

ただ市場メカニズムは、公共財以外の通常の商品の生産消費を、価格調整を通じて効率的に行うことができる。必要なことは、市場メカニズムの利益と害悪とをバランスさせる制度・政策設計である。

世界金融恐慌と労働者の生活破壊

労働に関する市場メカニズムの働きは、日本や欧米諸国で、企業が利潤増大のために労働者をより安く効率的に使用できるようにし、雇用の安定性を低下させた。日本では、かつて終身雇用が一般であったのが、企業が簡単に解雇できる低賃金のパート、派遣労働、臨時雇用などの非正規労働者が最近急増した。2008〜09年の世界金融恐慌でこれら労働者が大量解雇され、越年派遣村など悲惨な状況を引き起こした。先進諸国や途上諸国の失業率は増大し、多くの労働者の生活は破壊された。

国際短期投機の拡大と途上国の飢餓の増大

1990年頃から世界経済は、日本のGDPの40倍ほどの巨額投機資金が短期利潤を追求して地球上を急速に動く国際投機資本主義段階に至った。この投機資金の流動は、1997〜98年の東南アジア経済危機や2007年からの世界金融恐慌を引き起こした。

かつて経済学の先物市場理論では、投機は市場を安定化させるとされた。しかしこの仮説は現在成り立た

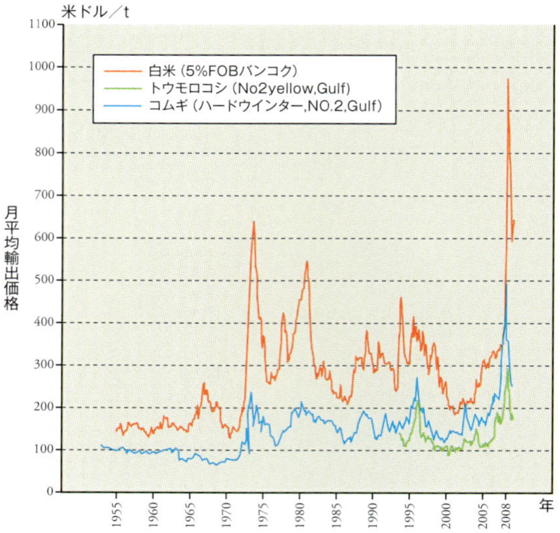
米ドル／t
月平均輸出価格
白米（5%FOBバンコク）
トウモロコシ（No2yellow,Gulf）
コムギ（ハードウインター,NO.2,Gulf）
1100
1000
900
800
700
600
500
400
300
200
100
0
1955
1960
1965
1970
1975
1980
1985
1990
1995
2000
2005
2008
年

図1　主要穀物価格の2008年の暴騰・暴落［FAO，GIEWSのデータより作成］

ない。2007〜09 年の世界金融恐慌では、世界の巨額の短期投機マネーが、株式・証券市場から商品市場へ流入・流出し、穀物、金、原油など商品の価格の歴史上かつてなかった暴騰暴落を引き起こした。図 1 は、世界の穀物貿易価格のこの暴騰暴落を示している。同価格は 1974 年や 1981 年などにも暴騰しているが、2008 年の暴騰は、それらを大幅に超えている。穀物は途上国人口 55 億人の主要なカロリー源である。FAO の推計では、この暴騰によって、21 世紀に入って逓増傾向にあった世界飢餓人口は 2009 年に 10 億人強へと急増した。このような価格暴騰は、これら諸国の 10 億人を超える飢餓人口を危機に陥れ、世界で食料暴動を頻発させた。

食料安全保障と自然資源枯渇

世界農産物貿易の自由化は、GATT（関税と貿易に関する一般協定）および WTO（世界貿易機関）の数次の国際自由化交渉や米国および同国に支配される世界銀行の途上諸国に対する構造調整（貿易自由化）強制による関税引き下げなどにより進行してきた。図 2 は 1975 年頃からアジア、アフリカ、非 EU 欧州諸国が農畜産物純輸入額を急増させ、逆に北米、南米、オセアニア、EU の高所得諸国が純輸出額を急増させたことを示している。自由化はアジア、アフリカなどの途上国の国内農産物価格を引き下げ、そこの農民の農産物増産意欲を押し下げた。保護による高所得諸国の高い国内農産物価格が農産物生産を増大させ、過剰農産物のダンピング輸出の急増が、途上国の農産物市場を席巻したのである。これら途上国では、膨大な家族小農が食料不足と貧困にあえぎ、巨大な飢餓にあるが、自由化はそこで食料安全保障を破壊したのである。高所得を国の中で日本だけで食料自給率が 60 年の 80％から 40％に大幅に低下した。これも農産物貿易の自由化と国内価格の低下が原因である。

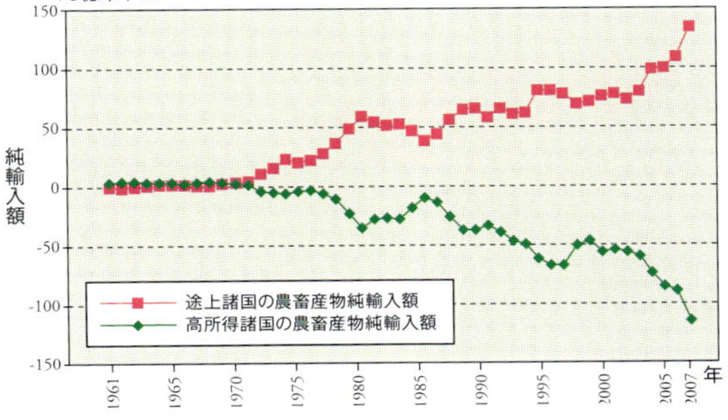
10億米ドル
150
100
50
0
-50
-100
-150
純輸入額
途上諸国の農畜産物純輸入額
高所得諸国の農畜産物純輸入額
1961
1965
1970
1975
1980
1985
1990
1995
2000
2005
2007
年
図 2　農畜産物純輸入額。世界の高所得国が途上国の農畜産市場を席巻［FAO データから、高所得国は北米、南米、オセアニア、EU 諸国を合計。途上国はアジア、アフリカ、非 EU 諸国を合計］

写真 1　森林を畑作に転換（タイ、中央北部、1990 年）

市場メカニズムと自然資源・環境の破壊

市場メカニズムは、経済成長や人口爆発に伴い公共財である水、森、草地の過剰利用と破壊（コモンズの悲劇）をもたらす。トルコ・アナトリア高原のコンヤ市近くにある、内水地帯の灌漑農業地帯では、経済成長と人口増加につれ多数の違法井戸が掘られ、90 年代には年 1m 程度の速い速度で地下水位が低下している。農民は将来の農業破滅をわかっているが、生活のために過剰揚水を続けている。インド北西部の穀倉地帯、テキサス稲作地帯、オガララ化石水地帯、中国北部平原、黄河などでも同様のことが見られる。

森林は、タイ、インドネシア、ブラジル、中国などで、国有林や自然保護区・国立公園までもが、違法伐採・焼却され、跡地に輸出作目や商品作物が作付けられた。森林管理の不在と飼料穀物輸出の有利性のため 20 世紀後半、タイの森林の半分が焼却され、そこが畑作地となった（写真 1）。

市場メカニズムの限界にどう対応すべきか

自然資源、生態系、環境、労働者の生活、飢餓貧困などを適切に維持・改善するため、市場メカニズムと投機は政府、制度、地域、国際協定などにより管理されねばならない。日本のかつての入会（いりあい）による里山の管理は世界の学会で注目されている。E. オストロムは地域での資源管理の有効性を主張している。

【辻井　博】

⇒C 環境クズネッツ曲線 *p108*　D 熱帯林の減少と劣化 *p166*　D 里山の危機 *p184*　D 生物多様性の経済評価 *p218*　D 森林認証制度 *p224*　R 食料自給と WTO *p282*　R コモンズの悲劇と資源の共有 *p314*　R グローバル時代の資源分配 *p320*　E 経済体制の変革と環境 *p508*

〈文献〉Arrow, K & G. Debreu 1954.　Hardin, G. 1968.　ポラニー、K.　2009（2001）.　Hanley, N., *et al.* 2007.　辻井博 1988, 2009.　Herianto, A. S. & H. Tsujii 2008.

資源開発と商人の社会経済史

市場参入をめぐる多元化

更新的食料資源の持続的利用

資源には非更新資源と更新資源とがある。前者は鉱物資源のように枯渇性が特徴である。後者には、太陽・風エネルギーのように消費しても枯渇することなく更新される他律的更新資源と、一定の環境条件のもとで過剰に利用しないかぎり再生産可能な自律的更新資源の2つがある。食料資源や森林資源は自律的更新資源であり、人間は持続的に資源を利用するために、環境・生態系の保全に注意を払ってきた。

地域を離れては機能しない資源や、土地のように地域から移動できない資源を地域資源とよぶ。農地だけで農業生産が成り立つのではなく、地域資源は連鎖的なつながりをもった自然生態系に囲まれ、持続的な利用体系の営みを備えている。コモンズ論では、資源と環境の機能的連鎖を発展させて、人間と自然をめぐる網の目のようなつながりの総体を地域資源ととらえる。地域の人びとが長年にわたって作りあげてきた資源利用のための生活の知恵や人びとの組織、そのためのルールも地域資源となる。

商品化を担う小商品生産者

資本主義経済では、人間が農業資源や水産資源に働きかけて食料品を生産する行為は、「商品」を作りだす過程である。企業はこの過程で利潤の極大化を追求し、農漁家などの家族経営は、多くの農漁業所得（農漁業収入から直接経費を引いたもの）を得ようとする。資本主義社会であっても、農業や漁業などの分野では企業的活動（生計）と家計が一体化した家族経営、両者が未分離な状態にある小商品生産者が担い手になる。

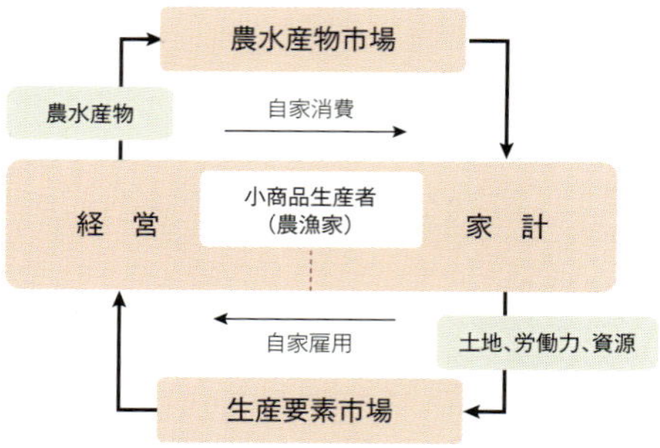
農水産物市場
農水産物
自家消費
経　営
小商品生産者
（農漁家）
家　計
自家雇用
土地、労働力、資源
生産要素市場
図1　小商品生産者と市場の結びつき

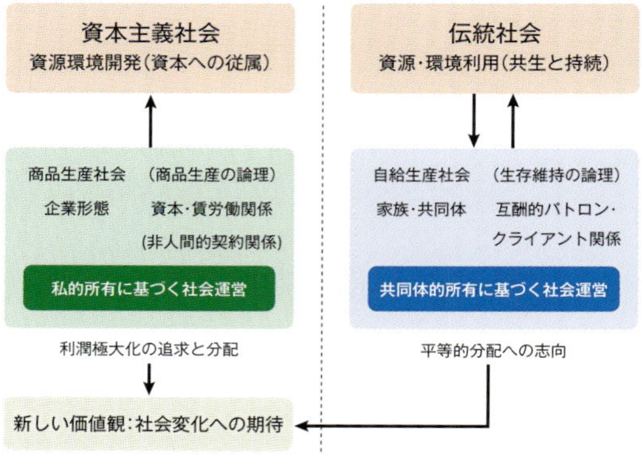
資本主義社会
資源環境開発（資本への従属）
伝統社会
資源・環境利用（共生と持続）
商品生産社会　（商品生産の論理）
企業形態　資本・賃労働関係
（非人間的契約関係）
私的所有に基づく社会運営
自給生産社会　（生存維持の論理）
家族・共同体　互酬的パトロン・クライアント関係
共同体的所有に基づく社会運営
利潤極大化の追求と分配
平等的分配への志向
新しい価値観：社会変化への期待
図2　伝統社会から商品社会への転換

彼らの性格は経済発展段階に応じて変わるが、市場との取引抜きには存立できず、彼らの経済生活は生計と家計が未分離のまま市場に連結される。

小商品生産者、中間商人、社会の変容

商人は小商品生産者と市場との間にあって両者の仲立ちをする。この過程が搾取的になることがある。家族労働力を中心にした経営は、商人の搾取に対して、自家労賃部分を引き下げ、あるいは、労働を強化して資源に対する働きかけを強めて総生産量（総所得）を増やそうとする。そのため、商人は彼らの生存水準ぎりぎりまで搾取を強めることができる。総生産量を増やして生存をはかろうとする小生産者の行為こそが、資源の過剰利用を招く直接の原因である。

商人と小商品生産者のかかわりは農水産物の買取・販売にくわえ、生産資材の供給、融資など多方面にわたる。つまり、商人は小生産者との間に総合的な取引関係を築き、彼らの生産・生活に深くかかわる。それが両者の取引関係の継続性と排他性を形づくる。こうした商人は、近代的商業資本と区別されて「前期的」と特徴づけられ、彼らの搾取の度合いいかんによって、小商品生産者による資源利用の強度が決まることが多い。

東南アジアの農漁村開発の分野では、前期的商人の性格をめぐる論争が活発に繰り広げられてきた。「中間商人＝搾取者」論は、彼らがもつ前近代性を表したもので、近代社会と伝統社会を媒介する一方、その搾取性ゆえに農漁民を貧困状態に押しとどめ、彼らから社会開発の恩恵を奪い去ると考えられた。資本主義経

済の論理は中間商人を媒介として伝統社会に持ち込まれ、その結果、更新的資源の利用を可能にしてきた社会基盤が揺らぐ可能性がある。コモンズ資源の崩壊はこの過程で生じる。

歴史的に東南アジア諸国の支配者層がとった経済開発政策には、政治的で恣意的な中間商人論が含まれていた。中間商人が華人を中心とするアジア系外国人であったことから、零細な農漁業生産に従事する支配民族に対する搾取者として、彼らを政治的スケープ・ゴートに祭り上げた。華人系中間商人の排除こそが近代化であり、開発であるという見方は、東南アジア途上国の開発政策の底流に長らくあった。しかし、市場原理主義にもとづく経済運営と貿易自由化の流れが強まると、資源開発は新たな段階を迎えた。

写真1　輸出需要の増大によって盛んになった、フィリピンのカニカゴ漁。左上は小型化がいちじるしいカニ（2009年）

資源開発と商人

アジアでは、多国籍企業や大手資本によるプランテーション開発、大規模な養殖池造成が進み、先進国市場との結びつきを強めた。一方、零細農漁民が生産の担い手となる分野では、さまざまなタイプの商人がネットワーク的に介在し、自給的な地域資源の利用と局地的な流通を、市場志向型（輸出志向型を含む）かつ広域流通に変えた。

1960年代以降に各国で採用された農業多角化戦略、生産手段の技術革新による費用集約的農業の前進は、商人による資材・信用供与によるものであった。トロール漁業などの資源略奪的な漁業が急速に発展したのは、水産物取扱商人による積極的な漁業投資と、魚粉やすり身加工など関連分野への進出であった。日本を始めとする先進国市場での強い消費需要を背景に、集荷商人や商業企業体が生産者の流通を組織化し、マングローブ林の伐採を伴うエビやミルクフィッシュ養殖を拡大させた。

アジアにおけるハタ、ナマコ、フカひれなどの特産物の生産と輸出はエスノネットワークと呼ばれる流通システムが支えてきた。食料貿易がさらにグローバル化すると、零細規模で営まれる在来型の食料生産や産地流通が、商人が作りだす分散的かつ多くの段階からなるネットワークを介して、国内市場と海外市場に結びつけられ、小回りのきく商人の輸出・販売対応が、零細生産者に資源開発のインセンティブを与えている。

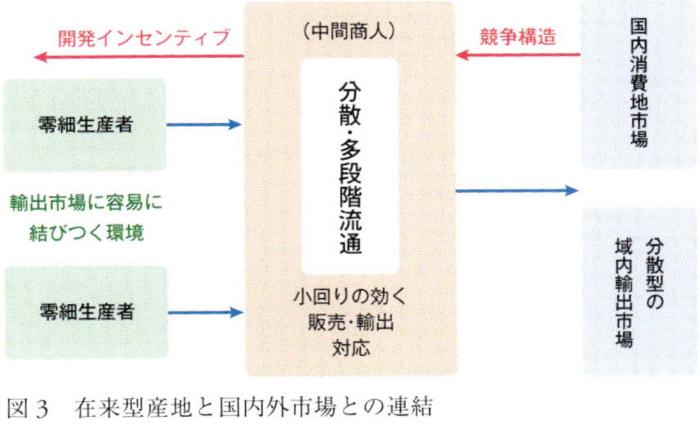
開発インセンティブ
（中間商人）
競争構造
国内消費地市場
零細生産者
分散・多段階流通
輸出市場に容易に結びつく環境
分散型の域内輸出市場
零細生産者
小回りの効く販売・輸出対応
図3　在来型産地と国内外市場との連結

柔構造の市場流通への対応

アジアの農水産物市場は参入障壁が低く、流通過程に蓄積された資金がダイナミックに移動する。生産現場でみられる資源利用のオープン・アクセス的形態は、流通現場において生じた商人間の競争の結果でもある。特定有用資源の市場取引価格が高騰すると、その資源に対する開発圧力が高まる。柔構造の市場流通では、商人は投機性を発揮し、資源バブルを発生させやすい。資源略奪的な農林水産業は、それに深くかかわる商人と彼らによって構成される市場の性格によるところが大きい。

持続的な資源の利用・管理には、生産者の意識改革と「責任ある生産」を担保する社会システムが必要だが、同時に、秩序ある流通・消費システムへの変革なくしては実現できない。【山尾政博】

⇒D沿岸域の生物多様性 *p144*　Dサンゴ礁がはぐくむ民俗知 *p210*　R資源としての贈与と商品 *p266*　R資源開発と商人の社会経済史 *p270*　Rコモンズの悲劇と資源の共有 *p314*　Rグローバル時代の資源分配 *p320*　R住民参加型の資源管理 *p332*　Rアブラヤシ、バナナ、エビと日本 *p338*　R破壊的漁業 *p340*　Rナマコをめぐるエコポリティクス *p346*　H人口爆発 *p374*

〈文献〉秋道智彌 1995a, 1995c.　井上真・宮内泰介 2000.　小田切徳美 2005.　北原敦 1986.　久賀みず保・山尾政博 2004.　東京農業大学食料環境経済学科 2003.　永田恵十郎 1988.　長濱健一郎 2003.　原洋之助 2002.　室田武・三俣学 2004.　三国英美 1997.　山尾政博 1998, 2007.　渡辺利夫 1989.

気候の変動と作物栽培

気温変動への巧みな適応

変動する気候と農業

気候は変動している。気候とは、狭い意味では「平均的な気象」であり、数カ月から数百・数千年にわたる一定の期間についての、対象とする気象要素の量やその変化状態に関する平均値や頻度などの統計的な値である。気候に関する平均の状態や変動の状態が、数十年以上長期間継続して、統計的に有意に変化することを気候変動あるいは気候変化という。気候の変動には、太陽活動の変化などによる太陽放射の変動など自然起源のものと、大気成分や土地利用の変化など人為起源のものがある。この起源や、変動の時間スケールなどで気候変動を分類し、呼び方を変えることもある。現在の日本では、極端な気象現象が発生することも気候の変動と呼んでいる。

気候は本来さまざまな時間スケールで変動する。農業は、基本的には大気にさらされた広い土地で営まれるために、生産は気温・湿度、降雨、日照、風向・風速といった気象要素に左右され、気象要素の基本的な枠組（統計的な性格）である気候に支配される。たとえば、高緯度などの低温で日照時間が短い地帯でのイネや、熱帯地方でのリンゴなどは、作物生育に必要な気象条件の点から、栽培は困難である。また、農業における生産の環境は、突然の異常な高温や低温、豪雨や大風などで、一時的に大きく変化し、それが収量や品質に大きな影響をもたらすことがある。

農業は、本来、気候をはじめとする地域の自然条件を活かし、その変動に巧みに対応することで成立する営みである。したがって、基本的には、気候の変動に適応する術を内部に有しているが、変動の幅が大きくなったり期間が長くなったりすると、適応しきれなくなって、何らかの技術的な対応や回避策が必要となる。

短期的な気候変動と農業

農業は短期的な気候変動にも、つまり極端な現象の突然の発生にも対応する術を備えていることが多い。

作物の栽培時期、とくに播種や苗の植え付け時期は、生育初期であって作物の生長に重要で、気象条件の影響を受けやすいため、作業を行う時期の決定には慎重な判断が必要となる。毎年、気温や降雨の季節的な推移は微妙に異なるため、その見極めが必要となる。たとえば、地中海性気候にあるトルコの丘陵地帯などでは、秋から冬にかけての比較的暖かで雨も期待できる季節にコムギやオオムギ栽培を行う。農家は、毎年 10 月頃に播種をするさい、その年の雨や気温の変化を注意深くみながら作業を行う。雨が降らないと播いた種は発芽しないし、強い雨が降ると、播いた種は土壌とともに流されてしまうからである（写真 1）。

日本の積雪地域などでは、積雪と山腹が作り出す模様を何かの形に見立て、雪形（ゆきがた）という特定の模様が現れるのを、農作業を行う時期の判断の指標にしていた（写真 2）。その後の気象条件を見通すある種の予報ともいえる。また、さまざまな動物の行動や植物の生育に現れる気象条件やその変化、すなわち季節の推移を活用して、農作業を行うこともあった。

日本の稲作では、湛水した水田に苗を移植する。湛水時期は、地域の雨や雪の降り方や川の流れに左右されるものの、いったん水田に水を張ることができれば、その後の水の供給は比較的安定していて、また熱の貯留能力の高い水を湛えると、生育初期の低温もしのぐことができる。

水田稲作と冷害

水田稲作における湛水による保温は、東北地方の気温の低い夏の生育障害（冷害）への対策としても有効である。夏季にオホーツク高気圧が強いと、「やませ」と呼ばれる冷たい北東の風が、北海道から関東にかけて吹き、東北地方の太平洋側では夏でも気温が最高でも 20℃位までしか上がらないことがある。これが、

写真 1　トルコ、アナトリア高原のコムギの天水栽培（2005 年）

イネの穂ばらみ期にあたって、最低気温が18℃までの日が続くと、実が稔らなくなるという障害（障害型冷害）が発生する。これを防ぐために、湛水を深く保って（深水灌漑という）茎の下部にできる幼い穂を保温したり、夜に灌水して昼間は水の流れを止めて水温の上昇を図る対応（夜間止水・昼間灌水）がなされる。

こうした対策にもかかわらず、東北地方を中心にして、北部日本では稲作が始まって以来、冷害という気象災害を受けてきた。そのため、低温に耐える品種の改良や、水管理技術の改善が図られてきたが、現在でもその影響は避けられない（表1）。

西　暦	不作か大不作	凶作か大凶作	飢　饉	大飢饉	大飢饉	計
713-800	0	3 (2)	5 -	0 -	0	8 (2)
801-900	2	3 -	13 (1)	0 -	0	18 (1)
901-1000	0	0 -	1 -	0 -	0	1 -
1001-1100	0	1 -	0 -	0 -	0	1 -
1101-1200	1	1 -	0 -	0 -	1	3 (1)
1201-1300	0	1 -	2 -	1 -	0	4 -
1301-1400	0	1 -	3 (1)	3 -	2	9 (1)*
1501-1600	2	5 (2)	12 (1)	1 -	0	20 (3)
1601-1700	14 (1)	24 (6)	19 (5)	5 (3)	0	62 (15)
1701-1800	22 (6)	37 (23)	25 (14)	3 (3)	0	87 (46)
1801-1900	33 (4)	32 (15)	8 (4)	2 (2)	0	75 (25)
計	77 (11)	109 (48)	100 (26)	20 (8)	4	310 (94)

表1　東北地方の冷害（年代別凶饉の程度別回数）★：冷害程度不明、（　）内は明らかに冷害による被害［田中 1958］

長期的な気候変動と農業

長期的な気候変動は、気温・湿度、降雨、日射、風向・風速などの気象要素だけでなく、それが広域的に変化することで河川の流量や、地下水の水位などにも変化をもたらし、とくに長期にわたる場合には海水面の変動さえ伴う。地域の気候の枠組の変化であり、農業の基本的な生産体系、すなわち作物栽培可能地域、栽培作物、栽培時期、作業日程などに影響を及ぼし、時にまったく異なる体系への移行をもたらすことがある。

たとえば、日本では縄文時代において、現在より気温は年平均で1〜2℃ほど高く、海面は現在より3〜5m高かったといわれる。気温や海面の上昇のピークは、今から約6000年前とされ、その頃の農業は萌芽的なものであったとは思われるが、現在の平野部の奥深くまで海水が進入しており、作物栽培の適地は現在とは相当異なっていたことが想像できる。この今から7000〜5000年前までの時期は、世界的にはヒプシサーマル期と呼ばれ、年平均気温は現在より2〜4℃高かったという。世界各地でも海面が上昇し、海面は現在より数m高かった。この気候変動は世界的に農業に大きな影響を与えたはずである。

農業の気候変動への適応と対応の将来

農業は、気候の変動に適応し、対応しながら、その体系を築いてきた。しかし、もちろんすべての変動に適応し、あるいはその影響を克服してきたわけではないし、これからも、さまざまな時間スケールの変動を前提に、そのあり方を整えていくことになる。

写真2　雪形「種まき爺さん」（鳥海山）［山形県遊佐町提供］

現在、最大かつ深刻と思われている気候変動は、大気中の人為起源の温暖化効果ガスの濃度の増加による地球温暖化に伴う気候変動である。この見通しは、さまざまな最新の科学技術を用いて試みられているが、その予測の不確定性は小さくない。こうした中で、気温や降水の変化に対して、品種や作付け体系を改良したり、保水や節水の技術を開発することが求められる。また技術導入の基盤となる施設や器具の開発や導入も必要になる。

また、長期的な気候変動と合わせて、気象の短期予報も有効である。近年では、気候モデル・気象モデルと、衛星情報を含め大気海洋におけるさまざまな気象観測結果を使って、数日から数カ月の期間の気象予報が提供されている。この予測から、比較的短期間における極端な現象に対する予測と、それに伴う農業への影響への早期警告の精度が向上している。これは、温暖化に伴う気候変動における極端現象の増加の傾向にも対応しうるものである。

こうした気候や気象の変動に対しては、適応を含めての対応を考えるだけではなく、農業のあり方が気候変動に与えている影響、たとえば、化学肥料などの農業資材の生産を含めて、化石燃料を大量に消費する食料の生産・加工・流通のシステムも、合わせて見直さないといけない。

【渡邉紹裕】

⇒C地球温暖化と生態系 *p36*　C地球温暖化と農業 *p38*　D作物多様性の機能 *p150*　Hヒプシサーマル *p370*　H江戸時代の飢饉 *p434*　Hジャガイモ飢饉 *p450*　H飢饉と救荒植物 *p460*

〈文献〉総合科学技術会議環境担当議員・内閣府政策統括官（科学技術政策担当）共編 2002．田中稔 1958．渡邉紹裕 2009．

食の作法と倫理

食育から環境破壊を軽減する

食のソフトウェア

現在、世界では食をめぐるさまざまな問題が議論されている。ところが、食の文化的な側面についてはそれほど大きな関心が払われてこなかった。その理由は、現在、人口増加と食料生産、食の需要と供給に関する南北対立、飢餓など、人類にとっての食料の安全保障が切迫した課題となっており、食の作法と倫理について論じることは副次的とされてきたからである。

しかしながら、生産と消費、あるいは資源の適正利用と過剰な利用などを軸として食を捉えるだけで地球環境問題を論じることは不十分であるといってよい。ここでは、食のソフトウェアともいうべき食の作法、礼儀、食べ方から倫理などがもつ意味を地球環境学の課題として考えてみたい。

食の作法

2004年度にノーベル平和賞を受賞したケニアのW.M. マータイが資源の無駄使いを批判して日本語の「もったいない」という表現を用いたことはつとに知られている。「もったいない」は、「恐縮する、恐れ多い」の意味で用いられたのではない。日本の食品販売業界では、賞味期限切れ、消費期限切れの食品が大量に廃棄される。一方、世界の途上国では、栄養失調で死ぬ子どもがあとを絶たない。「もったいない」は、食べ残しが飽食の時代において日常化していることや資源の無駄使いに対する警告といえるだろう。

写真1　手で食べる。日本では握り鮨くらいしか手で食べないが、日常食を手で食べる地域は世界に広がっている。東アジアでは箸を使うのが一般である［wikimedia commons より］

かつて、家庭での食事のさいに茶碗のご飯粒を残すと、「お百姓さんに怒られる」、「罰があたる」と両親からいわれたことのある人も多いだろう。中国の家庭では子どもが食べ残すと、「可惜」（もったいない）と躾（しつ）けた。韓国でも、「ご飯を残すと（天）罰を受ける」という表現がある。食べ残しを罰あたりとする発想は日中韓の国々で共通している。完食は日常生活における食の作法のひとつであろう。

ただし、与えられた食物をすべて食べ尽くすことが普遍的に求められる作法であり、美学であるかといえば必ずしもそうではない。たとえば、食べ残すことにより、十分に満足したことを示す場合がある。中国では、公費による会食の場合、1/3くらい残すのが普通であった。高級料理などは持ち帰ることもあった。しかし、生活が向上し、外食が普及した現在、さらに国民の健康に配慮した政策がとられるなかで、料理の量を減し、調理用に動物性油脂から植物油に転換する変化がみられる。

自分がわざと食べ残し、十分な食にありつけない個人に残りを分ける振る舞いは多くの社会でみられる。食料が慢性的に不足する地域では、食の再分配を通じた相互扶助の精神が生きている。以上のように、食べ残す、あるいは食べ尽くす意味は個人の生理的満足度だけで推し量ることはできない。

食の文化的背景

食の作法は文化によって多様である。たとえば、イスラーム文化圏やヒンドゥー文化圏では、右手を使って直接、食物を手から口に運ぶが、左手は不浄であるとして用いることはない。タイ、ラオスなどの上座部仏教圏の国では、食事の前に少量の食物を精霊であるピー（phi）に捧げる。バリ島のヒンドゥー世界でも、神や霊に対する供物を超自然的な存在の居場所に置いて、人間世界との交流を実現するための儀礼的な営みがある。

食の作法は、用いられる食の道具とも密接に関連している。インドでは現在も木の葉やカワラケが食物を盛る容器として用いるところがある。食後に容器は破棄されるか破壊される。これは「汚れ（けが）」を避けるためのものであるが、上座部仏教圏では食器にたいする汚れの観念はなく、従来から用いられてきたバナナや木

写真２　中国上海の料理店で食事後に残された食物。円卓で会食を楽しんだあと、3 分の 1 ちかくの料理が残されることがある（2004 年）

の葉、編んだ箕は皿に取って代わられた。

中国とその周辺地域、韓国、日本では箸と椀、皿がセットとして用いられてきた。箸のおき方と使い方、椀を口につけて食べるかどうか、箸と椀の持ち方などは国や文化によって異なっており、箸使いの作法に習熟することは容易ではない。日本では、「嫌い箸」と称して、箸使いのマナーが発達している。たとえば料理を箸で突き刺して食べる「刺し箸」はマナーに反する。

西欧社会では、ナイフ、フォーク、スプーンと皿が基本となる。ナイフとフォークの使用法、スープの食べ方などをめぐり、いろいろな作法がある。肘をテーブルについて食事をすることや、音をたててスープを食べることなどにより、西洋式の食事マナーに不慣れな日本人が顰蹙をかうこともある。

食べながら会話をすることも、作法としては失格とみなされる場合がある。たとえば、麺類を食べる場合、日本や中国では音をたてることは問題ないが、イタリア料理でスパゲッティを食べるさいには音を出さないのがふつうである。食べたあとの骨や殻の扱いについても、皿に残す、容器に入れる、テーブルの下に捨てるなどがあり、一概に食の作法にかなっているかどうかの普遍的なルールはない。中国では、一般に南北で食の内容が異なる。南方では「清、香、色、雅」を、北方では「味、色、香、実益」をそれぞれ重視する。南方では、湯（スープ）を銘々椀に取り分け、北方では肉料理を大皿や鍋から取って食べる。料理の出され方が作法にも影響を与えることが考えられる。以上のように、食の作法は時と場合、文化によるといえるだろうし、食べ残しの文化的な意味についてもただ単に残すことは悪であると決めつけることはない。

環境破壊への反省と食育

食の作法は、以上のように身体技法にかかわる。しかもその背景にある社会規範、神や超自然的存在との儀礼的な交流に対する理解が不可欠である。食への態度、作法は通常、集団の成員に共有、継承される。現在、日本では、家庭、学校、地域の三者がそれぞれ食育の重要な機能を担っている。学校教育においては、食べることが健康と栄養だけでなく、生産者や加工・流通業者など多くの人間とのつながりを通じて達成されることを理解させる指導が重要である。食べ残しが家畜のエサとなることだけで、資源の有効利用がなされているから問題ないと考えることも、本来、自然の循環思想とは無縁の発想である。

無駄なく食べる、あるいは消費することを、日常生活や学校、家庭、地域の取組みとしてだけでなく、産業面で考えることも重要である。たとえば、底曳網漁で漁獲された大量のくず魚（trash fish）や商品価値の低いアンダーサイズの魚種などは破棄されることが多く、資源の有効利用を目指す技術開発が望まれる。

食の倫理と環境問題

最後に食の倫理について指摘しておきたいのは、食べることが生き物のいのちをいただくことに通じるという思想についてである。倫理という用語を用いるまでもなく、日本人が育んできた食と生き物への感謝の気持ちをあらゆる機会を通じて継承し、実践として食べ残さない習慣をもつことが重要である。この点で、現在のような食品ロスに対して、「もったいない」、「天からの罰あたり」として各地で育まれてきた考えこそ、生きた倫理であることを再確認しておきたい。食材について地産地消が理想とはいえ、世界各地からの食材を最も多く輸入する現代日本の食のあり方は、環境への負荷も大きい。日本は世界で最も高い数字のフードマイレージ（食料の重量と移動距離の積）をもっている。しかも、市場経済に裏打ちされた輸出主導型の食料生産は、世界各地の森林や沿岸域の環境を劣化させる要因ともなっている。東南アジアにおけるエビ養殖や中国における野菜生産などによる環境破壊がその例である。食の作法と倫理は日常的な営みのなかで考えるのではなく、家庭、地域社会を超えて地球全体の環境問題とも連関するきわめて重要な課題である。

【秋道智彌】

⇒C ゴミ問題 *p88*　D 熱帯林の減少と劣化 *p166*　D 生物文化多様性の未来可能性 *p192*　R 土壌と生態史 *p250*　R アジアにおける農と食の未来 *p258*　R 消える食文化と食育 *p276*　R 日本型食生活の未来 *p278*　E 地産地消とフードマイレージ *p514*　E 日本の共生概念 *p570*

〈文献〉石毛直道 2009．市田ひろみ 2004．小倉朋子 2005, 2008．村井吉敬・鶴見良行 1992．吉田集而 1997．

消える食文化と食育

「生きた教材」としての学校給食

消費社会の中で揺らぐ食文化

日本は今、モノとサービスと情報があふれる、世界でも有数の消費社会である（図1）。おいしさ、楽しさ、簡便性、健康などを志向して、大人から子どもまで多くの食品を消費している。消費者ニーズに対応して、あるいは掘り起こすために、新商品が次々に登場し、情報とともにどんどん消費されていく時代である。

サプリメント（栄養補助食品）や栄養ドリンクに過度に頼る人や、テレビなどで評判の体によいとされるものを食べ過ぎている人が現れる一方で、極端なダイエット志向から若い女性の間では摂食障害が広がるなど、断片的な情報に支配された、文化の感じられない食べ方が散見されるようになってきた。

1980 年代あたりからは「飽食の時代」といわれるようになり、コメ、魚、野菜、ダイズを中心とした日本型食生活が揺らいでいる。「ひと昔前の日本人の食事はよかった」といわれるが、それは 1970〜80 年くらいまでのことである。モノが不足する時代から過剰な時代に移行する間の、現代よりはおかずは少なめで、いわば江戸時代のお殿様が普段食べていた「焼き魚」を主菜とする「ご飯とみそ汁とおかず」のような食事が一般にみられたころのことである。それ以前の 1950〜60 年代はもっと肉や乳製品を摂るようにいわれたが、80 年代以降の 20〜30 年の間に、食の欧米化、外部化、簡便化が一気に進んだ。それとともに、外食、中食（なかしょく）、インスタント食品の普及で、いつでもどこでも子どもでさえも食べたいものが手軽に食べられるようになった。

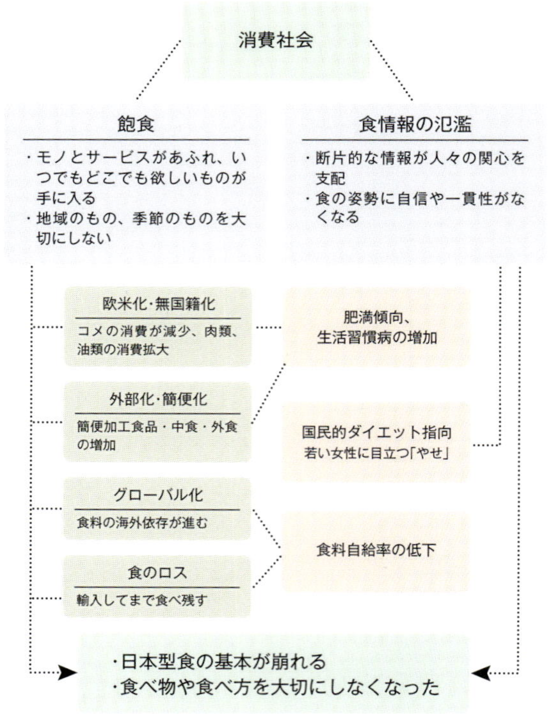

消費社会
飽食
・モノとサービスがあふれ、いつでもどこでも欲しいものが手に入る
・地域のもの、季節のものを大切にしない
食情報の氾濫
・断片的な情報が人々の関心を支配
・食の姿勢に自信や一貫性がなくなる
欧米化・無国籍化
コメの消費が減少、肉類、油類の消費拡大
外部化・簡便化
簡便加工食品・中食・外食の増加
グローバル化
食料の海外依存が進む
食のロス
輸入してまで食べ残す
肥満傾向、生活習慣病の増加
国民的ダイエット指向
若い女性に目立つ「やせ」
食料自給率の低下
・日本型食の基本が崩れる
・食べ物や食べ方を大切にしなくなった

図1　消費社会化で進行する食環境の変化

その結果、フライドポテトやフライドチキンなどの揚げ物、ケーキやスナック菓子、清涼飲料、肉や乳製品およびその加工品など、脂肪や糖分を多く含む高カロリー食品を飲食する機会が増え、デスクワークや車の普及による運動不足も加わって、肥満や生活習慣病が目立ってきた。と同時に、栄養バランス、旬、見た目の美しさ、野菜料理の多彩さなど、「日本食の素晴らしさ」を正しく認識する人が少なくなり、「地域や季節のものを大事にいただく」心も希薄になってきた。

消費サービス社会の中で変則的な働き方や子どもの稽古事、塾通いが広がり、親子ともに多忙でバラバラな食事が増えていることも、食文化の共有と継承を難しくしている。孤食は手軽で好きなものに偏りがちになるだけでなく、マナーもいらずコミュニケーションも少ないものとなる。

弱体化する食料供給の基盤

消費社会の広がりとともに、輸入食料への依存が進行し、肉や乳製品などの畜産物や油脂の消費が増えた一方で、コメ離れが広がった。1965 年時点で 73%あった食料自給率（カロリーベース）が、現在は 40%と、先進諸国の中でも際立って低い数字を示している。このような中で、国内の農業資源が十分に活用されなくなり、全国の耕作放棄地は合わせると埼玉県 1 県分の広さになる。農業の担い手は減少し、農家の高齢化もいよいよ深刻な問題である。輸入先に目を向けると、米国や中国など特定の少数国に依存しており、わが国の食料供給は、相手国の供給余力や国際情勢に大きく左右されやすく、不安定感が高まっている。

日本は小さな島国であり、豊かな食生活を送るためには、外国からの食料にある程度依存することはやむをえない面もある。しかし、世界の食料事情の悪化が懸念されているなか、このまま今後もわが国の食卓は安泰といえるのか懸念される。

環境負荷の高い食生活

フードマイレージ（輸入量×輸送距離）の視点からみると、多くの食料を輸入に頼るわが国のフードマイレージは約 9000 億 t・km（2001 年）と世界一大きい。「アフリカのタコが中国でタコ焼きになって日本に輸入される」ようなことが当たり前に行われるグローバルな時代だが、手頃な値段の外食や中食やインスタント食品は、材料も人件費も安い外国で製造されることが多く、手軽で便利な食生活が実は食料自給率の低下につながり、地球環境への負荷をも高めている。

輸入に大きく依存しながら、食べ残しや食品の廃棄など、食料資源の浪費も大きな問題である。また、生産と消費の現場が乖離し、食べ物を入手するまでのプロセスが見えなくなってきたことが、人びとの「食への不安」を助長している面も見逃せない。

食育基本法の制定

このような状況を受けて、農林水産省では「食料・農業・農村基本計画」に基づき、地産地消や食料自給率の問題に取組み、厚生労働省では「健康日本 21」（健康づくり運動）を展開し、文部科学省では「栄養教諭制度」など食や健康の教育に力を注いできた。これらの取組みを継続しながら、食育に関する施策を総合的かつ計画的に推進し、健康で文化的な国民の生活と豊かで活力のある社会の実現に向かうべく成立したのが「食育基本法」（2005 年）である。2006 年には基本法に基づいて「食育推進基本計画」が決定され、「食育に関心を持つ国民を増やす」「学校給食での地場産物の使用を増やす」「内臓脂肪症候群（メタボリックシンドローム）の認知を高める」「教育ファームの取組みを広げる」など、5 年間の行動指針として具体的な数値目標を掲げている。各都道府県や市町村などの地方自治体でも、地域の実情を考慮しながら独自に食育推進基本計画が作られている。

消費者、生産者、事業者だけでなく、教育や行政にかかわる人びとやメディアも一緒に食の文化を継承しながら、食べ物や食べ方を大切にすることを共有し、心と身体の健康に向けて、また都市と農山漁村の交流の活性化を図るべく、行政、学校・保育所、地域、家庭が一体となった、国民運動としての食育への取組みが全国に広がり始めた。

写真 1　食育の柱として注目される学校給食［全国学校給食協会提供］

食文化に根ざした食育

食育を推進するうえで、「生きた教材」として、学校給食が注目されている。「ご飯とみそ汁とおかず」という日本型食を基本に、地場産の食材を取入れ、折々に郷土料理や行事食を登場させることが推奨されている。ちなみに京都市では週 5 回の給食のうち 4 回をご飯食にし、伝統的な家庭料理「京のおばんざい」献立を中心に、京都府下の食材を多く活用している。東京都でも、食育に力を注ぐ学校ではご飯給食を週 4 回あるいは 4.5 回にし、煮物などの和食を重視している。新宿区のある学校では友好提携都市（長野県伊那市）の農産物を給食に取入れ、農業への関心と理解を深め、自然の恩恵や食にかかわる人びとの活動の重要性について学ぶ機会を作るなど、地域や学校の実情にあわせた新たな動きが起きている。

1980 年代半ば、イタリアに始まったスローフード運動が世界に広がりを見せている。伝統的な食生活、食文化、食材を大切にし、味の教育を進めようというもので、わが国の食育の柱である地産地消の考え方に通ずるものである。次世代に食をつなげるためにも、食の文化や資源を基盤に「身の丈に合った食生活」を考えていく必要があるだろう。　　　　【大村直己】

⇒C ゴミ問題 *p88*　D 生物文化多様性の未来可能性 *p192*　R トレーサビリティと環境管理 *p222*　R アジアにおける農と食の未来 *p258*　R 食の作法と倫理 *p274*　R 日本型食生活の未来 *p278*　R 食料自給と WTO *p282*　R 栄養転換 *p294*　R アブラヤシ、バナナ、エビと日本 *p338*　H 冬作物と夏作物 *p414*　E 地産地消とフードマイレージ *p514*　E 環境教育 *p548*

〈文献〉中田哲也 2007．生源寺眞一 2008．

日本型食生活の未来

伝統的な食から健康な食の範型へ

日本型食生活とは何か

日本型食生活の定義は必ずしも明確ではない。伝統的な日本食というわけではなく、むしろ新しい形の食である。伝統的な日本食は「ごはん」を中心として、ダイズ、野菜、魚など国内で生産あるいは捕獲され入手できる素材を用い、しょうゆ、みそ、だしなどにより調理、味付けされた副食を組み合わせるものが典型的であった。

しかし、戦後の経済成長に伴って動物性食品の消費が増加し、その結果として、1975 年（昭和 50）頃には、主食としての米に畜産物や果実などがある程度バランスよく加わった形が平均的なパターンとして生まれた。それが健康的な食生活、すなわち「日本型食生活」の実現と考えられている。1980 年（昭和 55）に農政審議会は答申の中で、欧米諸国と比較して優れたバランスを持つ日本型食生活を評価し、栄養的な観点はもとより、総合的な食料自給力維持の観点からも、日本型食生活を定着させる努力が必要とする提言を行った。

世界の中の日本型食生活

わが国の食についての見直し論議が単独で進んだわけではない。その背景には米国における食と健康への不安があり、その影響のもとで日本型食生活も形成されたという関係がある。1980 年の農政審議会を数年さかのぼった 1977 年 2 月、米国上院の「栄養および人間ニーズに関する特別委員会」において、「米国の食事目標」（マクガバン報告）が提示され、米国における健康の危機感を煽った。このマクガバン報告では脂肪分やコレステロールの摂取を減らし、タンパク質や炭水化物を多くとるよう勧めた。その内容はまさに伝統的な日本食を多少米国化した、日系人の食生活そのものだったことから、日本食が注目されるようになった。料理レベルでは米国における寿司ブームを加速し、世界に日本の食を売り出す契機ともなった。

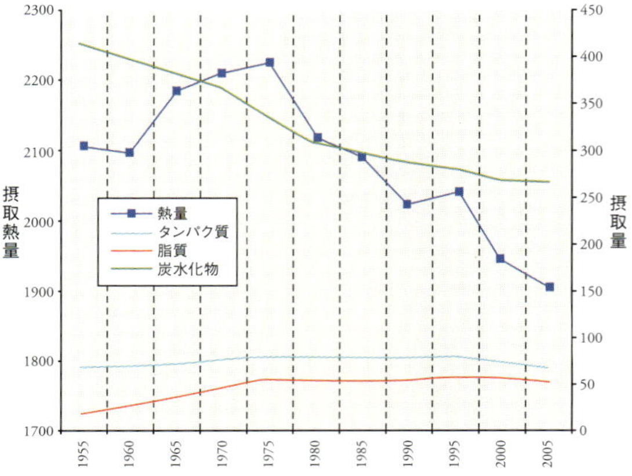

kcal
g
2300
2200
2100
2000
1900
1800
1700
450
400
350
300
250
200
150
100
50
0
摂取熱量
摂取量
熱量
タンパク質
脂質
炭水化物
1955
1960
1965
1970
1975
1980
1985
1990
1995
2000
2005

図 1　食物摂取量と熱量の変遷［厚生労働省国民健康栄養調査］

また、この時代は日本再評価の時期でもあった。1979 年に出版された E. ヴォーゲルの『ジャパン・アズ・ナンバーワン』などに刺激されて、日本の食生活がいかにバランスの良いものであるかを主張する意図もあった。日本型食生活の見直しは、こうした状況のもと、世界に対応する形で提示されたものであった。

なにが食生活の変化をもたらすのか

日本型食生活が構想された当時は、まだ家庭での食事が当然と考えられ、それが食生活の前提であった。しかし、その後、食の外部依存化は進んだ。海外への依存が高まり、食料自給率は 40%にまで低下し、国内でも家庭レベルでの外食や、既成食品を購入して家で食べる中食（なかしょく）の一般化は、日本型食生活を崩す大きな要因となった。従来の和食、中華、洋食といった区分から逸脱する食事が日常化し、エスニック料理への関心も高まっている。また、食の外部化を促進したコールドチェインやコンビニエンスストアの出現のような流通革命、あるいは急速冷凍による食品保存の簡易化、大規模調理によるコストの低減化、技術の変化などもその背後で大きな影響を与えている。

さらに、わが国の社会状況そのものは、日本型食生活が提唱された昭和 50 年代から著しく変化した。食に大きな影響を与える人口構造の変化、とりわけ戦後 40 年間の人口転換の結果としての高齢化と少子化が重要である。2007 年には老年人口割合（65 歳以上の人口）は約 21.5%となった。また、少子化は出生率（同年、合計特殊出生率は 1.32）の低下によって著しく進んだ。その結果、生産年齢人口が減少し、これもまた食の外部化を促進する要因の 1 つとなった。

個人と集団としての食の変化はつねに同時に起きている。人口構造の変化は所与の環境として個々人の食生活のあり方を超えて、集団としての平均的食生活の形を変え、健康像をも変えていく。直接的には現代の食生活の特徴としてあげられる「個別化、多様化、外部化、そして情報化」が変化をより促進する要因である。結果としての健康状態からみれば、2009 年にはわが国の平均寿命は女性が 86.44 歳、男性が 79.59 歳で世界 1 位と 5 位である。長寿国日本を支えてきたのが日本型食生活そのものであるといわれる。しかし、わが国の食生活は虚血性心疾患中心の疾病パターン、死亡パターンの西洋型食生活へと変化して、こうした健康状態は崩壊するのではないかと懸念されてきた。

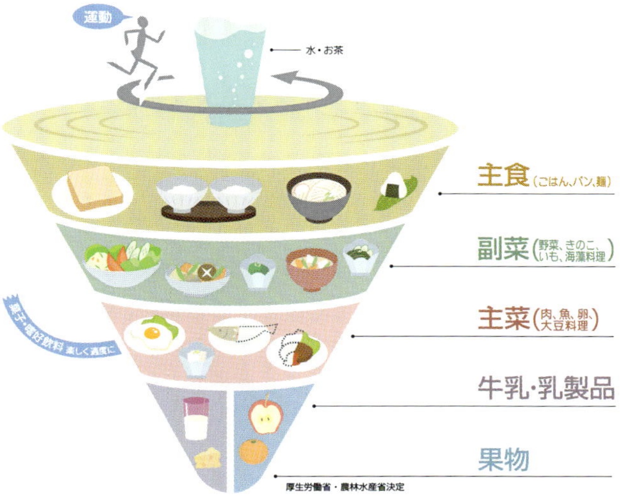

運動
水・お茶
主食（ごはん、パン、麺）
副菜（野菜、きのこ、いも、海藻料理）
主菜（肉、魚、卵、大豆料理）
牛乳・乳製品
果物
厚生労働省・農林水産省決定

図 2　食事バランスガイド［厚生労働省 HP より］

これから何が起こるのか

一方で、図 1 にみるように、日本型食生活が語られるようになった 1975 年あるいは 1980 年あたりから以後、脂質の摂取量、摂取熱量比率はともに増えてはいない。もちろん年齢間での差異、地域によるばらつきは大きくなっている。この傾向は将来的に多少の変化を予想させるものの、極端な違いではない。日本型食生活以来 25 年余りを経て、食料自給率は依然として低迷している。そうした中で、外部への依存は高まるとしても、日本型の食生活がこれ以上に西洋化することは難しい。

わが国の明治維新以降の近代化の過程で、日本の食生活は激変したようにみえる。しかし、実は修正を重ねて現在にいたっているに過ぎない。明治期には軍隊で大問題であった脚気の原因と対策について「脚気論争」があった。主役格の海軍軍医、高木兼寛は完全な西洋食化を望んだが、結局は麦飯導入に終わった。脚気論争に敗北したといわれる陸軍の森鴎外はわが国の伝統的な食を重視した。100 年後の結果は、森の目指した方向に向いている。伝統的な食文化から切り離された科学主義だけでは食は根づかない。それが明治以降の日本の食の歴史からの教訓である。

改めて日本型食生活には現代的視点でみると、近代栄養学に欠如し、その後、徐々に再認識されてきたいくつかの重要な点が含まれていたことがわかる。たとえば、日本型食には食物繊維が多く含まれている。また、ダイズなどの植物性タンパクが豊富であり、さらには、近年にわかに注目されてきた魚介類由来の EPA、DHA など、栄養学的に優れた要素が多く含まれていることなどがそれにあたる。一方で世界的にも、日本食は見た目に美しく、健康的であり、望ましい料理として認知され流行となっている。他方で、国内での食生活の著しい変化は世界的な評価から逆行して、日本型食生活から著しく離れていくようにみえる。そうした背景のもと、2005 年には、国民が生涯にわたって健全な心身を培い、豊かな人間性を育むことを目的として「食育基本法」が成立した。

食育のためのツールの 1 つとして作り上げられたわが国の食事バランスガイドは、図 2 にあるようにコマの形をしており象徴的である。これは世界一般の国々の食事ピラミッドにくらべてダイナミックな特徴をもつ。ここに日本の食文化を明治以来支えてきている原型をみることができる。

わが国は次世代を担う子どもたちの体力の低下、食物アレルギーへの対応、子どもたちがひとりで食事をする孤食など、多くの問題が指摘されている。一方で海外依存の食生活の体質が急激に変化することも困難であるし、世界はクロマグロの規制へ向かうなど食料資源への動きは不確定である。日本食の世界的展開や普遍化には難しい壁もある。

このような状況のなか、食育の活動は個人の食生活の育成であるとともに、食環境を整備することによって食生活を変えていこうという両面をもつ。日本型食生活は過去のものとなるのではなく、むしろバランスのとれた健康的な食パターンを生みだした食文化として尊重される意義がある。その再興と実現のために「食育」の果たすべき役割は大きく、それによって未来が決まっていくことになろう。　【丸井英二】

⇒D生物文化多様性の未来可能性 *p192*　D昆虫食 *p202*　Rアジアにおける農と食の未来 *p258*　R食の作法と倫理 *p274*　R消える食文化と食育 *p276*　R食料自給と WTO *p282*　R栄養転換 *p294*　H人口転換 *p376*　E地産地消とフードマイレージ *p514*

〈文献〉ヴォーゲル、E. 2004 (1979). 吉村昭 1994.

貧困と食料安全保障

個人と世帯のエンパワーメントへ向けて

食料安全保障の課題

FAO（国際連合食糧農業機関）が1996年に採択した「世界食料安全保障に関するローマ宣言」では貧困が食料安全保障を脅かす主要な原因であり、貧困撲滅を持続的に進展させることが人びとの食料へのアクセスを改善するために非常に重要であるとしている。

食料安全保障とは、「すべての人びとが、活動的で健康的な生活のために、いつでも十分に安全で栄養のある食料にアクセスすることが可能で、必要な食事と嗜好を満たすことのできる状態」を指す。世界の栄養不足人口は2008年末で9億6300万人と推計されており、世界人口における栄養不足人口の割合は1990年初頭の20%から2000年初頭の16%まで低下した。しかし、2000年後半に起こった食料価格の世界的上昇などが原因となり、世界の栄養不足人口の割合は減少傾向から一転し、17%まで増加した。その絶対数は1990年代以降から漸増している。とくに栄養不足人口の多い国はインド、中国、コンゴ民主共和国、バングラデシュ、インドネシア、パキスタン、エチオピアなどであり、この7カ国で世界の65%の栄養不足人口を抱えている。

写真1　ソルガムを中心としたザンビア南部の食事。ソルガム（モロコシ）は干ばつ地帯で早く収穫できるために好んで栽培されてきたが、近年トウモロコシの作付面積が伸び、ソルガムの作付面積は減少傾向にある（2004年）

貧困とは

食料安全保障を脅かす原因である貧困とはどのような状態を指すのだろうか。世界銀行による1990年の「世界開発報告」では、1人当たり1日1米ドル（1985年の国際価格を使い、購買力平価によりそれぞれの現地通貨へ調整した額）、年間370米ドルを貧困ラインとし、それを下回る水準で暮らす状態を貧困（絶対貧困）としている。2000年の「世界開発報告」では、この貧困ラインが改定され、1日1.08米ドル（1993年の国際価格）で暮らす状態を貧困としている。同報告書での貧困の定義は、貧困の伝統的な指標である所得、消費、教育、健康が低水準であることに加え、「脆弱性」や「声・力のないこと」などを含めた多面的なものとして定義されている。

一方、国連の「ミレニアム開発目標報告2009」では、1日1.25米ドル（2005年の国際価格）で暮らす状態を「極度の貧困」としている。2009年の推計では約19億人の人びとが極貧層である。また、UNDP（国連開発計画）では、HDI（人間開発指数）の一部としてHPI（人間貧困指数）を1997年より報告し、長寿で健康な生活、知識、人間らしい生活水準、などを比較している。

国際連合や世界銀行などの国際機関では、80年代は貧困緩和、90年代になると貧困削減、2000年に入ると国際連合の主導による「ミレニアム開発目標」による貧困撲滅などさまざまな貧困対策に取組んできた。しかし、ミレニアム開発目標が掲げる、貧困と飢餓の撲滅のために1990年の極貧層を2015年までに半減する目標達成の見通しは厳しい。とくにサブサハラ・アフリカでは経済発展の遅れなどの理由により、改善のきざしが見えていない国が多い。

センのエンタイトルメント・アプローチ

食料安全保障が究極的に悪化した状態としての飢饉に陥る原因には自然と社会の複雑なプロセスがある。戦争、貧困、人口増加、干ばつなどの危機的な状態は地域的に突然あるいは長期的な食料生産の崩壊をもたらす。飢饉の早期警戒システムは世帯の食料の入手可能量を一定地域の穀物生産量によって推測できるという仮定にもとづいている。しかし、この仮定は閉鎖的な地域に限定された場合に供給サイドの議論としてはある程度有効ではあるが、農民がどのように食料を入手する可能性があるか（つまり食料へのアクセス）については言及していない。干ばつ常襲地帯の農家世帯を通じたさまざまな対処戦略（農外収入、牧畜、送金・贈与などのネットワーク）を地域をまたがって持っているが、貧困な世帯ほど対処能力が低く、干ばつ時には食料消費の低下を余儀なくされる。

開発経済学者のA. センは従来から支配的であった飢饉の原因を食料供給の失敗に求めるFAD（食料供給低減）の理論に対して、「エンタイトルメントアプローチ」を提唱し、食料の総供給ではなく人びとが食料を実際に入手できるかどうかが重要であるとした。干ばつ時に飢饉が発生する原因は、国レベルでの食料供給能力不足ではなく、貧困世帯の購買能力の欠如、貧困世帯の生産能力の欠如を含むアクセス能力、つまりエンタイトルメントの不足であると指摘している。この理論によって、個々の世帯の食料ストックや個々の世帯の食料需要・アクセスを重要視し、貧困や食料の配分などの社会的公正について注目する考えが強くなった。

写真2　穀物庫。ザンビア東部州で2004/2005年の農作期は干ばつとなり、穀物庫は8月にすでに底をついていた。次のトウモロコシの収穫期である4月まで、農村世帯はさまざまな対処方法により食料確保に奔走する（2005年）

この考えは2003年にニューヨークにおいて、緒方貞子、A. セン両議長によりK.A. アナン国連事務総長へ提出された「人間の安全保障」報告書にも取り込まれている。報告書では、グローバル化が進展する中で国家が人びとの安全を充分に保障できていない現実から、包括的な安全保障を提示し、個人やコミュニティに注目し、人間一人一人の保護とエンパワーメント（能力強化）の必要性を訴えている。

国際的なエネルギー資源開発と食料問題

貧困層の食料安全保障は穀物の国際価格の動向にも大きく影響を受ける。穀物価格の上昇には天候や需要拡大、原油価格の高騰、輸出規制などの要因が働くが、近年バイオエタノールの需要拡大が食料用穀物価格に与える影響が国際的な問題となっている。2006年から徐々に上昇傾向であった穀物の国際価格は2008年の春から夏にかけて急激に上昇し、過去の最高値を更新した（図1）。この原因としては、中国など途上国の経済発展による食料需要の増大、地球規模の気候変動の影響のほか、バイオ燃料による穀物の需要増大がある。国際食料政策研究所の試算では、国際穀物価格上昇の30%、トウモロコシ価格上昇の20%はバイオ燃料の需要増加が原因であるとしている。とくに途上国の都市に居住し、主食用穀物の購入に所得の大部分を充てなければならない賃金労働者や都市生活者にとって穀物価格の高騰は深刻な問題である。国際的な穀物価格高騰の経験から、バイオ燃料の原料としてトウモロコシやダイズなどの食用穀物ではなく、ナンヨウアブラギリなどの非食用植物や非可食バイオマスを利用した第2世代バイオ燃料の開発が推奨されている。このように国際的なエネルギー資源開発の動向も貧困層の食料安全保障にとって重要である。

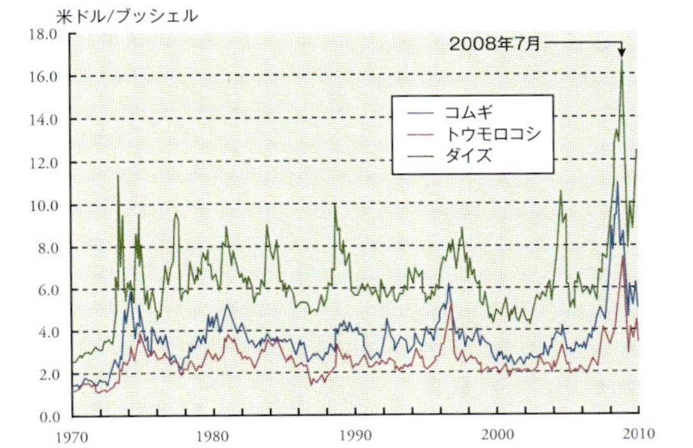
米ドル/ブッシェル
18.0
16.0
14.0
12.0
10.0
8.0
6.0
4.0
2.0
0.0
2008年7月
コムギ
トウモロコシ
ダイズ
1970
1980
1990
2000
2010

図1　穀物の国際価格の動向（米ドル／ブッシェル）。各月ともシカゴ商品取引所の第1金曜日の期近価格。1ブッシェル＝約35.24*l*［農林水産省HPより］

発展途上国の食料安全保障を達成するためには国内の農業生産を向上させ、個々の農家世帯の食料供給能力や食料へのアクセス能力などの世帯やコミュニティのレジリアンスを高める努力とともに、国際穀物価格の不安定化を緩和するなどの国際的な取組みが必要である。

【梅津千恵子】

⇒D里山の危機 *p184*　Rアジアにおける農と食の未来 *p258*　R気候の変動と作物栽培 *p272*　R食料自給とWTO *p282*　R栄養転換 *p294*　Rバイオエネルギーの行方 *p344*　H人口爆発 *p374*　Hジャガイモ飢饉 *p450*　H飢饉と救荒植物 *p460*　Eレジリアンス *p556*

〈文献〉緒方貞子・セン、A. 2003．デブロー、S. 1999．大塚啓二郎・櫻井武司編 2007．世界銀行 2002．World Bank, 1990．セン、A. 2003．FAO 1993, 2008．国際連合 2009．Sen, A. 1992.

食料自給とWTO

自由化は食料安全保障を破壊する

WTOとアジア・アフリカでの飢餓の増大

WTO（世界貿易機関）は、1995年にGATT（関税と貿易に関する一般協定）を引き継いで成立した。それは商品貿易、金融・情報通信・知的所有権の国際取引、サービス貿易を自由化することによって、消費者と企業の経済的利益を最大化することを理念とする国際機関である。自由、無差別、多角的通商体制の3原則により、多国間交渉（ラウンド）などにより貿易自由化を追求してきた。現在153カ国が加盟している。WTOの理念とそれに基づく農産物貿易の自由化は、日本など食料輸入諸国の食料自給率を引き下げてきた。

農産物輸出諸国が主導する農産物貿易の自由化は、70年代から始まり、それがウルグアイ・ラウンドで制度化され、現在のドーハ・ラウンドに引き継がれている。自由化により、農業生産効率の低い食料輸入諸国の国内食料価格が下がり、食料生産が減り、輸入が増え、自給率が低下した。

図1は70年代からの、貿易自由化により、北米、南米、欧州、大洋州が穀物純輸出（輸出量－輸入量）を増加させたことを示す。それに対し、アジアやアフリカ諸国は穀物純輸入を大幅に増やした。一方、アジア・アフリカ諸国に世界の10億人強の飢餓人口が集中し、しかもその人口は漸増している。ここでの食料安全保障水準が下がってきたのである。70年代からの世界農産物貿易の自由化は、上で述べた自由貿易の利益の理念を実現することはできなかったのである。

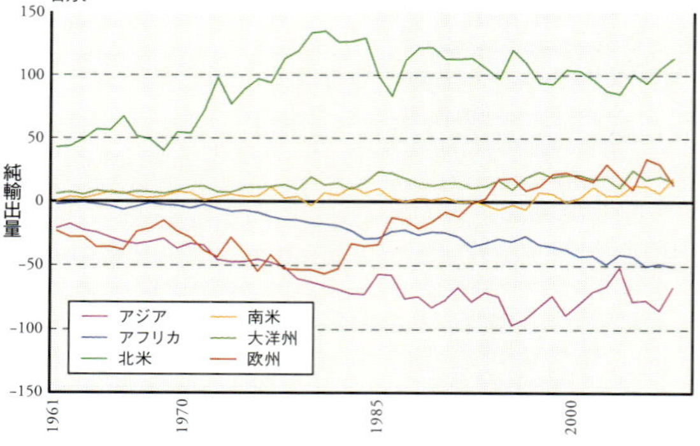
百万t
150
100
50
0
-50
-100
-150
純輸出量
1961
1970
1985
2000
アジア
アフリカ
北米
南米
大洋州
欧州

図1　穀物輸出大陸によるアジア・アフリカの穀物輸入の支配
［FAO Datasetから辻井が計算］

WTOの自由化戦略理念とその限界

なぜアジアやアフリカ諸国は穀物純輸入を、WTOの貿易自由化戦略の中で増大させねばならなかったのだろう。最も重要な要因は、経営規模や生産費の大幅な格差である。たとえば米国の稲作経営の平均規模は約500 haであるのに対し、タイは6 ha、インドネシアは0.5 ha、日本は1haである。一方、1t当たり生産費格差は、日本はタイの20倍、米国の10倍、インドネシアの7倍程度である。日本の経営規模を10倍以上にしても、日本の生産費は28%ほどしか下がらない。多くのアジア諸国やアフリカ諸国の穀物生産費も、米国よりかなり高い。こうした極端な生産費格差の下、WTOと世界銀行の貿易自由化強制でアジア各国は国内穀物価格を下げざるを得なくなり、日本、インドネシア、フィリピン、マレーシアなどの稲作農家の生産意欲がなくなった。同じことがアフリカ諸国でも起こった。そのため、アジア・アフリカ諸国の穀物純輸入が大幅に増大してきたのである。

WTOでの貿易自由化の理念は、新古典派経済学の厚生経済学第1定理に基づいている。同定理は、過去30年ほどの期間、世界の資本主義諸国家の経済政策・制度とそれら諸国家間の貿易自由化を基本的に方向づけてきた。この定理は、完全競争市場において、消費者が個人の効用を最大化する消費活動を利己的に追求し、企業が利潤の最大化を利己的に追求しても、アダム・スミスの言う「市場の見えざる手」が働いて、全消費者に最大の効用、全企業に最大の利潤をもたらす、最適の資源配分（パレート最適）が実現されるとし、50年代に数学的に証明された。この定理がWTOの貿易自由化戦略の理念となり、市場・貿易への政府介入をなくし、各国の国内農産物価格を世界水準に引き下げれば、消費者と生産者の経済的利益が極大化されるという幻想を世界に蔓延させた。

この理念に基づくGATTおよびWTOの多国間貿易交渉などにより、世界の農産物貿易は自由化されてきた。しかしそれは、世界各国の森林、草原、土壌、水資源と環境の破壊の犠牲の上に成立した。しかも、大部分の途上諸国の農業生産削減により約10億人の飢餓人口が増大し、農業生産がもたらす食料安全保障、景観、環境、自然資源保全などの多面的機能の破壊を招いた。その結果、米国、EU、オーストラリアは、アジア、アフリカへの穀物や輸出を増やし、経済利益を極大化し、寡占穀物輸出国になった。これら諸国の貿易シェアを大きくし、寡占諸国は、過剰穀物を輸出補助金付きでダンピング輸出して、世界穀物価格を引き下げ、途上諸国の貧しい穀物農民の穀物生産意欲と所得をいっそう引き下げた。これら諸国は、世界食料危機時には輸出制限をして、穀物価格をいっそう高騰させ、途上諸国の膨大な飢餓貧困人口を増やし危機に陥れてきた。

飢餓の減少、食料安全保障の確保と食料自給

2007年の世界穀物生産23億tのうち、約15億tが世界各国の約10億戸の小規模家族農家、約40億人の農民によって自給自足を第1目標に生産されている。これら40億人の農民は主として世界の途上諸国に住んでおり、一般に非常に貧しく、彼らの最も重要な目的は家族の食料・食料安全保障の確保である。国連の世界人権宣言第3条が「すべての人は生命、自由、身体の安全の権利を有する」とし、これは食料安全保障が人権の内で最も重要な権利の1つであることを示している。

穀物貿易の自由化は、途上諸国の国内穀物価格を引下げ、これら諸国の10億戸の小農の主食穀物増産意欲を低下させ、そこの農民の食料安全保障を破壊し、飢餓を増大させる。途上諸国の40億人の農民にとって、穀物貿易の自由化は彼らの自給的農業生産を破壊し、食料安全保障も根無し草の不安定なものとする。途上諸国の食料安全保障は、そこでの膨大な数の家族小農が主食穀物を自分の農地で自給的に生産することによって、最も確実に保障される。また、それによって農村の過剰な労働が適切に雇用され、所得が形成され、農村関連産業も発展する。途上諸国での自給穀物生産の確保は、食料安全保障の他に、景観、環境、自然、資源、文化・社会の保全という重要な機能を果す。世界3大穀物コメ、コムギ、トウモロコシのうち、とくにコメの世界貿易市場は非常に薄く不安定で、ゆえにコメの90%を生産・消費するアジア諸国は、かつてコメ自給政策を国是としていた。しかし、GATT、WTOや世界銀行の自由化強制（SAP）によって、コメ市場の自由化が強制され、過去20年ほどの期間に、日本を含む多くのアジア諸国のコメ輸入が増え、コメ危機が何回も発生している。

日本の食料自給率急落と対策

世界の主要高所得諸国の中で、日本のみ食料自給率が低下し続けてきたことが図2に示される。これは、

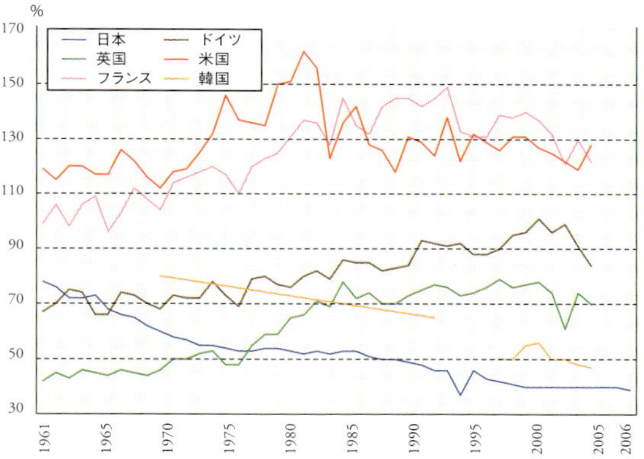
%
170
150
130
110
90
70
50
30
日本
英国
フランス
ドイツ
米国
韓国
1961
1965
1970
1975
1980
1985
1990
1995
2000
2005
2006

図2　主要先進諸国のうち日本だけが食料自給率の低下傾向を示す［農水省が食糧需給表とFAOのFood Balance Sheetsを使用して推計］

現在の農業基本法によって方向性を決められた、WTOの農産物貿易自由化戦略に沿った日本農政および一般経済戦略の帰結である。高所得諸国の中でとくに低い水準にある日本の食料自給率は、世論調査で国民の85%ほどが国内産の農産物の購入を希望することが示すように、日本国民の食料不安感を高めてきた。自給率の異常な低さは、日本の中山間農業地域の過疎化、高齢化、耕作放棄、鳥獣害、廃村の増加と裏腹の関係にあり、日本農業が国民に供給してきた、食料安全保障、景観、環境、自然資源保全などの多面的機能を消滅させかけている。戦後日本の工業・商業部門発展重視の経済戦略もこれら問題をもたらした。

これらの問題を解決するためには、小手先の対策ではなく、日本農政と経済戦略を根本的に改革しなければならない。WTOの農産物貿易自由化戦略から独立した農政が必要である。それは、2007年から日本政府が強化した自由化政策である、①コメを含んだ農産物貿易を自由化し、②約200万戸の家族小農を切り捨て、40万戸の大規模経営のみを直接所得補償して維持するという政策から、自由化を拒否して公正な国内農産物価格を回復し、農業経営の大規模化は進めるが、集落営農などの形で大部分の家族小農を維持する政策への転換である。これによって、食料安全保障を含む農業の多面的機能が回復でき、過疎化、高齢化、耕作放棄、鳥獣害、廃村の増加などの、日本の中山間の農村・農業問題も緩和できる。この改革のためには、国民の支持に基づく、国内・国際政治交渉が必要である。

【辻井　博】

⇒R熱帯アジアの土壌と農業 p254　Rアジアにおける農と食の未来 p258　R貧困と食料安全保障 p280　H人口爆発 p374　H飢饉と救荒植物 p460　E成長の限界 p502　E地産地消とフードマイレージ p514　E国連環境機関・会議 p552

〈文献〉辻井博 1988. FAO 2009. ポラニー、K. 2009(2001).

コイヘルペスウイルス感染症

動物を介した病原生物と人間のつながり

コイヘルペスウイルス感染症

コイヘルペスウイルス感染症（KHVD）とはコイヘルペスウイルス（KHV）の感染によるコイの病気をさす。

KHVは大きさ約200 nm（0.2μm）の糖タンパク質の殻に包まれた29万5000塩基対のDNAを持つ。ゲノムのすべての塩基配列は2005年に解読された。KHVの形態は他のヘルペスウイルスと似ているが、塩基配列は天然痘をおこすポックスウイルスに似ていることから、最近ではKHVは新しくアロヘルペスウイルス科に分類され、CyHV-3（Cyprinus Herpes Virus-3）とも表記される。

KHVDの病態は、鰓（えら）弁が懐死し、体表に大量な粘液質がでて、眼球がくぼむ。体内では膵臓、肝臓が肥大する。死亡率は85～90%である。

コイにはニシキゴイとマゴイとがいる。マゴイにはさらに養殖型と野生型が存在する。野生型は琵琶湖・淀川水系、関東平野、四万十川でみられ、日本在来の種と考えられている。ニシキゴイは鑑賞用に、マゴイは食用に用いられている。

KHVはコイのみに感染し、人には感染しない。KHVDは罹患個体との接触感染によって拡大する。

1998年にイスラエルでKHVDが発生して以来、インドネシアや台湾でも発生し、世界の多くの国に拡大した。2003年11月には霞ヶ浦の養殖ゴイでKHVDが発生し、1200tが死亡した。霞ヶ浦の全養殖量の1/4に相当し、被害総額は2億5000万円に達した。琵琶湖でも2004年、10万尾が死亡した。死亡個体のほとんどが野生型のマゴイだった。その後自然河川や湖沼でもKHVDが発生し全国に拡大したが、現在では大量斃死はみられていない。

写真1　KHVDで死んだコイ（琵琶湖、2004年）［松岡正富撮影］

KHVDへの対策

感染の拡大を防止するために、「持続的養殖生産法」（1999年，改正2005年）によって、感染したコイを当該水域から持ち出さず、焼却処分し、また感染したコイを持ち込まないことが義務づけられている。感染したコイの飼育水の消毒は次亜塩素酸によって行われる。感染拡大防除の施策は非核3原則「造らない、持たない、持ち込ませない」に類似する。

この3原則を実行するためには、いつ、どこに、どれくらいKHVがいるのかの情報が不可欠であるが、これを知るための方法の一部がつい最近できたばかりである。「感染が起きやすい環境をつくらない」ことが重要であるのにもかかわらず、この観点の知識や経験や研究が大幅に遅れている。この点がKHVDだけではなく、多くの感染症対策において将来重要な研究課題となるであろう。

コイと人間のかかわり

人間とコイとの関係は古い。マゴイは、古くから中国をはじめとするアジアと西欧で食用として養殖されていた。日本では弥生時代中期にコイの養殖が行われていた可能性が指摘されている。

日本のコイ養殖量は1978年の約3万tをピークにその後年々減少し、2005年では年間5000tたらずになった。一方、世界のコイ類（コイ以外のコイ科魚類を含む）の生産量は年々増加し、2005年では2000万tとなった。中国のコイ類の養殖魚種は、ソウギョ、ハクレン、コクレン、アオウオ、コイが主であるが、世界の約75%を生産している。日本では動物性タンパク質の約0.2%がコイ類によって賄われているにすぎないが、中国では約15%も占める。中国の人口が世界人口の約1/5を占めることから、世界的規模でみても、タンパク源としてのコイの重要さは変わらない。コイは世界中で貴重な食材として、人類に貢献している。

一方、趣味の対象となってきたニシキゴイの飼育は1世紀のローマ時代に遡ることができる。その後、とくに日本でニシキゴイの品種改良が著しく発展し、年間数億円の産業に発展した。人間の美意識と技術革新の競争心を満足させ、地位のシンボルともなってきた。

コイは食料や鑑賞用以外にも人間の生活に深くかかわっている。コイは立身出世のシンボルとなり、生薬として利用され、美の対象となり、とくに欧州では宗教的に神聖な食材として用いられている。伝統文化として人類の財産にもなっている。

養殖の方法としては、タイ、インドネシア、日本でみられる、コイに水田雑草を食べさせる稲田養魚、タイや中国でみられる家畜や人間の糞を養殖池に投入し、植物プランクトン、植物プランクトン食魚、動物プランクトン食魚、底生生物食魚、雑食魚からなる物質循環系を作ってコイ科の魚を養殖する混養、中国でみられる蚕(かいこ)の糞や蛹(さなぎ)を養殖池に投入して養殖する桑基魚塘(そうきぎょとう)などがある。

KHVDと地球環境問題

KHVDによるコイの死亡は、貴重なタンパク源を失うことになる。とくに世界人口1/5に当たる約13億人が生活する中国の食料問題は世界の食料問題に直結する。エコロジカルフットプリントを小さくし、地産地消を推進するためには、沿岸域に対する内陸の面積が大きい中国ではとくに内水面養殖が重要である。

コイの死亡によって、コイが人間から遠い存在になると、歴史的に培ってきた文化も消滅することになりかねない。稲田養魚、混養、桑基魚塘などの養殖法は一部の人の関心を引く事柄かもしれないが、そうではない。有限な資源の地球システムで生きるためには、できるだけ小規模な物質循環系を身の回りに作り、外のより大きな生態系に空間的に負荷をかけない、閉じたシステムで生活ができるようにすることが求められる。稲田養魚，混養、桑基魚塘などの養殖法はこのような生態系を創出する場合のきわめてよいヒントを与えてくれる可能性がある。

写真2　コイのあらい。コイは貴重なタンパク源［湯本貴和撮影］

写真3　水温とコイの行動の関係を調べる野外水槽実験（太宰府実験池、2009年）

地球上のいたるところで、さまざまな感染症がヒトや家畜や野生生物の生存に脅威を与え、深刻な地球環境問題となっている。このような問題に対処するためには、病気の治療に計り知れない貢献をしてきた病理学の研究だけではたりない。環境予防医学ともいうべき観点からの研究が必要である。病原生物の環境は今や必ず人間が介在する。したがって、人間が改変したどのような環境で感染症が起き、拡大するのかを解明することが必要である。これが感染症の予防と拡大防止につながる。防疫の新しい考えである。さらに、病原生物の進化の道筋を理解することも、病原生物を過度に敵視せず、感染症による甚大な社会的損失を軽減するためにも必要である。

KHVDは人間と病原生物とその宿主の連環のなかで起き、拡大する感染症のモデルといえる。この感染症のモデルは実験可能な系のため、予測や対策に不可欠な因果関係の実証が期待できる。このモデルから得られる感染症の動態を他の地域や他の感染症に適応すれば、どこをどうすればよいかを見いだす手段になるであろう。大腸菌がモデル生物として生命現象の基本の解明に多大な貢献をしたように、KHVDが感染症のモデルとして地球上の感染症の被害軽減に貢献できる可能性がある。

【川端善一郎】

⇒C富栄養化 *p60*　C生態系を蝕む化学汚染 *p64*　C遺伝子の水平伝播 *p72*　D淡水生物多様性の危機 *p168*　D水域の外来生物問題 *p174*　D水田生態系の歴史文化 *p204*　R鳥インフルエンザと新型インフルエンザ *p286*　Rエコヘルスという考え方 *p302*　H水田稲作史 *p420*　Eエイズの流行 *p516*

〈文献〉Aoki,T., *et al.* 2007.　Balon, E. K. 1995.　京都府立海洋センター 2007.　Mabuchi, K., *et al.* 2005.　Minamoto, T., *et al.* 2009.　中島経夫 2008.　農林水産技術会議 2004,2005,2006.　秋道智彌編 2005.

鳥インフルエンザと新型インフルエンザ

人類に脅威をもたらす人獣共通感染症

鳥インフルエンザ

鳥インフルエンザとは、インフルエンザウイルスが感染することにより引き起こされるニワトリなどの家禽(かきん)類を含む鳥類の疾病の総称である。症状の重さから本病は2型に大別される。まず、過去に家禽ペストと呼ばれ、現在では高病原性鳥インフルエンザと改称された、激烈な臨床症状を伴い、ニワトリを含む家禽類に非常に高い死亡率をもたらす疾病がある。家畜伝染病予防法では家畜伝染病に指定されているたいへん危険な疾病である。この疾病は国外ではアジアを中心に広く蔓延している。日本でも2004年に79年ぶりに山口県、大分県、京都府、2007年1月には宮崎県および岡山県、2008年4月末からは秋田県、青森県と北海道で発生している。

もう一方は、死亡率の低い、臨床症状も軽微で多彩な病性を示す疾病である。ウイルスに感染してもニワトリは明瞭な臨床症状を示さず、呼吸器症状は必ずしも発現せず、症状を示さない場合も少なくない。本病は鳥インフルエンザと呼ばれ、家畜伝染病予防法では届出伝染病に指定されている。

1980年頃まで、インフルエンザは、鳥類を除けば、ヒトあるいはブタ、ウマのような一部の哺乳類のみの疾病と考えられてきた。現在ではアザラシなどの海獣類、クジラ、あるいはフェレット、ミンクなどの北方系の肉食哺乳類など、多くの哺乳類も本ウイルスに感染して発病することがわかっている（図1）。高病原性鳥インフルエンザの病原体がA型インフルエンザウイルスに所属するウイルスであることが1955年に判明して以来、鳥インフルエンザウイルスの研究が進み、外見上健康な水鳥に、さまざまな鳥インフルエンザウイルスが常在していることがわかった。これらのウイルスの大部分は、ニワトリなどの鳥類に対して激烈な病原性を示さない。

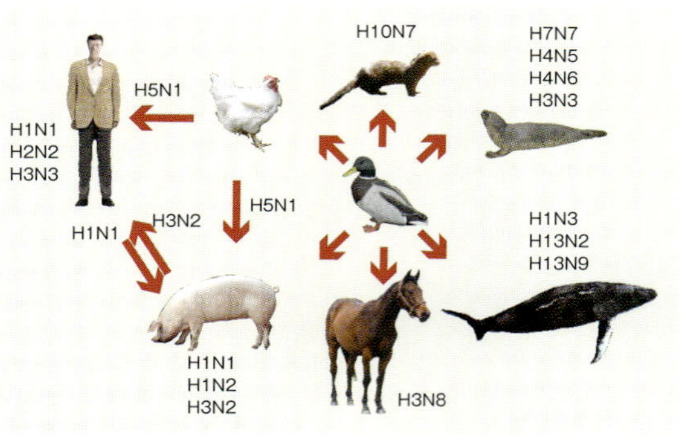
H1N1
H2N2
H3N3
H5N1
H10N7
H7N7
H4N5
H4N6
H3N3
H5N1
H1N1
H3N2
H1N3
H13N2
H13N9
H1N1
H1N2
H3N2
H3N8

図1　異なるインフルエンザウイルス株の宿主域

インフルエンザウイルス

ヒトなどすべての哺乳類のインフルエンザウイルスの祖先は、鳥インフルエンザウイルスである。鳥インフルエンザウイルスが種々の変異をおこしてヒトのウイルスに変化した。

インフルエンザウイルスは、ウイルス粒子内部に存在する核タンパクの抗原性からA、B、Cの3血清型に分類される。大部分のインフルエンザウイルスは、ヒトおよび動物に高い病原性を示すA型に属する。ウイルス粒子の表面には2種類の突起状物質（スパイク）、すなわち、ニワトリなどの赤血球を凝集するスパイク（HAまたはHで表示される）と、シアル酸を分解する酵素活性を持つスパイク（NAまたはNで表示される）がある。A型インフルエンザウイルスのHAは、その抗原性から16種類、NAは9種類知られている。このHAとNAのさまざまな組み合わせからなる、数多い亜型のA型インフルエンザウイルスが多数存在している。

現在流行しているヒトのA型インフルエンザウイルスの亜型は、H3N2（ホンコン型）とH1N1（新型およびロシア型）に限定される。鳥類はすべての亜型ウイルスを保有していると考えられる。ニワトリを高率に死亡させる強毒の鳥インフルエンザウイルスHAの亜型は5と7に限定されている。カモなどからはH5あるいはH7亜型ウイルスがしばしば分離されるが、分離時点では弱毒の性状を示す。ニワトリに馴化(じゅんか)した一部のH5、H7ウイルスのみが激烈な病原性を持つ（図2）。この強毒のウイルスに対して、感受性は鳥種により異なる。カモ類などの水鳥の抵抗力が最も強く、（水掻きを持たない）山鳥あるいは哺乳類と異なり、呼吸器よりも腸管下部粘膜細胞で鳥インフルエンザウイルスは旺盛に増殖する。したがって、外見上健康なカモ類などの水鳥から排泄された糞にも鳥インフルエンザウイルスが含まれている可能性がある。野鳥の糞に直接触れることが危険であることを認識する必要がある。

世界に蔓延する鳥インフルエンザ

1996 年に中国南部で出現した H5N1 亜型鳥インフルエンザウイルスが国境を越えてアジアに広く拡散した。2003 年頃から現在まで、中国や東南アジア諸国では何度も高病原性鳥インフルエンザの流行がおきている。各種家禽類のみならず、ヒトにも大きな被害がおきている。ワクチン接種が原因かもしれない HA 抗原の変異も断続的におきている。最近では、本来抵抗力の強いはずの水鳥へ強い病原性を示すウイルスも分離されている。H5N1 亜型ウイルスに汚染した渡り鳥が北帰行の際に立ち寄ったためと思われるが、2008 年 4 月に韓国、2 週間遅れでロシアのウラジオストック、さらに 2 週間遅れて北日本（秋田県、青森県、北海道）で H5N1 亜型ウイルスによる鳥インフルエンザの発生があった。幸い、ヒトの発病事例は報告されていない。日本およびロシアでの発生は韓国の場合と異なり、オオハクチョウのみに認められた。

一方、2005 年中国青海省の青海湖に出現した新しい H5N1 亜型ウイルスは、アジアのみならず欧州あるいはアフリカ大陸にまで拡散している。このウイルスはヒトを含む哺乳類にも強い病原性を示す。2007 年 1 月に宮崎県と岡山県で発生した鳥インフルエンザの原因ウイルスは青海湖タイプのウイルスであった。

新型インフルエンザウイルスの出現

鳥インフルエンザは代表的な人獣共通感染症（zoonosis）、すなわちヒトと動物の双方が罹患する感染症である。20 世紀には、3 回あるインターバルをもって（ヒトの）新型インフルエンザウイルスが出現した。新型インフルエンザウイルスとは、それまでヒトで流行していたインフルエンザウイルスと鳥インフルエンザウイルスの間で、ブタの体内で遺伝子交雑がおき、その結果出現した親ウイルスには認められなかった新しい性状を獲得したインフルエンザウイルス、すなわち遺伝子再集合体のことである。ときおり野生のカモ類などから、現在あるいは過去にヒトで流行したウイルスと類似した抗原性を持つウイルスが分離されている。

H5N1 亜型鳥インフルエンザウイルスに変異が起きて、新型インフルエンザウイルスに移行する可能性が最も恐れられている。このウイルスは世界に広く分布し、多くのヒトに感染してきたからである。しかし、ヒトから分離される H5N1 亜型ウイルスは、依然としてシアル酸とガラクトースが $\alpha 2, 3$ 結合した受容体を認識する鳥インフルエンザウイルスに止まっており、$\alpha 2, 6$ 結合した受容体を認識するヒトインフルエンザウイルスは出現していない。すなわち新型インフルエンザウイルスにはなっていない。

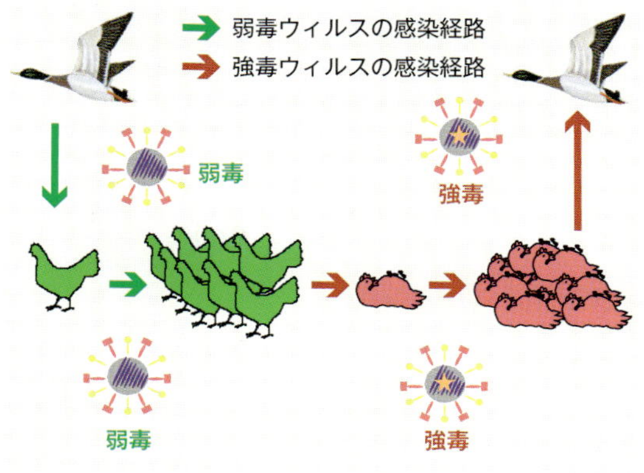
弱毒ウィルスの感染経路
強毒ウィルスの感染経路
弱毒
強毒
弱毒
強毒

図 2　弱毒鳥インフルエンザウイルスが強毒鳥インフルエンザウイルスに変異する過程。現在では水鳥がニワトリから強毒ウイルスの感染を受けている

ブタ由来の新型インフルエンザウイルス

これまで出現した新型インフルエンザウイルスのように、ブタの体内で鳥インフルエンザウイルスと現在ヒトで流行しているインフルエンザウイルスの間で作られる、国際疫（パンデミック）をおこしうる「遺伝子再集合体」以外のウイルスが出現することもある。事実、2009 年 4 月から、2 種類のブタ、ヒト、鳥類ウイルスの遺伝子からなる H1N1 亜型ブタ由来インフルエンザウイルスがヒトへの感染を繰り返している。船舶で移動していたスペイン風邪型インフルエンザは約半年で全世界に広がったが、航空機でヒトが世界を移動する現代社会では、瞬く間に全世界にウイルスは拡散した。予想されていなかった亜型の新型インフルエンザウイルスが出現である。

新型インフルエンザのさらなる蔓延をくい止めることが急務になっている。養豚産業が盛んなうえに鳥インフルエンザの発生し続けているアジア地域に、新型インフルエンザウイルスが拡散してしまうと、ブタを介した別の新型インフルエンザウイルスの出現することも懸念される。　【大槻公一】

⇒D病気の多様性 *p158*　Rコイヘルペスウイルス感染症 *p284*　R動物由来感染症 *p290*　Rエコヘルスという考え方 *p302*　Hペスト *p452*　E病気のグローバル化 *p518*

〈文献〉大槻公一 1997. Otsuki, K. 2007. Webster, R. G., *et al.* 1992.

BSE（牛海綿状脳症）

グローバル経済が生み出した病気

BSE はプリオン病

プリオン病は 1980 年代に提唱された概念で、異常プリオンタンパク質（プリオン）を病原体とする病気である。BSE（牛海綿状脳症）やヒトの CJD（クロイツフェルト・ヤコブ病）がこれに属し、それぞれの病原体は BSE プリオン、CJD プリオンと呼ばれる。図 1 に示したように、プリオンは感染すると正常プリオンタンパク質と結合して、その立体構造を変化させて異常プリオンタンパク質に変える。異常プリオンタンパク質は主に中枢神経系（脳、脊髄）で蓄積して、さまざまな神経症状を引き起こす。発病した動物は回復することなく、確実に死にいたる。

ウイルスや細菌は核酸が鋳型となって核酸が複製され、その遺伝子情報にしたがってタンパク質が作られることで増殖する。しかし、プリオンは核酸を持っておらず、異常プリオンタンパク質が鋳型となって正常プリオンタンパク質を異常化させることで増えるのである。BSE は、近代畜産の技術がグローバル経済のなかで引き起こした食の安全にかかわる地球環境問題として位置づけられた。

BSE のリスク

BSE は 1986 年に英国で初めて見いだされた。ウシからウシに直接広がることはなく、後述するように、ウシのくず肉から脂肪をとった後の脂かすから作られた肉骨粉（にくこっぷん）が BSE プリオンに汚染していて、それがウシの餌として用いられたために経口感染をおこして広がったものである。

英国では 18 万頭以上に発生し、さらに英国から輸出された肉骨粉を介して諸外国に広がり、これまでに世界 25 カ国で発生が確認されている。日本では 2001 年に最初の BSE が発見されて大きな社会混乱を引き起こした。

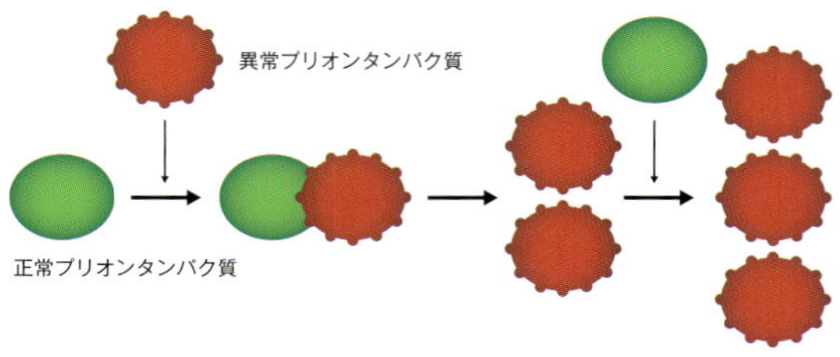
異常プリオンタンパク質
正常プリオンタンパク質

図 1　プリオンの増殖過程

BSE はウシの致死的病気として畜産上の重要な問題であると同時に、BSE がヒトに感染すると致死的な変異型 CJD をおこすことから、食の安全にかかわる大きな問題となっている。さらに、発病前の変異型 CJD の患者の血液を輸血された人に変異型 CJD をおこすという、輸血や血液製剤による薬害の可能性も問題になっている。ウシからウシ、ウシからヒト、ヒトからヒトという 3 つのリスクがあるわけで、単なる食中毒とは異なる。

BSE のリスク防止対策

ウシからウシへの感染は肉骨粉の使用を全面的に禁止することで防ぐことができる。ウシからヒトへの感染防止は食の安全につながる最も重要な課題である。しかし、感染牛の生前診断法はなく、ウシ由来食品などについて BSE プリオン汚染を検出することも現在の技術では不可能である。食品の安全確保は、屠畜場（とちくじょう）で行われる 2 つの対策に依存する。

第 1 は検査を行って BSE 牛を摘発し焼却することである。検査は、BSE プリオンが感染後最も早く蓄積する延髄の特定部位の組織について、BSE プリオンの存在の有無を調べるものである。30 カ月齢以下のウシのほとんどで BSE プリオンが検出されないことから、EU では 30 カ月齢以上のウシすべてについて検査を行っている。日本では月齢に関係なくウシの全頭検査を行っていたが、現在では 20 カ月齢以上について検査を行うことになっている。第 2 は、BSE プリオンの蓄積が主に見つかる組織（脳、脊髄、扁桃、回腸遠位部など）を特定危険部位として除去することである。回腸遠位部とは、ウシの小腸の後半部分である回腸の末端、盲腸までの 2 m の部分を指す。

自然発生が疑われる BSE

2003 年にプリオンの特徴がそれまでの BSE 例と若干異なる BSE 牛が日本でみつかり、非定型 BSE と判断された。その後欧米 10 数カ国で約 40 例の非定型 BSE が見いだされている。これらは肉骨粉を介して感染したものではなく、プリオンタンパク質遺伝子の変異により自然発生したものと考えられている。

自然発生で生じたBSEでも、その組織には感染性がある。これはプリオン病の特徴の1つで、人のCJDではよく知られている。すなわち、CJDはほとんどが自然発生でおこるが、その患者のCJDプリオンは感染性を示すのである。たとえば、日本でおきた薬害ヤコブ病は、自然発生CJD患者の脳硬膜を移植された人がCJDに感染したものである。

BSE出現の背景

18世紀に始まった産業革命は人口増加をもたらし、食料供給のための畜産にも影響を及ぼした。生産性を高める家畜の品種改良が行われ、乳量の増加、肉質の改良が進んだ。乳牛はあたかもミルク生産工場になり、肉牛の生産コストはファストフード産業により徹底的な低減が図られた。

これらの方針を支えた重要な背景に、レンダリング工業の進展がある。レンダリングとは、食肉加工の際の副産物の製造操作に付けられた名前で和訳はない。具体的には、ウシなど食用動物の肉をとった後に出るくず肉を加熱処理して脂肪と脂かすに分ける操作を指す。脂肪は当初は石けんの原料として広く用いられ、ついで機械油としての需要が高まった。第2次世界大戦では、脂肪から製造されるグリセリンがニトログリセリンとして爆薬に用いられたことから、レンダリング工業は盛んになっていった。

1960年代には、米国で連続的レンダリング装置が開発され、大量のくず肉の効果的な処理が可能になった。ウシなどで食肉になるのは約60%であって、後には膨大な量のくず肉が廃棄物として残るが、この処理の問題も解決された。ところが、すでに石けんなどの原料は石油由来のものに置き換えられ、爆薬の需要もなくなっていた。そこでレンダリング製品の利用方法として生まれたのが、脂かすを粉末とした肉骨粉を家畜などの濃厚飼料として利用することであった。

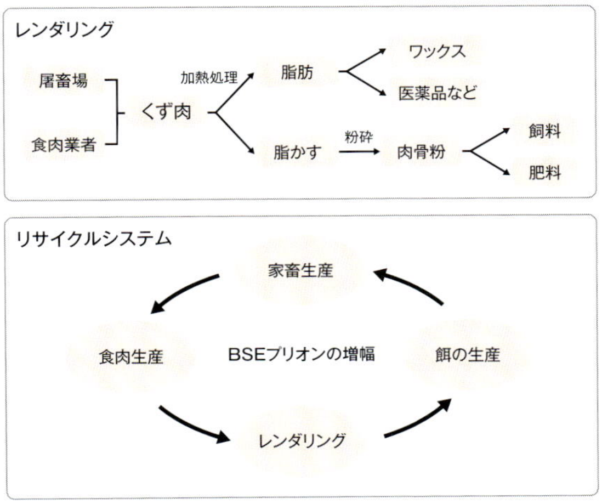

レンダリング
屠畜場
食肉業者
くず肉
加熱処理
脂肪
ワックス
医薬品など
脂かす
粉砕
肉骨粉
飼料
肥料
リサイクルシステム
家畜生産
食肉生産
BSEプリオンの増幅
餌の生産
レンダリング

図2　リサイクルに伴うBSEプリオンの増幅

図2上にあるように、レンダリング製品の脂肪はワックスや医薬品原料に、脂かすから作られた肉骨粉は飼料や肥料に用いられるようになった。BSE感染牛由来の肉骨粉も餌としてウシに与えられた。BSEプリオンは、加熱しても不活化されないため、経口感染をおこした。なお、英国での試験の結果から、脂肪にはBSEプリオンが含まれていないとみなされている。

こうして、図2下のように食肉生産からレンダリングによる餌の生産、ついで家畜生産というリサイクルシステムができあがったが、これはBSEプリオンの増幅システムでもあった。1頭のウシでも、その脳には数千頭のウシを感染させうるBSEプリオンが含まれている。それがリサイクルされれば、英国全土のウシに広がることは容易と考えられる。BSEはレンダリングという近代畜産技術が生み出した病気といえる。英国を初めとして世界各国で発生したBSEは、おそらく最初は自然発生した1頭の非定型BSEに始まり、それがリサイクルにより広がったと推測されている。

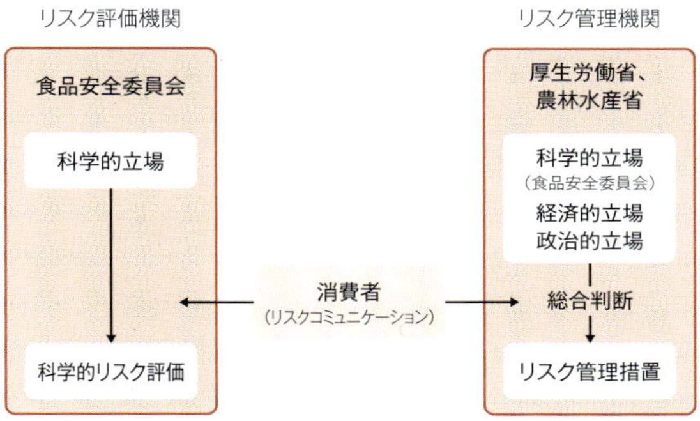

リスク評価機関
リスク管理機関
食品安全委員会
科学的立場
科学的リスク評価
厚生労働省、農林水産省
科学的立場
（食品安全委員会）
経済的立場
政治的立場
総合判断
リスク管理措置
消費者
（リスクコミュニケーション）

図3　リスク評価機関とリスク管理機関

食品安全委員会の役割

BSE発生を契機に2002年に食品安全委員会が内閣府に設置された。これは科学的な立場での食品のリスク評価を行うことを目的としたものであり、経済的、政治的な側面を含めた総合判断はリスク管理機関である厚生労働省と農林水産省が行う。そして重要な点は、それぞれの機関における議論や判断根拠を消費者に説明するリスクコミュニケーションが求められていることである（図3）。　【山内一也】

⇒C食物連鎖 *p52*　D家畜の多様性喪失 *p182*　R遺伝子組換え作物 *p260*　R動物由来感染症 *p290*　Rエコヘルスという考え方 *p302*　E環境倫理 *p576*

〈文献〉山内一也 2002．山内一也・小野寺節 2002．

動物由来感染症

動物からヒト、ヒトからヒト、ヒトから動物に

動物由来感染症とは

動物由来感染症（ズーノーシス）はヒト以外の脊椎動物から直接あるいは間接的に微生物・寄生体（病原体）が伝播し、感染が成立する感染症をいう。古くはペストに、現在はインフルエンザ、狂犬病、ウイルス性出血熱に代表される。ズーノーシスは元来は動物の感染症のみを意味していたが、1855年ドイツの病理学者R.L.K.ウィルヒョウにより動物からヒトに感染する感染症の概念が提示された。逆にヒトから動物に感染する感染症をリバースズーノーシスと呼び、これらすべてが人獣共通感染症（人畜共通感染症）で括られる。

感受性と感染の成立

同じ種の微生物が保有する遺伝情報は均一でなく、病原性も異なる。ヒトの病原体への感受性も多様であり、同一種の病原体が感染しても、個体によって発症症状が異なることが多い。

動物由来感染症を引き起こす病原体の多くは1つの地域に局在することが多く、その地域の居住者あるいは旅行者が感染し風土病として発症する。しかし、今日のように交通・輸送手段が発達すると、2002年から2003年のSARS（重症急性呼吸器症候群）のように、動物由来の病原体に感染した患者が発症前に飛行機で移動し、あっという間に世界に流行が拡大してしまった例がある。

2001年の時点でヒトの病原体は1415種同定され、内訳はプリオン・ウイルス217種、細菌538種、真菌307種、原虫66種、寄生虫287種である。このうち、動物由来感染症の病原体が865種と半数以上を占める。175種が新興感染症の病原体で、この3/4が動物由来感染症とその割合はさらに高く、エイズ、ニパウイルス感染症、SARS、ウエストナイル熱・脳炎、鳥インフルエンザなど、近年世界的に注目されてきた感染症はすべて動物由来感染症である。エイズは、野生動物の病原体であったものがヒトに侵入し、感染が拡大してしまった。

宿主と病原体の進化の歴史

地球には多種類の微生物・原生動物が存在し、その一部はその生命の維持・存続に脊椎動物（宿主）を必要とする。病原体は進化の過程で新しい宿主への感染性を獲得（適応）し、感染できる宿主域が拡大する。感受性の高い宿主は減少・消滅するか、あるいは宿主の免疫能が進化し、発症・重症化率が低下し、発病せずに宿主の体内に病原体を保持するキャリアーともなりうる。

宿主は特定の病原体と密接な関係を有している。種々の宿主に感染できる病原体もあれば、ポリオウイルス、麻疹ウイルス、ヒトパピローマウイルスのように、ヒトのみあるいは類人猿とヒトにのみ感染が成立する種特異性が強い病原体もある。また、宿主によって、発症率、発症症状、潜伏・感染期間（病原体を保有する期間）が異なる。

感染後、一時的に病原体を保有し、他の個体への感染源となり、感染サイクルを成立させる動物を自然宿主と呼ぶ。病原体が自然宿主に感染しても、無症状であることが多く、死に至ることは少ない。また、地球上での病原体の存続（感染サイクル）において自然宿主は重要な位置を占める。自然宿主以外の宿主に病原体が伝播され、感染が成立する時、この宿主を終末宿主と呼ぶ。感染サイクルにおいて、終末宿主から他の宿主に病原体が伝播することは殆んどない。

動物から直接人体に伝播する動物由来感染症

罹患動物の唾液中のウイルスが、咬傷により人体に侵入し、中枢神経組織を障害する狂犬病は、大多数の哺乳類がほぼ同様の感受性を有している。世界中で年間3万人以上が罹患し、咬傷後にワクチンと抗体による適切な予防を行わなければ100%死亡する。コウモリは古典的な狂犬病ウイルスを保有するのみならず、地域によっては近似のウイルスを保有する場合もある。また、ヒトとコウモリの接点が不明なことが多く、コウモリ由来の狂犬病が世界的な問題となりつつある。

ヘルペスウイルスの一種のBウイルス（オナガザルヘルペスウイルス1：CHV-1）は、東南アジアにいるマカカ属のサルが保有し、咬傷によってヒトに感染し、Bウイルス病を引き起こす。ヒトでは重篤な中枢神経症状を引き起こすが、サルでは重篤な症状はみられない。ニホンザルを含めこの種のサルの大多数がこのウイルスに感染しているにもかかわらず、日本での報告

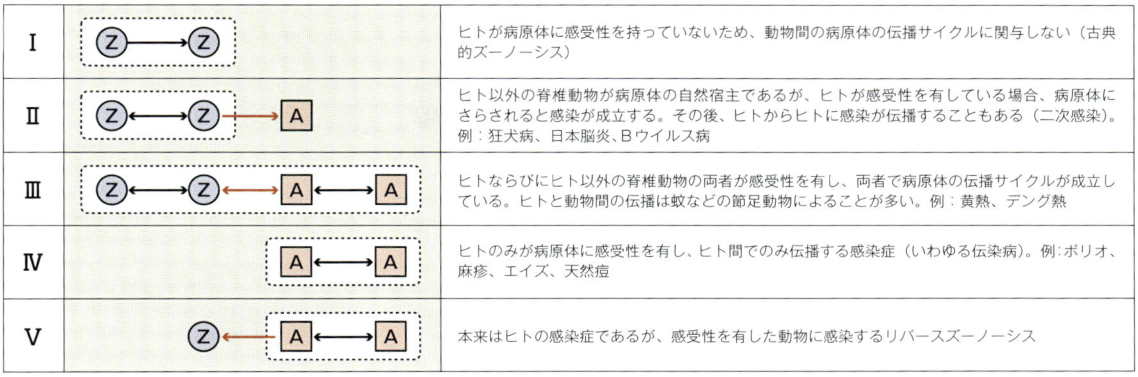
Ⅰ
ヒトが病原体に感受性を持っていないため、動物間の病原体の伝播サイクルに関与しない（古典的ズーノーシス）
Ⅱ
ヒト以外の脊椎動物が病原体の自然宿主であるが、ヒトが感受性を有している場合、病原体にさらされると感染が成立する。その後、ヒトからヒトに感染が伝播することもある（二次感染）。例：狂犬病、日本脳炎、Bウイルス病
Ⅲ
ヒトならびにヒト以外の脊椎動物の両者が感受性を有し、両者で病原体の伝播サイクルが成立している。ヒトと動物間の伝播は蚊などの節足動物によることが多い。例：黄熱、デング熱
Ⅳ
ヒトのみが病原体に感受性を有し、ヒト間でのみ伝播する感染症（いわゆる伝染病）。例：ポリオ、麻疹、エイズ、天然痘
Ⅴ
本来はヒトの感染症であるが、感受性を有した動物に感染するリバースズーノーシス
Z
A
図1　感染サイクル（Z：ヒト以外の脊椎動物、A：ヒト）

はない。

致死率の高いウイルス性出血熱も動物由来感染症が多く、エボラ出血熱とマールブルグ出血熱、ラッサ熱、腎症候性出血熱とハンタウイルス肺症候群などが動物との直接接触によって引き起こされる。

節足動物が媒介する動物由来感染症

動物とヒトとの直接的伝播はなく、病原体を保有した節足動物により間接的に伝播する動物由来感染症もある。昆虫などの節足動物は吸血後しばらくして唾液腺から病原体を排泄するようになる。病原体によっては卵を介した垂直伝播（経卵伝播）により節足動物で病原体が維持されることもある。ヒトからヒトへの直接的伝播は医療行為（輸血・移植）以外にない。日本脳炎、ウエストナイル熱はともにイエカが媒介し、日本脳炎は東南アジアの農村地帯で流行している。自然宿主はサギなどの鳥類で、ブタ、ウマ、ヒトなどが感受性を有する。ブタの感染では血液中のウイルス量が多く、ウイルスの増幅動物として重要視される。ブタでは流産がみられるが、それ以外の症候はない。ヒトの発症率は0.1%程度で、発症すると死亡・重篤な後遺症の残る率は50%を越える。ウエストナイル感染症はアフリカ、中東、欧州南部、さらには北米で流行し、鳥類が自然宿主であり、ヒトは終宿主である。

一部の動物由来感染症ではヒトが自然宿主ともなる。黄熱はアフリカの風土病で、自然宿主はベルベットモンキー（ミドリザル）で、シマカなどの吸血によりウイルスが伝播する。この宿主では無症候である。ウイルスが侵入した南米では原猿類や新世界ザルが宿主となったが、発症する。ヒトの発症率は5%で、重篤な肝（黄疸）・腎障害が生じると20～50%が死亡する。シマカが生息する都市では蚊→ヒト→蚊の都市型黄熱が流行する。デング熱は黄熱と同じ種の蚊が媒介するウイルス性疾患であり、自然宿主も旧世界ザルであるが、都市部では蚊→ヒト→蚊で伝播している。不思議なことに流行地域は黄熱とほとんど重複せず、主としてアジア、北米南部から南米である。

ヒトが自然宿主になった動物由来感染症

動物由来感染症を引き起こしていた病原体が変異し、新しい宿主で感染サイクルが成立するように進化することがある。このような病原体の代表としてチンパンジーから由来し、エイズを引き起こすHIV（ヒト免疫不全ウイルス）がある。この元となったウイルスはチンパンジーでは持続的に感染しているが、免疫不全を引き起こさない。過去にパンデミックインフルエンザを引き起こしたA型インフルエンザウイルスも、鳥類が保有するインフルエンザウイルスの変異あるいはヒトインフルエンザウイルスと鳥類あるいはブタのインフルエンザウイルスのハイブリッドが動物の体内で造られ、ヒトに感染するように進化したことによって、ヒトが自然宿主となった。

動物由来感染症の今後

動物由来感染症の伝播サイクルは、病原体それぞれで特異的である。近年、病原体と宿主のゲノムが解析され、病原体と宿主の関係が分子レベルで解明され、病原体の多様性、系統樹的関連性も明らかにされている。地球開発により、これまで接する機会のなかった動物と接触し、新たなる動物感染症が発生するリスクはつねに存在し、かつその地域以外に飛び火する可能性がある。一方、開発により病原体の伝播サイクルとして重要な自然宿主が減少することにより、病原体が人類に知られることなく消失している可能性もある。

【岩崎琢也】

⇒D病気の多様性 *p158*　Rコイヘルペスウイルス感染症 *p284*　R鳥インフルエンザと新型インフルエンザ *p286*　RBSE（牛海綿状脳症）*p288*　R地球環境変化と疾病媒介蚊 *p292*　Eエイズの流行 *p516*　E病気のグローバル化 *p518*

〈文献〉Kraus, H., *et al.* 2003.　Cleaveland, S., *et al.* 2001.

地球環境変化と疾病媒介蚊

蚊の適応と拡散による疫病の蔓延

蚊媒介性疾患

環境変化により生態系のバランスが崩れると、多くの生物種が衰退するか絶滅する。しかし、新しい環境に適応できた一部の種はより繁栄することがある。これは、競合する種や天敵が衰退することにより逆に生息環境がよくなるからである。病原体を媒介する蚊も例外ではない。

蚊が媒介する疾病の中で最も恐れられているのはマラリアである。高熱と貧血を伴い、重篤化すると死に至る。WHO（世界保健機関）によれば、年間約100万人が犠牲となり、その多くがアフリカの子どもたちとされている。中南米と東南アジアで流行がたびたび起きているデング熱も蚊に媒介され、死に至ることもある。そして、これらの疾病の媒介蚊の分布拡大と流行が懸念されている。

気候変動と蚊の分布

地球規模の環境変化で最も懸念されているものの1つは、気候変動であろう。その中でも20世紀後半からの温暖化により、熱帯地方のマラリアやデング熱を媒介する蚊が、より寒冷な高緯度地域や高地に感染を広げうるという見解がある。また、すでに蚊が生息する地方でも温度が上昇することにより蚊の成長が促進されるとともに生存率も高くなり、蚊の体内の病原体も発達や増殖が促進される可能性がある。実際、東アフリカの高地では、90年代にマラリアが頻繁に流行しており、その原因として温暖化が指摘された。現在、日本にはデング熱は存在しないが、媒介する能力のあるヒトスジシマカの分布は、確実に日本列島を北上している。

一方、異常な多雨が蚊の繁殖地を一時的に増やし、感染症流行につながる可能性も指摘されている。1997年暮れには、東アフリカ各地が洪水に見舞われ、蚊が大発生し、マラリアやリフトバレー熱が流行した。2006年暮れの洪水時にもリフトバレー熱が流行しており、両年には、エルニーニョと西インド洋の海水温度上昇がみられた。多雨はそれらとの関連性が指摘されているが、詳しいメカニズムは明らかにされていない。また、エルニーニョが東南アジアと中南米の気温上昇をもたらし、デング熱流行につながっているのではないかという指摘もある。

土地利用の変化と蚊の分布

地域的な環境変化である発展途上国の人口増加と経済発展による森林伐採も洪水と密接に関係している。伐採が進むとともに土地の保水力も減少し、多くの地域で大雨による水の増加を吸収できなくなってきている。

アフリカでは、伐採された土地に出現した水たまりにマラリア媒介蚊がよく繁殖することがわかっている。それらの蚊は、日当りのよい比較的小さな一過性の水たまりで繁殖し、薄暗い森林内では繁殖できない。よって、伐採地に作られた畑の溝などはよい繁殖地となる。また、これらの蚊は、パピルスなど背の高い湿生植物が繁殖する湿地でも繁殖できず、植物を刈り取ったり、湿地を埋め立て田畑にかえると、適度な乾燥化とともに一過性の日当りのよい水たまりが出現し、格好の繁殖地となる。これは、日当りがよくなり媒介蚊の成長が促進されるとともに、生態系が単純化し媒介蚊の天敵が減少することが理由である。また、アフリカにおける灌漑を伴った水田開発は、今までマラリアが稀であった半乾燥地帯にもマラリア感染を広げている。

日本脳炎に関しては、ワクチンが開発されたにもかかわらず、いまだに東南アジアの広い地域で発生している。日本脳炎を媒介するコガタアカイエカは、生態

写真1　森林を伐採して畑に変えている。手前の水たまりは日当りがよくなり、アフリカのマラリア媒介蚊の繁殖地になる（ケニア、2002年）

系が単純化された水田にうまく適応しており、水田が多くみられるアジアでは防除が難しい。一方、蚊の発生量は水田の様式によって違い、棚田では一般的に平野部の水田に比べて蚊が少ない。山間部にある棚田の水温が低いために蚊の成長が遅くなることもあるが、つねに上からの水の流れがあり、定着しにくいためでもある。平野部でも、イネの生育期間中に水を抜いて中干しする水田では蚊の発生が押さえられている。

さらに、殺虫剤や農薬を水田に散布すると一時的に蚊は減少するが、成長の早い蚊は短期間で戻ってくる。散布後、蚊の天敵であるゲンゴロウや魚なども減少するが、彼らは成長が遅いため、水田に戻ってくるには時間がかかる。よって、殺虫剤や農薬を散布した水田は、蚊にとって天敵の少ない環境となり、しばらくすると以前より蚊の個体数が増加することになる。これは、水田に生息するアフリカのマラリア媒介蚊にもみられる現象である。

東南アジアの主要マラリア媒介蚊は森林の繁殖地を好み、伐採と開発が進んだ地域ではみられなくなってきた。よって、現在の東南アジアでのマラリア感染地帯は森林が残っている地域に限られている。しかし、南米のマラリア媒介蚊は、原生林を伐採した後にできた二次林にある池などに繁殖し、入植者を中心に感染が広まっている。

都市化と蚊の繁殖

マラリアを媒介するハマダラカは、比較的きれいな水たまりに発生し、都市などの人口密集地帯の汚染された水たまりにはあまりみられない。また、人工容器に溜まった水には繁殖しないため、道路が舗装され、コンクリートの建物が立て込んでくると繁殖できる水たまりそのものがなくなる。都市に発生するマラリア患者は、多くの場合、地方や郊外で感染したもので、都市中心部での感染は少ないと考えられている。

写真２　集積した古タイヤにたまった水はデング熱を媒介するネッタイシマカの繁殖地になる（ベトナム、2008 年）

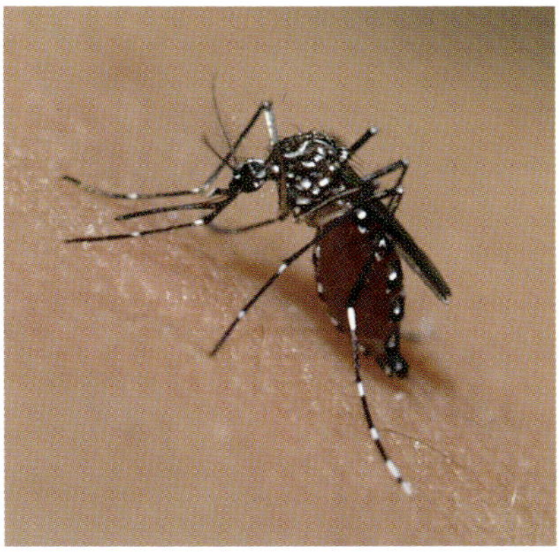

写真３　デング熱を媒介するネッタイシマカ［二見恭子提供］

一方、デング熱は、都市での感染が多い。これは、主要媒介蚊であるネッタイシマカの生態に起因する。ネッタイシマカはもともとアフリカ起源であるが、奴隷貿易時代に船の移動とともに世界各地に分布を拡大した。本来は木の洞などで繁殖していたと思われるが、乾燥化とともに　人工的な容器でも繁殖するようになった。今では、タイヤや水瓶、家の中の花瓶にも繁殖し、熱帯地方の都市に完全に適応している。よって、都市が拡大するとともにネッタイシマカの生息環境も増え、デング熱感染のリスクも高くなるという現象が起きている。人口密集地帯での感染は、爆発的な流行につながる恐れがあるので対策が急がれる。

予測の困難な感染症の流行

しかし、感染症の流行には複数の要因が複雑に絡んでおり、上記の環境変化がどの程度感染に影響しうるのか推し量るのは困難である。実際、90 年代に起きた東アフリカ高地のマラリア流行は、従来の抗マラリア薬に対するマラリア原虫の耐性が顕著になった時期でもあり、温暖化が原因であるという説に否定的な見解がある。たとえば、日本にも以前はマラリアがあり、媒介蚊（シナハマダラカ）がいまだに生息すること、隣国の北朝鮮にはマラリアがあることを考えた場合、マラリア感染には社会的および経済的環境要因が大きく影響することは確かである。　【皆川　昇】

⇒C地球温暖化と健康 *p42* D生物間相互作用と共生 *p136* D病気の多様性 *p158* D熱帯林の減少と劣化 *p166* R動物由来感染症 *p290* R水と健康 *p298* E病気のグローバル化 *p518*

〈文献〉Cazelles, B., *et al.* 2005. Minakawa, N., *et al.* 2005. Reiter, P. 2008. Shanks, G. D., *et al.* 2005. Service, M. W. 1977. Takagi, M., *et al.* 1995. Tsuda, Y., *et al.* 2006. Vittor, A.Y., *et al.* 2009.

栄養転換

食習慣、栄養摂取の変化と食料問題、健康問題

栄養転換とは

食習慣は、「個人の好み」と解釈されやすい。しかし、好むと好まざるとにかかわらず、食習慣は環境の影響を大きく受ける。しかも、エネルギーや栄養素の摂取量の多少は集団の健康を左右する。環境が比較的短期間に大きく変化すると、食習慣が変わり、その影響を介して健康問題、健康障害が生じる。このさいの食習慣、つまり栄養状態、とくに栄養・食品の摂取状態の変化を栄養転換と呼ぶ。

成長障害を被っている児童の数などについては比較的数多くの報告があるが、食習慣の変化を定量的、かつ、ある程度の信頼度を保って調べた研究はきわめて少ない。現時点の栄養転換に関する研究では、身体状況や疾病の発症や死亡の変化を捉えた記録を代理指標としたり、栄養素や食品の摂取量ではなく、食品の消費量（摂取されずに廃棄されたものも含まれてしまう）のデータを用いる場合が多い。栄養転換という考え方に立った実証研究はまだ乏しく、その概念がやっと形成されたレベルである。ここでは、比較的によく知られている事例を紹介することによって、栄養転換のもつ意味について考えることにしたい。

過去の日本にみる脚気の事例

1910 年、鈴木梅太郎によるオリザニン（後にビタミン B_1 と呼ばれる物質）の単離によって、脚気（かっけ）の原因が明らかにされた。さらに、それに遡ることおよそ 25 年、日本海軍の軍医、高木兼寛は白米に頼りすぎる食事が脚気を引き起こすと考え、麦飯の導入を図り、当時、海軍に蔓延していた脚気の一掃に成功している。ところがわが国における脚気死亡者数の推移（図 1）をみると、1910 年ごろからむしろ増加しており、1925 年ごろにピークを迎えている。これは、このころに日本人のビタミン B_1 摂取量が著しく減少し、その結果として脚気死亡者が増加したようすを示している。現在では脚気の主な理由として、精米技術の発達と普及があげられている。

南太平洋島嶼諸国（トンガ）における事例

南太平洋の島嶼諸国は第二次大戦後の社会構造、生活環境の急激な変化に伴って、西洋型の疾患、とくに

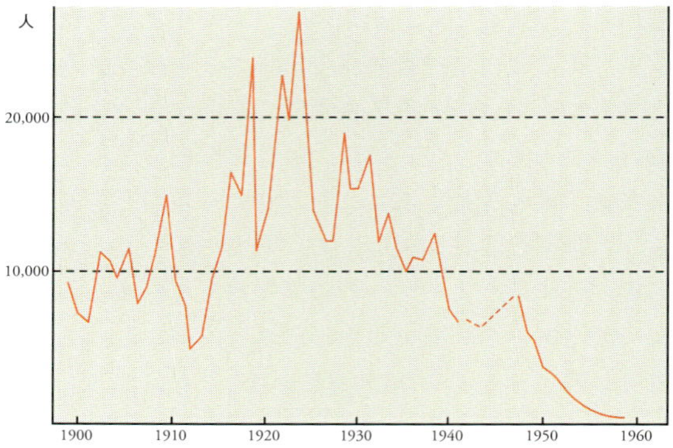

人
20,000
10,000
1900
1910
1920
1930
1940
1950
1960

図 1　日本における脚気死亡数の推移

肥満、高血圧、糖尿病が急増した地域として有名である。たとえば、2000 年にトンガで行われた調査によると、成人の平均肥満度（体重 / 身長^2：kg/m^2）は、男性 31.0、女性 34.5 と報告されている。食事面では、エネルギー密度の高い加工肉を中心とする加工済み食材の輸入量の急増が注目されている。類似の栄養転換は周辺の南太平洋の島嶼諸国や少しずつ形を変えながら、他の開発途上国の一部でも観察されている。これらの国は、飢餓や小児の成長不全などのエネルギー不足による問題を十分に解決できないままに、肥満というエネルギー過剰の問題も同時にかかえるという問題に直面している。

東アジアにおける戦後の事例

経済発展に伴う食習慣の変化により、健康問題の質が変化していくであろうことは容易に想像される。用いる指標や解釈によってやや異なるものの、東アジアにおいては、第 2 次世界大戦後、日本が最も経済発展を遂げ、その後に韓国、そして、中国（中華人民共和国）と続いた。経済的に豊かになるにつれて起こる栄養転換の代表的な例として、総エネルギー摂取量の増加、タンパク質摂取量の増加、脂質摂取量の増加、炭水化物摂取量の増加、食塩摂取量の減少、食物繊維摂取量の減少がある。

しかしながら、第 2 次世界大戦直後の混乱期を除けば、日本や韓国では総エネルギー摂取量の増加は観察されず、むしろ一貫して減少してきた。これは、エネルギーの供給量が減じたというよりも、人間活動のためのエネルギー必要量が減じたことによるものと解釈

される。その主な理由として、労働量の低下と人口の高齢化が考えられる。注目すべきは、脂質摂取量の大きな増加と炭水化物摂取量の大きな減少である。それらの摂取量の変化、とくに脂質摂取量の増加が日本、韓国ともに経済発展の時期にほぼ一致していることは興味深い（図2）。ただし、中国の脂質摂取量はもともと韓国より高く、一時期における国家間比較は難しく、また、中国においては、国内における地域差も大きいため、国家全体の指標で議論するのは難しいと考えられる。

一方、経済の発展は冷蔵庫・冷凍庫の普及や食品加工・輸送技術の向上も促す。すると、従来の方法、たとえば、塩漬けや干物などとして食品を保存する必要性が減じる。また、情報化社会が進むと、健康な食習慣に関する情報へのアクセスも容易になり、社会全体として健康志向になるのではないかとも考えられる。たとえば、高血圧や胃ガンの危険因子としてその過剰摂取が長いあいだ指摘され続けてきた食塩について、日本の国民栄養調査ならびに国民健康・栄養調査で得られたデータから平均摂取量の推移をみると、1970年後半に13g/日を超えていた平均摂取量は2005年以後には11g/日を下回るようになる。途中、少し増加した年度も認められたものの推移としては減少してきたことがわかる（図3）。ところがこの時期、エネルギー摂取量も減少している。そこで、この間の平均エネルギー摂取量（2029kcal/日）を摂取しているものと仮定して（この計算をエネルギー調整と呼ぶ）計算し直すと、1970年後半が12g/日強であったのに対して2005年以後は12g/日弱であり、さきほど観察された食塩摂取量の減少は、エネルギー摂取量の減少に負うところが大きいことがわかる。つまり、日本人の食事が薄味になったわけではないかもしれないという

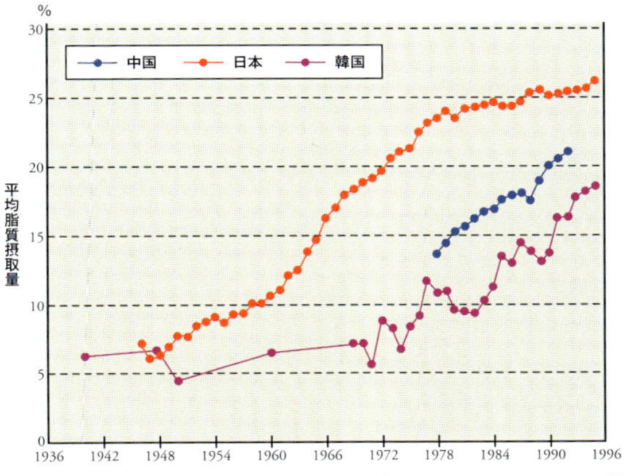

%
中国
日本
韓国
平均脂質摂取量

図2　国民1人あたり平均脂質摂取量（総エネルギーにしめる割合：%）の推移。日本、韓国、中国（中華人民共和国）それぞれの国で行われた国民栄養調査（またはそれに相当する調査）によって得られたデータに基づく

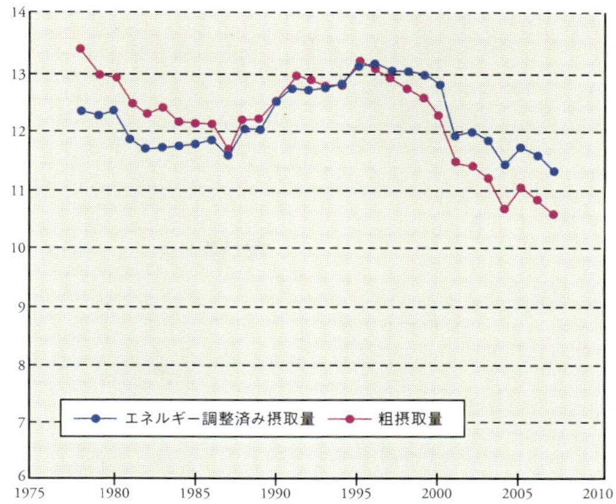

エネルギー調整済み摂取量
粗摂取量

図3　日本における国民1人あたり平均食塩摂取量の推移。国民栄養調査ならびに国民健康・栄養調査による。粗摂取量：g/日。エネルギー調整済み摂取量：g/1000kcal。平均食塩摂取量（g/日）を平均エネルギー摂取量（kcal/日）で割って求めた

解釈も成り立つのである。

米国における栄養転換と糖尿病罹患率

現在、欧米諸国や日本を中心に糖尿病の罹患率が急増している。その原因には数多くの環境要因の変化が関係している。食習慣の変化もそのひとつであり、糖尿病の最大の危険因子は肥満であり、肥満を引き起こす可能性のある要因のひとつとして、高度に精製された穀類の過剰摂取がある。米国において、シリアル類に由来する高度に精製された穀類の消費量と糖尿病罹患率の増加は関連している。また、この期間に消費量が急増した炭水化物として清涼飲料水に添加される果糖であるコーンシロップがあり、コーンシロップ消費量の推移と糖尿病罹患率の推移との関連も検討されている。

社会環境の変化に伴う栄養転換は世界各地でさまざまな形でつねに進行している。しかしながら信頼度の高いデータを収集することが難しい分野であるため、ここでは主にいわゆる先進国の事例を中心にした。しかし、社会基盤や経済基盤が脆弱な開発途上国や島嶼部、山間部など、栄養転換が比較的に短期間でおこり、それが無視できない健康問題を引き起こす事例は世界各地に存在しているものと推測される。地球環境と食料問題、そして健康問題を考える上で栄養転換は重要な学問領域であり、その研究の増加と質の向上は急務である。

【佐々木敏】

⇒D生物文化多様性の未来可能性 *p192* R消える食文化と食育 *p276* R日本型食生活の未来 *p278* R健康転換 *p296* H人口転換 *p376* E地産地消とフードマイレージ *p514*

〈文献〉Colagiuri, S., *et al.* 2002. Evans, M., *et al.* 2001. Shafique, S., *et al.* 2007. Kim, S., *et al.* 2000. Gross, L.S., *et al.* 2004.

健康転換

環境負荷の小さいライフスタイルの構築に向けて

健康転換とは

1800年には10億弱の人類の平均寿命は30歳未満であったが2000年には60億強の人類が存在し、世界の平均寿命は67歳に達した。しかも、寿命は延長途上にある。このような寿命の劇的な変化は健康転換と呼ばれ、長期的な死亡率の減少を意味している。人口、栄養、疾病転換といった一連の現象が健康転換によりもたらされる。健康転換をもたらしたのは複合的要因であり、なかでも公衆衛生、医療、経済、栄養、家庭環境、教育などが関与する。

しかし、国や時代によって、健康転換と寿命の延長に寄与する要因は異なり、ある成功例が他に適応できるとは限らない。以下、アジア、とくに日本、ラオスの例を取り上げながら、健康転換の実際と将来について考える。

世界一の長寿社会を達成した近代日本の歩み

日本人の平均寿命は、1910年代にようやく40歳を超えた。1947年に、50歳の関門を超えて以後は加速度的なのびを示し、現在では男子は79歳を、女子では86歳を超えている。実にこの100年で、日本人の平均寿命は40年のびたことになる。

日本は明治維新以降、植民地化されることなく富国強兵の道を歩み、一方、敗戦後は、欧米資本主義国と比較して、最も短期間で高度経済成長をとげた。史上最速を記録した平均寿命の伸び率と驚異的な寿命の延長をもたらした日本の近代制度とはいったい何であったのか。

海外からのコレラの侵入防止を目的として始まったわが国の検疫制度は、国力の発展と交通機関の発達、国際公衆衛生の進展とともに整備された。急性伝染病の防疫を主眼として始まった公衆衛生行政の重点は、その後、厚生省の発足（1938年）とともに、結核対策、母子保健、無医村対策へと移行するが、昭和初期の衛生行政に通底する基本思想は、人的資源の涵養を目的とした健民思想であった。

米国GHQの戦後復興計画は、戦後日本の医療と公衆衛生政策に大きな影響をおよぼした。経済成長期の日本では、乳児死亡率と平均寿命が欧米先進諸国の水準にまで達し、やがて驚異的な経済成長を背景に、国民皆保険制や老人医療費支給制度を導入し、世界一の長寿社会を達成した。

アジアにおける健康転換

人口動態が、多産多死、多産少死、やがて少産少死へと推移する現象を人口転換とよび、その最終局面として社会は高齢化する（図1）。20世紀後半に、先進諸国は高齢社会となったが、21世紀は現在の途上国の多くが少子高齢化に向かう。なぜならば、現代医療技術や防疫システムはアジアの最貧開発途上国にまで確実におよび、その平均寿命延長に成功している。

人口転換と表裏して認められるのが、栄養転換と疾病転換である。ゆるやかな経済成長と市場経済の浸透とともに栄養状態が大きく変化していく。20世紀後半、欧米諸国では糖質主体の食事から高タンパク、高脂肪の食事に変化したが、すべてのアジア諸国では糖質さえ十分に摂取できない状況にあった。タンパク、脂質、ビタミンなどの欠乏はカロリー不足とあいまって、乳児死亡や周産期死亡の大きな要因であった。

21世紀に入ると、アジア途上国でも糖質主体のカロリー摂取はある程度みたされるようになり、家庭によっては、タンパク質、脂肪の摂取も増加してきた。食料供給が安定し、人類は最も恐れた飢餓から解放され、逆に飽食へと移行し、栄養についても貧困時代の糖質主体の食物はより高価なタンパク質、脂質にとってかわられようとしている。

これらの栄養転換は、乳児死亡率を下げることに寄与し、平均寿命の伸びをもたらした。栄養状態の充実

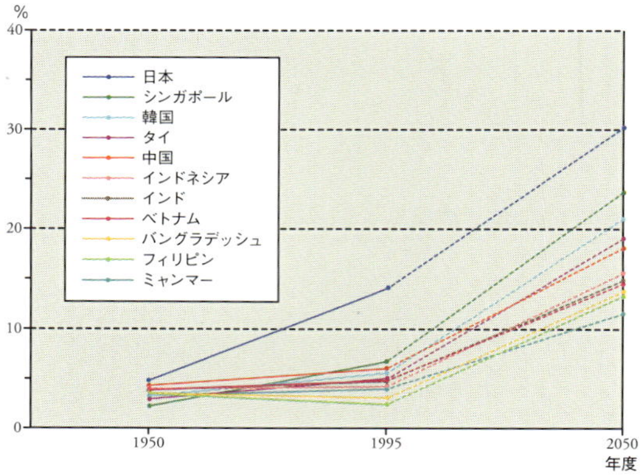
%
40
30
20
10
0
日本
シンガポール
韓国
タイ
中国
インドネシア
インド
ベトナム
バングラデッシュ
フィリピン
ミャンマー
1950
1995
2050
年度

図1　アジア主要国別にみた65歳以上の高齢者の人口にしめる割合の経年推移と将来予測［松林 2008］

と平均寿命の伸びは、疾病構造にも大きな変化をもたらしている。モンスーン・アジアでは、熱帯地域特有のマラリアなどの感染症はまだ重要な問題として残されているが、低栄養にもとづく小児下痢症、敗血症などの急性感染症の発生は低下してきている。栄養転換が疾病構造にもたらす影響は、乳児死亡率の減少のみならず、中高年以降に認められるガン、脳卒中、心臓病、そしてその危険因子としての高血圧、糖尿病、肥満といった生活習慣病の増加である。さらに、高齢者の増加は、認知症、脳卒中後遺症、骨・関節疾患などの慢性疾患をもたらす。健康転換は、今やアジア全体において進行している（図2）。

ラオスにみる感染症と生活習慣病

東南アジアの途上国のひとつであるラオスでの、健康転換の実際を紹介する。ラオスでは、水・食の安全にかかわる感染である。コレラの社会的流行が2000年まで続き、2001年以降消退した。しかし、現在においても住民に高保菌率が認められており、今後の衛生環境の変化により、コレラをはじめとする経口感染症が流行する可能性がある。また、魚の生食で感染するタイ肝吸虫症が、寿命の延長とともに、長年の影響による合併症の問題として注目されている。

ラオス以外の東南アジア諸国においても、少子高齢化による高齢者の増加や生活様式の変化という世界的な波が押し寄せ、従来から存在したコレラなどの細菌感染症や寄生虫病の問題とともに、糖尿病や内臓脂肪症候群などの生活習慣病の増加が問題となってきている。経済状態との関連をみると、貧困者が、中間層よりも有意に糖尿病の頻度が高く、富裕層も中間層より若干高いという結果がある。貧困層が経済的に余裕が出てきた場合に、高カロリーだが多様性に乏しい食事のために家族の中に肥満と栄養失調が混在する現象が報告されており、開発途上国では、感染症、栄養失調、肥満や糖尿病が混在するという多様な疾病構造とともに、高齢化と乏しい財源という、多くの負荷がのしかかっている。

奥宮らによる2005年のラオスにおける高齢者の調査によって、糖尿病の罹患者が多いことがわかった。耐糖能異常者（糖尿病と境界型）に対し、食事と運動についてのライフスタイルの指導を行い、1年後には、糖尿病のうち肥満（肥満指数25以上）を有する頻度が19%より8%に減少し、耐糖能も改善した。一般検診の普及している日本の高知県土佐町でさえ、糖尿病検診が導入され、13%もの高齢者が新たに糖尿病と診断され、32%が境界型と診断された。耐糖能異常者の方にライフスタイルの指導を行い、1年後には耐糖能

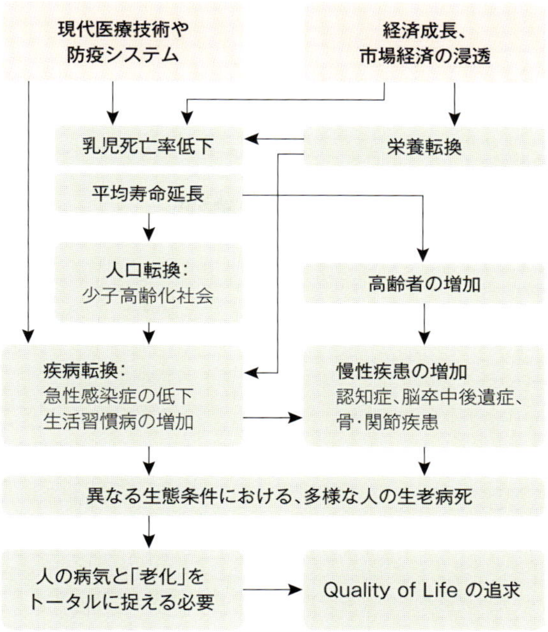

現代医療技術や
防疫システム
経済成長、
市場経済の浸透
乳児死亡率低下
栄養転換
平均寿命延長
人口転換：
少子高齢化社会
高齢者の増加
疾病転換：
急性感染症の低下
生活習慣病の増加
慢性疾患の増加
認知症、脳卒中後遺症、
骨・関節疾患
異なる生態条件における、多様な人の生老病死
人の病気と「老化」を
トータルに捉える必要
Quality of Life の追求

図2　アジアにおける人口・栄養・疾病転換のモデル［松林2008、奥宮2008より改変］

異常者の体重や空腹時血糖値などが低下した。世界的に増加する生活習慣病の予防と対策が急務である。

健康転換の将来に向けて

自然環境に対する身体的適応や、巧妙な資源利用としての文化的適応の中で、グローバル化に伴う最近の生活の変化がもたらす生活習慣病や老化の変容は、「身体に刻み込まれた地球環境問題」ともいえる。長寿がもたらされた結果、高齢者の寝たきりやうつ、介護の問題も増大している。ゆたかな老いと、QOL（Quality of Life）の向上が今後の課題であり、高齢者も安心・安寧に暮らせる社会の構築が必要である。健康転換の将来を考えるためには、それぞれの社会が自然環境に適応してきた文化的背景を見据えて、環境とのより良いつきあい方まで考慮した健康への方策を考えていくことが重要であり、ひいては環境負荷の小さいライフスタイルの再評価につなげたい。【奥宮清人】

⇒D生物文化多様性の未来可能性 *p192*　Rアジアにおける農と食の未来 *p258*　R貧困と食料安全保障 *p280*　R栄養転換 *p294*　R地球環境と健康 *p300*　H人口爆発 *p374*　H人口転換 *p376*　E民俗知と生活の質 *p558*

〈文献〉ライリー、J. 2008. 松林公蔵・奥宮清人 2006. 松林公蔵 2008. 奥宮清人 2008. Caballero, B. 2005. Okumiya K., *et al.* 2007a, 2007b, 2008.

水と健康

発展途上国が直面する重要問題

飲料水の安全性確保

自然界では水は氷、河川水、湖沼水、地下水・伏流水、海水、および降水として分布しており、一般に海水を除く水が飲料水の源となる。これらの水には何らかの危害物質が混入している可能性があるので、浄化設備で浄化し、規定量の塩素を添加して消毒し、安全性を確認後に上水道を通して供給される水が水道水である。水道水が供給されていない地域では、浄化処理が施されていない水を飲料水として使用せざるをえない（写真 1）。わが国の水道局で飲料水の安全性を確認するために測定される項目には、ヒトや動物に由来する汚物の指標（一般細菌、大腸菌）、繁殖している生物の指標（プランクトン、遊泳生物、底生生物、アメンボ、ミズスマシなどの水表生物）、理化学的性質の指標（臭気、味、pH、各種窒素、塩化物イオン、全有機炭素、重金属、総硬度、残留塩素など）が含まれる。

水道水を享受できる人びとは、先進諸国では 93% に達するのに対し、発展途上国では 69% にとどまる。自然界に分布する水の中に含まれる危害物質の由来は、本来自然界に存在するもの以外に、ヒトの生活排水や産業廃水に含まれる危害物質がある。生活排水中の危害物質は下水設備によって除去するようになっているので、下水設備の普及率も安全な飲料水を考える上での指標として用いられる。下水設備の普及率は、先進諸国では 90% であるのに対し、発展途上国では 50% にも満たない。水道水も下水設備も都市部のほうが農村部より普及率が低い。先進国では、水道水は安全な飲料水とされる。しかし、発展途上国では、亀裂や穴のある古い水道管を使用している場合があり、下水設備を通さず土壌中に直接放出された生活排水中の危害物質によって水道水が汚染する可能性があり、必ずしも水道水が安全であるとはいえない。

飲料水に潜む危害物質

発展途上国では、下痢症（腸管感染症）は非常に重要な病気である。死亡者の約半数が下痢症による死亡者で、そのほとんどが 5 歳以下の子どもである（写真 2）。世界的なレベルで見ると、安全な水道水以外の飲料水中に含まれる危害物質の中で圧倒的に多いものは、下痢症患者から排泄される病原微生物である。これらの病原微生物は、下水処理によって除去されなければ環境水を汚染し、その後さらに上水道用浄化設備によって除去されなければ、飲料水を介して再びヒトの腸管に到達して下痢症をおこす。

この感染サイクルを糞口（ふんこう）感染と呼ぶ。このような感染症として、表 1（1）に示したものがよく知られており、いずれも衛生状態の悪い発展途上国で多発している。代表的な例がコレラである。コレラ菌の本来の生息地は沿岸水であり、魚介類などに付着した菌の摂取により、患者が発生し（1 次感染）、その患者を中心として上記のような水系感染サイクル（2 次感染）がスタートすることがわかっている。排泄された病原微生物によって汚染した環境水は、土壌中を通過する時に濾過作用により取り除かれるので、表層水より地下水が安全であると考えられている。ところが、コレラが多発するバングラデシュで、政府が地下水を飲料水として使用することを推奨したところ、地層中のヒ素が飲料水を汚染し、慢性ヒ素中毒がおこることが明らかになった。このように、安全な水の確保には、飲料水中の病原微生物以外の危害物質にも注意を払わねばならない。その他で特筆すべきは、クリプトスポリジウムである。この病原体は塩素に強いので、塩素処理した水道水中でも生存できる。したがって、わが国を含めた先進国でも水道水汚染を介した感染症が報告されている。

生活用水に潜む危害物質

飲料水を除く生活用水に含まれる病原体による健康被害もある。水中に分布する寄生虫または微生物が水中でヒトの皮膚を通して感染することがある（表 1（2））。これらのうち住血吸虫症類は、淡水産貝を中間宿主とする寄生虫がセルカリアと呼ばれる時期に水中に遊出し、漁業、灌漑（かんがい）作業、水浴などで淡水に

写真 1　降水を集めて飲料水にするための工夫（インドネシア、中カリマンタン州、1996 年）

接触しているヒトの皮膚を通して感染する。発熱に続く黄疸と皮膚の点状出血を主徴とするワイル病は、動物が排泄する尿中に含まれる病原体に汚染した水にヒトが接触した時に、経皮感染する。ビブリオ・バルニフィカスは海水中に分布する細菌で、糖尿病やアルコール中毒症などの基礎疾患のあるヒトが海水に接触している時に皮膚の傷口から感染し、感染部位に潰瘍（かいよう）や敗血症（全身感染症）をおこす。

さらに、水が関係する健康被害に含めうるものに、感染症を媒介する昆虫が生息環境として水を必要とする場合がある（表1（3））。表1（3）に示した感染症のうちオンコセルカ症はブユが媒介し、その他はすべて蚊が媒介するもので、マラリアやデング熱などの重要な感染症を含んでおり、いずれも発展途上国が主な発生地域である。これらの昆虫の幼虫は水中で生育するので、それを阻止することにより、成虫が媒介する感染症を予防できる。水域への薬剤の散布が一般的で、ボウフラ発見に対する罰金制度を設けている国（シンガポール）もある。

今後懸念されるグローバルな問題

かつてわが国で、環境水を汚染したメチル水銀がそこに生息する魚介類に生物濃縮され、それを食べた人びとがメチル水銀中毒になった水俣病事件があった。これは特定の地域に限った環境水の汚染問題であった。しかし最近、地球規模で水環境の汚染問題がおこっていることが次第に明らかにされている。中でもダイオキシン類による環境水の汚染が注目されている。塩素を含む物質の不完全燃焼などによって発生するダイオキシン類はさまざまな毒性を有する可能性が指摘されており、少なくとも途上国を含むアジアの沿岸でその汚染分布が確認されており、健康への影響に注意する必要がある。また、内分泌攪乱（かくらん）作用のある有機塩素系化合物であるPCBやDDTが世界各地の沿岸の貝類や哺乳動物から検出され、問題視されている。

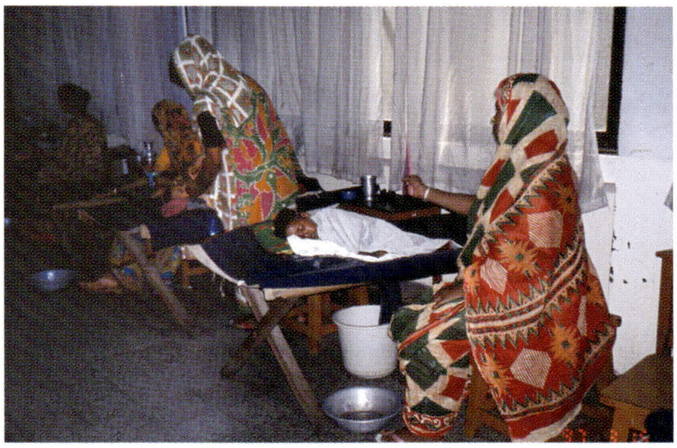

写真2　コレラに罹患した子ども（バングラデシュ国際下痢症研究センター、1997年）

一方、南米沖のエルニーニョにより、ベンガル湾の沿岸水温が上昇し、バングラデシュでのコレラの流行に関与することが示されている。おそらく水温上昇が菌の増殖を促進しているためと考えられる。1997年前後、エルニーニョ現象が顕著であった時にマレーシアのサラワクでもコレラの流行が顕著であった。渇水により、人びとが不衛生な飲料水を摂取せざるをえなかったこともコレラの流行に影響していた1要因と考えられる。今後グローバルな地球温暖化現象も含めて、気候変動が水系感染症や海洋細菌による感染症へ及ぼす影響を調べる必要がある。【西渕光昭】

(1) 飲料水を介して感染		(2) 水中で経皮的に感染		(3) 水を生息環境の一部とする昆虫が媒介	
感染症名	主な発生地域	感染症名	主な発生地域	感染症名	主な発生地域
コレラ	熱帯・亜熱帯	日本住血吸虫症	アジア	マラリア	熱帯・亜熱帯
腸チフス	全世界	マンソン住血吸虫症	アフリカ・南米	デング熱	アジア、アフリカ、中南米の熱帯・亜熱帯
パラチフス	全世界	ビルハルツ住血吸虫症	アフリカ・中近東	リンパ管系フィラリア症（リンパ管系糸状虫症）	熱帯・亜熱帯
細菌性赤痢	全世界	メコン住血吸虫症	ラオス・カンボジア	日本脳炎	アジアの熱帯
下痢原性大腸菌感染症	全世界	ワイル病（レプトスピラ症）	全世界	黄熱	アフリカ・中南米の熱帯周辺
A型肝炎	全世界	ビブリオ・バルニフィカス感染症	熱帯・亜熱帯・温帯	オンコセルカ症	サハラ以南熱帯アフリカ、中南米の一部
E型肝炎	熱帯・亜熱帯				
アメーバ赤痢	熱帯・亜熱帯				
ランブル鞭毛虫症（ジアルジア症）	熱帯・亜熱帯				
クリプトスポリジウム症	全世界				

表1　水が関係する感染症の例

⇒C生態系を蝕む化学汚染 *p64* C地表水と地下水 *p80* C農業排水による水系汚濁 *p86* D病気の多様性 *p158* R動物由来感染症 *p290* R地球環境変化と疾病媒介蚊 *p292*

〈文献〉Myers, N. 1984 & 1993. 厚生省保健医療局結核感染症課監修・小早川隆敏編 1999. Furukawa, H., *et al.* eds. 2004. Benjamin, P. G., *et al.* 2005. Matsuda, F., *et al.* 2007.

地球環境と健康

健康と疾病のリスク論

地球温暖化と健康

地球温暖化に伴う異常気象（干ばつ、豪雨、洪水、熱波）の発生は直接的・間接的に人的被害をもたらす。しかし、健康影響に対しては個々人や社会が何らかの対応策をとるので、健康への温暖化の影響は明確でない。現時点での人類の死亡率への影響も大きくない。

「地球温暖化が進むと日本も熱帯となってマラリアが大流行する」といった報道が登場する。たしかに、長期的にはマラリアを媒介するハマダラカの生息域が北上し、ハマダラカ体内でのマラリア原虫の繁殖サイクルが短縮し、マラリアが流行しやすくなる潜在的リスクは上昇する。しかし、日本にマラリアが侵入し、国内で感染がおこったとしても、現在の医療サービス水準であれば、日本中でマラリアが大流行することはない。媒介蚊駆除、診断・治療がすぐに行われ、住民はエアコンや網戸を使って生活するのでマラリアは定着できない。一方、アフリカの高地では今後、マラリアの発生が地球温暖化とともに広がる可能性がある。流行が広がるか否かは、温暖化以外の環境条件、社会条件、生活様式、保健医療水準に関連し、社会の総合的な脆弱性に左右される（図 1）。

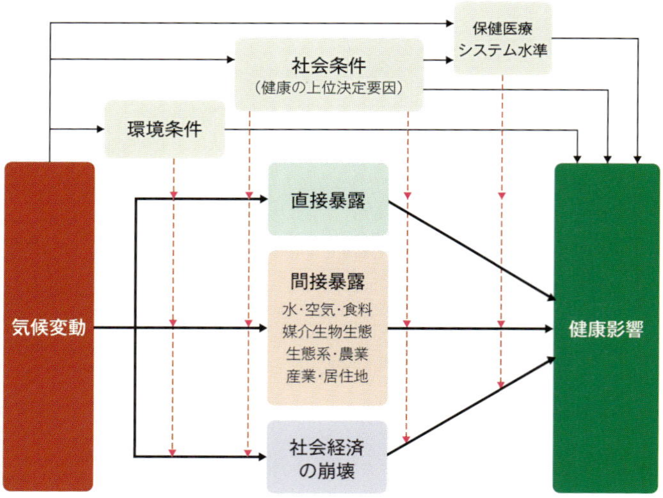
保健医療
システム水準
社会条件
（健康の上位決定要因）
環境条件
気候変動
直接暴露
間接暴露
水・空気・食料
媒介生物生態
生態系・農業
産業・居住地
社会経済
の崩壊
健康影響

図 1　気候変動の健康影響についての環境・社会・保健シムテム要因の直接的・間接的影響に関するモデル［国連ミレニアムエコシステム評価編 2007］

ミレニアム開発目標と健康

国連のミレニアム開発目標（MDGs）は 2000 年のミレニアムサミットでの宣言をもとに策定された国際的約束で、①貧困と飢餓の撲滅、②初等教育の完全普及、③ジェンダー平等推進と女性の地位向上、④乳幼児死亡の削減、⑤妊産婦の健康の改善、⑥ HIV/AIDS、結核、マラリア、その他の疾病の蔓延防止、⑦環境の持続可能性確保、⑧開発のためのグローバルなパートナーシップの推進という 8 目標のもとに 18 のターゲットを定めた（表 1）。これらのターゲットを目指した政策を計画し実行する途上国に対して財政的な援助を行う枠組をつくり、世界の不平等、不健康、不幸を 2015 年までに減らそうとする試みである。たとえば、妊産婦死亡率の 75％削減、乳幼児死亡率の 67％削減、安全な飲料水および衛生施設を継続的に利用できない人びとの割合の半減、スラム居住者の生活改善などを到達点としている。

しかし、期間の半分を過ぎた 2010 年時点でサハラ以南アフリカ諸国をはじめ多くの国で目標を達成する目処がたっていない。

ミレニアム生態系評価と健康

地球環境問題は、温暖化以外でも健康に影響を与える。ミレニアム生態系評価（MA）は、国連が MDGs に科学的基盤を与えるために 2001〜05 年に実施した研究で、生態系の変化による健康影響も検討した。MA では「生態系サービス」という概念が提唱され、人間存在を支える一次生産、栄養循環、土壌生成の機能をもつ生態系が、供給的（食料、水、燃料、木材など）、調整的（気候、洪水、疾病、水浄化の調整）、文化的（美的、霊的、教育的、余暇的）な効用をもつことが認識された。その上で、生態系サービスが人間の福利を構成する①安全、②良好な生活のための必需物、③健康、④良好な社会関係の基盤となり、それが生き方の自由の幅を広げるとした。この考えは、「人間を含む生態系が保全されなければ人間の長期的健康は維持されない」というエコヘルスの発想に近い。「生態系サービス」は生態系から人間を外し、生態系を人間に奉仕する存在として価値を認めるという人間中心主義的ではあるが、政策担当者に受け入れられやすい論理だといえる。

MA では地球環境への人類の影響が強まり、気候変動、オゾン層破壊、森林減少と土地被覆変化、土地劣化と砂漠化、湿地帯の減少と劣化、生物多様性の減少、淡水の過剰利用と汚染、都市化とその影響、沿岸域生態系の劣化がおこる。それによって、①直接的健康被害（洪水、熱波、水不足、土砂崩れ、電離放射線*曝露、汚染物質への曝露）、②生態系を仲介した健康影響（感染症リスクの変化、栄養不良や発育遅滞をもたらす食料生産の減少、生薬資源の枯渇、個人・社会レベルでの精神保健への影響、美的文化的疲弊）、③間接的・強制移住的健康影響（生計活動が疎外されることによる健康影響、スラム居住などの人口の強制的な定移住、紛争）がもたらされるとした。たとえば感染症の中で生態学的変化の影響を受けやすいものとして、住血吸虫症、クリプトスポリジウム症、マラリア、リーシュマニア症などがあげられている。

ゴール１　貧困と飢餓の撲滅
①１日１米ドル未満で生活する人口割合の半減
②飢餓人口割合の半減
ゴール２　初等教育の完全普及
③すべての子ども（男女）の初等教育全課程修了
ゴール３　ジェンダー平等推進と女性の地位向上
④全教育レベルでの男女格差解消
ゴール４　乳幼児死亡率の削減
⑤５歳未満の死亡率を３分の１に削減
ゴール５　妊産婦の健康の改善
⑥妊産婦死亡率を４分の１に削減
ゴール６　HIV／エイズ・結核・マラリア・その他の疾病の蔓延の防止
⑦ HIV／エイズの蔓延阻止・減少
⑧マラリア・他の主要疾病の蔓延阻止・減少
ゴール７ 環境の持続可能性確保
⑨持続可能な開発の原則を国家政策及びプログラムに反映、環境資源損失減少
⑩安全な飲料水及び衛生施設を継続的に利用できない割合を半減
⑪ 2020 年までにスラム居住者１億人以上の生活大幅改善
ゴール８　開発のためのグローバル・パートナーシップの推進
⑫より開放的でルールに基づく予測可能でかつ差別的でない貿易及び金融システムの構築（良い統治、開発および貧困削減を国内的及び国際的に公約することを含む）
⑬後発開発途上国の特別なニーズに取り組む（以下を含む）（1）後発開発途上国からの輸入品を無税・無枠に（2）重債務貧困国に対する債務救済及び二国間債務の帳消しのための拡大プログラム（3）貧困削減にコミットしている国に対し、より寛大な ODA の供与
⑭内陸開発途上国及び小島嶼開発途上国の特別なニーズへの取組み（バルバドス・プログラム及び第 22 回国連総会特別会合の規定に基づく）
⑮債務破綻を防ぐため国内的国際的措置により開発途上国の債務問題に包括的に取組む
⑯開発途上国と協力し適切で生産的な仕事を若者に提供するための戦略を策定・実施する
⑰製薬会社と協力して開発途上国で人びとが安価で必須医薬品を入手できるようにする
⑱民間部門と協力して、情報・通信等の新技術による利益が得られるようにする

表１　ミレニアム開発目標［外務省 HP を一部改変］

健康の決定要因論

現在の世界の健康格差は、気候変動ではなく、貧困、飢餓・栄養不足、安全な水の供給不足、予防接種や医療サービスの不十分な供給、教育の不足、社会的不平等などによる。これらに適切な長期的対策をとること、そのためには現実の問題に対して脆弱性を弱める短期的・長期的解決策が大切である。グローバリゼーションや地球環境変化はさまざまなかたちで人類の健康と生存に影響を与える。それをバランスよく総合的にみる視点が求められており、環境決定論的な短絡な発想は慎むべきである。

しかし、現在の健康格差が上記の要因によることは、地球環境が健康に関連がないことを意味しない。ここが健康の決定要因論で難しいところである。世界の人びとの健康は、気候変動によって直接的に損なわれているわけではない。しかし、将来の気候変動は人びとの健康と生存に影響を与える。私たちは「死亡や疾病の原因とリスク」を認識し計算するが、「健康と生存の原因とリスク」を計算することはできない。

医学雑誌『ランセット』はロンドン大学と協力して「気候変動の健康影響マネージメント」を発表し、気候変動が 21 世紀最大の世界的健康脅威であるとした。これに対し、WHO（世界保健機関）の計算では、死亡リスクは、1 位高血圧、2 位喫煙、3 位高コレステロール、4 位低体重、5 位危険な性行為で、気候変動は 21 位にとどまっている（2002 年）。この違いは、何を健康リスクと考えるかの違いであり、どちらが間違っていると一概に言える問題ではない。私たちの健康はさまざまな要素によって支えられており、ある一要因によって決定されているわけではない。しかし、1 つの要因が欠落すれば、健康が損われる。

健康は気候、生態系サービスを含む多くの要因によって支えられており、そのすべてが大切であるという認識をもって地球環境問題と健康を考えていくことが求められている。　【門司和彦】

⇒C地球温暖化と健康 *p42*　C大気汚染と呼吸器疾患 *p62*　D生態系サービス *p134*　D病気の多様性 *p158*　R地球環境変化と疾病媒介蚊 *p292*　R水と健康 *p298*　Rエコヘルスという考え方 *p302*　Eエイズの流行 *p516*　E病気のグローバル化 *p518*

〈文献〉国連ミレニアム エコシステム評価編 2007．Costello A., *et al.* 2009．WHO 2002．

エコヘルスという考え方

地球環境時代の生態学的健康観

環境と健康

エコヘルスとは、健康に対する生態学的、あるいは環境学的な見方である。この見方の原型は、医学が進歩する以前から存在し、現在でも多くの社会で保持されている。しかし、19 世紀後半から第二次世界大戦後にかけて健康に対する医科学的な理解が発展し、健康に対する生態学的見方は傍流となった。それに対し、R. デュボスや M. バーネットら一流の医科学研究者が、人間の長期的存続を考え、生態学的に健康を捉えることの必要性を早くから指摘した。地球環境問題が現実的にも政治的にも顕在化した今日、個人を対象として比較的短期的な問題に対応する医学的アプローチと、集団を対象とした中長期的な課題に対応するエコヘルス・アプローチの統合が求められる。

エコヘルスの系譜

今西錦司は、生物と環境は別々に存在するのではなく、1 つの体系として存在すると指摘した。この考えによれば、健康は、生物が環境から独立してもっている特性ではなく、環境との関係の中で表れる生物の特性である。他の生物の健康と同様に、人間の健康も基本的には環境によって支えられている。鈴木継美は、「人間の健康はその人間が生きていくための生態学的条件が保全されることによって初めて成立する」という生態学的健康観に基づく人類生態学研究を多方面で展開した。

鈴木庄亮は 1979 年に、「医学は個別的な福祉の推進にとどまらず、集団とその環境とが永続的に調和した状態をつくることに力を貸さなければならない。これを「エコヘルス」と名づけたい。エコヘルスの推進が必要である」として、初めてエコヘルスという言葉を使用し、医学もエコヘルスに寄与すべきことを提案した。

海外では、「生態と健康」国際協会が設立され、2004 年から学術雑誌 *EcoHealth* が刊行されている。エコヘルスは、生態系の変化が健康にあたえる影響を超領域的に研究し、参加と公正性に留意する点で、個別の環境科学・健康科学とは異なるとされた。雑誌 *EcoHealth* は、野生動物の健康を扱う研究などが多く、生態系における人間の健康に焦点をあてた日本のエコヘルスとはやや隔たりがみられる。

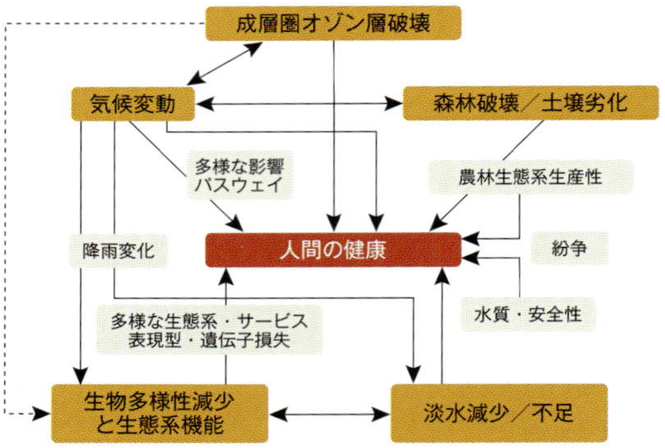
成層圏オゾン層破壊
気候変動
森林破壊／土壌劣化
多様な影響パスウェイ
農林生態系生産性
降雨変化
人間の健康
紛争
水質・安全性
多様な生態系・サービス
表現型・遺伝子損失
生物多様性減少と生態系機能
淡水減少／不足

図 1　気候変動を含む主要な地球環境変化の健康への影響［McMichael *et al.* 2003 より作図］

近代医学の発展と貢献

19 世紀の L. パスツールや R. コッホの病原体説に代表される近代西洋医学は、病気の原因を科学的に解明し、治療を可能にした。また、科学的医学知識の公衆衛生・個人衛生への応用によって予防も可能にした。病原体の発見に続く感染源と感染経路の発見、予防接種や血清療法の開発により、多くの感染症が治療・制御可能となった。その後も、化学療法薬や殺虫剤の開発、抗生物質の発見と続き、感染症は治療、流行阻止、根絶ができると信じられるようになった。天然痘の予防接種による撲滅キャンペーンが 1958 年に開始され、1980 年に根絶宣言がだされた。天然痘根絶は不可能だと考えたデュボスの予言は的中しなかった。

感染症による死亡が減少することにより、非感染症（変性疾患・外因性疾患）が先進国の主要な公衆衛生上の問題となった。現在では、新興国、途上国でも対策を要する問題となっている。ガンや循環器系疾患のリスク要因に関する疫学的研究が進み、肥満、喫煙、食べすぎ・偏食、運動不足、飲酒などの個人の行動危険因子を低減する社会的動向が強化されだした。しかし、世界では肥満の割合は急激に増加し、とくに先進国の貧困層や途上国では、これからの重要な公衆衛生上の課題となった。

地球環境問題とエコヘルス

A.J. マクマイケルは、個人の行動を重視する近年の健康増進レトリックによって、集団の健康プロフィールが、食料生産、淡水供給、気候安定性、病原体の自然制御、社会関係、環境資産への集団内のアクセスの差異などの環境と社会的条件に依存していることが軽視されているという。図1は、気候変動を含む主要な地球環境変化の人間の健康への影響を示したものである。人間の健康は、気候変動、成層圏オゾン層破壊、森林破壊／土壌劣化、淡水減少／不足、生物多様性減少と生態系機能などの直接的／間接的、複合的な影響を受ける。これ以外にも、人口増加、都市化、産業化に伴った人為活動による多様な化学物質の排出を原因とする水、大気、土壌、食物の汚染による人体への影響、食料生産の低下がもたらす健康影響、エネルギー資源枯渇による生活変化の健康影響が懸念されている。地球環境問題の登場は、人類全体のエコヘルスを地球規模で考える必要性を提示した。

地域レベルでのエコヘルス・アプローチ

しかし一方で、それぞれの生態系の中で健康が維持されるというエコヘルスの発想は、世界基準の普遍的な「健康」は幻想であり、地域ごとの健康像を現実的に改善していくしか方法はないという立場に立つ。「人権としての健康」はすべての人びとに平等であるべきだが、それを実現させる方法は、生態系ごとに異なり、社会のあり方や文化によって影響される。上述のような地球環境の健康影響は私たちが生きている周辺の地域環境に影響を与えるからこそ健康に影響を与える。それに対する対処は世界基準に照らして妥当であるべきだが、同時に、地域ごとに工夫され実現可能でなければならない。

戦後高度成長期の日本では、産業現場での職業病や企業による大気や水質汚染が問題となった。人口が増加し、都市化や自動車の普及によって生活環境が悪化し、騒音やゴミ処理が問題化した。これらは、経済発展のスピードに対して職場や周辺地域の環境に配慮する社会的意識、態度、体制、技術、投資が遅れた結果であった。このような地域レベルの環境・健康問題は途上国を中心に多く発生し、今後も発生が予測される。地球環境問題は、地球規模で考えると同時に、それぞれの地域での問題を最小化する努力が不可欠である。

地域に常在する風土病にはとくにエコヘルス・アプローチが有効である。蚊が媒介するマラリアやフィラリア、巻貝が中間宿主となる住血吸虫症などは、媒介生物が生息する熱帯地域で主に発生する。風土病の発生は、現地における自然と人間の生活と媒介生物の生態に密接に関連し、問題の特質が生態系ごと地域ごとに大きく異なる。個人の行動変容によって感染を逃れることは理論上可能だが、実際に流行地で生活していると感染を逃れることは難しい。

WHO（世界保健機関）などは、病原体の特性や生活史などの医科学的事実に基づき世界標準の対策を実施している。たとえば、回虫などの土壌伝播寄生虫に対して流行地の学童や幼児全員に駆虫薬を飲ませる活動を展開している。これらの対策は、流行の低減や短期的な重篤化阻止には有効だが、それだけでは根本的解決に結びつかない。適切な人糞処理により、生活水、食料、生活環境が回虫卵に汚染されないこと、人びとの衛生意識の向上と衛生行動の実践、それらと関係する生活・経済状態の改善が必要である。医学的対策とこれらの行動、生活、社会、環境上の変化が噛みあった場合に対策は成功する。

これからの日本と世界のエコヘルスの課題

19 世紀以降、死亡率は減少し、世界の平均寿命は大幅に延長した。その結果、今世紀中に人類は史上最大の人口数を達成する。20 世紀後半からは、中年以降の死亡率も低下し、高齢者数が増加した。途上国においても今後、高齢者人口が増加する。一方、出生力の低下による少子化と人口減少が先進国で広がり、途上国でも 21 世紀後半には少子化が進み、世界人口は減少局面を迎える。当面、人類は人口増加と人口減少に対応しながら、地球の環境、食料、エネルギー資源などを考えることになる。

日本では今後、農村や地方都市で人口が減少し、社会の維持、医療や介護のサービス提供が困難になる。都市では単身世帯が増え、拡大家族で高齢者や子どもを看ることも減り、家族や親族、近隣、コミュニティで相互扶助する力が衰える。増加する高齢者に対する生活保障（年金）、医療、介護が社会問題となり、全世代でのメンタルヘルスも課題となる。日本は、非西洋社会の先頭を切って若年層の死亡率を減少させ、出生率を抑えて人口増加を回避した。それに成功した結果、これらの社会変化に適応した日本人のエコヘルスを考え、新しいライフスタイルを打出し環境政策を実現することが必要となった。日本は世界一の寿命を誇り、健康分野でのトップランナーであるが、エコヘルス分野においても世界をリードすることが期待されている。

【門司和彦・西本太】

⇒D病気の多様性 *p158* R地球環境変化と疾病媒介蚊 *p292* R水と健康 *p298* Hペスト *p452* Eエイズの流行 *p516* E病気のグローバル化 *p518*

〈文献〉今西錦司 1972(1941). 鈴木庄亮 1979. 鈴木継美 1982. Dubos, R. 1987(1959). Dubos, R. 1980(1966). Burnet, M. & D.O. White 1972. McMichael, A.J. 2009. McMichael, A.J., *et al.* 2003.

民俗知と科学知の融合と相克

賢明な資源利用のあり方

民族科学とは

20 世紀に生まれた学問である文化人類学では、それぞれの民族における固有の科学である民族科学（エスノサイエンス）を研究対象にしてきた。民族科学は、世界に存在する数多くの民族集団は、それぞれ独自の知識体系を持つとする認識に立脚とている。そして、西欧文化として生まれた、いわゆる科学が特に優れたものというわけではなく、価値とは中立にそれぞれの文化のなかに民族科学を相対的に位置づけることを目指す研究が進められた。

民族科学の対象は、自然と共存する生活技術の一部を担うものとしての民俗知（フォークノレッジ、民俗知識、生態学的知識）の集積として体系化されたものである。しかしながら、民俗知であるといっても、それが賢明な資源利用のための自然と共存する技術であるのか否かを性急に判断することはできない点に注意しておきたい。

さまざまな民俗知

日本列島における人びとの生業と不可分な関係にある民俗知に焦点を当ててみよう。南北 3000㎞の日本列島には、多様な自然が広がっている。同時に、これらの自然的基盤に関与する形で農山漁村では多様な生業が展開してきた。実際、農山漁村では、さまざまな民俗知が知られており、とくに日本民俗学ではそれらの知識を示す民俗語彙と技術伝承の研究が全国各地で精力的に行われてきた。

ここでは、生業ごとに民俗知の詳細を検討したい。まず、採集の事例として、近年まで東北地方の奥地山村の経済基盤の 1 つであったゼンマイ採集を取り上げる。採集時期の予測には、「顔だけ出したゼンマイは 1 週間たてば折れる」「ヤマザクラが咲く頃にゼンマイはさかりである」「トチノキの花が咲く頃にゼンマイはおわりになる」など、さまざまな内容の民俗知が知られている（写真 1）。ゼンマイの生育場所に関しては、「上流に向かって歩いた場合に、右から合流する沢は右側、左側から合流する沢は左側にゼンマイがある」と語られる。

狩猟では、東北から中部地方にかけて行われているツキノワグマ猟についてみてみよう。現在、クマ猟は鳥獣駆除の一環として行われている。「男の子の生まれた家へ立ち寄ってお茶を飲んでいけ、クマがとれる」、「ツマジロのクマは山の神様のお使いだからとるな。7 代祟る」など、猟に伴ういい伝えがある。また、クマ猟は、前述した採集とは異なり、かつては猟の最中には山言葉（クマはシシと呼ぶなど多数）を話す慣行があり、儀礼的な側面の強い生業であった。

農耕の例として、西南日本外帯の山村に展開していた焼畑を取り上げる（写真 2）。高知県池川町椿山の村人は、山の土壌や植生に応じてどのような作物ができるのかについて熟知している。たとえば、「山のくぼみのところは、土壌も深いし、水分もあるから、どんな作物でもよくできる」、「ウネは土が悪い。ミツマタもコウゾもできない。ヒエ、アワ、ダイズ、アズキぐらいならできる」、「クズ、ツヅラ、ウツゲの生えている所は土質がよく、焼畑としては最高である」などの民俗知を挙げることができる。

以上、日本列島における採集、狩猟、農耕にみられる民俗知の例を示したが、そこから地域住民の自然に対するきめ細やかな認識のあり方を読みとることができる。つまり、民俗知は科学的に解明されていないかもしれないが、地域の人びとにとっては生活上重要な意味を持つものである。同時に、これらの知識が夫婦や家族や集落などのどの範囲で共有化されていたものであるのか、どのように世代を超えて継承されていくものであるのか、その詳細について知る資料は意外に少ない。それに加えて、民俗知は簡単に変わらないもののようにみえるが、時間とともに変化するものもある。

写真 1　東北地方の急傾斜地での山菜採集（新潟県朝日村、1984 年）

賢明な資源利用の具体例

民俗知にささえられた、自然に依存する生業の資源利用の実態をみるさいには、何を基準にして賢明な資源利用とみるのか、これまであまり論議がされてこなかった。果たして、民俗知を持っているから賢明な資源利用をしているといえるのであろうか。このことを明らかにするためには、人びとが、その知識を具体的な場面でどのように使用しているのか、その知識と実際の行動とのかかわり方を把握しなければならない。

たとえば、前述したゼンマイ採集の場合、ゼンマイの生長時期は雪溶けの状態に左右されるが、陽の当たらない急傾斜地に群落をつくる点では共通している。筆者の調査では、1日当たりのゼンマイの伸びは5cmであった。このため、先にふれた「顔だけ出したゼンマイは1週間たてば折れる」という知識は、長さが35cmになることから、筆者の調査結果と照らし合わせてみることで、科学的にも根拠のあるものであると考えてよい。

その一方で、限られたゼンマイ資源の社会的分配に関しては、これまで集落内に世帯単位の採集地がなわばり（テリトリー）として存在していた。集落内の構成員は他の世帯の採集域を周知しており、そこで採集することを遠慮した。また、1戸当たりの採集域は、3.5 km^2から22 km^2までばらつきのみられるものの、平均すると10.3 km^2であった。このように、採集なわばりは、限定された自然資源（この場合は、山菜のなかのゼンマイ）を集落のメンバー間で公平に分配するための社会的適応であるといえる。

焼畑は、森林の破壊の要因として指摘されることもあるが、自然に最もよく適応した生産様式でもある。焼畑の是非をめぐる論議を解決するためには、民俗知の収集による資料の提示のみでは困難である。ゼンマイ採集と同様に、土壌や植生からの現地調査によって、民俗知の内容を評価しなくてはならない。たとえば、前に取り上げた高知県池川町の椿山では、昭和40年代まで焼畑が維持されていた。椿山では、耕作後

写真2　宮崎県椎葉村の焼畑地（2009年）

写真3　熱帯林でのエコツアー（タイ、ナーン県）［ナーン撮影］

20〜30年間にわたり休閑される。その理由は、焼畑サイクルにみられる植生の遷移の詳細として地域住民が説明していることから、焼畑の賢明な利用がなされていることがわかる。

以上のように、採集と農耕という2つの事例ではあるが、民俗知だけからでは賢明な利用であるかどうかを断定することはできない。むしろ、人の側と同時に自然科学の側からの調査結果と照らし合わせることが重要であろう。

知恵と実践

近年、世界的にみても先住民や地域住民による自然資源の持続的利用のために、その利用に不可分とされる地域固有の民俗知が注目されている。そして、これらの知識を有効に活用することによって、地域における人と自然との共存が可能であるとする意見がある。世界の先住民の伝統的知識は、熱帯林やタイガなどの森林の生物多様性を維持する上でも、森林の自然保護と地域経済の両立をめざすエコツアーを実現する際にも、それに関与する行政や観光客が注目する対象になっている（写真3）。

しかし、民族知は、古くから存在したものであるのか否かは疑問で、あくまでも知識であり、実際に使用されているのか否かの判断も難しい。近年、先住民の間で、自分たちの文化的特性をアピールするために、民俗知を維持して、自然との共生生活を送ってきたとするステレオタイプの像を創作し、その知識が政治的に利用されることも多い。このため、何をもって賢明な利用であるとするのか、その判定のための手続きを示すことがますます重要になっている。【池谷和信】

⇒D文化的アイデンティティ *p154*　D雨緑樹林の生物文化多様性 *p196*　Dサンゴ礁がはぐくむ民俗知 *p210*　D持続可能なツーリズム *p230*　R熱帯林における先住民の知識と制度 *p306*　R儀礼による資源保護 *p324*　Rエコポリティクス *p348*　E民俗知と生活の質 *p558*

〈文献〉秋道智彌編 2007c．池谷和信 2003．福井勝義 1974．

熱帯林における先住民の知識と制度

その喪失・変容過程と社会構造

注目される先住民の知識と制度

1980年代以降、熱帯林の劣化・減少は国際的な問題となり、今日でもその進行はとどまるところを知らない。熱帯林やその周りには、何世代にもわたり森を利用しながら生活してきた先住民が暮らしている。彼らの森林に関する知識や森林利用のルール・制度は、近年、大きく2つの理由から注目されている。1つは、熱帯林の生態系や生物多様性の管理に、彼らの知識や制度が応用できると考えられるようになったからである。もう1つは、森林の資源を利用する際、多種多様な生物の中から有用なものを探し出すのに彼らの知識が役立つためである。

森林資源は、建材や薪（たきぎ）に利用する木材を指すことが多いが、ここでは非木材資源も含める。たとえば、動物、樹木の樹脂・樹皮・葉・果実、竹、ヤシ、草、キノコなどである。それらは食材、薬、染料、狩猟・漁撈に使う毒、建材、手工芸品、飼料、肥料などとして利用され、非木材林産物（NTFPs）と呼ばれる。焼畑農業やエコツーリズムでは、森林そのものが資源として利用されている。

先住民は、それぞれが暮らす地域において生態系を観察し、試行錯誤しながら森林資源を利用してきた。長期間にわたる森林資源との関係を通じて培われた知識は、伝統的な生態学的知識（TEK）とも呼ばれている。先住民の森林資源の利用や所有に関する制度は、彼らの森林資源の知識に基づき、森林の利用をめぐる社会的な関係の中で形成されてきた。地域ごとの自然環境や社会環境に応じて、先住民の知識や制度にも違いがみられる。同じ地域においても、生業が異なれば森林資源利用も大きく異なるため（図1）、民族間でも知識や制度に違いがみられる。

狩猟採集民の知識と制度

熱帯多雨林や熱帯モンスーン林には、森林内を移動しつつ暮らしている狩猟採集民がいる。食料として野生のヤムイモ類、ヤシ類（写真1）、果物、蜂蜜、獣肉などが利用される。衣服には樹皮が用いられる。住居や道具類には木材や樹皮、大型の草やヤシの葉や茎、籐（つる性のヤシ）、竹などを使う。病気やけがの薬、狩猟・漁撈に利用する毒も森林の植物から採る。古くから農耕民との交易を行ってきた人びとも多い。狩猟採集民は、獣肉、林産物で製作した道具類、動物の胆石や熊胆（ゆうたん）、サイの角と引き換えに、農耕民から農産物、鉄、布、塩、煙草などを得てきた。彼らの森林資源に関する豊かな知識が暮らしを支えてきた。

森林資源の利用や所有について狩猟採集民はどのような制度をもっているのだろうか。彼らは、森林の精霊を信仰し、森林動物を擬人化した物語を語るが、森林を極端に恐れたり神聖視することはない。狩猟採集のテリトリーや個別の樹木の所有権を強く主張することもあまりない。採集適期直前の野生植物の利用権を主張することはあるが、それほど厳密で排他的なものではない。共同体内での獣肉の分配が重要な社会規範

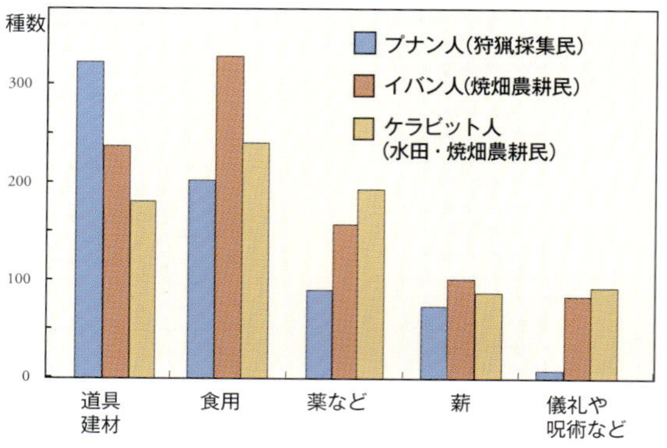
種数
300
200
100
0
プナン人(狩猟採集民)
イバン人(焼畑農耕民)
ケラビット人
(水田・焼畑農耕民)
道具
建材
食用
薬など
薪
儀礼や
呪術など

図1　ボルネオ島の森林に暮らす先住民の有用野生植物の知識。民族により差はあるが、各種用途に利用できる多種類の植物を知っている［Christensen 2002, Koizumi & Momose 2007 を改変］

写真1　切り倒した野生のヤシの幹をでんぷん採集のために砕くプナン・ブナルイ人（インドネシア、東カリマンタン州、2004年）

であり、食料を保存したり財を蓄積することは少ない。必要なとき必要な分だけの森林資源を利用するが、森林資源の枯渇を防ごうという意識がとくにないのは、森林の生産力に比べ、人口密度が低いためと考えられる。一般には、狩猟採集民は森林資源の利用や保全についてのルールや制度を発達させていない。

農耕民の知識と制度

熱帯林やその周りに暮らす農耕民は、森林の休閑を組み込んだ焼畑農業を行うことが多い。したがって、狩猟採集民と異なり、農耕民の周りには休閑二次林が豊富である。休閑二次林は日常的に利用される。彼らは主食こそコメやイモ類などの作物に依存しているが、獣肉、果実、建材、道具や手工芸品の素材（写真 2）、薬などを休閑二次林から得ている。原生林は、家屋のための大きな建材や野生果実の採取、狩猟に利用されることもあるが、精霊の支配する世界と捉えられ恐れられることが多い。この点で、狩猟採集民とは森林観が異なる。利用される森林タイプは狩猟採集民とは異なるが、農耕民の暮らしも森林資源に関する豊富な知識に支えられている。

今日の農耕民は、狩猟採集民と比べ、より発達した独自の森林の所有・管理の制度を有する。それらは近代的な所有概念とは異なることが多い。たとえば、ムラに暮らす人びとは土地を保有する権利をもつが、そのムラから転居すれば彼らはその土地の権利を失う。土地の保有者が焼畑で栽培を行っている間、他人はそこに入ることさえ強く規制されるが、休閑期には誰もがその土地に自由に出入りでき、自生の山菜などを採ってもよい。果樹は植えた人に保有権があり、土地の保有者とは必ずしも一致しないことがあり、1 つの場所における保有権のあり方は複雑である。土地や森林資源にかかわるルールも慣習として先住民の間に認識されており、彼らの慣習権は部分的に政府により認められていることが多い。森林資源の利用・管理については、資源によってルールが定められている場合もあれば、ない場合もある。サイの角を求めての狩猟によりボルネオ島でスマトラサイが絶滅の危機に瀕しているように、ある資源が商品化されることにより、過度に採集され、枯渇に瀕することもある。

先住民の知識や制度をめぐる問題

生物多様性の減少が地球規模の環境問題となり、その持続的な利用のために生物多様性条約が 1993 年に発効した。今日、森林資源を用いて新たな商品開発を行う上で、有用種探しに先住民の豊かな知識を利用しようという動きがある。条約は生物資源の開発から生じる利益を先住民にも衡平に分配することを求めている。しかし、先住民の知識は必ずしもある個人が有するものではなく、複数の民族あるいは特定の民族や 1 つの村落のあるグループが有していることがある。利益の分配の方法については議論が続いている。

写真 2　ラタン（籐）の採集（マレーシア、サラワク州、1998 年）

一方、近年の急激な社会変化のなかで、森林資源に関する知識や制度が急速に喪失もしくは変容しつつある。都市や町で売られている食料、道具、薬などの購入の増加、ムラから都市への若者の流出などにより、森林資源の利用が減っているためである。従来、先住民の知識は彼らを取巻く社会や自然環境の変動に応じて変化してきたと考えられる。しかし、熱帯諸国において近年そうした知識・制度が喪失・変容する速度はあまりにも速く、将来的に有用な数多くのものが失われることが懸念される。国・地域によっては森林開発あるいは森林保護によって先住民の生業や土地利用がかなり制限され、生活が脅かされているところもある。

先住民は森林資源の枯渇を防ぐルールや制度を発達させていると一般に考えられがちだが、上でみてきたようにそうとは限らない。資源の枯渇を防ぐ技術や制度を発達させずとも、森林の生産力と人口密度のバランスがとれており持続的な利用が可能な場所もある。そこは生態的あるいは社会的な諸要因が複合的に働き、森林資源を持続的に利用する条件が整っている場所である。先住民の知識や制度をやみくもに信奉するのではなく、それを尊重しながら現代的な意義を考えていく必要がある。　【小泉都・市川昌広】

⇒D熱帯雨林の生物多様性 *p142*　D雨緑樹林の生物文化多様性 *p196*　D南北の対立と生物多様性条約 *p212*　D遺伝資源と知的財産権 *p214*　D持続可能なツーリズム *p230*　R民俗知と科学知の融合と相克 *p304*　R聖域とゾーニング *p330*　R住民参加型の資源管理 *p332*　H狩猟採集民と農耕民 *p412*

〈文献〉Christensen, H. 2002. Cramb, R. A. 2007. Koizumi, M. & K. Momose 2007.

海洋資源と生態学的知識

先住民によるクジラ資源の利用

海洋資源の持続的利用

地球の表面積の約70%は海である。海底や海中には人類にとって有用なさまざまな生物や物質が存在している。これらはすべて海洋資源と呼ぶことができるが、狭義には魚介類や植物類を指すことが多い。ここでは、狭義の定義を採用し、クジラやマグロ、エビなどいわゆる水産物を海洋資源と呼ぶことにする。

海洋資源には固定性の資源と移動性の資源があり、3つの特徴を有している。第1は、再生可能性である。海洋資源はある限界まで自分の能力で再生が可能である。したがって採り過ぎないかぎりは、持続的に資源を利用できる。第2は、無主性である。原則として海洋資源は特定の個人や集団によって排他的に所有されておらず、誰もが採取することができる。第3に、特定のものが資源であるかどうかは、時代や地域によって変化する。ある時代に食料資源であったものが、別の時代や地域ではそうでない場合がある。

固定性の貝類や海藻類を除けば、ほとんどの魚類が移動したり、広域を回遊したりするので、所在場所や総数の把握がきわめて困難である。したがって、回遊性の海洋資源を人為的に管理することは不可能に近いといえる。さらに、海洋汚染や特定種の過剰捕獲によって資源が利用できなくなることや枯渇化が発生している。しかし、人類の存続にとって海洋資源の持続可能な利用は不可欠であるため、人類がいかに海洋資源とつきあっていくかは重要な課題である。

写真1　ホッキョククジラの解体（米国アラスカ州バロー、2006年）

以下では、典型的な海洋資源の1つであるホッキョククジラ（以下、クジラと略称）を例にあげる。

クジラ資源の利用と生態知識

アラスカの沿岸地域の海域を季節的に回遊するクジラを先住民が意図的に捕獲し始めたのは、紀元後10世紀ごろであると考えられている。その捕鯨は、チューレ文化という海洋適応文化を生み出し、北米の極北地域からグリーンランドにかけて急速に広まり、現代のイヌイット文化形成の母胎となった。

現在でもアラスカ先住民であるイヌピアックとユピックは、クジラを捕獲し、食料資源として利用している。アラスカ最北のバロー村では、春と秋に捕鯨を行っている。クジラの肉や脂皮は、捕獲直後のルールに従った分配およびナルカタック祭や感謝祭、クリスマスの祝宴、日常の分配を通して村びとの間で消費されている。バロー村の人びとの1年の生活は、捕鯨とそれに関連する狩猟活動や祭りを核として営まれているといっても過言ではない。また、捕鯨や獲物を分かち合いながら消費することは、アラスカ先住民のアイデンティティの維持の基盤となっている。

アラスカ先住民とクジラとの関係は1000年以上にもおよび、捕鯨を通してクジラの習性や行動パターン、形態的特徴などについて詳しい知識を蓄積してきた。たとえば、雪が地面に積もりはじめ、ツチクジラの姿を見かけるか、ある海鳥が飛来すれば、そろそろホッキョククジラがバロー村に近づきつつあるという。そしてまず大型クジラが近海を移動し、その2週間後くらいに中型や小型のクジラが移動するという。この移動のパターンに合わせて捕鯨を準備し、開始するのである。一種の民族動物学的知識とでもいうことができるこの知識は、TEK（伝統的な生態学的知識）と呼ばれ、自然科学者によるSEK（科学的生態学的知識）と区別されている。

イヌピアックは生業活動を通してさまざまな生態学的知識を生み出し、利用してきたが、その1つが、イヌピアックの生態学的なカレンダー（暦）である。

生態的な知の結晶としてのカレンダー

イヌピアックは、1年を身のまわりの自然の変化をもとに21に区分していた（表1）。この区分は、動植物や氷の状況に着目した独自のカレンダーであるといえる。海岸地域に住むイヌピアックは、3月下旬から4月ごろを「クジラがもどってくる」時期という言い方をしている。現在のバロー村では、イヌピアックは、「雪が融け始める」時期や「ヤナギの葉が落ちる」時期になると捕鯨を始めるのである。

極北地域の自然環境の中で生きるには、自然の変化を指標として利用し、自分たちの活動を決定することが最も合理的であることをイヌピアックは経験を通して学び、その知識を蓄積した。西洋暦と比べると、太陽、動植物、氷の様子や状態を目印とした生態学的なカレンダーといえる。

商業捕鯨と先住民生存捕鯨

かつて欧米では鯨類のヒゲと鯨油は産業資源であった。米国の捕鯨船は、1830年代にクジラ資源を求めて北太平洋に進出した。その後、北太平洋のクジラ資源が減少すると、新たな猟場を求めて1848年にはベーリング海峡よりさらに北方の北極海へと進出し、ホッキョククジラを1914年まで捕獲し続けた。捕獲頭数は1万8000頭を超すと推定されており、北極海域での生息数が激減した。

太陽暦の目安	時節の呼び名
1月下旬	新しい太陽
3月下旬	太陽の日差しが肉を干すのに十分なくらい強くなる
4月頃	鷹がやってくる
5月下旬	雪が融け始める
5月初旬・中旬	雪がやわらかくなる
5月下旬・6月上旬	川に水が溢れ出す
6月上旬から中旬	海氷原が壊れる
6月下旬	海氷原が壊れ、流氷となる
7月上旬から中旬	海氷が消え去る
7月中旬	太陽が暑くなる
7月中旬	雁の羽が生え変わる
7月下旬・8月上旬	雁が再び飛ぶ
9月上旬	カリブーの袋角が落ちる
9月中旬	初秋
9月下旬	ヤナギの葉が落ちる
10月上旬	氷がはり始める
10月中旬・下旬	淡水が凍結する
10月下旬	結氷した直後
10月下旬・11月	カリブーが発情する季節
12月・1月上旬	太陽がない

表1　イヌピアックの生態学的なカレンダー［Burch 2006］

写真2　出猟するウミアック（皮製の大型ボート）（米国アラスカ州バロー、2008年）

北極海において商業捕鯨が終わった後もアラスカ先住民は生活の糧として捕鯨を続けていたが、1977年にIWC（国際捕鯨委員会）はクジラ資源の枯渇を理由としてアラスカの捕鯨を中止する決定を下した。アラスカの捕鯨民はこの決定を不服とし、AEWC（アラスカ・エスキモー捕鯨コミッション）を結成し、政治的なロビー活動を開始した。その結果、アラスカ先住民の捕鯨は、IWCが決定する捕獲頭数制限制のもとで、米国政府とAEWCがクジラ資源の共同管理を行いつつ、実施されることになった。

第2次世界大戦以降、南氷洋において母船式の大型商業捕鯨による鯨類の乱獲が行われたため、IWCは1982年に13種の大型鯨類の商業捕鯨を一時的に禁止する決定を下した。日本でも1987年を最後に南氷洋における商業捕鯨は行われていない。現在、世界各地ではクジラは食料資源ではなく、環境保護のシンボルとなっている。一方、アラスカ先住民らによる「先住民生存捕鯨」は、IWC総会において5年ごとに捕獲頭数が審議されながら、継続されてきた。

先住民権の1つとして米国政府によって承認されているアラスカ先住民の捕鯨は、彼らが好む食料の獲得手段であるのみならず、アイデンティティや社会関係、世界観、TEKの維持と深くかかわっているので、捕鯨の存続は彼らの社会的・文化的生存の存続でもある。持続可能な資源利用を目的としたTEKとSEKを活用したクジラ資源の管理体制の構築と実施は、捕鯨民にとって重要な課題である。　【岸上伸啓】

⇒D文化的アイデンティティ *p154*　D野生生物の絶滅リスク *p164*　R高度回遊性資源とコモンズ *p316*　R捕鯨論争と環境保護 *p342*　E持続可能性 *p580*

〈文献〉秋道智彌 2009.　秋道智彌・岸上伸啓編 2002.　岩崎グッドマンまさみ 2005.　大隈清治 2003.　岸上伸啓 2007.　岸上伸啓編 2003, 2008.　浜口尚 2002.　Kishigami, N. & J. M. Savelle, eds. 2005.　Burch Jr., E.S. 2006.

山川草木の思想

環境との協調関係の知恵

山川草木の思想とは

「山川草木の思想」とは、通常、人間の自然についての観念・思想を意味する。人間は山や川といった自然環境と関係をもち、そこに繁茂・生息する樹木や鳥獣・虫魚とさまざまな交渉をもつことで生きている。したがって、それらに対して、なんらかの観念を抱き、ときには洗練された思想を築き上げてきた。こうした観念は、いかなる民族・文化ももっているのだが、置かれている環境によって異なることは当然であろう。砂漠の民は、砂漠という自然を強く意識せざるをえず、海に囲まれた島民は海を強く意識せざるをえない。したがって、彼らの自然に関する観念・思想を端的に表現しようとすれば、「砂漠の思想」とか「海の思想」ということになる。同様にして、山や川に囲まれ、農耕や狩猟に依存する民族は、山や川を強く意識した観念を育んできたわけであり、そうした民族の自然観を「山川草木の思想」と表現しているのである。

しかしながら、農耕や狩猟による生活を営む民族を取り囲む自然環境も一様ではない。周囲に山がない大平原に住む民族もあれば、大きな河川のそばに住む民族もあれば、深い山岳地帯に住む民族もある。とりあえず、「砂漠の思想」とか「海の思想」と対比させる意味で「山川草木の思想」として括り出した思想もまた、それぞれの置かれている環境によって、さらに細分化された思想を育んでいる。したがって、山や川、樹木（森）をとくに意識した観念を育んだ民族・文化とは、

写真1　サケの千本供養塔婆。サケが溯上する日本海側の川辺では、千本、つまり大漁のサケを供養するために、経文を書いた塔婆が立てられた（秋田県象潟町川袋川）［小谷竜介撮影］

日本列島のような、国土の大半が山林で占められる環境の下に生きる人びとの観念・思想ということになるであろう。そこで以下では、その典型として日本人の観念・思想を見ていくことにする。

日本人の自然観

日本人の根底にある自然観は、アニミズムと呼ばれる観念である。この観念は、人類学者のE. B. タイラーによって概念化されたもので、非西欧文明社会の民族、いわゆる「未開」社会の信仰の分析から導き出された人類の原初的宗教段階として把握されたものである。しかし、今日では、宗教の発展の一段階を意味するのではなく、人類の基層に流れる信仰観念というふうに修正されて議論されることが多い。

アニミズムは、自然物を外形的・物理的存在（物体・肉体）と、それを存在させている力の源泉である人格化された霊的存在から成り立っているとする観念を基礎にしている。人間は肉体と霊魂をもつと考える。しかも、人間を取り囲む2つの環境、すなわち人間が存在する以前からある自然環境と人間が自然を利用して作り出した文化環境のうち、前者の存在のなかにも「霊的存在」つまり「霊魂」の存在を想定する観念・思想である。それらの霊魂は、人間のように喜怒哀楽の情をもち、また成長を遂げるとみなされている。したがって、アニミズムとは、自然物の中に外形的物質から分離しうる人格化された存在＝霊魂を見出す思想、擬人化の思想ということができるだろう。

自然の存在物は、今日では、有機物（生命のあるもの）と無機物（生命のないもの）に分けられるが、アニミズム的自然観ではそのような区別はなく、自然物のすべてに霊魂を見出そうとする。言葉をかえれば、無機物にまで「霊魂・生命」を見出す思想ともいるだろう。山、川、草木の一本一本にも、分け隔てなく霊魂を見出すわけである。たとえば、日本国歌での「君が代」で、さざれ石（小石）が巌（大きな石）となる、と歌われているように、石にも霊魂が宿っており、その石はその力で成長すると考えられていたのである。

アニミズム観の拡大

ところが、自然物についてのこのようなアニミズム的観念が、日本では、中世以降、人間が作った存在物

写真２　付喪神絵詞［京都市立芸術大学芸術資料館蔵］

にも拡張されて適用されるようになった。たとえば、優れた奏者や演者の前には「琵琶の精」とか「鞠の精」が出現するという神秘的な物語が語られているようになり、さらには、そうした観念がすべての人工物＝道具類まで拡張され、庶民の間にも浸透していった。とりわけ興味深いのは、人間が作った道具にも霊魂があり、その霊魂は道具とともに成長・老化し、それに応じて特別な霊力（化ける能力）さえ獲得するようになるという観念があったことである。たとえば、16 世紀頃に制作された『付喪神絵巻』では、道具も 100 年経つと化ける能力を獲得する、と語られている。この絵巻は、100 年にならないうちに捨てられた古道具たちが、知恵を出し合って化ける能力を獲得し、なんの感謝もなく、自分たちを捨てた人間たちに復讐しようとする。しかし、仏法の力で撃退されるという物語である。こうした古道具の妖怪たちを「つくも神」と称している。つくも神には、日本人の拡大されたアニミズム観がよく示されているといえるだろう。

悉皆成仏と仏教思想

日本の山川草木の思想の実践において、大きな役割を果たしたのは、日本の仏教、とりわけ密教であった。仏教では、存在物は意識あるもの（有情のもの）と意識のないもの（非情のもの）に区別される。有情のものは仏の前世として語ることで、その「成仏」を説いたが、意識のないもの（非情のもの）は成仏することはない。インドでは、有情のものの範囲が狭く、山や川、海はもちろん、植物さえも非情のものとされていた。

しかし、中国の天台宗では、アニミズムをふまえた「草木成仏論」が生まれ、その観念を継承した日本の天台宗では、さらに通常では非情のものとされる山や川にも霊を認め、その成仏を説く「草木国土悉皆成仏論」が説かれるようになる。「一切衆生悉皆仏性」つまりすべての生命をもったものはすべて仏になる資格をもっており、修行によって仏になることができるという思想である。謡曲には、こうした思想が色濃く表れており、「鵺」や「芭蕉」「西行桜」などに、草木国土悉皆成仏の語が登場する。現在では草木国土悉皆成仏とほぼ同じ意味で、梅原猛の造語である山川草木悉皆成仏という語も流布している。

こうした思想が、日本の拡大されたアニミズムに適用されると、さらに「山川草木国土器物悉皆成仏」という思想になる。人間を含めて世界にあるすべての存在物は、たとえ道具でさえも、成仏することができると解されたわけであった。じつは、前述の絵巻でも、退治された道具の妖怪たちは、悪行を反省し仏教修行を積むことで最後には成仏したと語られている。

山川草木思想の実践

拡大されたアニミズムであり、さらには仏教の影響を受けたアニミズムでもある日本の山川草木の思想は、供養という仏教的形態をとって実践されてきた。日本の思想ではすべての存在物には霊魂（生命・有情）が宿っている。しかしながら、人間はそうした存在物を糧とし利用して生きていかざるをえない。そこで、人間が利用した存在物に対して、感謝の念をこめて、それを成仏させるように積極的に働きかけようとしたのである。それが供養（法要）という信仰的実践であり、その具体的結晶・記念物が供養碑・供養塔である。その端的な例は、東北地方に見られる草木供養塔建立や鮭などの動物供養行事、全国に広く見出される農具や人形、針その他の生活道具供養行事である。

日本の山川草木の思想は、人間を特別な存在とみなすのではなく、山・川・草木・国土や道具からなる環境世界の一部とみなし、それらの協調関係のなかに人間を位置づける思想でもある。日本の山川草木の思想をいっそう洗練させた思想に高めることで、現代的な環境思想に変換することもできるであろう。

【小松和彦】

⇒C魂の循環 *p96*　D文化的アイデンティティ *p154*　R儀礼による資源保護 *p324*　R捕鯨論争と環境保護 *p342*　E環境と宗教 *p562*　E日本の共生概念 *p570*　E風水からみた京都 *p578*

〈文献〉岩田慶治 1973(1991). 岡田真美子 2000. 小松和彦 1994(1982).

可能性としての資源

日本における「資源観」の形成

資源政策の端緒―20世紀初頭の保全運動

資源保護が国家的な規模で謳われた最も初期の事例は、米国の第26代大統領T.D. ルーズベルトによって1908年に開催された保全のための共同会議であった。「資源」を国家政策の課題として明確に位置づけたこの会議は、全米の州知事や連邦政府関係者らだけでなく、日本を含む海外の専門家も集結させ、米国史上はじめてとなる天然資源の目録づくりと、将来世代を見通した節度ある資源利用の必要性を高らかに宣言した。

なぜ20世紀初頭の米国で資源保護が必要とされたのか。森林や土壌の大規模な荒廃を招いた西部開発は、開発を担う特定大企業への利権の集中を伴った。当時の米国における保全（conservation）とは、単に破壊や無駄の少ない「賢明な利用」を指していただけではなく、国が原生林などを公共地として囲い込むことで、私企業の利益優先主義にブレーキをかけようとする政治的な改革運動なのであった。

このように、米国の保全運動では、保全の対象が森林や土壌などの自然物を超えて、将来世代を明確に含める形で人間まで広がっていた。資源政策に人の健康や医療を含めていた100年前の見識は、資源を人間と切り離したモノとしてしか見ようとしない今日の一般通念より、むしろ先を行っている。

戦前における資源観の形成

20世紀初頭の米国での動きが、日本の資源観にも影響し始めるのは大正時代からである。風光明媚な自然物や風景を天然記念物として政策的に保護する動きは明治期から始まっていたが、それを資源保護と称することはなかった。長い間、森は森、川は川でそれぞれ、その土地の秩序に応じた管理が模索されてきたのである。「治山治水」という言葉で表現されるような、より総合的な自然の利用が行われる場合であっても、「資源」という言葉が使われることはほとんどなかった。

資源概念の普及に重要な役割を果たしたのが、米国の保全運動に影響を受けた松井春生（1891-1966）である。彼は1927年（昭和2年）に内閣資源局を創設し、国民の精神や体力を含めた人的資源を、従来的な物的資源に加えて統括的に管理する必要性を提示した。日本で資源が国語辞典に登録され、社会に普及するようになるのは、内閣資源局設置以降のことである。

写真1　松井春生［内閣資源局 1937］

松井は近代化に伴う行政の重複と断片化を問題視し、資源を求心力に政策の統合を考えた。加えて、松井はconservationに「保育」という独自の日本語訳を当て、資源が全般に不足している日本では、米国のように単に保護するのではなく、その育成にも力をいれるべきだと主張した。松井の議論はモノとしての資源ではなく、それを見出して活用する人間社会の側のあり方に焦点を当てるものだった（表1）。

大分類	区分
人的資源	(a) 身体（体力、手芸的能力、技術的能力等） (b) 心意（智能、道徳）
物的資源（その1）	(a) 気候 (b) 土地
物的資源（その2）	(a) 施設（生産、配給、交易施設）
その他の資源	(a) 制度・組織 (b) その国の社会の歴史 (c) その国の外社会

表1　戦前における松井春生の資源分類［松井 1938 より作成］

このように、資源とは中央集権的な政府の存在を前提とし、原料確保をめぐる植民地獲得競争と近代化のプロセスに密接に関連しながら産み落とされた概念であった。資源概念の登場は、国力の統合的な把握に向けた動きを一気に加速し、計測単位の標準化や生産量・埋蔵量を推計する統計の整備、地図の作成や法律や調査体制の確立など、関連分野の規格化を促した。

日本で資源の概念が普及した時期は国力の統括を目指す軍部が発言力を増していた時期と重なる。そのため、資源は国家総動員の動きと結びつき、動員の強制的なニュアンスを中和する形で利用されてしまった。ここが米国で生まれ育った民主主義的な資源保全と戦前の日本の資源観の大きな分岐点となる。

戦後における資源の再定義

敗戦と米国的な資源観の再輸入は、日本の資源観を大きく転換させた。占領軍 GHQ の技術顧問であったハーバード大学の E. アッカーマンは、科学技術による効率的な資源利用によって日本の復興は可能であるとの明るい見通しを示して注目を浴びた。E. アッカーマンの助言で経済安定本部の中に作られた資源委員会（後の資源調査会）は、対外侵略への強い反省に立った国内資源の見直しと、そのための科学技術の動員を促し、国民生活に資する新しい資源観を先導した。資源調査会が発行した戦後最初の『資源白書』では人間を労働力と考えていた戦前の反省から、人間を資源の定義に含めていない（表 2）。

天然資源	（イ）無生物資源―土地、水、鉱物 （ロ）生物資源―森林、野生鳥獣、魚
第一次資源	（イ）食糧資源（人間の生命維持に必要） （ロ）原料資源（生産過程に必要）

表 2　第 1 回資源白書にみる資源分類（1953 年）［資源調査会 1953］

資源調査会の場で繰り返し確認されたのは、米国の経済学者 E. ジンマーマンが唱えた「資源とはモノそのものではなく、モノが果たす機能である」という資源観であった。資源調査会創成期の中心メンバーだった都留重人も、資源を「天然物的な面と人的知的な面とが合体したもの」と定義している。たとえば鉄鉱石は、鉄を使うニーズと、鉄を抽出し加工する技術や知識があってはじめて資源となる。人的・知的な側面がなければ、鉄鉱石は単なる石ころにすぎない。

ジンマーマン流の資源観は 1961 年に発行された『第 2 回資源白書』に色濃く反映される。そこで資源は新たに「人間が社会生活を維持向上させる源泉として働きかける対象となりうる事物である」と定義された。よく見ると、人間が資源の一部として返り咲いていることがわかる（表 3）。ただし戦前との大きな違いは、資源の便益を受ける対象が国家ではなく個々の人間であるべき点が明確にされたことである。

潜在資源	① 気候的条件（降水、温度など） ② 地理的条件（地質、位置など） ③ 人間的条件（人口分布と活力など）
顕在資源	① 天然資源（生物資源と無生物資源） ② 文化的資源（資本、技術、制度など） ③ 人的資源（労働力、志気など）

表 3　第 2 回資源白書にみる資源分類（1961 年）［資源調査会 1961］

歴史的に見ると資源の概念に注目が集まったのは日本が比較的貧しい時代であった。だからこそ、人間の工夫に重きをおく資源の可能性に期待が寄せられた。日本の優れた技術の多くは、「可能性としての資源」を開拓した結果もたらされた。3 つの表を比べてもわかるように、資源とは物質的な観点からのみ定義できる概念ではなく、それを必要とする社会のニーズと能力に応じて定義を変化させてきたのである。

誰にとっての資源か

1980 年代以降の地球環境問題の顕在化は、資源保護に新しい意味と機能をもたせることになる。資源認識のグローバル化は、政府にとって、国内の反政府勢力に堂々と介入する機会をも提供した。たとえば地球規模で稀少な資源が、その場に暮らす人びとにとって稀少であると認識されるとは限らない。世界遺産や国立公園の指定に伴う資源空間の囲い込みは、地域住民の生活資源へのアクセスを遮断することになる。このように、判断のスケールが地球規模に拡張した結果として、多様な個性をもつ現場にグローバルの論理が押しつけられるようになった。そして、政府はグローバルとローカルの仲介役として、自らに都合のよく資源環境のアクセス権を配置する。

ここで問われるのは「誰にとっての資源なのか」である。資源の概念は、それまでバラバラにみられていたものの間につながりを見出させてくれるところにメリットがあった。しかし、資源が複数の可能性を内包した手段の束であるとすれば、資源の特定の機能に焦点を当てた保護は、別の側面から見ると特定の資源利用の妨害となるだけでなく、多様な地域社会に内在していた個性を打ち消すことになってしまう。

何に資源を見るか、資源に何を見るか。近代科学が生み出す専門知が、こうした問いに圧倒的な権威をもって答えるようになった今日こそ、生活者の視点に根ざす資源論が必要である。前世紀初頭の米国における保全運動では「Common sense to common problems for the common good（公共善のために、常識を用いて共通課題に立ち向かう）」というスローガンが掲げられた。科学の権威を帯びて政府が振りかざす資源保護の言説だけでなく、現場の人びとが自然との交渉の中で培ってきた智恵や工夫の価値をもう一度見直すべきときが来ている。「もたざる国」を自称してきた日本の近現代史を資源の観点から振り返ることが私たちにできる最初の作業である。　【佐藤　仁】

⇒**D** ラムサール条約 *p232*　**D** 世界遺産 *p236*　**R** コモンズの悲劇と資源の共有 *p314*　**E** 協治 *p508*

〈文献〉佐藤仁 2008, 2009. 佐藤仁編 2008b. 内閣資源局 1937. 資源調査会 1953, 1961. 松井春生 1938. 都留重人 1958. Zimmermann, E. 1933.

コモンズの悲劇と資源の共有

ローカルルールと資源の持続性

コモンズの悲劇

1968年、米国の生態学者G. ハーディンは、『サイエンス』誌に「コモンズの悲劇」を発表した。自由に家畜を放牧できる牧草地があるとき、牛飼いは自分のウシを少しでも多く放そうとする。しかし、ウシの数が増え続ければ牧草地は過放牧となり、牧草が枯渇して、すべての牛飼いが損失を被る。

ハーディンはこれを「コモンズの悲劇」と呼び、誰のものでもない自然資源や誰もが利用できる自然資源の枯渇は避けられないと論じた。悲劇の回避には利用制限が必要であり、ハーディンは、国有化による資源利用の規制か、市場原理導入のための私有化が不可欠とした。

囚人のジレンマ

コモンズの悲劇は、ゲーム理論の「囚人のジレンマ」で説明できる（図1）。牧草地を牛飼いAとBが共有し、ウシを1頭多く放牧すればその分飼主が利益を得るとする。ただし牧草は限られ、持続利用には放牧数をX頭に抑える必要がある。つまり、AとBが牧草地の持続利用に協力すれば、各々X/2頭を放牧できる。

図1は、AとBの取り得る行動を示す。AとBが協力し、持続利用のためにX/2頭ずつで放牧を止めるとき、双方が20万円の利益を得る（選択①）。選択②と③は、AかBの片方は持続利用に協力するが、他方は協力せずにウシを追加する場合である。このとき、追加放牧した牛飼いは30万円の利益を得るが、持続利用へ協力する牛飼いは10万円を失う。選択④は、双方が持続利用に協力せず、X/2頭以上のウシを放ち続ける場合で、A、Bともに利益はない。

これらのうち、AとBの利益が共に最大となるのは、

牛飼いB ＼ 牛飼いA	ウシを追加しない	ウシの追加を続ける
ウシを追加しない	選択① A　20万円 B　20万円	選択② A　－10万円 B　30万円
ウシの追加を続ける	選択③ A　30万円 B　－10万円	選択④ A　0円 B　0円

図1　ゲームの理論

①の「協力」である。しかし、相手が協力するかどうか不明な状況では、自分の損（②と③のマイナス10万円）を避けようと、④が選択される。

囚人のジレンマは、資源の持続的利用に他者が協力行動をとるか確かではない場合、保全行動を促すインセンティブはないことを示している。

オープンアクセス

M. オルソンも、1965年、『集合行為論』の中で、「合理的で利己的個人は、その共通あるいは集団的利益の達成をめざして行為しないであろう」と述べた。これを自然資源の利用に当てはめると、強制されるか、何らかのインセンティブがない限り、個人は持続利用のために行動しないということになる。

一般に、コモンズ論で対象とする自然資源は、量が限られ、人の利用によって減少する天然資源である。言い換えれば、ひとりの消費によって、他者の利用可能量が減少する。また、その利用者を排除することが難しいことも、対象となる資源の特徴である。

このような資源では、他者の利用で資源が減少する前に自分の取り分を少しでも確保するための行動が起こる。資源の長期的な持続性は考慮されない。これはオープンアクセスの状態と呼ばれ、所有者がないか、所有者があっても実質的に誰でも制限なく利用できるような状態の資源が該当する。たとえば、南太平洋のトンガ王国では沿岸資源の所有者は国王であるが、誰もが海に入って自由に魚介類を獲ることができる。その結果、乱獲による資源の減少が起きているという。

共同利用の資源

資源の劣化や枯渇を防ぐには、ハーディンの言うように政府による規制か、市場原理を導入する以外ないのか。ハーディンやオルソンに異論を唱えたのが、1980年代から活発な、資源の共同利用についての研究である。2009年11月にノーベル経済学賞を受賞したE. オストロムは、その第一人者である。

資源の共同利用の一例として、日本の入会（いりあい）林野が挙げられる。入会林野は、政府管理とも個人の私有財産とも異なり、一定の地域に居住する人びとが、慣習に従って共同利用と管理を行ってきた。その地域にすむ多数の人が、個人の目的のために林に立ち入って林産

物の採取をするが、枯渇が起こるわけではない。利用者間にローカルルールが成立し、運用されるからだ。

また、フィジーには、古くからゴリンゴリと呼ばれる海面区分が存在する。英国からの独立の際、フィジーの沿岸資源は国有とされた。一方、汀線からリーフの外縁までを範囲とするゴリンゴリは、隣接する地区の首長が慣習的な所有者である。その地区の住民にはゴリンゴリ内での魚介類採取が許され、これは漁業法にも明記されている。さらに、地区の首長の死後100日間一切の採取を禁止する慣習など、一定のローカルルールに従って共同利用されている。

共同利用資源の持続性

E. オストロムは、資源の共同利用システムが成立し、持続的に管理されるのに必要な条件を「設計原則」としてまとめた。世界各地の共同利用の事例から帰納的に導かれたこの原則によると、まず、資源の境界と、誰が利用権を有するかが明確であることが必要である。そして、資源の利用ルールがその地域の状況に即し、ルール変更に資源利用者が参加できることとされる

さらに、ルールの遵守を監視する体制が重要である。このような監視は、資源利用者自身が行うか、利用者から信頼された監視者が行うこととされる。違反が発生したときは、違反の程度に見合った処罰が下されなければならない。資源利用における紛争が起きた場合、簡便な解決手段が用意されていることも必要である。

最後に、このような利用者自身による資源管理が、政府機関によって認知され、ローカルルールが法や政策などの上位ルールに矛盾しないことが求められる。

これらの原則が実際に運用され、資源の共同利用システムが持続するには、利用者どうしの信頼関係が重要である。他の利用者が好きなだけ資源を利用する一方で自分だけが持続利用に協力するのでは損になる。しかし、他者がルールを守るものと信頼できるなら、

1. 資源の境界が明確で、誰が利用権を持つか明確であること
2. 資源の利用ルールがその地域の状況に即していること
3. ルール変更の際には、資源利用者が参加できること
4. ルール遵守の監視は、資源利用者自身が行うか、利用者から信頼された監視者が行うこと
5. ルール違反が発生した場合、違反の程度に見合った処罰が下されること
6. 資源利用における紛争を解決するための簡便な手段が用意されていること
7. 利用者自身による資源管理が、政府機関によって認められていること
8. 利用者参加で決定されるローカルルールは、法律や政策など上位のルールに矛盾しないこと

図2　資源の持続的共有利用のための8つの設計原則［Ostrom 1990］

自分もルールを守って持続利用に協力するのが合理的である。資源の長期利用が可能になるからである。

小規模な集落では、このような信頼関係を築くことは難しくはない。住民みなが顔見知りであり、資源の利用ルールを慣習として共通に認識することは容易だ。慣習に従わない裏切り行為をして村落内の互恵関係を壊すよりも、ルールに従う協力行為を選択する方が、個人にとって便益が大きい。資源利用者間に形成された互恵の慣習と信頼が、短期的な個人利益の追順ではなく長期的な資源の持続利用を可能にさせる。

資源利用の時間的変容

E. オストロムの設計原則からもわかるように、資源の共同利用に関するローカルルールは長い時間をかけて形成され、資源の状態や利用者の状況変化に応じて改変されていく。利用者間に何らかの紛争が発生すれば、解決のための調整がなされ、必要であれば新しいルールがつくられ合意される。

資源の共同利用システムは、長い目で見れば自由度の高い、融通の利く資源利用のしくみであり、時間的変容を経て持続性を保つことができるのである。

ローカルからグローバルへ、コモンズ論の拡大

コモンズの研究は、アクセスが特定のグループに限られた小規模な資源システムを中心に発展した。しかし、そのような資源であっても、森林、河川、沿岸域など広域的な公共性を合わせ持つ場合、利用や管理の議論は、ローカルなスケールにとどまらない。

ある沿岸集落が隣接するサンゴ礁を漁場利用すると、沿岸域の空間的な連続性から近隣集落の漁獲などに影響を与えるかもしれない。その場合、これら集落が属する地方自治体による利用調整が必要となる。また、生物多様性保全におけるサンゴ礁の重要性を考慮すると、国家レベルでの管理政策が求められる。さらに、このサンゴ礁が国際的な保護の対象とされた場合、もはや集落による排他的な利用管理の対象資源としてだけではなく、地球規模の資源として捉える必要がある。

ローカルな資源管理から始まった共同管理の議論は、地球レベルでの資源の持続利用へと拡大している。

【佐野八重】

⇒D里山の危機 *p184*　Dサンゴ礁がはぐくむ民俗知 *p210*　R地域通貨と資源の持続的利用 *p264*　R市場メカニズムの限界 *p268*　R可能性としての資源 *p312*　R高度回遊性資源とコモンズ *p316*　Rグローバル時代の資源分配 *p320*　Rイスラームと自然保護区管理 *p328*　R資源開発と商人の社会経済史 *p270*　R住民参加型の資源管理 *p332*

〈文献〉秋道智彌 2004.　Hardin, G. 1968.　Olson, M.　1965.　Ostrom, E. 1990.　Ostrom, E., *et al.* eds.　2002.

高度回遊性資源とコモンズ

ウミガメ、マグロの利用と保護

ウミガメ類・マグロ類の利用

ウミガメ、クジラ、マグロなどの大型海洋動物は広く大洋を回遊する動物で食料資源でもある。ウミガメやクジラを国際的に保護する世論が強くなって久しいが、マグロも刺身としての食習慣の広がりが漁獲量の増大を招き、保護の機運が高まってきている。海洋、とくに外洋に分布する動物は、獲り尽くしにくいために、コモンズの悲劇が比較的起こりにくい動物であるといえる。しかし、漁船や漁法や、保蔵・輸送技術の近代化はこのような高度回遊性資源の収奪的漁業を可能にし、資源の世界的な減少を招いている。ここでは、ウミガメとマグロについてその現状を述べる。

現生のウミガメ類は7種で、いずれの種も熱帯から温帯を中心に生息している（表1）。ウミガメ類は砂浜で産卵し、1回で100個以上の卵を産み落とす。産卵地では古くから食用とされてきた。また、産卵のために上陸した個体や回遊する個体を捕獲して、その肉も貴重なタンパク質源として消費された。食肉の価値が高いのはアオウミガメで、その生息地である熱帯諸国はもちろん、かつてはフランスや英国などでもその腹甲を煮たスープが重宝された。日本では南西諸島や小笠原諸島でアオウミガメが、四国や紀伊半島でアカウミガメが伝統的に食用にされている。

一方、マグロ類は日本でなじみ深い食用魚である。縄文時代の遺跡からも骨が出土することから、日本では古くから消費されていたことが想像される。マグロ類は、世界の海に8種ほどが知られている（表1）。味は種で異なり、クロマグロ、インドマグロ、タイセイヨウクロマグロの味が最もよく、価格も高いことは日本人にはよく知られ、次いでメバチ、キハダ、ビンナガと続く。

ウミガメ類は食用以外の価値ももつ。ウミガメの産卵地は観光資源となるほか、タイマイの背甲の鱗板はべっこう細工の材料として世界的に広く利用された。べっこうは熱を加えることで自在に曲げたり接着することが可能で、人工樹脂がない時代にはすぐれた材料であった。

資源衰微の歴史

マグロ類の資源衰退の原因は過剰漁獲にあることに間違いないが、ウミガメ類の場合はより複雑である。個体や卵の採取以外にも、はえなわ、刺し網、トロール網、定置網などに偶発的にかかって窒息死することがあり、むしろこの混獲死の方が減少要因としては重要である。他にも、産卵場となる砂浜の減少や食用利用なども資源の圧迫につながった。

一般的に海洋生物の資源量の変化を評価することは難しいが、ウミガメ類の場合、産卵回数を砂浜で記録することで知ることができる。それゆえウミガメ類の資源の減少は、野生動物の中では比較的古くから指摘されてきた。実際、徳島県阿南市蒲生田海岸では1954年からのアカウミガメの上陸回数が記録され、資源の衰微の様子を知ることができる。それによると、1960年代は上陸回数が300回を超える年もあったが、2000年代に入って50回程度以下に減少している。

写真1　水揚げされたマグロ類（那智勝浦港、2006年）［岡本慶撮影］

ウミガメと比較すると、マグロ類の資源評価は難しい。漁獲努力量あたりの漁獲量から資源量の変化を評価する方法がある。マグロのはえなわ漁業の場合は釣獲率（CPUE：針100個あたりの漁獲個体数）が資源量の評価を可能にする。この釣獲率を使ってマグロ資源が急速に減少していることを示したのが2003年のR. A. マイヤーズとB. ワームの論文である。この論文はマグロの釣獲率の急激な低下を示し、何種かのマグロを絶滅危惧種として保護すべきとの議論に拍車をかけた。

世界で漁獲されるマグロ類の約1/3が

日本で消費されている。近年になりマグロの消費は日本以外の国でも世界的に増えている。マグロの漁獲量は年々増加しており、1975 年には漁獲量が 95 万 t 程度であったが、2000 年には 190 万 t に増加している。中国をはじめとする第三世界の発展や経済力の上昇に伴って、世界のマグロ消費は今後ますます増えることが予想される。

マグロ類を最も多く漁獲する国も日本であるが、1980 年代より漁獲量は増加しておらず、90 年代以降はむしろ減少傾向にある。それに対して、漁獲量が増加しているのは、台湾、スペイン、インドネシア、韓国などの国であり、それ以外の多くの国で漁業の近代化に伴い漁獲量が増えている。需要が高まるにつれて、漁獲する国が増えてくる。漁獲される海域と漁獲国、さらに消費国が一致しない傾向を招き、それがマクロ資源の保護を含む漁業の管理を難しくしている。

ウミガメとマグロにみる保護の歴史

ウミガメ類の場合、過剰な利用を抑制する考えはかなり古くから存在した。たとえば、鹿児島県吹上浜では、産卵巣から採取できる卵の数の半分をそのまま残して保護する掟があった。このような卵の採取制限は、奄美大島や屋久島などでも聞くことができる。しかし、貨幣経済や商業主義、さらには冷蔵庫による保存方法や輸送方法が近代化することで、そのような保護の不文律は無視され、卵は根こそぎ採取されてしまった。こうした動きに歯止めをかけるための運動が実を結び、1900 年、ウミガメ保護の分野では画期的な鹿児島県ウミガメ保護条例の誕生に至った。また、小笠原諸島ではアオウミガメ成体を食用に捕獲していたが、その資源を守るため、明治時代よりすでに卵の保護を行っていた。

ウミガメ科	
アカウミガメ *Caretta caretta*	(EN)
アオウミガメ *Chelonia mydas*	(EN)
タイマイ *Eretmochelys imbricate*	(CR)
ヒメウミガメ *Lepidochelys olivacea*	(EN)
ケンプヒメウミガメ *L. kempii*	(CR)
ヒラタウミガメ *Natator depressus*	(DD)
オサガメ科	
オサガメ *Dermochelys coriacea*	(CR)
サバ科マグロ属	
クロマグロ *Thunnus orientalis*	
タイセイヨウクロマグロ *T. thynnus*	(DD)
ミナミマグロ *T. maccoyii*	(CR)
メバチ *T. obesus*	(VU)
ビンナガ *T. alalunga*	(DD)
キハダ *T. albacares*	(LC)
コシナガ *T. tonggol*	
タイセイヨウマグロ *T. atlanticus*	

表 1　IUCN のレッドリストにおけるウミガメ類とマグロ類の扱い
IUCN レッドリストにおける分類
CR：絶滅危惧ⅠA 類、EN：絶滅危惧ⅠB 類、VU：絶滅危惧Ⅱ類、LC：軽度懸念、DD：情報不足

現在では世界の主要な産卵地の卵は保護されるようになり、ウミガメやその卵は水産資源保護法や野生動物保護法など国の法律や地方の条例によって保護されるようになった。国際レベルでもワシントン条約の附属書や IUCN（国際自然保護連合）でのレッドリストへの掲載など、保護条約などが整備されつつある。

写真 2　海岸に打ち上がったオサガメ。ウミガメは漁網などにからんででき死することが多い（渥美半島、2002 年）

一方、マグロ資源の保護は 1992 年に京都で開催されたワシントン条約締約国会議でスウェーデンがクロマグロの漁獲規制を提案したことに端を発する。その時は、漁獲の管理を強化することなどと引き替えに提案は撤回されたが、以降マグロ類の保護に関する議論は活発になり、5 つある海域ごとのマグロ類資源管理委員会は総漁獲量の規制などを実施した。

大型海洋資源のこれから

マグロ類は冷凍・輸送技術の発展に伴いその価値が広く知れ渡り、大量に漁獲されるようになった。ウミガメ類は漁船の増加によってトロール網やはえなわ漁で窒息死する個体が増加し、砂浜の荒廃がその減少に拍車をかけた。ウミガメ類の消費が増えることはないと思われるが、マグロ類の需要は高まるばかりである。マグロ類資源管理委員会のような国際機関で総量規制も行われ、漁獲が制限される方向にある。しかし、海洋は広く、しかも沖合では違う国の漁船の間での洋上取引きや、産地偽装が行われ、管理は難しい。つまり、マグロ類の違法操業を防ぐのは困難であり、最終的にはさらに厳しい保護・監視システムが国際的に構築されていくことが予想される。また、先進国の大資本による遠洋漁業も、たとえ公海といえども、略奪的な漁業は慎み、開発途上国に配慮する姿勢が必要になると思われる。

【亀崎直樹】

⇒C 地球温暖化と漁業 *p40*　D 野生生物の絶滅リスク *p164*　D 海洋生物多様性の危機 *p170*　D ワシントン条約 *p228*　R 食の作法と倫理 *p274*　R 海洋資源と生態学的知識 *p308*　R 捕鯨論争と環境保護 *p342*

〈文献〉本田崇ほか 2007．井田徹治 2005．Kamezaki, N., *et al.* 2003．紀伊半島ウミガメ情報交換会・日本ウミガメ協議会 1994．小松正之・遠藤久 2002．Myers, R. A. & B. Worm 2003．小野征一郎 2004．魚住雄二 2003．吉岡基・亀崎直樹 2000．Witherington, B. E. 2006．

協治

森林資源の協働型ガバナンスを設計する

協治とは

地元住民を中心とする多様な利害関係者の連帯・協働により環境や資源を利用・管理する社会的・制度的な仕組みを協治（＝協働型ガバナンス）という。

ここでの協働の概念には若干の説明が必要であろう。一般に協力関係を表す際にパートナーシップという用語が使用されるが、この用語は行政との持続的・一体的な協力関係というニュアンスが強い。これに対して、複数の主体が対等な資格で具体的な課題達成のために行う非制度で限定的な協力関係がコラボレーションである。協働型ガバナンスの「協働」はコラボレーションのことである。

また、ガバナンスは「統治」と訳されるが、その概念は多様である。トップダウン型の統治とボトムアップ型の自治の統合の上に成り立つ概念を指す場合もあれば、開発援助機関による「良い統治」のように、政治体制の効率的な操縦を意図する場合もある。前者は協治に近い概念であるが、後者は協治とは異なる。

地球環境と熱帯林

このような協治について考えるにあたり、まずは多様な価値をもつ森林が消失すると何がおこるのか、少し想像力を働かせてみよう。

身の回りから木製品がなくなっても、金属製品やプラスチック製品で代替できるから問題ないという考えはあまい。これらは製造過程で大量の石油エネルギーを消費し、二酸化炭素を放出することによって地球温暖化を促進する。森林の消失自体が、酸素供給の減少と二酸化炭素の増加を伴うものであるから、まさにダブルパンチである。

河川流域のレベルでは、山地の傾斜地のあちこちで土壌浸食や土砂崩れが発生する。そして、下流部では洪水が頻発するであろうことは想像に難くない。鉄砲水で激甚な被害が生じるかもしれない。その結果、平地部の農地における生産力が落ちる。

個人の生活面ではどうだろうか。日本の都市生活者の場合、コンクリートジャングルのなかでのストレス解消を強いられる。アルコールへの依存率、および傷害事件が増えるかもしれない。

とりわけ、熱帯の森林地域に住む人びとにとって、森林の消失は死活問題である。薪（たきぎ）がなくなれば、お湯を沸かすことも、ご飯を炊くことも、肉を焼くこともできなくなる。そもそも、森林がなくなれば果実などの食料がなくなるし、森林の存在があってこそ維持されてきた焼畑農業が不可能になり、主食も生産できなくなる。狩猟で入手していたタンパク源のイノシシやシカ、それに川魚もいなくなり、食料自給が破綻する。食料を買おうと思っても、籐、樹脂、沈香（じんこう）などの森林産物がなければ現金を得ることができず、結局森の民は難民状態に追い込まれてしまう。

写真1　地元住民・行政・企業・研究者による森林政策ワークショップ（インドネシア、東カリマンタン州西クタイ県、2003年）

地域と地球の矛盾と関連

このような森林をはじめとする自然資源（動植物を指す生物資源のほか、温泉、川、海などを含む）の保全のあり方には、絶対的な正解がない。

Think globally, act locally.（世界規模で考え、地域で行動する）、この立場は地球環境問題に興味を持つ多くの者に共有されている。しかし、ここでの地域はあくまでも地球全体のために存在する脇役であるかのようだ。

逆に Think locally, act globally. とい

う立場もあり、地域のことを真剣に考えて行動をおこせば、それが地球全体の環境保全につながるという。この立場は地域に焦点を当てている。地球益の一部に地域益を埋没させるのではなく、地域環境問題の解決こそが地球環境問題の解決には不可欠であるという意思表示である。しかし、ここでは、地域間の利害が衝突する場合を想定していないように思える。

実際には地球環境問題と地域環境問題は強く関連している。地球環境が壊滅的な状態になった時点で、特定の地域環境だけが良好に保たれている状況はありえないだろう。また、特定の地域環境が悪化すれば地球環境にもマイナスの影響が生じ、地球環境崩壊への時間が短縮されるだろう。結局、環境問題への解決に資する研究にはローカルとグローバルを統合した*グローカルな取組みが必要なのである。

合意形成の難しさ

グローカルな取組みをしようとすると、さまざまなスケール（集落、村、地方自治体、国家、地球規模など）で、さまざまなステークホルダー（地元住民、NGO スタッフ、企業代表、行政官、都市住民、研究者、外国の市民など）が意思決定に参画することになる。その結果、いろいろな意見がぶつかり合い、合意形成が困難になる。

国際的な文書などでは、「すべてのステークホルダーによる平等な参加」という表現が使用される。しかし、これでは結果的に森林地域に住む人びとの声は政策に反映されず、多数派の都会人、あるいは政治力のあるエリートたちの意見が政策として採用されてしまう可能性が高い。その典型が国立公園など保護地域の設定および管理政策である。森と深くかかわっていた地域住民が森の利用から閉め出された事例には事欠かない。

協治の設計指針

反対に「森は地域住民だけのものである」という主張は、グローバル化および多様化が進んだ現在ではもはや説得力をもたない。多様な価値をもつ森林に対する人びとの要求を無視することはできない。したがって、地域住民が中心になりつつも、外部の人びとと議論して合意を得たうえで協働（コラボレーション）して森林を利用し管理するという開かれた地元主義が有効な理念となる。

とはいえ、外部者の影響力が強すぎると地域自治を損なうことになる。そこで、応関原則（commitment principle）の導入が重要となる。これは、アリーナ（意思形成の場）における決定権を当該資源への「かか

写真 2　ワークショップの後の現地検討会（インドネシア、東カリマンタン州西クタイ県、2003 年）

わりの深さ」に応じて付与することである。参加者がこの原則を承認したうえで合意形成の場を設置することが不可欠となる。これにより、外部者であろうが地元住民であろうが、とにかくかかわりの深い人の意見が反映されやすくなる。

協治の担い手

協治の担い手は、素民（ふつうの人びと）と有志（ある事柄についての関心、およびそれに関係する意思をもち行動をおこす人）である。この仕組みは、メンバーがあらかじめ固定された組織の形態をとることもあるが、もっと関係者の広がりをもつネットワークの形態をとってもよい。

たとえば、現代日本の山村ではスギなどの人工林の経営が十分に行われていない。そこで、都会にベースを置く市民団体が森林所有者と契約を結んで、人工林を間引く作業（除伐、間伐）などの手入れを行う活動が盛んに行われている。その場合、市民団体の運営側として活動に深くコミットする人もいれば、作業への一過性の参加者もいる。これは協治へのかかわりの深さの差として把握することができる。

こうした協治のスケールは、村落、地方自治体、国家とバラエティに富み、NGO 活動への参加などを通して国境を越える協治も成立する。協治はガバナンス論のみならず社会関係資本論とも密接に関連しているのである。

【井上　真】

⇒D生態系サービス p134　D熱帯林の減少と劣化 p166　D里山の危機 p184　R熱帯林における先住民の知識と制度 p306　R聖域とゾーニング p330　R住民参加型の資源管理 p332　E順応的管理 p532

〈文献〉井上真 2004, 2008, 2009．グローバル・ガバナンス委員会 1995．長谷川公一 1999．

グローバル時代の資源分配

公平性の問題と環境配慮型の視点

グローバル時代の資源分配

現在、生物や水に代表される資源を世界中でいかに配分するかが大きな議論となっている。人口の爆発的な増加と国際的な移動、物流の広域化、途上国の経済発展、多国籍企業による資源収奪、世界貿易における関税廃止などを通じて、ある地域、ある国の資源が地域内、自国内だけでなく、世界中に流通するようになった。

こうした状況が地球上における資源分配を平準化するのとは裏腹に、資源を享受するセクター（社会階層・地域・国）と、以前にも増して資源を剥奪され、貧困と差別下におかれるセクターとの格差が拡大した。今後、いかに資源分配をめぐる公平性を担保し、利害関係者間の合意形成を実現するかについて検討する。

資源の所有と「権利の束」

資源はだれのものか。土地を含む資源の所有に関する研究では、共同所有と私的所有の問題が最大の論点とされてきた。L. モルガンは『古代社会』のなかで、人類史における土地の所有形態が「共同所有」から「私的所有」へと変化する図式を示した。その後、K. マルクスやF. エンゲルスが土地や資源の所有形態についての史的な展開を唯物史観として明らかにした。この理論の背景には、欧州における資本主義制度を全否定するために私的所有に先行する共有制に光を当てたL. モルガンの説に依拠する必要があったとする説がある。

ただし、共同所有と私的所有は二項対立するものでも、歴史的に一方から他方に変化してきたものでもない。1つの社会のなかでも資源の所有に関して共有、私有、公有、国有などの多様な組み合わせが重層的な「権利の束」として存在する。しかも、財や資源に対する権利は一元的に決まるのではなく、地域の環境条件や社会関係、歴史的な脈絡に応じて変化する。

富の平準化と差異化

資源の分配方法を規定する要因を生業面や環境とのかかわりから指摘しておこう。たとえば、現世の狩猟採集民社会における研究から、資源を特定の個人が独占することを回避し、社会の成員に平等分配する平準化メカニズムの存在が明らかにされている。とくに狩猟獣の肉は平等分配される傾向がある。

農耕社会においても、食料生産物の多様な分配慣行の存在がアジア、アフリカの農村研究からわかっている。農村において資源や財の分配が平準化される理由として、社会的な互酬性の慣行や、個人による資源独占を回避する社会的な倫理を規範とするモラルエコノミーの存在などが指摘されてきた。

漁撈を行う社会では、本来、無主物である水産資源はふつう先に獲った人のものとなるが、集団内で再分配される例も多くみられる。また、ウミガメや大型マグロなどの漁獲物や、海岸に漂着したクジラを利用する権利があらかじめ首長や王に特定されている例がオセアニア各地にあり、この慣行は王や首長の権威を確認し、平民と差異化するものと説明できる。

これに対して、牧畜社会では家畜という財をめぐる執拗なまでの獲得競争と私的所有の追求が進み、少数の富裕者と大多数の貧困層に分化する傾向にあった。その傾向は、現代の中国内モンゴル自治区の遊牧民においても明らかであり、世帯の所有する家畜頭数を他人に知られないように隠匿することがふつうに行われる。ただし、モンゴルでは家畜をもたない貧困世帯が富裕者と協同で放牧し、労働と畜産物の交換を行う例や、チベット仏教の寺院が富の再分配に貢献するようなことがある。また、雪害や干ばつなどの環境変化があっても、人々は放牧地を移動し、あるいは死亡した家畜の肉を利用することで飢饉を克服してきた。

以上のように、生業形態別にみると財や資源の分配について多様な権利関係が介在し、しかも資源の平準化ないしは差別化の傾向のあることがわかる。

ところが、貨幣経済の浸透や換金作物の導入を通じて、さらにはグローバル化による海外市場との結びつきが急速に進行した結果、社会内での資源や財の分配についての規範や慣行は大きく変容してきた。

グローバル化と富の独占

途上国の森林資源が先進国向けに伐採・採取され、野生動植物の絶滅危惧種が増加し、森林環境の劣化が急速に進行している。地域住民の生活は貧困のままで、自国の富裕層や企業、先進国の豊かさの犠牲になっている。財や資源の恩恵を受けているのは先進国の企業や国家、さらには富裕層である。途上国の農村社会では、19 世紀以降、今日に至るまでに換金作物の栽培がさまざまな規模で行われるようになっている。そうした作物の代表例が、コーヒー、ゴム、アブラヤシ、カカオ、サトウキビなどである。また、東南アジアやオセアニア、タンザニアの沿岸域では、食用のほかシャンプーや歯磨きなどの原材料となるキリンサイの養殖が盛んである（写真 1）。

これらの栽培作物や海藻は、おもに先進諸国向けに輸出される域外商品となる。換金作物の大規模な農業経営のために住民の農地が改変され、在来の栽培品種や技術・知識が失われた。同時に、農民は自給用の栽培作物を放棄し、換金作物を売買することでしか生活を維持することができなくなった。さらに、生産によって得られた現金は私的に所有され、経営規模や資本投下の差異によって経済格差や社会内での葛藤が増大する傾向が生じた。地域ごとに元からあった資源の公平分配に対する社会規範や分配に対する倫理が形骸化する傾向をますます強めることにもなっている。

牧畜地帯でも大きな変化が生じている。中国内モンゴル自治区では、国家による土地分配によって遊牧民は定住した。そのことで、貧困な牧畜民が家畜を持ちよって協同組合を組織し、それによって得られた富の分配を行う変化も生じている。また、モンゴルでは、ヤギの毛をカシミアの材料として国際市場に出荷する変化が起こり（写真 2）、ヤギを多く所有する世帯とそうでない世帯の間で経済格差が拡大した。また、内モンゴル自治区オルドス地区でも、カシミア生産用のヤギの飼育頭数が従来から数倍増加し、草原でヤギの過放牧による環境問題が露呈している。

このように、企業による資源利用、換金作物の導入、グローバル化を通じて市場経済原理が支配的になった結果、途上国の地域社会における格差の増大、平準化メカニズムの崩壊、環境劣化が急速に進展した。それでは、今後、資源や財の分配が地球上の諸集団の間で格差を是正し、環境に配慮した経営がなされるためには、どのような点に注意を払うべきだろうか。

写真 1　キリンサイの乾燥。海上に乾燥場を作るのに大量のマングローブ材が使用されている（インドネシア、スラウェシ島北部のナイン島、1994 年）

写真 2　ヤギに水を与える。ヤギから高級なカシミア用の原毛を採る（モンゴル、ウムヌゴビ県、2003 年）［前川愛撮影］

環境配慮型の資源利用と分配

資源のなかで、空気や水などは地球上を循環する誰のものでもないグローバル・コモンズとしての性格をもつ。最近、地球上で絶滅の恐れのある多様な生物種やそれらを含む生態系などは、人類がともに保全と保護、さらには適切な利用を前提とすべきグローバル・コモンズとして扱おうとする考えが登場した。具体的には生物多様性の保護や地球の危機、地球生命共同体などの用語が危機感をもって提唱されている。これらの言説は、グローバル化の進展に伴う国内および世界的な経済格差を是正するための新しい考えになりうる。

市場経済の浸透はいまや不可避の情勢である。それゆえに、生産され、流通する資源が環境に配慮して利用されたものなのか、地域社会の発展に寄与する社会共通資本となりうるものであるのかなどの点は大切な指針となる。地域住民の搾取を前提としないものであるために、消費者が選択的に資源の分配を享受することも重要である。それだけなく、環境税を消費者が一部負担することや、認証制度による環境に配慮した商品の購買を消費組合などと連携して進めることなどの方策が肝要だろう。この点で、モンゴルで自由放牧のヤギの過放牧が発生して、舎内飼育のヤギの原毛からつくられたカシミアが「環境にやさしい」商品として販売されていることは、商品生産と環境保全を考える上で興味ある事例といえるだろう。　【秋道智彌】

⇒C 環境税 *p106*　D 野生生物の絶滅リスク *p164*　D 失われる作物多様性 *p180*　D 森林認証制度 *p224*　D 医薬としての漢方と認証制度 *p226*　R 市場メカニズムの限界 *p268*　E 環境認証制度 *p546*

〈文献〉秋道智彌 1995d, 2004．市川光雄 1991．宇沢弘文 1997．エンゲルス、F．1965（1891）．小長谷有紀 2007．太田至 1996．サーリンズ、M. 1984．スコット、J. 1999．ブロック、M. 1996．前川愛 1997．松村圭一郎 2008．モルガン、L. 1958-1961．楊海英・児玉香菜子 2003．

生態史と資源利用

プロキシーの連関による統合分析

地球環境問題と生態史

地球環境問題には、自然的・人為的な要因が複雑に絡んでいる。その発現にはいくつかの顕著な特徴がある。たとえば、①異なる地域において同時多発的に起こる場合、②同じ要因であっても、地域ごとに異質な現象として生起する場合がある。さらに、③ある環境変化に対する環境や社会の反応が即応的である場合だけでなく、時間的な遅滞やズレを伴って、あるいは、④多くの分野・次元にまたがった連鎖として発生する。

以上の点を踏まえて、人間と環境との相互作用環を地域に着目して、時間的な変化とそれに関与する要因群を究明する試みが、すなわち地域生態史の研究であり、地球環境問題を地域に即して具体的に把握する有力な武器となる。生態史は社会経済史、文化史や環境史の研究と密接に関連するが、人間－環境の相互作用環の時間的な変化とそれに連動する因果関係の総体を扱う点で、上記の関連領域の研究を包括する総合的な位置を占めている。

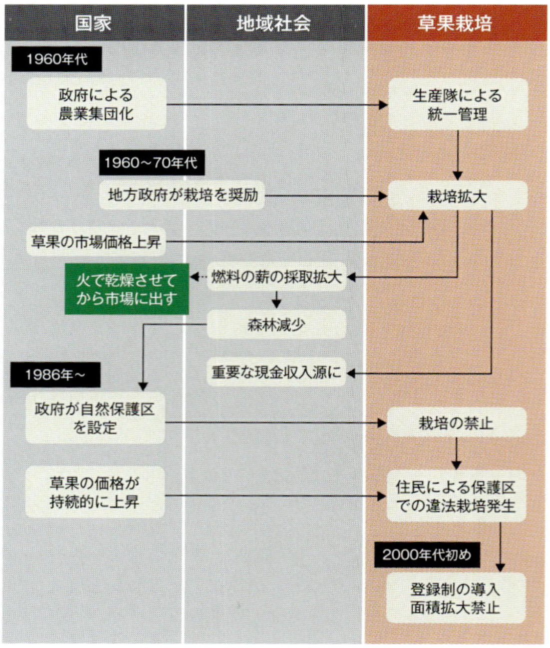
国家
地域社会
草果栽培
1960年代
政府による農業集団化
生産隊による統一管理
1960～70年代
地方政府が栽培を奨励
栽培拡大
草果の市場価格上昇
火で乾燥させてから市場に出す
燃料の薪の採取拡大
森林減少
1986年～
重要な現金収入源に
政府が自然保護区を設定
栽培の禁止
草果の価格が持続的に上昇
住民による保護区での違法栽培発生
2000年代初め
登録制の導入 面積拡大禁止

図1　雲南省東南部における草果栽培の生態史［秋道編 2007a］

プロキシーと連関

生態史の研究は人間－環境の相互作用環を地域に着目して分析するものであり、研究のアプローチとして以下の2点が重要である。第1は、分析対象として特定の要素や事象ないし資源・産物を代替物、つまりプロキシーとして取り上げる方法である。水文学や大気循環論、気候学、環境史の研究では、CO_2濃度、炭素、酸素、窒素などの安定同位体などをプロキシーとして用いる。一方、人類学・民族学では物質文化、社会組織、言語、宗教儀礼などの文化要素が中心に取り上げられる。生態環境と文化や歴史の相互関係を分析するうえでは、食料や商品となる天然資源、生業活動、栄養・健康法や制度などが主要な材料となる。

たとえば非木材森林資源の例として、中国雲南省における草果（ショウガ科ビャクズク属 *Amomum* sp.）の過去50～60年における栽培と利用を考察の対象とすると、草果の栽培をめぐる地域の社会経済・文化や生態系への影響とそれらの相互関係が明らかとなった（図1）。草果という具体的な産物に注目してはじめて明快な分析が可能となる。

第2の点として、草果の栽培には国家の政策、地域社会の対応、環境の変化とそれら相互の因果関係として整理する必要がある。つまり、草果の栽培に影響を与える要因群を、国家（国際社会）などの外部要因、地域社会（共同体）の対応や意思決定などの要因、対象となる生態環境などの領域別に整理して、それぞれの領域間の因果関係を構造的に把握することが重要である。この際の因果関係には、直接的な原因と結果、間接的ないし遠因、蓋然性、推論、流言、伝承と神話などさまざまな性格のものがあり、実証面でもバラツキが生じる。このことを理解した上で、諸現象間の連関を精査する必要がある。さらに重要なことは、現状に至った経緯と過程を踏まえて、今後、どのような施策が可能か、地域社会の対応はどうなるのか、環境負荷の軽減にはどうすればよいかなどのシナリオを予測することである。

利用権の生態史連関

資源や産物などの要素を元にした事象間の連関を生態史的な観点から分析するさいに、場所性に着目して変化要因を考察する事例を紹介しよう。

資源へのアクセス権は、前記の草果の例では国家政策や地域の慣行の変化によって不変であるとは限らない。

この点に着目すると、資源へのアクセス権は、自由な利用、条件付きの利用、聖域の3つに大別できる。まったく自由に資源を利用できる例として、公海上の魚類資源や、国家に帰属する国有林内の資源を地域住民が利用する場合がある。条件付き利用可の例として、季節、対象資源の種類やサイズ、採捕可能量、使用できる道具などが制限を受けるなどの場合がある。聖域には、国立公園や世界遺産、海洋保護区、宗教的な聖地、霊場などにおいて資源利用が全面禁止とされる例がある。

以上の3つのアクセス権はたがいに性格を異にするが、状況によって一方から他方に変化する場合がある。実際、国家政策、国際情勢の変化、企業活動の影響、気候変動などが引き金となって、アクセス権に対する規制や条件が変化することがある。たとえば、東南アジアのラオス南部におけるため池の利用権は、聖域から条件付き利用へ、自由な利用から条件付き利用へと変化したことがわかっている。なかでも、国連環境開発会議（リオ・サミット、1992年）以降、WWF（世界自然保護基金）、IUCN（国際自然保護連合）などの国際機関による世界レベルでの環境保全政策と、中国の開放政策、ラオスの土地分配制度など国家レベルでの政策変化を背景として、地域共同体が地元発展のために資金を捻出し、公共事業を促進する動きがあり、このことが共有池の私有化などとして顕在化した（図2）。その場合、変化の促進とともに抑制する要因を抽出することが肝要である。

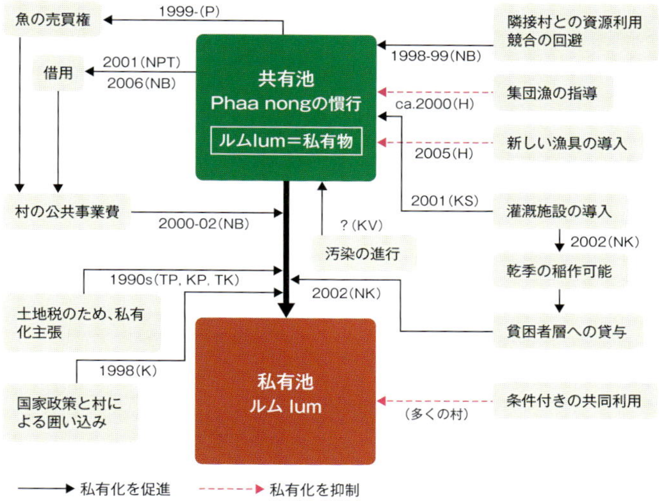

魚の売買権
1999-(P)
隣接村との資源利用競合の回避
借用
2001(NPT)
2006(NB)
1998-99(NB)
共有池
Phaa nongの慣行
ルムlum=私有物
ca.2000(H)
集団漁の指導
2005(H)
新しい漁具の導入
村の公共事業費
2000-02(NB)
?(KV)
2001(KS)
灌漑施設の導入
汚染の進行
2002(NK)
乾季の稲作可能
1990s(TP, KP, TK)
2002(NK)
土地税のため、私有化主張
貧困者層への貸与
1998(K)
私有池
ルム lum
国家政策と村による囲い込み
条件付きの共同利用
(多くの村)
私有化を促進
私有化を抑制
注:数字は年代。(　)内の記号は村の名前を示す。
NB:ノン・ブン、P:ファーフォー、NK:ナカーム、H:ホム、K:カエンフォー、TP:ター、
KP:ケン・ペー、TK:ター・コー、KS:ケン・サヴァン、KV:ケン・ヴェン、NPT:ナー・フォール・タ

図2　池の共有から私有への変化を示す生態史の模式図［秋道 2007c］

このように、アクセス権の変容過程には、世界情勢とともに国家政策の浸透、地域の発展と資源利用をめぐる村内情勢の変化などが複合的に関与している。

生態史連関の汎用性

地域に特化し、特定の要素や資源の利用権に関する時間的な変化を考察する試みは以上挙げた事例を超えて、どのような意義をもつのだろうか。まず、個々の要素に関する考察だけでは、地域全体の人間－環境系の相互作用環を明らかにしたことにはならない。そこで、所与の地域におけるさまざまな要素に関する事例を統合するため、因果関係に含まれる要因の相互連関を析出することが肝要となる。この際、国家政策や国際社会の動向などが多方面で影響を及ぼすことが想定される。実際、ラオスにおける分析から、1986年に施行されたチンタナカーン・マイ政策（新思考政策）や中国の退耕還林政策（2002年以降実施）などが、地域の社会や環境に多大な影響を与えてきた。

さらに、地域を超えた環境条件で生態連関の分析を適用することができる。そのさい、同一の資源についての地域間比較研究が可能であること、プランテーション栽培の導入、経済のグローバル化など、外部世界の変化による地域対応の差異についての考察が重要である。たとえば、油脂原料としてのアブラヤシの栽培が地域住民の暮らしや社会、あるいは環境に及ぼす影響を、アフリカ、東南アジアなどで比較することにより、生態史連関の汎用性が明らかとなる。しかも、それぞれの地域に導入される歴史的・時間的なズレと違いから、比較生態史的な考察が可能である。

アクセス権については、いかなる地域や社会においても、聖域、自由利用、条件付き利用の3類型は基本的な枠組を提供するものである。それらがさまざまな条件下で変動する要因を明らかにすることは、比較研究としてもきわめて重要かつ意義あることと思われる。

【秋道智彌】

⇒D医薬としての漢方と認証制度 *p226*　D生物圏保存地域（ユネスコエコパーク）*p234*　D世界遺産 *p236*　R聖域とゾーニング *p330*　Hプロキシー・データ *p386*　E退耕還林・退耕還草 *p542*

〈文献〉秋道智彌 1995a, 2007c, 2008b. 秋道智彌編 2007a. Akimichi, T. 2008. Li Jianqin 2009.

儀礼による資源保護

資源管理と自然保護への今日的活かし方

農耕儀礼と農耕技術のあいだ

儀礼とは、一定の形式に則り、慣習的に繰り返される行動や表現のことである。しばしば根拠に乏しい迷信的な考えに基づいており、非合理な性格が強い。

儀礼は超自然界と人間界を結ぶいとなみであることが多いので、一般に実用性や機能性が希薄であると考えがちである。しかし、世界各地の人びとが日常おこなう生業活動は儀礼的な意味と不可分の関係にあることが多く、資源管理や環境保全に一定の効果を持つものもある。長い自然とのかかわりの中で培われた経験則が活かされていると考えられる。

たとえばインドネシア、スラウェシ島のト・バダの人たちは、焼畑の際に、少なくとも一本の木を耕地に残しておく。また火入れの際には、耕地の周りを5m幅できれいに裸地にしておく。それぞれ、植生回復や延焼による森林資源の損失を考えての行動と解釈できる。ただト・バダの人たち自身は、資源管理と意図しているわけではない。すべて精霊のために行っている、と説明する。火入れ時に木を残すのは、精霊の逃げ場を確保するためである。延焼を防ぐのは、焼畑をする森林以外の森林を燃やせば精霊の怒りを買うからである。森林の保護や保全のためではない。精霊がどこか遠くに行ったり、怒ったりすれば、焼畑での豊かな実りが約束されないと信じている。

写真1　バリ島では年に一度、ココヤシや果樹に供物を捧げ、その年の実りを感謝する。生きものへの共感も、近代科学の時代に失いつつあるものではないだろうか（インドネシア、1999年）

このような考え方は、近代人からすれば迷信とされるだろう。しかしト・バダの人たちにとっては真理であり疑いようもない。彼らは、自分たちの持つ知識体系に基づいて行動している。しかしその知識体系が、われわれのもつ近代科学に拠るものと大きく異なっているのである。

近代科学が明らかにした自然法則に導かれたものだけが、今日、農耕技術と呼ばれる。ト・バダの人たちの所為は、農耕儀礼と呼ばれ、農耕技術とは呼ばれることはない。

しかし、儀礼的行為のなかには農耕技術と呼びたくなるものもある。スマトラ島のバタクの人たちは陸稲に病気が発生すると、森からある種の木を探しだし焼畑地にその枝を刺しておく。ボルネオ島のカンツーの人たちは、古い鉄製農具を埋める。そうすれば栄養分がイネに移り病気が治るという。それぞれ自分たちの信じる因果律に照らし、必要とされる行為を判断し、行動に移している。近代の農民も、病気の種類を見極め、適切な農薬を買い、必要量を散布する。両者とも知識の体系を基盤に判断を下し、適切な対処法をとっている。

農業は、複雑で予測の難しい自然を相手にする。近代科学が確立する以前も、人びとは自然の因果律を明らかにし、知識の体系を築きあげてようと努めてきた。知識の体系に基づき目的を達成しようと考え出された手段・方法は、最もひろい意味での技術である。そう考えるとき、農耕儀礼は農耕技術に限りなく近くなり、両者を分別することは不可能となる。

禁忌という自然観

儀礼のなかでも禁忌は、今日的な資源管理の概念と直接重なりあうことが多い。人と自然の関係のなかでは、自然に対して「～してはいけない」のが禁忌であるため、必然的に資源管理に通ずることになる。

たとえばインドネシアのサシと呼ばれる慣行は、一定期間、多くの場合ある特定の種の漁や猟を禁じたものである。採集圧・捕獲圧が直接個体数に影響するため、因果律が単純でわかりやすい。そのためサシは、地域の人びとが慣習的に資源を管理してきたもの、と近代科学の中でも解釈できる。しかし次のような例はどうだろう。

ボルネオ島のダヤクの人びとは、焼畑において禁忌を細かく定めている。朝、森を焼きに行こうと家を出る。道中、カワセミが横切るのは悪い予兆だ。すぐさま引き返し火入れ作業はあきらめる。火入れが終わり、陸稲を播きに行く時期になった。道中、今度は赤い蛇が横切る。播種時の赤い蛇は悪い予兆である。ただし蛇が右から左へ横切った場合は、悪くないらしい。収穫時には、ニホとよぶ鷹が悪い予兆となる。空にニホの姿が見えたら、収穫にいい日和でも作業は次の日に持ち越される。しかし、なぜ種をまくときに赤い蛇が右から左に横切るのは悪くて、なぜ逆方向ならいいのか。彼らの禁忌は近代科学では解釈できない。わかるのはダヤクの人びとの人たちは、経験の積み重ねから複雑な自然の動きのなかに、彼らなりの因果律を見出しているということだ。

こうした禁忌や儀礼、あるいはその基にある自然の理解を、不合理なものと切り捨てるのは簡単である。その一方で、近代科学に依拠しているわれわれが学ぶべきところがあるように思う。近代科学を過信しすぎていることへの反省である（写真 1）。今日の環境問題のなかには、自然の因果律が理解できるとした近代科学の傲慢さによるものもある。近代科学は自然の摂理をどこまで理解しているのだろうか。自然の仕組みを科学的に明らかにする努力は重要であるが、理解できたとする思い上がりを、つねに糺（ただ）してゆこうとする姿勢を忘れてはならないだろう。

聖なる場所のもたらすもの

儀礼的な考え方の範疇に、聖なる場所がある。精霊がいるから、あるいは神の拠りしろだから、と理由はさまざまであるが、神聖であり穢してはならないとされる場所は、世界のいたるところにある。それは 1 本の木であったり、鬱蒼（うっそう）とした森であったり、水の湧き出る泉であったり、高い山であったりする。沖縄の御嶽（うたき）のように、何の変哲もない岩の重なりが聖なる場所とされる場合もある。

そのなかで、生物多様性の保護の視点から今聖なる森が注目されている。

隅々まで人手が入った景観の中で、聖なる森は、貴重な手つかずの森である（写真 2）。実際、聖なる森の中には、周辺ではすでに見られなくなった植物や動物がよく残っている。その広さにもよるが、レフージアつまり避難場所、あるいは生物種の保存場所として役に立つと考えられている。儀礼的に残された聖なる森は、自然保護区や生物多様性保護区と同じような役割を果たすことが期待されている。

あるいは公的な自然保護区よりも効果は大きいかも

写真 2　チベット系の人びとの聖なる森、シッダ。周りの森林は伐採されて、シッダの森だけが残る（中国、雲南省、1996 年）

しれない。政府などによって制度的・権威主義的に囲い込まれた自然保護区と異なり、聖なる森はその地域の住民によって長い年月の間、自発的・自主的に残されたものだからである。自然保護区を新たに設置するときには、保護地域を長年利用してきた地域住民と、しばしば軋轢（あつれき）を生じることがある。また地域住民の積極的な支持がない自然保護区は長続きしない。

むろん聖なる森が万全なわけではない。人びとの考え方がかわり、あちこちで聖なる森が聖なる森でなくなってきているからだ。儀礼のような地域固有の精神的な価値が、近代的・普遍的な価値観にとって変えられようとしている。そのなかで、数々の儀礼に内包された自然観や精神性を、近代的科学的知識と結びつけながら活かしてゆくことが必要となってくる。科学的知識に裏づけされて、広い範囲の人びとの共通認識に支えられる現代版の聖なる森である。

儀礼は、非合理で遅れたものとされるが、一方で人間社会が共有している想像の産物であり、まさにこの点で「『想像の共同体』としての社会システムを不断にささえるもの」（今村仁司・今村真介）でもある。人間社会は儀礼的なものなしには存続しえないともいえる。儀礼的なものは、「人間性」そのものであり、人の社会を豊かにできる可能性がある。人と自然の関係の中でも儀礼は、その想像性を通じて自然と人の社会の両方を豊かにできる可能性がある。人類社会は、環境問題に関して、科学的知識と共通感覚、つまり理性と感性からなるあらたな「儀礼」を必要としているのであろう。

【阿部健一】

⇒D文化的アイデンティティ *p154*　D生物文化多様性の未来可能性 *p192*　R民俗知と科学知の融合と相克 *p304*　Rアイヌ民族の資源管理と環境認識 *p326*

〈文献〉今村仁司・今村真介 2007．村井吉敬 1998．Bhagwat, A.S. & C. Rutte 2006．Golding, J. & C. Folke 2001．

アイヌ民族の資源管理と環境認識

先住民権としての「伝統的生活空間」の再生と回復

アイヌの人びとの暮らし

アイヌの人びとは、北海道、サハリン南部、千島列島さらには本州北端部に居住し、固有の言語と文化を育んできた。彼らは、日本やロシアなどの近代国家による植民地主義支配が本格的に及ぶまで、周辺の諸集団・諸社会と交流しつつ自律的な社会を営んでいた。

アイヌ社会の自律性は、自らが暮らす地域の生態環境に適応した生計戦略によって維持されていた。その生活は、集落コタンを含む日常の生活圏である河川流域に分布する生物資源を対象とした狩猟、漁撈、採集によって成り立っていた（図1）。他方、アイヌの人びとは、アワ、キビ、ヒエなどの雑穀栽培農耕を行っていたが、あくまでも他の活動を補完するものであった。

このため、自然資源の枯渇を防ぎ持続的に利用するための管理は、アイヌの人びとが日々の暮らしを営む上で不可欠な実践であった。なお、こうした生業活動と資源管理の祖形は、本州以南の政治勢力やアムール中流域を中心とする大陸諸文化などの影響を受けるなかで、中世アイヌ期以前の擦文文化期（A.D.8〜13世紀前後）に成立したと想定されている。

アイヌ社会における資源管理

アイヌ社会では、資源によって管理主体が異なっていた。まず、最も重要な資源とされるサケの産卵場は、複数のコタンからなる地域集団によって所有され管理されていた。他方、テンやキツネなどの小型獣を狩猟するための仕掛け弓の設置場所は、アイヌ社会の最小単位でありチセと呼ばれる一戸の家屋で暮らす特定の世帯によって占有されていた。これら以外にも、特定の狩猟・漁撈などに際して組織される協業集団によって管理される資源も存在していた。ただし、こうした地域集団や世帯などが有する占有権は、ある特定の季節・時期に限定されるものであった。

これに対して、一般にアイヌ社会の最上位の社会組織とされる川筋集団は、通常、社会的に規定された1つの河川流域を領有し、そこに分布する資源すべてに対して排他的な占有権を保持していた。また、川筋集団の占有権は、四季を通して常態的に維持されていた。このように、アイヌ社会の資源管理は、資源ごとに占有権をそれぞれ有する階層化された複数の社会組織によって担われていた。

アイヌ文化の環境認識

資源管理は、アイヌの人びとにとって自らの生存と社会を維持するための実践にほかならなかった。

しかし、アイヌの人びとにとって「環境」は、必ずしも自然科学的に把握される物理的・物質的な「自然」

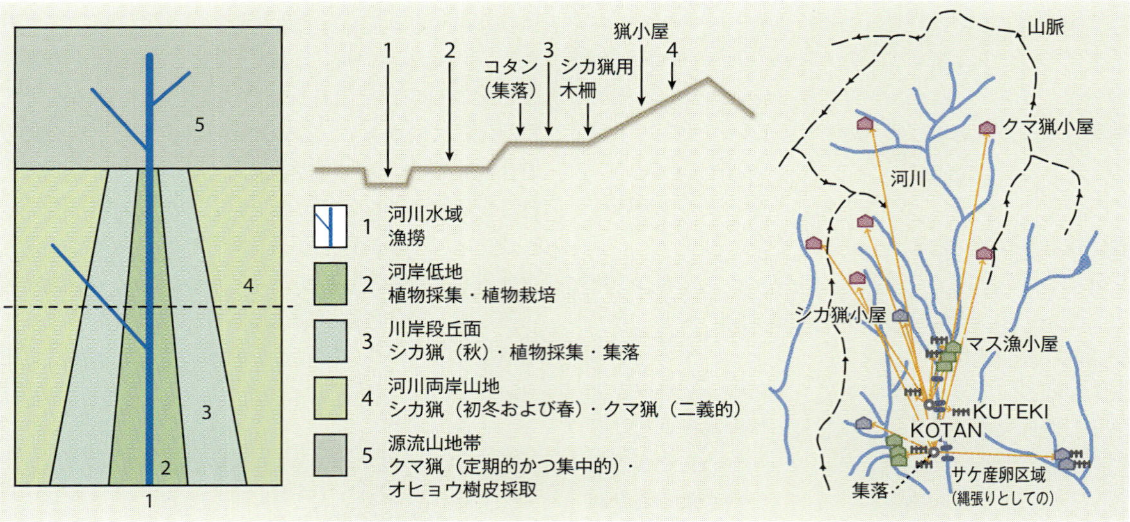

5
4
3
2
1
猟小屋
1
2
コタン（集落）
3
シカ猟用木柵
4
1 河川水域 漁撈
2 河岸低地 植物採集・植物栽培
3 川岸段丘面 シカ猟（秋）・植物採集・集落
4 河川両岸山地 シカ猟（初冬および春）・クマ猟（二義的）
5 源流山地帯 クマ猟（定期的かつ集中的）・オヒョウ樹皮採取
山脈
クマ猟小屋
河川
シカ猟小屋
マス漁小屋
KUTEKI
KOTAN
サケ産卵区域（縄張りとしての）
集落

図1　近世アイヌのエコシステム。渡辺仁が示したアイヌ・エコシステムの一例。左：アイヌの生計活動からみた河川流域の生態ゾーン。右：生態ゾーンの放射状開発［渡辺 1977］

にとどまるものではなかった。アイヌ文化にとって環境は、独自の信仰体系に根差した精神的・非物質的側面が、物理的・物質的側面と分かちがたく一体となったものとして認識されていた（図1）。

アイヌ文化の信仰では、自分たちが暮らす大地アイヌモシㇼの動植物や自然現象さらには人工物に至るまでのあらゆるものに、ラマッと呼ばれる霊魂が宿っているとされていた。ラマッは、この世での役割を終えると、カムイモシㇼと一般に呼ばれる、それらが本来帰属する世界に戻ると考えられていた。

送り儀礼と資源管理

このような信仰の下、アイヌ社会では、自らの生活に貢献してくれたあらゆるものを対象として、そのラマッを感謝とともに元のカムイの世界に送り返し、再び自分たちの人間の世界に帰って来ることを祈願する「送り儀礼」を執り行った。なかでも、一般にイオマンテとして広く知られる「飼いグマ（の霊）送り儀礼」は、アイヌ文化で最も著名である。送り儀礼は、飼いグマのみならず、アイヌの人びとが日々の糧とする多種多様な生物資源に対しても行われていた。

環境認識にかかわる信仰と儀礼は、アイヌ社会における資源管理にも少なからず影響を及ぼしていた。とりわけ、アイヌの人びとは、土地の資源を介して超自然的な存在であるカムイとの結びつきを維持することによって、自らの生活が成り立つと認識されていた。したがって、送り儀礼を中心とする諸々の儀礼行為は、アイヌの人びとにとって資源管理の一環として実践されていた。物質的側面と超自然的側面を一体とみなすアイヌ文化の環境認識を踏まえるならば、儀礼は資源管理の実践そのものであったとみなすべきである。

民族誌モデルへの批判

現在、われわれが知ることのできるアイヌ社会像のほとんどは、過去に人類学や民族学が中心となって生みだしてきた民族誌をもとに再構成されたモデルに依拠している。むろん、本項で提示した資源管理や環境認識なども、決して例外ではない。

しかし、1980年代以降、アイヌ社会の民族誌モデルは、「旧土人保護法」の撤廃や「先住民権」の要求運動などの機運が高まるなかで、アイヌの人びとの側の視点を無視した一方的な他者表象である、との批判にさらされるようになった。なかでも、既存の民族誌モデルが歴史性を捨象し、アイヌの人びとを「歴史なき民」として無時間的・静態的に描いてきたことに批判が集中した。実際、アイヌの人びとは、決して孤立した社会を営んでいたわけではなく、長い歴史のなかでつねに周辺地域の社会と接触・交流を維持していた。

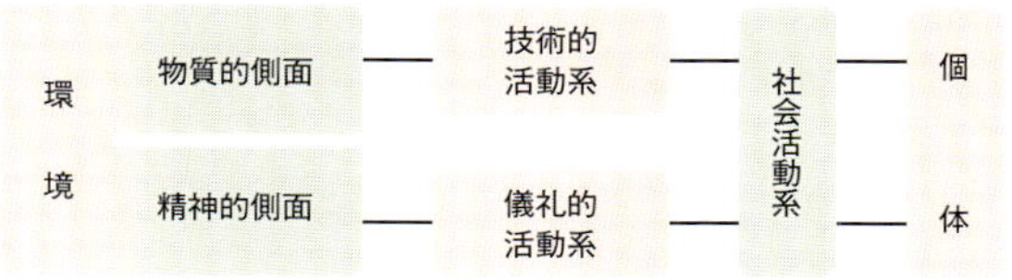
環
境
物質的側面
精神的側面
技術的活動系
儀礼的活動系
社会活動系
個
体
図2　アイヌの生態系認識の基本構造［Watanabe 1972］

上記のような批判を受け、近年は、積極的に歴史的変容を考慮に入れながら、あらためて過去のアイヌ社会を捉え直す必要性が多方面から提言されている。さらには、こうした歴史性の再認識とも連動するかたちで、アイヌの人びとの視点から自らの歴史、文化、社会を描こうとする試みが行われている。

「伝統的生活空間」の回復

新たなアイヌ社会像の追究は、今日、単に過去の再検討にとどまる問題ではなく、きわめて現代的な意義を孕んでいる。というのも、過去から現在に至る歴史を踏まえた社会像は、アイヌの人びとが先住民として、これまで奪われてきた権利回復を主張しようとするとき、必須の論点となるからにほかならない。このため、アイヌの人びとは、過去に受けた被支配や政治的抑圧の経験を含め、自らの歴史認識と社会像をかけがえのない文化資源として積極的に位置づけようとしている。

こうした事例の1つとして、近年、アイヌ文化の「伝統的生活空間」を再生しようとする試みが、アイヌの人びとのみならず市民レベルから行政レベルにまで幅広く認知されるようになってきた。ここでいう「伝統的生活空間」の再生とは、単なる生態環境の復元などではなく、北海道開拓の歴史のなかでアイヌの人びとが奪われた自ら暮らす土地の所有権や自然資源の利用権の回復が含意されている。

上記のような権利の回復は、アイヌの人びとのみならず、世界各地の先住系民族のほとんどが共有する課題である。実際、ニュージーランドでのマオリ系住民に対する土地の返還、カナダにおけるイヌイット系住民による海獣狩猟の承認などは、同様な問題意識に根差した権利保障にほかならない。他方で、現在でも、世界の各地域で先住民の生活基盤を脅かされている事態が少なからず生起している。このため、先住権としての「伝統的生活空間」の回復は、国際政治の場でも認識される今日的課題となっている。　　【大西秀之】

⇒D文化的アイデンティティ *p154*　D文化的ジェノサイド *p188*　R儀礼による資源保護 *p324*　E権利概念の拡大 *p566*
〈文献〉アイヌ文化振興・研究推進機構 2005. 泉靖一 1951. 渡辺仁 1977. Watanabe, H. 1972.

イスラームと自然保護区管理

アラビア半島の資源管理方法の復権

ヒマーとは

アラビア半島ではヒマーと呼ばれる伝統的な資源管理方法が知られ、アラビア語では、「保護地」「立ち入りが禁止されたこと」また「家畜放牧用に牧草や水場を利用できない地域」を意味する。

アラビア語の原義をたどると、イスラーム勃興以前のジャーヒリーヤ時代（5 世紀半ば以降）にまでさかのぼることができる。アラブの族長や有力者などは、イヌの吠え声が届く範囲を自分の友人や扶養家族のみが専有する放牧地とし、他の人びとが家畜を放牧することを禁止した。他方その周辺の放牧地においては他の人びとと共有する慣習があった。

イスラームの勃興により、預言者ムハンマドと正統カリフの時代（6〜7 世紀）にはヒマーの機能は大きく変容した。預言者ムハンマドは「神とその使徒（アッラーの使徒）以外にはいかなるヒマーもない」と言った、とされる。すなわち、イスラーム教徒以外にはヒマーとしての場所を宣言する権利は誰にもないことを意味する。また、ヒマーは、不信者（異教徒）に対する戦いに用いられるウマ、そして信者（ムスリム）のなかでも貧しい者たち用のためにとっておかれるラクダだけにあてられる、と預言者は言った、ともいう。預言者は、騎兵隊のためにマディーナ（メディナ）近くのアン＝ナキーアと呼ばれるワーディー（涸れ谷）にヒマーを設立した。またマッカ（メッカ）とマディーナを聖地すなわち禁域（ハラム）とし、戦闘、流血、狩猟（野生動物の殺害）、樹木の伐採と野生植物の採集を禁止した。マディーナ周辺の半径 4 アラビア・マイル（約 10km）内では狩猟、半径 12 アラビア・マイル（約 30km）内では草木の採集・伐採が禁止された。

社会制度・資源利用としての特徴

中世の法学者によって、ヒマーは、①唯一神アッラーによって定立され公衆の幸福に資するために、②イスラーム法に基づく公権力によって制定され、③その地域は現地住民にとって必要不可欠な資源を奪うことなく過度の困窮をもたらすほどに広くなく、④社会に損害ではなく経済的にまた環境に即した現実的な利益をもたらすもの、という 4 つの条件を満たす社会制度になったと理解されている。

1960 年代に広くヒマーを観察、記録、分析した O. ドゥラーズは、ヒマーを、①放牧が禁止されるが、干ばつ時には飼料としての採草が許される、②季節によって放牧や採草が許される、③放牧は 1 年中許されるが、家畜の種とその数が特定される、④放牧は基本的に禁止されハチミツ生産のみが許される、⑤森林における樹木の伐採が制限される、の 5 タイプに分類した。

したがって、資源利用が必ずしも完全に禁止されてきたわけではなく、イスラーム法と部族の慣習に基づきつつ、自然と社会・文化の相互作用の上に、地域生態系の特質に応じた資源管理が 1000 年以上にわたり実践されてきたことが注目される。

伝統的な資源管理の復権

近代国家による新しい土地利用の法律が施行されることにより伝統的な資源管理は崩壊し自然破壊が生じた。そこでヒマーを再導入する必要が叫ばれるようになった。たとえばサウジアラビアでは、1953 年の法令によって、伝統的な資源管理が施されてきた地域であっても公用地として開放され、結果的に誰でもが自由に家畜を放牧し、高木・灌木を伐採できるようになった。そのため、明らかに植生が荒廃、さらには土壌浸食と洪水を誘発したことを研究者は認識し、破壊的な放牧と無制限な樹木の伐採を食い止めるための手段として、ヒマーの復権を提唱し始めたのである。

その際、研究者は「アラビア半島のヒマー放牧システムはおそらく世界で最も古くからある効果的な放牧地保護のプログラム」「中東おそらくは世界で最も広範囲にわたって長期間残ってきた在来の伝統的な環境保全の仕組み」であることを重ねて強調してきた。また、ヒマー・システムが、部族の社会組織の枠組（部族的な自治政府と呼べるもの）の中で維持管理されてきたゆえに、コミュニティに根づいた資源利用と環境保全が行われてきたことについて言及している。とくに 1990 年代以降現在に至るまで IUCN（国際自然保護連合）がヒマーの復権を強力にサポートし、研究成果を集約するとともに中東各国の行政組織に積極的に働きかけている。

イスラームの裏づけがある自然保護区

サウジアラビアでは 1978 年には森林と放牧地の無

制限な利用を抑制する法律が制定された。また、1980 年に国の最初の国立公園アシィール国立公園も設立され、続いて、1986 年に NCWCD（サウジアラビア政府野生生物保護委員会）が設立された。1995 年には自然保護区の設置が法制化され、自然保護区内での狩猟、樹木伐採、放牧、農耕、野生植物の採集、ゴミの投棄などが禁止されるようになった。

設置された自然保護区はアラビア語ではマフミヤ（*mahmiyah*）と呼ばれる。マフミヤもヒマーと語源を同じくし、「保護地」を意味する。つまり、現代国家の近代的な自然保護の枠組のなかで運用されるマフミヤではあっても、イスラーム法の裏づけがあり、宗教的な強制力を伴う。同時に、伝統的な資源管理として部族による社会組織が自然資源を管理してきたため、自然保護区として設置し、将来に向けて維持管理していくにあたって、生物多様性など自然の価値の潜在的高さも期待できる。

部族領土におけるビャクシンの選択的伐採

NCWCD はアフリカビャクシン（*Juniperus procera*）林の保全を目的に、1989 年、アシィール山地の中心都市アブハーから西 10km にある急傾斜地にレイダ自然保護区（面積約 9km^2、標高 1800～2800m）を設置した。面積的には決して広くないが、1000m 以上の高度差の中に多様な動植物が分布している。サウジアラビア全土で見られる植物種 1800 種の約 25％にあたる 460 種をこの保護区とその周辺で確認することができる。

レイダ自然保護区は，以前はバニー・ムガイド族（Bani Mughaid）の部族領土であった共有地の内部に存在する。ビャクシンが豊富な山岳の急斜面は、ナイーブと呼ばれる部族代表による管理と保護のもとにおかれてきた。

村のある個人がビャクシンの木材を使って新しい家屋を建設しようとした時には、その人は会議においてナイーブに許可を求めなければならなかった。その求めが通った後に、ナイーブと 4～5 人からなる村ごとの代表が申請者とともに山へ行って、適当な量のビャクシンを伐採した。コミュニティの許可なく、隠れて樹木を伐採し市場に持っていったり商人に売ったりしたものは、人びとによって捕まえられた。違反したものは一定の賠償金の支払いを課せられた。

ビャクシンの選択的な伐採に対し、ウシ、ヒツジ、ヤギ、ラクダなどすべての種の家畜の放牧は、周辺のあらゆる部族領土で許可されてきたという。放牧は部族領土の境界さえも越えて自由に行えたのである。家畜が農地に侵入し農作物に害を及ぼした際には賠償しなければならなかったことを除いて、放牧は制限されなかった。したがって、ビャクシン林における伝統的な資源管理の特徴は、主要な建材であるビャクシンの選択的な伐採にあり、逆に、ビャクシン林内での家畜の放牧は制限されてこなかった点にある。

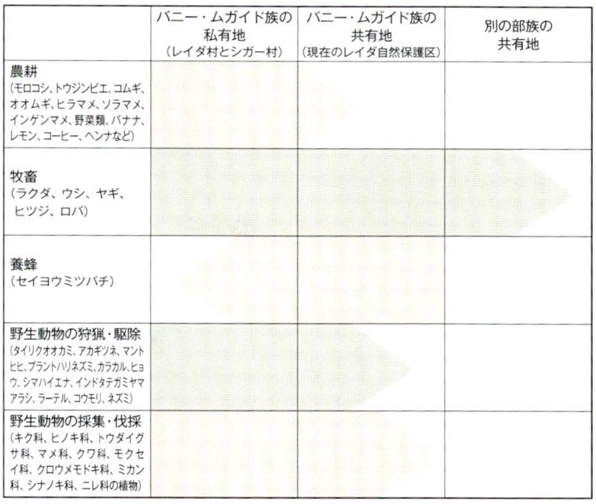

バニー・ムガイド族の私有地（レイダ村とシガー村）
バニー・ムガイド族の共有地（現在のレイダ自然保護区）
別の部族の共有地
農耕（モロコシ、トウジンビエ、コムギ、オオムギ、ヒラマメ、ソラマメ、インゲンマメ、野菜類、バナナ、レモン、コーヒー、ヘンナなど）
牧畜（ラクダ、ウシ、ヤギ、ヒツジ、ロバ）
養蜂（セイヨウミツバチ）
野生動物の狩猟・駆除（タイリクオオカミ、アカギツネ、マントヒヒ、ブラントハリネズミ、カラカル、ヒョウ、シマハイエナ、インドタテガミヤマアラシ、ラーテル、コウモリ、ネズミ）
野生動物の採集・伐採（キク科、ヒノキ科、トウダイグサ科、マメ科、クワ科、モクセイ科、クロウメモドキ科、ミカン科、シナノキ科、ニレ科の植物）

図 1　レイダ自然保護区周辺の私有地と共有地における伝統的な生計経済と資源利用［縄田 2009b］

レイダ自然保護区周辺は、19 世紀には地域の首都がおかれたところであるにもかかわらず、現在では自然保護区に指定されるほど、自然環境が良好に維持されてきた。このようにして地域社会が守り育ててきたビャクシン林は、現代国家の近代的な環境保全の枠組のなかで運用される自然保護区として維持管理される対象となったのである。

保護区管理としての現代的・将来的課題

これまでビャクシン林を守り育ててきた地域社会が、現代国家（中央政府）や世界の科学者コミュニティと協力しながら新しい形態での資源管理システムをどのように構築していくことができるのかが今、問われている。とくにビャクシンに対して強い規制がある一方、家畜の放牧に対する規制をしてこなかった環境保全に関する伝統的知識と放牧のインパクトに関する科学的知識を接合し、最新の科学的研究成果と現地における社会的生活のかけはしを目指していく必要がある。

【縄田浩志】

⇒D生物文化多様性の未来可能性 *p192*　Rコモンズの悲劇と資源の共有 *p314*　R聖域とゾーニング *p330*　R住民参加型の資源管理 *p332*

〈文献〉縄田浩志 2007, 2008, 2009b．Draz, O. 1969．Gari, L. 2006．Kilani, H., *et al.* 2007．Llewellyn, O. 2003.

聖域とゾーニング

保護区域における資源管理

自然の聖域（サンクチュアリ）

聖域とは、ふれてはならない場所、人智の及ばない力が支配する場所である。その区域にあるものは、所有や利用の対象とはされず、場合によっては立入りや近づくことすら禁忌とされた。鎮守の森にみるように、土着の聖域が結果として原生植生を保全してきた例も多い。中世では、世俗権力の及ばない宗教勢力が支配する領域の意味にも用いられ、世俗社会からの逃避場所として機能した。近代以降は、休猟区や自然保護区、国立公園など制度化された自然の聖域が世界各地に設定されている。1981 年に日本野鳥の会が北海道苫小牧市に「ウトナイ湖サンクチュアリ」を設置して以降、日本でもサンクチュアリを自然保護区の名称として用いることが普及した。

聖域は、消費を目的とせず、地域や集団のよりどころとしての文化資源や観光資源としての役割を果たす。世界遺産のように聖域が地球規模で展開される場合は、地域の伝統的な資源への認識を変化させ、グローバルな価値観の受容をせまる場合もあり、地域の文化に影響を与える可能性がある。

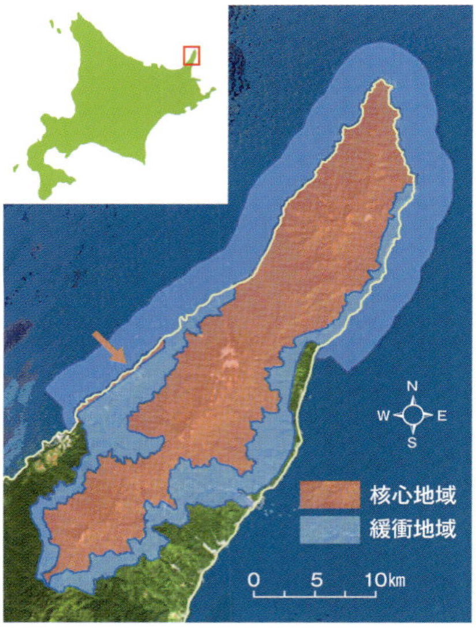
N
W
E
S
核心地域
緩衝地域
0
5
10km

図 1　知床世界遺産登録地のゾーニング。矢印は海鳥の繁殖地としての核心地域を示している［環境省「知床データセンター」HP、遺産地域区域図より作成］

ゾーニングと MAB 計画

ゾーニングとは、土地や空間を用途別に区分けすることである。資源の利用に関していえば、土地や海洋の所有権、アクセス権、どれだけ獲得できるかなどの権利に対するさまざまな規制が及ぶ禁漁区や休猟区などを意味する。もっとも制限が厳しい場合は立入りそのものが禁止される。また、漁獲や操業の管理を目的としたゾーニングも存在する。権利の制限が生じるゾーニングを設定する際には、広範な利害関係者からの意見聴取や公平で民主的な合意形成が求められる。

ゾーニングに世界的な影響を与えているのがユネスコの MAB 計画（人間と生物圏計画）の考え方である。MAB 計画は、自然資源の利用と保護に関する科学研究によって環境問題の解決の基礎を得ることを目的としたものであり、100 カ国以上の 480 をこえる「生物圏保存地域」が指定されている。ここでは、原生的な植生や生息地を保存する「核心地域」、それを保護し、人間活動を認める「緩衝地域」、さらにその外側には広範な分野の人間が参加できる「移行地域」が設定されることもある。MAB 計画では奥山・里山・耕地といった同心円状のゾーニングの必要はなく、保存対象の分布や移動に応じて核心地域が複数あってもよい。知床の世界遺産登録地では、核心地域が中央の山岳地帯と海鳥の繁殖場所となっているオホーツク海側の沿岸部等との 2 カ所で、その周囲が緩衝地域とされた。移行地域は設定されていない（図 1）。林野庁が 1988 年に打ち出した森林生態系保護地域（2009 年 4 月 1 日現在全国で 29 カ所）にも核心地域と緩衝地域とが設けられた。

国家の役割

MAB 計画では、核心地域であっても人為的な影響のもとで維持されてきた景観や植生、生態系では必要であれば人為の介在が認められる。1974 年に発効したラムサール条約の条項にある「賢明な利用」も MAB 計画の理念を取り入れたものであり、人為的な影響をすべて排除したものではない。逆にゾーニングされた場所では、移行地域であっても管理計画に組み込まれることが求められ、野放図な開発行為は排除される。なお、ユネスコも日本の法律も慣習の優先を認めており、自然の聖域やその周辺の管理には、地域性や歴史など文化面への配慮が必要である。

世界遺産（自然遺産）やラムサール条約への登録には、IUCN（国際自然保護連合）が大きな影響力を持っているが、規制や制限があらたに設定されるわけではない。保全や資源管理には、あくまで国内法が適用される。世界遺産の登録地域の管理には先住民の参画が求められることがあるが、多様な参画主体を保障するのは主権国家の役割である。

地域の歴史や資源とのかかわり方がどれだけ尊重されるかは、国家の資源管理や人権意識のあり方によって左右される。グローバルな価値観と地域の伝統との間に軋轢が生じないよう、国内の行政機関が十分に役割を果たし、それぞれのゾーニングに適切な保全措置と管理形態を樹立することが求められる。とりわけ、アジア・太平洋地域では、人口が稠密で、入り組んだ土地利用が古くからあり、所有や権利関係も複雑なことから、歴史的視点を取り入れることが必要である。

海域保護区と統合的管理

現在注目されている保護区域は、MPA（海域保護区）である。MPA は世界で 370 以上あるとされるが、その目的は、特定の種の保護、漁業管理、生態系全体や希少な生物の生息域、繁殖海域の保護、さらには歴史的記念物の保全などにわたっている。規制内容も、人や船舶の立入りを禁止する厳格な完全保護区から、禁漁区、海洋公園など多面的である。日本の MPA は海中公園地区や漁業規制海域が相当する。

陸域の保護区が全陸地の約 10％を占めるのに対し、海域では 1％ときわめて少ない。そのため、IUCN では、2012 年までに公海を含め全海域の 10％を MPA とすることを目指している。

生物資源を保全し、その利用を永続させるには、生態系をまるごと管理することが理想である。オーストラリアのグレートバリアリーフの MPA は、日本の国土とほぼ同じ 34.4 万㎢の面積で、ほとんどの利用が認められた一般地域から学術研究利用に限定される保存地域まで、海域が 7 段階にゾーニングされている（表 1）。グレートバリアリーフの管理計画は、多様な利害関係の調整や地域協議を経て策定されており、これは保護区域の理想型の 1 つといえる。

一般地域（General Use Zone）
生息域保護地域（Habitat Protection Zone）
保全公園地域（Conservation Park Zone）
緩衝地域（Buffer Zone）
科学研究地域（Scientific Research Zone）
国立海洋公園地域（Marine National Park Zone）
保存地域（Preservation Zone）

表 1　グレートバリアリーフ海洋公園のゾーニング（オーストラリア連邦グレートバリアリーフ海洋公園管理局）。上から下に向かって規制が強くなる。島嶼の陸地部分は別に連邦島嶼地域（Commonwealth Islands Zone）とされる［Great Barrier Reef Marine Park Zoning Plan 2003 HP より作成］

写真 1　知床岬。遠くに国後島がみえる（1997 年）

2005 年に世界自然遺産となった知床では、国内ではじめて海域が遺産地域に含まれることになった。適用される制度は国立公園の普通地域で、漁業に関する規定はないが、地元の漁協は以前から自主的な漁業管理を実施してきた。IUCN は、漁業者による資源管理を好意的に評価し、世界遺産の登録に至った経緯がある。しかしながら、MPA をめぐる議論は漁業に終始し、広範な利害関係者の発掘と参画、漁獲とは異なる資源利用の認定には至らなかったことも事実である。緩衝地帯の広がりも不十分である。領土問題が存在するため、国際協力にも課題が残る（写真 1）。

日本を含めアジアの自然は人とのかかわりで形作られた歴史的自然といえる。広大な無人地帯に自然の聖域を設定することも、生態学的に十分な面積を確保したゾーニングも困難な地域である。しかし、狭い面積でも設定可能な学術研究地域や教育利用地域のように、さまざまな形の MPA が構想されてもよい。さらに、治水と利水に限られていた河川管理に、1997 年以降は環境保全と住民の意見反映という観点が加えられたように、多様な利害関係者が参画する海域の統合的管理が、今後は目指される目標となっていく。そのための法整備や参加方法が、これからは具体的に議論されるべきである。

【宇仁義和】

⇒D持続可能なツーリズム *p230*　Dラムサール条約 *p232*　D生物圏保存地域（ユネスコエコパーク）*p234*　D世界遺産 *p236*　R住民参加型の資源管理 *p332*

〈文献〉磯崎博司 2000．大森信・ソーンミラー，B. 2006．海洋政策研究財団 2008．日本自然保護協会編 2008．プリマック，B.R.・小堀洋美 1997．UNESCO 1974．

住民参加型の資源管理

コミュニティ基盤型管理から協働管理へ

住民参加型資源管理

住民参加型（自然）資源管理とは、森林、河川、湖沼、海洋などの広い意味での土地資源や、そこで得られるさまざまな生物資源（有用動植物など）を対象に、それらの質の改良、劣化・枯渇の防止、そして資源をめぐる紛争の回避などを目的として、土地・生物資源に直接働きかけたり、利用を制御したりする行為に、地域の人びとが何らかの形で「かかわる」ことを重視する資源管理のあり方を指す。地域の人びとが「かかわる」と一言でいっても、資源から得られる便益の享受、労働力の提供、行政の意思決定への参画と意見の提示、さらには管理方法の自律的・自立的決定と運用など、かかわり方にはさまざまな形がありうる。今日では、資源管理施策・プロジェクトの多くが「住民参加型」と銘打っているが、それらはこうした多様な管理のあり方を含んでいる。

中央集権的で一元的な管理の失敗

住民参加型資源管理の必要性が広く認識されるようになるのはおおむね1980年代以降のことである。その背景には国家による資源管理の失敗があった。

たとえば、多くの途上国で、森林は、部族、氏族、村落などにより、地域固有の規範に基づき、多様な形で保有・管理されてきた。しかし、それらは、植民地期に宗主国の財産として所有とされ、中央集権的で一元的な法体系の下で管理されることになった。そうした上からの管理は独立後も続き、国や国の支援を受けた私企業が主導する形で急速に資源開発が進められた。その過程では、政府の計画性を欠いた木材伐採権の乱発や、政府の後ろ盾を得た私企業による大規模プランテーションの無秩序な造成などが相次いで行われ、森林は急速に消失・劣化した。

一方、国は保護地域の設定・管理などを通じて自然をまもるための施策も講じてきた。しかし、その多くは、各地域における人と資源とのかかわりあいの多様性を考慮することなく、一元的な規制を通して、地域の人びとを資源利用から締め出すものであった。こうした、強権的・排他的な自然保護は、生物資源に強く依存して暮らす人びとが多数存在する地域の実情に即しておらず、きわめて実効性の乏しいものであった。また、国の法的規制が従来の資源利用秩序を崩壊させ、事実上のオープンアクセス状態を作り出し、資源の劣化を招いた地域もある。

コミュニティ基盤型資源管理

そのため、国による管理に代わるものとして、村落やその他の地域資源利用者集団（便宜的にそれをここでは「地域コミュニティ」と呼ぶ）による「下からの資源管理」への期待が高まった。一般に、地域コミュニティは、周囲の環境との親密な関係を持っているために、資源動態についてより多くの知識を持ち、また、資源にその生存を依存しているため、持続的資源利用のためのより強力なインセンティブを持っている（あるいは、持ちうる）と考えられている。そうした想定を基に、地域コミュニティに資源管理の権限と責任を委譲し、地域の人びとが中心的な役割を果たすことを強調した資源管理のあり方は、一般に、コミュニティ基盤型資源管理（CBRM）と呼ばれる。

CBRMに多くの関心が集まったことには、先述の国家管理の失敗に加えて、人類学的なコモンズ研究によって、たとえばインドネシア東部の*サシ（写真1）など、地域住民が実践する独自の資源管理の実像が明らかにされてきたことや、経済学者から、自然資源の私有化と市場経済メカニズムによる管理の弊害、すなわち、市場経済原理に基づく資源利用や土地資源の所

写真1　インドネシア東部の慣習的資源利用規制、サシをかける村人。これは森での狩猟を禁じるためのもの（セラム島、2005年）

有権の域外者への移転により、資源利用に伴う*外部不経済の内部化が困難になるなどの問題が指摘されるようになったことが背景にある。また、1990年代に入ると、先住民の資源に対する権利の尊重といった観点から、資源管理に社会的公正を求める世論が世界的に高まったが、そのこともCBRMを後押しした。

このようにして、1980年代以降、コミュニティ基盤型と銘打ったさまざまな政策やプロジェクトが世界各地で実施されてきた。

なかでもコミュニティ基盤型保全（CBC）は、主に地域住民の理解と協力を得ながら保護地域の自然環境を効果的にまもるための方法として、主に途上国で実施されてきた。多くの場合CBCは、エコツーリズム開発などを通じて経済的便益を創出することにより、人びとに保全インセンティブを与える試みであった。しかし、野生生物資源を収穫・分配するという営為は、単に経済的な欲求充足だけではなく、しばしば、「楽しみ」、社会関係の構築、アイデンティティの充足など社会文化的な欲求充足と密接なかかわりをもっている。CBCの取組みの多くはそうしたローカルな文脈に埋め込まれた人びとの生きがいにまで踏み込んで保全や資源管理のあり方を考えようとする視点が弱かったといえる。

協働管理

地域コミュニティには、多様な利害関心や規範が存在し、成員間で資源をめぐる争いが生じている事例も少なくない。また、ローカルな資源利用・管理のあり方も、世界市場や、国家、あるいは国際的な政策的取決めなどの外部要因と相互作用しながらつねに変動している。したがって、地域コミュニティに管理の権限・責任を全面的に委譲することが自動的に資源管理の成功を導くとは限らない。

CBRMに関する多くの事例研究も、CBRMの成功にはその管理システムが、より高次の行政組織によって正当性/正統性を付与されることが重要であると指摘している。近年の資源管理をめぐる議論でも、地域コミュニティの役割を重視しつつも、地方・中央政府やNGOなどがさまざまな深度でかかわりながら、共に資源を管理する方策に関心が移っている。このように、多様なアクターが権限と責任を分け合う管理のあり方は協働管理と呼ばれている。

権限・責任の分担の仕方は、政府と地域コミュニティの関係性だけをみても、図示するように多様である（図1）。

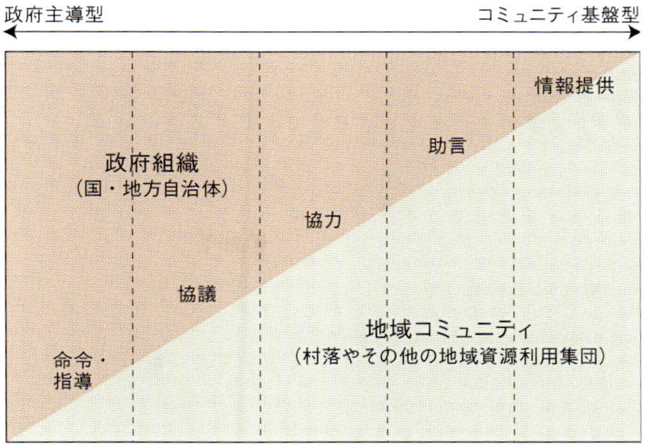

政府主導型
コミュニティ基盤型
情報提供
助言
政府組織
（国・地方自治体）
協力
協議
地域コミュニティ
（村落やその他の地域資源利用集団）
命令・
指導

図1　協働管理における政府と地域コミュニティの関係。図中の「情報提供」などは政府組織の関与を表す［Persoon *et al.* 2003を一部改変］

協働管理の課題

カナダでは、先住民イヌイットが政府と対等な立場で野生動物管理にかかわることができる協働管理の仕組みが早くから整備された。しかし、会話分析を用いたその後の研究により、先住民と政府の交渉過程では、伝統的な生態学的知識に従った話法・論理で語る先住民には、型通りの発言の機会が与えられるだけで、政策決定にほとんど何の影響も与えていないことが明らかにされた。

この事例が示すように、協働管理の仕組みが形式上整い、意思決定の場に地域の人びとが身を置くことができても、とくに歴史的に周縁化されてきた人びとは、その周縁性ゆえに必ずしも自らの意向を決定に反映させることができるとは限らない。協働管理は、何らかの利害関係を有する多様な主体が利用・管理の意思決定に影響力を行使することを可能にする仕組みであり、ともすれば、住民参加型という衣をまといながら、資源管理がもたらす便益を社会的強者が獲得し、費用を弱者が負担するといった事態を生みかねない危うさをも持つ。そうした事態を回避するために提案されている方法の1つが、対象資源とのかかわりの深さに応じて発言権を認めるというものである（かかわり主義）。しかし、そこには、かかわりの深さを誰がどのようにして測るのかといった未解決の課題もある。いずれにしても、社会的公正性の観点からは、身の回りの資源に依存して暮らす地域の人びとが受苦を強いられることのない管理の仕組みを構築することが求められる。

【笹岡正俊】

⇒D文化的アイデンティティ *p154*　Rコモンズの悲劇と資源の共有 *p314*　Rイスラームと自然保護区管理 *p328*　E持続可能性 *p580*

〈文献〉Agrawal, A. & C. C. Gibson, eds. 2001.　秋道智彌 1995d, 2004.　Berkes, F. 2004.　Fortwangler, C. L. 2003.　井上真 2004.　大村敬一 2002.　Persoon, G. A., *et al.* eds. 2003.　菅豊 2008.　Tsing, A. L., *et al.* 2005.　Townsend, P. K. 1974.

日本の里山の現状と国際的意義

「日本の里山・里海評価」と「SATOYAMA イニシアティブ」

里山・里海・里川

里山は、「奥山と都市の中間に位置し、集落とそれを取り巻く二次林、それらと混在する農地、ため池、草原等で構成される地域概念であり、農林業などに伴う、さまざまな人間の働きかけを通じて環境が維持されてきた。国土の40%を占める里山は、食料や木材などの生産の場として重要である。水田、水路は水循環を調節し、里山林は空気を浄化し、農山村では多様な伝統文化が維持されてきた。里山とそこで行われる農林業は、多面的・公益的機能を有する。ミレニアム生態系評価（MA）で使われる生態系サービスという語を適用すると、里山は私たちの生活に、供給サービス、調整サービス、文化サービスを与えるとともに、これらのサービスを支える、植物による物質生産、土壌の形成、栄養塩類の循環などの基盤サービスを担っている。

里海は、人の暮らしと自然の営みが密接な沿岸海域である。古くから水産・流通はじめ、文化と交流を支えてきた。里山と同じく人と自然が共生する場所であり、高い生物生産と生物多様性が育まれている。里海の水産業と漁村は、里山同様に多面的な機能をもつ。豊かで健全な里海を守るためには、「太く、長く、なめらかな」物質循環が不可欠である。森から海までは水循環によりつながっており、陸域（里山）と沿岸海域（里海）を一体的に総合管理する必要がある。里川は、まだ耳慣れない言葉であるが、身近な河川という意味でつかわれはじめている。

「里」という語には、近年の都市化と生活スタイルの変化により自然から隔離された人びとが感じる、身近な環境への関心、ふるさとへのノスタルジーを含む豊かな響きがある。「里」は集落、地域社会との結びつきを連想させ、人と人との関係、地域の資源管理法の改善、自分たちの価値観による発展目標までも内包する。

K. Takeuchi・R.D. Brown・I. Washitani
A. Tsunekawa・M. Yokohari (Eds.)
SATOYAMA
The Traditional Rural Landscape of Japan
Springer

写真1 "Satoyama"の表紙

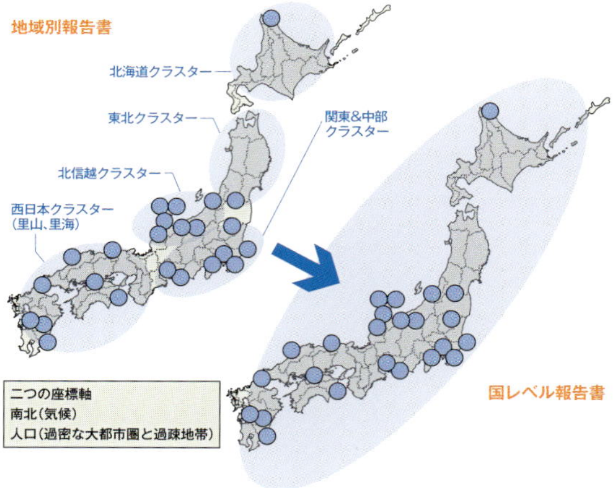
地域別報告書
北海道クラスター
東北クラスター
関東&中部
クラスター
北信越クラスター
西日本クラスター
(里山、里海)
二つの座標軸
南北(気候)
人口(過密な大都市圏と過疎地帯)
国レベル報告書

図1 「日本の里山・里海評価」のクラスター構成［「日本の里山・里海評価 2010」を改変］

日本の里山・里海評価

日本社会の都市集中化、農林業の不振、近年のグローバル化の流れなどによって、過疎化・高齢化の波が押し寄せており、里山は非常に困難な状況にある。

里山のあり方は、時間（歴史）の経過とともに、大きく変化してきた。農林業に活気があった過去のよき時代の里山から過疎高齢化の厳しい里山の現状、そして里山の将来像を区別すべきである。里山における農業も、場所ごとに多様であり、①都市近郊や優良農業地帯、特産地帯などで生業として成立している里山地域、②能登など、過疎、高齢化に見舞われつつもなんとか踏みとどまっている地域、③中国山地、山陰、東北におけるように、限界集落から集落崩壊へ向かいつつある地域などがあり、里山の多様性に注意を払う必要がある。

これまでに里山に関する情報は大量に蓄積されてきたが、統合されていないので全体像がわからず、里山問題に対応できなかった。里山に類似した景観や資源の管理法は、アジアをはじめ世界各地にみられるし、里山問題も世界各地で起きている。したがって、国際的な基準に基づく里山の総合診断が必要であり、「日本の里山・里海評価（JSSA）」が実施されることになった。その目的は、里山・里海の生態系サービスを科学的に評価し、里山・里海の保全および持続可能な利用・管理に向けた方針提起と行動のための科学的基盤を提供することである。日本の里山・里海評価は、国連大学高等研究所を事務局とし、2007年に開始された。全国の研究者、行政関係者らのほか、国連環境計画などからも参加があり、既存の膨大な科学的データを集積・比較・検討した報告書を作成し、国際的評価を目指している。

里山の英訳として「SATOYAMA」が用いられてきたが、国際評価には、一般性が高く、外国人にもわかりやすい定義が必要である（写真1）。日本の里山・里海評価では、①人の利用により成立している農地、林地などを含む二次的自然生態系、②モザイク状に分布する多様な生態系、③過疎による利用不足、休耕田・放棄林（アンダーユース）から過剰収奪、過放牧（オーバーユース）まで、経時的に変動するさまざまな強度の人為攪乱の影響のもとにあることをSATOYAMAの特色と考えている。その線上で、「里山里海ランドスケープ」を「空間的モザイク構造をもち、経時的に変動しつつある社会・生態的システムであり、人間の福利に供される一連の生態系サービスがえられる」と定義した。後述する「SATOYAMAイニシアティブ」との整合性を意識し、同時に里山と里海も包括し、文化的側面をも含む広い概念とするためにランドスケープという語を使った。里山のモザイク性は広く認められているが、里海のモザイク性については、今後さらに検討が必要である。また、里山・里海の実態は地域ごとに多様であり、今後、概念と定義をさらに明確にすべきであろう。

日本の里山・里海評価では、北海道から九州までを、南北（気象条件のちがい）と人口密度（大都市近辺と過疎地）の2軸で整理し、5地域グループ（クラスター）に分けて、「地域別報告書」をまとめ、それらを総合して「国レベル報告書」を完成させる予定である（図1）。

SATOYAMAイニシアティブ

日本の里山・里海評価の進行と並行して、環境省と国連大学を中心としたSATOYAMAイニシアティブが進められている。日本の里山にみられる人間と自然の関係をより一般的にとらえ、世界へ発信するものである。ここでは、里山類似ランドスケープを「社会生態的生産ランドスケープ」と呼ぶ。その特色は土地利用の動的モザイクであり、生物多様性を維持しながら人間に必要な物品・サービスを持続的にえるための人間と自然の相互作用によって形成されてきた持続的システムであり、文化遺産にも富む（「SATOYAMAイニシアティブ」に関するパリ宣言）。このようなランドスケープでは、資源が循環的に利用され、伝統文化が尊重され、さまざまな組織が自然資源管理に参加している。

現在

以前

写真2　フィリピン共和国ルソン島北部のイフガオ州の棚田（世界遺産）。近年は若者が都市へ移住し、後継者難に陥り、放棄田が増えている（左：2010年、右：2003年）［右：wikimedia commonsより］

日本の里山以外にも、世界各地に実例が散見される。たとえば、フィリピンのムヨン、ウマ、パヨ、韓国のマウル、スペインのデヘサ、フランスなどの地中海諸国のテロワール、日本の里山などがあり、タイのコミュニティ林業や、インド、アフリカの*アグロフォレストリーにも類似した景観がある。

一部の里山類似ランドスケープは、日本と同様に、人口減少や高齢化のために放棄され、都市への人口移動も起きている（写真2）。無計画な都市化や産業化、資源需要の増加などの圧力にさらされているものも多い。その結果、里山類似ランドスケープが各地で劣化しつつあり、そこでは提供される生態系サービスが減少し、地域やさらに広範囲のコミュニティに深刻な影響がでている。SATOYAMAイニシアティブは、里山類似ランドスケープの重要性の周知と、支援を通してその地域の再活性化を目指している。そのため、世界各地から実例を収集・分析・比較し、伝統的知識や共有地システムなどの記録をデータベースに取りまとめている。地域コミュニティ組織や政府、NGOs、国連機関・組織と連携し、里山類似ランドスケープの維持・再活性化を目指す。

日本の里山では、過疎・高齢化によるアンダーユースが問題となっているが、地球全体では人口爆発、資源過度利用、乱獲、乱開発などのオーバーユースが問題である。また、欧州では農家から土地を買って自然に戻すことで生態系を保全しようとする動きがある。意図的にアンダーユースを起こそうとしているのである。里山が放棄されて遷移が進み、生物多様性が低下するという日本の主張は、十分な実証抜きには国際コミュニティに受け入れられないであろう。【中村浩二】

⇒C魚附林 *p84*　D生態系サービス *p134*　D里山の危機 *p184*　D日本の半自然草原 *p206*　D東アジア内海の生物文化多様性 *p208*　R民俗知と科学知の融合と相克 *p304*

〈文献〉鳥越晧之編 2006．Millennium Ecosystem Assessment 編 2007．「SATOYAMA イニシアティブ」に関するパリ宣言 2010．柳哲雄 2006．

マングローブ林と沿岸開発

マングローブは地球温暖化抑制に貢献可能か

マングローブとは何か

熱帯や亜熱帯の河口域や沿岸の潮間帯、すなわち淡水と海水の混ざり合う汽水域には耐塩性植物のマングローブが鬱蒼とした森林を形成している場合が少なくない（写真1）。

マングローブとは汽水域のマングローブ林を構成する樹木、草本などヤシ科植物やシダ植物も含めた総称である。研究者によってその種数は異なるが、トムリンソンによるとマングローブ林だけに分布する植物が54種、マングローブ林とそれ以外にも生育する付随的な植物が60種なので、114種にも達する。マングローブ林だけに分布している54種のうち、東南アジアには30種以上が分布し、マングローブの種の多様性が最も富んでいる。ちなみに、わが国に分布している代表的な樹種はヒルギ科のオヒルギ、メヒルギ、ヤエヤマヒルギ、マヤプシキ科（ハマザクロ科とも呼ばれる）のマヤプシキ（ハマザクロ）、クマツヅラ科のヒルギダマシ、シクンシ科のヒルギモドキ、ミソハギ科のミズガンピ、アオギリ科のサキシマスオウノキ、トウダイグサ科のシマシラキ、ヤシ科のニッパヤシ、シダ植物でイノモトソウ科のミミモチシダなどである。このうちメヒルギが鹿児島市喜入町に分布し、ここが太平洋地域のマングローブ自然分布の北限である。

マングローブの重要さと消失理由

マングローブ生態系は、沿岸域に生息する魚類の稚魚の採餌場所や隠れ家、シオマネキの仲間で代表されるような小型の甲殻類やシレナシジミやキバウミニナのような貝類の生息場所を提供し、水鳥や場所によってはカワウソやワニなどの採餌や休息場所としての役割を果たしている。つまり、マングローブ生態系は、陸上生態系とサンゴ礁や海草藻場などの浅海生態系との*エコトーンとしても重要な役割を果たしている。しかしながら、1980年代以前には無用の湿地と誤解されたことも一因でエビ養殖池に転換されたり、リゾート地や工場用地として開発されたりしたことにより急激に減少した（表1）。

1993年、タイにはマングローブ木炭生産窯が1207窯あり、多いときには年間36万 m^3（約25万t）の木炭が生産されていた。しかし、今日ではマングローブの伐採が全面禁止された。しかし、表2に掲げたように、現在でも世界中でマングローブ林が減り、それに伴って沿岸の水産資源も減少傾向にある。

伝統的な利用

マングローブは木炭や燃料材、柱や垂木などの建築用材、船材、河口域に設置する定置網や蓄養生け簀などの支柱、屋根や壁葺き材などとして利用されてきた。特に、オヒルギ、コヒルギ、ヤエヤマヒルギの仲間は、下痢止め、目薬、軟膏など医薬品、漁網、帆布、衣類などの染色材、ベニマヤプシキの果実はジュース材料、モモタマナの種子は食用とされた。

ニッパヤシの葉は、今日でもベトナム、ミャンマー、インドネシアなどの国々の沿岸家屋の屋根材として重要であるが、それらは合成樹脂の波板などで代用され、伝統的な利用が失われる傾向にある。

生物の多様性からみたマングローブ生態系

汽水域のマングローブ生態系には、淡水生物と海水生物の両方が生息し、生物相は多様であることが容易に想像できるが、その実態については必ずしも十分に

理　由	面積（千ha）	割合（%）
水産養殖	110	64
スズ採掘	6	4
塩田	11	6
沿岸開発*	45	26
合　計	172	100

表1　1961～1986年のタイにおけるマングローブ林の減少理由とその割合［Kongsangchai 1994をもとに作成］
*農地への転用、道路建設、港湾等の拡張、工場用地建設等を含む

地 域	1980年	1990年	2000年	20年間の変化
アフリカ	3,659	3,470	3,351	+308
アジア	7,857	6,689	5,833	-2,024
オセアニア	1,850	1,704	1,527	-323
北米・中米	2,641	2,296	1,968	-673
南　米	3,802	2,202	1,974	-1,828
合　計	19,809	16,361	14,653	-5,156

表2　1980～2000年におけるマングローブ林面積の推移（単位：1,000ha）［FAO 2007をもとに作成］

明らかにされていない。

生物が多様である1例として、支流を含めて全長わずか39kmではあるが、河口に約93haのマングローブ林が広がる沖縄県西表（いりおもて）島の浦内川を挙げれば、この浦内川に生息する魚類は日本一多く、360種を超え、292種以上もの貝類も生息している。タイのラノンやベトナムのカンザーのマングローブ林がユネスコの生物圏保存地域に、沖縄島の漫湖や石垣島の名蔵川河口がラムサール湿地に指定されるなど、マングローブ生態系が、渡り鳥も含めて、多様な生物にとって重要な役割を果たしている。バングラデシュとインドの両国にまたがる世界最大のマングローブ林のあるスンダルバンにはベンガルトラが生息し、ボルネオ島のマングローブ林にはテングザルが生息するなど、マングローブ生態系には多様な生物が分布・生息しているが、微生物を含めて生物の多様性については解明されていない部分が多く残されている。

写真1　ブラジルのマングローブ林（2005年）

スマトラ沖地震津波が認識させたこと

インドネシアのスマトラ島沖を震源として2004年12月26日に発生した地震による津波の被災状況の調査結果によると、マングローブ林があった場所では津波の被害が小さい傾向にあったとされ、マングローブ林を含めた海岸防災林を適切に管理することが、津波などの自然災害から住民の生命と生活を守ることになると認識されるようになった。

被災地では、FAO（国連食糧農業機関）などの国際機関やOxfamやWetland Internationalをはじめ100を超えるNGO（非政府組織）が、マングローブ林や海岸林の再生に取組んでいる。熱帯・亜熱帯の沿岸生態系は複雑な相互作用を育んでいるので、マングローブだけではなく、サンゴ礁・海草藻場を含めた沿岸生態系の保全と再生に取組む必要がある。JICA（国際協力機構）だけではなく、わが国のNGOであるACTMANG（マングローブ植林行動計画）、OISCA（オイスカ）やISME（国際マングローブ生態系協会）もインド、ベトナム、ミャンマー、キリバス、ツバル、モルジブなどで沿岸生態系の保全と再生を視野に入れてマングローブ林と海岸林の再生に取組んでいる。

マングローブは地球温暖化防止に貢献可能か

マングローブ林の地上部現存量は、時に熱帯降雨林のそれを凌ぎ、500t/haに達することもある。人為的な影響の少ないミクロネシアのポンペイでの調査ではマングローブ林は地下部に推定1300t/haの炭素を、タイ南部のマングローブ林でも500t/haの炭素を蓄積しており、地下部にせいぜい70～80t/ha程度の炭素しか蓄積していない熱帯降雨林と比較するとその差は大きい。

これまでマングローブ生態系は、森林資源の生産の場、沿岸海洋水産資源の涵養の場、そして生物の多様性に富む生態系であり、沿岸住民の生存と財産を保全する機能を果たしてきた。しかも、上述したように、マングローブ林は場所によっては熱帯降雨林の20倍にも匹敵する炭素を地下部に蓄積している。石油や石炭の化石燃料を消費することで、大気中の二酸化炭素（CO_2）濃度が高くなっているのであるが、樹木を含めて植物は、光合成によって大気中の二酸化炭素を取込み、種々の炭素化合物として体内に蓄積しているのであるから、森林を再生することは、大気中のCO_2濃度を削減することに繋がっている。石油や石炭は再生産できないが、森林資源はわれわれの努力で再生産可能であるから、そのことに注目したマングローブ林の保全と再生が望まれる。地球温暖化防止への対応は遅すぎることはあっても早すぎることはないのである。ベトナム戦争の枯葉作戦、インドネシア、タイ、ブラジルでのエビ養殖池建設で失われてしまったマングローブ林の再生に積極的に取組むことは、生物多様性の保全だけではなく、地球温暖化防止への貢献にもつながるといえるだろう。　【馬場繁幸】

⇒D沿岸域の生物多様性 *p144*　Dラムサール条約 *p232*　Rアブラヤシ、バナナ、エビと日本 *p338*

〈文献〉FAO 2008. Fujimoto, K. 2004. Havanond, S. 1994. 西表島浦内川流域研究会 2004. 国際マングローブ生態系協会 2004. Kongsangchai, J. 1994. Paphavasit, N., *et al.* 2009. Sheue, C.R., *et al.* 2003. Spalding, M., *et al.* eds. 1997. Tomlinson, P.B. 1986. UNEP 2007.

アブラヤシ、バナナ、エビと日本

環境を損ねる大量生産

モノカルチャーは動植物の「工場生産」

東南アジアで栽培されるアブラヤシとバナナ、そこで養殖され、獲られるエビは、日本人の生活と深くかかわる。東南アジアでは、その結果、深刻な環境問題や人権問題がおきている。熱帯・亜熱帯では植民地化とともに、大きなプランテーション経営が一般化した。単一ないし2、3の作物の栽培によって利益をあげようとする植民地経済はモノカルチャー経済と呼ばれ、その土地の住民の経済を歪んだ形にした。プランテーションで栽培された（ている）作物にはコーヒー、天然ゴム、サトウキビ、ココヤシ、ワタ（綿花）、カカオなどがある。アブラヤシやバナナの大規模プランテーションにおける栽培の歴史は比較的新しい。マングローブ林を伐り開いて塩田に利用したり、魚介類を蓄養する歴史は古いが、エビだけを単一に集約養殖する歴史は1980年代以降と新しい。プランテーションにしろ、養殖池にしろ、単一の栽培種や養殖種を大規模に生産することは、農業や漁業をいわば工業化して生産しようとする試みであるといえよう。

アブラヤシ・プランテーションと熱帯林火災

東南アジアは世界一のアブラヤシ生産地域であるが、そこで作付けられているのは西アフリカ原産のギニアアブラヤシ（*Elaeis guineensis*）である。東南アジアへの移植は1870年代だが、大規模生産が始まったのは1960年代である。アブラヤシからはパーム油とパーム核油が精製される。現在、マレーシアとインドネシアが、パーム油の二大生産国である。2007年のマレーシアのパーム油生産量1650万t、インドネシアが1690万tで、全世界の生産量3928万t（輸出量は80%程度）の実に85%をこの2国が生産していることになる（写真1）。生産量トップのマレーシアをインドネシアが追い抜いたのは2005年である。この2つの国のオイルパームの2007年の収穫面積は8万3700km^2（表1）で、北海道の面積（8万3455km^2）ほどだ。世界の植物油生産の中でもパーム油は2位の大豆油3558万t、3位菜種油1683万tを上回りトップの座にある。パーム油の日本での消費量は、植物油では菜種油（962万t）、大豆油（597万t）についで3位（534万t）にある（2007年）。パーム油は、私たちの目に触れることが少ないが、即席麺、スナック菓子（ポテトチップスなど）、フライ油、マーガリン、ショートニングなどに広く用いられる「隠された欠かせぬ食品」の趣がある。石けんにも一部用いられている。

写真1　アブラヤシ農園で働く労働者（インドネシア、アチェ州、1999年）

アブラヤシ・プランテーションはインドネシア（とくにスマトラ島とカリマンタン島）で急増している。プランテーション造成の前には熱帯林伐採が行われる。伐採された木材ないし加工された合板は、主に日本に輸出されてきた。プランテーションの造成のために伐採跡地は野焼きにされ、それが森林火災の拡大と煙害を生み出した。森林火災はエルニーニョ現象や焼畑農業など他の要因でも説明されてきたが、プランテーションの造成こそが主要な原因であることが次第にはっきりしてきている。熱帯林火災は、煙害の被害を受ける人間だけでなく、カリマンタン島やスマトラ島に生息する絶滅危惧種（オランウータン、スマトラサイ、アジアゾウなど）にとっても深刻な問題である。さらに熱帯林地域に住む先住民族も、森林伐採やプランテーション造営、あるいは移住労働者入植などで取返しのつかない被害を受けている。

	マレーシア	インドネシア
1965	5.9	8.0
70	15.0	10.0
75	38.6	14.2
80	77.7	20.4
85	120.1	34.9
90	174.6	67.3
95	223.6	119.0
2000	307.5	201.4
05	355.0	369.0
07	379.0	458.0

表1　マレーシア、インドネシアにおけるオイルパーム収穫面積（単位100km^2）［FAO 2009］

フィリピンバナナと日本人

輸入バナナについては鶴見良行が、その問題性をいち早く指摘した。鶴見は日本に輸入されるバナナが、1973年以降、それまでのエクアドルからフィリピンにとって代わり、輸入バナナの80%ほどがフィリピン産（主にはミンダナオ島）になっていく背景を追った。そこでは、米国の巨大アグリビジネス（農業関係多国籍企業）や日本の大商社が、ミンダナオ島を戦略的に日本のバナナ生産地にしようとした背景が明らかにされる。このバナナ農園では、実はさまざまな問題がおきていることも明らかにされた。見渡すかぎりの広大な農園では病虫害を防ぐために農薬が散布される。時にはヘリコプターで農薬が散布される。このため農園労働者は農薬を浴びて皮膚の病気におかされたりする。農園労働者の賃金は非常に安い。これは安いバナナを少しでもたくさん輸出しようとするからである。日本人が安い、おいしいと言って食べるバナナの裏にはこのような問題がある。鶴見は、自分の足で歩いてバナナの背後にある問題をわれわれの前に明らかにしてくれた。鶴見が『バナナと日本人』で、農薬による健康被害、労働者の低賃金、日本の消費時期まで見越して生産する多国籍企業によるバナナ生産の実態を明らかにして四半世紀以上経ったが、2008年の「朝バナナダイエット」の流行には、バナナの背後を問う姿勢は見られない。

エビの集約的養殖の問題性

鶴見とおなじく、村井吉敬は『エビと日本人』『エビと日本人Ⅱ』のなかで、日本人のエビ食とアジアとのかかわりの構造を明らかにしようとした。とりわけ後者では、エビ養殖の持つ問題性が明らかにされている。日本はかつて世界一のエビ輸入国だった。バブル経済の余韻がまだ残る1994年には30.5万tの冷凍エビを輸入していた。1人あたり消費量は年に約2.7kg、巨大エビで計算すると約90尾も食べていた。その後輸入量は米国に抜かれる（97年）が、2005年には依然として輸入量世界第2位にある（23.5万t)。1980年代以降、日本に輸入されるエビは、海のエビから養殖エビへ比重を移し、いまや、輸入の60〜70%は養殖エビと推定される。

もう1つ大きな変化は養殖エビの種類である。かつて養殖エビの中心はブラックタイガー（ウシエビ、*Penaeus monodon*）であったが、現在の中心はバナメイ（*P.vannamei*）になっている。ブラックタイガーの病気の蔓延が原因である。狭い池に大量の稚エビを放流し、人工飼料を大量に投与、動力エアレーター（羽根車）で酸素を補給するというのが集約的なエビ養殖である（写真2)。この集約的養殖の結果、土壌の劣化が著しく、ホワイトスポット病（SEMBV）やモノドン・バキュロ・ウイルス（MBV）などが蔓延すること

写真2　エビの集約的養殖池（インドネシア、東ジャワ、2007年）

になる。抗生物質が大量に撒かれるがウイルスや病気は克服できず、養殖種が転換していくのである。環境に優しくないエビの集約的養殖である。エビ養殖池を造成するため、東南アジアのマングローブ林は、この20年ほどで急速に伐採されてきた。紙の原料確保、木炭製造、工業団地建設、道路建設などによる伐採もあるが、最大の伐採の原因はエビ養殖池の造成である。ベトナムでは1980年から2000年までの20年間にマングローブ林が60%近く減少、フィリピンは50%近く、インドネシアは30%以上となっている。日本人は、東南アジアのエビ養殖の最大の利益享受者であるだけに、エビ養殖に伴うマングローブ伐採には責任があると考えるべきである。

民衆交易を探る

アブラヤシ、バナナ、エビを単一で集約的に「工場のように」生産する仕方が、先進工業国の住民に大きな利益をもたらしてきたのは事実であろう。しかし、それを生産する国の企業家はともかく、住民にとっては、大規模プランテーションや集約的な養殖池は、時には呪いの対象ですらある。また地球環境の観点からしても、けっして容認できるものではない。バナナやエビを、環境に優しい方法で生産し、地元住民に利益が直接還元できるような交易（*フェアトレード、オルタナティブトレード、民衆交易などと呼ばれる）の仕方を追求するNGOが出てきている。今後の動向に注目すべきであろう。　【村井吉敬】

⇒D熱帯林の減少と劣化 *p166*　R焼畑農耕とモノカルチャー *p252*　Rアジアにおける農と食の未来 *p258*　Rマングローブ林と沿岸開発 *p336*

〈文献〉出雲公三 2001. 鶴見良行 1982. 鶴見良行・宮内泰介編 1996. 中村洋子 2006. 村井吉敬 1988, 2007.

破壊的漁業

サンゴ礁資源の管理と交易

破壊的漁業

破壊的漁業は、水域環境やそこにすむ生物に重大な悪影響を与える漁業を指す。たとえば、魚毒漁は水中に毒成分を含む物質を流し、その毒によって魚を麻痺させて獲る漁法である。魚毒漁は稚魚などを含む水中生物を死滅させるために古代から禁止の対象とされ、現代でも資源保護の立場から禁止する国や地域は多い。

まき網、流し網、底曳網(そこびきあみ)などは一度に多くの資源を獲る漁法で、総量を決めずに無制限に漁獲すると乱獲につながりやすい。底曳網漁では経済価値の低い稚魚や小型の底生生物が「くず魚」として捨てられる。流し網漁では混獲されたイルカ、海鳥、ウミガメなどが廃棄される。いずれも資源の枯渇と無駄使いにつながる破壊的漁業としての性格が強い。

小規模な破壊的漁業の代表例がダイナマイト漁と青酸カリ漁である。東南アジア海域では、大群をつくる表層性のタカサゴ類やアジ類、サンゴ礁魚類のダイナマイト漁やサンゴ礁魚類の青酸カリ漁が各地で行われてきた。

サンゴ礁海域における追い込み網漁や筌漁(うけりょう)も破壊的な漁業とされている。追い込み網漁では、長い綱の先に石のおもりをつけ、十数名の潜水者が遊泳しながらその綱を上下に動かしてサンゴ礁に打ちつける。その音で魚を威嚇して袋網に追い込む。海底に設置した筌に餌を入れて肉食性のハタ類を獲る筌漁では、筌を設置するさいに海底のサンゴ礁を破壊する。いずれもサンゴ礁の破壊を伴うので生態系への影響は大きい。

サンゴ礁の破壊と社会経済問題

サンゴ礁の保全が1990年代中葉以降、世界的に叫ばれるなかで、破壊的漁業の規制がAPEC（アジア太平洋経済会議）やIUCN（世界自然保護連合）などの国際機関を中心に進められてきた。

1997年12月に香港でAPEC主催の「破壊的漁業が海洋環境に与える影響」に関する国際集会が開催され、破壊的漁業を規制するための法令や取組み、検査の手法、海洋環境への影響などについて議論された。規制の法令が整備され、検査体制が確立されても、広い海域を対象とした取締まりの実施は費用対効果の面で課題が多い。かえって密漁や裏取引きを横行させる可能性もある。ダイナマイト漁はサンゴ礁を一部破壊するが、青酸カリ漁による生物の死滅や生物体に生じる異常はもっと深刻であるという指摘もあった。さらに大きな問題は、破壊的漁業が行われてきた背景を社会や経済の観点から探る試みがなかった点である。

サンゴ礁海産物の交易ネットワーク

青酸カリ漁の対象は、中国向けの食用活魚であるハタ類やベラ類のほか、鑑賞用魚類、軟質サンゴ（ソフトコーラル）などである。ハタ・ベラ類の活魚は、東南アジア海域から生(い)け簀(す)船で輸送される。とくに通称ナポレオンと呼ばれるメガネモチノウオ *Cheilinus undulatus* は人気のある大型食用魚である（写真1）。ハタ類も美味で価格も高く、赤色のハタ（紅班）は縁起がよいとして好まれる。

香港を中心とした中国市場向けに活魚輸送が増加するのは1970年代以降のことである。活魚は食用以外に、水族館の展示や個人の趣味用に取引きされる。熱帯鑑賞魚はおもに日本、米国、欧州諸国に運ばれ、船だけでなく航空機でも輸送されている。このなかで、クマノミやスズメダイ類などの生産者価格は1尾1米ドル程度で安いが、大型ヤッコ類やモンガラカワハギなどの珍しい種類や色・模様の派手な種類は市場での価格が高く、1尾で100米ドル以上するものもある。熱帯鑑賞魚の価格に関する情報は仲買商人から生産者の漁民にまでもたらされ、儲けの大きな熱帯鑑賞魚を優先的に扱う市場原理が働いた（図1）。

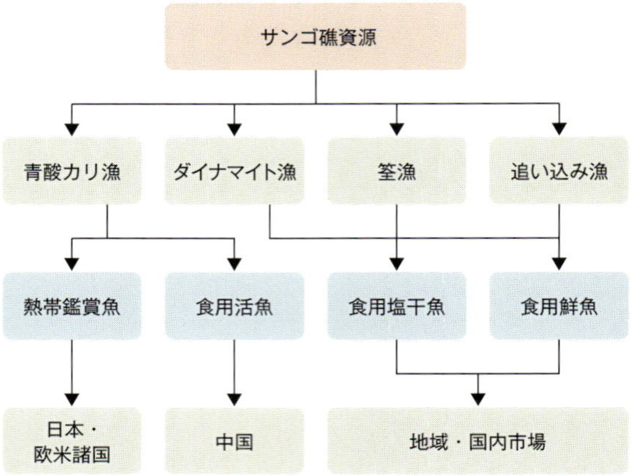
サンゴ礁資源
青酸カリ漁
ダイナマイト漁
筌漁
追い込み漁
熱帯鑑賞魚
食用活魚
食用塩干魚
食用鮮魚
日本・
欧米諸国
中国
地域・国内市場

図1　破壊的漁業と資源の流通ネットワークに関する模式図

漁民の暮らしと破壊的漁業

なぜ破壊的漁業が蔓延するのか。インドネシアを例にとると、食用活魚や熱帯鑑賞魚をサンゴ礁海域で漁獲するのはたいていバジャウと呼ばれる漁撈民である。バジャウの人びとはサンゴ礁海域のさまざまな水産資源をブギス人、ブトン人、マカッサル人やインドネシア系の華人などの仲買商人に売って米や日用品を購入してきた。バジャウ漁民は貧困生活に甘んじていることが多く、特定の商人から生活の糧や船、漁具、船の燃料などを前借りして、その見返りに漁獲物をその商人に売る。このような経済的な縛りがダイナマイト漁や青酸カリ漁などの破壊的漁業の温床ともなっている。環境の保全と野生生物の保護は世界的な趨勢であるが、現場ではその流れと逆行する環境破壊が意外と日常的に起こっているのである。

フィリピン南部では、ダイナマイトによるタカサゴ類の漁が営まれている。地元漁民はダイナマイト漁が危険で違法であることを知っているが、魚の大きな需要が漁民を違法漁に駆り立てる。塩干ししたタカサゴ類は、フィリピン南部における反政府ムスリム系住民や政府勢力との内戦による避難民、バナナ、パイナップル、サトウキビなどの大規模農園で働く人びとの貴重なタンパク源として消費されている。

海洋生態系の保全と生物資源の持続的利用のために、破壊的漁業は阻止しなければならない。しかし、フィリピン国内のバナナ・パイナップル農園で働く人びとの食料を供給する上で、ダイナマイト漁は一定の役割を果たしている。フィリピン産バナナの多くは日本向けに輸出されている。そのバナナを食べること、バナナ・プランテーションの労働者の暮らし、ダイナマイト漁は強く結びついている。

歴史をさかのぼる海産物交易

ダイナマイトや青酸カリによる破壊的漁業に終止符を打つためには、いくつもの問題を解決する必要がある。養殖業や網漁などの漁業への転換政策は1つの方法である。少なくとも、破壊的漁業に従事する人びとの問題を無視した政策は避けるべきだろう。

写真1　メガネモチノウオ。食用とともに鑑賞用として利用される（2005年）

写真2　香港・鯉魚門の活魚販売店（1994年）

東南アジア海域でダイナマイトや青酸カリを使って漁をする人びとは、仲買商人と経済的な相互依存の関係を結んできた。こうした関係は一朝一夕にできたわけではない。バジャウの人びとは過去数世紀以上も前から、ナマコ、フカひれ、塩干魚、真珠貝などの中国向け交易にかかわってきた。これらの海産物の多くは、現地では消費されずに地域外へ乾燥品、塩蔵品あるいは貝殻などとして運ばれた。現代ではこれらに活魚が加わった（写真2）。

海産物を運ぶ交易ネットワークは歴史的に形成されてきた。ダイナマイトや青酸カリの利用は少なくとも19世紀を遡ることはない。しかし、それ以前に破壊的な漁業がまったくなかったとは言い切れない。バジャウの人びとはつぎつぎと場所を移動して資源を獲る活動をいまだに続けており、過去にも同様な移動式の漁業が行われたことが十分に考えられる。この点でいうと、ダイナマイトや青酸カリの使用は資源領域をつぎつぎと移動する漁業をさらに促進する役割を果たしてきた可能性がある。加えて、中国における近年の活魚需要の拡大が資源の減少傾向をますます強めてきた。

先進国の多くがサンゴ礁の資源を商品として消費している現実を忘れるべきではない。破壊的な漁業を暗に強要している世界の現実は、生産者と消費者（とくに中国と日本を含む先進国）や両者をつなぐ商人のあり方に再考を促しているのである。　【秋道智彌】

⇒D沿岸域の生物多様性 *p144*　D野生生物の絶滅リスク *p164*　Dサンゴ礁がはぐくむ民俗知 *p210*　R資源開発と商人の社会経済史 *p270*　R貧困と食料安全保障 *p280*　R高度回遊性資源とコモンズ *p316*　Rアブラヤシ、バナナ、エビと日本 *p338*

〈文献〉赤嶺淳 2000．秋道智彌 1995b, 1995d．田和正孝 1998, 2006．APEC-Marine Resource Conservation Working Group 1998．Sopher, D. E. 1977.

捕鯨論争と環境保護

クジラはだれのものか

捕鯨問題の諸相

現在、世界では捕鯨の是非をめぐるさまざまな議論がある。人類はイルカ、クジラなどの鯨類（クジラ目：*Cetacea*）を先史時代以来、さまざまな目的のために利用してきた。捕鯨を含む人類と鯨類とのかかわりの総体をクジラ文化と呼べば、クジラ文化は歴史や地域によって多様である（文化多様性）。現在、「クジラを救えなければ地球は救えない」とする環境保護団体のメッセージにあるように、捕鯨は環境問題としても議論されるようになっている。したがって、現代の捕鯨論争を捕鯨賛成と反捕鯨のみの問題に矮小化するのではなく、地球環境問題としてさまざまな論点から議論すべきであろう。

モラトリアムまで

IWC（国際捕鯨委員会）は、鯨類資源の適正な管理を行う目的で 1945 年に設置された。IWC は当初から鯨類資源をめぐり、国際捕鯨条約（1946 年施行）に基づく科学的な管理の実施を重要な任務としてきた。1960 年代のいわゆる捕鯨オリンピック時代には、鯨類の捕獲割当数がシロナガスクジラを基準としてナガスクジラ（1.5 頭）、セミクジラ（2 頭）、イワシクジラ（6 頭）などとして決められた。総量規制があったものの、鯨種ごとに資源を管理する提案が IWC の科学委員会により主張されていたが認められず、大型鯨類の適正な資源管理は失敗に終わった。

ベトナム戦争後、1972 年の国連人間環境宣言をへて世界では環境重視傾向が胎動するとともに、米国を中心とした反捕鯨の動きが増した。ついに 1982 年、商業捕鯨のモラトリアム（一時的全面停止）が IWC で採択された。日本は米国の 200 海里内水域における漁業権の継続を条件に商業捕鯨を断念し、1987 年以降撤退した。モラトリアム以降、捕鯨をめぐる世界の動向は大きく変わってはいないが、ここ 10 年ほどの間に IWC 本来の使命が歪曲され、捕鯨論争は科学的な資源論から乖離し、環境保護をめぐる世界の政治の道具へと変質している。現段階でも捕鯨推進—反捕鯨の対立の溝は埋まることはなく平行線状態にある。では、どのような対立の論理、言説、科学論がその背景にあるのか、将来の地球環境問題との関連性を含めて考えてみたい。

WHALE
MUSEU
写真 1　イルカショー（和歌山県太地町の太地町立くじらの博物館、2009 年）

写真 2　鯨料理。竜田揚げ、鯨カツや皮、赤身、胃、尾の身などの刺身がみられる（下関市、2009 年）

IWC では、先住民による生存捕鯨と営利を目的とする商業捕鯨が区別されている。これは、経済的な枠組による捕鯨の定義である。エスキモー、イヌイット、チュコートなどの先住民が生存のために行う捕鯨は人びとの栄養、生存のために不可欠であるが、日本やノルウェー、アイスランドなどが行う利益追求型の商業捕鯨はそれとは異なるとする考えである。

しかし、生存捕鯨を実施する先住民の社会や文化は数千年前から現在まで不変ではない。捕鯨技術や捕鯨の果たす経済的・社会的・文化的意義も変化してきた。先住民社会が外部世界と交流してきた点も考慮されなかった。一方、商業捕鯨は大規模な企業による利潤追求型の捕鯨であるとのみ捉えられてきた。たしかに南氷洋における捕鯨オリンピック方式による捕鯨は資源乱獲型のものであったことは認めるべきだろう。

先住民以外による捕鯨がすべて商業的であるかというと異論がある。捕鯨は社会交換や文化の継承として営まれてきた側面があり、たとえば日本の近世期における古式捕鯨や現代の小型沿岸捕鯨は地域との密接な社会的・文化的な関係を維持しており、商業という枠組だけでは説明しきれない。この点で、日本を含む世界の沿岸域における小規模な捕鯨は、「地域捕鯨」ないし「文化捕鯨」としてその存続を主張することが正当に評価されてよい。少なくとも経済的な枠組だけで、歴史や文化を無視した定義の欠陥は明らかであろう。

調査捕鯨とホエール・ウォッチング

現在、日本が北西太平洋、南氷洋で実施している調査捕鯨は、鯨類の個体群、成長、食性などについての科学的調査を致死的な方法（捕鯨）によって行うことを指す。これに対して反捕鯨国は、調査のためにクジラを殺さなくても調査研究の結果が得られるはずで、致死的な方法による調査で得られる成果はあまりないと批判している。そして、非致死的・非消費的なホエールウォッチングこそがクジラと人間の新しい関係を生み出すだけでなく、地域社会に観光による雇用の機会を生み経済貢献を可能にすると主張している。

ホエールウォッチングだけでなく、水族館におけるイルカショー（写真1）や鯨類の展示、癒しや障害者の治癒を目的としたドルフィンセラピーなど、非消費型とよべるかかわりがある。これらの活動は鯨類を殺さない持続的な活動とされる一方、野生生物を人間の都合で利用すること自体を批判し、動物の権利を主張する立場もある。

捕鯨と超自然観

捕鯨はイルカを含む鯨類を殺戮（さつりく）することにほかならないが、これに対する反論には共通した論拠がある。それは、イルカがかわいい、クジラは世界で最大の大きさをもつ偉大な動物であるとする動物への愛着や属性への価値観である。

他方、人類は狩猟を通じて動物を殺戮してきた。かわいいからとして殺戮を否定することは狩猟に従事してきた集団と無関係の人の言い草に過ぎないとの主張がある。捕鯨が肉を獲得するためだけの行為ではなく、捕鯨を通じて動物の生命を奪い、自らが生きることへの感謝や自然への畏敬の念を育んできたことを忘れてはならない。日本では鯨墓（くじらばか）（写真3）、鯨供養碑などを通じてクジラへの感謝と憐憫の情を示す営為が存続してきた。クジラをエビスとする信仰や、カミからの贈り物とみなす観念も日本以外の地域でも発達しており、超自然的なかかわりは無視できない。

写真3　鯨墓。1692（元禄5）年に設立。明治初期までに70体のクジラの胎児が埋葬されている。国指定史跡（山口県長門市、2009年）

シンボル・生物濃縮

鯨類が地球環境問題のシンボル的な存在とされる理由にはいくつかの背景がある。第1は、技術文明の発展による環境劣化と破壊の連鎖が危機感をもって語られるようになった。そのため、鯨類が環境保全と生命の尊厳を訴えやすい存在として操作的に、あるいは無意識的に利用されてきた点を挙げることができる。

第2は、海洋生態系で食物連鎖の頂点にたつ鯨類が深刻な海洋汚染の犠牲になっていることが明らかにされてきた。とくに、PCBやカドミウム、水銀などの重金属による汚染が報告されており、鯨類を食用としてきた先住民の環境ホルモンによる汚染が明らかになっている。周知のとおり、鯨類は広域を回遊するため、海洋汚染にさらされる確率は大きい。鯨類が地球における環境汚染のツケを最も顕著な形で受け止めてきたことは深刻である。鯨類以外の海生哺乳類についても同様な汚染が報告されており、鯨類の保全と利用の問題を超えて、地球環境問題の広域的なひろがりについて根本的対策を考える必要がある。

捕鯨と地球環境問題

IWCにおける捕鯨論争を通じて、反捕鯨国はこれまでインド洋にクジラの聖域を設ける決議を出している。さらに、オーストラリア、ニュージーランド、南米の多くの諸国は南氷洋をクジラの聖域とする提案を出してきた。

聖域は海洋における海洋保護区や陸上における国立公園、世界遺産の核心地域におけるように、人為的な介入を禁止し、生物の保護や保全を図るためのものである。しかし、広域を回遊する鯨類の保護と利用については利害関係諸国だけでなく、地域住民の文化や経済を踏まえた議論が必要であり、国際社会が捕鯨についてどこまで踏み込んだ議論を提案できるかは今後の試金石になるといってよい。　【秋道智彌】

⇒C食物連鎖 *p52*　C生態系を蝕む化学汚染 *p64*　D海洋生物多様性の危機 *p170*　R海洋資源と生態学的知識 *p308*　R山川草木の思想 *p310*　R高度回遊性資源とコモンズ *p316*　E海洋汚染 *p478*

〈文献〉秋道智彌 1994, 1999, 2009.　大隅清治 2003.　小松正之 2002.　森田勝昭 1994.　中園成生 2001.　中園成生・安永浩 2009.　フリーマン、M.R. ほか 1989.　Kalland, A. 1993.　Kalland, A. & B. Moeran 1992.　Stoett, P. J. 1997.

バイオエネルギーの行方

その環境保全における評価

バイオエネルギー

バイオエネルギーは生物体を材料にして作られる有機質のエネルギーである。バイオエネルギーには、従来から固体燃料として使われてきた薪(まき)や木炭、気体燃料として使われてきた下水の汚泥や家畜の糞尿(ふんにょう)に由来するメタンなどがある。また、液体燃料として種子から直接採取できるバイオディーゼル燃料および穀物や砂糖を精製する際に生じる糖分を含んだ副産物である廃糖蜜などを醗酵させて作るバイオエタノールなどがある。これらを総称してバイオ燃料あるいはバイオマス燃料とよぶ。

バイオエネルギーは再生産することが可能、すなわち持続的であること、および大気中の CO_2（二酸化炭素）がバイオマスの原料となっているため、燃焼しても CO_2 は循環するのみで絶対量が増えないこと、すなわち*カーボンニュートラルであることの2点から注目されている。

一方、バイオエネルギーは原油のように特定の場所に、大量に埋蔵されているのではなく、収集コストがかかる効率の低いエネルギーとされている。またバイオエネルギーの生産が食料生産と競合し、穀物価格高騰の原因となっているとも指摘されている。

背景—化石燃料の問題点

現在、世界のエネルギー消費量のほぼ80%が化石燃料により賄(まかな)われており、その大量消費により、多分野にわたる問題が顕在化してきている。大気汚染による呼吸器や眼の疾患の増加、酸性雨による森林や湖沼の生態系の破壊はその一例である。しかし最大にして最も広範囲に及ぶのは地球温暖化の問題である。

国連のIPCC（気候変動に関する政府間パネル）第4次評価報告書（2007年）第1作業部会報告書（自然科学的根拠）では、報告書の結論として気候システムに温暖化がおこっているとするとともに、人為起源の温室効果ガス（CO_2 やメタン）の増加が温暖化の原因であるとほぼ断定した。すなわち、過去半世紀における地球温暖化を人間の活動以外の原因で説明することができる確率は5%以下であるとした。

IPCC 第3次評価報告書（2001年）では、バイオエネルギーの導入は地球温暖化対策として有効であると指摘するとともに、温室効果ガス濃度の増加が温暖化の原因である可能性が高いとしていた。したがってIPCC 2007ではより踏み込んだ表現となった。

また2006年にN. スターン卿が英国政府に対して答申した、いわゆるスターン報告（The Economics of Climate Change）では、地球温暖化は非常に深刻な全地球規模のリスクではあるが、温室効果ガスの排出量を大幅に削減することは技術的・経済的に可能であること、それに加えて、今後10～20年間の温暖化対策が決定的な重要性をもつことを指摘した。

したがって、バイオエネルギーの生産拡大は、地球温暖化に対する有効な対策の1つとして、また一方で埋蔵量が限られている化石燃料の代替燃料として、緊急かつ重要な課題として世界的に注目されているのである。

バイオエネルギーの現状

地球上におけるバイオマスのほとんどは森林が占めており、推定乾物重量は1.2～2.4兆t、エネルギー換算では2万4000～4万8000EJ（エクサジュール：10の18乗ジュール）とされている。一方、プランクトンや海生動植物などによる海洋のバイオマスは、その1/300程度と見積もられている。

バイオマスは再生産が可能なエネルギーである以上、現存量／存在量（ストック）と並んで毎年の生産量（フロー）が重要となる。現時点で、フローは1289億tと推定されており、エネルギー換算では約2580EJ/年となる。これは自然から直接得られる石油、水力など一次エネルギーの世界の年間消費量の7～8倍に相当する。したがって、バイオマスをフローの範囲内で利用するのであれば持続可能なエネルギー資源となりうるといえる。

日本には2500万haを占める森林と500万haの農地がある。それらによるバイオマスの年間フローは1億3000万tであり、未利用や廃棄資源に由来するものを併せたバイオマスは年間3億7000万tと見積もられている。これらにより石油、水力などの一次エネルギーの4～8%が代替できるとされている。

主なバイオエネルギーと製造法

バイオエネルギーは主に、図1にある3つの方法に

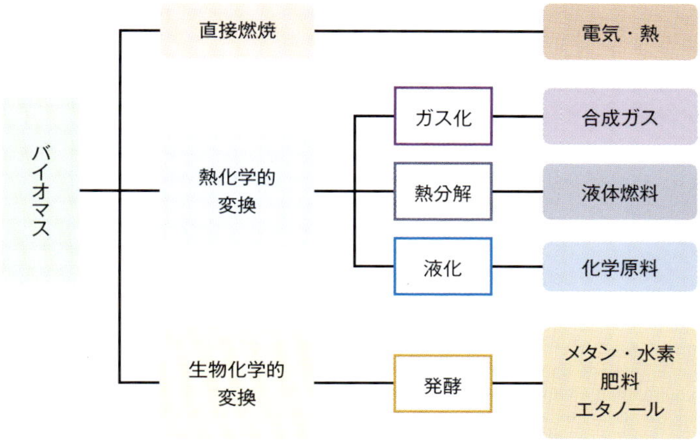

バイオマス
直接燃焼
電気・熱
熱化学的変換
ガス化
合成ガス
熱分解
液体燃料
液化
化学原料
生物化学的変換
発酵
メタン・水素
肥料
エタノール

図1　バイオマスからのエネルギー転換技術［独立行政法人新エネルギー・産業技術総合開発機構（NEDO）のHPより引用］

よってバイオマスから取出される。バイオマスは大きく生物資源系、未利用資源系および廃棄物系の3つに分かれる。サトウキビ、トウモロコシ、ナンヨウアブラギリと藻類などが生物資源系の例としてあげられる。未利用資源系の例として、稲ワラ、もみ殻、間伐材、バガス（サトウキビの搾りかす）、廃棄物系の例として、糞尿、建築廃材、下水汚泥、黒液（パルプ工場廃液）、水産加工残渣などがあげられる。これらから次のようなバイオエネルギーが生産される。

①直接燃焼：都市ゴミ、廃木材などが用いられる一般的なバイオマス利用法である。暖房用の熱源として直接利用されるほか、熱を用いた発電も行われる。石炭などの化石燃料との混焼も行われている。

②バイオディーゼル燃料：パーム油、ナタネ油、ジャトロファ油などをエステル化して粘度を下げ、ディーゼルオイルとして用いる。最近では廃ナタネ油のリサイクルや半乾燥地の緑化を兼ねて植栽されるナンヨウアブラギリからのジャトロファ油が環境負荷の少ないバイオ燃料として注目されている。

③バイオエタノール（バイオマスエタノール）：稲ワラ、トウモロコシ、ジャガイモ、サトウキビ、廃糖蜜、搾りかすであるバガスやスイッチグラスなどが原料として用いられる。糖質以外の原料はまず、硫酸処理や酵素処理により、酵母が代謝可能な糖に分解した後、アルコール発酵によりバイオエタノールが生産される。

④メタン：畜産廃棄物や家庭から出る生ゴミなどが嫌気性細菌とメタン生成菌との2段階の発酵過程をへてメタンを生成する。もともと廃棄物を原料とすること、良質の液肥が副産物として生産されることなどから、環境に対する最も負荷が低いバイオエネルギーと考えられている。

バイオエネルギーの光と影と将来

2007年コスタリカとノルウェーは、それぞれカーボンニュートラルを2021年あるいは2050年までに国家レベルで実現するとの政策目標を定めた。こうした流れの中、バイオエネルギーの生産拡大が続いているが、その問題点もまた指摘されるようになってきた。

なかでも大きな問題は、穀物市場で食料とのエネルギー資源の争奪であり、穀物価格の高騰とそれによる貧困層の飢餓という地球規模の課題を生み出したことである。2007年のOECD-FAO農業見通しは、今後10年間にわたって食料価格は、バイオ燃料生産の増大などを原因とし、高止まりが続くと予測している。

より深刻な問題は、森林を開墾して栽培した植物由来のバイオ燃料がカーボンニュートラルであるのかどうかという根本的な疑問である。2008年*Science*誌に掲載された2つの論文によると、インドネシアやマレーシアにおいて泥炭地の熱帯雨林を開墾してアブラヤシによるバイオディーゼル燃料を生産した場合、その土地が本来持っていたCO_2の吸収量を取り戻すのに423年が必要と試算されている。またトウモロコシの栽培には農業機械が必要で、かつ肥料や農薬を投入することや、そもそも土地の利用形態が従来のものから変化するため、トウモロコシ由来のバイオエタノール生産に必要な二酸化炭素排出量は全体としてみると化石燃料による排出量の約2倍にもなると見積もられている。

バイオエネルギーは環境問題の解決に有望であると同時に、実際の効果については充分な検討が必要である。バイオエネルギーの製造段階のみならず、輸送、販売、使用、廃棄などの各段階での環境負荷も考慮したライフサイクルアセスメント（LCA）などの方法を用いてバイオエネルギーを総合的かつ正しく評価し、地球環境の改善に真に貢献する方向が示されることを期待したい。　【福井希一】

⇒C気候変動におけるフィードバック *p32*　C循環できないエネルギー *p112*　D森林認証制度 *p224*　E酸性雨 *p476*　E温室効果ガスの排出規制 *p506*

〈文献〉湯川秀明監修 2001. 小宮山宏ほか 2003. 奥彬 2005. IPCC 2001, 2007. OECD 2007. Fairless, D. 2007. Stern N. 2006. Searchinger, T., *et al.* 2008. Fargione, J., *et al.* 2008.

ナマコをめぐるエコポリティクス

ナマコ戦争とワシントン条約

ナマコと資源管理

中国には「参鮑翅肚（サムパオチィトゥ）」という四字成句がある。参は乾燥ナマコ（海參）、鮑は干アワビ（鮑魚）、翅はフカひれ（魚翅）、肚は魚の浮き袋（魚肚）を指す。いずれも滋養に富んだ海産の高級乾燥食材であり、中国では17、18世紀頃にこれらの乾燥海産物が普及したといわれている。

これらの乾燥海産物は、いずれも中国沿岸で生産されてはいたものの、当初から大部分を東南アジアや日本など近隣諸国からの輸入に依存していた。たとえば、当時、長崎を窓口に中国産の絹織物や生糸、薬などを輸入していた日本は、その見返りとして中国から日本産の銀と銅を求められた。しかし、銀銅の産出量が減少してきたため、17世紀末に徳川幕府は乾燥ナマコや干アワビ、フカひれを対中国貿易の主要輸出品とさだめ、増産体制をしいた（いわゆる俵物貿易）。その結果、ナマコに関していえば、日本国内の漁民のみならず、当時の日本の版図外であった蝦夷地（えぞち）に暮らしたアイヌたちも増産に使役されることになった。

東南アジア海域においても、18世紀初頭には中国向けの乾燥ナマコの生産が行われるようになった。とくに18世紀半ばから19世紀末にかけてスル諸島にはタウスグ人の王族を頂点にサマ人などの周辺民族をしたがえたスル王国が隆盛したが、同王国の経済的繁栄をささえたのは、サマ人らが採取した対中国貿易用のナマコやフカひれなど、鶴見良行の言う「特殊海産物」であった点が特徴的である。これらの産物を生産するには多大なる労働力を必要とすることから、もともと人口が希少であった東南アジアでは奴隷を獲得する目的の海賊行為が横行した。

米国の環境政策とCITES

2002年にサンチャゴで開催された第12回CITES（ワシントン条約）COP12（締約国会議）以降、ナマコの国際貿易規制の可否をめぐる議論が続いている。

国連が関与する環境と持続的開発についての多国間交渉をリアルタイムに報告する『地球交渉速報』（ENB）によると、COP12（2002年）でジンベエザメとウバザメ、タツノオトシゴなどの海産種が附属書Ⅱに掲載されたことは、CITESにとって大きな分岐点であった。というのも、それまではクジラは国際捕鯨委員会、それ以外の魚種についてはFAO（国連食糧農業機関）に管理を一任してきたからである。

事実、翌COP13（2004年）では、ホホジロザメ *Carcharodon carcharias* とメガネモチノウオ *Cheilinus undulatus* が附属書Ⅱに掲載されたし、世界最大級の環境保護団体WWFがCOP14（2007年）での掲載をもとめた10種のうち、その半分が海産種であるなど、同条約における海産種の比重が高まっている。

CITESの方向転換の背景には、なにがあるのだろうか。サメの掲載を提案したのは、米国をはじめ、オーストラリアや英国、EUなどであったが、タツノオトシゴやメガネモチノウオなどのサンゴ礁資源の提案は、すべてが米国のNOAA（商務省海洋大気庁）によってなされている。

この背景には、クリントン政権下の1998年に関係省庁を横断して発足したCRTF（サンゴ礁対策委員会）が介在している。同委員会のメンバーでもあるNOAAは、①イシサンゴ、②タツノオトシゴ、③ナマコの国際貿易を問題視するとともに、④鑑賞魚を目的とする漁業と⑤（メガネモチノウオのような）食用となる活魚資源の持続的利用について対策をとることの必要性を主張するにいたっている。

ナマコ戦争の背景

NOAAのサンゴ礁保全計画の詳細については今後も精査していかねばならないが、以下、ナマコを事例に検討をくわえてみよう。関連文書を渉猟してみても、米国の提案動機についてはっきりしない点が少なくない。現時点では実証できていないが、著者は、1995年以降、「ナマコ戦争」という衝撃的なネーミングで環境保護論者の耳目をあつめているガラパゴス諸島におけるナマコ保全に関する騒動が、NOAAのみならず環境保護団体から支援をうける米国の政治家の関心をひいたもの、と推察している。このキャッチコピーは、ナマコ漁禁止を決定した政府当局とナマコ漁の継続をもとめる人びととの対立の深刻さを形容したものであり、1995年に米国のオーデュボン協会が、同協会の機関紙に掲載した記事に由来している。

問題となったフスクス *Isostichopus fuscus* は、バハ・カリフォルニア湾からガラパゴス諸島にかけて固有のナマコである。そもそも、そのフスクスの採取がはじまったのはメキシコで、1980年代中葉のことであった。まさに東南アジア諸国や中国の経済上昇に伴い、世界のナマコ市場が拡大傾向にあった時期にあたる。日本でもこの時期に北海道でのナマコ生産が本格化している。メキシコでの資源開発に連動するように、1998年にはエクアドルの大陸沿岸部でフスクスが採取されるようになった。その3年後には大陸から約1000km も離れたガラパゴス諸島でも同種が漁獲されるようになった。

写真1　ガラパゴスのフスクス（2007年）［Steven Purcell 撮影］

ナマコ漁が導入された1990年代初頭、ガラパゴスの年間の来島者数は4万人にも達し、活況を呈する観光業に牽引され、職をもとめてガラパゴスに流入するエクアドル人も急増し、島の人口は1万人に達しようとしていた。観光が未発達だった1960年の人口が2000人強だったことを考慮すると、わずか30年間における環境の激変ぶりが実感できる。

その帰結としてアリなどの外来移入種問題が顕在化しつつあり、生態系の劣化が危惧されていたところへ、漁民たちが大量に到来したのである。しかも、ナマコ漁師たちは上陸し、ナマコの加工を行った。ナマコを煮炊きするためにマングローブを伐採した結果、稀少種であるマングローブフィンチの生息地も荒らされた。彼らは、ガラパゴスのシンボルでもあるゾウガメまでも食用した。

こうした漁民への批判はつよく、1992年8月に大統領令によってガラパゴスにおけるナマコ漁は禁止された。突然の禁漁措置に納得しない漁師たちは密漁をつづけるかたわら、ガラパゴス出身の政治家にはたらきかけ、エクアドル政府にナマコ漁の再開を懇願した。政府は資源量調査として1994年10月15日から翌年1月15日までの3カ月間に55万個体の漁獲を許可した。正確な数字は把握できていないが、2カ月間で1000万個体が漁獲されたと推測され、事態を重視した当局は予定より1カ月も早く操業をうちきった。このことに腹をたてた漁民たちは、生態学研究の殿堂であるダーウィン研究所を封鎖し、環境保護のシンボルであるゾウガメを人（亀）質とし、殺戮をほのめかすことにより、政府をはじめ世界の環境主義者たちに抗議したのである。これが、ナマコ戦争の発端であり、その後も漁民の蜂起はたびたびくりかえされている。

CITESにおけるナマコ

ナマコでは、唯一エクアドルがフスクスを2003年に附属書Ⅲに記載している。これに伴いフスクスをエクアドルから輸出しようとすれば輸出許可書が必要となったが、同種を産するメキシコやペルーからであれば、原産地証明は必要となるものの、輸出許可証は不要である。

COP12では、ナマコの資源状態を把握するための専門家会議の開催が決まった。50余名が参加したその会議は2004年3月にマレーシアのクアラルンプールで開催された。2004年10月にバンコクで開催されたCOP13では継続審議となり、FAOが推進するナマコ資源管理策の推移を見守ることが決議された。2007年6月にオランダのハーグで開催されたCOP14では、関係各国に資源管理策の策定をもとめる一方で、同条約による規制が漁業者の生活へおよぼす影響も考慮することが義務づけられた。

このようにただちにナマコが附属書Ⅱに掲載されるという状況にはないが、米国はナマコの附属書Ⅱへの掲載に意欲をみせており、依然として予断はゆるさない。CBD（生物多様性条約）と異なり、締約国に罰則を課すことのできるCITESは、世界の生物資源の利用方法を規定する重要なアクターでありつづけるにちがいない。附属書改訂の議論には、科学者のみならず、資源利用の当事者たちの参加を保障するシステムの構築が必須となる。　【赤嶺　淳】

⇒D野生生物の絶滅リスク *p164*　D東アジア内海の生物文化多様性 *p208*　Dサンゴ礁がはぐくむ民俗知 *p210*　Dワシントン条約 *p228*　Rマングローブ林と沿岸開発 *p336*

〈文献〉赤嶺淳 2010. International Institute for Sustainable Development 2002. NOAA n.d.. ニコルズ、H. 2007(2006). Stutz, B. 1995.

エコポリティクス

変貌する環境政治の当事者

エコポリティクスとは

「環境と政治」と聞いて何を思い浮かべるだろうか。地球温暖化と排出権取引をめぐる国際政治、あるいは熱帯林保護をめぐるNGO（非政府組織）の運動などを思い浮かべる人もいるかもしれない。しかし、多くの人は「環境と政治」を自分とは関係のない縁遠いテーマであると考えるのではないだろうか。じつは、私たちの生活を支えている土地、森林、水などは、ずいぶん昔から政治的な駆け引きの対象になっていた。入会（いりあい）と呼ばれる地域共有の山林原野が明治政府によって官有林化されたときも、日本各地で地元住民による抵抗運動が展開された。また、太平洋戦争に日本を駆り立てた根本思想には「狭い国土と乏しい資源」という環境認識があった。石油や金属といった諸資源は、今日も世界の各地で血なまぐさい紛争の要因になっている。

エコポリティクスとは、環境の在り方をめぐる人びとのぶつかり合いや駆け引きの過程である。大事なことは、かつてのエコポリティクスが政府を主な担い手として展開していたのに対して、近年のそれは一般市民やNGOへと担い手が広がっている点である。

エコポリティクスの構造を理解するには、まず何が駆け引きの対象になっているのかを読み解かなくてはならない。そこでは資源と環境を区別することが役に立つ。資源とは、自然環境の中に見出され、人間の役に立つ可能性の集合体である。ところが、何が誰にとって役立つかは自動的に決まっているわけではない。

SUSPEND THE CONSTRUCTION of the SAN ROQUE DAM PROJECT NOW!
COMPENSATE THE LOSS OF INCOME OF GOLD PANNERS AND PROVIDE THEM WITH SUSTAINABLE LIVELIHOOD SOURCES

写真1 フィリピンのサンロケダムに反対する先住民族（2002年）［国際環境NGO：FoE Japan 提供］

たとえば、水は私たちの生活に欠かせない物質であるが、それがあえて資源と呼ばれるようになるのは、水を大量に蓄えてダムを作り、そこから電力エネルギーを取出すときのように自然の素材に人間の工夫を加えて新しい有用性を引き出す見通しが立ったときである。つまり、水という物質の先に広がる可能性が資源としての水なのである。この場合、資源のポリティクスとは、それぞれの思い描く可能性の支配をめぐって関係者が利害を争う過程ということになる。

これに対して環境とは、人間を取り巻いている中立的な外界である。そこには資源のように人間にとって有用なものだけでなく、有害なものも含まれる。たとえば空気が有用であることは知られていたとしても、ポリティクスの対象にならなかったのは、誰でも好きなだけ空気を利用できたからである。ところが、近隣に工場が増えて空気が汚れ始めると、その地域の「きれいな空気」は稀少化し、逆に汚れた空気を吸わされる人びとの負担は大きくなる。そうなれば偏った負担に補償を求める人びとも出てくる。環境をめぐるポリティクスは、本来は誰の所有物でもない公共財の享受をめぐって繰り広げられる駆け引きなのである。

変化する政府と住民の関係

選挙や納税というメカニズムを通じて形作られてきた政府と住民の関係は、環境問題の登場によってどのように変化したのだろうか。見逃すことができないのは、地球規模問題のように政府を担い手とした国家間のエコポリティクスが大きな課題になるにつれ、それを国内の統治に巧みに利用する動きが目立ってきたことである。たとえばケニアでは野生動物保護熱とそれに付随した観光ブームが、よそ者の密猟者を取り締まるためのライフルやジープといった装備の充実を正当化したが、そうした装備は地域住民を取り締まる暴力的手段にも転用された。タイでは、世界自然遺産に指定された森林の保護を名目に、当局が周辺に暮らす少数民族の生活領域を制限するようになった。

植林を無批判に奨励する風潮が支配的になると、政府の指定した植林地が地域住民から奪われたものであってもそうとはわかりにくい。森林保護がやみくもに奨励されると誰が森林利用から排除されているのかは見えにくい。環境保護という大義をあからさまに批判しにくいときこそ、環境政策は政治的な暴力の隠れ蓑になりやすい。

この点に気づきはじめた地理学者や人類学者らは1980年代になるとポリティカル・エコロジーと呼ばれる新分野を形成した。このように政府が環境保護を名目に自国内の地域住民、とりわけそれまで中央政府の統治が行き届かなかった辺境の民を搾取する構図を体系的に解き明かす努力がはじまっている。

写真2　アマゾン先住民のカヤポの人びと（ブラジル）［wikimedia commons より］

地域住民の戦略と問題のフレーミング

徴兵や徴税、資源開発などを通じて辺境への介入を強める政府に対して、地域住民の戦略はそれに正面から抵抗するのではなく、なるべく奥地に逃げて距離をとり、中央政府が把握しにくいような移動式の生活スタイルをとることであった。しかし、中には環境問題を利用して、権力と直に向き合う者も現れた。ブラジルのアマゾンの例を考えてみよう。アマゾン先住民のカヤポの人びとは、1980年代の国際的な環境意識の高まりを追い風に、自らを「環境にやさしい野蛮人」として演出し、海外の世論やNGOを味方につけて土地所有権について政府との交渉を有利に進めた。政治的弱者だった彼らはメディアによる偏った先住民の表象を逆手にとり、エコポリティクスの新たな担い手として立ち現れた。

エコポリティクスは、もはや政府による一方的な権力の押し付けと、それに対する住民の抵抗といった単純な二項対立の図式では読み解くことができない。エコポリティクスを読み解く手がかりは多様な利害関係者がそれぞれの立場に有利になるよう「問題」を定義し、解釈を誘導しようとするフレーミングを意識することである。森林減少ひとつをとってみても問題がとても複雑であるために誰にどのくらいの責任があるかを明確にするのは難しい。だからこそ多様なアクターが争う場面では暗に責任の所在を定めるフレームの選択それ自体がポリティクスの対象になるである。

誰もが当事者になる時代

人間と自然の関係が社会問題となって、政府の介入対象となるとき、そこには権力の側も住民の側も相互に変容していくような複雑な構図が生まれる。1990年代以降になると、環境の諸側面が政府の介入を受ける結果、環境を取り巻く人間社会がどう編成し直されるのかを問う研究が増えている。その背景にはM. フーコーの統治性（governmentality）という考え方がある。統治性とは為政者が一般大衆に命じて何かをさせるとか、あるいは誰かを排除するというのではなく、人びとを知らず知らず権力関係の内に取り込み、役立たせてしまうような巧みな誘導である。

たとえばA. アグラワルは、インド北部のクマオン地方で、英国統治の時代に森林保護にかたくなに抵抗していた村人たちが、近年になって環境保護を自らの義務として受け入れ、政府の機能を補完するようになった理由を考察した。中央政府が操る統計や科学的知識に裏付けられた収量予測などの統治技術は、森林を新たな統治の対象に仕立てただけでなく、それを取り巻く人びとの関係をも改変してきた。地方分権によって森林を守る役割を付与された地域住民は、政府に強制されるのではなく、喜んで政府の保護政策の一翼を担う新たな当事者になった。

歴史的にみると行政による統治の直接的な対象は林産物や鉱物からはじまり、水、生物多様性、海洋、そして最近では気候や宇宙まで広がった。自然の一部が新たな管理の対象として生まれるとき、それは人びとの関係をどのように改変するのか。それは誰を特権化し、誰を取り残すのか。たしかに環境は人びとの対立を促したり、権力強化の媒体になる。しかし、国際NGOと先住民とが共通利害を見出したアマゾンの例でみたように、環境は異なる立場の人びと同士が対話するきっかけにもなる。

エコポリティクスは、いまや単なる環境保護や資源枯渇をめぐる論争を超えた、人間社会のあり方を展望する新たな視角として立ち現れてきている。

【佐藤　仁】

⇒D文化的アイデンティティ *p154*　D熱帯林の減少と劣化 *p166*　D文化的ジェノサイド *p188*　D環境問題と文化 *p190*　D世界遺産 *p236*　Rコモンズの悲劇と資源の共有 *p314*　R協治 *p318*　R住民参加型の資源管理 *p332*　E環境NGO・NPO *p550*　E権利概念の拡大 *p566*

〈文献〉Agrawal, A. 2005.　Conklin, B. & L. Graham 1995.　Peluso, N. 1993.　Robbins, P. 2004.　Scott, J. 2009.　佐藤仁編 2008a.　佐藤仁 2002a, 2002b.

資源領域 小括

資源をめぐる思想の構築を

秋道智彌

地球環境学のなかで、「資源」をどのように位置づけることができるだろうか。資源の中味を狭義にとれば、水や大気などの循環する資源、化石燃料・天然ガスなどの非更新資源、野生およびドメスティケーションを通じて産み出された動植物資源などが含まれる。広義には、人的資源、観光資源や世界遺産資源などの用法にあるように、人間自身の労働や身体部位、自らが産み出した建築物や遺跡までもがふくまれることになる。

資源領域の項目を選定するにあたり、最も悩んだのは普遍的な範疇としてどこまでを資源の対象とするかという点であった。しかし、人間と自然の相互作用環を明らかにする地球環境学では、人間の生存にとっての自然（二次的な自然をふくめた）である「食」と「水」が核となることは明白である。そこでは、生身の生きる人間を中心に据えることができる。資源の枠組をあまり難しく考えることはないのである。

このような理解のうえで、資源領域では、野生生物や栽培植物、家畜・家禽、水などと人間とのかかわりが主要な研究対象とした。資源は生業、商品生産、超自然との交流など、暮らしのさまざまな局面で意味づけられ、制度やしきたりを通じて人間世界に取込まれる。資源は人間に摂取され、身体と健康にも大きな影響を与える。現代世界では、資源の配分と公平性をめぐって国内・国際を問わず多くの紛争や不協和音がある。21 世紀は食料資源と水資源をめぐる戦争の時代でもある。この危機を切り抜ける知恵が本書から浮かびあがってこないものか。

わずか 50 の項目ではあるが、資源をめぐる多様なテーマを取上げるなかで、資源問題から世界を変える新しいアイディアや考えかたをどれだけ提示することができたのか。先進国や国連主導の論理や思想にたいして、われわれがどれだけ挑戦することができたのだろうか。これらの点についての検証は、今後、読者にゆだねることになる。

資源は可視的な存在であり、数量化の可能な実体である。目で見て計れる利点はいうまでもない。しかし、資源をどう捉えるか、人間の暮らしの安全・安心、福利とどう関係するのか。いってみれば、資源をめぐる思想と哲学こそがなによりも大切である。読者には、ここで取上げられた問題群が西洋中心の思想だけに依拠したものではなく、日本から世界に発信するうえで重要なメッセージでもあることを随所で読み取っていただければこのうえない喜びである。

山菜（ワラビ、ネマガリタケ、ミズ、ホンナ、ヒデコ：下段左）や畑の作物（トウモロコシ、ミョウガ）など、すべて地産の野菜が売られている（秋田市の市民市場、2010 年）

沖縄近海産のマグロ。カジキ、キハダ、メバチなどがみえる。沖縄では、地中海や大西洋のマグロは無縁の存在だ（那覇市第一牧志公設市場、2004 年）

文明環境史

Ecohistory

Ecohistory

文明環境史　領域目次

文明環境史の問題意識

文明環境史論の方法

■ 年代を測る Toward Standardized Dating

■ 植生と生業の復元 Reconstruction of Vegetation and Substitution

文明の興亡と地球環境問題

地域社会の環境問題と持続可能性

■ モンスーン地域 Monsoon Zone

■ 乾燥・半乾燥地域 Arid and Semi-arid Areas

■ 冬雨地域 Winter-rain Area

■ 食と生の持続可能性 Sustainable Subsistence

文明環境史領域総論
文明のスケールでみた人と環境の関係史
佐藤洋一郎

1. 文明と環境

人類史における環境変動

人類やその社会は環境の変化によりどのように変化してきたのか。そして変化の過程で地球環境にどのような影響を及ぼしてきたのか。この問いに対してひとつの一般解を出したのが、J. ダイアモンドの『文明崩壊』であった。それまで、歴史学をはじめ多くの学問分野が、人類の社会は曲がりなりにも持続的な発展を遂げてきたと考えてきた。「崩壊」は、崩壊の事象がごく当たり前のできごとであったこと、またさまざまなスケールの崩壊があったことを示した点で、大きな意味を持つといえる。

崩壊をもたらした要因は何であったか。これについては大きく言って2つの異なる見解がある。1つは古典的人間主義ともいうべき考えかたで、文明や人類集団の崩壊が、異民族の侵略のような人間の活動そのものにあると主張する。インダス文明の崩壊の要因を「アーリア人の侵略」に求めた従来の仮説はまさにそれである(インダス文明と環境変化 *p438*)。一方、気候変動など環境の変化やその土地の気候風土などが大きな決定因子であるとの考え方も古くからあった。環境決定論はその流れをくむものである。環境決定論によればその土地その時代における環境が文化や社会の構造を強く規定している。環境決定論の源流は古く古代ギリシャにまで遡るが、広義に解釈すれば風水の思想などもまたその一部といえる。現代では和辻哲郎の『風土』論や梅棹忠夫の『文明の生態史観』もその潮流を汲むものとみなすことができる(環境決定論 *p364*)。

写真1　中国浙江省で出土した初期稲作期頃の土器。表面に稲穂が描かれている［中国、浙江省博物館蔵］

環境決定論は、社会発達史観の影響などにより一時大きく後退したが、再び大きな高まりを見せるきっかけとなったのが、花粉分析などプロキシー・データの発達であった(プロキシー・データ *p386*)。なかでも花粉分析に基礎をおくヤンガードリアスの発見は、気候が数十年という短い単位で劇的に変化し、人類社会に大きな影響を与えた事実を人類が初めて知った瞬間であった(ヤンガードリアス *p366*)。

農耕の開始・展開と気候変動

ヤンガードリアス期という急激な寒冷化が注目を集めた理由はもう1つある。それは、このイベントが、農耕開始のきっかけになったという仮説が提出されたからである。農耕開始のきっかけ、あるいはその時期と場所に関しては未だに定説はない。農耕開始の時期に関しては、V.G. チャイルドが1920年代に「新石器革命」あるいは「農耕革命」を提唱して以来、大きな論争になってきた(新石器化 *p368*)。論争の中心的な課題は、ひとつには時期と場所をめぐってのものであったが、もうひとつは、農耕開始が「革命」と呼ぶべき急速な変化であったか否かについてであった。

環境決定論の立場に立てば、農耕開始は「革命」の語にふさわしく短期間に完結した「イベント」であると考えるのが自然である。もし農耕社会への転換が千年の単位の時間を要する事象であったなら、その間にも気候は大きく変動した可能性が高いからである。し

写真２　南米インカ帝国の遺跡の１つであるマチュピチュ。高地文明の典型的な事例のひとつである［篠田謙一提供］

かし、最近の一連の研究は、社会が農耕を受容するには数千年単位の長い時間を要したことを示している。今では新石器革命という社会の激変はなかったというのが通説になりつつある。社会の変化は、「新石器化」というような、ゆっくりとした、あるいは「行きつ戻りつを繰り返した」などの語で表現されるべきであろう。

さて、ヤンガードリアス期と農耕の開始についてであるが、これについてもまだ決着がついたとはいいがたい。ヤンガードリアス期の急激な寒冷化が農耕開始のきっかけになったと積極的に考える研究者たち（たとえば、O. バーヨセフや安田喜憲など）は、急激な寒冷化が社会の人口収容力を低下させ、それまでの狩猟や採集による生産では人口を支えることができなくなったという。環境の悪化が一種の人口圧となって人類集団に農耕開始を余儀なくさせたというのである。一方、それに否定的な研究者たちは、最近の考古学の成果に基づき、農耕の受容に伴っておきた動植物の側の変化（＝栽培化）が、ヤンガードリアス期が終了して後におこったと考えられることを重視している（栽培植物と家畜 *p458*）。

ただし先にも触れたように、農耕の受容には長い時間を要したと考えるのが一般的である。農耕開始の時期について、研究者の中には、たとえばC. タッジのように、最終氷期の前を想定する意見さえある。それは、ユーラシアの西部にネアンデルタールがいた時代である（ネアンデルタールとクロマニョン *p408*）。実際タッジは、ネアンデルタールの衰退の原因を２つの集団によるニッチの競合に求める見解を出している。

人間活動が変えた環境

環境決定論は環境変動が人間活動に影響を及ぼす面をことさらに強調した学説であるが、一方、客観的にみれば、人間活動が環境を変化させる局面もしばしばあった。しかもそのような事例は現代の人間活動による温暖化にとどまらず、過去にも存在した。ユーラシア内陸〜北部アフリカにかけて広がる乾燥・半乾燥地帯は人工衛星画像では黄色い帯のように見え、イエローベルトと呼ばれる（イエローベルト *p378*）。しかし、イエローベルトの乾燥化は最終氷期後の最暖期（ヒプシサーマル期）やそれ以後にも断続的に起きており、人間活動の関与がうかがわれる（ヒプシサーマル *p370*）。こうなると乾燥化、あるいは砂漠化などの現象に、人間活動が深くかかわってきた可能性が強く示唆される。

人間活動の環境に及ぼす影響がそれ以前の時期に比べて飛躍的に大きくなったのが産業革命の時期である。もっとも、産業革命という一個のイベントがあったと見るべきかどうかには異論もあり、工業生産における生産様式の変化やエネルギーの転換と社会経済や人びとの生活様式の変化がどれほど同調しておきたかについては議論の余地が残されている（新たな産業革命論 *p372*）。今まで産業革命と農業革命とは人類史上の二大革命と考えられてきたが、先にも書いたように最近は農業革命という急激な変化の存在についても疑義が

写真3　遊牧民の家畜の群れ。後方の山は天山山脈（中国、新疆ウイグル自治区、2008年）

もたれ、2つの革命の双方が革命としての位置づけを問い直されていることは興味深い。

文明と農耕

従来日本では「文明」の語は、「文明開化」を別とすれば、「古代文明」とほぼ同義に使われてきた。また、古代文明が大河の流域に成立したとの判断から、川の名前が文明の名称にあてられることも多い。しかし新大陸に目を転じれば、その山岳地帯には大河の川沿い以外の土地にも「文明」と広く認知されている社会がたしかに存在してきた。文明をどう定義するかについては定説はない。その範囲を最も広くとれば、標高が高いいわゆる「高地」に高地文明という文明が成立したとの見解も成立する（高地文明 *p380*）。

文明の誕生と並行したのが都市の誕生、つまり人口の集中とそれに伴うモノと情報の集中・発信であった。都市が獲得したこれらの機能は、食料生産に携わらない人びと、いわゆる非農耕民を誕生させた。そしてこのことが「農業」という生業を他から分離させた。同時に都市の誕生は都市の生態系を生み出した。都市は本質的に、少なくとも一定期間構成員の定住を希求し、定住によって都市とその周囲の環境を攪乱し続けるからである。それと同じく、農業は自然生態系を人為生態系に変え、里山、里海などいわゆる里という人為生態系とその景観を生み出した。里の景観はある里に住む人びとの間に共感を持って受け入れられる共通の自然観、あるいは世界観を伴う。こうした社会共通の世界観が景観を形成したことに疑いの余地はあるまい（景観形成史 *p382*）。

里の生態系やその景観を特徴づける大きな要素の1つが、作物や家畜など、人が作った動植物である。作物や家畜は、野生種にはない特性をもっている（栽培植物と家畜 *p458*）。彼らは農地という生態系に特異的に適応する生物であり、その生殖の過程もが人間によって支配されている。作物や家畜という存在が里やそこにすむ人びとの生活から意識までも大きく変えたことだろう。

2. 過去を読み解く方法論

プロキシーの種類と応用

過去のできごとを読み解くにはどうすればよいだろうか。この問いに対して、文献史学の研究者は文献を読み解くことだと答える。考古学者ならば文書のない時代や地域のできごとの解明は発掘によるしかないというだろう。しかし、真の意味での歴史の構築には、自然科学を含めたさまざまな学問分野の知識と方法の統合が求められるといって過言ではない。こうした、自然科学の方法や考え方によって得られたデータをプロキシー・データと総称することがある（プロキシー・データ *p386*）。プロキシー（proxy）は（文献の）代替という意味で、このことからもわかるように、プロキシーという考え方自身は歴史学のものである。

プロキシー・データには大きく2つの種類がある。1つは異なる学問分野に通底する時間軸を与えるもので、放射性同位体とくに放射性炭素による炭素年代、巨樹の年輪幅などを利用する年輪年代、湖底堆積物やアイスコアに刻まれた「年縞」による年代などが知られている（ボーリングコア *p388*, 年代測定 *p390*, 年輪年代法 *p394*, 年縞 *p396*）。従来、年代の特定は、歴史学の分野では、王や天皇の交代に伴って与えられた年号や、さらには政権の所在地に基づく「奈良時代」、「鎌倉時代」などの総称が用いられてきた。西洋の西暦やイスラーム社会のイスラーム暦もその1つとみることができる。一方、考古学では、出土する土器の形式による時代区分（typology）が用いられてきた（土器編年 *p392*）。「縄文時代」、「弥生時代」などの呼称も、元はといえば土器形式に基づいて研究初期に与えられた呼称が今に残ったものである（縄文と弥生 *p432*）。これらそれぞれの研究分野の中で使われてきた年代法はそれぞれの専門分野内ではよく機能してきたが、分野を超えて議論しようというときには多分野に通底する年代軸の設定、あるいは異なる年代軸相互間の読み換え法の確立が強く求められる。

過去を読むプロキシー

プロキシー・データの2つ目は、それぞれの時代における遺物などのさまざまな特性の分析から当時の植生や動物相、さらには人間による交易の範囲などを明らかにしようとするものである。たとえば、花粉や植物ケイ酸体の形状に基づくものがその代表的なものとしてあげられる（花粉分析 *p400*、稲作の歴史をひもとくプロキシー *p402*）。最近の自然科学の急速な進歩は新たなプロキシー・データの開発に拍車をかけている。たとえばDNA（デオキシリボ核酸）を用いた分析（DNA考古学）（DNA考古学 *p404*）は作物の品種などの特定を可能にし、また安定同位体分析は、人工産物や石器の石材など天然資源の産地や交易の範囲を明らかにしようとしている。この方法はとくに農産物などの産地の同定や、過去の人びとや動物の食性の解明に役立つものと期待されている。また、今後新たな展開が期待されるものとして、植物の種子などに蓄えられるでんぷん粒やさまざまな水環境下に生棲するケイ藻の形状に基づく種属の判定とそれによる水質の評価、卵の形態による寄生虫種の同定とそれによる人口密度の推定などがある。さらに、画像処理による遺物の内側や構造の詳細な観察なども盛んに行われるようになりつつある。

プロキシー・データの精度の向上は、単に分析の精度を向上させたばかりではない。それまでの個々の現象や事実の確認から、その時代の人びとが何を考え、どう行動したかをも明らかにしつつある。

3. 文明の興亡と地球環境問題 —どう崩壊し、どう立ち直ってきたか

地球規模での崩壊の歴史

過去に大規模な文明崩壊を招いたかもしれない現象としてさまざまなものが知られるが、一般に崩壊の規模と崩壊の頻度とは負の相関を示す。地表の生物相を科のレベルで大きく変更させるような事象は地球誕生以後の46億年間にも数回程度しか起こらなかったであろうといわれている。その最後のイベントと考えられているのが中生代と新生代の区別をもたらした隕石の落下である（巨大隕石の落下 *p406*）。

さて、現生人類が異なる祖先集団に由来するか、それとも1つの祖先集団に由来するかは人類史のみならず人類と環境の関係を考える上で重要なポイントである。それに対する現時点での答えは後者、すなわち今を生きる人類はすべて、10万年ほど前にアフリカを出たごく小さな集団の子孫だというものである（環境変化と人類の拡散 *p410*）。

しかし彼らの「世界制覇」の過程では、各地で先住の集団との間でさまざまな軋轢がおきたことだろう。そして、その発見以来大論争となってきたネアンデルタールとの間の軋轢もまた、その1つであったことは想像に難くない（ネアンデルタールとクロマニョン *p408*）。ネアンデルタールは3万年ほど前まで西アジアから欧州一帯に住んでいた先住民で、「侵略者」であったクロマニョンとの関係が研究者の間でさまざまに議論されてきた。両者の関係はかつては「劣ったネアンデルタールと優れたクロマニョン」といった単純な図式で理解されていたが、今では両者の関係はまったくの対立関係でもまったくの友好関係でもなく、時には争い時には協調する、微妙な関係にあったと理解されている。

こうしたことを考えると、アフリカを出て比較的すぐの段階で先住民との軋轢などによってその数を大きく減らしたものとも思われる。そうすれば、現生人類のミトコンドリアDNAのタイプが限定されてしまっていること（ボトルネック効果）もうまく説明ができるように思われる。

農耕社会と遊牧社会

ネアンデルタールとクロマニョンとの関係はともかく、人間社会は大きく農耕社会と遊牧社会とに分かれてきた。農耕社会では価値は土地に求められ、人びとは土地への固着を志向するが、遊牧社会では価値は主に家畜の群れに求められ、人の集団も動物の群れとともに移動する。両者の価値観は根本的に対立し、2つの社会が近接して生きる地域ではつねに対立がおこり、国家や文明の衰亡が繰り返しおきてきた。

2つの社会の対立は、それぞれの社会内部から見れ

ば社会の断絶、ないしは崩壊であるが、客観的には振り子のように振れる２つの社会の興亡の繰り返しである。そしてその原因は単に両者間の力関係だけではなく、それぞれの生業の環境や気候に対する適応度などが複雑に関係している。

気候の多様性と崩壊

大陸の東岸と西岸とでは気候が大きく異なるばかりか、植生や動物相も異なる。夏雨と冬雨という温帯における気候分化は、そのままユーラシアにおける東西文化の違いを支えた。そして冬雨の西海岸と夏雨の東海岸という気候の違いに対応して生じたのが、冬作物と夏作物である（冬作物と夏作物 *p414*）。東西２つの文化は、中緯度地帯では砂漠によって明瞭に区分されるが、高緯度帯と低緯度帯では明瞭な境界はない。代わってそこには、たとえば低緯度帯における「インド」のような存在、つまりどちらでもなく、どちらからも影響を受けた文化がある。インダス文明は、コムギを主穀とする文化とイネを主穀とする文化とが時期によって交錯した文明であった。この文化の交錯がインダス文明の崩壊とどのように関係しているかは明らかではないが、常識的に考えれば主穀の交代は大きな文化的変化である。また、夏作の穀物と冬作の穀物とでは栽培の技術や灌漑施設の規模や様式などが大きく異なる。主穀の交代はこうした点でも、崩壊を含めた大きな社会変革を伴ったことが想像される。

両者をめぐって稲作文化が麦作文化より持続性が高いといわれることがある。ずいぶん乱暴な議論なようにみえるが、実は２つの農耕文化のありようをめぐって本質的な問題をついているともいえる。ムギの農耕では、よく「収量倍率」という語が用いられる。１粒の種子を播けば収穫時には何粒になるかという数字で、中世欧州ではたかだか３ないし４であったともいわれる。日本の稲作では、中世の数字はないが近世に入ると40程度となる。これだけを比べれば、同じ面積の土地から収穫を得る場合、牧場の地帯ではモンスーンの生態系に比べて、生態系に与える負荷は10倍程度大きいとも考えられる。しかし最近のモンスーン地帯における稲作は、過剰とも言える施肥や農薬の使用によって生態系に大きな負荷をかけ、また水の汚染を亢進させている。少なくとも現代においては、稲作が生態系への負荷が小さい農業とはいえない。さらに、現代農業が完全な石油漬けの状態にあることを考えれば、現在の生産性がいつまで持続するかはきわめて疑わしい。

モンスーン地帯社会の持続と崩壊・再生

崩壊の事例は、集団のサイズを小さく切ってみればいっそうその頻度が高まる。生物集団が小さな分集団に分断されることで種全体の絶滅の危機が増大するのと原理は同じである。とはいえ、一方では、小集団でも長きにわたって持続した社会もある。ここに持続社会のヒントがあるのではないかと思われる。また、崩壊後、早い時期に再生を果たした集団も少なくない。これら崩壊・再生の事例を詳しく研究することは、崩壊からの生還の道筋を提示するには重要な研究課題である。ここでは、とくにユーラシアにおける人間社会の持続性や崩壊・再生の事例を、その土地の気候風土に照らして考察を試みたい。

モンスーン地帯は、W.P. ケッペンの気候区分ではC（温帯）からA（熱帯）にまたがっていて、気候区分上の共通性はない。ただし「夏雨で多湿の地帯」という点では共通している。この地帯は豊かな水に支えられ、古くから稲作と漁撈を中心とする生業のシステムが営まれてきた。この地域における漁撈は、淡水漁撈卓越型のそれで、水田やその灌漑システムの中で行われてきたところにその特徴がある。つまり、コメというデンプンと魚という動物性タンパク質とが同所的に生産されてきたところに最大の特徴がある。おそらくこうした生産システムは生態学的には比較的安定的でかつ持続性が高いものと思われ、その類型はモンスーン地帯の各地で、時代を超えて認められる。日本列島でも事情はおおむね同じで、とくに西日本では、溜池に端を発する灌漑水路のシステムを用いた漁撈が古くから行われてきた（日本列島にみる溜池と灌漑の歴史 *p422*）。

ところで、日本列島の水田稲作は高い持続性を持つかに言われてきたが、地域を限ってみればそれは必ずしも正当ではない。概して言えば西日本では干ばつの害が多く、溜池はそれを回避するための適応の１つであった（水田稲作史 *p420*）。また東日本や、西日本でも大阪平野など一部の地域では、社会は洪水の害を頻繁に受けてきた。洪水は家屋や田畑を流出させるばかりかしばしば人命をも奪い、社会に深刻な被害を与えた。しかし、当時の社会は今の社会に比べて強靭で、くり返される洪水に対してもさまざまな「しのぎの技」を駆使していち早く生産力を復活させてきた（洪水としのぎの技 p424）。

中国地方では、製塩・製鉄などによる森林破壊が古くからおこり、それによる洪水も頻発したが、それがたとえば出雲平野という当時の穀倉地帯を生み、また、白砂青松という景観をも生んだ（出雲の国のたたら製鉄と環境 p430）。こうしたことを考えれば、過去にみる洪水やそれに対する人間社会の適応の結果が現代なのであり、過去における洪水「被害」を、現代の感覚で災害と片付けてしまうことが必ずしも適当ではないことがわかる。何が不幸で何が幸運であるかはその時代による。ここに、災害管理の大きなヒントが隠されているようにも思われるのである。

洪水のほか、先にも触れた火山噴火にしても、その影響は社会にマイナスの効果を与えるばかりの単なる災害であったとは限らない（南九州における火山活動と人間 p428）。火山噴火がチャンスと認識されていたであろうことは、たとえば縄文時代、大きな火山噴火の直後の山麓に集落の成立が認められることからも首肯される。噴火という事象そのものは人びとを恐怖にさらし、また現実に被害をもたらしたことだろうが、同時に噴火はミネラルを供給し、生態系を攪乱することで一時的にではあれ資源を豊かにし、狩猟や採集の行為を容易にさせたとも考えられるのである。

どこまでが災害で、どこからが社会再編のチャンスであるかは、その社会の土地所有制度と深く関係しているようである。もし、土地が特定の社会や個人に帰属し、その土地に財が投じられていれば、噴火などの現象による損失によって不幸感が増大する。その意味では、水田稲作が始まり、社会が定住の傾向を強めたときから、現代の災害観が形成され始めたとも言える。そして近世に入り、土地所有の制度が整備された時点で、それは完成されたとも考えられるのである。日本の近世はまた、飢饉の時代ともされる。この時代「江戸の三大飢饉」といわれる享保・天明・天保の飢饉をはじめ、各地でさまざまな原因による飢饉がおきた（江戸時代の飢饉 p434）。

日本の近世は、「コメ本位制」といわれるように、列島の隅々まで稲作が「強要」された時代であった。東北地方のように稲作には不適な土地にも稲作が持ち込まれた。この地に新たに導入された水田稲作は生態系に負荷をかける農業であったともいえる。近世はたしかに「近世小氷期」といわれる気候不順な時期であった。しかし、「飢饉」には不順な気候に加え、さまざまな要因が関係している。たとえば天明の飢饉では浅間山の噴火（1783 年）などの自然災害やそれに伴っておきた土石流が利根川水系の河川環境を変化させたこと、さらに米価高騰が米不足に拍車をかけたことなど、さまざまな要因が関係していると考えられている。

乾燥・半乾燥地域社会の持続と崩壊

乾燥・半乾燥地帯における農業がかかえてきた最大の問題の 1 つが土壌の塩性化、いわゆる塩害である。

写真 4　雲南省麗江の水田とトウモロコシ畑。上方にみえるのは長江（2003 年）

写真5　土地の表面に蓄積した塩（えん）（中国、タクラマカン砂漠東部、2007年）

塩害のメカニズムはさまざまだが、乾燥地にあっては、不適切な灌漑がその引き金を引いたケースが多い（灌漑と塩害 *p436*）。塩性化した土壌を農地にかえすにはリーチングという、水で塩分を洗い流すのが有効な方法だが、水のない乾燥地帯ではリーチングはあまり期待できない。この例外がナイル河畔で、農耕による土壌塩性化が起きる条件を満たした土地でありながら年1回のナイル川の洪水がリーチングの役割を果たしてきたといわれる。

塩性化の影響がもっとも顕著に現れた事例とされるのが中央アジアのアラル海とその周辺地域である（アラル海環境問題 *p446*）。アラル海はかつて面積世界第4位の湖であったが、1960年代にソ連政府が流入河川であるアムダリア、シルダリア両河川流域に大規模な農地を開いたことで一連の問題がおきた。取水によってアラル海に流入する水量が減り、それによって面積は縮小し、漁業は壊滅した。一方、不適切な灌漑を続けた農地では土壌塩性化による砂漠化が進行した。

土壌の塩性化はそれだけで農耕社会を衰退させたわけではない。先にも書いたように、農耕民と遊牧民の間には緊張の歴史がある（環境変動と人類集団の移動 *p416*）。土壌の塩性化が進むと農作物の多くは生産を減じるが、家畜の集団にはそれは必ずしもマイナスではない。遊牧民の相対的優位性が、農耕を退かせ、空いた空間に遊牧民が入りこんでくる。おそらくは土壌塩性化はこうした生態的な優位性を交代させる役割を果たした。土地に価値を見出す農耕民にとって、土壌塩性化とそれに伴う遊牧民の侵入は自らの社会の衰退以外の何ものでもない。一方遊牧民にとっては、仮に農耕民の侵攻があっても、家畜の安全が脅かされない限り社会の衰退を意味するとは限らない。極論すれば、都合が悪くなれば家畜の群を連れて場所を移動すればよいからである。

こうなると「持続可能性」という概念が農耕民と遊牧民とでは大きく異なっていることがわかる。農耕民にとっての持続可能性は、ある土地に定住し農業を永続的に続けることを意味するが、遊牧民にとっては家畜の群を維持することが持続性である。

先のナイルの例を出すまでもなく、文明、とくに旧世界のイエローベルトの周縁部に誕生したいわゆる古代文明は大河の流域に成立していた。古代文明ばかりでなく、多数の人が集まる都市には川のほとりに立地したものが多い。とくに降水量が少ない乾燥・半乾燥地帯では川は水源としてきわめて重要である。河川はまた、人やモノ、さらには情報を伝える運搬路としても重要な役割を担ってきた。そのため、河川の流路変更は沿道の人間集団の運命を左右した（河況変化と古環境 *p440*）。乾燥化や砂漠化は歴史時代以降今なお進行中である。シルクロードの沿道でも乾燥化は年を追って進行している。その影響は黄砂の発生となって日本にも影響を及ぼしているばかりか、砂嵐の頻発がそこに住んでいる人びとの健康をおびやかしているばかりか遺跡の壁画を破壊するなどの文化財に対する影響も出ているという（壁画の破壊・保存にみる地球環境問題 *p444*）。

「牧場の風土」社会の崩壊と再生

ユーラシアの西端には「牧場の風土」が広がる。この地域は、地中海に面する地方を中心に地域が冬雨地域に属し、この気候に適した冬作のムギ類を登場させた。しかし降水量の絶対量はモンスーン地帯に比べて少ないうえ気温も低く、農業生産性は高くなかった。そこで欧州各地で行われていたのが群家畜の遊牧であった。中世の北・中部欧州に始まった三圃制の農業はムギを中心とする夏作、冬作の農業と放牧とを組み合わせることで地力の維持をもくろむ農業の一スタイルである（休耕と三圃式農業 *p454*）。三圃式農業は農耕と遊牧2つの生業の要素をたくみに組み合わせることで土地生産性の持続性を高めた点ですぐれた発明であった。

写真6 「牧場の風土」の景観（フランス南部、2006年）

欧州はむかしから集団の移動が激しく、社会やその文化の興亡、融合などが頻繁におきてきた。一方、活発な人の動きは、早い時代からこの地域内での「グローバル化」をもたらしてきた。グローバル化は病気の世界にも及んだ。複数回にわたって全欧州を襲ったペスト（ペスト p452）、18世紀中盤にアイルランドなどを襲ったジャガイモの疫病（ジャガイモ飢饉 p450）などはその典型である。どちらのケースでも地域内の人口が大きく減少し、また社会は大混乱に陥った。一種の崩壊がおきたといってよいだろう。ジャガイモ飢饉ではその影響は病気の収束後も続き、100万人とも言われる移民を発生させた。欧州社会は「持続性」を経験してこなかった社会であるとも言える。

4. 未来に向けて ―崩壊史の研究からわかったこと

このように見てみると、人類の集団やその社会がいかにひんぱんに「崩壊」してきたかが改めて理解できる。しかしアフリカを出てこのかた、人類の歴史は今に至るまで営々と続いてきたことも事実である。人類史が崩壊の歴史であったという事実は、そのまま、人類史が崩壊からの回復の歴史であったということもできるのである（人間活動と環境変化の相関関係 p362）。

しかるに、崩壊を正面きって記述した歴史書や崩壊史の研究事例はこれまできわめて少なかった。過去の暗い部分や負の遺産については、誰もそれを直視したがらないものである。さらに、ともすれば危機をあおりたてることで自己の存在意義を際立ててきたという反省からか、学問の世界には今、人類史における負の側面である「崩壊」から目を背けようとする風潮があるようにも見受けられる。「持続可能性」という概念が注目される背景には、そうした心理があるとも思われる。歴史研究の意義のひとつが、自己とその時代を相対化することにあるといわれることがあるが、まさにそのことが問われているともいえるだろう。

崩壊史の研究は同時に崩壊からの回復過程の研究でもある。つまり崩壊した社会、あるいは崩壊とまではいかなくとも大混乱に陥った社会がそれから回復してくる、回復の過程の研究である。これまでに行われてきたわずかばかりの研究でも、このプロセスには、「しのぎの技」ともいうべき集団とその社会の「智恵」がぎっしりと詰まっている。崩壊史研究の放棄は、こうした智恵を掘り起こすことなく埋葬してしまう愚行である。

このように考えてみると、現代に生きるわれわれ（それはつまり現代の人類集団ということだが）の一種の傲慢さが改めて浮き彫りになってくる。地球環境問題が深刻さを増すたび、われわれの社会はそれにいわゆる「科学技術」で立ち向かうことばかりを考えてきた。科学技術が問題解決に果たすべき役割が大きいことは事実ではあるが、果たしてそれで問題はすべて解決するのだろうか。崩壊に直面した過去の集団やその社会がそうであったように、多様な技術の開発とともに、社会の仕組みや個々人の生き方や考え方の変更が求められるのではないか。言葉にすればごくあたりまえの、このことの重要性が問われている。「崩壊に至る過程と崩壊からの回復過程の一般化」が、地球環境問題の解決に向けて学問に求められている方向性の1つではないかと思われる。

〈文献〉和辻哲郎 1935．梅棹忠夫 2002(1967)．チャイルド、G．1951(1939), 1958(1948)．タッジ、C． 2002(1998)．佐藤洋一郎編 2008.

人間活動と環境変化の相関関係

歴史にみる社会の崩壊と環境変化

人類と環境の関係

人類の歴史において、環境要因によって社会が崩壊に至ったと考えられる事例がある。考古学の分野でも社会の変化や崩壊と環境変化の因果関係は、研究の一分野となっている。ただし、ここで問題となるのは、環境変化が自律的なものでそれが一方的に人類社会に影響を及ぼしたのか、逆に人類の活動が環境の変化を引き起こし、それが社会の崩壊を導くことになったのか、という点である。前者の例としては、地球の公転運動に起因する日射の周期的変化、隕石の衝突、火山噴火、あるいは後氷期における氷河の融解に伴う海水の危機的増加などを挙げることができる。極度の乾燥化に由来する砂漠の拡大も、その１つとみなせるだろう。後者の例としてはペストやコレラ、天然痘など、人類と野生・家畜動物の接触によって引き起こされる、さまざまな致死性の病気を挙げることができるだろう。

考古学の事例では、環境変化によって社会が変化もしくは崩壊したと考えられるケースがある。それはたとえば、イラク南部のシュメール文明やインダス川流域のインダス（ハラッパー）文明、メソアメリカのマヤ文明、あるいは米国南西部のプエブロ文化などである。

こうした事例を概観すると、人類の活動と環境変化は相関関係にあることがわかる。その因果関係をいかに理解するかが人類と環境の関係を考える上で重要な鍵となるだろう。以下では、両者の関係を示す代表的な考古学的事例をみていくことにしよう。

レヴァント新石器文化の終焉—前7000年紀

前8000年までに、西アジアでは植物の栽培と動物の飼養に基盤を置く村落生活が出現するに至った。そこでは集落は12 ha以上の規模をもつようになり、数百あるいは数千に及ぶ定住農耕民を擁していた。たとえばヨルダンのアイン＝ガザル遺跡やシリアのアブフレイラ遺跡、トルコのチャタルヒュユク遺跡などの新石器村落が代表例であるが、前6000年にはかなり小規模化するか、もしくは廃絶することとなった。この地域で何らかの社会崩壊が起こったことを示しており、結果として農耕民の周辺地域への拡散につながった。前6200年頃の気候の冷涼化、レヴァント南部における浸食による河川流域の埋没、石膏を焼成するための木材の大量消費、あるいは農耕に対する需要の増大といった人為的要因が考えられている。この事例は部分的にせよ環境変化によって社会変化が起こったことをよく示す、人類史における最初の例ということができるであろう。

塩害とシュメール文明—前3000年紀後半

前2500年までにメソポタミア南部では、世界で最初の都市を擁し文字を用いた文明社会が誕生した。食料生産は灌漑農耕に依存していたが、それは耕地に塩の堆積をもたらすこととなった。このため、前1700年までにこの地域は砂漠化し、文明の中心地が北のバビロニアと呼ばれる地域へと移転することにつながった。シュメール語とアッカド語で記された粘土板文書の記録によると、コムギは塩に対して耐性をもつオオムギに次第にとって代わられるようになり、今日この地域を特徴づける大地の荒涼化を引き起こすことになったのである。

インダス文明の衰退—前2000年紀前半

前2600年から前1900年にインダス平原において栄えたインダス文明は、前2000年頃にインド＝アーリヤ語を話す人びとの移住によって滅びたと長く考えられていた。しかし、インド＝アーリヤ語はそれよりもはるか以前に南アジアに到達していたと推定されることから、アーリヤ人による文明滅亡説は否定される。一方、東のガンガー平原にもインダス文明以前からその衰退の後にまで連綿と続く人類社会の痕跡が残っているところからみると、インダス文明の「衰退」とはインダス川流域とその東に伸びる支流地域（ガッガル＝ハークラー川もしくはサラスヴァティー川と呼ばれる）においてのみ起こった現象であることがわかる。それは過剰な人口増加とそれに起因する環境破壊（塩害を含む）を反映している可能性があるが、同時に東方地域の大規模な開発を引き起こすことにもつながったのである。

マヤ文明の崩壊—後1000年紀後半

後300年から後900年にかけて栄えた古典期マヤ文明は銘文資料と儀礼センターで有名である。この文明は後200年頃に起こった先古典期の人口減少の時期を経て発達したが、今度は後900年頃に人口過剰によって衰退することとなった。密集して暮らしていた人びとはトウモロコシを食料基盤としていたが、幼児の高い死亡率、農業生産性の低下、土地の浸食、リンの枯渇、さらには気候の乾燥化などが要因となって、後1000年までにマヤ南部は無人化するにいたった。人びとの生活はユカタン半島北部の乾燥地域においてスペイン侵略の時代まで続いたが、重要なのは最も深刻な崩壊がグアテマラのペテン地方の低地部で生じたという点である。というのも、この地域が、人類活動の影響に対して高い抵抗力を有していたと考えられる極度の湿潤地域だからである。こうした状況から、多くの研究者がマヤ文明の衰退を少なくとも環境要因よりも人為的な要因の結果として考えてきた。

写真1　イースター島のモアイ像。先史時代の初期のイースター島には、現在は姿を消してしまったヤシの森が広がっていた。このヤシ森がかつて存在したことを示す証拠として、洞窟で発見された堅果類、根穴、休火山であるラノ＝ララクの火山岩塊で形成された火口壁に残る幅60 cmの穴などの考古学的証拠がある。この穴はおそらくかつてはヤシの木が立っていたのを、火口の外壁にある採石場から切り出された石像の下半身に縄を結びつけるのに用いられたのであろう（1985年）

イースター島における社会の崩壊―18世紀

イースター（ラパヌイ）島では、後1000～1200年頃にポリネシア人が定住し、その後の数百年の間に火山岩塊から彫りだした祖先像（モアイ）を建てるという地域集団間の競争的社会システムが発達することとなった。西欧人が1722年に初めてこの島を訪れたとき、島民たちは依然としてモアイを崇拝していたが、19世紀前半までにはすべての像が倒壊し、人びとは外来の病気や奴隷制の導入によって、文化的にも環境的にも退廃した状態にあった。この衰退の要因として、島民たちの環境危機に対する無知や、鳥類の絶滅、人によって導入されたネズミによる森林破壊、西欧人による悪影響、小氷河期の到来といった諸説がある。A. フレンリーとP. バーンによれば、「干ばつが状況を悪化させた可能性は理論的にあり得るだろうが、島民たちが重要な資源であるヤシの森を次第に破壊し、外来のネズミの導入によって森林の再生を知らず知らずに妨げることによって、自ら災難を引き起こしたことは明らかである。人類と自然の間の繊細なバランスがゆらぎはじめ、最終的に崩れることになった。環境の悪化を避けることはできなかったのである」という。

因果関係における社会の崩壊

すべての過去の文化と文明の衰退を、環境の悪化に直接的に関連づけることはできない。たとえば、ローマ帝国は、環境の悪化だけというよりも、帝国の管理システムにおける社会・政治的な弱さが征服、異民族の侵入、鉛汚染や疫病といった要因と複合して衰退した。だが、かつてローマ帝国に生きた人びととその言語、文化は滅びることはなく、続く時代の欧州におけるロマンス語とキリスト教文化にとっては、短命であったトルコ系やゲルマン系の言語を話す侵略者たちよりも、後400年以前の状況の方がはるかに深い影響力をもったのである。もし侵略者たちの侵入がなかったとすれば、逆にローマ帝国の衰退に関して環境要因が主張されることになったであろう。多くの事象に対する解釈は、因果関係という連鎖の中でどこにその出発点を置くかによって変わってくるのである。

結論としては、人類の活動とはまったく無関係に生じた自律的な環境変化が歴史的に私たち人類に影響を与え、時にはよい結果をもたらすこともあったが、それが全体的な社会変化を引き起こすことはほとんどなかった。とりわけ過去1万年間においては、人類自身が自らに影響を及ぼす災難を引き起こしてきたのであり、環境変化が人類の過剰な行為の結果とあいまって両者のバランスに対して、しばしば悪い結果をもたらす方向に向かわせてきたのである。

【ピーター・ベルウッド／上杉彰紀訳】

⇒C火山噴火と気候変動 *p26*　D生態系レジリアンス *p140*　D病気の多様性 *p158*　R動物由来感染症 *p290*　H高地文明 *p380*　H巨大隕石の落下 *p406*　H環境変化と人類の拡散 *p410*　H灌漑と塩害 *p436*　Hインダス文明と環境変化 *p438*　Hペスト *p452*　Eレジリアンス *p556*

〈文献〉Bellwood, P. 2005. Bellwood, P. 2008. Diamond, J. 2005. Dickson, B. 1987. Flenley, J. & P. Bahn 2002. Hunt, T. & C. Lipo 2007. Hunter-Anderson, R. 1998. Jacobsen, T. & R. Adams 1958. Rainbird, P. 2002. Redman, C. 1999. Rollefson, G. & I. Kohler-Rollefson 1993. Ruddiman, W. 2003. Shennan, S. & K. Edinborough 2006. Simmons, A. 2007. Turney, C. & H. Brown 2007. Webster, D. 2002. Williams, M. 2003.

環境決定論

環境史と人類史の深い関係

「環境決定論」をめぐって

環境や風土の研究、あるいはその人類の文化・社会の形成に与えた影響の重要性を主張した諸説は、古代から現代に至るまで数多く存在する。これらの中で学史的にとくに「環境決定論」とされたものは、ドイツの地理学者 F. ラッツェル（1844-1904）にはじまる人類・政治地理学であった。この狭義の「環境決定論」は学説として存在したというよりも、環境要因を過度に重視して人文要因を軽視したとする批判を込めた用語である。

ここではこのような批判の意味はこめず、古代から現代に至る環境の重要性に着目した諸説を広義の環境決定論、人類・政治地理学を狭義の環境決定論として、その一端を紹介することにしたい。

広義の環境決定論

この面の先駆者としてよく引用される者は、ローマ時代の哲学・歴史・地理学者であったストラボン（63/64 BC-24 AD 頃）である。ストラボンは、古代ギリシャをはじめとする地中海域を旅行し、*Georaphica*（地理誌）全 17 巻を著した。

ストラボンは諸地域誌を体系的に記述するには、「人の住む世界」の全体的な地理知識が必要で、理想的な世界地図として、直径 3m 以上の球体を提案している（写真 1）。そして川、山などの自然的境界を重視し、「天空事象、陸海両面での動植物、栽培作物、地方諸族のすべての事象」の記録を基本とした。

ストラボンの地理観を端的に示すものは「摂理」という自然観であり、これが諸族の営みや気質に与えた影響を重視している。

ストラボンの地理誌の考えは、ホメロス以後のギリシャ・ローマ時代の世界や環境に対する認識の到達点をよく示すだけでなく、中世ではアル・ジャヒーズのようなイスラーム圏の学者に受けつがれ、さらにルネッサンス・大航海時代以後に、西欧近代科学に大きな影響を及ぼした。

東洋においても、『史記』以来、中国の正史に地勢や物産や風俗を詳しく記述した「地理誌」を付していたが、人びとの営みにおけるその重要性をとくに大きく主張した思潮は、風水思想であった。

なお、風水は地理と同義であり、晋の管輅、郭璞以後、唐代にかけて体系化されたが、その起源は九星説、八卦（はっけ）説、陰陽説、五行説など春秋・戦国時代以来の中国伝統思想にある。

風水思想の基本は、山地、平野のような地形と大気と水の循環システムの中に自然エネルギー（気）の生成を読み取り、国家の首都から個人の住宅や墓の建設に至るまで、それを生かすことが成功に必須であると説くものである（図 2）。

風水思想は唐代以後も、地勢観察を重視する形勢学派（江西学派）や、羅経（コンパス）判断を重んじる原理学派（福建学派）を生み、近代まで大きな影響力をもった。さらに風水思想は朝鮮半島、日本、東南アジアにまで広まり、その自然環境と人の営みの一体性を重視する伝統を生んだ。

この風水思想は、古代インドのヴァーストゥシャーストラとも共通し、これらはストラボンの思想とともに

図 1　ストラボンの地理誌［ストラボン 1994］

に、広義の環境決定論といえるものである。

近代に至ると日本において、地域をこえた環境決定論が説かれるようになった。和辻哲郎の風土論は、ユーラシア、欧州において、モンスーン、砂漠、牧場という異なる環境が異なる文化・社会を形成したとするものである。

梅棹忠夫は、この地域の諸文明について、第1地帯（日本、欧州）と第2地帯（第1地帯の中間地帯）に大別して、第1地帯の日本と欧州が併行的に発展し、第2地帯との違いが大きいことを強調したが、その背景として第1地帯が森林地帯であり第2地帯が乾燥地帯であることを重視していた。

和辻・梅棹の議論は主に旅行・探検の経験に拠っていたが、20世紀後半には古環境の研究が大きく進み、人類が大きな環境変動を何度も経験してきたことが明らかになった。そして現在、環境と人類社会との相互作用が、より精密に議論されつつある。

狭義の環境決定論

ラッツェルは、ミュンヘン工科大学で地理学を講じた。その講義が、人類地理学、政治地理学の始まりとされる。

ラッツェルの著作は多岐にわたるが、地表形態が人類活動に及ぼす影響、あるいは位置・地域の特性が歴史形成に対してもった意義がつねに強調された。また政治地理学においても、土地と国家および国家の発達の関係が重視され、さらに陸地と海洋の中間地域（海岸、半島、地峡、島嶼）や水界（海洋、河川、湖）と国家との関係およびその重要性が論じられている。なおここで重視された地表表面は、地形だけではなく、水界、気界、植物、動物などを含む概念であった。

ラッツェルの人類地理学・政治地理学は、大きな影響力をもち、E.C. センプル、E. ハンチントン、T.G. タイラーなどが、この学説を発展させた。

これらの学説に対して1920〜40年代頃に、環境可能論の立場、あるいは人種主義・帝国主義に加担した学説として、環境決定論とする批判がおきた。ただラッツェルとそれ以後の研究によって、環境と人類に関する研究が進展し、20世紀後半に環境研究が大きく進捗する契機を提供したと考えられる。

写真1　フリードリッヒ・ラッツェル［國松 1931］

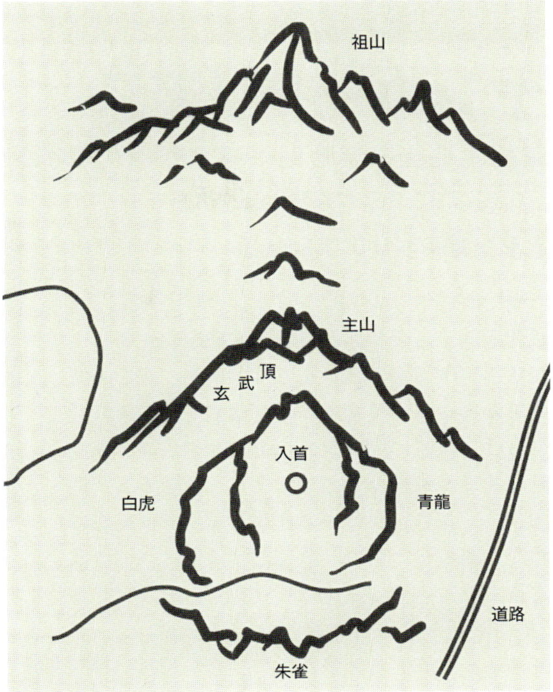
祖山
主山
玄
武
頂
入首
白虎
青龍
道路
朱雀

図2　風水の自然観［目崎 1998］

環境研究の将来

環境は人類の存在を前提とする自然の概念であり、環境と人類の文化・社会は、本来、一体のものとして考察されるべきである。

それは洋の東西を問わず、古代から現代まで広く認識されてきたのであり、人類の諸活動が成立する上で、自然と人類の調和がきわめて大切であることが広く説かれてきた。この意味で、否定的な意味を込めた狭義の環境決定論は、歴史上、孤立した用法であり、近代に環境研究が急速に進捗する初期になされた反作用であったであろう。

20世紀中頃以後、地質学、動植物学、気象学、水文学などによる環境研究が急速に進む中で、狭義の環境決定論の議論は影をひそめ、環境史と人類史の深いかかわりと相互作用が、広く認知されてきた。

近代、とりわけ産業革命以後には、化石燃料の大量使用をはじめとして人類の環境圧が著しく高まったが、環境・人類史は過去・現代・未来を展望して、それを克服する大きな力になるであろう。　【宇野隆夫】

⇒D環境問題と文化 *p190*　D生物文化多様性の未来可能性 *p192*　D生態地域主義へ *p200*　E環境思想 *p564*　E東と西の環境論 *p568*　E風土 *p572*　E生態史観 *p574*

〈文献〉梅棹忠夫 2002（1967）. ストラボン 1994. 目崎茂和 1998. 渡邊欣雄 1990. 和辻哲郎 1935. 國松久彌 1931. Renfrew, C. & P. G. Bahn 1991.

ヤンガードリアス

最終氷期後の温暖期に移る寒冷化イベント

ヤンガードリアス期とは

ヤンガードリアスは最終氷期が終わって、温暖化が始まった状態から急激に寒冷化がおこったイベントである。日本では、春先、暖かくなってから一時的に寒さがぶり返す「寒の戻り」にしばしば例えられるが、「寒の戻り」のような地域的で小規模のものではなく、地球の気候変動システムにかかわるような大規模で、長期にわたり継続したものであった。時期についてはさまざまな見解があるが、開始はおよそ1万2800年前とする研究が多い。またヤンガードリアスイベントの終了は、*完新世（最終氷期が終わってから現在）の開始と同義であり、ICS（国際層序委員会）によって1万1653±99（2σ）年前（西暦1950年を現代とした場合）と定義されている。なおヤンガードリアスと完新世の境界は、グリーンランドの*NGRIP氷床コアで分析され確定しているため、グリーンランドのNGRIP氷床コアが模式地（年代を決定するための基準となる層序のある場所）とされている。その他、日本の福井県、三方五湖の1つ水月湖を含む世界の5カ所でも分析がされていて、それらは準模式地に設定されている。

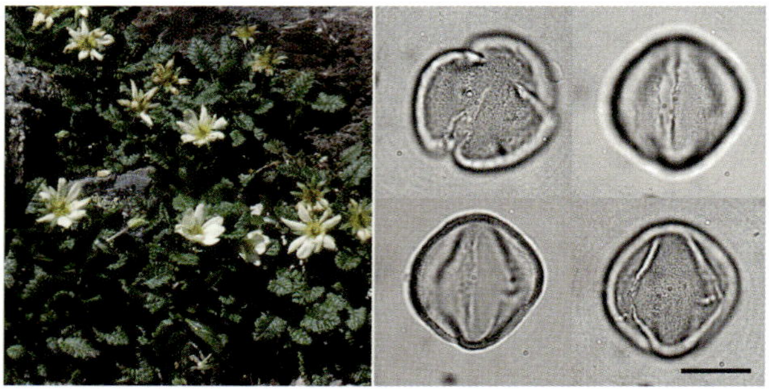

写真1　左：チョウノスケソウ（南アルプス悪沢岳：標高3141m）と*D. octopetala*の花粉［左：近田文弘提供、右：英国ニューキャッスル大学地理学部所蔵プレパラートより。スケールバー＝20μm］

スカンジナビアの泥炭層とヤンガードリアス期

スカンジナビア地方に広く分布する泥炭層は、最下部に*Dryas octopetala*という植物の大型遺体が多く堆積した層を伴う場合が多い。そのため、この植物が多く発見されるスカンジナビアの泥炭層を層序学的にドリアス期と呼んでいる。

*D.octopetala*はバラ科の常緑小高木で、北半球の極地、および高山など寒冷地（ツンドラ植生）に生育する。花弁が8枚あることから*octopetala*（8枚の花弁）と呼ばれ、めしべは多数あり、白い羽毛状のめしべは果実になっても残り、果実が風で飛ばされ分布を広げる。日本では高山の草地に生える変種の*D.octopetala* var.*asiatica*がチョウノスケソウとして知られ、アルプス以北の高山の岩場に白から薄い黄色の花がまれにみられる（写真1左）。中欧および北欧ではこの大型植物遺体および花粉（写真1右）が最終氷期（およそ7万年前から1万年前）の地層に多く検出されることが知られ、最終氷期には欧州は広くはツンドラ植生であったことがわかった。その後、温暖なベーリング・アレレード期に入ると、ツンドラ植生はカバノキ属やマツ属の優先する植生に取って代わられる。そして、再び氷河が前進し*D.octopetala*の多くみられるツンドラの植生へと変化した。*D.octopetala*は、泥炭層最下部の他に、それよりもやや浅い層準にもう一度多量に出現する場合が多いことから、以上のような植生の変遷があったことは比較的早い段階から示唆されていた。この2枚目の*D.octopetala*層が堆積した時代のことを、層序学的にヤンガードリアス期（新しい方のドリアス層の時代）と呼称する。

世界に痕跡を残すヤンガードリアスイベント

ヤンガードリアスの層と同様、その後、他の地域でも同時代に寒冷化を示す植生の変化が認められた。植生復元以外では、グリーンランドの氷床コアで気候の復元がなされ寒冷化が明らかになっている（図1）。グリーンランドの氷床コア*GISP2の同位体のデータでは最も寒冷な時期、グリーンランドの山頂部で現在よりも15±3℃気温が低いという分析結果が出ている。その終末には1〜3年で7℃の気温の上昇という急激な温暖化もおこっている。少なくとも北欧では相当急激な気温の下降と上昇があった。その他、この時期の寒冷化が認められた研究では、英国の鞘翅目（しょうしもく）の昆虫化石の研究やカリブ海バルバドスのサンゴ礁の研究などがある。そのため、ヤンガードリアスとは本来、スカンジナビアの局地的な層序区分の用語であったはずが、この時期の寒冷化イベントすべてに対して使う

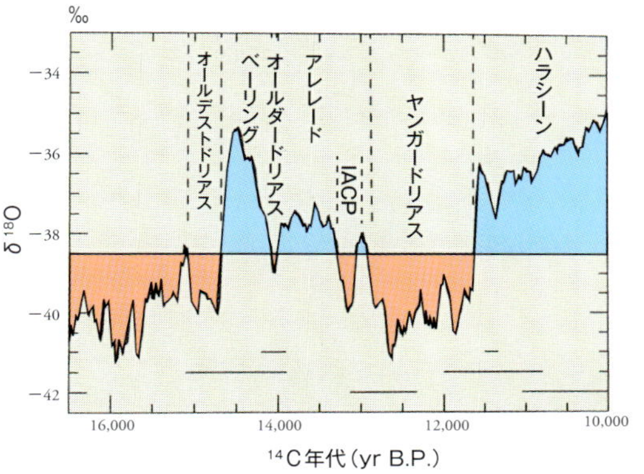

‰
−34
−36
−38
−40
−42
δ 18O
オールデストドリアス
ベーリング
オールダードリアス
アレレード
IACP
ヤンガードリアス
ハラシーン
16,000
14,000
12,000
10,000
14C年代 (yr B.P.)

図1　アイスランド氷床コア（GISP）の δ^{18}O の分析によって明らかにされた気候変動の推移［Stuiver *et al.* 1995］

ようになった。これは厳密には誤用であるが、あまりにも広く用いられるようになったために今さら修正できなくなっている。このことに起因する混乱を解消するため、グリーンランドの*GRIP 氷床コアを用いて晩氷期の層序を再定義しようとする提案がなされている。

寒冷化イベントが地球規模のものなのか、また、時期や程度に地域差があるのか、という問いは地球上の気候変動メカニズムを解明する上で重要であるため、現在多くの研究者が世界中のこのイベントの痕跡に注目している。少なくとも西欧とグリーンランドでは、同時期に寒冷であったことが明らかである。しかし、熱帯大西洋では欧州より数百年先行しているという研究や、南米ではいつ始まったかあいまいで急に終末を迎えるという研究、また、南極、ニュージーランド、オセアニア各地ではヤンガードリアスが認められないと主張する研究者もいる。今のところ地域によってその時期や程度が異なっていることがわかってはいるが、詳細についてはこれからの研究が待たれる。

寒冷化の原因

ヤンガードリアスの原因についての最も有名な仮説は、北米アガシー湖の淡水が大量に海に流れ出したことで海洋循環が阻害されたことに起因するとする説である。その説では、間氷期に入った温暖化の初期、ローレンタイド氷床が溶けたため、アガシー湖が形成される。温暖化が進行すると、氷河の先端はニューファンドランド近くのセントローレンス川河口まで後退し、その方向に流路ができたため大量の淡水が大西洋に流れ込んだ。比重の低い淡水は北大西洋の表層に広がり、表層水の塩分濃度が低下したことによって表層水が沈降することができず、海水の循環が阻害された。そのことにより、北大西洋の深層水の生産が一時的に停止したことで暖かい南大西洋の表層水が北上しなくなり、北大西洋の寒冷化を促進したと考えられている。なおこの仮説に従うなら、同じ時期に南半球ではむしろ熱が滞留し、温暖化がおこったと予想される。グリーンランドと南極の氷床コアの比較研究によると、この予想は基本的に支持されているようである。しかし、反論もあり、アガシー湖が急激に決壊した理由を隕石衝突に求める説なども存在する。

ヤンガードリアスイベントと同様の現象が現代の地球温暖化で引き起こされるのではという懸念があるが、これが起こるためには4〜5℃の気温の上昇が必要とされ、人間活動による温暖化はこれよりも穏やかなので同様の現象がおこるとは考えにくい。

農耕の出現

ヤンガードリアスの寒冷化は、植生、そして人間の経済活動に大きな影響を与えた。この頃、西アジアのレバントでは中石器時代のナトゥーフ文化が栄え、人びとは狩猟採集の生活を送っていた。この地域はヤンガードリアスの時期、気候は乾燥化し、森はステップに変化したことがイスラエルのフラ湖の花粉分析の結果で明らかになっている。この寒冷化の時期に、近くのアブフレイラ遺跡から出土した食用植物の種類に変化が認められた。ヤンガードリアス以前は森林から採取される植物が多く出土したが、ヤンガードリアスに入り、森林由来の植物遺体は急激に減少し、救荒食とされるマメ科の植物（クローバーなど）が増加する。乾燥化のためにそれまで得られた植物がなくなり、他の植物資源を求めたことが推測される。人びとはそれまでに定住化を始めていたが、人口増加と食糧不足でアブフレイラの居住地を放棄する。再びそこに居住地を定めた人びとはすでに農耕民であった。狩猟採集民から農耕民に変化する時期とヤンガードリアスイベントが同時であることを踏まえて、O. バーヨセフとR.H. メドゥなどはヤンガードリアスの気候変化が人びとの生業に影響したことで農耕が始まったという仮説をたてた。その説によると、氷期が終わって、温暖湿潤化が起こり森林が広がったところで、急激な寒冷乾燥化がおこり、人々はレバノン回廊に生える野生の穀類を栽培化するに至った。【北川淳子】

⇒C 過去の気候変化から学ぶ「地球温暖化」の意味 *p22*　H ボーリングコア *p388*　H 花粉分析 *p400*　H 狩猟採集民と農耕民 *p412*
〈文献〉Alley, R.B.　2000.　Alley, R.B., *et al.* 1993.　Broecker, W.S.　2006.　Bar-Yosef, O. & R.H. Meadow 1995.　Firestone, R. B., *et al.* 2007.　Lowe, J. J., *et al.* 2008.　Moore, A.M.T. & G.C. Hillman　1992.　Severinghaus J.P., *et al.* 1998.　Smith, D.G. & T.G. Fisher　1993.　Stuiver M., *et al.* 1995.

新石器化

人類史上初の社会変化のプロセス

新石器革命と新石器化

地質学上*完新世と呼ばれる時代に入ると、人類は地球規模の大きな環境変化にさらされた。急速な温暖化によって、欧州の北半分やカナダを覆っていた陸上氷床が消失し、100m を越える海面の著しい上昇によって海岸沿いの広大な低地が失われた。また、はっきりした原因についてはいまだ不明ではあるが、乾燥した冷涼な草原に適応していたマンモスなどの大型哺乳類の多くが絶滅していった。このような自然環境の激変を受けて、後期旧石器時代にあった人類の文化もまた、大きな変化を余儀なくされた。とくに西アジアでは、いわゆる肥沃な三日月地帯を中心に定住生活が広がり、ほどなくムギ類の栽培と家畜化されたヒツジやブタ、ウシに生業の基盤をおく農耕文化が誕生した。オーストラリアの考古学者 V.G. チャイルドは、西アジアの定住から農耕発生に至る変化の原因を、気候変動に伴う乾燥化により社会集団が比較的狭い地域に押し込まれ、高い人口を支える新たな生業様式が必要になったためと考えた。そのうえで、定住から農耕文化までの流れが人類史全体からみて比較的短期間に生じたとして、これを「新石器革命」と呼んだ。新石器とは、この時期に前後して現れた新型の石器技術（磨製石器）を指しているが、そのほかにも、新たな加工技術である土器が広がった。森林の伐採といった自然の積極的な開発が行われるようになり、富の蓄積によって階級社会が生まれ、農耕という新たな生産様式によって現代文明の特徴である都市や国家の誕生につながる人類史上の革新と考えるのである。

写真 1　英国、イーストアングリア地方の現在のオオムギ畑。西アジアに端を発した農耕文化は、6000 年前ごろには英国諸島にも達した（2006 年）

新石器文化の波及

現在の研究では、ナトゥーフ文化後期の 1 万 2000 年前からこの過程が開始され、まず農耕、続いて 8000 年前ごろまでに土器が現れた。その後、農耕文化は栽培化されたムギ類、家畜とともに欧州大陸に拡散し始めた。新石器化の波は、6000 年前には英国に達する。高い生産性と人口支持力を背景に、新石器文化は急速に広がったと考えられている（写真 1）。

このような西アジアから欧州大陸にかけての急速な新石器化は、世界各地で後氷期に生じた農耕社会の成立を説明するモデルとして、考古学の分野を超えて現在もなお使われている。また、人類の社会の変容を、狩猟採集社会から現代社会へと段階的に行われた「進化」の構図によって説明する社会進化論の立場では、新石器革命は、それに続く 2 つの革命、都市革命、産業革命と併せて用いられる概念となっている。

革命的でない「新石器化」

しかしながら、世界のその他の地域における新石器化は、必ずしも新石器革命の概念に沿って行われたわけではないことが判明しつつある。たとえば稲作が主たる農耕文化として定着した中国南部沿岸から日本列島にかけての東アジア内海では、すでに 1 万 6000 年前までには磨製石器と土器が出現し、1 万 2000 年前までにはほぼ全域から出土するようになる。定住生活の定着よりも土器が先行した原因はいまだ明らかではない。その一方で、農耕文化の出現ははるかに遅く、広がり方も速やかだったとはいえない。長江下流域にスイギュウやブタといった家畜を伴う稲作農耕社会が成立するのはほぼ 8000 年前（彭頭山文化や馬家浜文化）とされているが、日本列島では、狩猟採集に基盤をおく縄文文化がきわめて長く続いた。西日本に水田農耕が定着するのは縄文晩期から弥生時代の初めにかけての 3000 年前まで待たねばならない。日本列島では、近年、縄文遺跡からの栽培イネやそのプラントオパールの出土が報告されており、西日本の一部では 5000〜6000 年前程度まで稲作の開始がさかのぼる可能性がある。しかしながら、イネの栽培が実際に行われていたとしても、稲作が生業経済の基盤を担った証拠はみつかっていない。

いずれにせよ、磨製石器や土器などの新技術の普及から計算すると、西アジアと比べ、中国南部では農耕社会の成立まで少なく見積もっても2倍の時間を要しており、日本列島の新石器化には欧州大陸の6〜7倍の時間がかかったことになる。「革命」と呼ぶにはいささか無理な長さである（図1）。

日本列島の新石器化

なぜ、東アジアでは、農耕社会の広がりが遅れたのだろうか。今後の調査にまつべき点が多いものの、日本列島については、1980年代以降、本州以南に広がる落葉広葉樹帯と照葉樹林帯の持つ堅果類などの植物資源に加え、サケやマスなどの回遊魚類が豊富であったために農耕文化の受容を長らく拒み続けたという「豊かな狩猟採集社会」説が唱えられている。すなわち、温暖で比較的安定した四季変化を特徴とする気候のもと、森林と水の環境に恵まれた縄文社会では、人口も増加し、定住的な土地利用が早くから定着するに至った。一方で、多様な食料資源を開発するため、高度な分業体制が求められた結果、複雑で階層化した社会組織が必要となり、多様な土器や土偶、装身具などで知られる多彩な縄文文化が花開いた。このように、定住的で高度な社会を持つ複合狩猟採集社会は、農耕を基盤とせずとも安定した状態を維持できるので、農耕を持たない状態が長く続いたというのである（写真2）。複合狩猟採集社会は、縄文の他にも、19〜20世紀に記された民族誌記録によれば、北米西海岸の先住民社会などでみることができる。

新石器化と現代

要した期間の長短は別としても、新石器化という歴

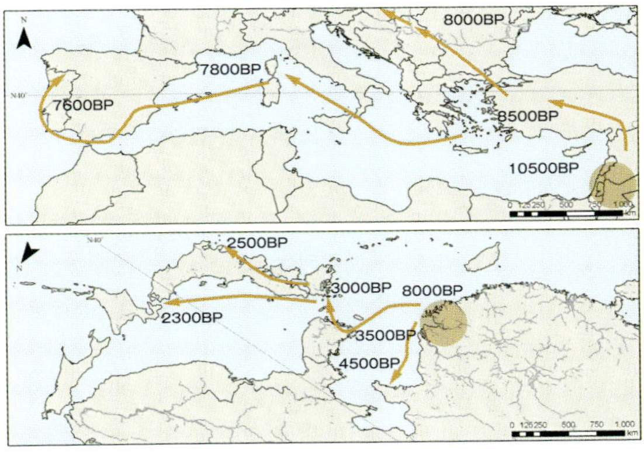
8000BP
7800BP
7500BP
8500BP
10500BP
2500BP
3000BP
8000BP
2300BP
3500BP
4500BP

図1　同一縮尺でみた地中海と東アジア内海における初期農耕社会の広がり。いずれも起源地から海岸部伝いに急速に伝わったが、稲作農耕は東シナ海を越えるのに長期間を要している（BP：年前）［上図はBellwood 2005による］

写真2　縄文中期の復元住居（不動堂遺跡）と土器（朝日貝塚出土）、磨製石斧（いずれも富山県）。縄文時代は農耕経済を欠いたまま、長期にわたって継続した［富山県教育委員会提供］

史現象は、それまでの人類社会の姿を一変させたという意味では、まさに革命的な出来事だったといえる。現代の私たちの社会には、新石器化の時代に生み出され受け継がれているさまざまな要素がみてとれる。農耕に依存し、大きな集落に定住するという生活スタイル、階層化した複雑な社会構造、地域間に張り巡らされた交易・交流ネットワーク、土器を起源とするさまざまな利器、社会のシンボルとなる巨大な建造物などはその例である。とくに自然環境を積極的に改変し、土地生産性を高め、そこから得られた富を蓄積して運用する習性は、現代の産業文明に大きく受け継がれている。この意味で、現代の環境問題の根源は、新石器化を通じて生み出された人間の新たな行動様式にあるといってよいだろう。環境問題は、「新石器化」が内包していた矛盾がついに露呈した姿とすらいえるかもしれないのである。

それでは、なぜ新石器化が起こったのだろうか。なぜ大部分の人類が、結局のところ、新石器化を受け入れたのだろうか。社会進化によって導かれる必然的な成り行きだったのだろうか。それとも、氷河期終了時の急激な環境変化に適応した結果といえるのだろうか。未来に、新石器化を乗り越えるほどの根本的な文化的社会的変革はありえるのだろうか。環境問題を文化の側面から理解し、人類の未来を展望するために、新石器化という歴史現象の投げかける問いはきわめて大きい。

【内山純蔵】

⇒D照葉樹林の生物文化多様性 *p198* H新たな産業革命論 *p372* Hプロキシー・データ *p386* H稲作の歴史をひもとくプロキシー *p402* H狩猟採集民と農耕民 *p412* H縄文と弥生 *p432*

〈文献〉Bellwood, P.　2005.　Childe, V. G.　2003 (1936).　Koyama, S. & D.H. Thomas, eds. 1981.　Price, T. D. & J.A. Brown, eds. 1985.　Price, T. D. 2000.　佐々木高明 1993.　佐藤洋一郎 2002.　渡辺仁 1990.

ヒプシサーマル

完新世前期の温暖期

ヒプシサーマルとは

2万年前頃を寒冷のピークとする最終氷期には、地球の気温は現在よりも6〜7℃低く、北米大陸やスカンジナビア半島は氷床で覆われていた。その後、最終氷期から間氷期への移行期に地球の気温は急激に上昇し、完新世前期の9000〜5000年前頃にヒプシサーマル（hypsithermal）と呼ばれる温暖期を迎える。ヒプシサーマルの語源は、ギリシャ語のピプソス（高まり）に由来し、高温期を意味する。E. デーベイとR. フリント（1957）がデンマークの花粉ダイヤグラムで植生変化がみられる花粉帯V〜Ⅷの温暖期に対して用いたのが最初である。この温暖期は、欧州ではアトランティック期、日本では縄文時代早期後半〜前期に相当するが、明確な時期については定まっていない。日本各地の花粉分析の結果によると、7000〜4000年前は温暖・湿潤な環境下で、最終氷期に優占していたマツ科針葉樹はすでに衰退して山地に残るのみとなり、東北日本では、木の実が豊富にみのる落葉ナラ類やブナを中心とする落葉広葉樹の森が、また西南日本では常緑カシ類を中心とする常緑広葉樹林が広がっていたようである。

ヒプシサーマルの海面上昇

ヒプシサーマルには、最終氷期に発達した大陸氷床はこの温暖期に完全に消滅した。大陸氷床と山岳氷河の融解による海水の増加（氷河性海面上昇）により、世界の海面は現在より平均で2mほど上昇した。ただし、その変化は一様ではなく、①大陸氷床周辺部では氷床の重みから解放された陸地が上昇する氷河性アイソスタシー、②増加した海水の重みにより海洋部の島嶼が低下する海水性アイソスタシー、③局地的な地殻変動、によって海面の変化量は地域によって大きく異なっている。日本の場合、海面は8000年前頃に現在の高さまで上昇し、その後の6500年前頃にピークに達した。日本海側は対馬暖流の流入により海水の蒸発散がさかんになり多雪地帯となった。

緑のサハラと多雨湖（Pluvial lake）

サハラはアラビア語で不毛の大地を意味するが、7500年前頃の一時的な乾燥期をはさむ9000〜4500年前頃の温暖期には、アフリカ北部のサハラ砂漠では「緑のサハラ」が出現していた（図1）。ヒプシサーマルには、現在のサハラを乾燥させる亜熱帯高気圧の張り出しが弱く、雨を降らせる熱帯収束帯（ITCZ）の北上によりギニア・モンスーンの運ぶ水蒸気がサハラ全体に侵入していた。そのため、現在年間数mmの雨しか降らない中央サハラでは、年間200〜300mmの降水があり、この一帯はステップや乾燥サバンナの植生で覆われていた。サハラ南東部に位置するチャド湖では、水位が現在よりも40mほど高く、カスピ海に匹敵する大きさをもつメガ・チャド湖（33万km^2）が出現した。

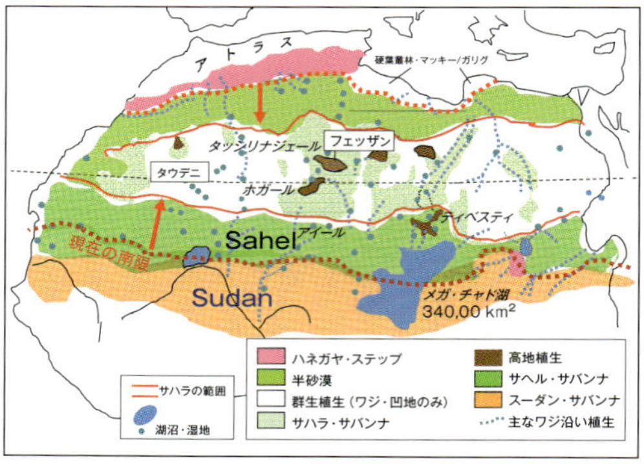
アトラス
硬葉叢林・マッキー/ガリグ
タッシリナジェール
フェッザン
タウデニ
ホガール
ティベスティ
アイール
Sahel
現在の南限
Sudan
メガ・チャド湖
340,00 km²
サハラの範囲
湖沼・湿地
ハネガヤ・ステップ
半砂漠
群生植生（ワジ・凹地のみ）
サハラ・サバンナ
高地植生
サヘル・サバンナ
スーダン・サバンナ
主なワジ沿い植生

図1　サハラの8000年前頃の湿潤期の植生と拡大した湖［Schulz *et al.* 2000とPetit-Maire 1983をもとに門村2006が作成］

ヒプシサーマルが終わり寒冷期に向かう4500年前以降は、亜熱帯高気圧が南に張り出したことで熱帯収束帯の北上が妨げられ、サハラの乾燥化がはじまった。サハラの湖は干上がり、砂漠が拡大したため、植生の移動とともに人びとも南の湿潤地域へ移動した。このような環境変動に応じたサハラの人びとの生活様式の変化は、タッシリ・ナジェールやアカクスなどの岩壁画に描かれている。ヒプシサーマルの緑のサハラが形成された時期には、ウシ、ヒツジ、ヤギなどの牧畜活動の様子が描かれ、一部では農耕も行われていたことがうかがえる。その後の乾燥化とともに「馬飼いの時代」（3000年前頃）、さらに「ラクダの時代」（2000年前以降）へと人びとの生活は変化していった。

北緯・南緯30°間の亜熱帯高圧帯の乾燥・半乾燥地域には、サハラにかつて存在したメガ・チャド湖のように、降水量の増加により大湖を形成した内陸湖であるpluvial（ラテン語で雨の意味）lakeが多く分布する。

代表的な Pluvial lake（多雨湖）は、最終氷期の 3 万 2000～1 万 6000 年前に 5 万 1000km^2 まで拡大した北米のボネビル湖やホウランド湖などがある。大湖を形成するメカニズムはチャド湖と異なり、ヒプシサーマルには、氷床の消滅による気候変化の影響で乾燥化が進み、これらの湖は干上がってしまった。この地域の多雨湖では、ヒプシサーマルの降水量変動によって環境が劇的に変化していた報告がいくつかある。

縄文文化と気候変動

ヒプシサーマルの温暖期にあたる縄文時代早期後半～前期には、海面上昇によって海岸が陸地に入り込む海進が生じ、6500 年前頃に日本の海面上昇はピークに達した（縄文海進）。この時期の関東平野の海岸線は、貝塚の分布から群馬県・栃木県南端部、利根川・渡良瀬川合流部付近まで入り込んでいたことが知られている（図 2）。この時期の気候変動と人間活動のかかわりを示す証拠として遺跡の分布がある。関東平野の貝塚の位置や秋田県の能代平野の遺跡分布は、海面変動に応じて居住地が移動していたことを物語っている。ヒプシサーマルの温暖期、山地には落葉広葉樹の森に豊富な木の実（クルミ、ドングリ、クリ、トチなど）があり、海進により平野部に出現した内湾には多くの貝類・魚類が棲み豊富な水産資源があった。能代湾周辺の縄文前期から中期にかけての遺跡では、汽水域に棲むヤマトシジミが発見されている。そしてこの時期の遺跡は、海洋（内湾）と山地（台地）の境界周辺に多い。これは食料資源の確保を優先した居住地の選定と定住化を意味している。

さらに縄文時代中期の遺跡では、植林の証拠が認められる。この時期の代表的な大規模集落に、青森県の三内丸山遺跡（5900 年～4100 年前）がある。この集落は陸奥湾に面した台地上に立地し、人びとは山と海のそれぞれから食料資源を確保していた。遺跡で確認されたこの時期のクリ花粉の増加は、温暖な気候の影響だけでなく、人口増加を支えるためにクリの植林が行われていたためと推測される。クリ花粉の増加は、関東平野の赤山陣屋跡遺跡などでもみられ、各地域で定住的集落が発達していたようである。縄文時代中期後半の 4500 年前頃には、寒冷化とともにクリ属の減少とトチノキ属の増加による食生活の変化が各地域でみられ、三内丸山遺跡のような台地上に営まれた拠点集落は小規模な集落へと分散し、居住地は従来の山と海の境界地域から山地や海岸付近（低地）などへ進出する。寒冷期の海退に伴い居住地も変化しており、自然環境変動のもとで、より多様な環境への適応が図られたと考えられる。

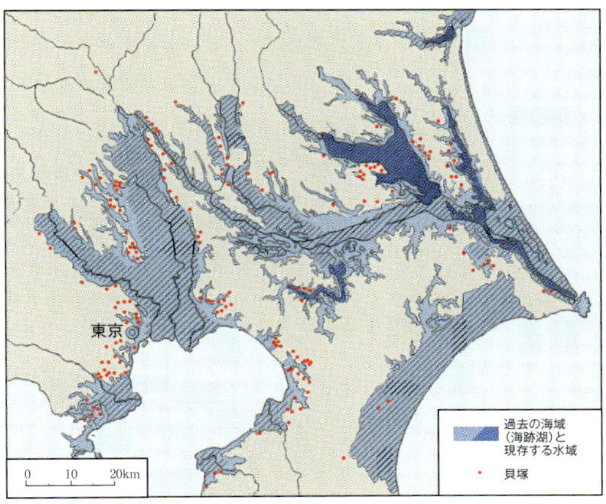
東京
過去の海域（海跡湖）と現存する水域
貝塚
0 10 20km
図 2　縄文時代前期の関東低地の旧海岸線図［東木 1926 を改変］

ヒプシサーマルという環境モデル

ヒプシサーマルの気温変化は、現在に比べ 2～3℃高かった。ヒプシサーマル以降温暖・湿潤な日本では、サハラほどの大きな自然環境変動はなく、人間の営みに極端な変化はなかった。加えて多様な自然環境を持つ日本では、自然環境変動に対して多くの選択肢があり、局地的な移動と選択による適応がスムーズに行われていた。一方、サハラなど多雨湖が分布するような中緯度高圧帯（亜熱帯高圧帯）では、降水量増加によりステップやサバンナが広がる湿潤環境が広がったり、黒海沿岸の乾燥化であったり、人びとは大きな自然環境変動のもとで生活形態の変化や移動を繰り返した。この時期に両者でみられる「移動」の契機は、紛争などの社会的要因よりも自然環境の変化や人口増加などに起因する食料確保の問題が一番大きかったようである。

ヒプシサーマルの温暖期には、温暖・湿潤な気候環境下で適応しやすい地域もあれば、急激かつドラスティックな自然環境変動に伴い生活様式が大きな影響を受ける地域もあった。IPCC（気候変動に関する政府間パネル）（2007）の報告書には、西暦 2100 年時の気温が現在より 4℃上昇するシナリオも報告されている。気温上昇によって起こりうる環境変化を将来予測するモデルとして、ヒプシサーマルの環境変動は最適なモデルの 1 つである。未来の環境を予測するために、過去の自然環境変動を分析・復元することはきわめて重要である。

【奈良間千之】

⇒C 過去の気候変化から学ぶ「地球温暖化」の意味 *p22*　D 生物間相互作用と共生 *p136*　D 沿岸域の生物多様性 *p144*　R 気候の変動と作物栽培 *p272*　H 新石器化 *p368*　H 花粉分析 *p400*　H 狩猟採集民と農耕民 *p412*　H 縄文と弥生 *p432*　E 干拓と国土形成 *p498*

〈文献〉Deevey, E. & R. Flint 1957. Petit-Maire, N. & J. Riser 1983. 東木龍七 1926.

新たな産業革命論

アジア生まれの新たな歴史の参照軸の誕生

産業革命の定義

「産業革命」の厳密な学術的定義はない。産業革命という用語はA. トインビーの遺稿集『18世紀英国産業革命史論』(1884年)が出版されて以来、人口に膾炙(かいしゃ)した。定冠詞をつけてthe Industrial Revolutionといえば、18世紀後半から19世紀前半にかけての英国産業革命のことをさす。広義には、農業社会から工業社会への人類史上の大転換をさすが、その意味内容は時代とともに大きく変わってきた。

封建制から資本主義への移行

産業革命の実態に迫ったのは1930年代から発達した経済史学である。当時の資本主義圏は貿易摩擦が深刻化し、大恐慌後の失業問題を抱えて体制的危機にあった。一方、失業のない社会主義のソ連が誕生して理想化されたマルクス主義が喧伝され、産業革命の研究もその影響を強く受けた。

K. マルクスの「唯物史観」の影響は絶大で、産業革命とは、人類社会が奴隷制―封建制－資本主義―社会主義(共産主義)と段階的に発展する「世界史の基本法則」における「封建制から資本主義への移行」の画期とみなされた。

『資本論』序文にある「先進国は後進国の未来像を示す」というテーゼは金科玉条となり、英国産業革命は先進モデルとして詳細に研究された。ドイツ、米国、日本などの国別の産業革命の研究も進んだが、つねに英国が念頭におかれていた。日本の場合、アジア最初の産業革命という先進性よりも、英国にはない日本的特殊性は封建遺制として「後進性」の烙印を押す学説が幅をきかせた。

テイクオフ

唯物史観に対する戦いは米国の国策ともなり、W.W. ロストウ『経済成長の諸段階』がその課題にこたえた。ロストウは「非共産党宣言」という副題を添えた同書で、社会主義圏は計画経済の方式、資本主義圏は市場経済の方式によるもので、方式は違うが工業化としては共通し、飛行機が飛び立つように、どの国も伝統的社会から「離陸(テイクオフ)」し、経済成長を軌道に乗せることができ、その後には豊かな成熟社会が待ちうけていると主張し、マルクス主義の発展段階論を否定し、多大な影響力をもった。

それ以後、英国を含む各国の産業革命論は、歴史研究の対象からはみだし、テイクオフ(工業化)への道筋の違いとされ、後発の開発途上国は、各国の歴史的条件に応じて、先進国の先端技術を活用できる「後進性の利点」があるというガーシェンクロンモデルがもてはやされた。テイクオフを政策的に志向する開発経済学が生まれ、成熟社会に向けた道のりにおいて、英国の経験はテイクオフの1つになり下がり、「開発独裁」も許容されるようになった。

エネルギー革命

20世紀末にソ連・東欧の社会主義圏が崩壊すると、産業革命観は根本的な変化をみせた。社会主義の崩壊は、唯物史観の破産と理解される一方、資本主義・社会主義の両方とも大量生産・大量消費・大量廃棄に問題があるという見方に変わった。1992年にリオデジャネイロで開催された国連環境開発会議(リオ・サミット)以後、とくに今世紀になると、産業革命とは化石燃料を大量に使い始めるエネルギー革命であるところに本質があり、CO_2(二酸化炭素)の排出による地球温暖化の出発点であり、地球環境問題の発生の始まりとして否定的評価の色合いを濃くしている。

なお、産業革命をエネルギー革命とみなす見解は英国ではJ. ネフやE. ジョーンズ、日本では角山榮が先駆的に出していたが、それらはユニークな視点の提供にとどまり、価値評価を伴うものではなかった。

このように過去一世紀の間に産業革命の意味内容は、先進事例としての英国産業革命、先進モデルと後発産業革命との比較、工業化(テイクオフ)理論、政策志向の開発論の参照事例、地球環境問題の原点というように変わってきた。大きくは、前世紀では先進国になるための道として肯定的見方が優勢であったが、今世紀になると地球環境問題の発生源として否定的になった。

英国産業革命とインド

ところで、英国産業革命については膨大な研究蓄積があるが、1800年前後の産業革命期の経済成長率が一貫して低いことが実証され、それを根拠に、意外にも、「英国には産業革命といわれる大変革はなかった」

というのが今日の英国経済史学界における主流の見解である。

とはいえ、いわゆる英国産業革命の前後に英国と関係をもった諸国・地域は激変を遂げた。米国・アフリカは大英帝国の自給圏に組み込まれて大西洋経済圏を形成し、産業革命期を通じて関係を持ち続けたインドは英国の植民地化への道をたどり、中国はアヘン戦争で英国に敗戦して近代化の道に入るなど、1800 年前後の英国産業革命を回転軸に、世界史が大転換を遂げたことは明白である。

英国産業革命は、人類史的には、政治、経済、文化、宗教、儀式等々の社会諸領域のなかで、商品や貨幣の数量的価値が中心になる経済が突出する「大転換」（K. ポラニー）であったともいえる。

数量的関心の高まりは数量経済史を生み、経済成長率の低さを根拠とした英国産業革命否定論が出る一方、各国の GDP（国内総生産）の推計も進み、英国産業革命のまっただなかの 1800 年頃までは、インド・中国が英国を含む欧米のどの国よりも経済力が高かった統計的事実も浮かび上がってきた。

英国産業革命は自生的で、インドとの関係では、「この窮乏は商業史上に例をみない。インド織物工の骨はインド平原を真っ白に染め上げている」というマルクス『資本論』における印象深い記述に影響されて、英国は産業革命の工業製品をインドに輸出し、インドを製品市場にして貧困に陥れ植民地にしたという通念が作られた。

ところが、産業革命前の 17～18 世紀の英国社会ではインド趣味が流行し、インドの文化的インパクトを受けていたことが社会史・女性史・生活史研究で知られるようになった。つまり産業革命前のインド文明の高さへ目が開かれ、また産業革命が終わるまで英国がインド製品を購入するために莫大な貿易赤字を抱えていたこともインド人経済史家 K.N. チャウドリなどによって明らかにされた。

それらの事実から、英国産業革命はインド文明の圧力を跳ね返す出来事であり、「後進英国」が「先進インド」にキャッチアップし、それが産業革命として成功した結果、インド・英国の先進―後進の関係が逆転したという見方が出ている。すなわち、英国産業革命は、自生的ではなく、インドからの外圧に対するレスポンスであったという理解である。

ポスト近代への 2 つの道

1800 年頃の中国もまた、英国にまさる経済力をもっていた。ただ中国との関連で注目されるのは、アジア最初の工業国家日本である。中国と経済関係が最も

写真 1　官営八幡製鉄所（現北九州市、推定 1914 年）［撮影者不明、北九州市八幡東区役所提供］

深かったのは日本だからである。日本の産業革命は英国の模倣という通念がある。それに対して、英国がインドの経済圧力を跳ね返したように、日本は中国の経済圧力を、「勤勉革命（industrious revolution）」（速水融の命名）で跳ね返したという説がある。

産業革命とは労働の生産性を高める資本集約・労働節約型の生産革命であり、勤勉革命とは土地の生産性を高める資本節約・労働集約型の生産革命である。この 2 つの対照的な生産革命によって、歴史とともに古い商業ではなく、生産（ものづくり）を基礎にすえた新しい経済社会が英国と日本に同時に出現したというのである。すなわち、ユーラシア大陸の中央部に隆盛したアジア文明の文物が東西に流れ、その文明的圧力を受けた島国の英国と日本はそれぞれ産業革命、勤勉革命によって経済的に自立し、ものづくり経済を下部構造とする近代文明を築き上げたというのである。

近代文明への道には、英国産業革命の道だけでなく、日本的な道もあった。産業革命は資源浪費型であり、勤勉革命は資源節約型であった。産業革命の技術は環境破壊型であるが、勤勉革命のそれは環境調和型であった。

このように違いはあるが、産業革命・勤勉革命はともにアジア文明から自立した近代文明の確立に導いた生産革命として比較文明史的には対等である。

こうして、産業革命は、経済史学だけでなく、比較文明学の関心にもなっている。

前世期まで英国産業革命は時代を読み解く参照軸（レファレンス）になってきたが、今世紀になってそれが地球環境問題の発生源として否定的評価にさらされている現代、日本の歴史的経験は新しい時代を開く参照軸になりうる可能性がある。【川勝平太】

⇒H 人口爆発 *p374*　H 人口転換 *p376*　E 経済体制の変革と環境 *p508*

〈文献〉マサイアス、P. 1988．小松芳喬 1991．ロストウ、W.W. 1974．川勝平太 1991．

人口爆発

人口波動と資源・環境問題

爆発的な人口増加

人口爆発は、第2次世界大戦後の爆発的な人口増加を指す言葉として1960年代以来用いられてきた。人類史上、世界人口は長いあいだ低い水準にあったとされる。国連の推計によると、西暦元年に3億人であった人口が5億人になるまで1500年もかかっている。ところが産業革命がはじまった18世紀から増加率が徐々に加速し、世界人口は1700年の7.9億人から1800年9.8億人、1900年16.5億人、2000年には60億人へと増加した。増加率が最も高かった1960年代には2%をこえたが、これは1世代の間に世界人口が2倍に増えることを意味する。1970年代になるとやや落ち着きを取戻して2%以下に低下し、90年代になると1.5%を下回るようになったとはいえ、いまだに1%をこえる水準で人口増加は続いている（図1）。

K.E. ボールディングはこの1960年代を中心とする爆発的な人口増加を、戦争、経済的離陸の失敗、エントロピーの増大（エネルギー資源、社会的活性の枯渇）とならぶ、文明社会から文明後社会への大転換を阻害する落とし穴の1つであると指摘した。人口のとめどない増加は経済成長の足を引っ張り、莫大な食料・エネルギー資源を消費し、さらに戦争の引き金になるおそれすらあるからだ。

環境負荷（I）にとって、人口（P）は、1人当たり消費（C：生活水準）とならぶ増大要因であり、技術効果（T）は環境負荷を減少させる。この関係は、I = P × C × T の式で示される。人口爆発は食料、エネルギーなどの資源枯渇を予想させた。緑の革命によって穀物供給は増加したものの、そのための開発は環境破壊の原因ともなった。開発は森林破壊を進めて生物多様性を脅かすとともに、開発原病と呼ばれるマラリア、眠り病、さらにHIV・エイズ（AIDS）などのような疾病を拡散させた。また灌漑の普及は地盤沈下や耕地の塩害を助長した。

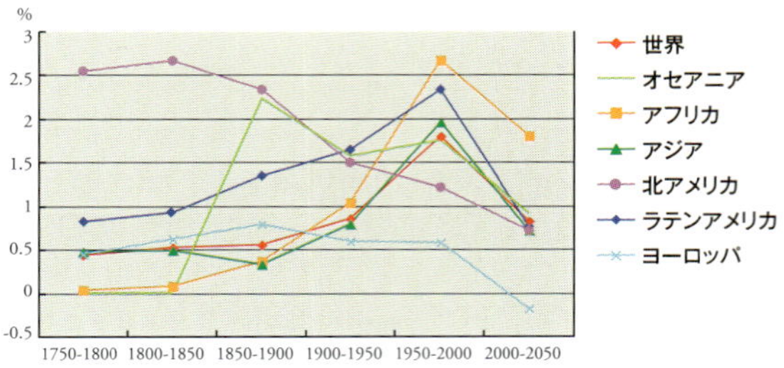
%
3
2.5
2
1.5
1
0.5
0
-0.5
1750-1800
1800-1850
1850-1900
1900-1950
1950-2000
2000-2050
世界
オセアニア
アフリカ
アジア
北アメリカ
ラテンアメリカ
ヨーロッパ
図1　地域別人口増加率［国連推計による（2004年および2008年推計）］

農村の過剰人口は、土地を持てない農民を生み出し、開発や環境破壊によって生活の場を失った者は村から村へ、農村から都市へ、貧困な国から豊かな国へと、大きな人口移動を引き起こした。国内では都市スラムの膨張、対外的には開発難民・環境難民を生み、生活環境の悪化をもたらすとともに、治安悪化、政治的不安定、内戦、国際紛争の原因にもなっている。

一方、環境の人口への影響、たとえば温暖化の健康への影響、生物多様性の減少による作物生産の脆弱化、汚染・有害物質の健康への影響は、女性や貧しい人びとに深刻な影響を与えると警告されている。

世界人口会議

爆発的な人口増加を背景に、1965年に初の世界人口会議がベオグラードで開催され、計画的な出生抑制の必要が説かれた。当時、人口増加はアフリカ、ラテンアメリカ、アジアで著しかったので、おのずから途上地域が抑制の対象となった。これに対して途上国は強く反発した。その結果、1974年の世界人口会議（ブカレスト）では「開発こそが最良の避妊薬」とされ、人口政策はより包括的な経済社会開発の一部として位置づけられることになった。このとき、日本では人口転換の最終局面にはいっており、合計特殊出生率は2前後まで低下していたが、一段と出生率の低下を推進しようという姿勢を明確にした。

途上国の中にも、経済発展のために人口抑制を重視する政策に転換する国がでてきた。1984年に開かれた国際人口会議（メキシコシティ）では、人口政策は資源、環境、開発の問題と同列に置かれ、統合的アプローチに基づく開発戦略が提唱された。80年代には、最も高い水準にあったアフリカの出生率も低下し始めた。1994年の国際人口・開発会議（カイロ）で発表された「カイロ宣言」では、女性の地位向上（エンパワーメント）、妊娠・出産にかかわる健康/権利（リプロダクティブ・ヘルス/ライツ）の概念が登場し、家族計画の重要性が女性の役割・地位との関連で認識されたものの、地球人口の安定化は強調されなくなった。

こうした動向の背景には、途上国にも経済成長の始動に成功した新興国が現れ、出生率の着実な低下が実現しはじめたことがある。

人口転換と人口爆発

人口爆発をめぐる南北対立は、温暖化ガスの排出抑制に関する国家間のかけひきに似ている。人口爆発は途上国だけの問題ではなかったからである。それは、先進諸国ですでに始まっていた人口転換が世界各地へ伝播していく過程で生じた必然的な現象であった。

先進諸国では近代経済成長がはじまると死亡率が低下し、多産少死の段階で人口成長がおきた。社会が豊かになるにしたがって出生率も低下し、少産少死の段階に移行した。日本では出生率は第2次大戦後のベビーブーム期を過ぎた1950年代に大きく低下し、石油危機直後の1974年以降、少子化の局面に移った。その結果、日本人口は2005年から減少局面に入った。1970年代には、欧米の先進国でも出生率があいついで人口置き換え水準を下回るようになった。欧州地域は2005～10年、先進地域全体でも2025年以降に人口は減少に転じると予測されている。

第2次世界大戦後、植民地から解放されて独立を果たした発展途上地域では近代化への意欲が高まった。近代的な医薬・医療技術が導入され、社会資本が整備されるようになると、死亡率低下が進んだ。しかし出生率はすぐには変化せず、高い水準にとどまったままであった。このため1960年代を中心として大きな人口増加となったのである。

しかし1970年代になると、発展途上地域でも出生率が低下しはじめた。中国の一人っ子政策に代表される出生抑制策、家族計画に対する先進国の援助、経済成長の開始、都市化、女性の就学率の向上と社会的な地位の上昇などが、その原因であった。経済成長が著しい東アジアでは2025年以後、人口は減少に転じると予測されている。変化が最も遅いアフリカでも今後の人口増加率は縮小する見通しである。

2050年の世界人口は、1994年には98億人に達するとされたが、途上地域の出生力低下を反映して2008年推計では91億人へと引き下げられた（国連中位推計）。人口爆発の時代に予測されたような悲観的水準ではないとはいえ、現在の世界人口の半分に匹敵する増加である。生活水準の上昇が期待されているから、環境への圧力は一段と大きくならざるをえない。

人口の波動的増加と文明転換

1950年から2000年にかけておきた世界人口の増加は、たしかに未曾有の爆発的な規模であった。しかし産業革命とともに始まった近代の人口成長はピークを過ぎ、21世紀になって収束しようとしている。

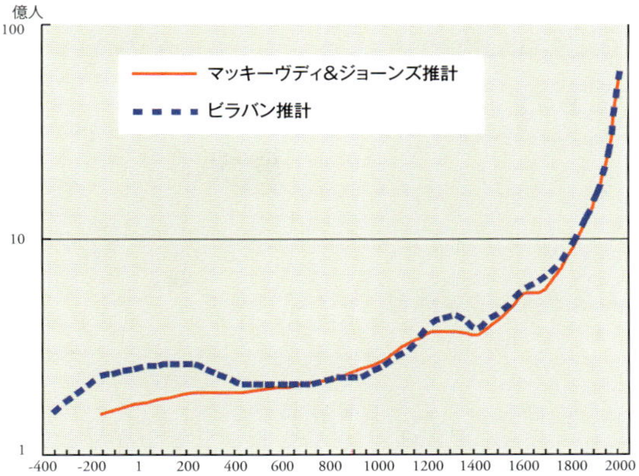
億人
100
10
1
マッキーヴディ&ジョーンズ推計
ビラバン推計
-400 -200 1 200 400 600 800 1000 1200 1400 1600 1800 2000

図2　世界人口の推移［McEvedy & Jones 1978, Biraben 1979 より作図］
＊推計のない年度については補間推計または国連推計を用いた

日本列島の人口は過去1万年にわたって成長と停滞を繰り返し、変化してきた。世界人口についても、国連統計からは産業革命以後の増加だけが目を引くが、いくつもの推計が示しているように、仔細にみるならば波動的に推移してきたのである。

C.M. チポラは、農業革命と産業革命という2つのエネルギー革命が、世界人口を大きく増大させたことを指摘した。J.N. ビラバンやC. マッキーヴディとD. ジョーンズも、農耕を基盤に高度な文明を築いたローマ帝国・漢帝国の成立と衰退に重なる人口循環、10世紀頃から加速し、黒死病の大流行に先立つ13世紀に頭打ちとなる中世の人口循環、そして産業革命以後の現代の人口循環を指摘している（図2）。

いずれの人口循環においても、技術発展と新資源の開発が進み、社会を支える文明システムが新しいものに変容していく過程で、人口支持力が高められて人口は増大したが、やがて人口支持力の上限に接近すると資源の制約、気候変動、疫病の影響を受けて人口が減退した。持続的な人口増加期は文明システムの転換の時代、人口減退の時代は文明システムの成熟期にあたっていた。人口爆発も21世紀の少子化も、人類の歴史的経験の例外ではないのである。環境史における21世紀とは、地球という閉じた空間の中で、人類文明が新たな生態学的均衡を実現させなければならなくなった時代なのである。

【鬼頭　宏】

⇒R食料自給とWTO *p282*　H新たな産業革命論 *p372*　H人口転換 *p376*　E環境難民 *p492*　E成長の限界 *p502*　Eエイズの流行 *p516*

〈文献〉Biraben, J.N. 1979. Boulding, K.E. 1964. Cipolla, C.M. 1962. 鬼頭宏 2000. McEvedy, C. & D. Jones 1978. 大塚柳太郎・鬼頭宏 1999. Wrigley, E.A. 1988. United Nations 2004, 2009.

人口転換

多産多死社会から少産少死社会への転換は必然なのか

人口転換とは何か

人口転換とは、19 世紀の欧州諸国でまず死亡率が低下し、それより遅れて出生率が低下したことによっておこった多産多死から少産少死への構造転換を指す。このことを初めて理論化した F. ノートスタインは、この現象が近代化に伴って一般的にみられ、死亡率の低下は、もともと死亡率が高かったところで急速におこり、低かったところでは緩やかにおこると主張した。ただし、この考え方を人口転換理論と名付けたのは、K. デービスであった。

死亡率の低下（出生力転換）は、主に衛生状態や栄養状態の改善と医療の進歩によっておこったもので、人類が目指してきた方向でもあり、不思議はない。問題はなぜ出生率が低下するのかという点にあった。当時の欧州は飢餓に苦しんでいたわけでもなく、人口密度が高すぎたわけでもなく、生態学でいう群集相と孤独相の相転移（高密度飼育されたバッタは移動能力が高いが繁殖能力は低い）のようなことも想定しづらい。

この問題についてデービスは、死亡率低下こそが出生率低下の原因であると考えた。つまり、昔はたくさん死ぬからたくさん産む必要があったが、子どもが死ななくなれば無理にたくさん産む必要はないという発想である。一方、ノートスタインは産業革命とともにおきた近代化がもたらしたさまざまな変化が出生率の低下をもたらしたと主張した。実は、現在でもこの違いを受けた 2 大学派の論争が続いている。

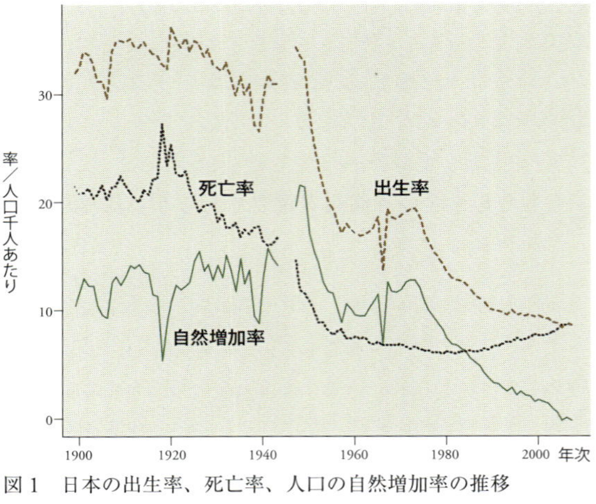

率／人口千人あたり
30
20
10
0
死亡率
出生率
自然増加率
1900
1920
1940
1960
1980
2000
年次

図 1　日本の出生率、死亡率、人口の自然増加率の推移

疾病構造転換理論

1970 年代から、死亡率低下と出生率低下を組み合わせ、人口動態の変化を説明する理論として、疾病構造転換が盛んに研究された。

この理論では、死亡率の低下プロセスを、①疫病と飢餓の時代、②世界的疫病後退の時代、③変性疾患（一般に、糖尿病や動脈硬化など、組織や器官が機能低下することでおこる疾患）ならびに外因性疾患の時代、の 3 段階に区分し、出生率の低下プロセスと組み合わせて世界各国の人口動態を、①古典的モデル（西欧）、②古典的モデルの加速型（日本、東欧）、③遅滞モデル（途上国一般）、④遅滞モデルの転換型（出生率低下を始めた途上国）に区分した。古典的モデルでは経済発展の結果として衛生状態や栄養状態が良くなって疾病が減り、その後に近代医薬の進歩がおこったのに対して、遅滞モデルでは先進国からの近代医薬の流入によって、経済発展より前に急速な死亡率低下がおこったという違いが強調された。1970 年代後半になると、先進国では変性疾患の死亡率も低下し始めたので、死亡率の低下プロセスは、⑤変性疾患停滞の時代と呼ばれる新たな局面に入った。ただし、変性疾患と感染症の死亡率低下も同時に始まったのに、誤分類のために遅れたように見えるだけという指摘もある。

プリンストン研究の成果

18 世紀、19 世紀の欧州各地の出生と結婚について、嫡出出生力指標（Ig）や結婚指標（Im）といった間接的出生力指標を考案した A.J. コールらの研究は、プリンストン研究としてよく知られている。これらの指標は、人類史上最大の自然出生力を示す集団として知られる北米プロテスタントの一派であるハテライトの出生力に対する比を使うことで人口構造の違いを吸収し、母の年齢別出生数が不明でも正しく出生力を評価できる特徴をもつ。

19 世紀末から 20 世紀初頭の欧州諸国では、Im がそれほど変わらないのに Ig が半分以下に減っていたことから、欧州の出生力転換は、晩婚化によってではなく、出産抑制という思想とその具体的方法が広まったために進行したと考えられた。

経済学・社会学分野での議論

人口転換について、経済学や社会学分野では、当初G.S. ベッカーらシカゴ学派の理論が主流であった。子どもをもとうとする嗜好は一定不変だが、産業革命による所得水準の上昇以上に養育コストが上昇したので、子どもの質を同等に保つために数に対する需要が減少したと考える。一方、R. イースタリンは、子どもの相対価格こそが不変と仮定し、所得が増えても子どもの数が減るのは親の物質的生活水準に対する願望が上昇するためと主張した。イースタリンは、需要供給理論も提唱した。前近代社会では多くの労働力が必要で、かつ乳幼児の死亡率が高かったために出産抑制は必要なかったが、近代化によって労働力需要が減り、供給潜在が増し、調整コスト（主に避妊のコストや心理的抵抗）が減り、供給超過状態となって出産抑制への動機が生じたとする理論である。近代化の初期には調整コストが大きいため抑制行動がおこりにくいが、近代化の進行とともに意図的な出産制限がおこり、現実の生存児数が需要と一致する点まで出生力が低下したのが出生力転換だと説明する。文化によって子どもをもつ嗜好が変わるという点では、女性の教育と地位向上によって意図的な避妊がなされ、出生率が低下したとするクレランドとウィルソンの説も有名である。

人口爆発への影響

人口転換過程では、出生率の低下よりも死亡率の低下が先行し、かつ出生率低下の影響はすぐには表れないので、そのギャップの間に激しい人口増加がおこる。途上国で遅滞モデルの人口転換がおこると、その過程で人口が急増する。とくにアフリカでは 1950 年から 3 世代にわたって 25 年ごとに人口が倍増し、21 世紀中に 100 億に達すると予想される地球規模の人口爆発の原因となる。ただし、最近の国連予測によれば、主に HIV・エイズ（AIDS）の影響で死亡率の低下が阻害され、地球人口は 92 億に留まるとされている。

出生力転換の進化的説明

進化の視点から出生力転換を説明するモデルが、少なくとも 3 つある。第 1 に、子どもにとって競争的環境になったために低出生が最適になったとするもので、シカゴ学派の理論に近い。受験戦争の影響が論じられている最近の東アジアの超低出生力については、このモデルがあてはまる。2 番目は、低出生という文化の拡散によるとするものである。市場経済では、子どもが少ない方が長時間労働や転勤に耐えられるので社会的地位の高い職で成功するのに有利であり、少子が真似されるというものである。3 番目は、出生率低下を環境の変化による不適応の現れとするものである。

第 2 の人口転換への介入としての少子化対策

1980 年代から、出生率の低下が続くことによって人口が縮小再生産の局面に至る、第 2 の人口転換が提唱され始めた。図 1 によれば、死亡率低下が止まっても出生率低下が続く第 2 の人口転換は、1980 年頃から始まっているようにみえる。

政府やマスコミのいう少子化対策は、「第 2 の人口転換」への人為的介入を目指している。OECD 諸国における女性労働力率と合計出生率（TFR）の相関が 1980 年代半ばに負から正に変わったとする研究報告と、一生を通じて女性の労働力率が高いフランスやスウェーデンで出生率が回復したことから、「少子化白書」は保育サービスの充実など就労支援を唱えているが、女性の労働市場参加を単独で要因扱いすることは誤解を生みやすい。国ごとに時系列でみると、女性労働力率の上昇と合計出生率の低下が見られる国が多く、同時にその比が国によって違っているために、全体をプールすると正の相関があるように見えるのである。

人口転換と地球環境問題

人口転換の進行過程における人口爆発は必然だったけれども、先進国での第 2 の人口転換とサハラ以南のアフリカでの HIV・エイズ（AIDS）の蔓延がその爆発にブレーキをかけたことも事実である。もしブレーキがかからなかったら、爆発した人口は地球規模でのエネルギーや水資源や食糧の枯渇と廃棄物の過剰蓄積をもたらし、地球環境に壊滅的な影響を与えていたかもしれない。一方、人口転換のプロセスが地域によって多様な段階にあることは、途上国の若年労働力が高齢化が進んだ先進国に流入するという、国際労働力移動の大きな原因の 1 つでもある。大塚は、地球規模の環境負荷を E、世界人口を P、国民所得を Y とおいた時の恒等式 $E = P \times (Y/P) \times (E/Y)$ から、(Y/P) が生活水準の高さを示し、(E/Y) が国民所得 1 単位を生産するときに排出される汚染物質量を示すと述べているが、国際労働力移動が (Y/P) の上昇とともに (E/Y) の低下ももたらすという側面も重要であろう。【中澤　港】

⇒D 病気の多様性 *p158*　H 新たな産業革命論 *p372*　H 人口爆発 *p374*　E 成長の限界 *p502*　E エイズの流行 *p516*

〈文献〉河野稠果 2007. Olshansky, S.J. & B. Ault 1986. Gage, T.B. 2005. Coale, A.J. & S.C. Watkins, eds. 1986. Cleland, J. & C. Wilson 1987. 大塚柳太郎・鬼頭宏 1999. United Nations 2006. Borgerhoff-Mulder , M. 1998. Van de Kaa, D.J. 1987. 毎日新聞社人口問題調査会編 1976. Engelhardt, H. & A. Prskawetz 2004. Matysiak, A. & D. Vignoli 2008.

イエローベルト

人工衛星から見える人間活動と環境の関係史

イエローベルトとは

人工衛星から送られてくる地表面の画像を見ると、アジアの中央部から北アフリカにかけて、ほぼ東西に細長く広がる鮮やかな黄色の帯があるのに気づく。これをイエローベルトと称する。イエローベルトの概念は衛星の賜物だが、その地域は20世紀初頭の気候学者W. P. ケッペンが定義した乾燥帯（B帯）によく一致する。いうまでもなく黄色は植生に乏しい砂漠などの土壌の色を反映したものと考えられる。

もう一度衛星画像を見てみよう。同じ黄色の帯が、イエローベルトほどは明瞭ではないが南半球にも同じ緯度帯に見られる。南北半球のこの緯度帯は亜熱帯高圧帯の影響を受け降雨量が少ないことによる。さらに内陸部では海洋由来の湿った空気が届かず乾燥化が亢進する。つまりイエローベルトの存在は一義的には自然現象であるといえる。

イエローベルトの周囲には緑の大地が広がる。ユーラシア大陸の東岸には、夏雨のモンスーン地帯（アジア・グリーンベルト）が広がり、また西岸には冬雨の地中海性気候や西岸海洋性気候帯（西のグリーンベルト）が広がっている。

写真2　タクラマカン砂漠の塩性土壌（2006年）［佐藤洋一郎撮影］

イエローベルトの生業

イエローベルトというと無人の環境が連想されるかもしれないが、実際はそうではない。砂漠の中心部などよほどの乾燥地でないかぎり人が住み、生活を営んでいる。イエローベルトの全域に共通してみられる生業体系は遊牧である。また、イエローベルト内に点在するオアシスでは農業が行われている。遊牧は、イエローベルトを含む草原で、ヒツジ、ヤギ、ウシ、ウマなど有蹄類の群れを管理する生業であるが、一方で遊牧は農耕と共存しながら成り立ってきた。他方、農耕民が土地に固着する性質を持つのに対して、遊牧民は

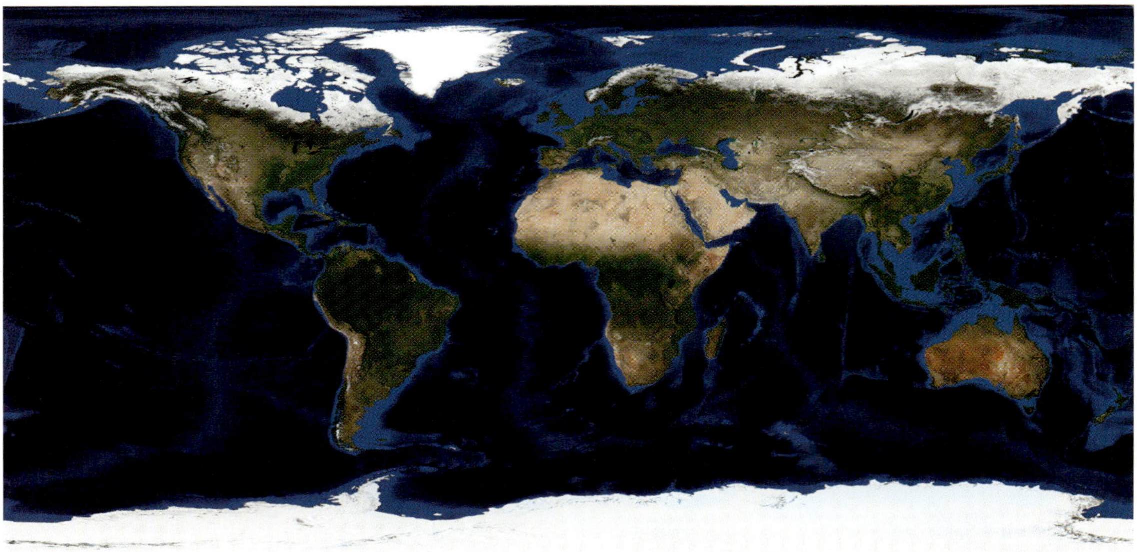

写真1　宇宙からみたイエローベルト地帯（2004年）［NASA提供］

そうではない。つまり、富に対する価値観がまったく異なっている。さらに、農耕民が土壌塩性化に苦しんできたのに対し、遊牧民は、交易の対象として、または家畜の必須栄養素として、塩に対する高い親和性をもっている。

乾燥化の人為的側面

フランスの植物生態学者A. オーブレビルが1949年に、サハラ砂漠の拡大は気候の乾燥化に伴うものではなく、人間活動に起因するものであると指摘したのを契機として、イエローベルト内部の各地で乾燥化が進行していることの認識、そしてその原因として気候変動よりも人間活動を重視する見解が強まってきている。とくに最も乾燥の度が強い砂漠気候（ケッペンのBw）では、過度の伐採、過放牧、過耕作などが砂漠化の原因としてあげられる。

ただし、イエローベルトにおける砂漠化は長い歴史の中で進行と後退を繰り返してきたことが、近年の研究によって判明してきている。たとえばタクラマカン砂漠では、植生が連続的に存在し、広範囲で生産活動が行われていた。墓地の遺跡である小河墓遺跡（BC1600～1200）からは、コムギや雑穀の農業と牧畜が行われていた証拠が得られている。砂漠化の初期には、全体に土地の生産力が減退していくのではなく、生産力の目立って低い土地がパッチ状に現れ、やがてそれがつながり広がっていくと考えられているが、その痕跡も復元できる。同じタクラマカン砂漠の東の端に位置する楼蘭王国（BC 200～100）でも、文献調査に基づく研究によって、人口増に伴う食料増産の必要から土地の荒廃と塩害が起こり、王国滅亡の要因となった可能性が指摘されている。農業生産のために過剰な灌漑を行うと、水中の微量の塩分が地表に集積する土壌塩性化がおきることがある。実際に、現在の楼蘭遺跡や小河墓遺跡の周辺では、土壌表面の塩の集積をはっきりと見ることができる。楼蘭王国の滅亡に、塩害が関連したかどうかについては異論もあるが、かつてオアシスの都として多くの人口を抱えていた楼蘭王国が農耕不適地と化したことは事実であり、王国の時代に農業活動による土地の荒廃が進行したことは確かであると思われる。

「洋の東西」をつないだイエローベルト

中緯度地帯はかつて古代文明が成立した地域である。それら古代文明は相互に影響を及ぼしあっていたというのが、今では多くの研究者の一致した見解である。そしてモノや情報の伝達者としてのおおきな役割を担っていたのが遊牧民であったこともおそらくは疑いのない事実である。イエローベルトの縁辺部はおそらくその意味で文明揺籃の地としての地の利を満たしていた。その後ウマを家畜化し、騎馬文化を形成したことで、遊牧民は全ユーラシアに活動を展開する。ユーラシアの東西両端に栄えた勢力を、遊牧民族がつないだのである。東西交易というとシルクロードが思い起こされるが、シルクロードは、「道」とは言っても具体的な道路を意味するのではない。むしろ抽象的な交易路程度に解釈すべきである。

写真3　共存する牧畜と農耕（インド、オリッサ州バリパダ付近、2003年）［D. フラー撮影］

イエローベルトの未来

イエローベルトの範囲は、砂漠化によって今も急速に広がり続けているものと思われる。これに対して、「砂漠化防止条約」が国際連合条約として1996年に発効されるなど、砂漠の拡大阻止に向けた国際的な対応策が模索されている。ただしイエローベルトは遊牧民の生活の場であり、短絡的にその存在を異端視することは多文化主義の立場からも、異文化との共存を図る文化多様性の立場からも問題である。イエローベルトにおける人間活動と環境の関係史を復元し、研究することは、多様な要因がいかに相互に関係しあい、土地の生産力の破綻を導くのかを実証的に解明することに他ならない。未来の調和的な人間―環境関係のあり方を見出すべく過去から学ぶ対象として、イエローベルトは最も重要なフィールドのひとつと言えよう。

【細谷　葵】

⇒C土壌塩性化と砂漠化 *p66*　Dアジア・グリーンベルト *p194*　H遊牧と乾燥化 *p442*　E黄砂 *p474*　E砂漠化の進行 *p480*　E風土 *p572*

〈文献〉赤木祥彦 1990, 2005.　吉川賢 1998.　吉川賢ほか編 2004.　佐藤洋一郎監修・鞍田崇編 2009.　佐藤洋一郎・渡邉紹裕 2009.　日本沙漠学会編 2009.　根本正之 2001.

高地文明

知られざる文明

高地文明とは

山岳地帯は世界の陸地の 1/4 とも 1/5 ともいわれるほど広い面積を占め、そこには人類の 1/10 が住んでいる。また、この地には標高 2000〜4000m にもおよぶ高地でありながら、多数の人口を擁し、しかも古くから高度な文明を発達させてきた地域が存在する。中米ではメキシコ、南米ではペルーからボリビアにかけての中央アンデス、アジアではネパールからチベットにかけての山岳地域、そしてアフリカではエチオピア高地である。そのため、これらの地域を世界の 4 大高地、そこで古い時代に生まれて発達した文明を高地文明と呼ぶ。

日本では一般に、古代文明といえば大河の流域で生まれたとされ、それらは大河文明として知られる。たしかに、これまで古代文明といえば、エジプト、メソポタミア、インダス、そして中国などの大河流域の肥沃な平地で大規模な灌漑治水事業の発達によっておこった 4 大文明だとされてきた。そのため、アメリカ大陸で栄えたメキシコ、マヤ、中央アンデスなどの新大陸文明は従来の古代史のなかではほとんど無視されるか、例外的な存在として扱われてきた。これらの地域には大河がなく、大河文明ではないからであろう。

しかし、環境に注目して世界を見れば、大河文明だけでなく高地文明にも目を向けるべきことは明らかである。高地文明の代表的なものがアンデス文明だ。アンデス文明でも乾燥した海岸地帯のオアシスや河川の水を利用して灌漑農耕を行ったことが知られているが、それがすべてではなく、標高 3000m 以上の高地での特色のある農牧活動を営み、文明を発達させてきた。これは、程度の差こそあるものの上記 4 地域に共通する特徴である。これこそが高地文明と呼ぶ所以（ゆえん）である。

熱帯高地

では、上記の 4 地域ではなぜ高地でも多数の人びとが暮らしているのであろうか。とりわけチベットやアンデスでは、富士山の頂上よりも高い標高 4000m 前後の高地で多数の人びとが暮らしているが、何がそのような高地での暮らしを可能にしているのであろうか。

その最大の要因は、4 大高地が緯度の上ではかなり低いところに位置していることである。つまり、熱帯ないしは亜熱帯に位置しているので、これらの地域では高地であっても気候が比較的温暖なのである。したがって、高地で多数の人びとが暮らしている地域はおおまかにいえば熱帯高地といえよう。もう 1 つ、地形の上での要因もある。一般に山岳地帯は起伏の多いことが特徴であるが、4 大高地には平坦な高原が広がっている。実際に、チベットもエチオピアの高地も、ふつうは高原と表現されている。また、アンデスでも人口の稠密な中央アンデスには日本の本州がすっぽり入るほど広大な高原が広がっている。さらに、メキシコからグアテマラにかけての中米高地も平坦なところが多い。

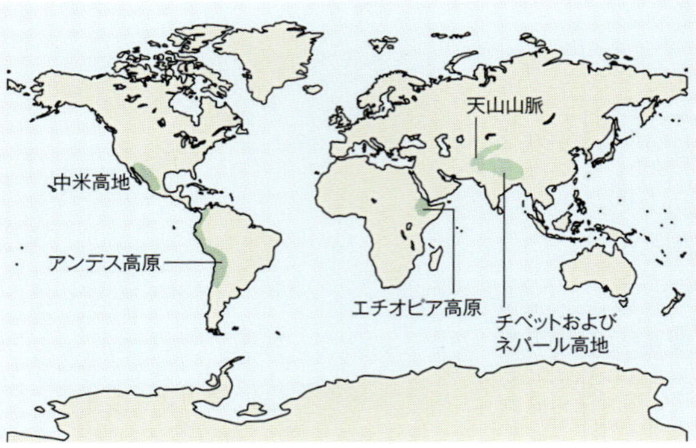
天山山脈
中米高地
アンデス高原
エチオピア高原
チベットおよび
ネパール高地

図 1　世界の 4 大高地。ここで高地文明が誕生した

熱帯高地には、人間が暮らす環境としても有利な点がある。すなわち、相対的に低い気温や薄い酸素のおかげで、熱帯高地は疫病をもたらす昆虫などが生存しにくく、また伝染病などのない健康地になっていることである。これは、熱帯低地では、人が住んでいてもマラリアなどのせいで人口密度が低いことと対照的である。

環境の改変

以上の特徴は、人間が高地で暮らすことを可能にしても、そこで多数の人間が長期にわたって定住するための条件としては十分ではない。高地は気温が低く、酸素が薄いだけでなく、土壌が貧弱で脆弱な環境なので、人間は暮らしにくいと考えられてきたからである。そのため、高地での暮らしには、持続的な環境利用の方法の開発が不可欠であり、この点でも 4 大高地は特色ある方法を開発してきた。その 1 つが、人間をとりまく環境を自分たちにとって都合よく改変することである。

環境改変の方法としては、水の乏しいところで灌漑、水の多いところで治水を行うほか、斜面を切り取り、平坦な耕地にして階段耕地を造るなどの技術が有名であるが、4大高地ではもう1つの大きな特色がある。それは、寒冷高地に適した作物や家畜の開発、すなわち動植物のドメスティケーションである。

ドメスティケーションとは、野生の動植物を長い年月をかけて人間にとって都合のよいように改変することであり、日本語では栽培化・家畜化と訳されている。そして、中米、アンデス、そしてエチオピアは世界でも稀に見るほど多種多様な動植物を栽培化・家畜化した地域として知られている。たとえば、アンデスはジャガイモの原産地として知られているが、このほかにもアンデス高地で栽培化され、そこに今も栽培が限定されている作物が少なくない。また、アンデス高地ではリャマやアルパカなどのラクダ科動物も家畜化されている。

チベットは、そこで栽培化されたものの種類こそ少ないが、寒冷な高地に適したソバの起源地である可能性を秘めている。また、今なおチベットで重要な役割を果たしているオオムギの起源地は中近東であるが、早い時期にチベットに受け入れられ、そこでチベット特有の品種であるチンコーが開発された。さらに、チベットでは寒冷な気候や薄い酸素でも飼育可能なヤクが家畜化されている。ヤクは、その毛が敷物や外套、テント地に利用できるほか、肉がしばしば干し肉として利用され、乳からはさまざまな乳製品もつくられる。そして、ヤクは荷物の運搬用としてもきわめて重要な役割を果たしてきたのである。

さらに、メキシコでは世界の4大作物の1つであるトウモロコシ、エチオピア高原ではバショウ科のエンセーテやイネ科のテフといった特色のある作物が栽培化され、ともに現在も重要な食料源になっている。

写真1 アンデス高地で紀元数世紀頃から約1000年にわたって栄えたティワナク遺跡。ペルーとボリビアの国境付近のティティカカ湖畔（標高約3800m）に位置する（2004年）

	中米	アンデス	チベット	エチオピア
標高（m）	約2300	3000～4000	3600	約2300
緯度	20度	10～20度	20度	0度
主なモニュメント	テオティワカン（数世紀頃）	ティワナク（数世紀頃）	ポタラ宮（7～8世紀頃）	アクスム（数世紀頃）
作物	トウモロコシ	ジャガイモ、キヌア	ムギ、ソバ	テフ、エンセーテ
家畜	シチメンチョウ	リャマ、アルパカ	ヤク	ウシ
宗教	山岳宗教	太陽信仰	チベット仏教	エチオピア正教

表1 4つの高地文明の比較

高地文明の比較

以上のような点を含めて4大高地における高地文明の主な特徴を示したものが表1である。これらの高地文明には、いくつもの類似点があるとともに違いも存在する。その違いの大きなものが、文明の規模や成立時期などである。この違いが何に起因するのか、たとえば標高の違いに起因するのか、緯度の違いによるのか、それとも他の要因によるのか、それらの疑問を明らかにすることが今後の課題である。また、4大高地ではそれぞれに特色のある宗教も発達しているが、これらの宗教の発達が社会の統合などに果たした役割も検討されなければならない。

高地文明とは、広く認知された概念ではなく、いまだ提唱されてまもない仮説である。このような仮説がこれまで提唱されなかった最大の要因は、欧米を中心とした文明史観の影響および環境と人間の関係を地球レベルで明らかにしようとする視点の欠如であろう。したがって、この高地文明の仮説を検証することは、高地における人間と環境との関係について理解を深めるとともに、地球環境学にも大きく資することと期待される。 【山本紀夫】

⇒D失われる作物多様性 *p180* H大航海時代と植物の伝播・移動 *p418* H日本列島にみる溜池と灌漑の歴史 *p422* H遊牧と乾燥化 *p442* H栽培植物と家畜 *p458*

〈文献〉Grady, B. 1992. Pawson, I.G. & C. Jest 1978. 山本紀夫 2006, 2008b. 山本紀夫編 2007.

景観形成史

文化的アプローチからの環境問題の理解に不可欠

景観とは

景観とは、人びとが生活を営み、環境とかかわりを持つ場所と、生活の中で育まれる人びとの意識と文化とを合わせた全体のことである。大切なのは、生活が営まれているからこそ景観があるという点である。

人を理解するために何が必要かを考えてみよう。私たちは、まずその人のさまざまな外見や言葉を受け止め、最後には、何気ない表情や仕草、言葉、匂いを手がかりに、その人の内面を理解しようとする。その人の人格は、外見と内面が合わさってはじめて立ち現れる全体的なものだからである。ここで、「人」を「地域」に置き換えてみよう。地域もまた、見た目の光景と地域社会の内面である文化や世界観、アイデンティティを合わせて、はじめて人格ならぬ「地格」を持つ。これが景観なのである。単なる光景が景観の一部にすぎないのは、人にとって、外見が人格のすべてではないのと同じである。

こうした景観の概念は、スカンジナビア諸国を中心とする北欧で、地理学と記号論が融合しながら20世紀後半に成立したものである。学問的には、景観の構造は、可視的側面（見た目の光景）と、精神的側面（価値観や世界観、アイデンティティ）があって、それぞれの側面が互いに影響し合って日々変化する生き物のようなものと説明されている。

近年、環境問題が注目されるにつれて、景観という考え方は脚光を浴びつつある。環境問題は、その土地で日常を営む人びとの生活の現場から立ち上がる問題である。したがって、環境問題の発生の原因や、将来進む方向を理解するには、その土地の社会や価値観、行動様式、世界像をも合わせて理解しなければならない。肌が荒れていると悩む人に、化粧品やサプリメントをあれこれ勧めるだけでは、根本的な解決にはならない。その人の生活リズムや内面の問題にまで理解を深めてこそ、本当の意味での解決に結びつくのではないだろうか。同じように、環境問題は、日常生活と無関係な数値目標や政策といった表面的なものだけでは解決しない。環境問題の解決を模索するとき、景観という考え方が必要とされるのはこのためである。その土地で人はどんな思いで生を営み、どんな形で生を刻み付けているのだろうか。この問いに答えるためには、今ある風景の形をただ見るだけでは充分ではない。その土地の今ある姿には、何世代にもわたって、そこに生きた人びとの思いと営みが埋め込まれているからである。今ある景観を理解するためには、その景観が成立するにいたった歴史、いわば景観形成史をも解き明かす必要がある。

景観のダイナミズム

景観は、歴史を通じて作られ、昔も、今も、そしてこれからも、ダイナミックに変動し続ける存在である。たとえば、景観は、可視的側面と精神的側面からなっていると述べたが、どちらの側面も、さまざまな構成要素から成り立っている。可視的側面なら工場や水田だろうし、精神的側面なら「真夏にはビールが飲みたい」という欲求や神道などの宗教、などといった具合に、である。これらの要素は、それぞれ歴史的な背景を持っている。ここの例でいえば、工場は比較的最近登場したけれども、水田は3000年前、はたまた真夏のビールという欲求は最近のものだろうが、神道ははるか以前にさかのぼる。そして、真夏の情景とビール、水田と神道が密接な関係を持っているように、それぞれの要素は、互いに深くかかわりあっている。歴史の中では、今に受け継がれた要素もあれば、捨て去られたものもあるだろう。

江戸時代まで広くみられた丁髷（ちょんまげ）の光景について考えてみよう。皆が丁髷をしている光景が姿を消したとき、江戸時代まで受け継がれた文化や封建的なさまざまな価値観が、ともに滅びていった。幕府が退場したとき、丁髷をまず廃止した明治政府は、見た目の変化とともに、心もまた変化することを見抜いていたのだ。もう1つの例を考えてみよう。かつて、奈良時代までは、桜よりも梅が日本の花の代表だったという。それが、いつのまにか、桜が代表の座を奪った。「花といえば梅」から、「花といえば桜」という、精神的側面に属する要素が変化したのである。江戸時代以降、桜の中でもとくにソメイヨシノが愛でられるようになったが、桜を花の代表とする文化は現代にまで受け継がれ、新しく公園が作られるたびに桜の木が植えられ、日本人のアイデンティティの重要な一角を、短く咲いて華やかに散っていく桜の花のイメージが占めるにいたった。

このように、異なる時代の異なる景観が、いわば層

写真 1　岐阜県・白川郷合掌造り集落とそれを見る人びと。山村生産物の交易活動によって作られた景観は、世界文化遺産として、保護の対象になっている（2007 年）

をなして重なりあった上に現代の景観が存在している。過去の景観を構成していた要素のあるものは受け継がれ、あるものは捨てられ、現代の景観に影響を及ぼしている。現代の景観を理解するためには、その歴史的な成立過程である景観形成史を理解しなければならない（図 1）。

景観のもう 1 つの特徴は、その構成要素が、時とともに変化するばかりではなく、持ち運ばれることもある点である。ここ 100 年ほどは、西欧の風景や米国の生活スタイルが憧れの対象となり、世界の他の場所に盛んに持ち込まれ、コピーが作られている。北海道は、もともとアイヌの人びとの暮らす大地だったが、和人たちが水田や神社の風景を持ち込んだ。そもそも水田という景観要素は、3000 年前に中国大陸から日本列島に持ち込まれたものである。今日では、他の土地の要素が多少とも持ち込まれていない場所を見つける方が難しいだろう。持ち込まれた要素は、外の世界とのかかわりの中でもたらされ、他の要素と干渉しあって、地域の景観に大きな影響を及ぼす。

景観は、凍りついた写真や絵のようなものではけっしてない。世界史のなかで、変化し続ける文化現象なのである。

景観保護に向けて

世界のどの地域であれ、現代社会は大きな景観変化に直面している。多くの地域で、近代化やますます進むグローバリゼーションなどによって、それまで培われ、維持されてきた景観があまりに急速に失われつつあり、景観保護が環境問題の中で重要な課題になりつつある。2000 年には EU の欧州評議会が欧州景観条約（フィレンツェ条約とも）を策定、2004 年から発効したのもこの一連の流れであり、日本でも、2005 年から施行された新しい文化財保護法のなかで、地域特有の生活に根ざした「重要文化的景観」が選定され、保護の対象となった。

景観保護というと、日本ではいまだに、単純に見た目に心地よい光景の復活や保護以上のものとして考えられることは少ない。ときには、観光業と同一視されたり、ノスタルジーのための道楽と決めつけられたりすることさえある。しかし、景観という考え方が生まれてきた欧州を考えてみよう。陸続きで他国や他民族に接し、絶えず他国の侵略によって自らの土地を蹂躙（じゅうりん）された経験のある人びとにとって、景観を守ることは、誇りを守り、文化を維持するための切実な問題だった。こうした経験に乏しい多くの日本人にとって、アイデンティティや文化の問題は、ともすると縁遠いものでしかなかったのかもしれない。しかし、景観保護は、はるかな時間を超えて受け継がれてきた文化を未来の世代へと守り伝える営みであり、自らを見つめ、異なる他の景観の存在の価値を認めることを通じて人類の文化多様化を守る行為である。また、地域の中で長く維持されてきた景観からは、将来にわたって維持可能な自然と人間との相互作用環のあり方、生物多様性の保全についてのさまざまな知恵が得られることだろう。長い歴史を通じて培われてきた多様な景観は、私たち人類が環境問題を乗り越えるために必要な文化資源なのである（写真 1）。　　【内山純蔵】

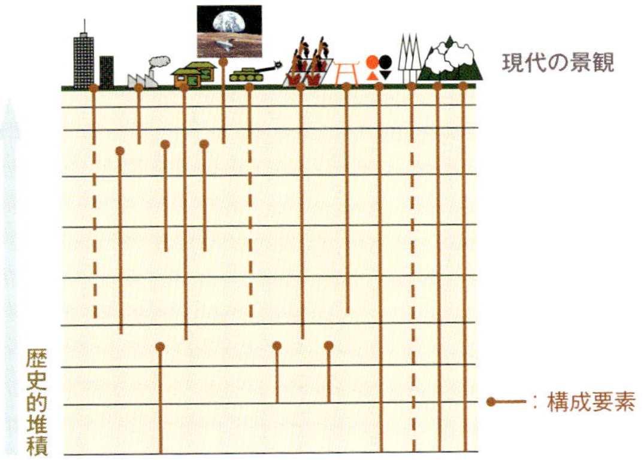
現代の景観
歴史的堆積
構成要素

図 1　景観の歴史性。現代の景観は、過去の多様な景観が堆積した結果である。歴史を通じて、さまざまな構成要素が取捨選択されて現代の景観を形作ってきた［Vervloet 1986］

⇒D文化的アイデンティティ *p154*　D都市の多様性 *p156*　D里山の危機 *p184*　D環境指標生物 *p220*　D世界遺産 *p236*　R聖域とゾーニング *p330*　H新石器化 *p368*　E風土 *p572*

〈文献〉秋道智彌編 2007b. Cosgrove, D. 1984. Keisteri, T. 1990. リンドストロム、K.・内山純蔵編 2009. Sooväli, H. 2004. Vervloet, J. 1986.

雪氷生物と環境変動

極限環境生物からみる地球環境システム

雪氷生物と氷河生態系

従来、無生物な環境であると考えられてきた雪や氷の世界に、意外にも多様な生物が生息していることが近年明らかになってきた。雪氷環境に適応した生物を雪氷生物という。氷点に近い温度で活動する雪氷生物は、極限環境生物として生物学的に非常に興味深い。しかしそれ以上に興味深いのは、雪氷生物が雪氷面積の変動に関与したり、古環境の指標として利用できるなど、環境変動の研究において重要な意味をもっていることである。まだ始まったばかりの雪氷生物の研究であるが、地球環境システムの理解にまったく新しい視点を与えてくれる。

雪氷生物とは、生活史のほとんどを氷河や雪渓などの雪氷上でおくる生物のことをいう。南極、北極のほか、山岳氷河、季節積雪、海氷表面など、ほぼ世界中の雪氷上で生息が確認されている。雪氷生物が低温環境で活動することができるのは、体内に特殊な生理機構をもっているためである。

たとえば、ヒマラヤの氷河にはヒョウガユスリカという昆虫がいる（写真 1）。この昆虫はユスリカの仲間であるが、成虫は羽が退化し歩くことしかできない。低温環境では羽を動かす筋肉が働かないために、羽が退化したと考えられている。ヒョウガユスリカは、生活史のすべてを氷河の氷の上でおくる、完全に氷河に特化した生物である。そのほかにも、世界各地の氷河には、カワゲラ、トビムシなどの昆虫類をはじめ、ミジンコ、コオリミミズ、クマムシ、ワムシなど、雪氷環境に特化した生物が多数存在する。

これらの動物のエサとなっているのは、雪氷藻（せっぴょうそう）である。雪氷藻類とは、光合成を行う微生物である藻類の仲間で、とくに雪氷上で繁殖するもののことをいう。世界各地から数十種が報告されており、そのほとんどが緑藻やシアノバクテリアの仲間である。雪氷藻類は、雪氷表面の融解がおこる春から夏に太陽の光で繁殖する。雪氷藻類の中には、赤い色素（アスタキサンチン）をもつ種が多く、これは雪氷上の強い紫外線から細胞内を守るためのものと考えられている。このような赤い藻類の積雪上での大繁殖は、雪が真っ赤に染まる赤雪現象として知られている。

さらに、これらの生物の遺体などの有機物を分解するバクテリアも雪氷上に生息している。氷点に近い環境で繁殖するバクテリアは好冷菌と呼ばれ、DNA の分析から世界各地の氷河から数十種報告されている。

このように氷河や雪渓の上には、低温環境に適応した特殊な生物で構成される生物群集が存在し、雪氷上で食物連鎖が成り立っている。これらの生物群集を含む氷河は、比較的単純で独立した生態系とみなすことができる。近年地球温暖化による氷河の縮小、大気汚染の影響による雪氷の酸性化など、氷河上の環境も著しく変化している。このような変化が氷河生態系に与える影響は、単に生態学的な意味だけでなく、下記に述べるような氷河融解に与える影響を評価する意味でも重要である。

雪氷微生物のアルベド低下効果

雪や氷は物理的性質として高い光の反射率（*アルベド）をもっている。雪氷微生物が雪氷表面で大量に繁殖すると、赤や黒など目に見えるほどに色が変わり、表面反射率は低下する。雪氷面の反射率が下がると、それだけ太陽光の吸収が増加し、雪氷が解けることになる。つまり氷河上の雪氷生物の繁殖には、氷河の融解を促進する効果がある。

雪氷生物による融解の促進がとくに顕著なのは、ヒ

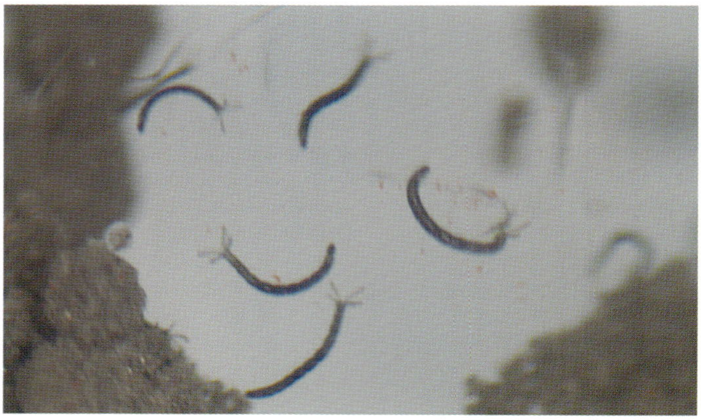

写真 1　ヒマラヤの氷河の氷の上を動き回るヒョウガユスリカの幼虫。大きさは約 1cm。赤い小さな点はヒョウガソコミジンコ（ネパール、ナラ氷河、2008 年）

マラヤやチベットなどのアジアの氷河である。アジアの氷河の表面は、黒や茶色い汚れに覆われていることが多い（写真 2）。一見、砂漠の砂や土壌粒子が積もったかのようにみえるが、実はこの汚れはクリオコナイトと呼ばれる微生物によって形成されたものである。クリオコナイトは、直径 1mm ほどの粒が集まったもので、その粒はシアノバクテリアという糸状の光合成微生物が形成する微生物と有機物、鉱物粒子の複合体である。ヒマラヤの氷河では、このクリオコナイトに氷河表面が覆われることによって融解が約 3 倍も速められていることがわかっている。

写真 2　雪氷微生物に由来する有機物で覆われた天山山脈の氷河とその有機物クリオコナイト（左下）。アルベド（反射率）が低くなることにより融解が加速される（中国、新疆ウイグル自治区ウルムチ No.1 氷河、2006 年）

アジアの氷河はなぜ生物が多く反射率が下がるのか、氷河上の生物の繁殖の条件は何なのか。これらの答えはまだはっきりわかっていない。しかしながら、近年世界各地で報告される氷河の縮小には、単に気候の温暖化だけではなく、このような生物学的要因がかかわっている可能性がある。

アイスコア中の雪氷微生物

氷河の融解に影響を与える雪氷生物は、現在増えてきているのか減っているのか、将来はどうなるのか、また過去はどのように変動してきたのか。過去の雪氷微生物の変動は、アイスコアとよばれる氷河から掘り出した氷の分析によって知ることができる。

気温が十分に低い氷河の上流域（涵養域）では、毎年表面に降り積もる新しい雪が年層を形成する。この氷河の内部に保存されている「年輪」を、特殊なドリルをつかって掘り出した円柱状の氷をアイスコア（雪氷コア）という。氷河の数百～数千 m の深さから掘り出したアイスコアは、その氷のさまざまな物理・化学分析によって、過去の気温や降水量などの気候変動の復元に利用されている。

アイスコアに見られる年層には、その年の表面で繁殖した雪氷微生物も冷凍保存されている。この雪氷微生物の種類や種の構成、バイオマスから、雪氷微生物の年変動を知ることができる。中国の氷河のアイスコアの分析からは、繁殖する雪氷生物の種類や量が年によって大きく変動したことが明らかになっている。

このような各年層に含まれる雪氷生物の種や量は、その年の生息環境を反映しているはずである。したがって雪氷微生物と環境条件との関係が明らかになれば、アイスコア中の雪氷微生物は古環境の指標として利用することもできる。物理・化学的な分析からはわからない新しい環境情報のプロキシーとして期待される。

生物と地球環境の相互作用とガイア仮説

反射率が高いという雪や氷の性質は、惑星としての地球全体のエネルギー収支に重要な意味をもっている。地表面を覆う氷河や海氷は、太陽光を宇宙空間へ反射することによって、地球を冷やす役割があるのである。したがって、地球上の雪氷面積の変動は、気候システムに大きな影響を与える。その雪氷面積の変動に雪氷生物がかかわっているとすれば、その生物活動も地球の気候システムに大きな影響力があることになる。

地球上の生物は、単に環境に影響を与えているだけでなく、自ら環境を制御して地球を自分たちの住みよい環境に維持している、という考えがある。これは英国の科学者、J.E. ラヴロックによって提唱されたガイア仮説である。果たして微生物のような小さな生物が本当に地球の気候を制御することができるのだろうか。ガイア仮説については現在も賛否両論、議論が続いている。雪氷生物の活動がこのガイア仮説を支持するかどうかはまだわからない。しかし、雪氷という人の常識の外側で生きる生物の存在は、地球環境にはまだまだ人知の及ばない複雑な仕組みが隠されていることをわれわれに教えてくれる。【竹内　望】

⇒C過去の気候変化から学ぶ「地球温暖化」の意味 *p22*　C氷河の変動と地域社会への影響 *p56*　Hプロキシー・データ *p386*
〈文献〉中尾正義編 2007.

プロキシー・データ

文献史学を補完する自然科学のデータ

プロキシー・データの重要性

地球温暖化予測はじめ未来の予測には過去を正確に知ることが必須である。過去のできごとの研究は、残された文書の記述によるのが普通であるが、文書が残された時代や地域はむしろ限られている。また、文書があったとしても、その記述の正当性、客観性はどう担保することができるだろうか。そこで自然科学者の中には、過去に堆積した土壌や氷河や極地の氷の層などに残された生物の遺存体や化学物質を解析することで過去の環境をある程度復元しようとするものが現れた。さまざまな自然科学の方法で得られたデータをプロキシー・データと総称する。「プロキシー」とは「文書の代替」という意味である。

歴史の文書の有効性と限界性

文書に残された記述が過去を知る上で限界があるとはどういうことだろうか。過去に書かれた公文書、日記や、時には落書きなどをも含めたいわゆる「史料」には、その当時の環境に関する記載も多く含まれている。史料の分析は過去の環境の研究にはたしかに有力ではあるが、文書には、書いた人（あるいは書かせた人）の政治的社会的立場などが反映されたり、書かれたことがらが意識的無意識的に選択されたりして内容の客観性が疑われるケースが多い。また今に残された文書が、当時の文書全体を代表しているという保証もない。さらにそもそも、文字のない文化、社会や時代のできごとの解明にはこの方法は無力である。

文書のない時代のものやできごとの復元には考古学の方法が大きな役割を果たしてきた。考古学は、遺跡から出土する遺物を実証的に研究する学問である。その対象は土器や石器などの道具類、各種の建造物、動植物遺存体、食物の残渣など多岐におよんでいる。しかし日本では考古学の研究室が文学部に置かれているケースが多いこともあって、考古学＝歴史学の一分野という認識が強く残っている。

プロキシー・データの種類と活用

地層中にはさまざまな生物の遺存体（遺物）が残存する。その典型的なものは化石であるが、他にも新石器時代以降のヒトや動物の骨、植物の組織や種子などが残存する。顕微鏡が発明されてからは、研究対象は細胞レベルから、さらに最近では分子のレベルにまで広がろうとしている。

生物遺存体のプロキシー・データ

生物遺存体の分析で得られるプロキシー・データには、イネ科植物などのプラントオパール、顕花植物の花粉、ケイ藻の殻、寄生虫の卵、動物の糞の化石である糞石、でんぷん粒子、プロテインボディなどじつに多様である。これらは光学顕微鏡や走査型電子顕微鏡などを用いた形態の分析によって当該種を判定する手法がとられる。また最近では、遺存体にわずかに残されたDNA（デオキシリボ核酸）を分析するDNA考古学の方法もある。

プラントオパール（phytolith）はイネ科植物など特定の植物の葉などの細胞に沈着したケイ酸の塊（ケイ酸体という）が土壌中から発掘されたもので、イネ科植物などの属や種の判別に使われてきた。最近では日本や中国における古代の水田の検出にも威力を発揮している。地層中から検出される花粉もまた、過去における植生の復元に利用されてきた。花粉は顕花植物のほとんどにあり、かつその殻は化学的にきわめて安定で土壌中に長く残存する。花粉分析のデータはその時代の植生の復元に使われ、それを元に古気候の復元などに応用されている。ケイ藻は、ケイ酸の殻をまとった藻類で、地層中にはその殻だけが残存する。その形態や大きさが属、種によって異なることを利用して過去に生存したケイ藻の種類を明らかにすることができる。ケイ藻は種類により富栄養な水を好んだり塩水を

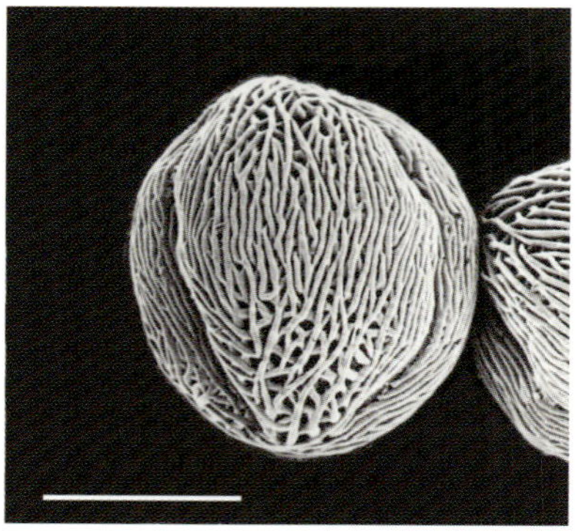

写真1　ウルシ科植物の花粉。現生の花粉の走査電子顕微鏡の写真。スケールの長さは10μm［北川淳子提供］

好んだりするのでケイ藻の種類を知ることで、その当時その場所の水質、とくに塩分が推定できる。寄生虫卵から寄生虫の種類を推定し、それによって集落の人口密度の推定などに用いようという試みもある。糞石は、糞中に含まれる食物残渣から当時のヒトや動物の食性の推定に使われる。プロテインボディやでんぷん粒は、それぞれの形態によっておもに穀類の種類などを推定するのに開発された方法である。

アルプスの氷河中から発見された約 5000 年前になくなった男性（アイスマン）の DNA 分析に端を発するいわゆる DNA 考古学は最近急速な発展を遂げ、今では人骨のほか、さまざまな動植物遺存体への適用例が報告されている。

安定同位体の分析

時間がたっても崩壊しない安定同位体も有効なプロキシーのひとつである。安定同位体は地球上に一定の比率で存在するが分布は均一ではない。植物がある元素を吸収（摂取）する際、種によって特定の同位体を他種より多く吸収する傾向がある。たとえば、C3 植物（イネなど）と C4 植物（ヒエなど）とでは吸収する炭素の安定同位体比（$^{13}C/^{12}C$）が異なり、またそれを食べた動物の体内の炭素の安定同位体比が変化する。また窒素の安定同位体比（$^{15}N/^{14}N$）も、食物連鎖による濃縮により動物種でその値が変化する。炭素と窒素安定同位体比の分析から、当時の人びとや家畜が何を食べていたかなどを推定できる。ストロンチウムの安定同位体である ^{86}Sr と ^{87}Sr の比率により出土した作物などの産地や交易の範囲などを明らかにすることも可能である。氷の堆積から得られる酸素の安定同位体比 $^{18}O/^{16}O$ は気候変動の研究に盛んに使われてきた。なお氷河の表面には微生物が生息することが知られるが、その歴史を明らかにして環境変動の研究に応用する「雪氷生物学」の試みもある。

写真 2　出土したイネの種子（弥生時代）。黒変しており炭化米と呼ばれる

写真 3　洪水を示す砂の堆積（大阪府、池島福万寺遺跡、2007 年）

年代の推定

歴史研究にかかせないのが研究対象物の時代の特定である。時代の明らかな文書などを別とすれば、多くのプロキシー・データには、その年代を示す属性に乏しい。そこで炭素の放射性同位体（^{14}C）を利用したいわゆる炭素年代法が登場した。他にも巨樹の年輪のパターンを用いた年輪年代法や、季節的な堆積が長期にわたり安定的に続いた湖底堆積物の年縞の解析などが知られる。

プロキシー・データの信頼度を高めるために

プロキシー・データの活用により、従来の文献史学では明らかにできなかった過去のできごとを、高い信頼度で描き出すことが可能になりつつある。しかしプロキシー・データをさらに有効に使うにはまだ解決すべき点がある。

それは、プロキシー・データの信頼度が、現存する種や品種の解析の進みぐあいに依存する点である。DNA を例にとると、遺物の特定の遺伝子の配列が明らかにできても、それに合致する配列が現存の生物の中に見出されなければ、遺物の種や品種の特定には至らない。プロキシー・データの精度を高めるには他にもまだ多くの問題点や課題が残されている。また今後は、複数のプロキシー・データの組み合わせによる、さらに高精細の分析が待ち望まれる。【佐藤洋一郎】

⇒H年代測定 *p390*　H年輪年代法 *p394*　H年縞 *p396*　H花粉分析 *p400*　HDNA 考古学 *p404*

〈文献〉ダイアモンド、J. 2005.　藤則雄 1987.　藤原宏志 1998.　佐藤洋一郎・石川隆二 2004.

ボーリングコア

古環境へのタイムカプセル

環境復元の有力な手がかり

地球の誕生からの歴史をひもとくまでもなく、人類の時代として定義される第四紀をとってみても、地球の気候は大きく変動している。そして人間の生活は強くその変動の影響を受けてきた。人類の歴史そのものが気候変動に対する適応の歴史であると言えるかもしれない。近年、気候の変動、地球温暖化が人類にとって大きな課題と認識されるようになり、今後の気候の予測を行う上でも過去の気候変動を明らかにすることは重要な課題であろう。とくに気候の変化に対し、どのように人間が適応したのかを知ることは、未来のあるべき姿を考える上で欠かすことはできない。

過去の気候変動を知ろうとするとき、現在のように温度計や雨量計を使って観測が行われた期間は、古くから観測がはじまったところでもたかだか200年に満たない。このため過去の気候変動を復元するために、海底や湖底の堆積物、氷河や氷床の氷、あるいは樹木の年輪などに過去の時代の物質が保存されている試料を用いた自然科学的な手法が主として使われるほか、考古学的な遺跡の発掘資料、古文書なども用いられる。

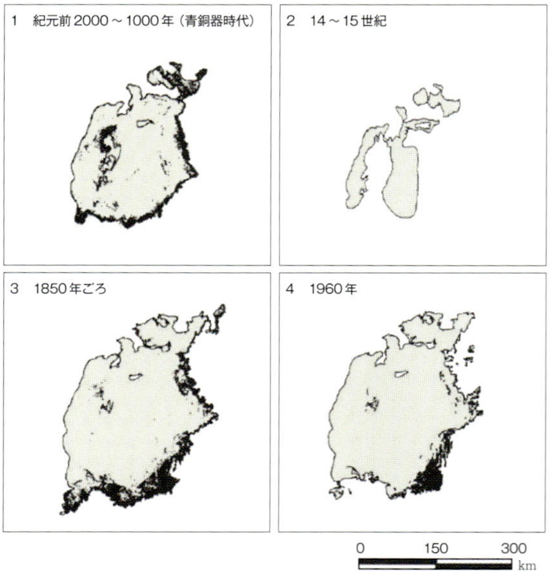
1　紀元前2000～1000年（青銅器時代）
2　14～15世紀
3　1850年ごろ
4　1960年
0
150
300
km

図1　過去のアラル海の湖水面積の変遷［Boroffka *et al.* 2006］

湖底堆積物

海の底や湖の底に堆積している物質は、基本的には新しいものから古い時代のものへと順番に積み重なっている。このため、各層を構成する土粒子や化学成分、珪藻、花粉をはじめとする動植物の遺体、さらにはそれらに含まれる酸素や水素の同位体比などから過去の環境を復元することができる。年代決定には動植物遺体などの炭素を用いて推定する。こうした堆積物などを、ドリルなどを使って円柱状の試料として取り出したものを、ボーリングコアとよぶ。

湖によっては、季節的な堆積速度の変化や物質の違いによって、年ごとにきれいな縞が残っている場合もある。絶対年代の決定に噴火年代が特定されている火山噴火によるテフラ（火山灰層）の援用が必要であったりするが、年単位という高い解像度で年代決定ができる可能性がある。安田喜憲はこうした年層を「年縞」とよび、福井県、三方五湖の1つ水月湖でのボーリングコアの解析から、年代決定法として年縞が有効であることを示し、各層に含まれる花粉や珪藻などの変化と、文献に基づく歴史学や考古学研究と組み合わせることで、文明と気候変動の関連を論じた。

アイスコア

氷河では毎年数十cmから場所によっては数mの降雪が降り積もる。涵養域とよばれる氷河上部の場所では融解はほとんどおきず、氷河の表面から順番に深い方へと降雪が積み重なっている。特別なドリルを使って円柱状の試料を採取すると、時代ごとの雪を取り出すことができる。こうした試料を雪氷コア、またはアイスコアと呼んでいる。降雪を構成する水分子の酸素・水素の安定同位体比は、降雪が大気中で凝結するときの気温を反映した値を取るため、各時代の気温の

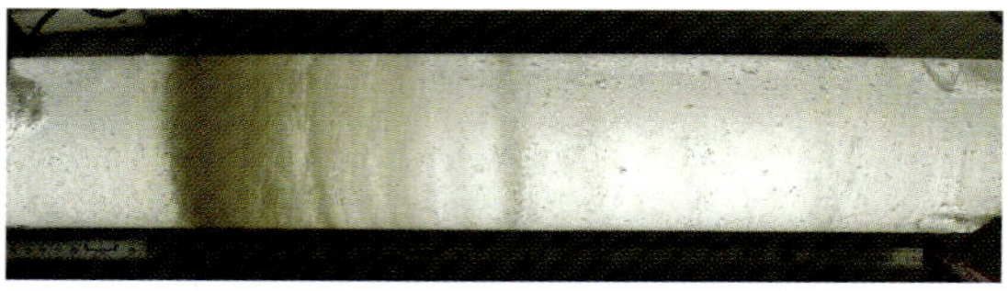

写真1　キルギスタン、テンシャン山脈でボーリングされて得られた長さ86.5mのアイスコア。約1万5000年の過去が記憶されている（2007年）［竹内望撮影］

復元が可能となる。とくに、南極やグリーンランドでは、降雪中の同位体比と年平均気温の間に強い相関関係があり、気温復元の精度が高い。一方、ヒマラヤなどの低緯度の山岳氷河は、これに比べると気温との相関が弱い。

また、氷の中に閉じ込められた大気から CO_2（二酸化炭素）など大気成分の変動も明らかにでき、同様に氷に含まれる花粉やダストなどから周囲の植生や地表面の状態などを復元することができる。さらに、アイスコアの年ごとの層厚から算出される涵養量は、過去の降水量の変化を直接復元できる、唯一といってもよい指標である。

13～15 世紀におきたアラル海の縮小

湖としては世界で第 4 番目の面積のあったアラル海は、1960 年代以降上流で行われた農業開発によって流入する河川の水量が減少し、2007 年には湖水面積が 1960 年と比べて約 10% まで激減した。その結果、アラル海での漁業は衰退し、露出した湖底面から巻き上がるダストによる健康被害を生むなど、20 世紀最大の環境の悲劇となった。

皮肉なことに、湖水が干上がった結果、湖底に沈んでいた過去の集落の遺跡が発見され、アラル海の過去の環境変動を解明するきっかけとなった。

ドイツをはじめとする欧州と中央アジアの研究者による考古学と地質学を中心とした学際的な研究プロジェクト CLIMAN は、湖底堆積物のボーリングコアの解析、遺跡調査、湖岸地形の詳細な調査などを行って、過去 2000 年程度のアラル海の環境変化の詳細を明らかにした。CLIMAN グループの解析は多岐にわたるが、ボーリングコアに含まれる塩分濃度の変化や珪藻の種組成などから相対的な水位の連続的な変化を明らかにし、さらには地形や遺跡の調査からいくつかの時期について絶対的な湖水面の標高を求め、湖水面積の変化を明らかにした。

その結果、過去 2000 年をとってみてもアラル海の面積は大きく変動しており、13～15 世紀にかけて、ほぼ現在と同程度まで縮小したことが明らかになった。その原因として、アラル海への流入河川であるアムダリア川、シルダリア川のうち、アムダリア川がこの時期流れを変えてカスピ海へと流れ込んでいたことによるとする説、気候の変化によって降水量が少なくなり、その結果流入河川の水量が減少したとする考え方などが挙げられている。とくに前者については、古文書に記録された 1221 年のチンギスハンによる侵略戦争の際にダムが破壊されたことが、カスピ海へと流路が変わる主な原因であったとする人為説をとる研究者も多いが、現時点ではなぜ流路がアラル海へ戻ったかなど、不明な点も多い。

中央アジアの気候変動とアラル海

中央アジアの湖沼では、キルギスにあるイシククル湖における湖底堆積物のコア解析でも、やや時期は異なるが、13 世紀に水位の低下があったことが指摘されている。また、バルハシ湖の湖底堆積物の結果からも、バルハシ湖がアラル海とほぼ同時期に水位が低下していた可能性が指摘されている。

さて、こうした湖底堆積物に記録された湖水位の変化は、年輪やアイスコアなどから復元される気温や降水量によってどの程度説明できるのだろうか。エスパーほかの年輪による気温の復元結果や、トンプソンのアイスコアによる涵養量の推定結果などから、中央ユーラシアの過去 2000 年の気候復元をとりまとめたヤンの研究によれば、湿潤期は紀元 0～410 年、650～890 年、1500～1820 年であり、乾燥した時期は 420～660 年と 900～1510 年頃であった。また、気温については、欧州と同様に中世温暖期（9～12 世紀）と寒冷な小氷期（15～18 世紀）が存在し、中世温暖期の 10 世紀以降は乾燥化が顕著に表れ、小氷期はむしろ湿潤であったと指摘している。これらの結果を総合的に解釈すると、10 世紀以降の乾燥化が進み、温暖期からむしろ寒冷期へと移行してゆく時期に、気候変動に加え、人為的な要因も含んだ複合的な原因によりアラル海の水位低下が起きたようである。ただし、この時期の湖水面の低下は、10 世紀以降ゆるやかに進行したようである。一方、わずか 50 年間で進行した現代の湖水低下に対する人為の影響の大きさが際立っている。【窪田順平】

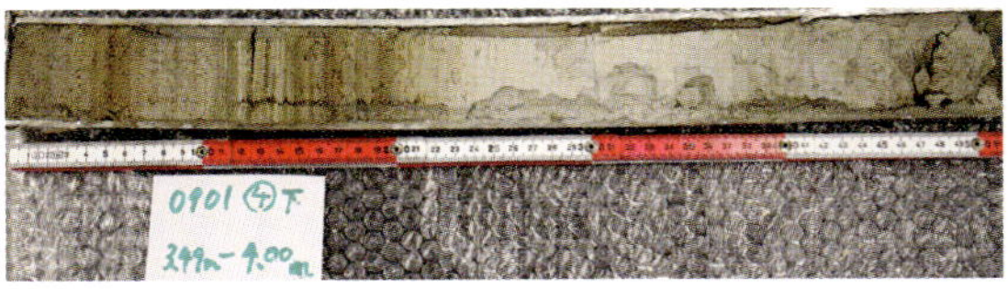
0901 ④下
3.49m－4.00m
写真 2 カザフスタンのバルハシ湖より採取されたボーリングコア。きれいに年縞が入っている部分がみられる（2010 年）［須貝俊彦撮影］

⇒C 過去の気候変化から学ぶ「地球温暖化」の意味 *p22* H 年輪年代法 *p394* H 年縞 *p396* H テフロクロノロジー *p398* H アラル海環境問題 *p446*

〈文献〉遠藤邦彦ほか 2009．福澤仁之ほか 1996．Boroffka, N., *et al.* 2006, 2010．Esper, J., *et al.* 2002．Giralt, S., *et al.* 2002．Thompson, L.G., *et al.* 1995．Yang B., *et al.* 2009.

年代測定

環境史の解明をめざす炭素年代測定

^{14}C 年代測定法とその特徴

宇宙線の作用により地球大気中で生成される放射性炭素（^{14}C）は酸化されて $^{14}CO_2$ になり、安定な炭素から成る $^{12}CO_2$、$^{13}CO_2$ とよく混合する。大気中の CO_2 は光合成により植物に固定され、これを動物が食べる。食物連鎖を介して、^{14}C は安定炭素 ^{12}C、^{13}C に対して一定の割合で、生物の体内に存在する。生物が死亡すると、生物体内の ^{14}C は新たに供給されることなく、5730 年の半減期に従って放射性崩壊により減少する。この減少の割合から、生物の死後の経過年数が算出される。炭素は生物を構成する主要元素であり、^{14}C 年代測定法はさまざまな生物試料に適用できる。

^{14}C 年代測定は 1940 年代末に開発されてから約 60 年間の歴史を持ち、考古学、文化財科学、地質学など広範囲の分野で利用されている。^{14}C 測定法は 2 つある。1 つは、^{14}C が崩壊する際に放出されるベータ線を検出し、^{14}C の崩壊率の測定から ^{14}C の存在量を知る方法（放射能測定法）である。2 つ目は，加速器質量分析（AMS：Accelerator Mass Spectrometry）法と称され、加速器技術を基礎にして、イオン源、タンデム加速器、質量分析計、重イオン検出器を組み合わせて ^{14}C を直接選別して計数する方法である。1977 年に開発されたあと急速に発展し、いまでは全世界で活用されている。AMS 法による ^{14}C 測定は、分析に用いる炭素量が 1mg 程度ですむ、高精度でかつ正確度が高く ^{14}C 測定の誤差が ±0.4%（±30 年）以下である、ブランク試料の ^{14}C 計数率が低く古い試料の測定が可能である、測定時間が短い、などの長所を持つ。

^{14}C 年代と暦年代

^{14}C 年代は西暦 1950 年から過去に遡った年数で表示されることから、^{14}C 年代からみかけの暦年代が算出できる。しかし、算出されたみかけの暦年代がイベントの実際の暦年代と咬み合わない事が明らかとなっている。実際、樹木年輪を用いて、年輪年代（暦年代）とその年輪の ^{14}C 年代とを比較すると両者は一致しない。これは、^{14}C 年代測定の精度が悪いためではない。過去に太陽活動や地磁気が変動したことにより地球大気に入射する宇宙線の強度が変化し、それが ^{14}C の存在割合に経年変動を引き起こしたためである。^{14}C 年代の算出では、過去の ^{14}C の存在割合はつねに一定であったと仮定されるがそれは事実ではない。それゆえ、暦年代と ^{14}C 年代に齟齬が生ずる。そこで、両年代の換算表が用意される。

現代から 1 万 2550 年前までの年輪年代が確定された樹木年輪を用いて、さらに 1 万 2550 年前から 6 万年前の暦年代（年輪年代ではなくウラン-トリウム年代を代用）を示すサンゴ試料などを用いて、^{14}C 年代と暦年代の関係が明らかにされている（図 1）。この IntCal09 較正データを用いて、^{14}C 年代から暦年代への較正が行われる。図 1 に示されるように 2000 年前より以前では、^{14}C 年代は暦年代よりも系統的に若い年代を示す。また、^{14}C 年代は、暦年代に対してスムーズに変化するのではなく、大きく凸凹（^{14}C ウイグルと称される）している。^{14}C ウイグルは、地磁気強度や太陽活動の変動により地球規模の ^{14}C 生成率の経年変化により生ずる。

環境変化の時間周期など、詳細な時間変化を解析しようとする際には、歪んだ年代軸である ^{14}C 年代ではなく較正暦年代を用いなければならない。

最古級の縄文土器

縄文時代といえば、さまざまな形状・飾りを有した

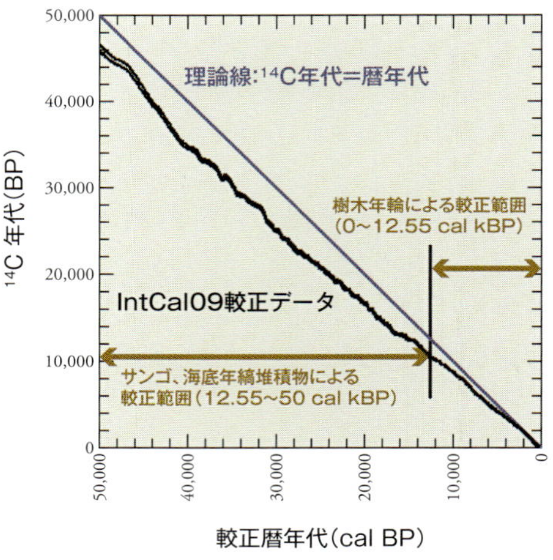
50,000
40,000
30,000
20,000
10,000
0
理論線:14C年代=暦年代
樹木年輪による較正範囲
(0~12.55 cal kBP)
IntCal09較正データ
サンゴ、海底年縞堆積物による
較正範囲(12.55~50 cal kBP)
14C 年代(BP)
50,000
40,000
30,000
20,000
10,000
0
較正暦年代(cal BP)

図 1　^{14}C 年代較正に用いられる IntCal09 較正データ。BP は before present の略記で、^{14}C 年代では年数に BP、較正暦年代では cal（calibrated）BP を付けて用いる。年数は、いずれも西暦 1950 年からさかのぼって数える［Reimer *et al.* 2009 をもとに作成］

縄文土器が思い浮かぶ。土器はいつ、どこで、何のために作られるようになったのか。日本最古級の土器は、土器表面の付着炭化物の ^{14}C 年代測定により暦年代で 1 万 6000 年前ころに作られたとされる（写真 1）。また、中国の遺跡から発掘された土器の暦年代は 1 万 8000 年前に、ロシアの極東地域で発掘された土器の暦年代は 1 万 5000 年前に遡ると報告されている。これらの最古級の土器の年代から、最終氷期の最寒冷期（2 万年前）に比べて徐々に気候が暖かくなってはいたが、依然として寒冷な時期に東アジア・極東域で世界最古の土器が出現したことが示される。

写真 1　青森県東津軽郡蟹田町の大平山元 I 遺跡で発掘された長者久保文化期の土器片。この土器片の付着炭化物が 1 万 6000 年前頃と推定された［谷口康浩撮影］

石川県真脇遺跡の環状木柱列

石川県・富山県の約 10 カ所の遺跡で、環状木柱列（ウッドサークル）と呼ばれる縄文晩期に造られた特殊な遺構が発見されている。真脇遺跡では、直径 1 m に及ぶクリの巨木を縦に半裁した柱を 10 本、割った面を外側にして直径 7.5 m の真円状に並べた環状木柱列を始め、6 組の環状遺構が重なり合って存在した。考古学的には、これらの遺構は住居跡ではなく、むしろ祭祀など精神活動を目的とした場であったと推定されている。多大な労力を尽くして祭祀を行う必要が生じたのはなぜか。環状木柱列の用途・意味を理解するためには、当時の気候環境や正確な年代測定が必要とされる。

年輪年代法はクリ材には適用できないため、木柱の年輪に ^{14}C ウイグルマッチング法を適用した。この方法は、暦年代の変化に応じて見られる ^{14}C 年代の凸凹すなわち ^{14}C ウイグルを利用する。^{14}C ウイグルはグローバルで普遍的な変動である。そこで、1 つの樹木が持つ複数個の年輪について得られる ^{14}C ウイグルを*IntCal09 較正データの標準 ^{14}C ウイグルと比較することにより、試料樹木年輪の形成年を数年〜数十年の誤差で推定することができる（図 2）。木柱の ^{14}C ウイグルマッチング解析から、真脇遺跡の環状遺構は紀元前 800〜700 年の約 100 年間に 5 回建て替えられたと推定される。

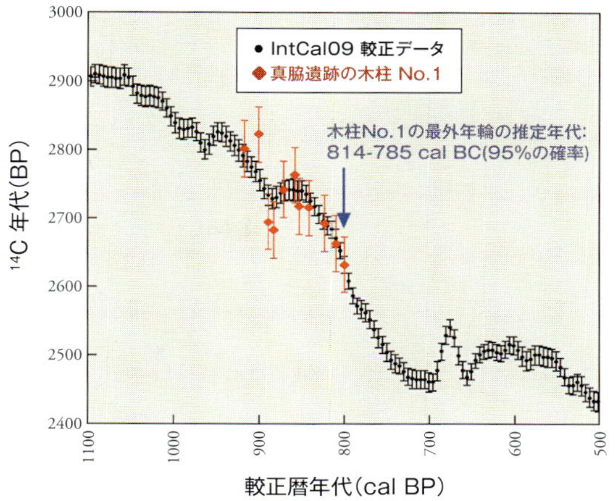

● IntCal09 較正データ
◆ 真脇遺跡の木柱 No.1
木柱No.1の最外年輪の推定年代:
814-785 cal BC(95%の確率)
14C 年代(BP)
較正暦年代(cal BP)
3000
2900
2800
2700
2600
2500
2400
1100
1000
900
800
700
600
500

図 2　石川県真脇遺跡の環状木柱列（A 環）を構成する木柱 1 の ^{14}C ウイグルマッチング解析の結果。木柱 1 の最外年輪の年代は 95% の確率で BC 814〜785 年の間に入ると推定される［Nakamura *et al.* 2007 をもとに作成］

弥生時代のはじまり

弥生時代の始まりに関する年代研究は、以前から、水田稲作遺跡から発掘された木材、炭化物などの ^{14}C 年代測定が行われていたが、得られる年代が幅広く散らばり、遺跡の年代の確定が困難であった。木材や炭化物が遺跡から発掘されたとしても、それらの資料と遺跡が使用された年代とが合致しないことがある。たとえば、古い木材が再利用されたり、逆に新しい木材が紛れ込んだりする。他方、型式文様から稲作が行われた時期の土器であることが確定されていれば、その土器に付着した食物由来の炭化物は、土器が使用された時期を示す。国立歴史民俗博物館グループは、稲作と関連する土器について付着炭化物を多数測定することにより、土器編年と付着炭化物の ^{14}C 年代がきちんと調和すること、さらに、暦年代への較正により北九州の稲作遺跡の年代が、これまで考えられてきた紀元前 5 世紀よりずっと古く紀元前 10 世紀まで遡ると推定した。しかし一方では、土器付着炭化物の一部は海産食料起源である可能性があり、*海洋の炭素リザーバー効果に対する補正を適切に組み込んで年代解析を進める必要がある。　　　　【中村俊夫】

⇒H 土器編年 *p392*　H 稲作の歴史をひもとくプロキシー *p402*　H 縄文と弥生 *p432*

〈文献〉中村俊夫 2003. 西本豊弘 2006. Nakamura, T., *et al.* 2001. Nishimoto, H., *et al.* 2010. Reimer, P.J., *et al.* 2009. Nakamura, T., *et al.* 2007.

土器編年

人工物を利用した年代の物差し

時間の目盛りとしての土器

粘土をこねて焼き固めた土器は、世界各地で使われてきた。現代においても日常道具の1つである。その種類は日本の縄文土器のような素焼きのものから現代の陶磁器まで多種多様である。土器編年とは、こうしたさまざまな焼き物を古いものから新しいものへ並べた年代的な順番である。土器編年は、文書や暦などの文字資料がない時代における時間の目盛りとして重要な役割を果たしており、土器の新旧を決めるだけでなく、一緒に出土した他の遺物や、土器が出土した住居跡など遺構の新旧を決定するためにも使われる。近年は放射性炭素年代測定法（^{14}C 年代法）と組み合わせ、精度の向上が図られている。

年代の目盛りとして土器が適している理由は2つある。第1に、土器は変化の速い文物で、形や文様の変化から時期の違いを明らかにすることが比較的容易である。これは、粘土という軟らかい素材を用いるため形態がバラエティに富み、文化や時代の好みが鋭敏に反映されるという、土器の造形上の特徴によるところが大きい。形態変化の速さと明瞭さが時期差を判断するための有力な材料になる。第2に、土器は、それを使用している時代や地域であれば、ほとんどの遺跡から出土するという普遍性である。これにより多くの遺跡や出土遺物の年代を決定することが可能になる。

順番の決め方

土器の新旧を決定する主な方法は、層位学的方法、型式学的方法、理化学的方法の3つである。層位学的方法、型式学的方法は相対年代法とも呼ばれる。要素間の関係で新旧の位置を決める方法で、結果は「AはBより古い」という相対的な前後関係で表現される。一方、放射性炭素年代法や年輪年代法は絶対年代法と呼ばれる。一定の基準で新旧を具体的な年代で示し、「Cは1200年前、Dは3500年前」などの表現をとる。

層位学的方法は、地層は下が古く上が新しいという地質学の地層累重の法則を援用し、土器の年代順を決定する。ただし、廃棄後の風雨などの自然的要因や、後世の人びとの攪乱により、同じ土層に異なる時期の土器が混在することが普通である。その分別には型式学の助けが必要となる。

型式学的方法は、生物学の進化論を人工遺物に応用した方法であり、土器の変化に一定の方向性を推定し、編年の作成に利用する。単純なものから複雑なものへ変化する場合もあれば、逆の場合もある。この方法による編年は、層位学的方法の検証を必要とする。

土器編年は相対年代であり、現在から何年前かという暦年代を知るためには、炭素年代法や年輪年代法など理科学的な年代測定法による測定結果との照合が必要である。日本列島は土器編年に伴う理科学的な年代測定値の整備が進んでいる地域の1つで、土器編年の暦年代については、縄文・弥生時代などでは約20〜30年、古代以降では条件が良ければ10〜15年の時間幅で推定することが可能になりつつある。ただし、土器編年には問題点もある。土器の細かな特徴を識別して編年との照合を行う時期比定の作業が必要で誰にでもすぐに使える方法ではないこと、また判定者により時期の特定に若干の相違が生じることなどである。

時間と空間の目じるし―人間集団の移動を探る

理化学的な測定法が年代のみを決定するのに対し、土器編年には時間的・空間的位置の両方、つまり「いつ」と「どこ」を同時に特定できるという特性がある。土器の形態は地域により異なるため、土器編年は地域ごとに違うものを使用する。つまり、土器編年は地域

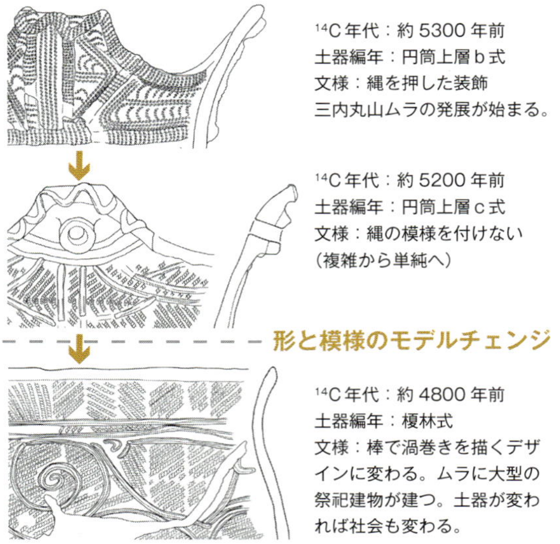

^{14}C年代：約5300年前
土器編年：円筒上層b式
文様：縄を押した装飾
三内丸山ムラの発展が始まる。
^{14}C年代：約5200年前
土器編年：円筒上層c式
文様：縄の模様を付けない
（複雑から単純へ）
形と模様のモデルチェンジ
^{14}C年代：約4800年前
土器編年：榎林式
文様：棒で渦巻きを描くデザインに変わる。ムラに大型の祭祀建物が建つ。土器が変われば社会も変わる。

図1　青森県三内丸山遺跡にみる土器の変化と編年［青森県教育委員会 1998、2004 をもとに構成］

的であり、そこには時代とともに地域にかかわる情報も含まれている。

この特徴の応用例として、土器編年とその空間的広がりから、人間集団の移住の歴史を追跡することができる事例がある。先史時代のオセアニアでは、ラピタ土器と呼ばれる赤色の土器が太平洋中央部のメラネシア中部・東部やポリネシア西部、ミクロネシアにまたがる広大な地域に分布を拡大する時代がある。土器編年に基づけば、約3500～3000年前の約500年間のうちに東西5000kmにおよぶ広大な領域に人類が拡散したことがわかる。これは先史時代の移住としては最速の部類であるという。

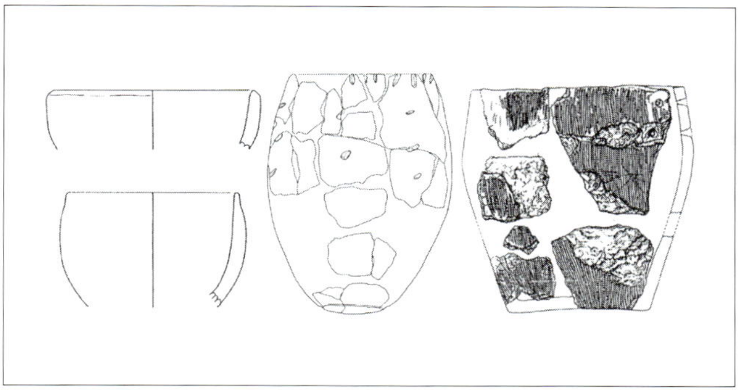

図2　東西アジアの最も古い土器のかたち。左：西アジア、中央：日本、右：ロシア沿海州［小西 2006；白石 2008；大貫 1998］

さらに、これらの地域では、約2000年前より新しい時代では土器編年を組むことが不可能になる地域が増え始める、という現象も興味深い。土器編年の断絶は、オセアニアでの土器製作の衰退を意味すると同時に、人びとの生活の変化も示唆している。移住した島々の粘土の質などの資源上の要因や、土器の必要性の低下などの社会的要因が複合化した結果とみられる。

編年が暗示する人間と環境のかかわり

土器は生活道具であり、周囲の環境に対する人間の適応手段の1つでもある。換言すれば、土器編年それ自体が、各地域における歴史の一部であるといえよう。たとえば、約1万5000～8000年前における、環日本海地域を中心とする東北アジアと、シリアからヨルダンにかけての地域を中心とする西アジアの土器編年を比較すると、この寒冷な氷河期から温暖な後氷期へと向かう自然環境の変動期における、人類の適応戦略の一端を読み取ることができる。

東北アジアで最初に使用された土器の形態は、砲弾形の深鉢であった。煮炊きに使用されたことは明らかで、コゲや煤が付着した土器がある。穀類の栽培はまだ始まっていない。一方、約1万年前からムギ類の栽培が始まる西アジアの土器は、ボウルのような浅鉢あるいは瓶である。これらは主として貯蔵用であり、その後も煮炊き用の土器は低調であった。両地域における生業戦略と食料事情の相違が、生活道具である土器の形態の違いに端的に表れており、自然環境の変化などを加えることで、土器編年の持つ歴史性がより明瞭になる。歴史的事象と他の環境史データとの重ね合わせのためにも、正確な土器編年が必要とされる。

写真1　ラピタ土器（ラピタ遺跡、ニューカレドニア）［Sand *et al.* 1999］

その一方で、正確な土器編年は新たな課題をも生み出した。たとえば、西アジアでは農耕社会がある程度発展してから土器の本格的な使用が開始されたことが明らかになり、それまで考えられていたような、農耕の開始とともに土器が普及するという理解の見直しが必要となった。これは土器編年の精緻化がもたらした大きな成果であることには違いない。それでは土器が普及する直接的な契機は何だったのだろうか。また、東北アジアの日本列島では、土器の出現は約1万5000年前までさかのぼることが判明したが、その時期は氷河期で寒冷な気候の時代に相当する。このことは、温暖化による落葉広葉樹林帯の拡大や海進による干潟の発達で堅果類（ドングリ）や魚介類の利用が活発になるなかで加熱調理用として土器が発明された、という従来の土器出現の理由に再考を迫るものである。

土器編年は、単なる年代の目盛りではなく、集団の移動や環境変化に対する適応など、環境史の復元に直接結びつく情報も持ち合わせている。この点が、理化学的な年代測定法と異なる、土器編年という人工物を利用した年代の物差しが持つ最大の特徴である。

【中村　大】

⇒H年代測定 *p390*　H年輪年代法 *p394*　H狩猟採集民と農耕民 *p412*　H縄文と弥生 *p432*

〈文献〉ベルウッド、P. 2008. 伊藤慎二 2003. 印東道子 2007. 佐原真・小林達雄 2001. 藤本強 1985. 青森県教育委員会 1998, 2004. 小西敬寛 2006. 大津忠彦ほか 1997. Renfrew, C. & P. Bahn 2000. Sand, C., *et al.* 1999. 白石浩之 2008. 大貫静夫 1998.

年輪年代法

年輪から探る過去の出来事

年輪年代

樹木の年輪による年代測定法は年輪年代法という。毎年形成される樹木の年輪は、年々の生育環境の差異を反映して、その幅に広狭の差が生じる。多数の木材の年輪幅を過去にさかのぼって測定し、暦年の確定した標準年輪変動パターン（略して、暦年標準パターンという）を作成すると、これが年代を割り出す基準パターンとなり、年代不明木材の年輪パターンとの照合によって伐採年代や枯死年代がわかる。これが年輪年代法の原理である。年輪年代法は、先史時代、歴史時代を問わず誤差のない年代を確定できる点で優れている。しかし、年代測定範囲が短い点や使用樹種が限られるなど短所もある。

年輪年代法は、20 世紀初頭に米国の天文学者 A.E. ダグラスが太陽の黒点活動と気候変化との対応関係を過去に遡って追究する方法の 1 つとして、樹木年輪の変動変化を調べていく過程で発見したものである。現在では、世界 50 カ国以上で研究が進められている。

欧米における暦年標準パターンの作成状況は、米国ではヒッコリーマツで 8400 年前まで、ドイツでは主にナラ類で 1 万 2500 年前までのものが完成している。日本では、ヒノキは現在から BC 912 年まで、スギは BC 1313 年まで、コウヤマキは 22～741 年、ヒノキアスナロは 745～1541 年までのものが作成されている（図 1）。適用範囲は、ヒノキやスギの場合、約 400～500 km 圏内において年代測定が可能である。しかも、ヒノキとスギのあいだでは、相互に適用できることもわかっている。現在、日本各地の遺跡出土木材、古建築、美術木工品などの年代測定に応用され、多くの成果をあげている。

年輪を利用する研究は、単に年代測定だけではない。樹木年輪は、数百年からときには数千年にわたる毎年の生育環境を反映しながら形成されているので、過去の出来事を読み解く貴重な情報源となる。たとえば、読み取る分野は、過去の気象条件を推定する年輪気象学、水利環境を推察する年輪水文学、火山噴火や重金属汚染などの発生年を特定する年輪地形学や年輪化学分析学、あるいは放射性炭素年代の較正や同位体による気温の推定法など多岐にわたる。このように、年輪年代法は歴史学、気象学、地質学、火山学、生態学、林学、化学、宇宙線物理学、大気化学、地球物理学などの研究分野と関連しており、まさに学際的な研究分野である。

暦年標準パターンの作成法

年輪年代法の基本は、長期の暦年標準パターンを前もって作成することにある（図 2）。

まず、最初に伐採年の判明している現生木から年輪幅の計測値（年輪データ）を多数収集し、これを総平均して標準となる暦年標準パターンを作成する。つぎには各時代の古建築部材や遺跡出土木材からの年輪データを用いて年代不明の標準パターンを作成する。これとさきの暦年標準パターンを順次照合し、その重複位置で連鎖していくと長期に遡る暦年標準パターンが作成できる。この作成作業には、多数の木材試料と時間を費やすことになり、その作成は簡単ではない。

鳥海山の噴火と神代スギ

秋田県と山形県の県境に位置する鳥海山（標高

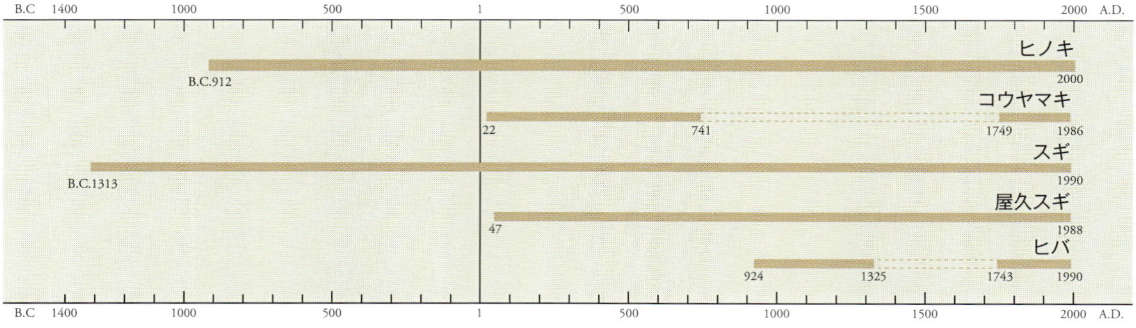

B.C　1400　1000　500　1　500　1000　1500　2000　A.D.
ヒノキ
B.C.912
2000
コウヤマキ
22
741
1749
1986
スギ
B.C.1313
1990
屋久スギ
47
1988
ヒバ
924
1325
1743
1990

図 1　樹種別暦年標準パターンの作成状況（過去約 3300 年間のデータが揃っている）［光谷 2000］

2236m）は二重式成層火山で、別名、出羽富士とも呼ばれている。かつて鳥海山は、山頂北側の大爆発によって、火口の東西 3km、南北 4km 範囲が崩壊し、山の形を大きく変えてしまった。このとき、日本海まで流れこんだ泥流が形成した地形は、海岸沿いに砂嘴（さし）が発達し、その内側は入江（象潟）と化した。泥流丘は海の中に浮かぶ小島となり、西の松島として古くから西行法師や松尾芭蕉などの文人墨客が訪れる名所となった。

しかし今、西行法師や芭蕉が目にした景観をわれわれは見ることはできない。それは、1804 年（文化元年）にこの地域で発生した大地震によって海底が約 1.8m 隆起した結果、海が干上がり、陸の松島と化してしまったからである。人びとは、被災してから 2 年後の 1806 年（文化 3 年）に、早くも開田に着手し、1809 年（文化 6 年）までに 47ha を田圃に変えた。田圃の中にその名残をとどめているだけの小島は、「九十九島（くもじま）」と呼ばれ、国指定天然記念物「象潟」（1934 年 11 月 22 日）に指定されている。

この大噴火が何年前に発生したのか、放射性炭素年代法によると 2600 年前頃と推定されてきたが、正確な発生年代は不明であった。これまで鳥海山の山麓では地下 10 数 m の深さから多数の埋没スギが掘り出されてきた。こうした埋没スギの年輪年代法による年代測定の結果、かつての象潟を形成した大噴火は BC 466 年に発生したものであることが明らかになり、この地域の火山災害史や地形形成史を研究するうえでも画期的な成果となった。

神奈川県箱根芦ノ湖の湖底木と巨大地震

箱根芦ノ湖は、箱根火山の南西部にある長径約 4km、短径 1.5km、最大水深 42m の火口原湖である。芦ノ湖は、BC 1100 年頃（放射性炭素年代法による）

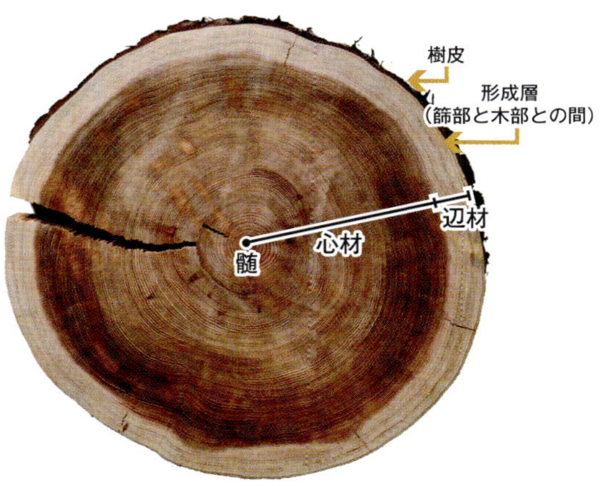
樹皮
形成層
（篩部と木部との間）
辺材
心材
髄
写真 1　秋田スギの横断面［光谷 2000］

の箱根火山活動の最終期に神山の北西斜面で大規模な水蒸気爆発が発生し、神山山体が岩なだれとなって仙石原のカルデラ床に流下し、川の流水をせき止めて誕生した。

芦ノ湖には、逆さスギと呼ばれる湖底木の一群がある。逆さスギの成因については、1975～85 年にかけての大木靖衛、袴田和夫らの放射性炭素年代法による年代測定の結果から、BC 150 年、AD 350 年、AD 900 年頃にそれぞれ発生した巨大地震によって斜面崩壊が発生し、それに伴って湖底に沈んだものと推定された。その後、より正確な年代を知るために、16 本の湖底木からコア標本を採取し、年輪年代法による年代測定を行ったところ、さきの放射性炭素年代法とは異なった結果が得られた。年輪年代では AD 500 年前後を示すグループ、AD 1100 年前のものにわかれた。得られた 2 グループの年代は、放射性炭素年代測定法で示された AD 3500 年頃と AD 900 年頃のものに相当するものと思われる。湖底木の外周部（おもに辺材）は腐って失われており、正確な枯死年代を測定することはできないが、前者の湖底木群からは約 600 年前後の枯死年が推定される。後者からは約 1100 年前後が考えられる。後者の場合、1096 年に発生した駿河トラフ（駿河湾～東海沖）のプレート境界地震によって湖底に移動した木の可能性が高い。このように、湖底木はこれまでの推定どおり巨大地震の発生するたびごとに湖底に沈みこんだ樹木の一群であることがわかった。【光谷拓実】

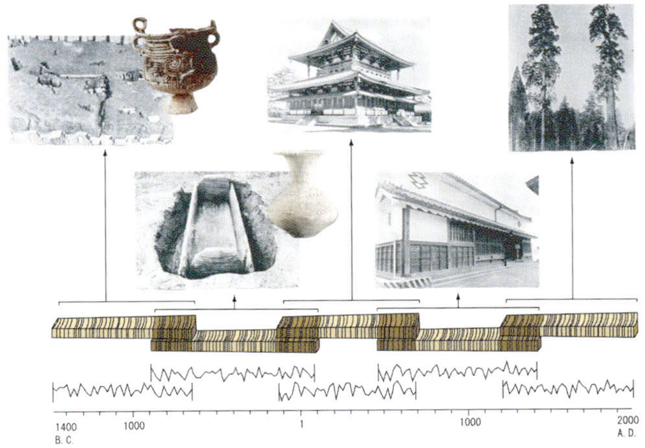
1400
B.C.
1000
1
1000
2000
A.D.
図 2　長期の暦年標準パターンの作成法［光谷 2000］

⇒C 火山噴火と気候変動 *p26*　H 年代測定 *p390*
〈文献〉長谷川成一 1996．光谷拓実 2000, 2001, 2007．光谷拓実ほか 1990．

年縞

復元された１年１年の環境変化

究極の時間分解能

過去を知ろうとするとき、つねに問題になるのが時間の精度である。樹木の年輪が１年１年の記録を示してくれることは非常にわかりやすい。しかし樹木の場合、あまり長く連続したデータを取ることは難しい。樹木と同様に１年１年を示す地層があれば（それが年縞とよばれる）、その時間分解能は著しく向上することになる。１年１年を区別できれば、私たちが使っているカレンダーに位置付けたりつけ足したりできるものとなる。従来のボーリングコアを用いた研究では100年や1000年の精度がやっとであったろう。それに比べ年縞は究極の時間分解能をもつので、その発見・分析は古環境分析の研究者の目標である。

氷縞粘土

北欧では150年も前から、氷縞粘土の研究が進められてきた。北欧ではスカンジナビア氷床が後退する過程で氷河湖が形成された。氷河湖に堆積した堆積物に明暗の縞が認められ、これが１年を示すものと考えられた。すなわち、夏の融氷水により運搬された比較的粗粒な粒子からなる明色層と、冬の間の懸濁物質の沈積による細粒子からなる暗色層が明暗の縞模様の正体であり、氷縞粘土の名前が与えられた。氷縞粘土の枚数をカウントすることに基づく年縞編年により、北欧の環境変動、植生史やスカンジナビア氷床の後退過程の研究に寄与した。

氷床コアと年層

古環境の高精度な復元の上で近年注目されるようになったのは、グリーンランドや南極で採取されるようになった*氷床コアである。連続的な氷の分析から、塩分や水の酸素同位体比など季節的に変動する要素が見いだされ、これらを利用することにより１年１年を見分けることが可能になる。さらに水の酸素同位体比は地球の気候変動の優れた指標となる。こうして、グリーンランドでは過去10万年に及ぶ気候変動が、南極では過去70万年に及ぶ気候変動が、きわめて高分解能のレベルで復元されることになった。氷の泡に含まれる大気の分析から、過去のCO_2（二酸化炭素）の濃度もわかるようになった。

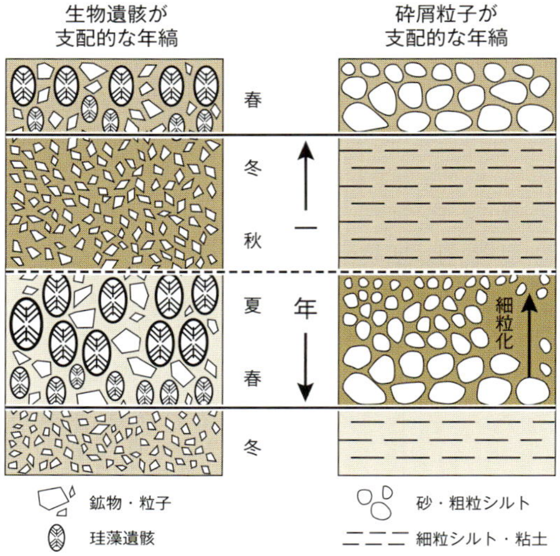

生物遺骸が支配的な年縞
砕屑粒子が支配的な年縞
春
冬
秋
夏
春
冬
一
年
細粒化
鉱物・粒子
珪藻遺骸
砂・粗粒シルト
細粒シルト・粘土

図１　年縞のでき方を示す概念図

湖沼堆積物と年縞

氷床コアの場合のように、１年１年の層から豊富な環境情報が取り出せれば、年層、年縞の持つ意味は何倍にもなる。

福井県に位置する三方五湖のひとつ、水月湖で年縞を持つ湖底堆積物が採取された。水月湖は季節的に海水が入り込む汽水湖である。ここでなされた研究から、年縞は、春から夏にかけての時期には珪藻のブルーミングが生じ（１次：春、２次：夏～秋）、明色のラミナ（縞模様を示す薄い地層）が形成される。秋から冬には細粒な鉱物粒子や有機物が堆積し、暗色のラミナを形成する。この繰り返しにより、水月湖には長期にわたり明暗の年縞が形成されてきた。年縞が保存されるためには、ラミナが底生生物の活動で消されてしまわないという条件が必要である。また、いったん形成された年縞がその後の河川水の流入などで侵食されてしまうようなところでは意味がない。長期にわたり水月湖は安定し、そうした条件を満たしていたことになる。

水月湖では年縞を利用して年縞ごとに花粉分析を行い、最終氷期から完新世への急激な環境変動を高分解能にとらえる先進的な研究が進められている。各年縞から得られた花粉データセットに対して「モダーンアナログ法」を適用、最寒月の平均気温（MTCO）、最暖月の平均気温（MTWA）、冬季降水量（Pwin）、夏季降水量（Psum）、最寒月と最暖月の平均気温の差（Tvar）などが統計的に求められた。図 2 はその結果を示すもので、最終氷期の終わり頃、1 万 5000 年前に地球の気候が温暖化に転じたが、最終氷期の末期に訪れた「寒の戻り」とよばれる短い寒冷期、ヤンガードリアス期に一気に寒くなり、1 万 1250 年前頃に急激に温暖化して現在の間氷期（完新世）が始まった。この過程が世界の代表的な傾向と同様に認められる。しかし水月湖では、ヤンガードリアス期には冬季は－5℃ときわめて低温で、降水量は 900mm と非常に増加していたこと、一方夏季には気温 20℃、降水量 800mm 程度と大きな変動はなかったというように、気候のきわめて具体的な結果が推定されたことが重要である。冬季には大量の降雪があったことが推定される。さらに、完新世の始まりは急激に進行し、1 万 1000 年前にはすでに冬季は－2℃に上昇、降水量は 500mm と減少、夏季には気温 22℃と上昇していた。

図 2 を詳しくみると、「寒の戻り」の始まりは 1 万 2250 年前、その終わりすなわち完新世の始まりは 1 万 1250 年前であり、大西洋熱帯地域の Cariaco やグリーンランド氷床（GRIP）よりやや遅れる。これも重要な意味があり議論になっている。

なお、現在の間氷期である完新世の始まりは、ヤンガードリアス期が終わり温暖化が開始される時点とされる。この完新世の始まりは 2008 年に国際的にグリーンランドの氷床コアにおける 11700 年 b2k（b2k とは AD 2000 年を基準に何年前という歴史である）と決定された。これを境に、酸素同位体比などが明瞭に変化する。この氷床コアが採取されたのはグリーンランド中央部の NGRIP2（75.10° N、42.32° W）で、ここが模式地となる。この定義は気候変動に基づく物理化学的パラメーターが基準になっているため、生物層序との関連のつきやすい副模式地が 5 個所設定された。その 1 つにアジアを代表して水月湖が選ばれた。年縞に基づく詳細な研究が評価されたものである。

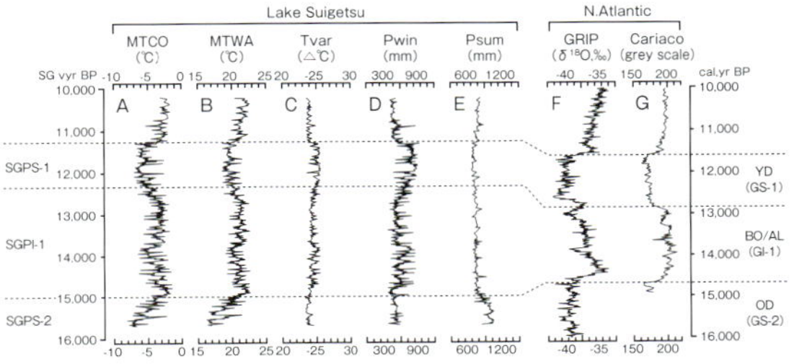
Lake Suigetsu
N.Atlantic
MTCO (℃)
MTWA (℃)
Tvar (△℃)
Pwin (mm)
Psum (mm)
GRIP (δ18O,‰)
Cariaco (grey scale)
SG vyr BP
cal.yr BP
SGPS-1
SGPI-1
SGPS-2
YD (GS-1)
BO/AL (GI-1)
OD (GS-2)

図 2　水月湖の年縞による最終氷期末の花粉分析に基づく季節レベルの気候復元と、その北大西洋との比較。A：最寒月の平均気温、B：最暖月の平均気温、C：季節による気温の偏差、D：10 月から 3 月の積算降水量、E：4 月から 9 月の積算降水量、F：グリーンランド氷床の氷の酸素同位体比、G：ベネズエラ沖カリアコ・コアのグレースケールの変化［Nakagawa *et al.*2006］

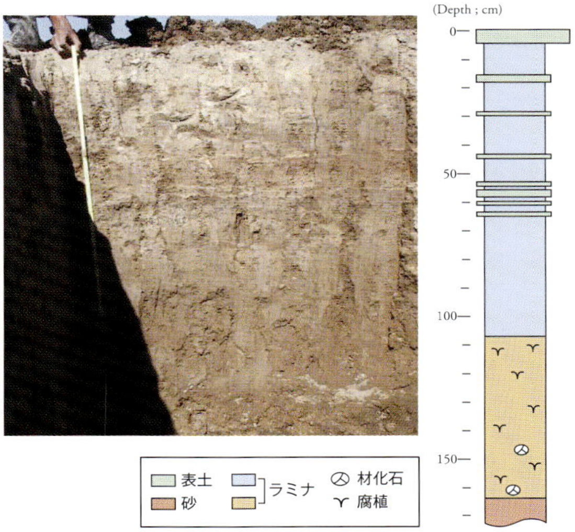
(Depth ; cm)
0
50
100
150
表土
砂
ラミナ
材化石
腐植

図 3　中国黒河下流域バーダオチャオ干湖のラミナ。2004 年に干上がった干湖の表面からピットを掘り、断面を観察すると深さ 1m までに約 450 のラミナが観察された。柱状図はこれを模式的に表現したもの［遠藤ほか 2007］

乾燥地域の年縞

中国の黒河流域の下流部、砂漠地帯にあるオアシス都市、エジナの近郊にある小さな干上がった干湖の場合を検討してみよう。黒河の水は年に 3 回、下流部に供給される。水を灌漑に大量に使う中流部でコントロールしている結果、春先、夏、冬の 3 回だけ水がやってきて、浅い水域が形成される。その間には水は枯れ、湖底は乾燥する。その堆積物をみると、年縞状のラミナが多数認められる。ラミナの境目は乾燥した結果生じた割れ目である。この水平方向の割れ目を除くと全体は均質なシルト質粘土である（図 3）。年に 3 層ずつのラミナが形成され、同じ条件が 300 年以上続いてきたことがわかった。乾燥地域では死海の例など、塩類の集積による年縞の形成も起こる。

今後、こうしたラミナの生成条件が解明されれば、さまざまな年縞、年層の研究が一段と広い対象に対して適用されるようになるだろう。　【遠藤邦彦】

⇒H ヤンガードリアス *p366*　H ボーリングコア *p388*　H 年代測定 *p390*　H 年輪年代法 *p394*　H テフロクロノロジー *p398*　H 花粉分析 *p400*

〈文献〉遠藤邦彦ほか 2007．福沢仁之 1995．Nakagawa, T., *et al.* 2002, 2006．Walker, M., *et al.* 2009．

テフロクロノロジー

火山砕屑物を時空指標とする編年法

テフラとテフロクロノロジー

火山の噴火活動に伴う噴出物には、溶岩や温泉水（液体）、火山ガスや火山昇華物（気体）のほかに、塊状あるいは破片状の固体として噴出される火山砕屑物（火砕物）がある。それにほぼ相当する用語がテフラ（tephra）で、本来は降下火砕物を指す。この用語はアイスランドのS. ソラリンソンにより提唱されたもので、古代ギリシャのアリストテレスが、イタリアのブルカノ火山（写真1）の噴出物を、ギリシャ語で灰の意味のテフラと呼んだことにちなんでいる。同じような用語に火山灰があるが、2mmより小さい火山砕屑物という定義もあって、全体をさす用語として適当ではない。

また、ソラリンソンはテフラを時空指標として利用する年代推定法を、テフラと編年学（chronology）を合成してテフロクロノロジー（火山灰編年学）と呼んだ。

マグマの化学組成や、それにも関係する噴火の様式は多様で、テフラには形態や色調さらに化学組成などに違いがある。噴火が一度で終わることはあまりなく、ときにはマグマの化学組成や噴火様式も途中で変化する。テフラの堆積様式も、弾道落下、降下、火砕流、サージなどさまざまである。そのため、テフラ層の層相やテフラ粒子の岩相には個性がある。試料を採取し、室内でさまざまな分析測定を行うと、テフラ層を構成する粒子の特徴を詳しく調べることができる（図1）。

写真1　ブルカノ火山の火口（イタリア、1991年）

テフラの年代を調べる

テフラについては、直接間接的に年代を知ることができる。史料に残された噴火に関する記事や、制作年代がわかる遺物や遺構との層位関係から、噴出・堆積年代がわかることがある。また、年代が古ければ、アルゴン・アルゴン（Ar-Ar）法、カリウム・アルゴン（K-Ar）法、熱ルミネッセンス（TL）法、さらにフィッション・トラック（FT）法などで、噴出年代を測定できる。火砕流堆積物によく含まれる炭化物や、テフラ層を挟在する腐植質堆積物などについては、放射性炭素（^{14}C）年代測定の対象となる。また、年縞や氷縞の堆積物や氷層などでは、年層年代法で挟在されるテフラの堆積年代を推定できる。テフラは広範囲に分布することから、年代推定のための材料が多く、その年

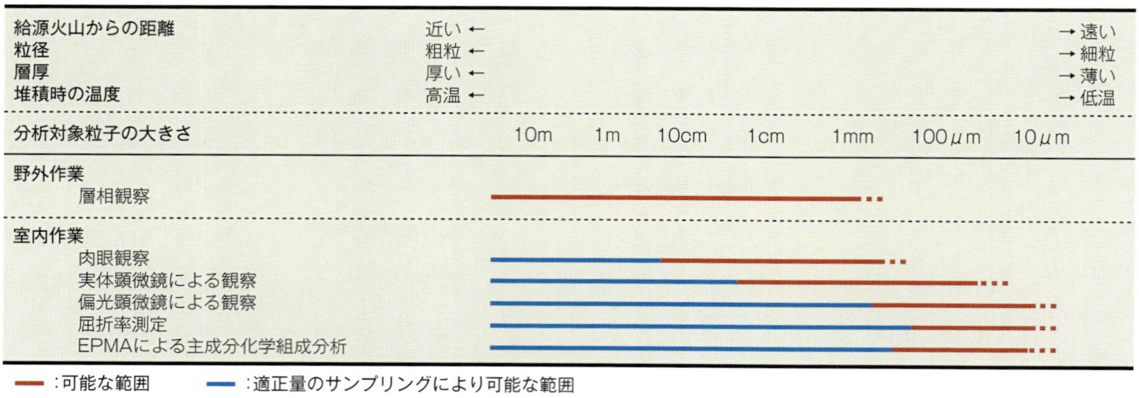
給源火山からの距離　近い ←　→ 遠い
粒径　粗粒 ←　→ 細粒
層厚　厚い ←　→ 薄い
堆積時の温度　高温 ←　→ 低温
分析対象粒子の大きさ　10m　1m　10cm　1cm　1mm　100μm　10μm
野外作業
層相観察
室内作業
肉眼観察
実体顕微鏡による観察
偏光顕微鏡による観察
屈折率測定
EPMAによる主成分化学組成分析
:可能な範囲
:適正量のサンプリングにより可能な範囲

図1　火山からの相対的距離とテフラの同定法の関係

代の信頼度は高い。

日本でのテフロクロノロジーの利用は、1930 年代の北海道での土壌学的研究に始まる。これは世界的に見ても早い。その後、1959 年（昭和 24 年）の群馬県岩宿遺跡における旧石器の発見を契機に、テフラ層序の確立や編年研究への要望が増大した。さらに、南関東での御岳第 1 軽石（On-Pm1）の発見はテフラ同定法の確立の気運を高め、高精度の屈折率測定法などが開発された。その一方で、テフラ分布の広域性が改めて認識され、その後の広域テフラ発見につながった。

1976 年（昭和 51 年）には、日本列島のほぼ全域を覆う始良（あいら）Tn 火山灰（AT、約 2.8～3.0 万年前）の存在が発表され、各方面に衝撃を与えた（図 2）。その後も、鬼界アカホヤ火山灰（K-Ah、約 7300 年前）をはじめ広域テフラの発見が相次いだ。そして、多くの広域テフラを軸に各地のテフラ層序が整理され、日本列島とその周辺海域での指標テフラ網の大枠が整備された。韓国、ロシア、中国で AT や K-Ah が発見される一方で、白頭山や鬱陵火山から飛来したテフラも日本列島で発見され、指標テフラ網は東アジア全域に拡大されている。

1992 年（平成 4 年）には、日本列島とその周辺に分布するのべ 1000 層以上の指標テフラの年代、分布、岩石記載学的特徴などを収録したテフラカタログが刊行され、テフロクロノロジーの利用が容易になった。

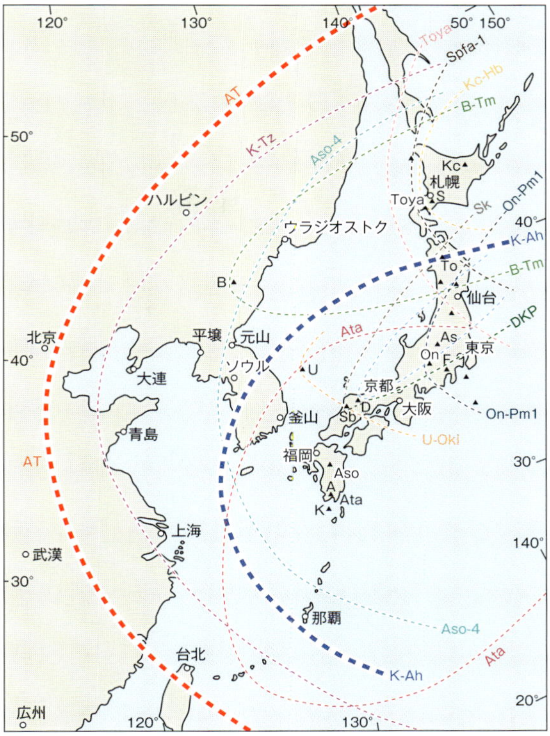

120°
130°
140°
150°
50°
Toya
Spfa-1
Kc-Hb
B-Tm
AT
K-Tz
Aso-4
Kc
札幌
Toya
S
Sk
On-Pm1
ハルビン
ウラジオストク
40°
K-Ah
To
B-Tm
B
仙台
DKP
Ata
北京
平壌
元山
As
東京
ソウル
U
On
F
大連
京都
大阪
D
Sb
On-Pm1
釜山
青島
U-Oki
AT
福岡
30°
Aso
A
Ata
K
140°
上海
武漢
那覇
Aso-4
台北
Ata
K-Ah
20°
広州

図 2　日本列島とその周辺の代表的な広域テフラの分布［早田 1999］

給源火山・カルデラ　Kc：クッチャロ、S：支笏、Toya：洞爺、To：十和田、As：浅間、On：御岳、D：大山、Sb：三瓶、Aso：阿蘇、A：始良、Sz：桜島、Ata：阿多、K：鬼界、B：白頭山、U：鬱陵島

テフラの名称（噴出年代）　クッチャロ羽幌（Kc-Hb）：115～120 ka、洞爺（Toya）：112～115ka、三瓶木次（SK）：110～115 ka、阿多（Ata）：105～110 ka、御岳第 1（On-Pm1）：ca.100 ka、鬼界葛原（K-Tz）：ca：95 ka、阿蘇 4（Aso-4）：85～90、大山倉吉（DKP）：≧ 55 ka、支笏第 1（Spfa-1）：42-44 ka、始良 Tn（AT）：28-30 ka、鬱陵隠岐（U-Oki）：10.7 ka、鬼界アカホヤ（K-Ah）：7.3 ka、白頭山苫小牧（B-Tm）：1 ka（ka：1000 年前）［町田・新井 2003 を一部修正］

環境史解明に関する課題

火山噴火が大規模災害の要因の一つとなる日本列島では、群馬県で古墳時代～江戸時代、鹿児島県・宮崎県で平安時代～室町時代、北海道で江戸時代のテフラの堆積に伴う被災や復旧のプロセスに関する研究が精力的に行われている。最近では、破局的噴火への火山学研究者の関心が高まっている。すでに、縄文時代早期末の K-Ah の噴火の当時の人間生活への影響に関する考古学的論考があり議論を呼んできた。

AT の源になった入戸火砕流（いわゆるシラス）は、平野部を中心に南九州一帯を埋め尽くした。この噴火により、そのすぐ前に九州地方に出現したナイフ形石器の文化は、給源の入戸カルデラ周辺では途絶えたらしい。ただ、その系統をひくと考えられる石器群は、同じ火砕流堆積域でも給源から離れた地域で AT 降灰直後に認められる。入戸カルデラ周辺では、AT 噴火堆積物直上から、朝鮮半島起源と考えられている剥片尖頭器、西北部をのぞく九州地方一帯で認められる狸谷型切出形石器、東部で発達した今峠型や、瀬戸内地方東部に起源をもつ国府型のナイフ形石器など、ほかの地域に由来する可能性が高い多様な石器が発見され、噴火後かなり早い段階に伝播してきたことがわかっている。

そのうち剥片尖頭器はとくに入戸火砕流被災域で繁栄するものの、早い段階に消滅した。石器群の劇的変化は AT 噴火の直接的影響と考えられるが、その後の石器の伝播や消長には、地形、植生、狩猟対象動物などの環境変化が関係している可能性が高い。今後、高い精度でのテフラや古環境についての綿密な調査研究が期待される。

【早田　勉】

⇒ H ボーリングコア *p388*　H 年代測定 *p390*　H 土器編年 *p392*　H 年稿 *p396*

〈文献〉新井房夫 1972. Eden, D.N., *et al.* 1996. 小林国夫ほか 1967. 小山真人 2003. 町田洋・新井房夫 1976, 1992, 2003. 小田静夫 1991. 早田勉 1999. Soda, T., *et al.* 2010. Thorarinsson, S. 1980.

花粉分析

過去を探るツール

過去の植生を探る花粉分析法

花粉は、本来、種子植物の遺伝子を雌性の生殖細胞へ運搬する役目を担っているが、生殖にかかわらなかった大多数の花粉は、地面に落下し、分解される。ところが、湖や湿原など水域で酸素の少ない環境下に落下すると、分解されずその場所に堆積物として残存する。安定した場所であれば、年々花粉がその場所に連続して貯まっていくことになる。こうして堆積した花粉はその形態を保ったまま、長期間にわたって地層に保存される。シダ植物などの胞子も、花粉と同様である。

何千年、何万年もの長い間に湖などにたまった堆積物を、地層を乱さないように採取して、地層に保存されている花粉や胞子を層ごとに取出し、その形態に基づいて親植物を調べることができる。これらの花粉の種類や量に基づいて、その層が形成された当時の植生を推定する方法を花粉分析法（図 1）と呼んでいる。

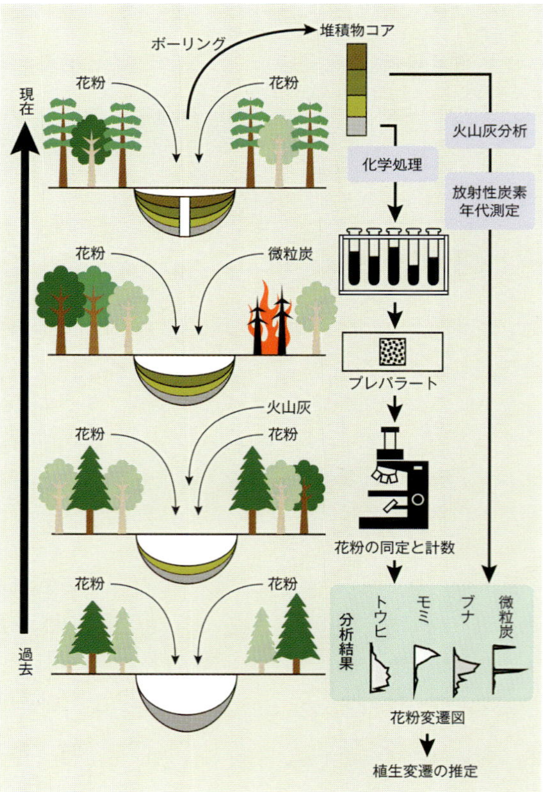
ボーリング
堆積物コア
現在
過去
花粉
花粉
微粒炭
火山灰
火山灰分析
化学処理
放射性炭素年代測定
プレパラート
花粉の同定と計数
分析結果
トウヒ
モミ
ブナ
微粒炭
花粉変遷図
植生変遷の推定

図 1　花粉分析法の模式図［高原 2000、2008；杉田・高原 2001 より改変］

花粉分析の原理

この方法は、花粉の持つ次の 3 つの特徴によって成り立っている。まず、花粉の細胞壁である花粉壁が化学的に安定していることである。花粉壁は炭素、水素、酸素からなる高分子のスポロポレニンと呼ばれる物質から成っており、紫外線にさらされると分解されやすくなるが、湿原や湖底など、酸素の少ない環境下では、分解されずに保存される。

次に、写真 1 のように花粉形態は植物によって異なっていることである。大きさは数 10μm（マイクロメートル）から 100μm 以上までさまざまであり、大きさ、形、表面構造、花粉壁構造、発芽孔や発芽溝の数や形態などの特徴に基づき、光学顕微鏡を用いて同定が行われる。植物の分類群によって、花粉が同定できる段階が異なっており、マツ属、カバノキ属など属レベルまでの同定が一般的であるが、日本ではブナやトチノキなどは種まで同定可能である。また、イネ科は科レベルまでしか同定は難しい。栽培植物のイネは、種まで同定可能であるが、熟練を要する。一方、クスノキ科花粉は分解しやすく堆積物中に残らない。

さらに、花粉は大量に生産、散布されるため、安定した水域であれば、堆積物中に必ず含まれる。樹木の花粉生産量は、1 年間に 10^{12} から 10^{13} 個 /ha である。また、風媒花では、遠距離にまで散布される。たとえば、スギが自生していない北海道根室付近でも、本州からの飛来と考えられるスギ花粉が多数認められる。

花粉分析の方法

堆積物の採取は、地層が露出した露頭や発掘調査における遺跡面から直接あるいはボーリングによって行われる。採取された堆積物から、目的に応じて分析試料を取り、酸やアルカリを使って試料に含まれる花粉以外の有機物や鉱物を除去し花粉を濃縮する。酸やアルカリでの処理後、花粉は分解せずに、その形態を留めている。濃縮された化石花粉をプレパラートに封入し、光学顕微鏡によって同定し、一般に 1 試料につき 300〜500 個以上を計数する。その計数結果を、同定した花粉の各分類群について百分率（%）で、堆積物の深度ごとに表示することが多い。こうして表示された図は、花粉変遷図、花粉分布図と呼ばれる（図 2）。また、放射性炭素年代測定や降灰年代のわかっている火山灰などによって、堆積物の年代を明らかにする。

得られた結果から、花粉の飛散距離、花粉生産量、堆積場所の大きさなどの要因を考慮に入れ、過去の植生を復元する。花粉分析結果から植生の空間的広がりや植生景観を復元するモデルも提唱されている。

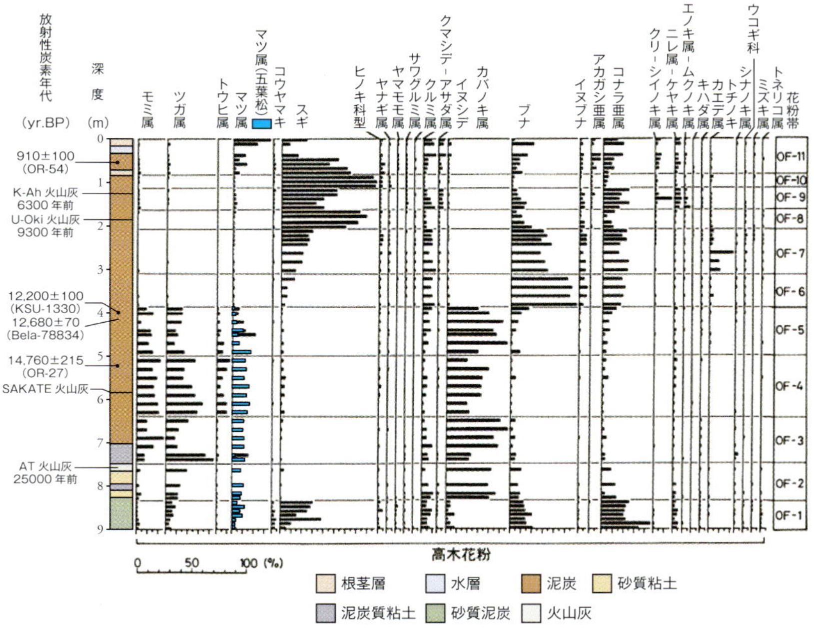

放射性炭素年代 (yr.BP)
深度 (m)
モミ属
ツガ属
トウヒ属
マツ属
マツ属（五葉松）
コウヤマキ
スギ
ヒノキ科型
ヤナギ属
ヤマモモ属
サワグルミ属
クルミ属
クマシデ-アサダ属
イヌシデ
カバノキ属
ブナ
イヌブナ
アカガシ亜属
コナラ亜属
クリ-シイノキ属
ニレ属-ケヤキ属
エノキ属-ムクノキ属
キハダ属
カエデ属
トチノキ
シナノキ属
ウコギ科
ミズキ属
トネリコ属
花粉帯
910±100 (OR-54)
K-Ah 火山灰 6300 年前
U-Oki 火山灰 9300 年前
12,200±100 (KSU-1330)
12,680±70 (Bela-78834)
14,760±215 (OR-27)
SAKATE 火山灰
AT 火山灰 25000 年前
OF-11
OF-10
OF-9
OF-8
OF-7
OF-6
OF-5
OF-4
OF-3
OF-2
OF-1
高木花粉
0 50 100 (%)
根茎層
水層
泥炭
砂質粘土
泥炭質粘土
砂質泥炭
火山灰

図 2　花粉分布図の例。京都府丹後半島大フケ湿原［高原ほか 1999 を改変］

各分野での利用

花粉分析は、生態学、森林科学、地質学、考古学、気候学、地理学などさまざまな分野で利用されている。多くの場合、化石花粉による過去の植生の復元や植物の移動の解明、さらに森林や湿地植生の動態などの古生態学的な研究に有効である。また、遺跡の環境復元や栽培植物の導入の歴史、過去の氷期・間氷期変動などの気候変動の解明、地層の対比や資源探査などの応用的な分野にも有効である。

次に、気候変動や人間活動が植生に与えた影響について、花粉分析によって解明された研究例を示そう。

人類の時代であり、現在につながる地質時代である第四紀には、十数万年間で寒冷な氷期と温暖な間氷期を繰り返してきた。この変動に対して、植生がどう変化してきたかについて近年詳細に研究されている。長期の連続した堆積物は、琵琶湖や中央シベリアのバイカル湖のような湖から得られる場合が多い。琵琶湖では間氷期にカシ類などの照葉樹やスギなどの温帯針葉樹、氷期にはマツ科針葉樹が優占し、バイカル湖では間氷期にはトウヒ属、モミ属などの針葉樹林、氷期にはツンドラ状の植生であったことが解明されている。

約 1 万 5000 年前に氷期が終了し、その後、温暖な*完新世と呼ばれる時代に移行した。この温暖期に農業が始まり、人口が増加し、文明が発達して今日に至っている。このような人間活動の活発化が、植生にどのような影響を与えてきたかについて、花粉分析や微粒炭分析（びりゅうたん）（植物が燃焼することによって炭化した微小な炭化物を堆積物中から抽出して、火事の歴史を研究する手法）による研究が世界中で進んでいる。縄文時代晩期から弥生時代、古墳時代にかけて、日本各地で堆積物中に微粒炭が多量に検出され、火事が多発していたことが明らかにされている。古墳時代以降それまで優勢であったスギやカシ類の花粉が減少し、マツ属やコナラ亜属（ナラ類）の花粉が増加する（図 2 の大フケ湿原では、スギ花粉が減少し、マツ属花粉が増加する）。この花粉組成の変化は、本来の植生であったスギ林や照葉樹林などが、マツや落葉広葉樹の二次林に置き換わったことを示している。また、多くの場所で、多量の微粒炭とともにソバ花粉（写真 1）も検出され、火を伴った自然の改変に伴ってソバ栽培が行われていたことも示されている。　【高原　光】

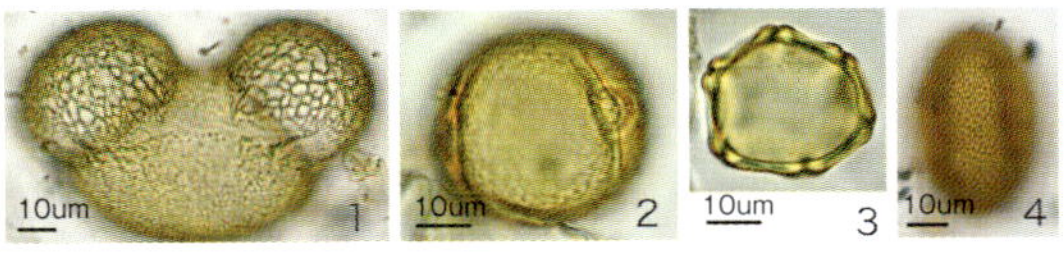

10um
1
10um
2
10um
3
10um
4

写真 1　堆積物から分離された花粉（スケールバーは 10μm）
1：マツ属（五葉松型）（33 万年前、K）、2：ブナ属（32 万年前、K）、3：ハンノキ属（12 万年前、K）、4：ソバ属（1300 年前、F）
＊ K は京都府神吉盆地堆積物、F は滋賀県布施溜湿地堆積物

⇒D 日本の半自然草原 p206　H ヤンガードリアス p366　H プロキシー・データ p386　H ボーリングコア p388　H 年代測定 p390　H 年縞 p396　H 稲作の歴史をひもとくプロキシー p402　H 縄文と弥生 p432

〈文献〉Faegri K., *et al.* 1989.　町田洋ほか編 2003.　Miyoshi, N., *et al.* 1999.　守田益宗 2004.　Moore P.D., *et al.* 1991.　中村純 1977, 1980.　日本花粉学会編 1994.　齋藤秀樹 1995.　Shichi,K., *et al.* 2007.　Sugita, S. 1993, 2007a, 2007b.　高原光 2000, 2006, 2007, 2008, 2009.　杉田真哉・高原光 2001.　高原光・谷田恭子 2004.　高原光ほか 1999.　辻誠一郎編 2000.　安田喜憲・三好教夫編 1998.

稲作の歴史をひもとくプロキシー

プラントオパール分析からみた稲作の変遷と環境

農耕の変遷と環境資源

今日、われわれは小規模ながらも環境をコントロールし、本来はその土地や季節では手に入らないはずの作物を口にすることができるようになった。しかし、これは長い農耕の歴史の中ではごく最近のことであり、農耕は本来、われわれの祖先によって地域の気候や水、土地などの環境資源を利用あるいは改変しながら、形作られたものである。その意味では、農耕の変遷は人間が環境に働きかけた営みの歴史ともいえよう。ここでは、農耕、なかでもモンスーンアジアを代表する稲作の歴史をひもとくプロキシーの１つであるプラントオパール分析と分析データから見える稲作の変遷と環境との関係について紹介する。

プラントオパールについて

イネ科、カヤツリグサ科などの草本やクスノキ科、ブナ科などの木本の中には、土壌中のケイ酸（SiO_2）を細胞壁内に蓄積する性質をもつものがある。これらの植物では、ケイ酸の蓄積が進むと、体内に細胞の形をとどめた珪酸の殻が形成され、これらは、植物学上、植物珪酸体と呼ばれている。

植物ケイ酸体は、植物体が枯死し、分解された後も、その形態的な特徴をとどめたまま土壌中に残留する。これがプラントオパールである。英語ではファイトリス（phytolith）、中国語では植物蛋白石と呼ばれる。大きさは由来する細胞によるが、約 20～100μm 程度である。

プラントオパールは、その組成から化学的・物理的な風化に強く、条件がよければ半永久的に土壌中に残留する。また、その形や大きさは、由来する植物や細胞によって違いがあり、遺跡土壌に含まれるプラントオパールから、土壌が堆積した期間に存在した植物（給源植物）を知ることができる。なかでも、イネ科植物については、葉身中の機動細胞に由来する植物珪酸体（機動細胞ケイ酸体）に特徴があり、イネなど農耕にかかわる植物の存在を調査することが可能である。

このようなプラントオパールの特性を利用して、古代の植生や環境、農耕を推定・復元する方法をプラントオパール分析法（植物ケイ酸体分析法）という。

この分析法は、わが国の特徴的な土壌の１つである黒ボク土（黒色火山灰性土壌）の生成、南九州の照葉樹林の分布や変遷に関する研究など、土壌学や植生史に関する分野でも成果をあげている。

水田造成技術の発達と環境の変化

1990 年以降、プラントオパール分析による水田探査によって、中国の長江中下流域の江蘇省の草鞋山（そうあいざん）遺跡から、馬家浜文化期（約 6000 年前）の水田が検出された。探査は、ボーリングで採取した地下の土を分析し、イネのプラントオパールが一定の密度で存在する層とその範囲を調べるというものである。

草鞋山遺跡で検出された水田遺構（写真 2）を例にとると、当時の水田は、不定形で自然地形の谷部を拡張・連結して造成されており、われわれがよく知る水田とは異なっている。こうした水田では十分な収穫を期待することは難しかったと考えられる。

一方、日本では、およそ 2000 年前の青森県の垂柳（たれやなぎ）

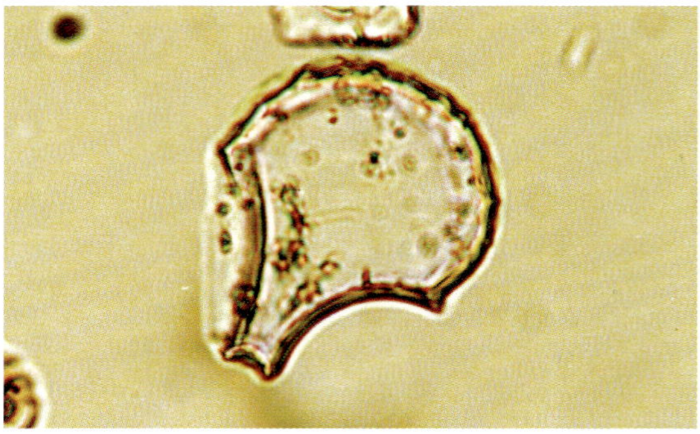

写真１　イネの機動細胞由来のプラントオパール。大きさ約 40μm（1997 年）

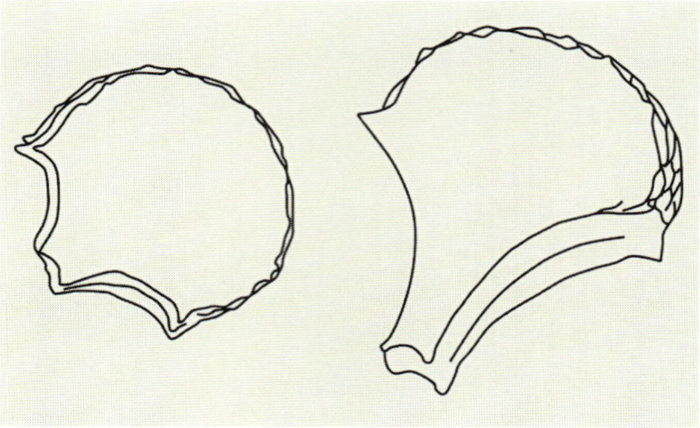

図１　イネ亜種による機動細胞由来のプラントオパール形状
右：ジャポニカ、左：インディカ

遺跡にみられるように、われわれがよく知る方形に区画され、水路を伴う水田が造成され稲作が営まれていた（写真 3）。

両者の間には、約 4000 年の差が存在するが、この間に水田の造成技術は進歩し、地形や水環境が人為的に大きく改変されるようになったことが窺える。

その後、わが国においては、水田は低湿地から段丘上面へと立地を移し、より生産性の高い乾田化が進む。また、水田適地の不足から平野の開発が行われ、現在の水田が広がる平野景観が形成されていくのである。

写真 2　草鞋山遺跡で検出された水田遺構（中国、江蘇省蘇州市、1995 年）

イネの変遷にみる「環境と調和した農業」

現在、栽培されるイネ品種の選定には、消費者の好みやマーケット需要による影響がきわめて大きいが、本来は、その土地で安定して収穫をあげられるものが選ばれてきたといえよう。

イネについては、プラントオパールの形状から亜種や生態型を判別することや、土壌中の密度から当時のイネの収量を推定することが可能である。

縄文時代、弥生時代から近世までの各時代の水田が検出されている 2 つの遺跡（宮崎県の坂元 A 遺跡および大阪府の池島・福万寺遺跡）について、各時代の稲作水田から検出されたイネプラントオパールの形状を調べた結果、以下の 3 点が推定されている。

①中世までは、熱帯ジャポニカが栽培され、中世から近世にかけての時期に、栽培の中心が温帯ジャポニカに移り変わった。なお温帯ジャポニカは水田稲作に適したイネで、熱帯ジャポニカは生産性は温帯ジャポニカには及ばないが、焼畑から水田まででの多様な栽培に対応できる品種群である。

写真 3　垂柳遺跡で検出された水田遺構（青森県南津軽郡田舎館村、1982 年）［藤原宏志撮影］

②水田稲作が普及した弥生時代、律令制度が整備され開墾が進んだ平安・鎌倉時代、農業技術（とくに栽培技術や治水技術）が発達した中世から近世には、栽培されるイネにも比較的大きな変化が認められる。

③イネの生産量は、同じ遺跡の同じ場所に位置する水田でも、時代によって大きな増減が生じている場合があり、時代に沿った単調な増加は認められない。

プラントオパール分析の結果からみると、栽培イネが農業技術や農業をとりまく環境や社会に応じて変遷してきた様子や、わが国の水田稲作がいわゆる「右肩あがり」に発展してきたものではない様子が窺える。

また、今日注目される生物多様性についても、治水技術など自然環境を制御する技術が発達する以前には、環境適応性の高い熱帯ジャポニカや多様なイネを栽培することによって、環境と調和した農業がわれわれの祖先によって営まれていたことを教えてくれる。

このように、プラントオパール分析を用いた調査研究によって、水田の立地や形態、栽培イネの亜種や生態型、生産量などモンスーンアジアにおける稲作の発達過程に関する詳細な情報が得られるようになってきている。こうした知見は、単なる過去の事実ではなく、今後、地球環境と調和した農業を考える上で、多様なイネの栽培など、20 世紀の近代農業の中で忘れがちなさまざまなヒントを与えてくれるはずである。

【宇田津徹朗】

⇒H プロキシー・データ *p386*　H ボーリングコア *p388*　H 年代測定 *p390*　H 土器編年 *p392*　H 年縞 *p396*　H 水田稲作史 *p420*

〈文献〉Piperno, D. 2006.　工楽善通 1991.　藤原宏志 1998.

DNA 考古学

高精度の植生・動物相復元の方法

DNA 考古学とは何か

過去の気候や植生は、氷河や極地の氷や堆積土壌から得られる植物の花粉、動物の骨や歯などの分析によって復元が可能である。最近、出土した動植物の遺存体から、遺伝子の本体である DNA（デオキシリボ核酸）を抽出し、それによる種属の判定を行う方法が確立されつつある。この方法で得られた結果と、これまでの考古学的知見や史実を統合して、植生や動物相の変遷あるいは人間活動の様相を復元する学問を DNA 考古学と呼ぶ。

塩基配列による種属判定の原理

DNA の情報は塩基と呼ばれる 4 種類の物質の並び（塩基配列という）で表現される。さまざまな生物種の細胞から DNA を取り出して配列を比べてみると、種、属によらず配列が同じ部分や、逆に同じ種内でも個体ごとに異なる部分がある。いっぽう中には、配列が種ごとに異なる部分（種特異的配列という）があることも知られている。多数の種について種特異的配列の部分のデータベースを作っておけば、種名のわからない遺存体から、その種名を推定することができる。個体ごとに配列の異なる部分を利用して個体を特定するのが、犯罪捜査などに使われるいわゆる DNA フィンガープリント（DNA 鑑定）である。自家受粉する作物の品種の判別、たとえばイネ品種コシヒカリの偽物の検出のような真贋判定もこうした領域の塩基配列が使われる。

どの場合にも、不特定多数の個人、作物の種における多数品種さらには多数の種のデータベースが必須である。

DNA は熱や化学物質に対して安定な物質である。条件にもよるが、DNA は死後数万年を経過した遺存体や調理された食材からでも回収でき、しかもその自己複製の能力が失われていないことがある。とくに遺存体の場合には、死後に無酸素状態や極端な乾燥や低温下に置かれると DNA が残存しやすい（写真 1）。DNA が安定であるのはそれが遺伝子という種属の保存を担う物質であることを考えると当然のこととも い える。とはいえ、残存した DNA は短く切れていることが多く、通常の方法では検出さえ困難である。しかしながら、1980 年代後半にごく微量の DNA を増して分析に使う PCR 法が開発されたことで研究は格段に進んだ。

DNA 考古学の実例と重要性

DNA 考古学の始まりは 1980 年頃のことで、後にアイスマンと呼ばれることになったアルプス山中で発見された 5300 年前の男性の遺体の DNA 分析がその始まりである。以来、他の動物遺存体（骨、皮、コラーゲン）、また植物遺存体（果実、種子）にも適用されてきた。遺物は貴重でごく少量しか分析に使えないので、いかに少量のサンプルで分析できるかが問題となる。さらに遺存体の DNA は経年変化をおこし損傷を受けていることから、信頼度の高いデータを得るにはさらなる工夫が必要となる。具体的には、まず、DNA を修復するために複数の DNA 修復酵素を用いる。次に PCR 法によって特定の DNA 領域の増幅を試みるが、遺存体の分析では、PCR 法で増幅した DNA 産物をさらにもう一度、二度、PCR 法で増幅する「多段階 PCR」操作を行う。DNA 考古学では、分析の途中で現代の花粉や微生物由来の DNA が混入する恐れがある。そこで、この危険性を

写真 1　ダルヴェルジン・テパ遺跡（DT-25）において出土した砂の塊とそこから採集したモミの断片（右下）。断片は 5 mm 以下と小さいが、乾燥していたことで DNA を抽出することができた。このモミは、DNA 分析により、温帯ジャポニカであることがわかった。2 枚とも目盛りの単位は 1mm（2007 年）

排除するため、空気中の花粉やゴミを除去する特別な施設が必要である（写真 2）。

DNA 考古学が大きく寄与した研究は人類史の分野であろう。世界各地で得られた古人骨やミイラの DNA 分析から、現生の人類が 10 万年余り前にアフリカを出たごく小さな集団を共通の祖先に持つとの発見は、まさに DNA 考古学の成果であった。日本人がどこから来たかをめぐる論争でも、「水田稲作とともに多量の渡来人が来た」という「日本人二重構造説」を覆したのも古人骨の DNA 分析の結果である。分析に用いられた DNA マーカーはミトコンドリアゲノムにある D-loop と呼ばれる領域である。この D-loop を人類学に用いた最初の研究は、M. イングマンらによる報告であった。これによると現在世界に住んでいる人類の集団が大きく 4 つのグループに分かれており、このうち、3 グループがアフリカ、残る 1 グループにアフリカを含めた世界各地の人類が入ることが明らかとなった。これはそれまで仮説でしかなかった「新人のアフリカ起源説」を支持する成果であり、現生人類がアフリカにいた 1 つの集団から成立したことを科学的に実証したデータであった。

写真 3　中国、新疆ウイグル自治区の小河墓遺跡より出土したコムギ M33。ミイラとの副葬品として棺に埋葬されていた（2007 年）［加藤鎌司提供］

植物遺存体で汎用されているのは葉緑体 DNA のマーカーである。植物の細胞には核、ミトコンドリア、ゴルジ体などと並んで多数の葉緑体がある。さらに葉緑体の中に DNA のセットが多数ある。そのため植物遺存体では葉緑体 DNA 分析が進められているが、中でも、1 万年以上前のたった 1 個の花粉から DNA を取り出し、その配列から当該の花粉が今は絶滅したマツ属のものと思われるものであることを明らかにした中澤文男らの成果は記憶に新しい。最近では、PS-ID と呼ばれる葉緑体 DNA の領域を使うことで、6400 年前の中国湖南省のイネを分析してそれがジャポニカと呼ばれる種類のイネであったこと、3500 年前の中国新疆ウイグル自治区のコムギが「普通コムギ」と呼ばれる種に属するものであったことなどが知られている（写真 3）。また、滋賀県の下之郷遺跡では弥生中期後代（2100 年前）にメロンの果実が存在したことを示す分析データも示されている。

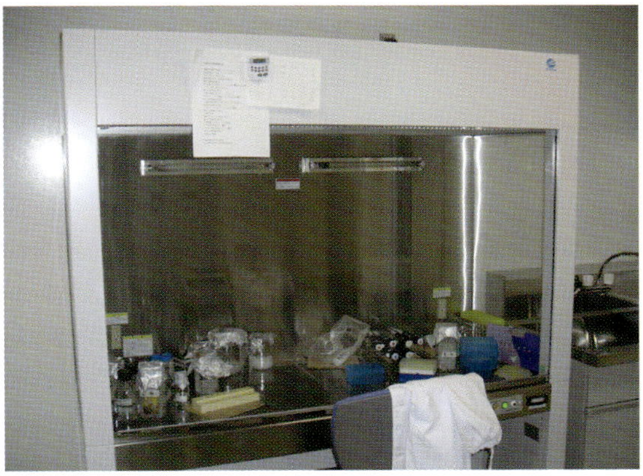

写真 2　総合地球環境学研究所の遺存体 DNA 分析室。DNA 抽出から PCR 増幅までできる設備が 1 つの部屋に納められており、遺存体専用の DNA 分析室である。とくに、DNA 抽出は外部との隔離のためクリーンベンチ内で実施している（2006 年）

ミトコンドリアや葉緑体の DNA は多くの場合母系遺伝し、オスの遺伝的挙動を反映しない。そこで核 DNA の配列を明らかにする試みも始まっている。しかし核 DNA は 1 細胞中に 1 セットしかないため分析が困難で、今後の研究者の努力がまたれるところである。

地球環境学への応用―環境史学にむけて

DNA 分析の特徴は属や種だけでなく、さらに細かい品種や個体レベルで明らかにすることができることにある。農業活動のように人間活動による環境の変遷を解明するには、品種のレベルでの分析を必要とする。その精度を高めるには、現存の多数の品種や種の DNA のデータ（リファレンスデータ）の整備が急務となる。DNA 考古学は、今後、動物遺存体や植物遺存体の DNA 分析を通じて人間活動や環境の変遷を解明する環境史学に貴重な情報を与えていくであろう。

【田中克典】

⇒C 遺伝子の水平伝播 *p72*　H 雪氷生物と環境変動 *p384*　H プロキシー・データ *p386*　H 花粉分析 *p400*　H 稲作の歴史をひもとくプロキシー *p402*

〈文献〉Handt, O., *et al.* 1994.　Gugerli, F., *et al.* 2005.　Horai, S., *et al.* 1996.　Ingman, M., *et al.* 2000.　中澤文男ほか 2009.　Nakamura, I., *et al.* 1997.　佐藤洋一郎 1999.　田中克典ほか 2007.

巨大隕石の落下

6550万年前の天体衝突と生物絶滅

天体衝突と地球環境問題

1980年にW. アルバレスらが、6550万年くらい前の地層（k/Pg境界層）中に、イリジウム（Ir）という元素の異常濃集を発見した。この元素は地殻には少ないが、ある種の隕石にはずっと多く含まれる。したがって彼らは、この異常濃集は、隕石衝突によるものであると考えた。世界中に分布するIrの量から、隕石の大きさは直径10 km程度と推定された。しかし、もしそうだとしたら形成されたはずの、直径100 kmを超えるクレーターが発見されておらず、この考えはすぐには認められなかった。

その後、1991年に、メキシコ、ユカタン半島において、地下に、その形成年代が約6550万年前と推定される、直径200 kmくらいのクレーターが発見され、巨大隕石の衝突は事実と認められるようになった。それが彗星だとしたら地球との衝突速度は秒速70 kmにも達し、小惑星なら秒速20 kmを越える。直径10 kmの巨大隕石がそのような超高速で衝突すると、その時に解放されるエネルギーは、かつて冷戦時代に米ソがもっていた核弾頭のすべてを同時に爆発させたときのエネルギーの1万倍以上、地震だとしたらマグニチュード13を超えるほどである。

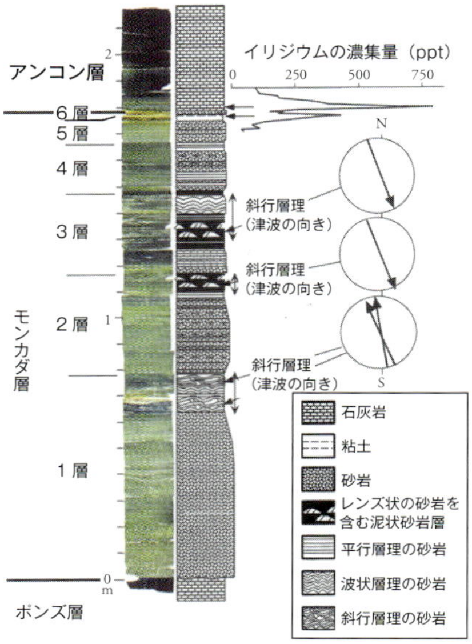
アンコン層
6層
5層
4層
3層
2層
1層
モンカダ層
ポンズ層
イリジウムの濃集量（ppt）
0
250
500
750
N
S
斜行層理
（津波の向き）
斜行層理
（津波の向き）
斜行層理
（津波の向き）
2
1
0
m
石灰岩
粘土
砂岩
レンズ状の砂岩を含む泥状砂岩層
平行層理の砂岩
波状層理の砂岩
斜行層理の砂岩

図1　キューバ島西部のK/T（現在はK/pgと呼ばれる）境界層の写真と柱状図。6550万年前の地層［Tada *et al.* 2002］

この巨大隕石の衝突によって引き起こされる環境変動もすさまじい。それは、現在われわれが引き起こしている地球環境問題どころではない。その結果、当時の生物種の60%以上が絶滅している。巨大隕石の衝突がどのような地球環境の変動や生物絶滅をもたらしたのか、それを理解することは、現在の地球環境問題を考える上でも参考になる。

地球システムについて

われわれが引き起こす地球環境問題と、巨大隕石の衝突がもたらす環境変動が、基本的には同じ問題であることを、ここで説明しておく。そのためには、地球がシステムであることを理解する必要がある。

システムとは、複数の異なる構成要素から成り、それらの間に相互作用（関係性）がある構造をいう。相互作用は駆動力（エネルギー）によって引き起こされる。われわれが地球上で見かけるあらゆる構造がシステムである。たとえば、生命も、人体も、社会も、地球も、システムである。そのシステムを特定するには、構成要素、関係性、駆動力を特定すればよい。

地球システムの構成要素は、たとえば、地球を構成する物質圏を考えるのが一般的である。大気や海や地殻、マントル、コア、あるいは生物圏などがそうである。その関係性とは、たとえば、海から蒸発した水蒸気が、大気中で凝縮し、雲を作り、その量が増えれば雨となって落下し、大陸を侵食し、海に流れ込む、というような物質循環を考えればよい。この場合の駆動力は、太陽からのエネルギーである。

地球の歴史とは、それを地球システムという見方から考えると、上で述べた個々の構成要素、すなわち物質圏が、いつ、いかにして分化したかを記述することである。今から約45億年前、地球は誕生した。微惑星の集積により成長を続ける地球は熱く、その地表はどろどろに溶け（マグマの海）、その周りを水蒸気や一酸化炭素からなる原始大気が覆っていた。微惑星の集積が終わる頃、地表は冷え、原始の地殻が誕生し、原始大気から水蒸気が凝縮し、雨となって地表に降り、海となった。40億年くらい前、原始（海洋）地殻から大陸地殻が分化し、そして20億年くらい前、生物圏が分化した。

現代も同様のことが起こっている。生物圏からの人間圏の分化である。それは農耕牧畜という生き方を選択した結果、誕生した。今、夜半球の地球を宇宙から眺めると、煌々(こうこう)と輝く光の海が見えるが、それが人間圏である。

新しい物質圏が分化する、すなわち新しい構成要素が誕生すると、地球システムの物質循環が変わる。その結果地表では、環境変動が引き起こされる。われわれが地球環境問題と称する問題は、人間圏の誕生によって引き起こされた地球環境変動に他ならない。

巨大隕石の衝突による地球システムの変動

原因は異なるが、巨大隕石の落下も地球システム、とくに地表付近の物質循環に変動をもたらす。巨大隕石の落下はきわめて短い時間の現象だが、人間圏の誕生と拡大も地球の歴史に比べれば、同様にはるかに短い現象である。原因は異なっても、その結果引き起こされる地表付近の物質循環の変動が似ていれば、それに対する地球システムの応答も似てくる。地球環境問題を理解するためには、この地球システムの応答メカニズムを知らなくてはならない。そのためには過去に起こった同様の変動を知る必要がある。以下で、6550万年前に起こった天体衝突を例にして、どんなことが起こるのかを紹介しよう。

直径10 kmくらいの天体が、秒速20 kmを超える速度で地表に衝突すると、衝突地点で衝撃波（その通過に伴い、物質の圧力を高める波）が発生し、衝突天体と地球に伝播していく。衝突天体中を伝播する衝撃波はすぐに後端に達し、反射するが、その際波の位相が反転し、今度は圧力を解放する波（希薄波）として伝播する。この波の通過に伴い、爆発と同様の現象が引き起こされる。その結果衝突天体は蒸発し、地表は融け、粉々に破壊され、衝突蒸気雲が大気中に広がり、深い穴が形成される。それがクレーターである。

大きい破片はクレーターの周囲に落下し、堆積するが、細かな破片は衝突蒸気雲とともに大気圏上空まで広がり、落下する。その落下に伴い、大気は加熱され、熱くなる。そのため、森林には火災が起こり、多量の煤(すす)が発生する。塵や煤は太陽光をさえぎり、地表は闇に閉ざされる。6550万年前の衝突は、現在の地図上では、ユカタン半島北端のチチュルブ村を中心とする地域で起こった。同地域は6550万年前には浅い海の下にあったから、海洋に起こった衝突である。多量の水蒸気が蒸発し、その付近の岩石は炭酸塩岩、硫酸塩岩を主とするので、一酸化炭素や硫黄酸化物も多量に含まれる。これらのガスは長く大気中に留まる。そのため、衝突後、これらのガスによって引き起こされる気候変動が長く続く。

図2　6550万年前の地球に隕石が衝突するイメージ図［ドン・デイビス画、wikimedia commonsより］

衝突の瞬間、付近の海は蒸発し、そこに周囲の海の水が流れ込む。流入する海水は巨大な水柱となって盛り上がり、その後崩壊して周囲に広がり、地球史上最大ともいえるすさまじい規模の津波が発生する。海の深さが200 m程度とすると、付近の陸上に達する津波の波高は300 mを超える。それは波というより海面が上昇するような現象である。というのは、波長が1000 km近くに達するからである。津波は当時の北米大陸を遡上し、低地はほとんど海の下に没してしまう。

このような天体衝突に伴い、現在の地球環境問題と同様の環境変動も引き起こされる。たとえば、加熱された大気中では一酸化窒素が形成されるが、それは特定フロンと同様にオゾン層を破壊する。その結果、一時的にオゾン層は消滅したと予想される。窒素や硫黄の酸化物は雨に溶け込み、地表に降る。それは強烈な酸性雨として表層の海を酸化するだろう。

このような環境変動により、当時の生物圏は壊滅的影響を受ける。とくに、生態系の頂点にいた生物、たとえば恐竜や、浅い海に生息していたアンモナイトなどの絶滅である。しかし、環境変動の影響の少ない深海や、地表でも穴の中に住んでいたような動物は生き延びている。

人間圏の誕生により引き起こされた物質循環の乱れに、地球システムがどのように応答するか、その理解なくして、地球環境問題の解決はありえない。そのためには、かつて、同様な変動を引き起こした巨大隕石の衝突という事件について、われわれはもっと学ぶ必要がある。

【松井孝典】

⇒C 雲と人間活動 *p30*　D 地球温暖化による生物絶滅 *p178*　E 地球システム *p500*

〈文献〉Alvarez, L. W., *et al.* 1980.　Schulte, P., *et al.* 2010.　Tada, R., *et al.* 2002.

ネアンデルタールとクロマニョン

明暗を分けた環境変化に対する適応の違い

ネアンデルタールとクロマニョンとは

ネアンデルタールは20万年から3万年前、欧州大陸、中東西アジア、中央アジア一帯に生存していた中期旧石器時代人に対する総称である。その第1号人骨は1856年、南ドイツ、デュッセルドルフ近く、ライン川の支流にあるネアンデル渓谷にあったフェルトホーフェル洞窟で偶然発見された。その発見は、しかし、チャールズ・ダーウィンの『種の起源』が出版される2年前という時代状況もあって、人類進化上の評価はすぐには定まらなかった。結局、ヨーロッパ人の祖先集団ホモ・サピエンス（*Homo sapiens*）が登場する以前に生存していたヒトの証拠化石として、固有の呼称ホモ・ネアンデルタレンシス（*Homo neanderthalensis*）と定義されるのは1864年である。一方、クロマニョンは1868年、南フランス、ボルドーの東、レゼジーにあるクロマニョン洞窟で発見された化石を第1号人骨として命名された後期旧石器時代人であり、現代ヨーロッパ人の祖先集団として4万年前に登場した新人サピエンスに対する総称である。

ネアンデルタールとクロマニョンの間柄

ヒトの進化の道筋に関する認識は20世紀後半の遺伝研究の発展によって劇的に変化した。その好例のひとつが、ヒトの起源問題とともに論争が絶えなかった新人サピエンスの起源問題、言い替えれば、われわれ現代人の起源論争が決着したことである。新人サピエンスの成り立ちについて、ネアンデルタールとの直接

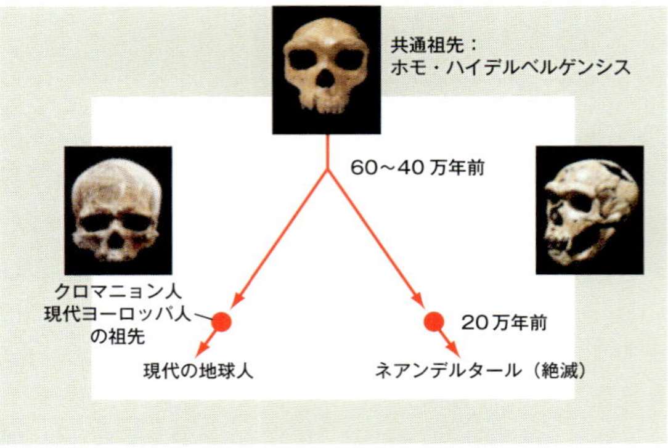
共通祖先：
ホモ・ハイデルベルゲンシス
60～40万年前
クロマニョン人
現代ヨーロッパ人の祖先
現代の地球人
20万年前
ネアンデルタール（絶滅）

図1　旧人ネアンデルタールと新人サピエンスの間柄に関する最新モデル。西欧ネアンデルタールのミトコンドリアDNA解読結果に基づく［斎藤 2005］

の系譜関係（ネアンデルタールが新人サピエンスへと進化した）が否定され、唯一アフリカの地で出現（20万年前）したという、今日では定説化した進化モデル「新人アフリカ単一起源説」が生まれた。

DNA研究はさらに、その新人サピエンスとネアンデルタールの間柄について、もうひとつの仮説モデルを提起した。それはネアンデルタール人骨からのミトコンドリアDNAの抽出とネアンデルタールの遺伝子解読という画期的な研究成果に基づいている。ネアンデルタール人骨から抽出されたミトコンドリアDNAの配列はネアンデルタールの間では似ているが、現代人とは大きく外れる。この解読結果は、両者の祖先集団は50万年ほど前に最後の共通祖先から分かれ、別の道を影響しあうことなく歩んだ後、それぞれの道からネアンデルタールと新人サピエンスが生まれたことを示唆した（図1）。このDNA仮説は化石でも検証されつつある。

共通の祖先として有力視されているのがホモ・ハイデルベルゲンシス（*Homo heiderbergensis*）である。欧州大陸でハイデルベルゲンシスからネアンデルタールという固有の系統が誕生する20万年前、アフリカでは現代人の祖先集団、新人サピエンスがやはりハイデルベルゲンシスから生まれる。アフリカで生まれた新人サピエンスはその後アウト・オブ・アフリカと称される移住拡散を繰り返し、ユーラシア大陸各地に移り住み、その一派は欧州大陸にもおよび、そして登場した一団が上述のクロマニョンである。

ネアンデルタールとはいったい何者か

ネアンデルタールはわれわれ新人サピエンスとは違った形態特徴を示す。大きな鼻、長くて低い脳頭蓋、長い顔、前に突き出る顔面部、アーチ状に隆起する目の上の骨、大きな前歯、突出しないおとがい、隆起する後頭部、大きな脳頭蓋、幅広の胸部、骨太のがっしりした胴体、短い手足等々。この種の形態特徴のなかに*ベルグマン・アレンの法則と関連するものがあると解釈され、ネアンデルタールの骨格は寒冷地適応の所産とする仮説が生まれた。たしかにネアンデルタールが生存したのは直近の氷河時代だった。

アフリカの熱帯亜熱帯域で進化してきたハイデルベルゲンシスが氷期環境にあった新天地ヨーロッパ大陸

に進出し定着するには、技術的適応とともに、生理的にも順応する必要があった。その過程で体はしだいに改造され、上記のような形態学的特徴が獲得されていった。そして完成したのがネアンデルタールに固有のユニークな顔つきと姿かたちだとする仮説である。

さて、氷期のヨーロッパ大陸で生き抜くには動物資源の獲得、獲物の確保は欠かせなかった。とりわけ植物資源の生産力が落ち込む冬期はなおさらであった。ところが、彼らの狩猟技術や携帯する道具では、狩猟とは、獲物とまさに格闘するような危険を伴う活動だったはずで、負傷して死を招く場合もあり、その仲間の死を悼んで花を供えて葬った。彼らネアンデルタールは、そのような、われわれと変わらぬ心の持ち主だった、という説がある。

ネアンデルタール埋葬説は、1950 年代から 60 年代に発掘されたイラクのシャニダール洞窟で発見されたネアンデルタール人骨の一体（第 4 号人骨、成人男性）のまわりの土壌から大量の花粉化石が発見されたことが契機となって生まれた。花粉化石は、彼の死を悼んだ家族や仲間たちが洞窟のまわりに咲いていた花を摘み取って供え葬った証しになると解釈されたのである。われわれとは無縁な獣のごとき生き物と紹介されることの多かったネアンデルタールのイメージを一新することになったが、その後、同種の発見例で検証できないこともあって、ネアンデルタール埋葬説については、今日、それを疑問視する研究者が少なくない。

ネアンデルタールとクロマニョンの交替劇

さて、4 万年前、ヨーロッパ大陸で遭遇した入植者クロマニョンと先住民ネアンデルタールは 1 万年近く共存した後、ネアンデルタールは次第に消滅していき、絶滅する。両者の間でいったい何があったのか。両者の間に友好的な関係が芽生え、混血児が誕生し、ネアンデルタールはクロマニョンに吸収されていったのか。それとも、軋轢が生じ、争いに至り、一方が、

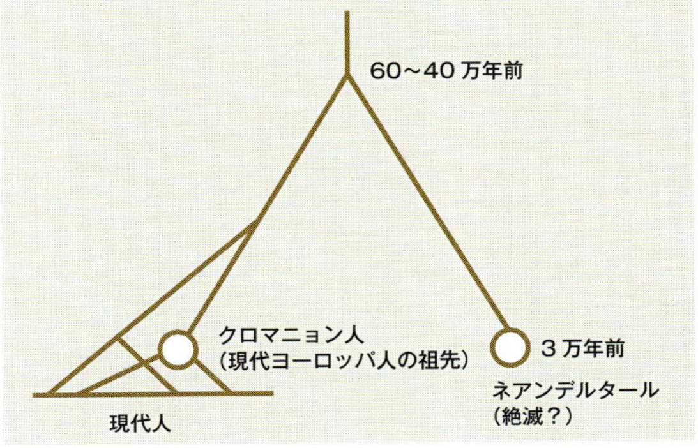
60～40 万年前
クロマニョン人
（現代ヨーロッパ人の祖先）
3 万年前
ネアンデルタール
（絶滅？）
現代人

図 2　現代人、クロマニョン、ネアンデルタールの mtDNA 遺伝子系統概略図［斎藤 2005］

相手方を殺戮そして駆逐することになったのか。このネアンデルタール絶滅仮説は現代人起源論争に残された最大の謎である。

何が両者の命運を分けたのか。交替期（アフリカでは 20 万年前以降、中東では 10 万年前以降、欧州では 4 万年前以降）の時代状況（自然・社会）に対する適応能の違いに原因を求める「環境仮説」、技術・経済・社会システムなどの優劣に原因を求める「生存戦略説」、言語機能の有無に原因を求める「神経仮説」、あるいは両者の間での混血を想定する「混血説」などがある。そして最近、両者の生得的な学習能力差に原因を求める「学習仮説」などの仮説モデルが相次いで発表され、実証的研究に付されている。この関連で注目されるのが Cambridge Stage 3 Project である。

Stage 3 とは、6 万年前から 2 万年前、ヨーロッパ大陸は最後の氷期に当たり、同時にクロマニョンの入植そしてネアンデルタールの絶滅という直近の交替劇の起こった時代である。このプロジェクトは、交替期の気候変動パタンとそれに対するネアンデルタールとクロマニョン両者の適応行動の違いをみごとに復元した。すなわち、気候変動に対して生息適地を求めて、いわゆる南北移動を繰り返したネアンデルタールと技術開発をもって生息適地を相次いで創出していったクロマニョンの違いである。言いかえれば、先行の技術伝統を堅持しながら気候変動に対処したネアンデルタールと技術革新を成し遂げていったクロマニョンの違いである。

以上の技術適応行動の違いは両者の道具の種類内容（素材・形状）、製作技術や製造工程に証拠を留める。とりわけムステリアン・タイプと総称されるネアンデルタールの遺した道具箱から入植グループが遺した道具箱への変化がその差を雄弁に物語る。道具部材は石のみから石、骨、角、象牙へと多様化し、道具の用途機能は単体道具から部品へ、汎用具から機能別目的具へと変化した。製造工程も部材調達、部品製造、製品化、備蓄へとシステム化し、さらにその変化はネアンデルタールではほとんど静止状態であるのに対し、クロマニョンでは急速である。技術伝統の模倣に長けたネアンデルタールに対し技術革新に長けたクロマニョンというシナリオであり、そこに両者の命運を分けた原因が求められそうである。　【赤澤　威】

⇒H 花粉分析 *p400*　H 環境変化と人類の拡散 *p410*

〈文献〉Adler, Ds., *et al.* 2008. Aoki, K. & W. Nakahashi 2008. Borenstein, E., *et al.* 2008. Cann, R.L., *et al.* 1987. Duarte, C., *et al.* 1999. Klein, R.G. & B. Edger 2002. Krings, M., *et al.* 1997. Shea, J.J. 2008. Solecki, R. 1971. Stringer, C. & P. Andrews 2005. 近藤修 2004. T.H. van Andel & W. Davies, eds. 2003.

環境変化と人類の拡散

DNA 分析が描く拡散のシナリオと地球環境

DNA が明らかにする人類の拡散ルート

前世紀末から急速に進んだ DNA 分析技術は、生物学のあらゆる分野に大きな変革をもたらした。それは人類学の分野も例外ではなく、これまで化石の形態の研究によって組み立てられてきた人類の進化と拡散のストーリーに、分子生物学的な手法によって得られた結果が取り入れられるようになっている。とくに女性の系統を追求できるミトコンドリア DNA と、男性の系統をさかのぼる Y 染色体 DNA の系統分析は、これまで化石証拠の不足から推測すらできなかった人類の初期拡散に関して新たなシナリオを描くに至っている。

しかしながら DNA の系統分析自体は人類の拡散のルートに関する情報を提供するものの、その要因について語ることはない。その答えは考古学や地理学、民族学などとの学際的な研究の中から生み出さなければならない。とくに初期拡散から農耕民の移住過程を考えるとき、環境の変化が人類の拡散ルートを決定する大きな要因となったことは確実で、その研究は人類拡散のシナリオを解明するために重要な情報を提供する（図 1）。

人類拡散の諸相

現存する地域集団の遺伝的な構成は、過去のさまざまな歴史的要因を反映している。したがって人類史の復元を試みる際には、時系列に沿いながらそれらを解明していくことになるが、その際には拡散にいくつかのフェーズがあることを認識しておく必要がある。その最初は出アフリカ後の人類の初期拡散になる。これは狩猟採集民によるテリトリーの拡大過程と捉えることができる。ネアンデルタール人が占有していた欧州を除けば、人類の初期拡散はフロンティアへの進出だった。

次のフェーズは、1 万年前以降に起こった初期農耕民による拡散である。現在まで続く集団の地域差は、主として初期拡散とこの初期農耕民の拡散によって確立されたと捉えられるが、これ以降の集団の移動では、つねに先住集団との関係が問題となっていく。農耕民による拡散が一段落した後は、環境の変化や政治的な要因によって局所的な移住・拡散が世界の各地で繰り広げられていく。そして 15 世紀に始まる大航海時代

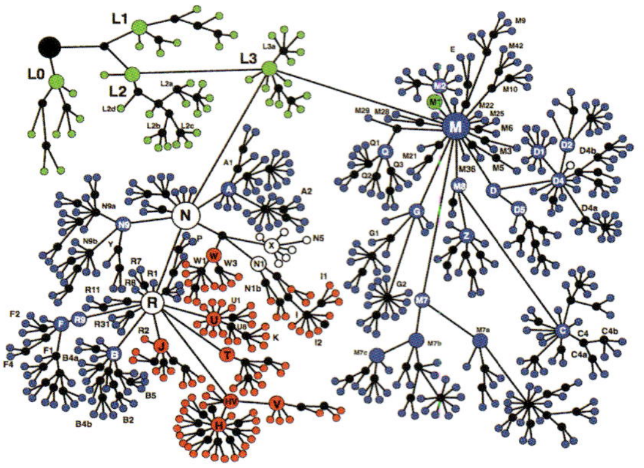
L0
L1
L2
L3
M
N
R

図 1　ミトコンドリア DNA の系統分析。緑はアフリカ、青はアジア、赤は欧州に分布するハプログループ。黒丸は絶滅した中間型を、白丸はアジアと欧州にまたがって存在するタイプを示している

以降は、新たなフェーズが始まる。それまでの人類の移動がある程度は環境要因によるものだったのに対し、これ以降は主として経済的な要因によって人びとが動くことになった。基本的には男女が同時に動いた時代は終わり、政治的・経済的な格差によって性による移動の偏りも見られるようになる。15 世紀以降、新大陸ではモンゴロイドの末裔の社会に、欧州やアフリカ系の集団が流入することになったが、DNA 分析は現在の南米先住民の社会には白人男性由来の DNA が女性のそれに比べて 7～8 倍ほど多く入り込んでいることを明らかにしている。

出アフリカと環境

現生人類の遺伝的多様性の研究から、われわれの共通祖先はおよそ 15 万年前に誕生したと考えられている。アフリカ人と世界の他の地域の集団の遺伝的な多様性の比較から、出アフリカは 7～6 万年前の出来事だと予想されているので、人類は誕生してから 7～8 万年もアフリカに留まっていたことになる。

狩猟採集民として出発したわれわれの祖先は、数十人単位の集団による移動生活を送っていたと考えられる。最近の研究で 15 万年前から 7 万年前までのアフリカは、大きな気候変動を繰り返していたことが指摘されている。極端な乾燥化と湿潤な気候が交互に現れる環境だったようで、自然からの恵みに頼る彼らの生存が脅かされる事態も多かったことが想像される。し

かし同時に人類はこの時期にさまざまな文化的要素を発達させている。環境に対する文化的な適応が、彼らの生存の可能性を高めていったのだろう。

アフリカ人のミトコンドリア DNA の系統解析から、出アフリカの時期に相当する時期には、少なくとも 40 ほどの系統が存在したことが予想されている。しかしながらその中で世界に進出するのはわずか 2 つの系統だけであり、このことから出アフリカを成し遂げた人びとの数はせいぜい数百から数千人だったと考えられている。出アフリカは大きな困難を伴うものだったのだろう。

遺伝子と考古学の証拠は、出アフリカ集団が紅海の出口付近を通り対岸のアラビア半島に向かうルートを利用したことを示している。この時期の海水面は、氷河期の気候変動により現在よりも 70m ほど低下していたが、それでも対岸へ向かうには幅数十 km の海を渡る必要があった。紅海のアフリカ側の海岸には 12 万年ほど前から人類が住み着いていた証拠がある。海産の生物資源に依存し、海岸での生活に適応していたこの集団の子孫の中から出アフリカを成し遂げた人びとが生まれたのだろう。

初期拡散

最初の出アフリカを成し遂げた集団が、海岸に居住し食料を海産物に頼った集団であったと考えられることから、初期の拡散ルートは海岸線に沿ったものであったと想像されている。現生人類はおよそ 5 万年前にはオーストラリア大陸に到達したことがわかっているので、移動は比較的早いスピードで行われたことになる。出アフリカを成し遂げた集団については、現時点でこれ以上の情報はない。海岸伝いに存在した考古遺跡は、海水面の上昇によって海底に沈んでいて発見が困難であることに加えて、狩猟採集民としての性格も、周辺の農耕民との間で相互依存の関係を持つ現在とは大きく違っていたはずである。したがって現代の狩猟採集民の姿から演繹してその実像を描くことはできない。テリトリーの急速な拡散は、大きな人口増加率に支えられなければならず、その点でも現在とは大きく異なっていただろう。私たちは従来の概念に当てはまらない「狩猟採集民」の姿を想像する必要がある。そのためにはこの時期の移動ルートにあたる地域の地形や気候、植生などの古環境の復元が重要な情報を提供する。とくに人類の初期拡散は最終氷期にあたっており、旧世界各地での氷河期の気候と地形の復元が研究の鍵を握っている（図 2）。

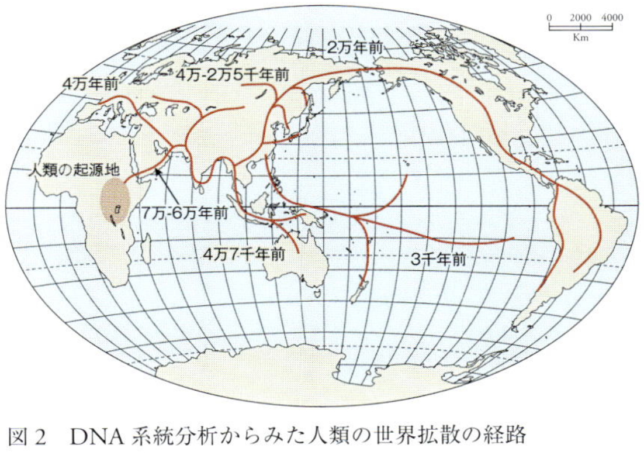
0 2000 4000
Km
2万年前
4万年前
4万-2万5千年前
人類の起源地
7万-6万年前
4万7千年前
3千年前

図 2　DNA 系統分析からみた人類の世界拡散の経路

農耕と拡散

初期拡散と並んで、1 万年前以降に起こった初期農耕民によるテリトリーの拡大は、現在の人類集団の分布に大きな影響を与えている。初期農耕民の拡大が言語族の分布とも密接に結びついていることも明らかとなっており、地域集団の成立に関する農耕の役割は想像以上に大きい。狩猟採集と並んで農耕も自然環境に大きく依存する生業形態だが、双方が同じ自然環境を必要としているわけではない。農耕の初期拡散の時期にどのような自然環境が用意されていたのかを知ることは、先住の狩猟採集民と農耕民の関係を知る際の手がかりとなる。

狩猟採集民社会が農耕を取り込んでいった過程を明らかにすることは、地域集団の成立過程を理解するために重要である。しかしながら研究の進んでいる欧州を見ても、その解明に最も有効だと考えられる遺伝子を使った研究ですら結論の一致を見ていない。基本的には在来の狩猟採集集団が農耕を主体的に受け入れていったと考えているが、現時点では中東から農耕を携えて流入した人口の規模を確定するには至っていない。古人骨の DNA 分析を含めた、さらなる時間・空間的な研究の広がりが必要とされている。

東アジアにおける農耕民の伸張は、最終的には太平洋の諸島にまで影響を及ぼす大規模なものだった。したがって日本人の成立を考える際にも、東アジア全体を見渡した視点が必要とされる。弥生時代初期（B.C.1000 年頃）の渡来系稲作農耕民の流入も、東アジアにおける稲作農耕民の移動の一環として捉えるべきで、この時期には北部ベトナムでも中国南部からの農耕民の流入が確認されている。東アジアでは農耕民の周辺への拡大が大規模に起こった可能性もあるが、その解明には環境問題も考慮した総合的な研究が必要となるだろう。　【篠田謙一】

⇒D 言語多様性の生成 *p152*　H 人間活動と環境変化の相関関係 *p362*　H DNA 考古学 *p404*　H 狩猟採集民と農耕民 *p412*　H 環境変動と人類集団の移動 *p416*　H 縄文と弥生 *p432*

〈文献〉Forster, P. 2004. ベルウッド、P. 2008(2005).

狩猟採集民と農耕民

人工化する生態系と環境

狩人の拡散

アフリカ南部にあらわれたホモ・サピエンスは20万年という短い期間のうちに地球上に拡散をはたし、現在その人口は70億に達しようとしている。それが可能だったのは食料が確保できたからである。食の調達は、まず自然の中に散在する食を求める狩猟・採集の段階があり、次に動植物を管理育成する農耕（牧畜）、そして機械化された農業に移行することで生産量を増やしていった。それは自然環境を人為的に改変することで進められたのである。

拡散の先兵となったのは狩猟採集民だった。現在、狩猟社会の1つのモデルを復元できるのは、欧州の旧石器時代である。約4万年前にこの地に来た集団は3万年前頃から急速な充実をみせる。その文化が技術的に優れていたことは、精巧な道具類のあり方からわかるが、精神世界でも豊かで信仰の対象となる女神像をつくり、きらびやかな装身具や鮮やかな色彩があったことは、儀礼具、写実的な動物を描いた洞窟画などから容易に推測できる。狩猟対象の中心となったのはマンモス、ウマ、バイソンなどの大型獣だった。その後、この集団は獣を追って寒帯の草原（ツンドラ）を伝ってシベリアを経て北米中央部まで進出する。その速度は、最短距離を歩いたと仮定すると、年2km近い速さであった。

火という利器—植生の撹乱

拡散する集団は、あとを顧みることなく進んでいったわけではない。進出の準備や、子孫をつくり増やすための基地がぜひとも必要であった。それらの基地はのちに半永久的な拠点となって領域が形成され、そのなかで独自の食料資源を開発していった。それは、世界各地の考古学資料や民族学の記録に見られるように、ナマコやウニなどの棘皮動物や昆虫、ソテツ、トチ、野生ジャガイモなど、毒やアク抜きをして食べられるものまで何でも食べる食行動からも明らかである。圧倒的な力を持つ自然の中で、住みやすい環境をつくり、獲得にリスクが少なく、しかも安定した供給が期待できる植物食が主食となったことが定住に向かう大きな要因であった。そのために重要な役割を果たしたのは、石器などのモノではなく、火という道具だった。

典型的な例としてオーストラリア・アボリジニ社会をあげてみよう。この大陸には5万年前に人が移住して以来、欧州人が渡ってきた18世紀末まで、狩猟採集生活が続けられていた。彼らは30人前後の親族を中心としたバンド（ホルド）集団が離合集散する流動性の高い社会をつくり、半定住的なキャンプを中心に、食料をもとめて領域のなかを移動していた。有袋類のカンガルー、エミュやカササギガンなどの鳥類、トカゲ、カメ、ヘビなどのハ虫類を狩り、魚類や貝類の水産資源もさかんに利用していた。野生植物のヤムイモ、ソテツなどは栽培に近い状態にあったという意見もある。

アボリジニが林や草原に意図的に火を放つ行為は、高度にシステム化されており、①季節（雨季と乾季が明確に分かれる）による雨量、温度、湿度の変化、②熱帯雨林や聖地などでの使用禁止、③炎の高さ（低い炎はクールファイア、樹冠にまで届くものはホットファイアと呼ばれ、林床の状態で使い分けられる）にきびしい規律があり、それは儀礼の歌や絵画によって伝承される。これは頻繁に火を放つことで火極相をつくって遷移を押さえ、明るい林をつくって活動しやすくするとともに、生物多様性をうながして食料資源を増やすのである。オーストラリア大陸は平坦で乾燥しているため、自然発火による大規模な火災が周期的に発生する。その結果、植物も火に適応していることを利用した巧妙な環境コントロール法であった。オーストラリアでは条件に恵まれて、火の利用システムが残ったが、世界の他の地方でも広く行われていたことが十分予想できるのである。

火の利用は農耕の発生へとつながっている。森や草原を火で撹乱して新しいニッチをつくり、囲い込まれた有用植物を選抜し、人手をかけることが栽培へと向かう道であるという中尾佐助の提唱した半栽培の段階に当たる。その様子は、すでに農耕のレベルにある焼畑を営む村の食の事情がよくあらわしている。焼畑の村は小さな集落、狭い耕地、跡地や周辺にある野生の動植物を活用するなどの点で狩猟採集社会と重なる部分が非常に多いのである。

狩猟採集から農耕へ

狩猟採集社会についての考古学、民族学情報をあつ

出発点	到達点	距離（km）＊	時間（万年）	速度（km/年）
アジスアベバ（エチオピア）	カルメル（イスラエル）	2660	10	0.03
カルメル（イスラエル）	ボン（ドイツ）	3020	6	0.05
ボン（ドイツ）	バイカル湖（ロシア）	6309	1.5	0.42
バイカル湖（ロシア）	フェアバンクス（USA）	5431	1	0.54
フェアバンクス（USA）	テキサス（USA）	5132	0.3	1.71
テキサス（USA）	モンテベルデ（チリ）	8328	0.1	8.33
カルメル（イスラエル）	柳江（中国）	7190	3	0.24
柳江（中国）	ダーウィン（スラバヤ（インドネシア）経由）	5575	2	0.28

表 1　旧石器時代遺跡と人の拡散速度　＊直線距離

めて概観したのは *Man the Hunter*（1968、第 4 刷 1973）であった。その冒頭に載せられた B.C.10000、A.D.1、500 および 1972 の 3 つの図をみると、もとは世界に分布していた狩猟社会（推定人口 1000 万人、うち狩猟採集民の比率 100%）が、次第に縮小し（同 3 億 5000 万人、同比率 1%）、いまではごく限られた地にその痕跡をとどめるに過ぎなくなる（30 億人、同 0.001%）までの過程が明確にわかる。その要因となったのは、農耕への転換であり、さらにそれが巨大化し、複雑化した近代文明の浸透であった。現在、狩猟採集社会とよばれるものもその影響から逃れられていないのである。

農耕社会では、道具を使わず、火だけで自然の一部を変えるだけの狩猟採集段階に比べ、田畑という人工的な施設をつくって大規模な環境改変をおこなうようになった。森林伐採や地形改変のための道具類の大型化と種類の多さを見ればその差は明らかである。とくにコムギ、コメ、トウモロコシ（今日、この 3 種で全農産物の 60% を供給している）という穀類は安定した収穫が期待でき、しかも長期的に保存できることから富の蓄積がはじまり、ピラミッド型の階層社会があらわれる。この組織は労働力を集中的に投入してさらに耕地を増やし生産力をあげるのに有効であり、今日の社会もその流れの中にある。

写真 1　アーネムランドの火つけ（クールファイアー）（2004 年）

狩猟採集から農耕そして現代へとつなげてみると、これらの生業は結局人口（密度、増加率）と支持力（生産量）に集約できるだろう。狩猟採集時代の人口密度は基本的には 0.01 人 /km^2 程度で、完璧な自然生態系のなかで支えることができる値である。ところが、いわゆる四大文明をつくりあげた本格的農耕社会になるとコメやムギなどの外来植物をもちこみ、その育成のために水田や畑という広大な施設をつくるようになった。さらに機械化の進んだ現代では、山を削り沼や海を埋めて自然環境は人工的なものへと変えられている。その結果、食料生産とはほとんど関係のない都市が出現して、その人口密度は数万人/km^2 という高さになり、公園や庭園、街路樹などの人工的自然がつくられる。現代は人工化がさらに進んで、機械や化学薬品を駆使することで自然を破滅に追いやるような道をたどっているといえるのではないだろうか。

狩猟採集民の将来

狩猟採集民はコロンブスが新大陸を発見した 16 世紀初頭には、米大陸北部、南米南部、アフリカ中〜南部、オーストラリア、シベリア東部、東南アジアを中心に大きな領域を占めていた。しかし、1972 年の調査ではその領域は、点状に分布がみられるにすぎなくなっている。同じ動きは焼畑などの農耕民にも及び、自然生態系の中で生活を営む集団は、実質的には消滅している。それは、狩猟採集民もグローバル化した市場経済に巻き込まれているからである。現在のアフリカや東南アジアなどでは難民キャンプや都市スラムに吸収されている。一方、オーストラリア、カナダ、米国などの福祉国家では、マイノリティ集団のアイデンティティとして狩猟が保証されているが、自立のために伝統的な生業活動を観光資源として使おうとする動きもみられる。狩猟民は囲い込まれた保護地や公園のなかでのみ存在し、狩猟採集活動は、スポーツや山菜採りなどの趣味としてしか残らないのかもしれない。

【小山修三】

⇒C焼畑における物質循環 *p118*　D生物文化多様性の未来可能性 *p192*　R焼畑農耕とモノカルチャー *p252*　H環境変化と人類の拡散 *p410*　H縄文と弥生 *p432*　H栽培植物と家畜 *p458*

〈文献〉Stringer, C. & P. Andrews 2005.　Burenhult, G., *ed.* 1993.　Lee, R. B. & I. DeVore, eds. 1968.　Jones, R. 1969.　小山修三 2002, 2010.

冬作物と夏作物

農業の拡散を支えた作物の多様性

冬作物と夏作物

作物には、イネやトウモロコシのように初夏に種子を播いて秋に収穫するものもあれば、コムギやナタネのように秋に種子を播いて翌年の初夏に収穫するものもある。植物学的にはそれぞれ一年生植物、二年生植物とよばれ、作物学的には夏作物、冬作物とよばれている。イネ、トウモロコシ、モロコシ、ヒエ、キビ、アワ、ダイズ、サツマイモ、ソバ、ワタ、ゴマ、ヒマワリなどが夏作物の代表例であり、冬作物にはコムギ、オオムギ、ライムギ、ナタネ、エンドウなどがある。

夏作物と冬作物というこれらの作物群が成立した背景には、それぞれの起源地の気候の違いがある。夏作物のイネやダイズが起源したのは夏雨のモンスーン地域であるのに対して、コムギやナタネは冬雨地域である西南アジアから地中海沿岸であった。農業の初期段階には、これらの作物の分布域はそれぞれ、夏雨地域、冬雨地域を出ることはなかったのである。

作物の適応と順化

冬作物は冬季の低温に対する耐性をもっている。イネは低温では不発芽や黄化・枯死などの障害が発生するが、ムギ類は2℃前後でも発芽して成長する。さらに、順化という性質により、晩秋から冬にかけての気温に相当する6〜10℃で1カ月ほど栽培（ストレス処理）することで耐凍性が強まり、−10〜−20℃という低温でも枯死しなくなる。

また、ムギ類やナタネには春化という現象が知られており、幼苗期に一定期間の低温にあわないと、栄養成長から生殖成長（花芽形成もしくは幼穂形成）に移行しない。この性質のために、秋に発芽したムギ類やナタネの苗は冬季の低温によって春化されるまで栄養成長を続け、低温による幼穂枯死を回避することができる。春化は冬作物がさまざまな地域の寒冷な気候に適応してゆくには不可欠な特性である。

夏作物の拡大にも適応のプロセスが関係している。たとえば北緯40°を超える高緯度地方で水田稲作が定着したのは、世界でもここ1000年ほどのことに過ぎない。北海道では明治以降のことであった。短い夏の間に発芽して成熟する早生品種の栽培が広がったからである。イネは秋になって日長（昼間の長さ）が短くなるのに反応して花芽をつける。この性質を短日性（あるいは日長反応性）といい、関係する遺伝子も知られているが、早生品種はこの遺伝子の働きが鈍くなっているか、または失っている。

冬作のイネ、夏作のコムギ

イネやコムギなどのいわゆる主要作物はその栽培地域を世界中に広げる過程で適応の範囲をさらに広げた。ムギやナタネの品種の中には、春化なしに花芽形成するもの（春播型という）が登場した。これらは、冬の寒さが厳しく越冬できない高緯度地域や高山（1月の平均気温がおおむね−7℃以下の地域）に広まり、あたかも夏作物のように春に播種して晩夏に収穫する農業体系ができあがった。コムギではこれらはとくに「春小麦」とよばれ、米国北部からカナダ、またウクライナから西シベリア南部などの地域で大規模に栽培されている。

写真1　北緯40°を越える青森県での稲作風景（青森県、2005年）［佐藤洋一郎撮影］

イネでも、短日性を完全に失った品種が、熱帯地方とくに冬季に雨量が多いインドシナ半島の東岸、中国大陸の南東岸や台湾などで冬季作品種として栽培されるようになった。そしてさらには亜熱帯地方での二期作栽培において、冬季に播種して初夏に収穫する第一期作用の品種として利用されるようになった。

このように、栽培地域の拡大は多様な品種を促し、結果的に種内の多様性（遺伝的多様性）が増大した。

二毛作と輪作

人の移動や交易によって作物の栽培地域が拡大し、さらに農業技術の発達や農業基盤の整備などの技術革新が進むと、冬作物と夏作物を組み合わせて栽培する二毛作（作期が異なる2種類の作物を一年の間に栽培すること）や輪作（数種類の作物を組み合わせて一定の順番でくりかえし栽培すること）が発達・普及し、土地の有効利用・土地生産性の増大が図られてきた。

欧州においては、ローマ時代以前は移動耕作の焼畑が多かったが、その後、秋播きのコムギ栽培と休閑を交互に行う二圃式農法（北欧、地中海地方）や三圃式農法（中欧）などの輪作体系が広く普及した。三圃式農法では集落ごとに耕地を三分して、その1つで冬作物（コムギ、ライムギの秋播き栽培）を、他の1つで夏作物（オオムギ、エンバクの春播き栽培）を、それぞれ栽培し、残りの1つは休閑地として家畜の放牧にあてる。これを3年間で一巡させるので、3年に1回の休耕と家畜の放牧により地力の回復が図られた。

日本列島でも、中世にはイネとムギの二毛作が普及する。二毛作は土地の生産性を高めることにはつながったが、その引き換えに地力が低下する。地力の低下を防ぐために、植物性の資源を使う刈敷や堆肥、魚粕などのさまざまな肥料がこの時期に開発され、施用されるようになった。

地球環境の変動と作物生産

各地域の気候に対応してそれぞれの地域で選抜されてきた農作物にとって、地球規模での環境変動（温暖化や不安定化）の影響は甚大である。冬作物のムギ類と夏作物のイネについて具体例で述べよう。

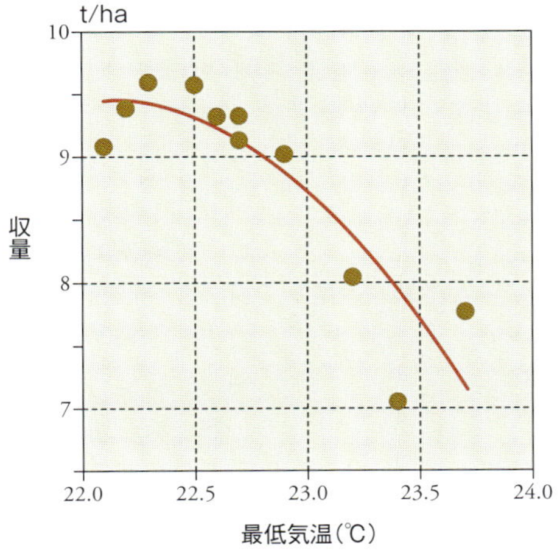

t/ha
10
9
8
7
収量
22.0
22.5
23.0
23.5
24.0
最低気温(℃)

図1　栽培期間中の平均最低温度とイネ収量との関係［Peng, *et al.* 2004］

写真2　収穫量が1t/haを越える英国ケンブリッジ郊外のコムギ畑（2006年）［佐藤洋一郎撮影］

わが国の関東以西の地域では、強い春化を必要としないムギ類が秋播き栽培されてきた。このため、冬季気温の上昇は幼穂形成を早め、結果的に早熟となってバイオマス生産、収穫量の減少につながる。さらに深刻なのが、環境の不安定化である。イネ科の植物は幼穂（花芽）形成を始めると茎が伸びはじめ、先端にある幼穂が地表面に押し上げられる。そのため花芽形成後に「寒の戻り」がおとずれると幼穂が枯死する恐れがある。このようにとくに春先の気候の不安定化は生産量の大きな低下を招く恐れがある。

イネについては、「最低気温が1° 上昇すると水稲の収量が1割減少する」というレポートがIRRI（国際稲研究所）から発表された（図1）。これは過去の気象データと収量データを解析して得られた結論であり、メカニズムの詳細は未解明であるが、フィリピンにおける温暖化の影響を示した衝撃的なレポートである。

一方、わが国の北海道においては温暖化すると収量が増加すると予測されている。逆に、本州西南部の地域においては、高温によって花粉がダメージを受けることでおきる不稔（ふねん）性による収量減が懸念されている。

今後、より大きな気候変動がおきるとの予測があるが、それに対抗する1つの手段が、これまでの農業活動を通じて獲得した多様な品種をうまく使って新しい環境に適応する品種を開発することである。その意味でも、各地に細々と残されている多様な品種の保全が望まれるところである。　【加藤鎌司】

⇒C地球温暖化と農業 *p38*　D作物多様性の機能 *p150*　D失われる作物多様性 *p180*　H大航海時代と植物の伝播・移動 *p418*　H水田稲作史 *p420*　H休耕と三圃式農業 *p454*　H栽培植物と家畜 *p458*

〈文献〉Iwaki, K., *et al.* 2001.　Hoshino, T., *et al.* 2000.　Peng, S., *et al.* 2004.　佐藤洋一郎・加藤鎌司編 2010.

環境変動と人類集団の移動

中国における集団の移動を中心に

ユーラシアの東西における人類集団の移動

遊牧民はじめ多くの人間集団は周期的な移動を繰り返してきた。一定の地域内で、家畜の食料となる草の生える装置を求める季節移動はユーラシアの広大な草原地域では広く行われてきた。また、経済的・社会的な目的からは、商団を編成した大規模な移動や移民が行われてきた。一方、歴史の中には、遠征、略奪、避難などの意図から大規模な集団を編成して行われる移動もしばしばみられた。そしてそれらはときに、国家や地域のあり方を大きく変える原動力ともなった。

世界史において大規模な集団の移動というと4〜5世紀のゲルマン系の集団の移動であろう。この移動の原因には、フンの集団の移動やさらには気候変動などがあげられているが、おそらく原因は複合的なものであろう。このフンの集団は一説にはユーラシア東部の匈奴の末裔とも言われる。匈奴はじめ、いくつもの遊牧集団がモンゴル高原で勃興した。彼らはユーラシアの東北部に拠点をおきつつも、生業も集団もまったく異なる異質な集団を交えて強大な政治勢力を作り上げ、ときに南方や周辺島嶼、ユーラシアの西方にまでその影響力を及ぼした。こうした遊牧集団の興亡や移動が環境変動とのかかわりでどう捉えられるのか。ここではそれについて書く。

中国の民族移動と環境変化

環境史の立場から中国における集団の移動を考えてみた場合、興味深い研究がある。1つは気候学者の竺可楨（1890-1974）が「中国五千年来の気候変遷の初歩的研究」という論文のなかで示した仮説である。秦漢時代と隋唐時代は年平均気温が現在よりも1〜2℃高い温暖な時期であり、その間の時期は後漢の1世紀から寒冷化に向かった時代であったというものである。五胡十六国の時代（304〜439年）に入った4世紀に寒冷化の頂点に達し、366年には3年連続して渤海湾が結氷して3000〜4000人の軍隊と車馬が氷上を渡れたという記録がある。こうした寒冷化が生業や集団の動き、あるいはその相互作用に複雑な影響を及ぼし、結果として大掛かりな集団の移動をもたらしたとも考えられる。

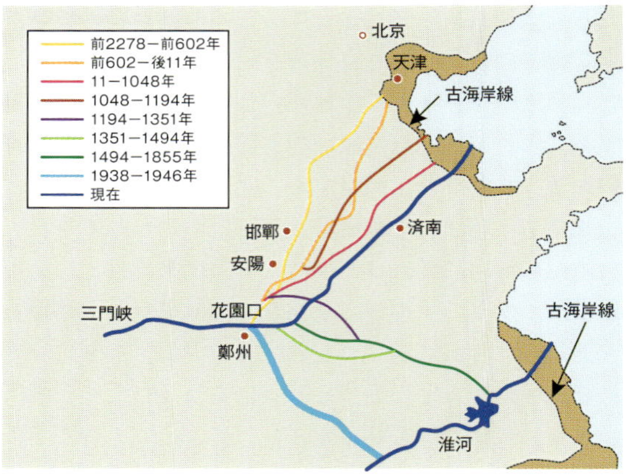
前2278−前602年
前602−後11年
11−1048年
1048−1194年
1194−1351年
1351−1494年
1494−1855年
1938−1946年
現在
北京
天津
古海岸線
邯鄲
安陽
済南
三門峡
花園口
鄭州
古海岸線
淮河
図2　黄河河道変動図［中国自然地理図集より改変］

遊牧民の活動は黄河の流れにどう影響したか

反対に人の動きが環境に影響を及ぼしたと思われるケースもある。黄河の流れもその1つであると考えられる。黄河は、後漢以降隋までの五百数十年で4回しか洪水を起こしていないが、前漢の180年間には堤防が10回決壊し、河道は5回変化した。唐代にも300年間に堤防が16回決壊して河道も1回変わっている。一方後漢から魏晋南北朝期（220〜589年）にはあきらかに安定していた。

魏晋南北朝時代は、異なる集団がはげしく移動し、政治的な分裂と混乱の時代であった。歴史地理学者の譚其驤（1911-

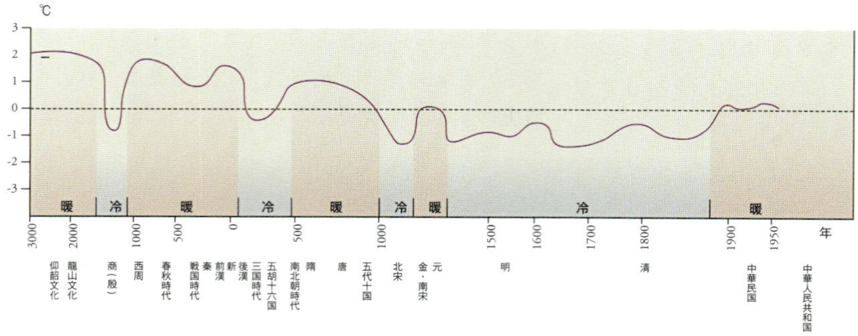
℃
3
2
1
0
-1
-2
-3
暖
冷
暖
冷
暖
冷
暖
冷
暖
3000
2000
1000
500
0
500
1000
1500
1600
1700
1800
1900
1950
年
仰韶文化
龍山文化
商（殷）
西周
春秋時代
戦国時代
秦
前漢
新
後漢
三国時代
五胡十六国
南北朝時代
隋
唐
五代十国
北宋
金・南宋
元
明
清
中華民国
中華人民共和国
図1　中国の気温変化グラフ。五胡十六国の時期が寒冷化していたことがわかる［中国自然地理図集より改変］

92）は「なぜ黄河は東漢（後漢）以後に長期的に安定した局面が現れたのか」という論文を発表し、黄河中流の土地を合理的に利用することが黄河下流の洪水を鎮める決定的な要因であるという説を展開した。黄河下流の断流についても、その原因は、中流のオルドス草原（陝西省北部、黄河に三方を囲まれた草原）における人の集団の移動とそれによる土地利用の変化が関係しているという。とすれば、黄河中流の黄土高原やオルドス草原における人の集団の変化が集団の生業やさらには土地利用の変化を通じて黄河下流の流れに影響を及ぼしていたことになる。

オルドス草原に残る統万城は5世紀初めの五胡十六国の匈奴の夏国の首都である。遊牧民が築城した当時は、湖に面して清流もみられる豊かな草原に囲まれた土地であり、ウマ、ウシ、ヒツジの飼育が大規模に行われていた。しかし6世紀以降乾燥期に入り、砂漠化が始まり、宋代には廃墟となった。

突厥からモンゴル帝国までの集団の変遷と環境

中華地域を中心に西方に勢力を伸ばそうとしたのが唐朝であるならば、6世紀半ば、モンゴル高原を根拠地としてユーラシア中央部、西北部にまでおよぶ世界帝国をユーラシアに築いたのは突厥、つまり、テュルクであった。鉄勒（テュルク）と称されたウイグル人中心の集団は、8世紀半ば、東突厥を倒し、テュルク国家の支配を引き継いだ。しかし、モンゴル高原に頻発した天災に起因する動乱から、この帝国は840年、キルギス連合の急襲を受けて崩壊する。モンゴル高原のシベリアマツの年輪幅を元に復元された気候データでは、この帝国の建国時期と崩壊期には急激な寒冷イベントがあるように見受けられるが、急速な寒冷化は国家と勃興と崩壊のいずれにより強く作用するのだろうか。

12世紀終盤の寒冷な気候のなかで、モンゴル高原では部族抗争が活発化し、部族集団は縮小再生産＝再編成されていく。その中で、チンギス・カンは勢力を拡大し、金朝の後ろ盾を得ながら、人口100万程度のモンゴル諸勢力を十進法的な組織に再構成し、牧地や人民を諸集団に再分配した。のちに金朝と抗争し、西方に遠征する基盤はここにできあがり、その後緩やかに温暖化するなかで、モンゴル帝国は勃興していく。

ただし、上記の事実からだけでは、なにが支配地域を拡張する動きの動因となったのか、読み取ることはできない。

政治的野望の強さをいったん脇において考えると、中央アジアの風成堆積物の分析結果からは、フン、テュルク、モンゴルの西方進出が活発化した時期、それぞれ、A.D.1～4世紀、6世紀、13世紀には、ステップの気候は湿潤化傾向にあり、遊牧軍事集団の長距離移動に有利となるものがあったのではないかとされる。

文献史料にない部分の人類集団の大きな動きと環境変動の関係を考察するとき、まったくの環境決定論をとることはできない。しかしかといって人間の主体的意思のみで歴史を描き出すことはできない。唯一、いえることは、「環境変動を背景に」、ユーラシア北東部、モンゴル高原に起源をもつ遊牧集団を中核として築き上げられた国家が、疆域を交える国家との力関係の中で、ときに一方を保護し、ときに庇護をうけ、ときに略奪し、強固な基盤ができたときには西方遠征をおこない降伏した国家や地域を帝国へと併合していった、という事実である。国家の形成と国力の増強を行おうとする際、どのような環境条件が望ましいのであろうか。より深い考察のヒントはそこに隠されているように思われる。

世界史のなかの人類集団の移動

民族移動の歴史はほかにも数々ある。ユーラシア全体に広げてみても、印欧系民族アーリヤ人のイランやインドへの移住、セム系民族ヘブライ人のパレスチナへの移住、前4世紀マケドニアのアレクサンドロス大王の東方遠征、イラン系遊牧民月氏の中央アジアへの移住、商業民族ソグド人の東方への移住、12世紀モンゴル系遊牧民契丹の中央アジアへの移住などがそうである。13世紀のモンゴル民族の移動では征服・戦争を伴い巨大な帝国を生み出した。民族移動を引き起こした原因は、もちろん政治・経済的に説明すべきであることはいうまでもないが、同時に自然環境の変化が誘因になっていないか、それぞれ検証すべきであろう。

19～20世紀のユダヤ人のアメリカ移民は240万、アフリカからアメリカ大陸へは840万、中国の福建・広東から東南アジアへの華僑の移民とその子孫は2000万、近世・近代の世界史のなかではよりグローバルで大規模な移動移民が見られる。大規模な移動移民が、歴史の発展に寄与することもあるし、民族間の摩擦と対立を引き起こして戦争を誘発する負の側面もある。このように世界史における人類集団の移動を環境史の立場から見直していく作業は未開拓の分野であり、今後この作業はいっそう重要になっていくであろう。

【鶴間和幸・佐藤洋一郎】

⇒**C**干ばつと洪水 *p58* **H**人間活動と環境変化の相関関係 *p362* **H**環境変化と人類の拡散 *p410*

〈文献〉譚其驤 1987(1962). 竺可楨 1981(1972). 史念海ほか 1985. 市来弘志 1997. 樺山紘一ほか編 1999. 三﨑良章 2002.

大航海時代と植物の伝播・移動

プラントハンターの活動

意図的で大規模な植物移動の黎明

歴史以前にすでに栽培が行われていたコムギ、コメなどの移植と伝播は、無名の人びとの手で行われたものであり、歴史的経緯は明確ではない。

移植の時代がはっきりわかる有名な植物としてトウモロコシとジャガイモがある。中南米原産のトウモロコシは、C. コロンブスの第1回航海の時にスペインに持ち帰られた記録がある。アンデス高地の原産であるジャガイモは16世紀のスペイン人征服者たちが欧州へ持ち帰った。大航海時代は、こうした意図的で大規模な植物移植が始まる時代である。

エチオピア原産のコーヒーが世界中で飲まれるようになったきっかけも、またアンデス山脈が原産地であるカカオが、ココアやチョコレートになって世界に広まるきっかけも大航海時代にある。

しかしこのような有用植物のなかでも、食用になるものは、ほとんど誰が移植にかかわったか不明である。もともと地域的食料や嗜好品になっているものが別の地域に運ばれて、世界性を持つようになったものが多い。そこで多数の人間が伝播にかかわることになり、特定のプラントハンター（植物採集専門家）の仕事として記録が残らないのである。

歴史の浅いダイズの欧米への伝播と移植

ダイズは、現在世界の穀物市場を左右する重要な植物だが、移植が行われた時代が新しく、関与した人間がある程度わかる点でめずらしい植物（作物）である。また大航海時代以降、それも19世紀の終わりになってアジアから欧州、米国に伝えられ広まったものであることが特筆される。

カリフォルニア大学の植物学の教授で、『植物と文明』の著者であるH.G. ベイカーも「栽培植物の歴史の中でもっとも興味深い物語の1つは、旧大陸起源のあるマメの話である」と述べ、ダイズを「西欧世界への、中国からのもっとも価値ある贈り物」としている。「中国からの」と特定できるかは疑問だが、たしかにダイズは作物として、近代になって東洋から西洋に移植され広まった珍しさがある。

ダイズは、東アジア（中国北部、朝鮮、日本、台湾）に分布するマメ科の多年草である。脂質、タンパク質の含有量が飛び抜けて高く（重量の60%を占める）、食料、食品原料として、その経済的価値は計り知れない。現在の米国にとって戦略物資といっても過言ではない。生産額、貿易額からみて、マメ科の作物の中で最も重要なものといえる。全世界での生産量は、およそ2億2000万t（2007年FAO統計）であり、その35%近くを米国が、残りをブラジル（28%）、アルゼンチン（22%）などが生産している。

ダイズは「畑の牛肉」ともいわれるが、アジアでは栽培の歴史が古く、さまざまな料理、調理法が蓄積されてきた。煮豆、炒り豆、豆乳、湯葉、豆腐、油揚げ、凍結乾燥させて凍豆腐、発酵させて味噌、醤油、納豆など。きわめて広範囲で多様な加工法の発達をみた。

これに比べて、ダイズがまともに栽培されはじめるのが20世紀以降であり、利用の歴史がきわめて浅い欧州や米大陸では、食品としての利用は単純である。乾燥ダイズを圧縮して大豆油を搾り、残りの脱脂ダイズかすを飼料に利用する程度のバラエティしかない。クジラのあらゆる部位を食品から工芸材料にまで多目的利用する歴史を有する日本を代表とする東の文化と、圧搾してほとんど鯨油利用しかしなかった米国など西の文化との違いに対応するかのようである。

ダイズを欧州にはじめて紹介したのは、1690年から92年にかけて日本に滞在したE. ケンペルである。ドイツの医学・植物学者でオランダの東インド会社に雇われて長崎出島の医師とし

写真1　茶のプランテーション（インド、2005年）[wikimedia commons より]

て滞在していた。彼は帰国後、日本の植物などについて記述した『廻国奇観』（1712 年）を出版し、その中でダイズの詳細な図も掲載している。

1740 年には中国からパリ植物園に種子（ダイズ）が送られた。1790 年には英国のキュー植物園で栽培が試みられている。しかし 20 世紀になるまで、作物としての関心はまったくなかったといってよい。

米国には、1804 年欧州からダイズが入ったが、これまた 20 世紀になるまで作物として栽培されることはなかった。1853 年に日本に初めてやってきたペリー艦隊が、翌年に帰国するとき日本のダイズを持ち帰った。しかし米国農商務省がダイズの栽培を試みはじめたのは、ようやく 1896 年になってからである。20 世紀に入ってから米国では生産が急速に伸び、わずかな年月のうちに世界第 1 位の生産国になったのである。

嗜好品植物、観賞植物の伝播と移植

代表的な嗜好品の 1 つであるチャ（紅茶）の移植・伝播は、プラントハンターが特定できる有名な植物といえる。中国から茶の木を運び出し、インドの紅茶生産のもとをつくるきっかけをつくったのが R. フォーチュンである。彼は 1843 年から 1861 年のあいだに計 5 回中国を訪れ、植物採集を行っている。その間、1844 年には寧波に滞在し茶の生産とチャの樹の栽培事情を詳しく調査している。翌 1845 年には福州に行き、この地のチャの樹の栽培について調べた。彼の経験と知識に注目したのが英国の東インド会社である。1848 年中国を訪れたフォーチュンの任務は東インド会社に依頼されたチャの樹の移植だった。フォーチュンは上海から内陸部に入り、生きたチャの樹やチャの樹の種子を採集してカルカッタ（現在コルカタ）に送り出した。さらにチャの栽培を研究するため中国滞在を続け、1851 年には多数のチャの樹の苗と中国人の製茶職人を連れて、カルカッタに渡った。その苗と、先に送り出してカルカッタで栽培されていた苗とを合わせ持ってインド西北部に入り、チャの樹の植え付け・栽培と茶の製造を指導して英国に帰った。1852 年から 56 年にかけてまた東インド会社の依頼で中国に入り、チャの樹の移植。茶の生産に従事した。今日のインドにおける膨大な紅茶の生産は英国の政策とプラントハンターの活動の結果なのである。

嗜好品でもなく食品でもないが商品価値の高い重要な植物として、ゴム（弾性ゴム）の主要な原料であるパラゴムノキやマラリアの特効薬キニーネの原料であるキナノキの移植・伝播が興味深い。そこには商業主義や国家戦略に後押しされ、任務として植物の移植を遂行する人物が姿をみせる。

写真 2　英国王立キュー植物園。プラントハンターの持ち帰った植物はここで品種改良され、植民地へ送り出された。写真のパームハウスはヤシ類など南国の植物を移植するために 1844～48 年に作られた［wikimedia commons より］

19 世紀、ゴムの生産はブラジルの独占状態だった。その状態を切り崩そうと試みた英国のため、南米アマゾンからゴムの種子・苗木を運び出し、東南アジアのゴム産業の開始に貢献したのは H.A. ウィッカムである。また、植民地でのマラリア対策に手を焼いていた英国は、南米地域にしか産しなかったキナノキを植民地のインド、セイロン島などで大量に栽培し、キニーネ供給に成功する。キナノキの種子や苗木を南米ペルー、エクアドル、ボリビアの地域で苦難の末に採集し、送り届けた R. スプルースと C.R. マーカムというように、いくつかの特殊な植物はプラントハンターを特定できる。

これらはいずれも 19 世紀に行われた移植であった。しかもすべて英国の手によるものである。19 世紀は、英国がもっとも活気に満ちてその手を世界に伸ばした時であった。その英国の国益にかなう植物の移植には、必ずプラントハンターの活躍があった。植物の移植には多く人間の介入がみられ、それも国家的な観点から組織的に行われた。そのような背景の一端がプラントハンターという存在に映し出されているのである。

18 世紀の後半には、英国は世界的にみても早い時期に余裕のある社会階層を生み出していた。この階層の成長により、観賞用の植物が相当な消費を見込める状況が生まれた。このような背景があるからこそ、英国ではとくに園芸学が発達し、園芸業が成長し、園芸植物をもっぱら採集するプラントハンターが数多く生まれたのである。

【白幡洋三郎】

⇒D失われる作物多様性 *p180*　D遺伝資源と知的財産権 *p214*　D遺伝資源の保全とナショナリズム *p216*　R焼畑農耕とモノカルチャー *p252*　R熱帯林における先住民の知識と制度 *p306*　Hジャガイモ飢饉 *p450*

〈文献〉ベイカー、H.G. 1975．白幡洋三郎 2005．

水田稲作史

持続的農業に向けた英知の累積

稲作の諸類型

イネは温帯および熱帯モンスーン地帯に広く栽培されている重要作物である。水田にイネを栽培することが、いつ、いかなる地方で始まったかは、農業史上の大問題で、かつてアジア栽培稲の起源地は、アッサム―雲南地方であろうという仮説が提唱された。しかし、1970年代末より中国の長江中・下流域稲作の証拠を示す数多くの遺跡が相ついで発見され、イネの栽培は今から6000〜8000年前までさかのぼることが明らかとなった。

通常、イネは水をたたえた「水田」あるいは「田んぼ」と称せられる耕地に栽培される。もちろん畑に栽培される陸稲（オカボ）もあるが、水稲に比べると、その栽培面積ははるかに及ばない。水田の利点は、雑草の繁茂を抑制し、流水が養分を運んでくるので、長年イネを作っても連作障害が起こらないことである。

東南アジアを広く調査した農学者の研究によると、地形や景観を基準にして、稲作は①山間盆地稲作、②平原稲作、③デルタ稲作、④火山麓稲作、⑤湿地林稲作の5つに類型区分されている。①〜③は東南アジアの大陸部に、また④と⑤は島嶼部に顕著に見ることができる。とくに④についてはジャワ島の棚田が有名である。この中で、①より発展したのが中国型稲作、②から発展し③に展開していったインド型稲作と、④と⑤とが結びついたのがマレー型稲作という類型区分も提唱されている。

しかし、中国の新石器時代の稲作遺跡の立地条件を概観すると、中国型稲作をそう単純に規定することはできない。たとえば、浙江省余姚市の河姆渡遺跡は、寧紹平原南端の姚江のほとりの沼沢地に位置していた。当時の人びとは高床式住居に住み、水稲栽培のほかに漁労や狩猟を行って暮らしていた。また江蘇省蘇州市の草鞋山遺跡は、プラントオパール分析法によって最古の水田址が確認された遺跡として有名であり、長江デルタの汀線ぎりぎりの地に水田が造成され、ここでは馬家浜文化期以後今日に至るまで、約6000年にわたって水田が営まれてきたとされている。さらには漢代の文献『史記』や『漢書』に記された江南地方での「火耕水耨」（前年の刈り株を火で焼き、播種後に生えてくる雑草を水で淹殺する）による稲作を視野に入れるならば、中国の稲作類型は当初より多様な様相を呈しながら発展してきたといえる。

写真1　中国の重慶から成都に向かう途中の棚田景観（1999年）

工学的適応と農学的適応

本格的な水田システムが考案、伝播する以前の稲作は、それぞれの地域の立地環境に合わせて、イネを畑に陸稲として栽培する場合と、明確な水利施設を持たない天水田に水稲として栽培する場合とがあった。今日でも雲南のある地域には水陸両用稲なるイネがあり、陸稲の苗を水田に移植栽培する慣行がみられる。しかし、より発達した段階の水田は、基本的には湛水ができて、適宜に灌排水が調整できなければならない。そのために工学的適応として、灌漑用の水路、井堰、溜池などが造成され、番水制などの水利慣行が形成されてきたのである。

一方、生態環境や自然環境に対して、人の手による水田土木工事などの工学的適応が困難な場合に、それに代わって効力を発揮するのが品種選択などの農学的適応なのである。かつてのわが国の湿田地帯での深水稲、およびインドからベトナムにかけての大河川流域低地帯における浮稲がその事実をよく物語っている。

また中国北宋の真宗皇帝（在位997〜1022年）の時代に、ひどい凶作の害から農民を救済するために、乾田に適した早熟性の占城稲がインドシナの占城（チャンパ）から導入されたことがあった。このイネは長江流域地方に広まり、中稲や晩稲と組み合わされイネの二期作普及に貢献したばかりでなく、鎌倉時代以降にはわが国にも招来され、「唐法師」「唐干」あるいは「大唐米」と称して重宝がられた。これも農学的適応の一典型例である。

小区画水田の謎

水田はふつう畦畔（アゼ）によって区切られ、1枚ごとの田には水口が切られ、灌排水の水量や水温が調節される。前1世紀末の中国農書『氾勝之書』に、すでにその方法が詳細に記されている。畦畔によって区切られた水田で、景観的に最も美しいのは棚田である。耕して天に到るような見事な棚田は、モンスーンがもたらす雨季と人びとの造田の努力の賜物にほかならない。ことにジャワ島、ルソン島（コルディリェーラの棚田は世界遺産に登録）、および雲南省元陽地方の棚田は著名である。

一般的にいって、山の斜面あるいは沖積地や段丘面の傾斜地に水田を造成した場合、傾斜角度の緩急および地勢によって、畦畔で区切られた田面の面積に大小、広狭の差が生じてくる。ところが、前述の草鞋山水田址の場合、さしたる傾斜地でないにもかかわらず、列状に並んだ小区画水田遺構が確認されたのである。じつは、このような小区画水田は、現在の東南アジアにおいても、またわが国の弥生時代から平安時代の水田遺構中においても観察することができる。静岡県の登呂遺跡にも、現在のような周到な考古調査手順を経ていたならば、杭と矢板で補強された大区画水田中に、土盛りの畦畔による小区画水田が確認できたであろうとのことである。小区画水田がなぜ造成されたかについては、これまで湛水や播種栽培管理方面からいくつかの理由が説かれてきたが、いまだに納得のいく解答は得られていない。

水田耕作と農具体系

古代の水田耕作の情景について、視覚的に如実に理解できる絶好の考古資料がある。それは西南中国から出土する「農耕画像磚」「陂塘稲田模型」、および広東デルタ地区周辺から出土する「犂田耙田模型」である。いずれも墳墓の副葬品で、時代は後漢から魏晋、つまり西暦1〜4世紀頃に属する。西南中国から出土する陂塘稲田模型は、小河川の河谷盆地の溜池や水田をたくみに表現したものが多く、溜池は魚、カエル、カメ、タニシの養殖池を兼ねるとともに、ハスやオニバスなどを栽培する場所ともなっている。このような生物の多様性を象徴する陂塘稲田景観は、現在でも西南中国各地で目撃できる。人びとは内陸水系の水産資源に大きく依存してきたので、中国農業部は稲田養魚を大いに奨励している。また画像磚には、明らかにイネの移植栽培が行われていたことを示す除草場面、および穂

写真2　四川省成都盆地出土の後漢時代（2世紀）の石製陂塘稲田模型。左側に田植えをする人物が、右側には溜池にカメ、魚、カモ、ハスなどが表現されている（2006年）

摘み具による収穫場面などが描写されている。

そして、最も興味深いのは犂田耙田模型である。この類の模型は数点出土しており、各1頭の牛に犂と耙とを牽かせ、耕起・砕土作業がセットで表現されている。この農具の組み合わせは、華北の乾地農法と深くかかわりがあり、その犂のタイプは、明らかに華北の畑作地帯で使用されてきた長床犂を表現している。このことは、2世紀末から3世紀末にかけて中国は動乱の時代であり、はげしい人口流動によって、北方の畑作農具体系が嶺南の水田地域に技術移転されたことを物語っている。この農具体系はわが国ばかりでなく、東南アジア諸地域にも導入されていった。わが国古代の耕地区画法「条里制」の採用は、この農具体系の導入と深く関係している。

しかし、その後この犂耕方式は順調に継承されず、鍬耕による精耕細作方式に向かい、近代になって短床犂による深耕が推奨されてくるのである。また1960年代の高度経済成長期以後のわが国では、農業基本法の制定（1961年）に伴い、水田の区画を大きくする基盤整備が推進され、雑草はもとより水田や水路の魚介類までもが排除され、平野部の水田景観は一変した。そして農家に代わって機械化された農機具を用いて稲作を請け負う建設会社まで出現するに至っている。このような生産性向上と引き換えに失われつつある生物の多様性、激変する農業景観に対し、人びとは大きな危惧の念を懐き、水源の生態系や農の原風景を見直す運動が各地で起こっている。　【渡部　武】

⇒D水田生態系の歴史文化 p204　Hプロキシー・データ p386　H稲作の歴史をひもとくプロキシー p402　H日本列島にみる溜池と灌漑の歴史 p422

〈文献〉藤原宏志 1998．金沢夏樹・渡部忠世編 1995．工楽善通 1991．高谷好一 1988．田村善次郎・TEM研究所 2003．和佐野喜久生編 2004．渡部忠世 1977．渡部忠世編 1987d．渡部武 1990, 2002．

日本列島にみる溜池と灌漑の歴史

水田の用排水とその特色

溜池と灌漑の意義

水は農作物の栽培に不可欠の存在で、その人工的供給は古くから世界的に広く行われてきた。とくに大量の水を必要とする稲作農業には、水田という巨大な人工装置が望ましく、大がかりな灌漑が必要とされる。しかし乾燥地帯においても、畑地への灌漑が行われてきた。すでに古代エジプトでは、ナイル川が定期的に氾濫を繰り返すことから、増水時の水を堤防で湛水させ、その氾濫域を豊かな穀倉地帯に変えてきた。

西アジアの畑作地帯でも、初めは天水農業であったが、干ばつに苦しんだり、連作障害による塩分の蓄積などを防ぐため、チグリス・ユーフラテス川の流域などでは運河や用水路の開削が行われてきた。なおイランなどでは、水分の蒸発防止などからカナートと呼ばれる地下の暗渠（あんきょ）による独特な引水法が考案された。さらにメソアメリカやアンデスなどの古代文明でも、小規模な井戸灌漑のほか、河川上流部から引水する運河や用水路も建設され、畑作灌漑が行われている。

とくに高温多湿なアジアモンスーン地帯では、焼畑による稲作のほか、水田灌漑のための用排水路が必要とされた。このため東南アジア、東アジアの島嶼部や山間盆地部では井関を設け、低地デルタでは運河が掘りめぐらし、大河河口部などに輪中（わじゅう）を築いて用排水を行うなどの灌漑施設が発達してきた。ちなみに運河には用排水のほか、交通路としても重要な役割もある。

また灌漑用の溜池（ためいけ）や河川に通ずる用排水路、さらには水田そのものには多くの魚類が棲息することから、水田漁撈（ぎょろう）が盛んに行われた。つまり、稲作はつねに魚と深い関係を有してきたのである。なお水田は湛水状態を保つことから、雑草の抑制作用のほか虫害を防止するという環境が形成され、魚類や小動物・微生物が豊富で、水中肥料分が高く連作障害を避けるという効果もある。

写真１　日本最大の貯水池、満濃池［まんのう町産業経済課提供］

いずれにしても農業の開始は、耕地という大地利用に加え、灌漑施設の設置によって、自然環境を人間にとって都合のよいものへと大きく改変するところとなった。すなわち人間の生活に適した生態系を維持・管理することが、農耕という高度な食料生産に不可欠だったのである。なかでも溜池や用排水路の設置は、耕地の継続的利用を前提とするもので、大地の利用形態を固定化することに大きな役割を果たした。

日本の灌漑とさまざまな水田

日本は高温多湿で雨が多いが、水田栽培を好む温帯ジャポニカの栽培が発達してきたため、古くから水田灌漑が行われてきた。ただ必ずしもすべての水田に用排水路が伴っていたわけではない。

日本に限らず、東南アジア、東アジアの水田には、降雨による天水田も少なくなく、山地もしくは台地部の小谷の絞り水を利用し、田植えも行っていた。ところが日本では天水にたよりながらも、沼地などの低湿地に直播する摘田（つみた）が行われ、これは蒔田（まきた）とも呼ばれた。その開田は容易でも、間引きや雑草駆除に手間がかかると共に、生産力的にも不安定であった。

また掘上田（ほりあげだ）も用排水路を伴わず、増水時に土手を築いて水を堰き止め、泥土を櫛の目状に掘り上げて田植えを行い、稲の生長後に土手の一部を切って水を抜くという水田であった。こうしたさまざまな水田技法によって、必ずしも溜池や河川からの用排水路を設置せずに、水田稲作を行ってきたのである。

しかし、とくに前近代においては灌漑設備も不充分なため、天候不順による水害や干害にしばしば悩まされたことから、コメを主要な税として水田稲作に重きを置いた日本では、灌漑をめぐる水争いが、長い間繰り返されてきた。このため支配者も農民も、灌漑施設の設置や整備に、古くから大きな努力を払ってきた。さらに灌漑施設のみならず、耐水性に適し、かつ干ばつにも強い品種が求められた。大唐米（たいとうまい）もしくは占城米（チャンパ）などの赤米は、中・近世には年貢米とはならなかったが、自家消費用として大量に栽培されてきた。この赤米栽培は、灌漑技術の発展によって、近世前期に著しく減少するが、近代以降も地域によっては作り続けられていた。その消滅は、稲の品種改良の発達と灌漑施設の近代化を待たねばならなかった。

古代・中世における溜池の造成と灌漑

すでに縄文時代から焼畑などによる稲作は部分的に行われてきたが、弥生時代以降には水田による稲作が本格化した。縄文時代にも小規模な水路を導いた形跡はあるが、農耕にかかわるものではなかった。しかし農耕が本格化した弥生時代になると、登呂遺跡などでは、優秀な灌漑施設を確認できるが、すべての水田に理想的な用排水路が整っていたわけではない。やがて各地に小さな国が誕生し、その象徴として古墳が作られたが、同時に朝鮮半島から大量の渡来人が、ウシやウマなどの家畜や技術を伝えた。

しかも古墳は、集団的な組織労働を前提とし、灌漑水利技術が発達をみた。谷戸(やと)などの湧水点の溜池設置は、比較的小規模な労働力で済んだが、沖積低地の河川に堤を築いて用排水路を設けるには大規模な工事を必要とした。『古事記』『日本書紀』では、崇神(すじん)・垂仁(すいにん)・応神(おうじん)・仁徳(にんとく)天皇などの条に、溝・樋あるいは堤や灌漑用の溜池を造成した記事がみえる。大阪平野には茨田堤(まむたのつつみ)や狭山池(さやまいけ)、依網池(よさみいけ)などを築き、朝鮮半島系の技術で水田開発を行った。

また瀬戸内地方は、降水量が少く各地に溜池が造成された。日本最大の溜池として知られる香川の満濃池(まんのういけ)は、8 世紀の初め頃に国司などの力で築かれたが、洪水で大破したため、821 年に空海が農民を動員して修築した。空海は降雨祈願なども行っているが、彼が杖を突くと泉が湧き井戸や池となったという弘法伝説が、日本各地に残り、僧侶たちの間に灌漑技術が伝承されていたことが窺われる。古代まで灌漑用水は、国衙(こくが)や郡衙(ぐんが)などが中心となり基本的には中央集権的な国家的統制の下で、設置や管理が行われた。

その後、地方分権を基礎とした中世には、地域ごとに灌漑工事が行われた。たとえば鎌倉幕府も、御家人の所領の多い関東平野の開発を目的として、武蔵野などで用排水路の設置や堤防工事なども実施した。こうした溜池や用排水路の設置は、開発領主や荘園領主などの地域権力の手に委ねられた。このため大規模な灌漑工事は少なかったが、番水などという形で用水の効率的な利用が発達をみた。やがて戦国期に至って有力な戦国大名が出現をみて、山梨県の信玄堤などの大規模工事が行われるようになった。

写真 2　群馬県の女堀(おんなぼり)遺跡。12 世紀に用水路の目的で作られた、幅 15～30m、深さ 3～4m、長さ約 13km におよぶ水路だが、完成をまたずに放棄された［群馬県埋蔵文化財調査事業団提供］

近世・近代の灌漑と新田開発

近世に入り中央集権的な幕府が成立すると、大がかりな溜池の造成が盛んに行われたほか、利根川など大規模河川の付け替え工事が実施され、これに伴って用排水路の設置・整備が各地で進んだ。しかも、幕府などが主導する御普請や、村落レベルでの自普請という形で、用排水路の設置や管理維持が定期的になされるようになった。さらには水田からのコメが、通貨的役割を果たしたことから、商業資本による町人請負新田が開発された。また幕府も新田開発に力を入れたため、全国規模での新田開発が進行し、近世を通じて水田面積は飛躍的な増大を遂げる結果となった。

やがて近代になると、殖産興業・富国強兵をスローガンに西欧的近代化が進行し、農業技術も西欧からの影響をうけた。それまでの灌漑技術を含む農業知識は、老農・精農といった農民の間に蓄積されてきたが、これに西欧科学が加味されて、乾田馬耕・化学肥料施肥による明治農法が展開を遂げたのである。

これによって乾田化が著しく進んだが、これには灌漑技術の進歩が不可欠であった。西欧的工法による堤防工事や、強固な用排水路の設置は、その進展に大きく貢献した。さらに耕地整理や圃場整備が継続的に実施され、生産力的にはかなりの向上をみたが、一方でダムやコンクリートの水路や堰あるいは U 字溝などによって水系は分断され、農薬の使用と相まって、長年にわたって築き上げてきた水田環境は大きな変貌を遂げるところとなった。すなわち用排水路や水田から魚類を含む伝統的な生態系が消えてしまったのである。

【原田信男】

⇒C 天水農業 *p114*　H 灌漑と塩害 *p436*　E ダムの功罪 *p488*

〈文献〉喜多村俊夫 1970．亀田隆之 1973．宝月圭吾 1983 (1943)．原田信男 1999．

洪水としのぎの技

河内池島・福万寺遺跡にみる洪水の功罪

洪水の痕跡

洪水とは、降雨・雪解けなどによって、河川の水量が平常よりも増水し、堤防から氾濫し流出する自然災害の1つである。洪水は反復的な現象として古代より人びとを悩ませ、環境に大きな影響を与えてきた。しかしその一方で洪水は、破壊された生業・生活をどう再生していくべきか、地域の自然とのかかわりを通して、災害への対処を定めていくきっかけともなった。

池島・福万寺遺跡は、現在の大阪府八尾市と東大阪市にまたがり、縄文時代晩期から近世までの大規模な水田遺構が良好な状態で残っていることで知られる。この遺跡は、生駒山のふもとの低湿地に位置している。遺跡の中央には恩智川が古代の条里地割りに沿って北流する。この川は、10世紀前半から12世紀後半頃に人工的に設定された排水河川ではないかとされている。また、この遺跡は旧大和川水系の玉串川にも挟まれており、そうした複雑な水路に加えて低湿地による排水の悪さから洪水被害が多発していた。にもかかわらず、人びとはあえてこの場所に農業を営み、災害による破たんと再生を繰り返してきたことも併せて読み取れる興味深い遺跡である。本項では当遺跡を中心に歴史に刻まれた洪水の痕跡からその功罪について解説する。

池島・福万寺遺跡

日本の歴史上、洪水は、9世紀中ごろ、14世紀から16世紀中ごろ、そして18世紀以降19世紀末に多く記録されている。とくに18世紀中ごろの洪水の発生数は他の年代よりもはるかに多い。地域別に見ると畿内、とくに京都が多いが、おそらくそれは記録上の問題で、地方では記録に残されていない洪水もかなり多かったのではないかと推測される。

池島・福万寺遺跡は、平安期において摂関家所領であった荘園玉串荘（後平等院領、応仁の乱以後は室町将軍家御領から相国寺領）に含まれていたことから、早い時期から集落が形成されていたのではないかと考えられる。池島・福万寺遺跡の発掘調査から、弥生時代に洪水が頻繁に発生していたことを窺わせるが、当時の文献はないため、その規模は発掘状況から推測するしかない。古代においては、9世紀前後に砂層と水田によって培われた粘土層とが互層をなす様子が認められ、大きな洪水が幾度か発生したことを物語っている。河内における洪水の時期を記録から厳密に特定することは難しい。しかし少し時代はさかのぼるが、『続日本紀』の785年（延暦4）9月10日の条に河内国において、百姓が洪水で流されるなどの被害の状況が記されていることから、遺構はこうした規模の洪水を数々刻んでいると考えられる。

洪水は自然災害と考えがちであるが、中世の記録によれば人為的に引き起こされたものがあることも明らかである。15世紀後半の応仁の乱以降は、有力大名の相続争いが相次ぎ、管領畠山氏の相続争いでは同氏の所領であった河内国を戦乱に巻き込み、管領を相続した畠山政長に対して、1483年（文明15）8月22日、畠山義就は、淀川支流における大場（現在の守口）、植松（現在の八尾駅付近）の堤を切って水攻めを行い、河内国が洪水のごとく大水になったことが『大乗院日記目録』に記されている。当遺跡では中世においても洪水が頻繁に発生していた様相が認められている。中世、合戦の渦中にあった河内において、洪水のいくつかは合戦の影響を受けた人為的な災害であったかもしれない。

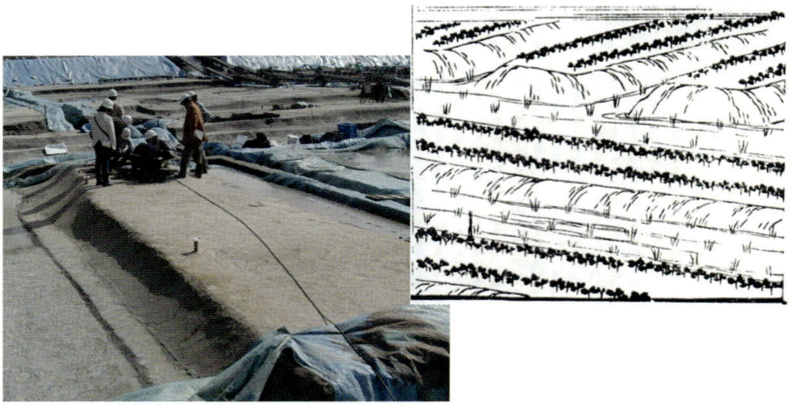

写真1　池島・福万寺遺跡における中世島畠（左）［佐藤洋一郎撮影］と近世島畠（掻き揚げ田）にみる綿栽培（右）［『綿圃要務』より］

図１　付け替え以降の大和川における堤と溜池［秋里 1995］

の品種だけでなく、環境の変化によって適応する品種を選択して栽培していたことが明らかとなった。また、近隣の和泉国日野根荘（現泉佐野市）には「大唐米（だいとうまい）」を作付けしていたことが史料から窺える。「大唐米」あるいは「たいとうほうしいね」と呼ばれる品種はやせた土壌にも適するインディカ種のイネである。このように、中世あるいはそれ以前から、早熟で干ばつや洪水の被害を受けにくい時期に栽培することが可能なイネ品種を用いるようになっていた。

洪水対策がもたらしたもの

1704 年（宝永元）に行われた大和川付け替えは、河内一帯の村々が長年嘆願していた治水工事であった。先にも述べたように、大和川は複雑な水路で北流して淀川（大川）本流に合流していたが、支流は土砂が堆積した天井川で、古代よりたびたび河内平野は氾濫の被害にあった。そのため河内平野の洪水防止や農業開発を目的として、堺へ流れ込むように流路を西へ付け替えた工事が大和川付け替えであった。

こうした治水工事は近世、徳川幕府の災害対策の１つとして行われた。木曽川の治水工事にかかわった薩摩藩のように、普請を任された大名は重い負担を強いられた大事業であった。大和川付け替えという治水対策も 7〜8 万両という莫大な経費に 240 万の人手を要したばかりでなく、村々の間には賛否両論があったように、万人の利益をもたらしたわけではなかった。付け替え以後、池島・福万寺遺跡では土砂堆積が急激に少なくなっていることから、洪水が少なくなったことは明らかである。同時にこの時期における井戸の遺物が多く出土するようになる。『河内名所図会』には溜池が数多く描かれていることから、大和川の付け替えによって水の供給が著しく減少し他の用水源が必要となったのではないかと考えられる。また新河道周辺の村々は膨大な農地を失うことになった。さらに新たに大和川の河口になった堺（現大阪府堺市）では、港周辺に土砂がたまって港の機能が損なわれるという事態も生じたといわれている。

洪水が人びとに残したもの

近世初頭の農耕風景を描いた「たはらかさね耕作絵巻」には、梅雨の時期に雨が多くなると、川の増水について注意を促すよう詠じており、各地で洪水に対する備えを意識した多様な農耕スタイルが確立していたことが窺える。

中世以降、洪水に対する人びとの積極的な対応として考えられるものが２つある。その１つは稲作における品種選択である。遺跡の分析調査からは水田向き

もう１つは島畠である。近世の河内地域では、田の土を掻き揚げて作った高い畝にはワタを作り、低い部分にはイネを植えており、これを半田、もしくは掻き揚げ田と称した。すなわち掻き揚げた島を畑作に利用する島畠である。とくに池島・福万寺近郊の八尾で栽培されたワタは河内木綿といわれ、河内の名産となった。近世の島畠の遺構からも、洪水で堆積した土砂を盛り上げた部分にワタの種子が出土しており、ここがワタ作りの産地であったことが窺い知れる。

島畠は中世にもあった。遺構からソバなどの種子が出土していることから、島畠では、ソバや雑穀を栽培していた可能性もある。中世においては、干ばつ・洪水に備えてさまざまな作物を栽培するために島畠を活用していたのであろう。

洪水としのぎの技

従来洪水は、人間の生命・生活・生業に被害を及ぼし、その対策として治水事業が盛んに行われてきた。にもかかわらず現在、河内平野は都市開発を進める一方で地盤沈下といった問題を抱えており、洪水対策は現在にいたってもなお重要な課題となっている。しかし、歴史を振り返れば洪水があったからこそ、土地に合わせた作物の栽培方法を考えたり、あるいは洪水の土砂を利用して耕地を工夫したりするなど、環境変化に応じて土地に適した農業を行うことで洪水をしのぐ技を身に付けてきた。地域の都市化を目指すだけでなく、地域に適合した災害対策となる農耕スタイルを、将来に向けて歴史の中で学ぶべきであろう。

【木村栄美】

⇒C干ばつと洪水 *p58*　H稲作の歴史をひもとくプロキシー *p402*　H水田稲作史 *p420*　H日本列島にみる溜池と灌漑の歴史 *p422*

〈文献〉小鹿島果 1982(1894). 八尾市史編纂委員会編 1960. 枚岡市史編纂委員会編 1966. 大蔵永常 1977. 秋里籬島 1995(1975).

塩と鉄の生産と森林破壊

古代東北タイの環境適応戦略

東北タイの製塩遺跡

東北タイと呼ばれる地域は海底が隆起したコーラート高原とも呼ばれるゆるやかな起伏を伴う標高 200m 前後の大地である。かつてこの地はフタバガキ科の森林が栄えたサバンナ的景観であった。また、地下には塩がある。地下 100m ほどの深部にかつての海水の名残りである膨大な岩塩層が、また地下 2〜3m のところには塩を含む礫(れき)層がある。この地下の塩が毛管現象によって上昇し、水分が蒸発した結果、地表面に塩の結晶が生じる。

また東北タイは西側をペチャブン山脈、東側をチュオンソン山脈（ベトナム、ラオスではルアン山脈という）によって挟まれているため、年間を通じて雨が少ない。そのため、乾燥気候が卓越する。さらに、熱帯の風化土壌である養分に乏しいラテライトが覆っている。これらの要因が重なり、東北タイは農業を行うには厳しい地域である。

東北タイには多くの先史・古代遺跡があるが、ムン川上流域、チー川流域、ソンクラーム川流域、ノンハンクンパワピ湖周辺には居住遺跡ではない小形のマウンド状の遺跡が多数ある。これらは製塩遺跡である。

古代の製塩と製鉄

東北タイでは遅くとも前 3 世紀には独特の製塩が行われていた。それは次のような製塩工程であった。①乾季に地表面に塩の結晶が生じると、地表面の土を掻き集める。②集めた土は粘土で水漏れを防いだ槽の中に入れ、水をかける。③槽の壁には竹パイプが挿入してあり、水に溶けた塩は濃い塩水となって槽の下方に置かれた製塩土器のなかに流下する。④こうして得られた塩水を製塩土器に入れて煮沸し、塩を得る。⑤塩水を採ったあとの槽内の土は近くに捨てられる。

写真 1　煎熬する（タイ、チャイヤプーム県、1991 年）

写真 2　塩ができた（タイ、チャイヤプーム県、1991 年）

1991 年に筆者が発掘したノントゥンピーポン遺跡は採鹹(さいかん)後に捨てられた廃土のマウンドで、2〜3 世紀の製塩遺跡である。ここからは各製塩工程の遺構と大量の製塩土器破片が出土した（写真 4）。このような製塩を行うには、塩が地表面で結晶化する場所、製塩土器を作るための粘土や燃料とその技術、濃い塩水をとるための水、塩水の煮沸のための大量の薪が必要である。コーラート高原はこれらの条件を満たす地域であった。

製塩に加えて製鉄も行われていた。鉄鉱石に乏しい東北タイでは、ラテライトに起因する鉄イオンが粘土粒の外面に凝集してできた酸化鉄の外皮で覆われた粒（鉄ノジュール）を原料にした製鉄法が採られていた。塩はヒトの生存に、鉄は道具製作に欠かすことができない素材であった。

塩鉄交易と経済発展

さらに東南アジアの乾季における食料事情は悪く、デンプン質やタンパク質の長期保存は切実な問題であった。塩は塩蔵による動物タンパク資源の長期保存になくてはならないものでもある。中国では前漢代から塩や鉄の専売制が行われ、歴代の王朝は重要な財源として塩の生産を厳重な管理下に置いた。アンコール時代のカンボジアでもカムステン・チュルバックという塩の徴税官が置かれ、塩は重要な財源の 1 つであった。古代の塩鉄生産は財政的・政治的に重要な意味があった。東北タイでは塩と鉄の生産は自己消費以上の生産能力をもち、それらを商品として他地域と交易することによって経済基盤を強めた。塩は消費されるものであるため、どのような形で交易されたかを知る手がかりは残っていないが、ソンクラーム川流域での民族誌によれば、バナナの葉で作ったザル状の容器に塩を入れたパッケージで流通していた。古代でも同様の容器か土器に入れて運んだのだろう。

東北タイに分布する遺跡の多さは人口の多さと経済基盤の強さを示している。6〜9 世紀、東北タイにはタイ湾沿岸地方から仏教を伴う新しい文明、ドヴァーラヴァティーが浸透してくるが、この時代にも前代の集落のなかに寺院を建立し、新しい文化を受け入れている。東北タイとチャオプラヤー川流域および沿岸地方とは交易ネットワークで結ばれており、このルート上を外来の物品と東北タイ産品とが行き来していた。ジャヤヴァルマン 6 世（1080-1113）がアンコールの王位についた 11 世紀以後、東北タイ南部、ムン川中・上流域を地盤とする地方政権、マヒダラプラ家がクメール中央政権の王を輩出するが、この地の塩鉄生産がその経済的基盤の背景になっていた可能性がある。

塩鉄生産による森林破壊

製塩には薪を、製鉄には木炭を必要とする。塩鉄生産は膨大な燃料を消費する産業でもある。たとえば、1989 年に調査した東北タイ、チャイヤプーム県での製塩では、直径 40 cm、長さ 3 m の丸太が 1 つのかまどにおいて 1 日で燃やされた。乾季の 4 カ月間に多数の製塩施設で消費された丸太の数は膨大な量となるだろう。その結果、東北タイは森林破壊が確実に進んだであろう。しかもフタバガキ科の樹木はヒコバエが生じないため、いったん伐採されると再生するのは難しい樹種である。過度の森林破壊は降雨量の減少を招いた可能性がある。降雨量が減少すると、さらに塩害をひどくすることになり、負のサイクルが生じてくる。

写真 3　鹹水濾過槽（タイ、チャイヤプーム県、1991 年）

写真 4　ノントゥンピーポン製塩遺跡出土の製塩土器など（タイ、チャイヤプーム県、1991 年）

中国・東南アジア間貿易ガイドブックである南宋代に書かれた『諸蕃志』と元代に書かれた『島夷誌略』は 13〜14 世紀に東南アジアの塩鉄生産に大変革がおきたことを示唆している。東南アジア沿岸地域での塩鉄生産について『諸蕃志』にはほとんど記載がないが、『島夷誌略』はほぼすべての地域で海水煎熬（せんごう）による製塩と中国鉄の輸入とを記している。東北タイの森林破壊だけでなく、安価良質・安定供給される中国鉄が市場を席巻し、鉄製塩釜の普及によって海水さえあれば製塩ができるようになったことにより、東北タイの塩鉄は市場を失うことになった。それ以降、東北タイは市場競争敗北と環境破壊による貧困と荒廃へ向かい、製塩は細々と続くだけとなった。

現在ではウドンタニ県にみられる塩井（えんせい）から塩水を汲み上げて煮沸する方法や、東北タイやラオスに広くみられる岩塩層に水を注入して塩を溶かし、ポンプで揚水して塩水を採り煮沸する方法、タイ湾沿岸のサムートプラカンなどでは畦（あぜ）で区画したプールに海水を入れて自然乾燥させる方法など、さまざまな製塩が行われている。インドネシアでもジャワ島東部の北岸での自然乾燥塩田やフローレス島での干潟の鹹砂（かんさ）を集めて水で濾過して塩水を得る製塩法がある。塩の価格も今はとても安く、塩が重要な財源であった過去とはまったく違っている。

2000 年以上にわたって行われてきた東北タイの伝統的な製塩は森林が燃料として伐採され、森林破壊が進んで薪（まき）が手に入らなくなり、20 世紀末にはほとんど消えてしまった。【新田栄治】

⇒C土壌塩性化と砂漠化 *p66*　C東北タイの塩害とその対処 *p68*　C塩の循環とその断絶 *p70*　D熱帯林の減少と劣化 *p166*　R海と里をつなぐ塩と交易 *p262*

〈文献〉江上幹幸 2008．大林太良 1968．新田栄治 1989, 1994, 1995, 1996, 2006．Le Roux, Pierre et J. Ivanoff 1993．Nitta, E. 1992.

南九州における火山活動と人間

過去３万年間の人間と環境のかかわり

過去３万年間の人類史

人類の発達には、生活の舞台となる豊かな森林の形成が不可欠である。そして、豊かな森林の発達と地球規模の寒暖の変化や火山活動などの自然災害の繰り返しが人類の盛衰の大きな要因となっている。その典型的事例をここ３万年の南九州にみることができる。

日本列島最南端の南九州の人類史は、過去３万年間の火山活動によって明らかになってきた。代表的なものは鬼界カルデラ（種Ⅳ火山灰：約 3.5 万年前、アカホヤ火山灰：約 7300 年前）、姶良（あいら）カルデラ（入戸火砕流、姶良 Tn 火山灰：約 2.6～2.9 万年前）、桜島（桜島薩摩火山灰：約 1 万 2800 年前）などがあげられるが、これ以外にも小規模ながらも霧島山系火山帯の火山活動も確認され、南九州の過去３万年間の人類史の詳細が明らかになってきている。

種子島では、約 3.5 万年前に相当する種Ⅳ火山灰とその直下の種Ⅲ火山灰の間から、日本列島最古の生活跡が発見されている。氷河期のまっただ中ではあるが遺跡の構成は縄文的であり、豊かな森林の植物質食料に依存した生活遺構（礫（れき）群や落し穴など）が発見された。この鹿児島県中種子町立切遺跡や大津保畑遺跡では種Ⅳ火山灰直下から貯蔵穴や蒸し焼き料理の調理場としての礫群や炉址遺構、狩猟の落し穴遺構や、石斧や礫器、台石や敲石（タタキイシ）・凹石などの植物質食料加工具などが出土している。このように南の種子島では想像以上に温暖化が進んでおり、旧石器時代に植物質食料に依存できる豊かな森林が形成されていたことがわかる。

約 2.6～2.9 万年前の姶良カルデラの大規模な火山灰は、日本列島の旧石器時代の広域編年を行える重要な鍵層となっている。南九州の入戸火砕流が厚いところでは、遺跡を確認することは困難ではあるが、入戸火砕流の直撃を受けた鹿児島県内でもその層厚が薄くなっているところもあり、多くの遺跡が発見されている。これまで関東地方を中心に旧石器編年は型式や技術論から精力的に進められてきたが、姶良 Tn 火山灰層上下層の遺跡の調査が増え、姶良 Tn 火山灰噴出源に最も近い南九州地域での旧石器時代変遷の実態が判明してきた。

写真１　姶良カルデラの火砕流（29,000 年前）でむし焼きになったケヤキ化石（鹿児島市小山田）［成尾英仁提供］

九州の縄文研究では、桜島薩摩火山灰（約 1 万 2800 年前）の発見によって、縄文時代草創期文化の峻別がきわめて明瞭になり、初期縄文文化の実態が明らかになってきた。つまり、桜島薩摩火山灰層は縄文時代の始まった草創期と次の早期の間に噴出したことがわかり、草創期文化と早期文化を明確に区分する重要な火山灰であることが判明したのである。その結果、南九州でも旧石器時代終末の細石刃文化段階において、石鏃（せきぞく）や石皿などの石器や土器などの縄文的様相が誕生していることが明らかになった。その後、南九州には隆帯文土器と呼ばれる土器が誕生し、独特の縄文文化が展開することになる。

桜島薩摩火山灰降灰直後の縄文時代早期になると、隆帯文土器から発達した貝殻文円筒土器が使用され、列島に先駆けて定住集落が誕生している。さらに、縄文早期後半には日本列島の縄文文化よりも一足早く壺形土器や土製耳飾り・土偶などが出現し、先進的な縄文文化が存在していたことが判明してきた。最近は、桜島薩摩火山灰につづく桜島 P13 や P11 火山灰層などの発見によって南九州の早期後半の縄文文化の細分化も可能となっている。

その後、この早期文化を覆うように鬼界カルデラ（約 7300 年前）が爆発し、鹿児島県本土の南半部と薩南諸島を火砕流（幸屋）がおおい、それに伴って噴出したアカホヤ火山灰は西日本を中心に東北地方南部までの広大な地域に降下している。九州ではこの火山灰を鍵層として縄文時代早期と前期の区分が行われている。アカホヤ火山灰層上からは轟（とどろき）式土器や曽畑式土器など北部九州に起源をもつ土器型式や文化が南九州へ流入し、汎列島的な縄文文化が展開してきたことが、火山灰層を境にした上下の文化の相違から確認できるようになった。

この結果、日本列島の縄文文化に比較すると、南九州には縄文時代草創期から早期においては、先進的な物質文化が確認され、アカホヤ火山灰層以前の南九州の成熟した縄文文化の存在が明らかとなったが、その要因の１つにはいち早く豊かな森林が形成・発達したことが考えられている。このように、火山灰上下の文化の相違は鬼界カルデラ（アカホヤ火山灰層）爆発が南九州の縄文文化へ与えた影響が考えられるのである。そのほかに、縄文時代早期後半のころ南九州の気候は異常な温暖化を迎え、その環境に適応できなくなって衰退したとの考えもある。

過去約３万年前間の森林環境史

植物ケイ酸体分析によると、種子島地域は種Ⅲ火山灰（約 4.5 万年前）と種Ⅳ火山灰（3.5 万年前）の降灰時期間には最終氷期の最寒冷期にもかかわらずイスノキ属やシイ属などの照葉樹によって遺跡周辺が覆われて温暖化していることも推定されている。そして、姶良 Tn 火山灰（約 2.6～2.9 万年前）直下では寒冷化して照葉樹は減少し、直上では照葉樹はほとんど見られなくなると推定されている。

しかし、桜島薩摩火山灰（約１万 2800 年前）降灰期以降には再度の温暖化に伴い照葉樹林へ移行し、アカホヤ火山灰（約 7300 年前）降灰期以前には南九州のほぼ全域にシイ属やクスノキ科を主体とした照葉樹が分布拡大し、鹿児島県域から宮崎県南部沿岸部にかけての一帯は照葉樹林に覆われ、豊かな森林が形成されていたと推定されている。

その後照葉樹の繁茂はピークを迎えるが、アカホヤ火山灰（約 7300 年前）の降灰によって照葉樹は絶滅し、火砕流（幸屋火砕流）到達地域の大部分は、約 900 年間は照葉樹が回復しなかったと推定されている。とくにアカホヤ火山灰と直上の池田湖テフラ（約 6400

写真３　地層横転。鬼界カルデラの爆発（約 7300 年前）によって生じた風雨で、立木が倒れた風倒木の痕跡。集落内でいたるところにみられる（大中原遺跡、2000 年）［大根占町教育委員会より］

年前）間は照葉樹がまったく検出されず、森林破壊の火山活動の壮絶さを物語っている。

池田湖テフラ
アカホヤ火山灰

写真２　アカホヤ火山灰と池田湖テフラ。アカホヤ火山灰降灰直後、約 900 年を経て池田湖テフラが降灰している（出口遺跡、1998 年）［大根占町教育委員会より］

過去３万年間の火山爆発による森林破壊

姶良 Tn 火山灰の降灰期の種子島では最終氷期の最寒冷期においても黒潮の影響を受けて気候が緩和され、沿岸部などでは照葉樹が残存していたことが推定されているが、以北の列島においては寒冷化に伴う草原状態だったと考えられている。しかし、世界規模の爆発だった姶良カルデラ周辺では、数十 m に及ぶ大隅降下軽石層、入戸火砕流直下・層中からは大隅降下軽石と直後の火砕流で蒸し焼き状になった立木痕や火砕流の炭化木、火砕流に覆われた石炭状の植物炭化層などが各地で発見されている。この立木痕や植物炭化層は火山爆発による大規模な森林破壊の１つである。

また、完新世最大の爆発とされる鬼界アカホヤ火山灰（約 7300 年前）層下・層中では、遺跡の発掘で火砕流に巻き込まれた炭化木痕や風倒木痕が発見されている。炭化木痕は幹周り 30㎝に及ぶ立木痕で、火砕流中に横倒しの状態でたびたび発見される。風倒木痕は地層が円形に 90 度逆転している現象で、集落遺跡の発掘調査などで検出される。これは地層横転と呼ばれる風倒木の痕跡で、火山爆発に伴う森林破壊の実例と考えられている。さらに最近では、鬼界カルデラの爆発に伴う地震痕跡や津波災害痕跡なども確認され、自然災害の脅威と壮絶さを知らしめている。【新東晃一】

⇒C火山噴火と気候変動 *p26* D日本の半自然草原 *p206* Hボーリングコア *p388* H年代測定 *p390* H年縞 *p396* Hテフロクロノロジー *p398* H縄文と弥生 *p432*

〈文献〉新東晃一 1995．岡村道雄 1997．杉山真二 2002．成尾英仁・小林哲夫 2002．

出雲の国のたたら製鉄と環境

砂鉄採掘がもたらした正と負の効果

出雲地方の製鉄

古代出雲の国（現、島根県東部）は、かつては出雲文化とも呼ばれる古代文化が栄えた土地で、ヤマトの統一王権の誕生までは日本列島における政治的軍事的中心地のひとつであった。古代出雲を支えた経済基盤の1つに製鉄があげられる。製鉄が盛んになったことで、武器ばかりでなく鉄製の農具が普及し、これが農業技術を飛躍的に向上させ、コメの生産を増大させた。

出雲地方の製鉄は、たたらと呼ばれる固有の製鉄法によっていた。それは砂鉄と木炭を使った粗放な方法で、明治時代に鉄鋼石と石炭を用いた高炉による近代製鉄が導入されるまでは日本における中心的な製鉄法であった。出雲地方を擁する島根県の粗鋼生産量は明治10年代まで日本一で、全国生産の半分以上を占めていた時代もある。たとえば明治15年における島根県の生産量は約6400tであったが、これは全国生産の52%にあたる。

製鉄が作った文化と景観

この地に製鉄が根づいたのは、1つには豊富な砂鉄によるところが大きい。中国山地は風化花崗岩でできており、さらに出雲周辺では純度の高い砂鉄を産する。こうした条件が、中国山地に端を発して宍道湖に注ぐ斐伊川をはじめとする河川流域における製鉄を支えた。斐伊川流域では古代から製鉄が盛んであったが、中世以後にたたら製鉄がさかんになるにつれ、製鉄はしだいに環境を破壊するようになっていった。たたら製鉄では燃料に大量の良質の木炭を使う。近世には2.5tの粗鋼を生産するのに、砂鉄10t、木炭12tが必要であった。木炭12tはおよそ100tの木材から得られるので、たたら製鉄では、生産される粗鋼の重量にして約5倍の砂鉄と40倍の木材が必要となる。その木炭生産のために森林がどんどん切り払われ、中国山地の森林破壊の大きな原因となった。さらにこの森林破壊が土砂崩れを誘発し、それがさらに砂鉄の供給を盛んにするという連鎖反応が生じた。

中世以降、砂鉄をより効率的に採るため、鉄穴流（かんなながし）と呼ばれる工法が採用された。これは山に水をかけて人工的に山崩れをおこし、発生した土砂を溝に流して砂鉄を採集する方法である。山地では古代以降、伐採された跡地に、木炭として熱効率のよいマツが植樹された。あるいは、風化花崗岩地帯は土壌がやせており、痩地にも適応するマツだけが残ったという見解もある。いずれにしても中国地方に松林が多い背景には、そこが花崗岩の山であることが関係している。

また、風化花崗岩が風化してできた土（真砂土（まさつち））は白色で、それが下流に運ばれ海岸に堆積して白い砂浜を形成する。瀬戸内地方などの「白砂青松」の景観は、こうした風化花崗岩とクロマツに特徴づけられた景観である。さらに、広島県が日本有数のマツタケの生産を誇っていたのも、アカマツが優占する林相によるところが大きい。

島根県から広島県、山口県の山間部にかけて、赤色の瓦屋根の家並みが独特の景観を形作っている。この瓦は石州瓦と呼ばれ、島根県西部の石見（いわみ）地方の特産品である。石州瓦は焼成温度が高いのが特徴で、この高温もまたマツ材に由来する。またその伝統的な赤色は高温での焼成と釉薬に来待石（きまちいし）と呼ばれる出雲地方特産の石材を用いていることによる。

頻発した洪水と出雲平野の発達

今は斐伊川が流れ込む宍道湖は、縄文時代には西が日本海に開いた湾であり、島根半島は本土に平行な細長い半島になっていた。つまりこの時代には出雲平野はなかったのである。縄文時代のもっとも温暖であった時期には、今の島根半島はおそらくは島であったものと考えられている。その後の寒冷化に伴う海退と三（さん）

写真1　鉄穴流。やや高いところを通る右側の水路に土砂を流し、底に沈殿した砂鉄を採取する（奥出雲町）［佐藤洋一郎撮影］

瓶山の火山活動、さらには斐伊川が運ぶ多量の土砂によって出雲平野が次第に発達し宍道湖ができた。『出雲国風土記』には、八束水臣津野命という神が三瓶山と大山に弓をかけて島根半島を引き寄せたという「国曳きの神話」があるが、その背景にはこうした地形の変化があると寺田寅彦は語っている。

写真2　たたら製鉄で得られた鉧。重さ2.8t（島根県奥出雲町、2007年）［佐藤洋一郎撮影］

砂鉄の生産と木炭生産のための森林破壊は、洪水を頻繁にもたらした。とくに鉄穴流によって生じた多量の土砂を含む洪水が、斐伊川などの河川下流部に住む人びとを苦しめてきたであろうことは想像に難くない。とくに鉄穴流し以降、斐伊川は天井川になり、洪水被害をいっそう大きくした。しかし反面、土砂を含む洪水は出雲平野の発達に大きく貢献した。

戦後の治山治水政策により、日本の河川では洪水の害が減少した。斐伊川も例外ではなく、ここ数十年は洪水の被害は大きく減少した。さらに鉄穴流は1972年（昭和47年）に施行された「水質汚濁防止法」により廃止され、土砂の下流への供給は急速に減少した。たたら製鉄の生産は、その需要が日本刀などごく一部に限られたこともあり、現在では、年間数t程度にまで減少している。これはたたら製鉄最盛期（1882年）における生産量の約1/1000である。

鉄が支えた海の幸

鉄は森林などで有機物と化合して水に溶け、川を下って海に入る。この鉄は植物性プランクトンを増やし、食物連鎖を通じて沿海の生態系を豊かにする。海と山（森）とが、川を介してつながっている「森川海連環」の視点が各地の河川とその沿岸部で注目を集めているが、その物質的な基礎は上流からの鉄分はじめミネラルの供給にある。出雲は森川海連環の老舗であったといってよい。同様の関係がアムール川とオホーツク海のような巨大河川と海洋との間にも成立していると、白岩孝行は主張している。

『出雲国風土記』には、出雲がさまざまな水産物の産地であった様子がみえるが、その伝統の少なくとも一部は宍道湖七珍（スズキ、モロゲエビ＝ヨシエビの地方名、ウナギ、アマサギ＝ワカサギの地方名、シラウオ、コイ、シジミ）として今に受け継がれている。こうした豊かな水産物は、宍道湖が東に位置する中の海から流入する海水に起因するさまざまな塩分濃度の汽水によるところが大きい。つまり、この地域における沿岸域の複雑な形成史が水産資源の多様化を支えてきたのである。そして斐伊川などの上流からのミネラルや土砂の大量流入が、この複雑で多様な環境を支えてきた要因のひとつであることは間違いがない。

なお1957年に発表された「中海宍道湖干拓淡水化事業」は、当時の米不足を背景に宍道湖等を干拓淡水化して農地にしようという計画であったが、その後の食料事情の変化や沿岸住民の反対などによって、2000年までに事業は中止になった。

洪水の功罪

斐伊川の洪水は流域の人びとの生命を奪い、また大きな経済的損害をもたらしてきた。他方、肥沃な出雲平野の形成を促し、また豊かな沿海を育んできたともいえる。このように洪水は、原因と結果とが交錯した、あるいは利害が地域によって相反する、得失が表裏一体の構造をなす、勝れて複合性の高い問題である。洪水というと現代日本に住むわれわれはそれを災害であると、単純に捉えがちである。洪水が災害になるのは、それによって人命のほか、家や田畑などの不動産が失われ、コメをはじめとする農産物の生産が大きく損なわれるという土地定着型の発想による。「治山治水」や「干拓淡水化」の政策はそうした損害を回避するための政策ではあったが、それは資源連環型の発想とは相容れない。利益相反するこの2つの考え方のバランスをどう図り、関係者間の合意を取り付けていけるかは、今後見守っていかなければならない問題の1つである。

【井上勝博】

⇒C森林の物質生産 *p50*　H塩と鉄の生産と森林破壊 *p426*

縄文と弥生

日本文化のアイデンティティのとらえ方

生業からみた縄文と弥生

縄文と弥生は、文化内容、担い手、歴史性に大きな相違があるとされ、二項対立的に取り扱われてきた経緯がある。ここでは、環境における人のあり方、とくに生業（食料獲得）の視点から、縄文と弥生についてみてみる。

更新世末の気候変動に伴い、日本列島は針葉樹林帯から落葉広葉樹林帯と照葉樹林帯とが併存する植生に遷移した。この変化によりナウマンゾウやオオツノジカなどの大型動物は姿を消し、基本的な動物相は変化し、海進、海退により地形環境も変化した。一般的に縄文は、こうした環境変化に対応することで始まった。イノシシやシカなどの中型動物や魚・貝の獲得、堅果類などの植物質食料の採集は、弓矢（石鏃）や漁撈具（釣針、石錘）、そして煮炊き具（土器）の出現にみてとれる。とくに土器の使用により、アクのあるトチなどの植物質食料をも食べることができるようになり食料の種類が増えた。また、多様な自然環境に裏打ちされた豊富な食料資源を十分に活用するために、定住生活を行うようになった。

さらに、縄文時代にも一定の農耕があった。アワ、コメなどの穀物遺存体や穀物種子の土器表面への圧痕からその存在は明らかになってきている。コメは水田稲作ではなく、焼畑で栽培されたと考えられている。また、クリなどの堅果類が栽培・管理されていたことも実証されており、採集だけでなく栽培による植物質食料が獲得されていたことがわかっている。

一方、弥生は大陸・半島由来の灌漑水田稲作を生業の基本にしている。稲作は祭祀・社会構造も本格的に転換させる生業基盤として、従来の縄文的な生業とその社会のあり方を大きく変える。灌漑水田稲作を営むため、集団は大規模に環境を改変する。水田開発の土木作業は、人工的に生産の場を造成することである。水を導入できるようにする灌漑水路、水平に均され区画化された田は自然とはいいがたい。また、稲作自体、個人・家族単位ではなく集団を基礎にして行うもので、その統率・指揮の必要性から社会の階層化・拡大化が進展するとされている。

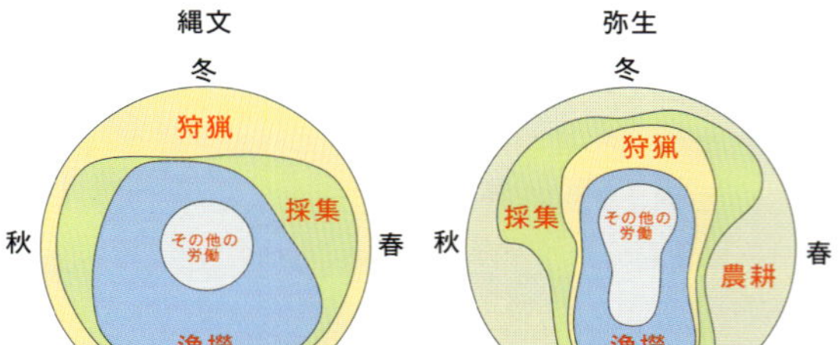
縄文
冬
狩猟
採集
その他の労働
秋
春
漁撈
夏
弥生
冬
狩猟
採集
その他の労働
秋
農耕
春
漁撈
夏

図1　縄文と弥生の生業暦［小林 1996：甲元 1991］

近年は自然遺物資料が増加し、オオムギ、ソバ、マメなどの穀物・豆だけでなく、ドングリ、クルミなどの堅果類の存在も注目されるようになってきた。また、イノシシ、シカ、魚類などの動物質食料も含め、弥生時代もまた多種多様な動植物相を利用する生業であったことが具体的に解明されつつある。

上記の縄文と弥生の生業論は、食料資源を網羅的に利用する広範囲経済と、稲作を主体的に行い他の食料資源も補完しながら利用する選択的経済と説明することができよう。また、1年の生業暦でみると、縄文は季節ごとの旬の食料を得るのに対して、弥生は稲作のサイクルをもとにして生業全体が位置づけられる。こうした生業の具体的な解明は、それが社会や文化のあり方を決定するという考え方にかかわる。

稲作受容の時期とその環境

当時すでに中国大陸では稲作が行われていながら、なぜ縄文時代に稲作は本格的に取り入れられなかったのだろうか。稲作は、日本列島とはもともとは異なる自然環境から成立した生業である。体系化された稲作を受容するのは難しく、伝来の時期に応じて日本列島の社会の反応も異なっていた。現在、縄文時代でも日本にイネが存在し、一定の稲作があったことは認められてきている。しかし、弥生時代の遺跡にみられるような農耕具や祭祀道具などはまだ出土していない。イネおよび稲作の伝播と受容のあり方には、自然環境における生業の問題だけでなく、東アジアにおける社会動態も大きく関係をしていたと考えられている。

現在では、縄文時代に伝播したイネは長江流域に起源を持つとされているが、日本列島にいたる時期や経路はいくつかある可能性がある。中国大陸の温帯ジャポニカに比べ、日本のものの遺伝的多様性は低く、中国に存在するもののうち、一部が日本に伝播し普遍化

郵便はがき

恐れ入りますが切手をお貼り下さい

101-0062

東京都千代田区
神田駿河台一の七

㈱弘文堂
愛読者カード係

ご住所	郵便番号
ご芳名	（　　　才）
ご職業	本書をお求めになった動機
ご購読の新聞・雑誌	ご購入書店名

—愛読者カード—

地球環境学事典

①ご購読ありがとうございます。本書に関するご感想をお寄せ下さい。

②その他小社発行の書籍に関するご要望をお聞かせ下さい。

③他にご希望の出版物又は執筆者がありましたらお聞かせ下さい。
今後の出版活動の資料といたします。

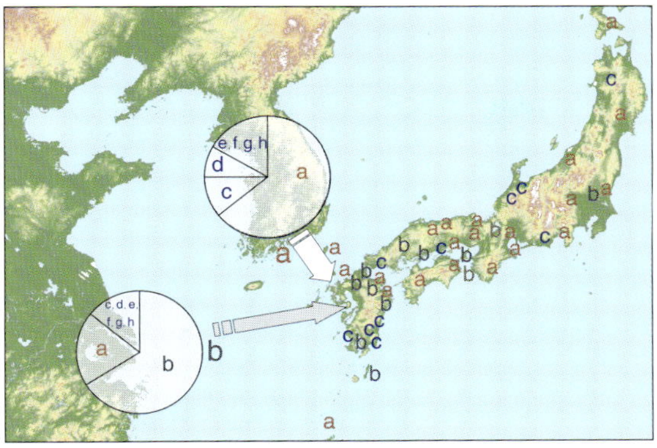
e.f.g.h
d
c
a
c.d.e.
f.g.h
a
b

図 2　東アジアの温帯ジャポニカにおける RM1 の遺伝子の分布。RM1 は、DNA の SSR 領域にある配列の一部。そこに、a〜h の 8 種類の変形版がある。中国大陸には RM1-a〜h までのすべてが、朝鮮半島には RM1-b 以外の 7 タイプが存在する。日本列島には、ほとんど RM1-a, b に限られる。このことは、日本列島には RM1-a, b のみが伝来したことを示している。また、RM1-b は朝鮮半島を経由せずに中国から直接伝来した可能性がある［佐藤 2002］

したビン首（くび）効果があったといわれている。つまり、コメの移入が想像以上に多くなかったとされるのである。

基層文化としての縄文と弥生

縄文と弥生は、歴史的には縄文のほうが古くから認知されていた。明治時代の 1877 年に、E.S. モースが大森貝塚で縄文土器を発見したことに始まる。弥生町での弥生土器の発見と登呂遺跡における水田遺構などから弥生時代は、「縄紋式土器の時代」と古墳時代をつなぐ時代で、その担い手はおそらく古墳時代を担う人びとの祖先、つまり日本民族の祖先と漠然と考えられるようになっていた。戦後、高度経済成長のさなか、発掘調査の増加と日本歴史の再構築は、弥生時代の位置づけをさらに明確にする。列島に普遍的に弥生式土器が出土すること、稲作を行うこと、鉄製品を使用することが弥生文化の基本的要素とされた。そのなかで弥生稲作は、日本の主食であるコメに通じるとされ、より具体的な実態解明のため、調査・研究は意識的にも無意識的にも推し進められたのである。福岡県板付遺跡や佐賀県吉野ヶ里遺跡では、区画化された水田とその周りに張り巡らされた灌漑水路が発見された。稲作は、灌漑技術などの高度な技術を利用しながら集団を統率して行うことから、その先進性が強調されるようになる。また、吉野ヶ里遺跡や大阪府池上曽根遺跡では神殿と想定される大型建物跡がみつかり、古代国家の萌芽として位置づけられ、弥生時代にすでに高度な社会が築かれていたとされた。戦後の世相は、当時の日本の経済的基盤の成立を弥生に求めたのである。

一方、社会進化論では、縄文が狩猟採集段階に位置づけられ、弥生よりも未発達とみてきたが、1980 年代以降、青森県三内丸山遺跡などのように大型構造物を伴う大規模な集落跡が次々に発見され、日本の基層文化として再評価されるようになった。ところが、1990 年代以降の日本経済停滞にあいまって、従来の歴史発展論や文化進化論も停滞し、弥生の歴史学的優位性も薄まっていった。そうしたなか、縄文の多様な植物質食料利用の存在が明らかになると、狩猟のみが重視され未発達社会とされていた縄文観も、むしろ豊かな採集狩猟社会であったことが強調されるようになった。環境破壊が地球規模で問題になりつつある世相のなかで、自然との共生・共存を縄文から行ってきた日本の基層文化として受け入れられたのである。

かつて、佐々木高明は日本列島の東西の文化をナラ林文化と照葉樹林文化と名づけ、稲作以前に日本に 2 つの基層文化があったと論じた。縄文にまで遡る多元的な基層文化論は、その後も、単一的な日本文化論から多様な日本文化論を模索する動きにつながっている。たとえば、大陸からの稲作文化である弥生がまず定着したのが西日本であり、東日本は縄文の伝統を残しながら部分的変容をしたとする「縄文と弥生」論が普及しつつある。

自然改変と「縄文と弥生」論の課題

上記のように、自然との関係における縄文と弥生は、共存・共生と改変・管理という二項対立的な枠組で論じられてきたが、果たしてそれだけであろうか。三内丸山遺跡で解明されたクリの栽培は、有用植物を選択的に確保することである。建築材や斧柄などの道具の製作には、伐採に適した木材が必要となる。その適木確保には人の干渉・管理が不可欠である。環状列石跡や環状集落遺跡から、その建設のために森林の伐採と土木工事が存在したことがわかっている。現在の縄文観はこれらを自然の恩恵を受けながら行うものと解釈する傾向にあるが、自然改変の事実は弥生でみられた自然改変と変わりない。人間生活の環境づくりとして、自然改変を人工化、自然の社会化とする試みがなされたことがあったが、将来的には、縄文・弥生論に委託してきた二項対立的な概念設定と日本文化のアイデンティティ形成にとって根本的な転換が必要になってこよう。

【槙林啓介】

⇒H ヒプシサーマル *p370*　H 土器編年 *p392*　H 稲作の歴史をひもとくプロキシー *p402*　H 狩猟採集民と農耕民 *p412*　H 水田稲作史 *p420*

〈文献〉金関恕・大阪府立弥生文化博物館編 1995．甲元真之 1991, 2004．小林達雄編 1995．小林達雄 1996．藤尾慎一郎 2002．佐々木高明 1993．佐藤洋一郎 2002．佐藤洋一郎編 2002．西田正規 2002．Koyama, S. & D.H. Thomas, eds. 1981.

江戸時代の飢饉

人びとが飢えたのはなぜか

飢饉の背景にあるもの

江戸時代の日本列島は、大きな戦乱がなかったものの、寛永の飢饉、元禄の飢饉、享保の飢饉、寛延の飢饉、宝暦の飢饉、天明の飢饉、天保の飢饉など、何度か死者をおびただしく出した飢饉に見舞われている。冷害、旱害、風水害、虫害、獣害など自然的な要因によって農作物が被害を受け、その凶作が飢饉の引き金となった。近年の古気候学研究の進展によって、江戸時代にも温暖・寒冷の気候変動を繰り返していたことが知られるようになった。とりわけ寒冷な気候が稲作の生育を妨げ、凶作の主要な原因となった。旱害はとくに西日本では深刻であったが、溜池や灌漑用水の整備などによって危機をだいぶ回避できるようになった。

むろん凶作になったからといって、ただちに人びとが飢えて餓死に追い込まれたわけではなかった。そこには江戸時代の政治経済のシステムが大きく働いていた。統一政権である徳川幕府は首都江戸を拠点として、大坂、京都、長崎などの主要都市や代官派遣の地方を直轄支配し、列島各地には、将軍との間に主従関係を取り結ぶ200〜300にも及ぶ大名の所領（藩）を配置した。このような幕府と藩とによる集権・分権のしくみが幕藩体制であり、これが日本の封建制であると一般に理解されてきた。幕府や藩は領主として農民に年貢を課したが、それは農民の生活・生産の成り立ちを保障するものでなければならなかった。領主が凶作時に飢饉対策を怠ったりできなくなったりすると飢饉を深刻化させてしまう。領主によるきびしい年貢の取立て、苛斂誅求が飢饉の原因で、封建制度が悪いとしばしば強調されてきたのは、それなりに理由のあることであった。

写真1　享保の飢饉餓死者を祀る川端飢人地蔵尊（福岡市、2005年）

江戸時代の飢饉の背景には、領主の政治の良し悪しともからみながら、列島全体に及ぶ経済社会への転換があった点を見落とすことができない。近世初頭の1000万人台の人口が、約100年間の新田開発による食料増産によって約3000万人に増大し、その後地域的な増減があるものの同規模の人口が維持された。最大の商品ともなったコメは農村から都市（城下町、港町、鉱山町など）へ、地方から江戸や大坂方面の大都市へ、あるいはアイヌ交易のために松前・蝦夷地へ、遠隔地間商人が介在しながら、おもに水運や海運を使って移出された。そうした食料の供給によって都市住民や非農業者の暮らしが成り立ち、衣食住・文化にかかわるさまざまな消費物資が作り出され、それが地方や農村に行きわたるようになっていく。このような商品・貨幣経済の展開が琉球国や蝦夷地のアイヌ社会まで組み込みながら列島規模で同時進行的に起こったことが、江戸時代の大きな特徴であった。

経済社会化の落とし穴

しかし、このような急速な経済社会への転換がとくに大凶作などの打撃を受けると、幕藩社会の歪みや脆さが露呈した。元禄の飢饉以降に顕著になるが、最も甚大な被害を出した東北諸藩を例にとれば、江戸や大坂などへの食料供給地として地域の農業が形成され、藩経済が蔵元などとなった江戸・大坂商人へ資金的に依存せざるをえなくなっていった。東北諸藩は新田開発によってその領内人口が食べる以上のコメやダイズを生産できたから、藩は財政をやりくりするために年貢米だけでなく、農民の手元にあるコメ、ダイズを買い上げてそれを大坂・江戸市場に売却し利益を得ようとした。農民も生活向上の意欲が高かったからコメ、ダイズを売って換金しようとした。このように藩も農民も商品経済の渦の中に巻き込まれると、注意を怠って備荒用の穀物まで取り崩してしまい、そこに翌年の大凶作が襲うと食料の絶対的な不足を引き起こし、おびただしい餓死者を出してしまうのである。当時、列島経済は海運に支えられており、海の荒れる冬期に緊急に食料を移入することは困難だったことも飢饉をひどくした理由の１つだった。

いわば市場経済への備えができていなかったことが大規模飢饉の背景にあったが、宝暦の飢饉や天明の飢饉の悲惨な体験から、新たなセーフティネットを構築しようとする動きが登場してくる。社倉とか義倉と呼ばれる囲米の制度で、農民がコメ・雑穀を出し、あるいは一部を領主も出し、地域行政的に管理していく動きである。しかし、農民が出した穀物を領主が管理・運用する方式は年貢増徴と変わりなく、農民の反発が大きく、自治的な運営組織でなければ成功しなかった。都市部でも江戸の町会所による七分積金制度のように備荒貯蓄が行われていく。これらはまだ十分なものではなかったが、無秩序になりがちな市場経済の落とし穴への対策として社会的な機能を果たすことになり、近代にその資産が引き継がれたものも少なくない。

主要な飢饉の特徴

江戸時代の大きな飢饉はそれぞれに特徴がある。寛永の飢饉（1641～43 年）は江戸時代最初の大飢饉として知られている。西日本の牛疫、大洪水あるいは干ばつ、虫害、東日本の長雨など複合的な自然要因による２年続きの凶作が列島規模の「天下大飢饉」と呼ばれる飢饉をもたらした。徳川幕府にとってこの飢饉を乗り切れるかどうかが安定的な支配体制を作れるかの試練となり、このときの飢饉対策が小農民維持の幕府農政の基本を確立したと歴史的には評価されてきた。

元禄の飢饉（1695～96 年）は将軍徳川綱吉の生類憐みの政策がさかんな時期に発生した冷害型の凶作で、前述の市場経済の矛盾がはじめて顕著に現れ、弘前藩など東北地方が被害を受けた。類似のメカニズムの飢饉は宝暦の飢饉（1755～56 年）や天明の飢饉（1783～84 年）で、さらに多くの犠牲者を出した。天明飢饉の場合、東北地方で 30 万人を超える死者が出た。ヤマセという太平洋側から吹きつける冷たい雨を伴った東風が凶作の原因であるが、その雨雲が奥羽山脈に阻まれるため、太平洋側（陸奥）に比べ日本海側（出羽）のほうがダメージは比較的軽かった。冷害に強いコメづくりが基本であるはずだが、収穫量が早稲より多い晩稲の作付けに走り、被害を大きくした側面もあった。

享保の飢饉（1732～33 年）は関西以西の西日本、とくに北九州や四国西部の被害が大きく、原因はウンカの異常大発生による虫害であった。時の徳川吉宗政権は江戸から大坂へ回米してまで西国大名の救済にあたり、甚大になりつつあった飢餓状況を比較的はやく回避することができた。ただ、関東は豊作だったものの回米によって江戸の米価が上がり、江戸では米価高騰による食料危機から都市民による米騒動が発生している。これ以降、大凶作のたびに、1787 年、1837 年、1866 年など、列島の都市で連鎖反応的に米騒動、打ちこわしが発生し、農村の飢餓対策と並んで都市下層民対策が社会問題化した。

天保の飢饉（1833～39 年）は 1833 年、1836 年、1839 年と断続的に凶作となり、７年にもわたる飢饉状態が続き、深刻な影響は全国に広がり、各地で農民一揆や都市騒動が起こり、幕府や藩の支配体制が揺るぎ、社会変革を求める機運を作り出していくこととなる。幕末・維新期の政治動乱の背景にも 1866 年、1869 年の凶作による生活危機がからんでいた。

この他、寛永の飢饉（1749～50 年）は、北東北の八戸藩で猪飢饉と呼ばれたように、焼畑・常畑など山野の開発やオオカミの駆除などによって生態系のバランスが狂い、猪が異常発生して凶作となる場合もあった。

飢饉による生活困難は単年度の大凶作でも１年の長きに及ぶ。飢えた人びとは山野に入ってワラビ、クズの根や木の実を採ろうとした。山野は飢えたときの御救山の機能をもっていたし、トチの実の処理など救荒食の民俗知識が存在した。しかし、それだけでは飢饉を凌げなかったのが江戸時代の経済社会の現実であった。飢饉から逃れようと、他国に逃亡する者や、盗みや放火に追い込まれる者、あるいは金儲けのチャンスとばかり私利私欲に走る者ばかりか、餓鬼道と書かれるような人食いの凄まじい現実までも引き起こしていた。自然との関係性は当然ながら、凶作・飢饉の人災的要素も見逃すことはできない。　【菊池勇夫】

写真２　天明の飢饉、餓死万霊等供養塔（八戸市、対泉院、2008 年）

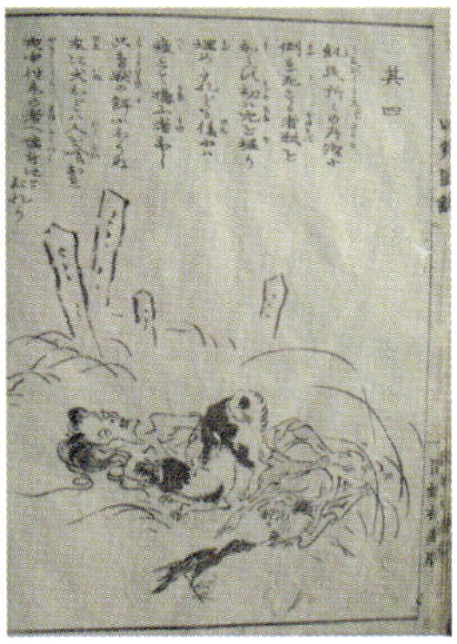

写真３　飢饉の惨状［『凶荒図録』より］

⇒C干ばつと洪水 p58　D照葉樹林の生物文化多様性 p198　H日本列島にみる溜池と灌漑の歴史 p422　Hジャガイモ飢饉 p450　H飢饉と救荒植物 p460

〈文献〉荒川秀俊 1979．菊池勇夫 1994, 1997, 2003．菊池万雄 1980．鬼頭宏 2000．岸本良一 1975．高木正朗編 2008．西村真琴 1988．宮城県史編纂委員会編 1962．

灌漑と塩害

イラク南部とエジプト・ナイルバレーで何が違ったか

乾地農法、通年灌漑とベイスン灌漑

年降水量が 200 mm 以下の乾燥地域では、降水にたより、かつ土壌の保水に注意をはらうムギ作農業(乾地農法：ドライファーミング)が不可能であるため、灌漑農業が行われる。乾地農法では降水量のちがいによって年ごとの収量に極端な差があるが、灌漑農業では安定した収穫が期待でき、生産力水準も飛躍的に上昇する。前 4000 年紀末にメソポタミア南部で、少しおくれてエジプトで古代国家が生まれた背景にも、チグリス・ユーフラテス両川、ナイル川の水を利用した灌漑システムの整備があった。ただ両地域で行われていたのは、まるで異なったタイプの灌漑である。

メソポタミア南部の沖積平野では秋のオオムギ、コムギの播種期にチグリス・ユーフラテス両川の水量が最も減少するが、翌年春の収穫期に両川は増水し、氾濫の危険性も増す。だからこの地域では早くから両川を取水源とする灌漑用の幹支線水路が張り巡らされ、必要時に水が耕地に供給され、また水量の統御もはかられた（通年灌漑）。一方、ナイル川下流ではムギの播種期前に水位が上昇するから、人びとは、ナイルの周辺に設けた巨大な窪地（ベイスン：耕区）に流量の増大した川の水を導入し、窪地から水が引いたのちに播種作業を行った（ベイスン灌漑）。

耕地の塩性化

乾燥地域では、岩石や土壌が風化する過程で生成されたさまざまな塩類が、雨や浸透水で洗い流されることなく大量に土壌内に残存する。耕地内に導入された灌漑水が蒸発をはじめると、毛細管現象によって土中に浸透し、保持されていた水が土壌表面近くに引き上げられ、水分の蒸発とともに水にとけこんでいた塩類も土壌表面近くに引き上げられる。そして、水が蒸発するのに対して塩分は土壌中に蓄積される。さらにもともと灌漑水に含まれていた塩類も表土にのこり、これらがあいまって、ムギ耕作に深刻な障害をひきおこす。塩類を多量に吸収することで作物は順調に生育できなくなり、また土中の塩分は作物の根の水分吸収を妨げる。

古代シュメール農業と塩害

古代メソポタミアでは耕地の塩性化が進行し、そのため生産力が低下して、耕地が放棄されることがあった。通年灌漑にたよってムギ作農業を行ってきた地域では、どこでも塩害に悩まされてきたが、古代シュメール農業はその最も早期の例である。現代でも、シュメール文明の発祥の地であるイラク南部の農業にとって、塩害は深刻な脅威でありつづけている。耕地の塩性化、アルカリ土壌化にコムギは敏感に反応し、一方、オオムギはある程度まではそれに耐えることができる。だから現代イラクでは、乾地農法が可能な北部では主としてコムギが栽培され、灌漑のため塩害が深刻化している南部ではオオムギが多く栽培される。

イラク南部を舞台としたメソポタミア史のなかで耕地塩性化の状況が確かめられるのは、前 24 世紀（都市国家時代末）と 21 世紀（ウル第 3 王朝時代）のシュメール都市から出土する粘土板記録においてである。前 24 世紀後半のラガシュ都市の行政文書によれば、公共穀物耕地の約 83%でオオムギが栽培されており、コムギ耕地は 0.6%程度にすぎない。残りの耕地のほとんどには*エンマーコムギが栽培されていた。前 21 世紀中葉、ウル第 3 王朝時代には、ラガシュの全耕地のうち約 98%がオオムギ耕地とされ、コムギ耕地はわずか 0.2%であった。すでに前 24 世紀中葉にシュメール地方では耕地の塩性化が進行し、このためにコムギ耕地が激減していたのであろう。続く 300 年間で塩害はさらに深刻化したようである。ウル第 3 王朝時代にはオオムギ収量も減少するとともに、コムギ栽培はほとんど不可能となり、エンマーコムギもほぼ姿を消していた。この時期のシュメールでは、耕地の開発が盛んに行われているが（図 1）、その背景として、塩害のために旧耕地が放棄されたことを想定できる。

塩害対策

塩害を防ぐためには、耕地の脱塩をはかる以外にない。また耕地からの排水が円滑に行われることが要求されるが、大規模な水路網によって広大な沖積平野を灌漑するシステムでは、排水には多大な困難が伴う。古代シュメールでムギ耕作サイクルの第 1 段階で耕地の脱塩作業（リーチング）が実施されていたとの説

があるが、これはまだ確証されてはいない。一方で累積した塩類の除去は、現実にはたいへんな障壁がある。現にアッバス朝初期に、塩害で荒廃した南部イラクにおいて、ムギ、コメ、サトウキビ栽培のための耕地開発が企てられたことがある。そのために地主たちは、東アフリカ、ザンジバルで購買した黒人奴隷を、塩類が蓄積した土壌の除去作業に従事させたが、結果は、過酷な労働に耐えかねた奴隷たちの大規模反乱を誘発しただけであった（ザンジュの乱、869〜883年）。

1950年代後半に欧米研究者たちによって実施されたイラク南部地方の諸調査をみても、塩害が地域社会に深刻な影響をおよぼしていることがよくわかる。この地域では、灌漑水路の堤に塩害に強いナツメヤシが植えられ、また水路の最も近くでは農民が狭小な農地を耕している。一方、大規模農場は水路から離れた地域に展開しており、そこでは不在地主が耕地を小作させている。水路に近い自営農民の小耕地では塩類の集積が深刻化しているが、水路から遠い大規模農場では、それはさほどではない。生産力低下に悩む自営農民は隔年休閑という大原則を捨てて、一部の土地の連年耕作をはじめてしまい、これがますます耕地の荒廃をもたらしている。だからこの地域では、自営農民の生活水準は、高率の小作料を払っている小作農民のそれよりもはるかに低い。

大規模灌漑と夏作物

冬作物としてのムギ類に加えて、あらたにワタやコ

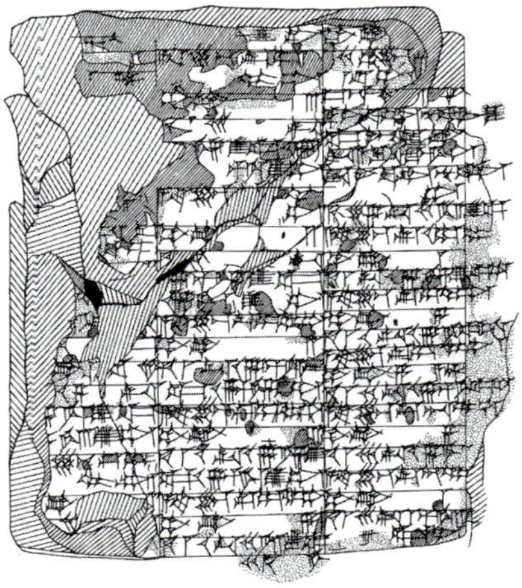

図1　ウル第3王朝期のラガシュ出土粘土板（大英博物館蔵）表面部。長辺を接して並列している計52の新開発耕地ユニットの測量記録。各ユニットは極端な短冊形をなしていて、短辺の長さは約100m、長辺は3kmを超え、いくつかは4km近くに達する。各ユニットの1短辺をすべてつないだラインが基幹水路であり、ついで灌漑水は長辺に沿った第2次水路を流れ、そこからユニットに取水された。原粘土板サイズ128mm×100mm（前川複写）［Maekawa 1992；前川 2005］

メなどの夏作物を栽培するために通年灌漑を大規模に実施したために、地域の農業システム自体が危機的な状況におちいることがある。その典型例は19世紀以来のナイル川流域農業であり、あと1つは現在のアラル海周辺地域の例である。

エジプトではファラオ時代からナイル川の水を耕区に流しこみ、排水ののちムギ類を播種する農法が採用されていた。この農法のもとではナイル川の泥土がつねに耕地に補給され、また排水がほぼ完全に行われていたから、ナイル下流地方では深刻な塩害は進行していなかった。ところが、19世紀に夏作物である綿花の大量栽培が開始されたことで、状況が一変した。ベイスン灌漑から通年灌漑への移行がはじまったのである。ナイルに沿って基幹運河があらたに掘られ、さらにそれに大小の新水路が連結された。また19世紀中葉、上・下エジプトの結節点で取水堰が建設されて、ナイル川の水量自体の統御もはじまり、これは1970年のアスワン・ハイダムの完成によってほぼ完結する。

ナイル下流域ではすでに20世紀はじめに塩害の問題が顕在化している。泥土補給が不可能になり、また排水が完全に行われなくなったからである。それでも20世紀前半には、人びとは多量の肥料を用いることで、生産力の低下を食い止めていたが、現在、状況は深刻化しつつある。前5世紀のヘロドトスは、エジプトではナイルが運ぶ水と沃土のために、いっさいの肥料なしでムギ類が栽培されると驚嘆したが、19世紀以降のエジプト灌漑農業は、ヘロドトスが見聞したそれとは、まるで違っている。アスワン・ハイダム建設のためにエジプト農業ではじめて塩害が発生したというのは、俗説にすぎない。

乾燥地域でダムが建設され、灌漑水路が開かれれば、たしかに地域の可耕地面積は拡大するが、一方で、ほとんどかならず一部の耕地の生産力が低下する。なお、南部イラクでは部族単位で小規模な灌漑を行っていた段階では、塩害の問題は深刻ではなかったという主張がある。そのこと自体は事実であろうが、もはや現在、灌漑協同作業が部族単位で円滑に行われる状況にはないことも、また事実なのである。【前川和也】

⇒C土壌塩性化と砂漠化 *p66*　C東北タイの塩害とその対処 *p68*　C天水農業 *p114*　C乾燥地の持続型農業 *p116*　R熱帯アジアの土壌と農業 *p254*　H冬作物と夏作物 *p414*　H日本列島にみる溜池と灌漑の歴史 *p422*　Hアラル海環境問題 *p446*　E砂漠化の進行 *p480*　E水資源の開発と配分 *p482*

〈文献〉Bowmann, A.K. & E. Rogan 1999. Jacobsen, T. & R.Mc. Adams 1958. Jacobsen, T. 1982. Fernei, R.A. 1970. 加藤博 2008. 佐藤洋一郎・渡邉紹裕 2009. 前川和也 2005. Maekawa, K. 1992.

インダス文明と環境変化

インダス文明の衰退原因を探る

インダス文明とは

インダス文明はエジプト、メソポタミア、中国とともに世界四大古代文明の１つである。その範囲は南北1400km 東西1600km に及び、インドに約900、パキスタンに約600の遺跡が報告されている。そのうち、パキスタンのモヘンジョダロ遺跡が最大規模を誇り、高度な上下水道施設を備えたレンガ造りの都市として名高い。

インダス文明は他の古代文明と異なり、ピラミッドやジッグラトのような建造物がなく、巨大な権力の存在が想定される遺物に乏しいが、未解読のインダス文字が刻まれたインダス印章、ハラッパー式と呼ばれる土器、紅玉髄（べにぎょくずい）やラピスラズリなどを加工した工芸品などの共通する文化要素によって、特徴づけられる。その一方で、かなりの文化的地域差があることがわかってきた。たとえば、インダス文明といえば、モヘンジョ＝ダロ遺跡やハラッパー遺跡でみられるようなレンガ造りの建造物が一般的だが、グジャラート州では石造りのものが多くみられる。このことから、現在では、インダス文明社会は中央集権的な社会ではなく、共通の印章や度量衡によって、各地域がゆるやかな結びつきをもった社会であったと考えられている。

インダス文明期とポスト・インダス文明期

インダス文明が栄えたのは紀元前2600～1900年の700年ほどである。図に示したのは南アジアの遺跡分布である。図１はインダス文明期の遺跡分布で、図２はポスト・インダス文明期の遺跡分布を示している。インダス文明期にはインダス川流域にあった遺跡が、ポスト・インダス文明期にはあきらかに少なくなっていて、ガンジス川流域に遺跡が集中している。また、ポスト・インダス文明期には、大きな都市遺跡も姿を消している。

図１に示したインダス文明期の遺跡分布図からいえるのは、遺跡が集中的に分布する地域がみられることである。また、インダス川下流域のパキスタン、シンド州ではモヘンジョ＝ダロといった大都市遺跡があるものの、遺跡の数それ自体はむしろ少ないことがわかる。氾濫原の堆積土に埋まってみつからないという説もあるが、それでは今発見されている遺跡がなぜ堆積土に埋まっていないのかの説明がつかない。最近の研究で、各地域がインダス文明全体のなかで、どのような役割を担ったのかが徐々に明らかになりつつある。

インダス文明の衰退原因

インダス文明は他の古代文明と異なり、比較的短期間で衰退したといわれている。インダス文明の衰退原因については諸説がある。最も有名なのがアーリヤ人の侵入破壊説である。インド古代の賛歌『リグヴェーダ』の記述と、ハラッパー遺跡での大量の人骨の発見が結びついて、この説が登場した。しかし、現在ではリグヴェーダの成立時期とインダス文明の衰退時期が一致しないことや、人骨に虐殺の証拠がみられないことなどからこの説は否定されている。

また、環境破壊による衰退説もこれまで提唱されている。M. ウィーラーはアーリヤ人侵入と、環境破壊を要因とする説を展開している。彼によると、レンガ

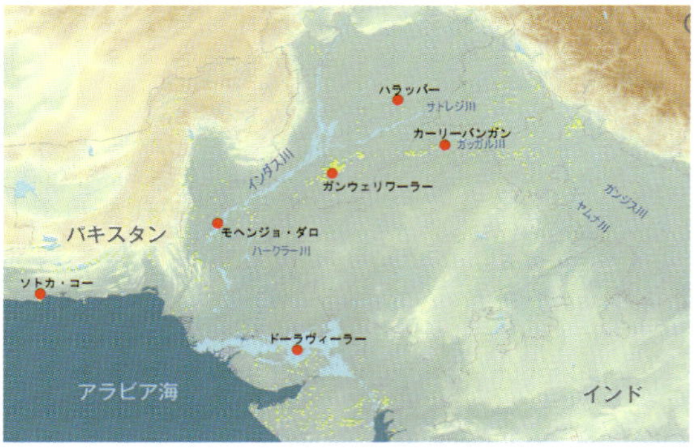
ハラッパー
サトレジ川
カーリーバンガン
ガッガル川
インダス川
ガンウェリワーラー
ヤムナ川
ガンジス川
パキスタン
モヘンジョ・ダロ
ハークラー川
ソトカ・コー
ドーラヴィーラー
アラビア海
インド

図１　インダス文明期の遺跡分布（黄色い点）

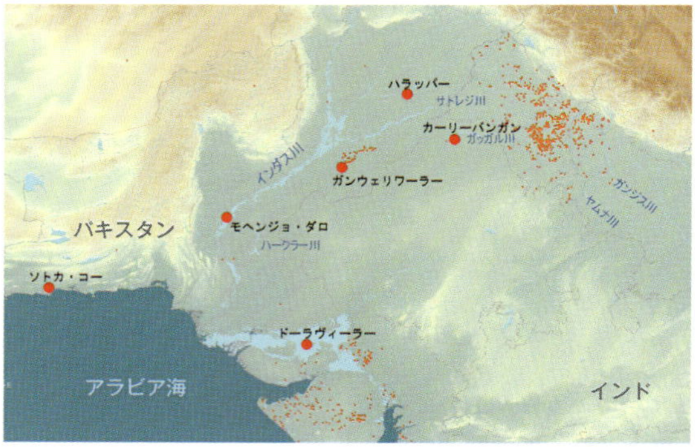
ハラッパー
サトレジ川
カーリーバンガン
ガッガル川
インダス川
ガンウェリワーラー
ガンジス川
ヤムナ川
パキスタン
モヘンジョ・ダロ
ハークラー川
ソトカ・コー
ドーラヴィーラー
アラビア海
インド

図２　ポスト・インダス文明期の遺跡分布（赤い点）

造りに大量の薪(まき)が必要なため森林が伐採された結果、洪水が発生し、アーリヤ人の侵入もあってインダス文明の衰退を招いた。この森林破壊説だけではなく、インダス川の流路変化説や自然ダム発生による水没説など、環境変化を原因とする説は多い。しかし、インダス川流域の環境変化だけを原因とする場合には、広範囲に広がるインダス文明全体がなぜ衰退したのか、うまく説明がつかない。複合的要因による衰退が想定される。

写真1　モヘンジョダロ遺跡（2008年）

ガッガル＝ハークラー川の涸水

すでに述べたように、インダス文明遺跡はインダス川流域にだけ分布するのではない。パキスタンのチョーリスターン砂漠からインドのハリヤーナー州にかけてのガッガル＝ハークラー川（旧サラスヴァティー川）流域に、ガンウェリワーラーやカーリーバンガンといった都市遺跡がみられる。このガッガル＝ハークラー川はリグヴェーダに登場するサラスヴァティー川と同一視され、リグヴェーダでは大河であったとされている。この川は現在かなりの部分で水が涸れているが、その涸水の原因や過程はまだわかっていない。この川が涸れたことがインダス文明衰退の一因であるとする説は古くからあり、現在も有力な説として認められている。

しかし、最近の調査で、ガッガル＝ハークラー川が大河であったことはなく、インダス文明期にも現在と同じような水量であったことがわかってきた。またインダス文明を支えた農業は他の文明のように大河の水に依存したというよりは、モンスーンの天水にたよって行われていた可能性が高い。

気候変化などの環境変化や人口過密化などで生業システムがうまく機能しなくなり、インダス文明を繁栄させた住民たちがより農業に適した地に移住したことによって、インダス文明が衰退したと考えるのが妥当であろう。

気候変動と海水準変動

インダス文明の衰退に関与した可能性のある環境変化としては気候変動と海水準変動があげられる。

気候変動については、この地域での農業を支えていたモンスーンの活動が重要な意味を持つ。インド亜大陸のモンスーンによる雨量はインド洋上の海水温と関連している。当時の海水温の変化を知るために、サンゴを使って、インダス文明期の気候の復元がこころみられている。

海水準変動については、インド洋に面したグジャラート州カッチ県のインダス文明遺跡が大きく影響を被った。これらの遺跡はメソポタミアや湾岸諸国との海上交易の拠点であったと想定される。相対的海水準変動の理論計算によると、インダス文明期には現在より海水準が2m高かったという結果が出ている。これが事実とすると、インダス文明期には現在内陸にある遺跡がもともと海岸沿いにあったことや、現在は陸続きであるところがかつては船が出入りする入り江だったことなどが想定される。

インダス文明研究の展望

インダス文明や文明を取り巻く環境を知る手がかりは、インダス文字が解読されていない現段階では、インダスの文字資料によって直接知ることはできない。そのためにプロキシー・データを活用する必要がある。湖沼コアを採取して花粉分析やプラントオパール分析などのデータを蓄積していくことが重要である。また、当時交流があったメソポタミアの楔形(くさびがた)文字文献や後の時代のインド社会を記述したヴェーダ文献などを積極的に活用することも必要であろう。さらに、インダス文明の文化要素は現代まで伝承されていることから、現代南アジアの文化や社会の調査研究を通じて、古い基層文化を推定することが可能であろう。自然科学による研究や過去から現代までの南アジア社会や文化の研究など、さまざまなアプローチから、インダス文明社会やそれを取巻く環境を復元していくことが望まれる。

【長田俊樹】

⇒Ⓒ天水農業 *p114* Ⓗプロキシー・データ *p386* Ⓗボーリングコア *p388* Ⓗ年代測定 *p390* Ⓗ花粉分析 *p400* Ⓗ稲作の歴史をひもとくプロキシー *p402*

〈文献〉ウィーラー、M. 1966(1960), 1971(1966). 近藤英夫編 2000.

河況変化と古環境

川の流れに依存する人間社会

河川と文明

一般に、地下に浸透できる以上の降水が恒常的に発生する湿潤地域や、氷河がある高山から融氷水が大量に流出するような地域では地表流が筋状に集まって流れ、やがて流域の水を効率良く排水するために本流を中心とした樹枝状の水流のネットワーク（水系）が形成される。それらを利用する人びとによって本流や支流にそれぞれ固有名詞が付けられると、初めて一続きの「河川」として認識され、さらに効率良く利用するべく開発が進んでいく。

人びとはいにしえより河川の水をさまざまに利用し、文明を形成してきた。エジプト文明とナイル川、メソポタミア文明とチグリス川・ユーフラテス川、インダス文明とインダス川、中国文明と黄河など現在の人類の繁栄の基礎となった古代文明はそのほとんどが大河のほとりで芽生えたことはよく知られている。悠然と流れる大河を見ていると、大河はいにしえよりその姿を変えることなく、永遠に流れ続けることを信じたくなる。しかし実際には、数百年、数千年、何万年という時間スケールでみると、川の流れる方向やコースは案外変化しやすく、時には短期間に劇的に変わることもありうることは地形学・地質学によって証明されている。そういう現象にたまたま遭遇した人類がいたとしたら、生活基盤を根本から覆されるような危機に直面することになったに違いない。

中越地震と地すべりダム

川の流れが短時間で変わってしまった例として、2004年10月23日に発生した新潟県中越地震の事例を紹介する。この地震は、マグニチュード6.8の内陸直下型地震で、最大震度7を記録し、60名を越える死者を出す大災害となった。強振動による家屋倒壊だけでなく、未固結の更新統魚沼層群からなる魚沼丘陵を中心に、強震動や融雪水の浸透により広範囲に地すべりが発生したことによる土砂災害で被害はさらに拡大した。その地すべりの1つが魚野川支流の芋川の流域で発生し、川の途中をせき止めたため地すべりダムが形成されたことは頻繁に報道された（写真1）。つまり、ある日突然、地震とともに発生した地すべりの土砂によって川がせき止められたため、大きな湖ができ、その下流にはほとんど水が流れなくなったのである。地域住民にとってみればまさに青天の霹靂（へきれき）と言えるが、地すべりは地震以外の原因でも発生することを考えると、このような現象は世界各地で普通に発生する自然現象であると言える。

写真1　新潟県中越地震により発生した地すべりダム。破線の部分から矢印の方向に地塊が滑ったため川がせき止められた（2004年）［八木浩司撮影］

河川争奪

数百年、数千年という時間スケールでみれば河川はつねに侵食・運搬・堆積作用によって水系を変化させている。水系の変化は、多くの場合コースが移動したり狭窄部が短絡したりするような比較的緩やかな変化であるが、条件によっては流れる方向が逆になったりして、別の河川の流域に組み込まれてしまうことがある。このように河川の侵食条件や河床高度の条件によ

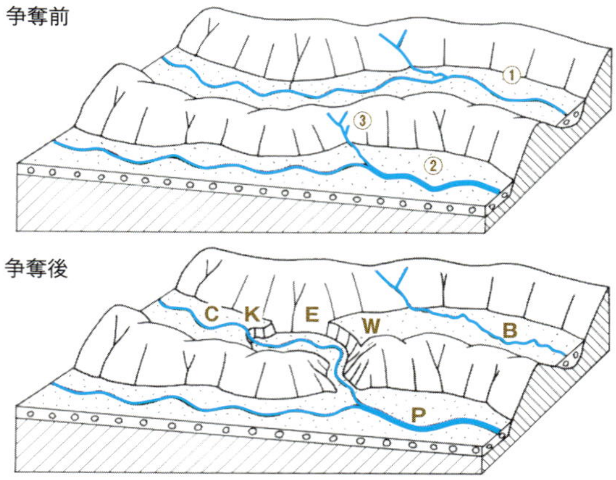

争奪前
①
②
③
争奪後
C
K
E
W
B
P

図1　河川争奪。C：被奪河川、B：斬首河川、P：争奪河川、E：争奪の肘、W：風隙、K：遷急点［鈴木2000］

って流れの方向や水量が劇的に変化する現象を河川争奪とよぶ。

たとえば図1のように河床高に差がある2本の川①・②が並行して流れているとする。手前の河床高が低い河川②の支流③が分水界になっている尾根を谷頭侵食して河川①の流域まで到達した瞬間、支流③が到達した場所より河川①の上流側が、支流③を通して河川②の流域に組み込まれ、河川②の河床高に合わせるように侵食がすすむことになる。上流部分を奪われた河川①は、上流（首）が切られたような状態になるため斬首河川とよばれ、その上端部には風隙とよばれる谷中分水界が形成される。河川争奪は、日本やヒマラヤなどの変動帯ではよくみられる河系異常である。

ヒマラヤ山脈の隆起と河川形成

地球の歴史をさかのぼってみると、さらにダイナミックな河川の変化があったことがわかっている。ヒマラヤ山脈は世界の屋根とよばれ、8000m を超える峰々が連なる巨大山脈である。インダス川、ガンジス川など数多くの大河がヒマラヤ山脈の氷河に源を発して、アラビア海、ベンガル湾などに流れ、流域には古代文明が栄えたことで知られる。ヒマラヤ山脈が現在のような巨大山脈として成長し始めたのは1500万年前以降とされている。川は例外なく高いところから低いところに流れるので、ヒマラヤ山脈がまだ誕生していなかった1500万年前頃は、現在のようなヒマラヤで南北に分断された水系はなく、アジア大陸からヒマラヤ山脈の位置を横切ってインド洋側へ流れる水系があったと推定されている。詳しい水系の様子はまだわかっていないが、現在のヒマラヤ山脈には、まだヒマラヤ山脈が高くなかった時代の川が運搬して堆積した地層が、千m以上も高いところまで持ち上げられて分布している。このような地層の中から1932年に古人類学上の論争となったラマピテクスの下顎が発見されている。つまり現在の高いヒマラヤができる以前は、そこには類人猿を含め多くの大型哺乳類が生息する広大なアジア大陸縁辺部が広がっていたと推定されている。

信濃川と新信濃川

人類が防災のため積極的に河川の流路を変更した例もある。長野県および新潟県を流れる日本一長い川として知られる信濃川は（長野県部分は千曲川とよばれているが）、その河口部の整備と洪水被害防止のため、1909年（明治42年）から大規模な分水工事が行われた。信濃川のおよそ50km上流に位置する大河津とその西側の寺泊海岸の間、およそ10kmに、人工的な放水路を開削して、洪水調整しようとしたものである

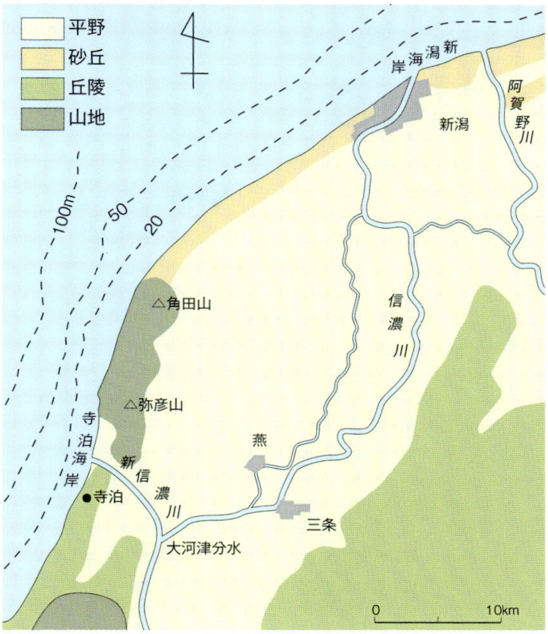

平野
砂丘
丘陵
山地
新潟海岸
新潟
阿賀野川
100m
50
20
角田山
信濃川
弥彦山
寺泊海岸
燕
新信濃川
寺泊
三条
大河津分水
0
10km

図2　信濃川と新信濃川［小池・太田編 1996］

（大河津分水）。新潟平野は信濃川の洪水によってしばしば大きな被害を受けていたため、江戸時代末期から地元豪商の上奏などをきっかけにして、大河津分水の計画はあったが、幕末の混乱で頓挫していた。1896年（明治29年）の大洪水をきっかけにしてこの計画が再浮上し、1924年（大正13年）に15年の歳月をかけて完成した。新しくできた放水路は新信濃川と命名された（図2）。

洪水被害を防ぐ目的で建設した大規模な放水路（新信濃川）はその後思わぬ影響を海岸部に与えることになる。河川流路の変更により、従来信濃川河口（新潟海岸）まで流されていた土砂が、新信濃川方面に新たに流されることになったため、信濃川河口部で流入土砂の激減により大規模な海岸浸食が始まった。その速度は河口付近で年間5mもの速度で海岸線が後退していったのである。それとは逆に寺泊海岸では新たに運ばれてきた土砂により、年間20mもの速度で海岸線が沖合に前進する現象が見られた。このように、現在では災害防止などのため人工的に河川の流れを変える工事が頻繁に行われるようになったが、そのことによって自然のバランスは崩れることになり、さまざまな影響がでていることも事実である。　【前杢英明】

⇒H 洪水としのぎの技 *p424*　E 水資源の開発と配分 *p482*　E 黄河断流 *p484*　E 統合的流域管理 *p534*　E 国際河川流域管理 *p536*

〈文献〉鈴木隆介 2000．小池一之・太田陽子編 1996．

遊牧と乾燥化

農耕民起源説と狩猟民起源説

遊牧の定義

遊牧は、農耕を伴わない移動性の牧畜活動である。多くの場合、農耕に適さない乾燥環境において、移動することにより家畜の飼料を通年で確保する牧畜のシステムである。

これに対して、定住農耕民が家畜の飼料を主に栽培によって確保して牧畜を行う場合には、これを混合農業と呼び、これを行う人びとを農牧民と呼ぶ。

遊牧は、乾燥環境に適応した牧畜の営みであり、その起源と盛衰は地球環境の変化と深くかかわっていたと考えられる。現在、遊牧の起源に関して、大きくは農耕民起源説と狩猟民起源説という、2つの説が存在している。

農耕民起源説

農耕民起源説は、農耕民の牧畜活動から遊牧が派生したと考える説であり、E. ハーンが早くから本格的に提唱し、現在でも大きな影響力をもっている。

この説では、野生動物の家畜化は定住民の存在が前提となり、西アジアの定住農耕民がまずウシをはじめとする有蹄類の家畜化を行ったと考えた。そしてこの農耕牧畜民（農牧民）が、農耕に適さない乾燥地帯に進出した結果、農耕が欠落してヤギ、ヒツジの比率が高まり、移動性の遊牧が成立したとしている。

図1　エジプトの混合農業（メンナの墓、新王国）〔仁田・松治 1997〕

写真1　農牧民の牧畜（中央アジア、ウズベキスタン、2009年）

なお農耕民が野生動物を家畜化する契機としては、家畜を維持する飼料を生産できる農民の積極的な行為と考える立場から、乾燥化の進捗の結果、ステップの野生動物がオアシスの農耕地帯に避難して、野生動物自らが自己家畜化を行ったとするものまで、いろいろの考えがある。

このようなハーンをはじめとする農耕民起源説では、遊牧は完結した生業ではなく、農耕民から穀物などの生活必需品を交易などによって入手してはじめて成立する仕組みであるとすることが多い。またラクダ、ウマのような運搬・騎乗用の家畜も、まず農耕民が家畜化を行って後に、遊牧民に伝わったと考えた。

20世紀中頃以後になって、世界の初期農耕遺跡が数多く調査されるようになった。その結果、西アジアでは農耕開始よりやや遅れて、紀元前7000年紀にガゼルなどの野生動物に対するヤギ、ヒツジの比率が急増し、その後、長い時間をかけてウシ、ウマの順で飼養されていったことが明らかにされている。

このような成果は、ヤギ、ヒツジの飼養がウシに先行するなど、ハーンの仮説を一部訂正するところもあったが、基本的に農耕の確立が牧畜のそれより早く始まったこと、また西アジア農牧民の家畜資料が現在のところ世界で最古のものであることなどが、遊牧の西アジア農耕民起源説を強めることになった。

遊牧を農耕民起源とする説では、人類史は基本的に農耕活動を基軸に展開したのであり、遊牧はそれが劣悪な環境へ適応した結果と考えることが基本である。そのため歴史上、遊牧民がおおいに活躍した時代についても、乾燥化などによって農耕民社会が打撃を受けたり、騎馬戦術によって遊牧民の軍事力が強まったりした結果とみなすことが多い。

狩猟民起源説

牧畜の狩猟民起源説の端緒は、20 世紀前半に W. シュミットらのウィーン文化史学派が、寒冷地の狩猟民がまずイヌ、トナカイを家畜化したことを契機として家畜化の考えあるいは概念が広まったことが、他の多くの種類の野生動物の家畜化に連なったと考えたことにある。なおトナカイの家畜化は、乾燥化より温暖化が重要であった可能性が高い。

そして 20 世紀中頃に、遊牧の狩猟起源説を強く打ち出したのが今西錦司である。今西はモンゴルにおける調査を通じて、ステップの狩猟民が野生動物の群れに従って移動する中で、群れを丸ごと家畜化したという新しいモデルを提示した。

今西はこのように考えた理由について多くを述べているが、狩猟地帯を含めたフィールド調査の経験から、遊牧民的な狩猟民と狩猟民的な遊牧民が存在し、その境が必ずしも明確ではないと知ったことを、とくに重視している。そして動物管理の面では、狩猟民と遊牧民に大きな違いはなく、搾乳や去勢の技術の有無によって区別されるとした。

今西は環境と動物生態を重視する立場から、牧畜の起源について二元説をとり、群れをなして遊動する野生のトナカイやヒツジが存在したツンドラ・ステップ地帯において、狩猟民から遊牧民への連続的な発展がなされたのに対して、森林地帯では別のコースで農耕民がウシ、ブタを家畜化したと推定している。ここでいう森林地帯は欧州や西アジアの一部を指すと思われる。

今西の考えは、現地調査に根ざした明確で整った仮説であったため、大きな影響力をもった。たとえば松井健は文化人類学の立場から、「群れのままの家畜化」

写真 2　モンゴルの遊牧風景（2009 年）［山口欧志撮影］

写真 3　遊牧民の首長墓（中央アジア、ウズベキスタン、2007 年）

の可能性を有蹄類の種別に詳しく検証して、去勢技術の出現以前でもオスを排除した群れを管理し、交尾期に野生オスの参入を許すというような方法で、群れのままの家畜化が可能であると提言している。

現在のところ、最古の遊牧民資料は紀元前 5000 年紀に属するものであり、西アジアの最古の家畜資料よりも新しい。そのため、遊牧の狩猟民起源説は成立の可能性を広く認められながらも、主流の見解になるに至っていない、というのが現状である。

遊牧の狩猟民起源説は、乾燥地帯の遊牧についてのみ論じるものではなく、多様な環境とかかわる人類文化の多元論と深く結びついていた。この立場からは、過去 1 万年あまりの人類史を、狩猟民、遊牧民、農牧民などが森林、乾燥、大河環境などとの相互作用を通じて、独自かつ並行的に営みの質を高めてきたものと構想することが基本である。

遊牧と環境研究の今後

上記の遊牧の起源に関する 2 つの説は非常に異なる歴史観・世界観に連なるものであるが、現在、農耕民起源説がやや優勢ながら、いずれにも決定的な証拠はなく、その解明は今後の動物考古学や DNA 考古学などの研究にゆだねられている。

遊牧は乾燥環境と深いかかわりをもって発展してきたが、近代の乾燥化はその営みにも大きな困難をもたらしている。

その過去から現代に至る研究には、他の生活形態も視野に入れた遊牧民、家畜の資料研究と環境研究を両輪で実施する環境史学が必要であり、それは人類史の構想と深くかかわる起源問題の解明から現代・未来に寄与する役割まで果たすであろう。　【宇野隆夫】

⇒C 乾燥地の持続型農業 *p116*　H 新石器化 *p368*　H 狩猟採集民と農耕民 *p412*

〈文献〉Hahn, E. 1891. Legge, A. J. & P. A. Rowley-Conway 1987. 今西錦司 1948. 松井健 1989. 仁田三夫・村治笙子 1997.

壁画の破壊・保存にみる地球環境問題

「岩絵の具」顔料の環境史

シルクロードの環境と遺跡の風化

シルクロードが通る砂漠では、気温の日較差は30℃以上に、また年較差にいたっては数十℃にも達する。また吹き荒れる砂嵐は石をもむしばみ、流砂はあらゆるものを覆い隠してしまう。砂漠の環境は、残されているわずかばかりの文化財を風化させてゆく。

シルクロード沿道の世界遺産、莫高窟（ばっこうくつ）（4世紀中葉から洞窟内に掘り始められた多数の仏像や壁画で著名）をもつ敦煌でも、多数の遺跡や遺物が風化の危機に瀕している。観光客の増加が遺跡を傷めているという説もあるが、何よりも砂漠化がもたらした極度の乾燥や気温の年較差が遺跡や遺物を破壊していることは疑いない。

遺物の中でも、極彩色で描かれた壁画は剥落や退色が深刻で、今のままではその価値を失ってしまうだろう。ここでは壁画という文化財の風化やその保存・修復にまつわる問題を、「資源管理の乱れ」、「多様性喪失」という地球環境問題として説明しておきたい。

保存・修復という名の壁画の破壊

壁画の多くは、第2次世界大戦前、ドイツによってベルリンに運ばれた。他国に持ち出されたことで消滅をまぬかれた文化財があることが強調されることがあるが、少なくともドイツに運ばれた遺物は第2次世界大戦の戦火でそのほとんどが失われた。

むろん残された壁画にしても、長期間にわたり何の修復の手も加えられず、風化するに任せられていたので、そのままではその価値は早晩失われたかもしれない。しかし近年日本の篤志家の寄付によって修復が行われ、当面の剥落などの危機は回避された。現地での適切な保存が、無常軌な持ち出しよりも有効な1つの事例である。

写真1　空からみた敦煌付近の砂漠と月牙泉

写真2　莫高窟の壁画［wikimedia commons より］

黄河流域の遺跡や廟には壁画や塑像をふくむ膨大な量の文化財があったが、その多くは文化大革命で破壊され、今では残骸が残るばかりである。改革開放政策が始まってから、それらは徐々に修復され始めている。ところがこの「修復」にあたり表面がペンキ様の絵の具で塗り固められたことが多かった。壁画や塑像の修復では、使われたものと同じまたは類似の顔料を用いることが、もともとの色合いなどを忠実に再現するのに重要である。当時の色彩は「岩絵の具」と呼ばれる、有色の岩石を細かくすりつぶして作られた顔料を膠（にかわ）で固めたもので、人工の顔料を使う現在の絵の具とは色合いが異なる。その意味では、現在の絵の具を使った壁画の修復は、修復という名の破壊とさえ言える。

岩絵の具という資源

しかし、シルクロードの地では岩絵の具を作る技術がすでに失われている。つまり、壁画を元の姿のように修復しようとしても不可能ということになる。

ところがシルクロードの地で失われた岩絵の具の技術はシルクロードの終着点である日本では画材として残されてきた。伝統的には天然の岩石から得られた顔料が使われてきたが、現在では岩絵の具の原料は多くが化学的に合成された「新岩絵の具」が使われている。金属や岩石由来の顔料は再生産が不可能な有限資源なので、これもやむを得ないことといえる。

また、岩絵の具とは異なるが、胡粉(こふん)と呼ばれるイタボガキ(牡蠣(かき)の仲間)などの貝殻から作られる白色顔料も使われる。胡粉の「胡」の字は胡人、胡瓜(きゅうり)などの用法に見られるように西方を意味する語で、その名の通り中国から伝えられた顔料である。

岩絵の具にしても胡粉にしても、顔料を絵の具として使うには、それを支持体にしっかりと固着させる素材(固着材という)が必要である。固着材として日本では膠が使われてきたが、その原料は動物由来のコラーゲンである。伝統的な膠つくりにはシカやウサギなどの野生動物の皮や骨が使われており、それら野生動物の資源管理が古代国家の手で行われてきた。

写真3　高松塚壁画［wikimedia commons より］

シルクロードではなぜ岩絵の具が使われたか

絵の具の顔料には、多くの場合、金属イオンや有色の岩石などが使われてきた。その歴史は古く、ラスコーやアルタミラの壁画も、酸化鉄を含んだ赤土や炭が使われたものと考えられている。

顔料に使われる素材としては、その土地で利用可能な資源が用いられてきた。モンスーン地帯のような植生の豊かな土地では、植物由来の染料による布などへの着色技術が進歩した。いわゆる草木染である。日本では草木染で得られる色の名に植物名を転用したもの(山吹(やまぶき)、蘇芳(すおう)など)が多いのはそのためであろう。古くから岩石や金属イオンを用いた顔料を用いてきた欧州では、金属名が色名になっている(zinc white、cobalt blue など)のとは対照的である。

敦煌付近では壁画が描かれた当時から砂漠化が進み、顔料には岩石由来のものが多く使われてきたものと思われる。日本でも高松塚古墳(7 世紀末〜8 世紀初頭)の壁画に使われた絵の具の顔料に銅(緑青(ろくしょう)による緑色)や水銀(朱色)が大量に使われていたことがわかっている。これもシルクロードを通って日本に伝えられた技法だったのであろう。

安定同位体分析の利用による顔料の産地同定

壁画の顔料に使われた鉱物などの産地を特定する作業が進みつつある。キジル石窟の「シルクロードの色」といわれる青色の顔料はアフガニスタンのバダクシャン山系で採取されるラピスラズリという鉱石から作られたといわれている。キジルや敦煌の壁画に使われた青色の顔料が本当にアフガニスタンからもたらされたものかどうかが、鉛やストロンチウムの安定同位体分析で明らかにされつつある。こうした分析が進めば、将来、壁画の復元にあたってどこで産する顔料を使えばよいかが明らかになり、壁画のより忠実な復元が可能になる。

新たな保存法の確立を目指して

今、日本では、「シルクロードの地に岩絵の具の技術を還す」動きが始まっている。日本に留学した中国や韓国の学生たちが、岩絵の具の技術を習得して本国に持ち帰り、文化財の修復や復元模写に使おうというのである。岩絵の具でないとシルクロードらしい色合いは出せないという発想から、中には中国国内の山を歩き、さまざまな鉱物を採取して新しい顔料を開発し始めた研究者も生まれている。彼らの地道な研究は、将来、失われた壁画の忠実な復元を可能にするであろう。それにしても、壁画などの遺物の破壊、修復が、「資源管理」、「多様性の喪失・保存」という地球環境問題と深く結びついていることが改めてわかるだろう。

【井上隆史】

⇒D 生物文化多様性の未来可能性 *p192*　D 世界遺産 *p236*　R 住民参加型の資源管理 *p332*　H イエローベルト *p378*　E 黄砂 *p474*　E 砂漠化の進行 *p480*

アラル海環境問題

地図から消えゆく砂漠の湖

アラル海の縮小

湖沼が干拓や自然災害で地図上から消えることはままあるが、ここで述べるアラル海の急激な干上がり、陸地化は有史以来人類が初めて経験する規模のものである。1960年代はじめには、アラル海は世界第4位の湖面積を有する塩水・内陸湖で、当時の湖面積は6万8000km^2、湖水量も1090km^{3}と、満々と水を湛え、豊かな魚類によって、湖岸地帯の漁村は繁栄していた。変調が現れたのは1960年代中頃と思われる。1971年になると、湖面積は6万200km^2、湖水量は925km^{3}と一気に減少し、35年後の2000年には湖面積が2万3400km^2、湖水量は162km^{3}となり、その後も縮小は続き、現在では湖面積が4分の1にまでなっている。まさに有史以来の最大で急激な地形変化である。住民の記憶によると、縮小が始まった頃には、1日に200mずつ湖岸線が沖合に後退していった。

アラル海は中央アジアのカザフスタン共和国とウズベキスタン共和国にまたがって存在する。1991年まではソ連に属していた。山岳地帯を除く中央アジアの大部分は少雨乾燥地帯であり、アラル海地域は年間降水量が100mm以下である。一方、湖面からの年間蒸発量は1500mmで、この差分を補填する流入水が必要である。アラル海に流入する河川に、天山山脈を水源とするシルダリア、パミール高原からのアムダリアの2河川がある。1960年代半ばから、両河川の流量は下流に行くにつれて減少し、シルダリアは現在もアラル海に流れ込んでいるが、アムダリアはアラル海に達する前に消滅し、アラル海に一滴の表流水も入れていない。

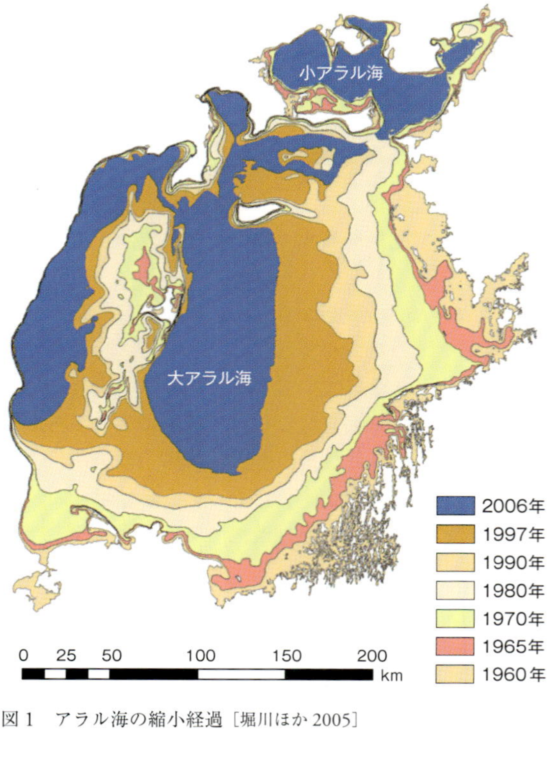
小アラル海
大アラル海
2006年
1997年
1990年
1980年
1970年
1965年
1960年
0 25 50 100 150 200
km

図1　アラル海の縮小経過［堀川ほか 2005］

なぜ流入水は激減したか

1960年代の世界は東西冷戦の時代で、ソ連邦はフルシチョフ第一書記、米国はケネディ大統領の時代であり、西側による経済封鎖が続いていた。農業生産の増大はソ連をはじめとする東側諸国の最大課題で、そのためにカザフスタン北部のコムギ栽培や、砂漠地帯での綿花栽培のための大規模な開拓事業が展開された。シルダリアやアムダリアから農業用水が導水され、数百万haの綿花農地が出現した。綿花1tを生産するには300tの水が要る。そのために大量の農業用水が取水され、水路システムを通って農地へと運ばれた。最も大きな運河は、アムダリアからトルクメニスタンに建設されたカラクム運河で、その長さは1400kmと世界最長である。運河に水を奪われた両河川は下流に行くにつれて流水量が減少し、アラル海に供給される水量は激減した。そして、アラル海の縮小・干上がりが進行したのである。その一方で中央アジア諸国の綿花生産量は急増し、ソ連全体の生産量の95%にまでなった。

漁業の壊滅

アラル海の激変は、この塩水湖の魚を糧としていた漁師の生活を奪うことにもなった。1961年には4万3740tもあった漁獲量は、1971年には半分の1万8430t、1981年には656tとなり、漁業は壊滅した。漁業崩壊の理由は、アラル海の干上がりによる湖水の塩分上昇で多くの魚類の生存が不可能となったことと、漁船が動けなくなったからである。漁船や貨物船は旧湖底砂漠に廃船となって残骸を晒している。現在は、シルダリアやアムダリアの河口域での零細漁業が残っているだけである。

アラル海沿岸の最大の漁港都市アラリスク市の人口は、1960年代には9万人を超えていたが、現在では3万人である。アラル海の多くの島には漁村があり、漁業コルホーズを形成していたが、1975年にはほとんどの島は陸地となり、漁民は離村した。漁民のなかにはシルダリア中流域のチャルダラダム湖やバルハシ湖へと移住したものもいる。

バルハシ湖
アラリスク
カザフスタン
イリ川
アラル海
シルダリア
アルマティ
ヌクス
キルギス
イシククリ湖
カスピ海
タシケント
アムダリア
ウズベキスタン
トルクメニスタン
タジキスタン
アジガバード
カラクム運河
0
400km

図2　アラル海流域の灌漑農地分布［Micklin 1988を参考に作図］

環境の変化

アラル海沿岸は内陸の砂漠気候にあって、夏は極暑、冬は極寒の地である。湖の干上がりと陸地化はこの地域の気象をさらに厳しいものへと変えた。夏はさらに暑く、冬はさらに寒くなったという。加えて、住民が挙げる気象変化は砂嵐の多発である。気温が急激に上昇する5月は砂嵐の季節の始まりであり、5月と9月の砂嵐の発生回数が増加した。干上がった旧湖底砂漠には、湖水に含まれていた塩分が地表に析出し、砂嵐とともに空に舞い、塩嵐となる。このような環境の中で人びとは生活している。海を失い漁ができなくなった村民はラクダやヒツジの牧畜で生計を立てているが、アラルの海があった頃とは比べようもなく貧しい。女性の8割が貧血症で、アラル海の干上がりが原因なのか、それとも貧しさ（経済的、栄養学的）によるものなのか不明である。生後1歳までの乳児死亡率がアラル海の干上がりと時を同じくして増加した。ただし、両者の因果関係を証明する科学的調査はない。干上がった湖底砂漠には毒性の高い農薬が蓄積しており、砂嵐とともに住民を襲い、健康障害を惹起していると記す文献もあるが、1980年代半ばまで使用されていた毒性の高い落葉剤はすでに分解消失しており、過去はともかくも、現在では健康障害を引き起こしているとは考え難いといわれる。もっとも、アラル海の縮小に伴う環境改変が地域住民の生活全般に大きな影響を与えており、健康を害する要因であることを否定するものではない。日本の医学者の研究チームの詳細な疫学調査の結果、砂・塩嵐に晒される地域の子どもに気管支系統の疾病が有意に高く発生していることが証明されており、アラル海縮小、干上がり、旧湖底砂漠の出現、生業の崩壊などが住民を苦しめていることは明らかである。

環境修復

綿花栽培農業を生業とする人口に対して、漁民はいまや圧倒的少数である。ソ連政府はアラル海沿岸の住民対策として、とくに飲料水の確保のために深井戸（170mほどの深さ）を掘削するなどいくつかの対策を講じたが、アラル海縮小を止めようとする対策は皆無である。それはこの大規模灌漑事業の着手時から、アラル海消滅は想定内の現象であった。とすれば、アラル海沿岸の住民は切り捨てられたということである。現に、ソ連が崩壊した1991年までに、深井戸以外の対策はない。1992年頃から、アラル海が存在するカザフスタンのクジルオルダ州政府は、シルダリアがまだしも流水を供給している小アラル海のみの保全を意図して、小アラル海と大アラル海との海峡にダム建設を開始した。何度かの失敗のあと、カザフスタン政府は世界銀行からの借款で2003年にこのダムを完成させた。その結果、小アラル海の水位が安定し、塩分濃度も低下して、生物相の回復、漁業の復活が見られるまでになった。大アラル海は今後も陸地化が進み、西海岸付近に湖面を残すのみとなるのは必至である。今後は、大アラル海旧湖底砂漠への植生進出を促進する植林などによって周辺の農地への塩類飛散を減少させ、農業被害防止を図ることが肝要である。　【石田紀郎】

⇒C土壌塩性化と砂漠化 *p66*　Hボーリングコア *p388*　H灌漑と塩害 *p436*　E砂漠化の進行 *p480*　Eダムの功罪 *p488*

〈文献〉千葉百子 2007．Micklin, P. P. 1988．堀川真弘ほか 2005．

ケルトの環境思想

西欧基層文化の歳時暦と季節のサイクル

ケルト文化と西欧の自然観

アルプス以北の厳しい自然環境のなかで、ヨーロッパの基層文明を形作ったケルト文化が今から2700年ほど前の中欧で生まれた。ケルト文化は、自然に適応しながら塩と鉄鉱石という2大資源を活用して繁栄し、水、山、川、森などの精霊を敬う自然崇拝を豊かに持った文化として知られ、ユーラシア大陸の西端部の自然観のおおもとを形作ってきた。ヨーロッパ人は、キリスト教の世界観に基づき、「人間」が野生を飼いならし自然を征服する思想を広めていったとのみ解釈されてきた。しかし、ヨーロッパの自然環境と暮らしは、現代に至るまで、先史のケルトに遡る自然崇拝の伝統を保っていることを忘れてはならない。

たとえばケルトはヨーロッパ人の自然の生命と食料の根本にかかわっている。ストラスブールの名物料理からイタリアの高級ハムにまでみられるように、最大の栄養源であり不可欠の食品である塩漬けで保存された豚肉は、ケルト文明とその信仰に遡ることができる。古代ケルト語でハルは塩を意味し、今日もオーストリア西部にはハルシュタット、ハライン、ドイツ語ではザルツブルクなど塩を含む地名が残っている。このことはケルト人がハルシュタットを中心とする塩の採掘と交易で繁栄したことを示すもので、ケルトの塩、地中海のワイン、バルト海の琥珀(こはく)を交易する「塩の道」が南北を貫いていた。今日もハルシュタットではケルト遺跡の塩山でわずかながら岩塩を採掘している。

水、川や泉を敬い、聖なるものとして信仰する習いも、ケルトの信仰が基底にある。そもそもアルプス山脈とその2大水系の河川名ドナウ、ラインはケルト語起源であり、セーヌはケルトの女神セクアナを祀る川である。ちなみに現代のパリ市政において、ブルゴーニュ地方山中のセーヌの水源が、特別の飛び地としてパリ市域とされていることは、「ケルトの水」が制度において象徴的に記憶されていることを示している。

ケルトの伝統のうちでも、最も広くヨーロッパで共有されてきたのが自然的生命のサイクルを認識する歳時暦である。冬の新年が始まるハロウィンや、夏の始まりであるメイデーは、今や日本を含め世界で広く知られるまでになり、ケルト的な自然的生命の周期の観察は、神話や伝説を想像力の根源としながら、現代人の生活の季節観に影響を与えているといえる。再生する時間と生命というケルトの思想が伝統的にキリスト教社会にも根付いてきた証しである。ケルト文化圏の最西端に位置し、19世紀前半のジャガイモ飢饉によって新大陸アメリカに大量の移民を流出させたアイルランドには、そうしたケルトの自然観が色濃く残っている。以下に具体的に示しておこう。

ケルトの「再生する生命」の思想と歳時暦

島国アイルランドには、牧畜や農業の営みと結びつくケルトの四大祭暦が最もよく伝えられてきた。冬春夏秋の朔日(さくじつ)に祭日が置かれ、現在でも祭りなどで祝われると同時に、季節・自然の周期として生活のさまざまな場面と想像力のなかに生きている。

まず、冬の朔日のハロウィン(10月31日前夜から11月1日)、アイルランド・ゲール語でサウィンと呼ばれる万霊節は、新旧の時間が交代し新年となる境目で、通常の「時間の外」が現れ、ふだんは目に見えない祖霊や死者たちが蘇る日である。キリスト教の全聖人を祝う万聖節に取って代わられ、万霊節は11月2日へ移されたが、米国に広まり今日世界中で冬を迎えるイベントとなっている。

ヨーロッパではこの日を境に、備蓄した食糧で過ごす厳冬の始まりとなる。アイルランド神話では、フォモール族が人間からコムギとミルクと子どもの2/3を取り立てに来る。それは今日、子どもたちが亡霊の仮装をして各戸を訪れ、人びとを脅かして食べ物＝お菓子を強請(ねだ)るハロウィン恒例の行事に反映されている。

一方、この厳しい冬の食料にまつわる象徴的動物が

写真1　灯心草で編まれた聖ブリギッドの十字架(アイルランド、1999年)

ケルトの聖獣イノシシで、腸詰は冬の備えとなっている。聖樹、樫（ミズナラ）の木の実を食べて太るイノシシが動物と植物、森と野、人間と自然をめぐる環境の豊かな循環を象徴する。現代でも北欧ではクリスマスのご馳走の飾りとして、イノシシの頭を象った器でご馳走が出されるのはそのためである。

次に到来する春の朔日の祭日は2月1日のインボルクで、炉の女神にして牧場に生命をもたらす聖ブリギッドの祭りである。今日でもアイルランドの畜産家や農家では、前日の1月31日に青々とした灯心草（ラッシュ）を摘み、家族で聖ブリギッドの十字架を編んでつくり、納屋などに掛けて、古い十字架と取り換える儀式を行う。この十字架は、光が回転するような伝統のデザインが特徴で、聖ブリギッドゆかりのキルデアの教会にも灯心草で編んだ大型の十字架が飾られている。

聖ブリギッドは古代のアイルランドで崇拝された女神ブリード（高貴なる者）を前身としている。伝説ではケルトの司祭ドルイドの娘で、治癒、技芸、詩歌の女神でもあった。インボルクの祭りは、早春における雌ヒツジの授乳に関係し、彼女自身は異界のウシのミルクで育てられたと言い伝えられており、インボルクが牧畜の祭日であることを物語っている。

また家畜（生命）およびあらゆる生き物を産み育て治癒する水のありかである井戸や泉に、この女神・聖女は祀られてきた。また炉の女神であったブリギッドの火は、赤子を暖炉の傍らに置いて火のエネルギーを与える伝統も生んだ。現在でもキルデアの教会では絶えることのないブリギッドの火が信仰されている。母神として、聖母マリアと同じ重みで崇拝され、2月1日は春を迎える祭りとして守られている。

夏の始まりを祝うのが、五月祭（メイデー）として知られる5月1日のベルティネ。ベルティネとは「明るい火」を意味し、大陸のガリア、北イタリアなどで碑文が発見されているケルトの太陽と治癒の神ベレヌスの信仰に対応していると考えられている。ケルトでは、太陽のエネルギーを高め、太陽の熱が地表に浸透することを願って火が焚かれた。9世紀アイルランドの中世法典の注釈者コーマックによれば、祭司ドルイドが焚いた火の間に家畜を通らせて、動物にも太陽の力を与える儀礼が行われていた。

なお、5月に活発となる太陽は、暮らしに欠かせないウマに結びついている。馬小屋・厩（うまや）で高貴な男児が誕生する神話が、馬＝太陽＝貴子信仰の広がりを示している。ウェールズでは、プリンスが馬小屋で誕生する。馬＝太陽＝貴子の誕生は5月1日の前夜にもたらされる。本格的な太陽の季節に向かう最初の日を、

写真2　聖ブリギッドの泉（アイルランド、1999年）

輝く男児の誕生で象徴させていると考えられる。その背景には、ユーラシア文明の東西を貫くウマ＝太陽のシンボリズムを伝えてきた数千年のインド＝ヨーロッパ社会の伝統がある。

今日、メイデーに大地や家畜の生命を促進する火を焚く儀式は、アイルランドでは特別の復元行事を除き一般にみることはできないが、それに代わって5月1日に広場などにメイポールを立て、夏の到来を祝う行事が北欧から東欧まで広い地域で行われている。メイ・ポールの頂きから垂らされる幾本ものリボンは、太陽の光と、生命の樹の繁茂をシンボリックに表している。

8月1日のルサナは農業と牧畜の営みが実る収穫祭として英国諸島の各地で伝承されている。アイルランドのルグ神（ウェールズのスェウ）に捧げられた祭日で、ルグは「輝く光の神」にして技芸の神、マグ・トレドの戦いで活躍し、「百芸につうじた」、「長腕の」という異名があり、北部のアルスター神話では英雄クー・フリンの父親ともされる。ルサナは王宮のあったタラで行われた重要な祭日を起源としている。

この神はフランスの第2の都市リヨンの古名ルークヌドゥムの語源でもあり、古代ローマ人がガリア（ケルト）の神を祀ったと解釈されている。8月1日はガリア全体の会議も行われる重要な収穫祭、豊饒の日であったと考えられる。

このようにケルト伝統の自然観と暦は、ヨーロッパで営まれてきた農耕と牧畜と技芸を司る神々への伝統的信仰を濃厚に映し出し、ハロウィンのように世界中に知られる生命再生の祭りを生み出したのである。

【鶴岡真弓】

⇒H冬作物と夏作物 *p414* H塩と鉄の生産と森林破壊 *p426* Hジャガイモ飢饉 *p450* H休耕と三圃式農業 *p454* H栽培植物と家畜 *p458*

〈文献〉エリュエール、C. 1994（1992）．マイヤー、B. 2001（1994）．ピゴット、S. 2000（1968）．鶴岡真弓 1989．鶴岡真弓・松村一男 1999.

ジャガイモ飢饉

モノカルチャーがもたらした悲劇

ジャガイモ飢饉

ジャガイモ飢饉とは、一般に19世紀半ばにジャガイモに疫病が発生したことによってアイルランドでおこった大規模かつ悲惨な飢饉のことを指す。英語では、The Great Famine または The Great Hunger の名で知られるので、ここでも「大飢饉」と称することにする。さて、この大飢饉は、1845年、アイルランドでジャガイモに疫病が発生したことに端を発する。この疫病は数年にわたって流行、アイルランド国民は深刻な食料不足に襲われ、多数の人びとが餓死した。また、栄養不足で体力の弱った人びとにもさまざまな病気が襲った。この病気による死亡は1851年になってようやく下火になったが、それまでに餓死と病気によって死亡した人口は100万人に達した。

図2　ジャガイモ飢饉の悲惨な状況を伝える当時の新聞記事。死者が多くて、棺桶が間にあわず、そのまま荷車で運ばれている［*Illustrated London News.* 1847年］

また、疲弊したアイルランドに見切りをつけ、新天地を求めて去っていく者もあいついだ。彼らにとっての新天地とは、英語が通じる英国、米国、カナダ、オーストラリア、ニュージーランドなどであった。こうして、大飢饉のあいだにアイルランドから去っていった人たちは150万人に達したとされる。その結果、欧州の小国のアイルランドで発生したジャガイモ飢饉は世界を変えるほどに大きな影響を及ぼしたのである。The Great Famine あるいは The Great Hunger と呼ばれる所以(ゆえん)である。

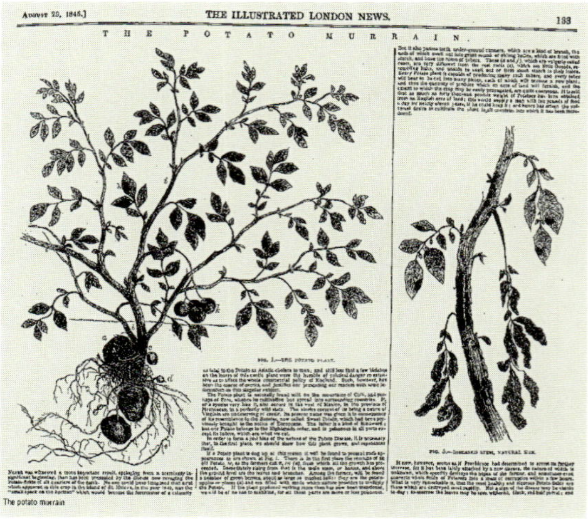

AUGUST 29, 1846.] THE ILLUSTRATED LONDON NEWS. 133

THE POTATO MURRAIN.

FIG. 1.—THE POTATO PLANT.

FIG. 2.—DISEASED STEM, NATURAL SIZE.

The potato murrain

図1　ジャガイモ疫病の発生を報じる当時の新聞記事［*Illustrated London News.* 1846年8月29日付］

大飢饉を招いた背景

ジャガイモはアンデス起源の作物であり、初めて欧州に導入されたのは16世紀の末頃とされるが、その普及にはきわめて長い年月を要した。それまで、欧州にはイモ類がまったく存在していなかったので、ジャガイモにさまざまな偏見が生まれたからである。このような欧州諸国の中で、アイルランドは例外的に早くからジャガイモを受け入れた国として知られる。アイルランドにジャガイモが導入されたのも16世紀の末頃とされているが、17世紀には畑の作物として受け入れられ、18世紀には主食として利用する人も少なくなかったのである。

その背景には、まずアイルランドの特異な風土条件があった。すなわち、アイルランドは北緯50度を超える高緯度地方に位置しており、約1万年前まで全島が氷河でおおわれていたので、土壌がうすく、しかも作物の生育に適した腐植土に乏しいという特徴をもつが、このような土壌や気候でもアンデス高地を原産とするジャガイモはよく育ったのである。

それまでの生産性の低いアイルランドの農業もジャガイモを受け入れる素地になった。アイルランドの大半の人たちがもともと主食にしていたのはエンバクであり、オートミールとして食べていた。そして、これをバターや牛乳などの酪農食品が補っていたが、エンバクと酪農食品だけでは冬に食べ物が乏しくなり、とくにエンバクが不作になるとてきめんに食料不足に陥った。このような状況の中で注目されたのがジャガイモであった。実際に、1660 年から 70 年にかけてジャガイモは数回にわたりエンバクの不作から人びとを救ったのである。

この結果、アイルランドではジャガイモ栽培が急速に普及していった。そして、ジャガイモがアイルランドに導入されてから 100 年ほどのあいだに、アイルランド人といえば「ジャガイモ好き」として欧州で知られるほど、彼らはジャガイモをよく食べるようになっていた。こうして、ジャガイモ栽培はいよいよ拡大し、それに伴って人口も急増していった。1745 年に 320 万人であった人口が、それから 100 年後の 1845 年には約 820 万人まで増加したのである。

ところが、この 1845 年から数年間にわたって大飢饉が発生したのである。その結果、飢餓と病気、さらに多数の国民の海外脱出によって、アイルランドの人口は急激に減少した。その後も人口は減少しつづけ、アイランドの人口は 1911 年の時点で 440 万人に激減、1845 年時点の半分くらいにまで落ち込んだのであった。

大飢饉の原因

それでは、何がアイルランドでこのような悲惨な飢饉を招いたのか。まずは疫病の発生にその原因が求められる。この疫病は当時は知られていなかったが、真菌類の *Phytophthora infestans* によるものであり、これに侵されたジャガイモはジャガイモ疫病になり、葉はしおれ、イモは悪臭を放って腐ってしまう。

ただし、この疫病はアイルランドだけで発生したのではなく、英国でも 1845 年には全土に広がっていた。にもかかわらず、アイルランドだけが悲惨な飢饉を招いた背景には、アイルランド固有の状況があった。まず、アイルランドではあまりにもジャガイモに依存しすぎたため、飢饉のような非常時に代替作物がなかったのである。

この状態に拍車をかけたのが、単一品種ばかりを栽培していたことである。ジャガイモには数多くの品種があるが、アイルランドでは 19 世紀初め頃からもっぱらランパーと呼ばれる品種のみを栽培するようになっていた。この品種は、栄養面では他の品種にくらべて劣っているが、少ない肥料と貧弱な土壌でも栽培できたので、アイルランド全土に普及していたのである。

しかし、ジャガイモはイモによって増える、いわゆるクローンであるため、単一品種の栽培は遺伝的多様性を失わせることになる。したがって、ある病気が発生すれば、それに対して抵抗性をもたない品種はすべての個体が同じ被害を受けることになる。アイルランドにおけるジャガイモ疫病の大流行はこうして生じたのであった。それはまさしくモノカルチャーの悲劇と呼べるものであり、生産性を第一に考える現在の傾向に大きな警鐘を鳴らすものといえよう。

写真 1　ジャガイモ飢饉の記念碑。飢饉のあと、多くのアイルランド移民を受け入れたカナダ政府によって 1999 年に寄贈された。アイルランド・ダブリン市内にたっている（2006 年）

社会的要因

大飢饉のすべての原因をジャガイモ栽培だけのせいにするわけにはいかない。当時、アイルランドがおかれていた社会的状況も考慮に入れておかなければならない。当時のアイルランドは英国の植民地のような状態におかれていた。その背景にはカトリックを信仰するアイルランドとプロテスタントを信仰する英国との宗教的な対立があった。アイルランドのカトリック信者が所有していた農地の多くは没収され、英国側に配分された。こうして英国人によって土地を奪われたアイルランド人は小作農になることを余儀なくされ、貧困にあえぐ農民が少なくなかったのである。

そのような状態の中で飢饉がおこったにもかかわらず、政府は十分な対応策をとろうとしなかった。食料不足を解決するためには海外から安価な穀物を早急に輸入する必要があったが、穀物の価格維持を目的とした穀物法や自由市場における放任主義のせいで、政府による穀物輸入はほとんど実施されなかった。さらに、国外への輸出に対する規制も行われなかったので、数多くのアイルランド人が深刻な飢餓状態にあったにもかかわらず、穀物はアイルランドから失われる一方だったのである。　【山本紀夫】

⇒D 作物多様性の機能 *p150*　D 失われる作物多様性 *p180*　R 焼畑農耕とモノカルチャー *p252*　H 大航海時代と植物の伝播・移動 *p418*　H 江戸時代の飢饉 *p434*　H 飢饉と救荒植物 *p460*　E 環境と宗教 *p562*

〈文献〉Donelly, Jr., J.S. 2001.　Salaman, R. 1949.　Woodham-Smith, C. 1962.　山本紀夫 2008a.

ペスト

感染症のグローバル化がもたらした社会の変化

病理的な観点から

病理学的に言えば、グラム陰性桿菌（かんきん）であるペスト菌（*Yersinia pestis*）が体内に取り込まれて起こる感染症である。最も一般的には、病原体を持つノミの咬傷によって感染し、リンパ節を初発の感染部位とする「腺ペスト」を言う。リンパ節は腫脹し、やがて肝などの臓器で菌が繁殖、結果死に至ることも多い（死亡率30～50％）。血液を通じて全身に菌が繁殖すれば、黒ずんだ皮膚の出血斑を伴い（黒死病という異名はそこに由来する）、敗血症となって死を迎える。肺に発症する（二次的な場合が多いが、空気感染で原発することも稀にある）「肺ペスト」の予後は、腺ペストよりも悪い。日本では感染症法によって、エボラ熱、天然痘、ラッサ熱などと並んで、第一種（感染力、罹患した場合の重篤性から判断して、危険性がきわめて高いもの）と指定されている。

ペストの病原体

ペスト菌は、病原微生物学が19世紀半ばにR. コッホらの手で開発されたのち、19世紀末香港での流行に際して、フランス／スイスの医師A. イェルサン（1863-1943）によって1894年に単離・同定された。なおこの発見の直前、北里柴三郎（1853-1931）は、日本政府の依頼で香港に赴き、やはりペストの病原体を発見している。ただし、北里の場合、菌の単離に不十分さがあったとされて、ペスト菌発見の功はイェルサンに帰し、当初は「パストゥール菌」（イェルサンがパストゥール研究所に所属していたため）と名付けられた病原体は、その後「イェルサン菌」と呼ばれるようになった。なお病原体を運ぶノミ（ケオプスネズミノミ）は、とくにクマネズミを好んで宿主とするので、クマネズミの排除は、防疫に有効であるとされる。

300年周期説

古来、激甚な流行を示すことで恐れられてきたペストの世界的大流行（パンデミック）に関しては、300年周期説がある。少なくとも世界史のなかに、ペストであることが明白な大流行を遡って訪ねてみると、先述の19世紀末が直近で、その前は、17世紀中葉、そして、「黒死病」として世界史のなかに刻まれる大流行が14世紀半ば以降である。これら3回の大流行は、ほぼ300年の期間を挟んで起こっていること、さらに過去の歴史のなかでも概略同様の周期があると考えられていることから、300年周期説が生まれた。もちろん、17世紀や14世紀の流行が（それ以前のものはなおさらであるが）、現代的な立場から見ればペスト菌を同定できない以上、確実にペストのそれであると確認する手段はないし、他の流行病が混在していなかった保証もないが、記録されている症状や、流行の形態に鑑みて、全体としてペストであったことは間違いがない。なお、ペストが、「パンデミック」な形をとらず、地域的に限局された疾患として、散発的に発生する可能性は現在でも残っている。

黒死病

歴史上最も著名なペストの世界的流行は、14世紀半ばからほぼ半世紀の間に起こったそれである。このときの流行をとくに指して「黒死病（Black Death）」と呼ぶ（この場合は固有名詞である）こともある。原発地を同定することは難しいが、記録の豊富な欧州に先立って、中央アジア付近に始まった、という推定を

図1　ペストのおかげで顔貌を損なった僧たちが、司祭から祝福を受けているさま（イングランド、1360～75年）［wikimedia commonsより］

支える根拠はいくつかある。いずれにしても、1348年、地中海の港町（たとえばマルセイユ）に持ち込まれたペストは、たちまち欧州全土に拡大する。

約半世紀の間荒れ狂ったペストは、14世紀末にはほぼ終息するが、その間、欧州全人口の1/3が失われたと推定されている。このときのフィレンツェでの模様は、G. ボッカッチョ（1313-75）の『デカメロン』の冒頭に活写されている。ちなみに17世紀の英国の流行では、W. デフォー（c.1660-1731）が『疫病流行記』を、そして19世紀の流行を題材にA. カミュ（1913-60）が『ペスト』を書いた。

隔離や防疫体制

14世紀の流行期には、病原体という概念は当然なく、したがって「感染」に基づく流行という考え方も存在しなかった。医師たちは、治療に関してほとんどなすすべなく、病因についても、大気の汚染、星相（占星術的な）などに帰する以外にはなかった。ただ、この凄惨な経験から、欧州では、流行地から入港する船舶の検疫（40日間港外に留め置く）、あるいは流行地からの交通の遮断、患者や死者の着物や持ち物の焼却処分など、現在の「防疫」態勢の基礎が作られたことは注目に値する。

人口構成の変化

社会的な影響に関しては、いくつかの注目すべき点が挙げられる。ひとつは人口の急激な減少であり、補償現象として、多胎の産出が増加した、という即物的な反応のほかに、郡部では、農地に緊縛されていた農奴の減少が、廃村に繋がったり、やむを得ず賃金を払って雇用する新しい「農民層」を生み出し、さらに賃金が払えなくなると、農地を下げ渡す、という事態まで起こり、事実上荘園制度が解体する地域が、あちこちに生まれた。この不安定な農村地帯の状況は、他方では「ワット・タイラーの乱」（1381年）のような農民反乱の下地ともなったと考えられる。

図2　17世紀のペスト流行時に医師が着用した防護服［wikimedia commons より］

図3　『ヤッファのペスト患者を見舞うナポレオン』（アントワーヌ＝ジャン・グロ画、1804年）［wikimedia commons より］

このような現象は学問の世界にも及んだ。いくつかの大学が、スタッフの不足で廃校になり、他方、新たなカレッジの建設にも繋がったし、ラテン語に堪能な層が急激に減ったために、大学におけるラテン語の地位が一挙に低下した、と指摘する研究者もある。伝統的な医術の無力さは、既成医学への信頼を失わせることにもなった。

社会意識の変化

一般社会では、この災厄を神の警告と捉えて、極端な禁欲主義に走る人びとと、他方、逆に、刹那的な快楽主義に身を委ねる人びとという両極相が現れた。前者の例では、鞭打ち巡礼団の隆盛があり、「死を忘れるな（memento mori）」というスローガンの普及は、「死の踊り」を題材とした絵画や音楽の世界にも影響を与えている。後者は、ボッカッチョの『デカメロン』の内容そのものがある程度暗示している。

もうひとつの社会現象としては、ユダヤ人迫害が起こったことが挙げられよう。何かことあるごとに燃え上がるユダヤ人排斥の動きは、たとえば「井戸にキリスト教徒の敵（ユダヤ人）が毒を入れているのを見た」などという虚言がいったん放たれると、この災厄のなかでも、熾烈な形で燃え上がったからである。

敬虔と退廃、祈りと暴力、こうした対照的な人間の行為は、このような社会的危機にあたって、鮮明に浮かび上がる。過去に比べて、人びとや物資の往来の範囲と速度が格段に大きくなった。グローバル時代の現在われわれは、インフルエンザをはじめ、感染症の急速な伝播を眼前にしている。過去の歴史から、学ぶことがあるとしたら、ペストは、ひとつの格好な材料となるだろう。　【村上陽一郎】

⇒D 病気の多様性 *p158*　R 動物由来感染症 *p290*　E エイズの流行 *p516*　E 病気のグローバル化 *p518*

〈文献〉ケリー、J. 2008(2005). 村上陽一郎 1983.

休耕と三圃式農業

中世農業革命と西欧的農業の始まり

西欧中世

近代世界を支配した西欧文明を生みだしたのは、西欧中世という時代であり、それを支えたのがこの時期に大きく発展した西欧農業である。この中世西欧農業において決定的な意味を持つのが三圃式（さんぽしき）農業であり、そこでは休耕が大きな役割を果たしている。この中世西欧農業の成立に焦点を当てて以下記述する。

西欧農業の原型

西欧の農業は、基本的にコムギ、オオムギ、ライムギなどの穀物栽培が中心であるが、アルプス以北の地域と南の地中海沿岸地方では、気候風土の違いによって、農業のスタイルも異なっている。後者では夏は高温乾燥、冬は温暖湿潤という地中海性気候のもとで、古代以来二圃式の農業が行われてきた。これは、秋に種子を播き翌年の初夏に収穫する冬麦の耕作と、地力回復のための休耕を1年ごとに交互に繰り返す2年輪作システムである。畑は連年同じ作物を作り続けると地力の低下や病気の多発などの連作障害をおこすため、こうした休耕が不可欠である。と同時に、地中海沿岸地方は、土壌は軽く乾燥しやすいため、この休耕期間に、土中の水分の蒸発を防ぐため軽量の犂（すき）によって地表を浅く耕すことも行われていた。

この2年輪作システムは、アルプス以北の北欧へも拡大する。この地域は深い森に覆われ、もともとゲルマン人たちが牧畜を中心とした生業を営んでいたが、穀物栽培を営むローマ式農業が徐々に浸透し、ゲルマン民族の大移動とローマ帝国没落という大きな歴史的激動を経て、ローマ文化とゲルマン文化の融合がすすんでいった。フランク王国時代、とりわけ8世紀以降のカロリング王朝期になると、政治的安定にも後押しされて大所領が形成され、そこではいわゆる古典荘園制が成立する。耕地は領主直営地と農民保有地に分けて経営され、隷属的農民は自己の保有地を耕作すると同時に、領主直営地での重い賦役（ふえき）労働に従事していた。

フランク王国の中核であったライン川からロワール川の地域においては、こうした大所領に限定されてはいたが、土地利用形態として、この時期に早くも従来の2年輪作システムから3年輪作のシステムへの移行が始まっている。これは、耕地を3分し、1つは秋播き夏収穫の冬麦の畑、1つは春播き秋収穫の夏麦の畑、もう1つを休耕地にするという方式である。冬麦はコムギとライムギで、これはパン用となる。夏麦はオオムギとオートムギ（エンバク）で、これは粥（かゆ）にして食べられるほか、オオムギはビールに、オートムギは家畜の飼料にもなる。休耕地にはウシやウマなどを放牧し、その排泄物が良い肥料となって、土壌の肥沃度を回復させることに貢献した。この3年輪作によって、土地の利用効率が高まり、多種類の作物が収穫できたし、従来放牧だけに頼っていた家畜の飼料も豊富になって、動物性食品の供給も拡大するようになった。

中世農業革命

しかし何といっても、西欧農業を大きく前進させたのは、11世紀から開始された中世農業革命と呼ばれるいくつかの農業上の技術革新である。それらが組み合わさって農村世界が変貌し、西欧の社会全体も変化をとげた。まず動力からみると、この時期以降水車の利用がすすみ、粉挽きなどの作業の効率を大きく前進させた。また、鉄の生産が拡大し、従来支配的であった木製の農具に代わって鉄製農具が普及するようになる。強靱な鉄製農具は、森の開墾にも役だったが、とりわけ鉄製の重量有輪犂が利用されるようになると、アルプス以北の重い土壌を深く耕すことができるようになった。この重量有輪犂は土を縦に切り裂く鉄製の犂刃と土を持ち上げる鉄製の犂先を備え、さらに土をひっくり返して地表の草を土中に埋め込む撥土板（はつどばん）によ

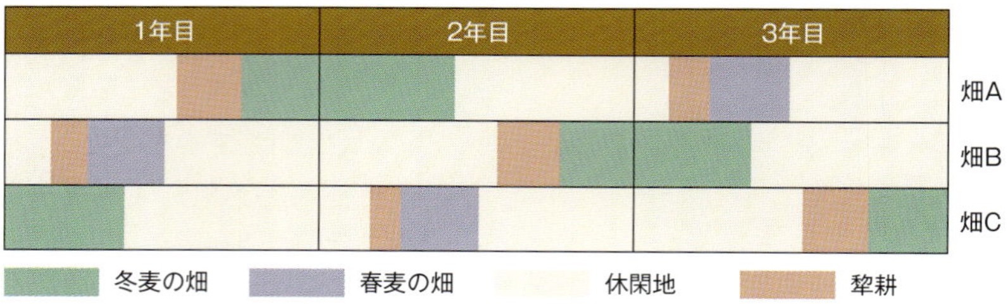
1年目
2年目
3年目
畑A
畑B
畑C
冬麦の畑
春麦の畑
休閑地
犂耕

図1　3年輪作システムの概念図［堀越 1997 を改変］

って畝を作ることができた。従来の二圃式農業で使用されていた軽い犂は土壌の保水のために土を浅く耕したのだが、重量有輪犂は休耕地を深く耕して地表の草を土に埋め込み、また通気・水はけをよくし、次の麦作に向けた準備をすることを目的としていた。さらに 12 世紀になると、従来のウシに代わってウマを何頭もつなぎ、改良された引き具によって犂を引かせるようになり、作業がいっそう効率化された。方向転換しにくいこの重量有輪犂のために、個々の農民の耕地はまとめられて長い地条に整えられ、境界には柵や垣根のない開放耕地制の形態が取られた。

図 2　ベリー公の時祷書（3 月　農村風景）より犂を使っての耕作の様子［カザル 1989］

このころには、人口増と開墾の進展などによって、小規模な農民世帯が増加し、また領主直営地での重い賦役労働に代わって定率・定量の貢租を負担するなど、農民の負担は相対的に軽くなっていった。そうした背景の下に、均質化した農民たちの自治的な地縁的組織である村落共同体が形成され、その村落共同体全体が集団として共同農耕作業を行うこととなる。そして、先述したようにカロリング期には大所領に限定されていた 3 年輪作システムが、この時期になるとこれら村落共同体の農耕作業に広く取り入れられるようになる。開放耕地制の下で耕地は区画整理されて 3 つの区域に分けられ、それぞれが冬麦の栽培地、春麦の栽培地、休耕地としてローテーションを組んで利用されていく。休耕地には家畜が放牧され、地力の回復がはかられる。個々の農民や領主ではなく、村落共同体全体で行うこうした農業のあり方は、13 世紀前半には各地へ広がり、これを全体として三圃式農業と定義付けすることができる。そして、これが西欧農業の基本的な形として、近世・近代まで受け継がれていくのである。

こうした農業上の技術革新は、穀物の収穫率（1 粒の種から収穫できる穀物の比率をあらわした数値で、2 粒収穫できれば収穫率は 2 となる）の上昇をもたらした。カロリング王朝期の収穫率は概して非常に低かったと見積もられている。G. デュビーは北フランスの王領地アナプの史料から 1.6 という数値を出しているが、もっと高かったはずだと主張する歴史家も多い。13 世紀までには、一般的に、少なくとも 3〜4 程度には上昇していた。こうした食料生産の拡大を背景に、11 世紀から 13 世紀にかけて西欧の人口は増大し、都市が群生するようになる。商業も復活し、西欧中世社会の成熟期を迎えるのである。

環境や景観の点からみれば、まず、村落共同体による共同耕作のため、一定戸数の農家が集まる集村化が生じ、後の時代に引き継がれるような、村の教区教会を中心とした西欧的な農村風景が形作られた。また、技術革新と同様に開墾もすすんでいき、そのため中世前期においては欧州全体を覆っていた森林が徐々に浸食され、欧州の自然環境は中世から近代にかけて大きく変貌したのであった。

その後の展開

その後中世後期になると、欧州社会は危機に陥り、戦争や農民反乱、とりわけペスト大流行による人口激減などもあって農業は変貌を余儀なくされる。労働力の減少によって、少ない人手でも可能な牧畜がより拡大するし、商品作物の生産が成長する。三圃式農業にも変化の波が及び、より効率的な農業経営のため休耕期間が数年に 1 度へと短縮されたり、春麦栽培が放棄され、その代わりにクローバーやカブなどの飼料用作物、豆類や亜麻などが導入されたりした。

さらに近世になると、休耕地でもクローバーや豆類、カブを栽培するようになり、こうした改良三圃制と呼ばれる形態がネーデルランドからイングランドへとしだいに拡大してくる。そして、18 世紀に輪作などの新しい土地利用形態が導入されて、「本来の」農業革命が進行し、休耕地はますます減少し、こうして三圃式農業は新しい農業に道を譲るのである。【南　直人】

⇒H冬作物と夏作物 *p414*　Hケルトの環境思想 *p448*　Hペスト *p452*

〈文献〉飯沼二郎 1970．堀越宏一 1997．鯖田豊之 1966, 1988．カザル、R. 1989.

人間と野生動物の関係史

絶滅か獣害かの分岐点とは何か

絶滅した動物

地球上では、これまで数多くの動物が絶滅したことが知られている。マダガスカルのエピオルニスやニュージーランドのモアのようなダチョウより大きい鳥（写真1）、南米の大型ナマケモノ、フランスや韓国のクマ、英国のイノシシ、日本ではオオカミや、アシカ、トキなど、枚挙にいとまがない。そして、これらの動物の絶滅要因をめぐっては動物ごとに論議が分かれるものの、狩猟などによって資源として過剰利用されるか、害獣として積極的に駆除されるなどの人間活動が密接に関与していたといわれる。ここでは、人類史の視点から地球上の人と動物との関係をみわたすなかで、人と動物との葛藤史を展望する。

狩猟採集民の時代

人類史の99％以上は狩猟採集を生存基盤としてきた時代である。現在の人類は、十万年前にアフリカで誕生して以来、長らくアフリカ大陸内にとどまっていたが、数万年前にアフリカを出てユーラシアに移動した。これが、私たちの祖先になるホモ・サピエンスである。その後、人類は、約1万5000万年前にベーリング海峡を渡り、比較的早い速度で拡散して南米の最南端に到達した。

こうした人が拡散する過程で、人類はさまざまな野生動物に出会つた。アフリカの熱帯ではエランドやオリックス（ゲムスボック）のようなアンテロープ類、ユーラシアではマンモスやシカ類、極北ではセイウチ

図1　エピオルニスとハンター（想像図）［マダガスカルのヴェレンティ博物館の資料より］

写真1　セイウチの繁殖地（ロシア、チュコト半島、2005年）［セルゲイ撮影］

やアザラシ類などが挙げられる（写真2）。そして、人類は、特定の動物の肉を主な食料とするだけではなく、皮から衣服をつくり、骨を加工して狩猟具にするなど、野生動物を多面的に利用してきた。

その一方で、動物が人類に害を与えることも少なくなかったであろう。アフリカ南部に暮らす狩猟採集民サン（ブッシュマン）が最も恐れているのはライオンであり、これまでも多くの人が襲われて亡くなっている。先史時代に生きた狩猟採集の民もまた、ライオンとの間に生存のための葛藤があったにちがいない。

農耕・牧畜の発展と獣害

人類は、およそ1万年前に、西アジア地域を中心にして野生植物の栽培化および野生動物の家畜化に成功する。農耕や牧畜を経済基盤にする社会の誕生である。その後、西暦1500年ごろ、地球の陸地の2/3以上は、農耕や牧畜に利用されていた。つまり、人類は森や草原を畑地や水田や放牧地にすることを通して、地球の自然景観を大きく変えてきた。その結果、動物にとっても、生息地を追われたものもいれば、人の改変した二次的自然環境に新たに適応してきたものもいる。

たとえば、イノシシと人との関係をみてみよう。イノシシは、日本列島を含めてユーラシアの温帯を中心に広く分布している偶蹄類である。このため、イノシシが生息する各地の人びとにとっては、イノシシは人に肉を供給する狩猟対象であると同時に、農作物に害を与える動物でもあった。日本の江戸時代もまた、農耕を基盤としており、イノシシを狩猟の対象や獣害と

みなす共通性を認めることができる。その結果、イノシシの害が広くみられる農地付近にて、イノシシを対象とする狩猟活動がみられる。

同時に、江戸時代の初期には、東北地方の八戸(はちのへ)藩や九州の対馬(つしま)藩でのイノシシを撲滅させた藩の政策が注目される。八戸藩では、1700 年前後に、ニホンオオカミはウマへの被害を防ぐために積極的に狩られていた。そして、オオカミが駆除された結果、1750 年前後からイノシシの頭数が急増して農作物の害を起こした。このため、藩はイノシシを撲滅したが、それ以降現在までイノシシは生息していない。同様に対馬藩では、土地の人びとは主に焼畑に従事していてイノシシによる農作物の害に困っていたが、陶山訥庵(すやまとうあん)は、多くの人の協力の下に、1699 年から 10 年がかりで数万頭のイノシシを撲滅したことで知られている。

都市の発展と現代の獣害

18 世紀に英国で興った産業革命以降、農村から都市への移動がすすみ、都市人口がますます増加した。同時に、19 世紀には米国で国立公園が誕生するなど、自然保護の思想が世界的にひろまっていった。その結果、狩猟は禁止されることが多くなり、動物を直接に資源として利用するのではなくて、動物園のように遠くからみる形になっていった。

近現代の日本では、明治後期および高度経済成長期以降に、農山村から都市への人口移動が激しくすすみ、挙家離村が認められた村も数多く存在する。同時に、高度経済成長期には農山村での山離れが進み、里山が利用されなくなった。そして、近年の日本では、イノシシ、シカ、サル、クマなどによる農作物への獣害問題が新たに生まれた。とりわけ、2000 年以降には、たとえば岩手県遠野市の街の中をクマが出没するようになった。

これまでの見解では、これらの獣害が生じた理由としては餌不足が挙げられていた。森林伐採による植生の変化やクリやナラの実が十分に成熟しなかったことなどが挙げられている。しかし、原因は里山の変貌であると容易に判定することはできない。また、狩猟者数の変動、クマの生息地における環境変化、とりわけ森林利用の変化などが考えられる。また、神戸市では、都市住民の捨てるゴミの場所に、イノシシが集まってくることが問題とされている。東京の中心部のゴミ捨て場に集まるカラスの問題も類似の例である。

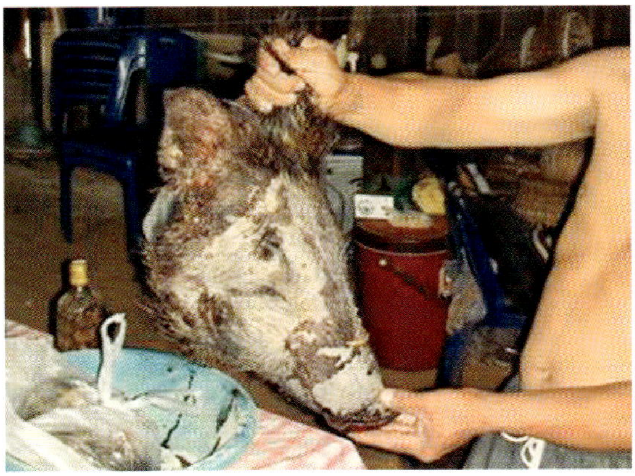

写真 2　山地民に捕獲されたイノシシ（タイ、パヤオ県、2004 年）

開発途上国の獣害

開発途上国においては、現在でも農業は重要な経済基盤であり続けており、とくにゾウによる農業被害額が最も大きいといわれる。スリランカは、北海道より小さい島に 5000 頭近いアジアゾウが生息している。ここでは、アフリカの住民のようにゾウの肉を食用にすることはない反面、ゾウによる家の倒壊や農作物の被害が生じている。この点は、インドネシアのスマトラ島においても同様である。その一方で、アフリカにおいては、商業目的で象牙(ぞうげ)をねらう密猟が多く、ケニアやタンザニアなどの東アフリカ諸国ではアフリカゾウの頭数は多くない。しかし、ボツワナやナミビアなどの南部アフリカ諸国ではゾウが増えすぎて被害が続出しているために、国内でのゾウの狩猟や象牙の輸出が許されている。

それに加えて、タイ北部の山地部では、イノシシによる農作物被害は認められるが、イノシシを捕獲する狩猟も活発であることに留意する必要がある。山地農民が畑地に隣接してイノシシの餌となるヤマノイモを栽培するなかで、イノシシを捕獲する（写真 2）。

以上のように、先史時代から現在まで人類と動物とのかかわり方の歴史をみてきたが、狩猟採集の時代には人類は食用を中心にして動物資源と密接な関係を維持してきたことがわかる。そして、農耕牧畜民の時代になって人と動物との物理的距離が小さくなり、新たな軋轢を生んだこと、現代の都市民の時代では、途上国の農村や日本や先進国の農村・都市でも動物の被害が深刻である点では共通している一方で、わが国では人と動物との関係が乖離していることなど、人類と動物とのかかわり方が多様化している点を指摘することができる。　【池谷和信】

⇒D野生生物の絶滅リスク *p164*　D地球温暖化による生物絶滅 *p178*　D里山の危機 *p184*　Dワシントン条約 *p228*　H狩猟採集民と農耕民 *p412*　H江戸時代の飢饉 *p434*　H栽培植物と家畜 *p458*

〈文献〉池谷和信 2008．池谷和信・林良博編 2008．高橋春成編 2001．

栽培植物と家畜

人類活動がつくりあげた動植物

栽培植物・家畜とは

人間は多くの動植物とかかわって生活し、一部は意図的に栽培あるいは飼育している。それらは生物学的に２つのグループに分けることができる。１つは遺伝的に野生状態とほとんど変わらないもの、もう１つは意識したか否かにかかわらず人間が遺伝的に改変したもので、野生状態では生存できない栽培植物・家畜などである。日本語では植物の栽培化、動物の家畜化というが、英語ではどちらもドメスティケーションで、語源はラテン語のドム（*dom*：家、支配）に由来し、人間が自分の支配下に置くといった意味である。その結果、形態や生理・生態的特性が野生状態と大きく変わってしまった。家畜には、普通にイメージするウシやブタなどの哺乳類に限らず、ニワトリ、アヒルなどの鳥類やコイ、キンギョなどの魚類、またカイコのような昆虫も含まれる。さらに、醸造に使うコウジカビや酵母などの菌類や単細胞生物なども、家畜化された生物といえるだろう。いっぽう、観賞や愛玩のために栽培・飼育されている多くの生物は、野生生物との違いが遺伝的にほとんどなく、人間の側でそれらが本来好む環境を作って栽培・飼育している。つまり栽培植物や家畜などは、野生では稀であったり、個体の生存にかえって不利であるような、しかし人間にとっては有用な遺伝子を持ったグループといえる。

生物であるヒトはモノを食べることで生きているが、現在食料のほとんどは栽培植物や家畜などに由来し、自然のものを採集で得るのは水産物などごく一部に限られている。ドメスティケーションは人類史からみるとごく最近の変化で、人類は数百万年にわたってほかの霊長類と同様、自然生態系の一員として過ごしてきた。ヒトは自前で食物を作ることを覚え、そのために環境を改変することで地球の歴史を大きく変えてきたが、そこで中心的な役割を果たしたのが栽培植物・家畜などである。そしてこの農耕技術の獲得が、その後の人口増加につながってゆく。

写真１　人類がもっとも古く馴化した生物であるイヌ（2002 年）

ドメスティケーションの歴史

もっとも早く家畜化されたのはイヌで、考古学的証拠やミトコンドリア DNA の分析から、約１万 5000 年前に東アジアで始まったとされている。人類が１万 4000～１万 2000 年前に新大陸へ移動したとき、イヌも一緒であった。家畜化当初の状況はよくわからないが、西南アジアのイスラエルでは１万 2000 年前に子犬が人と一緒に埋葬されており、明らかに飼われていたことがうかがえる。当時のナトゥーフ文化はちょうど狩猟法の変革期で、それまでは石斧で動物を殺していたが、このころから細石器と呼ばれる小さな石の鏃（やじり）が普及した。遠くから矢を射ることと、獲物を見つけ追跡することのできるイヌとの協力によって、猟の効率が上がったと考えられる。ちょうどこの時期は最終氷期が終わり温暖化が始まったのち、一時的に寒冷化したヤンガードリアス期に当たるので、こうした効率化が広く普及したのであろう。

植物については、西南アジアでこの少し後から農耕開始の証拠が出始める。つまり、野生生物をそのまま採集し利用するのではなく、無意識的にせよ遺伝的に少し異なる集団をつくり、それを利用することの始まりである。この地域で栽培化・家畜化されたものは、オオムギ、コムギなどの穀類、エンドウ、ソラマメ、レンズマメなどの豆類、動物ではヤギ、ヒツジなど多岐にわたる。

栽培化や家畜化は、西南アジアに限らず世界各地でそれぞれ独立に生じた。人類のエネルギー源として最も重要な穀類に限っても、東アジア長江流域のイネ、中米のトウモロコシ、サハラ以南のソルガムやその他の穀類がある。そのほかに、南アメリカアンデス地域のジャガイモ、東南アジアのバナナやタロイモ、ミクロネシアのパンノキなども、重要なエネルギー源である。またこの植物栽培化の過程で、その効率を上げるための知識が蓄積され、農耕文化が成立した。環境および利用する植物と深くからみあった独自の伝統的農耕であるが、利用できる似た環境があれば採集・狩猟に比べるとより多くの人口を支えることができるため、こうした農耕文化が民族移動にも大きな役割を果たしてきた。

ドメスティケーションの結果

栽培植物を野生植物と比較すると、さまざまな形態・生理形質の違い（①種子の非脱落性・脱粒性、②種子の休眠性の消失、③有毒成分の無毒化）などが見られる。自然界で生きるためには、種子が自然に散布され、生育に不適当な季節には休眠し、また動物や昆虫の食害を防ぐために有毒な成分を持つことは欠かせないが、これらは人間が栽培・利用するためには望ましくないことが多く、それを持たないものが選択されたのである。また必須とはいえないが、栽培を通して徐々に遺伝的な変化がおこったとされる性質もあり、①生育の斉一化、②日長性・耐寒性などの変化、③他殖性から自殖性への繁殖様式の変化、④利用する器官の大型化・特殊化、⑤イネのモチ・ウルチ性のような成分の変化、などが挙げられる。これらはすべて、自然条件下では生存に不利であるが人間の利用に都合の良い方向への変化といえる。

家畜では、いわゆる家畜や家禽（かきん）と呼ばれその生産物を利用するものと、イヌやネコのように愛玩用として飼われるものがあり、それぞれ別な形での特殊化が進んでいるが、①形態形質の多様化、②繁殖期間の延長、③飼育下での繁殖可能性、④病気や気候への耐性の低下、などが共通している。動物で見られるこのような家畜化現象はヒトにおいても例外でなく、自己家畜化といってもよい現象が生じている。このことは、現代人が冷暖房もなく最小限の衣類でどのくらいの温度差に耐えられるか、を想像すればたやすく理解できるだろう。

写真 3　さまざまな形と色のダイコン（2005 年）

写真 2　栽培植物でも、古いタイプ（右の 3 つ）は穂軸が折れるが、新しいタイプ（左端）は穂軸が折れず、効率的に収穫できる（京都府向日市、2006 年）

作物・家畜のゆくえ

今の社会の多くの人びとは、食料獲得のために働くことなく、ほかの人の作ったものを食べることで、それ以外のさまざまな活動に従事しているが、これは人類史上例外的なことである。現在の食料はほとんどが栽培植物や家畜由来で、家畜の餌も多くが栽培植物に依存するため、人類の存続は植物を育て利用することに左右されると考えてよい。また農耕文化はこうした生物を利用するための知識体系であり、その洗練されたものが科学技術である、といってもよいだろう。さらに、農耕文化複合の必須要素である動植物は、生態系のあり方にも大きな影響を与えてきた。日本の伝統的な農村風景は決して自然の産物ではなく、本来の自然環境を破壊して作られた新しい生態系である。このため、栽培化・家畜化の過程を正しく認識し、人類の歴史をそれら生物との共進化の観点からとらえ直し、人類が周囲の環境に及ぼしてきた影響を把握することが必要であろう。このような意味で、人類は現在、地球自体をドメスティケートしてしまった、ともいえる。生物に生じた遺伝的な変化やその多様な存在の意義を理解することは、地球温暖化や生物多様性の減少など、「飼い慣らされた地球」でおきている変化に対応するために欠かせないことである。　【河原太八】

⇒D作物多様性の機能 *p150* D失われる作物多様性 *p180* D家畜の多様性喪失 *p182* D里山の危機 *p184* R日本の里山の現状と国際的意義 *p334* Hヤンガードリアス *p366* H環境変動と人類集団の移動 *p416* Hジャガイモ飢饉 *p450*

〈文献〉Bellwood, P. 2005.　Diamond, J. 1997, 2005.

飢饉と救荒植物

ヒトの命をつないできた植物

救荒植物と人口爆発

農業生産の不足がヒトの生存の基盤を揺さぶるような状況にいたる場合が凶作、さらに凶作による食料不足によって社会構成員が餓死するにいたる場合は飢饉（ききん）と呼ばれる。凶作や飢饉に際して、ヒトはいつもは利用していないさまざまな生物資源を食用に利用して生存の努力を行った。この時に利用される植物資源が救荒植物と呼ばれる。また作物であるが生育期間が短いとか、低温や乾燥条件下でも生育できるような、生産不足を補完できるような作物は救荒作物と呼ばれる。

われわれ現生人類（ヒト、ホモサピエンス）がアフリカで起源してから十数万年が経っている。このヒトの歴史の最後の段階、1 万年ほど前にヒトは農耕という新しい食料生産のシステムを作り出した。それ以前の数百万年に及ぶ人類の長い歴史は、狩猟採集によって自然のなかから食物を獲得するシステムによっていただろう。当時の世界人口はせいぜい数百万人と推定される。農耕の開始によって、狩猟採集システムよりはるかに大量で安定した食料の獲得が可能となり、社会的には余剰食料が蓄積され、それまでには考えられなかった膨大な人口を維持できるようになった。人類最初の人口爆発がおきたのである。ヒトが工業社会に突入する 18 世紀には世界人口は数億人のレベルにまで増加した。

凶作と飢饉

農耕システムにより多量の食料生産物を得ることが可能となり、ヒトは急激に人口を増大させ、新しい社会システムとして国家体制を創出する。これは現在までも引き継がれる、すぐれた人類生存のシステムであるが、食料生産の安定とその消費の平等は保証されていなかった。そのため食料の社会的生産量のぎりぎりいっぱいにまで増加した人口は、飢饉や飢餓という生存の危機にたびたび襲われる。気温の変動、降水量の減少などの気候的な環境変化だけではなく、病害や虫害の発生、火山の噴火や地震災害、戦争や疾病による農業従事人口の減少は、直接的に食料生産の減少を引き起こし、凶作となり、ヒトの生存の危機をもたらすようになった。また食料配分の社会システムのいびつさや、支配者による食料の収奪によって、社会的には全員の生存に必要な食料が生産されていても、構成員の一部には食料不足が生じ、飢餓が発生した。

救荒植物の多様性と毒抜き

雑食性のヒトが食用にする植物は多種多様に存在する。また地域ごとに生育する植物相は異なり、食用対象となる植物種も異なる。だから地域によって、ヒトが利用できる救荒植物はまったく違っている。一方、植物もやすやすと動物に食べられてしまうことはない。刺（とげ）や刺毛（しもう）をつけ、致死的なアルカロイドや青酸配糖体、サポニンやタンニンなどを蓄積し、動物の食害から逃れるシステムを作り上げている。そのような植物を食用にするためには、それらの有害物質を無毒化する毒抜きが生存の基本的な生活技術となっていた。加熱、水さらし、灰汁（あく）処理は毒抜きの基本的な技術体系であったが、他にも多様な技術が開発されてきた。そのすべてを例示することは不可能であるが、救荒植物の多様さと処理技術について、代表的な例をかいま見てみよう。

湿潤な温帯の例：江戸時代、鎖国政策をとっていた日本は深刻な大飢饉にくり返し襲われた。なかでも寛永（1642-43 年、東北）、享保（1731-32 年、西南日本の虫害）、天明（1782-88 年、全国的）、天保（1833-39 年、東北）の飢饉は江戸の四大飢饉と呼ばれ、飢饉に対処するための救荒植物に関する農書もいろいろと刊行された。たとえば、その代表的な 1 冊、建部清庵『備荒草本図』（天保 4 年、1834 年）には 104 種の植物が食用にできるとして要領よく図示され、毒抜き法の記述がされている。104 種の多くは若葉や若芽を煮て、水にさらし、味噌や塩で味付けをして食べる。空き腹の足しにはなっても、主食にはならないものである。しかし野生植物で、でんぷんを含有する地下部を芋的に食用利用するキカラスウリ、アマナ、オニドコロ、コウホネ、ニガカシュウ、ホドイモ、オニユリが記述され、また種子を食用にするトチノキ、ハシバミ、クヌギ、ヒシ、ハス、ジュズダマも救荒植物として触れられている。カラスムギとされているイネ科の植物は、図から判断するとカモジグサで、種子を穀類的に利用することが記されている。建部清庵は東北一関藩（現岩手県一関市）の藩医であった。一関は江戸時代の何度もの凶作で深刻な影響を受けた地域である。

蘇鉄の皮を去り
大切りにする
大切りの蘇鉄を河に漬け
毒気を去る
日に當て後臼にて搗く
七日水に漬置て後
土地イキを付ける

図 1　農夫、蘇鉄を食に製する図（名越左源太『南島雑話五』）
［沖縄郷土文化研究会編 1975］

熱帯圏のソテツ類の場合：ソテツ類は 11 属、145 種ほどが熱帯から亜熱帯に分布する裸子植物である。若葉の展葉や生殖器官の展開には季節性があり、成長期に利用する栄養物（主としてでんぷん）を太い茎に蓄積する。また種子も大型で大量のでんぷんを蓄積している。それらが食用の対象とされる。アフリカ、オーストラリア、中南米などでいろいろなソテツ類が食用に利用されてきた。

ソテツ類は有毒植物で、サイカシンやマクロザミンと呼ばれる配糖体を含有していて、そのまま食べると衰弱から死亡、あるいは発ガンにいたるから、食用にするには毒抜きが必要となる。終戦後 28 年間もグアム島のジャングルに隠れて生き続けた日本軍兵士の横井庄一の命をつないだのはナンヨウソテツであるが、横井は流水に浸けて毒抜きすることを知っていた。ナンヨウソテツは東南アジアから太平洋諸島にかけて広く分布していて、農耕段階に入ったヒトが、食用利用のために持ち歩いた植物だろう。

沖縄や奄美諸島では、農耕が食料生産システムとして確立してからも、ソテツ類が食用に利用されていた。南西諸島からは 3.2 万年前の化石人骨が発見されているから、狩猟採集段階のヒトがこの地域に渡来したと考えられる。サトイモやヤマノイモ類の栽培がいつ始まったかは明らかではないが、雑穀栽培、さらに 10 世紀頃には稲作農耕が開始されていた。そして 15 世紀には琉球王国が成立した。ところが 1609 年に島津藩は琉球を征服し、奄美群島は島津藩の直轄領となる。農耕地は強制的に黒糖生産のためのサトウキビ栽培地とされた。島民はドングリやソテツなどの救荒植物的な植物に主食を頼るだけでなく、焼酎造りにもシイの実やソテツを利用した。

ソテツは根にネンジュモを共生させ、空中窒素の同化を行うので、痩せ地でもよく生育する。しかしその食用利用はなかなか厄介な処理を必要とする。この毒抜き過程は 19 世紀中頃に罪を得て奄美に島流しになった名越佐源太が、奄美の民俗を詳しく図解した史料『南島雑話』のなかに要領よく記録している。

樹皮をのぞいた茎は大切りにして、2〜3 日ほど陽干ししてから水漬けする。数日間水漬けをしてから、取上げて地面に並べ発酵させる。それをまた水でよく洗ってから乾燥する。これを貯蔵し、必要な時に取出して臼（うす）で突き崩して食用にする。この厄介な処理過程で、毒抜きに発酵的な過程が加わっているのが特徴的である。

ソテツの種子は「ナリ」と呼ばれて、採集乾燥され、貯蔵していた種子は、その殻を取去り、突き砕き水に浸して、底に沈んだ沈澱物（主にでんぷん）が食用にされた。ナリから作られるナリ味噌は今でも奄美のスーパーマーケットで売られている。ソテツほどは厄介ではないが、多くの救荒植物を食用にするには、いろいろな毒抜き加工が必要である。

救荒植物は世界の食料危機を救えるか

世界人口が 60 億をこえ、日本のカロリーベースの食料生産量が必要量の 40% を下回るような供給の体制のなかで、救荒植物はどのような役割を果たせるのだろうか。気候的な災害に対応性があったり、播種から収穫までの期間が短いソバ、サツマイモ、ジャガイモ、ヒエやアワ、あるいはダイコンやカブなどは救荒作物とされる。サツマイモは単位面積当たりの収量の良さ、ソバは播種から収穫までの栽培期間の短さ、ヒエやアワは低温でも収穫が見込めるなどの特性が評価され、凶作時に緊急栽培されるからである。しかし、世界的な食料不足から、もし食料輸入が途絶するような事態がおきればどうなるだろうか。そのうえ人口の過半数が集中する東京圏や関西圏の自給率は 10% 以下（大阪は 2%、東京は 1%）しかない状態では、よほどの食料生産、輸入、そして分配のシステムを構築しないかぎり、大量の餓死者を出すことになるだろう。自然から救荒植物を掻き集める程度では、生存のための食料を社会全体に供給するにはほど遠い状況にいたるだろう。

救荒植物も救荒作物も、社会にそれなりにしっかりした農業生産システムがある時には有効に食料供給の補完物として機能してきただろうが、それをなくした日本の現代社会は行きつくところまで行かないとそのことにも気がつかないだろう。　【堀田　満】

⇒C地球温暖化と農業 *p38*　Rアジアにおける農と食の未来 *p258*　R気候の変動と作物栽培 *p272*　H江戸時代の飢饉 *p434*　Hジャガイモ飢饉 *p450*　E地産地消とフードマイレージ *p514*

〈文献〉Jones, D. L. 1993.　堀田満 1995.　沖縄郷土文化研究会編 1975.　建部清庵 1834.　Tanaka, S. 1976.

文明環境史領域　小括

文明の崩壊と再生

佐藤洋一郎

J. ダイアモンドは著書『文明崩壊』の中で過去に崩壊した幾多の例を挙げ、文明レベルでの崩壊が人類史上決してまれな現象ではなかったことを強調している。「崩壊」というと何やら悲劇的な物語を連想しがちだが、崩壊は古い文明を突き崩した、広い意味での環境に対する人間の集団の適応の結果であるともいえる。ある場合には、環境と人間行為との複雑な相互作用がもたらした大きな力が加わったことにより高い人口集中が失われ、比較的小さな集団として分散することで、人間の集団は絶滅をまぬかれてきた。こうしたしなやかさが、現生人類という一個の種(しゅ)が過去 10 万年の間、ただの一度も壊滅することなく世界に広がることができた原動力なのではなかったかと思われる。

文明というひとつの有機体の内部にはいくつもの悪循環が形成される。たとえば、都市への人口集中そのものが悪循環の 1 つのケースともいえる。都市での人口増加→インフラの整備→産業の多様化・複雑化→労働人口の不足→さらなる人口増加という悪循環である。こうした悪循環を止める何らかの力が加わったことで人口の分散化がおこり、それがのちの時代になって崩壊とみえたのだ。

ダイアモンドも言っているように、文明の崩壊はたんに外圧によってひきおこされるのではない。そこには必ず内部に蓄積された矛盾が介在している。さきの悪循環などもその 1 つといってよいだろう。再生は、古い文明の中に内包されていた力によってもたらされる。

崩壊の事例の研究を調べてみてわかったことの 1 つに、崩壊からの再生のプロセスがほとんど研究されてこなかったことがある。だから近い将来私たちの現代文明が崩壊したとき、そこからどう再生して立ち直ってゆけばよいのか、どうするのが最小のエネルギーと最小の犠牲で再生できるか、現代文明にはその答えが出せずにいるのである。これからの研究テーマとしてきわめて重要なもののひとつが、崩壊からの再生過程の研究であることをあらためて強調しておきたい。

ムギ畑の中の雑草と化したポピーの群れ（フランス南部、2006 年）

地球地域学

Ecosophy

Ecosophy

地球地域学　領域目次

地域環境問題

問題群 Problems

対応と変化 Human Impacts

地域環境と地球規模現象

地球のシステム Earth System

グローバリゼーション Globalization

地球環境の統治構造と方策

未来可能性に向けてのエコソフィー

地球地域学領域総論
地球環境の未来に向けてのエコソフィー

渡邉紹裕

1. 地球環境学における地球地域学

||||| 地球地域学の定礎

「地球地域学」——耳慣れない学問分野の名前である。地球環境問題の総合的な理解と、解決の道筋の提示を目指す地球環境学を構成し、その成果を地域の環境や資源の管理に結びつける新たに構築すべき「知の体系」につけられた名前である。地球環境問題の原因や機構、現れ方を考えるための切り口として、また現在の環境問題が表れる主要な局面として、循環、多様性そして資源という3つの領域が考えられ、本事典でもその枠組で事項が整理されている。こういう領域の成果を歴史的時間のスケールで突き合わせ統合する枠組として設定されたのが文明環境史であり、地球地域学は、それを地域スケールで突き合わせ統合する枠組として設定されたものである。

地球地域学は、高谷好一が、2001年に出版した『地球地域学序説』のタイトルとして使われている。そこでは、地球地域学は、「個別地域が生きる論理とその相互浸透の中に、地球の秩序原理を発見する新たな実践知の体系」として定義されている。現代においては、この地域と地球の関係はすべての事象において大きな意味を持つようになっており、とくに環境問題においてその関係がどのようになっているかを見定めようとするアプローチが、地球環境問題の解決や、そのための地球環境学の構築に重要な役割を果たすと考えられる。

環境問題が現れるのは、あるいは問題として認識されるのは、地球上のそれぞれの地域である。大陸規模であったり、1つの集落規模であったりと、そのスケールはさまざまであるが、人間の活動の範囲の問題として認識される。それが非常に限られた地域で原因も結果も完結する問題であるのか、地球規模の現象の影響によるものなのか、というような問題の本質も、どのように解決すべきかという対応も、今や地域の中だけで考えることはできなくなっている。人やモノ、情報やエネルギーが、地球規模で非常に速いスピードで動くようになっているからである。

一方で、地球環境問題とされる問題も、実際に問題が現れるのはそれぞれの地域であり、まずは地域の問題として認識されるのである。したがって、温暖化に伴う気候変動や水循環の変動など地球規模の現象や、砂漠化や生物多様性の喪失などのように世界各地で生じている問題が、各地域では実際にどのような姿で現れているのか、そして、反対に地域での現象や営みが地球全体や他の地域にどのように影響しているのかという、地球と地域のかかわりを見ないと問題の理解や解決にはつながらない。この地球と地域とのかかわりを見るのが地球地域学である。

地球地域学は、その問いの答えが何らかの形で地域のあり方やその改善に反映されるべきである。その意味では、環境問題の解決に向けてのガバナンス（協治）論ということもできる。その体系の中核は、地域における人間と自然との相互作用環の実態に関する知と、それを踏まえて地域の問題を解決して未来につなげる統治の知の体系となる。

||||| 地球地域学の枠組

このように地球地域学の定礎を目指すとすると、そこでの思考の枠組や対象は、次のような切り口で整理できよう。

まず、いかにわれわれが地域において環境問題を生じるに至ったのか、現実に個々の地域ではどのような形で現れているかという、環境問題の具体的な諸相である。次には、それが地球規模の現象とどのようにかかわり、地球環境問題として認識されるようになったのかという過程である。さまざまな現象や問題が、地球規模で展開し、個々の地域の問題と地球の環境が直接に強く結びつくようになったという意味で、真の地球環境問題として認識するようになった経緯である。

さらに続くのが、これらの問題に対する診断や評価と、それを基にした問題への適応や改善・解決の方法である。誰が何をどのように考えて行動すればよいかという、統治の構造と形態、つまり制度設計にかかわる根幹的部分である。さらに最後に、こうした地球地域学を、人間の未来にとって不可欠な知のレベルにまで引き上げる理念や思想、伝統や文化への織り込みである。

写真1　草原に拡大する砂（中国、内モンゴル自治区奈曼旗、2008 年）［郝愛民撮影］

地球地域学は、このように挑戦的なかつ根源的な課題を背負った学問領域として設定された。以下では、本事典がとりあげた項目のねらいや対象の構成について概説することにする。

なお地球地域学という名称は、この地域の仕組みと、その相互や地球全体とのかかわりを見定めようとする学としての取組みを、少ない語数で端的に表そうとしたものと考えられる。先の高谷は、地球地域学を英語では Global Ecosophy（グローバル・エコソフィー）としているが、ここでは地球環境学の枠組の中に置いたことから、単に Ecosophy（エコソフィー）としている。いずれにせよ、地域の eco（生態や環境）にかかわる sophy（智や知恵）という中心的な対象を示していて、そのねらいは ecosophical governance（エコソフィーによる協治）である。

2. 地域の環境問題の深化と拡大

公害から地球環境問題へ

環境に問題があると認知するのは、通常は日常の生活や生産においてである。人間の通常の活動の時間的あるいは空間的な範囲の中で、その周辺条件となる環境においてなんらかの支障や不都合が生じ、かつその原因が特定の個人や団体の行為に特定できず、またその不都合も特定の個人や団体の生命・健康や資産に限定されないときに、ふつう環境問題と認識することになる。したがって、問題は、空間的なスケールの大小はともかく、地域レベルで生じることになる。なお、支障や不都合が実際におこっていなくても、秘かに進行していつかそのような事態を招来することが見込まれるときも問題として認識されることがあり、「忍び寄る危機（creeping crisis）」（M. グランツ）などと呼ばれることもある。

こうした環境問題は、原因や影響の範囲が比較的小さく、原因者と被害者が特定されて対立関係になりやすい公害と異なるものとして、1970 年代から世界的にも認識されるようになっていった（エコソフィーの再構築 *p584*）。それは、人口増加と経済成長、それに伴う工業やサービス産業を中心とする人間の活動の範囲の拡大によって、化石燃料などエネルギー消費が拡大し、その基盤として、また結果として大規模な自然の改変が拡大し、自然への負荷が増大したことによる（干拓と国土形成 *p498*）。

1970 年代には世界各地でこうした環境問題が発生し、広く認識されるようになっていった。そして、その原因や対策を考えていくなかで、その問題は、地球規模の現象によって生じていたり、加速されていたりしていることがわかり、また逆に、世界の他の地域に問題を波及させていることが強く理解されるようになっていった。地球環境問題としての認識である。

地域環境問題の深化

地球環境問題として展開していく地域環境問題の例として、中国における土地・水管理にかかわる問題を振り返ってみる。

多くの乾燥・半乾燥地域においては、かなり以前から砂漠化が問題になっていた。砂漠化は、降水量の減少などの自然要因ではなく、人為的な要因による土地利用の変化と土壌の劣化をさすが（砂漠化の進行 *p480*）、人口増加が激しく、農耕地の拡大の要請が大きかった中国でも、それは急速に進行した。当初は、主としてエネルギー源を木材燃焼に頼る住民による森林の伐採

写真２　乾燥地の灌漑水路。黄河から農地に導水する舗装していない幹線用水路（中国、内モンゴル自治区河套灌区、2003 年）

が、植生や土壌の劣化の原因とされていた。そのためもあって、「緑のダム」（緑のダム *p490*）とも呼ばれる森林の回復を目指す植林活動に焦点が当てられるなど（植林神話 *p486*）、まさに地域環境の問題として捉えられていた。しかし、砂漠化の進行がこのような単純な問題ではないことは、しだいに明確になっていった。

砂漠化はさまざまな原因や現象が複雑にからみあって生じるものではあるが、水問題とも密接な関係にある。古来行われてきた乾燥・半乾燥地域の天水農業は、降水量の減少で大きなダメージを受ける。このため人間はさまざまな工夫を重ねてきた。用水路などの灌漑施設を建設し、河川や地下水など水源から水を引いてきて、降水量の変動に左右されずに安定した食料生産ができるようになった。水源の水量が安定的に確保できないところでは、ダムなどの貯水池を建設することなどで、灌漑用水の供給をさらに安定させることに成功した。しかしながら、人間がある程度水を制御できるようになると、それに伴って資源となった水のコントロールを人為的に行う必要が生じる。水の配分管理という問題が登場するのである。たとえば、上流地域で多量に水を使ってしまえば、下流には水が行き渡らないことがおこる。場合によっては、河川水が最下流まで到達しない現象も頻発する。世界的にも注目された黄河の断流もこの水資源の配分のあり方に起因する（水資源の開発と配分 *p482*，黄河断流 *p484*）。人為的に建設したダムがあってもこうした問題は避けられず、「ダムの功罪」という言葉にはそうした意味もある（ダムの功罪 *p488*）。このように、砂漠化は、単に森林伐採だけではなく、農地の拡大、灌漑の拡大、水資源の配分問題などと一体として地域の環境問題になってきたのである。

水不足や砂漠化が急速に進行した中国では、悪化する環境を回復・保全するための退耕還林・退耕還草（退耕還林・退耕還草 *p542*）などと並んで、人口圧が過剰な開発をもたらした地域の住民を、半ば強制的に移住させる政策を環境政策として行った。生態移民と呼ばれるこの政策は 2000 年代初期から実施に移されたが、その結果として、新たな問題を生み出すことになった（環境難民 *p492*）。そのひとつとして、移住した人の新たな居住先での職業の問題がある。彼らが都市に移り住む場合は、都市の環境問題の一因にもなるということが指摘されている（都市化と環境 *p496*）。

乾燥・半乾燥地域における砂漠化は、食料増産のために農業に重点的に地域の水を配分するということから生じた部分がある。その問題の認識があっても、農業あるいは牧畜を維持したままで、劣化した植生や生態系などの環境を回復し、保全していくために水を確保して配分しなければならないという、水需給問題の次の段階に入っているのである。

地域環境問題の拡大

中国では、安定して高収量を目指す農業生産も、近年の市場メカニズムの浸透によって変貌してきている。従来のコムギやトウモロコシなどの穀類中心の体系から、綿花や野菜などの経済作物を重点に置く体系への転換が進んでいる。このため、地域によっては、農家は、灌水の時間や水量の自由度が比較的大きい地下水による灌漑への依存度を高め、地域の水循環システムに大きな影響を直接与えるようになっている。従来の、河川水など再生のサイクルの短い水源に依存していたのとは大きく異なるスタイルである。

こうした問題の根本的解決として、食料を外国から輸入して対応するという考え方もある。食料生産のための多量の水利用による環境劣化を抑制し、さらにその水を環境改善のために使うことができるからだという。食料を輸入するということは、その生産に必要な水を仮想的に輸入すると考えることもできる一方で

（バーチャルウォーター貿易 p512）、食料を生産する他の国の水利用に依存することにもなる。食料を生産する輸出元の地域での水問題と、輸出先である地域の食料問題とが、直結することになる。食料流通の地球規模でのネットワーク化が、一地域の問題を地球規模の問題へと変容させるのである。このように、地域問題と思われる砂漠化も地球環境問題へと拡大していくのである。

砂漠化がもたらすものはもちろん水問題だけに限らない。砂漠化の進行は、植生が失われた地表面から土壌粒子が飛散しやすくなり、巻き上げられた粒子はダストストームとなって周辺地域に大きな被害をもたらすことになる。また大気の流れにのってより広い地域に拡散し、中国国内でも西部の乾燥地から北京などを含む東部の沿岸地域にまで飛来して大気の汚染をもたらし、さらに大気中で変質しつつ偏西風に運ばれ、海を越えて日本まで飛来する。この現象は、自然現象としては古来生じていたが、近年の中国乾燥地における砂漠化の進展に伴って黄砂問題として顕在化している（黄砂 p474）。なお、黄砂粒子だけでなく、さまざまな汚染物質も国境を越えて広域的に拡散していて、越境大気汚染問題として認識されるようになっている。

3. 地域環境と地球規模現象

地球温暖化問題

1970 年代になって、世界各地域で生じていた多くの環境問題は、中国の例で見たようにいわゆる地球環境問題として認識されるようになり、1980 年代になると広く一般の人びとにも知られるようになってきた。とくにその契機となったのは、地球温暖化問題である。

産業革命以降、急速に増大した化石燃料の燃焼によって、大気中の CO_2（二酸化炭素）に代表される温暖化効果ガスの濃度が増加したと考えられるようになった。急激な CO_2 などの温暖化効果ガスの大気への放出は、北半球の先進工業国からのものが中心であった。近年では、中国など経済成長の著しいいわゆる中進国からの排出も目立つようになっている。いずれにしろ、地球表面を取り巻く大気は、もちろん世界中つながっており、排出された温暖化効果ガスは大気の大循環を通して、地域を越えて世界中に拡散する。

世界の気候関係の研究者や実務担当者による IPCC（気候変動に関する政府間パネル）の第 4 次評価報告書（2007 年）によると、温暖化効果ガスの大気中濃度の増加は、地球上の平均気温の上昇を招いてきたという。そして今後も、これまで以上のスピードで増加する可能性があるとしている。この地球の温暖化は、極域や高地にある氷河や氷床などの陸氷と呼ばれる氷の塊の融解を促進すると予測される。陸氷の融解水は海へと流れ込み、海水の量を増加させ、気温の上昇による海水の膨張と相まって、世界中の沿岸部で海水位の上昇を招くことが警告されている。その場合、沿岸に立地する世界の大都市や肥沃な農地の多くが、水没したり、排水不良によるさまざまな被害に見舞われるであろうことは想像に難くない。海水位の上昇は、世界を巻き込む大災害につながる可能性が高いのである。

つまり、地球温暖化は世界中を巻き込む問題をひきおこしていて、また今後も拡大する可能性が高いことから地球環境問題として認識されるようになったのである。地球の温暖化は、気温の上昇や海水位の上昇にとどまらず、異常な気象現象の頻発、水循環や水資源への影響、植生や生態系への影響、さらに農業・林業・漁業、そして人間の健康などに広く影響を与えると予想されることは、広く議論されるようになっている（地球規模の水循環変動 p510, 病気のグローバル化 p518, エイズの流行 p516）。

地球環境問題の登場

地球温暖化問題に加えて、乾燥・半乾燥地域を中心とする砂漠化の進行や、世界各所で問題になってきた

写真 3　シリアの子どもの絵。テーマは地球温暖化［国連子供環境ポスター原画コンテスト入賞作品より］

写真４　ツバルの海岸付近の住宅。高潮時に床下浸水するようになった。地球温暖化による海面上昇が原因なのか議論されている（2009 年）［中田聡史撮影］

海洋汚染 （海洋汚染 p478）、CO_2 の吸収機能があるとされる森林の消失、懸念が広がってきた生物多様性の消失なども、オゾンホールの出現 （成層圏オゾン破壊問題 p504） などと並んで、地球環境問題として問題視されてくるようになってきた。

地球環境問題が国際的に、また公式に大きく取り上げられたのは、1988 年のカナダ、トロントで開催された先進７カ国のサミットにおいてである。この年の日本の「環境白書」も地球環境問題を取り上げ、「その影響が一国内に留まらず地球規模に及び、あるいは国境を越えて地域的に広がっているもの」を地球環境問題と呼んでいる。具体的には、(1) 地球温暖化、(2) 成層圏のオゾン層の破壊、(3) 海洋生態系の破壊、(4) 熱帯林の減少、(5) 砂漠化、土壌浸食などの土壌悪化、(6) 野生生物の種の減少、(7) 酸性雨、(8) 地域海などの汚染、(9) 有害廃棄物の越境移動、(10) 開発途上国での公害問題、をあげている。

地球環境問題として認識されるようになった森林の破壊や消失、砂漠化の進行、さらに生物多様性の消失などは、地域レベルの環境問題ではないかとも考えられる。にもかかわらず、重要な地球環境問題として、最優先して対策を講じる必要があるとされてきた。それは、世界中のさまざまな人間の活動が相互に緊密に依存しあい、影響しあうようになってきたことが、強く認識されるようになったからである。また、その問題の改善や解決には、世界レベルでの行動や規制が必要であることが明らかになったからでもある。

地球規模変化と環境問題

古来、人間は、自らが居住する地域において自らが採取したり生産したりした食料を摂取することによって、その生命をつないできた。まさに地元の食料を地元で消費する地産地消のスタイルをとってきたのである （地産地消とフードマイレージ p514）。自給自足ともいえるその様式では、他の地域への影響も、他の地域から影響を受けることもほとんどなかったはずである。

しかし次第にその活動範囲を拡大するにつれて、人びとは、自らは生産することができないものを手に入れ、その恩恵を享受するようになってきた。言い換えれば、自らが必要とするものを生み出してくれる、自らが暮らしている地域とは別の地域に依存するようになってきたのである。食料にとどまらず、エネルギー・資源、森林資源などの一次生産物に加えて、各種工業製品などいわゆるモノの移動は、カネの移動を伴いつつ、活発な貿易活動として地球規模でネットワーク化されるようになってきている。これは、大航海時代を経て、世界各地での植民地化の進展において、早くから問題を生じることとなったが （植民地環境政策 p522, 開発移民 p524）、現在の経済の急速な成長は、この他地域への依存を急激に進化させることになった。

しかもことはモノの移動にことにとどまらない。最近のグローバル化において特徴的なことは、情報流通の世界規模での拡大と高速化である。世界各地のニュース映像を居ながらにして瞬時に見ることができるようになったし、インターネットなどを通しての情報の発信や交換は、かつては考えられないスピードで行われ、世界の状況や問題を瞬時に共有できるようになってきた（情報技術と環境情報 *p520*）。

こうした経済成長や技術革新に伴うモノや情報の移動の世界化は、一方で早い段階から地球環境問題の根本的な原因として認識されるようになっていた。経済成長には、自然や資源に制約があることから、基本的に限界があり、その根底には地球の自然システムとしての基本的な枠組があることの認識である。このため、地球環境問題の認識の拡大とともに、地球の基本的なシステムや地球規模への現象への関心が高まり、衛星を含む観測技術や情報技術の発展に支えられて、地球環境の大枠に関する理解も進んだのである（地球システム *p500*, 成長の限界 *p502*）。

なお、地球環境問題が国際的な課題として認識されるようになったことには、問題の深刻化に加えて、国際政治上の背景もあったと考えられている。先進7カ国のサミットで公式に取り上げられた1988年の国連総会でも、当時のソ連・ゴルバチョフ書記長はじめ、各国首脳の多くが地球環境問題の重要性を強調した。この背景には、東西の冷戦がほぼ終焉した状況で、国際政治の枠組として新たな課題を設定する要求があったという。その後も、地球環境問題としての認識は、対策における国際政治経済問題と表裏一体となって展開することとなった（経済体制の変革と環境 *p508*, 温室効果ガスの排出規制 *p506*）。

4. 地域環境における統治の構造と形態

地球地域関係の総合的な理解

地球環境問題として認識されるようになった地域の環境問題や、まさに地球規模の現象が直接の原因となり、あるいは世界各地であまねく生じている地球環境問題に対して、何らかの対応を図ろうとすると、状況の正しい認識とそれへの評価が必要となる。さらに、これに基づいて問題への適応や改善・解決の方法と内容を定めることになる。それは、だれが何をどのように考えて行動すればよいかという、統治の構造と形態の問題である。

この認識、評価、そして統治において、重要なポイントが2つあげられる。1つ目は取組みの総合性であり、2つ目は地球地域関係である。

まず、総合性についてである。地球環境問題と呼ばれる現象や状況は、その原因や結果として現れる様相は複雑多岐にわたっている。したがって、この認識や対応は、従来までの分化された個々の学問領域や科学技術部門のどれかひとつやいくつかだけで担うことはできない。自然科学だけでなく、人文学や社会科学が対象とするほぼすべての事象と関係しているからである。このため、すべての学問分野、あるいは科学技術部門が参画し、その総力を挙げて取組む必要がある。

次の地球地域関係の観点とは、環境問題を地域の問題と地球の問題の関係として認識し、両方の立場から対処する必要があるということである。具体的な地域に生じている問題を、その地域において解決しないといけない一方で、それは地球規模の、あるいは国際的な動向や対応の枠組の中で取組まざるをえなかったり、その制約を強く受けるからである。また、地域の取組みが、地球規模の現象や国際動向を左右することにもなるからである。具体的な地域の問題として取組むならば、そこに暮らす人を中心にして、関係者の理解が得られて、実際に機能する仕組みをつくりあげなければならない。このための状況の認識や解決へ道筋には、総合的な地域研究が求められる。対象地域の自然や社会システム、民族構成や習慣、宗教など、生活や生産に関するさまざまなレベルの多種多様な情報が不可欠となる。その歴史的な変遷など、動的な情報をも得る必要がある。

環境の統治に向けては、まずは状況の正しい認識とそれへの評価が必要となる。認識のためには、状況を表現する指標があると有効である。定量的に表現され、その定量化の方法が明確で、各地域で適用可能であれば、相互の比較も可能となる（環境指標 *p528*）。また、状況の認識とともに、それを評価する枠組も必要である。逆に、評価する枠組のもとで、認識すべき状況、指標が設定される側面もある。環境問題が、経済成長など人間の活動の拡大によって自然を改変し、それが許容できない範囲にまでになったという認識から、許容できる範囲があるはずで、それを認識・表現しようという試みもさまざまな形で進められている（環境容量 *p530*, 環境認証制度 *p546*）。

順応的管理と総合的管理

また、人間活動がもたらす環境への影響についての認識や診断を、活動の内容や程度の判断に用いることも行われるようになっている（環境アセスメント *p526*）。さらに、こうした判断や活動を担う人びとの環境への認識や知識を高めようとする教育活動も盛んになってきている（環境教育 *p548*）。

地域における資源を含む環境の総合的な管理は、従来のような、特定の物資だけを対象にして、その開発や配分を制御することから、関係する要因の把握や、管理の結果の監視やフィードバックをも含めて行う必要が生じる。この考え方の移行や、具体的な組織や方法を含めてのシステムの整備は容易ではないが、近年はさまざまな改善が見られるようになっている。特徴的なものをあげると、順応的や総合的といわれる管理の考え方である。順応的管理は、実際に生じている現象や問題のすべてを正確には認知できず、また完全に予測することは困難であるという認識に立って、状況や行為の結果をよく観察・評価しながら、行動を進め、修正させていくという考え方である。一度立てた計画は、変化する状況や結果にかかわらず遂行することで生じた問題への反省から、近年広く採用される傾向にある（順応的管理 *p532*）。また、総合的管理、あるいは統合的管理とは、さまざまな関係要素を勘案し、また対象とする領域も影響範囲を最大限に取り込む管理である。関係する要素が飛躍的に増え、また関係する利害関係者（ステークホルダー）も増えて、合意形成には手間も時間も増加するのが普通であるが、この方向も近年拡大している（統合的流域管理 *p534*）。

いずれにせよ、世界各地でさまざまな環境問題に対して、それぞれの対応がなされている。そこで基本となるのは、そのシステムが持続可能かということであり、そのために地域の物質の循環、多様性の維持、資源の管理は妥当かという判断である。また、それに基づくそこに住む人やそのコミュニティレベルでの具体的な行動の修正や、地域や国の組織や制度の変更である（農牧複合の持続性 *p540*、集落の限界化 *p544*, 環境 NGO・NPO *p550*, レジリアンス *p556*）。この地域や国のレベルにおける組織や制度の変更も、近年は徐々に進んでいる。国際的にも国連を中心にして、さまざまな会議が開催され、その成果に沿って多くの条約が締結されてきている他、複数の国にまたがる規模の問題への取組みもある（国連環境機関・会議 *p552*, 国際河川流域管理 *p536*）。

5. 地球環境の未来に向けてのエコソフィー

統合の知

地球地域学は、はじめにも述べたように、その問いの答えは具体的に地域のあり方やその改善に反映されるべきである。また、同様に地球規模での環境の改善の取組みにもつながるべきである。その意味で、環境問題の解決に向けてのガバナンス（協治）論と言えるとしたが、それは、まず問題や状況についての的確な認識と判断を、人間と自然との相互作用環についての知として備えることを必要とする。さらに、それを踏まえて地域と地球の問題を解決して、未来に確実につなげる統治の知

RIHN 1st INTERNATIONAL SYMPOSIUM
Water and Better Human Life in the Future

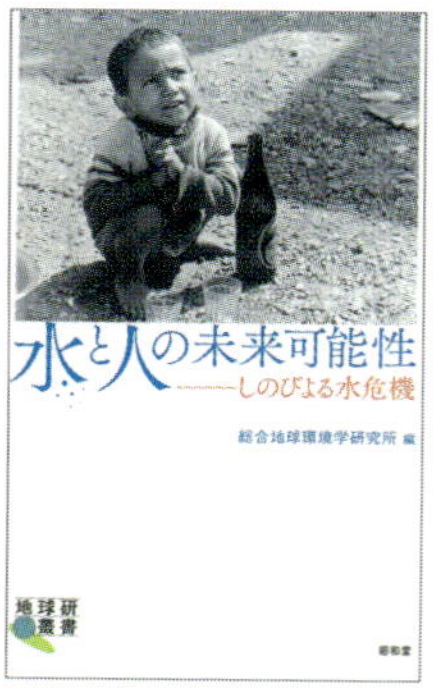
水と人の未来可能性
しのびよる水危機
総合地球環境学研究所 編
地球研叢書

写真 5　総合地球環境学研究所、第 1 回国際シンポジウム公開講演会「水と未来可能性」（2006 年）（左）と地球研叢書『水と人の未来可能性』（2009 年刊）（右）

の体系となることが求められるのである。

その基本として、われわれの環境に関する認識とその他の事物に対する認識との関係、環境の認識と環境への行為との関係など、環境そのものについての認識を改めるところからスタートさせることになろう（環境意識 *p554*）。また、すべての人間が時代を越えてよりよく生きるということ（well-being）とその条件としての環境を保全することの意味や、それを社会的に支える仕組みとしての福祉などとの関係も根源的な問題として位置づけられる（環境と福祉 *p560*）。

人間は環境の中で生きるということ、あるいは人間は周辺の条件（環境）との関係なくしてはそのあり方を考えることはできないことを踏まえると、個々の人間や集団・社会のあり方を考えることは、環境を考えることになる。こうしたことから、人間の思考、思想、信条、信仰などの、人間の精神的な活動が、環境と、とくに近年では地球環境とどのようなかかわりを持ち、その観点からどのような活動が注視され、求められるかが課題となってきている（環境と宗教 *p562*, 環境思想 *p564*, 環境倫理 *p576*, 権利概念の拡大 *p566*, 東と西の環境論 *p568*, 日本の共生概念 *p570*）。

将来の社会を、地域や地球の未来を考える場合、そもそもわれわれは地域や地球と環境とのかかわりをどのように認識してきたかに関心を持たざるをえない。地域ごとに、あるいは季節や年など時間によって変化する自然が、人間の自然への働きかけをどう規定し、また人間の働きかけを支え、継続する社会にどのような影響を及ぼしてきたのか、また反対に人間や社会がどのように自然を改変してきたのかを、いかに理解しようとしてきたかである。これは環境形成のメカニズムそのものをどのように理解するかということであり、その検証として、あるいは結果として、人類や地域の歴史をどのように体系としてみることができるのかということになる（風土 *p572*, 生態史観 *p574*, 風水からみた京都 *p578*）。

未来可能性とエコソフィー

地球地域学としての思考や知見を、人類の未来にとって不可欠な知のレベルにまでに引き上げるためには、以上みてきたように、意識・理念や思想を、伝統・歴史や文化を踏まえて統合することが必要であり、望ましい生活・社会への筋道を確実に提示することが求められる。しかし、残念ながらこの「望ましい生活・社会」の絶対的な条件は一義的には定まらず、現在はその基本的な要件の整理が進められているのが実態である。モノやエネルギーが過不足なく、またよどみなく流れる循環型社会とか、自然との適切な関係を維持する共生型社会、人間と自然のシステムを含め、人間の個人や社会が、相互に扶助しながらバランスをとる調和型社会などはその例である。その基本的な条件を吟味するポイントして「持続可能性」（sustainability、サステナビリティ）がある。国際連合の「環境と開発に関する世界委員会」が1987年の最終報告書『Our Common Future（地球の未来を守るために）』で、中心的な理念として用い、そこでは「将来世代のニーズを損なうことなく現在の世代のニーズを満たすこと」を持続可能な開発の条件として掲げた。その後、世界で望ましい社会や開発の要件としてあげられることが多い（持続可能性 *p580*）。

KYOTO INTERNATIONAL CONFERENCE CENTER
写真6 「KYOTO 地球環境の殿堂」第1回殿堂入り表彰式で受賞講演するワンガリ・マータイさん。マータイさんは環境分野初のノーベル平和賞受賞者でMOTTAINAIキャンペーン名誉会長でもある（2010年）

地球地域学を、地球環境学におけるエコソフィーとして位置づける地球研では、総説で詳述されているように、持続可能性ではなく「未来可能性」（futurability：フューチャラビリティ）を、追求すべきものとして、また学術的にも内容を追究すべきものとして設定している（未来可能性 *p582*, エコソフィーの再構築 *p584*）。

〈文献〉高谷好一 2001. 中山幹康・グランツ、M. 1996. 米本昌平 1994.

黄砂

北東アジアの大気・水資源・海洋を左右するもの

黄砂の定義

北東アジアの乾燥地域から巻き上げられる砂塵は、偏西風で運ばれ、ときには太平洋を越えてアメリカ大陸に達する。日本では、この種の砂塵や砂塵の雲を黄砂と呼んでいる。日本の気象庁では「黄砂現象とは、東アジアの砂漠域（ゴビ砂漠、タクラマカン砂漠など）や黄土地帯から強風により大気中に舞い上がった黄砂粒子が浮遊しつつ降下する現象」としており、その判定は目視観測と視程によっている（視程 10km 以下が黄砂）。このために、黄砂雲が上空にのみ存在する場合や、砂塵濃度が高いのに発生源付近で強風域が認められない場合などでは、黄砂と報告されない場合もある。

地球環境への関心が高くなった現在では、気象業務上の基準にとらわれずに柔軟に判断する必要もある。環境科学では、小規模の風（極地循環）で生じた砂塵雲や、上空を通過してゆくだけで地表面付近では検知されないものなどは、バックグランド黄砂と呼ばれる（図 1）。バックグランド黄砂が年間に運ぶ砂塵の量は、巨大な黄砂現象に匹敵する。

サハラ砂漠の砂塵は貿易風によって大西洋に流れ出す。風下側に巨大な産業地帯がないために、東アジアのような顕著な砂塵と大気汚染物質の反応などは見られない。

日本で見られる黄砂粒子は直径数 μm（マイクロメートル：1 cm の 1 万分の 1）が代表的であり、その 1/10 から 10 倍程度の幅に広がっている。黄砂の粒子は 1 種類の鉱物からなる場合もあれば何種類もの鉱物が混在している場合もある。形は不規則だが、粒子サイズは球形と仮定されている。

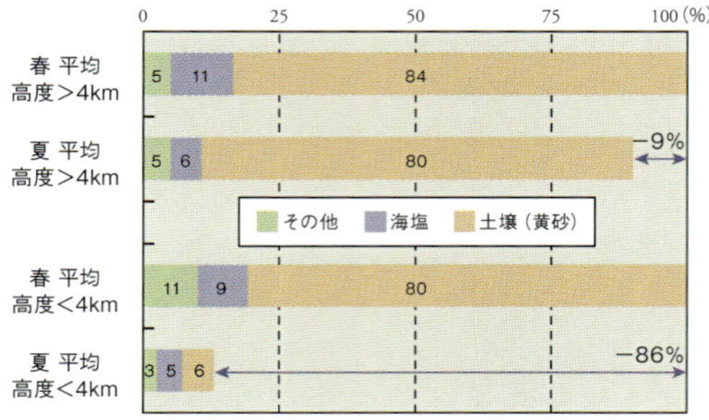

0
25
50
75
100 (%)
春 平均 高度>4km
5
11
84
夏 平均 高度>4km
5
6
80
−9%
その他
海塩
土壌（黄砂）
春 平均 高度<4km
11
9
80
夏 平均 高度<4km
3
5
6
−86%

直径 1μm 以上の粒子のタイプ
上の２つは、４km以上の高度で春と夏を比べたもの
下の２つは、４km以下の高度で春と夏を比べたもの

図 1　日本上空の粒子の構成割合（飛行機観測による）［Matsuki *et al.* 2003］

浮かんでいる黄砂粒子の表面反応

大気中に浮遊していて、氷の微結晶（氷晶）ができる際の種になる物質を氷晶核と呼んでいる。雲形成は氷晶ができることから始まる。純水から氷晶を作ろうとすると、− 20℃以下に冷やす必要がある。しかし、黄砂粒子を種にすると氷晶形成能力が高い鉱物が混じっているため、これより 2〜3℃高い温度で氷晶が生まれる。日本の豊かな水と黄砂は無関係でない。

水蒸気以外にも、SO_x（硫黄酸化物）や NO_x（窒素酸化物）などが黄砂表面に付着（研究者によって沈着、吸収と呼ぶ）する。中国沿岸部など、人間活動が急速に拡大している地域からはこれらのガスが大量に放出されている。中国の北西部の乾燥地帯で巻き上がった黄砂が偏西風で沿岸部近くに運ばれると、これらのガスと混じり合って粒子表面で反応する。反応で生成した物質は表面に残り汚れた黄砂粒子となる。「汚染物質の運び屋としての黄砂」は、関係諸国にとって協調的な環境ガバナンスを作る際の大きな問題となっている。

大気中を広く浮遊する黄砂

黄砂が数百 km から数千 km を移動する長距離輸送については、1980 年代後半からコンピュータの発展に伴い研究が進んだ。今では、化学輸送モデルと呼ばれるさまざまな数値モデルが使われ、人工衛星による観測と合わせて研究が進められている。黄砂の大気中での拡散状況を知ることは、黄砂の表面での化学反応や黄砂の放射影響などを理解する上できわめて重要である（図 2）。

黄砂は太陽放射をわずかに吸収する。このために、白い雲や雪面の上に黄砂が拡散すると、結果として地球を暖めることになる。雲や雪面は、黄砂で覆われると太陽放射を反射する力が大きく低下するからである。一方、海の上を黄砂が拡散すると、地球を冷やすことになる。人工衛星「ひまわり」の雲画像をみると、雲は白いが海は真黒である。この黒い（すなわち太陽放射をほとんど吸収する）海が黄砂で覆われると、太陽放射が黄砂のために一部反射されることになるので、

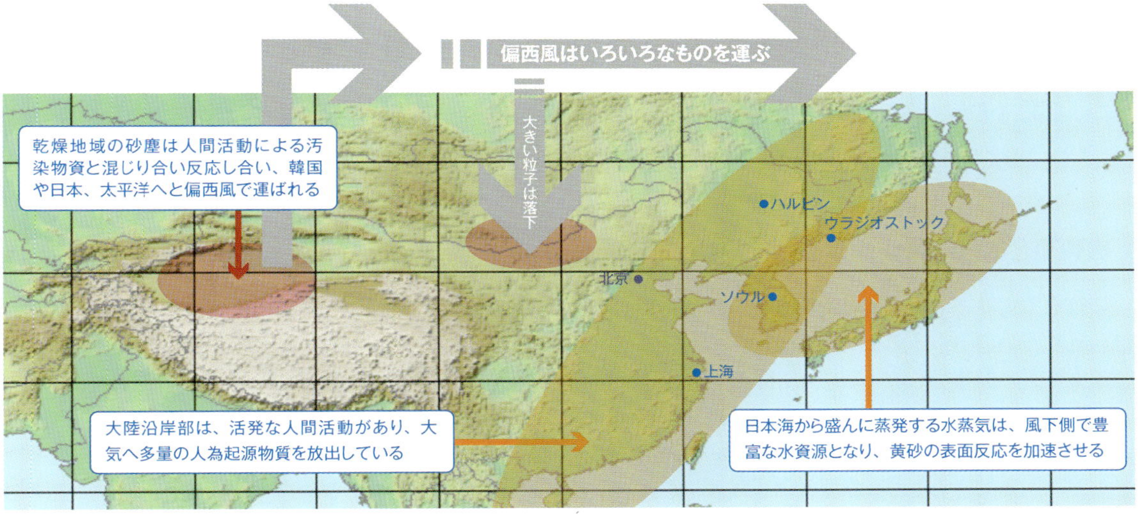

偏西風はいろいろなものを運ぶ
大きい粒子は落下
乾燥地域の砂塵は人間活動による汚染物資と混じり合い反応し合い、韓国や日本、太平洋へと偏西風で運ばれる
ハルビン
ウラジオストック
北京
ソウル
上海
大陸沿岸部は、活発な人間活動があり、大気へ多量の人為起源物質を放出している
日本海から盛んに蒸発する水蒸気は、風下側で豊富な水資源となり、黄砂の表面反応を加速させる

図 2　黄砂の長距離輸送

海が太陽放射を吸収していた効果を減ずるからである。同じ画像で黄砂は雲や雪面ほど白くなく海ほど黒くないために、黄砂が地球を暖めているのか冷やしているのかを評価するには、黄砂雲の下にある地表面の状態を考慮する必要があるが、全体として、地球の冷却に寄与していると思われる。この他に、雲の生成や硫酸ミスト生成が関係して放射収支に影響する効果、後述するように海の微生物生態系に与える影響（= CO_2 濃度の変動に関与する効果）など、広域拡散する黄砂の影響は多様である。

洋上へ流れ出す黄砂

黄砂は微生物とさまざまな関係を持っている。黄砂が海洋微生物の栄養塩となる可能性については、以前から指摘されていた。その後、海洋の栄養塩（海水に溶けた窒素、リン、珪素（けいそ）の化合物やカリウム、鉄などの金属）の分布状態が調査され、広い海域で「栄養塩のうち鉄のみが不足している」場所がみつかっている。そこは鉄の供給があれば微生物が生育できる環境に変わりうる。北中部太平洋にはそのような海域が広がっており、そこは黄砂の落下が鉄の重要な供給源ではと考えられている。海は大気中の CO_2（二酸化炭素）の大きな吸収源である。溶け込んだ炭素は、海の微生物の体を作るために取込まれ、微生物が死ぬと死骸は海底に沈殿し $CaCO_3$（炭酸カルシウム）の層を作る。このように、黄砂が太平洋に落下する現象は、微生物の生育を活発にし（大気中の CO_2 濃度を含めて）地球上の炭素循環にも影響している。

黄砂被害と黄砂対策

黄砂の被害の様相は、黄砂の発生源地からの距離で大きく変わる。中国では、農業や公共施設（道路、建造物、送電線など）への被害が大きな問題であり、時には人命にかかわる問題も生じている。韓国では交通機関や人の健康への直接的な被害が問題となることが多い。日本列島は、日本海を挟んでさらに風下側にあり、直接的な被害に見舞われることは少ないが、これらの国との経済的繋がりは強く、その影響はわが国に容易に広がる。国際的な協力体制による黄砂対策が必須なのである。

中国では、北京などの大都市に直接的な被害が及ぶことが大きいゴビ砂漠の拡大、モンゴル平原の砂漠化を抑えるため、緑化対策、放牧禁止地域の設定、農耕地の転換などが進められている。しかし、モンゴル地域の顕著な砂漠化は、20 世紀初頭からの漢族の入植と農地拡大が遠因とされる。人口増加・食料不足を解決するための長年の政策の見直しと新たな社会基盤作りが求められる。地下水も含めた総合的な水管理、自然条件に適した土地利用など、気候・気象に関する科学的知見に基づいた対応が求められる。

現在、黄砂の問題は国際的環境問題であるとされ、日本、韓国、中国およびモンゴルの環境大臣の会合が定期的に開かれ、国際的枠組の中で対応が試みられている。

【岩坂泰信】

⇒C エアロゾルと温室効果ガス *p28*　C 雲と人間活動 *p30*　C 炭素循環 *p46*　C 大気汚染と呼吸器疾患 *p62*　C 土壌塩性化と砂漠化 *p66*　R 鳥インフルエンザと新型インフルエンザ *p286*　E 砂漠化の進行 *p480*

〈文献〉Matsuki, A., *et al.* 2003.　Maki,T., *et al.* 2008.　Iwasaka, Y., *et al.* 2009.

酸性雨

工業化と広域越境大気汚染

酸性雨と広域越境大気汚染

清浄な大気の下でも雨水には大気中の二酸化炭素が溶け込むため、pH は 5.6 程度の酸性を示す。大気中の汚染物質の影響で、これよりも pH が低くなった雨のことを一般には酸性雨と呼んでいる。とくに pH が低くなった雨は、広い範囲にわたる森林や湖沼・河川などの生態系に大きな影響を及ぼすため、酸性雨現象は地球の温暖化や成層圏オゾン層の減少とともに地球規模の環境問題として大きく取り上げられている。世界的に見れば、これまで北米や欧州において激しい汚染が見られ、深刻な環境問題を招いてきた。北欧では、酸性雨による酸性化で湖沼に棲む魚介類が死滅し、生態系の回復は現在でも十分ではない。また東欧では森林の被害が深刻となり、はなはだしい枯損の見られる地帯は黒い三角地帯などと呼ばれた。北米でもカナダや米国の湖沼や山岳地帯で同様の被害が報告されてきた。東アジア地域もまた、この問題が深刻な地域の 1 つである。

酸性雨現象で一番問題なのは、人間が工場や自動車などの排ガスとして SO_2（二酸化硫黄）や NOx（窒素酸化物）などの、酸性物質のもととなる物質（二酸化硫黄は大気中で酸化されて硫酸に、窒素酸化物は硝酸になる）を空気中に大量に放出することにより、空気中に酸やその原料が多量に含まれるようになったことである。雨が酸性になるのは空気中に含まれている酸性物質が溶け込むからで、多量の酸性物質を含む大気汚染現象の、1 つの現れにすぎないのである。このような観点から、現在では酸性雨は広域越境大気汚染として捉えられることが多い。よりクリーンなエネルギーへの転換や脱硫・脱硝などの技術の普及などにより、各国内における深刻な酸性雨問題を克服してきたといえる欧米地域においても、現在、大陸間を輸送されるような広域の大気汚染は大きな環境問題の 1 つと考えられているのである。

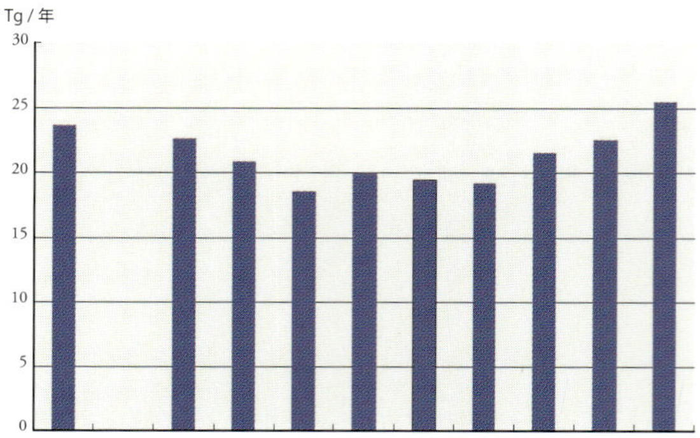
Tg / 年
30
25
20
15
10
5
0
1995
1996
1997
1998
1999
2000
2001
2002
2003
2004
2005

図 1　中国における SO_2 の年間放出量の推移。1990 年代後半、中国の SO_2 の放出量は減少傾向を示し、2000 年以降は増加している（1996 年のデータについては不明）［中国環境白書 2000 年～2007 年のデータから作成］

酸性物質の生成

酸性雨の原因となる酸性物質を生成する大気中の反応には、光化学スモッグの発生メカニズムと同様の反応が関与している。大気中でおこる光化学反応の中では OH ラジカルという反応性の高い化学種が重要な役割を果たしている。SO_2 や NOx は OH と反応するので、OH ラジカルが SO_2 や NOx を除去していると考えられる。しかし、その結果、硫酸や硝酸が生成し、酸やその塩はエアロゾルと呼ばれる微小な粒子を形成する。それらが雨に溶けて降るのが酸性雨である。

東アジアにおける酸性雨原因物質の放出

現在、東アジア地域は大気環境の面で、世界で最も注目を浴びている地域である。中でも中国は巨大な人口を抱え、急速に工業化を進めているため、最も重要な大気汚染物質発生源として注目されてきた。1990 年代後半に減少した SO_2 の放出量も 21 世紀に入って再び上昇に転じている（図 1）。また、黄砂が太平洋を越えて北米まで輸送されることは今や周知の事実であるが、人為起源の大気汚染物質がやはり太平洋を越えて北米に影響を及ぼしていることが指摘されている。中国は今後世界最大の硫黄酸化物放出国になると予想されているが、これによって生成する硫酸塩エアロゾルの地球温暖化への影響は、IPCC（気候変動に関する政府間パネル）のレポートでもまだ不確定要素の大きなものとして指摘され、今後さらなる解析を進める必要がある。

東アジア地域からの越境大気汚染の影響に関しては、これまで酸性雨の観点から捉えられることが多く、降水の酸性化が重要な因子として解析されてきた。エアロゾル中に含まれる硫酸、硝酸とその塩は水溶性であるから、最終的には降水に溶けて地上に落ちるので、長距離越境大気汚染の観点から降水の化学成分を議論することはそれなりに意味のあることである。しかし、最近ではエアロゾルの化学成分を短い間隔で分析できる装置が普及しつつあり、同時に測定されるガス状成分と遜色のない解析が可能になりつつあるので、今後エアロゾル化学成分を対象として長距離越境大気汚染が議論されるようになるものと思われる。

わが国でも酸性雨が原因ではないかと疑われる森林被害もいくつか見られるが、まだそうであると断定されたところはない。しかし、偏西風や冬季の北西季節風の風上にある中国で大量に放出されている SO_2 や NOx などがわが国に飛来する酸性物質のソースであろうと推定することは誰にも納得のいくところであろう。

ただし、実際に中国でエアロゾルのイオン成分の濃度を測定すると、西部の内陸部では酸性成分の硫酸イオンが塩基性成分のアンモニウムイオンより多いが、中部ではほぼ等濃度となり、東シナ海沿岸の舟山列島ではむしろアンモニウムイオンの濃度が高くなっている。これは、中国の華中地域と呼ばれる東部地域が、SO_2 だけではなくアンモニアの大発生源となっているからである。

これらのアンモニアの発生源は、農地に撒かれる窒素肥料の土壌中での脱窒反応と、家畜など動物の屎尿(しにょう)からの発生である。中国本土上空で生成した酸性物質はアンモニアによって素早く中和されているものと考えられる。ただし、中和されているからよいというわけではなく、土壌に吸収されたアンモニウム塩は微生物活動によって硝酸に変化し、土壌や地表水にとっては酸性化の要因となるので、注意が必要である。

長距離輸送間のエアロゾルの酸性化と酸性雨

中国では中和されていたエアロゾルも、長距離を輸送されると、その間に酸性度を増し、風下にあたる地域に酸性雨の問題をもたらすことになる。航空機を用いた東シナ海など北西太平洋上での観測からは、北東アジアからの気流が通過する海洋上空では、エアロゾル中に酸性成分として硫酸塩が卓越していることが報告されている。とくに、黄砂が飛来しているときには、硫酸塩は大きく過剰となり、黄砂が酸性物質を吸着しながら輸送されていることがわかる。

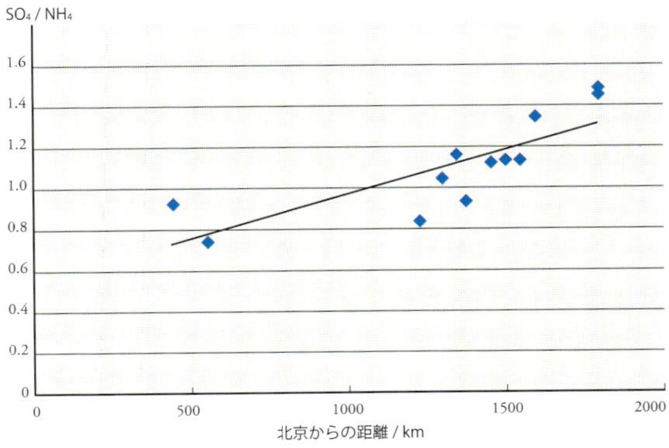

SO4 / NH4
1.6
1.4
1.2
1.0
0.8
0.6
0.4
0.2
0
0
500
1000
1500
2000
北京からの距離 / km

図 2　北京からの距離と硫酸塩 / アンモニウム比の関係

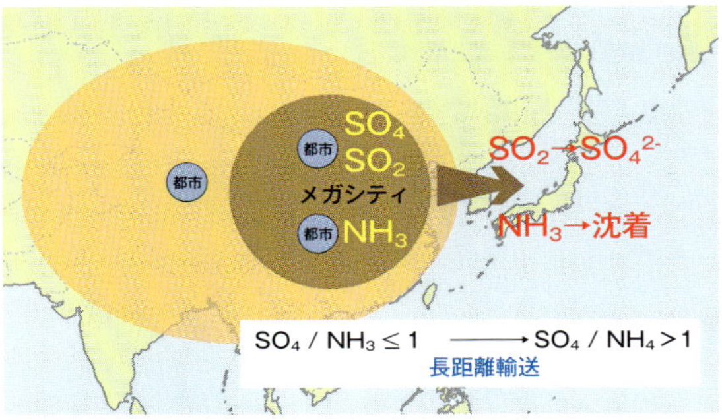

都市
都市
都市
SO4
SO2
メガシティ
NH3
SO2→SO4 2-
NH3→沈着
SO4 / NH3 ≦ 1 → SO4 / NH4 > 1
長距離輸送

図 3　長距離輸送の間におこる SO_2 と NH_3 の化学変化と沈着

図 2 は中国大連および青島で 2002 年 3 月に測定されたエアロゾル中の SO_4/NH_4 当量比（左側の 2 点）と、1990 年代後半に日本の各地で測られたエアロゾル中の SO_4/NH_4 当量比を地図上での北京からの距離に対してプロットしたものである。距離とともに比が増大し、硫酸塩の割合がアンモニウム塩に対して大きくなって、長距離輸送とともに酸性化が進行していることを示している。長距離輸送の間にガス状汚染物質の SO_2 は徐々に酸化されて硫酸に変化するのに対して、これを中和すべきアンモニアは供給されないため、長時間輸送されるほど酸性度が高くなり、風下域で酸性雨の現象が現れることになる（図 3）。

このように酸性雨は大気汚染物質の長距離輸送とリンクした現象であり、その解明と対策には通常の大気汚染に対するのと同様の取組みを、国際協力の下で進める必要がある。欧米ではそのような取組みがすでに進められているが、アジア地域では EANET（東アジア酸性雨モニタリングネットワーク）と呼ばれる東アジア 13 カ国による酸性雨現象のモニタリングが開始されたものの、共通の対策実現にはまだ時間がかかるものと考えられる。今後さらに各国が協力して、大気汚染物質の放出量を削減する努力を続けていく必要がある。

【畠山史郎】

⇒C エアロゾルと温室効果ガス *p28*　C 雲と人間活動 *p30*　C 窒素循環 *p44*　C 大気汚染と呼吸器疾患 *p62*　C 大気汚染物質の排出インベントリー *p100*　R 鳥インフルエンザと新型インフルエンザ *p286*　E 黄砂 *p474*　E 成層圏オゾン破壊問題 *p504*

〈文献〉中国環境保護総局 2000-2007.　UNECE 2007.　Streets, D., *et al.* 2003.　Jordan, C.E., *et al.* 2003.　畠山史郎ほか 2006.

海洋汚染

越境する汚染物質と海洋環境

海洋汚染の定義

国連によれば、海洋汚染とは「人間による直接あるいは間接的な海洋資源に対する危害、人間の健康に対する危険、漁業などの海洋活動に対する障害、海水の品質低下、海洋レジャーの縮小といった有害な結果をもたらす物質あるいはエネルギーの海洋環境への導入」である。

物質が引きおこす環境問題には「ある点から排出された物質が、排出点近傍の環境変化を引きおこす場合」と「ある点から排出された物質が、地球全体の環境変化を引き起こす場合」がある。

前者の問題を解決するためには、地域の人びとが解決に向けて努力すればよい。一方、後者の場合、地域の人びとの努力だけでは不十分で、全世界の人びとの努力が不可欠である。

海洋汚染問題は後述するように、地域環境問題と地球環境問題の両方の性質を持っている。すなわち、身近な沿岸海域の海洋汚染問題と、遠い外洋の海洋汚染問題は異なった性格を持っている。

海洋汚染物質・エネルギー

海洋汚染を引きおこす物質・エネルギーには表1に示したようなさまざまなものがある。

陸上では無機物として使用され、海洋に投棄された水銀は海中では有機化してメチル水銀となり、魚体中に残留し、食物連鎖を通じ、やがて人間の身体内に入って水俣病にみられるような深刻な機能障害を引き起こす。また、カドミウムはイタイイタイ病を引き起こす。この時、食物連鎖が進むにつれ、身体内の物質濃度が上がる生体濃縮が重要な役割を果たす。

自然界では分解されないビニールやプラスチックは間違って食べる魚を窒息死させたり、藻場を覆って海藻を枯死させたりして、海洋生態系に被害を与える。

無機物	水銀・カドミウム・ビニール・プラスチック・漁網・土砂
有機物	油・栄養塩・ヘドロ
人工有機化合物	PCB・DDT・BHC・TBT・ダイオキシン
人工放射性物質	セシウム・トリチウム・プルトニウム
熱	温排水

表1　海洋汚染を引きおこす物質・エネルギー［柳 2001］

油は海水中で一部は蒸発し、分解したりするが、エマルジョン粒子として海底に堆積したり、オイルボールとして遠方まで輸送され、海岸に流れ着いて海鳥に被害を与えたりする。

窒素・リンといった栄養塩が多量に沿岸海域に流入すると、富栄養化して、赤潮が発生し、魚介類を斃死させる。赤潮が終息し、枯死した植物プランクトンは底層に沈降し、酸素を消費して貧酸素水塊・無酸素水塊を生成し、*ベントスなどを死滅させる。貧酸素水塊・無酸素水塊が吹送流により表層に湧昇すると青潮になり、浅海部の小魚や貝類を斃死させる。

PCB（絶縁油、溶剤）、DDT（有機塩素系殺虫剤）、BHC（有機塩素系殺虫剤）などの人工有機化合物は自然界では分解されないので、海洋生物の体内に蓄積し、食物連鎖を通じ人間の身体内に入って、カネミ油症のような機能障害を引き起こす。

原発事故などによる人工放射性物質は人体内に腫瘍を発生させたり、遺伝子情報に損傷を与えたりして、さまざまな疾病の原因となる。

発電所からの温排水による熱エネルギーは発電所近傍の海洋生態系を変化させる。

海洋汚染経路

人間の諸活動の結果発生した汚染物質は図1に示したようなさまざまな経路を経て海洋に入り、海洋環境や人間生活に影響を及ぼす。

屎尿、有機物、海ゴミなどは主に河川を通じて海に入る。コンビナートからの流出重油のように陸岸から

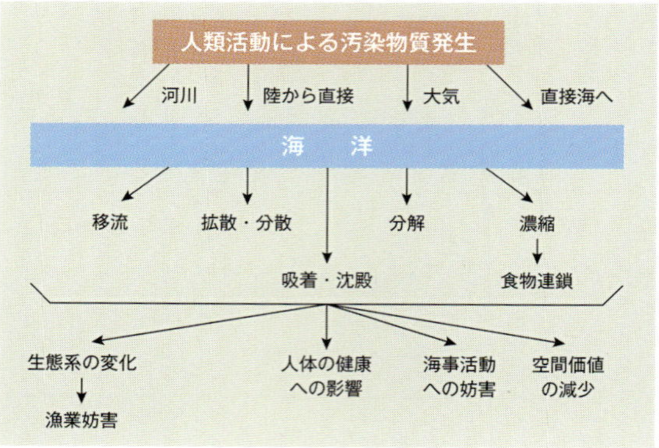
人類活動による汚染物質発生
河川
陸から直接
大気
直接海へ
海　洋
移流
拡散・分散
分解
濃縮
食物連鎖
吸着・沈殿
生態系の変化
漁業妨害
人体の健康への影響
海事活動への妨害
空間価値の減少

図1　海洋汚染の経路［柳 2001］

直接海に入る汚染物質もある。さらにチェルノブイリ原発からの人工放射性物質のように大気を経由して海に入る汚染物質もある。また、タンカーからの廃油のように、海上から直接海に入る汚染物質もある。

このようにして海に入った汚染物質は物理的な移流・拡散過程により海水中に広がっていく。

写真 1　長崎県福江島西海岸に漂着した「海ゴミ」。台湾、中国、韓国からのものが多く含まれる［磯辺篤彦提供］

たとえば、日本で棄てられ、太平洋に流れ出た海面浮遊ゴミは、図 2 に示すように黒潮・黒潮続流によって東方に輸送され、ハワイ北部の高気圧による表層エクマン収束流によって、ハワイ北方海面に収束する。海ゴミは日本の近海を汚染するばかりでなく、ハワイ近海という、はるか遠方の海域にも悪影響を与える。

有機物のような非保存物質は、このような移流・拡散過程の間に、バクテリアにより分解されて無機物となり、植物プランクトンに取り込まれ、海水とは別の運動をしたり、食物連鎖を通じ、より高位の魚に取り込まれたりする。

さまざまな化学物質の中には海水中の*デトリタスに吸着して、すみやかに沈降し、海底に堆積するものもある。

こうして、汚染物質は海洋中を広がる間に、ある個体を死滅させたり、ある生物種を絶滅させたりして、海洋生態系に重大な影響を与える。海洋生態系の変化は漁業や人体の健康への影響により、人間に対しても大きな影響を与える可能性がある。

このような海洋生態系への影響のほか、たとえば、

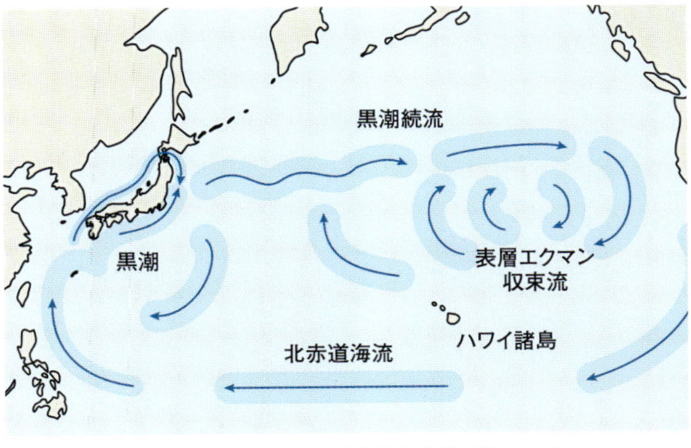

黒潮続流
黒潮
表層エクマン
収束流
ハワイ諸島
北赤道海流

図 2　北太平洋の海面浮遊ゴミの平均的な流跡［柳 2001］

港内の多くの海面浮遊ゴミが船舶の航行を妨げるなど、海洋汚染は海事活動にも多大な影響を与える。また、土砂の濁りによる海水の透明度の減少は、海水浴場の価値を下げ、海洋の空間価値を減少させる。

海洋汚染防止

自然の許容量を超える人間活動は、海洋汚染の例を見るまでもなく、人間に対する自然の価値そのものを著しく低下させ、ひいては人間の生存そのものを危うくする可能性を持っている。

海洋汚染問題は最初に述べたように、地域環境問題と地球環境問題の特性を併せ持っている。

東京湾や瀬戸内海のような内湾の海洋汚染を防止するためには、水質汚濁防止法や瀬戸内海環境保全特別措置法のような法体系を整備することが、効果的である。

一方、中国、韓国から放出された「海ゴミ」が九州西海岸を汚したり（写真 1）、日本から放出された海ゴミがハワイ北方海域を汚染するような、地球規模の海洋汚染問題に対しては、国際的な枠組が必要となる。

たとえば、黄海、東シナ海、日本海の海ゴミ問題に対しては、現在、UNEP（国連環境計画）の地域活動体である NOWPAP（北西太平洋地域海行動計画）の主導により、中国、韓国、日本の各地方自治体が参加しての海ゴミ汚染防止活動が組織されつつある。　　【柳　哲雄】

⇒C食物連鎖 *p52*　C富栄養化 *p60*　C生態系を蝕む化学汚染 *p64*　Cゴミ問題 *p88*　D沿岸域の生物多様性 *p144*　D海洋生物多様性の危機 *p170*

〈文献〉Kubota, M. 1994.　柳哲雄 2001.

砂漠化の進行

乾燥地域の複合的な環境問題

砂漠化の進行

地球の陸地の面積の47.2%、6100万km^{2}は、乾燥地であると言われる。乾燥の程度は、その場所の降水量と可能蒸発散量（仮にその場所に十分に水があった場合におこりうる蒸発散量）の比（乾燥指数）で表すことができる。乾燥地は、乾燥指数や降雨の特性に基づいて、表1のように分類されている。

1994年に採択された「砂漠化対処条約（UNCCD）」において、砂漠化とは「乾燥地域、半乾燥地域および乾燥半湿潤地域における気候変動や人為的な原因などによって土地が荒廃すること」と定義された。砂漠である（表1による）極乾燥地域では植物生産は少なく、人間活動は限られるため、「砂漠化」を考える対象からは除外される。一方、乾燥地域、半乾燥地域、乾燥半湿潤地域は、牧畜や農耕など、活発な人間活動が行われる。砂漠化はこれらの地域で起きている。そこでは、家畜の摂食、農耕といった土地や植生の利用、あるいは干ばつなどの攪乱が強くなると、まず植被率が減少し、次いで個体の密度が減少する。さらに利用や攪乱が進むと植被が失われ、荒廃地となる。植被が失われると、風や水による侵食が加速され、土壌が失われる。また、家畜や農業機械によって土の表面が堅くなる物理的な劣化が起きたり、灌漑によって土壌中の塩類が土の表面近くに集積するといった化学的な劣化も起きる。

UNEP（国連環境計画）では、こうした砂漠化の定義に従って、極乾燥地域を除く乾燥地域、半乾燥地域、乾燥半湿潤地域をあわせた5169万km^{2}について、その土壌の劣化の程度を4つに分けて示した。それによれば、何らかの土壌劣化が起きている面積は1035万km^{2}であり、対象地域の20%、全陸地の6.7%に相当する。農牧業生産の減少、食料の不足など、世界の人口の約6人に1人が砂漠化の脅威にさらされているという。

区分名	乾燥指数（降水量P/可能蒸発散量PET）	人間活動	年降水量	年降水量の変動と季節性	陸地に対する割合（%）
極乾燥地域	P/PET<0.05	砂漠であり、人間活動は限定されている	記載無し	100% 季節性無し。降水が無い年もある。	7.5
乾燥地域	0.05≦P/PET <0.20	放牧は可能。ただし、移動や地下水利用がないと、気候変動の影響を受けやすい。	約200mm以下	50～100%	12.1
半乾燥地域	0.20≦P/PET< 0.50	草原を利用した放牧や定住型の農業は持続的だが、季節や年々の水分不足の影響を受けやすい。	夏雨地域では約800mm以下、冬雨地域では約500mm以下	25～50%	17.7
乾燥半湿潤地域	0.5≦P/PET <0.65	農業が広く行われているが、季節的な降水量の配分、干ばつ、人間の利用などの影響を受けやすい。	記載無し	25%以下 明確な季節性降雨がある。	9.9

表1　乾燥地の定義［UNEP 1997］

砂漠化の原因

砂漠化は、生態的に脆弱な植生や土壌といった自然条件に、干ばつや温暖化といった気候変動などの自然の変動に起因するもの、さらには人間活動に起因する地域の人口の増加、土地利用の集中といったものが絡み合っておこる複雑な現象である。

砂漠化は原因だけでなく、その現象も多様であり、地域差も大きい。解決にはそうした多様性の理解が不可欠である。ここでは、砂漠化の原因、プロセスの実態として、過耕作、過放牧、塩類集積、森林破壊を取りあげる。

なお、過耕作、過放牧といった概念は、その地域に「適正な状態」、すなわち一定の環境収容力があるという考えが前提となっていることに注意しておきたい。放牧であれば、その地域の植物の生産力と動物による消費とが相互作用によって生物学的に平衡となるという考え方である。しかし、乾燥地は降水量が少ないだけでなく、変動が大きいことが特徴であり、一定の環境収容力があるとする考えは必ずしも成り立たない。

過耕作

20世紀の半ば以降、開発途上国を中心に世界の人口は急激に増加した。これに伴って耕作地は拡大し、家畜頭数は増加した。乾燥地で降水に依存する農業を行う地域では、生産量を増やそうとすると面積を増やす必要がある。一般に牧草地として利用するよりも耕作地で利用した方が土地生産力は高くなるため、牧草地の耕地化、あるいはそれまで農地として利用されていなかった草原も耕地化された。しかし、降水に依存する場所での耕作は、干ばつが続くと、生産力が維持できず、放棄される。乾燥地でいったん耕作された土地に作付けを行わないと、風や水による侵食を受けやすく、元の草地にも戻らずに砂漠化がおきる。生産力増大のための休閑や、無理な連作も砂漠化の原因となる。

過放牧

過放牧とは、ある一定の面積の中で養い得る家畜数が、その草原の生産力、あるいは環境収容力を超えている状態をさす。過放牧の状態が続くと、植生の劣化がおき、やがて砂漠化に至る。しかし草原の生産力、環境収容力は降水量によって変動し、一定の頭数が定まるわけではない。また、伝統的な遊牧では、季節によって放牧地を移動することで草原に過剰な負荷がかかることを防ぐ戦略をとっていた。こうした戦略的な移動が定住化などの政策によって妨げられ、その結果過放牧の状態が生じ、それに干ばつなどが加わると砂漠化が進行する。

中国では1980年以降行われた土地の使用権、管理権の分配によって、遊牧民の定住化、牧地の個人への分配が進行した。その中で過放牧による砂漠化が発生した。さらに移動を妨げられ、干ばつなどの被害に悩まされた牧民は、飼料を求めて牧地を開墾した。こうした耕作地が、降水量の変動などがきっかけとなって荒廃し、砂漠化する。中国内モンゴル自治区で現在までに砂漠化したとされる土地の多くも、こうした飼料採取を目的に牧地を開墾したものともいわれている。

塩類集積

乾燥・半乾燥地域では、夏には大変気温が高くなり、空気が乾燥しているので、活発な蒸発が生じる。このため灌漑によって供給された水は、地下の深いところから地表面へと吸い上げられる。その際、地中にある物質が水に溶け込んで地表面近くに移動する。水は最終的には蒸発し、地表面近くには水が地中から運んできた物質だけが残され、集積してゆく。これが塩類集積と言われる現象で、それが続くと、塩分濃度の上昇により普通の作物は育てることができなくなる。こうした耕作地は放棄され、砂漠化が進行する。古くはチグリス・ユーフラテス川沿いに栄えたメソポタミア文明の崩壊に対し、灌漑農地において生じた塩類集積が大きく関与したという指摘がある。また、近年枯渇したアラル海に注ぐアムダリア川、シルダリア川両流域の灌漑農地でも塩類集積による耕作放棄地が見られる。塩害を解消するために、多量の水をかけて塩を洗い流す必要も生じたが、これもアラル海に流入する水量を減らした原因のひとつともいわれている。

森林破壊

乾燥地で森林が減少するのは、必ずしも乾燥で枯れるためではない。現在でも、木材消費量の約半分が発展途上国の燃料用薪炭材として使用されることからわかるように、人口増加だけでなく、都市への人口集中や、遊牧民の定住などによっても、燃料用薪炭材の需要は増加する。その結果、つねに乾燥地の森林は強い利用圧にさらされており、再生と利用のバランスがいったん崩れはじめると、急速に劣化して砂漠化を招く大きな原因となる。

砂漠化防止に向けて

1960年代に砂漠化が顕在化して以来、砂漠化の定義も何度か変更されており、砂漠化の進行もデータとして十分に把握されているとはいえない。砂漠化対処条約では、砂漠化が社会的・経済的な要因に強く影響されている現状を踏まえ、住民や地域の参加の重要性を求め、一方で広く国際社会の支援を謳っている。それぞれの地域の歴史的な背景、社会的・経済的な要因、たとえば貧困などの解決を含めた、総合的、長期的な対策と観測、評価が必要である。【窪田順平】

写真1　耕作と湖水面低下により流動化した砂丘地帯（中国、青海省、青海湖、2003年）

⇒C干ばつと洪水 *p58*　C乾燥地の持続型農業 *p116*　Hイエローベルト *p378*　H遊牧と乾燥化 *p442*　H壁画の破壊・保存にみる地球環境問題 *p444*　E黄砂 *p474*　E砂漠化の進行 *p480*　E植林神話 *p486*

〈文献〉児玉香菜子 2005．佐藤洋一郎・渡邉紹裕 2009．縄田浩志 2009a．舟川晋也・小崎隆 1999．前川和也 1990．吉川賢ほか編 2004．UNEP 1997．

水資源の開発と配分

乾燥地の水需要への対応

乾燥地の特徴

世界の中緯度地帯には、地球を取り巻いてベルト状に中緯度高圧帯と呼ばれる地域が分布している。そこでは気圧が高く、降水量は少ない。好天の日が多いために、地上にある水の蒸発や草や木の葉から大気に放出される水分が蒸散する速度も比較的大きい。こうして、地球の中緯度地帯には乾燥・半乾燥地域が広く分布することになる。

乾燥地は植物の生産性がとても高い。雲が少なく雨もほとんど降らず、大気中の水蒸気も少ないために、強い日の光を浴びて植物が活発に光合成を行うことができるからである。しかし光合成には、光のほかに二酸化炭素と水とが不可欠である。二酸化炭素は乾燥地を含めて地球上どこの大気にも十分にある。乾燥地で恵まれていないのは水だけである。水さえあれば、豊かな農業生産が約束された地が乾燥地であると極言することもできるかもしれない。

乾燥地でも例外的に水の豊かな場所がある。周辺の高山地帯から流れてくる河川の近傍や地下からの湧水地帯である。そのような場所はオアシスと呼ばれ、豊かな太陽の光と二酸化炭素、それに水という３つの条件を兼ね備え、古くから多くの人が住みついて活発に農業生産活動を行ってきた。

乾燥地農業を支える灌漑システム

オアシスの生産を支えてきたのは、主として河川水や地下水を利用した灌漑システムである。

河の上流部から水路を引き、あるいは地下水をくみ上げて農地に供給するという灌漑手法が一般的である。乾燥地特有の、地下水や河川水を水源とする、地下水路による灌漑システムを発達させたところもある。

これら灌漑システムの構築は、人間が利用できる水の量を増加させ、その結果、乾燥地での農業生産量は飛躍的に増加したのである。生産量の増加によって新たな人口を養うことができるようになり、労働力も豊富になる。豊富な労働力を使えば、さらに新たに農地を拓くこともできる。

天然の河川の流量は、季節により、また年ごとにさまざまに変化する。そこで、必要な時に必要なだけの水を確保するために考え出されたのが人工のダムによる貯水池である。ダムの建設は地下水を利用する灌漑システムとあいまって、河川水が乏しくなる渇水期における水利用をも可能にした。

写真１　写真上方の山地を貫く地下水路によって補水されているダム湖（中国、甘粛省、2006 年）

かくして、土木技術の進歩を背景にした水資源開発によって、乾燥地の農業生産体系は未曽有の成功を収めてきた。河川の水すべてを灌漑によって使い切るまでになったところもある。

灌漑システムによる大規模な食料生産の例を、典型的な乾燥地である北米大陸中西部に見ることができる。乾燥地帯が穀倉地帯へと変貌したのである。

水の配分と新たな水需要

しかしながら、人間が水をコントロールできるようになるにつれて、水の配分という問題が重要になってきた。上流域で多量に水を使えば、下流域には水が行き渡らなくなる。最下流まで到達しないうちに河川が消えてしまう現象も頻発してくるようになる。マスコミを騒がせた黄河断流も、多分に水の配分のあり方に起因する。

上流域と下流域とが取水量を奪い合う紛争が各地で繰り広げられた。流域全体を見渡して水の配分が行われる場合は、争いが比較的少ない。下流側がはじめに取水し、次第に上流側が取水するという取決めをしてうまく納めてきた場合もある。

上流と下流とが異なる主体者に管理される場合にはこの調整がうまくいかないことが多々ある。その典型が国際河川の水管理であろう。

近年になって乾燥地における砂漠化の進行が問題になってきた。それまで植生に覆われていた土地が荒れ果て、裸地化してきているというのだ。

かくして、砂漠化による土地の荒廃を防ぎ、もとの環境を取り戻すための努力が払われるようになってきた。植林活動はその典型的な例である。中国では、耕地を減らして森林を取り戻そうという、退耕還林と呼ばれる政策が実施されている。

荒廃した山地での植林も活発に行われるようになってきた。さらに、「砂漠を緑に！」のキャッチフレーズのもとで、砂漠地帯での植林も盛んである。生い茂る緑の木々は目にも優しく、美しい環境を取り戻したという実感がわく。

しかしながら、本来、植物はその成長のために水を必要とする。植林された木々も例外ではない。根から水と栄養分とを吸収し、葉で光合成を行うことによって成長する。その過程で、根から吸い上げた水分の大部分を葉から大気へと蒸散させる。簡単にいえば、木々は水分を根から吸い上げて大気へと放出するポンプのようなものである。

活発な植林活動はこのポンプを地上に多量に配置したことに相当する。森林を作れば水が作り出されるかのごとき植林神話がまかり通っているが、逆に、緑の木々という素晴らしい環境を育て維持するには多量の水を必要とするのである。つまり植林活動は、よりよい環境を得るための新たな水消費活動とみなすこともできる。こうして、水不足が加速してきたのである。

持続できない深層地下水の利用

水不足への対策として際立っているのは地下水資源の開発である。昨今の貨幣経済の浸透によって変貌してきた農業生産のあり方も、地下水利用の増加に一役買っている。糧食作物から、こまめな灌漑を必要とする換金作物への転換が図られてきた結果、従来の河川水の灌漑システムよりも灌漑の頻度や水利用量に自由度が大きい地下水灌漑システムへと人びとはその依存度を高めてきたのである。従来は浅い地下水だけを利用してきたところでも、昨今の技術の進歩によって、より深い地下水が利用できるようになってきたためでもある。

写真 2　堰によって取水されている灌漑用水（中国、甘粛省、2006 年）

写真 3　水不足によって放棄されたかつての灌漑農地。中央に湾曲して写っているのが灌漑用水路跡（中国、内モンゴル自治区、2002 年）

浅い地下水はその循環速度も速く、その後の地下水涵養によってもとの状態に復帰する時間も短い。しかし、深い地下水は循環速度が遅く、一度利用すればもとの状態に戻るのに数百年もかかる場合が多い。つまり地下水涵養速度の小さい乾燥地ではとくに、深い地下水は、石油と同様に 1 度使えば 2 度と使うことができない資源とみなすこともできる。しかしその深い地下水に手をつけることによって、水不足をしのいでいるのが昨今の実情ではないだろうか。

中国では、水不足の根本的解決には、食料を外国から輸入すればよいという人もいる。食料生産に水を使う必要がなくなれば、そのぶんの水をすべて環境のために使うことができるからだという。

しかし食料を輸入するということは、その食料を生産するために使われた水を仮想的に輸入することになるという（バーチャルウォーター）。したがって、輸出元の地域で水問題が生じれば、そのことは、食料を輸入する地域の食料問題に直結する。食料の流通が地球規模でネットワーク化されている現在、地域の問題が地球規模の問題へと変化するのである。　【中尾正義】

⇒C地表水と地下水 *p80*　H日本列島にみる溜池と灌漑の歴史 *p422*　E黄砂 *p474*　E砂漠化の進行 *p480*　E黄河断流 *p484*　E植林神話 *p486*　Eダムの功罪 *p488*　E地球規模の水循環変動 *p510*　Eバーチャルウォーター貿易 *p512*　E統合的流域管理 *p534*　E国際河川流域管理 *p536*　E退耕還林・退耕還草 *p542*

黄河断流

黄河の水はなぜ消失したのか

干上った黄河

「黄河断流」は中国語であるが、日本人でもだいたい意味がわかる。それは、黄河の河口に近い河道で流水が消失して、広い河道に水の涸れた砂礫(されき)の河原が続いている状態を指す。長江についで中国第 2 の大河である黄河（図 1）では、1997 年には 1 年の 2/3 も断流が続いていたと報道されるにいたって、日本や世界の多くの人びとに衝撃を与えた。

黄河の年間の断流日数を示す図 2 をよくみると、断流日数は 1990 年代に入ってから急増しているが、その現象はすでに 1970 年代から起こっていたことがわかる。黄河の流域面積は、半乾燥地を中心にして 75 万 km^2 と日本国土の 2 倍以上もあるが、（黄土高原の北に位置するオルドス乾燥地の内陸閉鎖河川域を含めると 79 万 km^2）黄河流域の年平均降水量はわずかに 450mm 程度である。その流出水である河川水が人為的に使われずに、そのまま渤海(ぼっかい)に流れ込むとした場合の流量（中国では天然流量と呼ぶ）は、およそ 545 億 m^3 である。

黄河流域の水需要の拡大

もちろん、実際には、黄河の河川水はさまざまな目的に使われる。上流から、青海省、四川省、再度青海省、甘粛省、寧夏回族自治区、内蒙古自治区、陝西省、山西省、河南省、山東省では、灌漑用水を主とする水資源需要が高まってきた。すでに 1954 年には各省や自治区から取水の要求が出され、実際に取水されていたが、公式に許可されたものではなかった。この状況を鑑みて、中央政府の国務院のもとにある黄河水利委員会が、各省の事情を配慮した上で、実態と将来予測を含んだ取水許可制度を 1987 年に決定した。

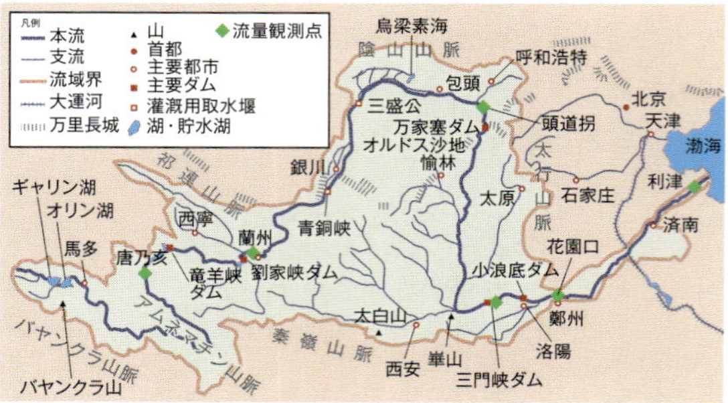
凡例
本流
支流
流域界
大運河
万里長城
山
首都
主要都市
主要ダム
灌漑用取水堰
湖・貯水湖
流量観測点
烏梁素海
陰山山脈
呼和浩特
包頭
三盛公
頭道拐
北京
天津
万家塞ダム
オルドス沙地
渤海
楡林
銀川
祁連山脈
太行山脈
利津
ギャリン湖
オリン湖
太原
石家庄
西寧
青銅峡
済南
蘭州
花園口
馬多
唐乃亥
竜羊峡ダム
劉家峡ダム
小浪底ダム
太白山
鄭州
アムネマチン山脈
秦嶺山脈
洛陽
バヤンクラ山脈
西安
華山
三門峡ダム
バヤンクラ山
図 1　黄河流域図［原図は佐藤嘉展］

黄河水利委員会が認めた内容は、天然流量に対する取水量では 1954 年当時で 86%、1987 年の制定時では 68% で、その 80% が灌漑農業用水であった。この許可されたものだけの取水であれば、黄河断流は起こらなかったと考えられるが、実際には、許可された水量以上の取水に対する罰則規定がなかったこともあって、多くの地点で過剰取水が行われていたのである。

一方、1950 年以降は流域の降水量は徐々に減少傾向となり、降雨と許可され配分される河川取水量だけでは農業用水の需要を賄えなくなっていたという事情もあった。さらに、近年の国の経済成長の政策に従って農業地域住民の都市への移住を図り、工業化や都市化が急速に進められたために、黄河流域の西安や太原、済南などの都市だけでなく、青島、天津、北京などの周辺の諸都市でも、都市用水・工業用水を多量に必要とするようになった。これらが黄河流域の水資源需要急増の概況である。

さらに、近年の日中共同の研究では、これらに加えて、黄河の水循環・水資源と流域環境を総合的に考えるには、流域の植林・土地利用管理という重要な側面の存在が指摘されている。

黄土高原の植林と黄河の流量

黄河では、上流から下流まで流量の観測箇所が複数地点に設けられており、少なくとも 1960 年以降は信頼できる観測記録が残されている。また、流域内の降水量の観測箇所の密度も高い。このため、40〜50 年間の水文・気象観測記録が利用でき、長期的な流域の水収支を算定することが可能である。こうした長期の記録の存在は、問題に対する科学的アプローチの基礎となるもので、黄河断流を中心とする問題の分析・評価をする材料は比較的整っていることは幸運といえる。

水文・気象観測記録を活用して流域の水収支を算定した結果によると、源流域の草原地帯や青銅峡灌区（寧夏回族自治区）や河套灌区（内モンゴル自治区）などの大型灌漑地域における長期的な水消費量（蒸発散量）は、一般的な草地や灌漑農地のそれと大きくは違わない範囲でほぼ安定したものであった。一方、黄土高原のある中流域については、1960〜70 年代の蒸発

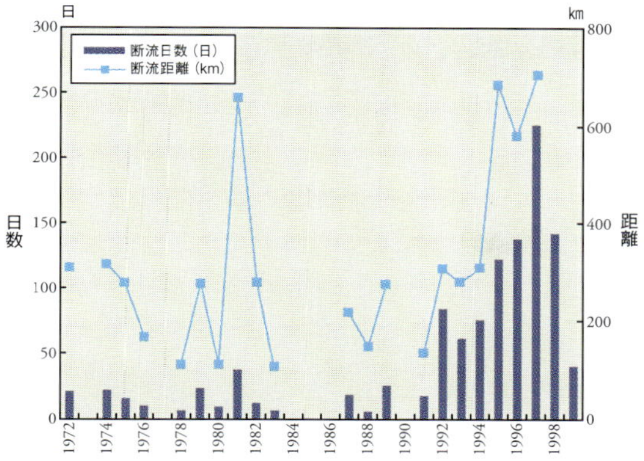
日
km
断流日数（日）
断流距離（km）
日数
距離

図 2　黄河の断流日数と断流区間距離（データのない年は欠測）
［中国で公表されている記録より］

散量は、現在より、かなり少なかったと推測される。

1960～70 年代の黄土高原は荒廃が著しく、当時の写真をみても植生は全般にきわめて貧弱であった。この中流域は黄河流域全体に占める面積が多い上に、蒸発散の予期せぬ減少分によって消費される水量が少なかったということは、当時はその分だけ河川の流量が多かったということである。この河川水量の増分は 150 億 m^3/ 年程度と見積もられる。黄河の河川流量と水資源配分の基準となる天然流量の 545 億 m^3 の算定には、黄土高原が植生荒廃によって蒸発散量が減少していて、その分だけ河川流量が増加していた影響は勘案されていなかった。その後の黄土高原における植林の拡大などによる植生の回復によって蒸発散量が増加し、利用可能な河川流量となる天然流量は、実際にはその分だけ減っていたのである。

黄河断流への対策と効果

1970 年以降に始まった黄河断流の原因は、各省や自治区における河川取水量の増加だけではなく、そもそも利用できる流量自体が想定の範囲を越えて減少したことにもあった。このような分析によって、その後の黄河断流が深刻化するに至る経緯が容易に理解できるものとなる。このことは、植林などによる植生の回復や改善は流域の水資源利用可能量を増加させるという、一般によく見聞される説明が、必ずしも正しくはないことを改めて確認させる結果となった。

黄河には、現在多くの貯水池ダムが建設されている。上流には、蘭州の近くに劉家峡ダム（1968 年完成）と竜羊峡ダム（1986 年完成）がある。これらの貯水池の目的は、春先における上流の氷塊を含む洪水流出の調節であるが、貯水を利用した水力発電と下流の灌漑農地向けの計画的な放流も含む。これら 2 つのダムによって、流量の季節による変化は調整されてきており、水利用の立場からは取水時期の調整が容易になった。ダムによる貯水と計画的な放流は、黄河水利委員会による各取水の許可取水量の削減の基礎となり、2000 年以降は断流が発生しなくなったのである。

黄河流域から流れ出る土砂量は年間 16 億 t と推定されている。これは 1980 年までの推定値であり、現在では、土砂の中心的な流出域であった黄土高原において植生がかなり回復したことと、近年は豪雨の頻度が減ったことから、土砂の生産量は低下したはずである。それにもかかわらず、黄河の下流は未だに河床が周辺地盤よりも高い天井川となっており、洪水などでひとたび堤防が決壊すれば、被害は甚大なものになると推定される。

黄河水利委員会は、下流に建設した小浪底ダム（1999 年完成）での貯水を使って、人工的に洪水を発生させ、河床に堆積した土砂の排除を試みているが、効果はまだ顕れていない。人口洪水流量の規模は小さく、下流河床の土砂を運び出す能力は不足しているためと思われる。

黄河の河口と、黄河が流入する渤海においては、黄海との海水の交換量が減少していると推定されている。これが、海洋の環境にどのような変化をもたらすのかはよくわかっていない。今後、黄河流域の水循環・水資源管理、流域土地利用管理などとのかかわりも含めて、総合的な調査研究が必要とされる。　【福嶌義宏】

写真 1　雨水浸食に弱く、深い浸食谷地形が発達する黄土平原（2007 年）

⇒E ダムの功罪 *p488*　E 地球規模の水循環変動 *p510*　E 統合的流域管理 *p534*　E 国際河川流域管理 *p536*

〈文献〉福嶌義宏・谷口真人編 2008．福嶌義宏 2008．Sato,Y., *et al.* 2008.

植林神話

森林の機能をめぐる期待と現実

森林をめぐる神話と俗説

日本列島は、ユーラシア大陸の東の海上にあって、南北に長く連なり、年平均 1718 mm（1971～2000 年の平均値）という豊富な降水量に支えられた多様な森林が成立している。こうした自然環境を背景に、日本では古来より良好な森林と豊かな川の水はほぼ同じ意味を持つと意識されてきた。最近では「緑のダム」といった言葉で表されるように、森林があれば大雨の時には一時的に水が蓄えられ、降雨がないとき、すなわち渇水の際には地下に貯えられた水が川に供給されるといったイメージをほとんどの人が持っている。

このため、日本では地球温暖化の原因と言われる CO_2（二酸化炭素）濃度の増加、21 世紀になって今後深刻な問題となるといわれる水問題、さらには砂漠化といった地球環境問題の解決に対し、森林の効果に対する期待が大きい。実際に海外にでかけて「植林」を行う NGO・NPO によるボランティア活動もたいへん盛んである。

植林をすれば砂漠化や水不足などの環境問題がすべて解決するといった、森林に対するややもすれば過剰ともいえる期待（「植林神話」）は日本に限った話ではなく、世界各地にあるようである。英国の水文学者 I.R. カルダーは、不十分な科学的理解によって作り出された森林をめぐる 7 つの「神話と俗説」があると指摘した。①森林は降雨を増加させる。②森林は河川の流出量を増加させる。③森林は流出量を調節する。④森林は洪水を緩和する。⑤森林は侵食を抑制する。⑥森林は水を浄化する。⑦アグロフォレストリーは生産量を増加させる。

カルダーによれば、こうした森林に対する過剰な期待のきっかけとして、J. スイフトが指摘した E.P. ステビングの研究の影響が大きかったことを挙げている。ステビングはサハラ砂漠が拡大しながら南方に動いているという考え方を広めた人物として知られている。現在この現象は一般的には砂漠化であると認識されるが、ステビングは砂漠化が野焼きや牧畜といった人間の農業活動、土地利用の直接的な影響であり、水資源の枯渇と土地の乾燥をまねくと述べ、植林を万能薬のように推奨した。

ところが、人びとが期待するこうした機能は、科学的に調べていくと必ずしも森林が持っていないことがわかってきている。

写真 1　広大な山の斜面に植林された木へ川から水をくみ上げて散水する様子（中国、甘粛省蘭州市郊外、2003 年）

森林伐採と河川の流出量

森林が河川総量に与える影響を調べる代表的な方法が対照流域法である。地形や地質がよく似た隣り合った 2 つの流域を実験対象として設定し、数年間両者を比較した後に、一方をそのままの状態で保存し、もう一方に伐採などの処理を行って流出量への影響を見る方法である。対照流域法による流域試験は、すでに 100 年ほど前から開始されている。それからわかっ

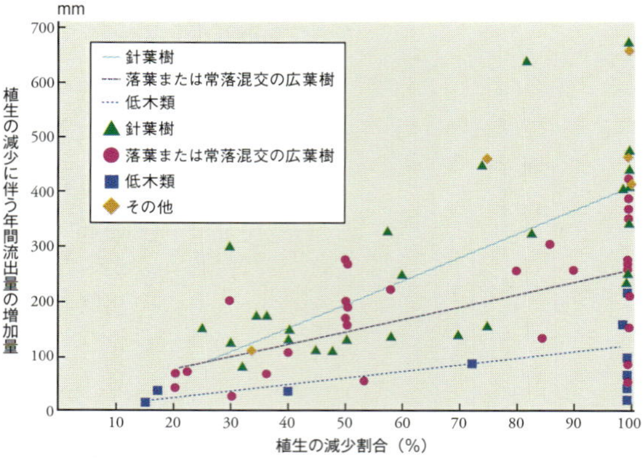
mm
700
600
500
400
300
200
100
0
植生の減少に伴う年間流出量の増加量
針葉樹
落葉または常落混交の広葉樹
低木類
針葉樹
落葉または常落混交の広葉樹
低木類
その他
10
20
30
40
50
60
70
80
90
100
植生の減少割合（%）

図 1　森林伐採に伴う河川流出量の増加［Bosch & Hewlett 1992］

てきたことは、次の２点である。①森林面積の減少（伐採）に伴い年流出量は増加し、ほぼ森林面積の減少の割合に比例する（図１)。②降水量が多い場所ほど流出量の増加量が大きい。

また、森林と草地からの流出量を比較すると、草地からの流出量が森林からの流出量に比べて大きく、その差は年降水量の大小と森林と草地の面積率によってほぼ決まっている。

これらは、草地など他の植生に比べて森林の蒸発散量が大きく、河川流出量が減少することを示している。森林の蒸発散量が大きい理由としては、①蒸発散の駆動力である太陽エネルギーの吸収効率が大きいこと、②樹高の大きな森林は草などに比べて効率よく水を大気へと蒸発させる構造となっていること、などである。とくに②に関しては、降雨中に葉や樹体の表面に付着した雨水が蒸発する遮断蒸発量が、森林では他の植生にくらべて大きいことが主な原因である。さらに、森林があると洪水時の出水が時間的にゆっくりとなり、流量の最大値も小さくなる（これを洪水緩和機能という）が、その効果は限界があること、渇水時の流量の増加にはほとんど寄与しないことがわかっている。

砂漠緑化の本来の目的

日本では、明治以後水源林の整備をはじめ、江戸時代に全国に広がった荒廃山地の治山・治水を目的とした植林が各地で行われた。これは、日本では降水量が多く、蒸発散による損失があったとしても、森林による侵食防止と洪水緩和機能による流出量の安定の方が有効であったためである。

日本のボランティアによる海外での植林活動は、乾燥地で行われることが多い。乾燥地で植林をする場合、樹木が育つための水、しかもかなり多量の水をどこから確保するかが問題となる。水資源の限られた乾燥地では、植林による水の消費にも十分注意を払う必要がある。

近年深刻な環境問題として話題になった「黄河断流」も、実は植林がかかわっている。中国政府による黄土高原の水土保全事業は、侵食を防ぎ、黄河への土砂流出の減少に寄与した。その中では日本のボランティアの植林活動も大きく貢献している。一方で、植生の回復によって蒸発散量が増加し、黄河断流の一因となったことが指摘されている。

森林や草などの植生は、土砂移動を防ぐ機能を持っている。砂漠化の起きているところ、とくに表土の消失によって流動砂丘となった場所では、大変有効である。砂漠緑化に本来期待されているのはこの砂の移動を防ぐ機能であり、決して森が水を作り出すかのような神話ではない。

写真２　年降水量 50mm 以下の砂漠の中の植林地。手前に家畜の食害を防ぐための柵があり、中央に列状に植林された樹木が見える。成長は悪く、灌水しないと枯れてしまう（中国、内モンゴル自治区、2003 年）

森林と水に恵まれた日本という神話

日本は、森林と水に恵まれた国であるといわれるが、それは本当のことであろうか。たしかに、近年工業用水は再利用が進んで需要ののびはなく、コメの生産調整などによる農業用水の需要も停滞気味で、水は余り気味である。安い外材の輸入によって国内の森林は利用されずに放置されている。水危機や食料危機、あるいは熱帯林や北方林の過剰な伐採による消失と言われても、大多数の日本人は、それは海の向こうの話と考えている。しかし、日本の食料自給率は 40% 程度にすぎない。本来その輸入した食料をつくるのに日本で必要であったはずの水（仮想水：バーチャルウォーター）を大量に輸入している。また、日本は木材の 80% を輸入に頼っている。輸出国では森林の伐採によりさまざまな環境問題が発生している。こうした海外での資源の消費や環境への負荷とひきかえに、日本人の生活は成立している。その意味では、日本の豊かな水と森林は、食料や木材の輸出国の水資源や森林資源の利用とひきかえに成立して、いわば神話のようなものなのかもしれない。このことを私たち日本人は忘れてはならないだろう。　　　　【窪田順平】

⇒C森林の物質生産 *p50*　C魚附林 *p84*　D生態系サービス *p134*　D熱帯林の減少と劣化 *p166*　D里山の危機 *p184*　Rマングローブ林と沿岸開発 *p336*　E黄河断流 *p484*　E緑のダム *p490*　Eバーチャルウォーター貿易 *p512*　E環境 NGO・NPO *p550*　E森林認証制度 *p564*

〈文献〉蔵治光一郎 2003．窪田順平 2004．鈴木雅一 2004．福嶌義宏 2008．山根正伸 2009．Calder, I.R. 2005．Bosch, J.M. & J.D. Hewlett 1982．Swift, J. 1996．Zhang, L., *et al.* 2001．Stebbing, E.P. 1937．Oki, T., *et al.* 2003．

ダムの功罪

大規模貯水池をめぐる近年の論争

ダムとは何か

多くの国や地域で河川は水の主要な供給源となっている。土地との対比でいうと、河川水の特徴は移動性（下流へ流れること）と変動性（量が変化すること）にある。水は社会生活の基盤であるが、必要なときに必要な分だけ利用できて、初めて有用な資源となり得る。だが河川を流れる水、あるいはその大元である降雨・降雪は、人間の都合につねに合致するとは限らない。そのため人類は古来より両者を調和させるため、さまざまな方策を編み出してきた。その典型的な例が貯水池の建設である。国際大ダム会議によればイエメン、シリア、中国などでは紀元前からこうした動きがあり、日本でも『日本書紀』に狭山池建立の記述がある。現在、地球温暖化の進行で、世界各地で降水パターンが変化し、治水・利水に大きな影響がもたらされることが懸念されている。ダムはこの問題への有効な適応策になりうるものであり、規模の大小こそあれ、洪水被害を抑制し、また利用可能な水量を安定化させるという貯水池の基本的機能の重要さは現代においても変わりない。

「ダム」という用語は、幅広く定義すれば、「河川を横断して築造される構造物で貯水・取水・土砂の流下防止などを目的とするもの」となる。日本の河川法では「河川の流水を貯留し、又は取水するため、河川管理者の許可を受けて設置するもので、基礎地盤から堤頂までの高さが 15m 以上のもの」と規定されている（河川法第 44 条）。他方、国際大ダム会議においては、高さが 15m 以上のもの、または高さが 10～15m で、貯水容量が 300 万 m^3 以上のものを大ダムと規定している。同会議によれば世界中で稼働している大ダムは約 5 万に上るという。

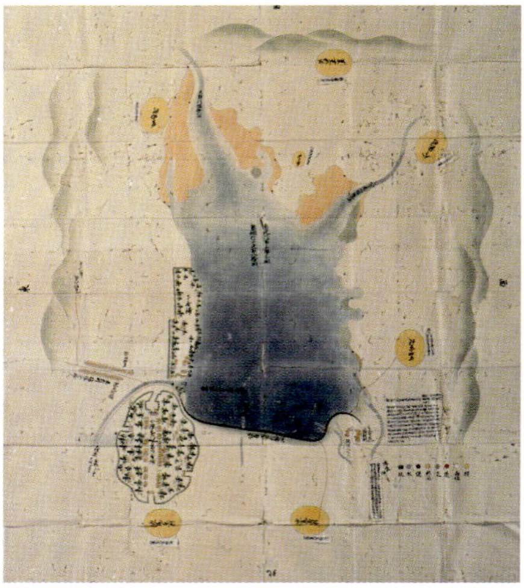

図 1 「狭山池惣絵図」（享保年間）［大阪府狭山池博物館提供］

写真 1 水力発電用の黒部ダム。観光資源としても名高い（2009 年）

ダム機能の多様化

河川流量の安定化はダムの基本的機能の 1 つだが、その中身は時代の流れとともに多様化してきた。日本を例にして見てみよう。日本におけるため池・ダムの目的といえば、第 1 に農業用水の確保だったが、明治以降、コレラなどの水系感染症対策の一環として、水道用水の確保が加わった。

また 1880 年代後半に電気事業が興ると、やがて水力を利用した発電が行われるようになった。当初は火力発電が主だったが、明治末期には水力発電がそれを上回るようになった。水力発電の技術が進化していくにつれ、下流の水路式発電のための流量定常化、発電のための落差確保といった機能がダムに加えられていった。

さらに 1920 年代になると、洪水調節を目的としたダムの建設が開始された。それまで洪水対策といえば川幅の拡張、流路変更が主だったが、土地の有効利用の面で難点があった。そこで上流で洪水の一部を貯めて下流に流下する水量を一時的に小さくするという手法が注目されたのである。

この動きはやがて治水と利水を統一して計画する河水統制事業へと発展し、さらに第2次世界大戦後の多目的ダム（洪水調節、農業用水・都市用水の確保、発電など複数の機能をもつダム）の建設へとつながる。

こうしたダム建設は水の安定供給、洪水被害軽減、エネルギー確保を通じて、産業活動の振興、日常生活の質的向上の面で大きな役割を果したといえる。

ダムの弊害

ダムの機能は社会の変化と共に複雑化してきたが、それらはいずれも自然河川のもつ本来の流れを人間の都合に合わせた動きとみることができる。それはたしかに都市の拡大や産業の発展に寄与したが、一方で、自然の流れを止めることでさまざまな弊害を生み出した。その例として以下のものが挙げられる。

①ダム建設に伴う集落移転および生物生息域の水没：ダムは土地を水没させ、地元住民の生活や伝統といったものに悪影響を及ぼすため社会的紛争をもたらす契機になる。また土地の水没は陸上生物にとっても不都合で、とくに希少動物（たとえばクマタカやイヌワシ）の生息域が水没する場合、論争の火種となる。

②魚類の移動に対する悪影響：ダムは川をせき止めるため、サケなどに代表される回遊魚が本来の遡上・降下行動を取れなくなり、その再生産に大きな影響が及ぶ。

③貯水池の富栄養化：ダムの貯水池には一定期間、水が貯められるので、上流域から流入する窒素やリンなどの栄養塩の濃度、貯水池周辺の気候条件などによっては藻類の異常繁殖によって淡水赤潮やアオコが発生することがある。これが放流された場合、下流河川の水質が悪化し、たとえば水道水の浄化費用増加などの弊害が生じる。

④土砂供給の低下：ダムによって川がせき止められると、ダムの貯水池には砂が溜まる一方、それより下流には土砂が流れなくなる。その結果、河口付近では、河床からの資源採掘なども加わって、海岸侵食が引き起こされる。またダムの貯水地にたまった砂を放出すると、下流で汚濁が生じる。

⑤地域気候への影響：ダム貯水池から多量の蒸発が生じるようになると、局所的な気候パターンの変化を促し、とくに突発的な豪雨を引き起こす恐れが指摘されている。

ダムをめぐる近年の論争

こうしたダムの功罪を受けてダムをめぐる是非が大きな話題になっている。たとえば「緑のダム」という考えが注目を集めているが、蔵治光一郎、保屋野初子

写真2　ダム貯水池からの堆砂放出による汚濁（天竜川、2009年）

が『緑のダム』の中で、森林、河川、水循環、防災について、これまでの研究を示すように、森林のもつ洪水軽減機能をめぐって様々な論争が行われている。またダム建設は計画から完成まで長い月日を要するため、計画時に将来の水需要の正確な予測が困難で、結果として必要以上の容量を持ったダム建設となってしまうことがある。建設を続行しても中止しても多大な費用がかかるため、ダム建設に対しては費用対効果の面から批判的な意見が寄せられることも多い。

もちろんダムが必要か不要かは時と場合によるものであり、一概に結論が出るものではないし、また出すべきものでもない。むしろより重要なのは、治水や利水上の目的を、ダムに限定することなく複合的な手段で追求する姿勢であろう。

治水の面でいえば、遊水地の確保、土地利用計画、保険制度の充実、ハザードマップの作成、気象予測の精緻化などである。これらはいずれも洪水災害を減少させる可能性をもつ。一方、利水の面でも、ダムを建設し供給面を強化することだけが、水の需給バランスを保つ方策ではない。需要面からアプローチする途もあり、たとえば節水や漏水管理、水の料金体系、下水処理水の再利用、水利転用といった方策も考えられる。

これらはいずれもダムを絶対視するものでもなければ、ダムの必要性を完全に否定するものでもない。ダムは多くの利益をもたらすが、自然の水循環を改変する以上、さまざまな弊害が現れる。水管理においては、両者のバランスを吟味する一方で、ダム以外の手段の充実も図ることが肝要である。　【遠藤崇浩】

⇒C水循環と気象災害 *p54*　C干ばつと洪水 *p58*　C地表水と地下水 *p80*　H日本列島にみる溜池と灌漑の歴史 *p422*　H洪水としのぎの技 *p424*　H灌漑と塩害 *p436*　H河況変化と古環境 *p440*　E水資源の開発と配分 *p482*　E緑のダム *p490*

〈文献〉蔵治光一郎・保屋野初子編 2004. 新沢嘉芽統 1962. 高橋裕 2008(1990). 豊田高司編 2006. 恩田裕一編 2008. Hossain, F., *et al.* 2009.

緑のダム

科学的な理解はどこまですすんだか

緑のダム論争

森林が持つさまざまな生態系サービスのひとつとして、河川の水や土砂の流れを人間にとって暮らしやすいものにするという機能があることは、広く認識されている。これは、日本を含む地球上のさまざまな場所で、歴史の中で一度は人間活動の増大によって森林が荒廃し、その結果激しい土砂流出や洪水を経験していることが多いからであろう。

森林が持つ、洪水を軽減し渇水を緩和する機能は、森林にかかわる科学分野では、水源涵養機能と呼ばれている。これらの機能を日本ではじめて「緑のダム」とよんだのは、林野庁である。首都圏の水不足が問題となっていた1970年代に、森林の保水機能をアピールするために用いられた。当時は、高度経済成長期で、ダムなど人口構造物による水源開発や洪水対策が当然と考えられており、注目されることはなかったが、民主党が2000年11月に「緑のダム構想」を発表し、さらに2001年に田中康夫長野県知事（当時）が「脱ダム宣言」を発表したころから、にわかに注目をあびることになる。緑のダムという言葉はひろく認識されるようになり、コンクリートのダムを中心とした工学的な河川管理に対し、工学的な手法に頼らず、河川生態系など環境への配慮を求める運動の象徴ともいえる言葉となった。

緑のダムという言葉は日本独自のものであるが、森林のもつ水源涵養機能は、世界的にも共通した認識がある。たとえば、中国では1998年の長江大洪水により多大な被害を被ったが、その原因が上流地域の森林伐採の影響とされ、退耕還林政策など山地の農業利用を強く制限し、森林を回復させる政策が適用された。

脱ダム宣言では、コンクリートダムの代替手段のひとつとして、森林整備による緑のダム機能の増進が挙げられていた。そのため、この機能をめぐって、これを肯定する側と否定する側が完全に対立する構図となった。その後も、熊本県の川辺川ダムなど日本各地の計画中、あるいは建設中であったダムなどについて、さまざまな立場の住民、政治・行政、研究者による大きな論争となった。現在でも両者の議論は平行線が続いている。その背景には、緑のダムはもとより科学用語ではなく、また水源涵養機能の科学的理解が、論争の決着がつくほどに十分ではないという側面がある。

水源涵養機能論議

森林に降った雨水は、直接地面まで到達するほか、一部は樹冠、すなわち樹木の葉や枝などに一時的に貯えられた後に、地面に落下し、あるいは樹木の幹を伝って地面に到達する。樹冠に貯えられた雨水の一部は降雨中や降雨終了後に蒸発して大気中へ戻る。これを遮断蒸発とよぶ。丈の低い草などに比べて森林からの遮断蒸発量は多く、降雨の約20%から30%程度になり、時には50%に達することもある。地面に到達した雨水は、森林によって形成された土壌が1時間当たり250 mm近くを浸透させる能力（これを浸透能と呼ぶ）を持つため、ほとんどの降雨が地中に浸透する。森林土壌の浸透能は草地や農地など他の地表面にくらべて大きい。森林で被覆された斜面と、はげ山とよばれる裸地化された斜面からの降雨時の流出を比較すると、裸地斜面では降雨に敏感に反応して流出量が急激に増加し、降雨終了はすぐに流量が減少する。裸地斜面はピーク流出量も大きく、森林斜面の10倍以上にも達する（図1）。これは森林土壌の透水性が大きく、地表に到達した雨水を速やかに地中に浸透させ、一時的に貯留し、土壌から河川へ緩やかに流出させるとともに、深部の基盤への浸透を促し、基盤を通してさらにゆっくりと河川への流出を生じさせる効果である。

また、流域内での一時的な貯留は、蒸発散によって土壌内の水分が少なくなっているほど大きくなる。こ

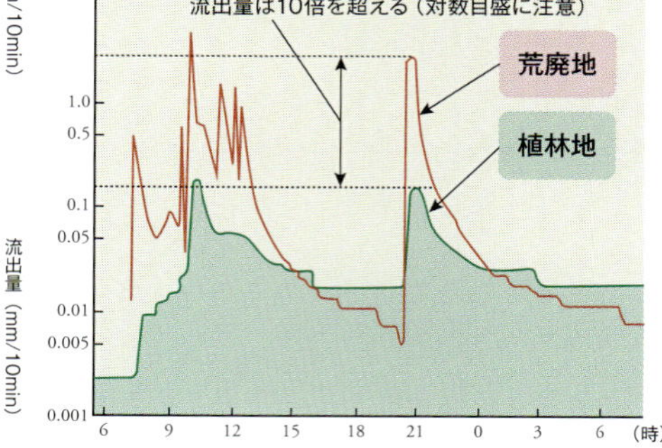
降雨量（mm/10min）
0
2
4
6
8
10
流出量は10倍を超える（対数目盛に注意）
荒廃地
植林地
1.0
0.5
0.1
0.05
0.01
0.005
0.001
流出量（mm/10min）
6
9
12
15
18
21
0
3
6
（時）

図1　森林地と裸地（はげ山）の洪水時の流出量の比較［福嶌 1977を一部改変］

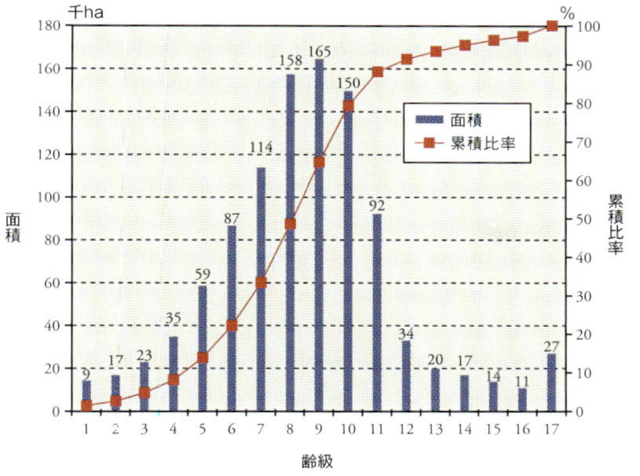
千ha
%
面積
累積比率
面積
累積比率
齢級
9
17
23
35
59
87
114
158
165
150
92
34
20
17
14
11
27

図2　日本の人工林の齢級分布。苗木を植林してからの年数を林齢といい、これを一定の幅にくくったものを齢級という。5年をひとくくりにし、林齢1〜5年生までを1齢級、6〜10年生までを2齢級、以下3齢級…とよぶ。一般に間伐などの森林管理が必要な5〜10齢級の森林が70%以上を占めているが、実際には手入れが不足して荒廃が進んでいる（『平成20年度、森林・林業白書』より作成）［恩田 2008］

のように森林があるところでは、土壌や地中での流出の遅れの効果と、蒸発散によって生じる土壌内の空隙による一時的な貯留の効果の複合的なはたらきによって洪水が緩和される。これが、森林のもつ水源涵養機能のひとつで、洪水緩和機能とよばれる。

一方、土壌に蓄えられた水分は、樹木の根から吸収され、一部は光合成などに利用されるが、大半は葉の気孔から蒸発し、大気に戻っていく。これを蒸散と呼ぶ。さらに、樹冠が閉鎖した森林では量的には多くはないが、土壌面からの蒸発がおきる。蒸散、遮断蒸発、土壌面蒸発量を合わせて、蒸発散とよぶ。森林からの蒸発散量は、すでに述べた遮断蒸発量が多いため、草原などといった他の植生に比べて多い。したがって、森林を伐採すると河川の流出量は増加する。また、渇水時の流出量については森林伐採があってもあまり変化の見られない場合もむしろ多いが、伐採によって減少した例は見受けられない。

このように、緑のダムとよばれるものの、森林は他の植生に比べて多くの水を消費するため、水資源の面では必ずしも有利に機能しない。また高い浸透能を持つ森林土壌による洪水緩和機能を持つとはいえ、土壌中に一時的に蓄えられる水の量には限界があり、降雨規模が大きくなるとその効果は相対的に小さくなる。何よりも人工構造物であるダムのように、人間の意図によって流量を調節できるわけではない。むしろ森林は、木材資源の供給をはじめとする多様な生態系サービスを持つとともに、限定的ではあるものの、洪水緩和機能を合わせ持っているということに、その存在の意義があるといえる。

緑のダム論争と科学的理解

脱ダム宣言以降の緑のダム論争の最も主要な論点は、①ダムによる治水計画立案にあたって、「緑のダム機能」が組み込まれているのかどうか、②森林の整備、とくに近年増加しているといわれる手入れの行き届かない人工林を整備することによって、緑のダム機能を増進することが可能かどうか、③大洪水時に緑のダム機能は有効か、④渇水時に緑のダムは有効か、の4つである。とくに①②は、近年の産業としての日本の林業の衰退による人工林の荒廃問題を理解する必要がある。

前節で述べたような緑のダムがその機能を発揮するには、森林が良好な状態であることが前提となっている。ところが、近年全国で約40%を占める人工林において、国産材の需要低迷の中で植林後の手入れが行き届かず、荒廃した状態になっている（図2）。こうした人工林では浸透能が低下し、従来は見られなかった地表流が発生し、結果的に洪水緩和機能を弱めている。こうした森林の質的な経年変化が、治水計画の前提となる洪水流量（基本計画高水量とよばれる）の算定にあたって考慮されているかどうか、また、森林整備によってそれが改善できるかどうかが大きな論争となって、必ずしも決着がつかない状態にある。これは、洪水緩和機能などが定性的に、あるいは研究者の誰もが認める程度に科学的な理解はあるものの、実際の現場で必要とされる定量的な理解にいたっていないことに理由がある。森林における水循環も、森林の要素ばかりで必ずしも決まっているわけではない。地質や地形、気候、気象などさまざまな要素が関係しており、現時点では、それらすべてが理解されているわけではない。これらの関係の科学的理解を深めることが、緑のダム論争の解決に急務である。

また、科学的な理解の不確実性を考慮した上で、どのように多様なステークホルダーの間で合意形成をはかるのか、流域管理にかかわる統合的なガバナンスの確立が、一方では必要であろう。　　【窪田順平】

⇒C森林の物質生産 *p50*　C水循環と気象災害 *p54*　C地上と地下をつなぐ水の循環 *p78*　C地表水と地下水 *p80*　C魚附林 *p84*　D生態系サービス *p134*　D里山の危機 *p184*　E植林神話 *p486*　Eダムの功罪 *p488*　E統合的流域管理 *p534*　E退耕還林・退耕還草 *p542*　E森林認証制度 *p564*

〈文献〉恩田裕一編 2008．蔵治光一郎 2003．蔵治光一郎・保屋野初子編 2004．塚本良則編 1992．福嶌義宏 1977．村井宏・岩崎勇作 1975．Bosch, J.M. & J.D. Hewlett 1982.

環境難民

環境保全のための移住

難民と環境難民

1951 年に国連特別会議で承認された難民条約は、難民を「人種、宗教、国籍もしくは特定の社会的集団の構成員であることまたは政治的意見を理由に迫害を受ける十分な恐れがあるために」他国へ逃れた人びとと定義している。難民の法的な判断基準は迫害の有無にのみあるため、1969 年の OAU（アフリカ統一機構）難民条約などの地域条約によって、「戦争や内戦などにより自国を追われた者」も難民としてみなすよう定義が拡大されてきた。

しかし、それでも、これらの定義には、経済的な理由や環境的要因によって移動させられる人びとや国境内にとどまる避難民は含まれていない。難民条約が規定する難民の法的枠組はきわめて限定されたものである。

こうしたなかで、人びとの移動の原因が環境の崩壊であるときに環境難民という用語が使われるようになった。環境難民とは、一般的に、はげしい環境崩壊のために伝統的な居住地を一時的、もしくは、恒久的に離れることを強いられた人びとをいう。

環境難民の発生要因

環境難民の発生要因である環境崩壊の要因は大きく人災と天災に分けることができる。

人災には、インフラ整備やダム建設などに伴う永久的な移住、チェルノブイリ事故による放射能汚染などの産業事故があげられる。開発によって移住を強いられる人びとは開発難民とも呼ばれる。

天災には、地震や火山の噴火爆発、土砂崩、水害、台風などの突発的な自然災害と、砂漠化や森林破壊、海面上昇などがある。前者は、回復すれば居住地に戻ることが可能になるため、一時的な移動が多い。後者は長期におよぶため、環境の悪化が住民の貧困化をもたらし、移動が発生するとされる。

1995 年に少なくとも 2500 万人を数えた環境難民は、2010 年までにその 2 倍の 5000 万人に達するという予測もある。温暖化などに伴う気候変動によって、天災による環境難民の発生も今後ますます増加することが予想されている。

環境難民の用語がもつマイナス面

環境難民という用語はさまざまな人びとの移動における環境的要因に光を当て、それへの取組みを促した点で評価されるべきであろう。しかし、そのマイナス面も多く指摘されている。

たとえば、極端に多い人口をもつバングラデシュの台風による洪水被害に伴う大量の人口移動は、環境難民の典型的な例とみられる。しかし、人びとが移動を強いられる原因は洪水被害が直接的な原因になっていても、その背景には土地所有の形態、民族の違い、ダム建設などの経済開発プロジェクトなどさまざまな要因がある。

環境難民とされた人びとの移動は、環境的要因に加えて、経済・社会・政治的な諸要因が複合的に結びついた現象である。環境難民という語は、こうしたさまざまな人びとの移動とその背景をすべて環境的要因に収斂させてしまう危険性があるので注意を要する。

他方で、自然的変化に対する人びとの移動を安易に難民と位置づけることは、不適切な援助をもたらす危険性がある。干ばつに対する戦略的な移動が、難民とみなされたための不適切な援助によって、逆に援助物資に依存するようになってしまったという事例も報告されている。

環境難民という用語が政治的に利用される危険性もある。環境難民には法的な根拠がないため、難民が環

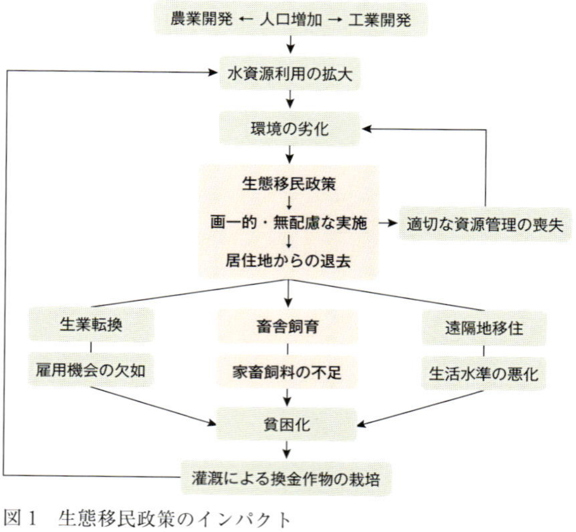
農業開発 ← 人口増加 → 工業開発
水資源利用の拡大
環境の劣化
生態移民政策
画一的・無配慮な実施
居住地からの退去
適切な資源管理の喪失
生業転換
雇用機会の欠如
畜舎飼育
家畜飼料の不足
遠隔地移住
生活水準の悪化
貧困化
灌漑による換金作物の栽培

図 1　生態移民政策のインパクト

境難民とされてしまうと、難民条約において規定されている保護を受入れ国から受けることができなくなるおそれがあるからである。言い換えれば、環境難民という用語は、法的な保護を難民に与える義務から受け入れ国を解放する免罪符になりうるのである。

環境保全のために作り出された環境難民

一方で、環境を保全するための国家政策によって移住を強いられることによって発生する環境難民もある。この背景には、環境が悪化した原因は該当地域に居住する住民とその生業にあるとし、住民を移住させることによって、その生業を制限もしくはやめさせ、環境の保全を図ろうという考えがある。同時に、環境悪化の背景にある貧困対策としても実施されることが多い。環境の悪化を理由として、伝統的な居住地から移住を強いられているものの、人びとの移動の直接的な要因が環境保全を名目にした国家政策にあるという点で人災や天災による環境難民とは異なる。アフリカにおける自然保護区や国立公園設置に伴う区域内住民の強制移住や中国の生態移民政策などがそれである。

中国における生態移民政策と環境難民

こうした政府主導の政策には、生態的・経済的・文化的側面に対して負の効果を持つ危険性がある。たとえば、中国内モンゴル自治区アラシャー盟エゼネ旗で実施されている生態移民政策である。

エゼネ旗はゴビ砂漠が広がる極乾燥地であるが、黒河が流れ込むことによって、オアシスが形成されている。しかし、中流域の農業開発によってエゼネ旗への流出量が減少し砂漠化が進んだ黄砂の発生源の1つとして認識されると、生態移民政策が実施されることになった。それはオアシス保全を目的に牧畜民と家畜を外部に移住させて、オアシスを禁牧にするという政策である。政策対象家族には、移民村に畜舎を備えた固定家屋が支給され（写真1）、移住後は畜舎で、小型家畜やウシを飼料で飼育することになる。飼料を栽培

写真1　移民村（中国、内モンゴル自治区、2004年）

写真2　メロンの収穫（中国、内モンゴル自治区、2006年）

するために、エゼネ旗の総耕地面積を上回る規模の農地が整備され、灌漑設備が設置された。しかし、オアシス荒廃の原因である灌漑農業の拡大は水消費のいっそうの増大をもたらすものである。実際に政策が施行されると、畜舎飼育では収入が大幅に低下してしまうため、支給された農地を中心に綿花、メロンなどの換金作物の栽培が急速に広がった（写真2）。その結果、地下水というあらたな水資源への依存が増加し、環境を劣化させるという悪循環に陥っている（図1）。移住によって達成されるはずのオアシスの保全と回復は、放牧地を管理する人がいなくなったために、むしろ荒廃が進んでいる。なにより、放牧の禁止は牧畜民の生業を否定するもので、牧畜民が培ってきた文化の喪失も懸念される。

環境保全をかかげる国家政策において、その是非も含めて、転出地と転入地の環境へのインパクト、収入の確保とともに、文化的側面も視野に入れたアセスメントが重要である。

黒河中流域の農業開発は、中国沿岸部と新疆（しんきょう）ウイグル自治区における食料生産地としての役割を担わされたことによる。現在、急速に拡大する綿花などの換金作物の栽培は、中国の経済発展による需要の拡大だけでなく、日本をはじめとする諸外国の安い原料生産への需要に支えられている。エゼネ旗という1地域の環境問題を地球環境問題という視点から眺めなおしてみると、日本もけっして無縁ではないのである。

【児玉香菜子】

⇒C干ばつと洪水 *p58*　D文化的ジェノサイド *p188*　H遊牧と乾燥化 *p442*　E黄砂 *p474*　E砂漠化の進行 *p480*　E農牧複合の持続性 *p540*　E退耕還林・退耕還草 *p542*

〈文献〉El-Hinnawi, E. 1985.　Geisler, C. & R. de Sousa 2001.　Myers, N. 1997.　小泉康一 2009.　小長谷有紀ほか編 2005.　ポチエ、J. 2003.

島の環境問題

島の観光と住民参加の環境保全

島が共通に抱える問題

地球上には数多くの島々が散在するが、島における伝統的な生活様式は自給自足的であったため、概して環境に大きな負荷をかけることはなく、深刻な環境問題が生じることはなかった。しかし、過去数十年の人間活動は、自然環境に対して圧倒的な影響力を持つもので、水不足、土壌流出、河川・海洋汚染、生物多様性劣化などのさまざまな環境問題を引き起こし、この間に伝統的文化が弱体化するという問題も生じている。

多くの島々では観光が主要な産業となっているが、島を訪れる観光客の数は季節によって大きく変動する場合が多く、これに対して水の供給、ゴミの処理といった社会システムが十分に対応できない場合が多い。また、過剰な観光客の来訪は自然環境へ大きな負荷をかける。多すぎる観光客、これに付随した水不足、ゴミ問題は、広く世界の島々が共通に抱える環境問題である。

島の問題を解決するには、島の自然環境と人間社会システムの相互関係を十分に理解する必要がある。島は、人や物資の移動に船舶などを用いる必要があり、水などの資源を島内に求めなければならない閉鎖系であるため、環境問題は容易に起こり、急速に進み、また深刻になりやすい。また、島は、その地理的な広がりが限られているため、生育できる生物の絶対数が少なく、地形も概して小規模で、自然環境は脆弱といえ、人間活動による、また自然災害による影響が生じやすい。さらに、人間社会システムも近年の急速な産業形態の変化、住民の生活様式の変化などに十分に対応できておらず、脆弱な場合が多い。環境問題の顕在化は島々が抱えるこの脆弱性と密接な関係がある。島によっては、住民が減少し、社会システムが機能しない場合も生じている。

写真 2　竹富島の主産業は観光である。スイギュウに曳かれた牛車に乗って島を一巡りするツアーが人気（沖縄県竹富島、2008 年）［湯本貴和撮影］

徳傳家

写真 1　竹富島最大の祭りである種取祭を直前にして、夜遅くまで練習に余念のない島人。こうして島の伝統文化は継承されていく（沖縄県竹富島、2008 年）［湯本貴和撮影］

環境劣悪化の要因

島での主要な問題である水不足は、住民の生活様式の変化と観光産業の拡大に起因する場合が多い。観光業（とくに宿泊施設）は大量の水を必要とし、これを賄うために貯水ダムの建設が行われたり、水の供給が近隣に求められたりしている。集水は島内の限られた地域からとなり、集水域に耕作地などが含まれていると水質において問題が生じやすい。

土壌流出は、耕作（よく知られた例にサトウキビ畑がある）、道路・港湾建設に起因するが、栄養塩類の流失を伴って、河川と海域の生物相に影響を及ぼすことがある。

主要な海洋汚染は島外に由来し、廃油ボールと漂着ゴミは、とりわけ海岸で大きな問題となる。日本では、この問題に対処するため、環境省が 2007 年から漂流・漂着ゴミの調査と清掃事業を始めている。

観光に起因する問題は宿泊施設などの施設建設によるもの、ツーリズムなどの自然環境の利用によるもの、またこの業種を支える従業員に関連したものに大別できる。施設については、リゾートホテルなどの大規模な施設建設・運営による生態系への影響がしばしば問題となる。日本ではこれまで施設の建設計画が初めから地域住民らに明らかにされることはほとんどなく、地元が対応を検討できない場合が多い。

ツーリズムにかかわる問題は、オーバーユースに付随したゴミ問題である。観光スポットにはツアーが集中する。日本では2009年7月現在で有効な入域規制をしているところは存在しないが（マイカー規制は存在）、海外での規制例は多い。自然ガイドの養成が叫ばれ、進んではいるが、まだまだ質において不十分と言わざるをえない。島を訪れる観光客数は夏などの特定時期に集中する傾向にあり、島における経済活動の安定のために、観光客数の均一化が求められる。

観光開発が島外の資本で行われ、従業員が島外から来ることによる弊害も生じやすい。島で生まれ育った者と新参の住民との間には、価値観などの違いから軋轢が生じやすく、環境問題への対応についても両者の合意が得にくい場合が多い。話し合いの場に同席することすら起こりにくい場合がある。島外で育った者の割合が増加すると、地域特有の伝統文化の継承が難しくなる。

環境問題と島の将来

今日、日本の多くの島での生活は、さまざまな点で問題は残るものの、それほど不便を感じさせない。このため、将来的に、島の自然環境への負荷は、住民の生活利便性の追及によるよりも、無秩序な観光業の振興によって生じると懸念される。将来展望のために、島にとってどの程度の観光客が妥当なのか、またどのようなタイプの観光客が良いのかを真剣に考える段階

竹富島行

写真3　空港のない小さな島では、船が唯一の経路である。観光客の入り込み数は船便の輸送量で制限が可能である［佐久間文男撮影］

写真4　島の環境教育。島の未来は、いかに島人が地元としての自治と自活のための力を得ていくかにかかっている。そのためにはまず自らの島を知ることで、とくには外部の研究者集団の関与が重要となる［佐久間文男撮影］

に至ったといえる。また、観光業によってもたらされた雇用創出などのプラス面と自然環境に対する弊害などのマイナス面を十分に検討しなければならない。

島で生まれ育った者が島から流出し、島に帰還しない（できない）主な理由は、島での雇用機会が少ないことによる。観光業以外にも、島の状況に見合った、農林業、畜産業、漁業などの振興が図られなければ、島の将来に展望は開けない。この際に、自然環境に負担のかからない、また、自然災害に対処できる様式で、生活基盤が確立することが望まれる。

日本の多くの島では、環境問題の対処については、入り口の段階といっても過言ではない。国、県、町は、地域住民に十分に説明をすることなしに施策を推し進めようとしており、たとえこれが有効な施策であっても、住民からの支援を得ることは難しく、かえって反感を引き起こすことさえある。地域住民には、地域の自然環境と文化について知識を深め、誇りを高めることが望まれ、島の特徴を生かし、島外の社会システムと調和のとれた自立への活動が求められる。一方、移住してきた住民は地域の行事などに積極的に参加して、地域の文化への理解を深めることが望まれる。また、研究者は地域での研究成果を学校教育、社会教育の場でわかりやすく継続的に説明すべきであろう。これらの活動が着実に進行した段階でないと、島の将来を展望した合意形成は難しい。　【高相徳志郎】

⇒**C** ゴミ問題 *p88*　**D** 沿岸域の生物多様性 *p144*　**D** 文化的ジェノサイド *p188*　**D** サンゴ礁がはぐくむ民俗知 *p210*　**D** 持続可能なツーリズム *p230*　**E** 海洋汚染 *p478*　**E** 環境教育 *p548*
〈文献〉小柏葉子編 1999．沖縄県 2000．藤家里江ほか 2008．Boon, J.M. 2004．Flavin, S. 2007．National Research Council of the National Academies 1999.

都市化と環境

都市の変化と都市リテラシー

都市化という現象

世界の人口の都市化率が、2006年ついに50%を超えた、と大々的に報じられた。都市の地球環境へのインパクトが問題視されるようになったからだ。だが、そもそも、都市化とはなにか、それがどのように地球環境と関連するのであろうか。

都市化は、字義からいえば、非都市の地域が都市になることである。しかし、都市の定義は歴史的、文化的にさまざまであり、一般的に用いられる、都市社会学者L. ワースの都市の定義（人口の規模、密度、異質性が高い場所）もあいまいである。日本では、人口密度が4000人/km^2以上の区域がつながり、かつ、全体で5000人以上が居住する人口集中地域を都市と定義する。

一方、都市は非都市と比べて、建設、交通、排泄・廃棄、消費などを含むさまざまな人間活動が活発に営まれている場所でもあると定義できる。つまり、都市化とは、人口の規模・密度、建設や消費、排泄などの人間の活動が、増大し、非都市が都市になる複合的な現象の総体でもある。

ただ、環境へのインパクトを考えると、非都市が都市となる狭義の都市化だけでなく、都市そのものの急激な変化も問題視する必要がある。したがって、ここでは、後者の都市のさまざまな活動が拡大する現象も都市化に含めることにする。現在ではとりわけ、発展途上国で急激な都市化現象がみられ、それが大きな問題を引き起こしている。

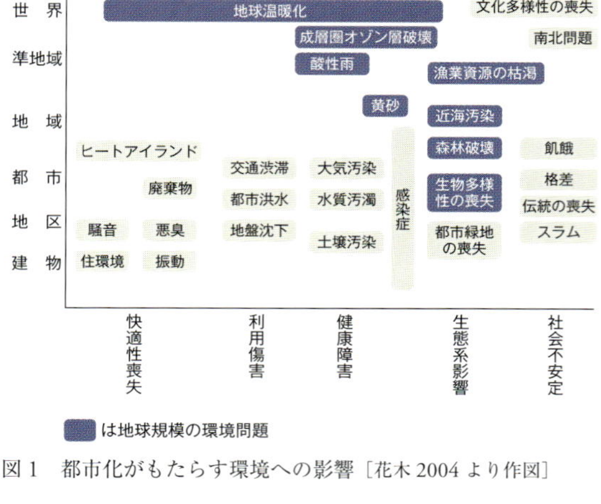
世界
準地域
地域
都市
地区
建物
地球温暖化
文化多様性の喪失
成層圏オゾン層破壊
南北問題
酸性雨
漁業資源の枯渇
黄砂
近海汚染
ヒートアイランド
森林破壊
飢餓
交通渋滞
大気汚染
廃棄物
生物多様性の喪失
格差
都市洪水
水質汚濁
感染症
伝統の喪失
騒音
悪臭
地盤沈下
都市緑地の喪失
スラム
土壌汚染
住環境
振動
快適性喪失
利用傷害
健康障害
生態系影響
社会不安定
は地球規模の環境問題
図1　都市化がもたらす環境への影響［花木2004より作図］

こうしたさまざまな地域における急激な都市化は、自然環境、建造環境（後述）、社会環境、心身環境（人間そのもの）という都市の環境を構成する4つの側面に、正負の影響を与える。その影響は人間にとって利益となる半面、都市化は4側面の環境へ多大な不利益を与え、大きく問題となっている。都市化の負の影響は、影響が及ぶスケール、影響の内容から図1のように整理できる。その影響は、都市内のみならず、地域、さらに地球環境全体にまで及ぶことが理解されるであろう。つまり、多くの地球環境問題は、都市化によってもたらされているといっても過言ではない。

自然環境への影響

都市内、都市近隣に存在する自然環境は、水圏、土壌圏、大気圏、生物圏に大別できるが、都市化はこの自然環境のすべてにわたって大きな影響を及ぼす。

水圏でいえば、河川、湖沼、沿岸域、地下水があり、工場排水、生活排水などによって汚染がみられる。また、発展途上国では、伝染病が広がっている。地下水の過剰なくみ上げは地盤沈下だけでなく、上質な水の枯渇や河川、沿岸域の生態系にも大きく影響を与える。

土壌圏も工場や生活からの排水、廃棄物に含まれる有害物質によって汚染される。汚染された土地は、ブラウンフィールドなどと呼ばれ、開発に不適合であることから遊休地となって社会的な影響を及ぼす。

都市化は大気圏にも影響する。工場や自動車から排出される汚染物質や廃棄物の焼却によるダイオキシン、それが複合化する光化学物質は、大気を通して人間の健康に被害を加える。また、さまざまな人間活動により排出される温室効果ガス（CO_2：二酸化炭素、メタン、亜酸化窒素など）は地球温暖化という地球環境問題を引き起こしている。都市化の過程で、森林、緑地、農地を開発活動に転用したことによって、人工の排熱が増加し、ヒートアイランドが起こっている。

生物圏への影響は、主に生物への直接的なインパクトとそれを介してさらに人間社会への悪影響のふたつがある。前者は、都市における人間の旺盛な消費活動により、遠隔地の水産資源、森林資源の枯渇や多様性の喪失を引き起こすことである。工場、交通、生活から出される排水、排気、廃棄物などは、都市内、都市近郊の生物や農業にも大きく影響する。サルやイノシシ、タヌキなどが農地や市街地に侵入することによる獣害が昔から、日本では頻繁におこっている。また、都市内のカラス、ネコなどの繁殖の進行も獣害のひとつとして、都市化の生物圏への影響の後者の例である。

建造環境への影響

都市化現象は建設活動と直接結びつくことから、人工物の建設は影響を及ぼす加害者とみなされやすい。しかし、私たちが都市に居住する際には、自然環境より道路、橋、建物、公園などの建造物に多く依存している。近年、これらを「建造環境」と総称し、人間の生活をとりまく重要な環境要素とみなそうとしている。建造環境には、都市を支える社会的基盤施設（道路、公園、橋、河川堤防、港湾施設、上下水道、電力、公共交通、通信施設など）、建造物（公共施設、商業施設、住宅など）、景観などが含まれる。

建造環境が都市化から受ける影響は、景観の破壊、多様性の喪失、記憶の喪失、脆弱化などである。急激な建設により建造物が無秩序に乱立すると、それまで長い期間に醸成された景観がかき乱される。そこに存在していたものがなくなれば、そこに付着していた記憶も喪失する。曲がりくねった路地、小さな家々が一掃されれば、人びとが作りあげた記憶がなくなるばかりか、都市内の多様性が失われ、人びとの活動が平板になる。急激な都市化によって、促成な建造物が造られ、都市は脆弱化する。戦後の日本でいえば、団地、ニュータウン、民間分譲住宅地などが郊外に緊急に建設され、粗製乱造のうえ、現在では一斉にそれらの老朽化が始まっている。発展途上国であれば、人口増加により耐久性、清潔さ、快適性などが劣るスラムや不法占拠地区（スクォッター）が出現し、居住する人間の健康を蝕む。また、低湿な湖沼地区に作られることによって、洪水など被害も深刻となる。

都市化は、人口の集中化でもあるから、社会環境や個人の心身環境への影響は大きい。外部から都市に移住してきた人びとは、出身地域、民族別に居住区を作り、貧困、犯罪などが起こりやすい。そもそも、都市社会学はこの都市における社会環境の不具合にいかに対処するかを分析するために生まれたものであった。都市化の進行は、さらに無関心、競争、孤独、冷淡さなどの都市的性格を生み出し、人びとにストレス、いじめ、不安、自殺。不登校、暴力などが出現する。最貧国の都市化はスラムを出現させ、人びとの健康に甚大な被害をもたらしている。

「白いワニ」を探す

都市には地球と同様、さまざまな環境問題が複合化して発現する。しかも、それは人びとの生の現場の眼前にあることから、よりリアルな問題として認識される。東南アジア最大のメガシティ、ジャカルタを例にとれば、頻繁に都市で洪水がおこる。この原因は、ジャカルタを流れる都市河川の上流で森林伐採がおこり、山の保水能力が低減していることがひとつの原因だとみなされる。同様に、都市化によって湿地（水田、湖沼、川など）が縮減し、氾濫原が小さくなり、その結果、都市化による洪水が引き起こされる。水田や湿地の縮減は、ヒートアイランドの原因ともなり、都市景観の変化をもたらすが、そのまま放置することは、疫病を媒介する蚊などを増やすこととなる。植民地時代に水田やプランテーションの灌漑用に作られた溜池は歴史的遺物であり、同時に利権が発生しやすい。都市の洪水をめぐって、自然環境ばかりか、建造環境、社会環境、心身環境すべてがかかわってくる。

写真1　発展途上国の大都市の都市化（インドネシア、ジャカルタ、2009年）

都市化が各側面の環境に及ぼすこのような影響を軽減するために、各種のコントロールが行われている。人間活動がもたらすさまざまな排出を削減したり、リサイクルしたりする手法である。工学的な技術のみならず、法律、教育など、各方面にわたっている。同時に、ひとりひとりが、都市を社会共通資本としてとらえ、それを保全していくための都市リテラシーが求められる。

ジャカルタで一世代前まで流布していた伝説によれば、川や沼などの湿地には「白いワニ」がいるという。そこを汚すと白いワニが怒るから、ゴミを捨ててはいけないのだ、と。この伝説により湿地が保たれ、結果として洪水の被害を少なくしていた。しかし、現在、この白いワニの伝説を口にするものは数少ない。技術の革新とともに、いなくなってしまった白いワニ＝環境制御のための伝統の知恵をもう一度探す必要があるだろう。

【村松　伸】

⇒D都市の多様性 *p156*　H新たな産業革命論 *p372*　H人口爆発 *p374*　H人口転換 *p376*　H景観形成史 *p382*　E成長の限界 *p502*

〈文献〉花木啓祐 2004.　武内和彦・林良嗣編 1998.　菊池美代志・江上渉編 2008.　デイヴィス、M. 2010.　宇沢弘文 2000.

干拓と国土形成

低湿地の環境管理技術

変化する水際の多様な自然

河川が湖や海に流出する部分では急激に流速が小さくなるために、輸送されてきた粒子の細かい粘土やシルトが堆積し三角州が形成される。とくに沿海部では溶解塩類に敏感に反応する粘土が凝集し、いわゆる海成粘土となる。このように、三角州は海面や湖面の変動の影響を受けて、独特の地形と地層が形成されている。約 2～1.8 万年前の最終氷期には海面は現在より 125m ほど高かったといわれている。また、縄文時代中期と晩期に小海退の時期があり、海面は現在より数 m も低かったともいわれている。このような海面の長期的変化が三角州の形成に大きな影響を与えている。干拓や埋立ての対象となる干潟は、地形上では三角州の一部とみることができる。

海面の変動は水際線の位置にも大きな影響を与え、地形と水際線の関係により、つねに三角州地帯の水環境は変動している。陸域と水域の境界線近傍では、水環境に応じた生態系の遷移部（エコトーン）が形成される。また、嫌気性微生物と好気性微生物は土壌水分の状況に応じて微妙に棲み分け、生化学的な反応を受けてさまざまな物質が生成されるために、水際線付近にはきわめて多様な自然が形成される。また、海との接点では塩分濃度の変化が加わり、生態系もきわめて多様となる。このようなダイナミックで多様な自然が水際線の近傍に広がっている。

日本の干拓と国土形成の歴史

淀川流域では、古代、とくに土木技術と鉄器が伝わった古墳時代以降にさまざまな干拓が行われてきた。現在の東大阪市にあったといわれている河内湖は、いまから 5500 年前の縄文海進期に河内湾となるが、その後の海退により河内潟へ変化し、弥生時代中期の 2000 年前には海から切り離されて河内湖となった。仁徳天皇の時代に、茨田堤の築造や難波の大溝の整備など、古代の大規模な土木工事が行われ、江戸時代に大和川の開削による新田開発で、河内湖は完全に陸化する。また、中流部の桂川、木津川と宇治川が合流する巨椋（おぐらいけ）池は、京都盆地にあった山城湖の名残といわれ、秀吉の時代に堤防が築かれて開発が進められたが、20 世紀初めの干拓事業で池そのものが消滅した。上流の琵琶湖周辺には多数の内湖が存在したが、干拓により次第に水田化され、20 世紀になって干拓によりほとんどが、姿を消した。

オランダのアイセル湾の干拓やライン河の大デルタ地帯の干拓計画は有名である。干潟を堤防で囲い、堤内地の排水を強化する施設を建設して広大な農地を造成する干拓は一見するとわが国の干拓と同じようにみえる。しかしながら日本をはじめとするアジアモンスーン地域では河川から運搬される土砂によって、干潟が急速に発達するために場合によっては治水問題を引き起こす。また湛水に対する許容能力の大きい水田稲作が中心となる農業のことを考えると、干拓が持つ意義や技術はヨーロッパとは全く異なっていることを理解することが重要である。

児島湾の周辺は、吉井川、旭川、高梁川の河口部の低湿地帯であった。古代から干拓が進められ、昭和の後半に児島湾の締切堤防が建設され、巨大な人工淡水湖である児島湖が誕生した（写真 1）。現在の岡山市の市域の 80% 以上が干拓地であるといわれている。そのほか、有明湾沿岸の、筑後川により形成された佐賀平野、信濃川河口の巨大な新潟平野、木曽三川により形成された濃尾平野などでも干拓を中心にして現在の土地利用の基本が形成された。また、関東平野の中央部、利根川・荒川の流域の見沼は、利根川の東遷と連動して干拓され、見沼を用水源としていた水田への用水補給のために見沼代用水が建設され、江戸幕府の貴重な財政基盤となった。

写真 1　児島湖と周辺の干拓地。右下に締切堤防が見える。その堤防の右側は海水面、左側は淡水面である。中央上部には、江戸、明治、昭和のさまざまな時代の干拓地が広がっている（2001 年）
［中国四国農政局山陽東部土地改良建設事務所発行パンフレットより］

弥生時代に水田稲作が伝播して以来、低湿地は水田開発適地となり、それぞれの時代の技術水準に応じて、干潟を中心に低湿地が次々に干拓されていったというのが、わが国の国土の形成の歴史であったといえる。

現代干拓技術の体系と複式干拓

干拓技術は、低湿地や水際地域の開発と環境管理について、古代からの経験に基づく知識や知恵を体系化したものである。しかし、生産環境整備に重点が置かれると、さまざまな問題が発生した。技術の使い方の問題である。

現代の干拓は、図1に示すような複式干拓の形を取るのが一般的である。

海面以下の干拓地では堤防が壊れると壊滅的な被害を受けるため、異常気象に対する災害リスクと投資効果の関係が基本的な課題となる。また、低内地は周辺の水面より低いために、洪水時以外にも雨水を合理的に排除する必要がある。外水や内水の変動にどのように対応するかが、干拓施設の計画や設計の基本となる。

干拓地の安全を守る安定した堤防を、とくに軟弱地盤上に、建設することには、現代の最先端の土木技術や工法が要求される。隣接地区や後背地からの流出水は承水路で、海や湖沼へ排除される。干拓地区内に降った降雨の流出水は、排水路を通して排水地点まで導かれ、扉門と排水機場の操作によって、外部に排除する。この仕組みが、外部の水面より低い干拓地を、陸地として維持するための基本技術である。通常、水路は水を流す通水機能が中心であるが、干拓地では水路が持つ貯留機能も重要な役割を果たしている。なお、沿岸域で土砂を搬入し地盤を高めて土地を造成する方法を埋立といい、干拓と区別して扱う。最近では公共事業で発生する残土の処理を兼ねて、埋め立てが多くなる傾向にある。この場合には水害など災害に対する安全性は著しく高くなるが、完全な陸地を造成するために、埋め立ては干拓より環境に与える影響が大きくなる。

変貌する干拓地と社会的摩擦

干拓により忽然と新しい土地が生まれる。新干拓地と旧後背地の間には用水や排水をめぐる地域間対立が発生する。調整結果は慣行として後世に伝えられる。一見不合理にみえる慣行も、長い歴史の中で地域の人びとの合意により形成されたものである。児島湾干拓地では藩政時代の紛争の調停記録が池田家古文書として残っている。

干拓地は交通が便利な立地条件を持つために、急激に都市化が進行している。そのために、旧住民である農業者と新たな都市住民の間で、土地利用と水をめぐって摩擦が生じることも多い。

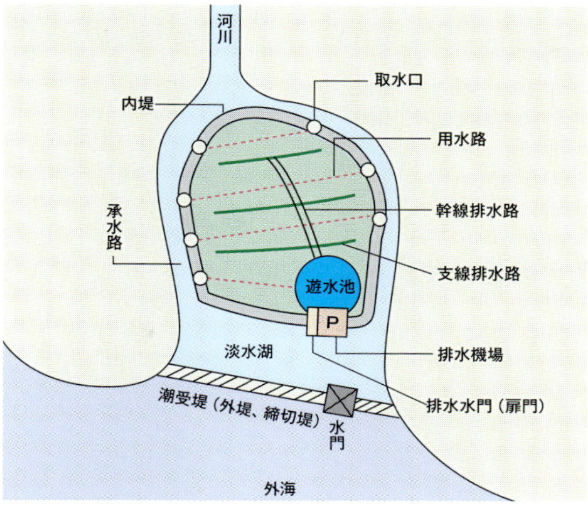

河川
取水口
内堤
用水路
承水路
幹線排水路
支線排水路
遊水池
P
淡水湖
排水機場
潮受堤（外堤、締切堤）
水門
排水水門（扉門）
外海

図1　複式干拓における施設配置の模式図

干拓地は地域でもっとも地盤が低い場所である。そのために水質汚濁や、ゴミの集積など、地域全体の環境汚染の影響を強く受ける。その他、ウォーター・フロントとしての景観や環境の享受などを含めて、利害関係者の間の公平な負担と役割の分担が求められる。浅海利用（漁業、観光業、農業）などの資源や環境をめぐる摩擦の発生と合意・調整の問題など、現代社会問題の縮図がみられる。たとえば、締切堤防の内側の内湖を淡水化したり、あるいは遊水池として利用するのが一般的であるが、水門の操作をめぐり、陸域側と海面側とで利害が大きく対立する。干拓地内の農業者と周辺の漁業者、さらには自然保護を主張する人びとの間で複雑な摩擦が生じる。

干拓は見方を変えると、遊水池や排水施設を人の手によって管理できる湿地を造成することともいえるが、管理の仕方によっては対象地区やその周辺の自然システムに大きな影響を与えることになり、場合によっては環境破壊を引き起こす。最近では環境保全を干拓開発に優先させ、干拓工事を縮小・中止したり、干拓計画そのものを取りやめる例が、世界各地でみられるようになった。日本では食料生産や農業振興から環境重視の時代への大きな転換の中で、もはや干拓の時代は終わったとする見方が一般的である。しかしながら、今後、地球環境変化に伴い海面変動が懸念される中で、低湿地の管理技術として何らかの形で干拓技術を継承することは重要と思われる。　【三野　徹】

⇒D沿岸域の生物多様性 *p144*　D東アジア内海の生物文化多様性 *p208*　R熱帯アジアの土壌と農業 *p254*　H日本列島にみる溜池と灌漑の歴史 *p422*　H出雲の国のたたら製鉄と環境 *p430*　E統合的流域管理 *p534*

地球システム

生物圏における物質循環の統合的理解

生物圏にかかわる２つのサイクル

地球は流体圏（大気、海洋）、固体圏、生物圏・人間圏などのサブシステムから構成されている。それぞれのサブシステム内とサブシステム間では複雑なエネルギーと物質のやり取りが行われている。このやり取りの仕組みの中で生物圏が存在している。当初、人間圏は生物圏に含まれていたが、その活動が大きくなったため、便宜上分けて考えるようになった。生物圏に関係が深い地球の物質循環は、われわれとなじみの深い、①植物の光合成に始まる生物地球化学的サイクルと、②海洋堆積物の形成に始まる地質学的サイクル（海洋堆積物の形成とプレートテクトニクスによる造山運動と陸域の堆積岩の風化のサイクル）に大別される（図 1）。

前者はおおむね 1 年のタイムスケールで地表の生態系の活動を支えている。植物によって生産された有機物の 0.01％は海洋底に堆積物の形で埋没し、後者の地質学的サイクルに組み込まれる。大気中の酸素の蓄積、オゾン層の形成、石油・石炭の形成は、この地質学的サイクルによって駆動されている。そのタイムスケールは大気中の酸素の滞留時間を基準にすると 1200 万年、堆積岩の風化速度を基準にすると 2 億年に及ぶ。現在起こっている地球環境問題は、人間圏のエネルギーと物質の循環が速くなり、生物圏内と他のサブシステム間の相互作用に歪みを起こしていることに起因する。たとえば、大気中の CO_2（二酸化炭素）

大気圏(O_2, CO_2)
ガス交換
CO_2
生物地球化学的サイクル
CO_2 CH_4
N_2 N_2O
CO_2
海洋
生物圏
N, P
地質学的サイクル
堆積過程
風化
堆積岩
石炭・石油・天然ガス
3.2×10^{24}g
有機物が保存される

図 1　生物圏にかかわる 2 つのサイクル。地球の物質循環は植物の光合成に始まる生物地球化学的サイクル（強度が大きく速い）と海洋堆積物の形成に始まる地質学的サイクル（強度が小さく遅い）に大別される

の増加はこの代表的な例となる。

この問題を解決するためには、以下に提示する視座に沿って地球システムの理解を深め、次世代の生き方を構築し、生物圏の持続性のあり方を考えることが求められる。地球システムの中での生物圏の持続性を維持するためには、生命活動に必要な栄養物質が絶え間なく供給され、かつ環境が安定するか、少しずつゆっくりと変化していくことが不可欠となる。先に示した 2 つのサイクルは、この前者の意味で生物圏の存続を支えているといえる。

生物圏の進化と大気酸素蓄積の重要性

酸素発生型の光合成を行うラン藻の化石はストロマトライトとよばれる層状構造をもつ堆積岩である。この岩石の有機物の炭素同位体比が 35 億年前まで現在の光合成植物の値に近いため、その出現を 35 億年前と推定している（図 2）。堆積岩の形成によって分解しない有機物が岩石中に閉じ込められ、その炭素量に相当する酸素が大気中に放出される。当初放出された酸素は地表に存在した FeS（硫化鉄）の酸化に消費され、縞状鉄鉱床や海水中の硫酸イオンとなった。すなわち FeS やその酸化物の量が大気中の酸素分圧の安定性に深くかかわっている。

大気中に酸素が溜まり出したのは今からおおよそ 20 億年前であり、大気中の酸素分圧が現在の 1/100（パスツール点）になったときに好気的世界と嫌気的世界を区分する酸化還元境界層が発達し、炭素・窒素・イオウの循環システムが完成した。窒素を例に取ると、空気中の窒素ガスは窒素固定菌によってアンモニウムイオンとなり生物に利用される。酸素のある条件下では生物体のタンパク質などがアンモニウムイオンとなり、さらに硝化細菌によって硝酸イオンとなる。嫌気的な世界では、硝酸イオンは脱窒によって再び窒素ガスとなりサイクルが完結する。

さらに大気中に酸素が蓄積し、酸素分圧が現在の 1/10 になると、オゾン層という生物保護システムが機能し、生物の上陸が可能となった。今から 4 億 5000 万年前のことである。

図 1 に示した「細くて長いサイクル」は、地上の好気型の生物圏の存続に大きく貢献していることが理解できる。したがって、このサイクルに歪みが起こると、

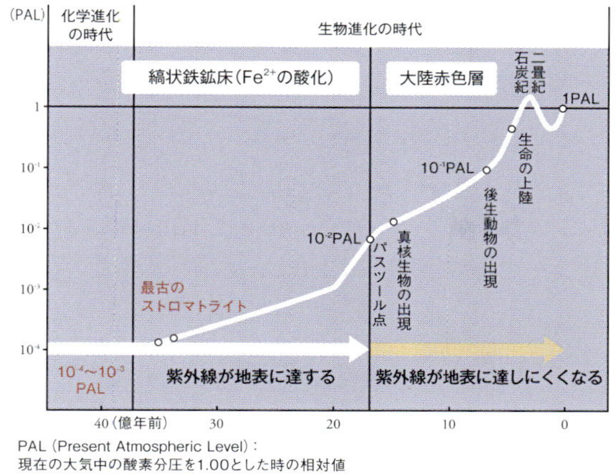
(PAL)
化学進化の時代
生物進化の時代
縞状鉄鉱床(Fe^{2+}の酸化)
大陸赤色層
石炭紀
二畳紀
1PAL
1
10^{-1}
10^{-2}
10^{-3}
10^{-4}
10^{-1}PAL
生命の上陸
後生動物の出現
10^{-2}PAL
真核生物の出現
パスツール点
最古のストロマトライト
10^{-4}〜10^{-3} PAL
紫外線が地表に達する
紫外線が地表に達しにくくなる
40(億年前)
30
20
10
0
PAL (Present Atmospheric Level)：
現在の大気中の酸素分圧を1.00とした時の相対値

図 2　大気中の酸素濃度と生物圏の進化

生態系の変化が大きくなり、次に示す生態系の区分に乱れが生じて、生物の存続に大きな影響を及ぼすことになる。

地球システムを支える仕組み

プレートテクトニクスによる造山運動は陸域に山脈を形成し、大気の循環や水の循環に大きな影響を与え、とくに大陸部にそれまでとは異なる降水量の変化や差異をもたらした。これに地軸の傾きに対応した太陽光のあたり方や季節性が加味されて、多様な気候帯が形成された。生物は、これらの気候帯に適応しながら、さまざまな生態系（生物圏のサブシステム）を作り出した（図 3）。

生物圏・人間圏の持続性についても、地球システムの視点から考える必要がある。現在の地球には、これら両圏の存続に大きな影響を持つ主として 2 つの物質循環システムが備わっている。①生元素のリサイクルは生物圏を枯渇させない――生物圏の中には酸素のない部位が共存しており（酸化還元境界層）、たとえば水田土壌が湛水したときは有機物粒子の中は無酸素になり、脱窒やメタン発酵によって新たなリサイクルシステムが形成され、大気や水の循環によって各種生態系に栄養物が永続的に供給される。②海洋の深層循環とプレートテクトニクスは巨大なゴミ処理システムである――塩分量の多い北部北大西洋では、表面水が冷やされ 4000 m 以深に沈降する。深層水は南下し、インド洋から太平洋に至り湧昇する。このため太平洋ペルー沖では動植物プランクトンが大量に増え、その結果生成した多量の有機物の粒子が沈降分解するため、大規模な無酸素水塊が形成され脱窒が駆動し、窒素を大気に戻している。一方、マントル対流によって駆動される地殻の運動システムは残りの堆積した粒子を海洋堆積物に取り込み埋没させる。

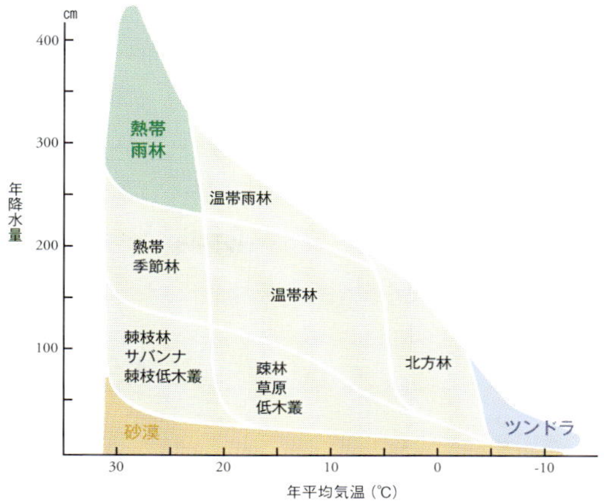
cm
400
300
200
100
年降水量
熱帯雨林
温帯雨林
熱帯季節林
温帯林
棘枝林
サバンナ
棘枝低木叢
疎林
草原
低木叢
北方林
ツンドラ
砂漠
30
20
10
0
-10
年平均気温 (℃)

図 3　年平均気温・年降水量と植生帯［Whittaker 1962］

地球システムの統合的理解

人間圏の持続性を考える時、その他のサブシステムの相互作用から、1 つのプロセスだけを切り離して、独立した事象あるいは問題として扱うことはできない。このことが近年顕在化した地球環境問題の最も重要な点である。たとえば、食料など直接利用可能な生物資源を持続的に獲得することのみを単独で考えていては、人間圏の持続性が保たれない段階にいたっている。こうした中でこの様な問題に対処すべく、今世紀に入って世界中からさまざまな分野の研究者を集めて、地球システム（地球の仕組みや機能、システムの変化、地球の持続可能性の意味など）の統合的研究を行うための国際的な場として*ESSP（地球システム科学パートナーシップ）が組織された。

従来、生物学を対象とする研究は、調査・観測手法の技術的限界から、調査区以下のスケールに限られていた。近年の衛星リモートセンシングと計算機科学の進歩は、従来の調査区ベースでの研究スケールを、地域、大陸、全球へと拡げることを可能にした。現在、地球生態系について行われている観測、モデル、予測シミュレーションの連携（三位一体）作業を高度化することによって、ESSP が目指す生態系の順応的管理や明日の生態システムのあり方を考えることが可能となりつつある。

ここに述べたような、さまざまなスケールの物質循環システムを含めた地球システムの統合的理解が、生物圏・人間圏の持続的存続や地球環境問題の解決の第一歩となる。　　　　　　　　　　【和田英太郎】

⇒C 窒素循環 *p44*　C 炭素循環 *p46*　C 地上と地下をつなぐ水の循環 *p78*　C 物質循環と生物 *p82*　C 循環時間と循環距離 *p92*　E 順応的管理 *p532*　E 持続可能性 *p580*

〈文献〉和田英太郎 2002.　Whittaker, R. H. 1962.

成長の限界

資源の有限性と環境問題

ローマ・クラブ『成長の限界』

1960年代後半、天然資源の枯渇、公害による環境汚染、開発途上国を中心とする人口増加、大量破壊兵器の増加といった地球規模の問題が急速に進んでいるとの認識のもと、その対応策を検討すべく、世界各国の科学者、経済学者、教育者、経営者をメンバーとする民間組織が結成された。この組織はローマで初会合を開催したことから、ローマ・クラブと称されるようになった。やがてローマ・クラブは「人類の危機に関するプロジェクト」を開始し、その第一歩として上記の問題の諸要因とその相互作用の全体を把握することを試みた。その事業は米国マサチューセッツ工科大学システム・ダイナミクス・グループに委託され、1972年、同グループがその回答として報告書を提出した。それが『成長の限界』(*The Limits to Growth*)である。

人口と工業の幾何級数的成長

『成長の限界』は人類が直面する問題の基礎として、人口、食料生産、工業化、汚染、再生不可能な天然資源の消費という5つの要素に注目し、互いに関係するこれらの要素が時間の進行とともに変化するさまをシミュレーションしたものである。その基本的結論は「人口、工業化、汚染、食料生産、および資源の使用の現在の成長率が不変のまま続くならば、来るべき100年以内に地球上の成長は限界点に到達するであろう。最も起こる見込みの強い結末は人口と工業力のかなり突然の、制御不可能な減少であろう」というものだった。

まず報告書は上記5つの要素はいずれも幾何級数的成長と呼ばれるパターンに従って増大しているとし、人口および工業生産という要素を事例にその概念の説明を行うことから論を起こしている。幾何級数的成長とは、「一定期間に、その総量に対して一定の割合で増加」するパターンを指し、それは「一定期間に、一定量だけ増加」する線形的成長の場合に比べてはるかに急速に増加する特徴をもつ。10分ごとに2つに分裂する細胞は、10分ごとに2つずつ増えていく細胞に比べて、その数を劇的に増やすといった具合である。

こうした幾何級数的成長には、何らかの形でフィードバック・ループと呼ばれる関係が内包されている。

写真1　オガララ帯水層上に設置された地下水ポンプ。涵養量を越えた地下水利用は何をもたらすのか（米国、コロラド州、2005年）

たとえば、出生率の上昇や資本ストックの増加は、人口や工業生産をますます増加させるという意味で、正のフィードバック・ループを、逆に死亡率の上昇や資本の減耗は負のフィードバック・ループを構成する。報告書はこのメカニズムを示したうえで、幾何級数的成長は前者が後者を上回るときに生じるが、その開きがますます拡大する傾向にあることを指摘している。

幾何級数的成長の限界

次に同報告書は、人口および工業生産の幾何級数的成長に限りがあることを、残り3つの要素である食料生産、再生不可能な天然資源の消費、汚染との関連から説明する。たとえば増加する人口を養うには農地の拡大が必要となるが、耕作可能な土地は限られているばかりでなく、そうした土地は人口増に伴い都市化が進むと、工場および宅地に転用されてしまうことでますます減少する可能性すらある。あるいは工業生産は原材料たる天然資源に依存するところが大きいが、資源消費の急速な増加は有限な資源埋蔵量を食いつぶしてしまう可能性がある。さらに、急速に増加しつつある汚染についても、自然がどの程度まで許容できるのか不明確な部分が多いが、限界が存在することだけは確かであるとしている。

続いて考察の視点を5つの基本的要素間の相互関係全体に拡大し、できる限り各要素間の関係を定量化し、従来の人口と工業生産の増加傾向への対策に大きな変革がなければ、再生不可能な天然資源の枯渇を主因とする一連の因果プロセスにより人口と工業の成長は停止すると結論づけた。そしてこの基本見解は、たとえ代替エネルギーの存在による天然資源の増加、汚染技術の発達といった技術変化を加味したとしても、やはり大差ないとしている。つまり、最も本質的な問題は有限で複雑なシステム下における幾何級数的成長なのであり、技術それ自体は問題の顕在化の先延ばしには役立つが、根本解決をもたらすものではない。同報告書は、こうした観点から、破滅的な結末を避けるためには、従来のような人口と工業生産の無制限の拡大を抑制することの必要性、しかも早い段階から対策を講ずることの重要性を指摘している。

地球の有限性

この報告書はもちろん「予言」ではなく、さまざまな将来シナリオを提示して、破滅的なシナリオを回避する対策の必要性を訴えるものである。この報告書は米国の出版社から販売されるやいなや、たちまち日本、ドイツ、オランダ、その他 10 数カ国語に翻訳され、1 年後の出版部数だけで 117 万部に達した。

その後、『成長の限界』の報告内容には改良が加えられていった。1 つはスケールダウンである。この報告書は世界全体を視野に入れたものだが、世界をいくつかの地域に分けて、それぞれの地域的特性、たとえば先進国か途上国などを加味した研究も行われた。もう 1 つは最新の情報に基づくコンピュータモデルの更新である。そこで得られた結論も基本的には同じものだった。すなわち、資源消費と汚染排出に関する制約が経済成長の足かせとなり、この制約に対応するには莫大な資源を振り向ける必要があるため、生活の質が低下するという警告である。

この報告書は文字通り世界的な反響を呼び起こした。その増加傾向を制限しなければ、人口と工業力が制御不可能なほど減退する恐れがあると主張する本書は、資源の有限性をめぐる「警笛の書」としてではなく「人類滅亡の予言書」と曲解されることもあった。他方、その後の研究進展につながる有効な批判もあった。『成長の限界』においては、人口や工業生産のみが幾何級数的に増加すると想定されているが、技術進歩も同様に飛躍する可能性はないのかといった疑問や、シナリオ作成に用いたシステム・ダイナミクスという手法においては、膨大で複雑に絡み合った現実の問題を過度に単純化するため、そこからは誤った結論が導き出される恐れがあるといった意見である。こうした問題点はあるにせよ、この報告書の意義は、人口爆発、エネルギーおよび資源の枯渇、環境汚染の増大といった、それまで本格的に検討を加えられなかった諸現象の複合的影響の評価を通じて、「地球の有限性」という見解を広く社会に普及させたことにある。

写真 2　拡大する都市。利便性の背後に潜む損失にも目を向ける必要がある（タイ、バンコク、2009 年）

『成長の限界』と地球環境問題

現在、温暖化、洪水や渇水といった水問題、生物多様性の消失といった地球環境問題へのアプローチにはさまざまな方法があるが、その多くは地球上の資源には限りあるものであることを前提としている。また地球環境問題の 1 つの特徴は問題の発生源と被害の帰着先の間にさまざまな事象が介在しており、個々の因子の連鎖が時には国境あるいは世代をまたいで予想を超えた悪影響を生みだす点にある。加害者と被害者が近接しており、両者の関係が比較的に単純な公害問題とはこの点が異なる。このため地球環境問題の理解には複雑に絡み合った因子のつながりを解きほぐすことが重要となる。あらゆる因子を考慮することは不可能だが、その中でも重要な因子に注目し、その相互連関を調べることは可能である。

『成長の限界』で示された、人口、食料生産、工業化、汚染、天然資源の消費といった基本的要素の相互関係をトータルに把握する視点は、現在の地球環境問題の把握にも大きな示唆を与える。この意味においても、ローマ・クラブの『成長の限界』は地球環境問題を扱った先駆的な業績であり、その意義は未だに失われていない。

【遠藤崇浩】

⇒R市場メカニズムの限界 *p268*　H人口爆発 *p374*　E地球システム *p500*　E環境容量 *p530*　Eレジリアンス *p556*　E持続可能性 *p580*　E未来可能性 *p582*

〈文献〉メドウズ、D.H. ほか 1972．メサロビッチ、M.M. & E. ペステル 1975．メドウズ、D.H. ほか 2005．

成層圏オゾン破壊問題

南極オゾンホールが語る地球異変

成層圏オゾン層

地球をとりまく大気には、酸素が約2割含まれている。太陽から降り注ぐ強烈な紫外線で生じる光化学反応によって、上空（高度約30〜40 km付近）で酸素からオゾン（O_3）が生成される。オゾンは太陽紫外線を強く吸収し、地上に生活する生命を強烈な太陽紫外線から守っている。約4億年前、水中に棲息していた生物が陸上にあがって生活できるようになったのも、オゾン層ができたからだと考えられている。このような働きから、成層圏オゾン層は「地球生命圏の宇宙服」にもたとえられている。しかし、近年では人間活動から放出される塩素が原因で、オゾンが減少しつつあることが明らかになってきた。

*UV-B領域と呼ばれる紫外線の増加は多くの植物の生育を阻害し、人体に対しては皮膚ガンや白内障などの発生率を増加させる。成層圏オゾンが1%減少するとUV-Bの増加はおおよそ2%になると見積もられている。オゾン層の減少がたとえ数%であっても人体・生物への影響は無視できないものになると予測されており、国際的に成層圏オゾン保護の対策がとられている。

南極オゾンホール

人工衛星でオゾンの観測をすると、毎年9月から11月にかけて、南極を中心にまるで穴（ホール）のようにオゾン量の低い領域が観測される。いわゆる南極オゾンホールである（図1）。衛星観測ではオゾン全量と呼ばれる気柱量（地上から宇宙空間までのオゾン量を積分した量）を観測している。通常この値は約300ドブソン単位程度であり、これは1気圧・摂氏0℃を仮定したとき大気中で3mmの厚さを占める量である（大気全体の厚さを同じ尺度で測ると約8kmである）。図1で示すように、オゾンホールの中心部ではわずか100ドブソン単位程度になっており、非常に少ないことがわかる。オゾンホールは成層圏オゾンが著しく減少したことを示している。飛行機などによる集中観測によって、南極上空でのオゾン減少は塩素によるオゾン破壊が原因であることが明らかになった。なぜ塩素が大気中に蓄積したのだろうか。

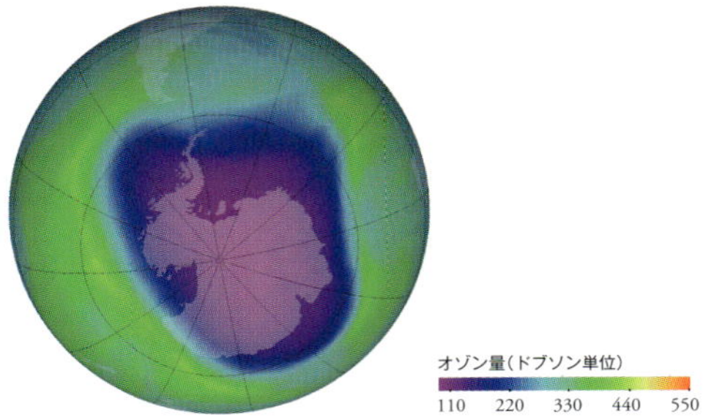
オゾン量（ドブソン単位）
110 220 330 440 550

図1　2008年10月に観測された南極オゾンホール。衛星センサーOMIの観測結果［NASA HPより］

大気中の塩素の起源

大気中の塩素は自然起源のものもわずかに存在するが、現在の大気中に存在する塩素のほとんどは人工起源物質であるフロン類から放出されたものである。フロン類は、メタンやエタンなどの炭化水素の塩素・フッ素置換体の総称で、正確な呼称はクロロフルオロカーボン（CFC）類である。冷却剤や発泡剤、洗浄剤に適した優れた性質を持っているため、1970年代始めに発明されて以来大量に使用され、大気中のフロン濃度は増加の一途をたどってきた（図2）。フロン類は成層圏で強力な紫外線にさらされると光分解をおこして塩素原子を放出するが、放出された塩素原子の多くは、周囲の化学種との反応を経て、寿命の長い*リザーバー分子である塩化硝酸（$ClONO_2$）や塩酸（HCl）となる。リザーバー分子は大気中では化学的に安定であるので、そのままではオゾンを壊すことはなく、不活性塩素と呼ばれる。しかし、何らかの反応によってこれらリザーバー分子が分解されるとオゾンを破壊する塩素原子（Cl）が発生する。これを「不活性塩素の

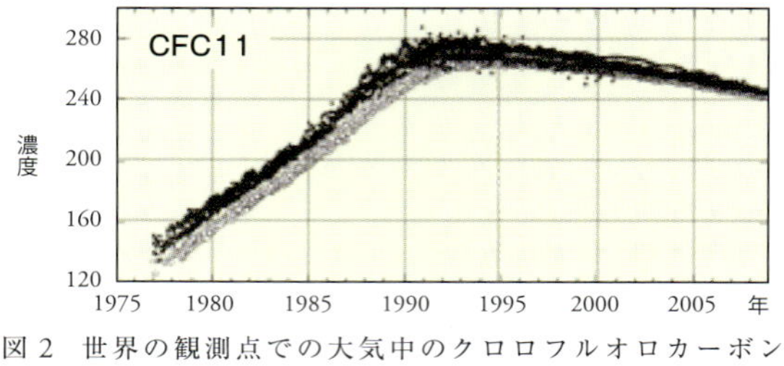
ppt
CFC11
280
240
200
160
120
濃度
1975 1980 1985 1990 1995 2000 2005 年

図2　世界の観測点での大気中のクロロフルオロカーボン（CFC11）濃度の経年変化。黒丸は北半球、白丸は南半球の観測値。1990年代前半をピークに緩やかな減少傾向に転じている［気象庁HPより］

活性化」と呼んでいる。

塩素原子（Cl）はオゾンと反応して一酸化塩素（ClO）になり、ClO はまた酸素原子（またはオゾン）と反応して塩素原子を発生する。このように Cl と ClO は互いに元の状態に戻るため、その数を減らさずにオゾンを大量に破壊する。このサイクルは「触媒反応サイクル」と呼ばれ、ごく微量の塩素原子が大量のオゾンを破壊する本質的な機構となる。通常、中低緯度においては高度 40km 付近で紫外線による光化学反応が活発で、塩素の触媒サイクルによってオゾンが破壊される。このような塩素によるオゾン破壊の危険性は 1970 年代初めから指摘されてきた。しかし、高度 40km 付近ではオゾン濃度が低く、たとえオゾン破壊が進行しても気柱量あたりの破壊量は小さいため、オゾンホールのような極端なオゾン破壊現象は起こらないと考えられてきた。

南極オゾンホールの発生

南極におけるオゾン破壊のメカニズムは、中低緯度でのオゾン破壊メカニズムとは異なっており、南極での特殊な気象条件が深く関係している。南極上空では、冬（6～8 月）の間、大気は非常に低温となり、マイナス 80℃にもなる。このような低温が原因で、通常、中緯度では生成されることのない、成層圏の「雲」ができる（これを極成層圏雲（PSC）と呼ぶ）。この雲の表面で「不活性塩素の活性化」が起こると考えられている。このため、上述の「触媒反応サイクル」がオゾン濃度の高い 18km 付近で進行し、大量のオゾンが破壊され、南極オゾンホールが観測される（ClO の二量体：ダイマーが関与している）。11 月頃にはオゾンホールは崩壊し、オゾンの希薄な空気は周囲の空気と混合して中緯度へと拡散する。アルゼンチンやニュージーランド上空では南極オゾンホールの影響を受けて成層圏オゾンが減少しているため、国民のオゾン層に対する関心も日本に比べてはるかに高い。

北極では気象条件が異なるため、南極オゾンホールほどの顕著なオゾン減少は起こらない。しかし、局所的には同様の現象が観測され、年によっては南極と類似の大規模なオゾン破壊が観測されることもある。

オゾンホールは地球生命圏を守る宇宙服のほころびにたとえられる。最新の数値モデルを用いた将来予測によれば、このほころびが完全に修復するのは 21 世紀後半とされている。

成層圏オゾン層の保護への取組み

1985 年に南極オゾンホールが発見されて以来、国際的に成層圏オゾン層保護のための取組みが進められ

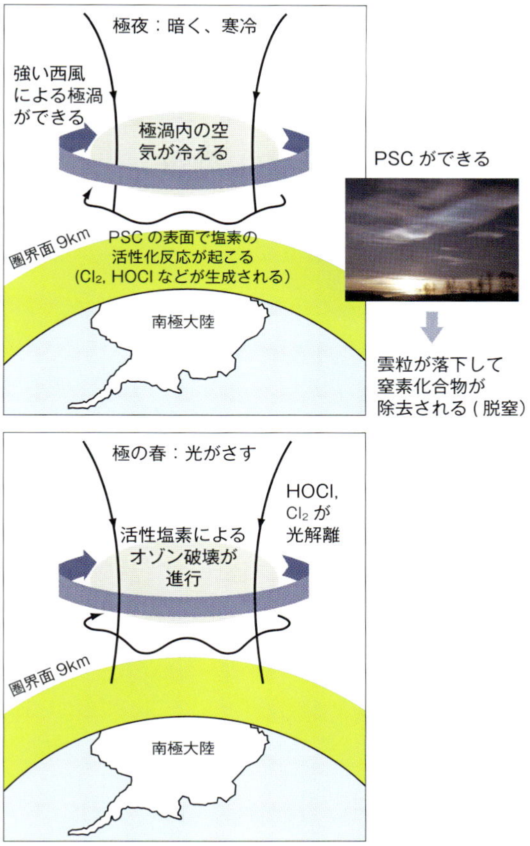

極夜：暗く、寒冷
強い西風による極渦ができる
極渦内の空気が冷える
PSC ができる
圏界面 9km
PSC の表面で塩素の活性化反応が起こる（Cl_2, HOCl などが生成される）
南極大陸
雲粒が落下して窒素化合物が除去される（脱窒）
極の春：光がさす
HOCl, Cl_2 が光解離
活性塩素によるオゾン破壊が進行
圏界面 9km
南極大陸

図 3　南極上空における塩素原子によるオゾン破壊反応の模式図［Wayne 1991 より改変］

た。1987 年にはモントリオール議定書（正確には「オゾン層を破壊する物質に関するモントリオール議定書」）が締結され、オゾンを破壊する能力の高い特定フロン（CFC-11、CFC-12、CFC-113、CFC-114、CFC-115）の 5 種類および特定ハロン（臭素を含むものは、ハロンと称される。そのうち、ハロン 1301、ハロン 1211、ハロン 2402 を特定フロンと呼ぶ）の生産が規制されることになった。さらに 1989 年には特定フロンを 2000 年までに全廃することを謳ったヘルシンキ宣言が採択された。

日本では 1988 年に、「オゾン層保護法」を制定し、フロン類の生産および輸入の規制を行っている。このような規制強化のもとで、オゾン破壊の能力の低い物質として代替フロンと呼ばれる物質（HCFC-22 など）が使用されるようになったが、これらはオゾンを破壊する能力は低くても、温室効果を強く持つことが新たな問題となっている。　【林田佐智子】

⇒C エアロゾルと温室効果ガス *p28*　C 大気汚染と呼吸器疾患 *p62*　C 大気汚染物質の排出インベントリー *p100*　E 温室効果ガスの排出規制 *p506*

〈文献〉 Wayne, R.P. 1991.

温室効果ガスの排出規制

地球温暖化と国際政治

冷戦終焉と地球環境問題

大気や水の大規模な汚染問題は、かつては公害問題と呼ばれ、これを指摘するのは反企業的で反政府的な立場と見られがちであった。まして国益を争う国際政治の場では、環境問題が正規の外交課題に取り上げられることは稀であった。一方、欧州では1980年代に入ると環境悪化が誰の眼にも明らかとなり、「緑の党」など環境保全を掲げる政党も出現したため、欧州諸国は内政面でも外交面でも環境対策を採用するようになった。1979年に署名された長距離越境大気汚染条約は、酸性雨問題の対策として、欧州全域の大気汚染物質に関する科学的データの共有を目的とした初めての条約である。その後この枠組の下で、加盟国に大気汚染物質の排出削減を求める議定書を次々成立させていった。酸性雨交渉の体験はEU（欧州連合）にとって、地球温暖化交渉にきわめて有利に働いている。

ただし地球温暖化の主因とみなされる二酸化炭素は、二酸化硫黄のように直接的な大気汚染物質ではないから、その排出削減問題は、国際交渉の課題に取り上げるのは本来難しい課題である。にもかかわらず1992年の国連環境開発会議（リオ・サミット）では国連気候変動枠組条約が署名され、1997年には先進国の排出削減を義務づける京都議定書までもが成立した。この時期、にわかに地球温暖化の危機を示す科学的なデータが得られたわけではないから、このような条約が急遽成立した理由は、国際政治の構造的変動にあったと考えられる。

それが冷戦の終焉である。冷戦とは、米ソ両陣営が互いに1万数千発の核弾頭を配備して睨みあった、人類史上、異様な時代であった。だがソ連は1988年秋以降、一方的軍備削減と同時に環境問題の重要性を主張するようになった。その後、1989年にベルリンの壁が崩壊し、1991年にはソ連そのものが消滅する。こうして核戦争の脅威が薄れるのに反比例して、地球温暖化の脅威が次の国際政治の課題として重みを増してきた。実際、核戦争の脅威と温暖化の脅威には似たところがある。第1に、脅威が地球大である。第2に、各国の経済政策と深く連動している。第3に、脅威の実体の把握がきわめて困難であることである。

温暖化問題の認知と科学的アセスメント

大気中の二酸化炭素が少しずつ増えていることは、1958年の国際地球観測年を機に、ハワイのマウアロナ観測所が大気成分の精密測定を開始してまもなく、公知の事実となった。だがこのデータが、人間活動による地球温暖化と結びつけて語られるようになるのは、1980年代以降のことである。自然科学の研究活動は研究者の好奇心に立脚したもので、政治的目的で将来予測を行われることはなかった。しかし環境問題が外交的課題となると、関連事項について科学的データを収集し、現状と未来に関して科学的評価を行うことが不可欠となる。これが、科学的アセスメントと呼ばれる作業である。長距離越境大気汚染条約、オゾン層保護のウィーン条約、国連気候変動枠組条約などはみな、公的資金で支えられた科学的アセスメントの体制を備えている（表1）。この組織が機能するためには、科学的に正確であるだけではなく、報告の作成過程に国益が混入しないよう、研究者の出身国比率でバランスがとれ、透明な手続きが不可欠である。

地球温暖化問題で初めて公的な科学的アセスメント会議が開かれたのは、1985年のフィラッハ（オーストリア）においてである。まだこの時点では、温暖化の予測と対応策の認識は漠然としたものであったが、その後もWMO（世界気象機関）とUNEP（国連環境計画）の資金で会議は続けられた。1988年12月、国

	酸性雨	オゾン層破壊	地球温暖化
初期警告	1960年代後半	1974年	1970年代
公的な科学的アセスメント	EMEP 1978～	CCOL 1977～	IPCC 1988～
条約交渉の場	国連欧州経済委員会（UN-ECE 1978～）	国連環境計画（1981～）	政府間交渉会議（INC 1990～）
枠組条約	長距離越境大気汚染条約（LRTAP条約）	ウイーン条約	国連気候変動枠組み条約
署名	1979	1985	1992
発効	1983	1988	1994
議定書	SOx　NOx	モントリオール	京都
署名	1985　1988	1987	1998
発効	1987　1991	1989	2001
議定書改定	オスロ	ロンドン	
署名	1994	1990	
発効	1998	1992	
2次改定	ヨーテボリ	コペンハーゲン	
署名	1999	1992	

表1　科学的アセスメントと国際政治

連総会でIPCC（気候変動に関する政府間パネル）の設置が承認されたことで、温暖化の科学的アセスメントは国連の正式作業に格上げされ、条約の成立と同時に条約機構を支える重要な組織となった。IPCCは、科学的事実、温暖化の影響、対応策の3つの作業部会を組織し、1990年に第1次報告書を出版して以来、この三部作報告の形が定着した。1995年に第1回締約国会議がベルリンで開催されたのに合わせて、第2次IPCC報告書が出されたが、その後、作業量が膨大になり、6年ごとの出版となっている。IPCC報告書の作成には、主要課題ごとに執筆グループが組織され、学術雑誌に発表された論文の内容を公正にレビューし、草稿を世界中の専門家3000人がチェックして最終的にまとめられる。

カテゴリー	安定化CO_2濃度（ppm）	全ガスCO_2換算（ppm）	安定時の産業革命前比の平均上昇（℃）	CO_2排出のピーク（年）	2050年での2000年比総排出量(%)
Ⅰ	350～400	445～490	2.0～2.4	2000～2015	−85～−50
Ⅱ	400～440	490～535	2.4～2.8	2000～2020	−60～−30
Ⅲ	440～485	535～590	2.8～3.2	2010～2030	−35～＋5
Ⅳ	485～570	590～710	3.2～4.0	2020～2060	+10～+60
Ⅴ	570～660	710～855	4.0～4.9	2050～2080	+25～+85
Ⅵ	660～790	855～1130	4.9～6.1	2060～2090	+90～+140

表2　CO_2排出についての長期対応：濃度安定の考え方［IPCC 2007c］

京都議定書の成立と中長期目標の策定

当初の条約案には、温室効果ガスの総排出量を2000年までに1990年のレベルに削減するという目標が掲げられていた。しかし、具体的数値を条約本文に書き込むことを米国が嫌ったため、数値目標の設定は先送りとなった。1997年に成立した京都議定書は、懸案であった温室効果ガス削減の数値目標を実現させた。その内容は、1990年の排出量を基準に、2008～2012年間の5年間平均で、EU：8%、米国：7%、日本：6%を削減することを義務づけるものである。EU加盟国は通商交渉の窓口をEU代表に一本化しており、8%削減は「EUバブル」と呼ばれ、EU15カ国全体の数値である。EUは京都議定書直前まで、先進国一律15%削減を主張し、最終的に8%減で妥協した。これによってEUは、その後の削減交渉で主導的地位を手に入れた。EUの削減幅は加盟国間で政治的合意として再配分され、英国：12.5%減、ドイツ：21%減、フランス：0%減、スペイン：15%増などと割り振られた。ただし、EUも日本ほどではないが、京都議定書の達成は難しい状況にある。

United Nations Framework Convention on Climate Change
Third Session, Conference of the Parties
Kyoto, 1 - 10 December 1997

写真1　京都議定書が採択されたCOP3（1997年）［気候ネットワーク提供］

気候変動枠組条約の基準年は、さまざまな事情で1990年と決まったが、この年は冷戦終焉直後であり、東西ドイツが統一を果たした年でもあった。このことはEUに決定的に有利に働いた。冷戦時代の社会主義圏はエネルギー効率を考慮しない社会であった上、市場経済移行に伴い産業活動が停滞し、同時にエネルギー効率の改善投資が行われたため、1990年代を通して、東欧の二酸化炭素の排出量は激減した。冷戦後、EUは莫大な東欧支援を行ってきており、この支援の間接的効果を、温暖化交渉の場で利用したのである。

気候変動枠組条約は、温暖化の被害を世界的次元で受忍限度内に抑えるよう、温室効果ガスの濃度を安定化させるという、壮大な目標を掲げている。これを踏まえてIPCC第4次報告は、全世界が21世紀の早い時期に温室効果ガスの総排出量を頭打ちにすることを求めている。そのため温暖化交渉は、京都議定書以降の2013～2020年の中期削減目標、さらに2050年を含む長期の削減目標を策定合意する必要がある。だが、京都議定書は先進国だけが削減の義務を負うものであったのに対して、中長期では発展途上国の参加が不可欠である。発展途上国にとって、温室効果ガスの削減は経済成長の抑制とほぼ同じことを意味するため、南北間の対立が鮮明になり、削減数値の合意は困難になっている。温暖化が進めば水害や干ばつが頻発し、結果的に国民の生命財産が脅かされるから、これを「気候安全保障」という概念でとらえる、と英国政府は明言しており、温室効果ガスの削減問題は21世紀外交にとって重要課題になっている。　【米本昌平】

⇒C地球温暖化問題リテラシー *p24*　C地球温暖化と異常気象 *p34*　C大気汚染物質の排出インベントリー *p100*　E酸性雨 *p476*　E成層圏オゾン破壊問題 *p504*　E国連環境機関・会議 *p552*

〈文献〉IPCC 2007c．澤昭裕・関総一郎編 2004．米本昌平 1998．

経済体制の変革と環境

ソ連・東欧の近代と自然改造

経済体制と環境

近代資本主義においては人間が個人として経済合理性、つまり利潤ないし所得の極大化を目指して行動する。このため森林や放牧地などの共同資源も私的に囲い込まれ、コモンズの悲劇が生まれた。現代はコモンズの悲劇が地球規模で拡大している時代である。

資本主義への批判として生まれた社会主義は、生産手段の私的所有を否定し、資源や自然そのものをも国有化した。その結果、自然資源の管理はもっぱら国家が行うことになり（行政環境主義）、同時に国家が自然資源の独占的利用者となった。国家的に資源と科学技術を総動員したソ連の自然改造計画はこの象徴である。

自然改造計画

自然改造計画として有名なカラクム運河は干ばつの脅威を除き、農業生産、とりわけ綿花栽培の計画性を高めることを目指した。カラクム運河はアラル海に注ぐアムダリア川を水源とするが、アラル海流入河川水系へのロシアの関心は 18 世紀のピョートル大帝期に遡る。次いで米国の南北戦争による世界的綿花不足が綿花栽培用運河建設計画のきっかけとなった。したがって自然改造構想は帝政ロシアおよび近代世界史とも重なる。

カラクム運河の取水はアラル海水位低下の元凶の 1 つとされる。だが計画立案当初は、年に 500〜600 億㎥の莫大な量の水が無駄にアラル海に注ぎ込み、無為に蒸発してしまうことの方が問題視されていった。また自然改造は、自然が人間活動に対して一方的に影響を及ぼすという環境決定論を否定し、社会と自然との弁証法的統合を掲げるマルクス主義地理学の主張と結びついた。その自然理解の基礎には、歴史の発展と共に人間と自然の関係は変化し、社会主義において初めて人類は社会全体のために自然を活用することが可能になったのだという歴史観がある。これに対しソ連の環境保護派の思想的底流には、西欧近代に対抗する*スラブ派の伝統的自然観、*ロシア正教的自然観が存在するといわれる。

写真 1　大規模圃場（カザフスタン、アマルティ州、2003 年）［渡邉紹裕撮影］

社会主義国における公論形成

1950〜60 年代はソ連による人類初の有人衛星の打上げ、第三世界における社会主義国家群の誕生など、社会主義躍進の時代だった。しかし「社会主義に環境問題はない」という神話が崩れ始めたのもこの頃である。きっかけはバイカル湖水系の汚染である。1950 年代末、ソ連では高品位セルロース製造のため良質な水が必要であるとして、バイカル湖周辺でパルプ工場建設が始まった。ところが工場廃液が垂れ流され、周辺森林の乱伐採が行われて自然破壊が始まった。バイカル湖という世界屈指の自然遺産をめぐって、ソ連で初めて持続的な環境保護の動きが生まれた。まず地元の作家が工場建設反対の声を上げ、続いてソ連科学アカデミー・シベリア支部湖沼学研究所長が生態系や飲料水供給への危険を新聞紙上で警告した。さらに 1966 年、再び地元知識人らの署名を集めた汚染批判が新聞紙上に掲載された。

欧米の大衆的な住民運動とは異なるが、政治的反対派を容認しなかった社会主義圏において、環境論争が公論形成の先駆けとなった。中央政府の対応は二重で、一方で環境保護派に圧力をかけ、他方で環境保護立法を積極的に押し進めた。具体的には 1960 年という早い段階でバイカル湖保護法を制定し、1969 年にはバイカル湖周辺 5 万 km^{2}を特別水資源保護地区と定め、悪質な操業の取締を図ろうとした。また 1974 年には包括的な開発規制法も制定した。このようにソ連の環境立法政策は西側諸国に比べても遜色なく、先進的な面さえあった。しかしソ連の場合、企業も国有なため、環境論争は環境と企業それぞれの所轄省庁間の争いともなり、立法の実効は上がらなかった。

汚染の越境と環境エゴイズム

社会主義時代の東欧は東側陣営の先進工業地帯と位置づけられ、東欧各国は競って自国の工業化を推進した。なかでも黒い三角地帯と呼ばれる東ドイツ、チェコスロバキア、ポーランド三国の国境地域では、各国が重点的に重化学工場建設を進めた。このような環境エゴイズム的な立地に加えて、黒い三角地帯は英仏独から連なる二酸化硫黄帯の東端をも形成し、北欧に酸性雨をもたらす広域的大気汚染の元凶となった。

社会主義国では急速な工業化の裏面で、社会資本整備が立ち遅れ、市民生活に起因する汚染も深刻だった。ポーランドでは下水道が普及せず、河川流域の60%以上で水質が飲用に適さなかった。さらに汚染は国境を越え、バルト海汚染の主要な原因となった。冷戦時代、欧州は政治的に分断されたが、はからずも環境汚染によって、大気にも水にも森林にも国境はないことが改めて認識され、バルト海については海洋環境保護条約が東西の壁を越えて1974年に締結された。

体制転換と資源ナショナリズム

旧ソ連・東欧ではすでに共産党政権末期において、党内部も含めて自然改造路線を疑問視する環境保護派が強くなった。ソ連ではシベリア河川の水を南に転流させる計画がペレストロイカ期に廃案となった。リトアニアでは1986年のチェルノブイリ原発事故を機に原発増設反対運動が起こり、体制転換を担う運動に発展した。1980年代前半に始まるドナウ川ダム建設反対運動もハンガリーにおける体制転換の原動力だった。このように1980年代はソ連東欧地域全体で環境保護の思想や運動が社会的にも政治的にも高揚した。見方を変えれば、社会主義体制の限界が自然環境分野でいち早く社会的に認知されたのである。

体制転換は環境に対して二重の影響を与えた。正の面では環境意識が高揚した結果、多くの環境NGO/NPOが生まれた。環境と民主化を結ぶ緑の民主主義の立場から、日米やEC/EUによるさまざまな環境保護支援も行われた。また老朽化した重厚長大型工場が閉鎖されるなど、経済活動水準が大きく低下したことで自然環境への負荷が軽減された。負の面では、民営化によって収益性が金科玉条視され、再び経済成長最優先の時代が始まった。また社会主義時代からの深刻な環境汚染問題（セミパラチンスク核実験場の放射能汚染、ウラルの核兵器事故被害など）が国家財政の悪化により放置された。あるいはチェルノブイリ原発事故のように、ソ連崩壊によって責任の所在が霧散した問題もある。アラル海に注ぐ河川水系の水資源は、ソ連崩壊により新興独立諸国に分解したため、各国間で資源ナショナリズムが強まった。

写真2　ドナウ川を堰き止めてスロバキア側に建設された30kmの巨大ダムの取水口付近（2010年）

写真3　干上がったアラル海（ウズベキスタン、2006年）［阿部健一撮影］

旧ソ連・東欧地域は19世紀以来、激動の近代化を歩み、20世紀末の体制転換は政治的自由を実現したが、ショック療法と呼ばれた市場経済の急速な導入と続く大衆消費社会の到来は、1980年代の環境保護派の高揚を一気に押しつぶした感がある。たとえば社会主義時代に奨励され定着した容器リサイクルの慣行が、西側から使い捨て容器が流入したことで駆逐されつつあるのは象徴的である。東側が西側の安価な廃棄物処理場になったとの批判も根強い。

体制転換は社会主義時代の行き過ぎた自然改造に歯止めをかけたが、環境に刻まれた負の遺産は解決されていない。新たな市場経済体制下では、グローバル化によるコモンズの悲劇が広がっている。旧ソ連東欧地域の人びとは二重の負荷にどう対処し、いかなる環境保護の理念と行動を生み出してゆくのだろうか。東の隣人として、日本も注目している。　【家田　修】

⇒Rコモンズの悲劇と資源の共有 *p314*　Rグローバル時代の資源分配 *p320*　H環境決定論 *p364*　Hアラル海環境問題 *p446*

〈文献〉ケリー、D. ほか1979．ゴールドマン、M.I. 1973．川名英之2008, 2009．地田徹朗2009．小松久男ほか編2004．今中哲二編1998．

地球規模の水循環変動

世界水危機と水資源管理

地球水循環の主要な3つの機能

地球規模での水循環が地球システムや人間社会に果たす主要な機能・役割として、以下の3つがある。

第1に、水はさまざまなものをたくさん溶かす媒体である。結果として、水とともに、溶けこんだ物質が生命体や組織内に運び込まれる。さらに、老廃物などを運び去る。これは細胞レベルや生物個体レベルだけに限られた現象ではなく、生態系や社会システムにおいても同様に見られる現象である。

第2に、水は熱を輸送する。どのような物質も自身の移動とともに熱も輸送することになるが、水は地球表層に広く多量に存在することから、格好の熱輸送の媒体となっている。水や水に伴う熱は風によって受動的に運ばれるだけではない。組織立った水の相変化は大気中に熱源を作るが、熱源は大気の大循環を作り、地球上の熱と水を再分布させる。大循環の形成に能動的にかかわるだけではなく、たとえば熱帯低気圧の維持や発達にも、水と水が放つ熱は能動的な役割を果たしている。

第3として、気体の水、すなわち水蒸気が主要な温室効果ガスであることがあげられる。現時点で全温室効果に対し約60%の寄与と推定されている。大気中の水が作り出す雲も、地上の気温やエネルギー収支に影響を与えている。

これら3つの機能は、地球水循環の変動のメカニズムにも、変動する地球水循環の下での人間の水利用にも、大いにかかわっている。

気候と地球水循環の変動・変化

地球の水循環は一定ではない。つねに変化し、変動してきた。一番長い時間スケールとしては、地球誕生以来の46億年の変化がある。その他の代表的な長期の変動としては10万年から数万年の規模で変動する氷期・間氷期サイクルがあげられる。氷期と間氷期とでは、地球の水循環は大きく異なる。直近の約1万数千年は温暖な間氷期であり、その間に人類は高度な文明を築き上げた。

現代のわれわれが実感するのは、もう少し短い時間スケールの変動や変化であろう。有名なものではエルニーニョ現象、ラニーニャ現象による数年スケールでの気候の変動と、それによる平年とは異なった水循環の発生がある。エルニーニョ現象以外にも、北大西洋を中心とした気候の変動やインド洋を中心とした変動（インド洋ダイポールモード）などもあり、同じ太平洋でも十数年から数十年といったもう少し長い時間スケールの気候の変動（たとえば太平洋十年規模振動）も見つかっている。それらに対応して世界各地の水循環は変動する。洪水や干ばつとなって現れることも多い。

エルニーニョはペルー沖の海面水温に顕著な現象であるが、太平洋を中心とした気候の変動としては最大級のものであり、影響は世界各地に及ぶ。このような遠隔地への影響のことをテレコネクション（遠隔作用）という。

図1は北半球の夏である6〜8月のエルニーニョによる世界全体へのテレコネクションの様相を示したものである。この図では、中南米のかなりの部分が少雨と高温に、カリフォルニアは多雨に、日本の南北は低温に見舞われることが示されている。ただし、エルニーニョの夏には必ずこのような少雨や多雨や低温に見舞われるわけではない。エルニーニョが発生したときに世界各地の水循環がどのような異常に見舞われ、どのような洪水・渇水が発生するかを予測することはいまだ難問である。

繰り返しになるが、水循環は気候の変動に伴って受動的に変わるとい

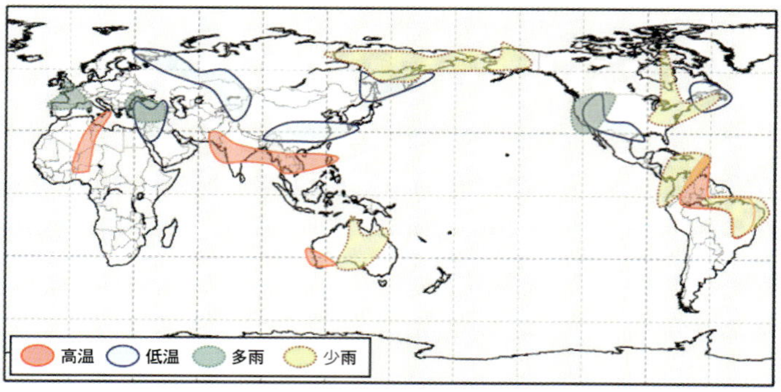
高温
低温
多雨
少雨
図1　エルニーニョ現象に伴う6〜8月（北半球の夏）の天候の特徴
［気象庁HPより］

うだけのものではない。これらの気候変動やテレコネクションにおいて、地球水循環は能動的な役割を果たしている。

もう1つ、現代のわれわれが忘れてはならないのは人為起源の気候変化、いわゆる地球温暖化である。CO_2（二酸化炭素）を始めとした人為起源ガスが根本原因と考えられているが、水蒸気の持つ温室効果や雲の持つさまざまな効果などは、人為起源ガスの影響を強めたり弱めたりする無視できない能動的役割を果たしている。また、気候の変化に伴って、受動的な意味でも地球の水循環は変化し、たとえば世界的に洪水の頻度が変化する可能性がある。モンスーンアジアや熱帯アフリカなどの湿潤地域は、そもそも洪水に悩まされている地域であるが、それら湿潤地域での洪水がますます激しくなることが予想されている。一方、地中海沿岸などの乾燥地域がますます乾燥することも予想されている。

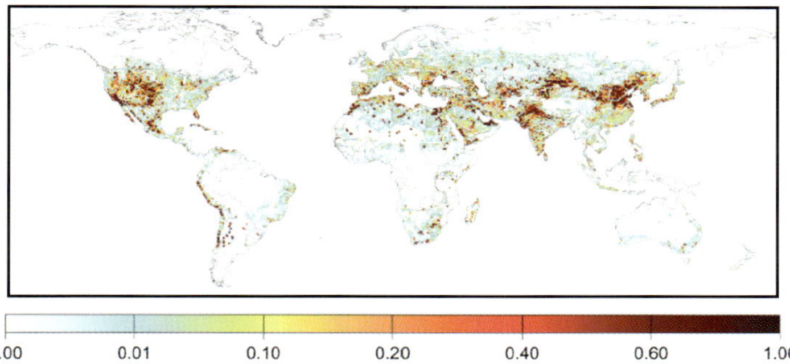

0.00
0.01
0.10
0.20
0.40
0.60
1.00

図2　水資源不足指標（水ストレス指標。取水量の再生可能水資源量に対する比）［Oki & Kanae 2006］

水循環変動と水資源管理

災害だけが水循環の社会的側面ではない。水を資源として利用するという側面がある。人間による取水量の7割が農業のためであり、残り3割は工業と生活のためである。このとき、水という物質そのものが利用されることは比較的少なく、第1の機能（媒体としての機能）が必要とされることがほとんどである。媒体であるがゆえに、飲料水を除いて、安価で多量に供給されてこそ資源として意味をもつことが多い。また、やはり媒体であるがゆえに消費され消滅することは少なく、人間の影響が大きい現代においても循環が水の本質となっている。

水資源の不足は世界的な問題であると報道されることも多い。しかし、世界全体での利用可能な再生水資源量（水資源賦存量。流出量にほぼ等しい）は1年に約4万5000km³であるのに対し、取水量は約4000km³でしかない。十分足りているようにも見える。それでも水不足が世界的に問題となる原因は、水資源の需給の時空間変動にある。

たとえば雨季と乾季がはっきりしている地域では、季節によって利用できる水資源量がかなり異なる。日本のように降水の生起が集中的で、地形が急峻な場所も、本来は水資源の時間変動に悩まされる場所と考えられる。時間変動が顕著な場所では、水資源の供給を安定させるために、人為的な工夫、たとえば貯水池の建設や水資源マネジメントの実践などが行われてきた。しかし、気候の変化は、利用可能な水資源量を変化させるかもしれない。大きな変化が短期間に生じる場合には、人間社会は、もちろん生態系も、容易に適応できない可能性がある。

他方、水需給の空間分布の違いは、取水量と再生可能水資源量との比を示した図2から読み取ることができる。一般に、この比が0.4以上である地域（図上の赤色地域）は水資源の余裕のなさに悩まされている地域（水逼迫（ひっぱく）度が強い地域）とされている。水逼迫地域の多くは乾燥・半乾燥と呼べるような地域であるが、必ずしも乾き苦しんでいる地域ということではない。半乾燥地のオアシス地域などは日光と土壌に恵まれていることが多く、農業にせよ他の産業にせよ、水が主な限定要因となりがちである。そのような地域では、何らかの歯止めがなければ、水は徹底的に取りつくされる。これが水需給が逼迫していることの真相の一面である。地表水からの徹底的な取水だけでなく、地下水、ときには化石地下水からの取水が過剰に行われる場合もある。その結果は、地下水面の著しい降下や湖沼の縮小・消滅、生態系への悪影響などとして表面化する。

水逼迫地域ではもちろんのこと、そうでない地域においても、今後の気候変化や人口増加の進展などによって、水資源管理がますます重要となる。地球上の水循環はすべてつながって変動しているため、正確で広範な情報の取得と活用が適切な管理を達成するための第一歩となる。GEOSS（全球地球観測システム）などの近年の国際協調による地球観測の推進は、その現代的な表れの1つといえる。【鼎信次郎】

⇒C雲と人間活動 *p30*　C水循環と気象災害 *p54*　C干ばつと洪水 *p58*　C地上と地下をつなぐ水の循環 *p78*　Cエルニーニョ現象と農水産物貿易 *p90*　E水資源の開発と配分 *p482*　Eバーチャルウォーター貿易 *p512*

〈文献〉Oki, T. & S. Kanae　2006.　Kanae, S. 2009.

バーチャルウォーター貿易

食料輸入による水資源利用の節約

バーチャルウォーターとウォーターフットプリント

他の国や地域で生産された食料を輸入することにより、その生産に本来必要であった水資源を飲み水や工業用水など、他の用途にまわすことができる。そういう意味で、食料の輸入は実質的に水資源の輸入と同じである、あるいは、仮想的な水資源の輸入とみなすことができる、という観点から、1990 年代にロンドン大学の J. A. アランが virtual water trade という言葉を用いたのが「バーチャルウォーター」の由来である。

食料輸入によってどの程度水需給が緩和されるかの目安としてアランは 1 kg のコムギの生産にその 1000 倍の重さの 1000 ℓ が必要である、という数値を示した。厳密には、生産（輸出）国でどの程度の水資源が実際に使われたかではなく、輸入（消費）国で生産するとしたらどの程度の水資源が必要であったか、という仮想的な量が水需給緩和の定量化には必要であるが、一般にはそれらの区別なく、「食料などの生産に必要な水の量」をバーチャルウォーター（仮想水、VW）と呼ぶことが多い。

これに対し、輸出国で実際に使用されたと推計される水資源量はウォーター・フットプリント（WF）と呼ばれる。WF はエコロジカル・フットプリントに倣った環境負荷指標であるためフットプリント（足跡）という名前がついているが、WF の単位は面積ではなく VW と同様、あくまでも使用された水資源量（ℓ や m^3）である。

農産物の重さあたりのバーチャルウォーター

コメやコムギ、あるいは牛肉などの可食部の単位重さ当たりの生産に必要な水資源量は水消費原単位、あるいはバーチャルウォーター含有量と呼ばれる。輸出国で生産に実際に必要とされる水資源量で推計すれば WF、消費国で仮想的に必要とされる水資源量で推計すれば VW を算定することができる。

オランダの UNESCO-IHE のグループと日本のグループとでは推計手法や考え方が若干異なるものの、両者の推計値には大きな違いはない（表 1）。オランダグループの推計値は第 2 次の世界水開発レポート（WWDR2）に引用されたため、「国連の推計値」として日本国内で紹介されることもあるが、さまざまな仮定や考え方の違いが背景にあり、必ずしも日本の現状にはあてはまらない点に注意が必要である。

どれくらいの水が畜産物を作るのに必要か

畜産物については、飼料の生産に必要な水、家畜が飲む水、その他の 3 種類の水利用を考え、肉以外にも皮革やミルクなど複数の産品が得られる場合には価格に応じて投入水量を分配する、というふうにして VW が算定されている。

工業用水に関しては、業種別などの工業用水使用量と工場出荷額にもとづいてバーチャルウォーター交易（VWT）の輸出入が算定されている。最近では、産業連関表を用いて原材料や設備機器製造などに利用され

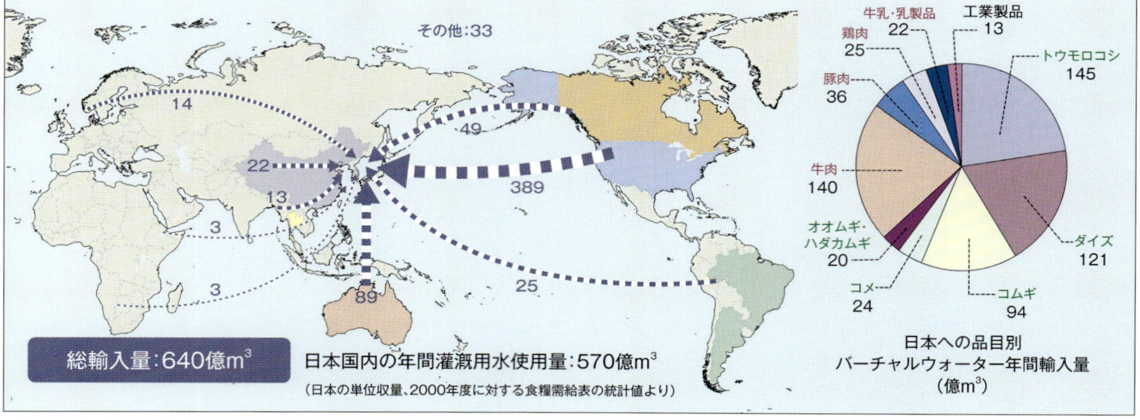
その他:33
14
49
22
13
389
3
3
25
89
総輸入量:640億m3
日本国内の年間灌漑用水使用量:570億m3
(日本の単位収量、2000年度に対する食糧需給表の統計値より)
牛乳・乳製品 22
工業製品 13
鶏肉 25
トウモロコシ 145
豚肉 36
牛肉 140
オオムギ・ハダカムギ 20
ダイズ 121
コメ 24
コムギ 94
日本への品目別
バーチャルウォーター年間輸入量
(億m3)

図 1　日本のバーチャルウォーター総輸入量［Oki & Kanae 2004］

た水量を算出する手法を組み合わせてライフサイクルアセスメントとして推計する手法が開発されている。

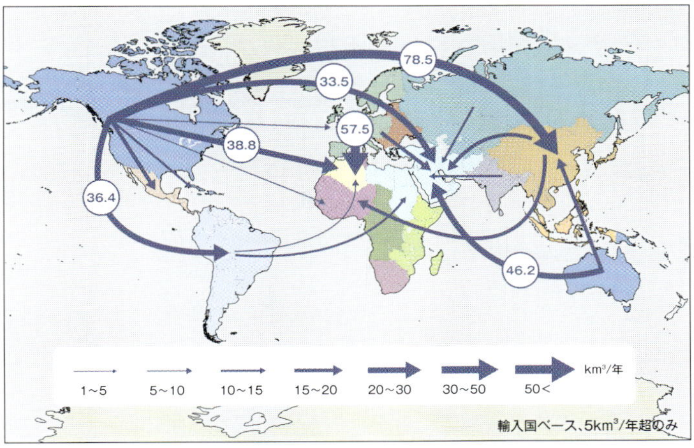
78.5
33.5
57.5
38.8
36.4
46.2
1~5
5~10
10~15
15~20
20~30
30~50
50<
km³/年
輸入国ベース、5km³/年超のみ

図 2　2000 年における各地域間のバーチャルウォーター貿易（主要穀物のみ）（2000 年に対する国際連合食糧農業機関等の統計に基づく）［Oki & Kanae 2004］

バーチャルウォーター貿易の推計

図 1 は、表 1 の水消費原単位を用いて、主要穀物とダイズ、肉類について 2000 年度に関して推計した日本の VW 輸入量である。日本は米国、オーストラリア、カナダなどから大量の VW を輸入していて、総量は日本国内の農業用水使用量を上回る 600 億 m^3 にも上ることがわかる。その内訳は大半が飼料用として消費されるトウモロコシなどの穀物や、肉類そのものであり、日本の VW 輸入は主に肉食のためである。すなわち、日本では平地が不足していて飼料用穀物や牧草を生育する農地牧草地が十分確保できないので、いわば仮想農地としての飼料用穀物や肉類を輸入しており、それに伴って VW が輸入されてしまっている、とみなす方が適切である。

世界のバーチャルウォーター貿易

各国の単位面積当たりの収穫量の違いや、各国でどのくらいの割合のウシが放牧で育てられているかなどまで考慮しつつ、国と国の間の VW のやりとりを算定し、地域ごとに集計した結果が図 2 である。世界の VWT の主な輸出元は米国やカナダ、そしてフランスを中心とする欧州である。日本以外で大量に輸入しているのは中近東や地中海沿岸の乾燥した産油国である。これらの国々では、食料の輸入はいわば石油を売って水を輸入しているようなものだ、ということがわかる。つまり、物理的に水資源が不足していても、豊かな国は VW の交易のおかげで実質的には水ストレスで困ってはいない。逆に、問題は、経済的にも豊かでなく、水資源も乏しい国である。それらの国々は水もなく、食料も買えない状態にある。水問題は貧困や飢餓、食料問題と一体なのである。

一方で、単位水使用量当たりの生産高が高く、単位重さ当たりの VW 量の少ない農業先進国から輸出されて、逆に単位重さ当たりの VW 量が多い発展途上国へと輸入されることが多いので、結果として、VW の交易によって世界合計の水資源使用量は削減されたと見ることもできることが日本の研究でわかっている。その推計値は全世界で年間 4550 億 m^3 であるが、オランダ方式で VW を算定した結果でも 3520 億 m^3/年と大きくは違わない。

VW という概念は、自然的条件だけではなく、食料などの交易という社会的要因を加えてより現実的な世界規模の水資源アセスメントをするため、あるいは将来の人口増大に対し、どの程度の水資源が必要になるかを推定するのに必要な、技術的な概念として誕生した。しかし現在では、飲み水の問題だけではなく、水不足、干ばつが食料生産への悪影響、食料不足につながる問題であること、世界の水問題が日本と密接に関連していることを意識させる環境分野の象徴的な言葉になっている。

【沖　大幹】

	Hoekstra & Hung (2003) *	Chapagain & Hoekstra (2003) *	Zimmer & Renault (2003) **	Oki et al. (2003) ***
コムギ	1150		1160	2000
コメ	2656		1400	3600
トウモロコシ	450		710	1900
ジャガイモ	160		105	193
ダイズ	2300		2750	2500
牛肉		15977	13500	20700
豚肉		5906	4600	5900
鶏肉		2828	4100	4500
卵		4657	2700	3200
牛乳		865	790	560
チーズ		5288		4428

* 世界平均
** ダイズはエジプトの値、それ以外はカリフォルニアに対する推計値
*** 日本に対する推計値。ジャガイモとチーズ（パルメザンチーズ）は佐藤（2003）の推計値

表 1　農作物・食品生産に必要な水の量（ℓ /kg）［沖 2008］

⇒C 循環時間と循環距離 p92　C ライフサイクルアセスメント p102　R 日本型食生活の未来 p278　R 貧困と食料安全保障 p280　R 食料自給と WTO p282　E 地球規模の水循環変動 p510　E 地産地消とフードマイレージ p514

〈文献〉Allan, J. A. 1998. Chapagain, A. K., *et al.* 2006. Hoekstra, A.Y. 2003. Oki, T. & S. Kanae 2004, 2006. 佐藤未希 2003. 沖大幹 2008.

地産地消とフードマイレージ

食卓から地球環境問題が見える

日本のフードマイレージ

現代においては、ある特定の地域で作られた食料がその場所で消費される「自給自足」あるいは「地産地消」という先史以来のパターンはごくわずかしか存在せず、大半の農水産物は市場を経由して消費者に届けられている。とくに、国際間の食料貿易が拡大するにつれて、生産と消費との距離はますます拡大してきたが、同時に、生産者の顔が見えないことに起因する食のリスク（不安感）、そして環境問題という新しい課題も登場してきた。

フードマイレージとは、食料が食卓に届くまでにどれほどの距離を移動してきたかを示す指標であり、「食料輸送量×輸送距離」（単位は t・km）で表現される数値である。

輸送量が多ければ多いほど、あるいは輸送距離が長ければ長いほどフードマイレージは大きくなる。また、同じ輸送量であっても、輸送距離が長ければ長いほど、当然、この数値は大きくなる。つまり、輸送にかかるエネルギーの大きさに比例することから、フードマイレージは CO_2（二酸化炭素）排出量などの環境負荷の大きさを示すことになるのである。

図 1 に示すように、日本のフードマイレージは約 9000 億 t・km と試算され、群を抜いて世界一となっている。その大きさは、第 2 位の韓国、第 3 位の米国の約 3 倍となっている（2004 年 3 月、農林水産政策研究所による試算）。その最大の理由は、輸入量が多く（自給率が低く）、しかも地理的に遠隔地から輸入せざるを得ないからである。

フードマイレージの数値が大きく、しかも拡大してきたことは、日本がいかに食料その他の資源をより多く海外に依存してきたかを意味している。1960 年代はじめ頃に 80% 近くあったわが国の食料自給率（カロリーベース）は、現在では半分の 40% にまで低下した（図 2）。水産物や林産物の自給率はそれ以上のスピードで低下している。日本は、先進国の中でも例外的にこれらの自給率を急降下させてきた国なのである。

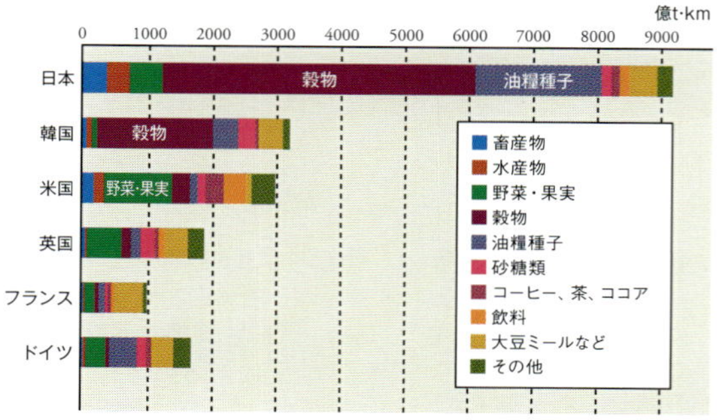
億t・km
0
1000
2000
3000
4000
5000
6000
7000
8000
9000
日本
韓国
米国
英国
フランス
ドイツ
穀物
油糧種子
野菜・果実
畜産物
水産物
野菜・果実
穀物
油糧種子
砂糖類
コーヒー、茶、ココア
飲料
大豆ミールなど
その他
図 1　各国のフードマイレージの比較（品目別）［山下ほか編 2007］

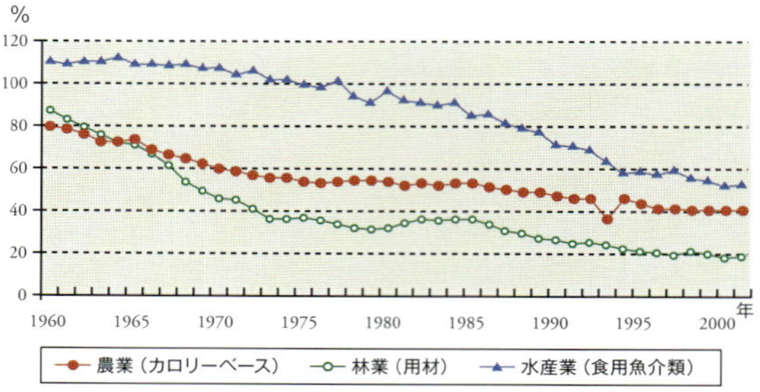
%
120
100
80
60
40
20
0
1960
1965
1970
1975
1980
1985
1990
1995
2000
年
農業（カロリーベース）
林業（用材）
水産業（食用魚介類）
図 2　日本の農林水産業の自給率の推移（1960～2000 年）［農林水産省「食料需給表」「木材需給表」より］

もちろん、経済発展とグローバル化の進展によって日本の「豊かな」食生活は実現されたのであるが、いつまで持続可能なのであろうか。今世紀に入ってからの世界の食料需給の逼迫傾向やさまざまな地球環境問題を考慮すると、日本の極端な海外依存、そして国内資源の低利用という状況はけっして持続可能とはならないと思われる。なぜなら、わが国の極端に低い食料自給率は、じつは地球規模の環境問題や資源の劣化問題と密接にかかわっており、しかも大きな社会的コストを発生させていると判断されるからである。

たとえば、日本食や中華料理に欠かせないエビの大量輸入は、東南アジア、南アジア地域のマングローブ林を破壊してきた。また、大量の丸太や木材製品の輸入によって、貴重な熱帯雨林などの森林資源が破壊されてきたことは間違いない。しかも、その大きな社会的コストは、これまで誰も負担することはなかったのである。はるかアフリカ地域から運ばれるタコやイカによって日本型食生活が成り立つ私たちの食卓の光景は、地球環境という視点から見ればさまざまな問題を内包していることは明らかである。

問われる農水産業の持続可能性

高度成長期以降、日本人の食卓は非常に豊かになったが、21 世紀に入ってその豊かさの質が問われている。食品の安全性は確かなのか、これまで同様に世界中から食料を輸入し続けることができるのか、あるいは、これまでのような農業・水産業のやり方で今後とも食料供給は持続可能なのかどうか。残念ながら、答えはいずれも「否」である。実際、地球規模で農水産業の持続可能性が大きく失われつつあり、世界各地で資源の保全と回復が求められている。

日本の農林水産業の持続可能性は主に 3 つの側面から問われている。第 1 に、食料、木材、水産物の自給率が非常に低く、食料の場合、カロリーベースでみて 6 割以上の海外に依存していることである。前述のように、日本はフードマイレージ、バーチャルウォーターの数値がともに極端に大きく、地球環境に大きな負荷をかけていることになる。

第 2 に、現代の農業生産で用いられている方法は非常に環境負荷が大きく、生物多様性を喪失させ、生態リスクを高めてきたことである。また、長期間にわたって土壌の肥沃度を徐々に低下させ、農産物の安全性を脅かす、あるいは河川の水質を悪化させるなど、さまざまな副作用をもたらすことになった。

そして第 3 は、食品の廃棄率が高いことである。日本では、まだ食べられる食品・食材の多くは廃棄物として捨てられ、高いコストをかけて処理されている。多くのコンビニ弁当が時間切れとともに焼却処分され、冷蔵庫の中で賞味期限切れ食品が眠り、宴会の食べ残しなどが廃棄物として処理されている。

1980 年代以降、日本農業の生産力は明らかに低下し始め、衰え続けている。農村部、とくに中山間地域では過疎化・高齢化のために、後継者や担い手がほとんどいない地域が拡大した。その結果、耕作放棄地が増え、自給率が低下し、大半の食料を輸入に依存するようになったのである。このように社会経済的側面からも、日本農業はますます持続可能性を喪失してきたと言えるであろう。

地産地消の現代的意義

現代において、食料の多くは市場流通によって国境を越え、輸入品として遙か彼方から輸送される。とくに高度成長期以降、食の外部化（外食、および弁当・惣菜購入などの中食（なかしょく）を含めて）や簡便化が急速に進み、加工食品やレトルト食品の消費割合が増え、外食・中食への依存度はますます高まった。その結果、過去半世紀の間に日本の食料自給率は大幅に低下し、生産と消費の距離は拡大し、消費者の食品安全に対する不安も高まることとなったのである。

地産地消とは、その土地でとれた旬の新鮮な食べ物を、可能な限りその場で消費することと定義される。1980 年代にイタリアで生まれたスローフード運動と同様に、生産者と消費者、地元の食品産業界などの関係者が連携して、安全で新鮮な食料・食材を手に入れるための運動として、1990 年代より全国各地で拡大してきた。ある意味で、これは現代食のもつさまざまなひずみを是正するための草の根運動でもある。

一般に、ファストフードがグローバル時代に代表される画一的で簡便な食材を用いる傾向が強いのに対して、地産地消においては、地域の風土に根ざした伝統食や地域食材を次の世代に残そうという運動として展開されることが多い。食生活や食文化は本来、それぞれの国や地域ごとに固有のもので、不変性・持続性の強いものである。

地産地消が消費者に評価される理由は何であろうか。それは、食材が新鮮で旬の味を提供してくれること、また、旬の露地農産物であれば、ビタミンやミネラルなど栄養価の点で優れているという点が指摘される。逆に、食生活が地域農業から離れれば離れるほど、食品の栄養価が低下し、安全性がより不確実なものになると考えられるのである。さらに、地産地消の取組みは地域の生産者に勇気を与えるという効果も期待される。それはフードマイレージを低下させ、環境面においても優れているのである。

一定の範囲において健全な大地と生態環境が存在し、そこに地域農業が健全な形で展開されてこそ、豊かな食生活が存在するのであり、そこからわれわれの健康や長寿、生命や暮らしというものが健全に維持されるのではなかろうか。われわれは食べるときに、食材を単なるモノとして考えがちであるが、それは大地や水という資源・環境そのものであり、われわれの暮らしの反映であることを忘れてはならないであろう。

何をどう食べるのか、どのように食材を選び口に入れるのかが問われている。結果として、それは資源・環境の質に直接影響を及ぼすからである。そろそろ、日本人が食べる農産物の健康度、生産地の環境度というモノサシで評価を行い、市場流通に反映させるべき時かもしれない。

【嘉田良平】

⇒C トレーサビリティと環境管理 *p98* D 生きものブランド農業 *p222* R アジアにおける農と食の未来 *p258* R 食の作法と倫理 *p274* R 日本型食生活の未来 *p278* R 食料自給と WTO *p282* R アブラヤシ、バナナ、エビと日本 *p338* E バーチャルウォーター貿易 *p512*

〈文献〉嘉田良平 2009. 山下惣一ほか編 2007. 湯本貴和 2008.

エイズの流行

人間の安全保障を脅かす感染症

エイズとは

エイズ（AIDS）問題は、人類の文明活動の所産であり、貧困など文明の矛盾を土壌として生じ、かつそれを再生産しつつ拡がり続けている。その地球規模の拡がりと影響および地域の環境・衛生・文化との深いかかわりから、地球環境問題の1つに数えられ、また今世紀には、感染症として初めて、人間の安全保障の次元の問題とみなされるに至った。ここでは、流行がとくに深刻な途上国の実情を中心に解説する。

エイズとは、HIVによって生じる免疫不全状態（ニューモシステス肺炎などの日和見感染症や悪性リンパ腫などの悪性腫瘍を発病した状態）を意味する。HIVは、最近の研究から、1908年ごろに、チンパンジーに共生する同類ウイルス（SIV）が狩猟・捕食の過程でヒトに感染し、変異して生じたと考えられているが、人類がエイズやHIVの存在を知ったのは1980年代のことであった。HIVは、きわめて変異しやすいため、薬剤耐性を生じやすく、予防ワクチンの開発も難航している。HIVの感染経路には、粘膜接触（主に性的接触）、血液感染（注射の回し打ち、不衛生な輸血など）、母子感染（出産時感染と母乳感染）がある。感染力は比較的弱いが、成人の場合、発病までに5～10年もの潜伏期があるため、流行が潜在化しやすい。

世界的流行の現状

HIV流行はこの四半世紀で著しく拡大し、世界の生存HIV感染者数は、2007年末で約3300万人で、その半数は女性である。推定死亡者は2500万人であるため、これまでに約6000万人が感染したことになる。2007年の新規感染は250万人、死亡数は210万人に及び、死亡数では、結核、マラリアを凌ぐ最大の感染症となった。生存HIV感染者の約3分の2がサハラ以南アフリカ、480万人がアジアに分布するなど、全体の90%以上が低中所得国に偏在している。また、エイズで親を失った子ども（エイズ遺児）は1500万人に上る。

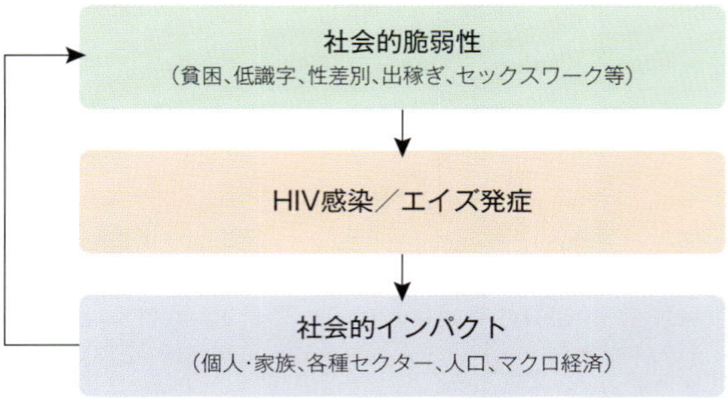
社会的脆弱性
（貧困、低識字、性差別、出稼ぎ、セックスワーク等）
HIV感染／エイズ発症
社会的インパクト
（個人・家族、各種セクター、人口、マクロ経済）

図1　途上国のHIV流行拡大を促す悪循環

HIV流行の原因とインパクト

HIV流行の原因はしばしば社会的脆弱性と表現される。これは、人びとのHIV感染リスクを高める社会構造を意味し、途上国では、貧困、低識字、性差別などの開発的要因がその核心をなす。これらの要因が、人びとに出稼ぎやセックスワーク、無防備な性行動を余儀なくし、また予防・医療サービスへのアクセスも妨げ、人びとを高いHIV感染リスクに曝すことになる。実際、国民総生産が低い国、貧富の格差が大きい国、男女の識字率の差が大きい国、都市人口中の男性比率が大きい国ほどHIV感染率が高く、また教育年数が短いほど予防意識が低いことが示されている。

HIV流行の影響は、働き盛りの成人に罹患が集中するため、家族レベルで最も深刻に現れる。働き手を失うため、貧困は極まり飢餓にさえ陥っていく。

流行が青壮年の20～30%にも及ぶサハラ以南アフリカ諸国では、社会レベルでの影響も大きく、産業セクターでは、労働者の医療・福祉・葬儀に対する負担増と生産性の低下により収益が悪化し、農業セクターでも収穫量が減少した。教育セクターでは、生徒数の減少や教師の罹患や死亡により、人的資源の育成が損なわれ、医療セクターでは、職員の罹病による機能低下に加え、エイズによる医療費の増大や医療資源の消耗が生じている。政府などの公的セクターでも、産業・農業セクターの影響による歳入の減少や職員の罹病による機能低下が生じる事態となっている。

流行の最も激しい南部アフリカ諸国では、多数の早死によって、平均寿命は10年以上も低下し、青壮年層が大きくえぐれた異様な人口ピラミッドが出現するに至っている。マクロ経済への影響は、以前の予想よりは小さいものの、多くの流行国で経済成長の減少・停滞が観察もしくは予測されている。

こうして、HIV流行は、社会的脆弱性とインパクトの悪循環を生み出し（図1）、途上国を深刻な状況に陥

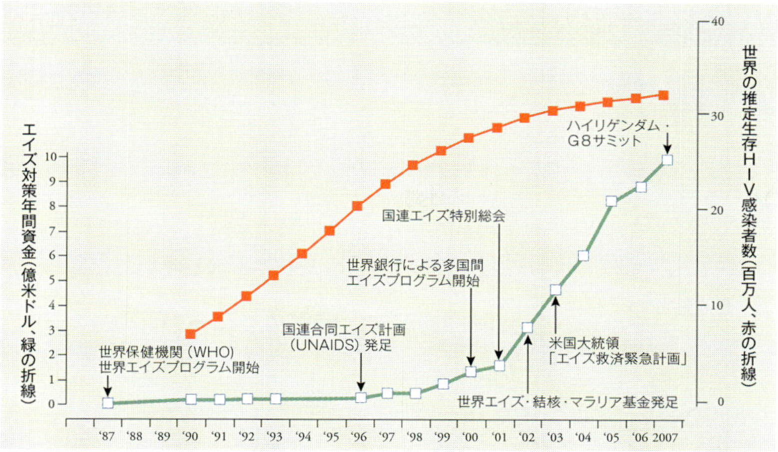
エイズ対策年間資金（億米ドル、緑の折線）
世界の推定生存HIV感染者数（百万人、赤の折線）
ハイリゲンダム・G8サミット
国連エイズ特別総会
世界銀行による多国間エイズプログラム開始
国連合同エイズ計画（UNAIDS）発足
世界保健機関（WHO）世界エイズプログラム開始
米国大統領「エイズ救済緊急計画」
世界エイズ・結核・マラリア基金発足
'87 '88 '89 '90 '91 '92 '93 '94 '95 '96 '97 '98 '99 '00 '01 '02 '03 '04 '05 '06 2007

図 2　世界の推定生存 HIV 感染者数と途上国エイズ対策年間資金の変化［UNAIDS 2008 より改変］

れているが、途上国の努力だけでは解決は難しく、地球社会としての取組みが必要である。

地球的対応の状況

しかし、地球社会の対応は遅々として進まなかった。たとえば、1990 年代初めに、世界の HIV 感染者の 9 割を抱える途上国で使われていたエイズ対策予算は世界全体の 10%にも満たなかった。国連では、1987 年に、WHO（世界保健機関）が特別プログラムを立ち上げ、1996 年には、UNAIDS（国連合同エイズ計画）が発足した。しかし、先進国の動きが本格化し始めたのは最近であり、その契機は、1996 年の多剤併用療法の開発であった。優れた延命効果を持つ治療法の出現で、先進国ではエイズは死の病ではなくなったが、高額な薬価のために、途上国では相変わらず死亡者が多発するという不公正な状況が出現した。2001 年には、先進国の患者の 1/3 が服薬していたのに対し、途上国全体では 1%にも満たなかった。こうした状況に対し、UNAIDS などにより、製薬会社との交渉を通して薬価を下げる国際的動きが始まった。また、途上国の中には、ブラジル、南アフリカ共和国のように、特許権を国内法により回避して、安価な後発薬の生産や輸入に踏み切る動きが現れた。それに反対する一部先進国や製薬企業が特許権侵害に対する訴訟を行ったり、WTO（世界貿易機関）に提訴する事態が生じたが、これらは強い国際的批判により取下げられ、2001 年には WTO によって、「特許・知的所有権の保護を理由に公衆の健康を妨げてはならない」との宣言が採択されるに至った。こうした動きの中で、抗 HIV 薬の薬価は、2003 年には年間 100 米ドル以下にまで下落した。

一方、2001 年までに、エイズは人間の安全保障問題と位置づけられ、同年に国連エイズ特別総会が開催され、初めて世界的なエイズ対策の目標が設定された。2002 年には世界エイズ・結核・マラリア基金が設立され、先進国の資金拠出が加速した。2003 年には、薬価の下落を背景に、2005 年までに途上国の患者の 300 万人に抗 HIV 薬の普及を目指す 3 by 5 イニシアティブが WHO と UNAIDS により開始され、同年には、米国がエイズ救済緊急計画を、また 2007 年には、G8 が感染症対策に多額の資金拠出を表明するなど、先進国の取組みが拡大し、エイズ対策に利用可能な年間資金は、2007 年には 10 年前の約 10 倍の 10 億米ドルに上昇した（図 2）。

しかし、それでも、2008 年時点で、途上国における抗 HIV 治療や母子感染予防は、ニーズの約 3 割を満たすに過ぎず、また感染リスクの高い人びとの大半が予防対策の恩恵に浴せずにいる。途上国のエイズ対策に必要な額は、年間 25 億米ドルとされており、状況の改善には日本をはじめとする先進国のいっそうの貢献とリーダーシップが求められている。

エイズ問題の展望

先進国が経験したように、今後の治療の拡大とともに、途上国でも流行の再燃が生じる可能性があり、また耐性 HIV の蔓延により、新しい抗 HIV 薬の薬価が再び問題となる事態が予想される。しかし、新しい治療薬が安価に入手できる見通しはまだなく、途上国のエイズ問題の展望は楽観を許さない。治療プログラムを維持可能とするためにも、いかに予防を促進するかが今後のエイズ問題を解く最大の鍵となる。

エイズ問題は、当初期待された医学的解決が遠のき、社会的脆弱性の原因となる社会矛盾に人類が向き合うことを求めている。HIV は簡単な解決を許さないウイルスであり、私たち人類もそれに負けない地球的・社会的戦略をたてて臨まねばならない。

【木原正博・木原雅子】

⇒D病気の多様性 *p158*　R動物由来感染症 *p290*　R地球環境と健康 *p300*　Rエコヘルスという考え方 *p302*　E病気のグローバル化 *p518*

〈文献〉Worobey, M., *et al.* 2008.　UNAIDS 2008.　World Bank Policy Research Report 1997.　Padian, N.S., *et al.* 2008.

病気のグローバル化

文明史からみた病気の変遷

狩猟採集時代の病気

人類が世界に拡散し、各地域に定住し、地域間にネットワークが構築されるに従って、人類の病気はグローバル化していった。

人類の病気の歴史は、人類の進化の歴史とともにある。約20万年前に誕生した現生人類 *Homo sapience sapience* は、二足歩行し、発達した脳により道具と火を使用し、狩猟採集によって食料を確保してきた。現在の感染症の多くは当時は存在せず、一個体に継続的に感染して生きのびるヘルペスウイルス、肝炎ウイルス、EBウイルスや、感染者が完全な免疫を獲得せず何度も感染するマラリアなどが存在するのみであった。しかし、すべての年齢で死亡率は高く、寿命は短かった。

農耕、牧畜、定住、人口増加と病気

やがて1万年ほど前に農耕と牧畜がおこった。作物を栽培し、家畜を飼うようになり、大勢が1カ所に定住するようになると、動物由来感染症、飢饉、特定栄養素の不足、定住・密集による環境悪化がおこった。ヒトは家畜と共に暮らし、ネズミも増え、多くの感染症が動物からヒトの世界に侵入した。麻疹(はしか)は8000年前にヒツジ、ヤギ、イヌのどれかから、天然痘は4000年前にウマかウシから、ライ病はスイギュウから、風邪はウマからヒトの病気になった。その他に、ジフテリア、A型インフルエンザ、おたふく風邪、百日咳、ロタウイルス、水痘が家畜由来だとされる。

都市文明と病気

麻疹は人間にしか感染せず、一度感染すると生涯免疫ができて持続感染も再感染もしないため、50万人程度の人口が存在し十分な数の子どもが生まれないと存続できない。多くの人たちが都市に住むようになって多くの疾病が人間社会に定着した。定住による汚物処理が問題となり、糞口感染による下痢・食中毒などが増加した。また、屋内に住むようになり、風邪や肺炎、結核に罹るリスクも増大した。人口の集中と限られた種類の作物への依存は飢餓をまねき、主食の炭水化物にたよる傾向はビタミンC不足による壊血病につながり、感染への抵抗力を低下させた。しかし、それぞれの文明が孤立しているうちは病気も地域特有の風土病的なものが多く、新しい病気の侵入による疫病発生の頻度は少なく、流行の影響は局地的だった。

文明間の交流と病気のグローバル化

文明間の交流が進むにつれて、ある地域から別の地域に感染症が流行していった。特定地域の感染症が他地域の免疫のない集団に侵入した場合は大流行が生じ、人的被害は甚大なものとなり、社会的影響も大きかった。中世から近世にかけて文明が停滞するようにみえるのは、しばしば他の地域からの病気の影響、あるいはそれを防ごうとする社会の閉塞性による。

ペストはその代表的な例である。ペストはノミを媒介とするペスト菌によるげっ歯類の疾患であるが、ノミがヒトから吸血することによってヒトに感染する。東ローマ帝国は、542年から翌年にかけてペストが大流行し、人口の半分を失った。この流行は西ヨーロッパに伝わり、約200年にわたり流行をくり返した。

欧州における次のペスト流行は黒死病と呼ばれ、大きな人口減少をもたらした。13世紀にユーラシア大陸のほぼ全域をモンゴル帝国が支配し、人とモノの往来が盛んになった後に中国からの交易ルートにのって1347年にイタリアに到達した。

免疫のない集団に新しい感染症が侵入した場合の壊滅的な影響は、西欧人とアメリカ先住民の接触で典型的にみられた。コロンブス以来、天然痘、麻疹、発疹チフス、インフルエンザ、ジフテリア、おたふく風邪が米大陸にもちこまれ、大きな人的被害を与え、文明の崩壊に繋がった。19世紀になるとベンガル地方の風土病だったコレラが各地に広がり、流行が欧州にまで広がった。それが、近代国家における環境衛生・公衆衛生への関心、個人衛生の重視、感染症の科学的解明のきっかけになった。また、19世紀以降、植民地経営に不可欠な近代的な熱帯医学も盛んになった。

近代における病気のグローバル化

1800年前後から英国などで流行病（疫病）による死亡は減少し、19世紀後半以降、感染症に対する科学的な治療・対策が進み、寿命が延長した。日本でも1900年までに疫病は減少し、その後、死因1位となった結核も戦後は急減し、高齢者の肺炎以外、感染症は主要な死因ではなくなった。しかし、感染症はいま

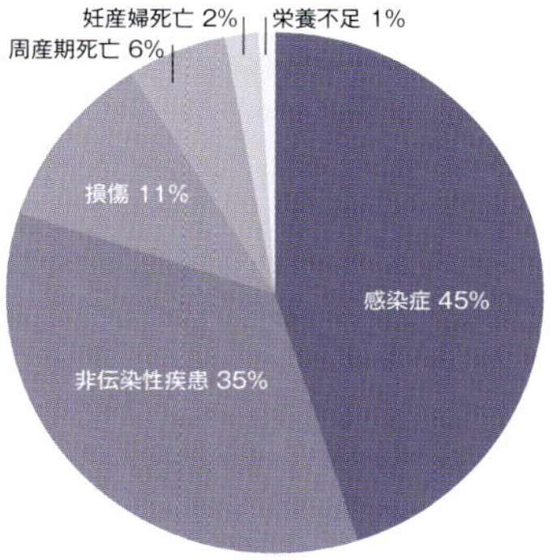

妊産婦死亡 2%
栄養不足 1%
周産期死亡 6%
損傷 11%
感染症 45%
非伝染性疾患 35%

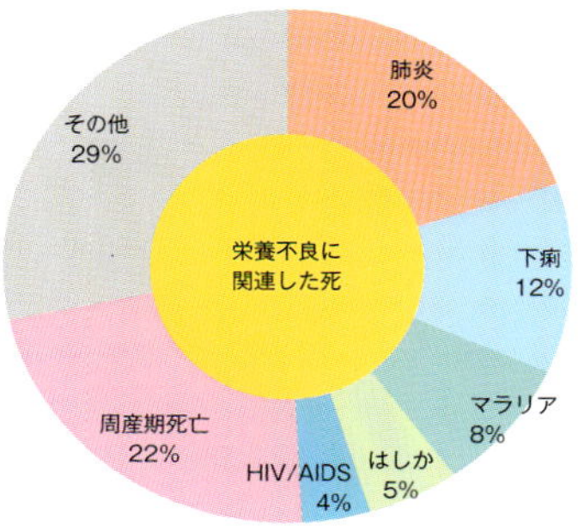

肺炎 20%
その他 29%
栄養不良に関連した死
下痢 12%
マラリア 8%
はしか 5%
HIV/AIDS 4%
周産期死亡 22%

図 1　低所得国における主要死因—WHO 東南アジア地域とアフリカ地域（1998 年）。WHO 東南アジア地域はインドなど多くの南アジア諸国を含む［WHO 1999］

図 2　世界全体の 5 歳未満児の死因（1999 年）。感染症による死亡が大半を占め、死亡全体の 60%に基礎要因として栄養不良が関連している［Caulfield *et al.* 2004 より作図］

だに人類にとっての脅威であり、途上国では死因の約半数を占める（図 1）。とくにマラリア、結核、HIV/AIDS はアフリカなどで猛威をふるっている。途上国の乳幼児死亡の大半は感染症が原因であり、その半数以上に栄養不良が関連する（図 2）。一方、先進国では

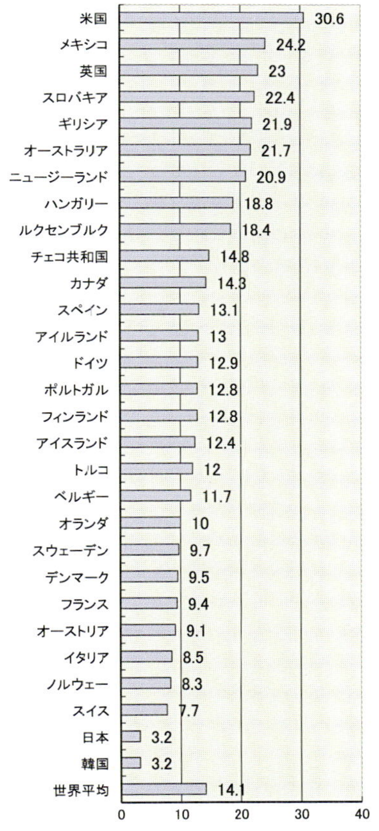

米国 30.6
メキシコ 24.2
英国 23
スロバキア 22.4
ギリシア 21.9
オーストラリア 21.7
ニュージーランド 20.9
ハンガリー 18.8
ルクセンブルク 18.4
チェコ共和国 14.8
カナダ 14.3
スペイン 13.1
アイルランド 13
ドイツ 12.9
ポルトガル 12.8
フィンランド 12.8
アイスランド 12.4
トルコ 12
ベルギー 11.7
オランダ 10
スウェーデン 9.7
デンマーク 9.5
フランス 9.4
オーストリア 9.1
イタリア 8.5
ノルウェー 8.3
スイス 7.7
日本 3.2
韓国 3.2
世界平均 14.1
0
10
20
30
40

図 3　OECD 諸国の肥満者割合（%）。男女計、BMI30 以上の割合 BMI: Body Mass Index: 体格指標（体重 kg を身長 m の 2 乗で割った値。22 が標準とされ、25 以上を過体重、30 以上を肥満に分類する［nationmaster.com］

過去の感染症に対する免疫がなくなっており、感染症が再興する可能性がある。また、新たな感染症（新興感染症）が出現した場合に、HIV/AIDS や* SARS でみられたように、人の移動や交流が過去に比べて著しく早く激しいことが大きなリスクとなっている。

しかし今日、人類は十分に混ざり合い、未知の人類の感染症が世界のどこかに存在している可能性は低い。動物由来の感染症がヒト-ヒト感染を起こす場合、部分的な流行は今後も発生するが、世界的流行を抑えるための知識と技術を私たちはもっている。2009 年のブタ由来新型インフルエンザは世界的流行をおこしたが、幸いにも致死率は当初の予想より低かった。それでも多くの感染者がでれば一定の死者がでるので、対策を怠ることはできない。とくに途上国の衛生状態と栄養状態の改善は急務である。

一方、高いエネルギー価の食物を人びとが過剰消費し、身体活動レベルが低下することにより、世界中で加齢と生活習慣に伴う非感染症の患者数が増加している。これらのいわゆる近代西洋的生活スタイルは途上国でも急激に広がり、肥満、高血圧、耐糖能異常、高インスリン血症（以上の組み合わせをメタボリックシンドロームとよぶ）、糖尿病、高脂血症、心臓病、がん、アレルギー疾患の基盤となっている。喫煙、アルコール摂取、ストレスも非感染症の増加に関連している。ライフスタイルに関連したこれらの疾患（生活習慣病）は現在ではグローバル化している（図 3）。

地球環境時代の健康

近代文明がもたらしたもう 1 つの健康リスクは、産業化や都市化に起因する化学物質への*曝露、環境汚染（大気、水質、土壌、食物）、さらには地球温暖化などの健康影響である。古くから職業疾患として多くの中毒が知られていたが、人工的化学物質が環境中に蓄積され、地域および地球規模での影響が問題となっている。また、気候変動や生態系の大規模な破壊・攪拌は、将来の人類の生存と健康にとっての大きな脅威となっている。その様相は 20 世紀の公害問題とは異なり、新たな解決の方法を必要としている。南北格差はまだ存在するものの、人類文明のグローバル化とともに病気も健康もグローバル化した。それによって人類は今までにない低死亡率と長寿を享受するようになった。しかし、未来において地球環境と地域環境が保全されなければ、それは、文明史上の一瞬の出来事で終わってしまうことになるだろう。　【門司和彦】

⇒C大気汚染と呼吸器疾患 *p62*　D病気の多様性 *p158*　R鳥インフルエンザと新型インフルエンザ *p286*　RBSE（牛海綿状脳症）*p288*　R動物由来感染症 *p290*　R地球環境変化と疾病媒介蚊 *p292*　R栄養転換 *p294*　R健康転換 *p296*　R水と健康 *p298*　R地球環境と健康 *p300*　Rエコヘルスという考え方 *p302*　Hペスト *p452*　Eエイズの流行 *p516*

〈文献〉Diamond, J. 1997.　McMichael, T. & A. Haines 1999.　McNeill, W.H. 1976.　Caulfield, L.E., *et al.* 2004.

情報技術と環境情報

インターネットがもたらすもの

情報技術の発達とインターネット

1940 年代半ばに電子計算機（コンピュータ）が発明されて以来、これを用いたさまざまな技術が情報工学の分野で開発、実用化されてきた。それから約 65 年が経過し、情報技術は社会基盤として人びとの生活になくてはならないものとなっている。中でも、ここ 20 年はコンピュータネットワークを使ったサービスの発展が目覚しい。コンピュータネットワークはコンピュータ同士を通信回線を介して相互に接続し、データのやり取りや協調動作を行う仕組みである。さらにこのコンピュータネットワーク同士を IP（Internet Protocol）と呼ばれる通信手順により世界的な規模で接続したものがいわゆるインターネットである。1980 年代に軍事もしくは学術的な目的で開発されたインターネットは、パソコンの普及や接続料金の低価格化により 1990 年代後半から一般社会にも急速に広がり始め、現在では全世界で 14 億人近くが利用するに至っている（図 1）。

インターネットを介して行われるサービスとして広く普及しているものの 1 つが WWW（World Wide Web）であろう。これは、Web サーバに蓄積された文書や各種電子データなどの情報を不特定多数の利用者が取得する仕組みで、1990 年代に実用化されたサービスである。誤用ではあるものの、WWW を指して「インターネット」と呼ぶこともあるように、インターネット上のサービスを代表するものとなっている。

環境情報

環境情報は、ある環境に対する評価の材料や行動の指針となるデータ、情報または知識である。これらを大別すると、環境について直接記述した一次的な情報と、それらを目的に合わせて再編成した二次的な情報とに分けて考えることができる。

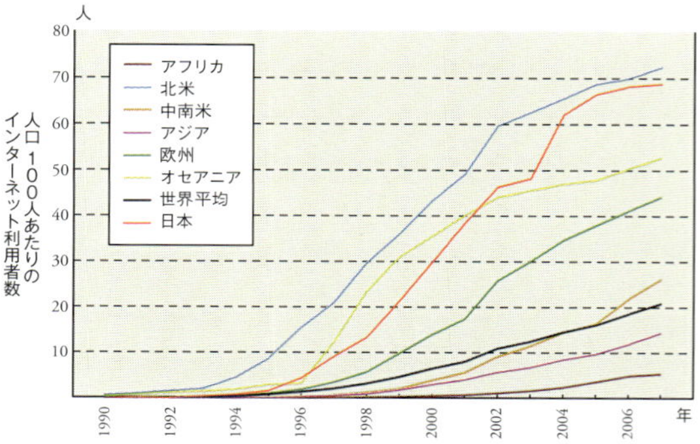
人
80
70
60
50
40
30
20
10
人口100人あたりのインターネット利用者数
アフリカ
北米
中南米
アジア
欧州
オセアニア
世界平均
日本
1990
1992
1994
1996
1998
2000
2002
2004
2006
年

図 1　インターネットの利用者数の推移［International Telecommunication Union 2008 より作成］

一次的な環境情報には、物理・化学・生物学的な事象を計測したモニタリングデータや画像、映像などが含まれる。身近な例では、天気予報を行うための気象データや衛星画像、水道の原水を管理するための水質データなど、行政機関が行政サービスを行うために生成するものがあげられる。また、大学や研究機関が研究目的で生成する環境情報もその多くが一次情報であり、ある環境に関する新たな事実や問題を発見するため、あるいはその問題の解決過程を検証する目的で生成される。大気中の二酸化炭素濃度や河川の水質といった大気、水、土壌などの基質を対象にしたものだけでなく、特定の生物種もしくは生物群の種組成や個体数の変化を記録したものや、土地の利用状況などの人間活動の記録も一次的な環境情報として考えることができる。これらの客観的な一次情報は、長期的な環境の変化を捉える際に重要な役割を果たす。

二次的な環境情報は、報道のように特定の目的に沿って一次情報および関係する資料や記録などを組み合わせて生成される。その目的は、政策提言、教育や啓蒙、観光などさまざまであり、書籍、パンフレット、映像資料や Web サイトなどの形で生成されている。他にも、湿原、湖沼、森林などの特定の自然環境や地域を対象にしたり、廃棄物（リサイクル）、エネルギー、気候変動、生物多様性といった特定の問題に焦点を当てたりして関連する情報をまとめた二次情報が生成される。二次的な環境情報は、その多くが情報の受け手に応じて作成されるため、一次情報に比べて専門的な知識がなくても理解がしやすい。その一方で、一次情報とは異なり、作り手による解釈、意見、自説が加味されている場合がある。

インターネットと環境情報

WWW は誰もが容易に世界へ向けた情報発信ができるという点が旧来のメディアと異なる。これらの特徴を生かし、従来は紙媒体を中心に流通していた環境情報も、研究機関や行政機関などが自身の運用する Web サイトを通じて直接発信されるようになった。

とくにモニタリングデータなどの一次情報については、データベースへ蓄積された多量の情報を Web ページ上で検索機能とともに提供するケースも増えてきた。このようなインターネットを介した環境情報の発信は、研究者や行政担当者などの関係者同士が物理的な空間を意識することなく環境情報を迅速に交換することを可能にし、問題の共有を進めるとともに研究プロセスそのものを加速させている。

環境情報の発信・収集と蓄積・検索

環境情報の発信の変化は専門家だけでなく、一般市民にも大きな変化をもたらしている。まず、従来の報道を介した環境情報だけでなく、モニタリングデータなどの一次データや研究論文、報告書などを誰もがインターネットを通じて容易に入手できるようになった。環境情報の収集という点では、一般市民と専門家との間の垣根は低くなっている。また、個人や NGO が意見表明の場として WWW を積極的に利用するようになった。とくに、携帯電話やビデオカメラなどの普及やブログ（ウェブログ）などのサービスの流行に伴って、個人や民間レベルでも画像や映像を含む多くの情報が世に出るようになっている。

環境情報に限らず、近年は新たに生成される情報の多くが電子データとして蓄積されるようになり、WWW においても膨大な数の Web ページが作成されている。日本国内に限っても 2005 年時点で 4 億 5000 万のファイルに 18.4 テラバイトの Web データが蓄積されていると推定されており、情報爆発などとも表現される情報資源の巨大化が問題になるほどである。これに対し、複数の検索サイトがページランクなどの技術を駆使した Web ページの検索サービスを提供しており、必要な情報を比較的容易に発見することを可能にしている。また、利用者は WWW の特徴であるハイパーリンクをたどることでさまざまなサイトに点在する情報を効率良く収集していくことが可能である（図 2）。検索サービスを使って 1 つでも必要な情報に関連するサイトを発見できれば、そのサイトからのリンクを利用してさまざまな関連情報を得ることができ、複数の分野にまたがる問題を幅広く包括的に理解する助けとなる。

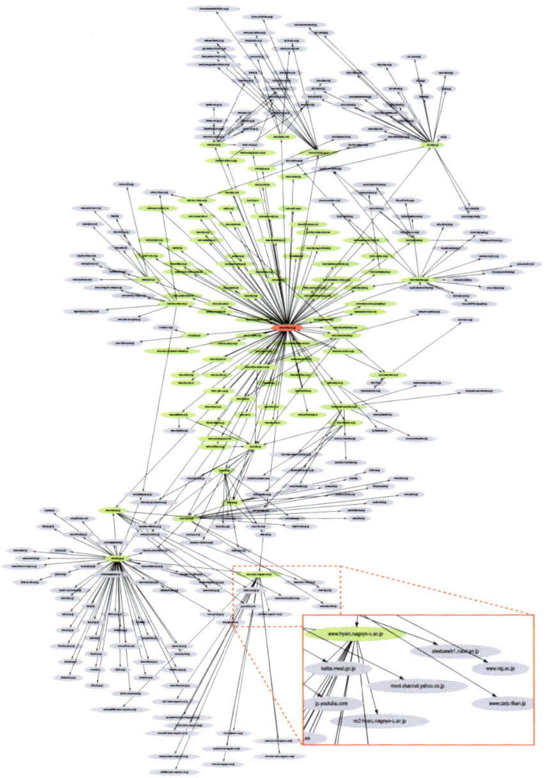
www.hyarc.nagoya-u.ac.jp
kaiba.mext.go.jp
mext.channel.yahoo.co.jp
jp.youtube.com
www.nig.ac.jp

図 2　ハイパーリンクによる情報の繋がり。例として、総合地球環境学研究所のホームページから 2 つまでのリンクをたどって行き着ける Web サイト（ドメイン名で表示）を示す（一部省略）。赤：総合地球環境学研究所、緑：総合地球環境学研究所と直接リンクしている Web サイト（95 サイト）、青：緑の Web サイトを介して総合地球環境学研究所と間接的にリンクしている Web サイト（200 サイト）。1 つのサイトが膨大な数のサイトへの道標となる。ハイパーリンクが関連する情報を次々と引き出すことを可能にし、短時間で包括的な情報収集を可能にしている

環境情報の保全と情報格差

情報技術やインターネットの恩恵を享受する一方で、デジタルデータの増大は、機器の故障などにより一度に大量の情報を喪失する危険もはらんでいる。また、提供者側の都合で情報の発信が休止されることも多く、必要な情報がある時点から一切利用できなくなるケースも少なくない。持続性が求められる環境情報にあっては、情報の保全について組織的な取組みが必要である。また、インターネットを利用できない者の存在も無視できない。2007 年の統計によると、世界的にはインターネットの利用者は総人口の約 20% に過ぎない（図 1）。インターネットを利用した情報発信が進むにつれ、インターネットを利用できる者とできない者との間の情報格差も拡がっている。　【関野　樹】

⇒C地球温暖化問題リテラシー *p24*　Cトレーサビリティと環境管理 *p98*　C大気汚染物質の排出インベントリー *p100*　E環境容量 *p530*　E環境教育 *p548*

〈文献〉 International Telecommunication Union 2008. 国立国会図書館 2005.

植民地環境政策

英帝国で展開したインド発祥の熱帯林業

植民地化による環境破壊

植民地化が進むにつれ、人びとのもともとの暮らしとともに、自然環境も急速に破壊されていった。たとえば、18 世紀に北米プレイリーには 5000 万頭のバイソンが棲息していたと推定されているが、植民者たちの狩猟により 20 世紀初頭にはわずか数十頭にまで激減した。米国南部では、タバコや綿花のプランテーション造成により広大な森林が単一作物栽培の農地へと転換された。

米国のように大量の入植者が入らなかった植民地でも自然環境の悪化はみられた。アジアにおいては、とくに 19 世紀以降、西欧諸国が土地や天然資源を狙って植民地を支配した。自然環境の悪化のうち、最も危機感が持たれたのは森林の劣化・減少であった。木材資源の枯渇ばかりでなく、地域によっては、洪水や干ばつなどの災害の増加が危惧された。このような状況に対して、植民地政府は森林保護・管理政策を立案し、実施した。これらの政策は旧植民地諸国のその後の森林政策に大きな影響を及ぼしている。

本項では、植民地時代における最大の環境問題であった森林の劣化・減少に積極的に取組んだ英帝国に焦点をあてる。19 世紀後半から 20 世紀前半における英帝国は史上最大の植民地を有した。その中でインドは、早い時期から森林管理体制が確立され、それが帝国林業として英帝国植民地はもとより他の国々へと広まった。

写真 1　1842 年にインドで最初に植林が行われた場所（ケーララ州、1994 年）［増田美砂撮影］

インドにおける林業政策

インドでは、19 世紀に入ると英国の造船のためのチーク材の需要の増加、農業開発や鉄道網の拡大に伴う木材伐採により、森林減少が懸念されるようになった。適切な森林管理が求められるなか、1864 年には森林局が設立される。初代から 3 代目までの森林局長官は、当時、林業先進国であったドイツから招かれた。森林は 3 つに分類され、有用な森林はすべて森林局の下で管理されることになった。すなわち、商業伐採が永続的に行われるべき保留林、将来的に保留林とする保護林、村落に利用の権限がある村落林である。保留林や保護林では、もともと森林の周辺に暮らしていた人びとが立ち退きを強いられた。強力な権限をもつ森林官の下で測量や調査に基づく科学的な管理が行われる熱帯林業は、インドにおいて確立されたのである。

資源・環境問題もすでにこのころから世界中に広がる帝国植民地で議論されていた。第 1 次大戦後、帝国内各地で木材資源の開発が盛んに進められた結果、資源の枯渇が問題視されるようになった。1920 年から 1935 年にかけて英帝国内の各植民地代表が集まり、帝国林学会議が計 4 回開催された。森林減少に伴う乾燥地化や水保全、土壌浸食の問題について盛んに議論された。焼畑耕作が森林減少の原因になっていることも熱帯のいくつかの植民地代表から指摘された。今日でもみられるような森林にかかわる資源・環境問題は、少なくとも 1920 年代に英帝国植民地を越えて世界各地で深刻化していた。このため国際会議も定期的に開かれるようになった。1929 年の国際林学会議には、29 の国々の代表が集まり、森林にかかわる課題が議論された。こうした国際的な動向の中で、インドで確立した森林の管理は、帝国林業として英帝国植民地各地へ普及し、さらには世界の各国へ広まっていった。今日に至る各国の森林政策の基盤となったのである。

マレーシア、サラワク州における森林管理

昨今、地球的規模の環境問題の1つとして、熱帯雨林の劣化・減少やそれに伴う生物多様性の減少が指摘されている。熱帯雨林への帝国林業の普及と、その後の森林管理はどのように行われたのだろうか。マレーシア、サラワク州を例にみてみよう。

サラワクは、英帝国によって直接統治されたインドとは異なり、J. ブルックというひとりの英国人によって英帝国の後ろ盾を得つつ19世紀半ばから統治が始められた。第2次大戦後は英国により直接統治され、1963年にサラワク州としてマレーシアに編入した。

サラワクでは、19世紀後半から20世紀初頭にかけて、欧米からの需要が高まったペルカゴム *Palaquium gutta* やジュルトン *Dyera costulata* といった森林に生育する野生ゴムが盛んに採集され、輸出された。しばらくすると、野生ゴムの樹木の劣化や枯渇が指摘されるようになった。官報には、「ジュルトンの木もひどい状況である」と記録され、各地で数百万から数千万本の規模で野生ゴムが乱伐される状況が報告されている。20世紀以前に、すでにサラワクにおいても環境問題がみられたのである。

木材の伐採と輸出は、20世紀初頭から徐々に増えていった。最初はボルネオテツボク *Eusideroxylon spp.* や泥炭湿地林のラミン *Gonystylus bancanus* が伐採対象となった。内陸の丘陵に生育するフタバガキ科の木材としての価値も1920年代には認識されるようになってきた。このような背景の下、サラワクでは1919年に森林局が創られた。英領マラヤ（マレー半島）ではインドの森林局が参考にされ1888年に森林局がすでに設立されており、そこから森林官が招かれた。サラワクの森林官らは前述の帝国林学会議に出席している。インド発祥の帝国林業の考え方を基に創設されたサラワク森林局は、保留林などとして森林を囲い込むことによって木材資源を守ろうとした。

写真2　インド、デヘラドゥン市に1906年に設立された森林研究所（1994年）［増田美砂撮影］

写真3　マレーシア、サラワク州ではかつての保護林が取り消され、オイルパーム・プランテーションに急速に転換されている（2006年）

第2次大戦後、英国の統治下でも、強い権限をもった森林官の下での持続的な森林管理が目指された。しかし、1963年にサラワク州として英国から独立後、その森林管理の体制は崩れた。おもに日本に向けての木材輸出によって儲けがでるようになると、州の政治家は企業への伐採権発給の権利を森林官から取り上げ、自らのものにするようになった。適正な森林管理が行われなくなり、過剰伐採されたサラワクの森林は1990年代半ばまでに急速に劣化していった。

地球規模の環境問題の解決に向けて

強い権限を有する森林官に適正な森林管理を任せる帝国林業は、ドイツやフランスの「科学的」林業を下地としつつインドで確立され、帝国内各地やその他の国々に普及した。しかし、第2次大戦後あるいはそれ以降のグローバル経済化の中で、サラワクでみられたように適正な森林管理の体制が崩れた国々は多い。温暖化や生物多様性の減少といった地球的規模の環境問題に対して森林保全が課題となっている昨今の状況は、1920年代に森林劣化・減少が英帝国内および世界の各地で問題化し、それに対応しようとした状況と共通するところがある。個々の地域の具体的な問題への直接の対処だけでなく、社会情勢・国際動向や自然環境の変化に対応する機能を備えた管理システムを構築することが必要であろう。【市川昌広】

⇒C森林の物質生産 *p50*　D熱帯林の減少と劣化 *p166*　D森林認証制度 *p224*　R熱帯林における先住民の知識と制度 *p306*　Rイスラームと自然保護区管理 *p328*　Rアブラヤシ、バナナ、エビと日本 *p338*　E植林神話 *p486*

〈文献〉Barton G.A. 2002.　市川昌広 2010.　水野祥子 2006.　Potter, L. 2005.　Ross, M.L.　2001.

開発移民

移住という自然改変の歴史

前近代の西欧人の移動

人類史に刻まれた人の移動は、人口増加、疫病の蔓延、紛争や社会的軋轢など要因はさまざまである。しかし、未知あるいは未利用の土地に手を加え、生産地や定住圏を拡大していったという点で、そのほとんどを開拓あるいは開発移住と呼ぶことができる。新たな土地で人びとは、主には農業のため、森林を切り開き、草原を耕し、ときには湖沼を埋め立ててきた。開発移住の歴史は、自然改変の歴史といえる。

とりわけ規模と影響が大きかったのは、新大陸発見以降の西欧人の移住である。大洋を渡り、新たな大陸へ、積極的・能動的に移住が行われた。大西洋に面した東部から太平洋を臨む西部へ、森林と草原を畑地に転換しつつ開拓フロンティアを西進させた北米大陸への移住はその典型であろう。オーストラリア大陸への英国人、中南米へのスペイン人、さらに後になって欧州諸国からのアフリカ高地への移住を、歴史家 A.W. クロスビーは、単に移住先の自然を改変するだけでなく、ネオ西欧ともいえる環境を再出したという点から、『生態学的帝国主義』とした（写真 1）。

西欧人は自分たちの自然と生活を移住地に複製するために、慣れ親しんだ家畜や作物を持ち込んだ。クロスビーはそれを「生態学的スーツケース」と表現している。その中には、雑草や病気も紛れ込む。欧州産の動植物と病気は、移住先の固有な動植物さらには現地の人までを駆逐していった。生態学的帝国主義とは、今日のわれわれが外来種問題、あるいは感染症の拡大として取り上げている現象にもあてはまる。

写真 1　欧州的景観の拡がるチリ南部（1997 年）

植民地期のプランテーションの拡大

温帯である北米や南半球の高緯度地域あるいは熱帯でも高地なら、欧州と気候が同じで「生態学的スーツケース」は有効である。しかし暑熱の熱帯低地では、持ち込んだ温帯の生物は生き残れず、現地の病気にたおれるのは西欧人移住者である。熱帯地域では、別の方法がとられることになった。移住先で、もともと欧州にはない有用植物を開発し、現地の人を使って広く栽培する方法、すなわちプランテーションである。

現地の労働者が少ないときには、別の熱帯地域から労働者を強制的に移入させることになる。これが植民地期の熱帯地域に特徴的な開発移住である。砂糖や綿花栽培のために、アフリカから西インド諸島などの新大陸に送られた黒人奴隷もこうした強制的開発移住に数えることができる。

植民地期の最後に登場したゴムのプランテーションにも強制的開発移住が伴う。ブラジル原産のゴムの木は、シンガポール植物園に持ち込まれ、苗木が大量に生産されるとともに、効率的なゴム樹液の採取方法が開発された。樹皮に人工的に刻目を入れるタッピングという方法である。

20 世紀の初頭になって、自動車用タイヤの需要の拡大とともにゴム栽培はマレー半島に一気に拡がる。樹液の採取に必要となる労働力として、多数のインド人が雇われた。今日、その子孫のインド人はマレーシアの人口の 2 割を占め、同時に広大な熱帯林の大部分はプランテーションに置き換えられた。

近代国家による国内開発移住

第 2 次世界大戦後、アジア・アフリカ諸国が次々独立し、国民国家を成立させた。新国家も、経済的基盤の確保と社会の安定のために、国内の未開発地に移住政策を実施した。東南アジアでは、インドネシアとベトナムの移住政策が、規模の大きなものとして特筆される。どちらも熱帯林の農地への転換を加速させた。

ベトナムの開発移住は 1961 年から始まる。以後 40 年間に人口密度 800 人 /km^{2}の稠密な紅河デルタから「新経済区」と呼ばれた北部山岳丘陵地、中部高原などに約600万人が移住した。当初はデルタ地域の人口を緩和し、支配の空白地域を埋めるという政治社会的側面が強かったが、経済開放政策以降は、経済開発が主目的となった。ベトナム戦争の影響で開発が進まず、比較的残っていた中部高原の森林は、コーヒーなどの商品作物栽培のため、急速に伐採された。その森林を、焼畑として粗放的に広く浅く利用していた山地先住民との土地をめぐる軋轢も生じている。

インドネシアの移住政策はトランスイミグラシと呼ばれる。人口稠密で農地の外延的開発の余地がないジャワ島から、人口が少ないスマトラ島やボルネオ島などの未開発の外島へ農民を移住させる政策である。1969年以降の開発5カ年計画の中に位置づけられ、財政基盤が確立し、移住は計画的・組織的に行われている。

政府は移住先の森林を伐採し、農地を整備し、移住者の家や学校や診療所などの公共サービスのための施設を建設する（写真2）。一家族に2 haの農地が割り当てられ、通常1年間にわたってコメのほか、砂糖や塩などの調味料、食用油、石鹸など生活必需品が支給される。農地のうち0.25 haはふつう屋敷地として利用される。

トランスイミグラシは1980年代半ば以降、アブラヤシを主作物とする新たなプランテーション、中核農園システムと結びつく。中核農園システムでは、国営あるいは民間企業が搾油工場と中核農園を持ち、周辺に2 haの農園と1 haの自給用の農地を与えられた小農が配置される。アブラヤシ栽培に必要な技術と農業資材は中核企業が供与し、参加農民は生産物を中核企業に販売する契約を結ぶ。大規模な開発に必要な資金は政府や大企業が調達し、労動力として移住者がリクルートされるシステムである。

ほかにも世界各地でさまざまな開発移住が行われてきた。旧ソ連や近代中国では、シベリア開発や新疆開発など、比較的大規模な開発移住があった。日本では、明治から昭和にかけての北海道開拓がある。

開発移民の歴史的検証

20世紀ではこれまで人が多くは住んでこなかった熱帯林が、残された最も広大な開発移住の対象地であった。人が移住するたびに熱帯林はその姿を変えていった。アマゾン地域も含めて、広大な熱帯林が農地に転換された。複雑で多様な生態系といわれている熱帯林が、アブラヤシなどのプランテーションに変わっている。環境保全の立場から、熱帯林の消失を憂い、移住を非難することはできるだろう。

写真2　移住者を受け入れるための家。森林伐採直後の荒地に建てられている（インドネシア、中カリマンタン州、1996年）

実際、開発移住の現場では、経済的利益を優先するばかりに、思慮を欠いた自然の改変が横行しがちである。先住民と移住者の間での争いは頻繁におこり、多くの場合、悲劇的な結末を迎えたのは先住民である。今日、移住可能な未開発地はほとんどなくなった。開発移住という自然改変の歴史は、その必要性と倫理性を厳しく吟味されなければならないだろう。

その一方で人類は自然を改変して豊かになってきたのも事実である。人びとは人智と苦労を重ねて自然に立ち向かい、荒々しい未開の土地を豊饒な土地へと変えてきた。鍛錬された精神的強さは、フロンティアスピリットとして賞賛される。開発移住の功罪は、時代と状況により慎重に問う必要がある。単純にその是非を判断することなどできない。

たとえば北海道の多くの人が美しいという風景も、開発移住の成果の1つである。入植者の一人、坂本直行は、家族・隣人と協力して、少しずつ豊かな耕地を拡げてゆく様子を書き残している。驚くのは、自然の厳しさと気まぐれさに翻弄されながらも、その美しさに感動していることだ。働く手を休め、春の原野の野草の美しさ、初夏の木々の緑、山脈の所々のカール残雪の壮麗さを楽しみにしている。「農業技術は自然の征服ではない」、「正しい自然観を伴わない農業技術は、正しい農業観と人生観を農民に与えはしない」。坂本の言葉をかみしめるとき、移住する人びとに、先住者への共感と尊敬とともに自然への畏敬の念がある限り、開発移住は無謀なものにならないのでないかと思う。

【阿部健一】

⇒D熱帯林の減少と劣化 *p166*　D陸域の外来生物問題 *p172*　D水域の外来生物問題 *p174*　Rマングローブ林と沿岸開発 *p336*　E環境難民 *p492*

〈文献〉Crosby, A.W. 1986. Arnold, D. 1996. 坂本直行 1992 (1942). 岩井美佐紀 2006. Abe, K., *et al.* eds. 2006.

環境アセスメント

経済配慮と環境配慮を調整する

経済配慮と環境配慮の調整手段

人間社会が持続的に発展するためには、現在および将来世代の欲求を充たすという「経済配慮」と、環境を保全するという「環境配慮」をともに考えねばならない。ところが、この経済配慮と環境配慮の間にはトレードオフの関係があり、持続的な発展が困難である原因のひとつとなっている。この関係を調整する手段として、環境影響事前評価、いわゆる環境アセスメントが考えだされた。

環境アセスメントは、環境を保全するために、人間活動を事前に制御する手続きとして、米国の国家環境政策法（1969 年）で定められたものに始まる。日本では、環境基本法（1993 年）に続いて環境基本計画（1994 年）が制定され、そのもとに環境アセスメントを実施する手続として、環境影響評価法が制定（1997 年）、施行（1999 年）されている。

環境アセスメントの手続

日本の環境アセスメントは、環境に影響を及ぼす可能性のある事業に対して、環境と社会の両面を統合した意思決定を行うことを目標とし、事業者の主体的な取組みで環境配慮を促進するための手続として、以下の 6 つの項目をあげている。

①事業の選別（スクリーニング）：環境影響の小さい事業計画までを環境アセスメントの対象にするのは経済的でないため、一定以上の規模の事業のみを選別する必要がある。

②絞り込み（スコーピング）：あらゆる環境影響を調査・予測して評価するのは時間と経費がかかりすぎるため、評価項目を絞り込む必要がある。スコーピングの結果、調査項目と方法をまとめた報告書（方法書）が作成される。

写真 1　2005 年日本国際博覧会（愛・地球博）長久手会場［愛知県建設部公園緑地課提供］

③影響解析：絞り込まれた項目について、科学的な手法を用いて、現状を調査するとともに事業によって起こると想定される影響の程度を解析し、環境アセスメント報告書（準備書）を作成する。

④評価：準備書の内容を吟味して、事業が環境に及ぼす影響を総合的に評価する。

⑤公衆参加：方法書と準備書は一般公開され、住民からの意見が求められる。地方公共団体の長も意見を述べることができる。事業者は、これらの意見を考慮して、影響評価項目・方法の変更や影響解析の再検討や追加調査などを行う。

⑥アセスメント結果の事業への反映：準備書を改訂した評価書をもとに事業の認可が判断される。認可された事業では、実施の途中での環境保全措置が事業者に求められており、また、事業後のモニタリングも環境アセスメントを実質的なものとする上で重要である。

代替案検討の重要性

事業計画が決定してから行われる事業アセスメントでは、環境影響を低く見積もりがちとなり、「事業ありき」の評価になる可能性が指摘されている。この欠点を排除するには、代替案を検討することが重要であるとされ、欧米の環境影響評価法では、計画を実施しないという案も含めた複数の代替案の検討が義務づけられている。しかしながら、日本では代替案の評価に関する義務規定は存在せず、代替案の検討は、「環境保全のための措置」（環境影響評価法第 14 条 7 項ロ）として準備書に検討結果を記載する際の選択肢の 1 つにすぎないとされる。

2005 年に開催された愛知万国博覧会（愛知万博）では、1999 年施行の環境影響評価法が前倒しで適用され、1998 年から環境アセスメントが実施された。1999 年 2 月には準備書が公告され、公衆からの意見が聴取されたが、その大半は環境アセスメント自体への批判的意見であり、おもに代替案が検討されていないことが指摘されている。また、準備書が作成された直後に、計画地内で絶滅危惧種のオオタカの営巣が確認され、会場計画が大幅に変更されることになった。早い段階で複数の代替案が比較検討されていれば、オオタカの営巣に対応した計画を採用できていたかもしれない。

このように愛知万博環境アセスメントには多くの問題があったと指摘されているが、準備書や評価書では、地域整備事業と博覧会事業の環境影響が一般市民にわかりやすく示されており、事業者の配慮が明確となっていた。このような先進性は、今後の環境アセスメントに活かされるべきものとして評価されている。

科学的環境影響評価と社会的影響評価

開発計画や環境保全にかかわる施策によって自然環境がどのような影響を受けるかは、科学的手法によって評価されている。たとえば、高速道路の建設による森林生態系の変化や土砂流出、河川水質への影響などは、森林生態学、砂防学や陸水学などの手法によって評価される。しかし、科学的知見に基づいた環境政策が必ずしも実効性のある政策とならないという問題が指摘されている。科学的合理性がある環境施策であっても、関係する者（当事者）の間で問題意識が大きく異なる場合には社会的合理性が担保されず、政策の実効性を高めることがむずかしいからである。

高速道路の建設を例にすれば、経済活動の基盤整備として建設を切望する人や団体と、建設によって失われる景観や生態系を保全しようとする人や団体が存在する。したがって、施策はこれら異なる意見を持つ利害関係者それぞれに対してもたらす社会的影響も評価しなければならない。また、科学的知見に基づいて、生態系への影響に配慮された建設計画案が策定されたとしても、その計画の実施によって得られる社会的便益が計画実施にかかる経費に比べて極端に少なければ、納税者からの合意を得るのは難しいであろう。さらに、経済活動の基盤整備として高速道路の建設を切望する利害関係者であっても、建設自体で利益を得るグループと、建設された道路を利用することで利益を得るグループがあるというように、必ずしも同じ考えを持っているとは限らない。

このように利害関係者間で評価基準が異なる状況では、社会的合理性のある環境政策を策定することは困難であろう。科学的環境影響評価と社会的影響評価の統合が重要である。

環境施策への公衆参加

環境アセスメントの直接の目的は、環境施策における意思決定自体ではなく、意思決定を支援することである。科学的環境影響評価を重視した代替案の比較では、利害関係者間の意見の対立が明確になるため、合意形成が困難になる可能性が指摘され、公衆が参加する円卓会議などの場で議論を重ねることが有効であると考えられている。その一方で、科学的環境影響評価の情報を住民会議やアンケートなどの形で人びとに提供することが、環境施策の社会的影響評価を求めるための公衆参加プロセスにおいて重要であることも明らかとなってきた。

IAIA（国際影響評価学会）は、公衆参加による事業計画の社会的影響評価の手法の開発が急務であるとしている。しかしながら、日本の環境アセスメント手続における公衆参加は、公開される方法書および準備書に対する意見表明だけであり、まだ不十分である。先に挙げた愛知万博では、本来当事者であるにもかかわらず事業計画の外に置かれていた環境 NGO や地域の代表者を加えた「愛知万博検討会議」が開催され、法律に定められた環境アセスメントとは異なる公衆参加のアプローチが合意形成の場で機能していた。

また、千葉県が三番瀬干潟・浅海域再生に関して設置した三番瀬再生計画検討会議（三番瀬円卓会議）などのように、環境施策に関する住民会議やシナリオ・ワークショップなど、環境や社会の専門家・研究者と住民との対話の機会を環境アセスメントの枠組の中に設けることが有効と考えられる。公衆参加は、環境施策の立案者や実施者にとって行政手続き上考慮すべき課題というだけではなく、公衆の側にとっても、環境施策に主体的に取組むことができるという意味で重要な課題である。

最近では、事業アセスメントの弊害をなくすため、環境施策立案の初期段階から、幅広い代替案を含めてアセスメントを行う戦略的環境アセスメントに取組む地方公共団体が増えている（たとえば埼玉県、東京都など）。具体的な事業案が決まる前の環境計画の早い段階では、公衆が持っている環境への意識や意見を幅広く計画に反映させることが可能となり、合意形成がより円滑に進められるであろう。ただし、戦略的環境アセスメントを実施しても、具体的な施策を決定するためには事業アセスメントを実施しなければならない。二度手間のように思えるが、戦略的環境アセスメントにおいて、重要度の高い評価項目への「絞り込み」が可能となり、効率的に事業アセスメントを実施することができるようになると期待されている。【吉岡崇仁】

⇒C環境税 *p106* R協治 *p318* R住民参加型の資源管理 *p332* E都市化と環境 *p496* E環境容量 *p530* E順応的管理 *p532*

〈文献〉ベック、U. 1998(1986). 井上元 2002. IAIA 2003. 嶺坂尚 2001. 二宮咲子・鬼頭秀一 2007. 島津康男 1997.

環境指標

流域の自然と人間のものさし

環境の状態を表すさまざまな指標

人間活動による自然生態系の撹乱が激しくなると、環境の状態を示す指標や人間活動に対する環境の許容量を知ることが必要になる。これまでいろいろなレベルでの指標や環境容量が使われている。大きくは地球全体の生物圏の存在にかかわる事柄で、たとえばオゾンホールの出現を防ぐための環境基準や、地球温暖化を防ぐための温室効果ガスの排出規制などある。現在の地球の適正な人口はどれくらいかなどの指標の例としてはエコロジカルフットプリントを考えることができる。エコロジカルフットプリントは人間1人が持続可能な生活を送るのに必要な生産可能な土地面積（水産資源の利用を含めて計算する場合は陸水面積となる）として表される。2001年時点で世界の平均を見ると、地球全体のフットプリントは1人あたり2.2haになる。地球のバイオキャパシティ（生物資源の再生が可能とされる総面積）は、1人あたり1.8haとなる。したがって人間活動によるフットプリントは、地球の再生可能な容量を約21%超過（1.8haの容量に対し、2.2haの消費）している。この超過分をオーバーシュートと呼び、1980年代半ばから発生しており、現在は、毎年「エコロジカルデット＝生態系借金」が拡大している状況で省エネルギー、持続的なライフスタイルを速やかに開始することを全人類に求める指標となっている。

身近なところでは、飲み水や食べものの安心・安全に関する指標などがある。OECD（経済協力開発機構）では、環境情報を体系的に整理し、指標化するための概念的枠組として「PSRモデル」を開発している。これは、人間の活動と環境の関係を、「環境への負荷（pressure）」、「それを受けた環境の状態（state）」、「これに対する社会的な対策（response）」という一連の流れ（PSR）の中で包括的に捉えようとするもので、他の国際機関や各国が環境指標を開発する際の基礎として広く世界に浸透している。PSRモデルでは各要素を以下のように説明している。

①環境への負荷（pressure）：天然資源を含めた環境への、人間の活動による負荷を表す。

②環境の状況（state）：環境の質および天然資源の質と量に関係し、環境政策の究極的目的を反映する。環境の状態の指標は、環境の全体的な状況と時間の経過に伴う変化を示す。例として、汚染物の濃度、負荷の危険水準の超過、公害および劣化した環境の危険にさらされる人数や健康被害、野生生物、生態系および天然資源の現状などをあげることができる。

③社会による対応（response）：社会が環境保全のためにいろいろな対策を行う程度を示す。指標の例としては、環境への支出、環境に関する税および補助金、環境に配慮した製品やサービスの価格および市場占有率、汚染除去率、廃棄物のリサイクル率などをあげることができる。

水質に現れる二次元指標

酸素溶存量は生物への影響が大きいと同時に、汚濁の程度を示す重要な指標となる。たとえば生息する動物の種は、溶存酸素量によって大きく変わることが知られている。とくに湖底の泥に生息する動物の生息の変化がその指標の目安となる。これに関連して化学的にはCODやBODの基準が世界で広く使われている。前者は化学的酸素要求量と呼ばれ、試水中の易分解性有機物が酸化され消費する過酸化マンガンの量で

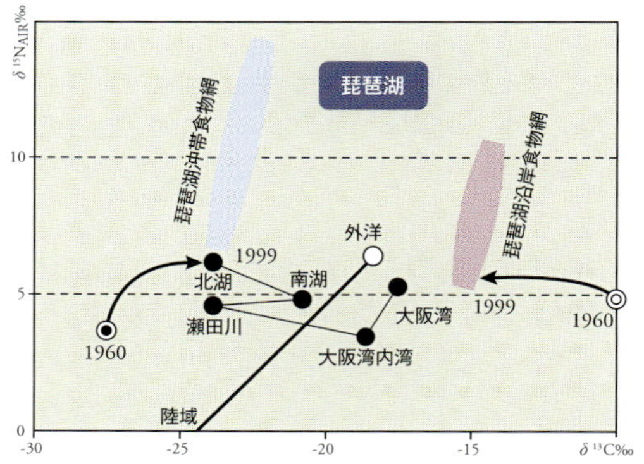

δ15NAIR‰
琵琶湖
琵琶湖沖帯食物網
琵琶湖沿岸食物網
10
5
0
外洋
1999
北湖
南湖
瀬田川
大阪湾
大阪湾内湾
1960
1999
1960
陸域
-30
-25
-20
-15
δ13C‰

図1　同位体比の変動からみた琵琶湖-淀川水系の変化。黒丸は1999年に採取された表層堆積物の窒素・炭素同位体比を示す。汚濁の少ない河川では陸域から外洋で示した直線になるが、汚濁の激しい琵琶湖-淀川水系では直線から大きくずれている（琵琶湖北湖から折れ線で示した大阪湾まで）。北湖の堆積物コアを分析して年代決定を行うと、1960年の窒素・炭素同位体比（◉）を得た。また、水草の標本のデータから琵琶湖沿岸の窒素・炭素同位体比（◎）を得た。矢印は1960年から1999年までの植物プランクトンの同位体比の変化を示してる。青色と赤色は沖帯と沿岸の食物網（動物プランクトンや魚）の位置を示している。この図から過去40年間に琵琶湖が変化した様子や近年の水系の汚濁による変化を知ることができる

あり、後者は生物的酸素消費量と呼ばれ、試水を暗所で光合成をとめて一定時間培養したときの溶存酸素消費量を示す指標である。いずれも富栄養化で汚れた水は高い値となる。溶存酸素にまつわるこれらの指標をさらに人びとの生活様式により結びつけた指標が必要になってきている。すなわち、ライフスタイルの変化により直結する指標が求められている。

そこで筆者らは河川水の水質を酸化的に保つための流域の適正な人口密度を示す新しい指標を提案した。この指標は窒素同位体比（$\delta^{15}N$）・炭素同位体比（$\delta^{13}C$）の変動を応用したものであり、対象とする水系の水質汚濁による食物網の歪みや物質動態の変化を示す（図 1）。$\delta^{15}N$ の値は大気窒素ガスが 0‰で、山岳森林の木の葉 − 2〜＋ 2‰、生活排水は 6‰であり、河川中で脱窒が起こると軽い窒素が N_2 ガスになり残りは急激に 6‰以上になる。一方、$\delta^{13}C$ は森林で − 25‰、付着藻類・湾植物プランクトンは中緯度で − 20‰程度と高くなる。水系の有機物生産のおもな担い手は陸域の高等植物と沢や河川の付着藻類および河口域の植物プランクトンである。前者と後二者の藻類の同位体比は中緯度では有意に異なる。沿岸の堆積物を $\delta^{15}N$-$\delta^{13}C$ グラフ上に目盛りをとると、人間活動の影響の小さい河川では図 1 の外洋—陸域で示した直線で示される。一方、水質汚濁の激しい河川の代表である淀川水系は図に●で示したように直線から大きくずれてくる。$\delta^{15}N$ の上昇は、水質汚濁の進行による集水域や湖・内湖での脱窒（$NO_3 \rightarrow N_2$）に起因しており、大阪湾で低下するのは、富栄養化で生じた藻類が無機能窒素の一部を同化する時の同位体分別によるものと理解される。富栄養化が進行した琵琶湖の 40 年間の汚濁の進行状況は、湖沼の堆積物や、琵琶湖固有魚イサザの生物標本資料に残されている。図 1 の中で 1960 年から 1999 年の矢印は湖底表層堆積物の窒素同位体比が 40 年間で高くなり、沖帯と沿岸帯の食物連鎖が図の中で近づいてきたこと、すなわち富栄養化が進んできたことを明確に示す。

新しい環境指標としての $\delta^{15}N$

河川懸濁粒子やそれらが流入する内湖河口域の一時消費者が示す $\delta^{15}N$ は集水域の人口密度と正の相関がある。まず、人口密度が低い水系においては、人口密度と $\delta^{15}N$ はほぼ直線関係にある。一般に生活排水の $\delta^{15}N$ は森林起源有機物の値に比べ高いことから、このフェーズでは両者の混合比により水系の $\delta^{15}N$ が決定されていると考えられる。より人口密度の高い水系では生活排水の寄与が多くなり、水系への有機物付加は増加する。しかしそのほとんどが酸化的に分解され

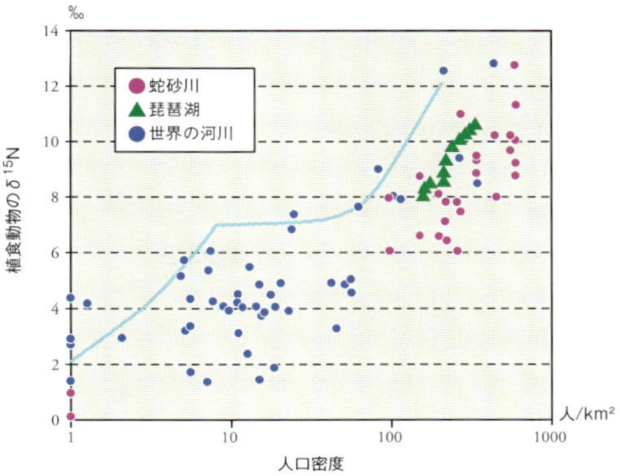

‰
14
12
10
8
6
4
2
0
蛇砂川
琵琶湖
世界の河川
植食動物の δ 15N
1
10
100
1000
人/km²
人口密度

図 2　河川の $\delta^{15}N$ と流域の人口密度。青色の線は、$\delta^{15}N$ が、上流域の 2‰に 6‰の生活排水が負荷されて上昇した後、酸化的分解では一定となり、無酸素層ができると上昇する様子を示している

るため、河川懸濁粒子の $\delta^{15}N$ は生活排水の値近くで安定する。さらに人口密度が高まると、栄養塩や有機物負荷の増大が水系での生物活動を活発化して、底泥は局所的に無酸素状態になると考えられる。このことは硝化、脱窒反応を促進し、水系の $\delta^{15}N$ を高める。

このような水系では、温室効果ガスである N_2O やメタン、さらには悪臭の原因となる硫黄化合物の発生を引き起こす。この好気条件から嫌気条件に変わる境界に当たる人口密度は日本の小河川では数百人 /km^2 程度と見積もられ（図 2 の琵琶湖に流入する蛇砂川の例）、これは水系が持続的に好気的に維持される上限、すなわち一種の環境容量を表している。

多様化する環境指標の利用

地球環境研究の 20 年史を概括すると、大気二酸化炭素の増加に伴っていろいろな環境問題が顕在化した。現在では衛星観測やロボットブイによる連続観測、そしてコンピュータの数値実験による予測研究が急速に発展した。今後の 10 年は地球の観測・研究・予測モデルの開発が飛躍的に進むと期待され、ローカルからグローバルまで環境指標に対する複雑化したニーズに対応できるようになって来た。これに伴って、環境基準に求められる内容も多様化している。すなわち、単なる安全のための指標の基準値ばかりでなく、指標の対象となる物質がどのようなフラックスで変化しているのか、さらにはその物質がどのような起源でどんな経路で環境中に放出されているかなどに関して知ることが不可欠になってきている。安全・安心や防災に関する関心とニーズが飛躍的に高まってきている。これからの環境基準は物質動態と環境影響評価を統合的に含めてゆくことが求められる。　【和田英太郎】

⇒C 窒素循環 *p44*　C 富栄養化 *p60*　C 農業排水による水系汚濁 *p86*　D 環境指標生物 *p220*　E 成層圏オゾン破壊問題 *p504*　E 温室効果ガスの排出規制 *p506*　E 環境容量 *p530*

環境容量

人間と自然のバランスのとれた関係を目指す

環境容量と地球環境問題

環境容量とは、環境の状態をはかる指標のひとつである。近年では、環境にやさしいライフスタイルや社会システムへの移行の必要性が叫ばれている。私たちの営みは持続性のあるものなのか、自然環境に多大な負担を強いるものなのか、汚染物質の排出や、土地利用の改変などが自然環境に対しどのような規模の影響を与えているのかを把握することが、地球環境の保全を進めるうえで重要になっている。これらの人為的インパクトに対し、自然が持つ包容力（許容量や抵抗力や復元力）を、環境容量という語で表現している。環境容量はすでに確立された指標ではなく、自然浄化作用の大きさや生態系や自然が許容できる最大値を対象にしたもの、また人間の活動量と自然の潜在量との関係を対象にしたものなど、その視点や内容は用いられる分野でさまざまである。

近年では、地域や地球の環境悪化は漠然と進行するのではなく、地球環境の悪化は地域環境の悪化が集積し発生するものとの認識や、逆に環境に悪影響を与えていない地域が、他地域での環境悪化に起因する地球規模での環境悪化により、深刻な影響を受ける現象が確認されており、地域や国土、さらに地球レベルで環境容量をとらえることが重要視されつつある。

社会での人間の営みの系を人間生態系、人間生態系を含めた生きもの全体の系を自然生態系と呼ぶなら、その関係の概念は図1のように示すことができる。縦軸は自然生態系の安定性や恒常性や生物多様性のレベルを、横軸は時間・歴史を示す。大きい丸枠は自然生態系で、そのなかの小さいものは人間生態系、言わば人間社会を示している。人間生態系には、都市やそれを構成する人工物も含めて考えられる。自然生態系に占める人間生態系の割合が低ければ安定性も恒常性も高いレベルを維持できるが、これが増え続けると低下していく。

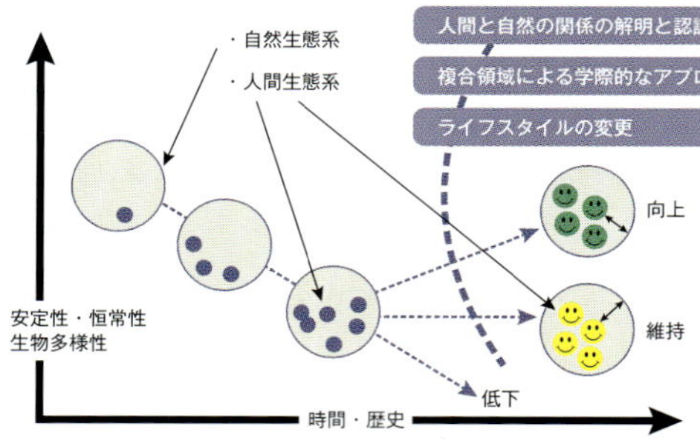
・自然生態系
・人間生態系
人間と自然の関係の解明と認識
複合領域による学際的なアプローチ
ライフスタイルの変更
向上
維持
低下
安定性・恒常性
生物多様性
時間・歴史

図1　自然生態系と人間生態系（新たな取組みによる安定性・恒常性の維持と向上の可能性）

現在の地球や地域はまさに人間活動が巨大化しすぎた状況であり、この改善のため、自然生態系にやさしい人間生態系のあり方が求められている。そのためには、地域における人間と自然の関係を定量的に解析し認識するための新しい環境容量の概念構築が重要であり、このような情報を、人びとにわかりやすく発信し、人間の生き方、すなわち私たちのライフスタイルを自然にやさしいものへ移行させて地域環境の再生を目指し、最終目標として地球環境の悪化の阻止に繋げることが急務である。科学者による科学知識の構築と社会に蓄積された環境データの統合、また、地理情報システム（GIS）などの解析ツールを活用し、新しい環境容量に対する学際研究が展開されようとしている。

科学の発展と環境容量

環境容量の概念が提示され始めたのは1970年前後であり、地球環境問題の議論が世界的に展開されたのと同時期である。この頃、ローマ・クラブの『成長の限界』やR.B. フラーの『宇宙船地球号』などが発表され、地球の環境や資源は無限ではなく、限りあるものであるという地球の限界論が説かれた。現在も広く知られる「宇宙船地球号」という言葉は、地球は宇宙を旅する宇宙船であり、人類は皆、その乗組員であり運命共同体であることを明快に表現し、人びとの地球環境への認識を飛躍的に高めた。これは基礎科学や応用科学などの多くの専門分野によるいわゆる学際研究の成果によるものであり、環境容量という概念も歩を合わせ発展した。

環境容量の概念形成には、基礎科学としての生態学が強い影響を与えている。著名な生態学者であるE.P. オダムは、生物としてのヒトと生態系の関係の解明をすすめ、人間の個体群生態学による応用人間生態学の視点から、人間社会で応用することの重要性を指摘した。また、吉良竜夫は、自然生態系と人間生態系の視点から、生態系と人間社会の折り合いの必要性を科学的に紹介した。

工学系や農学系の応用科学や環境計画にかかわる分野からも同時期、環境容量の研究が発表されている。生態学的決定主義にもとづくプランニングとデザイン、いわゆるエコロジカルプランニングが、I.L. マクハーグにより発表され、環境保全を代表する計画手法として注目された。わが国では、菊池誠、江山正美、島津康男、中野尊正、吉良竜夫などによる研究成果が、『適正規模論』にまとめられた。このなかで、江山正美は自然公園の地域容量を、自然地域容量や受け入れ地域容量と「入り込み地域容量」の関係において示している。自然公園という具体的な地域を対象に容量の概念を導入し、現在のエコツーリズムの増加による生態系への影響をいち早く予測した研究である。また、わが国の環境問題の先駆分野であり、公害問題の解決に貢献した工学系の視点から、末石富太郎は『都市環境の蘇生』などで環境容量論を展開した。境界制御容量、地域活動容量、時間活動容量などの指標を取り入れた試みは環境容量の概念や理論構築を進めた。また、武内和彦は、「ランドスケープ・エコロジーの視点から「地域における人間と環境のかかわりを、生態学の視点からとらえる方法や人間生存を保障するための地域環境の保全と創出のあり方」についての研究を『環境創造の思想』などに示している。

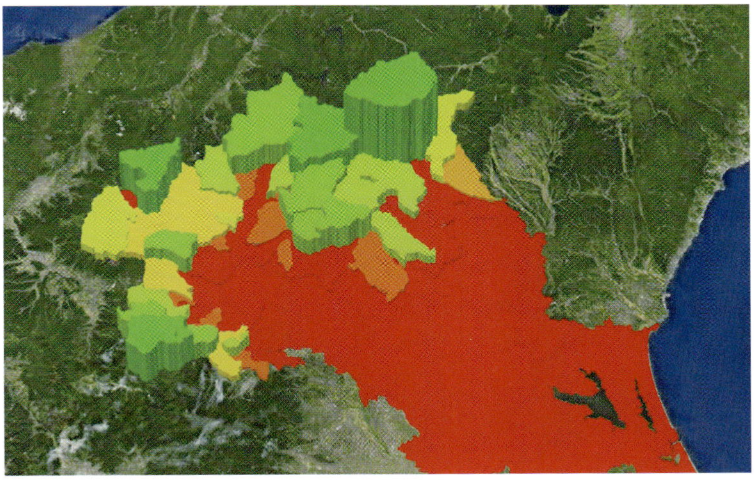
0 20 40 60 80 100 200 300%-
図 2　環境容量の試算例。利根川流域での CO_2固定容量（固定量の排出量に占める割合）

地球環境問題解決への環境容量の活用

近年においては、環境容量を視点にした研究や取組みは、水域保全や水産分野、エコツーリズムなどの観光計画や都市交通などの都市計画、また国土や地域計画の分野など多岐にわたっている。

水域保全に応用した研究には、霞ヶ浦流域を対象に社会、経済、発生汚濁負荷、流域情報などの指標と水質情報を組み合わせることにより、湖の水質変化と流域の土地利用や社会・経済活動状況変化との関係を解析した研究が見られ、環境容量の視点から流域管理の向上に果たした役割は大きい。また国土や地域スケールでの取組みには、筆者による、日本の人間と自然の関係を環境容量としてとらえ画像化した試みがみられ、CO_2（二酸化炭素）固定容量や水資源容量など 5 つの指標を用いることにより、流域や行政区分を解析単位とした日本全国の環境容量が包括的に試算されている。図 2 はこの手法による利根川流域での CO_2固定容量の試算例であり、赤色で示された地域は、森林資源がもつ CO_2固定量が人間活動による排出量の 20% 以下であることを示している。またエコツーリズムとの関連では、沖縄など島嶼地域での観光客の増加により発生する水資源やトイレなどの衛生施設の不足や、貴重な自然の持続性を損なう現象についても環境容量を視点にした改善策が検討されている。

このように環境容量の概念を活用することにより、土地利用の改善や、排出量や需要量の削減による効果のシミュレーションが可能となることから、さまざまな分野において計画への応用が期待されている。しかし、試算には総合的な地球環境学の蓄積や進化が不可欠であることも忘れてはならない。科学の進歩により環境容量という指標が扱える領域は拡大し精度も向上しているが、一層の向上が必要である。地球や地域の環境問題は、社会情勢などさまざまな影響を受け、その深刻化が危惧されている。環境容量という指標を進化させることができ、ヒトの属性と自然の存在意義についての人びとの認識を向上させて、自然の営みや人間文化を理解したライフスタイルへの意識転換がはかれれば、複雑に絡み合った現代社会に、人間と自然の適正ラインを引くことも可能ではないだろうか。地球の未来を拓くうえで環境容量という指標が果たす役割は大きい。

【大西文秀】

⇒**D**持続可能なツーリズム *p230* **H**人口爆発 *p374* **H**人口転換 *p376* **E**地球システム *p500* **E**成長の限界 *p502* **E**環境指標 *p528* **E**統合的流域管理 *p534* **E**持続可能性 *p580*

〈文献〉Meadows, D. H., *et al.* 1972. フラー、R.B. 1972(1963). Odum, E.P. 1971. 吉良竜夫 1971. Mcharg, I. L. 1969. 菊池誠編 1976. 末石富太郎 1975. 武内和彦 1991, 1994. 国立環境研究所編集小委員会編 1993. 大西文秀 2002, 2009.

順応的管理

不確実性の高いシステムの管理方法

順応的管理

順応的管理とは野生生物の個体群や生態系その他の環境問題など不確実性の高い対象を管理するための考え方で、作業仮説にしたがって管理を適用すると同時に、その効果をモニタリングによって科学的に評価し、その結果によっては方法を見直すという作業を繰り返しながら管理を行う。順応型管理、あるいはアダプティブマネジメントという場合もある。1970年代後半、C.S. ホリングによって最初に提唱された概念である。

生態系の管理における不確実性

生態系や野生生物の動態には大きな不確実性があり、予測が難しい場合が多い。その不確実性は、生態学的現象が本来持つ非線形性、さまざまなスケールで考えざるをえない現象の存在、さらにデータや情報の不足などに起因している。多くの野生動物は、その餌となる生物や天敵となる生物が、それぞれ複数種存在するのが普通であり、対象とする種の個体群を増加させるためにある天敵を減らすと、天敵を共通にする他種の増加を招いたり、ほかの天敵種が増えて対象とする種が増加しなかったり、という現象がおこりうる（非線形性）。また、小規模で実験的に行って好結果を得たとしても、それを実際に野外で行うと、他の生態系や地域からの影響によってうまくいかないケースも多い（スケールの問題）。そのように考えてゆくと、実際に影響しそうな要因の数は膨大になり、その全部について観測データを取得し、メカニズムの解析を行うことは不可能に近い（情報の不足）。

実際に管理を行う場合には、生態学的問題だけでなく、人間の行動や、さまざまなステークホルダー（利害関係者）の考え方などを考慮する必要があり、対立した場合の合意形成や、初期に設定した管理方針の変更を余儀なくされる場合も多い。さらに、社会状況の変化によって、対応可能な管理方法が変化する場合もある。これらの問題点に対応するために、当初の予測どおりにいかない事態の発生する可能性をあらかじめ管理システムに組み込み、モニタリングとその結果を考慮した順応的対応というフィードバックシステムが必須となる（図1）。

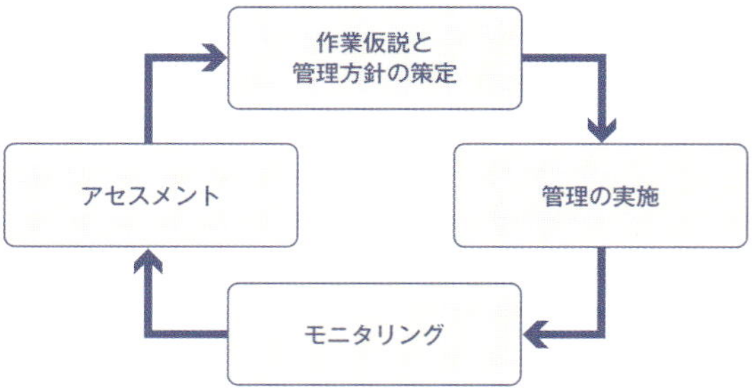
作業仮説と
管理方針の策定
管理の実施
モニタリング
アセスメント

図1　順応的管理のプロセス［Gunderson 1999 を一部改変］

モニタリングとアセスメント

順応的管理では、管理そのものを実験としてとらえて、管理とモニタリングを通して情報を収集しようとする順応的学習の考え方が基本にある。ある作業仮説や管理方法を適用した効果が科学的にモニタリングされ、結果がさまざまなステークホルダーで共有されることは、その後の意思決定にも重要である。また、多くの生態系管理は、その不確実性が高いうえに、地域の特殊性も大きいことが普通であるため、他の地域で得られたデータをそのまま適用することは危険な場合が多い。したがって、モニタリングは設定した作業仮説や管理方法の効果を検証すると同時に、管理に必要なデータを収集することが重要であり、科学的な手法が適用されなければならない。評価の鍵となるパラメータがかならず観測されることはもちろん、データの種類や精度、時間的あるいは空間的解像度なども必要に応じて設定する必要がある。

アセスメントでは、モニタリングデータをもとに、不確実性を含む現象に対する定量的評価、作業仮説の見直しと新しい管理オプションの提示などが行われる。これらの作業の結果、次の作業仮説や具体的な管理目標が決定され、実施に移される。この過程では、しばしばコンピュータモデルも使われる。コンピュータシミュレーションにより、管理オプションの提示や効果の予測・検討といった作業が具体的になる。したがって、信頼性の高いモデルの開発が重要である。

地域社会の参加

また、順応的管理においては管理を始める当初から専門家や地域社会が参加することが望ましい。生態系管理においては利害関係の対立する立場が存在する場合も多く、意思決定の際の公平性が確保されることが

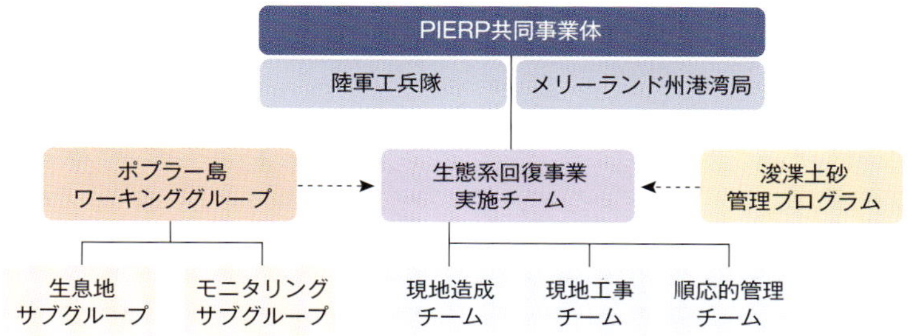
PIERP共同事業体
陸軍工兵隊
メリーランド州港湾局
ポプラー島
ワーキンググループ
生態系回復事業
実施チーム
浚渫土砂
管理プログラム
生息地
サブグループ
モニタリング
サブグループ
現地造成
チーム
現地工事
チーム
順応的管理
チーム

図 2　ポプラー島環境修復事業における運営体制。PIERP 共同事業体：ポプラー島環境修復共同事業体［海の自然再生ワーキンググループ 2007］

重要である。異なった立場のステークホルダーが参加し、情報やモニタリングの結果を共有することで、成果や管理方法を受け入れてもらえる可能性が大きくなる。また、リスクの多い施策の場合の説明責任を果たす役割も期待できるうえ、地域住民にモニタリングやアセスメントのプロセスに対する理解が進み、管理の質を高めることが可能となる。

さらに、事業の実施者、土地所有者、地域住民、NPO、行政、専門家などさまざまな立場の人びとが参加し、情報を共有しながら合意に基づいて進めることになるため、その運営するシステムの構築、実施内容、役割分担や意思決定のしくみを明確にしておくことが重要である。管理全体の中でそれぞれのパートを管理する委員会やワーキンググループ、チーム構造を形成するのが一般的である（図 2）。情報を共有するためには、計画内容やモニタリング結果、修正された管理手法などについて、情報の集約・公開システムを確立する必要がある。

役割分担においては、専門家は科学的な計画やモニタリングの設計、行政は全体の調整役といったように、それぞれのセクターの立場や専門性、能力などが考慮されなければならない。地域住民などがモニタリングに参加することは、管理への理解を深める効果もある。

順応的管理の実例

順応的管理は、資源生物の個体群管理や生態系維持などで実際に用いられている。水産資源に関しては、資源変動モデルにシミュレーションを構築し、モニタリングの結果を漁獲量制限に反映させることで資源管理を行う。米国メリーランド州のポプラー島では、水鳥の生息地（ハビタット）や塩性湿地などで順応的管理が適用されている。わが国で 2002 年に成立した自然再生法でも、順応的管理の考え方が生かされており、地域の環境特性や自然の復元力などをふまえて科学的知見に基づいて実施することや、自然再生の状況の監視と科学的な評価を事業に反映させることが、基本理念にうたわれている。この法律により自然再生を行っている釧路湿原では、再生の実施者、地域住民、NPO、自然環境の専門家、行政機関、土地所有者などが、釧路湿原自然再生協議会を結成し、構想の作成、実施計画案の協議、連絡調整を行っている。専門家は、データの収集と成果の提供、地域住民や土地所有者は、湿原や周辺の環境を持続的に利用する産業や生活の推進、NPO などの市民団体は、自然再生の自主的な実施、行政機関は再生事業の推進や他の団体への協力という役割をもち、順応的な管理をめざしている（図 3）。　【中静　透】

⇒D野生生物の絶滅リスク *p164*　Dラムサール条約 *p232*　D生物圏保存地域（ユネスコエコパーク）*p234*　R協治 *p318*　R住民参加型の資源管理 *p332*　E環境アセスメント *p526*　E環境 NGO・NPO *p550*

〈文献〉Holling, C.S. 1978.　釧路湿原自然再生協議会 2005.　US Army Corps of Engineeris & Maryland Port Administration 2004.　海の自然再生ワーキンググループ 2007.　Gunderson, L.H. 1999.

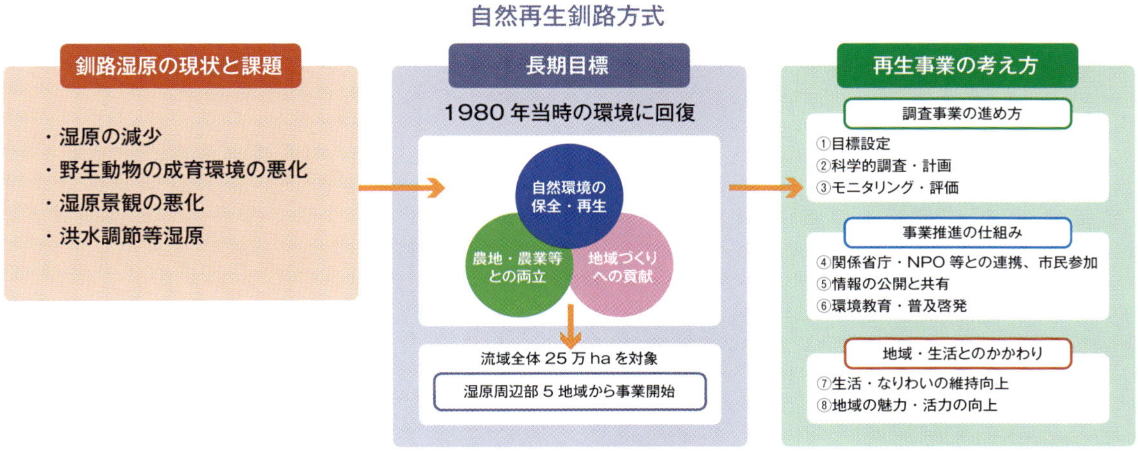
自然再生釧路方式
釧路湿原の現状と課題
・湿原の減少
・野生動物の成育環境の悪化
・湿原景観の悪化
・洪水調節等湿原
長期目標
1980 年当時の環境に回復
自然環境の
保全・再生
農地・農業等
との両立
地域づくり
への貢献
流域全体 25 万 ha を対象
湿原周辺部 5 地域から事業開始
再生事業の考え方
調査事業の進め方
①目標設定
②科学的調査・計画
③モニタリング・評価
事業推進の仕組み
④関係省庁・NPO 等との連携、市民参加
⑤情報の公開と共有
⑥環境教育・普及啓発
地域・生活とのかかわり
⑦生活・なりわいの維持向上
⑧地域の魅力・活力の向上

図 3　釧路湿原の自然再生のフレームワーク［環境省釧路湿原自然再生プロジェクト HP より］

統合的流域管理

合理的な領域での持続可能なガバナンス

統合管理への潮流

1990年代以降、資源管理や環境管理の上で、統合管理とよばれる考え方が国際的に注目を集めている。流域で資源・環境の管理を行う統合的流域管理（IRBM：Integrated River Basin Management）、水資源に関する統合的水資源管理（IWRM：Integrated Water Resource Management）、沿岸域の資源・環境に関する統合的沿岸域管理などが代表的である。IWRMの場合、1992年のダブリン会議とリオデジャネイロで開催された国連環境開発会議（リオ・サミット）における「アジェンダ21」の勧告によって国際的に認知された。その後、1996年にはその推進を目的とする国際ネットワークである世界水パートナーシップ（本部ストックホルム）が設立され、2002年のヨハネスブルグサミット（持続可能な開発に関する世界首脳会議）においては、「2005年までに各国は統合的水資源管理計画ならびに水利用効率化計画を策定する」ことが、国際的な目標として合意された。

分断化された水資源管理

IWRMが提唱された背景には、開発途上国の人口増加や経済成長、地球温暖化などにより、21世紀には世界の水資源需給の逼迫が深刻化するとの予測があった。中でも世界人口の約60%が住む国際越境河川の流域においては、水資源の開発と利用をめぐる国家レベルでの深刻な対立が懸念された。こうした見通しにもかかわらず、従来の水資源管理の方式では、利害関係者間の対立や格差・不平等を生み出し、問題の解決や改善の見通しが立たないことが明らかになってきたのである。

状況が改善されなかった根本的な要因に、分断化された水資源管理がある。分断化とは、水によって連続的・有機的に結びついている流域における生態系など自然のシステムと地域社会を、陸域と水域、上流と下流、表流水と地下水のように、水を利用する側の都合でそれぞれ個別に管理することや、ダムや堰、堤防などの構造物で生態系、生態系と人間社会の関係、人と人のつながりを物理的に断ち切ることである。また、水の管理を治水や利水など特定の目的に限定して行うことや、管理の主体を特定の団体などに限定することも分断化といえる。分断化された管理では、利害関係者間の対立の調整も困難になる。この状況の反省から、水資源に限らず自然資源や環境を管理する上で、合理的な空間単位となる流域あるいはその関係範囲を含む流域圏が注目され、地域社会と生態系の持続可能性を管理の根幹の目的とし、管理にはすべての利害関係者の参加・参画が不可欠という認識が形成されていった。

統合的水資源管理と統合的流域管理

世界水パートナーシップは、統合的水資源管理（IWRM）を、「水、土地および関連資源の開発管理を相互に有機的に行い、その結果もたらされる経済・社会的繁栄を、貴重な生態系の持続可能性を損なうことなく、公平な形で最大化する過程」と定義している。つまりIWRMとは、水、土地および関連資源の開発管理を相互に有機的に行う統合管理を基盤とするが、水利用の経済効率の向上だけではなく、すべての利害関係者の社会的公平性と、環境の持続可能性の達成を同時にめざす手法なのである。一方、統合的流域管理（IRBM）は、空間スケールとしての流域に着目した統合管理であり、基本的にIWRMと同じアプローチと考えてよい。2009年にイスタンブールで開催された第5回世界水フォーラムにおいて、ユネスコ（国連教育科学文化機関）は、IWRMを実現するためにIRBMを推奨し、「河川流域レベルにおけるIWRMガイドライン」を発表した。

統合管理の現状と課題

IRBMにおいては、持続可能性を保持しながら、多様な利害関係者のさまざまなサービスへの要求を調整することが必要となる。そのためには、利害関係者が対話を通じて互いの理解と信頼を高められる参加型の管理が不可欠となる。しかし、個々の流域では気候や地形・地質などの自然条件、社会経済の条件や、歴史文化に違いがある。その上、複雑な生態系は評価や変化の予測が難しく、地域社会のサービスの需要も経済発展などとともに変化する。このような流域の固有の条件や関係要素の予測の不確実性などを考えると、行政機関などに依存するトップダウン的統合管理計画を策定するのではなく、地域の利害関係者による運用と監視・評価の経験を通じて、地域に適したあり方を順応的に見出していくのが近年の中心的な考え方である。

しかし、統合管理を具体的に実行に移すのは容易ではない。そこで、個々の流域での利害関係者による参加型の計画の策定や実践を支援するため、世界水パートナーシップの「ツールボックス」や、ユネスコの「ガイドライン」など、国際的な機関によって標準方式が提案されている。たとえばユネスコのガイドラインでは、IWRM を、利害関係者が順応的管理に基づいて互いの信頼を醸成し、また能力向上を図りながら、スパイラル的に発展させる協働プロセスとしている（図1）。また、多くの世界の河川では、それぞれ統合型の流域・水資源管理の試みが進められており、オーストラリアのマレー・ダーリング川流域の取組みは、先進的な好例としてよく参考にされている。

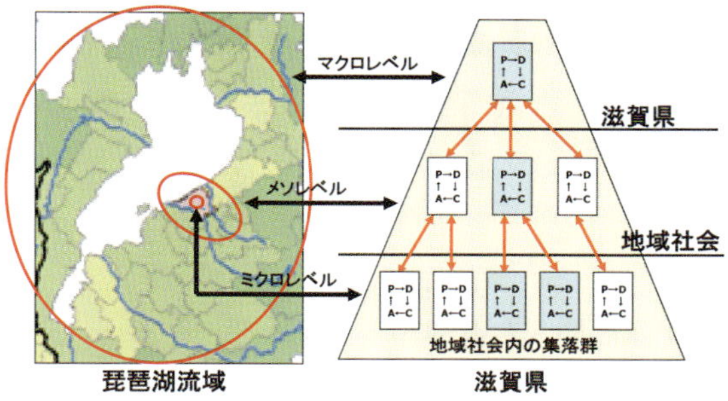

マクロレベル
メソレベル
ミクロレベル
滋賀県
地域社会
地域社会内の集落群
琵琶湖流域
滋賀県
P→D
A←C

図 2　流域管理の階層（琵琶湖流域における例）。たとえば、湖東の彦根市の旧稲枝町の範囲の地域（図中のピンク色の地域）を考えた場合、そこは複数の集落で構成され、そのいくつかからなる水利組織が存在する。地域の各水利組織は、県単位の管理組織と関係を有する。各レベルの組織における管理では、それぞれ順応的管理（PDCA サイクル：計画—実行—評価—改善のサイクル）が取組まれる［谷内 2008］

日本の流域管理と琵琶湖の水質問題

IRBM の必要性は、開発国の水資源管理や国際越境河川の流域管理に限るわけではない。日本では、流域や流域圏に着目して、地域社会と水循環や生態系が持続可能となる将来シナリオを策定する試みが広がりつつある。しかし、多様な利害関係者が参加する開かれた流域管理に関しては、いまだに模索的・萌芽的な段階にある。とくに、長年、行政が主導してきた水資源開発や河川管理では、1997 年の河川法改正によって、治水・利水・環境の調和や、多様な利害関係者による開かれた管理の実現が取組まれてはいるが、なお多くの課題を抱えている。

琵琶湖・淀川水系の上流部に位置する滋賀県にある琵琶湖は日本最大の淡水湖であり、生物多様性に富む世界有数の古代湖として知られている。しかし、第二次世界大戦後、高度経済成長に伴って行われた琵琶湖総合開発事業の結果、陸域からの負荷の流入増加によって琵琶湖の水質も悪下した。開発事業終了後の 2001 年には、滋賀県による「琵琶湖総合保全整備計画（マザーレイク 21 計画）」が策定され、水質に関しても再生事業が推進されてきてはいるが、農業排水を中心とする面源負荷に関しては改善はあまり進んでいない。このような流域の不特定多数の人に利害関係が及ぶ問題において、面源負荷の削減を図る場合、流域内部の階層性に由来する利害関係者の異質性や差異に注目した階層化された流域管理という考え方が提案されている（図 2）。

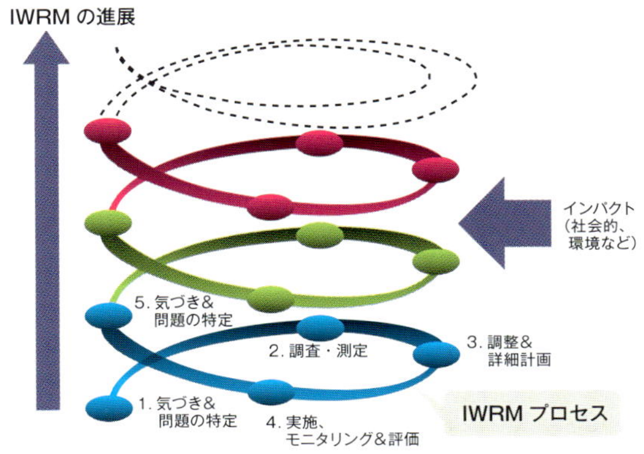

IWRM の進展
インパクト
（社会的、
環境など）
5. 気づき&
問題の特定
2. 調査・測定
3. 調整&
詳細計画
1. 気づき&
問題の特定
4. 実施、
モニタリング&評価
IWRM プロセス

図 1　統合的水資源管理（IWRM）スパイラル［ユネスコ 2009］

流域管理の改善に向けて

地球環境問題において水資源管理は大きな位置を占める。温暖化に伴う地球規模の水循環変動がもたらすとされる洪水や渇水の深刻化、食料・農業やエネルギー問題にかかわる水の需給調整、貧困や衛生・健康問題と深くかかわる水の安全の問題などで、その解決には IRBM が大きな役割を果たすことになる。IRBM を実現する上では、流域スケールでの環境容量にかかわる施策決定者や行政のトップによる要請と、流域内の一定の範囲の地域社会が直面するボトムにある現実の多様な問題とのギャップに対して、順応的管理（PDCA サイクル）と階層間の対話を促進する相互関係の構築が重要である。賢明な流域管理を継続していくには、地域の利害関係者が主体的に参加することが必要であり、そのためには、流域管理には利害関係者が最初の段階から参加することと、琵琶湖における面源負荷の削減のように、流域全体がかかわる共通問題と一定の範囲の利害関係者だけがかかわる固有の問題とを見きわめて、両者の具体的な接点を見出して情報を共有することが不可欠である。　【谷内茂雄】

⇒C 農業排水による水系汚濁 *p86*　E 水資源の開発と配分 *p482*　E 順応的管理 *p532*　E 国際河川流域管理 *p536*

〈文献〉世界水パートナーシップ技術諮問委員会（TAC）2000. ユネスコ 2009. 大塚健司編 2008. 和田英太郎監修 2009. 田島正廣編 2009. 谷内茂雄 2008.

国際河川流域管理

越境する河川の水資源と流域環境

国際河川・越境河川

国際河川は、通常、流域内に複数の国の領土が含まれる河川を指し、この河川にはふつう湖沼を含める。最近は越境河川、その流域を国際流域と呼ぶことが多い。

1999 年の調査では、国際流域の数は欧州とアフリカで多く、世界で 261 とされる。流域面積は世界の陸地面積の約 50% を占め、そこに住む人は世界の人口の 60% 近くになると推定されている。1978 年には世界で 214 とされていたが、旧ソ連や欧州を中心に新たな独立国が増えたため、その数は増大した。

代表的な国際河川である欧州のドナウ川の流域国は 18 カ国にも及ぶ。アフリカのコンゴ川やナイル川はそれぞれ 13 カ国、11 カ国であり、アマゾン川やライン川はともに 9 カ国となっている。

よく似た言葉に国際水路があるが、国際水路は基本的にはバルセロナ条約（1921 年）で規定された「航行の自由が保障された河川」の意味で使われている。しかし、国際河川の水資源に関する「国際水路の非航行利益に関する条約」（1997 年国連総会で議決）では、国際水路を、航行にかかわらず一般的な国際河川（越境河川）の意味で使っているので注意を要する。

流域国間の水資源紛争

1 つの河川でも、河川をめぐる利害得失が上下流間などで異なると紛争が発生する場合がある。国際河川では、複数の国家間で国際紛争となることがある。とくに、生活や生産に直接関わる水資源の開発や利用は

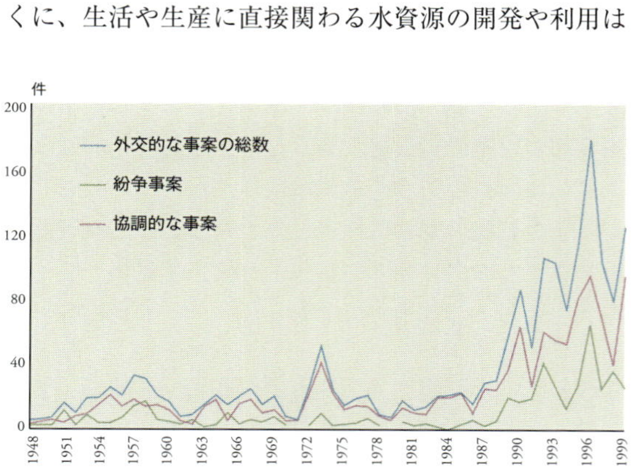
件
200
160
120
80
40
0
外交的な事案の総数
紛争事案
協調的な事案
1948
1951
1954
1957
1960
1963
1966
1969
1972
1975
1978
1981
1984
1987
1990
1993
1996
1999

図 1　国際流域にかかわる外交的な事案の推移（データの欠けているところは欠測）［中山 2007，原資料 Yoffe 2001］

国の基盤であるだけに、深刻な紛争を誘発する可能性がある。

中東の乾燥地域など、水資源が逼迫している地域では、国際河川の水資源の争奪が国家間の戦争になる危険性さえ憂慮されている。国連の B. ブトロス = ガーリ事務総長は、「中東での次の戦争は水資源をめぐる争いとなるだろう」と言明した（1995 年）。この発言は、ヨルダン川の水利用についてイスラエルと周辺国との厳しい対立があり、中東では水資源と地域の安全保障が深くかかわっていることを背景にしている。

国際流域での水資源利用をめぐる国家間の争いでは、上流に位置する国が地形的・水文学的に優位なことから、利水上の権限を排他的に主張することがある。19 世紀末に、米国からメキシコに流下するリオグランデ川の利水をめぐる米国 J. ハーモン司法長官の主張「国際流域では、上流国の権限は無制限に認められるべき」（ハーモン・ドクトリン）は、その典型である。

国際流域においては、1990 年代以降外交的な事案になることが増えている。ただし、対立的なものばかりではなく、全体としては流域の水資源の賢明な利用に向けての協調的なものの方が多い（図 1）。

国際流域の環境保全

国際流域では、水資源の開発や利用にさいしての水の量（河川流量や河川取水量など）の問題が中心課題であり、その解決には技術・工学的手法による対応がなされている。つまり、上流国での河川水の取水や貯水が、下流国で必要な河川水量の不足をもたらすことが基本的な問題の構造であった。また、上流国と下流国で利水の時期的ズレの問題として現れることもある。

前者の例としては、チグリス・ユーフラテス水系で、上流のトルコでの大規模な貯水池の建設とそれを利用した農業取水の増大が、下流のシリアやイラクなどで利用可能水量の減少をもたらし、下流国側から不満がでている。後者の例としては、中央アジアのアラル海に流入するシルダリア川、アムダリア川の上流国のタジキスタンにおける冬季のエネルギー需要に対応した発電用水の必要性と、下流域のカザフスタンやウズベキスタンにおける夏季の灌漑需要に対応した農業用水が必要とされる時期の相違が問題となっている。

こうした水量の問題に加えて、近年では河川の土砂

流出を含む水質や、生態系にかかわる上下流・国家間の問題も顕在化するようになってきた。上流国における汚染・汚濁物質の排出は、下流国での河川水の水質劣化に直接結びつくし、ダム建設などによる河川の土砂流出の変化は、下流域における河床の低下や河口部の浸食をもたらすことがある。河川の流量とその時間的な変動パタンの変化は、棲息する生物や河川周辺の生態システムに大きな影響を与えている。

こうした河川の流況やそれにかかわる環境問題に対応するには、河道とその周辺だけでなく流水域全体の土地利用や産業・経済をどのようなものにすべきか、つまり総合的な流域管理の検討が必要となる。とくに国際河川の流域では、環境に対する意識や法規など社会的な整備水準、文化や歴史的な背景が流域国間で大きく異なる場合があるので、国際河川の総合的な流域管理の計画や実施は簡単には進められない。

メコン川流域の水資源開発と流域管理

アジアにおける代表的な国際河川メコン川を例に、国際河川の流域管理の課題を整理してみる。流域国は上流から中国、ミャンマー、ラオス、タイ、カンボジア、ベトナムの6カ国であり、中国領内の流域面積は中国全土の2%に過ぎないが、ラオス領内の流域面積は同国の約80%、カンボジアは同じく90%も占める。つまり、下流国ではメコン流域の管理は、国の根幹にかかわる問題となっている。

タイでは、農地の約50%はメコン川流域に含まれ、東北タイの比較的降水量が少ない地域であるため、メコン川からの灌漑取水の増大が企画されている。またラオスは、水力発電のポテンシャルが高く、貯水池などの建設による実現を計画している。一方、カンボジアでは、全人口の約半分は大きな淡水湖であるトンレサップ湖から何らかの経済的利益を得ている。ベトナムのデルタでは、メコン川は1800万の人口と、国の基幹的産業であるコメ生産の基盤を支えている。

メコン川の下流側国間では水資源の利用をめぐる複雑な利害関係があり、流域全体としての調整が求められている。一方、最上流部の中国は、水資源利用に関する優位性を背景にして、流域の国際的な管理調整に非協力的、あるいは敵対的であると指摘されることもある。たしかに、タイ、ラオス、ベトナム、カンボジアが締結した「メコン川流域の持続可能な開発のための協定」(1995年)に中国は加わらず、それに伴って成立したメコン川委員会にも参加していない。しかし中国は、国内でメコン川での電源開発を進め、下流域への国境貿易を推進している。つまり、水資源を直接には扱わないが他の国際的な地域開発の機関や事業には参画し、流域国との協議を行っている。そこには、中国が水資源の開発利用では優位にありながらも、中国内部の物流の確保という側面で下流国との協調関係を維持せざるをえないことが背景にある。

流域界
中国
メコン川
ミャンマー
ベトナム
ハノイ
ビエンチャン
ラオス
タイ
バンコク
カンボジア
トンレサップ湖
プノンペン
ホーチミン
図2　メコン川流域（点線が流域界）

メコン川流域においては、水資源だけでなく流域の開発に伴って、河川や周辺の生物棲息の場としての条件が劣化し、メコン川の固有種であるメコンオオナマズは絶滅の危機に瀕している。近年、上流中国での水利用の増大が下流部での河川流量の減少による水需給の逼迫や生態系の劣化の問題をいっそう深刻にしているという。こうした形で現れる流域管理の問題の解決に向けて、総合的な流域管理の国際的な枠組とその具体的な貢献が求められている。　【渡邉紹裕】

⇒C干ばつと洪水 *p58*　C物質循環と生物 *p82*　C魚附林 *p84*　Hアラル海環境問題 *p446*　E水資源の開発と配分 *p482*　E統合的流域管理 *p534*

〈文献〉秋道智彌 2007a.　遠藤崇浩 2004.　中山幹康 2007.　Wolf, A., *et al.* 1999.　Yoffe, S.B. 2003.

災害への社会対応

清代中国の国家的対応システム

自助努力による災害救済

今日、大規模な災害が起きたときには、国際的な緊急援助が行われる。しかし、現在のような多岐にわたる国際協力組織が存在しなかった時代は、多くの場合、地域や国家の自助努力によってしか、被災者の救済をはかることができなかった。

人間活動に起因するか否かにかかわらず、災害は歴史を通じて環境問題の顕著な発現であり、救災は国家や社会の大きな課題である。中央集権的な官僚制度が整備されていた清代の中国は、国家的救災制度を備えた希有な世界帝国であった。17 世紀後半の康熙年間から中央の朝廷と地方の機関を結ぶ情報網が最大限に活用され、異常気象に伴う干ばつや水害、冷害などに国家的な予防救済策がとられるようになった。

気象記録と災害予想

とくに 18 世紀のなかば、乾隆年間以降は、地方長官である各地の総督から、州県ごとの降水量と穀物価格を列記して毎月報告することが制度化された。同時に報告書に添えられた上奏文は気象状況と民情に触れることもあった。当然、地方行政にとって重要であると判断された事項は、皇帝に随時報告され、朝廷の指示を仰ぎながら対処された。

図 1　粥廠［『点石斎画報』より］

降水量は、華北においては水が地中のどこまで浸透したのかという深さをもって表されるが、江南などではおおよその降水時間をもって表され、そこに風向が付記されるというように地方ごとに表現方法を異にする。また、華南の一部のように、降雨後に植物がどれほど成長したかを記録する事例もある。

日常的に気象を記録していれば、異常の兆候を察知することは比較的に容易である。たとえば、華北では灌漑水路が縦横に開削され、農業生産はある程度までなら雨量の多少の影響を受けることはない。しかし、極端な干ばつからは凶作が予想される。1810 年（嘉慶 15 年）の甘粛省を例にとると、旧暦 3 月から 5 月にかけての植物の成長期に降水がほとんどなく、夏作物の収穫を見込むことができず、穀物価格も日々上昇し、民情も不安定となっていった。また、秋作物も不作となることが予想された。

こうした状況は、皇帝に逐一報告され、地方官僚の提案と朝廷の指示のもと被災民救済が段階的に実施された。

被災民の救済過程

①被災地の実情把握：勘災と査賑　干ばつや飢饉の発生が明確になると、府州に命じて干ばつの情況およびその軽重を調査させる。18 世紀の救済過程において、被災地の実情把握は勘災と査賑の 2 段階に分かれていたとされる。勘災は物的な損害状況を評価し、賦税の減免の程度を確定するものとされる。査賑は住民の経済状況を評価し、救済措置の必要性を査定するものである。被災の程度は具体的な施策につなげるためにも 1 分から 10 分の 10 段階で表された「成災分数」を用いて評価され、五分以上の場合を徴税の緩和や免除を許可されるほどの災害、つまり、成災とした。

②応急措置：緩徴と煮賑　勘災・査賑により災害の程度を確定し、救済の方向性を策定する間、さらには救済事業が停止されるまで、緩徴と称して当該被災地において徴税を猶予する。

被災民にとって最も重要なのは自らを生きながらえさせる食料の確保であろう。華北の貧困県においては、平年の冬も貧民に炊き出しを行う粥廠という施設を設けたが、災害時は、甘粛であれば、蘭州に近い皐蘭県内沙井駅、蘭州からみて東西南北の要所である西寧・涼州・中衛・秦州など、公設備蓄庫である官倉の付近に粥廠を設け、雑穀の粥などを一定期間給付した。これを煮賑という。粥廠が大都市に開設されたのは、救済を受けた後、頃合いを見計らって故郷に戻らせるという考え方による。人員と運送コストの軽減、そして、被災民の管理が容易であることが根底にあるだろう。

③救援経費の運搬：撥運　緩徴と煮賑により応急措置が行われる間に、救災事業のための財政措置がとられ、周辺の省から糧食あるいは救援経費が運搬されることとなる。これを撥運と呼ぶが、同じ清代でも時期によって運搬されるものに変化がみられる。少なくとも 18 世紀前半、乾隆初期までは糧食が運搬され、被災民に支給されていたが、19 世紀初頭の嘉慶年間には、金銭が運ばれ、食料は省内で調達するか、商人が他省から持ち込むものとされている。18 世紀までの救災事業や地方財政運営が穀物の確保に重点を置くのに対して、19 世紀に入ると税制だけでなく行政のあらゆる側面が金銭に代表されるようになっていた。前掲の甘粛の事例では、救災事業経費として認められた 100 万両の銀は、四川・湖南・山東・河南の 4 省から甘粛にもたらされた。沿路の州県には事前に連絡され、ウマやロバ、台車、人夫の調達は駅站ごとに行われ、運搬に遅滞が生じないよう図られた。

④金銭の支給：散賑　撥運によりもたらされた金銭は、煮賑用の穀物を購入するのに用いられることもあったであろうが、多くの場合、金銭そのものが被災民の手に渡されるようになった。この散賑の過程では道府の大官が立ち会って、現地の地方官に戸単位で分封したものを渡し、地方官は適切な人員に委託して、郷などの集落において銀両を配布する。端的にいえばバラ撒きであり、物資難の解決には直接つながらない。その欠を補うためにも、冬春には平糶という穀物を安価で発売することが行われた。

煮賑が地方の中心都市で行われたのに対し、散賑は郷村レベルで行われた。前者は被災者の逃散を前提とし、後者は残留を前提とする点で正反対の指向を持つ施策といえる。

⑤環境適応と公共事業　官と民は自然災害を致し方のないものとして受け止めるのではなく、救済期間中にも気象の微細な変化と土地の適性に応じて、救荒食として有効なソバなどの雑穀類の播種が励行された。考えうる限りの対策を取った上で、次の農期に回復基調に載せるために適当と思われる時期まで救災事業は続けられた。救災事業の中で特殊な位置を占めるのが、公共事業である。他の事業が一方的に金銭を与えるのに対し、灌漑水路の浚渫や都市の城壁修復といった労働の対価として糧食を与えた。

以上の救済過程はある省だけで行えるものではなく、皇帝の勅命を受けるのはもちろんのこと、周辺の各省から援助資金を受けて初めて成り立つ国家的救済システムであった。

国家主導から民力の利用へ

ほぼ同じ時期、18 世紀末から 19 世紀にかけて完全官弁の非常用糧食備蓄庫（常平倉）に代わって、有力者の寄付に基づく義倉、なかば村落が運営する社倉が、種籾貸付や救済における重要な位置を占めるに至り、官員による統制が減少していった。つまり、国家は糧食政策においてその役割を後退させた。民力は予防策においても活用され、とくに甘粛では中華民国時期に至るまで、義倉運営にあっても、壩（灌漑用ダム）を単位とする集落の統制にも活用されてきた水利組織に備蓄・運送などの業務が委ねられていた。

当該地域の自助努力を救災の基本とする方針は、現在の中華人民共和国にも引き継がれている。国家的救済は、地方の備蓄と資金だけでは対処できない場合に限られる。しかし、地震や洪水などの突発性災害の多発と国際的な支援枠組により、救災をめぐる環境は大きく変容している。2008 年 5 月の四川大地震など大災害が発生するごとに法令は整備されてきているが、いまだに災害救助法が制定されておらず個別的な対応を原則としていること、災害発生時以外は物資支給でなく個人への金銭支給がなされることは清代と異ならない。環境変容への適応のみならず、系統立った有効な救災制度の確立も、国際社会の一員たる中国にとって喫緊の課題となっている。

現代の世界においては、災害はすでに国家単位の問題ではなく、地球環境やその保全と密接にかかわる問題となっている。いかなる国であろうと、グローバル、ローカル双方向の対応に備えておかねばならない。そこでは、関係する現象の観測記録、災害後の状況分析、救急措置、中長期的な救済と回復などを地域や国が分担して対応するシステムを準備しておく必要がある。

【加藤雄三】

⇒C 干ばつと洪水 *p58*　R 気候の変動と作物栽培 *p272*　H 洪水としのぎの技 *p424*　H 江戸時代の飢饉 *p434*　H 飢饉と救荒植物 *p460*　E 黄河断流 *p484*　E 環境難民 *p492*　E レジリアンス *p556*

〈文献〉加藤雄三 2007. 汪志伊 1806. 赫治清 2007. 孫紹騁 2004. 那彦成 1813. Edgerton-Tarpley, K. 2008. Will, P.-É. 1990. Will, P.-É. & R.B. Wong 1991.

農牧複合の持続性

集約化がもたらす環境問題

農牧複合とは

農牧複合とは、1つの社会内もしくは複数の社会内で、牧畜と農耕をともに行っている生業をいう。

農牧複合の利点は、栽培作物の収穫から播種までの間、その落穂や刈り残した茎や葉と雑草がある農地を家畜の放牧地として利用できることである（写真1）。さらに、農地に放牧された家畜のフンが肥料となる。問題は、播種から収穫までの間、農地から家畜をいかにして締め出しておくかにある。この点に注目してシステムとして農牧複合を大きく4つに分けてみたい。

第1は、播種から収穫までの間、放牧地を農業不適切地に設定しているものである。アルプスなどの欧州の山岳地域やネパールにみられる移牧である。移牧では、放牧キャンプを夏の間、高地に移動させることによって、収穫が終わるまで農地に家畜が入ることを防いでいる。他方で、低地で農耕を営み、収穫が終わると、農地およびその近郊で家畜を放牧する。

第2は、牧地と農地を区画によって利用する輪作で、代表的なのが欧州における三圃制（さんぽせい）で、秋まき穀物（コムギやライムギ）、春まき穀物（オオムギ、オートムギ、豆）と休閑地という3年の輪作である。休閑地は共同利用で、共同放牧されている。休閑地と農地が隣接しているため、共同体あるいは慣習がきめた日取りにしたがって、播種、収穫などの農作業が一斉に実施されている。三圃制の土地制度は、私的な土地所有と休閑地の共同利用の2つが組み合わさっていたことになる。

第3は、移牧と三圃制が1つの社会内で行われているのとは対照的に、複数の社会、とりわけ、多民族の分業によって農牧複合が形成されている場合である。たとえば、西アフリカの氾濫原の利用がある。ニジェール川の支流であるベヌエ川では年間の水位の変化にあわせて、氾濫原を農地として農耕民が利用した後に、牧畜民が放牧地として利用する。また、中国内モンゴル自治区の農耕地域と隣接した牧畜地域では、夏の間だけ、農耕民が家畜を牧畜民に預ける委託放牧が実施されている。農耕民は謝礼として農作物、現在は現金を牧畜民に支払う。

第4は、1つの世帯もしくは共同体内で牧畜と農耕をまったく別々に行う、相互に直接的な共存関係のないタイプである。中央アジアの山岳地帯の移牧でこのタイプがみられる。エチオピア西南部のボディ人のように放牧キャンプだけでなく農耕集落も移動するタイプもある。

これらの農牧複合は将来にわたって持続性があるという意味で持続可能なシステムである。だが、これらは自然環境と社会環境の変化のなかで大きく変容し、その変容がまた自然と社会環境に大きな影響を与えている。

写真1 収穫後から播種まで農地に家畜を放牧。犁を引くラバ（中国、内モンゴル自治区ウーシン旗、2001年）

農牧複合の変容

欧州で広く展開された三圃制は、エンクロージャー、つまり共同体によって利用されていた休閑地の囲い込みとそれに伴う土地の共有制から私有制への転換によって、集約的な農牧システムである畜産もしくは酪農へ転換した。休閑地を設ける必要がなくなったのは、休閑地が提供していた刈り跡や雑草などが、休閑地で栽培されるようになった飼料作物に取って代わられたからである。この動きを促進したのは、毛織物産業の進展と食肉を必要とする都市の発展であり、エンクロージャーによって農地を追われた農民の多くが都市の賃金労働者となったことである。農牧複合の変容が社会変容をおこした例である。

農牧複合の変容が地域社会に紛争をもたらすことがある。西アフリカの氾濫原で、それまで牧畜民が独占的に利用してきた湿地に他民族が急速に農地を拡大してきたことによって、近年、放牧中のウシが農作物を採食する、漁民の網を破壊するなどが原因となって、牧畜民と農民、漁民との間で紛争が生じている。急速な農地拡大の背景として、農耕民が干ばつによって移住を余儀なくされたことや、トウモロコシやコメの商品化の進展が指摘されている。さらに、降水量の減少や上流部での灌漑水の利用のために、放牧地となる氾濫原が減少し、放牧地をめぐる紛争も生じている。

新たな農牧複合の形成

新たな農牧複合の形成も進んでいる。中国内モンゴル自治区では、1980 年代からはじまる土地の使用権の世帯への配分という土地の分配によって、牧畜民の定住化が急速に進んだ。定住化には大量の飼料が不可欠であるため、地下水が比較的豊富なところでは灌漑によって飼料が栽培され（写真 2）、地下水が限られているところでは飼料が購入されるようになっている。欧州におけるエンクロージャーと同様、土地の私的所有による畜産化である。飼料栽培が可能な地域ではウマが農耕に適したラバへ代わられつつある（写真 1）。モンゴル人にとって家畜はウマとウシとラクダとヒツジとヤギの 5 畜で、ラバはモンゴル人が家畜と認識しない動物である。

さらに、近年、黄砂や砂漠化問題など、深刻化する環境問題に対して、中国政府は乾燥地においても生態移民政策に代表される農耕民的発想による定住化と農業政策を強力に推し進めており、環境に大きな負担を強いる新たな農牧複合が形成されつつある。中国内モンゴル自治区西南部に位置するオルドス地域ウーシン（烏審）旗では 2004 年から環境政策である退牧還草政策「休牧」が施行され、5 月と 6 月の放牧が禁止された。その結果、地下水が比較的豊富なため飼料だけで肥育が可能なブタの繁殖と肥育への移行が進んでいる（図 1）。ブタの生産回転は速いため、価格がよければ利益も多い。他方で、価格が下がると、飼料代がかかるため、飼養し続けることができない。価格変動のリスクがきわめて高いのである。このリスクを回避するため、飼料をできるだけ自給しようと灌漑面積が急速に拡大している。灌漑面積の増加は地下水使用量の増大を意味する。もちろん、ブタもモンゴル人からみれば家畜ではない。

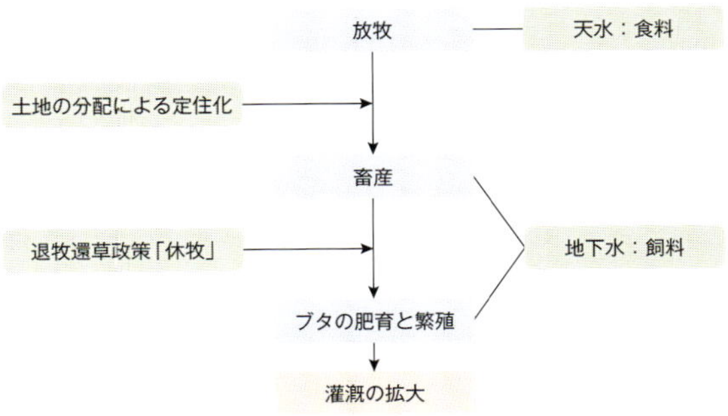
放牧
天水：食料
土地の分配による定住化
畜産
退牧還草政策「休牧」
地下水：飼料
ブタの肥育と繁殖
灌漑の拡大

図 1　中国、内モンゴル自治区ウーシン旗における農牧複合の変容

写真 2　地下水灌漑による飼料の栽培（中国、内モンゴル自治区ウーシン旗、2001 年）

他方、政策にうまく対応できなかった世帯や、本来農耕に適さない地域では、土地政策、さらに環境政策によって、貧困化し、賃金労働者になるケースも少なくない。結果的に、欧州のエンクロージャーと同じような社会変容がおこりつつある。

同じ畜産化という現象にもかかわらず、中国内モンゴルにおける新たな農牧複合が欧州のエンクロージャーよりはるかに水資源の消費という負荷を環境に与えている。その理由は大きく 2 つ考えられる。第 1 に、中国内モンゴルが乾燥地帯であるのに対して、欧州が比較的降水量の豊富な温帯地帯であることである。集約的な農牧複合そのものが、降水量が限られている乾燥地には適していないのである。第 2 に、内モンゴルの畜産化が、いわば、上からの土地政策と環境政策によって引き起こされていることである。土地政策や環境政策が環境への負荷をもたらすこと、さらに社会的文化的に大きな変容をもたらすことがあることに留意する必要があるだろう。　【児玉香菜子】

⇒C 地上と地下をつなぐ水の循環 *p78*　C 乾燥地の持続型農業 *p116*　R コモンズの悲劇と資源の共有 *p314*　R ナマコをめぐるエコポリティクス *p346*　H 遊牧と乾燥化 *p442*　H 休耕と三圃式農業 *p454*　H 栽培植物と家畜 *p458*　E 環境難民 *p492*　E 退耕還林・退耕還草 *p542*

〈文献〉福井勝義 1987．池谷和信 2006．加藤祐三 1980．児玉香菜子 2005．ブロック、M. 1994（1959）．

退耕還林・退耕還草

環境回復への中国の試み

森林の効用

急激な地球温暖化にストップをかけようと、森林の回復・保全活動が世界各地で活発に行われている。森林は、その生長に伴って、温室効果ガスである大気中の CO_2（二酸化炭素）をその内部に固定する機能を持っているからである。

森林は、単に温暖化対策として有用なだけではない。古くから人類は、木材を得るために森林を利用してきた。木材資源に限らず、木々の落ち葉を田畑の肥料として用いてきた。また、森林に育つことができる茸（きのこ）その他の非木材の天然資源を多様な形で利用してもきた。

資源としての役割だけではない。森林の持つ癒しの機能もまた、生態系サービスの1つと考えられている。森林が多様な生態系を維持する機能を持つという効用も大きい。

さらに、水資源を確保するために、森林が果たしてきた役割も見逃せない。降雨シーズンに降った雨を森林は多量に溜め込み、乾季にゆっくりと流出させて、河川の流量を安定させる役割を果たしてきたからである。森林が緑のダムとも呼ばれるゆえんである。しかも斜面の森林は、その根でしっかりと表土を保持し、豪雨による洪水や土壌浸食を防ぐという防災的な役割も果たしている。

写真1　かつては耕作が行われていた段々畑が退耕還林の対象となり植栽されている（中国、貴州省、2007年）［児玉香菜子撮影］

退耕還林

1998年に長江（揚子江）に大洪水が発生した。被災者は2億人を超えるという。その原因として真っ先に挙げられたのが長江上流域の自然林の伐採であった。そこでは、大躍進の時代や改革開放の時代にかけて、自然林の85%が伐採によって失われたとされる。

そこで中国政府は、長江や黄河などの大河川の上流域を中心として、森林の伐採を禁止するとともに、土壌流出の危険性が高い傾斜地（建前上は傾斜が25度以上）での耕作をやめさせ、そこに植林をすることによって、耕地を森林に戻すという政策をとった。退耕還林と呼ばれる造林政策である。

退耕還林は、治水のための政策ということに加えて、環境政策と位置づけることもできる。森林の保全・回復は、温室効果ガスの吸収に加えて、豊かな環境を取り戻そうという昨今の環境運動の方向性とも合致する。乾燥地における植林事業は水資源の枯渇につながるなど問題点も多いが、退耕還林は、1999年の試行期間を経て、2003年に退耕還林条例が施工されてからはとくに本格的に行われるようになってきた。

治水や環境のためとはいえ、植林のために耕作をやめさせるのだから、農民への補償が必要となり、一定量の穀物や現金が原則として8年間にわたって支給される。

退耕還林政策が開始された当初は、植林用の苗木は政府が一括して提供していたが、最近では地方政府や農家が独自に購入することもできるようになってきた。

苗木に充てる樹種の選定には2つの考え方がある。1つは、環境や防災のための森林の効用を重視する考え方である。その場合には、森林の持つ保水力や土壌流出防止機能の高い樹種を優先させようとする。マツやスギ、ポプラなどの環境林と呼ばれる樹種が選ばれる場合が多い。

一方農民による植林活動への意欲を持続させるには、経済効果のある樹種を苗木として選定することが望ましいという考え方がある。経済効果をもたらす経済林を育てて農民の収入が増加すれば、彼ら自身が率先して植林をすることになるからである。アンズやミカン、クリなどの果樹、もしくは苦茶などの茶樹が代表的な樹種として植えられている。

退耕還林政策の問題点

何よりも問題なのは、耕作地から森林への転換を強制された人びとの生活である。耕作の放棄に伴う所得の減少に代わる収入源を確保する道を急ぎ探さなければならない。

造林地からの新たな収入が確保できない場合、補償期間が終わればとくに、森林へと転換した土地を再開墾せざるを得ない。事実、苗木が小さい間、林間に農作物を栽培する間作という抜け道的な耕作を行っている人びともいる。間作は禁止されているが、とくにマメ科作物の栽培による窒素固定効果を積極的に認めて、間作を進めるべしという研究者もいる。

結局、都市部への出稼ぎによって代替の所得を得るという道を選ぶ農民も多く、その数は増加の一途を辿っている。残っているのは年寄りと子どもだけという状況となる。つまり、田舎から都市部への若者の移動であり、生態系を回復・保全するための人の移動という意味では、生態移民と呼ばれる政策による都市への人の移動と類似している。

森林の伐採禁止は継続されており、山への立ち入りを禁じる「封山」も行われている。燃料や建築資材としての木材資源の利用はもちろん、肥料用の落ち葉採取もできない。違反者には罰金その他のペナルティが科される。そうなると、燃料としては石炭へ、肥料としては化学肥料へとそれぞれ依存度を高めざるを得ないが、それには費用がかさむ。ということで、「封山」への反発も多い。

中国では、急速な経済成長によって国内の木材需要が高まっている。しかし、退耕還林と対をなす森林伐採の規制強化によって、木材の自給量は急激に減少してきた。結果として需要量の半分程度しか自給できなくなってきている。不足分は、不法伐採に頼るか輸入量を増やすことによって補わざるを得ない。

事実、中国の木材輸入量は最近とみに増加してきた。輸入の半分以上はロシアからだが、残りはベトナムやラオス、カンボジア、ミャンマー（ビルマ）など東南アジア諸国からである。中国の木材輸入量の急増は輸出元の国々における不法伐採の増加を招き、森林の更新速度を超えた伐採が行われ、それぞれの国における森林資源の枯渇をも引き起こしている。

写真2　山への立ち入りを禁止する「封山」の石碑に、山を開けという意味をもつ「開山」が落書きされている（中国、貴州省、2007年）［児玉香菜子撮影］

退耕還草

退耕還林と並んで、退耕還草という政策も行われてきた。草地を開墾して作られた耕地をもとの草原に戻そうというわけである。しかしこの政策が適用されるのは開墾地を対象とした草原の回復だけではない。正確には「退牧還草」というべき、過剰な放牧によって劣化したと思われる草地での放牧活動を制限して豊かな草原を取り戻そうという動きも退耕還草という脈絡で語られる。

このことには、豊かな自然環境の回復のためだけではなく、20 世紀末にその発生頻度や強度の増加によって沿岸都市域での被害がクローズアップされたダストストーム（砂塵嵐）の発生を減らしたいという背景もある。草原の耕地化や劣化によって地表からの砂塵の巻き上げが増加したと考えられたからである。

草原の回復には、一般的に、対象とする地域を囲い込んで、人や動物の立ち入りを禁止して草原の回復を待つ、という政策がとられる。

この場合も、退耕還林と同様に、放牧地を失う牧畜民のその後の生活が問題となり反発も大きい。草地を囲い込んでいる柵や鉄線などがしばしば壊れるという。意図的な破壊もあるかもしれないが、やむにやまれぬ牧民が、人目に触れない夜間に囲いの隙間から所有する家畜を保護の対象となっている草地に放つからだともいう。そこで、草を主食とするヒツジやヤギの代わりに、草を必要としない豚や鶏の飼育への転換を推奨しようという動きもある。とはいえ、人の暮らしと環境との折り合いをどうつけるかという難問はまだ解決されていない。

【中尾正義】

⇒D生態系サービス *p134*　D里山の危機 *p184*　E緑のダム *p490*　E環境難民 *p492*

〈文献〉関良基ほか 2009.

集落の限界化

中山間地域における資源活用の可能性

中山間地域集落の限界化

中山間地域とは、その語が初めて使われた1989年の農業白書では、「平野の周辺部から山間部に至る、まとまった耕地が少ない地域」とされている。わが国の国土の7割を占める中山間地域には、全人口の1/7にあたる13.8%が居住している（2000年国勢調査）。現在、都市・平地に先行して進んでいる中山間地域の人口減少と高齢化は、長らく中山間地域において最も基礎的な地域運営単位とされてきた集落に、急速な小規模・高齢化の進行という形で現れている。中山間地域と重なる部分の多い過疎地域における集落の全国調査（国土計画局2006年）によれば、全体の3割近い28.5%が19世帯以下となっている。また、65歳以上の人口比率を示す高齢化率50%以上の集落は、12.7%と8集落に1集落以上に上っている。

「限界集落」は、用語の創始者である大野晃によると、「65歳以上の高齢者が集落人口の50%を超え、独居老人世帯が増加し、このため集落自治の機能が低下し、社会共同生活の維持が困難にある集落」と定義されている。先述の集落全国調査においても、7集落に1集落の割合（14.2%）で、集落機能の低下や維持困難が報告されている。また、全国で、今後10年以内に消滅する可能性のある集落は423集落（全集落の0.7%）、いずれ消滅の可能性がある集落は2220集落（全集落の3.6%）と集計されており、集落の「限界」化が、少なからぬ集落の消滅につながる局面が近づいている。

集落資源の管理放棄と所有者の不在化

実際に、集落機能が低下し、集落自体が消滅したところでは、どのような事態が発生・進行しているのであろうか。

小規模・高齢化が進んだ集落において、世帯が減少し、農林地の管理放棄が拡大している。過疎地域における集落の全国調査においても、2000年と2006年の間で191集落の消滅が報告されており、跡地管理の状況については、良好34.6%、やや荒廃35.1%、荒廃25.1%、不明5.2%と、過半の集落で管理が不十分となっている。農地の管理状況だけとってみても、元の集落住民が管理している割合は39.0%に留まり、

写真1　農林地の管理放棄例。奥の家屋が空き家となった結果、前面には耕作放棄された棚田が広がり、裏山の竹林も拡大している（島根県、旧匹見町、現在の益田市匹見町、2004年）

放棄が半数近い44.7%を占めるに至っている。

このような集落の機能低下あるいは消滅に伴う農林地の管理放棄を中心とする環境問題は、所有の不在化という制度的要因により、さらに解決が困難なものとなっている。たとえば、人口流出と高齢化が先行して進んでいる島根県の旧匹見町では、旧町内のいわゆる在村地主が所有する面積割合は、山林では48.7%とすでに半分を割っている。旧匹見町の土地全体としては、町内地主の所有率は52.9%にまで低下しており、ほぼ半分の土地の所有権が流出していることになる（2006年）。そして、所有の不在化が進んだ結果、現在、旧匹見町の土地所有者（固定資産税の納税義務者）は、図1に示したように、全国26都府県に拡散している。

このように、集落の小規模・高齢化が進んだ結果、

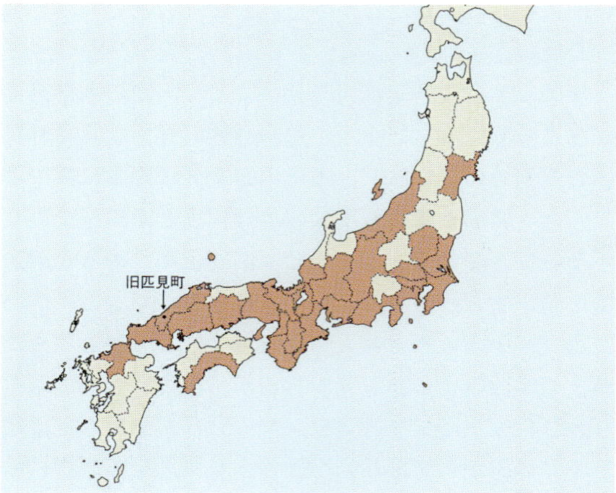
旧匹見町

図1　島根県旧匹見町の土地所有者が居住する26都府県（■色の都府県）［藤山2006］

土地資源の管理や所有状況でも明らかなように、従来からの集落を単位とした地縁・血縁に基づく地域社会のネットワークでは、持続可能な地域運営と資源活用を実現することが難しくなっている。高度経済成長期に大きな問題となった中山間地域の過疎現象は、現在再び、集落の消滅や大量の資源管理放棄という形で先鋭化している。

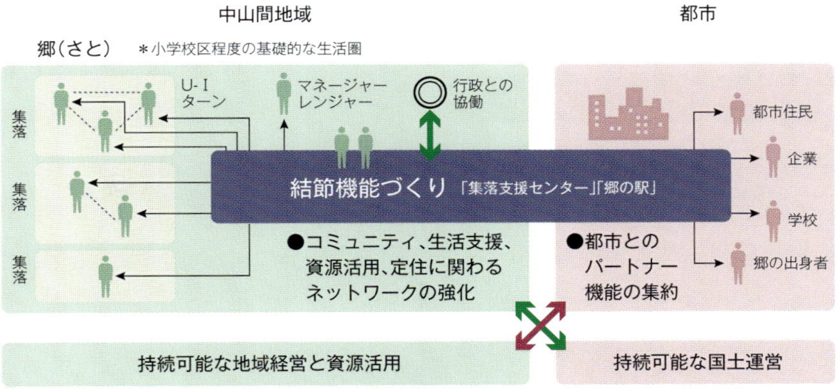

中山間地域
都市
郷（さと）　＊小学校区程度の基礎的な生活圏
集落
集落
集落
U-I ターン
マネージャー レンジャー
行政との協働
結節機能づくり「集落支援センター」「郷の駅」
●コミュニティ、生活支援、資源活用、定住に関わるネットワークの強化
●都市とのパートナー機能の集約
都市住民
企業
学校
郷の出身者
持続可能な地域経営と資源活用
持続可能な国土運営

図 2　中山間地域における新たなネットワーク構造［藤山 2008］

「システム過疎」の深刻化

しかしながら、中山間地域は、海外の田園地域、山岳地域と比較して、絶対的な条件不利性を有していたり、居住ゾーンの大幅な縮小を余儀なくされるきわめて低い人口密度にあるわけではない。わが国で過疎指定となっている地域においても、その平均人口密度は、52 人 /km^2 であり、世界全体の平均人口密度 47 人 / km^2 よりも高い。わが国全体の人口密度も 343 人 / km^2 であり、人口 5000 万人を超える国としては、バングラデシュに次いで世界で 2 番目に人口密度の高い国となっている（2005 年国勢調査）。

徳野貞雄は、過疎問題の本質は、20 世紀において形成された人口増加パラダイムを前提とした制度やシステムが、逆に人口が少なくなった農山村の実態と合わなくなったところにあると主張する。徳野は、このような現象を「システム過疎」と呼び、人口減少社会に適合した制度やシステムを作るべきだと論じている。また、実際に欧米では、1980 年代以降、人口の田園回帰現象が始まっている。たとえばイングランドでは、田園地域は 1981 年から 2003 年の間に 147 万人の人口増加（増加率 14.4%）を示しており、都市地域における 47 万人の人口増加（増加率 1.9%）を大きく上回っている。

これらの事実は、わが国は全体としては過疎ではなく、むしろ都市部を中心として環境容量を超えた過密の是正こそが根本的な問題であることを示している。食料自給率 40%、エネルギー自給率 4%に代表されるような食料・資源の海外依存から脱却し、国内の再生可能な資源に立脚した持続可能な国土活用を図ることが国民的課題となろう。このような視点に立てば、中山間地域で利用が放棄されている農林地は、今後、わが国の国土全体の持続性を担保する戦略的な価値を有している。

新たな国土活用に向けてのネットワーク構築

集落のように閉鎖的な地域社会構造の中で人口が減少する現状では、人びとを支えている地域社会のネットワークが幾何級数的に弱体化し、資源活用などの社会機能が急激に衰えつつある。中山間地域が今後目指すべきは、分断的な居住形態においても、人びとをつなぐ地域社会のネットワークが、地域や空間、世代を超えて充実していくような地域設計である。そのためには、まず、集落を超えた基礎的な生活圏において、分野を横断的に束ねてマネジメントする新たな地域運営単位を創設することが重要な政策課題となる。そして、地域マネージャー、レンジャーの配置、集落支援センターの設置、「郷（さと）の駅」としての複合広場整備などを通じて、地域住民・行政と協働して地域内外をつなぐ役割を果たす新たな結節機能を創設し、地域社会のネットワーク構造を進化させることが望まれる。

このようなネットワーク構造の進化は、単に集落の限界化への「対症療法」に留まるものではない。海外に依存する石油などの非再生可能資源に立脚した現在の文明の限界を見据え、中山間地域において都市との共生の機能を育成し、地域レベルと国土レベルでの持続可能性を連結させることが望まれている（図 2）。現在、低炭素社会の構築などに代表される地球環境問題への対応が迫られている。集落単位の限界状況を近視眼的に議論するのではなく、文明全体の転換局面との時代認識を共有し、新たな資源活用の可能性を探ることが重要となっている。【藤山　浩】

⇒D 里山の危機 *p184*　R 山川草木の思想 *p310*　R 住民参加型の資源管理 *p332*　R 日本の里山の現状と国際的意義 *p334*　E 環境容量 *p530*　E 環境教育 *p548*

〈文献〉大野晃 2005．国土交通省国土計画局 2007．徳野貞雄 1998．藤山浩 2006, 2008.

環境認証制度

エコラベルによって環境配慮の取組みを促進

環境認証制度とその目的

環境認証制度とは、特定の商品（製品やサービス）が環境に配慮して作られたものであると表示することによって、消費者および企業に対して環境配慮への取組みあるいは対応を促進させようとする仕組みである。これは、市場メカニズムを活用することによって、消費者には環境配慮型の製品を優先的に選択するように誘導するとともに、環境意識の高い企業（生産者）には環境負荷の少ない製品の開発や生産を促そうとするものである。

その代表例としては、エコラベル表示（ペットボトル、缶あるいは電化製品などにつけられる環境ラベル）があり、国際的にはISO（国際標準化機構）14001という環境マネジメントシステムが普及してきた。後者は1996年に確立され、以来、欧米諸国や日本を中心に環境意識の高い多くの企業が認証取得している。さらに、国際公約したCO_2（二酸化炭素）削減のため、エコポイントによる政策的支援が導入されるなど、さまざまな広がりを見せている。日本は国際的に先頭に立ってこれらの認証制度を積極的に推進してきた。

環境認証制度の歴史的な流れは次のとおりである。1992年にブラジル、リオデジャネイロで国連環境開発会議（リオ・サミット）が開かれ、産業界や企業に対して具体的な環境対策や行動が求められることになった。そこでISOでは、その具体策として、国際規格ISO14001（環境マネジメントシステム）を1996年6月に制定して、規制手段に頼らず、市場メカニズム活用型の新たな環境対策を推進してきたのである。

このISOによる環境認証としては、①環境マネジメントシステム（ISO14001、14004）のほか、②環境監査（ISO14010）、③エコラベル（ISO14020）、④環境パフォーマンス評価（ISO14030）、⑤ライフサイクルアセスメント（ISO14040）など、相互に関連し合う5項目が規定されている。

企業の環境対策はCO_2の削減に限らず、化学物質の使用削減、廃棄物の減量化、リサイクルの推進、生物多様性への配慮などさまざまである。これらは、企業にとって社会的責任（CSR）を果たす効果を持つが、消費者の立場からは製品に対する安全・安心感の拡大というプラス面の効果も見られる。

ISO14001および環境認証の3タイプ

ISO14001の大きな特色は、製品あるいはサービスの環境配慮について、検証可能であり正確かつ誤解を招かない内容であることが要求されるという点にある。つまり、消費者に届けられる環境情報には、高い信頼性が求められている。これは環境認証制度が成立するための必要条件となっている。

ISOが要求している基本原則は、ISO14020において定められて（わが国の国内規格はJIS Q14020に対応して）いるが（表1）、その内容は次の3点に要約される。

①提供される環境情報が正確、検証可能、かつ信頼性が高いこと。②この制度が国際貿易や企業の技術革新を阻害・抑制しないこと。③制度上の手続き・方法・基準が透明であり、すべての利害関係者が入手可能であること。

一方、環境認証の仕組みには、大きく分けて3つの型があり、概略以下の通りである。

その第一は、製品カテゴリー別の認証基準に応じて第三者機関によって認証される「ラベル表示型」であ

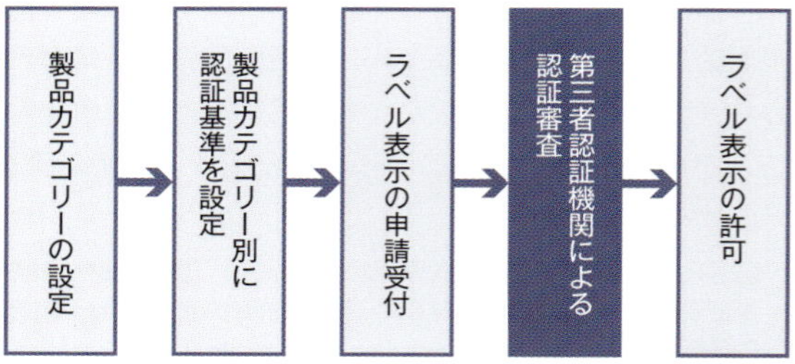
製品カテゴリーの設定
製品カテゴリー別に認証基準を設定
ラベル表示の申請受付
第三者認証機関による認証審査
ラベル表示の許可

図1　環境認証の手続きフロー（ラベル表示タイプの場合）［産業環境管理協会編 2002を改変］

1	情報は正確、検証可能、誤解を与えないこと
2	ラベルは国際貿易に不必要な障害を与えないこと
3	情報は包括的であり、科学的方法に基づくこと
4	手続き、方法、判定基準は全利害関係者に入手可能であること
5	作成情報は、ライフサイクルの全側面を考慮すること
6	企業の技術革新を抑制しないこと
7	情報の要求は、基準・規格の確立に必要なものに限定すること
8	作成過程では、利害関係者による公開協議が望ましい
9	製品に関する環境情報は、当事者から入手可能であること

表1　ISO環境ラベルにおける9つの原則［ISO 14020（環境ラベルおよび宣言：一般原則）より作成］

る。これは、独立した第三者認証機関による認証審査を受けて、認証の後にラベル表示が認められ、消費者の信頼を得るというものである（図1参照）。

2つ目は、「宣言型」であり、第三者認証を必要とせず、製品を扱う企業が独自にラベル、説明書、その他の媒体によって環境配慮の内容を主張・宣言するものである。この場合、環境配慮の客観性については主張者みずから担保せねばならず、その内容は正確、科学的かつ検証可能でなければならない。企業はこうした情報の提供に努めなければならないのである。

3つ目は、「定量的環境情報提供型」である。これは、製品・サービスのライフサイクル全般にわたって定量的な情報を表示するものであり、主に企業間の取引で用いられている。

このような環境マネジメントシステムを一般の企業が導入するメリットは何であろうか。通常、企業にとってのメリットとして次の4点が指摘されている。すなわち、①当該組織の環境配慮の姿勢が広く社会に認知され、企業イメージが向上すること、②外部の第三者機関の審査によって、商取引の効率化が可能となること、③従業員の環境と経営全般の意識改革が図られること、④システム化を通じて業務効率の改善が図られること、である。

1990年代後半以降、日本の多くの企業、自治体、大学等では、この環境マネジメントシステムを積極的に導入し、世界をリードしてきた。ただし、分野別に見ると、電機・電子機器分野が一番多く、ついで金属、化学、建設分野などが続いている。しかし、食品、衣料品など零細企業の多い分野では、対応の立ち遅れが目立っている（ISO14001の審査登録状況は、日本適合性認定協会、また、同シリーズの規格開発動向については、日本規格協会のウェブサイトを参照）。

持続可能な資源利用をめざして

もうひとつの地球環境問題である自然資源の保全や、生物多様性に配慮するための国際的な環境認証制度として、FSC（Forest Stewardship Council；森林管理協議会）による森林認証制度、そしてMSC（Marine Stewardship Council；海洋管理協議会）による漁業認証制度が注目されている。

FSCによる森林認証制度は、持続可能な森林管理に関する第三者による認証制度であり、地球規模での森林破壊を防止するとともに、環境意識の高い消費者（あるいは流通業者）が環境に配慮した木材を選択・購入することを可能にするためのシステムである。

他方、漁業認証制度は、その水産物が適切な資源管理と漁獲方法に基づいて、持続可能なものであること

環境表示マークの種類と認可団体

MSCラベル	FSCラベル	メビウスループマーク
海洋管理協議会	森林管理協議会	産業環境管理協会

図2　エコラベルの例

を証明するものである。そこで、その水産物が持続的な漁業管理に基づく産物であることを商品に表示して、認証の証としている（図2）。

ただし、水産エコラベルが実質的な意味を持つためには、次の2つの条件が満たされねばならない。第一に、漁業そのものが乱獲・混獲あるいは不法投棄などを行わず、適切に資源管理を行っていることが資源データとともに証明されなければならない。第二に、流通段階において、漁業認証を受けた漁獲物に他の一般のものが混じらないようにする必要がある。後者はCOC認証と呼ばれる、生産履歴（トレーサビリティ）的な役割を果たしている。

このように、有限かつ希少な資源について、消費者あるいは流通業界の側から地球規模での資源管理に協力しようとするのが、MSCという第三者認証機関による漁業認証制度である。

その際、認証を得ようとする組織や企業は、認証に求められる基準・ルールを守っているかどうか、組織が運営能力を十分に有しているかどうか、あるいは、利用される資源の状態が良好に保たれているかなど、客観的なデータとともに提示せねばならない。ただし、この認証に要する費用は決して小さくない。大手企業ならば対応可能でも、中小規模の企業や漁協では対応できないという格差問題がそこには存在する。さらに大切なのは、認証を取得しさえすれば目標が達成されるのではなく、システムをたえず点検して持続的に改善する必要があるという点である。このように、持続可能な資源利用を実現するためには、漁獲方法や資源利用のルールを見直すだけではなく、消費者や流通業界の協力も重要なのである。　【嘉田良平】

⇒Cトレーサビリティと環境管理 *p98*　D森林認証制度 *p224*
D医薬としての漢方と認証制度 *p226*　E環境指標 *p528*

〈文献〉アミタ持続可能経済研究所編 2006．齋藤喜孝・鳥谷克幸 2003．日本規格協会編 2010．松田友義編 2005．産業環境管理協会編 2002．

環境教育

身近な環境を観る目をはぐくむ

環境教育の始まりと歴史

「環境教育」という言葉が初めて用いられたのは、1948 年の IUCN（国際自然保護連合）の設立総会だといわれている。環境教育とは当初自然保護教育と位置づけられていたが、1960 年代、先進国の経済発展に伴う環境汚染や公害が問題視されるようになると、より広い意味で用いられるようになった。さらに 1980 年、IUCN は「世界環境保全戦略」の中で「持続可能な開発」という概念を提唱し、環境教育の任務とは、「人間だけでなく植物と動物を含めた新しい倫理に適合する心構えと態度をはぐくみ強化すること」であると述べている。このような世界的な動きの中、いち早く環境教育に取組んだのは欧米先進国であり、体系的な環境教育が全国レベルで展開されている国が少なくない。米国では 1985 年に各州の公園野生生物局が中心となって開発した「プロジェクト・ワイルド（就学前の幼児から高校 3 年生を受け持つ教育者対象の環境教育プログラム）」が始まった。今までの受講者はテキサス州だけでも 100 万人を超えている。スウェーデンでは、学習指導要領に環境教育の必要性が記述されており、環境教育を扱えるオリエンテーション科という教科が設けられている。

日本でも 1960 年代に四大公害病や大気汚染に伴う喘息（ぜんそく）患者の増加がおこり、公害教育が始まった。一方、自然保護教育に関しては、各地の自然保護団体や博物館が主催する自然観察会や講演会などが行われてきた。公害教育と自然保護教育が環境教育として統合されたのは 1980 年代後半だといわれており、欧米先進国と同調しているようにみえるが、内情はそうではない。

写真 1　新潟県十日町市立浦田小学校の文化祭。子どもたちが総合学習の成果を地域住民に向けて発表することが、地域住民の環境教育にもつながっている（2005 年）

当時、環境教育に取組んでいたのはごく一部の個人や団体であり、行政や企業の多くは経済発展を批判するものだとして、環境教育には否定的であった。学校教育の現場でも環境教育は重要視されていなかった。欧米先進国と比べると、日本の環境教育学は大きく遅れを取ったといわざるをえない。しかし近年、地球環境問題への関心が高まり、*CSR（企業の社会的責任）でも環境関連の取組みが行われるようになったことや、義務教育課程に「総合的な学習の時間」が導入されたことなども契機となって、少しずつではあるが環境教育と呼べる教育活動が増えてきている。

義務教育課程での環境教育

環境教育が最も必要であり、かつ有効であるのは、小学生をはじめとする子どもたちである。先入観や常識が確立されておらず、感性も豊かな子どもは、ありのままの自然を観て、その不思議さ、もろさ、美しさ、きびしさなどを自分なりに感じ取ることができるからである。ここで重要になってくるのが、学校での環境教育である。子どもたちがもれなく一定の教育を受けることが義務教育課程の強みであり、この時期が環境教育を行う絶好の機会となるからだ。実際、アサガオを育てたりウサギを飼ったりといった自然保護教育は多くの学校で行われているし、全校で海岸のゴミ拾いをしている学校もある。しかし、環境教育は動物愛護とは違うし、単発のイベントで完結するような類のものでもない。この点で従来の教育は環境教育とは明らかに異なっていた。2002 年度から導入された「総合的な学習の時間」（以下、総合学習とする）は単なる自然保護教育を環境教育にまで高め、学習カリキュラムの中に組み込む大きな契機となった。総合学習のテーマは学校が設定することができるため、身近な自然や環境をテーマにすれば、年間通して継続的な活動ができるようになったからである。しかし大きな課題も残された。当然予期されたことであるが、担当教員の専門と総合学習のテーマが一致しないため、環境教育を取入れたくても教員が指導できない、せっかく効果的な環境教育が行われていても、中心的役割を果たしていた教員が異動してしまうとそこで途絶えてしまう、といったケースが出てきたのである。

新潟県十日町市松之山地域では、このような問題を地域や博物館と連携することでうまく解決している。松之山地域では年度初めの総合学習プログラムを組む段階で、各学校が科学博物館の学芸員や講師を依頼する地域の人と打ち合わせをもち、年間の学習の流れや具体的な活動内容について検討している。教員だけでは指導が難しい場合は、その地域の住人が授業に出向いて知識や技術を教えることもあるが、それは単発のイベントとしてではなく環境教育の大きな流れの中に正しく位置づけられている。また、この地域では環境教育の成果やノウハウは学校だけではなく博物館にも蓄積されている。新しくやってきたばかりで地域のことを詳しく知らない教員は、過去の事例や学芸員のサポートを利用することができる。

松之山地域での環境教育の成果は外からも認められており、3 校ある小学校のうちの 1 校、松之山小学校は、2007 年緑化推進運動功労者として内閣総理大臣賞を受賞している。環境教育を地域学習として捉え、地域の環境や人材をいかに活用するか。ここに学校を舞台とした環境教育の成否がかかっている。

生涯教育としての環境教育

一般市民は子どもとは違って、一律に環境教育を受ける機会は限られる。だが、各地域に根付いた NPO や博物館は草の根的な環境教育を試みているし、近年では企業も CSR 活動の一環として環境教育を行うようになっている。

現在、日本には 3 万 8000 余りの NPO が存在しているが、そのうちの 1 万 1014 団体（2009 年 9 月 30 日現在）が、環境の保全を図る活動に従事している。活動内容は地域の自然を紹介する観察会の開催や、地域の植物相調査、絶滅危惧種の保護活動などさまざまであり、各地域の環境教育の大事な担い手となっている。また、各地域の博物館も市民講座など大人向けのイベントを催し、生涯教育としての環境教育を行っている。博物館には友の会が組織されていることが多いが、この友の会が主体となって環境教育を実践している事例もみられる。中でも大阪市立自然史博物館の友の会は 50 年の歴史を誇り、近年では大和川の調査を行ったり、その成果を発信する展示を行ったりと、博物館の事業をサポートしつつ、地域の自然に対する理解を深めている。

一方、企業は CSR 活動として環境教育活動を行っている。家庭から排出される二酸化炭素削減を考える出前授業や植林イベントなど、テーマが地球温暖化対策に偏っている点は否めないが、生物多様性保全や食育に関する活動も始まっている。これからの展開が期待されている。

写真 2　里山科学館越後松之山「森の学校」キョロロにおける第 7 回里山学会の様子。講話だけではなく参加者も体験できるイベントを盛りこむことで、理解がより深まる（新潟県十日町市）
［里山科学館越後松之山「森の学校」キョロロ提供］

日本型環境教育の構築に向けて

現在の環境問題は、限定的な地域ではなく、起こっている場所もその原因も全地球的な規模になっている。環境教育も、地域と地球とのつながりを意識したものになる必要がある。そのためには、一見矛盾しているようにみえるが、まず身近な周りの環境を観る目をはぐくむ地域学習が重要である。自分が生きている環境が、いかに偉大なものであるか、そしていかにもろいものであるかを知ることで、初めて地球環境問題が実感として身に迫ってくるからである。

環境教育の分野で研究機関が果たすべき役割は 2 つある。まず、地域の環境教育を担える人材を育てることである。環境教育の現場では、体系的な環境教育プログラムを作成することのできる人材が求められている。自然環境を熟知している研究者ならば、それを一般社会に伝える方法論さえ学べば、環境教育の現場で力を発揮することができるだろう。

もう 1 つは視野に捉えることが難しい全地球規模の環境問題を知るための情報を提供することである。JCCCA（全国地球温暖化防止活動推進センター）はすでに地球温暖化のさまざまな資料をウェブ上で公開しているが、こういった活動が他の研究機関でも広がることを期待したい。

日本の環境教育は、まだ始まったばかりである。日本は南北に長く、多様な自然環境を有している。そして、各地域環境に適した自然利用がなされてきた。里山のような農業生態系を基盤とした日本には、米国やスウェーデンとはまた違った形の環境教育があるはずである。地域の自然を活かし、人材を活かし、試行錯誤しながらも、とにかく実践していくことが求められている。

【畑田　彩】

⇒**D** 里山の危機 *p184*　**R** 消える食文化と食育 *p276*　**R** 日本の里山の現状と国際的意義 *p334*

〈文献〉大阪市立自然史博物館編 2007. 清水麻記 2001. 日本環境フォーラム 2008. 永野昌博ほか 2005. 畑田彩・平野浩一 2006.

環境 NGO・NPO

環境保全という公益を担う組織

NGO・NPO とは何か

NGO（非政府組織）と NPO（非営利組織）は、いずれも市民が主体となって公益的事業を担う法人格を有する組織である。NGO、NPO となりうる条件として、①公益性のある活動を目的とすること、②法的に認められた組織であること、③政府組織ではないこと、④営利を目的としないこと、⑤自己を統治する機能を有していること、⑥自発性に基づいていること、⑦先駆的な役割を担っていること、などが挙げられている。ここで述べる「環境 NGO・NPO」とは、①の目的に「自然環境の保全」などを掲げている組織のことである。

しばしば「NGO/NPO」などと併記され、1 つの組織が時と場に応じて、NGO と呼ばれたり NPO と表されたりしており、2 つの略称には意味の上で大きな違いはない。ただし、国連では NGO の名称が好んで使用されている。これは、国を単位としていては果たすことができない領域を補完することが期待されていて、「政府組織ではない」という点に焦点があてられているからである。また、営利企業が公益的な事業を担ってきた米国では、「営利を目的としない」という点が着目されて、NPO と呼ぶことが多い。日本では米国にならって法の整備が進むとともに、NGO から NPO へと使用頻度が移行していった。

歴史的に見ると、公益性のある活動を担う集団は、近代以前からあらゆる社会に存在していた。互助的組織、宗教結社、慈善団体など、その形態は多岐にわたる。過去から存在していた公益集団は、いま活動している NGO、NPO にとっても参照すべきモデルを提示している。しかし、人間の集団に法人格を与えるようになった近代以降に限定してみると、公益のために活動する組織には、時期に応じた変転があった。

GO/PO 社会主義的対応	GO/NPO 福祉国家的対応
NGO/PO 新保守主義的対応	NGO/NPO 市民主体の対応

図 1　公益性に関するマトリックス（GO：政府組織、NGO：非政府組織、PO：営利組織、NPO：非営利組織）

近代以降の公益性の担い手

説明を単純化するために、政府組織（GO）－非政府組織（NGO）、営利組織（PO）－非営利組織（NPO）からなるマトリックスを描いてみる（図 1）。18 世紀後半の西欧におけるいわゆる産業革命の結果、貧富の差の拡大、衛生条件の劣化などとならんで、環境の破壊が急速に進んだ。こうした社会問題の原因を封建的な政治統制から自由になった資本家が利益を無制限に追求するところに見いだした社会主義者は、国家が営利活動をコントロールすること、つまり企業の国営化で問題が解決できるとした（GO/PO）。公害が深刻化した 1970 年代の日本では、社会主義に共感する人びとが資本主義の矛盾として環境問題を積極的に取上げたために、環境の保全は政治性を帯びることとなった。ゆえに、環境問題に取組む NGO が、反政府組織と混同されることも少なくなかった。

他方、英国など先進資本主義国では、政府が非営利活動を担うことで社会問題の解決が目指された（GO/NPO）。しかし、この路線が、肥大化する財政負担の点から見直されるようになり、1980 年代に英国の M. サッチャー首相、米国の R.W. レーガン大統領のもとで、市場原理を重視して小さな政府を目指し、営利をめざす企業が公益性のある事業をも担う潮流が現れた（NGO/PO）。サッチャリズム、レーガノミクスなどと呼ばれた新自由主義のもとで、切り捨てられる公益事業が少なくないことが明らかになるにつれて、新しい公益性の担い手として注目された組織形態が NPO である。同時期にソ連崩壊や中国の市場経済導入など、社会主義体制も大きく変化し、国営に替わる公益事業の担い手として NGO に期待が寄せられるようになった（NGO/NPO）。しかし、1990 年代以前の NGO、NPO は、厳しい基準を満たす財団と規模の小さな任意団体とに二極化していた。1992 年にリオデジャネイロで開催された国連環境開発会議（リオ・サミット）において、国連の招聘（しょうへい）を受けて参加した NGO が活躍したことが契機となり、それ以後、体制の違いや経済発展の度合いにかかわらず、世界各地で規模や性格も多種多様な組織が生まれるようになった。

多様な環境 NGO・NPO

環境 NGO・NPO には、1961 年に設立された WWF（世界自然保護基金。1986 年に World Wildlife Fund から改称）や 1971 年に設立されたグリンピースなどのように、世界規模で活動するものがある一方で、特定の地域の自然保護をめざす小規模なものまで含まれる。その活動を見ても、1977 年にグリンピースから分かれたシーシェパードのように捕鯨船に体当たりする暴力的行為から、子どもを対象にネイチャーゲームを指導する各地の自然クラブまで、多岐にわたる。組織の社会的背景も、1961 年に設立されたオイスカのように宗教団体の活動から生まれたものから、1991 年に設立された日本沙漠緑化実践協会のように一学者の尽力によって誕生したものまで、多様である。環境 NGO・NPO を一括りにして、説明することは不可能なゆえんである。

一例として中国で緑化を行っている「緑の地球ネットワーク」を紹介する。その NGO は 1992 年に活動を始め、山西省の黄土高原地域で地域に根ざした活動を展開している。日本から資金を持って行くのではなく、現地の自然環境に適合した緑化の方法を、専門家のアドバイスを受けながら導入するとともに、小学校付属果樹園（その収益は教育資金となる）など住民に意味のある樹林の創出に取組んでいる。活動に関する情報は適正に公開され、この NGO への寄付が税制上の優遇を受けられる認定特定非営利活動法人として認められるにいたっている。

社会主義のもとに置かれている中国においても、NGO「緑駝鈴」などが水質汚染を摘発し、こうした NGO の連絡組織として「自然之友」などが環境の保全を目的とした活動を展開している。

NGO・NPO の運営

NGO、NPO が活動を持続させるためには、資金を獲得する必要がある。収入源は大きく分けて、営利を目的としない事業収入、政府や企業などからの助成金、市民からの寄付の 3 つであり、その理想的なバランスはそれぞれが 1/3 ずつを占めるものとされる。事業収入としては、たとえば環境を保全するために現地住民の生態環境に配慮した生業を成り立たせるために、*フェアトレードとして物産を販売したり、専門的知識を供与したりすることで得られる。事業で得られた利益は、NPO の構成員に分配することは許されず、組織の運営か環境保全などの本来の活動のために使われなければならない。助成金は CSR（企業の社会的責任）の一環として出されたり、政府機関が担えないきめの細かい活動に対して出されたりする。

写真 1　中国の NGO、「緑家園」のボランティアによる砂漠での植林。子どもたちは自分の名前を書いた木札をかけることで、木の成長に関心を傾け、責任をとるという約束を示している（中国、内モンゴル自治区、1997 年）［汪永晨撮影］

NGO、NPO の理念と存在価値に密接にかかわるのが、寄付収入である。寄付が納税の時に控除されることが認定されている財団や NPO であれば、市民はみずからの公益性を、国家ではなく NPO に委託する選択をしていることとなる。市民はみずからが公益性を有しているという満足を得るために寄付するのであり、NPO は満足感をあたえる一種のサービス業であると見なすこともできる。そのサービスには①代行、②代表、③参加の 3 つの類型がある。①として市民が保全を望む特定の自然環境を、個々の市民に代わって保全するナショナルトラストなどがあげられる。②として市民の自然保護への願望を担うグリンピースなどがあげられる。この場合、多くの市民から寄付を得るために、マスメディアへの露出度を増そうとして、活動が過激になる場合がある。③はエコツーリズムや自然学習会、ワーキングツアーなどを企画することで、市民に参加の機会を用意することがある。

NGO・NPO のあいだの連携

地球環境問題への対処にあたり、環境 NGO・NPO の連携の必要性が指摘されている。筆者の観察によれば、同じ目的、同じ規模の組織のあいだの連携はなかなか進まない。それよりも、国際的規模を持つ組織が、CBO（特定の地域の住民に根ざした組織）と協力するケースでは、それぞれの特長を生かして具体的な成果を生み出してきているようである。　【上田　信】

⇒D持続可能なツーリズム *p230*　R協治 *p318*　R住民参加型の資源管理 *p332*　Rエコポリティクス *p348*　E環境アセスメント *p526*　E環境教育 *p548*　E環境意識 *p554*

〈文献〉高見邦雄 2003．寺西俊一監修・東アジア環境情報発伝所編 2006．上田信 2009．

国連環境機関・会議

国際機関・条約の役割

UNEP（国連環境計画）と持続可能な開発

環境問題は第 2 次世界大戦以前には主に自然資源の損失への対処が課題であった。1950〜60 年代になると先進国を中心に公害が深刻化したため、1970 年、英国において世界で初めて環境省が創設された。日本でも厚生省、通商産業省など各省庁に分散していた公害に関する規制行政と自然保護行政を統合して 1971 年に環境庁が設置され、環境政策は自然保護、公害規制を両輪とする政策に発展していった。

そのような中、1972 年には国連人間環境会議（ストックホルム会議）が開催されて「人間環境宣言」などが採択され、これらを実施するため国連総会で環境問題を担当する UNEP（国連環境計画）が創設された。また同年には OECD（経済協力開発機構）が汚染者負担の原則（PPP）を提唱している。

この年以降、UNEP の施策に呼応するため、開発途上国においても環境省が設置され、環境問題は先進国の自然保護と公害対策のみならず、開発や貧困問題をも含む問題として国連全体の重要課題となっていった。

ストックホルム会議後、先進国環境省による規制対策の実施効果は着実に上がっていった。しかし開発途上国においては依然として環境保全と開発は両立しない政策として考えられ、多少の環境破壊があっても開発を環境保全よりも優先させたため自然破壊と公害は進行していった。

このような状況に対し、日本政府の提案によって設立された WCED（環境と開発に関する世界委員会：通称ブルントラント委員会）が 1987 年に報告した「われら共有の未来」の「持続可能な開発」という概念は、「将来世代の利益や要求をも満たす能力を現世代で損うことなく環境を利用し、その能力を将来に引き継ぎながら利用すること」と定義し、環境保全と経済発展が相反するものではなく両立可能とする基本概念として認められた。

持続可能な開発が示した概念を受け、1987 年には科学的には因果関係が十分に証明されていなくとも、環境上重大な被害を起こす可能性のある場合には規制を可能とする予防原則に基づいた「オゾン層保護条約モントリオール議定書」が UNEP の主要で採択され、地球公共財としてのオゾン層を保護するためのフロンガスなどの国際規制合意が成立した。この議定書の採択により、環境モニタリング、モデリング、シナリオ策定などの科学的根拠を政策決定者に提示して合意形成するという政策決定手法が確立された。

「国連環境開発会議」と国連の貢献の拡大

1980 年代から科学的調査研究により地球環境の状況が徐々に明らかになるにつれ地球環境問題への意識と危機感が高まり、1992 年には UNCED（国連環境開発会議：通称リオ・サミット）が開催された。この会議では「共通だが差異のある責任」を初めて明記した「リオ宣言」、持続可能な開発を実現するための行動計画である「アジェンダ 21」など地球環境問題に対応する国連の重要文書が多く採択されたほか、UNFCCC（気候変動枠組条約）、CBD（生物多様性条約）などの条約が採択される場となって、国連が地球規模の環境問題への解決に非常に大きく貢献した。

UNCED の成功を受け環境問題は大きく改善すると期待されたが、その後も開発途上国での貧困と先進国と開発途上国との格差はさらに深刻化した。UNCED での合意事項も遅々として実行に移されなかったことから開発途上国から先進国への政策的および資金的要求が高まり、2002 年には WSSD（国連持続可能な開発に関する世界首脳会議：通称ヨハネスブルグサミット）が開催された。

WSSD では UNCED の成果であるアジェンダ 21 など過去の目標達成状況を総括してさらに発展させた。同時に、世界の最貧層のニーズを満たそうとする MDGs（ミレニアム開発目標、2000 年採択）など UNCED 後に採択された国際目標や合意を再確認する「ヨハネスブルグ実施計画」などを採択した。

一方、1992 年に採択された国連気候変動枠組条約や生物多様性条約など個別の地球環境問題に対処するために採択された環境条約は、特定分野の政策や事業を実施する役割を果たしている。分野ごとの条約において 1〜3 年ごとに開催される COP（条約締約国会議）で短期間により効率的な意思決定・合意が可能となり対策の実施で大きな成果を上げることとなった。

MDGs（国連ミレニアム開発目標）

21 世紀を控え、国連は 2000 年 9 月に国連ミレニアムサミットを開催し、平和と安全、開発と貧困、環境などを課題とした「国連ミレニアム宣言」を採択し、21 世紀の国連の役割に関する明確な方向性を示した。

MDGs は、この宣言と 1990 年代に開催された主要な国際会議などで採択された国際開発目標を統合し、1 つの共通の枠組としてまとめられたもので、MDG1（極度の貧困と飢餓の撲滅）など国連加盟国および国連組織などが 2015 年までに達成すべき 8 つの目標を掲げ、その 7 番目（MDG7）に環境の持続性の確保を設定している。

地球環境問題における国連機関の機能と役割

国際機関における環境問題の所管は、UNEP、IUCN（国際自然保護連合）のように環境・自然保護を専門に担当する機関から、FAO（国連食糧農業機関）、UNDP（国連開発計画）、OECD、世界銀行など環境問題を扱う部局を内部組織として持つ機関までさまざまな形態が存在している。

1948年	IUPN（国際自然保護連合、現 IUCN）設立
1949年	FAO・UNESCO 等主催　UNSCCUR（資源の保全と利用に関する国連科学会議）開催
1954年	海洋汚染防止条約（現マルポール条約）採択
1970年	イギリス環境省の設立、米国環境保護局設立
1971年	日本国環境庁設立
1972年	国連人間環境会議（ストックホルム会議）開催 UNEP（国連環境計画）設立 ロンドンダンピング条約（廃棄物その他の物の投棄による海洋汚染の防止に関する条約）採択
1973年	ワシントン条約（絶滅の恐れのある野生動物種の国際的取引に関する条約）採択
1979年	国連欧州委員会による長距離越境大気汚染防止条約採択
1982年	ナイロビ会議（UNEP 特別管理理事会）開催
1985年	オゾン層保護ウィーン条約採択
1987年	WCED（環境と開発に関する世界委員会）報告書「われら共有の未来」公表 オゾン層保護ウィーン条約・モントリオール議定書採択
1988年	UNEP/WMO 共同管理　IPCC（気候変動に関する気候パネル）設立
1989年	バーゼル条約（有害廃棄物の国境を越える移動及びその処分の規制に関するバーゼル条約）採択
1991年	GEF（地球環境ファシリティ）設立
1992年	UNCED（国連環境開発会議、通称リオ・サミット）開催、UNFCCC（国連気候変動枠組条約）、CBD（国連生物多様性条約）が署名、「アジェンダ 21」など採択
1994年	UNCCD（国連砂漠化防止条約）採択
1997年	UNFCCC 第3回締約国会議（COP3、京都開催）で京都議定書採択
2000年	国連ミレニアム·サミット開催、MDGs（ミレニアム開発目標）採択
2001年	ストックホルム条約（POPs 条約：残留性有機汚染物質に関するストックホルム条約）採択
2002年	「国連持続可能な開発に関する世界首脳会議（WSSD: 通称ヨハネスブルグサミット）」開催
2005年	国連ミレニアム生態系評価報告書公表
2008年	国連ミレニアム開発目標（MDGs）ハイレベル会合開催（中間評価会議）

表 1　環境関係の国際機関・条約・会議年表（注：同一年における事項は日付順ではない）

写真 1　COP15（第 15 回気候変動枠組条約締約国会議）オープニングセッション（デンマーク、コペンハーゲン、2009 年）[wikimedia commons より]

とくに UNEP は国連総会および経済社会理事会などの下で国連各機関が実施している環境問題を総合的に調整および管理するとともに、世界の NGO やシンクタンクなどと連携して、国連などがまだ着手していない新たな環境問題や将来危惧される問題へ注意喚起したり、異なる分野を統合した政策を提案する役割などを有している。またこれらの具体的な対策については現在策定が審議されている水銀条約（仮称）のように UNEP が事務局となって条約交渉の場を提供してその制定を図っている。

UNEP などの国連機関による環境問題への対応機能を改めて整理すると次のようになる。①世界目標や政策の提言（MDGs や UNEP による Global Green New Deal など）、②総会や国際会議開催による各国政府の意思決定の場の提供（UNCED など）、③科学的調査研究への支援（UNEP による IPCC 事務局の提供と支援など）、④条約・議定書など法的拘束力のある政策実施方法の策定支援、⑤法的拘束力はないが政策・施策の具体的実施のガイドライン策定やその資金提供、⑥国および地域ごとの人材育成や法令などの策定支援。

また、この他、WCED（世界環境開発会議）、スターン報告（気候変動の経済学）など国連主導ではなくても、世界の世論形成や意思決定に影響を与える報告書策定への支援も行っている。　【浜中裕徳】

⇒D南北の対立と生物多様性条約 *p212*　Dワシントン条約 *p228*　Dラムサール条約 *p232*　E温室効果ガスの排出規制 *p506*　E国際河川流域管理 *p536*　E環境 NGO・NPO *p550*　E持続可能性 *p580*

〈文献〉外務省国際連合局経済課地球環境室 1991．環境庁地球環境部企画課編 1993．外務省 2000, 2002, 2005, 2008, 2009．鈴木基之 2003．国際連合 2005．

環境意識

環境配慮行動を左右する意識の変化

環境意識

環境意識とは、人の環境に対する考え方、見方および態度を内面的に認識する精神の状態をいう。環境意識の要素は、さまざまな場所や時代の環境の状態、そしてその変化やとるべき保全対策などにかかわる知識、価値判断と行動意向を含む。個人の環境意識は、その人にとっての特定の環境を対象とするものであるが、自分を中心において、身辺、地域、国家、地球という空間的なスケールによって変わる。また、過去、現在、未来というように、時間スケールにおいても異なるものとなる。環境意識は、人びとの生活様式と環境配慮行動（環境に対する影響を考えた上での行為）に影響を与えると同時に、企業の環境対策、政府の環境政策ならびに国際的な環境保全協力にも影響を与える。

環境意識の形成

人は、特定の制度や規範をもつ社会に暮らしていて、置かれている環境の現状や変化の中で、個人の価値観や感性に基づいて環境意識を醸成する（図 1）。環境の変化が個人や社会に影響を及ぼし、それは個人の環境への認識や社会的対応を喚起する。一方で、社会は制度や規範の調整を通して人びとの思考や行為を制御する。その結果、環境の質を変化させることになる。また、価値観や環境に対する感性の違いは人びとの意識を多様化させ、制度や規範を修正させるように働く。つまり、人びとの環境意識は、環境、社会、個人の相互作用によって形成されるのである。

環境意識は、環境という変化するものを対象としているため、価値観や人生観といった判断の基準から直接生まれる意識と比べて、複雑でまた変わりやすい。

影響要因

環境意識に影響を及ぼす主な要因は、次の 4 つのカテゴリーに分けられる。

①環境変化の持続時間と速度：水や大気の汚染など短期間に起きる変化は人びとの印象が強く、影響が大きいが、長期間にわたって緩やかに進む環境変化（砂漠化や海洋汚染など）は人が感知しにくく意識に反映されにくい。

②環境変化の規模と程度：人は、熱帯林破壊のような大規模または深刻な変化に敏感であるが、ある町の緑地減少のような小規模・軽微な変化には鈍感である。

③価値観・感性：同じレベルの環境変化に対する受け止め方や受容できる範囲は、個人の価値観・感性の違いによって異なる。

④環境情報：関係者やマスメディアが発信する環境情報は、人びとの環境認識や理解に影響を与える。

なお、個人の性別や年齢、教育、経済状況、地域社会との関係なども環境意識に影響を与えることがある。

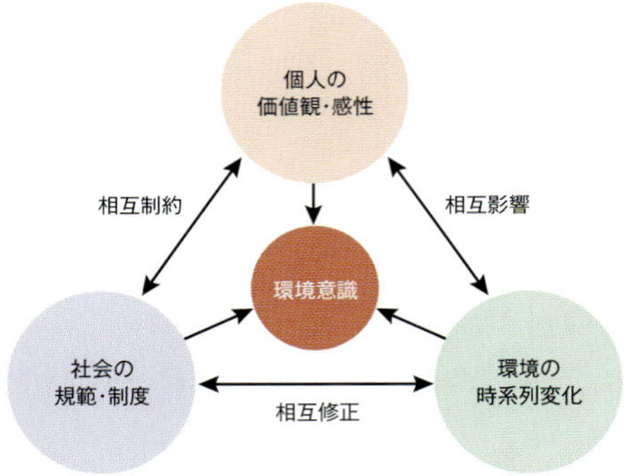

個人の
価値観・感性
相互制約
相互影響
環境意識
社会の
規範・制度
環境の
時系列変化
相互修正

図 1　一般市民の環境意識の形成過程［鄭・吉野・村上 2006］

環境配慮行動理論

環境意識は環境に配慮した行動につながる要因ではあるが、ただちに行動を導くというわけではない。個人の環境配慮行動には、学習活動（環境知識の獲得）、市民運動（投票・陳情）、消費活動（グリーン消費・環境寄付）、監督活動（告発・訴訟）、身体活動（ゴミ分類・減量）、教育活動（講演・宣伝）などがある。

環境配慮行動と環境意識との関係については、1970 年代以降、多くの理論が提案されており、S.H. シュヴァルツの「規範喚起理論」、I. アジェンの「計画的行動理論」、そしてこれらに環境パラダイムの概念を付加した R.C. スターンの「価値観–信念–規範理論」がよく知られている。

人の認知の制御や外的要因の影響に対する考慮が必要であるとの認識から、鄭らは環境配慮行動に影響する要因を、環境意識、行動に対する信念、知覚的行動制御能力、個人的規範、そして外的要因とした環境配慮行動のモデルを提案した（図 2）。

いずれにせよ、環境配慮行動は環境意識から生起す

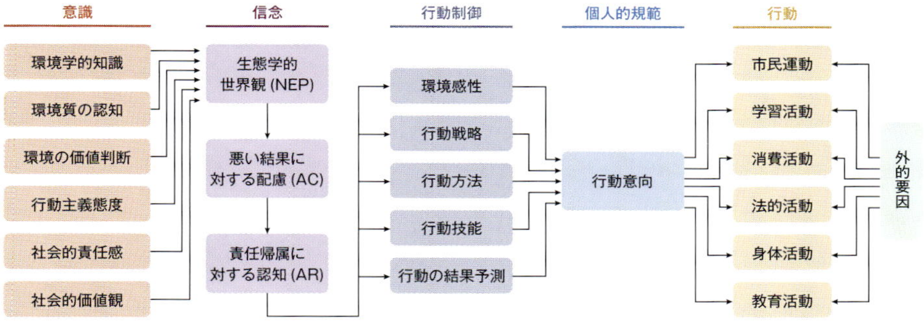
意識
信念
行動制御
個人的規範
行動
環境学的知識
環境質の認知
環境の価値判断
行動主義態度
社会的責任感
社会的価値観
生態学的
世界観 (NEP)
悪い結果に
対する配慮 (AC)
責任帰属に
対する認知 (AR)
環境感性
行動戦略
行動方法
行動技能
行動の結果予測
行動意向
市民運動
学習活動
消費活動
法的活動
身体活動
教育活動
外的要因
図 2　一般市民の環境配慮行動モデル［鄭・吉野・村上 2006］

る。意識により、生態学的世界観、行動結果配慮、責任帰属認知といった信念が喚起される。そして、人びとは行動の戦略や方法、必要な技能や結果の予測能力を制御することにより、環境に配慮した行いをとるという行動意向を生み出す。行動意向が情報伝達や行動に伴う費用などの外的要因からの影響を受けながら、その一部は環境配慮行動として定着する。行動意向は、自分が大切とする環境に対する脅威を認知し、それに対して必要な行動をとるという責任感によって活性化される。

情報の収集と分析

環境問題を解決するには、ある社会における人びとの環境意識の集団的な特性を明らかにし、人びとの環境配慮行動を喚起するための基礎情報を得ることが重要である。それには、一般の市民を対象にした環境意識調査が必要である。そのような調査により得られたデータから、単に現状を理解するだけでなく、データに秘められている環境意識の本質を分析することが可能となる。環境意識に関する情報の収集と分析には、以下の 4 つに留意することが求められる。

①母集団を正確に定義し、個人標本を無作為に抽出し、データの妥当性と信頼性を確保できる調査を実施する。②環境意識の、時間の経過、年齢・経験などによる影響を解き明かすには継続的調査が必要である。③異なる地域や国家における環境意識の共通点や相違点を解明するには、横断的な比較調査が不可欠である。④多様な解析方法を駆使して収集したデータを探索的に分析し尽くすことが重要である。

環境評価

経済学的な意味における環境評価とは、何らかの指標・尺度を用いて、消費者の選好性によって環境の変化に価値を付けるものである。環境は多面的価値をもっているものの、市場価格をもたないため、価値評価において貨幣尺度は適用できない。

環境評価の本質は大多数の人の選好を尊重し、環境の望ましさを主観的な基準で判断することにある。そのための方法が多く開発されたが、人びとに環境の価値を意識として聞き出すという「表明選好法」が最も広く用いられている。その典型的な方法としては、仮想評価法とコンジョイント分析があげられる。前者は、環境全体の変化に対する個人の評価額を直接聞き出し、母集団としての総額を集計することで環境の価値を推計する。後者は、環境のさまざまな属性に対する選好性を聞き出し、各属性の重要さを順位づける。これらの手法は、自然科学でまだ完全には解明されていない生態系、大気・水循環などの複雑な環境要素を含め、あらゆる環境の価値を評価できる。

環境に対して値付けた価値は、人びとが環境意識を貨幣尺度を用いて表したものと捉えることができる。現在では、公共事業や環境影響評価に、環境評価が幅広く活用されている。

風評および風評被害

風評は、世間であれこれ取りざたすることをいい、人びとの考えや行動に変化をもたらすことがある。環境にかかわる風評がもたらす問題として風評被害がある。これは、環境の変化がもたらす被害が、不適切または虚偽的に報道されたり伝達されることによってもたらされる被害をいう。本来はその環境の変化とは直接関係のない、生産物やサービスの安全や品質を人びとが危険とみなすようになり、生産物の購入や消費、関係地域での観光などを行わなくなることによる。風評被害は、外的要因に当たる情報操作によって人びとの環境意識が攪乱されることの典型的な例である。

【鄭躍軍】

⇒C地球温暖化問題リテラシー *p24*　E情報技術と環境情報 *p520*　E環境アセスメント *p526*　E民俗知と生活の質 *p558*　E環境思想 *p564*　E権利概念の拡大 *p566*　E環境倫理 *p576*

〈文献〉Schwartz, S.H. 1977.　Ajzen, I.1985.　Stern, P.C. 2000.　鄭躍軍ほか 2006.

レジリアンス

環境変動への対応を考える視点

生態システムのレジリアンス

レジリアンス（resilience）という言葉はラテン語の *resilire*（元に戻るという意味）にその語源がある。レジリアンスとはあるシステムがショックを受けた際に、同じ機能、構造、フィードバック、および同一性を保持できるシステムの能力として定義される。よりレジリアントなシステムとは、別のレジームへ遷移することなしにより大きな撹乱を吸収することができるシステムと考えられる。

レジリアンスの概念はシステム生態学者であるC.S. ホリングの1973年の論文、「生態システムのレジリアンスと安定性」によって生態学の概念として提唱された。初期のレジリアンス概念では、「工学的レジリアンス」として撹乱を受けた生態システムが、撹乱以前の初期の均衡に戻る回復時間として定義された（図1①）。回復時間が短いほど、生態システムの撹乱に対するレジリアンスは高いとされた。その後、工学的レジリアンスで考えられた生態システムの単一均衡（安定点が1カ所であること）の概念は、非線形、複数均衡、レジームシフトなどの複雑系の概念を取り込んで「生態的レジリアンス」として拡張された（図1②）。

1990年代以降、近年のレジリアンスの概念は、撹乱やショックを受けたシステムが別のレジームへ変遷することなく安定状態を変化させずに許容できる撹乱の量を指し、システムが自ら再編成する能力をより重要視している。

社会生態システムのレジリアンス

近年、これら生態学や工学の世界で使われてきたレジリアンスの概念を複雑な社会生態システムに応用しようとする試みがなされている。とくに地震や干ばつなどさまざまな災害からの地域社会の回復や、環境資源に生業を大きく依存する途上国の農村社会の発展を考えるときに、レジリアンスの視点はきわめて重要である。

社会生態システムのレジリアンスの理論は、1980年代後半に創出されたエコロジー経済学の出現と時を同じくして発展した。エコロジー経済学は主に先進諸国で発展したため、貧困や環境資源の荒廃などの途上国における重要な開発問題についての関心は低かった。さらに、途上国経済を取り扱う現存の開発経済学の分野では、人間の経済活動の基盤となる生態サービスについてはほとんど対象としていなかった。そのため、環境資源の荒廃などが緊急課題となっている発展途上国の問題を解決し、人間の安全保障を高めるために、社会・経済分野の研究と生態学の研究をリンクさせ、レジリアンスの概念を社会生態システムに応用する必要性が強く求められるようになってきている。

レジリアンスの重要概念

レジリアンスを考えるときに重要な概念として、閾値（いきち）、レジームシフト、冗長（じょうちょう）性がある。

閾値とは、システムを左右する要素の、いったん越えると、もとの状態へ戻ることは困難であったり、不可能であったりする臨界値や限界点のことである。システムのレジリアンスを形成するものは、さまざまな外的ショックに対するこの閾値の存在である。

レジームとは確認できるシステムの構造であり、システムの状態とも呼ぶ。レジームは、特徴的な構造、機能、フィードバックを持っている。レジームシフトとは、ある比較的変化の小さい状態（あるいはレジー

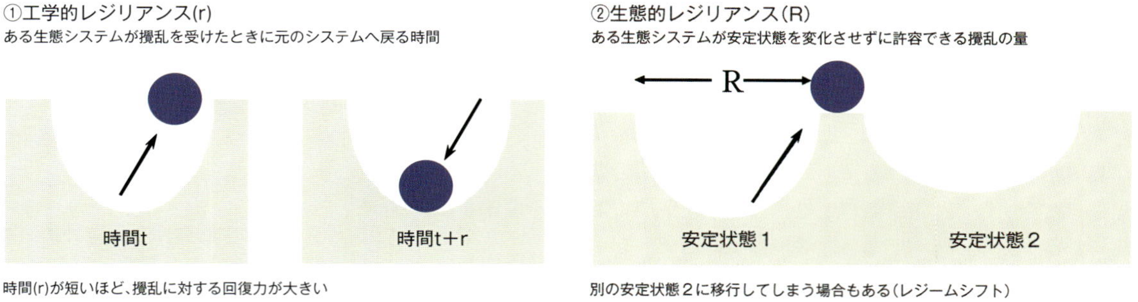
①工学的レジリアンス(r)
ある生態システムが撹乱を受けたときに元のシステムへ戻る時間
時間t
時間t＋r
時間(r)が短いほど、撹乱に対する回復力が大きい
②生態的レジリアンス(R)
ある生態システムが安定状態を変化させずに許容できる撹乱の量
R
安定状態1
安定状態2
別の安定状態2に移行してしまう場合もある(レジームシフト)

図1　生態学におけるレジリアンスの概念［Gunderson 2003］

ム）から別の状態へのシステムの急速な再編成である。歴史的には社会政治体制は絶え間ないレジームシフト、すなわち構造的変化を経験してきたといえよう。生態系では1世紀前から、人間活動によって水系の堆積物中の養分レベルを上昇させた。その結果、富栄養化により水質が悪化し、湖の状態を構造的に変化させた。水処理プラントを建設し、下水からリンを取り除いたとしても、多くの湖はもとの澄んだ状態へとはもどらないだろう。このように、いったん閾値を越えると、もとの状態に戻るのが不可能とはいえなくても困難であるシステムも多い。

写真1　自然災害を受けた畑での農民の対処行動例。農民は多雨により冠水したトウモロコシ畑（左）をサツマイモ畑（右）に転換することで収量の減少に対処しようとした［ザンビア、南部州、左：宮嵜英寿、右：三浦励一提供］

冗長性とは、一見なんの役に立つのかわからないがバックアップの重要な役割を果たしているものである。たとえばヒトのX染色体のDNA塩基配列には特有の反復配列が全体の1/3あり、これが一部の遺伝子の不活性化に関与している可能性があることがわかっている。社会のシステムの中にも伝統的知識や組織などさまざまな冗長性が、災害などの危機的状況下での社会生活の回復に重要な役割を果たしている。冗長性は一見無駄に見えるが社会生態システムの回復・安定に非常に重要な要素である。

自然災害とコミュニティのレジリアンス

アフリカの農村は、干ばつや洪水など、さまざまな自然災害のリスクにつねにさらされていることが多い。とくに人口の多くが天水農業に依存する半乾燥熱帯地域では、小規模の自給的農民にとって、レジリアンスとは生存のために速やかに世帯や個人の食料の消費や生活を回復させる能力に他ならない。干ばつなどのリスクに対する事前や事後の対処として、食料を含めたさまざまな資源へアクセスする手段の選択肢を多く持っていることがレジリアンスのひとつの条件としてあげられる。農地の分散や作付時期、作付作物、間作や混作などの作付方法を変化させることは事前に農作物に対する天候のリスクを回避させる方法である（写真1）。

資源へのアクセスはさまざまな生業形態間（たとえば農業から牧畜や漁撈、農業から賃労働などの非農業）への就業の代替や市場、社会的組織・制度などを介しても行われる。社会的なネットワークも農地や放牧地のみならず、マーケットや情報などさまざまな資源へのアクセスにとって重要である。自給農民の農作物が壊滅的な被害を受ける大干ばつの時には、コミュニティがもつ野生植物に対する伝統的知識が、救荒作物の知識として活用される。たとえばシロアカシアの種子は干ばつ時には緊急の食料として利用されてきた。

アフリカの農村は、自然災害のリスクに限らず、社会・経済的なリスクにもさらされている。グローバリゼーションによる換金作物の国際価格の変動、政治変遷、補助金や税金、土地所有制度など農業政策の変化の社会・経済的リスクへの対処手段についても同様のことが考えられる。

レジリアンスと地域開発

レジリアンスは生態的、社会経済的な意味で定義されてきたが、その実践的な評価はこれからの課題である。近年の国際開発分野での新たな展開として注目されるのは、資源に生活を依存する地域の開発問題へレジリアンスの概念を応用する取組みである。2008年に刊行された国連開発計画、国連環境計画、世界銀行、世界資源研究所による報告書（2008）では、経済活動や開発プロジェクトを通して地域のコミュニティが獲得すべき目標のひとつとしてレジリアンスを高めることが示されている。

レジリアンスの高い世帯やコミュニティは、社会的、政治的、そして環境の変化によるさまざまな外部からのショックに対処する能力をもっている。農村社会の持続性にとって個々の世帯のレジリアンスはそのコミュニティや地域全体のレジリアンスの基盤となっている。さらには国家のレジリアンスの形成にも重要な役割を果たしている。レジリアンスとは未来可能な社会を構築するためのさまざまなレベルでの重要な基本的能力である。　【梅津千恵子】

⇒C循環の断絶と回復 *p110*　C天水農業 *p114*　D生態系レジリアンス *p140*　R市場メカニズムの限界 *p268*　Rグローバル時代の資源分配 *p320*　H飢饉と救荒植物 *p460*　E未来可能性 *p582*

〈文献〉Gunderson, L.H. 2003. Holling, C.S. 1973. UNDP, UNEP, WB, WRI 2008. 島田周平 2009.

民俗知と生活の質

グローバリゼーションの地平と展望

「野生の思考」は死んでいない

民俗知は、地域ごとに育まれてきた生活のための知識や技術を指す。在来知とか伝統的知、地域の知と呼ばれるものも、おおむね民俗知の範疇に入る。

伝統的な薬草の知識、呪術を伴う豊猟（漁）儀礼の知恵、航海術の知識、天候を占う民俗気象術、農作物の吉兆を占う知識、病気治癒の伝統技術など、民俗知の体系は膨大である。こうした民俗知を担ってきたのは、その経験や知識をもつ、年配者、集団の指導者、特殊な能力を有する祭司や職能者であることは、人類学的調査によって明らかにされている。世俗的な指導者とは別にシャーマンや儀礼執行者が民俗知を継承してきた例も枚挙にいとまない。

民俗知がいま注目されている。1970〜80 年代には、世界の諸民族がもつ在来の知識を記述し、比較する研究が精力的に進められ、地域や個々の民族の世界観や自然観が明らかにされた。いわば、地域のモノグラフを集大成するうえで民俗知が方法論的にも拠り所とされた。しかし、歴史性や時代変化をあまり考慮しない静態的な捉え方には批判があった。

激動する現代、民俗知へのまなざしは以前とまるでちがう。これまでの民俗知の捉え方を超えた民俗知の地球規模での活用が求められている。かつて、構造人類学者の C. レヴィ＝ストロースが「野生の思考」と呼んだ民俗知体系は科学の前にひれ伏したわけでは決してない。

写真 1　伝統的な航海術の知識は、海岸にあるカヌー小屋や浜辺で男たちが車座になり、経験者から口頭で伝授される（ミクロネシア、サタワル島、1979 年）

従来の民俗知に対する考え方

民俗知に対する「近代」の不十分な理解の特徴は 3 点ある。その第 1 は、民俗知を過去のものとして保護化する動きである。価値の画一化、同質化が進行する時代、民俗知が地域の独自性やアイデンティティをはらむ最後の砦と見なされてきた。この背景には、市場経済の浸透、近代科学や技術が在来の知や技術を急速に駆逐してきたことが関連している。伝統的な知恵が失われつつあるともいえる。

世界のどこにもない知識の発見は、時として好奇の目で見られ、珍しい文化・知識として保護の対象とされた。民俗知の独自性は歴史的に培われてきたものであり、それが失われようとするなかで、「保護されるべき」対象として扱われることとなった。

第 2 は、民俗知の形骸化である。民俗知が現実の生活現場できちんと役割を果たしている場合はまだしも、社会経済変化により形骸化し、次世代から軽視される傾向が世界中で蔓延していることである。

第 3 は民俗知の商品化である。民俗知をいかに役立てるかという立場からの動きが台頭してきた。たとえば、熱帯、高地、寒冷地を問わず、地域の人びとが利用してきた薬草に関する民俗知は、外部者に公開されることがなければ、地域の知として伝承されるにすぎなかった。しかし、現代の医療薬品メーカーが在来の薬草利用に眼をつけ、新規の薬品開発に民俗知を、商品となる有用な知識として利用し始めた。それは時として収奪を伴う行為であり、知的財産の侵害につながっている。世界中の先住民の民俗知が市場価値をもつ変化がおこったのである。

民俗知の新しい活用

このような近代と伝統の出会いは不幸といわざるをえないが、それとは異なる地域参加型の民俗知の活用を再評価しようとする動きである。

現在、世界中で、環境を保全しながら、自らの生活を向上するための地域住民によるさまざまな試みがある。生活の向上には貧困から決別し、経済的な余裕と十分な医療サービスを享受できる暮らしが前提であると誰もが考えている。環境の保全にしても、貧困な日常生活を犠牲にして環境を守ることにただちに賛同する人は少ないかもしれないし、貧困を克服するための金儲けで資源が乱獲された例がある。

しかし、民俗知をたくみに取り込んだ試みは貧困な集団であっても皆無でも珍しいことでもない。問題は、生活の向上と環境保全をともに進めることが注目されるなかで、主体となる地域のだれが率先して、その運動や取組みを進めるかという点に尽きる。

現代は環境と生活の問題が個々の事象に細分化されがちである。しかし、かつては人間の食と病気、政治や、気象、農作物の豊凶などが、暮らし全般にわたり、たがいに関係するものと位置づけられていた。自然であれ、超自然であれ、たがいに連関するものとされていたのである。住民の暮らしは、全体の中で有機的に位置づけられており、個別の科学や近代的な思考のなかで分断化・細分化されていたわけではなかった。民俗知は、正当に利用されてこそ意味をもつとともに、生活文化の全体とかかわる関係性を大きな特色としていた。この点がたとえば、資源の管理や村落におけるインフラ整備、医療施設の導入など、具体的な施策を進める上で重要な意味をもつ。民俗知を踏まえた開発や生活の向上が住民の知恵と合意を得た上で画策される可能性を孕んでいるからである。

生活の質の向上と幸福度

民俗知を生活に生かすこと、なかんずくその質（QOL：Quality of Life）を向上させるという命題は、途上国で貧困に窮する人びとにとっては喫緊の課題である。では、生活の質の向上とはなにか。絶対的な貧困状態にある集団と、ある程度の生活水準を確保している集団とをおなじ基準で論じることに慎重であるべきだ。まして、西洋の基準で生活の質を論じる、普遍主義的な見方には注意を要する。

たとえば、国民総生産や所得などの経済的指標を基準とする限り、生活の質の向上というふれこみは、格差を是正するどころか、かえって増幅することになりかねない。現代世界では、経済自由化という基準によって実施されたWTOの政策が途上国をさらに貧困に陥れている事実が厳然とある。この場合、生活の質の向上は先進国向けという皮肉な結果に終わった。

QOLは福祉の充実とも関連することはいうまでもないが、世界中で通用する福祉の条件などはないといってよい。社会福祉の充実しているとされる北欧と日本を比べる以上に、差別と貧困の充満する途上国における福祉の問題をおなじ理論と土俵で議論することがどこまで有効かつ問題解決につながるかは疑問である。

写真2　貝殻の薄片で痛みのある部分を切開し、「悪い」血を出す伝統的な瀉血法（しゃけつほう）（パプアニューギニア、西部州、1980年）

医療の問題もしかりであり、日本や先進国に通用する概念を普遍化することには問題があまりにも多すぎる。この点で、地域の医療や健康を最優先したエコヘルスの視点はQOLの向上と密接につながるものと期待されている。

第5代ブータン国王が提唱したように、グローバリゼーション時代にあって、あらゆる国の医療と経済がおなじ俎上で比較されるようなことがあっても、国民の総幸福度（GNH：Gross National Happiness）、ないし生活の質は、経済的な指標や発育の傾向とは相容れないことがある。もちろん、医療の充実、健康な食と水の確保などは、国連が提唱しているように、生活の質の向上にとり重要な契機となることは、どの国の政治家もわかっている。国民総幸福度は民族や文化、経済水準を超えた良い比較になるだろう。しかし、その指標の取り方は難しい。

民俗知を未来につなぐ

生活の質の向上は、それぞれの地域が独自に有する体験や実感と大きく関与する。普遍的なアプローチもあるだろうが、民俗知に裏打ちされた、地域住民相互のかかわりや自然との付き合いを重視した立場をとることができれば、世界共通の見方に拘泥する必要はない。地域の年長者や経験豊かな知恵者はそのことをよく知っている。世界がわからなくとも、地域をまず十分に理解する知恵を伝承することに大きな努力を今後も払うべきだろう。【秋道智彌】

⇒C ライフサイクルアセスメント *p102*　D 生物文化多様性の未来可能性 *p192*　D 遺伝資源と知的財産権 *p214*　R 貧困と食料安全保障 *p280*　R 食料自給とWTO *p282*　R エコヘルスという考え方 *p302*　R 民俗知と科学知の融合と相克 *p304*　H 高地文明 *p380*

〈文献〉奥宮清人ほか 2009．寺嶋秀明・篠原徹 2002．セン、A. 2003．松原正毅 1989．レヴィ＝ストロース、C. 1975．His Majesty Jigme Khesar Namgyel Wangchuck 2009.

環境と福祉

持続可能な福祉社会のビジョン

環境と福祉の関係

一般に、環境政策と呼ばれる領域と、福祉政策（あるいは社会保障政策）と呼ばれる領域は、それぞれ異なる文脈ないし問題意識のもとで論じられてきた。2つの領域の相互の関係や、統合といったことは、これまで十分に意識されることはなかったのである。たとえば、地球温暖化、資源・エネルギー、リサイクル、自然保護等々といった問題群を扱うのが環境政策の領域である一方、介護、保育、格差・貧困、少子・高齢化等々といった問題群を対象とするのが福祉政策の領域であり、それらの間に直接的な接点はほとんどないものと考えられてきた。

しかしながら、福祉政策と環境政策という2つの領域を、たとえば次のような座標軸においてとらえてみるとどうだろう。すなわち、①福祉政策：「富の分配」のあり方に関する対応を扱う政策領域、②環境政策：「富の総量」のあり方に関する対応を扱う政策領域、という視点である。このうち前者、すなわち福祉政策という領域が、平等や公平といった価値理念を軸としつつ富の（再）分配のあり方にかかわることはみえやすい。他方、環境政策が究極的に問うているのは、たとえばさまざまな産業活動に伴う温暖化ガス排出やエネルギー消費、廃棄物といった問題にどう対応するかという、人間の経済活動ないし富の総量ないし規模それ自体をどのようにすべきかという主題である。すなわち、この両者は自ずと相互に深く関連している課題なのである。

たとえば、もし仮に世界が資源・エネルギー消費などの面で持続可能となり、環境の視点からは妥当といいうる社会が実現したとしても、そこにおいて分配の大きな偏りや貧困が存在していたとすれば、それを望ましい社会ということは困難だろう。逆に、もしも人びとの福祉の充実ということが、これまでの福祉国家がそうであったように、経済あるいは資源消費の限りない拡大・成長ということを前提とするものならば、それは現在の世界において普遍化できるモデルではないだろう。

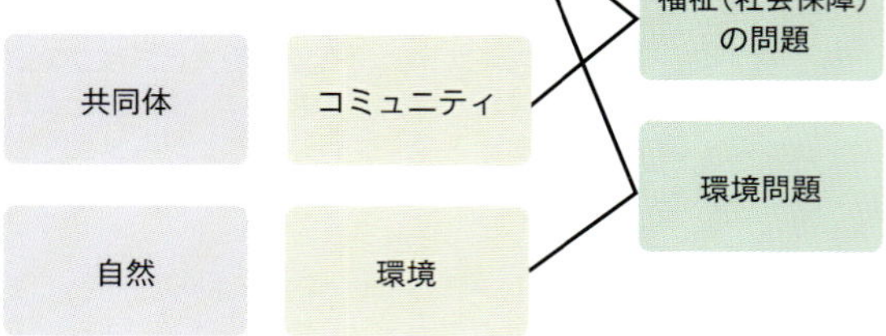
個人
経済／市場
共同体
コミュニティ
自然
環境
福祉（社会保障）の問題
環境問題

図1　経済－福祉（社会保障）－環境の関係

したがって、私たちが構想していくべきは、環境の面において持続可能であり、かつまた福祉（分配の公正や個人の幸福ないし生活保障といった意味）の面においても望ましいといえる、持続可能な福祉社会とも呼ぶべき社会モデルではないだろうか。

環境・福祉・経済をめぐる基本的枠組

こうしたテーマを考えるための基本的な視点を示したのが図1である。図に示すように、人間や社会のあり方は、個人－共同体－自然、あるいは経済 / 市場－コミュニティ－環境、という3つのレベルによって重層的に構成されたものとして理解できる。

歴史的に見ると、第1に伝統的な共同体（コミュニティ）から個人が自立していくことを通じ、第2に産業技術をはじめとするテクノロジーを通じて人間が自然を積極的に利用・支配することを通じ、個人 / 経済 / 市場の領域が、共同体や自然の次元からいわば次々と遊離し、拡大していく中で発展したのが近代社会・産業化社会であった。この必然的な帰結として、一方では、共同体の次元との関係が、共同体的な関係ないしコミュニティの解体として現れ、そこにコミュニティから離脱していく（脆弱な）個人を支援するシステムとしての福祉ないし社会保障の問題が生まれる。他方では、無限に拡大する市場経済に対して、自然の次元との関係が、資源の有限性や廃棄物処理のキャパシティの問題、すなわち環境問題として顕在化する。

このようにみると、福祉の問題と環境問題とは相互に深く連動しており、これからの社会を構想するときには、環境－福祉－経済という3つの次元を統一的なフレームの中で捉えた視点が求められる（表1）。

国レベルの環境政策と福祉政策の統合

これからの社会の構想において、具体的に求められるのは、環境（政策）と福祉（政策）の統合という発

	機能	課題・目的
環境	「富の総量（規模）」にかかわる	持続可能性
福祉	「富の分配」にかかわる	公平性（ないし公正、平等）
経済	「富の生産」にかかわる	効率性

表 1 「環境－福祉－経済」の機能と課題・目的

想である。これには大きく、①国の政策（ナショナル）レベル、②地域（ローカル）レベル、③地球（グローバル）レベルという 3 つの次元があると考えられる。

ナショナルレベルについては一例として、欧州の多くの国で行われている社会保障財源としての環境税という政策が挙げられる。環境税をめぐる議論は日本でも次第に活発になっているが、日本の場合、環境税を導入することで得られる税収は温暖化抑制など環境対策のために使われることが前提となっていることが多い。ところが意外なことに、環境税をいち早く導入してきた欧州の多くの国々（オランダ、デンマーク、ドイツなど）では、環境税による税収を福祉に充てている。たとえばドイツは、1999 年に環境税を導入するとともに、その税収を年金の財源にあて、そのぶん年金の保険料を引き下げるという興味深い政策を行った（エコロジー税制改革と呼ばれる）。これは環境税によって環境への負荷を抑えると同時に福祉の水準を維持し、かつ企業の国際競争力にも配慮するという複合的な効果をねらった政策である。

ここで重要なのは、そこでの基本理念となっている労働生産性から環境効率性へという発想である。すなわち、かつては自然資源は無限にあり、労働力が足りないという状況だったので、重要なのは労働生産性の上昇だった。ところが現在は、逆に労働力はむしろ余り（＝慢性的な失業）、逆に自然資源が足りないという状況になっているため、むしろ人はより多く使い、自然資源をより少なく使うという企業行動が求められる。それが労働生産性から環境効率性へのシフトという理念であり、このためのインセンティブとして、労働への課税から自然資源消費（ないし環境負荷）への課税へという発想のもとに上記の政策がとられたのである。これは国の政策として環境と福祉が直接的に結びついた典型的な例といえる。

地域と地球レベルでの環境と福祉の統合

次に地域レベルは、環境や福祉、まちづくりなどに関するさまざまな活動や政策を通じて、地域（ローカルスケール）において、自然－コミュニティ－経済が一体となった自立的で循環的なシステムをつくっていこうとする試みである。なおこのレベルに関連するものとして、ケア（臨床）レベルにおける環境と福祉の統合ということがあり、園芸療法、森林療法といった自然とのかかわりを通じたケアの試みはそうした例である。

最後に地球レベルは、福祉をこれまでのように国家単位ではなくグローバルな次元でとらえ、グローバルレベルの富の再分配を地球レベルの社会保障・福祉国家として把握し、地球レベルでの分配の公正と持続可能性を統合的に考えていこうとする発想や政策である。いわゆるグローバル・タックスと呼ばれる地球レベルでの課税システム（地球炭素税、航空機券税、金融取引税など）はこうした例といえる。

グローバル・タックスに関する議論の源流のひとつは、投機的な国際金融取引を抑える目的で提唱されたトービン税のアイデア（ノーベル経済学賞受賞の米国の経済学者 J. トービンが 1970 年代に提唱した外国為替取引への課税）に遡るが、近年になって J. シラク大統領のイニシアティブのもとフランスが「国際連帯税」を提唱するに至り、2006 年 7 月からフランスはフランス発便の航空券に対する航空券税という税を導入し、その税収を途上国への医薬品援助等にあてることとした。これらを含め、グローバル・タックスに関する現実的な動きはきわめて活発化している。

地球環境問題への対応と並び、こうした地球レベルでの再分配の仕組みをどのように設計していくかについては様々な議論があり、その実現が困難をきわめる課題であることは確かである。しかしながら、かつて米国の歴史家 A.M. シュレジンジャーが、世界政府なき世界経済が創り出されていると警告を発したように、地球レベルの市場経済の生成に対応して、それに応じた福祉や環境保全のシステムが要請されるのは必然的ともいえる。こうした意味で、地球レベルにおける環境と福祉の統合は、21 世紀を通じての課題と呼べるような、もっとも大きなテーマの一つと考えられよう。

福祉の究極の意味は幸福（well-being）である。また、環境を保全することも人々の安寧（well-being）のためである。これからの時代においては、環境政策を福祉政策と一体に考えていくことが重要であり、そのようにしてこそ環境政策は人間と社会、そして人びとの幸福をトータルに把握したものとなるのではないだろうか。

【広井良典】

⇒C環境税 *p106* D生態系サービス *p134* E環境意識 *p554* E環境思想 *p564* E未来可能性 *p582* Eエコソフィーの再構築 *p584*

〈文献〉上村雄彦 2009．広井良典 2001, 2006, 2009．広井良典編 2008．深井慈子 2005．フライ、B.S. & S. アロイス 2005．ロバートソン、J. 1999．Fitzpatrick, T. & M. Cahill 2002.

環境と宗教

宗教は地球環境問題にどう向き合うか

環境問題と宗教

現代日本社会においては宗教の意義・役割は重視されているとは言い難いが、グローバルな観点からすると宗教は多くの社会で今日でも重要な役割を果たしている。また、宗教にとっては必ずしも環境が優先事項であるわけではないが、地球環境問題を前にして教義の中に環境保全などに関連のある教えを見つけ出す、あるいは一般的なエコロジカルな知見を取り入れ、教えと結びつけようとする動きがある。地球環境問題の解決に関する新たな知の構築に向けて、宗教が大きな役割を果たすことも期待される。

環境問題とキリスト教

近代文明が環境問題を引き起こしてきたという観点から、近代西洋文明の宗教的背景であるキリスト教に対する批判がなされてきた。歴史学者のL. ホワイトが現代の環境問題の歴史的起源としてユダヤ・キリスト教の『聖書』「創世記」にみられる人間中心的世界観があると論じた。たとえば、神が自らの姿に似せて人類を創造し、他の被造物を治めよ、と命じたことが後の環境破壊の源泉になっているというのである。それに先立ち環境問題が起き始めている時期に、キリスト教の側からも神学者のJ. シットラーが1954年に「地球のための神学」で、キリスト教には地球に対する眼差しが欠けているという自己非難も行っていた。そのような視点は近代文明のもう1つの源泉である啓蒙主義的批判精神に依拠しているといえる。その批判精神が健全に機能することによって、キリスト教世界では自然に対する人間の役割を支配者からスチュワード（世話役）へと転換し、キリスト教の中から自然保護に方向展開をする動きも出た。

写真1　2004年、津波被害にあったスリランカで救援米の準備をするサルボダヤ・シュラマダーナのボランティア［wikimedia commonsより］

ブラジルで「解放の神学」を提唱した神学者として知られるL. ボフは、貧困者は環境弱者でもあるというところから両者の関連を重視し、警鐘を鳴らしている。北米ではキリスト教的進化論を提唱したP.T. ド・シャルダンの伝統を受け継ぐカトリック司祭のT. ベリーが宇宙物理学、地球惑星科学の知見とキリスト教の教えを統合させながら、地球の生態系の宗教的意義を包摂するエコ神学を提唱し、次世代エコ文明への移行を強く促していた。

ただ、自由主義的な経済活動を宗教的に承認していた米国の保守主義的キリスト教は、21世紀になってからやっと環境保護の活動にも目を向け始めるようになった。環境保護は自由主義的経済活動の障害とし、より本質的な地球環境問題にまでは思いが至らなかったからである。だが、ハリケーン・カトリーナなどによって気候変動の問題を直接経験し、一般にも地球環境問題が真摯に受け止められるようになってきている。

環境問題と仏教

仏陀の時代に今日のような環境問題があったわけではないが、縁起、無我、非暴力、無所有を説く教えが自然環境と経済活動の調和を考える上で重要な示唆を示しているといえる。また、仏陀自身がお布施で与えられる衣は最後に土壌に返すまで再利用をくり返すと答えていたことからもわかるように、循環型社会へ重要な洞察が含まれているといえる。

仏陀の教えを直接継承しているといわれる上座部仏教の社会では、現代の環境問題を前にして非常に興味深い対応がなされている。たとえば、ガンジー主義の影響を受けたA.T. アリヤトネが主導しているスリランカの在家仏教運動であるサルボダヤ・シュラマダーナがある。仏教の教えに基づき、農民自身のイニシアティブによる農村改良と瞑想を取り入れた支援を行ってきている。最近では、僧院との協力関係も構築している。

タイでは、経済開発が急速に進み、環境破壊と欲望によって人心が荒廃してきたと感じたプミポン国王が仏教の教えに準じて提唱した*充足経済がよく知られている。それは、際限のない経済開発と環境破壊は煩悩の根源である無明によるという理解に依拠している。

木材の輸出国であったタイで過剰な森林伐採による環境破壊への抵抗運動が、樹木の得度式であった。伐採予定の樹木に僧衣を巻きつけるという象徴的な行為である。木を伐採にきた人物も信仰に篤い仏教徒であるならば、尊敬の対象である僧の衣を纏った木を傷つけることはできない。このエコロジー僧が救済しようとしたのは樹木だけではない。無知、欲望に突き動かされてしまい、環境汚染・環境破壊を行っている人びとをもその苦から救済しようとしたのである。

日本仏教においてはよく草木国土悉皆成仏（そうもくこくどしつかいじょうぶつ）の教えが人間と自然との共通の基盤を示すのに用いられる。中国において発展し、日本では天台宗などを通じて展開された。天台宗が広まった地域では樹木葬が行われていたことも知られており、日本人の心性の深いところに根付いている。また、華厳宗の融通無礙（ゆうずうむげ）の教えなどにも人間界と自然界を通底する世界観を見出すことができる。このように、伝統的な教えの中に環境問題に対処すべき土台となる宗教思想を再発掘することは必要である。最近では、東京の浄土宗寿光院など環境活動に取り組む寺院も増えてきている。

環境問題とイスラーム

歴史的にみるならば、近代西洋の自然科学や啓蒙主義などの潮流は、ギリシャ思想を直接継承したイスラーム社会が発展させた科学や思想の延長とみなすことができる。しかし、イスラーム諸国は近代西洋による植民地主義支配の弊害などの負の遺産を今日でも背負い途上国に含まれることが多い。

イスラームの教えでは科学（知）はアッラーが承認している人間の活動であり、宗教と科学の西洋的な対立はないとされる。宗教共同体と社会共同体が一致しているウンマ（イスラーム共同体）が社会的基盤であるイスラーム社会では、法学者がコーランの教えの解釈を担っている。コーランでは人間はアッラーの地上における代理人であり、アッラーの被造物である自然に責任を持つ。また伝統的には都市の環境を監視する役割のムスタスィブがいるとされる。急激な都市化と経済開発による都市環境の悪化は至るところにみられるが、ムスタスィブは環境の維持と浄化を監視する役割を担っている。このような視点がコーランにみられ、その意義を改めて再確認することによって、途上国が多いイスラーム社会における環境と経済のバランスを宗教の観点から保つことが可能となる。

Aga Khan Foundation Canada (AKFC) is now recruiting young professionals for exciting international fellowships in the following fields:
· INTERNATIONAL DEVELOPMENT MANAGEMENT (IDM)
· INTERNATIONAL MICROFINANCE AND MICROENTERPRISE (IMM)
· YOUNG PROFESSIONALS IN MEDIA (YPM)
Fellowships include a four-week training course facilitated by leading development practitioners in Canada, followed by an eight-month placement in Asia or Africa.
APPLY BY FEBRUARY 1ST 2009.
AGA KHAN FOUNDATION CANADA
Visit akfc.ca to learn more, read stories from the field and apply online
写真 2　アガ・カーン財団カナダによる途上国でのインターンシップ募集ポスター［wikimedia commons より］

たとえば、サウジアラビアでは、イスラームの教えに則り、1980 年代から野生動物保護・育成に力を入れている。とくに、野生動物生息地の保全、絶滅の危機に瀕している野生動物の保護、野生動物の保護・育成を推進する法令の発布、野生動物の環境保全についての意識改革に焦点を当てている。また、イスラーム人口が世界最大とされるインドネシア最大のイスラーム団体ナフダトゥール・ウラマーの婦人部はイスラームの教義と具体的な家庭ゴミの処理方法などを結びつけて説明したりしている。また、2008 年、上昇した海面の影響でジャカルタが浸水したことをきっかけにして、環境団体の枠を超えて、広く環境意識がインドネシア市民の間にも広まったともいわれている。あるいは、コーランにある環境保護の教えを知らずに生業を行っている場合がある。たとえば、マダガスカルでダイナマイト漁をしている漁民にコーランの教えに則って止めさせることができたという事例も報告されている。また、シーア派 12 イマーム派の分派である少数派、イスマイール派の流れを汲むアガ・カーン財団は中央アジアなどで開発援助・教育・文化支援などを行っている。農村地域の貧困対策では自然資源の有効なマネジメントも同時に教えている。

これからの環境問題と諸宗教

諸宗教はその伝統に秘められている教えを復興し、地球環境問題に対処できる社会条件を整える重要な役割を果たすことが期待されている。また、環境問題の悪化に伴い紛争や環境難民などの増加が予想される中、いかに憎悪の連鎖を生みださずに環境と調和のある経済活動を行うことの重要性を宗教的に教えるか、諸宗教に課せられた責務は重いといえる。【木村武史】

⇒R山川草木の思想 *p310* Rイスラームと自然保護区管理 *p328* E環境思想 *p564* E日本の共生概念 *p570* E環境倫理 *p576*

〈文献〉ホワイト、L. 1999 (1972). Leonard, B. 1997. トーマス、B. 2010.

環境思想

自然への感性とリアリティの再興

現代社会への問いかけ

環境思想の類義語である環境運動や環境哲学は、それぞれ一方は政治的・実践的活動に、他方は原理的・理論的考察に比重が置かれる。実際は区別しがたいところもあるが、環境思想は単なる実践活動でも理論分析でもなく、しいて言えば両者を包括するものである。

もちろん環境思想は環境運動のように実際的活動にいそしむものではない。その意味ではむしろ環境哲学に近く、環境についての哲学的吟味を意味するだけのことの方が多い。だが、そうした場合であっても、その背景にあるのは、現代社会を相対化し、現代の環境問題の原因と解決の手がかりを見出すことであろう。論文「現代の生態学的危機の歴史的根源」（1967 年）で欧米のキリスト教社会に深刻な反省を促した、歴史学者の L. ホワイトによる思想的考察は、そのような視点からキリスト教的世界観の問題点と可能性を探ろうというものであった。

したがって、環境思想は決してニュートラルな哲学的言説に留まるものではない。環境思想の原点とも目される R.L. カーソンの『沈黙の春』（1962 年）は、自然に対する人間の優位性を疑わない現状に対し警鐘を鳴らす一方で、別の道の可能性を提起するものでもあった。そのように、環境思想とは、現状に対する批判と進行中の環境問題の解決という明確な目的のもとで、人間文化の新たな地平への道筋を模索し、現代社会への問いかけを試みる、いわば実践知を第一義とする。

ディープ・エコロジーとエコロジズム

環境思想は、自然と人間の関係、科学技術の位置づけ、社会性と精神文化に対する評価などにより、さまざまな立場が提起されてきたが、その問いかけの方向性は、環境問題の社会的意味の変遷と並行して、時代的な推移を示してきた。

工業化による環境汚染や開発による環境破壊が深刻化する中、地球規模の環境問題が社会的な関心を集めはじめた 1970 年代、環境思想は、反権力的傾向を明確に示すものであった。その典型的な例は、人間中心主義批判に根ざしたノルウェーの哲学者 A. ネスらによるディープ・エコロジーである。ネスは、1973 年の論文「シャロー・エコロジー運動と、長期的視野を持つディープ・エコロジー運動」において、現状の産業社会を維持しつつ環境汚染や資源枯渇に対して制度修正によって対応しようとしていた当時のエコロジー運動を、人間中心の場当たり的なものとして批判し、人間をその内に含む生態系全体の視点に立った生命圏平等主義を提唱し、環境問題の根元に迫るラディカルな問いの必要性を説いた。

ディープ・エコロジーが人間中心主義という現代文化の構造を大きく切開し、自然保護・自然回帰の思想的意義を明らかにしたことは、今日なお傾聴すべきものとして評価できる。しかし、シャロー（浅い）とディープ（深い）という二項対立に象徴的に表れているように、肥大化する産業資本主義を仮想敵としてはじめて成立するような「対抗理論」（森岡正博）であるディープ・エコロジーは、仮想敵と目した産業化・都市化の趨勢に代わって社会をマネジメントするだけの現実的理論をもちあわせていないという難点を抱え込み続けた。その結果、産業社会自身が環境配慮型にシフトしていく中で、その存立理由が揺らぐ面があったこ

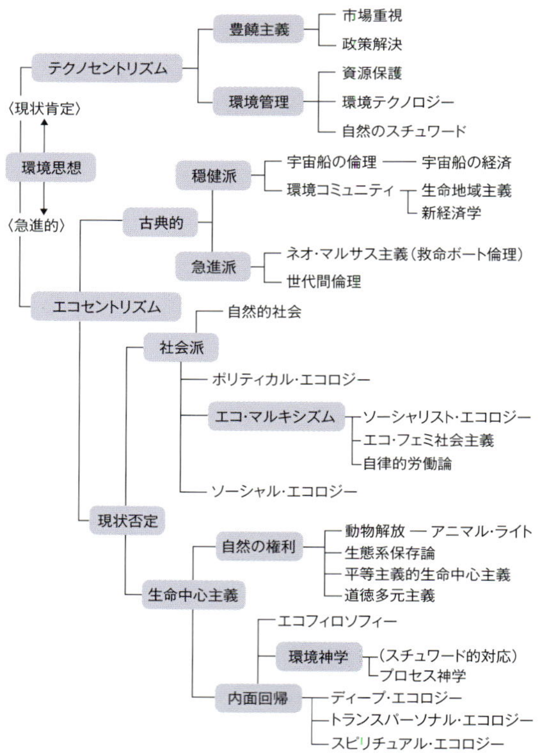
市場重視
政策解決
豊饒主義
テクノセントリズム
資源保護
環境管理
環境テクノロジー
〈現状肯定〉
自然のスチュワード
環境思想
穏健派
宇宙船の倫理
宇宙船の経済
環境コミュニティ
生命地域主義
新経済学
〈急進的〉
古典的
急進派
ネオ・マルサス主義（救命ボート倫理）
世代間倫理
エコセントリズム
自然的社会
社会派
ポリティカル・エコロジー
エコ・マルキシズム
ソーシャリスト・エコロジー
エコ・フェミ社会主義
自律的労働論
ソーシャル・エコロジー
現状否定
動物解放
アニマル・ライト
自然の権利
生態系保存論
平等主義的生命中心主義
生命中心主義
道徳多元主義
エコフィロソフィー
環境神学
（スチュワード的対応）
プロセス神学
内面回帰
ディープ・エコロジー
トランスパーソナル・エコロジー
スピリチュアル・エコロジー

図 1　環境思想の系統図の一例［海上 2005 を改変］

とは否めない。だがこれは、言い換えると、ディープ・エコロジーの問いかけの意義はそうした表面的な二項対立を越えて考えなければならないということでもある。

なお、反体制という点で政治思想的にディープ・エコロジーに対応するものとしては、資本主義批判としてのエコロジズムをあげることができる。エコロジズム、とりわけソーシャリスト・エコロジーにおいては、労働者を疎外する産業社会は、同時に、自然を搾取可能な商品とみなすことで自らの生産基盤である自然の破壊を推し進めるという矛盾を孕んだものと目され、社会と環境の相補性が追求された。その論客の中には、地域生態系に局限されたアナーキズム的自治社会を追求したM. ブクチンのように、あくまで反資本主義的立場を貫いている者もいる。だが、たとえば代表的なエコロジスト理論家であり、かつてフランス5月革命の旗手でもあったA. ゴルツが穏健化していったように、エコロジズムの議論は政治の表舞台に歩を進める中でラディカルな批判的機能を喪失していった。

エコブームと『3つのエコロジー』

新自由主義的なグローバリゼーションが本格化し、イデオロギー的視点の議論が効力を失した1980年代末、環境問題は政治的な関心事としてあらためて注目されることになり、旧西ドイツに端を発した緑の党に代表されるように、環境問題が政治勢力の形成にも関与するようになった。90年代以降は、環境問題はかつてのような反体制的な意味合いをもつものではなくなり、むしろ時代の本流となった。家庭から産業界まで、「緑色にそめたこと」(A. ドブソン) は、かつての批判力を失ったとはいえ、エコロジズムの成果といえる。

他方で、多くの環境保護運動の系譜が消費資本主義に取り込まれ、いわゆるエコ生活、エコ消費に象徴されるエコブームが先進諸国を席巻したことに、環境問題の社会的意義の変容は端的に示されている。新たな消費を喚起するためのエコブームは、公害と南北格差を惹起した近代文明への異議申し立てから始まった環境問題への関心を個人的欲望の充足契機に矮小化したが、環境関連の社会起業家の活動に見られるように、新たな社会変革を支える勢力を形成しつつあるものとも言えるだろう。ただし、問題はそれがいまだ表面的で雰囲気的なものに留まり、明快な論理を欠いているという点である。

こうした中、フランスの思想家F. ガタリの小著『3つのエコロジー』(1989年) は、今後の環境思想の方向性とともに、環境問題の解決にあたって取組むべき対象領域の枠組を示したものとして評価できる。

同書においてガタリは、もはや資本主義権力に対して単にその外側から対抗することは不可能としている。その一方で、現代社会が直面している恐るべきエコロジー的アンバランスを克服するには、自然環境を対象とする従来の環境のエコロジーのみならず、社会のエコロジー、精神のエコロジーをも視野に入れ、それら3つのエコロジーを横断的に関係づける統合的な知、エコソフィーを確立するとともに、そうした統合的な知に根ざした倫理が求められるとする。

昨今の持続可能性に関する議論でも顕著なように、環境思想、とくに欧米のそれには、自然環境とともに、社会秩序のあるべき姿への関心がつねに伴ってきた。ガタリが社会のエコロジーに言及することも不自然ではないし、とくに新しい議論ではない。『3つのエコロジー』がこれからの環境思想にとって示唆的であるのは、精神のエコロジーに注目している点である。精神的エコロジーに重点を置いた上で、とりわけ「個人的な創造や倫理にかかわる」日常生活に着目している。

環境思想の可能性

地球環境問題に対する認識が時代の趨勢となった現在、環境思想に求められているのは、ただいたずらに失われた(失われつつある)自然への回帰をカウンターカルチャーのように希求するのでもなければ、無批判に産業社会の論理にからめとられることでもない。むしろ、たとえば都市化を是としながら、亀山純生のいう都市の風土の再構築を志向し、都市ならではの仕方で、衣食住にわたる日常生活における自然へのかかわり方を再興するような、そうした具体的実践の論理を構築することが求められている。

同様の問題意識は、都市内緑化に代表されるアーバン・エコロジーの試みに典型的に見られるように、とりわけ芸術や建築やデザインなど、造形活動にたずさわる人びとの間に急速に浸透しつつある。これらの分野では、環境問題を単なる商品価値や自由な創作活動を制約する消極的要因ではなく、創造性を喚起するものとして積極的に理解しようとする傾向が近年顕著となっている。こうした動きと連動しつつ、新たな生活のかたちを提起していくこと、それが現代の環境思想に課せられている課題なのである。 【鞍田 崇】

⇒C 循環型社会におけるリサイクル *p104* E 日本の共生概念 *p570* E 環境倫理 *p576* E エコソフィーの再構築 *p584*

〈文献〉海上知明 2005. 亀山純生 2005. 森岡正博 1996. ドブソン、A. 2001. ネス、A. 2001. ガタリ、F. 2008. ホワイト、L. 1999. カーソン、R. 2001. Blanc, P. 2008.

権利概念の拡大

環境権と自然の権利

環境と自然に関する権利

1972年にストックホルムで開催された国連人間環境会議と、1992年にリオデジャネイロで開催された国連環境開発会議を頂点として、環境権や自然の権利に関する議論が世界的に展開された。環境権については、古代ローマの慣習法にこの権利の発展の萌芽が見られるとともに、公害問題との関連で1970年代に日本でも議論された。自然の権利については、19世紀来の保全論と保存論の間の議論を背景に欧米諸国で多くの議論が展開されている。しかし、現在、環境権も自然の権利も、世界各国の立法、司法、行政全体において確立された権利とはなっていない。

環境権の考え方の発展

古代の法格言に、「他人の財産使用を害しないように、自己の財産を用いよ」というものがある。この古代の法格言に基づいて、ローマ帝国の法体系においては公共信託理論が発展した。この考えによれば、政府は、河川、海岸、空気などの公共的な財産を一般市民が自由に使用できるように、信託されて所有していて、市民には公共財産から利益を得る権利があり、その利益を享受するために市民には法的保護を受ける資格があるということである。つまり、市民には、清浄な空気や豊かな自然に囲まれた快適な生活を享受する権利、

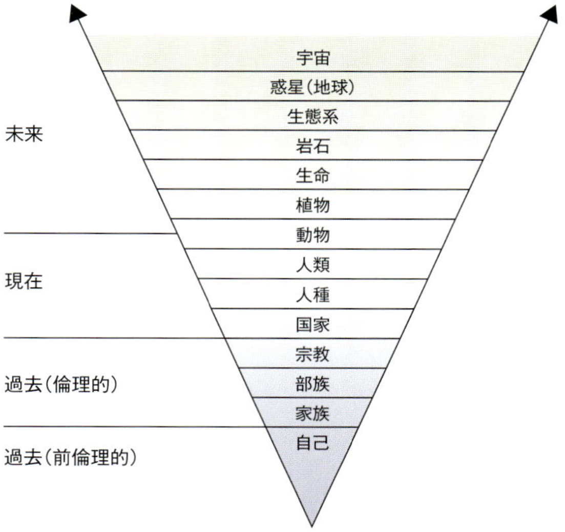

宇宙
惑星(地球)
生態系
岩石
生命
植物
動物
人類
人種
国家
宗教
部族
家族
自己
未来
現在
過去(倫理的)
過去(前倫理的)

図1　倫理の進化［ナッシュ 1993 より］

すなわち環境権があり、政府も法的にこの市民の権利を保護する義務がある、ということである。

日本を含む多くの工業国では、戦後の高度経済成長期を通して公害が社会問題化するとともに、自然破壊も進んだ。とくに、1960年代に多種多様な公害と国土の乱開発を経験した日本では、70年代に、大気汚染、水質汚濁、騒音などの公害による被害者の救済に尽力した弁護士らが中心となり、環境権の確立を求める動きが活発になった。環境権は、良好な環境を享受し、健康的で快適かつ文化的な生活を維持する権利であり、日本国憲法の第13条と第25条の規定にある生存権、基本的人権に根拠があり、さらに、これら条項は環境破壊の被害者を守るための社会権の側面を持つものと規定され得る。環境権の対象とする環境は、大気、水、日照、静穏、土壌、景観といった自然的環境のほか、文化的遺産も含む。しかし、残念ながら日本ではまだ環境権が憲法に明記されるにいたっていない。

それに反して、欧米諸国では環境権が明文化されている。米国の16州では州憲法が改正されて、環境保護規定が追加されている。たとえば、マサチューセッツ州憲法第49条では、「人は、清浄な大気と水、過度でかつ不必要な騒音の除去、ならびにそれらの環境の自然的、景観的、歴史的および美的な質に対する権利を有する」とある。また、1978年のスペイン憲法と1982年改正されたポルトガルの1975年憲法は、ともに環境権を承認し、オランダの憲法改正に関する1982年法は、国に環境の保護と改善の義務を課している。ただし、これらの国においてさえ、憲法で保障された環境権の行使が必ずしも十分ではない。

持続可能な開発と自然保護

世界的に自然環境の破壊が進み、生物の多様性が失われている現代社会では、人類の生存基盤である自然の保護が必要となっている。他方、多くの開発途上国では、貧困問題解決のために開発が急務である。したがって、現在、持続可能な開発が国際社会の重要な政策目標になっている。しかし、持続可能な開発という概念は非常に曖昧で、環境保護を開発に優先させる立場と、その反対に開発を環境保護に優先させる立場をともに包摂できる概念である。

歴史を遡って両者の立場の対立が鮮明に現れたのが、

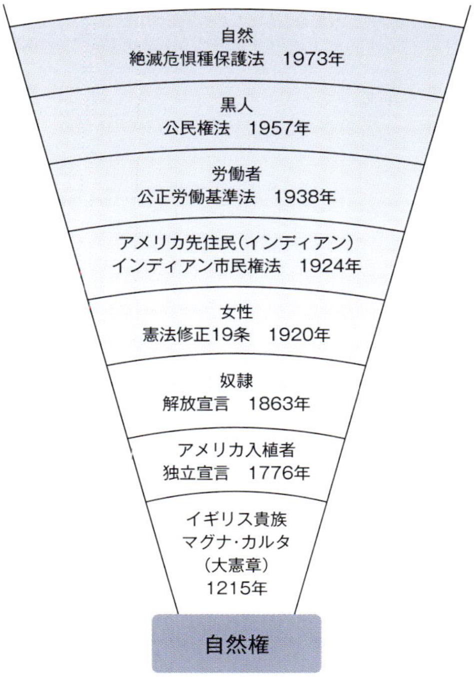
自然
絶滅危惧種保護法 1973年
黒人
公民権法 1957年
労働者
公正労働基準法 1938年
アメリカ先住民(インディアン)
インディアン市民権法 1924年
女性
憲法修正19条 1920年
奴隷
解放宣言 1863年
アメリカ入植者
独立宣言 1776年
イギリス貴族
マグナ・カルタ
(大憲章)
1215年
自然権

図2　権利概念の拡大［ナッシュ 1993 より］

国立公園内のダム建設の是非をめぐる米国における保存論者（preservationists）と保全論者（conservation-ists）の大論争（1901-13 年）であった。

保存論者のリーダーは、米国の自然保護の父と称される J. ミューアで、余暇と教育的利用以外のすべての利用から原生自然を保護することを求めた。彼は人間に利益をもたらす自然にのみ価値を見出すのではなく、原生自然に審美的な価値や宗教的な畏敬の念さえ抱いていた。他方、保全論者のグループのリーダーは G. ピンショーで、森林管理の専門家として自然資源の保全とその活用を推進した。彼らの考えは、無制限の開発には反対するものの、森林や野生動物などの再生可能な資源に関して持続可能な最大産出量を確保することを認め、最大多数の最大幸福を追求するという、人間中心の功利主義的な考え方に依拠した。最終的には、当時の米国議会で保全論者の議論が支持されて、国立公園内にダムが建設された。

自然の権利の法制化の可能性と課題

しかし、1960 年代以降、生態学が学問として確立されると、保全主義は批判の矢面に立たされるようになった。R.F. ナッシュによれば、自然の保護が人間の利益にもなるという考えと、自然は存在するに価する固有の価値を有するという考えは、米国の自由主義の伝統に内在していた保存主義思想を、急進的な環境主義思想へと変貌させた。彼は、米国の自由主義の到達点を環境倫理学とし、倫理が、自己という前倫理的な状況から、家族・部族・宗教の倫理、国家・人種・人類・動物の倫理、さらには将来、植物・生命・岩石・生態系・惑星（地球）・宇宙の倫理へと進化していく、と捉えている（図 1）。そして、マグナ・カルタから絶滅危惧種保護法に至る権利の拡大の歴史をなぞって（図 2）、将来、自然の権利が、人類社会の法体系において確立された権利として容認される可能性を示唆する。

米国の自然権思想よりいっそう自然の立場からその権利の拡大を求める法理論上の見解や環境思想からの主張もある。法理論上の見解としては、たとえば、信託、法人、地方自治体、国家などの人以外の無生物の権利保有者が、法律的には人として扱われていることを考えると、樹木などの自然物の法的権利（樹木の当事者適格）も認められるべきである、というものがある。環境思想からの主張としては、哲学者 A. ネスによって提唱されたディープ・エコロジーという概念で大まかに分類される、全体主義・生命中心主義あるいは生態系中心主義に基づく自然の権利拡大論がある。その創始者的な存在である A. レオポルドは、1940 年代に生態学的な観点から、共同体という概念の枠を、土壌、水、植物、動物、つまりこれらを総称した土地にまで拡大した土地倫理を提唱した。また、ディープ・エコロジーと仏教や道教の教えには接点も多いが、生命中心主義によるあらゆる生命に価値があるという主張は、極端な話、天然痘ウイルスにさえも存在価値が認められることになり、さらなる倫理上の論議を招く。さらに、J.B. キャリコットらの生態系中心主義者は、人間の人口が地球上の生態系の維持にとって多すぎるという認識を広く共有し、人口問題において急進的な立場に立つ。この点、人間存在の尊さを認める P. シンガーや T. レーガンらの動物解放論者とは大いに異なる。

要するに、環境権や自然の権利が人びとに認識され、法制度として確立されて、その権利行使が実際に行われるためには、まず、人間中心主義対生態系中心主義の二項対立を克服して、人間と自然の健全で持続可能な関係性の再構築が求められよう。　【太田　宏】

⇒R コモンズの悲劇と資源の共有 *p314*　R グローバル時代の資源分配 *p320*　R 聖域とゾーニング *p330*　E 国連環境機関・会議 *p552*　E 環境思想 *p564*　E 環境倫理 *p576*

〈文献〉淡路剛久 1990．海上知明 2005．大阪弁護士会環境権研究会 1973．カプラ、F.・E. カレンバック 1995．鬼頭秀一 1996．サックス、J. L. 1974．ストーン、C. 1990．ナッシュ、R. F. 1999(1993)．ネス、A. 1997．マーチャント、C. 1994．マコーミック、J. 1998．レオポルド、A. 1997．Hays, S. P. 1959．Naess, A. 1972．Worster, D. 1977.

東と西の環境論

古代から 21 世紀まで

環境と environment

明治・大正期の英和辞典での environment の訳語は、取巻、周囲、四囲の状況などであった。1930 年代になると、それらの訳語の最後に環境が登場する。environment の第 1 訳語として環境が定着するのは、ほぼ 1950 年代以降のことである。しかし学術用語としては、人文地理学などではすでに 1910 年代から environment に「環境」の訳語をあてていた。

environment と環境は、主体をとりまく周辺世界として同義的にとらえられているが、その周辺世界の意味内容は厳密には相違する。environ はフランス語に由来し、「円（viron）の中（en）に」を原義とする。一方「環境」の初出は、『新唐書』巻 143「列伝」「王凝伝」での「江南の環境は盗区を為す」とされ、ここでの環境は周囲の地方の意味である。周囲は、漢語では四囲、つまり四方のまわりを意味する。主体をとりまく周辺世界は、英語では円形の世界、漢語では方形の世界を含意する。この認識の背後には、大地を円形大陸とみなしてきた西欧、「天円地方」観念をもとに地を方形とみなしてきた中国という世界観の相違があろう。古代日本も、中国の周辺世界観を受けいれた。その好例が、平城遷都を述べる「方(まさ)に今平城の地は、四禽図に叶ひ、……宜しく都邑を建つべし」との元明天皇の詔勅（708 年）である。「四禽図に叶ひ」とは四神相応の地ということであり、東＝青龍＝河流、南＝朱雀＝池沼、西＝白虎＝大道、北＝玄亀＝丘陵からなる四方の配置が新都建設地にふさわしいとする。この詔勅は、「主体＝新都」と「方形の周辺世界」との環境論としても読みとれる。

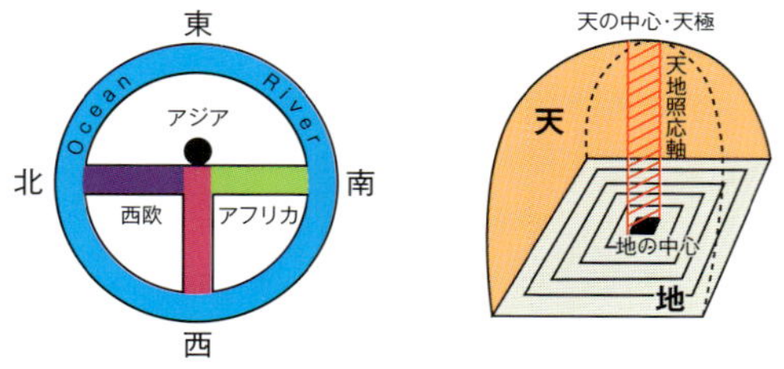
東
北
南
西
Ocean River
アジア
西欧
アフリカ
天の中心・天極
天
天地照応軸
地の中心
地

TOマップ：中世西欧の世界観

- 環海（オケアノス）
- ドン（タイナス）川
- ナイル川
- 地中海
- ● 聖地エルサレム

天円地方：古代中国の世界観

「天は円形、地は方形」をなし、天の中心に君臨する天帝の霊力が地の中心に立つ天子に伝えられる。受命した天子のエネルギーは地の四囲にむけて方形状に拡散していく

図 1　TO マップと天円地方

環境論の近代的復活

環境論とは、主体をとりまく周辺世界の主体を人間として、人間と周辺世界との関係を述べる言説をいう。環境論は、古くから存在していた。たとえば紀元前 4〜5 世紀の古代ギリシャのヒッポクラテス（『古い医術について』）が述べる気候と人間の気質や政体との関係論、また紀元前 2 世紀の劉安（『淮南子』「地形訓」）の「堅土の所では人が剛強となり、弱土の所では人は脆弱になる」などである。日本では、自然環境を風土、水土などと呼んできた。しかし 713 年に撰進を命じられた『風土記』は、主として天皇とむすびつけて地名の由来を語る地名誌であって、風土から連想する環境論は含んでいない。日本での本格的な環境論の登場は、近世以降のことである。

欧州に例をもとめると、15 世紀末から、いわゆる大航海時代がはじまる。それによって、ユーラシア大陸の北西端に閉じこめられていた西欧人が地球規模で拡散していった。その目的は、キリスト教の布教とならんで、地球の諸地域からの多様な事物・情報、とりわけ奴隷を含む商品と商品知識の収集にあった。そのなかには、商業目的を越えて、新たな説明の模索もあった。その代表が、J. アコスタ『新大陸自然文化史』（1590 年）である。彼は、「熱帯は極度に乾燥した人間の居住不能地帯」というアリストテレス以来の常識とはまったく異なって、熱帯が緑あふれる湿潤地帯で人間も多く居住しているという事実を指摘したうえで、季節による太陽高度と降水の変化とを関連づけて説明しようとしている。

18 世紀—空間と啓蒙の世紀

18 世紀になると、新たな変化が生まれる。収集した事物・情報・知識の体系的な整理が始まり、その拠点として博物館さらには博物学が成立する。1759 年の大英博物館設立は、それを象徴する。その整理の進行とともに、個々の事物は場所によって相違するけれども、同一地域に存在する事物群には共通性が存在することが判明していく。この地球規模での場所間相違と地域的統合への注目と関心は、それをいかに説明するかという問題へと連なっていく。従来の説明は、すべては神のなせるわざとする神学的なものであった。18 世紀は、空間的な相違と統合への注目という意味で「空間の世紀」、また理性による説明という意味で「啓蒙の世紀」であった。その説明にあたって、理性が提出したのが環境であった。空間的な相違と統合は、場所による環境の相違と関係しているとの認識、つまり環境論の復興である。環境論は近代科学の勃興期に、有効かつ正統な説明論理として再生する。日本でも、長崎のオランダ通詞・西川如見『日本水土考』(1721 年)は、世界が五大陸からなるとする西欧起源の世界認識を導入して、日本の特質を水土から説明しようとしている。

19 世紀―時間と決定論の世紀

19 世紀は「歴史(時間)の世紀」であった。18 世紀の空間の世紀とは異なって、歴史の世紀には環境論は成長を大きく阻害される。19 世紀になると、場所的な相違と統合を説明するための論理は、西欧を発展の頂点として「野蛮から文明へ」と時間軸にそって配列する発展段階論であった。インド総督法律参事としてカルカッタに滞在した H. メーンは、自著『東洋と西洋の村落共同体』(1871 年)で「インドの現在は西洋の古代」、「インドは西洋が失った古代社会の残片の集合」と述べる。西欧中心主義的な発展段階論の説明は、18 世紀とおなじく環境にもとめられた。

しかし環境論にとって不幸であったのは、19 世紀が同時に「因果関係論の世紀」であり、環境論がすべては因果関係によって説明可能とする機械論と一体化したことである。それによって環境論は環境決定論へと変容する。その好例は、この時期に K. リッターによって提唱された「海岸線の総延長距離に対する総面積の比が大きいほど、その大陸の文化交流と交易が促進され、ひいては歴史・文化が発達する」という、いわば海岸線決定論であった。その背後には「単純な海岸線の巨大な野蛮大陸アフリカ:複雑な海岸線の狭小な文明大陸ヨーロッパ」という対比があった。海岸線決定論は最新の理論として日本にも招来され、J. カッターによる札幌農学校での紹介を最初として、同校卒業生の志賀重昂、内村鑑三さらには矢津昌永、牧口常三郎、小林房太郎などによって紹介と検証が精力的に試みられていく。

20 世紀―社会科学と可能論の世紀

20 世紀は、新たな論理によって事象の場所的な相違と統合を説明しようとした。18・19 世紀には、それらが存在する空間あるいは時間に注目して、環境論また発展段階論で説明しようとした。これに対して、20 世紀は事象そのものから説明しようとする。その先頭を切ったのが、経済学であった。20 世紀の経済学は、経済活動の場所間分業を説明する際にも、それらの立地条件とか発展段階ではなく、たとえば利潤最大化や費用最小化という仮説から出発して、演繹的にその配置を説明しようとする。20 世紀は、経済学に代表される「社会科学の世紀」であった。

この転換のなかで、環境決定論は批判の的となる。それにかわって提唱されたのが、人間の営為を重視する環境可能論であった。環境可能論では、「主体=人間:周辺世界=環境」の関係は特定の場所・地域における「人間:環境」関係としてのみ捕捉できること、そのゆえに人間に対する環境の意味は場所・地域によって相違すること、したがってその意味は他の場所・地域にはない唯一無比性(ユニークネス)をもつことが強調される。これは、同時期に展開する文化相対主義と通底する立場である。しかし史観としての環境決定論は、20 世紀にも根強く持続する。たとえば A. トインビー『歴史の研究』(1934-61 年)には、「挑戦と応答」を鍵概念として、諸文明の興亡を環境決定論的に説明しようする個所も多い。

21 世紀の環境論

21 世紀は、まだ始まったばかりである。にもかかわらず、人類がはじめて直面する大問題がすでに立ち現れている。そのうちの 2 つをあげれば、1 つは地球環境の限界が明確となったこと、もう 1 つはグローバリズムの急速な進行であろう。グローバリズムは、歴史をつうじて人類が創造してきた多様性に満ちた世界を単一世界へと組み換えつつある。その重要な帰結が、言語の急速な消滅に代表される文化多様性の解体であろう。人類の諸文化は、それぞれの環境のなかで胚胎し整序されて今日まで持続してきた。このことは、日本語での季語また雨にかかわる語彙の豊かさを想い起こすと、容易に了解できる。それぞれの地域の環境破壊を最小化していくことが、文化の活力を維持してグローバリズムによる単一化への対抗文化をはぐくむと同時に、縮小再生産の過程に入りつつある地球環境の活力を持続させていくことに連なる。環境の保全が、地球環境はもちろんのこと、グローバリズムに抗する文化多様性を維持するための重要な途である。

【応地利明】

⇒D 言語の絶滅とは何か *p186* D 生物文化多様性の未来可能性 *p192* R グローバル時代の資源分配 *p320* H 環境決定論 *p364* H ケルトの環境思想 *p448* E 環境思想 *p564*

〈文献〉樋口謹一編 1988. 内村鑑三 1894. 応地利明 2006.

日本の共生概念

仏教の日本的展開における共生思想

日本の共生概念の特異性

「共生」という言葉は、古来「ぐうしょう」という呉音読みで仏典にも散見するが、一般的には明治期に創始された新語であると考えられる。当初は、異種の生物間の互恵的関係を指すシンビオーシス（symbiosis；またはミューチュアリズム mutualism）という生物学用語の邦訳として考案されたものらしい。

しかし現在では、日本語の共生は、英語のシンビオーシスよりもはるかに豊かなニュアンスを有しているように思われる。たとえば、「自然との共生」という、日本人にとってはなじみの深い表現を英訳しようとすると、その意味を正確に伝えることはたいへん困難であることがわかる。どうやら共生という言葉の用法には、日本の共生概念の特異性が反映しているようなのである。ではそれは一体、どのようなものなのだろうか。

「生かされていること」としての「共生」

日本人の共生観を示す一例として、大正から昭和にかけて活躍した浄土宗の僧侶、椎尾辨匡（しいおべんきょう）が宗教的な修養運動として創始した共生（ともいき）運動を取り上げよう。

椎尾はこの共生という名称を、善導（中国浄土教の大成者と言われる唐代の僧）の「願共諸衆生往生安楽国」という言葉から考案した。だが実際には、椎尾の共生観は伝統的な浄土思想とは大いに異なるものである。というのも、前掲の句は「願わくは諸々の生きとし生けるものと共に安楽国（つまり浄土）に生まれん」と解されるのが常であるのに対し、椎尾は「往生安楽国」の箇所をあえて「安楽国に生きてゆこう」と読み解くからである。つまり彼によれば、極楽浄土とは、あの世でいつの日にか成就される「将来の満足」などではなく、むしろ今この場で「われも社会も共に生きる」ことにおいてのみ実現されるべきものなのである。

椎尾が「われが生きる」ことではなく、あくまでも「われも社会も共に生きる」こと、つまり社会との共生に強調点を置くのはなぜであろうか。「仏教は無我の根柢に立ち縁起の実相を主張いたします。すべてに個在の孤立を認めませぬ。（中略）すべては協同であり共生であり」ます。この椎尾の言葉は以下のように解釈できるであろう。万物は互いに持ちつ持たれつの関係にあり、「甲に縁（よ）りて乙が起こる（逆もまた然り）」という縁起の相互作用連関に組み込まれていないものは、この世界にはひとつとして存在しない。そうすると「われ」もまた一個人として、自分独りだけで存在すべきものではなく、社会の一員として、社会のおかげによってのみ存在しうると言わねばならない。こうして「われが生きる」ということは「社会との共生」を意味することになる。

だが、椎尾の共生の理解をよりいっそう推し進めていくならば、縁起の関係によって結ばれながら、われが生きることを支えているものは、なにも人間社会に限局される必要はない。当然ながらその範囲は動植物だけでなく、無機物にまで及ぶことになるであろう。たとえば、現代の代表的な日本画家の１人である東山魁夷（かいい）は次のように述べている。「私は生かされている。野の草と同じである。路傍の小石とも同じである。生かされているという宿命の中で、せいいっぱい生きたいと思っている」。あらゆるものは独りで生きているのではなく、共に等しく「生かされているという宿命」を負って、相互に依存し、関係を結びながら存在しているという、このような理解こそが、日本における共生思想の独自性であるといえるであろう。

「草木国土悉皆成仏」の思想

以上のような日本人の共生観に関して、強調しておきたい特徴がある。すなわちそれは、東山の言にも示されているとおり、日本の共生理解においては、万物は、それぞれが縁起の原理によって生かされている存在であることから、人間・生物・無生物の別を問わず、互いに同じであり、対等なものとみなされているという点である。このようにすべての存在者を分け隔てなく平等視する姿勢は、他の文化圏にはあまり類がないのではないであろうか。たとえばキリスト教文化圏では、神以外の存在者はすべて「（神の手になる）被造物」という共通点を有する一方で、神が定めた創造の秩序に則って、各々の存在者には相異なった序列が与えられることになる。

もうひとつ、日本人の共生観を如実に示す具体例として、山形県南部、置賜地方の草木塔をあげることができる。これは、山で伐採された樹木の供養を目的として、先人たちが建ててきたものである。ここには

「人間や動物のみならず、植物もまた仏となる」という考え方がはっきりと認められる。しかも草木塔にはしばしば「草木国土悉皆成仏」という銘文が彫りつけられていることから、草木だけでなく、さらにはまた国土（土石や河川などの無生物）すらもわれわれ人間と同様に成仏しうるものであったことがわかる。

万物に対する日本人の平等主義的な態度や共生観の根底に伏在していると思われる、この草木国土悉皆成仏という思想は、10～13 世紀前半頃に比叡山延暦寺を中心として形成された天台本覚論に由来すると考えられる。天台本覚論にみられる、草木成仏思想の典型的な議論の一節を引用する。「常住の十界全く改むるなく、草木も常住なり、衆生も常住なり、（中略）一家の意は、草木非情といへども、非情ながら有情の徳を施す。非情を改めて有情と云ふにはあらず」。ここにみられるのは、草木はあるがままにして、つまり平凡で儚い草や木でありつつも、永遠なるもの（常住）たりえ、仏たりうる、という所説である。つまり、草木は有情（心を持つもの）に変ずるのではなく、あくまでも非情（心を持たないもの）の立場に留まり続けながら成仏することができるというわけである。こうして天台本覚論における草木成仏思想の核心的主張とは、「草木国土は、それがまさに当の草木国土であるがゆえに永遠であり、仏である」ということになる。これは一見、大変奇妙な論理であると思われるかもしれないが、以下のように解釈すれば整合的に理解することが可能である。

ここでは、成仏といわれる際の「仏」をどのように理解するかが解釈の鍵となる。今は結論だけを単刀直入に述べざるをえないが、仏とは、それ自体一個の存在者であるのではなく、むしろありとあらゆる存在者（草木国土）を「（無常でありながらも）かけがえのない永遠なるもの」であるようにさせる存在（あり方）のことであると考えられる。この見方に従えば、存在者（草木国土）は存在（仏）なくしては永遠たりえない以上、両者の関係は本来、あくまでも存在（仏）の方が主であり、存在者（草木国土）は従であるということになるであろう。しかしながら、この主従関係は逆転せざるをえない。というのも、存在（仏）の「永遠ならしめる働き」によって、存在者（草木国土）が永遠なるものとして一度存在し始めるや否や、両者の間の主導権は、永遠なるものであるところの存在者（草木国土）の側へただちに移り、それに伴って存在（仏）の方は皮肉にも、この存在者（草木国土）の背後に追いやられてしまうことになるからである。

写真1　草木塔。1854 年（嘉永 7 年）建立。高さ 225cm（山形県米沢市）［梅津幸保撮影］

見えざるものとの共生

仏とは、それ自体はつねに万物によって遮蔽され、隠れていながらも、移ろいやすい万物の各々にその比類なき独自の永遠性を付与している存在である。万物と共に、そして万物によって生かされつつ、同時にまた万物を永遠なるものたらしめている存在（仏）の働きにたえず思いを馳せ、その形なく見えざるものと共に生きていくこと。このように日本人の共生観は結局のところ万物との共生だけにはとどまらず、「見えざるものとの共生」とでも呼ぶべきものをも包含しているように思われる。ここで注意すべきは、万物との共生と見えざるものとの共生の両者は、単なる並列的な関係にあるのではないということである。というのも、万物との共生における、存在者同士の水平的な交わりは、見えざるものとの共生における、存在（仏）と存在者との垂直的な交わりによって、たえず背後から支えられている以上、万物との共生はそれだけで成立するものでは決してなく、むしろ見えざるものとの共生に基づいてはじめて可能になると言わなければならないからである。そしてこれら 2 つの共生（いわば、水平的な共生と垂直的な共生）の関係に確固とした思想的根拠を与えることこそが、現代日本の環境哲学における重要な課題の一つであるように思われる。

【安部　浩】

⇒R山川草木の思想 *p310*　E環境思想 *p564*　E風土 *p572*　E環境倫理 *p576*

〈文献〉安部浩 2005, 2008.

風土

文化と自然のインタラクション

風土とは何か

衣食住の生活習慣に典型的にみられるように、文化は地域ごとにさまざまに異なる。風土とは、このように多様な文化の形成に関与する、地形や気候、景観などの自然条件を表す言葉である。文化とのかかわりからみた自然といいかえてもよい。

用例としては、同義の水土と並び、中国古代の『周処風土記』や『後漢書』にさかのぼる古い言葉であり、わが国でも、元明天皇の詔（713年）により編纂された『風土記』が古例として知られる。これらはいわゆる地誌的なものであるが、異なる地域の異なる文化を自然環境の違いに関連づける発想そのものは、決してめずらしいものではない。むしろ素朴とさえいえる。

文化を差異化する根拠としての風土は、近代国家の成立以降、とりわけ愛国心を喚起する役割も果たしてきた。日本という括りの中で固有の洵美（じゅんび）なる自然景観を称揚した志賀重昂（しがしげたか）の『日本風景論』（1897年）はその先鞭をつけたといえるだろう。また、たとえば永井荷風の「東洋的風土の特色」（1909年）のように、外遊帰りの随想でもそうした用例が散見される。そんな中はじめて風土を文化論の主題として詳細な検討を試みたのは、哲学者和辻哲郎（1889-1960）の『風土―人間学的考察』（1935年）である。

「モンスーン」、「沙漠」、「牧場」という3つの風土を文化類型として描き出し、芸術や宗教、住民の気質など、それぞれの文化的特性を自然環境とのかかわりから説明する『風土』は、日本文化史において最重要作品のひとつとされてきた。だが、そこでの議論は、刊行当初より環境決定論という批判を受けてきた。たしかに、もっぱら文献資料と自身の欧州渡航時のわずかな見聞に依拠して、断定的な異文化理解を披歴する和辻の陳述には、オリエンタリズムの裏返しともいうべき、「ある種のナルシシズム」（酒井直樹）とともに、決定論的な誤謬が見られる。風土に着目した文化論は、ともすると、先に触れたような素朴さから議論が単純化し、決定論や自文化中心主義に陥るきらいがあるが、和辻の場合もその例外ではない。

風土論の系譜

一方、比較文化論的視点に立ちつつ和辻が試みた風土論については、哲学という枠を越え、さまざまな展開を示してきた。志賀に端を発し、和辻へと継承された「モンスーン文化論」（応地利明）は、柳田國男らの「稲作文化論」、丹念なフィールドワークと自然科学的な調査に基づき、環境と文化の相関性を実証的に論じた梅棹忠夫の「文明の生態史観」、モンスーンアジアに広がる照葉樹林帯に注目することで地域文化の伝播と連続性を明らかにし、地政学的な境界にとらわれず自文化の相対化を試みた中尾佐助、上山春平、佐々木高明らによる「照葉樹林文化論」など、日本における一連の風土論的文化論の系譜の中に位置づけることができる。

このように現代にいたるまで、わが国では繰り返し自然環境と文化生成の関係を主題とした風土論が反復されてきた。西洋、とくに近代においては、自然と人間を二項対立的に捉え、人間の自由を重視するあまり、風土論は人間活動の自由な領域をいたずらに制限するもの、つまり単なる環境決定論として退けられてきた。だが、日本では、多様な地形と気候に応じて空間理解が重層的に展開し、その結果おのずと関心が「自己の外へと」（嶋田義仁）向けられ、自然環境と人間文化の相関性に対して敏感な感性が伝統的に培われてきた。したがって、風土論の成立・展開そのものが、風土的規定のもとにあるともいえよう。そのことは欧米の言語に風土に相当する単語がないことからもうかがわれる。

風土を通してみえてくるもの

それにしても、稲作文化論にせよ、照葉樹林文化論にせよ、風土に着目した議論は、文化論とはいいながらも、どちらかといえば都市よりも田園や農村の生活文化を対象とするものであることはいなめない。一般に都市部よりも農村部の方が直接的な自然とのかかわりが多く、日常生活に対する自然の影響も大きいのであるから、当然といえば当然である。だが、今日のように、都市部はもとより、かつての都市周辺部においても都市化、情報化が進んだ状況においては、風土論的文化論の主張の多くがもはや過去のものとなり、現実の生活文化には適用されなくなってきている。現代社会にあっては、文化論としての風土論の有効性には限界があるとせざるを得ない。

しかしながら、たとえ過去の事例であったとしても、風土論が示してくれる、自然と応答した生活文化の意義は、近年の地球環境問題の進展をふまえていえば、むしろ高まっているといえるだろう（写真 1）。加えて、風土という現象を通して見えてくるものは、直接的な自然環境とのかかわりだけではない。和辻の『風土』は、何よりもそうした点に注目し、人間と自然の本質的な関係性の解明を企図したものでもあった。

人間と自然の「間」

『風土』の執筆背景を述べた序言において、和辻は、「ここでは自然環境が如何に人間生活を規定するかということが問題なのでない」と明言している。和辻は風土を文化に対する自然環境とは見ていない。もちろん風土は自然環境と無関係ではない。しいていえば、風土とは、人間がどのように自然環境を理解・把握するかのフレームワークとして自然環境と人間活動との相関性を明示するものと位置づけることができる。

和辻は、社会と個人、空間と時間、身体と精神といった人間存在の二重性に注目し、これら二項のいずれかに立つのではなく双方を結びつけ、二重性を二重性として引き受ける「間」ないし「間柄」としての人間の姿を活写した独自の倫理学の確立を試みていた。そんな彼が風土に見出したのは、人間文化と自然環境との応答関係として、まさにそうした「間」となるもの、文化と自然のインタラクションそのものであった。すなわち、風土という視点からみた場合、自然は一方的に（決定論的に）文化のあり方を規定するものではなく、逆に、自然が文化によって規定づけられるものでもあることが明らかになる。

日常性あるいは「生きられた空間」

風土が単なる自然条件ではなく、文化と自然の相関性を意味するということは、それがあくまで、自己と自然をどう認識するかという人間の主体的問題であることに起因する。和辻の言葉を借りていえば、風土とは自然科学的対象ではなく、人間存在が己れを客体化することで形成される自己了解の型である。しかも、ここで重要となるのは、この「型」がどこまでも具体的な経験に根ざした「日常直接の事実」であるということだ。

人間と環境の相関性に注目する和辻の議論は、P. ヴィタル・ドゥ・ラ・ブラーシュら、同時期のフランスの人文地理学のテーマと呼応するものでもあるが、直接的には M. ハイデガーの『存在と時間』（1927 年）の触発によるものである。同書でハイデガーは、日常的な経験の構造を「世界内存在」として描き出したが、

写真 1　石川県・白山麓に唯一残る出作り小屋（2009 年）

和辻はそれにならいつつ、日常的な自然認識（客観的に対象化される以前の原初的な空間経験）の解明を目指していたのである。

日常的な空間経験の枠組としての風土概念は、後に和辻と同じくハイデガーに示唆を受けた O.F. ボルノウが詳述した「生きられた空間」、さらには H. シュミッツや G. ベーメが、身体と感情における空間経験の場として注目した「雰囲気」を先取りしたものといえる。和辻の風土概念を「通態性」と呼び再評価を試みた A. ベルクの議論も、その骨子は同じといってよい。

風土論の可能性

このように和辻によって哲学的に掘り下げられた風土概念の可能性は、場所的限定はもとより、あえていえば表層的な自然とのかかわりすらも越えたところにある。そのように風土をみることは、自然の実態を無視して人間化し、歪曲した自然像をもたらすわけではなく、われわれの日常経験に根ざした、根本的な自然とのかかわりを明らかにするものといえるだろう。ポイントは日常生活における自然である。風土とは何かという議論を通じて、自然概念そのものの再考を進めることが、これからの風土論に求められている。

【鞍田　崇】

⇒D照葉樹林の生物文化多様性 *p198*　D生態地域主義へ *p200*　R土壌と生態史 *p250*　H環境決定論 *p364*　H景観形成史 *p382*　E日本の共生概念 *p570*　E生態史観 *p574*

〈文献〉応地利明 2006．酒井直樹 1997．嶋田義仁 2000．和辻哲郎 1935．

生態史観

人類史の巨視的把握

生態と環境

生態と環境は、ほぼ同義の言葉とされる。たとえば生態史観を環境史観と言いかえても、抵抗のない人も多いだろう。しかし生態と環境は異なる概念である。最初に、その相違について考えたい。主体を生物として両者を定義すれば、生態は「生物の生存と生活の様式」、環境は「生物をとりまく周辺世界」としうる。生態は生物に視点を定めて、生物の生きざまを視る立場である。環境は生物よりも生物をとりまく外囲に視点を定めて、周辺世界と生物との関係を視る立場である。両者の相違は、「ネコの生態」と「ネコの環境」という表現をくらべると自明であろう。生態と環境は、同義的どころか、まったく異なった概念である。

生物とその外的世界の2つをふくめた概念を生態の側にもとめると、生態系（エコシステム）がそれにあたる。ここで生物を人間におきかえて考えると、環境と生態系は、人間と周辺世界との関係のとらえ方をまったく異にする。それを端的に示すのが、よく耳にする「環境にやさしく」という言葉である。その表現は、「自」としての人間と「他」としての環境とを峻別したうえで、両者の関係を述べている。このことは、「人間－環境」系という場合にも妥当する。

このように環境は、人間とは別個の外囲・周辺世界として存在するものとされる。環境というとき、それは人間に「対するもの」である。しかし生態系は、人間にとって「ともにあるもの」である。生態系の概念では、人間や生物は、生態系という全体を構成する部分ないし要素の1つである。環境は人間との関係を「分ける」論理に立つのに対して、生態系は人間との関係を「合わせる」論理に立つ。もちろん生態系は人間を「合わせた」概念ではなく、環境とおなじく周辺世界として存在するものとみなす立場もある。生態系という概念自体が1935年のA.G.タンスレーによる提唱にはじまるとされ、きわめて新しい。

生態史観の登場

生態史観の提唱は、1950年代を待たなければならなかった。その嚆矢は1955年に米国のプリンストンで開かれた大規模な国際シンポジウムであった。その成果は、大判で1200頁におよぶW.L.トーマス編

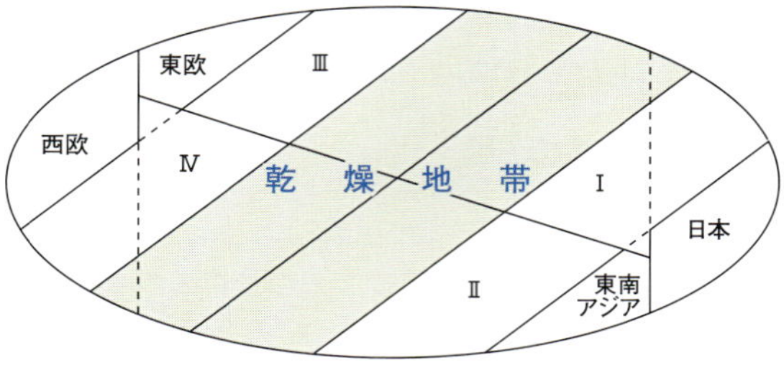
東欧
Ⅲ
西欧
Ⅳ
乾　燥　地　帯
Ⅰ
日本
Ⅱ
東南
アジア

Ⅰ:中国世界　Ⅱ:インド世界　Ⅲ:ロシア世界　Ⅳ:イスラーム世界

図1　ユーラシア大陸の模式図［梅棹 2002］

『地表の改変における人間の役割』（1956年）として刊行された。同書第2・3部は、今日からみると、環境論から生態史観への展望となっていた。

日本でも、同時期に梅棹忠夫「文明の生態史観（序説）」（『中央公論』1957年2月号所収）が発表される。梅棹は、独自に考案したユーラシアの生態構成図をもとに、西欧と日本が東西両端の相似した地理的・生態的位置を占めているだけでなく、たとえば資本主義に先行する封建制の経験共有など歴史展開にみられる両者の平行進化と同質・同等性を強調する。同論文への反響は大きかった。つねに西欧を仰ぎみてきた近代日本が高度成長への離陸期をむかえ、当時の国民意識の高揚に訴えるところが大きかったからであろう。この点では内容と方向性は異なるが、梅棹論文は近代初頭に文明開化を説いた福沢諭吉『文明論之概略』（1875年）とおなじ社会的役割を果たした。

照葉樹林文化論

しかし生態史観を冠しつつも、同論文では歴史展開と生態との関係をいかに理解するかという問題は不問に付されていた。その展開をめざしたのが、照葉樹林文化論であった。同文化論は、ヒマラヤ山地東端部から華中・華南さらに本州島西半部にまでおよぶ一帯が照葉樹林という同一生態系で一括できると同時に、その内部で多くの共通文化要素を検出できることを指摘する。それらの共通性をもとに、照葉樹林文化論は日本の縄文文化、さらには日本文化の形成をも展望しようとする広い視座をもっていた。それは、日本における本格的な生態史観の登場であった。

その成功は、照葉樹林という植生とならんで文化への着目にもとめられよう。ここで文化と文明という類

似した言葉について考えたい。文化は、特定の生態系のなかで生成した諸要素が整序・体系化された複合体として理解できる。文化は、みずからを育んだ生態系と密着した存在である。これに対して文明は、「突然変異をとげた少数の文化」である。突然変異による獲得形質が、自らの生成母胎であるもとの生態系を越えて、他の生態系いいかえれば他の文化に進入する力の獲得である。生態系を重要な視点とする生態史観は、文化論と結合するとき説明能力をより発揮できる。環境決定論の破綻は、文明が生態系と無縁の存在であるにもかかわらず、文明の説明に外囲としての環境を機械論的に援用したことからくる帰結でもあった。生態系は人間とともにあるものであり、生態史観は文化とともにあるものなのである。

環境可能論からアナール学派へ

現在では、生態史観はF. ブローデルまたアナール学派の名とともに語られることが多い。アナール（年報）学派の名は、直接的には1946年創刊の『年報—経済・社会・文明』に由来するが、同誌は1929年にL. フェーブルとM. ブロックが創刊した『社会・経済史年報』の後継誌である。フェーブルは、『大地と人類の進化』（1922年）で知られる歴史地理学者であると同時に、環境可能論という言葉の創始者であった。環境可能論の成立・展開は、彼とP. ヴィダル・ドゥ・ラ・ブラーシュの貢献であった。ブロックの主著『フランス農村史の基本的性格』（1931年）も、ブラーシュが推進したフランスの地方誌研究の成果に立っている。彼らにつづく第2世代のアナール学派が標榜する新しい歴史学も、環境可能論と地方誌研究を重要なベースとしていた。アナール学派が社会史だけでなく生態史観とともに語られるのは、その点にある。

アナール学派を代表する業績が、ブローデル『地中海』（原著名は『フェリペⅡ世時代の地中海と地中海世界』1949年）である。ブローデルは同著をフェーブルに捧げ、名実ともに自らが彼の後継者であることを宣明している。同著の主題は、16世紀後半期の「フェリペⅡ世とその時代」という歴史研究の常套的な対象ではなく、地中海とその周辺世界という空間にある。しかも陸域ではなく海域世界という空間を主題としたところに、彼の独自性があった。これが、彼の研究と生態史観との第1の接点である。

写真1　地中海のポルトラーノ（海図）（16世紀末）［wikimedia commonsより］

第2の接点は、環境また空間が歴史展開の単なる舞台ではなく、その展開にとって不可欠な主体であることの提示である。ブローデルは、地中海世界の歴史展開を、時間的持続性と空間的関係性を異にする3層構造として理解する。それらは、①時間的な変化は小さいが、空間的な関係範囲の大きな「環境と人間の関係史」、②環境にくらべて時間的な変化は早いが、空間的な関係範囲もそれほど大きくない「経済・社会また人間集団の展開史」、③時間的な持続性は短く、関係する空間的範囲も小さいフェリペⅡ世時代の「政治的事件や紛争などの個人レベルの生成史」の3層である。

旧来の歴史研究は②・③を扱い、生態史観と直結する①を主題とすることはなかった。①で彼が強調しているのは、「回帰が繰り返され、絶えず循環しているような歴史」、「動かない歴史」、「地理的歴史」という視点からの地中海という海域世界の意味であり、彼の名が生態史観とともに語られるのはこの点にある。

生態史観と現代

環境をキーワードとするさまざまな問題が噴出する現代において、生態史観はどのような意味をもつのだろうか。照葉樹林文化論とブローデルの所論をもとに考えると、つぎの2点がうかびあがる。1つは、環境を視点として考察するときには、それにふさわしい空間と時間のスケール（尺度・規模）があるということである。生態史観は、地球環境を大きく地帯区分して、ブローデルのいうスケール①での環境と人間の関係史を考えるときに最も有効である。この点は、照葉樹林文化論も同様であった。

もう1つは、環境と人間の関係史という生態史観からの展開である。その関係史が集積してきたさまざまな知恵を再発掘し、単なるルーツ論を越えて、それを現代の環境と人間の関係史にいかに接合できるかを巨視的に考えることである。これは、地球環境の限界が明確となった現在、生態史観が提起できる重要な視点であろう。

【応地利明】

⇒D生物文化多様性の未来可能性 *p192*　D照葉樹林の生物文化多様性 *p198*　D生態地域主義へ *p200*　H環境決定論 *p364*　E環境思想 *p564*　E東と西の環境論 *p568*

〈文献〉広松渉 1991(1986).　佐々木高明 2007.　バーク、P. 1992.　応地利明 2009.　梅棹忠夫 2002(1967)

環境倫理

環境と人間活動をめぐる規範の歴史

環境倫理とは

環境倫理とは、人間が環境、とりわけ自然環境とどう向き合い、利用などを含めて、どのようにかかわりあうべきか、ということに関する規範である。通常は個人的な規範として考えられることも多いが、私たちが技術や政策などを介して自然環境と向き合うことも多いことを考えると、社会的な倫理としても重要であり、その場合には、自然環境にかかわる技術倫理であるし、また、政策の倫理であることになる。そして、それらをすべて含めて、そもそもわれわれが自然環境とどうかかわり合うべきかという、全体の枠組のあり方自体が環境倫理であるともいえる。

環境が主体を取囲むことを意味することを考えると、人間という主体を取囲むものすべてが環境であり、それは、自然環境に止まらない。それゆえ、自然環境に加えて、精神環境や社会環境も含めた形で環境倫理を考える視点が必要となる。歴史的街並み、建造物や文化財などの歴史的環境に対する倫理は精神環境にかかわる環境倫理である。また、さまざまな資源の源泉である自然環境に向き合う人と人の間の倫理も重要であり、そこにおける社会関係のあり方、とくに社会的公正性の問題など、社会環境にかかわる環境倫理として考えなければならない問題もある。それゆえ、環境倫理としては、自然環境に止まらず、精神環境や社会環境も含めた形で考える。

このような環境倫理という考え方は、人が環境とかかわっている限りにおいて、どの時代でも、どの地域でも存在しているはずである。それゆえ、さまざまな民族の、あるいは、さまざまなローカルな地域において、長い歴史の中に存在していると言ってもいい。また、A. レオポルドのように、1930 年代に、土壌浸食や野生生物の管理の問題を背景に「土地」に対する倫理（ランドエシック）として環境倫理的な考え方を展開しているものもあった。

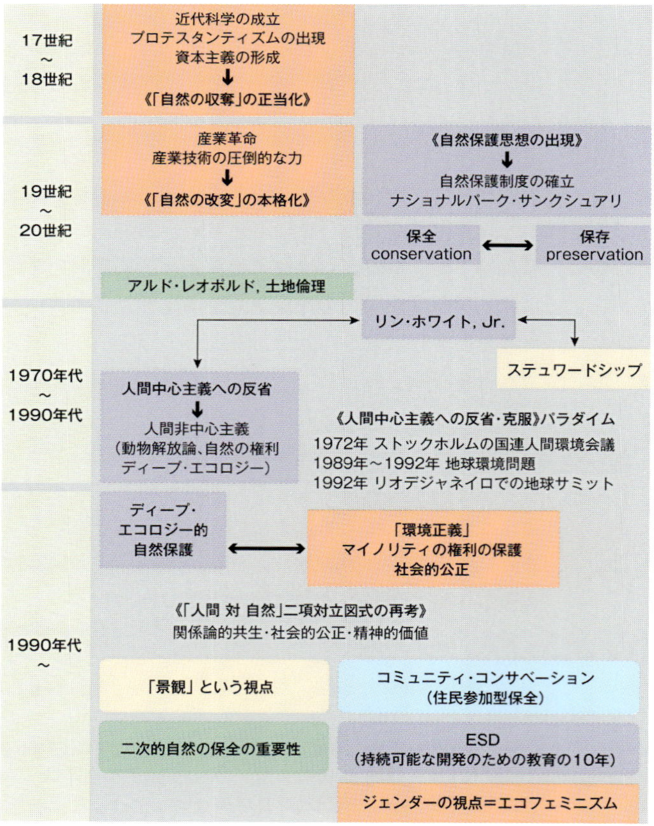
17世紀
～
18世紀
近代科学の成立
プロテスタンティズムの出現
資本主義の形成
《「自然の収奪」の正当化》
19世紀
～
20世紀
産業革命
産業技術の圧倒的な力
《「自然の改変」の本格化》
《自然保護思想の出現》
自然保護制度の確立
ナショナルパーク・サンクシュアリ
保全
conservation
保存
preservation
アルド・レオポルド，土地倫理
1970年代
～
1990年代
リン・ホワイト，Jr.
ステュワードシップ
人間中心主義への反省
人間非中心主義
（動物解放論、自然の権利
ディープ・エコロジー）
《人間中心主義への反省・克服》パラダイム
1972年 ストックホルムの国連人間環境会議
1989年～1992年 地球環境問題
1992年 リオデジャネイロでの地球サミット
ディープ・
エコロジー的
自然保護
「環境正義」
マイノリティの権利の保護
社会的公正
1990年代
～
《「人間 対 自然」二項対立図式の再考》
関係論的共生・社会的公正・精神的価値
「景観」という視点
コミュニティ・コンサベーション
（住民参加型保全）
二次的自然の保全の重要性
ESD
（持続可能な開発のための教育の10年）
ジェンダーの視点＝エコフェミニズム

図 1　環境倫理学の歴史的根源と現在

環境倫理学の歴史的展開

環境倫理という形で主題化してきたのは、いわゆる環境問題が社会的に立ち上がってきた 1960 年代以後からである。とくに米国では、1970 年代以後、哲学、倫理学の領域で、環境を主題化して制度化する動きがあり、1979 年にはその領域の学術雑誌である *Environmental Ethics* も創刊された。また、数多くのアンソロジー、リーダー、教科書が刊行されてきた。

1989 年からとくに先進国を中心に、東西の緊張緩和を背景にして、人類の国際的な共通的な取組みとしての地球環境問題が立ち上がってくると、グローバルに共通な環境意識の形成の基盤として環境倫理が求められ、当時学説的にも明確な形で確立していた米国を中心とした環境倫理学の考え方が、グローバルスタンダードとして機能した。これには、R. ナッシュが『自然の権利—環境倫理の歴史』（1989 年）のなかで環境倫理を歴史的に整理したことが大きい。

彼は、人間と人間の倫理から人間以外の生物や自然物に対する倫理への拡張（権利の拡張）として環境倫理を捉えた。これは、従来までの人間中心主義の克服として、人間非中心主義な倫理を立てるということを意味している。1970 年代に出現した、P. シンガーなどの動物解放論 / 権利論、1930 年代の A. レオポルドの土地倫理を再発見した上で、1980 年代によみがえらせ、その土地倫理の継承として全体論は環境論を立てた J.B. キャリコットなどが代表であり、他にも C. ストーンの自然物の当事者適格という法哲学理論、A. ネスのディープ・エコロジーもその流れに位置づけられる。ここに人間非中心的環境倫理の考え方が出揃った。

人間非中心主義へ

以後、アカデミズム内の環境倫理学の議論では、問題を価値や権利として整理しつつ展開された。自然の価値の根拠づけのために、人間中心主義的な道具的価値ではなく、美やウィルダネス（原自然）のように、自然に内在的にそれ自体として存在しているとする本質的価値が提起され検討された。このような根拠づけの試みは、人間非中心主義的な環境倫理学においては本質的な問題であった。

しかし、人間と自然とを二項対立図式の中で人間中心主義と人間非中心主義の対立として考えるあり方には、1980 年代の後半から批判的潮流も出現した。環境プラグマティズムの論者たちは、人間と自然の二元論を批判しつつ、今までの道徳的一元論を排し、道徳的多元主義を取り、環境にかかわる、個別、現実的な問題から出発し、そこから環境倫理を考えようとした。それまでの人間非中心主義的環境倫理のように自然の価値を環境倫理の普遍的原理へ基礎づけること自体を否定し、自然に対する倫理的課題を起こっている問題の文脈の中に捉えようとした。

一方、1990 年代以降、とくに 1992 年のリオデジャネイロの国連環境開発会議（リオ・サミット）の頃から、先進国と途上国の関係の問題や先住民族の文化や権利の問題などに関しての大きな変化のうねりがあった。その中で、環境問題の社会的・政治的側面、つまり、さまざまな資源の源泉である自然環境に向きあう人と人の間の倫理にこそ問題の本質を捉えるべきだと考える流れが大きな力を持った。とくに、自然資源やリスクにかかわる分配の不公正など人間の社会的関係の不公正の問題に注目した環境正義の考え方も含めて、全体的な枠組自体を再構成することが求められてきている。

未来世代に対する責任も、環境倫理学の重要な要素であるが、北米で進展してきた環境倫理学の中では十分に位置づけられていない。ドイツの H. ヨーナスの責任という概念はその問題をより本質の問題から捉える手がかりを与えてくれる。

また、一方で、未来世代への責任の問題も含めて、人間と自然の関係性、人間の社会的関係、精神的価値も含めた、より統合的で、かつ、多元性を尊重した普遍的な環境倫理が求められている。そのための手がかりとして、人間と自然との関係に注目し、農業や漁業、林業などの生活の糧を得るための生業や、子供の遊び、さらには経済性よりも精神性がより強い営みである「遊び仕事」などの人間の基本的な営みに注目した方向の検討も、とくに日本で行われ社会的リンク論などの成果が得られている。

日本での環境倫理学の新しい展開

日本では、初期の森岡正博の生命圏倫理学の提唱や、加藤尚武の環境倫理学の 3 つの主張の提起など、当初は米国の環境倫理学の輸入という方向性があったが、その一方で、桑子敏雄の「配置」と「履歴」という人間と自然との関係性の時空概念についての議論、丸山徳次の水俣病の事例の検討からの環境倫理、環境正義論、鬼頭秀一の人間の営みを根源的なところから考察した人間と自然との関係性にかかわる「社会的リンク論」という独自の展開がある。また、人間と自然との関係性に関する議論としては、環境社会学や周辺の地域研究も含め、重要な学問的試みが蓄積されている。その蓄積を踏まえた上で、近年では福永真弓が多声性にかかわる新たな普遍的な環境倫理の構築にかかわる議論を行っており、具体的に起こっている環境にかかわる問題から立ち現れる倫理的課題を普遍的な環境倫理の問題として提起し論じるような、現場から立ち上げる新しい環境倫理学の潮流が出現しつつある。このように、日本においては西洋の環境倫理学の限界を打ち破り、アジアやアフリカなどの非西洋社会にも通じる普遍的な環境倫理が提起されつつある。

また、そのときに、人間と自然との関係性にかかわる時間的空間的概念の重要な結節点である、場所や風土に関する議論は、A. ベルクが和辻哲郎の風土論をもとに展開している風土論とも深い関係があり、環境倫理学の中でも重要な位置づけになっている。

【鬼頭秀一】

⇒**R**協治 *p318* **R**住民参加型の資源管理 *p332* **R**アブラヤシ、バナナ、エビと日本 *p338* **H**ケルトの環境思想 *p448* **E**環境と宗教 *p562* **E**環境思想 *p564* **E**権利概念の拡大 *p566* **E**風土 *p572*

〈文献〉ナッシュ、R.F. 1999(1993). キャリコット、J.B. 2009. 加藤尚武 1991. 鬼頭秀一 1996. 桑子敏雄 1999. 丸山徳次編 2004. 鬼頭秀一・福永真弓編 2009. 福永真弓 2010.

風水からみた京都

生態智が集積した千年の都

古代以前の京都盆地の環境ー通史

京都は古く「やましろのくに」と呼ばれた。「やましろ」の漢字は、山代→山背→山城と変化した。その語には、幾重にも囲繞された山並みを持つ典型的な盆地の地形的・空間的特色が意識されている。

その折重なる山々と河川の氾濫が作り出した扇状地に縄文人が住みついた。東山山麓北白川の縄文遺跡である上終町遺跡や小倉町別当町遺跡や京都大学理学部構内にある北白川追分町遺跡などがその跡地である。そこには活断層である花折断層が南北に走っていて、地すべり地帯や段丘をなしている。後に、その河川沿いに上賀茂・下鴨両神社が創建された。

京都盆地は、氷河期と間氷期が繰り返される過程で、海と湖が交替して現れた名残りで、地下水脈の豊かな地質・地形となっている。かつては地震の多発地帯で、大地震によって岩盤が上下にずれて落ち込んだところが盆地、隆起部が周囲の山並みとなった。京都盆地は南北に約 20km、東西に約 10km、東山、北山、西山の山地は、丹波帯中・古生層の砂岩や泥岩やチャートや緑色岩や花崗岩類から成っている。丘陵辺縁に段丘があり、沖積層は鴨川、桂川、宇治川、木津川などの河川沿いと盆地南部にあった巨椋池に分布する。

大阪湾が淡水化した時代に溜まった東山周辺の粘土は、陶器や瓦や壁土や伏見人形などに使用され、粘土から硫黄を抽出して硫黄木が作られた。石材は庭石として有名な花崗岩（御影石）の白川石があり、これが風化してできた砂が白川砂である。水石として名高い加茂石や貴船石は丹波層群から洗い流されてきた硬い変成岩やチャートでできている。鎌倉時代初期に発見された鳴滝石と呼ばれる砥石は、良好な吸水性と保水性と適度な軟らかさを持っていて、長く砥いでも目詰まりしないために、今でも最高級の合砥となっており、平安京のものづくり文化を支えた。

後背地でも、亀岡盆地には高級砥石の青砥が採れ、信楽には陶土が産出する。丹波高原からは金、銀、銅、マンガンの鉱石や雲母などの多くの鉱物資源が採掘され、これら鉱物資源から得られた顔料が日本画や漆芸に使用された。

植生は、古くはカシ類、次にスギ、ヒノキなどの温帯性針葉樹、それからマツ科の針葉樹林、さらにはブナ、コナラ亜属などの冷温帯性落葉広葉樹林に変化した。約 6000 年前ごろから以降は照葉樹林が発達し、やがて落葉広葉樹の二次林へ変化し、照葉樹林が減少してマツ科が増加し、鎌倉時代末期以降アカマツや低木林が優勢となり、江戸時代や明治時代にはハゲ山も出現していたらしいことが絵図などによって知られるが、近年はまたふたたび照葉樹林が増大している。

京都盆地の資源

京都盆地の地下には上質な地下水が 211 億 t も溜まっている。これはほぼ琵琶湖の水量 275 億 t に匹敵する。

平安時代中期の文献『延喜式』には、さまざまな食材が乾物として北は陸奥の国から南は太宰府まで広範な地域から運び込まれている。特に鯖街道など日本海側の交通路が発達し、京七口があった。『延喜式』や『倭名類聚抄』には、稲穀類として米、麦、粟、黍、調理法として蒸す、煮る、炒る方法が記されている。

紀元 1000 年当時、藤原道長が摂政関白を務め、紫式部が『源氏物語』を執筆していた頃の平安京の人口は約 175000 人で、世界第 5 位と推計されている。

千年を越える都として栄えた平安京では、遣唐使や渤海使、対明貿易や南蛮貿易などにより諸外国の先端的な文物と技術が流入して技術革新を促進し、新技術に必要な素材や原材料は全国から集めた。先端的な工業生産体制や最高級品に対する需要と目利きの存在があり、技術革新を生む国際貿易（中国、朝鮮、琉球、南蛮）と職人の高い誇りが生み出す卓抜した手技、分業制による品質保証と最高級素材・原材料の集積があった。その生産体制を支えた自律的安定社会は天皇制や摂関制を核として運営され、洗練された有職文化と寺社などの宗教的呪術的な霊性文化に支えられながら、共同体を安定化する互恵関係を確立したのである。

京都盆地のこの豊富な水資源に支えられて、食料や竹材などの生物資源も豊富であった。江戸時代に編纂された京の名産図には、川魚として、桂川のアユ、鴨川のハヤ、カジカ、宇治川のウナギとスズキ、大沢池や広沢池や巨椋池のジュンサイとレンコン、北山の鞍馬、大原、八瀬などの薪炭が記されている。また東西の里山には竹林が広がり、春にはタケノコが採れ、西山のマツタケも名物で、応仁の乱の最中でも公家と武士は松茸狩りを楽しんでいたとの記録もある。他にカキ、リンゴ、ブドウなどの果樹も栽培され、今日ブランド化した京野菜の祖先を含む蔬菜類が栽培された。

風水の思想と平安京

平安京の鬼門に位置する比叡山は、『古事記』上巻に、「大山咋神。亦の名は山末之大主神。この神は近つ淡海国の日枝の山に坐し、また葛野の松尾に坐して、鳴鏑を用つ神ぞ」と特記されているが、この比叡山の神とされる大山咋神を主祭神として祀っているのが松尾大社と日吉大社で、松尾大社や伏見稲荷大社や広隆寺は秦氏が創建し維持してきた社寺である。日吉大社も松尾大社もともに『延喜式』では名神大社に列格され、平安時代には22社に、明治期には官幣大社に列格され、同格の神社として朝野に尊崇された。松尾大社はとくに平安京遷都後、皇城鎮護の神として「賀茂の厳神、松尾の猛霊」と並称された。

上賀茂神社の祭神である別雷神の父神は大山咋神であるという伝承があり、松尾大社でも五月に、行幸、還幸の形も、桂に葵を翳す装束も葵祭（賀茂祭）とまったく同じ祭を行う。

平安京は風水思想に基づき、400年に及ぶ平安王朝の都として、また武士政権が確立した後も都として日本文化の中軸を担い、「万代の都」と呼ばれた。四神相応の地・平安京は、東の青龍（蒼龍）の地に賀茂川の清流、西の白虎の地に山陽道や山陰道の大道、南の朱雀の地に神泉苑や巨椋池などの湖沼や田畑、北の玄武（亀と蛇の合体した姿を持つ）の地に船岡山や貴船、鞍馬など深い北山の山並みを擁し持つ安定した小宇宙の里山盆地を形成している。

この平安京の土地（山代国、山背国、山城国）を提供し、その地の保全を基礎固めした在地勢力は賀茂氏と秦氏で、青龍（蒼龍）の守護する東方の地には、ヤタガラス（賀茂建角身命）の子孫である賀茂氏が上賀茂神社（賀茂別雷神社）、下鴨神社（賀茂御祖神社）を創建していたが、平安京遷都後は伊勢の神宮に次ぐ皇城鎮護の神社として葵祭などを執り行い、平安京の安定維持に貢献した。鬼門を護る神社仏閣として、藤原氏系・春日大社系の吉田山（神楽岡）の吉田神社、比叡山の延暦寺と赤山禅院が王城の守護に当たり、この東山三十六峰の山麓には京都を代表する神社仏閣が並んでいる。

図1　平安京を守護する四神の図［© nanairo Co., Ltd; wikimedia commons］

西の太秦や深草や葛野を拠点にした秦氏は、広隆寺や松尾大社や伏見稲荷大社を創建し、養蚕、機織、製塩、鉱産（銅生産、朱砂採掘、水銀精錬）、土木建築技術などの高度な技術力を駆使して、平安京のものづくりや芸能の発展に寄与した。能（猿楽）の大成者・世阿弥は『風姿花伝』の中で「秦元清」を名乗り、神楽としての申楽は秦氏の祖の秦河勝に始まると強調している。平安京の仏教文化の礎を作った最澄と空海もまた秦氏に支援された。

南には大通りと朱雀の守護象徴である朱雀門を置き、神泉苑や巨椋池を配した。「平安楽土」の地としての平安京は、藤原京や平城京と同様、天子南面（天皇を北極星になぞらえ、北を背にして政務を司る）の思想に基づき、碁盤の目のような条里により都城を構築し、霊的国防の砦とした。北方守護については、玄武の地に平安京を一望できる景勝地として船岡山を見立てた。その船岡山の背後には北山が控え、賀茂川の源流をなす貴船川があり、水の神を祀る貴船神社が鎮座し、さらには北方を守護する毘沙門天を祀る鞍馬寺が創建された。

こうして、平安京は、南方に湿地帯を持ち、北山の山岳群を中軸に、三方を山に囲まれた胎内空間のような安定した小宇宙を形成した。このような小宇宙構造を持つ京都は都として千年を越えて栄えた世界でも稀なる歴史的都市であり、そこには、①水の都（水脈・水量・生態系の豊富さ）、②祈りの都（神社仏閣など祈りと癒しの空間の集中）、③ものづくりの都（高度技術者集団の活躍とネットワーク）、④里山文化の都（居住空間とそこから少し離れた山系とのインタラクティブな活性関係）という特性が形成され、平安京生態智とも呼ぶべき知恵と技術と制度の高度な集積が蓄えられたのである。　【鎌田東二】

⇒R山川草木の思想 *p310*　R日本の里山の現状と国際的意義 *p334*　H日本列島にみる溜池と灌漑の歴史 *p422*

〈文献〉日本地質学会編 1971(1953). 横山卓雄 2004. 西山良平 2004. 金田章裕編 2007. 京都造形芸術大学編 2002. 建内光義 2003. 新木直人 2008. 鳥居本幸代 2003. 梅棹忠夫 2005 (1987). 大和岩雄 1993. 中村修也 1994. 河合俊雄・鎌田東二 2008. 鎌田東二 2009. 鎌田東二編 2010.

持続可能性

21 世紀の新しいパラダイム

持続可能性概念の誕生

持続的可能性（サステナビリティ sustainability）とは、もともと漁業や林業の分野で使われてきた概念である。自然の持つ生産力に依存しているかぎり、その生産力が維持される範囲内でしか収量が得られないということである。この基本的認識が、限られた容量に人類が住むことによって生じる地球環境問題にも適応されるようになってきたのである。

しかし、人類の生活に関連するがゆえに、持続可能性についてはさまざまな定義が存在することになる。その背景には、人間と自然のかかわりをいかに考えるか、という根本的な問題が存在する。人間にとって自然状態は一種の制約条件と考えることができる。たとえば仏教では、人間の業（ごう）として「生老病死」を挙げているが、このことは人間は生物としての制約を逃れることはできないことを意味している。しかし、この生物学的制約をできるかぎり減らそうとする試みが人類の努力といえなくもない。病気に対する医学や、災害に対する土木工学や、蒸気機関などのエネルギー機関の開発などは、すべて、このような自然の制約を克服するものとしての人間の営為の結果であると考えるのが普通であった。したがって、自然の枠組の中で適応して生きるということは、人間の尊厳を貶めるもの、という見方も存在したのである。しかしながら、地球の有限性や人類の活動が自然に影響を及ぼすほど大きくなったという新しい状況を考えると、新たな考え方が必要であることが理解できよう。

持続可能性の定義

ただ、ここで考えておくべきことはスケールの概念である。持続可能性といっても、自分のことなのか、自分の家族のことなのか、国家のことなのか、世界のことなのか、によって対応策は大きく変わりうる。同様に、時間スケールの問題も重要である。自分の生きている間なのか、孫の時代までなのか、何百年にわたって持続性を考えるか、という問題である。自分や自分の国という問題設定、あるいは、自分たちの世代だけというような部分的な問題設定を行えば、問題は開放系となり、資源が不足すれば他所から持ってくる、あるいは、よそに、将来に、課題を押しつける、という解決法も可能となる。したがって、地球規模で（言い換えれば閉鎖系で）将来世代のことを考える、という問題設定の下では、持続可能性の問題は、限られた環境の中で将来にわたる安定した人類の共存システムを求めるという新たな問題と定義される。

持続可能性の定義としては、「強い持続可能性と弱い持続可能性」という定義が有名である。強い持続可能性とは、自然資本は保存されなければならないということであるのに対し、弱い持続可能性は、自然資本を補うのに人工資本を考慮してよいとするものである。これは先に述べたように、人間による科学技術の役割をいかに考えるか、という価値観に大きく関連し、早急に結論を得るのは困難と思われる。その他には、国連のブルントラント委員会の「将来世代の便益に対処する能力を毀損することなく現役世代の必要を満足させる」という定義が有名である。ここでは、世代間の衡平性が強調されているが、実際の文書では、貧困の問題など多様な問題が言及されており、世代間の衡平性のみを強調するのは正しいとは思われない。将来世代の満足と現役世代の満足が釣り合うような振る舞いを、現役世代がしなければならないということが重要であろう。

諸問題に対する取組み

持続可能性を考える場合には、人類を取巻く環境の多様性、多重性を考える必要がある。われわれ人類は、単純に自然の中に住んでいるわけではない。むしろ、社会システムという環境がわれわれの活動の主な舞台なのである。したがって、この側面に大きな配慮をおかなくてはならない。さらに、われわれの生存の究極的な目標は、個々人の幸福であることを忘れてはならない。個人の幸せを犠牲にして、あるいは、犠牲を社会的弱者に押しつけて課題を成し遂げても無意味である。困難な問題に直面すると、ともすれば、「大義のためには多少の犠牲は仕方がない」という気分になりがちである。たとえば、第 2 次世界大戦中の日本の状況を思い起こしてもらいたい。そこでは、戦争を避けうる道筋があったにもかかわらず、戦争を始め、戦争遂行のために多くの国民の幸福が犠牲になったのである。

2005 年度に、研究機関における組織改革の試みの 1 つとして、東京大学、京都大学、大阪大学、北海道大学、茨城大学の5参加機関、東洋大学、千葉大学、東北大学、国立環境研究所の協力機関（のちに、早稲田大学、立命館大学、国際連合大学などが参加）によって、国内研究機関のネットワークとしてIR3S（サステイナビリティ学連携研究機構）が発足した。このネットワークでは、従来の学問の枠を打ち破り、新しい学融合型の学術を構築することを目指している。そこでは、持続可能性を、自然システム、社会システム、人間システムという3つのサブシステムが相互作用をし、互いにバランスしている状態と考えている。

したがって、現在の諸問題はこれらのバランスが崩れた状態と考えることができる。たとえば、人間活動により大気中に放出された温室効果ガスが自然の持つ放射バランスを乱した結果、地球温暖化問題が発生した、と考えられる。同様に、社会システムと個人システムの間の相互作用としては、大量生産、大量消費、大量廃棄の生活の結果、モノの循環を乱し、廃棄物や資源の枯渇などの問題が生じてきていると思われる。

同時に、社会の中での個人の孤独の問題や人生観の問題などが挙げられる。自然システムと人間システムとの間の相互作用としては、地震・津波などの自然災害などが挙げられる（図1）。したがって、地球環境問題に対応し、サステナブルな社会を実現するためには、このサブシステム間のバランスを回復することが重要といえる。地球温暖化問題に対応するためには、化石エネルギーの使用を控える低炭素社会が、大量生産、大量消費、大量廃棄の問題に対応するには循環型社会が、そして、個人にやさしい社会のためには自然共生社会の実現が提案されている。しかしながら、大事なことは、これらの3つの社会を同時に実現するような視点、施策を実現することである。

問題解決型のアプローチに向けて

持続可能性とは、対象の総体に関連した視点である。従来の学問では、興味のある部分のみを取上げ、「それ以外は変化しない」などの適当な仮定をおいて対応してきた。それゆえに、現実の課題に対応する「モード2型の科学」が提案されたりしている。現在は、個々の知識は膨大に蓄積されたのに対し、必要な情報にはすぐにアクセスできない、という状況が頻繁に見られる。そのため、現在の膨大な知識の森の見通しを良くし、必要な知識を手に入れることを可能とする「知識の構造化」が提案されている。また、知識の全体を俯瞰（ふかん）する視点と、個々の知識を統合していく視点が重要となる（図2）。そのためには、既存の知識を俯瞰する枠組を作成するマッピングなどの手法も開発されている。

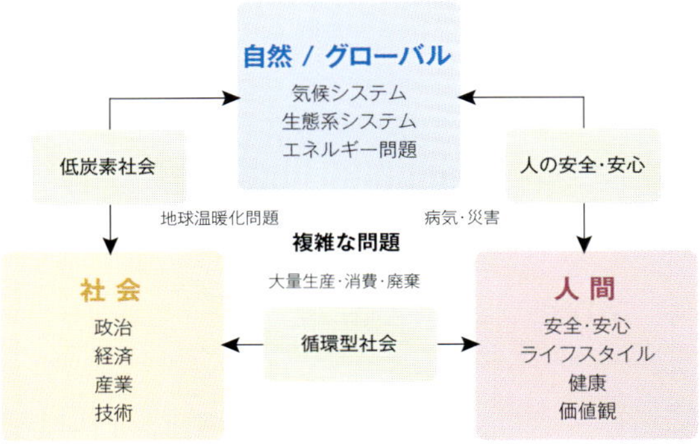

自然 / グローバル
気候システム
生態系システム
エネルギー問題
低炭素社会
人の安全・安心
地球温暖化問題
病気・災害
複雑な問題
大量生産・消費・廃棄
社 会
政治
経済
産業
技術
循環型社会
人 間
安全・安心
ライフスタイル
健康
価値観

図1　われわれを取巻く問題の構造。これらのサブシステムは相互作用しているし、問題も関連している

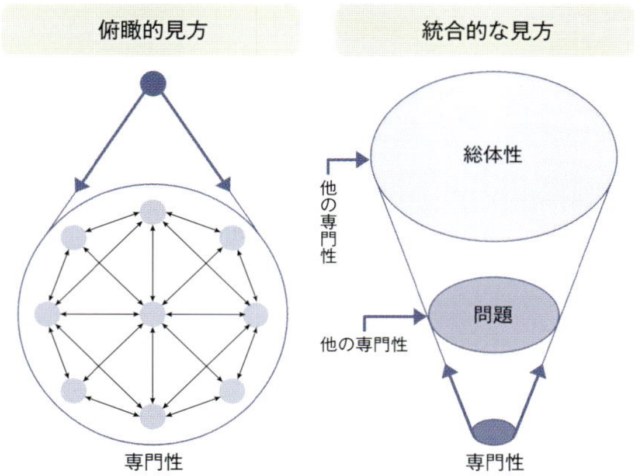

俯瞰的見方
統合的な見方
総体性
他の専門性
問題
他の専門性
専門性
専門性

図2　俯瞰的な見方と統合的な見方

最後に、持続可能な社会を実現していくためには、問題解決型のアプローチが必要とされる。ここでは、具体的な問題の解決に向けて、必要な知識を持つ専門家を組織し、楽しく協同作業をさせる必要がある。実際の場面では、知識を体現しているのは研究者や地元の生活者などの人間である。これらの背景も関心も異なる多様な人間の協調と合意形成を図りながら物事を進めていく必要がある。そのためには、多くの異なる専門家の協力を取付け、目標に向かって皆を引っ張っていくリーダーシップを持つ人間を育てることこそ重要であると思われる。そして、このような人材は、知識の詰め込みの中では生まれてこない。十分な専門知識を持つ人間が、人間的な葛藤と社会的な経験の中で変化して生み出されてくると思われる。そのためにも、新たな教育システムの開発が不可欠であり、そのなかでも、地域を超え、世代を超えて共感できるコミュニケーション能力の開発は不可欠である。　【住　明正】

⇒D生物間相互作用と共生 *p136*　R市場メカニズムの限界 *p268*　E成長の限界 *p502*　E情報技術と環境情報 *p520*　E環境と宗教 *p562*　E未来可能性 *p582*

〈文献〉Komiyama, H. & K. Takeuchi 2006. Hiramatsu, A., *et al.* 2008. ギボンズ、M. 1997.

未来可能性

持続可能性をこえて

未来可能性とは

未来可能性（futurability）はドイツ語の Zukunft（未来）、Fähigkeit（可能性・能力）を語源とする。総合地球環境学研究所においては重要な研究指針に位置づけられているが、その意味は次のように説明されている。「現在広く受容されているのは、持続可能性、あるいは持続的発展、という考え方である。しかし、これらの用語には現状を維持するという意味がどうしても含意される。深刻な環境問題に直面している現在にあって、現在の状態の延長上にわれわれの未来はあり得ないという視点に立つことを明確に表現した用語が『未来可能性』である」。

なお、確率論に基礎をおいて未来を考える学問として未来学（futurology）もある。

持続可能性の展開と未来可能性

1987 年、WCED（環境と開発に関する世界委員会）が「地球の未来を守るために（Our Common Future）」と題する報告書を提出した。それまでは、環境と開発とは相容れないとの一般認識があり、環境問題に関しては先進国と途上国との間に明確な対立があった。これに対し、環境を保全してこそ将来にわたる開発が可能となる、という主張を明確に表現したのが同報告書である。また、持続可能性という語が最初に国際的に認知されるきっかけともなった。1992 年、ブラジルのリオデジャネイロで開催された国連環境開発会議（リオ・サミット）では多くの国がこの目標を採択し、環境問題解決のための行動指針として最上位に位置づけられる概念となった。

しかし、先進国と途上国とで同一の持続可能な発展目標を掲げることは、環境劣化への対応を不当に途上国におしつけているともいえる。また、先進国と途上国との間にある厳然とした格差を、かえって隠蔽する帰結を招いたとの指摘がある。そのため、経済中心で、進歩、成長のニュアンスを含む発展という表現をさけ、持続可能性あるいはサステナビリティ論として持続可能性の内実を議論することが主流となっている。また、持続可能性の普及に伴い「何を」持続するのかということが多義的となり、持続可能性が意味する内容の再考の必要性が指摘されている。

つまり、持続可能性論が広く一般に普及することと相まって、概念の限界も明らかになりつつあるといえる。未来可能性という用語は「何を」ということを直接に示すものではないが、持続可能性に内在する矛盾や現状肯定的視点に対する批判的な意味を持つのである。

ケイパビリティアプローチと未来可能性

経済学者 A. センはケイパビリティアプローチという視点を提示した。これは、人間の効用をその達成された結果から評価するのではなく、その効用を達成するために各個人が選択できる可能性の自由度によって評価しようというものである。これは社会の中における人間の多様性を認め、人によってその効用を達成する手段は異なることを重視したものである。

たとえば、将来世代において各個人の生活水準は現在世代と比較して充分に高い水準が達成されていたとしても、大気汚染のために新鮮な空気を吸う自由が失われている場合、個人のケイパビリティは低下していると評価される。このように将来世代のケイパビリティを、現在世代の行動のあり方にも逆照射することの重要性がケイパビリティアプローチでは主張されている。

持続可能性においても、将来世代と現在世代との衡平性という形でケイパビリティアプローチと類似した考え方が導入されている。ただし、現在世代の未来世代に対する責任という視点に立つものであり、あくまでも視点の中心は現在世代にある。

これに対して未来可能性では未来から現在をみる視点がより積極的に強調されている。つまり、未来のあるべき姿を考え、そこから現在をみた時に現在世代がとるべき行動に対する指針を与える視点がより明確に表現されていると言える。このことから、未来可能性という視点に立った場合、将来のあるべき社会の姿を明瞭に想定することが求められることにもなる。

また、想定されるあるべき社会の実現のためには、現在の社会諸制度を根本的に変革する必要があるというラディカルな立場をとる場合、持続可能性に潜む保守主義的な傾向は、不適切である。他方で、未来可能性にはこのような傾向はないため、有効な概念としてケイパビリティアプローチの本質を導入するならば、環境問題解決のために未来可能性はより適している。

時間スケールからみた未来可能性

持続可能性が抱えているもうひとつの問題は、持続可能性によって表現される「持続」が、具体的にどの程度の時間スケールを指しているのか、という点についての合意が得られていない点である。その原因のひとつは、環境問題における人間と自然との関係の多様な局面に対して一律に同じ時間スケールを適用できないことにある。

たとえば、持続可能性の意味が比較的明瞭であると思われる水産資源についても、将来にわたる水産資源の変動に関しては不確実性が伴うため、時間スケールの設定は難しい。また、社会や文化にいたっては何を持続させるのか、ということの定義自体が困難である。たとえ時間スケールが定義されている場合であっても、持続可能性の多くの議論において対象とされている時間スケールはせいぜい100年程度である。

これに対して、人類史という長い時間スケールの中に環境問題を位置づけることの必要性が指摘されている。たとえば、人類が現在の生活レベルを将来にわたって維持しつづけた場合、エネルギーの枯渇のみならず、高エントロピーの排出による環境の劣化という観点から人類の寿命を見積もるといった試みもある。この場合には、100年を超えて、数百年から数千年といった長い時間スケールで考える必要がある。千年持続学なども、このような視点と共通する思想であろう。

たとえば、アラル海の消失は、中央アジアの半乾燥地帯に一大穀倉地帯を創出するために行った大規模な灌漑が原因である。この計画自体は豊かな未来を想定してのものであったが、アラル海の消失に伴う想定外の地域の環境劣化をもたらした。アラル海周辺の地域環境の劣化という大きな機会損失を生み出した背景には、当時の開発思想の中に、人類史という超長期の視点は含まれていなかったことにある。この事態を未来可能性という視点は明瞭にとられることができるように思われる。ただし、事態が発生してしまった後からの事後認識であることに変わりはない。このことは、事態が発生する前に、超長期の視点を含んだ開発が本当に可能か、という大きな課題をあらたに提示するものである。また、科学的な予測可能性は不完全なものであり、必ず想定外の事態が発生しうるということをわれわれに認識させてくれる。こういった新たな視点は、持続可能性という概念だけで指し示すことはむずかしく、未来可能性という視点を通してはじめて明確に意識することができるように思われる。

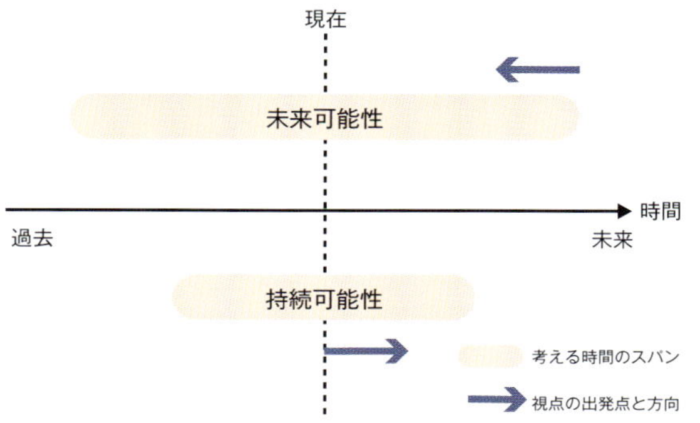

現在
未来可能性
時間
過去
未来
持続可能性
考える時間のスパン
視点の出発点と方向

図1　持続可能性と未来可能性の違い（射程とする時間スケールと視点の方向性）

持続可能性を超えて

持続可能性という用語が広く一般に受容されていく中で、当初の明瞭な意味を離れてその内容が不可避的に多様化し、かつ曖昧化してきている。そのような中、新たな概念構築の必要性が持続可能性論自体の内部から出てきているといえる。ケイパビリティアプローチ、および、時間スケールの問題から持続可能性論を捉えなおすと、持続可能性に内在する「現在」という視点と「持続」という保守主義的な傾向が明確になる。

未来可能性という用語は、持続可能性に潜むこのような傾向を払拭する可能性を持つものであるといえよう。ただし、未来可能性という用語は、広く一般には普及していない。またその内容の学術的な意味づけも不十分である。いずれにしても、広汎な広がりをみせる環境問題の諸相を正確に分析し根源的な解決策を提示するためには、持続可能性に加えて、他の概念の構築とその精緻化が求められる。持続可能性や未来可能性といった高度に抽象的な概念が含意するのは、将来における人間存在のあり方という最も根源的で哲学的な問いにも接続しうるものである。したがって、この難問に取り組むためには、文理の枠を越え、あらゆる学問の協働が不可欠であろう。　【大西健夫】

⇒D生物文化多様性の未来可能性 *p192*　H人間活動と環境変化の相関関係 *p362*　Hアラル海環境問題 *p446*　Eレジリアンス *p556*　E持続可能性 *p580*

〈文献〉Handoh, I. C. & Hidaka T. 2010.　Redclift, M. ed. 2005.　RIHN 2006.　World Commission on Environment and Development　1987.

エコソフィーの再構築

負の遺産から未来可能性へ

失われた 20 年―地球環境問題の再認識

地球環境問題が、一般社会で広く、そしてやや唐突に、認識されるようになったのは 1990 年代に入ってからである。それまで、地球上で人間活動による環境劣化が存在しなかったのでも、90 年代に入って急速に悪化したのでもない。すでに 70 年代には、たとえばローマ・クラブの『成長の限界』(1972 年) で、資源の枯渇や食料不足とともに環境汚染がとりあげられ、行き過ぎた人間活動に警鐘がならされていた。今日の環境政策の中心概念である持続可能性は、このときに「持続可能な開発」として提言されている。また最初の自然保護に関する国際条約としてラムサール条約が制定されたのは 1971 年である。

しかし 1970 年代のこうした地球環境の悪化への懸念と有限な資源への配慮は、その後の国際社会の主要な話題とはならなかった。冷戦時代には、東西両陣営が国力と豊かさを競い合い、それぞれの陣営で経済成長を過度に優先する政策がとられる。認識されつつあった負の側面を無視して、開発と発展が、一方的に推進されたのである。

90 年代に地球環境問題が再登場するのは、冷戦の終結により、緊迫感の薄れた軍事的安全保障に代わり、国際政治の場で解決すべき緊急の課題として取上げられるようになったためである。後先を考えない*ポトラッチ的な開発も疑問視されるようになる。国際関係の中で、政治的に環境問題が顕在化したのである。

同時に、問題は地球規模で扱われるようになった。グローバリゼーションという言葉が、「環境主義者の用語」として『オックスフォード新語事典』に掲載されたのもこのころである。たとえばオゾン層の破壊が地球環境問題として登場する。地球上の誰かが使ったスプレーの中に含まれるフロンが、オゾン層を破壊し、自分たちの健康を害することになる。地球はかけがえのない存在であることが改めて確認され、世界は文字通りひとつになった。地球環境問題の誕生である。

公害と環境問題

公害と地球環境問題とはねじれた関係にある。わが国では、高度成長時代の公害が、1950 年代から 70 年代にかけて、大きな社会問題となった。公害とはもともと広く「公益を害するもの」であったが、企業の生産活動による地域住民の健康・生活への被害という今日的意味で使用されるようになったのは戦後とされる。ただし公害自体は、足尾鉱毒事件など、戦前にも発生している。世界的に見ても、産業革命後の欧州ですでに、ルブラン法を用いたアルカリ工場からの酸性ガスや廃液が大きな被害をもたらしている。また世界の工場と呼ばれた英国の大気汚染の歴史は長い。

高度成長時代の日本では、全国で被害者の数の多い公害が多発した。有機水銀による水俣病、第二水俣病、亜硫酸ガスによる四日市喘息、カドミウムによるイタイイタイ病など、いわゆる四大公害病である。公害による被害が明らかになっても、因果関係を長く認めず適切な改善処置をとらなかった企業と行政の責任が厳しく問われた。

1970 年 11 月の臨時国会は「公害国会」と呼ばれ、公害対策基本法の改正など公害問題の改善に向けて集中的な議論が行われた。四大公害病の裁判は 70 年代初頭に相次いで結審された。公害の因果関係と責任を明確にし、損害賠償などについての新しい考え方がようやく示された。今も多くの被害者は公害病に苦しみ、損害賠償訴訟や和解交渉が続けられているが、苦い教訓を経て、公害発生防止策は効を奏するようになった。

しかし公害問題の延長線上に地球環境問題があるのではない。公害と地球環境問題は異なった位相にある。地域的な環境問題が公害であり、地球規模になれば地球環境問題と捉えがちであるが、両者の違いは単にスケールの問題ではない。

公害は、汚染源と被害の因果関係が明らかであり、加害者の責任を明瞭に特定できるものである。一方、地球環境問題はこの因果関係が不明瞭であったり、あるいはあまりに複雑・複合的で、汚染源なり加害者を特定できなかったりする。しばしば加害者は不特定多数であり、加害者であると同時に被害者にもなっている。たとえば地球の温暖化は、地球上に生活する「みんなの責任」ということができる。

そのため、公害を環境問題と読み替えることは責任の所在を曖昧にすることになる。環境問題では、単に加害者や被害者を特定したり、責任を負うべき犯人を探すのではなく、解決策を模索するための責任論が必要なのである。

地球環境問題の地域性

さまざまな地球環境問題の議論の中で、しばしば意見の対立を生むのは、先進国と途上国の間での責任と権利の問題である。途上国には、先進国は過去の責任を棚上げにして、途上国の未来の権利を奪っているのでないかという疑念がつねにある。地球環境問題を共通の責任とすることは、歪んだ近代化・開発をいち早く推し進めた先進国の責任逃れととられかねない。環境負荷の不平等な分配に言及した「環境公正」という考え方は、環境問題の是正と社会的公正の実現、さらには経済格差の解消が、ひとつの連鎖した課題であることを示している。

写真1　足尾銅山は再び豊かな自然を取り戻しつつある。エコソフィーの再構築で負の遺産を未来可能性に転じることが可能となる（2009年）［日光市教育委員会提供］

あらためて強調されるべきことは、地球環境問題は根本的に地域の問題であることである。たしかに、問題の影響の及ぶ範囲はひとつの地域を越え地球規模である。また地域と地域の相互依存がかつてないほど緊密になっている今日、解決のためにグローバルな視点と国際的枠組は不可欠であろう。どの地域の地球環境問題も、ひとつの地域では解決できず国際的な議論と枠組は必要である。

しかしながら、地球環境問題が及ぼす影響は、地域によって大きく違ってくる。温暖化を例にとれば、熱帯林地域と極寒のシベリア地域で、想定される影響が同じものではあり得ないだろう。都市と農村の間でも違うはずである。問題の原因と責任の分担についても同様で、先述したように途上国と先進国の間では異なっている。だからこそ温暖化効果ガスの排出規制の内容や程度が、地域によりまちまちなのである。

それぞれの地球環境問題

重要なのは、ひとつの地球環境問題があるのではなく、地域によりそれぞれの地球環境問題がある、ということである。それぞれの地域の経済的・歴史的・文化的・生態的条件を考慮し、地域ごとに地球環境問題を解決する努力がなされなければならない。地球環境問題の解決の成否は、こうした地域の努力とグローバルな政策をどのように連動させるかにかかっている。地域性を無視したグローバルな制度や解決策はいたずらに地域の反発を招くだけである。地域には固有の歴史と尊重すべき未来がある。それを認めなければ地球環境問題の根本的解決にならない。

地球環境問題を地域の問題とするとき、ふたつのことが重要になってくる。

まず地域のさまざまな差異を理解した上で、共通する課題としての地球環境問題の解決にあたることである。必要なのは地域の固有性の理解と、地域と世界の関係性の分析ということになる。地域研究という学問が持ち出されるのはこの点においてだろう。問題解決のための国際的な制度設計や条約も、地域の差をふまえた共通認識がなければ、期待した効果を発揮することはできない。

そのうえでエコソフィーの再構築が必要となる。それぞれの地域には、すでに、豊かな生きかたを模索するなかで蓄積した知識と、自然へのかかわり方の哲学がある。それをエコフィーと呼ぶことができる。地域の摂理に沿った知の力といってもよい。エコソフィーは地域固有のものであるがゆえ、これまで地域の「外」では理解・共有されないものであった。

一方、今日、世界が実質的に縮小し、ひとつの地球という認識が広く共有されつつある。地域と地域の相互依存は、かつてないほど強まっている。グローバリゼーションの時代は、地球環境問題の時代と言い換えることができる。

そしてこの時代に、エコソフィーは、地域の内だけで理解・共有されるものから、地域の境界を越えたあらたなエコソフィーへと展開させることが求められている。それにはまず、地域と地域、地域と世界の、ますます強くなるつながりを見極める作業から始めることになるだろう。そのうえで未来可能性を、地域の自立性と主体性を保ちながら探ること、すなわち関係性のなかでエコソフィーを再構築することになる。

【阿部健一】

⇒C大気汚染と呼吸器疾患 *p62*　D生態地域主義へ *p200*　Dラムサール条約 *p232*　E環境意識 *p554*　E環境と福祉 *p560*　E環境思想 *p564*　E環境倫理 *p576*　E未来可能性 *p582*

〈文献〉小田康徳編 2008．米本昌平 1994．阿部健一 1998．

地球地域学領域 小括

エコソフィーの再定礎

渡邉紹裕

地球環境問題が国際的に大きく取り上げられるようになったのは40年以上も前のことである。そして、その解決が最大の課題となるはずの「環境の世紀」21世紀も、すでに10年が経過した。この間、地球温暖化の進行、生物多様性・生態系の劣化・破壊、資源の枯渇やさまざまな汚染などの問題は、関心が高まり、本格的な取組みも進んできてはいるが、危機から脱したとはいえず、さらに深刻化しているようにみえる。

地球環境問題は人類の存立を脅かすものと理解されてはいるものの、社会も個々の人びとも、やはり経済の発展や日々の便利さを求め、「何とかなる」とどこかで考えているように思える。それは、「もう止めることはできない」という諦念でも、これまで繰り返してきた「技術革新で解決できる」という期待でもなく、「未来を可能にする知があるはずだ」という確信が、DNAのように心身に刻まれていることによるのではないかと感じられる。

その知は、「あったはず」などというようなすでに失われてしまったものではない。一部は細々と受け継がれ、かすかな痕跡となっているものもあろうが、それぞれの地域では今なお力強く働いているはずのものである。それを、本当に地球環境問題の解決を図り、人類の未来につなげるものとするには、改めてその具体的な中身や働きと、確実に働かせる仕組みを問わねばならない。それが、この知、すなわちエコソフィーの新たな定礎である。

エコソフィーは、これまで地域の自然に適合し、それを巧みに利用し、変化に順応しながら、安らかで豊かな暮らしを支えてきた。また、それぞれの地域や時代においてさまざまに、そしてしなやかに変容してきた。現在の大量で高速の世界規模の人やモノの移動の中では、その再定礎は、個別の地域の範囲を越えて、地域をまたぎ、地域と世界をつなぐ統治の体系をめざすべきものとなる。その過程では、地球規模の現象を地球規模で把握するという、衛星観測や情報処理の技術の革新に支えられた知見が有効に活用されるであろう。また、地球規模の現象の把握が個別の地域で起こっていることの理解に役立ち、逆に、地域レベルの問題の詳細な観測や分析が、地球規模の現象の理解を深めるであろう。

それぞれの地域の独特の知を大事にしながら、それを共有することと、地球規模でのまとめの中から浮かび上げる統合知を目指すこと。つまり、地域の知を「分けること」と「繋ぐこと」「括ること」を組み合わせてエコソフィーを再定礎すること。それが、未来可能性に向けて「環境の世紀」の光明になりうると信じたい。

乾燥地を耕す（トルコ、アドゥヤマン県、2010年）

付録

グロッサリー

＊本文中で言及のあった用語のうち、専門性が高い言葉には*を付し、ここで解説する。

CSR

Corporate Social Responsibility の略で、通常は「企業の社会的責任」と訳される。企業は社会的存在として、最低限の法令遵守とともに、利益を生み出すという責任を果たすだけではなく、あらゆるステークホルダー（消費者や投資家、さらに社会全体）のさまざまな要請に応えて、さらに高いレベルの社会への貢献や情報公開を自ら進んで行う責任があるという考えをいう。その責任そのものを指すこともあり、この考えによる企業活動を CSR 活動という。

ESSP

Earth System Science Partnership の略で、地球システム科学パートナーシップと訳される。国際科学議会（ICSU）によって設けられた、4 つの地球変化プログラム、すなわち、生物多様性科学国際協同プログラム（DIVERSITAS）、地球圏-生物圏国際協同研究計画（IGBP）、地球環境変化の人間社会側面に関する国際研究計画（IHDP）、世界気候研究計画（WCRP）による国際共同イニシアティブである。人間生活にとって重要な関わりをもつ地球システムの変化に焦点を当てて、「全地球水システムプロジェクト」や「地球変化および人間の健康」など複数の国際プロジェクトを実施し、国際的な科学会議を 5 年に 1 度開催している。

GISP2

➡グリーンランド氷床コア計画

GRIP

➡グリーンランド氷床コア計画

IntCal09 較正データ

資料中に含まれる ^{14}C の濃度から機械的に算出される ^{14}C 年代（モデル年代）を暦年代へ換算するために用いられる較正データセットである。現代から 6 万年前までの暦年代範囲について利用可能である。年輪年代が確定された、主として欧米産の樹木年輪を中心に ^{14}C 年代測定を行って作られる。1986 年版からパソコンベースの年代較正が可能となった。新しいデータを追加しつつ改訂が繰り返され、最新版は 2009 年に公表された。

NGRIP

➡グリーンランド氷床コア計画

OH ラジカル

ラジカルとは、通常は 2 個 1 組で軌道上を回転している電子が何らかの条件で 1 つになっている原子の状態で、非常に不安定であり、周りの原子や分子から電子を奪おうとするためにきわめて反応性が高い。水酸基ラジカル（OH ラジカル）は、その大気混合比が 1 兆分の 1 と非常に低いにもかかわらず、大気中の化学反応を触媒的に引き起こしやすい物質なので、大気中の有機物質や無機物質を酸化する反応において主要な役割を演じる。

SARS

Severe Acute Respiratory Syndrome の略で、重症急性呼吸器症候群と訳される。2002～2003 年にかけて中国、北米、東南アジア等で流行し、約 8000 人が発症し約 800 人が死亡し、大きな社会経済的影響をもたらした。キクガシラコウモリ属か近縁のコウモリを自然宿主とする新型コロナウイルスによる新興感染症。主に飛沫感染や患者の分泌物との接触で感染するため、治療にあたった医療関係者が多く感染した。

UV-B

紫外線（UV: ultraviolet）は、波長が可視光線より短い 10～400 nm の電磁波である。人間の健康や環境への影響の観点から、波長 400～315 nm を UV-A、315～280 nm を UV-B、280 nm 未満を UV-C と分ける。UV-A、UV-B はオゾン層を通過、地表に到達する。地表に到達する紫外線の 99% が UV-A である。

アイスアルジー

海氷の底部または内部に付着し繁殖する藻類のこと。分類的にはケイ酸質の殻をもつケイ藻の仲間が多い。海氷底部もしくは氷中のブラインの中で、氷を透過した太陽光をつかって光合成により繁殖する。海氷のないときには、海中を漂う植物プランクトンとして生活している。

アグロフォレストリー

森林業と農業を組み合わせた複合的な農法を指す。樹木を植栽した森林の樹間を利用して、多様な種類の農作物を栽培し、家畜の飼育をおこなう。森林の生物多様性を維持し、土壌流失の防止、家畜排泄物の土壌への還元を通じて、環境保全、資源管理、貧困層の収入源の提供など、複合的な利点をもつことで注目されている。地域の環境や経済条件によって、多種多様な形態があり、熱帯圏の途上国で盛んである。

アリー効果

生物の個体密度が増加することによって、それぞれの個体が生存や繁殖に有利になること。動物では密度の増加に伴って繁殖相手がみつけやすくなったり、集団をつくることで天敵に対する集団防御が働いたり、あるいは植物が集団で咲くことによって送粉者を引き寄せやすくなったりする例が知られている。

アルベド
地球に入射する太陽光のうち、地表面が光を反射する割合のこと。森林やアスファルトなどの色の濃い地面はアルベドが低く、雪面などの色の薄い地面はアルベドが高い。アルベドが高いと、地表面は加熱されにくい。

磯焼け
沿岸の磯において海藻の群落（藻場）が季節・年々変動の範囲を超えて枯死消失し、磯場が長期間回復しないことを指す。磯場は、魚類をはじめ海生生物の生活・産卵の場を提供しており、磯場の消失は漁獲量、沿岸生態系に影響を及ぼす。原因には、海流変化、海水温上昇、ウニ等による食害、出水時の大量の土砂流入、栄養塩（窒素、リン、鉄など）の欠乏、など諸説あるが、複数要因の複合と考えるのが妥当と思われる。

インベントリー
もともと商品や財産の目録あるいは目録づくりのこと。そこから保全生態学などの分野で、ある地域に生息する生物の総目録あるいは総目録を作成する調査を指すことばとして用いられる。

栄養繁殖
挿し木、接木など、種子での繁殖によらない植物の繁殖方法。

エコトーン
陸域と水域、草原と森林、淡水と海水など、質の異なる環境が接している場所のこと。移行帯あるいは推移帯とも呼ばれる。水環境や光環境、あるいは塩分濃度などが連続的に変化するため、それぞれの条件に適した生物が生息しており、種多様性が高い。

エルニーニョ現象
太平洋赤道域の日付変更線付近から南米のペルー沿岸にかけて海面水温が約 1 年間平年より高くなる現象。逆に、海面水温が平年より低い状態が続く現象はラニーニャ現象と呼ばれる。

エンマーコムギ
コムギ属を形成する 4 倍性種で、世界に広まったパンコムギの祖先のひとつ。

外部経済と外部不経済
外部性とは、個人や企業の行動が、当事者以外の行動に影響を与えること。プラスの影響を与える場合は外部経済であり、マイナスの影響を与える場合が外部不経済という。たとえば、道路建設によって道路周辺住民が便利になることが外部経済であり、反対に自動車交通量が増えたことで大気汚染の被害を受けることが外部不経済である。

海洋大循環
海水の密度差によって駆動される熱塩循環と海表面風によって駆動される風成循環とを合わせて海洋大循環と呼ぶ。中・高緯度では地球自転の影響で大陸東岸側に黒潮やメキシコ湾流などの強流帯が形成される。北上するメキシコ湾流は極域で冷却されて数百メートル以深に沈み込み、世界の海洋を循環する。海洋大循環は太陽からの熱を地球上各地へ運び、極域と赤道域の気温差を緩和するとともに、長期の気候変動に寄与している。

海洋の炭素リザーバー効果
地球上の炭素は、大気圏、水圏、生物圏、土壌圏などにさまざまな化合物として存在し、さらに各圏間を移動する。^{14}C が合成される大気圏内では、^{14}C は CO_2（二酸化炭素）として大気と共に混合されほぼ均一である。生物圏や土壌圏では炭素は有機物として固定されており、固定された炭素資料（地層中の木材や人骨など）の年代測定が行われる。一方、水圏と大気圏間では炭素交換が行われているが、その交換速度は両圏間で ^{14}C 濃度が均一化するほど速くはなく、結果として、水圏では ^{14}C の放射性崩壊の効果により ^{14}C 濃度が大気圏よりも低い。これを、海洋（水圏の大部分）の炭素リザーバー効果と称する。一般に同年代の資料では、貝殻などの海産物の ^{14}C 年代は、木材などの陸産物より約 400 年古く得られ、この効果の補正が必要となる。

カーボンニュートラル
排出される CO_2（二酸化炭素）と吸収される CO_2 が同じ量である、という概念。事業活動などで生じる CO_2 の排出量を、植林や自然エネルギーの導入などによって相殺して実質的にゼロに近づける取組みのことをカーボンオフセット、あるいはカーボンニュートラル化とよぶ。

環境傾度
低緯度から高緯度、低標高から高標高、尾根から谷、湖沼の表層から底層などのように、温度や土壌の乾湿、光の強さなどの環境を構成する要素に連続的な変化がみられるさま。

完新世
最終氷期が終了した 1 万 2700 年前から現在までの地質時代で、従来の沖積世に相当する。急激な温暖化により大陸氷床が融解し、海面は氷期に比べて 100 m 以上も上昇している。とくに縄文時代初期（7500 年～5000 年前）はヒプシサーマルと呼ばれ、太陽活動が活発で、気温は現在より 2～3℃ほど高く、日本では照葉樹林が現在より広く分布し、最も温暖な時期であった。

休眠
植物の種子、球根、および芽などが好ましくない環境下で成長を停止する適応現象のひとつ。一般には野生種が休眠性を有しているのに対して栽培種では消失している。

近交弱勢
他殖性植物や動物を数代にわたって自殖、あるいは近親交配を繰り返すことで、脆弱な生育を示す個体が現れること。

菌根菌
菌根とよばれる共生体をつくって、植物と共生する菌類のこと。菌根には、植物の根を包み込んで鞘状の菌糸を形成する外生菌根をはじめ、VA 菌根、エリコイド型菌根、ラン型菌根などのタイプがある。菌根菌は土壌中に張り巡らした菌糸から、主としてリン酸や水分を吸収して宿主植物に供給し、代わりに植物が光合成で生産した炭素化合物を得ることで相利共生関係をもつとされるが、例外も多い。

グリーンランド氷床コア計画
1966 年にグリーンランド北西部の米軍のキャンプセンチュリーで氷床コアの掘削が行われ、その中の水の同位体分析を行い気温の復元に成功した。その後、グリーンランド氷床コア計画（GISP）ではDye3地点で氷床コアを掘削する。その発展として、欧州のGRIPと米国のGISP2の2つの氷床コア計画で氷床の頂上において並行してコアを採取した。その結果、GRIPおよびGISP2において採取された氷床コアでは酸素同位体比に相違が見られる時期があり、原因究明のために北グリーンランド氷床コア計画（NGRIP）で深層掘削を行った。

グローカル化

グローバル（global）とローカル（local）をあわせた造語。地球規模と、個々の地域における事象が相互に影響しあい、または関連することを指す。地球温暖化は全球的な気候変化をもたらす一方、各地域では洪水、干ばつなどの災害、経済活動の変化などを起こす。為替や国際金融市場の国際的動向は、地域経済や農家の生産を直撃することがある。いずれも、地球と地域のつながりを前提とした、地域独自の対応や意思決定のあり方が重要となる。

再解析

気象予報の現場では、全球的な大気や地表面の観測値とモデルによる予報値を混合して、大気、地表面データを客観的な格子点データにする。ただし、数値予報システムは頻繁に変更されるので、気候変動研究への利用には不向きである。そこで、過去の観測データを同一のシステムで作成し直す「再解析」プロジェクトが、欧州、米国、日本の気象庁で実施されてきた。これらにより作成された客観解析データを再解析データと呼ぶ。

サシ

インドネシア東部島嶼部（マルク諸島、西パプア、北スラウェシなど）で広範囲に見られる村落基盤型の資源管理慣行で、陸域・海域の特定地域への立ち入りや、特定資源の収穫を一定期間制限するものである。

サフル大陸

氷期にニューギニア島、オーストラリア大陸、タスマニア島が現在は大陸棚になっている部分とともに形成していた一連の大陸。

充足経済

タイのプミポン国王が1974年に提示した仏教的原理に依拠した経済思想。国民全員が食べるものが十分あり、生活に満足する経済が重要であるとの観点から、心（人格）、社会（共同体）、自然資源の利用、技術革新、経済の各領域における均衡が求められる。1997年のアジア通貨危機以降、改めて強調され、最近は農業分野だけではなく、他のビジネス分野への応用についても検討されている。

シルト

地質学的、土壌学的に若干定義は異なるが、岩石由来の砕屑物ないしは土壌を粒度（粒径）で分類したもの。地質学的には砕屑物の粒度が1/16 mm～1/256 mmのものを、土壌学的には土壌粒子の0.02 mm～0.002 mmのものをシルトとよぶ。

深層循環

主に中深層（数百m以深）で起こる地球規模の海水循環。水温と塩分に起因する海水の密度差により駆動される熱塩循環として主に解釈される。北大西洋と南大洋で冷却され、重くなった海水は中深層へ沈降する。北太平洋で沈降した海水は南向きに流れ、赤道を越えて南極大陸へ向かい、さらにはインド洋や北東太平洋に達して再び表層に戻る。深層循環は熱や物質（固体、溶存物質、ガス）を運んで地球上を移動するため、気候変動に大きな影響を与えている。

スラブ派の伝統的自然観

スラブ派は19世紀に現れたロシアの思想潮流で、西欧近代が合理主義や形式主義の普遍化によって個人主義や物質主義を招き、世界の有機的統一性を喪失させたと批判した。そして西欧の対極として、スラブ民族には農村共同体、大地主義、神秘主義など、人間と自然の調和的状態を基本とする精神が保持されていると主張した。

第四紀

人類紀とも呼ばれ、ヒト属が出現し、進化と繁栄を遂げた時代である。その始まりは古人類学研究の進展に伴い、従来の180万年前から現在はガウス/マツヤマ地磁気境界の258万8000年前とされている。氷期―間氷期が約10万年の間隔で繰り返す現在の気候システムが明瞭になった時代で、更新世と完新世に細分されている。

脱粒性

野生のイネ科植物で、熟した種子が母体から自動的に離脱する現象。作物の種子は成熟後も母体から落ちず、これを非脱粒性という。

チェルノーゼム

黒色で物理性・化学性が良好な肥沃な土壌のこと。一般に7～15%ほどの腐植質を含み、リン酸やアンモニウムも多量に含む。東欧、北米、中国東北部など世界各地に存在する。農業に適しており、とくにウクライナからシベリア南部にかけてはチェルノーゼムが広く分布しコムギの栽培が盛んに行われている。

デトリタス

動植物や微生物の遺体や、排泄物、落葉、枯死根などの生物由来の有機物。

田畑輪換

水田を乾かして畑状態にし、ここに数年間畑作物を栽培した後、再び水田にもどすことを繰り返し行う耕地の利用法。

トーテミズム

ある人間集団が特定の種の動植物、あるいは他の事物と特殊な関係をもっているとする信仰、およびそれに基づく制度。

ナショナルトラスト

元来、歴史的名所や自然景勝地を保護するため、1895年に英国で設立されたボランティア団体。その後、自然や文化の遺産を維持・管理し、未来へと継承する非営利的な活動組織として世界中に展開した。当該の建造物や景観地を買い上げ、自治体に買い取りと保全を求める運動が主流であり、環境破壊の防止と持続的な観光開発を推進する母体として注目されている。日本では1983年の天神崎（田辺市）保全活動が事実上、最初の運動となった。

バイオマス

特定地域に生息する、あるいは特定の生態系を構成する生物の総量あるいはグループ別の総量のことで、一般には単位面積あたりの質量（乾燥重量）またはエネルギー量で数値化する。生物体量、生物量、生体量などの訳語があり、植物では現存量と同義。ここから転じて、生物由来の資源あるいは資源量という意味で、化石資源を除いた、再生可能な生物由来の有機性資源をさすこともある。後者のバイオマスには、これまで長く使われてきた薪や炭に加えて、バイオマスエタノールなどの各種バイオマス燃料があり、廃棄物系バイオマス（古紙、家畜糞尿、食品廃棄物、建築廃材、生ゴミ、下水汚泥など）や低利用バイオマス（稲わら、麦わら、間伐材など）の効率的な活用も検討されている。

倍数進化

とくに植物で、遺伝情報の担い手である染色体のセット（ゲノム）が整数倍に増えることで果たした進化のこと。

暴露

人体が環境中の有害な化学物質の影響を受けることを指し、放射線、紫外線、環境ホルモン（外因性内分泌攪乱物質）、農薬、殺虫剤、防腐剤、食品添加物などに由来する。有害化学物質は、大気、水、土壌、食品、家屋などの媒体に存在し、暴露の量により、ガン、アレルギー、神経症、知能低下など悪影響が人体におよぶ。暴露量は、媒体中の化学物質濃度（ppm/g など）と摂取量（g/日など）の積を媒体種類ごとに総和した暴露係数で評価する。

ハプロタイプ

生物が持つ遺伝情報で、父親、あるいは母親に由来する DNA のセットのこと。なお、この語は原則母からのみ子に伝わる細胞質の DNA についても使われる。

フェアトレード

公平貿易ないし公正取引のこと。発展途上国産の商品を先進諸国と取引するさいの公正性の担保を目指す運動。国際市場では、貿易における高い関税が設定されたり、コーヒー、カカオ、バナナなどの食料や綿花・油料作物、衣料・手工芸品などの国際市場価格の変動により、不当に安価な生産者価格が設定されることが多い。このため、途上国の生産者と労働者は経済的に不利益な状況にあり、生産現場での乱開発や環境破壊の温床ともなっている。こうした事態を改善し、途上国の生産セクターの経済的自立と貧困の克服を図るため、通常の国際市場価格よりも高めに設定した価格を取り入れることを運動は主張している。国際貿易の制度的な公平性が実現できるかどうかが鍵となっている。

フェノロジー

生物季節のこと。季節的に起きる動植物が示す現象や行動、あるいはそれらと気候や気象との関係。植物の発芽、芽吹き、開花、紅葉、落葉、あるいは渡り鳥の渡来や帰去、鳥や昆虫の初鳴きなどがよく注目される季節現象。

フラックス

エネルギーや物質が単位時間、単位面積あたりに出入りする量（フラックス密度）。地球環境学では、地表面を鉛直的に出入りするフラックスが重要であり、これは地表面フラックスと呼ばれる。草地では高さ数メートル、森林では高さ数十メートルの観測タワーを用いて、渦相関法などの空気力学的手法により 30-60 分平均値として測定できる。

ベルグマン・アレンの法則

恒温動物の同種あるいは近縁の種で、寒冷な地に棲むものほど体が大きくなる現象をベルグマンの法則、また、耳や手足、尾など突出部が短くなる現象をアレンの法則といい、ともに、寒冷な気候への適応と理解されている。

ベントス

水域に生息する生物のうち、水底に生息する生物の総称で、底生生物ともいう。水生生物の生活型のひとつで、他には、ニューストン（水表生物）、プランクトン（浮遊生物）、ネクトン（遊泳生物）がある。

ポドゾル

寒冷湿潤気候の針葉樹林下に分布する成帯性土壌で、厚い堆積腐食の下に溶脱層と、その下に集積層をもつ酸性土壌である。溶脱層は酸性腐植により鉄やアルミニウムが洗脱した灰白色で、集積層はそれらが沈着した黒褐色ないし赤褐色の集積層で明瞭に分化している。このような土壌生成作用による土層の分化をポドゾル化作用という。

ポトラッチ

北米の北西海岸先住民にみられる贈答の儀式。地位や財力を誇示するために、ある者が気前のよさを最大限に発揮して高価な贈り物をすると、贈られた者はさらにそれを上回る贈り物で返礼し互いに応酬を繰り返し、富を消尽する場合がある。

ラテライト

成帯性土壌で熱帯に分布する赤色の土壌で、塩基類が洗脱されケイ素や鉄、アルミニウムなどの重金属によって固化した結石のこと。栄養塩類に乏しいため農業には向かないが、ブロック状に切り出したものは、必要に応じて硬化させ煉瓦などの建築資材として使われる。

リザーバー分子

Cl や ClO のように、寿命が短く反応性の高い分子をラジカル種と呼ぶのに対し、HCl や $ClONO_2$ のように、安定で化学的寿命の長い分子をリザーバー分子とよぶ。塩素のリザーバー分子は直接オゾンを破壊しないが、塩素の溜まり（リザーバー）となり、オゾンを破壊する潜在的要因となる。

レス

風によって舞い上がり運搬され堆積した風成堆積物で世界の約 10 分の 1 を覆っている。レスは灰色～淡黄色で透水性は高いが団粒構造を作りにくい。主な供給源は砂漠と融氷流水堆積物であり、これらが風による運搬によって再堆積したものがレスである。中国の黄土高原は代表的なレス地帯である。

ロシア正教的自然観

ロシアでの信仰生活で非常に重要な地位を占める修道院は、世俗から離れた自然の奥地での清貧生活に基づいている。またロシア正教における守護聖人には樹木崇拝を起源に持つ場合が多く、森林に囲まれた木造教会建築の古い伝統もある。19 世紀に隆盛となったソボルノスチ（信仰共同体思想）はロシアの伝統的な農村共同体を基礎とした信仰生活を説いている。

図表一覧

＊本文中で使用した図版と表につき、出現順にタイトルを並べた。内容を明示するため、一部タイトルに変更を加えたものがある。

循環

●総論

●循環の急激な変化と地球環境問題

●循環の拡大・断絶と地球環境の劣化

●循環の重層化と新しいつながり

●循環型社会の創出

多様性

●多様性とその機能

●危機に瀕する多様性

●支え合う生物多様性と文化

●多様性を継続させるしくみ

資源

●生産と消費

●食と健康

●資源観とコモンズ

●資源管理と協治

文明環境史

●文明環境史の問題意識

●文明環境史論の方法

●文明の興亡と地球環境問題

●地域社会の環境問題と持続可能性

地球地域学

●地域環境問題

略号一覧

＊本文中で使用した略号につき、正式名称と日本語名称をアルファベット順に配列した。

ABS：Access and Benefit-Sharing
遺伝資源へのアクセスと利益配分
ACTMANG：Action for Mangrove Reforestation
マングローブ植林行動計画
AEWC：Alaska Eskimo Whaling Commission
アラスカ・エスキモー捕鯨委員会
AIDS：Acquired Immune Deficiency Syndrome
エイズ（後天性免疫不全症候群）
APEC：Asia-Pacific Economic Cooperation
アジア太平洋経済協力
BHC：Benzene Hexachloride
ベンゼンヘキサクロライド
BP：Before Present
現在から遡って
BPP：Beneficiaries Pay Principle
受益者支払原則
BR：Biosphere Reserve
生物圏保存地域
BSE：Bovine Spongiform Encephalopathy
牛海綿状脳症
CBD：Convention on Biological Diversity
生物多様性条約
CBO：Community Based Organization
地域社会組織
CDIAC：Carbon Dioxide Information Analysis Center
二酸化炭素情報分析センター
CDM：Clean Development Mechanism
クリーン開発メカニズム
CI：Conservation International
コンサベーション・インターナショナル
CIAM：Congrès International d'Architecture Moderne
近代建築国際会議
CIMMYT：Centro Internacional de Mejoramiento de Maíz y Trigo
国際トウモロコシ・コムギ改良センター
CITES：Convention on International Trade in Endangered Species of wild fauna and flora
絶滅のおそれのある野生動植物の種の国際取引に関する条約（ワシントン条約）
CJD：Creutzfeldt-Jakob Disease
クロイツフェルト・ヤコブ病
COP：Conference Of the Parties
締約国会議
CRTF：Coral Reef Task Force
サンゴ礁特別委員会（米国）
CSR：Corporate Social Responsibility
企業の社会的責任
CVM：Contingent Valuation Method
仮想評価法（環境評価法）
CoC：Chain of Custody
生産・流通・加工過程の管理認証（CoC 認証）
CoML：Census of Marine Life
海洋生物センサス
DALYs：Disability Adjusted Life Years
障害を調整した生存年数
DDT：Dichloro-diphenyl-trichloroethane
ジクロロジフェニルトリクロロエタン
DOBES：Dokumentation Bedrohter Sprachen（Documentation of Endangered Languages）
消滅の危機にある言語の記録
EABRN：East Asian Biosphere Reserve Network
東アジア生物圏保存地域ネットワーク
EANET：Acid Deposition Monitoring Network in East Asia
東アジア酸性雨モニタリングネットワーク
EEA：European Environment Agency
欧州環境庁
EKC：Environmental Kuznets Curve
環境クズネッツ曲線
ELDP：Endangered Languages Documentation Programme
危機言語の記録に関する補助金プログラム
ENB：Earth Negotiations Bulletin
地球交渉会報
ENSO：El Niño and Southern Oscillation
エルニーニョと南方振動
ESSP：Earth System Science Partnership
地球システム科学パートナーシップ
EU：European Union
欧州連合
FAD：Food Availability Decline
食料供給低減
FAO：Food and Agriculture Organization of the United Nations
国際連合食糧農業機関
FSC：Forest Stewardship Council
森林管理協議会
GATT：General Agreement on Tariffs and Trade
関税と貿易に関する一般協定
GEOSS：Global Earth Observation System of Systems
全球地球観測システム
GLASOD：The Global Assessment of Human-induced Soil Degradation
砂漠化評価会議
GMO：Genetically Modified Organism
遺伝子組換え作物（生物）

GNH：Gross National Happiness
国民総幸福度
HDI：Human Development Index
人間開発指数
HIV：Human Immunodeficiency Virus
ヒト免疫不全ウィルス
HNLC：High-Nutrient Low-Chlorophyll
高栄養塩低クロロフィル
HPI：Human Poverty Index
人間貧困指数
HYVs：High Yielding Varieties
高収量品種
IAIA：International Association for Impact Assessment
国際影響評価学会
IBP：International Biological Program
国際生物学事業計画
IBPGR：International Broad for Plant Genetic Resources
国際遺伝資源委員会
ICOMOS：International Council on Monuments and Sites
国際記念物遺跡会議
ICS：International Commission on Stratigraphy
国際層序委員会
IEA：International Energy Agency
国際エネルギー機関
IGBP：International Geosphere-Biosphere Programme
地球圏－生物圏国際共同研究計画
INBio：Instituto Nacional de Biodiversidad
国立生物多様性研究所（コスタリカ）
IP：Internet Protocol
インターネットプロトコル
IPCC：Intergovernmental Panel on Climate Change
気候変動に関する政府間パネル
IR3S：Integrated Research System for Sustainability Science
サステイナビリティ学連携研究機構
IRBM：Integrated River Basin Management
統合的流域管理
IRENA：International Renewable Energy Agency
国際再生可能エネルギー機関
IRRI：International Rice Research Institute
国際稲研究所
ISME：International Society for Mangrove Ecosystems
国際マングローブ生態系協会
ISO：International Organization for Standardization
国際標準化機構
ITPGR：International Treaty on Plant Genetic Resources for Food and Agriculture
食糧農業植物遺伝資源国際条約
ITTO：International Tropical Timber Organization
国際熱帯木材機関
IUCN：International Union for Conservation of Nature and Natural Resources
国際自然保護連合
IWC：International Whaling Commission
国際捕鯨委員会
IWRM：Integrated Water Resource Management
統合水資源管理
J-BON：Japanese Biodiversity Observation Network
日本生物多様性観測ネットワーク
JCCCA：Japan Center for Climate Change Actions
全国地球温暖化防止活動推進センター（日本）
JICA：Japan International Cooperation Agency
国際協力機構（日本）
LCA：Life Cycle Assessment
ライフサイクルアセスメント
LETS：Local Exchange Trading System
地域交換取引制度
LMO：Living Modified Organism
遺伝子組換え生物
MA：Millennium Ecosystem Assessment
ミレニアム生態系アセスメント
MAB：Man and the Biosphere Programme
人間と生物圏計画
MDGs：Millennium Development Goals
ミレニアム開発目標
MHC：Major Histocompatibility Complex
主要組織適合抗原（遺伝子）複合体
MPA：Marine Protected Areas
海洋保護区
MSC：Marine Stewardship Council
海洋管理協議会
MTCC：Malaysia Timber Certification Council
マレーシア木材認証協議会
MVP：Minimum Viable Population
最小存続可能個体数
NCWCD：National Commission for Wildlife Conservation and Development
野生生物保護委員会（サウジアラビア）
NGOs：Non-Governmental Organizations
非政府組織
NOAA：National Oceanic and Atmospheric Administration
国立海洋大気圏局（アメリカ）
NOWPAP：NorthWest Pacific Action Plan
北西太平洋地域海行動計画
NPO：Non-Profit Organization
非営利団体
NTFPs：Non-Timber Forest Products
非木材林産物
OAU：Organization of African Unity
アフリカ統一機構
OBIS：Ocean Biogeographic Information System
海洋生物地理学情報システム
OECD：Organization for Economic Co-operation and Development
経済協力開発機構
OISCA：Organization for Industrial, Spiritual and Cultural Advancement-International
財団法人オイスカ（産業精神文化推進機構）
PBDE：Polybrominated diphenyl ether
ポリ臭素化ジフェニールエーテル
PCB：Polychlorinated biphenyl
ポリ塩素化ビフェニール
PCDD：Polychlorinated dibenzo-para-dioxin
ポリ塩化ジベンゾ-パラ-ジオキシン
PCDF：Polychlorinated dibenzo furan
ポリ塩化ジベンゾフラン
PEFC：Programme for the Endorsement of Forest Certification Schemes
PEFC 森林認証プログラム
PES：Payment for Environmental Services
環境サービスに対する支払い
POPs：Persistent Organic Pollutants
残留性有機汚染物質
PPP：Polluter Pays Principle
汚染者負担の原則

QOL：Quality of Life
生活の質
REAS：Reagional Emission Inventory in Asia
アジア域排出インベントリー
REDD：Reduced Emissions from Deforestation and forest Degradation
森林減少・劣化からの温室効果ガス排出削減
RP：Revealed Preferences
顕示選好法（環境評価手法）
SARS：Severe Acute Respiratory Syndrome
重症急性呼吸器症候群
SEK：Scientific Ecological Knowledge
科学的生態知識
SFI：Sustainable Forestry Initiative
持続可能な森林イニシアティブ
SP：Stated Preference
表明選好法（環境評価手法）
SPM：Suspended Particulate Matter
浮遊性粒子状物質
TEK：Traditional Ecological Knowledge
伝統的生態学知識
TFR：Total Fertility Rate
合計出生率
TRIPS：Agreement on Trade-Related Aspects of Intellectual Property Rights
知的所有権の貿易関連の側面に関する協定
UNAIDS：Joint United Nations Programme on HIV/AIDS
国連合同エイズ計画
UNCCD：United Nations Convention to Combat Desertification
砂漠化対処条約
UNCED：United Nations Conference on Environment and Development
国連環境開発会議
UNDP：United Nations Development Programme
国連開発計画
UNEP：United Nations Environment Programme
国連環境計画
UNESCO：United Nations Educational, Scientific and Cultural Organization
国際連合教育科学文化機関（ユネスコ）
UNFCCC：United Nations Framework Convention on Climate Change
気候変動枠組条約
WCED：World Commission on Environment and Development
環境と開発に関する世界委員会（ブルントラント委員会）
WHO：World Health Organization
世界保健機関
WIPO：World Intellectual Property Organization
世界知的所有権機関
WMO：World Meteorological Organization
世界気象機関
WSSD：World Summit on Sustainable Development
国連持続可能な開発に関する世界首脳会議
WTO：World Trade Organization
世界貿易機関
WTO 協定：Marrakesh Agreement Establishing the World Trade Organization
世界貿易機関を設立するマラケシュ協定
WTP：Willingness To Pay
支払意思額（環境評価法）
WWF：World Wildlife Fund
世界自然保護基金
WWW：World Wide Web
ワールドワイドウェブ
WoRMS：World Register of Marine Species
世界海洋生物登記簿

参照文献一覧

＊項目末尾に掲載した参照文献の書誌データを著者のアルファベット順、五十音順に配列した。欧文の論文は“　”、書名はイタリックで、和文の論文は「　」、書名は『　』で示した。刊行年の後ろの（　）は、初版刊行年もしくは原著刊行年を示す。ここに掲載がないものは参照ＵＲＬ一覧を参照されたい。

A〜Z

Adler, Ds., O. Bar-Yosef, A. Belfer-Cohen, N. Tushabramishvili, E. Boaretto, N. Mercier, H. Valladas & W.J. Rink 2008. "Dating the demis: Neandertal extinction and the establishment of modern humans in the southern Caucasus." *Journal of Human Evolution.* 55: 817-833.

Agrawal, A. 2005. *Environmentality: Technologies of Government and the Making of Subjects.* Duke University Press.

Agrawal, A. & C. C. Gibson, eds. 2001. *Communities and the Environment: Ethnicity, Gender, and the State in Community-Based Conservation.* Rutgers University Press.

Ajzen, I. 1985. "From intentions to actions: a theory of planned behavior." In Kuhl J. & Beckmann J., eds., *Action Control: From Cognition to Behavior.* Springer.

Akimichi, T. 2008. "Changing property regimes in the aquatic environments of the Lower Mekong Basin in southern Laos and northern Thailand." *TROPICS.* 17(4): 285-294.

Albrecht, B. A. 1989. "Aerosols, cloud microphysics and fractional cloudiness." *Science.* 245: 1227-1230.

Allan, J. A. 1998. "Virtual water: a strategic resource." *Global Solution to Regional Deficits, Groundwater.* 36(4): 545-546.

Alley, R.B. 2000. "The Younger Dryas: cold interval as viewed from central Greenland." *Quaternary Science Reviews.* 19: 213-226.

Alley, R.B., D.A. Meese, C.A. Shuman, A.J. Gow, K.C. Taylor, P.M. Grootes, J.W.C. White, M. Ram, E.D. Waddington, P.A. Mayewski & G.A. Zielinski 1993. "Abrupt increase in snow accumulation at the end of the Younger Dryas event." *Nature.* 362: 527-529.

Alvarez, L. W., W. Alvarez, F. Asaro & H. V. Michel 1980. "Extraterrestrial Cause for the Cretaceous-Tertiary Extinction." *Science.* 208: 1095-1107.

Anderson, R.S., P.R. Brass *et al.* 1982. "Science, politics, and the agricultural revolution in Asia." *Westview Press.*

Ankei, Y. 2002. "Community-based conservation of biocultural diversity and the role of researchers: examples from Iriomote and Yaku Islands, Japan and Kakamega Forest, West Kenya." *Bulletin of the Graduate Schools.* 3: 13-23. Yamaguchi Prefectural University.

Aoki, K. & W. Nakahashi 2008. "Evolution of learning in subdivided populations that occupy environmentally heterogeneous sites." *Theoretical Population Biology.* 74: 356-368.

Aoki,T., I. Hirono, K. Kurokawa, H. Fukuda, R. Nahary, A. Eldar, A.J. Davison, T.B. Walzek, H. Bercovier & R.P. Hedrick 2007. "Genome sequences of three koi herpesvirus isolates representing the expanding distribution of an emerging disease threatening koi and common carp worldwide." *Journal of Virology.* 81: 5058-5065.

APEC-Marine Resource Conservation Working Group 1998. *Proceedings of the APEC Workshop on the Impacts of Destructive Fishing Practices on the Marine Environment, 16-18 December 1997.* Agriculture and Fisheries Department, Hong Kong.

Appadurai, A., ed., 1988. *The Social Life of Things: Commodities in Cultural Perspective.* Cambridge University Press.

Arnold, D. 1996. *The Problem of Nature: Culture and European Expansion.* Blackwell.

Arrow, K & G. Debreu 1954. "Existence of competitive equilibrium for a competitive economy." *Econometrica.* 22: 265-290.

Arrow, K., B. Bolin, R. Costanza, P. Dasgupta, C. Folke, C. S. Holling, B.-Q. Jansson, S. Levin, K.-G. Maler, C. Perrings & D. Pimentel 1995. "Economic growth, carrying capacity, and the environment." *Ecological Economics.* 15: 91-95.

Ashton, P.S. 1982. "Dipterocarpaceae." *Flora Malesiana.* 9(2): 237-552.

Auge, M. 1995. *Non-places: Introduction to an Anthropology of Supermodernity.* London: Verso.

Baidya, S.K., M.L. Shrestha & M.M. Sheikh 2008. "Trends in daily climate extremes of temperature and precipitation in Nepal." *Journal of Hydrology & Meteorology.* 5.

Balon, E.K. 1995. "Origin and domestication of the wild carp, *Cyprinus carpio* from Roman gourmets to the swimming flowers." *Aquaculture.* 129: 3-48.

Balvanera, P., A.B. Pfisterer, N. Buchmann, J.S. He, T. Nakashizuka, D. Raffaelli & B. Schmid 2006. "Quantifying the evidence for biodiversity effects on ecosystem functioning and services." *Ecology Letters.* 9: 1146-1156.

Bar-Yosef, O. & R.H. Meadow 1995. "The origins of agriculture in the Near East." In Price, T.D. & A.B. Gebauer, eds., *Last Hunters-First Farmers: New Perspectives on the Prehistoric Transition to Agriculture.* School of American Research Press.

Barbier, E.B., J.C.Burgess, T.M.Swanson & D.W. Pearce 1990. *Elephants, Economics and Ivory.* Earthscan Publications Ltd.

Barbier, E.B., M. Acreman & D. Knowler 1997. *Economic Valuation of Wetlands: A Guide for Policy Makers and*

Planners. Ramsar Convention Secretariat.
Barnes, R.S.K. & K.H. Mann 1991. *Fundamentals of Aquatic Ecology*. 2nd ed., Blackwell Scientific Publications.
Barton, G.A. 2002. *Empire Forestry and the Origins of Environmentalism*. United Kingdom at the University Press.
Behrenfeld, M.J., J.T. Randerson, C.R. McClain, G.C. Feldman, S.O. Los, C.J. Tucker, P.G. Falkowski, C.G. Field, R. Frouin, W.E. Esaias, D.D. Kolber & N.H. Pollack 2001. "Biospheric primary production during an ENSO transition." *Science*. 291: 2, 594-2, 597.
Belgrano, A., U.M. Scharler, J. Dunne & R.E. Ulanowicz 2005. *Aquatic Food Webs: An Ecosystem Approach*. Oxford University Press.
Bellwood, P. 2005. *First Farmers: The Origins of Agricultural Societies*. Blackwell Publishing.
Bellwood, P. 2008. "How and why did agriculture spread?" Proceedings of Harlan II: An International Symposium on Biodiversity in Agriculture: Domestication, Evolution, and Sustainability, 14-18 September 2008, University of California.
Benjamin, P.G., J.W. Gunsalam, S. Radu, S. Napis, F.A. Bakar, M. Beon, A. Benjamin, C.W. Dumba, S. Sengol, F. Mansur, R. Jeffrey, Y. Nakaguchi & M. Nishibuchi 2005. "Factors associated with emergence and spread of cholera epidemics and its control in Sarawak, Malaysia between 1994 and 2003."『東南アジア研究』43(2): 109-140.
Bennett, D.H. 1986. *Inter-species Ethics: Australian Perspectives, A Cross-cultural Study of Attitude Towards Non-human Animal Species*. Department of Philosophy, Australian National University.
Berg, P. & R. Dasmann 1978. "Reinhabiting California." In P. Berg, ed., *Reinhabiting a Separate Country: A Bioregional Anthology of Northern California*. Planet Drum Foundation.
Berkes, F. 2004. "Rethinking community-based conservation." *Conservation Biology* 18(3): 621-630.
Berks, F., J. Colding & C. Folke 2003. *Navigating Social-Ecological Systems: Building Resilience for Complexity and Change*. Cambridge University Press.
Berthold-Bond, D. 2000. "The ethis of place: reflections on bioregionalism." *Environmental Ethics*. 22: 5-24.
Bhagwat, A.S. & C. Rutte 2006. "Sacred groves: potential for biodiversity." *Frontiers in Ecology and the Environment*. 4(10): 519-524.
Bietak, M. 1979. "Urban archaeology and the town problem in Ancient Egypt." In Weeks, K., ed., *Egyptology and the Social Sciences*. American University.
Biraben, J.N. 1979. "Essai sur levolution du nombre des hommes." *Population*. 341.
Björklund, A. & G. Finnveden 2005. "Recycling revisited." *Resources, Conservation and Recycling*. 44: 309-317.
Blanc, P. 2008. *The Vertical Garden: From Nature to the City*. Norton.
Blaustein, A.R. & D.B. Wake 1990. "Declining amphibian populations: a global phenomenon?" *Trends in Ecology and Evolution*. 5: 203-204.
Blaustein, A.R. & J.M. Kiesecker 2002. "Complexity in conservation: lessons from the global decline of amphibian populations." *Ecology Letters*. 5: 597-608.
Boden, T.A., G. Marland & R.J. Andres 2009. Global, Regional, and National Fossil-Fuel CO_2 Emissions. Carbon Dioxide Information Analysis Center, Oak Ridge National Laboratory, U.S. Department of Energy.
Bonan, G.B. 2008. "Forests and climate change: forcings, feedbacks, and the climate benefits of forests." *Science*. 320: 1444-1449.
Boon, J.M. 2004. "Sustainability of socio-economic activities in the community-based conserved mangroves: a comparative study between Samoa and Iriomote Island." PhD Dissertation, Department of Geography, Ochanomizu University.
Borenstein, E., M.W. Feldman & K. Aoki 2008. "Evolution of learning in fluctuating environments: when selection favors both social and exploratory individual learning." *Evolution*. 62: 586-602.
Borgerhoff-Mulder, M. 1998. "The demographic transition: are we any closer to an evolutionary explanation?" *Trends in Ecology and Evolution*. 13(7): 266-270.
Boroffka, N. 2010. "Archaeology and its relevance to climate and water level changes: a review." In Kostianoy, A.G. & Kosarev, eds., *The Aral Sea Environment*. The Handbook of Environmental Chemistry, No.7, Springer-Verlag.
Boroffka, N., H. Oberhansli, P. Sorrel, F. Demory, C. Reinhardt, B. Wunnemann, K. Alimov, S. Baratov, K. Rakhimov, N. Saparov, T. Shirinov, S.K. Krivonogov & U. Rohl 2006. "Archaeology and climate: settlement and lake-level changes at the Aral Sea." *Geomorphology*. 21: 721-734.
Bosch, J.M. & J.D. Hewlett 1982. "A review of catchment experiments to determine the effect of vegetation changes on water yield." *Journal of Hydrology*. 55: 3-23.
Boulding, K.E. 1964. *The Meaning of Twentieth Century*. Harper & Row.
Bowmann, A.K. & E. Rogan 1999. *Agriculture in Egypt: From Pharaonic to Modern Times*. Oxford University Press.
Broecker, W.S. 2006. "Was the Younger Dryas Triggered by a Flood?" *Science*. New Series 312: 1146-1148.
Brookfiled, H., H. Parsons & M. Brookfield, eds. 2003. *Agrodiversity: Learning from Farmers Across the World*. United Nations University Press.
Brown, L.R. 1968. "The agricultural revolution in Asia." *Foreign Affairs*. 46: 688-698.
Brunner, A.D. 2002. "El Niño and world primary commodity prices: warm water or hot air?" *Review of Economics and Statistics*. 84: 176-183.
Burch Jr., E.S. 2006. *Social Life in Northwest Alaska: The Structure of Inupiaq Eskimo Nations*.University of Alaska Press.
Burenhult, G., ed. 1993. *The First Humans: Human Origins and History to 10,000 BC*. Harper San Francisco.
Burgin, A.J. & S.K. Hamilton 2007. "Have we overemphasized the role of denitrification in aquatic ecosystems?: A review of nitrate removal pathways." *Frontiers in Ecolgy and the Environment*. 5(2): 89-96.
Burnet, M. & D.O. White 1972. *Natural History of Infectious Disease*. 4th ed., Cambridge University Press.
Caballero, B. 2005. "A nutritional paradox: underweight and obesity in developing countries." *The New England Journal of Medicine*. 352: 1514-1516.
Calder, I.R. 2005. *Blue Revolution: Integrated Land and Water Resources Management*. 2nd ed., Earthscan.
Callicott, J.B. 1994. *Earth's Insights: A Multicultural Survey of*

Ecological Ethics from the Mediterranean Basin to the Australian OutBack. California Press.
Cann, R.L., M. Stoneking & A.C.Waton 1987. "Mitochondrial DNA and human evolution." *Nature.* 329: 111-112.
Capone, D.G. & A.N. Knapp 2007. "Oceanography: A marine nitrogen cycle fix?" *Nature.* 445: 159-160.
Capone, D.G., J.A. Burns, J.P. Montoya, A. Subramaniam, C. Mahaffey, T. Gunderson, A.F. Michaels & E.J. Carpenter 2005. "Nitrogen fixation by trichodesmium spp.: An important source of new nitrogen to the tropical and subtropical North Atlantic Ocean." *Global Biogeochemistory Cycles* 19.
Carson, R. 1962. *Silent Spring.* Boston: Houghton Mifflin.
Caulfield, L.E., M. de Onis, M. Blossner, & R.E. Black 2004. Undernutrition as an underlying cause of child deaths associated with diarrhea, pneumonia, malaria, and measles. *American Journal of Clinical Nutrition.* 80: 193-198.
Cazelles, B., M. Chavez, A.J. McMichael & S. Hales 2005. "Nonstationary influence of El Niño on the synchronous dengue epidemics in Thailand." *PloS Medicine.* 2 (4): e106.
Chandler, T. 1987. *Four Thousand Years of Urban Growth: An Historical Census.* revised ed., Edwin Mellen Press.
Chapagain, A.K., A.Y. Hoekstra & H.H.G. Savenije 2006. "Water saving through international trade of agricultural products." *Hydrology and Earth System Sciences.* 10 (3): 455-468.
Childe, V.G. 2003 (1936). *Man Makes Himself.* Spokesman.
Childe, V.G. 1950. "The Urban Revolution." *The Town Planning Review.* 21(1): 3-17.
Christensen, H. 2002. *Ethnobotany of the Iban & the Kelabit.* Kuching: Forest Department Sarawak, University of Aarhus.
Cincotta, R.P., J. Wisnewski & R. Engelman 2000. "Human population in the biodiversity hotspots." *Nature.* 404: 990-992.
Cipolla, C.M. 1962. *The Economic History of World Population.* Pelican Books.
Cleaveland, S., M.K. Laurenson & L.H. Taylor 2001. "Diseases of humans and their domestic mammals: pathogen characteristics, host range and the risk of emergence." *Philosophical Transactions of the Royal Society of London. Series B: Biological Sciences* 356: 991-999.
Cleland, J. & C. Wilson 1987. "Demand theories of the fertility transition: an iconoclastic view." *Population Studies.* 41 (1): 5-30.
Coale, A.J. & S.C. Watkins, eds. 1986. *The Decline of Fertility in Europe.* Princeton University Press.
Colagiuri, S., R. Colagiuri, S. Na'ati, S. Muimuiheata, Z. Hussain & T. Palu 2002. "The prevalence of diabetes in the kingdom of Tonga." *Diabetes Care.* 25: 1378-1383.
Cole, D.H. 2002. *Pollution and Property: Comparing Ownership Institutions for Environmental Protection.* Cambridge University Press.
Conklin, B. & L. Graham 1995. "The shifting middle ground: Amazonian Indians and eco-politics." *American Anthropologist.* 97: 695-710.
Conservation International 2005. "The new hotspots." *Frontlines.* winter 2005: 6-11.
Cosgrove, D. 1984. *Social Formation and Symbolic Landscape: With a New Introduction.* The University of Wisconsin Press.
Costanza, R., R. d'Arge, R. de Groot, S. Farber, M. Grasso, B. Hannon, K. Limburg, S. Naeem, R. V. O'Neill, J. Paruelo, R. G. Raskin, P. Sutton & M. van den Belt 1997. "The value of the world's ecosystem services and natural capital." *Nature.* 387: 253-260.
Costello A., M. Abbas, A. Allen, S. Ball, S. Bell, R. Bellamy, S. Friel, N. Groce, A. Johnson , M. Kett, M. Lee, C. Levy, M. Maslin, D. McCoy, B. McGuire, H. Montgomery, D. Napier, C. Pagel, J. Patel, J.A.de Oliveira, N. Redclift, H. Rees, D. Rogger, J. Scott, J. Stephenson, J. Twigg, J. Wolff, C. Patterson 2009. "Managing the health effects of climate change: Lancet and University College London Institute for Global Health Commission." *Lancet.* 2009 May 16. 373: 1693-1733.
Cox, C.B. & P.D. Moore 2000. *Biogeography: An Ecological and Evolutionary Approach.* 6th ed., Blackwell Science.
Cramb, R. A. 2007. *Land and longhouse: Agrarian Transformation in the Upland Sarawak.* NIAS Press.
Cramer, W., A. Bondeau, F.I. Woodward, I.C. Prentice, R.A. Betts, V. Brovkin, P.M. Cox, V. Fisher, J.A. Foley, A.D. Friend, C. Kucharik, M.R. Lomas, N. Ramankutty, S. Sitch, B. Smith, A. White & C. Young-Molling 2001. "Global response of terrestrial ecosystem structure and function to Co_2 and climate change: results from six dynamic global vegetation models." *Global Change Biology.* 7: 357-373.
Crosby, A.W. 1986. *Ecological Imperialism: The Biological Expansion of Europe, 900-1900.* Cambridge University Press.
Crossland, C. J., H. H. Kremer, H. J. Lindeboom, J. I. M. Crossland & M. D. A. le Tissier 2005. *Goastal Fluxes in the Anthropocene.* Springer.
Dalrymple, D.G. 1971. *Survey of Multiple Cropping in Less Developed Nations.* Foreign Economic Development Service, United States Department of Agriculture.
Deevey, E. & R. Flint 1957. "Postglacial hypsithermal interval." *Science.* 125: 183-184.
Dehal, P. *et al.* (86 co-authors) 2002. "The draft genome of *Ciona intestinalis*: insights into chordate and vertebrate origins." *Science.* 298: 2111-2112.
Deutsch, C., J.L. Sarmiento, D.M. Sigman, N. Gruber & J.P. Dunne 2007. "Spatial coupling of nitrogen inputs and losses in the ocean." *Nature.* 445: 163-167.
Diamond, J. 1997. *Guns, Germs and Steel: The Fates of Human Societies.* W. W. Norton & Company Inc.
Diamond, J. 2005. *Collapse: How Societies Choose to Fail or Succeed.* Penguin Group (USA) Inc.
Dickson, B. 1987. "Circumscription by anthropogenic environmental destruction." *American Antiquity.* 52: 709-716.
Donelly, Jr., J.S. 2001. *The Great Irish Potato Famine.* Sutton Publishsing.
Draz, O. 1969. "The Hema System of Range Reserves in the Arabian Peninsula: Its Possibilities in Range Improvement and Conservation Projects in the Near East." FAO/PL: PFC/13. 11.
Duarte, C., J. Mauricio, PB. Pettitt, P. Souto, E. Trinkaus, H. van der Plicht & J. Zilhao 1999. "The early Upper Paleolithic human skeleton from the Abrigo do Lagar Velho (Portugal) and modern human emergence in Iberia." *Proceedings of the National Academy of Science.*

96: 7604-7609.
Dubos, R. 1980 (1966) . *Man Adapting.* enlarged ed., Yale University Press.
Dubos, R. 1987(1959). *Mirage of Health: Utopias, Progress & Biological Change.* Rutgers University Press.
Dudgeon, D., A.H. Arthington, M.O. Gessner, Z. Kawabata, D.J. Knowler, C. Leveque, R.J. Naiman, A. Prieur-Richard, D. Soto, M.J. Stiassny & C.A. Sullivan 2006. "Freshwater biodiversity: importance, threats, status and conservation challenges." *Biological Reviews.* 81: 163-182.
Economic Commission for Africa 2003. *Towards a Green Revolution in Africa: Harnessing Science and Technology for Sustainable Modernisation of Agriculture and Rural Transformation.* UN Economic Commission for Africa.
Eden, D.N., P.C. Froggatt, H. Zheng & H. Machida 1996. "Volcanic Glass found in late Quaternary Chinese loess: a pointer for furure studies?" *Quaternary International.* 34(36): 107-111.
Edgerton-Tarpley, K. 2008. *Tears From Iron: Cultural Responses to Famine in Nineteenth-century China.* University of California Press.
Ekins, P. 1997. "The Kuznets Curve for the Environment and Economic Growth: Examining the Evidence." *Environment and Planning.* A29: 805-830.
El-Hinnawi, E. 1985. *Environmental Refugees.* United Nations Environment Programme.
Ellstrand, N.C. & K.A. Schierenbeck 2000. "Hybridization as a stimulus for the evolution of invasiveness in plants?" *Proceedings of the National Academy of Science.* 97: 7043-7050.
EMEP/EEA 2009. EMEP/EEA Air Pollutant Emission Inventory Guidebook 2009. Technical report No.6/2009.
Engelhardt, H. & A. Prskawetz 2004. "On the changing correlation between fertility and female employment over space and time." *European Journal of Population.* 20: 35-62.
EPICA community members 2004. "Eight glacial cycles from an Antarctic ice core." *Nature.* 429: 623-628.
Esper, J., F.H. Schweingruber & M. Winiger 2002. "1300 years of climate history for Western Central Asia inferred from tree-rings." *The Holocene.* 12: 267-277.
Evans, M., R.C. Sinclair, C. Fusimalohi & V. Liava'a 2001. "Globalization, diet, and health: an example from Tonga." *Bulletin of World Health Organization.* 79: 856-862.
Evans, N. 2001. "The last speaker is dead-long live the last speaker!" In P. Newman & M. Ratliff, eds., *Linguistic Fieldwork.* Cambridge: Cambridge University Press.
Evans, N. 2007. "Warramurrungunji undone: Australian languages into the 51st millennium." In M.Brezinger, ed., *Language Diversity Endangendered.* Mouton de Gruyter.
Evans, N. & S. Levinson 2009. "The myth of language universals: Language diversity and its importance for cognitive science." *Behavioral and Brain Sciences.* 32: 429-492.
Ewald, P. 1994. *Evolution of Infectious Disease.* Oxford University Press.
Faegri K., P. E. Kaland & K. Krzywinskii 1989. *Textbook of Pollen Analysis.* 4th ed., John Willey & Sons.
Fairless, D. 2007. "The little shrub that could? maybe." *Nature.* 449: 652-655.
Fargione, J., J. Hill, D.Tilman, S. Polasky & P.Hawtharne 2008. "Land clearing and the biofuel carbon debt" *Science.* 319: 1235-1238.
Feeny, D., F. Berkes, B. McCay & J. Acheson 1990. "The tragedy of the commons: twenty-two years later." *Human Ecology.* 18(1): 1-19.
Fernei, R.A. 1970. *Shaykh and Effendi: Changing Patterns of Authority among the El Shabana of Southern Iraq.* Harvard University Press.
Firestone, R.B., A. West, J.P. Kennett, L. Becker, T.E. Bunch, Z.S. Revay, P.H. Schultz, T. Belgya, D.J. Kennett, J.M. Erlandson, O.J. Dickenson, A.C. Goodyear, R.S. Harris, G.A. Howard, J.B. Kloosterman, P. Lechler, P.A. Mayewski, J. Montgomery, R. Poreda, T. Darrah, S.S.Que Hee, A.R. Smith, A. Stich, W. Topping, J.H. Wittke & W.S. Wolbach 2007. "Evidence for an extraterrestrial impact 12,900 years ago that contributed to the megafaunal extinctions and the Younger Dryas cooling." *Proceedings of National Academy of Sciences of the United States of America.* 104: 16016-16021.
Fitter, A.H. & R.S.R. Fitter 2002. "Rapid changes in flowering time in British Plants." *Science.* 296: 1689-1691.
Fitzpatrick, T. & M. Cahill 2002. *Environment and Welfare: Towards a Green Social Policy.* Palgrave.
Flannery, T.F. 2002. *The Future Eaters: An Ecological history of the Australian Lands and People.* Grove Press.
Flavin, S. 2007. "Iriomote Island: An evaluation of protection and management mechanisms in view of proposed nomination to the World Heritage List." Master of Science Degree Thesis, School of Biology and Environmental Science, University College Dublin.
Flenley, J. & P. Bahn 2002. *The Enigmas of Easter Island.* Oxford University Press.
Folke, C., S. Carpenter, B. Walker, M. Scheffer, T. Elmqvist, L. Gunderson & C.S. Holling 2004. "Regime shifts, resilience, and biodiversity in ecosystem management." *Annual Review Ecology Evolution Systematics.* 35: 557-581.
Forster, P. 2004. "Ice Ages and the mitochondrial DNA chronology of human dispersals: a review." *Philosophical Transactions of the Royal Society Biological Series.* 359: 255-264.
Fortwangler, C. L. 2003. "The winding road: Incorporating social justice and human rights into protected area polisies. " In Brechin, S. R. , P. R. Wilshusen, C. L. Fortwangler, & P. C. West, 2003. *Contested Nature: Promoting International Biodiversity with Social Justice in the Twenty-First Century.* State University of New York Press.
Foster, S.S.D. 2000. "Groundwater at the world water forum." *IAH News.*
French, H. 2000. *Vanishing Borders.* W. W. Norton & Co.
Fujibe, F., N. Yamazaki and K. Kobayashi 2006. "Long-term changes of heavy precipitation and dry weather in Japan (1901-2004) ." *Journal of the Meteorological Society of Japan.* 84: 1033-1046.
Fujii, N., N. Tomaru, K. Okuyama, T. Koike, T. Mikami & K. Ueda 2002. "Chloroplast DNA phylogeography of Fagus crenata (Fagaceae) in Japan." *Plant Systematics and Evolution.* 232: 21-33.
Fujimoto, K. 2004. *Mangrove Management and Conservation.*

United Nations University Press.
Furukawa, H., M. Nishibuchi, Y. Kono & Y. Kaida, eds. 2004. *Ecological Destruction, Health, and Development: Advancing Asian Paradigms*. Kyoto University Press/Trans Pacific Press.
Gage, T.B. 2005. "Are modern environments really bad for us?: revisiting the demographic and epidemiologic transitions." *Yearbook of Physical Anthropology*. 48: 96-117.
Galloway, J.N. & E. Cowling 2002. "Reactive nitrogen and the world: 200 years of change." *AMBIO*. 31(2): 64-71.
Galloway, J.N., A.R. Townsend, J.W. Erisman, M. Bekunda, Z. Cai, J.R. Freney, L.A. Martinelli, S.P. Seitzinger & M.A. Sutton 2008. "Transformation of the nitrogen cycle: Recent trends, questions, and potential solutions." *Science*. 320: 889-892.
Gari, L. 2006. "A history of the Hima conservation system." *Environment and History*. 12(2): 213-228.
Geisler, C. & R. de Sousa 2001. "From feguge to refugee: the African case." *Public Administration and Development*. 21 (2): 159-170.
Giardina, C. P., R. L. Sanford, I. C. Døckersmith & V. J. Jaramillo 2000. "The effects of slash burning on ecosystem nutrient's during the land preparation phase of shifting cultivation." *Plant and Soil*. 220: 247-260.
Giralt, S., J. Klerkx, S. Riera, R. Julia, V. Lignier, C. Beck, M. De Batist & I. Kalugin 2002. "Recent paleoenvironmental evolution of Lake Issyk-Kul." In Klerkx, J. & B. Imanackunov, eds., *Lake Issyk-Kul: Its Natural Environment*. NATO Science Series, IV, Earth and Environmental Sciences, vol. 13, Kluwer Academic Publishers.
Glowka, L., F. Burhenne-Guilmin & H. Synge 1994. *A Guide to the Convention on Biological Diversity*. IUCN.
Golding, J. & C. Folke 2001. "Social taboos: 'invisible' systems of local resource management and biological conservation." *Ecological Application*. 11(2): 584-600.
Gordon, R.G., Jr., ed. 2005. *Ethnologue: Language of the World*. 15th ed., SIL International.
Grady, B. 1992. *Ethiopian Civilization*. Addis Ababa.
Greenberg, J. 1987. *Language in the Americas*. Stanford University Press.
Gross, L.S., L. Li, E.S. Ford & S. Liu 2004. "Increased consumption of refined carbohydrates and the epidemic of type 2 diabetes in the United States: an ecologic assessment." *American Journal of Clinical Nutrition*. 79: 774-779.
Guegan, J.-F., F. Thomas, M.E. Hochberg, T. de Meeus & F. Renaud 2001. "Disease diversity and human fertility." *Evolution*. 55(7): 1308-1314.
Gugerli, F., L. Parducci & R.J. Petit 2005. "Ancient plant DNA: review and prospect." *New Phytologist*. 166: 409-418.
Gunderson, L.H. 1999. "Resilience, flexibility and adaptive management: antidotes for spurious certitude?" *Conservation Ecology*. 3(1): 7.
Gunderson, L.H. 2003. "Adaptive dancing: interactions between social resilience and ecological crises." In Berkes, F., J. Colding & C. Folke, eds., 2003. *Navigating Social-Ecological Systems*. Cambridge University Press.
Gunderson, L.H., C. R. Allen & C. S. Holling, eds. 2009. *Foundations of Ecological Resilience*. Island Press.
Hahn, E. 1891. "Waren die Menshen der Urzeit zwischen der Jagestufe und der Sufe des Ackerbaues Nomaden?" *Das Ausland*. 64: 481-487.
Hales, S., N. de Wet, J. Maindonald & A. Woodward 2002. "Potential effect of population and climate changes on global distribution of dengue fever: an empirical model." *Lancet* . 360: 830-834.
Handoh, I.C. & T. Hidaka 2010. "On the timescales of sustainability and futurability." *Futurs*. 44: 743-748.
Handoh, I.C., A.J. Matthews, G.R. Bigg & D.P. Stevens 2006. "Interannual variability of the tropical Atlantic independent of and associated with ENSO: Part I. The North Tropical Atlantic." *International Journal of Climatology*. 26: 1937-1956.
Handt, O., M. Richards, M. Trommsdorff, C. Kilger, J. Simanainen, O. Georgiev, K. Bauer, A. Stone, R. Hedges, W. Schaffner, G. Utermann, B. Sykes & S. Paabo 1994. "Molecular genetic analyses of the Tyrolean Ice Man." *Science*. 264: 1775-1778.
Hanley, N., J.F. Shogren & B. White 2007. *Environmental Economics*. Palgrave.
Hansen, J.E., M. Sato & R. Ruedy 1997. "Radiative forcing and climate response." *Journal of Geophysical Research*. 102: 6831-6864.
Hardin, G. 1968. "The tragedy of the commons." *Science*. 162: 1243-1248.
Havanond, S. 1994. "Charcoal production from Mangroves in Thailand." Proceedings of the Workshop on ITTO Project. Bangkok.
Hayami, Y. & M. Kikuchi 2000. *A Rice Village Saga: Three Decades of Green Revolution in the Philippines*. Barnes & Noble and IRRI.
Hayashi, K., H. Yoshida, S. Nishida, M. Goto, L.A. Pastene, N. Kanda, Y. Baba & H. Koike 2006. "Genetic variation of the MHC DQB locus in the finless porpoise. Genetic variation of the MHC DQB locus in the finless porpoise." *Zoological Science* 23: 147-153.
Hays, S.P. 1959. *Conservation and the Gospel of Efficiency*. Harvard University Press.
Herianto, A.S. & H. Tsujii 2008. "An adoption study of a new agroforestry system in a mountaneous village of West Jawa: an integrated plotwise and household model." Proceedings of the Final Seminar on: Toward Harmonization between Development and Environmental Conservation in Biological Production of SPS-DGHE Core University Program in Applied Biosciences. 153-167.
Hertberg, R. 2001. "Impact of the ivory trade ban on poaching incentives: a numerical example." *Ecological Economics*. 36: 189-195.
Hidaka, K. 2005. "True agro-biodiversity depending on irrigated rice cultivation as a multifunction of rice paddy fields." *Proceedings of the World Rice Research Conference*. 337-339.
Hill, H.S.J., J.W. Mjelde, H.A. Love, D.J. Rubas, S.W. Fuller, W. Rosenthal & G. Hammer 2004. "Implications of seasonal climate forecasts on world wheat trade: a stochastic, dynamic analysis." *Canadian Journal of Agricultural Economics*. 52: 289-312.
Hirabayashi, Y., S. Kanae, S. Emori, T. Oki & M. Kimoto 2008. "Global projections of changing risks of floods and droughts in a changing climate." *Hydrological Sciences Journal*. 53: 754-772.
Hiramatsu, A., N. Mimura & A. Sumi 2008. "A mapping of global warming research based on IPCC AR4." *Sustain-*

able Science. 3:201-213.

His Majesty Jigme Khesar Namgyel Wangchuck 2009. "Changing World and Timeless Values." Madhavrao Scindia Memorial Lecture.

Hoekstra, A.Y. 2003. "Virtual water: an introduction." *Value of Water Research Report Series.* No.12, UNESCO-IHE.

Holling, C.S. 1973. "Resilience and stability of ecological systems." *Annual Review in Ecology and Systematics.* 4: 1-23.

Holling, C.S. 1978. *Adaptive Environmental Assessment and Management.* Blackbum Press.

Hong, E. 1987. *Natives of Sarawak Survival in Borneo's Vanishing Forests.* Orion Press.

Honjo, M., K. Matsui, N. Ishii, M. Nakanishi & Z. Kawabata 2007. "Viral abundance and its related factors in hypolimnion of a stratified lake." *Archiv fuer Hydrobiologie.* 168(1): 105-112.

Horai, S., K. Murayama, K. Hayasaka, S. Matsubayashi, Y. Hattori, G. Fucharoen, S. Harihara, K. S. Park, K. Omoto & I. H. Pan 1996. "mtDNA polymorphism in East Asian populations, with special reference to the peopling of Japan." *American Journal of Human Genetics.* 59(3): 579-590.

Horne, A.J. & C.R. Goldman 1994. *Limnology.* 2nd ed., McGraw-Hill.

Hoshino, T., K. Kato & K. Ueno 2000. "Japanese Wheat Pool." In Bonjean, A., K. Clavel & B. Angus, eds., *World Wheat Book.* Tec & Doc/Intercept Ltd.

Hossain, F., I.Jeyachandran & R.Pielke, Sr. 2009. "Have large dams altered extreme precipitation patterns?" *EOS.* 90 (48): 453-455.

Houlton, B.Z., Y.-P. Wang, P.M. Vitousek & C.B. Field 2008. "A unifying framework for dinitrogen fixation in the terrestrial biosphere." *Nature.* 454: 327-330.

Hufford K.M. & S.J. Mazer 2003. "Plant ecotypes: genetic differentiation in the age of ecological restoration." *Trends in Ecology and Evolution.* 18: 147-155.

Hughes, L. 2000. "Biological consequences of global warming: is the signal already." *Trends in Ecology and Evolution.* 15: 56-61.

Hunt, T. & C. Lipo 2007. "Chronology, deforestation and 'collapse.'" *Rapa Nui Journal.* 21: 85-97.

Hunter-Anderson, R. 1998. "Human vs. climatic impacts at Rapa Nui". In C. M. Stevenson, G. Lee, F. I. Morin eds. *Easter Island in Pacific Context.* Easter Island Foundation.

Hutton, J. & B. Dickson, eds. 2000. *Endangered Species Threatened Convention: The Past, Present and Future of CITES.* Earthscan.

IAIA 2003. *Social Impact: Assessment International Principles.* Special Publication Series No. 2.

Ingman, M., H. Kaessman, S. Paabo & U. Gyllensten 2000. "Mitochondrial genome variation and the origin of modern humans." *Nature.* 408: 708-712.

Ingold, T. 1993. "Globes and spheres: the topography of environmentalism." In Milton, K., ed., *Environmentalism: The View From Anthropology.* Routledge.

Inoue, T. 1996. "Biodiversity in Western Pacific and Asia and an action plan for the first phase of DIWPA." In Turner, I.M., C.H. Diong, S.S.L. Lim & P.K.L. Ng, *Biodiversity and the Dynamics of Ecosystem.* The International Network for DIVERSITAS in Western Pacific and Asia.

Inoue, T., K. Nakamura, S. Salamah & I. Abbas 1993. "Population dynamics of animals in unpredictably changing tropical environments." *Journal of Bioscience.* 18: 425-455.

International Institute for Sustainable Development 2002. Earth Negotiation Bulletin Vol.21 No.30.

International Telecommunication Union 2008. World telecommunication / ICT indicators.

IPCC 1995. *Climate Change 1995: The Science of Climate Change.* Cambridge University Press.

IPCC 2001a. *Climate Change 2001: Impacts, Adaptation and Vulnerability. Contribution of Working Group II to the Third Assessment Report of the Intergovernmental Panel on Climate Change.* Cambridge University Press.

IPCC 2001b. The Carbon Cycle and Atmospheric Carbon Dioxide.

IPCC 2006. 2006 IPCC Guidelines for National Greenhouse Gas Inventories.

IPCC 2007a. *Climate Change 2007: The Physical Science Basis. Contribution of Working Group I to the Fourth Assessment Report of the Intergovernmental Panel on Climate Change.* Cambridge University Press.

IPCC 2007b. *Climate Change 2007: Impacts, Adaptation and Vulnerability. Contribution of Working Group II to the Fourth Assessment Report of the Intergovernmental Panel on Climate Change.* Cambridge University Press.

IPCC 2007c. *Climate Change 2007: Mitigation of Climate Change: Working Group III contribution to the Fourth Assessment Report of the IPCC.* Cambridge University Press.

IPCC 2007d. Contribution of Working Groups I, II and III to the Fourth Assessment Report of the Intergovernmental Panel on Climate Change (Summary for Policymakers).

IPCC 2007e. Maximum monthly mean sea surface temperature for 1998, 2002 and 2005, and locations of reported coral bleaching (date source, NOAA Coral Reef Watch and Reebbase).

IUCN 2001. *IUCN Red List Categories and Criteria: Version 3. 1.* Prepared by the IUCN Species Survival Commission. IUCN.

IUCN 2010. *Flow: The Essentials of Environmental Flows.*

Iwaki, K., S. Haruna, T. Niwa & K. Kato 2001. "Adaptation and ecological differentiation in wheat with special reference to geographical variation of growth habit and Vrn genotype." *Plant Breeding.* 120: 107-114.

Iwasaka, Y., G., Y. Shi, M. Yamada, F. Kobayashi, M. Kakikawa, T. Maki, T. Naganuma, B. Chen, Y. Tobo & C.S. Hong 2009. "Mixture of Kosa (Asian dust) and bioaerosols detected in the atmosphere over the Kosa particle source regions with balloon-borne measurements: possibility of long-range transport." *Air Quality, Atmosphere and Health.* 2: 29-38.

Jacobsen, T. 1982. Salinity and Irrigation Agriculture in Antiquity: Diyala Basin Archaeological Projects (Report on Essential Results, 1957-58).

Jacobsen, T. & R.Mc. Adams 1958. "Salt and silt in ancient Mesopotamian agriculture." *Science.* 128: 1251-1258.

Jones, D.L. 1993. *Cycads of the World.* Smithonian Institution Press.

Jones, R. 1969. "Firestick farming." *Australian Natural History.* 16(7): 224-228.

Jong, W.de, L. Tuck-Po & K. Abe, eds. 2006. *The Social Ecology*

of Tropical Forests: Migration, Populations and Frontiers. Kyoto University Press.
Jordan, C.E., J.E. Dibb, B.E. Anderson & H.E. Fuelberg 2003. "Uptake of nitrate and sulfate on dust aerosols during TRACE-P." *Journal of Geophysical Research.* 108: 1-10.
Kalland, A. 1993. "Whale politics and green legitimacy." *Anthropology Today.* 9(6): 3-7.
Kalland, A. & B. Moeran 1992. *Japanese Whaling: End of an Era?* Curson Press.
Kamezaki, N., Y. Matsuzawa, O. Abe, H. Asakawa, T. Fujii, K. Goto, S. Hagino, M. Hayami, M. Ishii, T. Iwamoto, T. Kamata, H. Kato, J. Kodama, Y. Kondo, I. Miyawaki, K. Mizobuchi, Y. Nakamura, Y. Nakashima, H. Naruse, K. Omuta, M. Samejima, H. Suganuma, H. Takeshita, T. Tanaka, T. Toji, M. Uematsu, A. Yamamoto, T. Yamato & I. Wakabayashi 2003. "Loggerhead Turtle Nesting in Japan." In Bolten, A. & B. Witherington, eds., *Loggerhead Sea Turtles.* Smithsonian Books.
Kanae, S. 2009. "Measuring the sustainability of world water resources." In Graedel, T. & E. van der Voet, eds., *Linkages of Sustainability. Strungmann Forum Report.* Vol.4., MIT Press.
Kataoka, Y. 2006. "Toward sustainable groundwater management in Asian cities: lessons from Osaka." *International Review for Environmental Strategies.* 6: 269-290.
Kawamura, K., T. Nakazawa, S. Aoki, S. Sugawara, Y. Fujii & O. Watanabe 2003. "Atmospheric CO_2 variations over the last three glacial-interglacial climatic cycles deduced from the Dome Fuji deep ice core, Antarctica using a wet extraction technique." *Tellus.* B55: 126-137.
Keeling, R.F., S.C. Piper, A.F. Bollenbacher & S.J. Walker 2010. *Scripps CO_2 Program, Scripps Institution of Oceanography (SIO).* University of California.
Keiger, D. 2009. *Pharmacology.* Johns Hopkins Magazine.
Keisteri, T. 1990. "The study of change in cultural landscapes." *Fennia.* 168(1): 31-115.
Kerry, S., K. Heaton & J. Hoogewerff 2005. "Tracing the geographical origin of food: the application of multi-element and multi-isotope analysis." *Food Science & Technology.* 16: 555-567.
Kiesecker, J.M., A.R. Blaustein & L.K. Belden 2001. "Complex causes of amphibian population declines." *Nature.* 410: 681-684.
Kikuchi, T., J.T. Jones, T. Aikawa, H. Kosaka & N. Ogura 2004. "A family of glycosyl hydrolase family 45 cellulases from the pine wood nematode *Bursaphelenchus xylophilus.*" *FEBS Letters.* 572: 201-205.
Kilani, H., A. Serhal & O. Llewlyn 2007. *Al-Hima: A Way of Life.* IUCN West Asia Regional Office.
Kim, S., S. Moon & B.M. Popkin 2000. "The nutrition transition in South Korea." *American Journal of Clinical Nutrition.* 71: 44-53.
Kim, Y.H., S. B. Ryoo, J. J. Baik, I.S. Park, H. J. Koo & J. C. Nam 2008. "Does the restoration of an inner-city stream in Seoul affect local thermal environment?" *Theoretical and Applied Climatology.* 92: 239-248.
Kishigami, N. & J.M. Savelle, eds. 2005. *Indigenous Use and Management of Marine Resources.* Senri Ethnological Studies 67, National Museum of Ethnology.
Klein, R.G. & B. Edger 2002. *The Dawn of Human Culture.*
Koizumi, M. & K. Momose 2007. "Penan Benalui wild-plant use, classification, and nomenclature." *Current Anthropology.* 48: 454-459.
Komiyama, H. & K. Takeuchi 2006. "Sustainability science: building a new discipline." *Sustainability Science.* 1:1-6.
Kondo, N., N. Nikoh, N. Ijichi, M. Shimada & T. Fukatsu 2002. "Genome fragment of Wolbachia endosymbiont transferred to X chromosome of hosst insect." *Proceedings of the National Academy of Sciences.* 99: 14280-14285.
Kondoh, M. 2003. "Foraging adaptation and the relationship between food-web complexity and stability." *Science.* 299: 1388-1391.
Kongsangchai, J. 1994. *Conversion of Mangroves into Other Uses in Thailand.* Proceedings of the Workshop on ITTO Project. Bangkok.
Koyama, S. & D.H. Thomas, eds. 1981. *Affluent Foragers: Pacific Coasts East and West.* Senri Ethnological Studies No.9, National Museum of Ethnology.
Kraus, H., H.G. Schiefer, A. Weber, W. Slenczka, M. Appel, A. von Graevenitz, B.Enders, H. Zahner & H.D. Isenberg 2003. *Zoonoses: Infectious Diseases Transmissible from Animals to Humans.* 3rd ed. ASM Press.
Krauss, M. 2007. "Classification and terminology for degrees of language endangerment." In M.Brezinger ed., *Language Diversity Endangendered.* Mouton de Gruyter.
Krings, M., A. Stone, R.W. Schmitz, H. Krainitzki, M. Stoneking & S. Paabo 1997. "Neanderthal DNA sequnces and the origin of modern humans." *Cell.* 90: 19-30.
Kubota, M. 1994. "A mechanism for the accumulation of floating marine debris North of Hawaii." *Journal of Physical Oceanography.* 24:1059-1064.
Ladejinsky, W. 1970. "Ironies of India's Green Revolution." *Foreign Affairs.* 48: 758-768.
Laird, S. & R. Wynberg 2008. *Access and Benefit-sharing in Practice: Trends in Partnerships Across Sectors.* CBD Technical Series No.38, CBD Secretariat.
Laosuthi, T. & D.D. Selover 2007. "Does El Niño affect business cycles?" *Eastern Economic Journal.* 33: 21-42.
Lavelle, P., D. Bignell, M. Lepage, V. Wolters, P. Roger, P. Ineson, O.W. Heal & S. Dhillion 1998. "Soil function in a changing world: the role of invertebrate ecosystem engineers." *European Journal of Soil Biology.* 33: 159-193.
Le Roux, Pierre et J. Ivanoff 1993. *Le Sel de la Vie en Asie du Sud-Est.* Prince of Songkla University.
Leader-Williams, N. & S.D. Albon 1998. "Allocation of resources for conservation." *Nature.* 336: 533-535.
Lean, L.J. & D.H. Rind 2009. "How will Earth's surface temperature change in future decades." *Geophysical Research Letters.* 36.
Lee, R.B. & I. DeVore, eds. 1968. *Man the Hunter.* Aldine Pub. Co.
Legge, A.J. & P.A. Rowley-Conway 1987. "Gazelle killing in Stone Age Syria." *Scientific American.* 257(2): 76-83.
Lehodey, P., M. Bertignac, J. Hampton, A. Lewis & J. Picaut 1997. "El Niño Southern Oscillation and tuna in the western Pacific." *Nature.* 389: 715-718.
Lemkin, R. 1944. *Axis Rule in Occupied Europe: Laws of Occupation - Analysis of Government - Proposals for Redress.* Carnegie Endowment for International Peace.
Lenton, T.M., H. Held, E. Kriegler, J.W. Hall, W. Lucht, S. Rahmstoft & H.J. Schellnhuber 2008. Tipping elements

in the Earth's climate system. *Proceedings of the National Academy of Sciences.* 105: 1,786-1,793.
Leonard, B. 1997. *Ecology: Cry of the Earth, Cry of the Poor.* Orbis Books.
Levin, S. A. 1999. *Fragile Dominion: Complexity and the Commons.*Cambridge Massachusetts: Helix Books/ Perseus Publishing.
Lewis, M. P., ed. 2009. *Ethnologue: Languages of the World.* 16th ed., SIL International.
Li Jianqin 2009. "Tsao-ko amomum fruit (black cardamom)." In Akimichi, Tomoya ed., *An Illustrated Eco-history of the Mekong River Basin.* White Lotus.
Lieth, H. 1973. "Primary production: terrestrial ecosystems." *Human Ecology.*1: 303-332.
Liou, K.-N. 2002. *An Introduction to Atmospheric Radiation.* 2nd ed., Academic Press.
Living Planet Report 2008. WWF, UNEP-WCMC.
Llewellyn, O. 2003. "The basis for a discipline of Islamic environmental law." In Foltz, R. C., F. M. Denny & A. H. Baharuddin, eds., *Islam and Ecology: A Bestowed Trust.* Center for the Study of World Religions.
Loh, J. & D. Harmon 2005. "A global index of biocultural diversity." *Ecological Indicators.* 5: 231-241.
Loh, J., R.E. Green, T. Ricketts, J. Lamoreuux, M. Jenkins, V. Kapos & J. Randers 2005. "The Living Planet Index: using species population time series to track trends in biodiversity." *Philosophical Transactions of the Royal Society.* B 360: 289-295.
Lovelock, J.E. 1976. *Gaia: A New Look at Life on Earth.* Oxford University Press.
Lowe, J.J., S.O. Rasmussen, S. Bjorck, W.Z. Hoek, J.P. Steffensen, M.J.C. Walker, Z.C. Yu & the INTIMATE group 2008. "Synchronisation of palaeoenvironmental events in the North Atlantic region during the Last Termination: a revised protocol recommended by the INTIMATE group." *Quaternary Science Reviews.* 27:6-17.
Mabuchi, K., H. Seno, T. Suzuki & M. Nishida 2005. "Discovery of an ancient lineage of *Cyprinus carpio* from Lake Biwa, central Japan, based on mtDNA sequence data, with reference to possible multiple origins of koi." *Journal of Fish Biology.* 66: 1516-1528.
Maekawa, K. 1992. *Acta Sumerologica.* 14:225.
Maidment, D.R. 1992. *Handbook of Hydrology.* 11.13-11.14, McGrawHill.
Maki,T., S. Susuki, F. Kobayashi, M. Kakikawa, M. Yamada, T. Higashi, B. Chen, G.y. Shi, C.s. Hong, Y. Tobo, H. Hasegawa, K. Ueda & Y. Iwasaka 2008. "Phylogenic diversity and vertical distribution of a halobacterial community in the atmosphere of an Asian dust (KOSA) source region, Dunhuang city, air quality." *Air Quality, Atmosphere and Health.* 1: 81-89.
Martin, J.H. & S.E. Fitzwater 1988. "Iron deficiency limits phytoplankton growth in the North-east Pacific Subarctic." *Nature.*331: 341-343.
Mascie-Taylor, C.G.N., ed. 1993. *The Anthropology of Disease.* Oxford University Press.
Matsuda, F., S. Ishimura, Y. Wagatsuma, T. Higashi, T. Hayashi, A. S. Faruque, D. A. Sack & M. Nishibuchi 2007. "Prediction of epidemic cholera due to *Vibrio cholerae* O1 in children younger than 10 years using climate data in Bangladesh." *Epidemiology and Infection.* 136:73-79.
Matsuki, A., Y. Iwasaka, K. Osada, K. Matsunaga, M. Kido, Y. Inomata, D. Trochkine, C. Nisita, T. Nezuka, T. Sakai, D. Zhang & S.A. Kwon 2003. "Seasonal dependence of long-range transport and vertical distribution of free tropospheric aerosols over east Asia: On the basis of aircraft and lidar measurements and isentropic trajectory analysis." *Journal of Geophysical Research.* 108.
Matthews, G.V.T. 1993. *The Ramsar Convention on Wetlands: Its History and Development.* Ramsar.
Matysiak, A. & D. Vignoli 2008. "Fertility and women' s employment: A meta-analysis." *European Journal of Population.* 24: 363-384.
May, R.M. 1972. "Will a large complex system be stable?" *Nature.* 238: 413-414.
May, R.M. 1977. "Thresholds and breakpoints in ecosystems with a multiplicity of stable states." *Nature.* 269: 471-477.
McEvedy, C. & D. Jones 1978. *Atlas of World Population History.* A.Lane.
Mcharg, I.L. 1969. *Design with Nature.* The Natural History Press.
McMichael, A.J. 2009. "Human population health: sentinel criterion of environmental sustainability." *Current Opinion in Environmental Sustainability.* 1:101-106.
McMichael, T. & A. Haines 1999. *Climate Change and Human Health.* Royal Society.
McMichael,A.J., D.H. Campbell-Lendrum, C.F. Corvalän, K.L. Ebi, A.K. Githeko, J.D. Scheraga & A. Woodward 2003. *Climate Change and Human Health: Risk and Responses.*World Health Organaization.
McNeill, W.H. 1976. *Plagues and Peoples.* Anchor Press.
Meadows, D.H., D. L. Meadows, J. Randers & W. W. Behrens Ⅲ 1972. *The Limits to Growth: A Report for the Club of Rome's Project on the Predicament of Mankind.* Universe Books.
Meidinger, E., C. Elliott & O. Gerhard, eds. *Social and Political Dimensions of Forest Certification.* Forstbuch.
Menzel, A. 2002. "Phenology: its importance to the global change community." *Climatic Change.* 54: 379-385.
Micklin, P.P. 1988. "Desication of the Aral Sea: a water management disaster in the Soviet Union." *Science.* 241: 1171-1176.
Millennium Ecosystem Assessment 2005a. *Ecosystems and Human Well-being: Desertification Synthesis.* World Resources Institute.
Millennium Ecosystem Assessment 2005b. *Ecosystems and Human Well-Being: Synthesis.* Island Press.
Millennium Ecosystem Assessment 2005c. *Ecosystems and Human Well-being: Biodiversity Synthesis.* World Resources Institute.
Milner-Gulland, E.J. 1993. "An econometric analysis of consumer demand for ivory and rhino horn." *Environmental and Resource Economics.* 3: 73-95.
Minakawa, N., S. Munga, F. Atieli, E. Mushinzimana, G. Zhou, A. Githeko & G. Yan 2005. "Spatial distribution of anopheline larval habitats in western Kenyan highlands: effects of land cover types and topography." *American Journal of Tropical Medicine and Hygiene.*73 (1): 157-165.
Minamoto, T., M.N. Honjo, K. Uchii, H. Yamanaka, A.A. Suzuki, Y. Kohmatsu, T. Iida & Z. Kawabata 2009.

"Detection of cyprinid herpesvirus 3 DNA in river water during and after an outbreak." *Veterinary Microbiology*. 135: 261-266.

Mitsuchi, M., P. Wichaidit & S. Jeungnijnirund 1989. "Soils of the northeast plateau, Thailand." *Technical Bulletin of the Tropical Agriculture Research Center*. 25: 1-59.

Mittermeier, R.A., N. Myers, P.C. Gill & C.G. Mittermeier 2000. *Hotspots: Earth's Richest and Most Endangered Terrestrrial Ecoregions*. CEMEX.

Mittermeier, R.A., P.R. Gil, M. Hoffman, J. Pilgrim, T. Brooks, C.G. Mittermeier, J. Lamoreux & G.A.B. Da Fonseca 2004. *Hotspots Revisited*. CEMEX.

Miura, K. & T. Subhasaram 1991. "Soil salinity after deforestation and control by reforestation in Northeast Thailand." *Tropical Agriculture Research Series*. 24:186-196.

Miyoshi, N., T. Fujiki & Y. Morita 1999. "Palynology of a 250-m core from Lake Biwa: a 430,000-year record of glacial-interglacial vegetation change in Japan." *Review of Palaeobotany and Palynology*. 104: 267-283.

Mooney, H. A., R.N. Mack, J.A. McNeely, L.E. Neville, P.J. Schei & J.K. Waage, eds. 2005. *Invasive Alien Species: A New Synthesis*. Island Press.

Moore, P.D., T. Webb & M.E. Collinson 1991. *Pollen Anaylysis*. Blackwell Scientific Publication.

Moore, A.M.T. & G.C. Hillman 1992. "The Pleistocene to Holocene transition and human economy in Southwest Asia: The impact of the Younger Dryas." *American Antiquity*. 57: 482-494.

Moore, J.C., E.L. Berlow, D.C. Coleman, P.C. de Ruiter, Q. Dong, A. Hastings, N.C. Johnson, K.S. McCann, K. Melville, P.J. Morin, K. Nadelhoffer, A.D. Rosemond, D.M. Post, J.L. Sabo, K.M. Scow, M.J. Vanni & D.H. Wall 2004. "Detritus, trophic dynamics and biodiversity." *Ecological Letter*. 7: 584-600.

Moore, J.K. & O. Braucher 2008. "Sedimentary and Mineral Dust Sources of Dissolved Iron to the World Ocean." *Biogeosciences*. 5: 631-656.

Moritz, C. 1994. "Applications of mitochondrial DNA analysis in conservation: a critical review." *Molecular Ecology*. 3: 401-411.

Myers, N. 1984 & 1993. *The Gaia Atlas of Planet Management*. Gaia Books Ltd.

Myers, N. 1988. "Threatened biotas: 'Hot Spots' in tropical forests." *The Environmentalist*. 8: 187-208.

Myers, N. 1990. "The biodiversity challenge: Expanded hot spots analysis." *The Environmentalist*. 10: 243-256.

Myers, N. 1997. "Environmental Refugees." *Population and Environment*. 19(2): 167-182.

Myers, N. 2003. "Biodiversity hotspots revisited." *BioScience*. 53: 916-917.

Myers, N., R.A. Mittermeier, C.G. Mittermeier, G.A.B. da Fonseca & J. Kent 2000. "Biodiversity hotspots for conservation priorities." *Nature*. 403: 853-858.

Myers, R. A. & B. Worm 2003. "Rapid worldwide depletion of predatory fish communities." *Nature*. 423: 280-283.

Naess, A. 1972. "The shallow and the deep, long-range ecology movement." *Inquiry*. 16: 95-100.

Naiman, R.J., A-H. Prieur-Richard, A. Arthington, D. Dudgeon, M.O. Gessner, Z. Kawabata, D. Knowler, J. O'Keeffe, C. Leveque, D. Soto, M. Stiassny & C. Sullivan 2006. *FreshwaterBIODIVERSITY: Challenges for Freshwater Biodiversity Research*. DIVERSITAS Report N° 5.

Nakagawa, M., F. Hyodo & T. Nakashizuka 2007. "Effect of forest use on trophic levels of small manmals: an analysis using stable isotopes." *Canadian Journal of Zoology*. 85: 472-478.

Nakagawa, T., P.E. Tarasov, K. Nishida, K. Gotanda & Y. Yasuda 2002. "Quantitative pollen-based climate reconstruction in central Japan: application to surface and Late Quaternary spectra." *Quaternary Science Review*. 21: 2099-2113.

Nakagawa,T., P.E. Tarasov, H. Kitagawa, Y. Yasuda & K. Gotanda 2006. "Seasonally specific responses of the East Asian monsoon to deglacial climate changes." *Geology*. 34: 521-524.

Nakamura I, N. Kameya, Y. Kato, S. Yamanaka, H. Jomori & Y. Sato 1997. "A proposal for identifying the short ID sequence which addresses the plastid subtype of higher plants." *Breeding Science*. 47: 385-388.

Nakamura, T., Y. Taniguchi, S. Tsuji & H. Oda 2001. "Radiocarbon dating of charred residues on the earliest pottery in Japan." *Radiocarbon*. 43: 1129-1138.

Nakamura, T., M. Okuno, K. Kimura, T. Mitsutani, H. Moriwaki, Y. Ishizuka, K.H. Kim, B.L. Jing, H. Oda, M. Minami & H. Takada 2007. "Application of ^{14}C wiggle-matching to support dendrochronological analysis in Japan." *Tree-Ring Research*. 63(1): 37-46.

National Research Council of the National Academies 1999. *Our Common Journey a Transition Toward Sustainability*. National Academy Press.

Nentwig, W., ed. 2007. *Biological Invasions*. Springer.

Nesse, R.M. & G.C. Williams 1998. "Evolution and the origins of disease." *Scientific American*. 29(5): 86-93.

Newman, D.J. & Cragg, G.M. 2007. "Natural products as sources of new drugs over last 25 years." *Journal of Natural Products*. 40(3): 461-477.

Nichols, J. 1992. *Linguistic Diversity in Space and Time*. The University of Chicago Press.

Nicolescu, B. 1996. *La Transdisciplinarite: Manifeste*. Editions du Rocher.

Nishimoto, H., T. Nakamura & H. Takada 2010. "Radiocarbon dating and wiggle matching of wooden poles forming circular structures in the 1st Millennium BC at the Mawaki site, Central Japan." *Nuclear Instruments and Methods in Physics Research*. 268: 1026-1029.

Nitta, E. 1992. "Ancient industries, ecosystem and environment-special reference to Northeast Thailand."『鹿児島大学史学科報告』39: 149-164.

Obayashi, K., Y. Tsumura, T. Ihara, K. Niiyama, H. Tanouchi, Y. Suyama, I. Washitani, C-T. Lee, S.L. Lee & N. Muhammad 2002. "Genetic diversity and outcrossing rate between undisturbed and selectively logged forests of *Shorea curtisii* (Dipterocarpaceae)." *International Journal of Plant Science*. 163: 151-158.

Odum, E.P. 1971. *Fundamentals of Ecology*. W. B. Saunders Company.

Ohara, T., H. Akimoto, J. Kurokawa, N. Horii, K. Yamaji, X. Yan & T. Hayasaka 2007. "An Asian emission inventory of anthropogenic emission sources for the period 1980-2020." *Atmospheric Chemistry and Physics*. 7: 4419-4444.

Oki, T. & S. Kanae 2004. "Virtual water trade and world water resources." *Water Science & Technology*. 49(7): 203-209.

Oki, T. & S. Kanae 2006. "Global hydrological cycles and world water resources." *Science.* 313: 1068-1072.

Oki, T., M. Sato, A. Kawamura, M. Miyake, S. Kanae & K. Musiake 2003. "Virtual water trade to Japan and in the world." In Hoekstra, A.Y., ed., *Proceedings of the International Expert Meeting on Virtual Water Trade.* The Netherlands: Delft, 12-13 December 2002, Value of Water Research Report Series No.12: 221-235.

Okumiya, K., M. Ishine, T. Wada, T. Pongvongsa, B. Boupha & K. Matsubayashi 2007a. "The close association between low economic status and glucose intolerance in elderly subjects in a rural area in Laos." *Journal of the American Geriatrics Society.* 55: 2101-2102.

Okumiya, K., M. Ishine, T. Wada, M. Fujisawa, K. Otsuka & K. Matsubayashi 2007b. "Lifestyle changes after OGTT improve glucose intolerance in community dwelling elderly people after one year." *Journal of the American Geriatrics Society.* 55: 767-769.

Okumiya, K., M. Ishine, T. Wada, M. Fujisawa, T. Pongvongsa, L. Siengsounthone, X. Xyavong, B. Boupha & K. Matsubayashi 2008. "Improvement in obesity and glucose tolerance in elderly people after lifestyle changes 1 year after an oral glucose tolerance test in a rural area in Lao PDR." *Journal of the American Geriatrics Society.* 56: 1582-1583.

Olshansky, S.J. & B. Ault 1986. "The fourth stage of the epidemiologic transition: the age of delayed degenerative diseases." *The Milbank Quarterly.* 64(3):355-391.

Olson, M. 1965. *The Logic of Collective Action, Public Goods and the Theory of Groups.* Harvard University Press.

Ostrom, E. 1990. *Governing the Commons: The Evolution of Institutions for Collective Action.* Cambridge University Press.

Ostrom, E., T. Dietz, N. Dolsak, P.C. Stern, S. Stonich & E.U. Weber, eds. 2002. *The Drama of the Commons. Committee on the Human Dimensions of Global Change.* National Academy Press.

Otsuki, K. 2007. "Avian Influenza occurred in Japan." *Journal of Disaster Research.* 2: 94-98.

Ozinga, S. 2001. *Behind the Logo, an Environmental and Social Assessment of Forest Certification Schemes.* FERN.

Padian, N.S., A. Buve, J. Balkus, D. Serwadda & W. Cates 2008. "Biomedical interventions to prevent HIV infection: evidence, challenges, and way forward." *Lancet.* 372 (9638): 585-599.

Paine, R.T. 1966. "Food web complexity and species diversity." *The American Naturalist.* 100: 65-75.

Palm, C. A., S. A. Vosti, P. A. Sanchez & P. J. Ericksen, eds. 2005. *Slash-and-burn Agriculture: The Search for Alternatives.* Colombia University Press.

Paphavasit, N., S. Aksornkoae & J. De Silva 2009. *Tsunami Impact on Mangrove Ecosystems.* T.E.I.

Parmesan, C. 2007. "Influences of species, latitudes and methodologies on estimates of phenological response to global warming." *Global Change Biology.* 13: 1860-1872.

Parmesan, C. & G. Yohe 2003. "A globally coherent fingerprint of climate change impacts across natural systems." *Nature.* 421: 37-42.

Pauly, D. & R. Watson 2005. "Background and interpretation of the 'Marine Trophic Index' as a measure of biodiversity." *Philosophical Transactions of the Royal Society.* B 360: 415-423.

Pauly, D. & V. Christensen 1995. "Primary production required to sustain global fisheries." *Nature.* 374: 255-257.

Pawson, I.G. & C. Jest 1978. "The high-altitude areas of the world and their cultures." In Baker, P.T., ed., *The Biology of High-Altitude Peoples.* Cambridge University Press.

Pei, M. 1956. *Language for Everybody: What It Is and How to Master It.* New American Library.

Peluso, N. 1993. "Coercing conservation: the politics of state resource control." In Lipschutz, R. & K. Conca, eds., *The State and Social Power in Global Environmental Politics.* Columbia University Press.

Pendelton, R.L. 1943. "Land use in Northeastern Thailand." *The Geographical Review.* 33: 15-41.

Peng, S., J. Huang, J.E. Sheehy, R.C. Laza, R.M. Visperas, X. Zhong, G.S. Centeno, G.S. Khush & K.G. Cassman 2004. "Rice yields decline with higher night temperature from global warming." *Proceedings of the National Academy of Sciences of the USA.*101: 9971-9975.

Persoon, G.A., D. M. E. Van Est & P. E. Sajise, eds. 2003. *Co-management of Natural Resources in Asia: A Comparative Perspective.* Nias Press.

Petersen, H. & M. Luxton 1982. "A comparative analysis of soil fauna populations and role in decomposition process." *Oikos.* 39: 287-388.

Petit-Maire, N. & J. Riser 1983. *Sahara ou Sahel?* CNRS.

Philander, D.G. 1990. *El Niño, La Niña and the Southern Oscillation.* Academic Press.

Pimentel, D., L. E. Hurd, A. C. Bellotti, M. J. Forster, I. N. Oka, O. D. Sholes & R. J. Whitman 1973. "Food production and the energy crisis." *Science.* 182: 443-449.

Piperno, D. 2006. *Phytoliths: A Comprehensive Guide for Archaeologists and Paleoecologists.* Altamira Press.

Platnick, S., P.A. Durkee, K. Nielsen, J.P. Taylor, S.C. Tsay, M.D. King, R.J. Ferek, P.V. Hobbs & J.W. Rottman 2000. "The Role of Background Cloud Microphysics in the Radiative Formation of Ship Tracks." *Journal of the Atomospheric Sciences.* 57: 2607-2624.

Polis, G.A. & K.O. Winemiller 1995. *Food Webs.* Springer.

Polis, G.A. & K.O. Winemiller 1996. *Food Webs: Integration of Patterns & Dynamics.* Kluwer Academic Publication.

Post, D.M., M.L. Pace & N.G. Hairston 2000. "Ecosystem size determines food-chain length in lakes." *Nature.* 405: 1047-1049.

Potter, L. 2005. "Commodity and environment in colonial Borneo; Economic value, forest conservations and concern for conservation, 1870-1940." In Wadley, R.L., ed., *Histories of the Borneo Environment.* 109-133, KITLV.

Prendergast, J.R., R.M. Quinn, J.H. Lawton, B.C. Eversham & D.W. Gibbons 1993. "Rare species, the coincidence of diversity hotspots and conservation strategies." *Nature.* 365: 335-337.

Price, T.D. 2000. *Europe's First Farmers.* Cambridge University Press.

Price, T.D. & J.A. Brown, eds. 1985. *Prehistoric Hunter-Gatherers: The Emergence of Cultural Complexity.* Academic Press.

Primack, R. & R. Corlett 2005. *Tropical Rain Forests: An Ecological and Biogeographical Comparison.* Blackwell Publishing.

Rainbird, P. 2002. "A message for our future?" *World Archaeology.* 33: 436-451.
Ramsar Convention Secretariat 2006. *The Ramsar Convention Manual 4th ed.* Gland.
Redclift, M., ed. 2005. *Sustainability: Critical Concepts in the Social Sciences.* Routledge.
Redman, C. 1999. *Human Impact on Ancient Environments.* University of Arizona Press.
Reeve, R. 2002. *Policing International Trade in Endangered Species: The CITES Treaty and Compliance.* Earthscan.
Reid, W.V. 1998. "Biodiversity hotspots." *Trends in Ecology and Evolution.* 13: 275-280.
Reimer, P.J., M.G.L. Baillie, E. Bard, A. Bayliss, J.W. Beck, P.G. Blackwell, C.B. Ramsey, C.E. Buck, G.S. Burr, R.L. Edwards, R.G. Fairbanks, M. Friedrich, P.M. Grootes, T.P. Guilderson, I. Hajidas, T.J. Heaton, A.G. Hogg, K.A. Hughen, K.F. Kaise, B. Kromer, F.G. McCormac, S.W. Manning, R.W. Reimer, D.A. Richards, J.R. Southon, M. Stuiver, S. Talamo, C.S.M. Turney, J. van der Plicht & C.E. Weyhenmeyer 2009. "IntCal09 and Marine09 radiocarbon age calibration curves, 0-50,000 years cal BP." *Radiocarbon.* 51 (4): 1111-1150.
Reiter, P. 2008. Global warming and malaria: knowing the horse before hitching the cart." *Malar Journal.* 11:7.
Renfrew, C. & P. Bahn 2000. *Archaeology: Theories Methods and Practice.* 3rd ed., Thames & Hudson.
Renfrew, C. & P.G. Bahn 1991. "Environmental Archaeology." *Archaeology: Theories, Methods and Practice.* Thames and Hudson.
Richards, L.A. 1954. *Diagnosis and Improvement of Saline and Alkali Soils.* USDA Handbook, U.S. Government Print Office.
RIHN 2006. *Proceedings of RIHN 1st International Symposium: Water and Better Human Life in the Future.* RIHN.
Robbins, P. 2004. *Political Ecology: A Critical Introduction.* Wiley-Blackwell.
Roberts, C.M., *et al.* 2002. "Marine biodiversity hotspots and conservation priorities for tropical reefs." *Science.* 295: 1280-1284.
Robock, A. 2000. "Volcanic eruptions and climate." *Reviews of Geophysics.* 38: 191-219.
Rollefson, G. & I. Kohler-Rollefson 1993. "PPNC adaptations in the first half of the 6th millennium BC." *Paleorient.* 19: 33-42.
Rosegrant, M.W. & P.B.R. Hazell 2000. *Transforming the Rural Asia Economy: The Unfinished Revolution.* Oxford University Press.
Ross, M.L. 2001. *Timber Booms and Institutional Breakdown in Southeast Asia.* Cambridge University Press.
Ruddiman, W.F. 2003. "The anthropogenic greenhouse era began thousands of years ago." *Climatic Change.* 61: 261-293.
Ruddiman, W.F. 2007. "The early anthropogenic hypothesis: challenges and responses." *Review of Geophysics.* 45.
Ruiter, P.C. de, V. Wolters & J.C. Moore 2005. *Dynamic Food Webs: Multispecies Assemblages, Ecosystem Development and Environmental Change.* Theoretical Ecology Series, Academic Press.
Ryder, O.A. 1986. "Species conservation and systematics: the dilemma of subspecies." *Trends in Ecology & Evolution.* 1: 9-10.
Salaman, R. 1949. *The History and Social Influence of the Potato.* Cambridge University Press.
Sand, C., J. Bole, A. Ouetcho & K. Coote 1999. *Lapita: The Pottery Collection from the Site at Foue.* New Caledonia: Les Cahiers de l'Archeologie en Nouvelle-Caledonie Vol.7, Department Archeologie Service Territorial des Musees et du Patrimoine (Noumea).
Sato, Y. 2008. "An integrated hydrological model for the long-term water balance analysis of the Yellow River Basin, China." In Taniguchi, M., W. C. Burnett, Y. Fukushima, M. Haigh, Y. Umezawa, eds., *From headwaters to the Ocean: Hydrological Change and Watershed Management.* Taylor & Francis.
Scheffer, M., S. Carpenter, J.A. Foley, C. Folke & B. Walker 2001. "Catastrophic shifts in ecosystems." *Nature.* 413: 591-596.
Schlesinger, W.H. 1997. *Biogeochemistry: An Analysis of Global Change.* San Diego: Academic Press.
Schulte, P., L. Alegret, I. Arenillas, J.A. Arz, P.J. Barton, P.R. Bown, T.J. Bralower, G.L. Christeson, P. Claeys, C.S. Cockell, G.S. Collins, A. Deutsch, T.J. Goldin, K. Goto, J.M.G.-Nishimura, R.A.F. Grieve, S.P.S. Gulick, K.R. Johnson, W. Kiessling, C. Koeberl, D.A. Kring, K.G. MacLeod, T. Matsui, J. Melosh, A. Montanari, J.V. Morgan, C.R. Neal, D.J. Nichols, R.D. Norris, E. Pierazzo, G. Ravizza, M. R.-Vieyra, W.U. Reimold, E. Robin, T. Salge, R.P. Speijer, A.R. Sweet, J. U.-Fucugauchi, V. Vajda, M.T. Whalen & P.S. Willumsen 2010. "The chicxulub Asteroid Impact and Mass Extinction at the Cretaceous-Paleogene Boundary." *Science.* 327: 1214-1218.
Schwartz, S.H. 1977. "Normative influences on altruism." *Advances in Experimental Social Psychology.* 10: 221-279.
Scott, J. 2009. *The Art of Not Being Governed.* Yale University Press.
Searchinger, T., R. Heimlich, R. A. Houghton, F. Dong, A. Elobeid, J. Fabiosa, S. Tokgoz, D. Hayes & T.-H. Yu 2008. "Use of U.S. croplands for biofuels increases greenhouse gases through emissions from land-use change." *Science.* 319: 1238-1240.
Seitzinger, S.P., C. Kroeze, A.F. Bouwman, N. Caraco, F. Dentener & R.V. Styles 2002. "Global patterns of dissolved inorganic and particulate nitrogen inputs to coastal systems: Recent conditions and future projections." *Estuaries and Coasts.* 25: 640-655.
Selden, T.M. & D. Song 1994. "Environmental quality and development: is there a Kuznets Curve for air pollution emissions?" *Journal of Environmental Economics and Management.* 27: 147- 162.
Sen, A. 1992. *Poverty and Famine: An Essay on Entitlement and Deprivation.* Clarendon Press.
Service, M.W. 1977. "Mortalities of the immature stages of species B of the *Anopheles gambiae* complex in Kenya: comparison between rice fields and temporary pools, identification of predators, and effects of insecticidal spraying." *Journal of Medical Entomology.* 13(4-5): 535-545.
Severinghaus J.P., T. Sowers, E.J. Brook, R.B. Alley & M.L. Bender 1998. "Timing of abrupt climate change at the end of the Younger Dryas interval from thermally fractionated gases in polar ice." *Nature.* 391: 141-146.
Shafique, S., N. Akhter, G. Stallkamp, S. de Pee, D. Panagides

& M.W. Bloem 2007. "Trends of under- and overweight among rural and urban poor women indicate the double burden of malnutrition in Bangladesh." *International Journal of Epidemiology*. 36: 449-457.
Shang, H., H. Tong, S. Zhang, F. Chen & E. Trinkaus 2007. "An early modern human from Tianyuan Cave, Zhoukoudian, China." *Proceedings of the National Academy of Sciences*. 104: 6573-6578.
Shanks, G.D., S.I. Hay, J.A. Omumbo & R.W. Snow 2005. Malaria in Kenya's western highlands." *Emerging Infectious Disease*.11(9): 1425-1432.
Shea, J.J. 2008. "Transitions or turnovers? Climatically-forced extinctions of *Homo sapiens* and Neanderthals in the East Mediterranean Levant." *Quaternary Science Reviews*. 30: 1-18.
Shennan, S. & K. Edinborough 2006. "Prehistoric population history: from the late gracial to the late Neolithic in central and northern Europe." *Journal of Archaeological Science*. 34: 1339-1345.
Sheue, C.R., H.-Y. Liu & J. W. H. Young 2003. "*Kandelia obovata* (Rhizophoraceae), a new mangrove species from Eastern Asia." *TAXON* . 52: 287-294.
Shichi,K., K. Kawamuro, H.Takahara, Y. Hase, T. Maki & N. Miyoshi 2007. "Climate and vegetation changes around Lake Baikal during the last 350,000 years." *Palaeogeography, Palaeoclimatology, Palaeoecology*. 248: 357-375.
Shiklomanov, I.A. 1997. *Comprehensive Assessment of the Freshwater Resources and Water Availability in the World*. World Meteorological Organization.
Shindo, J., K. Okamoto & H. Kawashima 2003. "A model-based estimation of nitrogen flow in the food production-supply system and its environmental effects in East Asia." *Ecological Modelling*. 169: 197-212.
Shiraiwa, T., ed. 2010. *Amur Okhotsk Project Annual Report*. No. 6.
Shirayama, Y. & H. Thornton 2005. "Effect of increased atmospheric CO_2 on shallow watermarine benthos." *Journal of Geophysical Research*. 110.
Shiva, V. 1991. "The green revolution in the Punjab." *The Ecologist*. 21(2): 57-60.
Simberloff, D., I.M. Parker & P.N. Windle 2005. "Introduced species policy, management, and future research needs." *Frontiers in Ecology and the Environment*. 3: 12-20.
Simmons, A. 2007. *The Neolithic Revolution in the Near East: Transforming the Human Landscape*. University of Arizona Press.
Smith, D.G. & T.G. Fisher 1993. "Glacial Lake Agassiz: the northwestern outlet and paleoflood." *Geology*. 21: 9-12.
Soda, T., M.Izuho & H.Sato 2010. Human adaptation to the environmental change caused by the gigantic AT eruption (28-30ka) of the Ito Caldera in South Kyushu, Japan. Abstracts International. *Field Conference and Workshop on Tephrochronology, Volcanism and Human Activity*.
Solecki, R. 1971. *Shanidar: The Humanity of Neanderthal Man*. Alfred A. Knopf.
Soovali, H. 2004. *Saaremaa Waltz: Landscape Imagery of Saaremaa Island in the 20th Century*. PhD Thesis. Tartu: Tartu University Press.
Sopher, D.E. 1977. *The Sea Nomads*. The National Museum, Singapore.
Spalding, M.D., C. Ravilious & E.P.Green 2001. *World Atlas of Coral Reefs*. University of California Press.
Spalding, M. & Naturwissenschaftler, eds. 1997. *World Mangrove Atlas: International Society for Mangrove Ecosystems*. Okinawa.
Stebbing, E.P. 1937. "The threat of the Sahara." *Journal of the Royal African Society*. Extra Supplement, May: 3-35.
Stepp, J.R., E. Binford, H. Castaneda, J. Reilly-Brown & J.C. Russell 2007. *Ethnobiology Lab*. University of Florida.
Stern N. 2006. *Stern Review: The Economics of Climate Change*. HMSO.
Stern, D.I., M.S. Common & E.B. Barbier 1996. "Economic growth and environmental degradation: the environmental Kuznets Curve and sustainable development." *World Development*. 24(7): 1151-1160.
Stern, P.C. 2000. "Toward a coherent theory of environmental significant behavior." *Journal of Social Issues*. 56(3): 407-424.
Stoett, P.J. 1997. *The International Politics of Whaling*. University of British Columbia Press.
Streets, D., T.C. Bond, G.R. Carmichael, S.D. Fernandes, Q. Fu, D. He, Z. Klimont, S.M. Nelson, N.Y. Tsai, M.Q. Wang, J.-H. Woo & K.F. Yarber 2003. "An inventory of gaseous and primary aerosol emissions in Asia in the year 2000." *Journal of Geophysical Research*. 108.
Stringer, C. & P. Andrews 2005. *The Complete World of Human Evolution*. Thames & Hudson.
Stuiver M., P.M. Grootes & T.F. Braziunas 1995. "The GISP2 $d^{18}O$ Climate Record of the Past 16,500 Years and the Role of the Sun, Ocean, and Volcanoes." *Quaternary Research*. 44: 341-354.
Stutz, B. 1995. "The sea cucumber war." *Audubon*. May-June 1995: 16-18.
Sugita, S. 1993. "A model of pollen source area for an entire lake surface." *Quaternary Research*. 39 : 239-244.
Sugita, S. 2007a. "Theory of quantitative reconstruction of vegetation II: all you need is LOVE." *The Holocene*. 17 : 229-241.
Sugita, S. 2007b. "Theory of quantitative reconstruction of vegetation I: pollen from large sites REVEALS regional vegetation composition." *The Holocene*. 17: 243-257.
Swaminathan, M.S. 2000. "Science in response to Basic Human Needs." *Science*. 287: 425.
Swift, J. 1996. "Desertification: Narratives, Winners and Losers." In Leach, M. & R. Mears, eds., *The Life of the Land*. Villiers Publication.
Szabolcs, I. 1989. *Salt-Affected Soils*. CRC Press.
T.H. van Andel & W. Davies, eds. 2003. *Neanderthals and modern humans in the European landscape during the last glaciations*. McDonald Institute for Archaeological Research.
Tada, R., Y. Nakano, M.A.Iturralde-Vinent, S. Yamamoto, T. Kamata, E.Tajika, K. Toyoda, S. Kiyokawa, D. Garcia-Delgado, T. Oji, K. Goto, H. Takayama, R. Rojas & T. Matsui 2002. "Complex tsunami waves suggested by the Cretaceous-Tertiary boundary deposit at the Moncada section, western Cuba." in Koeberi, C. & K. G. MacLeod eds.,*Catastrophic Events and Mass Extinctions: Impacts and Beyond: Boulder*.Colorado, Geological Society of America Special Paper 356: 109-123.
Takagi, M., A. Sugiyama & K. Maruyama 1995. "Effect of rice culturing practices on seasonal occurrence of *Culex tritaeniorhynchus* (Diptera: Culicidae) immatures in

three different types of rice-growing areas in central Japan." *Journal of Medical Entomology*. 32(2): 112-118.
Takemura, T. 2009. "Review and future studies of estimating aerosol effects on climate system." *Earozoru Kenkyu*. 24: 237-241.
Tanabe, S. & A. Subramanian 2006. *Bioindicators of POPs: Monitoring in Developing Countries*. Kyoto University Press & Trans Pacific Press.
Tanaka, S. 1976. *Tanaka's Cyclopedia of Edible Plants of the World*. Yugaku-sha.
Taniguchi, M., W.C. Burnett & G.D. Ness 2008. "Integrated research on subsurface environments in Asian urban areas." *The science of the total environment*. 404:377-392.
Tanji, K.K., ed. 1990. *Agricultural Salinity Assessment and Management*. ASCE Manuals and Reports on Engineering Practice No.71.
Tanser, F.C., B. Sharp & D. le Sueur 2003. "Potential effect of climate change on malaria transmission in Africa." *Lancet*. 362: 1792-1798.
Thomas, C.D., A. Cameron, R.E. Green, M. Bakkenes, L.J. Beaumont, Y.C. Collingham, B.F.N. Erasmus, M.F. de Siqueira, A. Grainger, L. Hannah, L. Hughes, B. Huntley, A.S. van Jaarsveld, G.F. Midgley, L. Miles, M.A. Ortega-Huerta, A.T. Peterson, O.L. Phillips & S.E. Williams 2004. "Extinction risk from climate change." *Nature*. 427: 145-148.
Thompson, L.G., E. Mosley-Thompson, M.E. Davis, P.E. Lin, K.A. Henderson, J. Cole-Dai, J.F. Bolzan & K.B. Liu 1995. "A 1000 year climate ice-core record from the Guliya ice cap, China: its relationship to global climate variability." *Annals of Glaciology*. 21: 175-181.
Thorarinsson, S. 1980. "Tephra studies and tephrochronology: a historical review with special reference to Iceland." Self, S. & Sparks, R.S.J., eds. *Tephra Studies*. D. Reidel Publishing Company.
Tilman, D. 1996. "Biodiversity: population versus ecosystem stability." *Ecology*. 77: 350-363.
Tomlinson, P.B. 1986. *The Botany of Mangroves*. Cambridge University Press.
Townsend, P.K. 1974. "Sago production in a New Guinea economy." *Human Ecology*. 2: 217-236.
Traffic 2007. "Monitoring of illegal trade in ivory and other elephant specimens." CoP14 Doc.53.2, CITES 14th meeting of the Conference of the Parties, The Hague, 3-15 June 2007.
Tsing, A.L., J. P. Brosius & C. Zerner 2005. "Introduction: Raising questions about communities and conservation." In Brosius, J. P., A. L. Tsing & C. Zerner, eds., *Communities and Conservation: Histories and Politics of Community-Based Natural Resource Management*. Alta Mitra PressA.
Tsuda, Y., W. Suwonkerd, S. Chawprom, S. Prajakwong & M. Takagi 2006. "Different spatial distribution of *Aedes aegypti* and *Aedes albopictus* along an urban-rural gradient and the relating environmental factors examined in three villages in northern Thailand." *Journal of American Mosquito Control Association*.22(2): 222-228.
Turney, C. & H. Brown 2007. "Catastrophic early Holocene sea level rise, human migration and the Neolithic transition in Europe." *Quaternary Science Reviews*. 26: 2036-2041.
Twomey, S. 1977. "The influence of pollution on the shortwave albedo of clouds." *Journal of the Atmospheric Sciences*. 34: 1149-1152.
Ueki, M., K. Matsui, K. Choi & Z. Kawabata 2004. "The enhancement of conjugal plasmid pBHR1 transfer between bacteria in the presence of extracellular metabolic products produced by *Microcystis aeruginosa*." *FEMS Microbiology Ecology*. 51: 1-8.
UNAIDS 2008. Report on the global AIDS epidemic. UNAIDS.
UNDP, UNEP, WB, WRI 2008. World Resources 2008: Roots of Resilience-Growing the Wealth of the Poor. World Resources Institute.
UNECE 2007. *Hemispheric Transport of Air Pollution*. United Nations.
UNEP 1997. *World Atlas of Desertification*. 2nd ed., Arnold.
UNEP 2007. After the tsunami coastal ecosystem restoration lessons learnt. UNEP.
UNESCO 1974. "Programme on Man and the Biosphere (MAB) Task Force on: Criteria and guidelines for the choice and establishment of biosphere reserve." MAB report series, No. 22, UNESCO.
UNESCO 2006. EABRN Biosphere Reserve Atlas People's Republic of China, East Asian Biosphere Reserve Network(EABRN)UNESCO-MAB Programme.
UNESCO 2009. Map of the World Network of Biosphere Reserves.
Upton, C. & S. Bass 1995. "The Forest Certification Handbook." *EARTHSCAN*. 6-7.
US Army Corps of Engineers & Maryland Port Administration 2004. Poplar Island Environmental Restoration Project. Adaptive Management Plan.
Van de Kaa, D.J. 1987. "Europe's second demographic transition." *Population Bulletin*. 42: 1-59.
Veitch, C.R. & M.N. Clout, eds. 2002. *Turning the Tide: the Eradication of Invasive Species*. IUCN Switzerland.
Vervloet, J. 1986. *Inleiding tot de historische geografie van de Nederlandse cultuurlandschappen*. Pudoc.
Vittor, A.Y., W. Pan, R.H. Gilman, J. Tielsch, G. Glass, T. Shields, W. Sachez-Lozano, V.V. Pinedo, E. Salas-Cobos, S. Flores & J.A. Patz 2009. "Linking deforestation to malaria in the Amazon: characterization of the breeding habitat of the principal malaria vector, *Anopheles darlingi*." *American Journal of Tropical Medicine and Hygiene*.81(1): 5-12.
Vorosmarty, C.J., P. Green, J. Salisbury & R. Lammers 2000. "Global water resources: vulnerability from climate change and population growth." *Science*. 289: 284-288.
Wachtershauser, G. 2000. "Life as we don't know it." *Science*. 289: 1307-1308.
Walker, B. & D. Salt 2006. *Resilience Thinking: How can Landscapes and Communities Absorb Disturbance and Maintain Function?* Island Press.
Walker, M., S.Johnsen, S.O. Rasmussen, T. Popp, J-P. Steffensen, P. Gibbard, W. Hoek, J. Lowe, J. Andrews, S. Bjorck, L.C. Cwynar, K. Hughen, P. Kershaw, B. Kromer, T. Litt, D.J. Lowe, T. Nakagawa, R. Newnham & J. Schwander 2009. "Formal definition and dating of the GSSP (Global Stratotype Section and Point) for the base of the Holocene ising the Greenland NGRIP ice core, and selected auxiliary records." *Journal of Quaternary Science*. 24:3-17.
Watanabe, H. 1972. *The Ainu Ecosystem: Environment and*

Group Structure. University of Tokyo Press.
Wayne, R.P. 1991. *Chemistry of Atmospheres*. 2nd ed., Oxford University Press.
Webster, D. 2002. *The Fall of the Ancient Maya*. Thames and Hudson.
Webster, R.G., W.J. Bean, O.T. Gorman, T.M. Chambers & Y. Kawaoka 1992. "Evolution and ecology of influenza A viruses." *Microbiological Reviews*. 56: 152-179.
Whittaker, R.H. 1962. "Classification of natural communities," *Botanical Review*. 28: 1-239.
Whittaker, R.H. 1975(1970). *Communities and Ecosystems*.The Macmillan Company.
WHO 2002. *The World Health Report 2002: Reducing Risks, Promoting Healthy Life*. WHO.
WHO 2003. *Climate Change and Human Health: Risks and Responses*. WHO.
Wilkinson, R.G. 2005. *The Impact of Inequality: How to Make Sick Societies Healthier*. The New Press.
Will, P.-E. 1990. *Bureaucracy and Famine in Eighteenth-century China*. Stanford University Press.
Will, P.-E. & R.B. Wong 1991. *Nourish the People*. Center for Chinese Studies Publications, The University of Michigan.
Williams, M. 2003. *Deforesting the Earth*. University of Chicago Press.
Winer, A.B. 1992. *Inalienable Possessions: The Paradox of keeping・While Giving*. University of California Press.
Wirth, L. 1938. "Urbanism as a way of life." *American Journal of Sociology*. 44: 1-24.
Witherington, B.E. 2006. *Sea Turtles: An Extraordinary Natural History of Some Uncommon Turtles*. Voyageur Pr.
WMO 2003. *Climate Into the 21st Century*. World Meteorological Organization.
Wolf, A. T., J. A. Natharius, J. J. Danielson, B. S. Ward & J. K. Pender 1999. "International river basins of the world." *Journal of Water Resources Development*. 15: 387-427.
Wolfe, N.D., C.P. Dunavan & J. Diamond 2007. "Origins of major human infectious diseases." *Nature*. 447: 279-283.
Wood, D. & J.M. Lenné, eds. 1999. *Agrobiodiversity: Characterization, Utilization and Management*. CABI Publishing.
Woodham-Smith, C. 1962. *The Great Hunger: Irland 1845-1849*. Penguin Books.
World Bank Policy Research Report 1997. *Confronting AIDS: Public Priorities in a Global Epidemic*. Oxford University Press.
World Bank 1990. *World Development Report*. Oxford University Press.
World Commission on Environment and Development 1987. *Our Common Future*. Oxford University Press.
Worobey, M., M. Gemmel, D. E. Teuwen, T. Haselkorn, K. Kunstman, M. Bunce, J. Muyembe, J. M. Kabongo, R. M. Kalengayi, E. Van Marck, M. T. P. Gilbert & S. M. Wolinsky 2008. "Direct evidence of extensive diversity of HIV-1 in Kinshasa by 1960." *Nature*. 455: 605-606.
Worster, D. 1977. *Nature's Economy: A History of Ecological Ideas*. Cambridge University Press.
Wrigley, E.A. 1988. *Continuity, Chance & Change: The Character of the Industrialization in England*. Cambridge University Press.
Xu, J., S. Yu, J. Liu, S. Haginoya, Y. Ishiqooka, T. Kuwagata, M. Hara & T. Yasunari 2009. "The Implication of Heat and Water Balance Change in a Lake Basin on the Tibetan Plateau." *Hydrological Research Letters*. 3: 1-5.
Yamada, T. 1998. "Glacier lake and its outburst flood in the Nepal Himalaya." Monograph No. 1, Data Center for Glacier Research, The Japanese Society of Snow and Ice.
Yang, B., J. Wang, A. Brauning, Z. Donga & J. Esper 2009. "Late Holocene climatic and environmental changes in arid central Asia." *Quaternary International*. 194(1-2): 68-78.
Yatagai, A. 2003. "Hydrological balance and its variability over the arid/semi-arid regions in the Eurasian Continent seen from ECMWF 15-year reanalysis data." *Hydrological Processes*. 17: 2871-2884.
Yatagai, A., O. Arakawa, K. Kamiguchi, H. Kawamoto, M.I. Nodzu & A. Hamada 2009. "A 44-year daily gridded precipitation dataset for Asia based on a dense network of rain gauges." *SOLA*. 5: 137-140.
Yoffe, S.B. 2003. *Basins at Risk: Conflict and Cooperation over International Freshwater Resources*. UNESCO-IHP Publication.
Yoon, I., R.J. Williams, E. Levine, S. Yoon, J.A. Dunne & N.D. Martinez 2004. "Webs on the Web (Wow): 3D visualization of ecological networks on the WWW for collaborative research and education." *Proceedings of the IS&T/SPIE Symposium on Electronic Imaging, Visualization and Data Analysis*. 5295: 124-132.
Yoshida, H., M. Yoshioka, M. Shirakihara & S. Chow 2001. "Population structure of finless porpoise (*Neophocaena phocaenoides*) in coastal waters of Japan based on mitochondrial DNA sequences." *Journal of Mammalogy*. 82 (1): 123-130.
Zeven, A.C. & de Wet, J.M.J. 1982. *Dictionary of Cultivated Plants and Their Regions of Diversity: Excluding Most Ornamentals, Forest Trees and Lower Plants*. Center for Agricultural Publishing and Documentation.
Zhang, L., W.R. Dawes & G.R. Walker 2001. "Response of mean annual evapotranspiration to vegetation changes at chatchment scale." *Water Resources Research*. 37: 701-708.
Zimmermann, E. 1933. *World Resources and Industries*. Harper & Row.

あ～お

アイヌ文化振興・研究推進機構 2005.『アイヌの人たちとともに―その歴史と文化』財団法人アイヌ文化振興・研究推進機構.
青木保ほか編 1997.『岩波講座文化人類学 13 文化という課題』岩波書店.
青森県教育委員会 1998.『三内丸山遺跡 X(第 2 分冊)』青森県埋蔵文化財調査報告書第 250 集、青森 3 図-6.
青森県教育委員会 2004.『三内丸山遺跡 25』青森県埋蔵文化財調査報告書第 383 集、青森 220 図-2、260 図-5.
赤木祥彦 1990.『沙漠の自然と生活』地人書房.
赤木祥彦 2005.『沙漠化とその対策―乾燥地帯の環境問題』東京大学出版会.
赤嶺淳 2000.「ダイナマイト漁に関する一視点―タカサゴ塩干魚の生産と流通をめぐって」『地域漁業経済』40(2):81-100.
赤嶺淳 2010.『ナマコを歩く―現場から考える生物多様性と文化多様性』新泉社.

秋里籬島 1995(1975).『河内名所図会』臨川書店.
秋道智彌 1981.「"悪い"魚と"良い"魚—Satawal 島の民族魚類学」『国立民族学博物館研究報告』6(1): 66-133.
秋道智彌 1994.『クジラとヒトの民族誌』東京大学出版会.
秋道智彌 1995a.『なわばりの文化史』小学館.
秋道智彌 1995b.「魚毒漁の分布と系譜」吉田集而編『生活技術の人類学』平凡社.
秋道智彌 1995c.『イルカとナマコと海人たち』日本放送出版協会.
秋道智彌 1995d.『海洋民族学—海のナチュラリストたち』東京大学出版会.
秋道智彌 1996(1987).「海・川・湖の資源の利用方法」大林太良編『日本の古代 8 海人の伝統』中央公論新社.
秋道智彌 1999.「クジラを語る—クジラの資源と所有をめぐって」秋道智彌編『自然はだれのものか』昭和堂.
秋道智彌 2002.「序・紛争の海」秋道智彌・岸上伸啓編『紛争の海—水産資源管理の人類学』人文書院.
秋道智彌 2004.『コモンズの人類学—文化・歴史・生態』人文書院.
秋道智彌 2007a.「メコンオオナマズ」秋道智彌編『図録メコンの世界—歴史と生態』弘文堂.
秋道智彌 2007b.「コモンズ論の地平と展開—複合モデルの提案」内堀基光責任編集『資源人類学 1 資源と人間』弘文堂.
秋道智彌 2007c.「アジア・モンスーン地域の池とその利用権—共有資源の利権化と商品化の意味を探る」秋道智彌責任編集『資源人類学 8 資源とコモンズ』弘文堂.
秋道智彌 2008a.「「食」の現状—人類史上の位置」湯本貴和編『食卓から地球環境がみえる—食と農の持続可能性』昭和堂.
秋道智彌 2008b.「メコン河集水域における水産資源管理の生態史」秋道智彌編『モンスーンアジアの生態史 3 くらしと身体の生態史』弘文堂.
秋道智彌 2009.『クジラは誰のものか』筑摩書房.
秋道智彌・池口明子・後藤明・橋村修 2008.「メコン河集水域の漁撈と季節変動」秋道智彌監修・河野泰之責任編集『論集モンスーンアジアの生態史 1 生業の生態史』弘文堂.
秋道智彌・岸上伸啓編 2002.『紛争の海—水産資源管理の人類学』人文書院.
秋道智彌・黒倉寿編 2008.『人と魚の自然誌—母なるメコン河に生きる』世界思想社.
秋道智彌編 2005.「人と自然の新しい物語 特集 鯉の生き物文化誌—鯉が象徴する心と世界」『生き物文化誌 ビオストーリー 3』生き物文化誌学会.
秋道智彌編 2007a.『図録メコンの世界—歴史と生態』弘文堂.
秋道智彌編 2007b.『水と世界遺産—景観・環境・暮らしをめぐって』小学館.
秋道智彌編 2007c.『資源人類学 8 資源とコモンズ』弘文堂.
鯵坂哲朗・小坂康之・若菜勇・秋道智彌 2008.「メコン河流域の水辺の植物（水草類）利用の多様性」秋道智彌監修・河野泰之責任編集『論集モンスーンアジアの生態史 1 生業の生態史』弘文堂.
阿部健一 1998.「地域生態史の視点」『地域研究論集』1(2): 6-17.
阿部健一 2010.「それぞれの水問題—水の文化多様性と世界水フォーラム」秋道智彌・小松和彦・中村康夫編『人と水 水と環境』勉誠出版.
安部浩 2005.「天台本覚論と神—「草木国土悉皆成仏」思想の成立根拠に関する私論」『人間存在論』11: 53-70.
安部浩 2008.「現代日本において「共生」は何故かくも流行しているのか—にも拘わらず環境保護は何故かくも低調なのか」小川侃編『京都学派の遺産—生と死と環境』晃洋書房.
アミタ持続可能経済研究所編 2006.『自然産業の世紀』創森社.
新井房夫 1972.「斜方輝石・角閃石の屈折率によるテフラの同定—テフロクロノロジーの基礎的研究」『第四紀研究』11: 254-269.
荒川秀俊 1979.『飢饉』教育社.
新木直人 2008.『葵祭の始原の祭り』ナカニシヤ出版.
有岡利幸 2004.『里山』I・II. 法政大学出版局.
有岡利幸 2008.『秋の七草』法政大学出版局.
有賀祐勝 2008.「生物圏保存地域」大沢雅彦監修・日本自然保護協会編『生態学からみた自然保護地域とその多様性保全』講談社.
淡路剛久 1990.「環境権の確立を求めて」『公害研究』20(10).（淡路剛久・川本隆史・植田和弘・長谷川公一編 2006.『リーディングス環境 2 権利と価値』有斐閣.）
飯田卓 2008.『海を生きる技術と知識の民族誌—マダガスカル漁撈社会の生態人類学』世界思想社.
飯田卓・名和純 2005.「奄美大島北部、笠利湾における貝類知識—エリシテーション—データをとおした人—自然関係の記述」『国立歴史民俗学博物館研究報告』123: 153-183.
飯沼二郎 1970.『風土と歴史』岩波書店.
池庄司敏明 1993.『蚊』東京大学出版会.
池田透 2008.「外来種問題 アライグマを中心に」高槻成紀・山極寿一編『日本の哺乳類学 2 中大型哺乳類・霊長類』東京大学出版会.
池田透監修 2007.『外来生物が日本を襲う！』青春出版社.
池谷和信 2003.『山菜採りの社会誌—資源利用とテリトリー』東北大学出版会.
池谷和信 2006.『現代の牧畜民—乾燥地域の暮らし』古今書院.
池谷和信・川野和昭・秋道智彌 2008.「多様な狩猟技術と変わりゆく狩猟文化」秋道智彌監修・河野泰之責任編集『論集モンスーンアジアの生態史 1 生業の生態史』弘文堂.
池谷和信・林良博編 2008.『ヒトと動物の関係学 4 野生と環境』岩波書店.
石弘光・環境税研究会 1993.『環境税 実態と仕組み』東洋経済新報社.
石井励一郎・和田英太郎 2008.「モデルとシミュレーションと検証と—新しい生態系の変動予測から」『科学』78(10): 1142-1147.
石垣金星 2006.『西表民謡と工工四』西表をほりおこす会.
石川英輔 1997.『大江戸リサイクル事情』講談社文庫.
石川英輔 2008.『江戸時代はエコ時代』講談社.
石毛直道 2009.『石毛直道 食の文化を語る』ドメス出版.
石毛直道・ラドル、K. 1990.『魚醤とナレズシの研究』岩波書店.
泉靖一 1951.「沙流アイヌにおける IWOR」『民族学研究』16(3-4): 29-45.
出雲公三 2001.『バナナとエビと私たち』岩波書店.
磯崎博司 2000.『国際環境法』信山社.
磯崎博司 2006.「生物多様性条約の最前線—生物資源利用制度と知的財産権制度」『環境と公害』35(4): 60-63.
井田徹治 2005.『サバがトロより高くなる日』講談社.
市川昌広 2010.「マレーシア・サラワク州の森林開発と管理制度による先住民への影響—永久林と先住慣習地に着目して」市川昌広・生方史数・内藤大輔編『熱帯アジアの人々と森林管理制度—現場からのガバナンス論』人文書院.
市川光雄 1991.「平等主義の進化史的考察」田中二郎・掛谷誠編『ヒトの自然誌』平凡社.
市来弘志 1997.「統万城の戦略的位置について」『黄土高原とオルドス』勉誠社.
市田ひろみ 2004.『恥をかかない和食の作法』家の光協会.
伊坪徳宏・稲葉敦 2005.『ライフサイクル環境影響評価手法—

LIME-LCA、環境会計、環境効率のための評価手法・データベース』産業環境管理協会.
伊藤慎二 2003.「先史ポリネシアの土器消滅過程をめぐって―型式学的再検討と Le Moine 論文の紹介」『東南アジア考古学』23.
稲永忍 1998.「アジア乾燥地域の農牧業と砂漠化現象」武内和彦・田中学編『岩波講座 地球環境学 6 生物資源の持続的利用』岩波書店.
井上元 2002.「愛知万博における海上の森保全の制度化プロセス―計画策定への市民参加の視点から」『東京大学農学部演習林報告』107: 225-240.
井上淳・高原光・吉川周作・井内美郎 2001.「琵琶湖湖底堆積物の微粒炭分析による過去約 13 万年間の植物燃焼史」『第四紀研究』40(2): 97-104.
井上民二 1998.『生物の宝庫・熱帯雨林』日本放送出版協会.
井上真 2004.『コモンズの思想を求めて―カリマンタンの森で考える』岩波書店.
井上真 2008.「コモンズ論の遺産と展開」井上真編『コモンズ論の挑戦―新たな資源管理を求めて』新曜社.
井上真 2009.「自然資源「協治」の設計指針―ローカルからグローバルへ」室田武編『グローバル時代のローカル・コモンズ』ミネルヴァ書房.
井上真・宮内泰介 2000.『コモンズの社会学』新曜社.
今中哲二編 1998.『チェルノブイリ事故による放射能災害 国際共同研究報告書』技術と人間.
今西錦司 1948.『遊牧論そのほか』秋田屋.
今西錦司 1972(1941).『生物の世界』講談社.
今村啓爾 1999.『縄文の実像を求めて』吉川弘文館.
今村仁司・今村真介 2007.『儀礼のオントロギー―人間社会を再生産するもの』講談社.
西表島浦内川流域研究会 2004.「西表島浦内川河口域の生物多様性と伝統的自然資源利用の綜合調査報告書 1」竹富町.
岩井美佐紀 2006.「組織的移住政策にみるベトナムの国家と社会の関係：紅河デルタから「新経済区」への開拓移住」寺本実編『ドイモイ下ベトナムの「国家と社会」をめぐって』アジア経済研究所.
岩井良博・西村洋一・三品文雄 2003.「下水道を利用したリン連鎖循環システムの開発と実用化」第 18 回環境工学連合講演会講演論文集.
岩崎グッドマンまさみ 2005.『人間と環境と文化―クジラを軸にした一考察』清水弘文堂書房.
岩田慶治 1973(1991).『草木虫魚の人類学』講談社.
岩槻邦男・鈴木邦雄編 2007.『日本のユネスコ /MAB 生物圏保存地域カタログ』Ver.II. 生物圏保存地域カタログ編集委員会.
尹紹亭 2000.『雲南の焼畑―人類生態学的研究』農林統計協会.
印東道子 2007.「生態資源の利用と象徴化」『資源人類学 1 資源と人間』弘文堂.
ウィーラー、M. 1966(1960).『インダス文明』曽野寿彦訳、みすず書房.
ウィーラー、M. 1971(1966).『インダス文明の流れ』小谷仲男訳、創元社.
ウイルソン、E.O. 2002(1998).『知の挑戦―科学的知性と文化的知性の統合』山下篤子訳、角川書店.
ウイルソン、E.O. 2004(1992).『生命の多様性』上、大貫昌子・牧野俊一訳、岩波書店.
上田信 2009.『叢書・中国的問題群 9 大河失調―直面する環境リスク』岩波書店.
上村雄彦 2009.『グローバル・タックスの可能性―持続可能な福祉社会のガヴァナンスをめざして』ミネルヴァ書房.
上山春平・佐々木高明・中尾佐助 1976.『照葉樹林文化 続（東アジア文化の源流）』中央公論社.
上山春平・渡部忠世編 1985.『稲作文化―照葉樹林文化の展開』中央公論.
上山春平編 1969.『照葉樹林文化―日本文化の深層』中央公論.
ヴォーゲル、E. 2004(1979).『ジャパン・アズ・ナンバーワン』広中和歌子・木本彰子訳、阪急コミュニケーションズ.
魚住雄二 2003.『マグロは絶滅危惧種か』成山堂書店.
宇沢弘文 1997.『社会共通資本とは何か』岩波新書.
宇沢弘文 2000.『社会的共通資本』岩波書店.
宇多高明 2004.『海岸侵食の実態と解決策』山海堂.
宇田川武俊 1976.「水稲栽培における投入エネルギーの推定」『環境情報科学』5(2): 73-79.
宇田川武俊編 2000.『農山漁村と生物多様性』家の光協会.
内村鑑三 1894.『地人論』岩波書店.
内山勝久 2009.「持続可能な発展と環境クズネッツ曲線」宇澤弘文・細田裕子編『地球温暖化と経済発展』東京大学出版会.
海上知明 2005.『環境思想―歴史と体系』NTT 出版.
海の自然再生ワーキンググループ 2007.「順応的管理による自然再生」国土交通省港湾局.
梅棹忠夫 2002(1967).『文明の生態史観』中央公論新社.
梅棹忠夫 2005(1987).『京都の精神』角川書店.
梅原猛ほか 1995(1985).『ブナ帯文化』新装版、新思索社.
梅谷献二 2004.『虫を食べる文化誌』創森社.
江上幹幸 2008.「東部インドネシアの製塩―フローレス島東部地域の製塩形態」『東南アジア考古学』28: 125-142.
江崎保夫・田中哲夫編 1998.『水辺環境の保全』朝倉書店.
FAO 2001.『世界森林白書（2001 年報告）』農文協.
エリアーデ、M. 1963(1949).『永遠回帰の神話』堀一郎訳、未来社.
エリアーデ、M. 2000.『世界宗教史』1-8、筑摩書房.
エリュエール、C. 1994(1992).『ケルト人―蘇えるヨーロッパ「幻の民」』鶴岡真弓監修、田辺希久子・湯川史子・松田迪子訳、創元社.
LCA 実務入門編集委員会 1998.『LCA 実務入門』産業環境管理協会.
エンゲルス、F. 1965(1891).『家族・私有財産・国家の起源』戸原四郎訳、岩波書店.
遠藤邦彦・小森次郎・相馬秀廣・原口強・千葉崇・吉永祐一・宮田幸四郎・中山裕則・荻野志乃・須貝俊彦・窪田順平・Bolat Aubekerov, Renato Sala, Jean-Marc Deom 2009.「バルハシ湖 2007 コアに基づく水位変動の推定―予報」『オアシス地域研究会報』7(1): 1-9.
遠藤邦彦・斉烏雲・穆桂金・鄭祥民・村田泰輔・堀和明・相馬秀廣・高田将志 2007.「中国黒河下流域における最近 3000 年間の沙漠環境の変遷と人間活動」『オアシス地域研究会報』6: 181-199.
遠藤崇浩 2004.「国際河川紛争の一考察―ハーモンドクトリンを中心に」『法政論叢』41(1): 53-66.
汪志伊 1806.『荒政輯要』.
応地利明 1991.「デカン高原における雑穀の栽培技術」阪本寧男編『インド亜大陸の雑穀農牧文化』学会出版センター.
応地利明 2006.「文化圏と生態圏の発見」『「帝国」日本の学知 第 8 巻』岩波書店.
応地利明 2009.「文化・文明・「近代化」」京都文化会議記念出版会編『こころの謎・kokoro の未来』京都大学学術出版会.
大串隆之・近藤倫生編 2008-2010.『シリーズ群集生態学』全 6 巻、京都大学学術出版会.
大窪久美子・土田勝義 1998.「半自然草原の自然保護」沼田眞編『自然保護ハンドブック』朝倉書店.
大蔵永常 1977.『日本農書全集 15 綿圃要務・その他』農文協.
大阪市立自然史博物館編 2007.『大阪市立自然史博物館叢書 1 大和川の自然』東海大学出版会.

大阪弁護士会環境権研究会 1973.「環境権—確立のための提言と指し止め請求における位置づけ」『環境権』日本評論社.（淡路剛久・川本隆史・植田和弘・長谷川公一編 2006.『リーディングス環境 2 権利と価値』有斐閣.）
大隅清治 2003.『クジラと日本人』岩波書店.
太田至 1996.「規則と折衝—トゥルカナにおける家畜の所有権をめぐって」田中二郎・掛谷誠・市川光雄・太田至編『続自然社会の人類学—変貌するアフリカ』アカデミア出版会.
大津忠彦・常木晃・西秋良宏 1997.『世界の考古学 5　西アジアの考古学』藤本強・菊池徹夫監修、同成社.
大塚啓二郎・櫻井武司編 2007.『貧困と経済発展』東洋経済新報社.
大塚健司編 2008.『流域ガバナンス—中国・日本の課題と国際協力の展望』アジア経済研究所.
大塚柳太郎・鬼頭宏 1999.『地球人口 100 億の世紀—人類はなぜ増え続けるのか』ウエッジ.
大槻公一 1997.「鳥インフルエンザについて」『鶏病研究会報』33: 63-71.
大西文秀 2002.『もうひとつの宇宙船をたずねて』遊タイム出版.
大西文秀 2009.『GIS で学ぶ日本のヒト・自然系』弘文堂.
大貫静夫 1998.『世界の考古学 9 東北アジアの考古学』同成社.
大沼あゆみ 2006.「絶滅のおそれのある野生生物保全の経済学」『環境科学会誌』19(6): 573-585.
大野晃 2005.「山村環境社会学序説—現代山村の限界集落化と流域共同管理」農山漁村文化協会.
大林太良 1968.「インドシナにおける製塩の民族史的意義」『一橋論叢』51(8): 69-84.
大林太良 1996(1987).「沿海と内陸水界の文化」大林太良編『日本の古代 8 海人の伝統』中央公論新社.
大村敬一 2002.「カナダ極北地域における知識をめぐる抗争—共同管理におけるイデオロギーの相克」秋道智彌也・岸上伸啓編『紛争の海—水産資源管理の人類学』人文書院.
大森信・ソーンミラー、B. 2006.『海の生物多様性』築地書店.
岡敏弘 2006.『環境経済学』岩波書店.
小鹿島果 1982(1894).『日本災異志』五月書房.
小柏葉子編 1999.『太平洋島嶼と環境・資源 太平洋世界叢書 4』国際書院.
緒方貞子・セン、A. 2003.『安全保障の今日的課題—人間の安全保障委員会報告書』人間の安全保障委員会事務局訳、朝日新聞社.
岡田真美子 2000.「東アジア的環境思想としての悉有仏性論」『東アジア仏教—その成立と展開』春秋社.
岡村道雄 1997.「日本列島の南と北での縄文文化の成立」『第四紀研究』36(5).
沖大幹 2001.「千年科学技術を目指そう」『科学』71: 1572-1574.
沖大幹 2008.「バーチャルウォーター貿易」『水利科学』52(5): 61-82.
沖縄郷土文化研究会編 1975.「南島民俗文化史料」南島文化出版社.
沖縄県 2000.「平成 11 年度環境庁委託業務結果報告」平成 11 年度流域赤土流失防止等対策調査.
奥彬 2005.『バイオマス 誤解と希望』日本評論社.
奥田敏統 2009.「熱帯林のエコシステムサービス—劣化のプロセスと修復への糸口」中静透編『熱帯林研究ノート ピーターアシュトンと語る熱帯林の未来』東海大学出版会.
奥宮清人 2008.「生活習慣病の実態 1、糖尿病」秋道智彌編『論集モンスーンアジアの生態史 3 くらしと身体の生態史』弘文堂.
奥宮清人・坂本龍太・月原敏博・武田晋也・小坂康之・山口哲由・Tsering Norboo・大塚邦明・松林公蔵 2009.「インド・ラダックの医学調査と今後の課題」『ヒマラヤ学』10: 10-15.
小倉朋子 2005.『箸づかいに自信がつく本—美しい箸作法は和の心』リヨン社.
小倉朋子 2008.『「いただきます」を忘れた日本人 食べ方が磨く品性』アスキー・メディアワークス.
長田俊樹 2002.『新インド学』角川書店.
小田静夫 1991.「考古学からみた噴火が人類・社会に及ぼす影響—K-Ah と AT の噴火」『第四紀研究』30: 427-434.
小田康徳編 2008.『公害・環境問題史を学ぶ人のために』世界思想社.
小田切徳美 2005.「農村振興の論点と課題」『農業と経済』71(9): 75-85.
落合雪野 2007.「雑穀」秋道智彌編『図録メコンの世界—歴史と生態』弘文堂.
落合雪野・小坂康之・齊藤暖生・野中健一・村山伸子 2008.「五感の食生活」秋道智彌監修・河野泰之責任編集『論集モンスーンアジアの生態史 1 生業の生態史』弘文堂.
小野征一郎 2004.『マグロの科学—その生産から消費まで』成山堂書店.
恩田裕一編 2008.『人工林荒廃と水・土砂流出の実態』岩波書店.
温暖化影響総合予測プロジェクトチーム 2008.「地球温暖化「日本への影響」最新の科学的知見」環境省資料.

か～こ

外務省国際連合局経済課地球環境室 1991.「地球環境問題宣言集」大蔵省印刷局.
海洋政策研究財団 2008.『海洋白書』成山堂書店.
帰山雅秀 2005.「水辺生態系の物質輸送に果たす遡河回遊魚の役割」『日本生態学会誌』55: 51-59.
赫治清 2007.『中国古代災害史研究』中国社会科学出版社.
カザル、R. 1989.『ベリー侯の豪華時祷書』木島俊介訳、中央公論社.
梶原晃 2000.「FSC 森林認証制度」『國民經濟雜誌』181(2): 73-89.
梶原晃・淡田和宏 2004.「FSC 森林認証制度の技術的分析」『経済経営研究年報』50: 179-242.
春日直樹編 2007.『資源人類学 5 貨幣と資源』弘文堂.
カーソン、R. 2001(1962).『沈黙の春』新装版、青樹簗一訳、新潮社.
嘉田良平 2009.『食卓からの農業再生』家の光協会.
片平孝 2004.『地球 塩の旅』日本経済新聞社.
ガタリ、F. 2008.『三つのエコロジー』杉村昌昭訳、平凡社.
加藤尚武 1991.『環境倫理学のすすめ』丸善.
加藤浩 2008.「生物多様性条約と知的財産制度の調和」隅藏康一編『知的財産政策とマネジメント—公共性と知的財産権の最適バランスをめぐって』白桃書房.
加藤博 2008.『ナイル—地域をつむぐ川』刀水書房.
加藤真 2006.「原野の自然と風光—日本列島の自然草原と半自然草原」『エコソフィア』18: 4-11.
加藤元海 2005.「生態系における突発的で不連続な系状態の変化—湖沼を例に」『日本生態学会誌』55: 199-206.
加藤元海 2007.「レジームシフトとはなにか？—自然は突然変化する」『河川』5: 63-65.
加藤祐三 1980.『イギリスとアジア—近代史の原画』岩波書店.
加藤雄三 2007.「賑紀—那彦成と嘉慶 15 年の甘粛賑恤」『オアシス地域史論叢—黒河流域 2000 年の点描』松香堂.
加藤雄三・大西秀之・佐々木史郎 2008.『東アジア内海世界の交流史—周縁地域における社会制度の形成』人文書院.

角野康郎 1994.『日本水草図鑑』文一総合出版.
金沢夏樹・渡部忠世編 1995.『水田稲作農業の生態的考察―日本水田、稲作農業の生態的考察研究会報告』日本農業研究所.
金沢良雄 1960.『法律学全集 15 水法』有斐閣.
金沢良雄・三本木健治 1979.『水文学講座 15 水法論』共立出版.
金関恕・大阪府立弥生文化博物館編 1995.『弥生文化の成立―大変革の主体は「縄紋人」だった』角川書店.
金子務・山口裕文編 2001.『照葉樹林文化論の現代的展開』北海道大学図書刊行会.
金子信博 2007.『土壌生態学入門―土壌動物の多様性と生態系機能』東海大学出版会.
金田章裕編 2007.『平安京』京都大学学術出版会.
樺山紘一ほか編 1999.『岩波講座世界歴史 19 移動と移民―地域を結ぶダイナミズム』岩波書店.
カプラ、F.・E. カレンバック 1995.『ディープ・エコロジー考―持続可能な未来に向けて』靍田栄作訳、佼成出版社.
鎌田東二 2009.『神と仏の出逢う国』角川学芸出版.
鎌田東二編 2010.『平安京のコスモロジー』創元社.
亀井孝・河野六郎・千野栄一編 1988-2001.『言語学大辞典』三省堂.
亀田隆之 1973.『日本古代用水史の研究』吉川弘文館.
亀山純生 2005.『環境倫理と風土―日本的自然観の現代化の視座』大月書店.
榧根勇 1980.『水文学』大明堂.
茅根創 1990.「地球規模の CO_2 循環におけるサンゴ礁の役割」『地質ニュース』436: 6-16.
萱野茂 1990.『アイヌの碑』朝日出版社.
萱野茂・田中宏 1999.『二風谷ダム裁判の記録』三省堂.
河合俊雄・鎌田東二 2008.『京都「癒しの道」案内』朝日新聞出版.
川勝平太 1991.『日本文明と近代西洋』NHK ブックス.
川口和英 2003.『ごみから考えよう都市環境』技報堂出版.
川崎健 2009.『イワシと気候変動』岩波書店.
川名英之 2008.『世界の環境問題 3 中・東欧』緑風出版.
川名英之 2009.『世界の環境問題 4 ロシアと旧ソ連邦諸国』緑風出版.
川端善一郎・遠藤銀朗・飯田哲也・黒川顕・谷佳津治・那須正夫 2003.「特集・遺伝子伝播」『生物工学会誌』81(10): 425-440.
川端善一郎・松井一彰 2003.「水中を移動する遺伝子―遺伝情報の多様化に果たす細菌間の遺伝子伝播」大串隆之編『京大人気講義シリーズ 生物多様性科学のすすめ』丸善.
川道美枝子・岩槻邦男・堂本暁子編 2001.『移入・外来種・侵入種―生物多様性を脅かすもの』築地書館.
河邑厚徳＋グループ現代 2000.『エンデの遺言―根源からお金を問うこと』NHK 出版.
環境経済・政策学会 2006.『環境経済・政策学の基礎知識』有斐閣.
環境省 2006.『川の生きものをしらべよう』日本水環境学会.
環境省 2009a.『環境統計集』平成 21 年版、エムア.
環境省 2009b.『環境白書 循環型社会白書 / 生物多様性白書』平成 21 年版、日経印刷.
環境省・日本サンゴ礁学会編 2004.『日本のサンゴ礁』環境省.
環境省監修 2007.「排出インベントリとは何か？」
環境庁地球環境部企画課編 1993.「国連環境開発会議資料集」.
環瀬戸内海会議編 2000.『住民が見た瀬戸内海』技術と人間.
紀伊半島ウミガメ情報交換会・日本ウミガメ協議会 1994.『ウミガメは減っているか―その保護と未来』紀伊半島ウミガメ情報交換会.
菊池勇夫 1994.『飢饉の社会史』校倉書房.
菊池勇夫 1997.『近世の飢饉』吉川弘文館.
菊池勇夫 2003.『飢饉から読む近世社会』校倉書房.
菊池万雄 1980.『日本の歴史災害』古今書院.
菊池誠編 1976.『適正規模論』日本放送出版協会.
菊池美代志・江上渉編 2008.『改訂版 21 世紀の都市社会学』学文社.
岸上伸啓 2007.「クジラ資源はだれのものか」秋道智彌編『資源人類学 8 資源とコモンズ』弘文堂.
岸上伸啓編 2003.『海洋資源の利用と管理に関する人類学的研究』国立民族学博物館.
岸上伸啓編 2008.『海洋資源の流通と管理の人類学』明石書店.
岸本雅敏 1992.「律令制下の塩生産」『考古学研究』154.
岸本雅敏 1998.「古代国家と塩の流通」『古代史の論点 3』小学館.
岸本雅敏 2005.「特論 塩」『列島の古代史 2 暮らしと生業』岩波書店.
岸本良一 1975.『ウンカ海を渡る』中央公論社.
木田厚瑞 1998.『肺の話』岩波書店.
北川勲・吉川雅之編 2005.『食品薬学ハンドブック』講談社サイエンティフィク.
北原敦 1986.『開発と農業』世界思想社.
喜多村俊夫 1970.『日本灌漑水利の史的研究 総論編』岩波書店.
鬼頭秀一 1996.『自然保護を問いなおす―環境倫理とネットワーク』筑摩書房.
鬼頭秀一・福永真弓編 2009.『環境倫理学』東京大学出版会.
鬼頭宏 2000.『人口から読む日本の歴史』講談社.
ギボンズ、M. 1997(1994).『現代社会と知の創造―モード論とは何か』小林信一訳、丸善.
キャリコット、J.B. 2009.『地球の洞察―多文化時代の環境哲学』山内友三郎・村上弥生監訳、みすず書房.
久馬一剛 2005.『土とは何だろうか？』京都大学学術出版会.
久馬一剛編 2001.『熱帯土壌学』名古屋大学出版会.
京都造形芸術大学編 2002.『京都学への招待』飛鳥企画（発売：角川書店）.
京都大学フィールド科学教育研究センター編 2007.『森里海連環学』京都大学学術出版会.
京都府立海洋センター 2007.「コイヘルペスウイルス病の話」『季報』90: 1-16.
吉良竜夫 1970.「森林の一次生産と生産のエネルギー効率」『JIBP-PT-F』44: 85-92.
吉良竜夫 1971.『生態学から見た自然』河出書房新社.
久賀みず保・山尾政博 2004.「タイの在来型熱帯果樹産地における輸出市場対応」『2004 年度日本農業経済学会論文集』日本農業経済学会.
釧路湿原自然再生協議会 2005.「釧路湿原自然再生全体構想」.
國松久彌 1931.『フリードリッヒ・ラッツェル：その生涯と學説』古今書院.
窪田順平 2004.「森林と水―神話と現実」『科学』74(3): 311-316.
グライムズ、B. 2002.「世界の言語はどの程度まで生存可能か」宮岡伯人・崎山理編 / 渡辺己・笹間史子監訳『消滅の危機に瀕した世界の言語』明石書店.
工楽善通 1991.『水田の考古学』東京大学出版会.
蔵治光一郎 2003.『森林の緑のダム機能（水源涵養機能）とその強化に向けて』日本治山治水協会.
蔵治光一郎・保屋野初子編 2004.『緑のダム―森林・河川・水循環・防災』築地書館.
栗原康編 1988.『河口・沿岸域の生態学とエコテクノロジー』東海大学出版会.
栗山浩一 1998.『環境の価値と評価手法―CVM による経済評価』北海道大学図書刊行会.
栗山浩一・北畠能房・大島康行編 2000.『世界遺産の経済学―屋久島の環境価値とその評価』勁草書房.

栗山浩一・馬奈木俊介 2008.『環境経済学をつかむ』有斐閣.
黒田章夫・滝口昇・加藤純一・大竹久夫 2005.「リン資源枯渇の危機予測とそれに対応したリン有効利用技術開発」『環境バイオテクノロジー学会誌』4(2): 87-94.
グローバル・ガバナンス委員会 1995.『地球リーダーシップ』京都フォーラム監訳、日本放送出版協会.
桑子敏雄 1999.『環境の哲学―日本の思想を現代に活かす』講談社.
ゲゼル、S. 2007(1920).『自由地と自由貨幣による自然的経済秩序』相田愼一訳、ぱる出版.
ケリー、D. ほか 1979.『環境の危機と経済大国―米国・ソ連・日本』時事通信社.
ケリー、J. 2008(2005).『黒死病―ペストの中世史』野中邦子訳、中央公論新社.
小池一之・太田陽子編 1996.『変化する日本の海岸』古今書院.
小池裕子・松井正文 2003.『保全遺伝学』東京大学出版会.
小泉康一 2009.『グローバリゼーションと国際強制移動』勁草書房.
小泉龍人 2001.『都市誕生の考古学』同成社.
香坂玲 2009.『いのちのつながり よく分かる生物多様性』中日新聞出版社.
香坂玲・本田悠介 2009.「生物多様性条約における遺伝資源の利益配分と知的財産権をめぐる議論の交錯」『日本知財学会誌』5(4):3-13.
香坂玲・本田悠介 2010.「遺伝資源の利益配分と知的財産権―生物多様性条約の経験から」GSID Discussion Paper No.177.
厚生省保健医療局結核感染症課監修・小早川隆敏編 1999.『改訂・感染症マニュアル』マイガイア.
近藤修 2004.「ネアンデルタールの誕生と消滅」『遺伝』別冊 20: 93-97.
河野稠果 2007.『人口学への招待―少子・高齢化はどこまで解明されたか』中公新書.
河野泰之・加藤真・百村帝彦 2008a.「東南アジア大陸部の雨緑樹林と農の生態」秋道智彌監修・河野泰之責任編集『論集モンスーンアジアの生態史 1 生業の生態史』弘文堂.
河野泰之・落合雪野・横山智 2008b.「ラオスをとらえる視点」横山智・落合雪野編『ラオス農山村地域研究』めこん.
甲元真之 1991.「弥生時代のくらし」『弥生文化』大阪府立弥生文化博物館.
甲元真之 2004.『日本の初期農耕文化と社会』同成社.
国際マングローブ生態系協会 2004.「平成 15 年度沿岸生態系と海面上昇モニタリングを目的とした沖縄県内のマングローブ分布状況調査業務報告書」沖縄県.
国立環境研究所編 2005.『いま地球がたいへん!』丸善.
国立歴史民俗博物館 2007.「特集 東アジアの水田文化」『歴博』141.
国連ミレニアム エコシステム評価編 2007.『生態系サービスと人類の将来』横浜国立大学 21 世紀 COE 翻訳委員会責任翻訳、オーム社.
小坂康之 2008.「水田の多面的機能」横山智・落合雪野編『ラオス農山村地域研究』めこん.
小島あずさ・眞淳平 2007.『海ゴミ―拡大する地球環境汚染』中央公論新社.
小島紀徳 2003.『エネルギー―風と太陽へのソフトランディング』日本評論社.
児玉香菜子 2005.「中国内モンゴル自治区オルドス地域ウーシン旗における自然環境と社会環境変動の 50 年」『地球環境』10(1): 71-80.
小長谷有紀 2007.「モンゴル牧畜システムの特徴と変容」*E-Journal.* 2(1): 4-42.
小長谷有紀・シンジルト・中尾正義編 2005.『中国の環境政策生態移民』昭和堂.
小西敬寛 2006.「西アジア新石器時代における土器製作の開始と生業の関係」『生業の考古学』同成社.
小林国夫・清水英樹・北沢和男・小林武彦 1967.「御岳火山第一浮石層―御岳火山第一浮石層の研究その 1」『地質学雑誌』73: 291-308.
小林達明・倉本宣編 2006.『生物多様性緑化ハンドブック―豊かな環境と生態系を保全・創出するための計画と技術』地人書館.
小林達雄 1996.『縄文人の世界』朝日新聞社.
小林達雄編 1995.『縄文時代における自然の社会化』雄山閣.
小松和彦 1994(1982).「器物の妖怪―付喪神をめぐって」『憑霊信仰論』講談社.
小松久男・宇山智彦・岩崎一郎編 2004.『現代中央アジア論』日本評論社.
小松正之 2002.『クジラと日本人』青春出版社.
小松正之・遠藤久 2002.『国際マグロ裁判』岩波書店.
小松芳喬 1991.『英国産業革命史』普及版、早稲田大学出版部.
小宮山宏・迫田章義・松村幸彦 2003.『バイオマス・ニッポン日本再生に向けて』日刊工業新聞社.
小山修三 1984.『縄文時代』中央公論社.
小山修三 1992.『狩人の大地―オーストラリア・アボリジニの世界』雄山閣出版.
小山修三 2002.『森と生きる―対立と共存のかたち』山川出版社.
小山修三 2010.「利器としての火」佐藤洋一郎編『ユーラシア農耕史 5 農耕の変遷と環境問題』臨川書店.
小山真人 2003.「現代社会は破局災害とどう向き合えば良いのか」『月刊地球』25: 827-830.
ゴールドマン、M.I. 1973.『ソ連における環境汚染―進歩が何を与えたか』都留重人監訳、岩波書店.
コルボーン、T.・D. ダマノスキ・J.P. マイヤーズ 2001(1996).『奪われし未来 増補改訂版』長尾力・堀千恵子訳、翔泳社.
近藤健一郎 2008.「近代沖縄における方言札の出現」近藤健一郎編著『方言札―ことばと身体』社会評論社.
近藤英夫編 2000.『四大文明 インダス文明』日本放送出版協会.

さ〜そ

西城洋 2001.「島根県の水田とため池における水生昆虫の季節的消長と移動」『日本生態学会誌』51: 1-11.
齋藤秀樹 1995.「林学からみたスギ花粉症―森林の花粉生産量を中心に」『耳鼻林床』補 76: 6-19.
齋藤喜孝・鳥谷克幸 2003.『図解 14001 早わかり』改訂 2 版、オーム社.
在来家畜研究会編 2009.『アジアの在来家畜―家畜の起源と系統史』名古屋大学出版会.
酒井伸一 2008.「循環型社会とクリーン・サイクル・コントロール:リサイクル制度に求められる視点」『INDUST』23(9): 37-41.
酒井直樹 1997.『日本思想という問題―翻訳と主体』岩波書店.
阪口豊 1987.「黒ボク土文化」『科学』57(6): 352-361.
坂本直行 1992(1942).『開墾の記』復刻版、北海道新聞社.
佐久間大輔 2008.「里山環境の歴史性を追う」『農業および園芸』83(1): 183-189.
桜井弘編 1997.『元素 111 の新知識』講談社.
佐々木高明 1970.『熱帯の焼畑―その文化地理学的比較研究』古今書院.
佐々木高明 1971.『稲作以前』日本放送出版会.
佐々木高明 1972.『日本の焼畑―その地域的比較研究』古今書院.

佐々木高明 1982.『照葉樹林文化の道—ブータン・雲南から日本へ』日本放送出版協会.
佐々木高明 1989.『東・南アジア農耕論』弘文堂.
佐々木高明 1993.『日本文化の基層を探る—ナラ林文化と照葉樹林文化』日本放送出版協会.
佐々木高明 1997.『日本文化の多重構造』小学館.
佐々木高明 2007.『照葉樹林文化とは何か』中央公論新社.
サックス、J. L. 1974.『環境の保護—市民のための法的戦略』山川洋一・高橋一修訳、岩波書店.
佐藤仁 2002a.「問題を切り取る視点—環境問題とフレーミングの政治学」石弘之編『環境学の技法』東京大学出版会.
佐藤仁 2002b.『稀少資源のポリティクス—タイ農村にみる開発と環境のはざま』東京大学出版会.
佐藤仁 2008.「"資源"の概念規定とその変容」『科学技術社会論研究』6: 111-123.
佐藤仁 2009.「資源論の再検討：1950年代から70年代の地理学者の貢献を中心に」『地理学評論』82(6): 571-587.
佐藤仁編 2008a.『資源を見る眼』東信堂.
佐藤仁編 2008b.『人々の資源論：開発と環境の統合に向けて』明石書店.
佐藤俊夫 2002.『乾燥地農業論—ウィドソー「乾燥農法論」の現代的意義』九州大学出版会.
佐藤未希 2003.「食料生産に必要な水資源の推定」東京大学大学院工学系研究科社会基盤学専攻、修士論文.
佐藤洋一郎 1999.『DNA考古学』東洋書店.
佐藤洋一郎 2002.『稲の日本史』角川書店.
佐藤洋一郎・石川隆二 2004.『〈三内丸山遺跡〉植物の世界—DNA考古学の視点から』裳華房.
佐藤洋一郎・渡邉紹裕 2009.『塩の文明誌—人と環境をめぐる5000年』日本放送出版協会.
佐藤洋一郎編 2002.『縄文農耕を捉えなおす』勉誠出版.
佐藤洋一郎編 2008.『米と魚』ドメス出版.
佐藤洋一郎・加藤鎌司編 2010.『麦の自然史—人と自然が育んだムギ農耕』北海道大学出版会.
佐藤洋一郎監修・鞍田崇編 2009.『ユーラシア農耕史3 砂漠・牧場の農耕と風土』臨川書店.
鯖田豊之 1966.『肉食の思想—ヨーロッパ精神の再発見』中央公論社.
鯖田豊之 1988.『肉食文化と米食文化—過剰栄養の時代』中央公論社.
佐原真・小林達雄 2001.『世界史のなかの縄文』新書館.
サーリンズ、M. 1984.『石器時代の経済学』山内昶訳、法政大学出版局.
澤昭裕・関総一郎編 2004.『地球温暖化問題の再検証』東洋経済新報社.
産業環境管理協会編 2002.『環境ハンドブック』産業環境管理協会.
サンゴ礁研究グループ編 1990.『熱い自然—サンゴ礁の環境誌』古今書院.
サンゴ礁研究グループ編 1992.『熱い心の島—サンゴ礁の風土誌』古今書院.
シヴァ、V. 1997.『緑の革命とその暴力』浜谷喜美子訳、日本経済評論社 .
ジェイコブス、J. 1977.『アメリカ大都市の死と生』鹿島出版会.
竺可楨 1981(1972).「中国五千年来気候変遷的初歩研究」『竺可楨科普創作選集』科学普及出版社、1981.
資源調査会 1953.『明日の日本と資源』ダイヤモンド社.
資源調査会 1961.『日本の資源問題』上・下、資源協会.
自然環境研究センター編 2008.『日本の外来生物 決定版』平凡社.
史念海・曹爾琴・朱士光 1985.『黄土高原森林与草原的変遷』陝西人民出版社.
島田周平 2009.「アフリカ農村社会の脆弱性分析序説」*E-journal GEO*. 3(2): 1-16.
嶋田義仁 2000.「風土の思想の可能性—日本的な根源的反省」『近代日本の知 第5巻』晃洋書房.
島津康男 1997.『市民からの環境アセスメント—参加と実践のみち』日本放送出版協会.
島袋伸三・渡久地健 1990.「イノーの地形と地名」『民俗文化』2: 243-263.
清水麻記 2001.「スウェーデンにおける学校と地域システムを通した環境教育—自然体験型学習を中心として」『広島大学大学院教育学研究科紀要』50:33-40.
種生物学会編 2001.『森の分子生態学—遺伝子が語る森林のすがた』文一総合出版.
種生物学会編 2002.『保全と復元の生物学—野生生物を救う科学的思考』文一総合出版.
シュルマン、A. 1981.『人類学者と少女』村上光彦訳、岩波書店.
生源寺眞一 2008.『農業再建—真価問われる日本の農政』岩波書店.
小路敦 1999.「野草地のあり方と保全」『遺伝』53(10): 21-25.
正田陽一監修 2006.『世界家畜品種事典』東洋書林.
諸喜田茂充編 1988.『サンゴ礁域の増養殖』緑書房.
白石浩之 2008.「出現期土器群」『総覧 縄文土器』アム・プロモーション.
白石正彦・清水昂一・岡部守監修 2003.『食料環境経済学入門』筑波書房.
白岩孝行 2005.「氷河の定義」日本雪氷学会編『雪と氷の事典』朝倉書店.
白岩孝行 2006.「巨大魚付林—アムール川・オホーツク海・知床を守るための日中ロの協力」『外交フォーラム』2006(8): 40-43.
白幡洋三郎 2005.『プラントハンター』講談社.
神宮司庁編 1995-99.『古事類苑』吉川弘文館.
神宮字寛・上田哲行・五箇公一・日鷹一雅・松良俊明 2009.「フィプロニルとイミダクロプリドを成分とする育苗箱施用殺虫剤がアキアカネの幼虫と羽化に及ぼす影響」『農業農村工学会論文集』259: 35-41.
新沢嘉芽統 1962.『河川水利調整論』岩波書店.
新東晃一 1995.「南九州の初期縄文文化」『季刊考古学』50.
神野直彦 2002.『地域再生の経済学—豊かさを問い直す』中央公論新社.
末石冨太郎 1975.『都市環境の蘇生』中央公論社.
菅豊 2008.「コモンズの喜劇—人類学がコモンズ論に果たした役割」井上真編『コモンズ論の挑戦』新曜社.
杉田真哉・高原光 2001.「四次元生態学としての古生態学が森の動態を画きだす」『科学』71(1): 77-85.
杉原薫・川井秀一・河野泰之・田辺明生編著 2010.『地球圏・生命圏・人間圏—持続的な生存基盤を求めて』京都大学学術出版会.
杉山真二 2002.「鬼界アカホヤ噴火南九州の植生に与えた影響—植物珪酸体分析による検討」『第四紀研究』41(4).
杉山直儀 1995.『江戸時代の野菜の品種』養賢堂.
スコット、J. 1999(1976).『モーラル・エコノミー—東南アジアの農民反乱と生存維持』高橋彰訳、勁草書房.
鈴木庄亮 1979.「ヒューマン・エコロジーの視点」小林登編『講座現代の医学5 生存と環境』日本評論社.
鈴木隆介 2000.『建設技術者のための地形図読図入門3 段丘・丘陵・山地』古今書院.
鈴木継美 1982.『生態学的健康観』篠原出版.
鈴木秀夫 1978.『気候と文明・気候と歴史』朝倉書店.
鈴木雅一 2004.「「緑のダム」研究はどこまで進んだか」蔵治光一郎・保屋野初子編『緑のダム—森林・河川・水循環・防災』.

鈴木基之 2003.「地球環境の管理と国連の役割」国連大学.
ストラボン 1994.『ギリシア・ローマ世界地誌』飯尾都人訳、竜渓書舎.
ストーン、C. 1990.「樹木の当事者適格—自然物の法的権利について」岡嵜修、山田敏雄訳『現代思想』1990 年 11-12 月号.（淡路剛久・川本隆史・植田和弘・長谷川公一編 2006.『リーディングス環境 2 権利と価値』有斐閣.）
世界銀行 1992.『世界開発報告 1992 開発と環境』.
世界銀行 2002(2000).『世界開発報告 2000/2001 年』シュプリンガー・フェアラーク東京.
関良基・向虎・吉川成美 2009.『中国の森林再生—社会主義と市場主義を超えて』お茶の水書房.
妹尾守雄 1971.「山田羽書流通上の諸問題について」『社会経済史学』37(2): 135-153.
セン、A. 2000(1981).『貧困と飢饉』黒崎卓・山崎幸治訳、岩波書店.
セン、A. 2003.『貧困の克服—アジア発展の鍵は何か』大石りら訳、集英社.
総合科学技術会議環境担当議員・内閣府政策統括官（科学技術政策担当）共編 2002.「地球温暖化研究の最前線—環境の世紀の知と技術 2002」財務省印刷局.
総合地球環境学研究所編 2009.『水と人の未来可能性』昭和堂.
早田勉 1999.「テフロクロノロジー—火山灰で過去の時間と空間をさぐる方法」長友恒人編『考古学のための年代測定学入門』古今書院.
孫紹騁 2004.『中国救災制度研究』商務印書館.

た～と

ダイアモンド、J.M. 2005(2005).『文明崩壊—滅亡と存続の命運を分けるもの』上・下、楡井浩一訳、草思社.
高井康雄・早瀬達郎・熊沢喜久雄編集代表 1976. 植物栄養土壌肥料大事典』養賢堂.
高木仁三郎 1999.『新版　元素の小事典』岩波書店.
高木正朗編 2008.『18・19 世紀の人口変動と地域・村・家族』古今書院.
高橋春成編 2001.『イノシシと人間—共に生きる』古今書院.
高橋そよ 2004.「沖縄・佐良浜における素潜り漁師の漁場認識—漁場をめぐる「地図」を手がかりとして」『エコソフィア』14: 101-119.
高橋正郎 2005.『食料経済』理工学社.
高橋裕 2008(1990).『河川工学』東京大学出版会.
高橋裕・加藤三郎・武内和彦・安成哲三・和田英太郎編 1998-99.『岩波講座地球環境学』全 10 巻、岩波書店.
高橋佳孝 2005.「半自然草原の変貌と保全上の課題，保全のとりくみ」石井実 監修・(財)日本自然保護協会編『生態学からみた里やまの自然と保護』講談社.
高原光 2000.「森林植生の歴史—原生林から二次林への変化」宮崎猛編『環境保全と交流の地域づくり—中山間地域の自然資源管理システム』昭和堂.
高原光 2006.「花粉分析による植生復元と気候復元」『低温科学』65: 97-102.
高原光 2007.「第四紀の氷期・間氷期変動に対する植生変遷」『哺乳類科学』 47(1): 101-106.
高原光 2008.「照葉樹林からマツ林へ—平安時代まで」田中和博編『古都の森を守り活かす モデルフォレスト京都』京都大学出版会.
高原光 2009.「日本列島の最終氷期の植生変遷と火事」『森林科学』55: 10-13.
高原光・植村善博・壇原徹・竹村恵二・西田史朗 1999.「丹後半島大フケ湿原周辺における最終氷期以降における植生変遷」『日本花粉学会会誌』45: 115-129.
高原光・谷田恭子 2004.「花粉分析法と炭化片分析法」安田喜憲編『環境考古学ハンドブック』朝倉書店.
高見邦雄 2003.『ぼくらの村にアンズが実った—中国・植林プロジェクトの 10 年』日本経済新聞社.
田上麻衣子 2008.「遺伝資源及び伝統的知識をめぐる議論の調和点」『知的財産法政策学研究』19: 167-190.
高村典子編 2009.『生態系再生の新しい視点—湖沼からの提案』共立出版.
高谷好一 1996.『「世界単位」から世界を見る—地域研究の視座』京都大学学術出版会.
高谷好一 2001.『地球地域学序説—Global Ecosophy』弘文堂.
高良勉 2005.『沖縄生活誌』岩波書店.
武内和彦 1991.『地域の生態学』朝倉書店.
武内和彦 1994.『環境創造の思想』東京大学出版会.
武内和彦・林良嗣編 1998.『岩波講座地球環境学 8 地球環境と巨大都市』岩波書店.
竹川大介 2003.「実践知識を背景とした環境への権利」『国立歴史民俗学博物館研究報告』105: 89-122.
武田淳 1994.「イノーの採捕経済—サンゴ礁海域における伝統漁法の多様性」九学会連合編『地域文化の均質化』平凡社.
竹田晋也 2007.「雨緑林の焼畑」『自然と文化そしてことば』3: 33-40.
竹田晋也 2008.「非木材林産物と焼畑」横山智・落合雪野編『ラオス農山村地域研究』めこん.
田島正廣編 2009.『水資源・環境学会叢書 7 世界の統合的水資源管理』みらい.
立本成文 1996.『地域研究の問題と方法—社会文化生態力学の試み』京都大学学術出版会.
立本成文 2001a.「地域と地球—環境設計科学へ向けて」『学術月報』54(11): 1039-1043.
立本成文 2001b.『地域研究の課題と方法—社会文化生態力学の試み』増補改訂版、京都大学学術出版会.
立本成文 2001c.『共生のシステムを求めて—ヌサンタラ世界からの提言』弘文堂.
タッジ、C. 2002(1998).『農業は人類の原罪である』竹内久美子訳、新潮社.
建内光義 2003.『上賀茂神社』学生社.
建部清庵 1834.「備荒草本図（天保 4 年）」『日本農業全集 本草・救荒』68(1996): 31-237. 田中耕司翻刻・現代語訳・注記・解題、農山漁村文化協会.
田中明 1997.『熱帯農業概論』築地書館.
田中淳志 2010.「全国の生きものマーク米について」農林水産政策研究所.
田中克典・花森功仁子・大角信介・川畑和弘・加藤鎌司・佐藤洋一郎 2007.『下之郷遺跡から出土したウリ科作物(Cucurbitaceae）の果実』日本文化財科学会.
田中耕司 1996.「フィールド・ワークから生まれた稲作論」農耕文化研究振興会編『稲作空間の生態』大明堂.
田中耕司 1998.「水田が支えるアジアの生物生産」武内和彦・田中学編『岩波講座 地球環境学 6 生物資源の持続的利用』岩波書店.
田中耕司 2000.『自然と結ぶ—農に見る多様性』昭和堂.
田中稔 1958.「冷害の歴史」『農業改良』8: 1-7.
田辺信介・立川涼 1981.「沿岸域および河口域における人工有機化合物の動態」『沿岸海洋研究ノート』19(1): 9-19.
谷口和也編 1999.『磯焼けの機構と藻場修復』恒星社厚生閣.
谷口真人 2008.「地下水と地球環境」『海洋化学』21(2): 48-56.
谷口真人 2009.「見えない水を測る」総合地球環境学研究所編『人と水の未来可能性』昭和堂.
谷口真人 2010.『アジアの地下環境—残された地球環境問題』学報社.

たばこと塩の博物館 2007.『常設展示ガイドブック』.
田端英雄 1997.『里山の自然』保育社.
WMO 2004.『WMO 気候の事典』近藤洋輝訳、丸善.
田村善次郎・TEM 研究所 2003.『棚田の謎―千枚田はどうしてできたのか』農山漁村文化協会.
田和正孝 1998.「ハタがうごく―インドネシアと香港をめぐる広域流通」秋道智彌・田和正孝『海人たちの自然誌』関西学院大学出版会.
田和正孝 2006.『東南アジアの魚とる人びと』ナカニシヤ出版.
田和正孝編 2007.『石干見』法政大学出版局.
譚其驤 1987(1962).「何以黄河在東漢以後会出現一箇長期安流的局面」『長水集』下、人民出版社.
地下水要覧編集委員会 1988.『地下水要覧』山海堂.
地田徹朗 2009.「戦後スターリン期トルクメニスタンにおける運河建設計画とアラル海問題」『スラヴ研究』56.
千葉百子 2007.「カザフスタン国小児に多発する健康障害 Ecological Disease に関する現地調査」『日本カザフ研究会調査報告』13: 19-34.
チャイルド、G. 1951(1939).『文明の起源』上・下、ねずまさし訳、岩波書店.
チャイルド、G. 1958(1948).『歴史のあけぼの』今来陸郎・武藤潔訳、岩波書店.
チャールズ、D. 2003(2001).『バイテクの支配者―遺伝子組換えはなぜ悪者になったのか』脇山真木訳、東洋経済新報社.
中央公害対策審議会地盤沈下部会 1974.「地盤沈下の予防対策について」(『ジュリスト』1975、No.582.)
中国環境保護総局 2000-2007.「中国環境状況公報」(中国環境白書)
全京秀(Chun Kyung-soo)2005.「阿片と天皇の植民地 / 戦争人類学―学問の対民関係」『先端社会研究』関西学院大学、2:127-158.
塚本正司 2009.『主張する植物』八坂書房.
塚本良則編 1992.『森林水文学』文永堂出版.
辻井博 1988.『世界コメ戦争』家の光協会.
辻井博 2009.「世界食料危機と米国のバイオエタノール政策」日本食品工学会第 10 回(2009 年度)年次大会.
辻誠一郎編 2000.『考古学と植物学』同成社.
津田松苗・森下郁子 1974.『生物による水質調査法』山海堂.
恒川篤史編 2007.「21 世紀の乾燥地科学―人と自然の持続性」古今書院.
ツムラ CSR 推進室 2009.『ツムラ環境・社会活動報告書』株式会社ツムラ.
都留重人 1958.『経済を見る眼』岩波書店.
鶴岡真弓 1989.『ケルト―装飾的思考』筑摩書房.
鶴岡真弓・松村一男 1999.『ケルトの歴史』河出書房新社.
鶴見良行 1982.『バナナと日本人―フィリピン農園と食卓のあいだ』岩波書店.
鶴見良行・宮内泰介編 1996.『椰子の実のアジア学』コモンズ.
デイヴィス、D. 2003.『煙が水のように流れるとき』ソニーマガジンズ.
デイヴィス、M. 2010.『スラムの惑星―都市貧困のグローバル化』明石書店.
鄭躍軍・吉野諒三・村上征勝 2006.「東アジア諸国の人々の自然観・環境観の解析―環境意識形成に影響を与える要因の抽出」『行動計量学』33(1): 55-68.
デブロー、S. 1999(1993).『飢饉の理論』松井範惇訳、東洋経済新報社.
寺尾五郎 2002.『「自然」概念の形成史―中国・日本・ヨーロッパ』農文協.
寺嶋秀明・篠原徹 2002.『エスノ・サイエンス』京都大学学術出版会.
寺西俊一監修・東アジア環境情報発伝所編 2006.『環境共同体としての日中韓』集英社.
東京都編 1999.『固定資産の価格等の概要調書(土地)』平成 11 年版.
東木龍七 1926.「地形と貝塚分布に見たる関東低地の舊海岸線(上中下)」『地理学評論第 2 巻』下第 7 号～第 12 号 日本地理学会.
徳野貞雄 1998.「少子化時代の農山村社会」山本努・徳野貞雄・加来和典・高野和良『現代農山村の社会分析』学文社.
独立行政法人水産総合研究センター 2009a.『地球温暖化とさかな』成山堂.
独立行政法人水産総合研究センター 2009b. NEWSLETTER おさかな瓦版 No.25.
ドブソン、A. 2001(1995).『緑の政治思想―エコロジズムと社会変革の理論』松野弘監訳、ミネルヴァ書房.
トーマス、B. 2010.『パクス・ガイアへの道』浅田仁子訳、日本教文社.
富岡儀八 1978.『日本の塩道』古今書院.
富田晋介・河野泰之・小手川隆志・チョーダリー, ベムリ・ムタヤ 2008.「東南アジア大陸山地部の土地利用の技術と秩序の形成」秋道智彌監修・C. ダニエルス責任編集『論集モンスーンアジアの生態史 2 地域の生態史』弘文堂.
友岡憲彦・武藤千秋・川野和昭・佐藤洋一郎 2008.「焼畑のモチイネとツルアズキ」秋道智彌監修・河野泰之責任編集『論集モンスーンアジアの生態史 1 生業の生態史』弘文堂.
豊田高司編 2006.『にっぽんダム物語』山海堂.
鳥居本幸代 2003.『平安朝のファッション文化』春秋社.
鳥越皓之編 2006.『里川の可能性―利水・治水・守水を共有する』新曜社.

な～の

内閣資源局 1937.『資源』7(5)(資源局創設 10 周年記念号).
中井克樹 2009.「琵琶湖の外来魚問題―歴史と展望」『地理』54(4): 58-67.
中井克樹・松田征也 2000.「日本における淡水貝類の外来種―問題点と現状把握の必要性」『月刊海洋』号外 20: 57-65.
中井精一・内山純蔵・高橋浩二 2004.『日本海 / 東アジアの地中海』桂書房.
中尾佐助 1966.『栽培植物と農耕の起源』岩波書店.
中尾佐助・佐々木高明 1992.『照葉樹林文化と日本』くもん出版.
中尾正義 2006.「来る水、行く水」日高敏隆・中尾正義編『シルクロードの水と緑はどこへ消えたか?』昭和堂.
中尾正義編 2007.『ヒマラヤと地球温暖化 消えゆく氷河』昭和堂.
長沢栄治 1990.「アスワン・ハイダムの建造が環境に与えた諸影響をめぐって」『環境情報科学』19(3): 6-12.
中澤高清・菅原敏 2007.「温室効果気体の広域観測と地球規模循環」『次世代への架け橋―今、プロジェクトリーダーが語る』日本気象学会.
中静透 2005.「生物多様性とはなんだろう?」日高敏隆編『生物多様性はなぜ大切か?』昭和堂.
中島経夫 2008.「弥生人がコイ養殖―琵琶湖博調査、幼い歯の化石出土 愛知・朝日遺跡」『京都新聞』2008.09.18 夕刊.
中園成生 2001.『くじら取りの系譜』長崎新聞新書.
中園成生・安永浩 2009.『鯨取り絵物語』弦書房.
中田哲也 2007.『フード・マイレージ―あなたの食が地球を変える』日本評論社.
永田恵十郎 1988.『食糧・農業問題全集 18 地域資源の国民的利用』農文協.

永田俊・宮島利宏 2008.『流域環境評価と安定同位体』京都大学学術出版会.
中塚武・西岡純・白岩孝行 2008.「内陸と外洋の生態系の河川・陸棚・中層を介した物質輸送による結びつき—2006/2007 オホーツク海航海の作業仮説」『月刊海洋』50: 68-76.
中西準子 2004.『環境リスク学—不安の海の羅針盤』日本評論社.
永野昌博・畑田彩・澤畠拓夫 2005.「里山地域における住民参加型博物館の生態学分野における役割と課題—等身大の科学を目指した博物館活動」『日本生態学会誌』55:456-465.
長濱健一郎 2003.『地域資源管理の主体形成』日本経済評論社.
中村修也 1994.『秦氏とカモ氏』臨川書店.
中村純 1977.「稲作とイネ科花粉」『考古学と自然科学』10 : 21-31.
中村純 1980.『日本産花粉の標徴 I,II（図版）』大阪市立自然史博物館収蔵資料目録、第 13 集・第 12 集.
中村俊夫 2003.「放射性炭素年代測定法と暦年代較正」『環境考古学マニュアル』松井章編、同成社.
中村洋子 2006.『フィリピンバナナのその後』改訂版、七つ森書館.
中山幹康 2007.「国際流域での水の分配を巡る係争と協調」『地学雑誌』116(1): 43-51.
中山幹康・グランツ、M. 1996.「アラル海流域における「しのびよる環境問題」への国際協力」『農業土木学会誌』64(10): 23-26.
那彦成 1813.『賑紀』.
ナッシュ、R.F. 1999(1993).『自然の権利—環境倫理の文明史』岡崎洋一監修・松野弘訳、TBS ブリタニカ.
成尾英仁・小林哲夫 2002.「鬼界カルデラ：6.5kaBP 噴火に誘発された 2 度の巨大地震」『第四紀研究』41(4).
縄田浩志 2007.「アシール山地の自然保護区と地域住民のかかわり」「ヒョウを罠でしとめる」「アシール山地の農業」「ハチミツの味わい」「詩を吟じて男になる」中村覚編『サウジアラビアを知るための 65 章』明石書店.
縄田浩志 2008.「外国人労働者との共同作業による環境保全—サウディ・アラビアの自然保護区における放牧をめぐって」草野孝久編『村落開発と環境保全—住民の目線で考える』古今書院.
縄田浩志 2009a.「干ばつ」『沙漠の事典』丸善.
縄田浩志 2009b.「アラビア半島のビャクシン林の利用と保全」池谷和信編『地球環境史からの問い』岩波書店.
難波恒雄・御影雅幸 1988.「薬用植物」『日本大百科全書』23 巻、小学館.
新山陽子編 2005.『解説食品トレーサビリティ』昭和堂.
ニコルズ、H. 2007(2006).『ひとりぼっちのジョージ—最後のガラパゴスゾウガメからの伝言』佐藤桂訳、早川書房.
西田正規 2002.『縄文の生態史観』東京大学出版会.
西野麻知子 2003.「琵琶湖の固有種をめぐる問題 1 固有種リストの一部修正について」『オウミア』76: 3-4.
西部忠 2006.「地域通貨を活用する地域ドック—苫前町地域通貨の流通実験報告から」『地域政策研究』34: 40-56.
西村三郎 1974.『日本海の成立』築地書館.
西村真琴 1988.『日本凶荒史考』復刻、有明書房.
西本豊弘 2006.『新弥生時代のはじまり 1 弥生時代の新年代』西本豊弘編，雄山閣.
西山良平 2004.『都市平安京』京都大学学術出版会.
ニーチェ、F.W. 19671970.『ツァラトゥストラはこう言った』上・下、氷上英広訳、岩波書店.
新田栄治 1989.「東北タイ古代製塩の史的意義に関する予察—考古学・歴史学・民族誌の接点から」渡辺仁先生古希記念論集編集委員会編『考古学と民族誌』六興出版.
新田栄治 1994.「東南アジア文明の興亡と環境変動」安田善憲・川西宏幸編『文明と環境 I　古代文明と環境』思文閣出版.
新田栄治 1995.「東北タイに残る伝統的内陸部製塩のエスノアーケオロジー」『東南アジア考古学』15:84-97.
新田栄治 1996.『タイの製鉄・製塩に関する民俗考古学的研究』鹿児島大学教養部.
新田栄治 1998.「大陸部の考古学」藤本強・菊池徹夫監修『世界の考古学 8 東南アジアの考古学』同成社.
新田栄治 2006.「南海貿易史料にみる南宋〜元の東南アジアと塩鉄」小野正敏編『前近代の東アジア海域における唐物と南蛮物の交易とその意義』国立歴史民俗博物館.
新田栄治 2008(1995).「東南アジアの農耕起源」梅原猛・安田喜憲編『農耕と文明』朝倉書店.
仁田三夫・村治笙子 1997.『古代エジプトの壁画』岩崎芸術社.
日本海洋学会編 1994.『海洋環境を考える』恒星社厚生閣.
日本花粉学会編 1994.『花粉学事典』朝倉書店.
日本環境フォーラム 2008.『日本型環境教育の知恵』小学館.
日本規格協会編 2010.『ISO14000 入門 第 2 版』日本規格協会.
日本銀行調査局 1964.『藩札概要』通貨関係資料(13)、行内印刷.
日本建築学会 2006.『建築 LCA 指針—温暖化・資源消費・廃棄物対策のための評価ツール』.
日本沙漠学会編 2009.『沙漠の事典』丸善.
日本自然保護協会編 2008.『生態学から見た自然保護地域とその多様性保全』講談社.
日本種苗協会編 2009.『野菜品種名鑑 2009 年版』日本種苗協会.
日本生態学会編 2002.『外来種ハンドブック』地人書館.
日本ソーダ工業会 1995.『SODANOW'95 日本のソーダ工業』.
日本地質学会編 1971(1953).『日本地方地質誌 5 近畿地方』朝倉書店.
日本陸水学会東海支部会編 2010.『身近な水の環境科学』朝倉書店.
ネス、A. 1997.『ディープ・エコロジーとは何か—エコロジー・共同体・ライフスタイル』斎藤直樹・関龍美訳、文化書房博久社.
ネス、A. 2001.「シャロー・エコロジー運動と、長期的視野を持つディープ・エコロジー運動」『ディープ・エコロジー—生き方から考える環境の思想』ドレクソン、A.・井上有一編、井上有一監訳、昭和堂.
ネトル、D. & S. ロメイン 2001(2000).『消えゆく言語たち』島村宣男訳、新曜社.
根本正之 2001.『砂漠化する地球の診断』小峰書店.
農文協 2007.『農家が教える混植・混作・輪作の知恵』別冊現代農業 7 月号.
農林水産省熱帯農業研究センター 1989.『乾燥地における作物栽培』農林統計協会.
農林水産省農業環境技術研究所編 1998.『水田生態系における生物多様性』農林水産省農業環境技術研究所.
農林統計研究会編 1983.『都道府県農業基礎統計』農林統計協会.
野中健一 2005.『民族昆虫学—昆虫食の自然誌』東京大学出版会.
野中健一 2007.『虫食む人々の暮らし』日本放送出版協会.
野中健一 2008.『昆虫食先進国ニッポン』亜紀書房.
野中健一・足達慶尚・板橋紀人・シビライ，センドゥアン・ブリダム、ソムキット 2008.「生き物を育む水田とその利用」野中健一編『ヴィエンチャン平野の暮らし』めこん.
野村靖幸編 2010.『漢方医療薬学の基礎』廣川書店.

は〜ほ

袴田共之ほか 2000.「地球温暖化ガスの土壌生態系との関わり 1 二酸化炭素と陸域生態系」『日本土壌肥料学会誌』71(2): 263-274.
萩原睦幸 2005.『ISO22000 のすべて』日本実業出版社.
バーク、P. 1992.『フランス歴史学革命—アナール学派 1929-89 年』大津眞作訳、岩波書店.
橋本寿夫・村上正祥 2003.『塩の科学』朝倉書店.
パース、J. 1978.『イメージの博物誌 7 螺旋の神秘』高橋巌訳、平凡社.
長谷川公一 1999.「環境運動とコラボレーション」『ECO FORUM』17(4): 53-58.
長谷川成一 1996.『失われた景観 名所が語る江戸時代』吉川弘文館.
畠山重篤 1994.『森は海の恋人』北斗出版.
畠山史郎・高見昭憲・三好猛雄・王瑋 2006.「中国から東シナ海を経て沖縄まで輸送されるエアロゾル中の主要イオンの関係」『エアロゾル研究』21: 147-152.
畑田彩・平野浩一 2006.「中山間地域における外来種モニタリングを利用した総合的な学習プログラム」『保全生態学研究』11: 115-123.
花木啓祐 2004.『都市環境論』岩波書店.
浜口尚 2002.『捕鯨文化論入門』サイテック.
早坂忠裕 2008.「地球環境問題における「循環」とは何か？」『地球環境学』地球研ワーキングペーパー 1 号.
林希一郎編 2009.『生物多様性·生態系と経済の基礎知識 わかりやすい生物多様性に関わる経済·ビジネスの新しい動き』中央法規出版.
原登志彦 2009.「地球温暖化の進行にともなう森林生態系への影響—北方林に注目して」吉田文和・池田元美編著『持続可能な低炭素社会』北海道大学出版会.
原洋之助 2002.『開発経済論』岩波書店.
原田信男 1999.『中世村落の景観と生活』思文閣出版.
ハリス、M. 2001.『食と文化の謎』岩波書店.
ハワード、E. 1968.『明日の田園都市』鹿島出版会.
樋口譲一編 1988.『空間の世紀』筑摩書房.
ピゴット、S. 2000(1968).『ケルトの賢者「ドルイド」』鶴岡真弓訳、平凡社.
日鷹一雅 1994.「「ただの虫」なれど「ただならぬ虫」(1)田畑における生物多様性」「(2)ただの虫の役割解明と未来」『インセクタリウム』31: 240-245.
日鷹一雅 2000.「農業生態系のエネルギー流の過去・現在・未来—太陽エネルギーそしてもうひとつのエネルギー」田中耕司編『講座 人間と環境 自然と結ぶ—「農」にみる多様性』昭和堂.
日鷹一雅 2003.「多様な生き物たちから見た水田生態系の再生」鷲谷いづみ・草刈秀紀編『自然再生事業』築地書館.
日鷹一雅 2006.「ただの生きもの理論 1. ただの虫の生態学研究」『有機農業学会年報』6: 72-90.
日鷹一雅・嶺田拓也・榎本敬 2006.「湿生植物 RDB 掲載種の水田農業依存性評価」『保全生態学研究』11(1): 124-132.
日鷹一雅・嶺田拓也・大澤啓志 2008.「水田生物多様性の成因に関する総合的考察と自然再生ストラテジ」『農村計画学会誌』10: 20-25.
枚岡市史編纂委員会編 1966.『枚岡市史』第 3 巻「史料編(1)」枚岡市.
広井良典 2001.『定常型社会—新しい「豊かさ」の構想』岩波書店.
広井良典 2006.『持続可能な福祉社会』ちくま新書.
広井良典 2009.『グローバル定常型社会』岩波書店.
広井良典編 2008.『「環境と福祉」の統合』有斐閣.
広岡浩之ほか 2006.「見島牛の集団構造と遺伝的多様性」『在来家畜研究会報告』23: 173-187.
廣瀬昌平 1991.「畑作」田中明編著『熱帯農業概論』築地書館.
広松渉 1991(1986).『生態史観と唯物史観』講談社（ユニテ).
フェイガン、B. 2008(2008).『千年前の人類を襲った大温暖化—文明を崩壊させた気候大変動』東郷えりか訳、河出書房新社.
深井慈子 2005.『持続可能な世界論』ナカニシヤ出版.
深町加津枝・佐久間大輔 1998.「里山研究の系譜—人と自然の接点を扱う計画論を模索する中で」『ランドスケープ研究』61(4): 276-280.
福井勝義 1974.『焼畑の村』朝日新聞社.
福井勝義 1987.「牧畜社会へのアプローチと課題」福井勝義・谷泰編『牧畜文化の原像 生態・社会・歴史』日本放送出版協会.
福岡伸一 2007.『生物と無生物のあいだ』講談社.
福沢仁之 1995.「天然の時計—〈環境変動検出計〉としての湖沼の年縞堆積物」『第四紀研究』34: 135-149.
福澤仁之・竹村恵二・林田明・北川浩之・安田喜憲 1996.「年縞湖沼堆積物から復元された三方湖とその周辺の最終氷期最寒冷期の古環境変動」『地形』17: 323-341.
福嶌義宏 1977.「田上山地の裸地斜面と植栽地斜面の雨水流出解析」『日本林学会論文集』88.
福嶌義宏 2008.『黄河断流—中国巨大河川をめぐる水と環境問題』昭和堂.
福嶌義宏・谷口真人編 2008.『黄河の水環境問題』学報社.
福永真弓 2010.『多声性の環境倫理—サケが生まれ帰る流域の正統性のゆくえ』ハーベスト社.
藤則雄 1987.『考古花粉学』雄山閣出版.
藤井義晴 2006.「生物多様性を活用した農業の生産性の向上—とくにアレロパシー活性の強い未利用の作物について」『生物多様性と 21 世紀の日本農業』農業と経済 11 月臨時増刊号: 42-51.
藤家里江・中川陽子・島武男・塩野隆弘・凌祥之 2008.「宮古島地下水流域レベルの硝酸態窒素溶脱量の推定」『農工研技報』207: 127-138.
藤尾慎一郎 2002.『縄文論争』講談社.
藤縄克之 2010.『環境地下水学』共立出版.
藤本強 1985.「年代決定論（一）先土器・縄文時代の年代決定」『岩波講座日本考古学 1 研究の方法』岩波書店.
藤山浩 2006.「中山間地域から『持続可能な国のかたち』を考える全国シンポジウム資料集」島根県中山間地域研究センター.
藤山浩 2008.「まとめと政策提言」『中山間地域から新たな「郷」の時代を創る全国フォーラム資料集』島根県.
藤原宏志 1998.『稲作の起源を探る』岩波書店.
舟川晋也・小崎隆 1999.「中央アジア大規模灌漑農地における土壌塩性化の実態」『水文・水資源学会誌』12(1): 60-65.
フラー、R.B. 1972(1963).『宇宙船地球号』東野芳明訳、ダイヤモンド社.
フライ、B.S. & S. アロイス 2005.『幸福の政治経済学』佐和隆光監訳・沢崎冬日訳、ダイヤモンド社.
プラトン 1979.『国家』上・下、藤沢令夫訳、岩波書店.
プリマック、B.R.・小堀洋美 1997.『保全生物学のすすめ』文一総合出版.
フリーマン、M.R. ほか 1989.『くじらの文化人類学—日本の小型沿岸捕鯨』海鳴社.
古川久雄 1990.「大陸と多島海」高谷好一編『講座東南アジア学 2 東南アジアの自然』弘文堂.
古川久雄 1997.「地の塩」京都大学東南アジア研究センター編『事典東南アジア』弘文堂.

古川久雄 2001.『植民地支配と環境破壊』弘文堂.
古里和夫・宮沢明 1958.「園芸上からみた日本の大根品種」西山市三編『日本の大根』日本学術振興会.
ブロック、M. 1994(1931).『フランス農村史の基本性格』河野健二・飯沼二郎訳、創文社.
ブロック、M. 1996(1983).『マルクス主義と人類学』山内彰訳、法政大学出版局.
ベイカー、H.G. 1975(1965).『植物と文明』坂本寧男・福田一郎訳、東京大学出版会.
ベック、U. 1998(1986).『危険社会—新しい近代への道』東廉・伊藤美登里訳、法政大学出版局.
ベルウッド、P. 2008(2005).『農耕起源の人類史』長田俊樹・佐藤洋一郎監訳、京都大学学術出版会.
ベルク、A. 2002(2000).『風土学序説—文化をふたたび自然に、自然をふたたび文化に』中山元訳、筑摩書房.
宝月圭吾 1983(1943).『中世灌漑史の研究』吉川弘文館.
星川清親 1987.『栽培植物の起原と伝播』改訂増補版、二宮書店.
ポチエ、J. 2003(1999).『食糧確保の人類学』山内彰・西川隆訳、法政大学出版局.
堀田満 1995.「食用植物の利用における毒抜き」吉田集而編『生活技術の人類学』平凡社.
堀田満ほか編 1989.『世界有用植物事典』平凡社.
ポラニー、K. 2009(2001).『新訳 大転換—市場社会の形成と崩壊』野口建彦・栖原学訳、東洋経済新報社.
堀川真弘・夏原由博・前中久行・森本幸裕・石田紀郎 2005.「衛星リモートセンシングを用いた乾燥地域における広域生態系の評価」『景観生態学』10(1): 11-23.
堀越宏一 1997.『中世ヨーロッパの農村世界』山川出版社.
堀部純男 1994.「物質循環」日本海水学会・ソルトサイエンス研究財団編『海水の科学と工業』東海大学出版会.
ポルトマン、A. 2006(1981).『生物学から人間学へ—ポルトマンの思想と回想』八杉龍一訳、新思索社.
ホワイト、L. 1999(1972).『機械と神—生態学的危機の歴史的根源』青木靖三訳、みすず書房.
本田崇・魚住雄二・熊井英水 2007.「マグロはいつまで食べられるか」『Newton』2007 年 3 月号: 98-103.

ま〜も

毎日新聞社人口問題調査会編 1976.『日本の人口問題』至誠堂.
マイヤー、B. 2001(1994).『ケルト事典』鶴岡真弓監修・平島直一郎訳、創元社.
前川愛 1997.「人間が少ない国の悩みと楽しみ」小長谷有紀編『暮らしがわかるアジア読本 モンゴル』河出書房新社.
前川和也 1990.「古代シュメール農業の技術と生産力」『世界史への問い 2 生活の技術・生産の技術』岩波書店.
前川和也 2005.「シュメールにおける都市国家と領域国家—耕地と水路の管理をめぐって」前川和也・岡村秀典編『国家形成の比較研究』学生社.
マコーミック、J. 1998(1995).『地球環境運動全史』石弘之訳、岩波書店.
マサイアス、P. 1988(1969).『最初の工業国家—イギリス経済史 1700-1914 年』改訂新版、小松芳喬監訳、日本評論社.
町田洋・新井房夫 1976.「広域に分布する火山灰—姶良 Tn 火山灰発見とその意義」『科学』46: 339-347.
町田洋・新井房夫 2003(1992).『新編 火山灰アトラス—日本列島とその周辺』東京大学出版会.
町田洋・大場忠道・小野昭・山崎晴雄・河村善也・百原新編 2003.『第四紀学』朝倉書店.
マーチャント、C. 1994.『ラディカルエコロジー—住みよい世界を求めて』川本隆史・須藤自由児・水谷広訳、産業図書.
松井健 1989.『セミ・ドメスティケーション』海鳴社.
松井健 1991.「バルーチスターン・マクラーン地方の農業と社会」阪本寧男編『インド亜大陸の雑穀農牧文化』学会出版センター.
松井春生 1938.『日本資源政策』千倉書房.
松浦啓一 2009.「魚は陸から離れられない」『UP』442、東京大学出版会.
松浦晃一郎 2008.『世界遺産—ユネスコ事務局長は訴える』講談社.
松浦誠 2002.『スズメバチを食べる—昆虫食文化を訪ねて』北海道大学図書刊行会.
松下和夫 2007.『環境政策学のすすめ』丸善.
松田友義編 2005.『食品認証ビジネス講座 安全・安心のための科学と仕組み』幸書房.
松田裕之 2004.『ゼロからわかる生態学』共立出版.
松永勝彦 1993.『森が消えれば海も死ぬ』講談社.
松林公蔵 2008.「アジアにおける人口転換と疾病転換、そしてフィールド医学」秋道智彌編『論集モンスーンアジアの生態史 3 くらしと身体の生態史』弘文堂.
松林公蔵・奥宮清人 2006.「世界一の長寿社会を達成した近代日本の歩み」『「帝国」日本の学知 7 実学としての科学技術』岩波書店.
松原正毅 1989.『人類学とは何か』日本放送出版協会.
松村圭一郎 2008.『所有と分配の人類学—エチオピア農村社会の土地と富をめぐる力学』世界思想社.
マルソーフ、R.P. 1989.『塩の世界史』平凡社.
丸山徳次編 2004.『岩波 応用倫理学講義 2 環境』岩波書店.
御影雅幸・木村正幸編 2009.『伝統医薬学・生薬学』南江堂.
三上岳彦 2009.「韓国・チョンゲチョン(清渓川)復元によるヒートアイランド緩和効果について」『環境技術』38: 487-490.
三国英美 1997.「農産物市場における手数料商人化に関する一考察」近藤康男総編集 / 湯沢誠編『昭和後期農業問題論集 12 農産物市場論 I』農文協.
三﨑良章 2002.『五胡十六国 中国史上の民族大移動』東方書店.
水野祥子 2006.『イギリス帝国からみる環境史』岩波書店.
水野紀一 1978.「律令社会の漁撈民とその系統」『続 律令国家と貴族社会』吉川弘文館.
水本邦彦 2003.『草山の語る近世』山川出版社.
三田牧 2006.「漁師はいかに海を読み、漁場を拓くか」『エコソフィア』81: 81-94.
光谷拓実 2000.『埋蔵文化財ニュース 99 号』奈良文化財研究所.
光谷拓実 2001.『年輪年代法と文化財 日本の美術 421 号』至文堂.
光谷拓実 2007.『年輪年代と自然災害 埋蔵文化財ニュース 128 号』奈良文化財研究所.
光谷拓実・田中琢・佐藤忠信 1990.『年輪に歴史を読む—日本における古年輪学の成立—奈良文化財研究所学報第 48 冊』同朋舎出版.
三橋淳 1984.『世界の食用昆虫』古今書院.
三橋淳 1997.『虫を食べる人々』平凡社.
三橋淳 2008.『世界昆虫食大全』八坂書房.
嶺坂尚 2001.「環境影響評価における『代替案』の比較検討—NEPA をめぐる判例分析を素材として」『法と政治』52: 557-644.
宮岡伯人 2002.「消滅の危機に瀕した言語—崩れゆく言語と文化のエコシステム」宮岡伯人・崎山理編 / 渡辺己・笠間史子監訳『消滅の危機に瀕した世界の言語』明石書店.
宮岡伯人・崎山理編 2002.『消滅の危機に瀕した世界の言語』明石書店.
宮川修一・黒田俊郎・松藤宏之・服部共生 1985.「東北タイ・ド

ンデーン村—稲作の類型区分」『東南アジア研究』23: 235-251.
宮城県史編纂委員会編 1962.『宮城県史 22 災害』宮城県史刊行会.
宮崎淳 2006.「土地所有権と地下水法—地下水の法的性質を中心として」稲本洋之助先生古希記念論文集刊行委員会編『都市と土地利用（稲本洋之助先生古希記念論文集）』日本評論社.
Millennium Ecosystem Assessment 編 2007.『生態系サービスと人類の将来—国連ミレニアムエコシステム評価』横浜国立大学 21 世紀 COE 翻訳委員会訳、オーム社.
村井宏・岩崎勇作 1975.「林地の水および土壌保全機能に関する研究（第一報）」『林業試験場研究報告』274: 13-84.
村井吉敬 1988.『エビと日本人』岩波書店.
村井吉敬 1998.『サシとアジアと海世界—環境を守る知恵とシステム』コモンズ.
村井吉敬 2007.『エビと日本人Ⅱ—暮らしのなかのグローバル化』岩波書店.
村井吉敬・鶴見良行編 1992.『エビの向うにアジアが見える』学陽書房.
村上陽一郎 1983.『ペスト大流行—ヨーロッパ中世の崩壊』岩波書店.
村野健太郎 1993.『酸性雨と酸性霧』裳華房.
室田武 2001.『物質循環のエコロジー』晃洋書房.
室田武 2004.『地域・並行通貨の経済学』東洋経済新報社.
室田武・三俣学 2004.『入会林野とコモンズ』日本評論社.
目崎茂和 1998.『図説風水学』東京書籍.
メサロビッチ、M.M. & E. ペステル 1975.『転機に立つ人間社会』大来佐武郎・茅陽一監訳、ダイヤモンド社.
メドウズ、D.H.、D.L. メドウズ、J. ラーンダズ、W.W. ベアランズ 3 世 1972(1972).『成長の限界』大来佐武郎監訳、ダイヤモンド社.
メドウズ、D.H.、D.L. メドウズ、J. ラーンダズ 2005(2004).『成長の限界 人類の選択』枝廣淳子訳、ダイヤモンド社.
森岡一 2009.『生物遺伝資源のゆくえ—知的財産制度からみた生物多様性条約』三和書籍.
森岡正博 1996.「ディープエコロジーの環境哲学—その意義と限界」『講座 文明と環境 14 環境倫理と環境教育』伊東俊太郎編、朝倉書房.
森田勝昭 1994.『鯨と捕鯨の文化史』名古屋大学出版会.
森田茂紀・大門弘幸・阿部淳 2006.『栽培学—環境と持続的農業』朝倉書店.
守田益宗 2004.「北海道東端ユルリ島における表層堆積物の花粉スペクトル」『植生史研究』13(1): 3-12.
盛永俊太郎・柳田國男・安藤廣太郎編 1969.『稲の日本史』上・下、筑摩書房.
守山弘 1997.『水田を守るとはどういうことか』農山漁村文化協会.
モルガン、L. 1958-1961(1877).『古代社会』上・下、青山道夫訳、岩波書店.
諸富徹 2003.『シリーズ思考のフロンティア 環境』岩波書店.

や～よ

八尾市史編纂委員会編 1960.『八尾市史』「史料編」八尾市.
柳沼武彦 1999.『森はすべて魚つき林』北斗出版.
安田喜憲 1996.「5000 年前の気候変動と都市文明の誕生」『講座文明と環境 4 都市と文明』朝倉書店.
安田喜憲・三好教夫編 1998.『図説 日本列島植生史』朝倉書店.
安福恵美子 2006.『ツーリズムと文化体験』流通経済大学出版会.
安室知 1998.『水田をめぐる民俗学的研究』慶友社.
安室知 2005.『水田漁撈の研究—稲作と漁撈の複合生業論』慶友社.
矢田純一 1994.『アレルギーの話』岩波書店.
谷田貝亜紀代 2007.「水循環解析—データの作成と利用」『天気』54: 999-1002.
谷内茂雄 2008.「農業濁水問題を事例とした琵琶湖流域における階層化された流域管理システム」総合地球環境学研究所.
柳田國男 1975(1946).『先祖の話』筑摩書房.
柳哲雄 2001.『海の科学—海洋学入門〈第 2 版〉』恒星社厚生閣.
柳哲雄 2006.『里海論』恒星社厚生閣.
山内一也 2002.『プリオン病の謎に迫る』日本放送出版協会.
山内一也・小野寺節 2002.『プリオン病』第 2 版、近代出版.
山尾政博 1998.『開発と協同組合』多賀出版.
山尾政博 2007.「東アジア巨大消費市場圏の形成と水産物貿易」『漁業経済研究』51(2): 15-42.
山尾政博 2008.「日本型水産物『フードシステム』の危機」『エコノミスト』2008.10.21.
山崎新 2009.『環境疫学入門』岩波書店.
山下晋司編 2007.『観光文化学』新曜社.
山下惣一・鈴木宣弘・中田哲也編 2007.『食べ方で地球が変わる』創森社.
山田佳裕・中西正己 1999.「地域開発・都市化と水・物質循環の変化」和田英太郎・安成哲三編『地球環境学 4 水・物質循環系の変化』岩波書店.
山谷修作 2007.『ごみ有料化』丸善.
大和岩雄 1993.『秦氏の研究』大和書房.
山根正伸 2009.「木材—アムールトラの棲む森はいま」窪田順平編『モノの越境と地球環境問題』昭和堂.
山本謙治 2006.『実践農産物トレーサビリティ』誠文堂新光社.
山本紀夫 2006.『雲の上で暮らす—アンデス・ヒマラヤ高地民族の世界』ナカニシヤ出版.
山本紀夫 2008a.『ジャガイモのきた道』岩波新書.
山本紀夫 2008b.「『高地文明』の提唱—文明の山岳史観」比較文明学会関西支部編『地球時代の文明学』京都通信社.
山本紀夫編 2007.『アンデス高地』京都大学学術出版会.
湯川秀明監修 2001.『バイオマスエネルギー利用の最新技術』シーエムシー.
湯本貴和 1994.『屋久島』講談社.
湯本貴和 1999.『熱帯雨林』岩波書店.
湯本貴和 2003.「生物種は地球上に、どれくらいいるのか、どこにたくさんいるのか」西田利貞・佐藤矩行編『新しい教養のすすめ 生物学』昭和堂.
湯本貴和 2007.「屋久島における研究者の役割」金谷整一・吉丸博志編『屋久島の森のすがた』文一総合出版.
湯本貴和 2008.『食卓から地球環境が見える』昭和堂.
楊海英・児玉香菜子 2003.「中国・少数民族地域の統計をよむ：内モンゴル自治区オルドス地域を中心に」『人文論集』54(1): A59-A184.
横山智・落合雪野・広田勲・櫻井克年 2008.「焼畑の生態価値」秋道智彌監修・河野泰之責任編集『論集モンスーンアジアの生態史 1 生業の生態史』弘文堂.
横山卓雄 2004.『京都の自然史』三学出版.
吉岡基・亀崎直樹 2000.『現代日本生物誌 4 イルカとウミガメ』岩波書店.
吉川賢 1998.『砂漠化防止への挑戦—緑の再生にかける夢』中公新書.
吉川賢・山中典和・大手信人編 2004.『乾燥地の自然と緑化—砂漠化地域の生態系修復に向けて』共立出版.
吉田集而 1997.「食の道具」『事典東南アジア—風土・生態・環境』弘文堂.
吉村昭 1994.『白い航跡』講談社.

吉村信吉 1976.『湖沼学』増補版、生産技術センター.
米本昌平 1994.『地球環境問題とは何か』岩波書店.
米本昌平 1998.『知政学のすすめ』中央公論新社.
寄本勝美 2003.『リサイクル社会への道』岩波書店.

ら〜ろ

ライリー、J. 2008(2001).『健康転換と寿命延長の世界誌』門司和彦訳、明和出版.
リッツア、G. 2008(2004).『マクドナルド化した社会』正岡寛司訳、早稲田大学出版部.
リンドストロム、K.・内山純蔵 2009.「景観と歴史—環境問題の新たな認識へ向けて」リンドストロム、K.・内山純蔵編『NEOMAP シリーズ 景観からみえる新しい歴史と未来 1 景観ぬきでは環境問題はみえない』昭和堂.
ル・コルビュジエ 1976.『アテネ憲章』鹿島出版会.
レ・カオ・ダイ 2004.『ベトナム戦争におけるエージェントオレンジ—歴史と影響』尾崎望訳、文理閣.
レヴィ=ストロース、C. 1975.『野生の思考』大橋保夫訳、みすず書房.
レオポルド、A. 1997.『野生のうたが聞こえる』新島義昭訳、講談社学術文庫.
ロストウ、W.W. 1974.『経済成長の諸段階』増補版、木村健康・久保まち子・村上泰亮訳、ダイヤモンド社.
ロスマン、K.J. 2004(2002).『ロスマンの疫学』矢野栄二・橋本英樹監訳、篠原出版新社.
ロバートソン、J. 1999.『21 世紀の経済システム展望—市民所得・地域貨幣・資源・金融システムの総合構想』石見尚・森田邦彦訳、日本経済評論社.

わ

若月利之 2001.「土壌の塩類化とアルカリ化」久馬一剛編『熱帯土壌学』名古屋大学出版会.
若菜博 2001.「日本における現代魚附林思想の展開」『水資源・環境研究』14: 1-9.
若菜博 2004.「近世日本における魚附林と物質循環」『水資源・環境研究』17: 53-62.
和佐野喜久生編 2004.『東アジアの稲作起源と古代稲作文化』佐賀大学農学部.
鷲谷いづみ 2001.『生態系を蘇らせる』日本放送出版協会.
鷲谷いづみ・矢原徹一 1996.『保全生態学入門—遺伝子から景観まで』文一総合出版.
和田英太郎 2002.『環境学入門 3 地球生態学』岩波書店.
和田英太郎監修 2009.『流域環境学—流域ガバナンスの理論と実践』京都大学学術出版会.
渡邉紹裕 2009.「雪形と寒だめし」『水土を拓く』農文協.
渡邉紹裕編 2008.『地球温暖化と農業』昭和堂.
渡辺悌二 2008.「地球温暖化と世界自然遺産の危機—ヒマラヤ、サガルマータ（エベレスト山）国立公園の事例」『地球環境』13(1): 113-122.
渡辺利夫 1989.『アジア経済をどう捉えるか』日本放送出版協会.
渡辺仁 1977.「アイヌの生態系」渡辺仁編『人類学講座 12 生態』雄山閣出版.
渡辺仁 1990.『縄文式階層化社会』六興出版.
渡邊眞紀子 1997.「黒ボク土と古代生業」『環境情報科学』26(2): 36-41.
渡辺幹彦・二村聡編 2002.『生物資源アクセス—バイオインダストリーとアジア』東洋経済新報社.
渡辺洋三 1970.『農業水利権の研究』増補版、東京大学出版会.
渡邊欣雄 1990.『風水思想と東アジア』人文書院.
渡部武 1990.「漢代陂塘稲田模型に見える中国古代の稲作技術」『白鳥芳郎教授古稀記念論叢・アジア諸民族の歴史と文化』六興出版.
渡部武 2002.「漢・魏晋時代広東地方出土の犂田・耙田模型について」『もの・モノ・物の世界—新たな日本文化論』雄山閣.
渡部忠世 1977.『稲の道』日本放送出版協会.
渡部忠世編 1987a.『稲のアジア史 1 アジア稲作文化の生態基盤—技術とエコロジー』小学館.
渡部忠世編 1987b.『稲のアジア史 2 アジア稲作文化の展開—多様と統一』小学館.
和辻哲郎 1935.『風土—人間学的考察』岩波書店.

参照 URL 一覧

＊項目の執筆にあたって著者が参照したもののうち、文献で紹介できないものを中心に掲げた。一部、該当するページが変動する可能性のあるものについてはサイトのトップページを掲載するにとどめた。環境にかかわるホームページを網羅したものではないが、IPCC 2007（第4次評価報告書）に関しては、英語・日本語ともに公式報告書の URL を掲載した（2010年9月現在）。

英　語

▶BGR and UNESCO: Groundwater Resources of the World. Transboundary Aquifer Systems
http://www.whymap.org/

▶CDIAC (Carbon Dioxide Information Analysis Center)
http://cdiac.ornl.gov/

▶CoML (Census of Marine Life)
http://www.coml.org/

▶Conservation International
http://www.conservation.org/Pages/default.aspx

▶DOBES (Dokumentation Bedrohter Sprachen)
www.mpi.nl/DOBES/

▶ELDP (Endangered Languages Documentation Programme)
http://www.hrelp.org/grants/

▶FAO (Food and Agriculture Organization of the United Nations)
http://www.fao.org/
FAO 1996. World Food Summit: Technical background documents.
FAO 2005. Global Forest Resources Assessment.
FAO 2007. The world's mangroves 1980-2005.
FAO 2008. The State of Food Insecurity in the World 2008.
FAO 2009. Note by the Food and Agricultural Organization of the United Nations (FAO) for the G8 Summit L'Aquila

▶foodwebs. org
http://www.foodwebs.org/

▶FSC 2009. FSC Principles and Criteria for Forest Stewardship. FSC-STD-01-001 (version 4-0) EN.
http://www.fsc.org/

▶GEMSTAT (Global Water Quality Data and Statistics)
http://www.gemstat.org/

▶GWP (Grobal Water Partnership): Tool Box
http://www.gwptoolbox.org/

▶IPCC 2007.Contribution of Working Group I to the Fourth Assessment Report of the Intergovernmental Panel on Climate Change, 2007
http://www.ipcc.ch/publications_and_data/ar4/wg1/en/contents.html

▶IPCC 2007. Contribution of Working Group II to the Fourth Assessment Report of the Intergovernmental Panel on Climate Change, 2007
http://www.ipcc.ch/publications_and_data/ar4/wg2/en/contents.html

▶IPCC 2007. Contribution of Working Group III to the Fourth Assessment Report of the Intergovernmental Panel on Climate Change, 2007
http://www.ipcc.ch/publications_and_data/ar4/wg3/en/contents.html

▶IPCC 2007. Contribution of Working Groups I, II and III to the Fourth Assessment Report of the Intergovernmental Panel on Climate Change (Summary for Policymakers)
http://www.ipcc.ch/pdf/assessment-report/ar4/syr/ar4_syr_spm.pdf

▶IRENA (The International Renewable Energy Agency)
http://www.irena.org/

▶IUCN Climate Change
http://www.iucn.org/what/tpas/climate/

▶Millennium Ecosystem Assessment: Guide to the Millennium Assessment Reports
http://www.millenniumassessment.org/en/index.aspx

▶NASA: Earth Observatory
http://earthobservatory.nasa.gov/

▶NASA: Visible Earth
http://visibleearth.nasa.gov/

▶Nation Master.com: Health Statistics by country
http://www.nationmaster.com/cat/hea-health

▶NOAA (National Oceanic and Atmospheric Administration)
http://www.noaa.gov/

▶Project Wild
http://www.projectwild.org/

▶REAS (Reagional Emission Inventory in Asia)
http://www.jamstec.go.jp/frcgc/research/p3/emission.htm

▶Report on the State of the Environment in China (中国環境白書英語版)
http://english.mep.gov.cn/standards_reports/soe/

▶Scripps CO_2 Program
http://scrippsco2.ucsd.edu/

▶UNESCO: 2009 Map of the World Network of Biosphere Reserves
http://portal.unesco.org/science/en/ev.php-URL_ID=7979&URL_DO=DO_TOPIC&URL_SECTION=201.html

▶UNESCO: IWRM Guidelines at River Basin Level, Part 1
http://www.unesco.org/water/news/pdf/Part_1_Principles.pdf

▶UNESCO: Natural Sciences
http://www.unesco.org/mab

▶UNESCO: Universal Declaration on Cultural Diversity, 2001
http://unesdoc.unesco.org/images/0012/001271/127160m.pdf

▶UNESCO: World Heritage Centre

http://whc.unesco.org/pg.cfm
- United Nations 2004. The World at Six Billon.
http://www.un.org/esa/population/publications/sixbillion/sixbilpart1.pdf
- United Nations 2006. World Population Prospects: the 2006 Revision.
http://www.un.org/esa/population/publications/wpp2006/WPP2006_Highlights_rev.pdf
- United Nations 2009. The Millennium Development Goals Report 2009
http://www.un.org/millenniumgoals/pdf/MDG_Report_2009_ENG.pdf
- United Nations 2009. World Population Prospects: the 2008 Revision.
http://esa.un.org/unpp/
- Wikimedia commons
http://commons.wikimedia.org/

日本語

- OECD：「国連食糧農業機関（FAO）農業見通し」2007-2016
http://www.fao.or.jp/media/press_070704.pdf
- 海と渚環境美化推進機構
http://www.marineblue.or.jp/
- 外務省：「ミレニアム宣言（仮訳）」
http://www.mofa.go.jp/mofaj/kaidan/kiroku/s_mori/arc_00/m_summit/sengen.html
- 外務省：「持続可能な開発に関する世界首脳会議（ヨハネスブルグサミット）（概要と評価）」
http://www.mofa.go.jp/mofaj/gaiko/kankyo/wssd/
- 外務省：「ミレニアム開発目標（MDGs）達成に向けた日本の取組」
http://www.mofa.go.jp/mofaj/press/pr/wakaru/topics/vol13/index.html
- 外務省：「国連環境計画」
http://www.mofa.go.jp/mofaj/gaiko/kankyo/kikan/unep.html
- 科学研究費補助金データベース：古代稲作農耕の学際的研究―弥生古墳時代の稲作の立地・技術・歴史的展開の解明（高谷好一 1988 ほか）
http://kaken.nii.ac.jp/d/p/61300009
- 神奈川県環境科学センター
http://www.k-erc.pref.kanagawa.jp/learning/kyouzai/taikiosen.html
- 環境省：IPCC 第 4 次評価報告書 第 1 作業部会報告書概要
http://www.env.go.jp/earth/ipcc/4th/wg1_gaiyo.pdf
- 環境省：IPCC 第 4 次評価報告書 第 2 作業部会報告書概要
http://www.env.go.jp/earth/ipcc/4th/wg2_gaiyo.pdf
- 環境省：IPCC 第 4 次評価報告書 第 3 作業部会報告書概要
http://www.env.go.jp/earth/ipcc/4th/wg3_gaiyo.pdf
- 環境省・文部科学省・経済産業省・気象庁：IPCC 第 4 次評価報告書 政策決定者向け要約
http://www.env.go.jp/earth/ipcc/4th/syr_spm.pdf
- 環境省：平成 22 年度版環境統計集
http://www.env.go.jp/doc/toukei/contents/index.html
- 環境省：釧路湿原自然再生プロジェクト
http://kushiro.env.gr.jp/saisei1/
- 環境省：「SATOYAMA イニシアティブ」に関するパリ宣言（仮訳）
http://www.env.go.jp/press/file_view.php?serial=14992&hou_id=12069
- 環境バイオテクノロジー学会誌
http://www.jseb.jp/jeb/jeb.html
- 気象庁：エルニーニョ現象に伴う世界の天候の特徴
http://www.data.jma.go.jp/gmd/cpd/data/elnino/learning/tenkou/sekai1.html
- 気象庁：「気候変動監視レポート 2008」
http://www.data.kishou.go.jp/climate/cpdinfo/monitor/index.html
- 国際湖沼環境委員会：世界水資源パートナーシップ技術諮問委員会（TAC）バックグランドペーパー第 4 巻 Integrated Water Resources Management
http://www.ilec.or.jp/jp/pubs/IWRM_J.pdf
- 国際大ダム会議（ICOLD）：ダムと世界の水
http://www.jcold.or.jp/j/activity/icold/pdf/(H)Dams%20and%20World%20Water.pdf
- 国際連合広報センター：「ミレニアム開発目標報告（日本語訳）2005」
http://www.unic.or.jp/pdf/MDG_Report_2005.pdf
- 国土交通省：「気候変動等によるリスクを踏まえた総合的水資源マネジメント」について（中間とりまとめ）
http://www.mlit.go.jp/report/press/water01_hh_000002.html
- 国土交通省：「平成 18 年度国土形成計画策定のための集落の状況に関する現状把握調査報告書」
http://www.mlit.go.jp/common/000029254.pdf
- 国土緑化推進機構：日本の森林
http://www.minnanomori.com/japanese/j_index.html
- 国立環境研究所：2009 公開シンポジウム「私たちの健康に害があるほどに空気は汚染されているか？」（新田裕史）
http://www.nies.go.jp/sympo/2009/image/p5.pdf
- 国立環境研究所：3EID 産業連環境による環境負荷原単位データブック
http://www-cger.nies.go.jp/publication/D031/jpn/index_j.htm
- 国立環境研究所編集小委員会編：「環境容量から見た水域の機能評価と新管理手法に関する研究」 昭和 62 年度～平成 3 年度」
http://www.nies.go.jp/kanko/tokubetu/pdf/972202-1.pdf
- 国立感染症研究所：感染症情報センター
http://idsc.nih.go.jp/disease/zoonosis.html
- 国立国会図書館：「日本の Web サイトの網羅的収集、蓄積及び保存に関する調査報告概要」
http://www.ndl.go.jp/jp/aboutus/bulkresearch2005summary.html
- 国連難民高等弁務官事務所（UNHCR）
http://www.unhcr.or.jp/index.html
- 産業環境管理協会：LCA 日本フォーラム
http://www.jemai.or.jp/lcaforum/
- 新エネルギー・産業技術総合開発機構（NEDO）
http://www.nedo.go.jp/
- 水産総合研究センター養殖研究所：コイヘルペスウイルス病に関する基礎知識・新知見（高度化事業成果）
http://nria.fra.affrc.go.jp/KHV/index.html
- 水産庁：磯焼け対策ガイドライン
http://www.jfa.maff.go.jp/j/gyoko_gyozyo/g_hourei/sub79.html
- 総合地球環境学研究所アムール・オホーツクプロジェクト：北東アジアの人間活動が北太平洋の生物生産に与える影響評価（2006）
http://www.chikyu.ac.jp/rihn/project/C-04.html
- 東京大学博士論文：「人間-自然系」の生活知を用いた社会文化的な環境評価軸の検討―釧路湿原東部湖沼流域の〈環境問題〉および人々と自然とのかかわりを事例として（二宮咲子）

http://repository.dl.itc.u-tokyo.ac.jp/dspace/bitstream/2261/20206/1/K-01166-a.pdf

- 鳥取大学乾燥地研究センター：食料生産と持続的農業技術
  http://www.alrc.tottori-u.ac.jp/japanese/desertification/46j.html
- 長野県：「脱ダム」宣言
  http://www.pref.nagano.jp/doboku/tisui/sengen.htm
- 日報：一般廃棄物処理事業実態調査の結果（平成18年度実績）について
  http://www.nippo.co.jp/ippan_h18.pdf
- 日本MAB計画（UNESCO「人間と生物圏」計画）委員会
  http://risk.kan.ynu.ac.jp/gcoe/MAB.html
- 日本規格協会（JSA）
  http://www.jsa.or.jp/
- 日本工業標準調査会（JISC）
  http://www.jisc.go.jp/
- 日本雪氷学会全国大会「種レベルでの花粉分析を目的とした氷河試料中のマツ属花粉1粒ずつのDNA分析」（中澤文男ほか2009）
  http://wwwsoc.nii.ac.jp/jepsjmo/cd-rom/2009cd-rom/program/session/pdf/W164/W164-011.pdf
- 日本適合性認定協会（JAB）
  http://www.jab.or.jp/
- 日本ユネスコ協会連盟：世界遺産活動
  http://www.unesco.jp/contents/isan/index.html
- 農林水産省：地球温暖化対策総合戦略
  http://www.maff.go.jp/j/kanbo/kankyo/seisaku/s_ondanka/pdf/all.pdf
- 農林水産省：統計情報
  http://www.maff.go.jp/j/tokei/index.html
- 農林水産政策研究所：全国の生きものマーク米について
  http://www.maff.go.jp/primaff/meeting/gaiyo/seminar/2010/pdf/4tanaka220423.pdf
- 東アジア生物圏保存地域ネットワーク：日本国生物圏保存地域アトラス（EABRN Biosphere Reserve Atlas JAPAN）
  http://unesdoc.unesco.org/images/0018/001866/186641m.pdf
- 琵琶湖・淀川水質保全機構
  http://www.byq.or.jp/index.php
- 文化庁：文化遺産オンライン
  http://bunka.nii.ac.jp/jp/world/h_index.html
- 文化庁・ユネスコ：世界遺産条約履行のための作業指針
  http://bunka.nii.ac.jp/jp/world/docs/13_mokuji.pdf
- 民主党：緑のダム構想「川と共生する21世紀のライフスタイル」の創造
  http://www.dpj.or.jp/news/?num=11084

韓国語

- ソウル市
  http://cheonggye.seoul.go.kr/

事項索引

＊欧文はアルファベット順，和文は五十音順に並べた。
ページ数の後ろの *l*, *r* はページの左段，右段を示す。

A～Z

あ

い

う

え

お

か

さ

し

す

せ

そ

た

ち

つ

ぬ

ね

の

は

へ

ほ

ま

み

む

め

も

や

ゆ

よ

ら

り

る

れ

ろ

わ

人名索引

＊ページ数の後ろの *l*, *r* はページの左段、右段を示す。

な〜の

は〜ほ

ま〜も

や〜よ

ら〜ろ

わ

地名索引

＊ページ数の後ろの l, r はページの左段、右段を示す。

あ～お

か～こ

さ～そ

た～と

な～の

は～ほ

ま～も

や～よ

ら～ろ

わ

跋

本事典の編集者である「総合地球環境学研究所」は、日本の環境研究者コミュニティの幅広い支持を受けて、今世紀冒頭の2001年4月1日に発足しました。その10年目にあたり、故日髙敏隆初代所長と2代目の立本成文が監修者となって、地球研のプログラム主幹（当初は、早坂忠裕、湯本貴和、秋道智彌、佐藤洋一郎、中尾正義、のちに、谷口真人、湯本、佐藤、渡邉紹裕、阿部健一と交代）、教授、名誉教授を中心に、事典を刊行することを企画しました。当時の在任教授による最初の編集会議の集まりが2007年6月におこなわれました。その後、人事異動などがあり、編集体制を組み替えながら、優に3年をかけて上梓することになりました。改めていちいちお名前を挙げませんが、執筆者の皆様、編集に協力された方々には、本当にお世話になりました。

とくに、執筆者には、執筆原稿編集の過程で、編集主幹を中心とする査読制を厳密にしたために御迷惑をおかけしたことと思います。しかしご協力のおかげでこのような立派な事典にすることができました。こころより感謝申し上げます。

編集は、項目選定、執筆者依頼、原稿のチェックなど、想像されるように難航しましたが、執筆者の積極的なご協力と地球研に設置した編集事務室の支援で無事切りぬけることができました。弘文堂からは、三徳洋一、外山千尋のお二人が延べ27回におよぶ編集会議に必ず出席いただき、編集事業をサポートしていただきました。本当にありがとうございました。

この事典をスターティングポイントとして、新たな地球環境学の彫琢に向けて一層の努力を重ねていきたいと思っています。

2010年10月

編集主幹

秋道智彌　佐藤洋一郎　谷口真人

湯本貴和　渡邉紹裕　阿部健一

●監修

立本成文（たちもと・なりふみ）
　総合地球環境学研究所所長

日髙敏隆（ひだか・としたか）
　総合地球環境学研究所初代所長・顧問（2009 年逝去）

●編集主幹

秋道智彌（あきみち・ともや）
　総合地球環境学研究所教授・副所長・研究推進戦略センター長

佐藤洋一郎（さとう・よういちろう）
　総合地球環境学研究所教授・副所長・文明環境史プログラム主幹

谷口真人（たにぐち・まこと）
　総合地球環境学研究所教授・循環プログラム主幹

湯本貴和（ゆもと・たかかず）
　総合地球環境学研究所教授・多様性プログラム主幹

渡邊紹裕（わたなべ・つぎひろ）
　総合地球環境学研究所教授・資源プログラム主幹

阿部健一（あべ・けんいち）
　総合地球環境学研究所教授・地球地域学プログラム主幹

地球環境学事典

平成22年10月30日　初版1刷発行

編　者　総合地球環境学研究所
発行者　鯉渕　友南
発行所　株式会社 弘　文　堂　101-0062　東京都千代田区神田駿河台1の7
TEL 03(3294)4801　振替 00120-6-53909
http://www.koubundou.co.jp

デザイン・装幀　松村大輔
印　刷　三美印刷
製　本　牧製本印刷

GREEN PRINTING JFPI
P-B10045

ISBN978-4-335-75013-7

総合地球環境学研究所